晶体生长原理与技术

Principle and Technology of Crystal Growth

第二版

介万奇 编著

科学出版社

北 京

内容简介

本书分4篇探讨晶体生长的原理与技术。第一篇为晶体生长的基本原理，分5章对晶体生长的热力学原理、动力学原理、界面过程、生长形态及晶体生长初期的形核相关原理进行论述。第二篇为晶体生长的技术基础，分3章进行晶体生长过程的涉及传输行为（传质、传热、对流）、化学基础问题（材料的提纯与合成问题）以及物理基础（电、磁、力的作用原理）的综合分析。第三篇为晶体生长技术，分4章分别对以Bridgman法为主的熔体法晶体生长、以Czochralski方法为主的熔体法晶体生长、溶液法晶体生长以及气相晶体生长技术与最新发展进行介绍。第四篇分2章分别对晶体生长过程中缺陷的形成与控制和晶体的结构与性能表征方法进行论述。

本书可供从事晶体生长的科研和工程技术人员阅读，也可作为该领域研究生的教学参考书。

图书在版编目(CIP)数据

晶体生长原理与技术＝Principle and Technology of Crystal Growth/介万奇编著.—2版.—北京：科学出版社，2019.1

ISBN 978-7-03-058998-9

Ⅰ.①晶… Ⅱ.①介… Ⅲ.①晶体生长 Ⅳ.①O781

中国版本图书馆CIP数据核字(2018)第227534号

责任编辑：吴凡洁 / 责任校对：彭　涛
责任印制：赵　博 / 封面设计：谜底书装

科学出版社出版
北京东黄城根北街16号
邮政编码：100717
http://www.sciencep.com
三河市春园印刷有限公司印刷
科学出版社发行　各地新华书店经销

*

2010年9月第　一　版　开本：787×1092　1/16
2019年1月第　二　版　印张：49 3/4
2025年1月第八次印刷　字数：1 154 000

定价：360.00元

（如有印装质量问题，我社负责调换）

第二版前言

《晶体生长原理与技术》一书第一版于 2010 年 9 月出版，得到业内同行的关注，先后两次印刷，两年前已售完。从事晶体生长的国内同行专家及研究生经常问及本书再版的问题。从两个方面考虑，觉得此书再次印刷之前应该进行一次较大的修改。其一，陆续发现本书的不完善之处，国内外同行也提出了诸多建议。特别是国际晶体生长界的前辈 Scheel 教授曾向本人索取本书目录的英文翻译，与中文内容对照后提出若干增补的建议，并建议出版本书的英文版，可作为国际晶体生长领域培训教材。国际晶体生长学会秘书长 Dabkowska 教授也邀请本人出版本书的英文版，作为国际晶体生长学会推荐的培训教材。但因事务繁忙，将整本书改写为英文的庞大工作不敢承接，但对中文版的内容增补则是必要的。其二，随着现代科学技术，特别是电子与光电子技术的快速发展，新的晶体材料层出不穷，晶体生长技术也不断出新。这些进展也很有必要反映在本书的修改版中。因此，2017 年开始考虑本书的修订问题，2018 年元月开始了这项工作，于 2018 年 6 月完成修订。但仍感觉时间、精力和能力有限，难以深入，又恐拖延太久，有负读者。

本次修订重点对第 1 篇和第 3 篇的内容进行了修改和增补，增补内容共 38 处，并对其他个别地方作了文字修改。不妥之处敬请同行指正。

介万奇

2018 年 6 月 18 日

第一版前言

本书收笔了，释然与惆怅并存。

3 年多的努力终于有了结果。完成了 100 多万字的书稿自然是一个庞大的工程，但凡从事过类似工作的人，必与我有同感，如释重负。这是释然的理由。

本人所学为凝固技术，凝固与晶体生长原理相通，本无界线。近 20 年来一直对晶体生长的相关理论与技术抱有很大兴趣，并做了一些研究工作，自觉有些体会。因此，4 年前动了写本书的念头，并制订了一个较为庞大的计划。然而，动笔写作以后，才逐步体会到晶体生长原理的深奥、技术的复杂，同时也感到自我的肤浅。另外，教学科研任务繁忙，难以集中精力，庆幸没有放弃，边学边写。虽然 4 年来，见缝插针，孜孜钻研，夜以继日，然而，完稿之时仍深感深度和广度不够。许多内容自己的理解非常有限，纰漏必然难免。因此惆怅。

本书的定位以技术为主，旨在对工程应用起指导作用。这样考虑的原因，首先是本人的工学背景，对于纯科学原理方面的内容把握不准，而且晶体生长原理方面的著作国内外已有数本。国际上，如斯坦福大学 Tiller 教授的两本 *The Science of Crystallization*，俄罗斯学者 Chernov 的 *Modern Theory of Crystal Growth* 等；国内，闵乃本院士 1982 年出版的《晶体生长的物理基础》至今仍是经典。其次，技术层面上的内容时效性强，知识更新快，虽然这方面也有一些优秀著作，如张克从、张乐惠等主编的《晶体生长科学与技术》，但仍有可能写出一些新的内容来。本书也没有拘泥于技术，希望从原理分析入手，对不同晶体生长技术的共性原理和特殊晶体生长技术的出发点和基本思路有所论述，期望对读者的技术创新有所启发。

在内容安排上，本书共分 4 篇 14 章。第一篇对晶体生长所涉及的热力学与动力学原理及其已经广被接受的晶体生长的基本理论，包括晶体生长的形核和生长的界面过程、晶体生长过程的形态演变等作简要介绍。第二篇对晶体生长技术涉及的共性基础进行分析，其中包括传质、传热和流体流动的基本原理；晶体生长的化学原理及其在原材料的提纯与合成中的应用；应用于晶体生长的各种物理原理。第三篇主要探讨晶体生长技术，分类对各种晶体生长方法的发展及其控制原理和技术进行了分析，分 4 章分别讨论 Bridgman 法及其相关方法、Czochralski 法及其相关方法、溶液生长方法和气相生长方法。第四篇分 2 章分别讨论各种晶体缺陷及其形成原理，晶体成分、结构和主要物理性能的表征方法及其测试技术。

本书的目标是较为系统地反映近代晶体生长理论和技术的发展历程、现状和研究成果，这些成果是数以万计的科技工作者潜心研究的结果。本书根据作者的理解，加以归纳，呈现给读者；属于作者原创性的工作则寥寥无几，因此，书中引用了较多的文献。对此有两点需要说明：其一，对于许多以前不很熟悉的内容，临时学习，难免会有“断章取义”的问题；其二，对所引用的内容努力做到全部标注，可能会有疏漏。为此对原创的作者表示感谢。若有不妥之处，恳请指正和谅解。

本书获得国家科学技术学术著作出版基金的资助，感谢在基金申请过程中闵乃本院士和周尧和院士等的推荐。

本书的写作，得到西北工业大学多位师长、学长、同事和研究生的鼓励和大力支持，课题组的其他教师分担了本人的许多工作，为本人腾出了宝贵的时间。在与课题组其他教师、同学及业内同仁的讨论中，获得很多启发。特别是本书中的许多内容取自本人指导研究生的学位论文，包含着他们的贡献。本该一一列出，分别致谢，但因涉及的人很多，名单太长，又恐顾此失彼，在此一并感谢！

介万奇

2009年10月

目　录

第二篇 晶体生长的技术基础

第三篇　晶体生长技术

第四篇　晶体缺陷分析与性能表征

第一篇　晶体生长的基本原理

第1章　导　论

1.1　晶体的基本概念

1.1.1　晶体的结构特征

构成物质的基本元素(如原子或分子)在三维空间的周期性排列是晶体的基本特征。图1-1为NaCl晶体中原子的空间排列方式,即空间点阵。Na^+和Cl^-在空间的三维方向上相间排列,每个Cl^-与相邻6个Na^+形成离子键,而每个Na^+也与相邻6个Cl^-成键。这种结构在三维空间广延构成NaCl晶体。

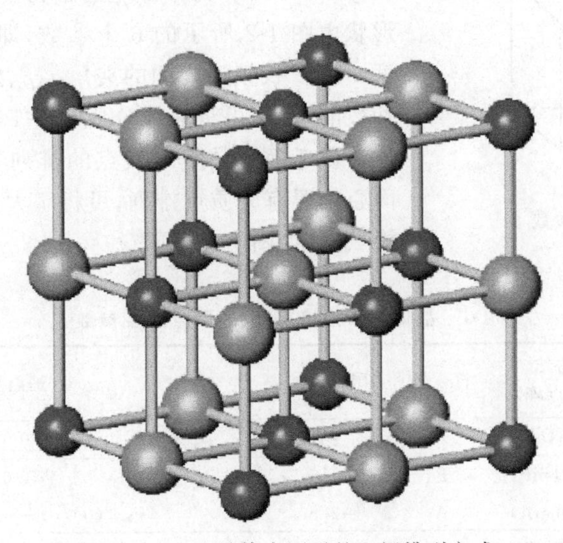

图1-1　NaCl晶体中原子的空间排列方式

晶体的典型特征包括:①具有一定的几何外形,该几何外形主要取决于晶体的内部结构,但可能随着晶体生长条件的变化而改变,并可通过强制的加工手段控制;②具有固定的熔点,在加热过程中只有当温度升高到熔点温度时才会熔化;③具有一定的各向异性,包括其光学、电学、磁学、力学等性能。

构成晶体的基本元素可以是原子、离子、分子或络合离子。结合键的类型也可以是离子键、金属键、共价键或分子间作用力。根据晶体的成键类型不同,晶体可以分成4种基本类型:

(1) 离子晶体。晶格结点上的质点是正、负离子,并且有规则地交替排列,如图1-1所示的NaCl晶体。

(2) 原子晶体。晶格结点上的质点为原子,并以共价键的形式结合,如金刚石等。

(3) 分子晶体。晶格结点上为极性或非极性分子,通过分子间作用力或氢键结合。

(4) 金属晶体。晶格结点上排列着带正电荷的金属离子,并通过自由电子形成金属键。

此外,还可以形成混合键型晶体,即由两种或两种以上的结合键形成的晶体。

晶体微观的几何特征及成键特性决定着晶体的物理、化学及力学性质。由于晶体内部基本元素之间结合键的种类及其排列规律的不同,决定了不同晶体材料性能的千变万化。因此,认识晶体应该首先从晶体的结构入手。

1.1.2 晶体结构与点阵

组成晶体的质点(分子、原子、离子等)在空间排列的组合称为晶格或点阵(crystal lattice)。每个质点在晶格中占据的位置称为结点。晶格中所包含的构成晶体的最小重复单元称为晶胞(crystal cell)。每个晶胞通常为平行六面体,其大小和形状由图 1-2 所示的 6 个参数,即晶胞的 3 个棱边长度 a、b、c 及棱边之间的夹角 α、β、γ 表示。按照这 6 个参数的不同,可将晶体分成表 1-1 所示的 7 个晶系[1]。进一步考虑到晶胞中质点的排列方式,主要是体心及面心位置有无质点排列,可将 7 大晶系分为 14 种布拉格点阵,如图 1-3 所示[1]。

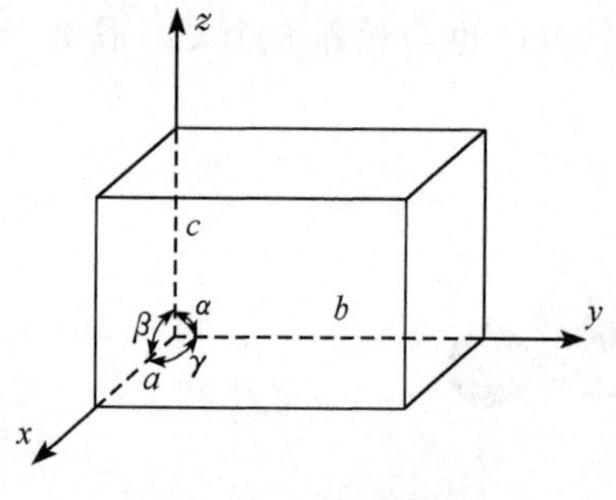

图 1-2 晶胞参数

表 1-1 晶体的布拉格点阵、表示方法及参数[1]

晶 系	名称(布拉格点阵)	符 号	国际符号	基点坐标
三斜晶系	简单三斜(aP)	P	$P\bar{1}$	(0 0 0)
单斜晶系	简单单斜(mP)	P	P2/m	(0 0 0)
	底心单斜(mA)	A	A2/m	(0 0 0)+(0 1/2 1/2)
正交晶系	简单正交(oP)	P	Pmmm	(0 0 0)
	底心正交(oC)	C	Cmmm	(0 0 0)+(1/2 1/2 0)
	体心正交(oI)	I	Immm	(0 0 0)+(1/2 1/2 1/2)
	面心正交(oF)	F	Fmmm	(0 0 0)+(1/2 1/2 0)+ (1/2 0 1/2)+(0 1/2 1/2)
正方晶系(四方晶系)	简单正方(tP)	P	P4/mmm	(0 0 0)
	体心正方(tI)	I	I4/mmm	(0 0 0)+(1/2 1/2 1/2)
立方晶系	简单立方(cP)	P	$Pm\bar{3}m$	(0 0 0)
	体心立方(cI)	I	$Im\bar{3}m$	(0 0 0)+(1/2 1/2 1/2)
	面心立方(cF)	F	$Fm\bar{3}m$	(0 0 0)+(1/2 1/2 0)+ (1/2 0 1/2)+(0 1/2 1/2)
菱方晶系(三角晶系)	简单菱方(hR)	R	$R\bar{3}m$	(0 0 0)+(2/3 1/3 1/3)+(1/3 2/3 2/3)
六方晶系	简单六方(hP)	P	P6/mmm	(0 0 0)

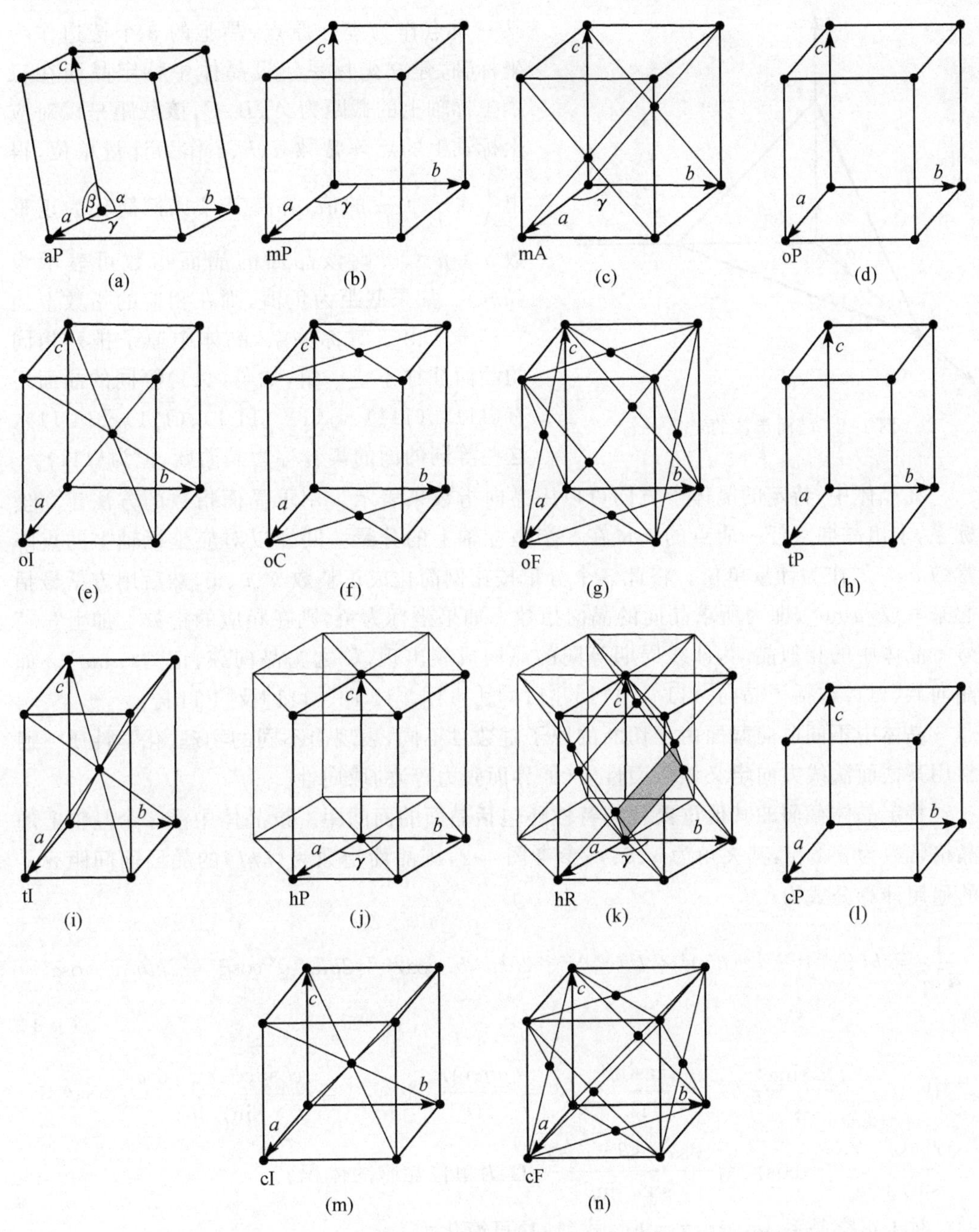

图 1-3　14 种布拉格点阵的晶胞[1]

1.1.3　晶向与晶面

对晶体各向异性的描述必须建立一个量化的指标体系，以区分晶体内部特定的方向及平面的位向。前者采用晶向指数表示，后者采用晶面指数表示。晶面指数用来描述晶体中特定取向截面的位向（即 Miller 指数），其定义可参考图 1-4 描述[1]。以晶格内部的

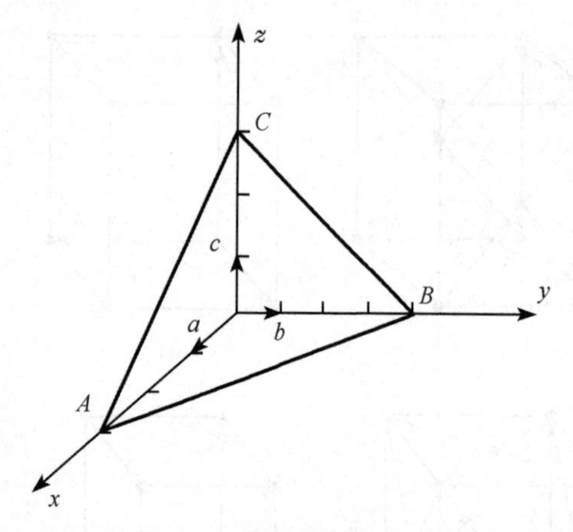

图 1-4 晶面指数的定义[1]

某一质点作为坐标原点，晶胞的 3 个棱边作为坐标轴，建立坐标系。设晶体中特定晶面在三个坐标轴上的截距为 A、B、C，该截距是以对应坐标轴上的点阵常数 a、b、c 作为计量单位，得出$\frac{1}{A}:\frac{1}{B}:\frac{1}{C}$的值，并将其按比例简化为正整数 $h:k:l$，则该晶面的晶面指数可表示为(hkl)。如果截距为负值，则在相应的指数上加“－”号。由于对称关系，晶体中原子排列相同的晶面往往不止一组，如与(111)等同的晶面还有$(11\bar{1})$、$(1\bar{1}1)$、$(\bar{1}11)$、$(1\bar{1}\bar{1})$、$(\bar{1}1\bar{1})$及$(\bar{1}\bar{1}1)$，这些等同的面的集合称为晶面族，记为{111}。

在晶体中，特定的晶体学方向可以用晶向指数来表示。用求晶面指数的方法建立坐标系，求出晶向上任一质点的矢量在 3 个坐标轴上的分量。同样以对应坐标轴上的点阵常数 a、b、c 作为计量单位。将此 3 个分量按比例简化成正整数 u、v、w，然后用方括号括起来写成$[uvw]$，即为所求晶向的晶向指数。如果坐标为负，则在相应的指数上加上“－”号。晶体中的相似晶向，即线周期等同的晶向成族出现，称之为晶向族，记为$\langle uvw\rangle$。如晶向族⟨111⟩包括了晶向[111]、$[11\bar{1}]$、$[1\bar{1}1]$、$[\bar{1}11]$、$[1\bar{1}\bar{1}]$、$[\bar{1}1\bar{1}]$及$[\bar{1}\bar{1}1]$。

晶体中不同取向截面由于切断的原子键数目不同，表现出不同的物理、化学性质。通常用某截面法线方向定义该截面性质(如界面张力等)的取向性。

特定晶体截面的其他重要几何特性还包括晶面的面间距。设晶体中沿 3 个晶轴上的晶格常数为 a、b、c，其夹角为 α、β、γ，参考图 1-2，则晶面指数为(hkl)的晶面面间距 d_{hkl} 的通用计算公式为[1,2]

$$\frac{1}{d_{hkl}^2}=h^2(a^*)^2+k^2(b^*)^2+l^2(c^*)^2+2hka^*b^*\cos\gamma^*+2hla^*c^*\cos\beta^*+2klb^*c^*\cos\alpha^* \tag{1-1}$$

式中，$a^*=\frac{bc\sin\alpha}{\Omega}$；$b^*=\frac{ca\sin\beta}{\Omega}$；$c^*=\frac{ab\sin\gamma}{\Omega}$；$\cos\alpha^*=\frac{\cos\beta\cos\gamma-\cos\alpha}{\sin\gamma\sin\beta}$；$\cos\beta^*=\frac{\cos\gamma\cos\alpha-\cos\beta}{\sin\gamma\sin\alpha}$；$\cos\gamma^*=\frac{\cos\alpha\cos\beta-\cos\gamma}{\sin\alpha\sin\beta}$；$\Omega$ 为单位晶胞的体积。

对于正交晶系，$\alpha=\beta=\gamma=90°$，式(1-1)可简化为

$$\frac{1}{d_{hkl}^2}=\frac{h^2}{a^2}+\frac{k^2}{b^2}+\frac{l^2}{c^2} \tag{1-2}$$

1.1.4 晶体的结构缺陷概述

晶体中的原子离开正常位置，或者外来的杂质进入晶体，使晶体中有序的排列周期被破坏，则在晶体中形成缺陷。根据尺度和形貌，晶体中的缺陷可分为点缺陷、线缺陷、面缺

陷、体缺陷以及成分偏析。这些缺陷的存在,破坏了晶体结构的完整性,从而对其电学、电子学、光电子特性等物理性能产生重要的影响,并且引入附加自由能,使材料处于非平衡状态,影响其工作的稳定性。

以下对晶体中主要缺陷的结构特征及其描述方法作简要归纳。

1. 点缺陷

在晶体温度高于绝对零度时,由于原子的热运动,晶体中的部分原子可能会离开正常的位置,在原来的位置留下空隙,而外来原子则可能占据晶体中的间隙或某些原子位置。如果晶体中含有少量杂质,这些杂质原子也会形成杂质间隙原子或替代原子。这类原子尺度的结构缺陷统称为点缺陷。

晶体中的几种主要点缺陷可采用图1-5所示的AB型化合物二维晶格中的情况予以说明[1]。晶体中的原子离开晶格正常位置进入环境,在原来的位置上留下一个空格,此类点缺陷称为空位,或Schottky点缺陷[1]。“多余”的原子,无法占据晶格中的正常位置,而停留在晶格中间隙的位置,如bcc晶体中的八面体间隙,称为间隙原子。晶体中的原子离开正常位置,进入间隙,在原来的位置留下一个空位的同时,形成一个间隙原子,这种点缺陷对称为Frenkel点缺陷[1]。

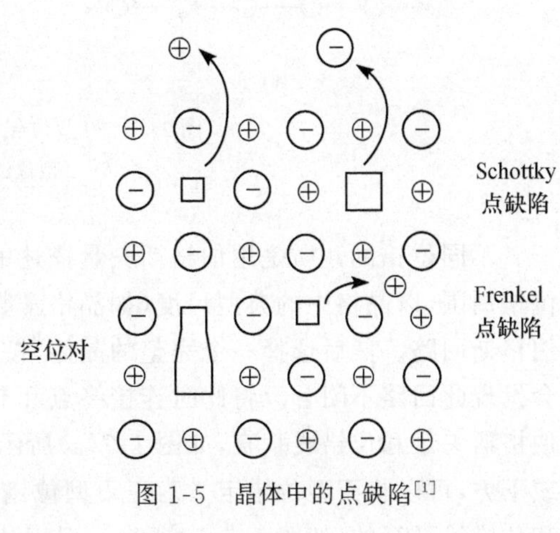

图1-5 晶体中的点缺陷[1]

除了点缺陷的类型外,需要对点缺陷的数量进行描述。通常将单位数量(N个)正常晶格位置的晶体中某种点缺陷(数量为N_i)的分数定义为该点缺陷的浓度。第i种点缺陷的浓度n_i可表示为

$$n_i = \frac{N_i}{N} \tag{1-3}$$

而将单位体积V中的点缺陷数量N_i定义为点缺陷的密度。第i种点缺陷的密度D_i可表示为

$$D_i = \frac{N_i}{V} \tag{1-4}$$

式中,D_i的单位通常取为cm^{-3}。

2. 线缺陷

晶体中的线缺陷主要是位错。它是由晶体中一定范围内原子有规律的错动,离开其平衡位置形成的线状缺陷。晶体中的典型位错类型是刃型位错和螺型位错,其原子的错动方式如图1-6所示[1]。刃型位错相当于在晶体中的某一部分插入了一个多余的原子层,而螺型位错则相当于晶体中的一部分沿着一定的方向发生了整体错动。两种位错可

以进一步衍生出不全位错、扩展位错等。

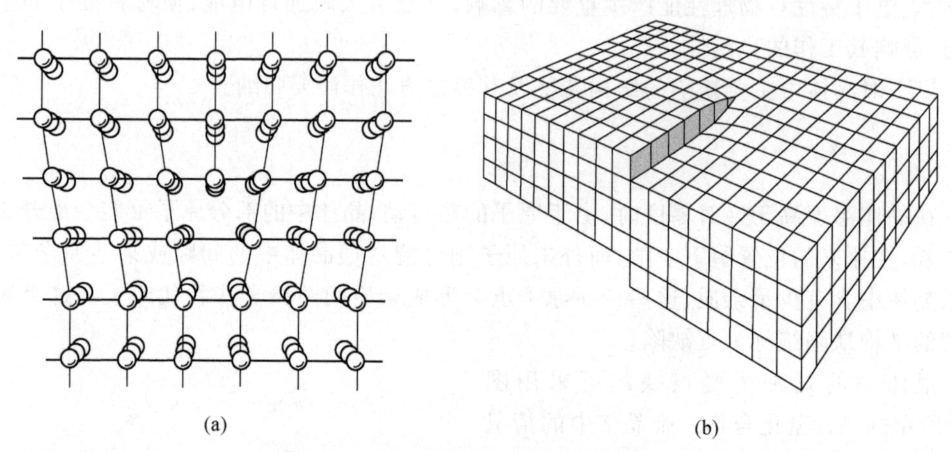

图 1-6 刃型位错及螺型位错示意图[1]

(a) 刃型位错;(b) 螺型位错

不同位错的性质是用伯格斯矢量描述的。伯格斯矢量可借助图 1-7 定义。首先围绕位错周围,以晶格中的典型尺度(如晶格常数)为步长,绕逆时针方向做回路。该回路称为伯格斯回路。然后选择一个完整的晶体,按照相同的方向、步长和次序作一回路。此时则会发现此回路不闭合。将此时连接终点和起点的矢量称为伯格斯矢量。对于刃型位错,伯格斯矢量和位错线垂直,如图 1-7(a)所示。根据其插入的原子排在伯格斯回路的上方或下方,可以将刃型位错定义为正刃型位错和负刃型位错。而螺型位错的伯格斯矢量是和位错线平行的,如图 1-7(b)所示。根据位错的伯格斯矢量符合左手定律或右手定律而将其定义为左螺型位错或右螺型位错。

在位错区域,原子发生错排,其成键特性和排列规则均发生变化,从而会在位错线附近的晶体中引入附加弹性畸变能,并在位错线的中心发生化学、物理性质的变化。伯格斯矢量可以反映位错畸变总量的大小和方向,因而它是描述畸变能的基本参量。

通常可以用晶格常数作为伯格斯矢量长度度量的参考。例如,对于 fcc 结构的晶体,沿(111)晶面插入一个原子层形成刃型位错,其伯格斯矢量的数值与原子面间距相等,为 $\frac{\sqrt{3}}{3}a$。

位错的数量可用位错密度 D_d 表示,定义为单位截面面积上穿过的位错线的数量

$$D_d = \frac{n_d}{A} \tag{1-5}$$

式中,A 为晶体中截面面积;n_d 为穿过该面积的位错线的条数。D_d 的单位通常用 cm^{-2}。

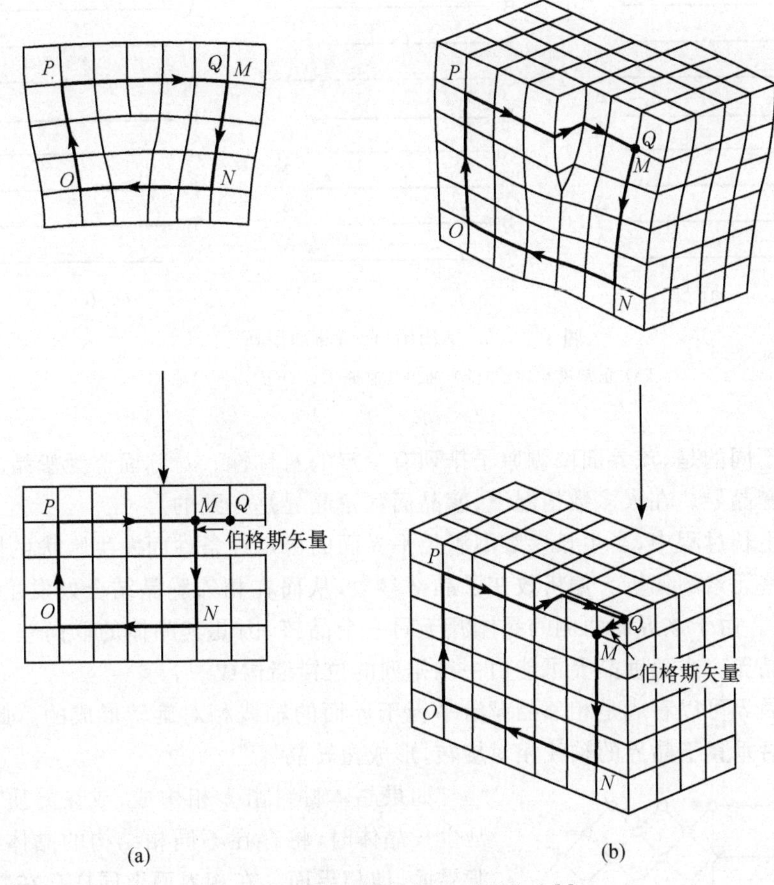

图 1-7 位错伯格斯矢量的定义[1]

(a) 刃型位错；(b) 螺型位错

3. 面缺陷

晶体中的二维缺陷称为面缺陷。最典型的面缺陷是晶界。晶界两侧的原子各自按照其故有的晶体结构排列，但其取向在界面上发生了突变。在界面附近的几个原子层内由于势能场的变化，其原子排列偏离正常位置，形成若干个原子层厚度的过渡层。该过渡层内原子成键规律被破坏而产生附加自由能，即称为界面能，通常记为σ，其单位为J/cm^2。

除了多晶材料中的界面，单晶中的面缺陷还有层错、孪晶及亚晶界。层错是在晶体结构中，一层原子的排列发生整体错位形成的，它是面缺陷的基本形式之一。以面心立方(fcc)结构的晶体为例，(111)晶面正常的原子排列的形式为 ABCABC 的顺序，如果在其中插入或去掉一个原子层，则其排列次序发生变化，形成层错，如图 1-8 所示[1]。由于原子层的错排，晶体的正常成键特性被破坏，从而形成附加自由能，称为层错能。在体心立方(bcc)结构中出现的层错面通常为(112)面。

在实际晶体中，可能出现一部分晶体原子相对于另一部分发生整体的切变，形成一种特殊的界面，称为孪晶[3]。该界面两侧的原子排列均规则有序，但在该界面上发生整体切

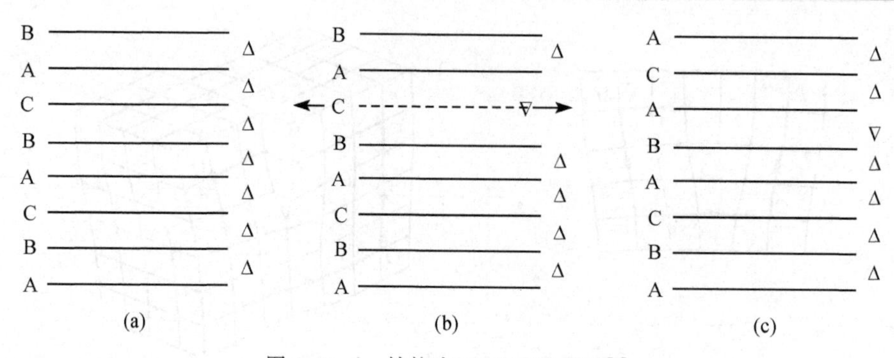

图 1-8　fcc 结构中(111)面的层错[1]

(a) 正常堆积原子；(b) 抽出一层原子；(c) 插入一层原子

变。与晶界不同的是，该界面两侧原子排列有一定的对称性。对称面称为孪晶面，而其分界面则称为孪晶界。在大多数情况下，孪晶面和孪晶界是一致的。

在晶体生长过程中，当生长参数不满足平界面的稳定性条件而发生胞状生长时，胞晶间将发生某些元素的偏析。偏析改变了晶格参数，从而在相邻胞晶结合处发生晶格的畸变，形成界面。由于该界面两侧的晶体源于同一个晶核，因此其晶体的取向差较小，通常称为小角度晶界。小角度晶界可能由一维排列的位错墙构成[1]。

小角度晶界可以看成是相邻晶粒沿平行于界面的轴线相对旋转形成的。此外，相邻晶粒还可以沿垂直于晶界的轴线相对旋转，形成扭转晶界[3]。

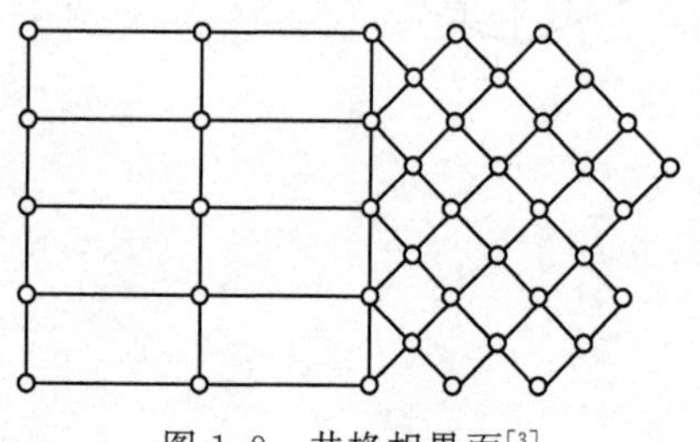

图 1-9　共格相界面[3]

如果晶体材料由多相构成，或在异质基底上外延生长晶体时，将存在不同相结构的晶体之间的过渡界面，即相界面。在相界面上同样存在着界面能。由于相界面两侧晶体结构及化学特性的不同，界面两侧的原子排列规律可能具有一定的相关性，并可能出现图 1-9 所示的共格相界面[3]，即相界面两侧的原子按照各自的结构规则排列，而在晶界上共用同一点阵。然而，在大多数情况下，两相的结构点阵在晶界上完全相等的可能性是很小的，通常存在着一个差值 Δa。假定 a 为参考相一侧的晶格常数，则用以下参数表征相邻晶格的相对偏差，并定义为错配度为

$$\delta = \frac{\Delta a}{a} \tag{1-6}$$

4. 体缺陷

在三维尺度上均超过原子尺寸的一类缺陷称为体缺陷，包括孔洞、夹杂物、沉淀相等。描述这些缺陷的参数包括其尺寸(通常采用平均直径 d)及密度 D(单位体积中的个数)。其中沉淀相可能在某些取向上的尺寸被延长，而形成片状，并与母体晶体的结构有一定的取向关系。

氢 H —																	氦 He —
锂 Li bcc	铍 Be hcp											硼 B 3	碳 C hcp+4	氮 N	氧 O	氟 F	氖 Ne
钠 Na bcc	镁 Mg hcp											铝 Al fcc	硅 Si 4	磷 P 5	硫 S 3	氯 Cl 3	氩 Ar
钾 K bcc	钙 Ca fcc	钪 Sc hcp	钛 Ti hcp	钒 V bcc	铬 Cr bcc	锰 Mn cubic	铁 Fe bcc	钴 Co hcp	镍 Ni fcc	铜 Cu fcc	锌 Zn hcp	镓 Ga 3 ort	锗 Ge fcc	砷 As 6	硒 Se 7	溴 Br 3	氪 Kr
铷 Rb bcc	锶 Sr fcc	钇 Y hcp	锆 Zr hcp	铌 Nb bcc	钼 Mo bcc	锝 Tc hcp	钌 Ru hcp	铑 Rh fcc	钯 Pd fcc	银 Ag fcc	镉 Cd hcp	铟 In 2	锡 Sn 2	锑 Sb 6	碲 Te 6	碘 I 3	氙 Xe
铯 Cs bcc	钡 Ba bcc	镧 La hcp	铪 Hf hcp	钽 Ta bcc	钨 W bcc	铼 Re hcp	锇 Os hcp	铱 Ir fcc	铂 Pt fcc	金 Au fcc	汞 Hg 1rh	铊 Tl hcp	铅 Pb fcc	铋 Bi 7	钋 Po cubic	砹 At	氡 Rn
钫 Fr	镭 Ra bcc	锕 Ac fcc															

铈 Ce hcp	镨 Pr hcp	钕 Nd hcp	钷 Pm —	钐 Sm 6	铕 Eu bcc	钆 Gd hcp	铽 Tb hcp	镝 Dy hcp	钬 Ho hcp	铒 Er hcp	铥 Tm hcp	镱 Yb fcc	镥 Lu hcp
钍 Th fcc	镤 Pa 2	铀 U hcp	镎 Np 3	钚 Pu 7	镅 Am hcp	锔 Cm hcp	锫 Bk hcp	锎 Cf hcp	锿 Es —	镄 Fm —	钔 Md —	锘 No —	铹 Lr —

图 1-10　单质元素的常见晶体结构

1. 菱形(rhombohedral)；2. 正方(tetragonal)；3. 正交(orthorhombic)；4. 金刚石(diamond)；5. 三斜(triclinic)；6. 三角(trigonal)；7. 单斜(monoclinic)

5. 成分偏析

除了上述晶体结构缺陷外，在多组元的晶体材料中，常常出现成分的非均匀分布，即成分偏析。成分偏析是由晶体生长过程中的界面溶质分凝行为决定的[4,5]。条带状偏析是提拉法晶体生长中常见的偏析形式[6]。在胞状界面生长的晶体中可能出现从晶胞中心向其边沿过渡的成分偏析形式。

1.2 晶体材料

晶体材料种类繁多，并且可以有不同的分类方法。关于典型材料的晶体结构分析已有较多的文献[7,8]。以下根据晶体结构和功能进行分类，并分别加以归纳。

1.2.1 常见晶体材料的晶体结构

1. 单质元素的晶体结构

单质元素常见的晶体结构相对简单，如图 1-10 所示。其中由金属键构成的金属元素除 Mn 为简单立方结构外，大多为面心立方(fcc)、体心立方(bcc)或密排六方(hcp)，如图 1-11 所示[9]。其中 fcc 及 hcp 均为密堆结构，密排面分别为(111)面及(1000)面，晶体中的间隙主要为四面体间隙。而 bcc 结构则为非密堆结构，主要间隙为八面体间隙。

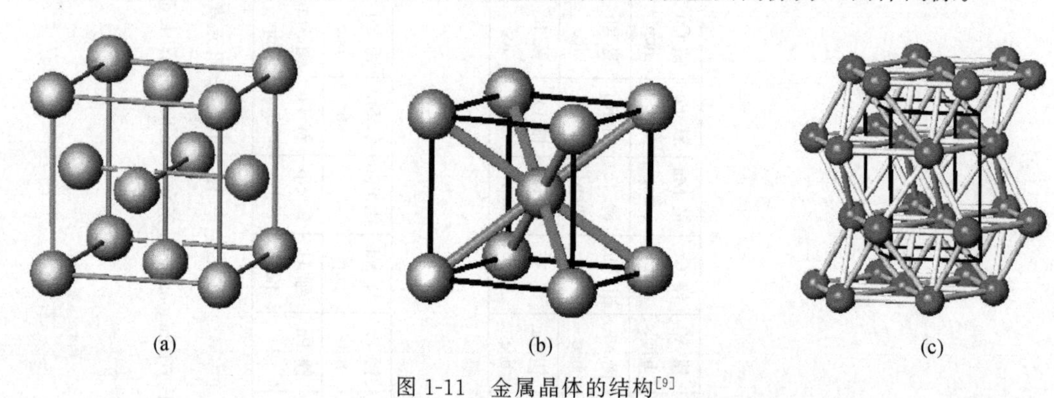

图 1-11 金属晶体的结构[9]

(a) fcc 结构($Fm\bar{3}m$)；(b) bcc 结构($Im\bar{3}m$)；(c) hcp 结构($P6_3/mmc$)

2. 氯化钠

氯化钠(NaCl)晶体是较为典型的离子键晶体，其晶体结构如图 1-1 所示，可以看成是由两个相对位移为$\frac{1}{2}$[100]的各自独立的 Na 和 Cl 的 fcc 晶格构成的，属于 $Fm\bar{3}m$ 空间群。

3. 闪锌矿结构

闪锌矿结构是Ⅲ-Ⅴ族和Ⅱ-Ⅵ族化合物半导体中的常见结构，其名称也来源于 ZnS。

闪锌矿的晶体结构如图 1-12 所示[8]，可以看成是两个相对位移为$\frac{1}{4}$[111]的各自独立的 Zn 和 S 的 fcc 晶格构成的，属于 $F\bar{4}3m$ 空间群。

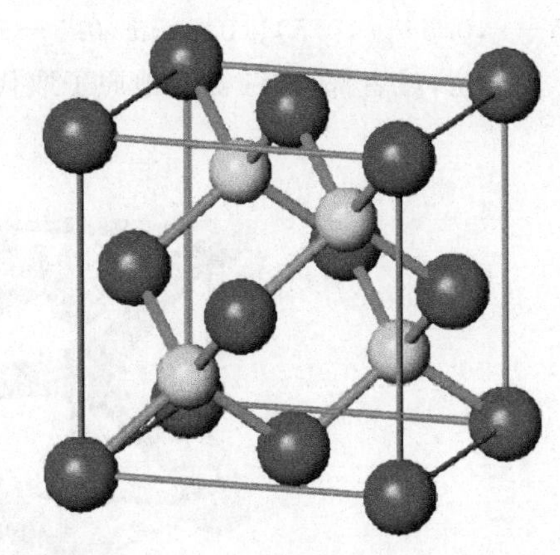

图 1-12　闪锌矿(zinc blende)结构($F\bar{4}3m$)[8]

4. *纤锌矿*

纤锌矿是 ZnS 晶体的另外一种结构，并在多种硫化物、氮化物及氧化物中存在。它属于($P6_3mc$)空间群。S^{2-} 按六方紧密堆积排列，Zn^{2+} 充填于 1/2 的四面体空隙中。阴、阳离子的配位数均为 4，如图 1-13 所示。

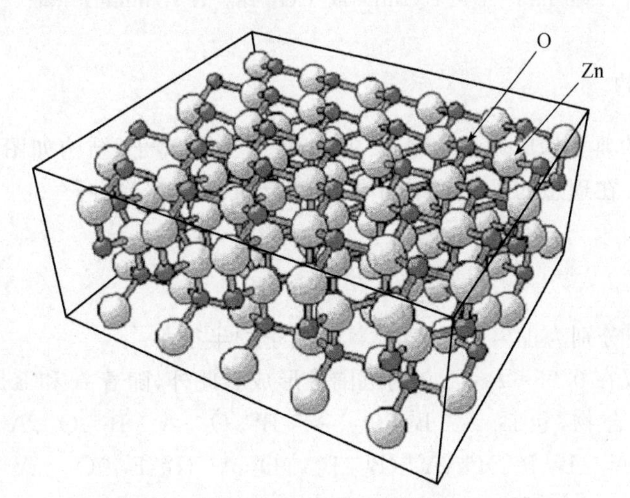

图 1-13　纤锌矿(wurtzite)结构($P6_3mc$)[8]

5. CsCl *结构*

CsCl 的晶体结构如图 1-14 所示[8]，属于 $Pm\bar{3}m$ 空间群，其晶体结构是由正离子构成的简单立方结构的体心位置引入负离子构成的。将坐标原点平移到$\frac{1}{2}$[111]处则负离子和正离子换位，但其结构不变。每个正离子与附近 8 个负离子成键，而每个负离子同样与附近的 8 个正离子成键。

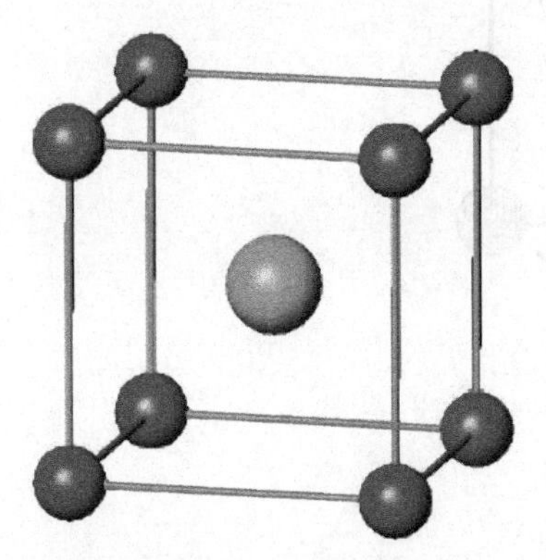

图 1-14　CsCl 结构($Pm\bar{3}m$)[8]

6. *金红石结构*

典型的金红石结构的晶体是 TiO_2，其晶体结构如图 1-15 所示[10]。其中 Ti 原子位于(0，0，0)和(0.5，0.5，0.5)的位置，而 O 原子位于(x，x，0)、($1-x$，$1-x$，0)、

(0.5+x,0.5+x,0.5)、(0.5−x,0.5−x,0.5),x=0.30。金红石结构的晶体还可以通过形成空位,或者部分 Ti 被其他原子取代而演化出相近的其他结构。

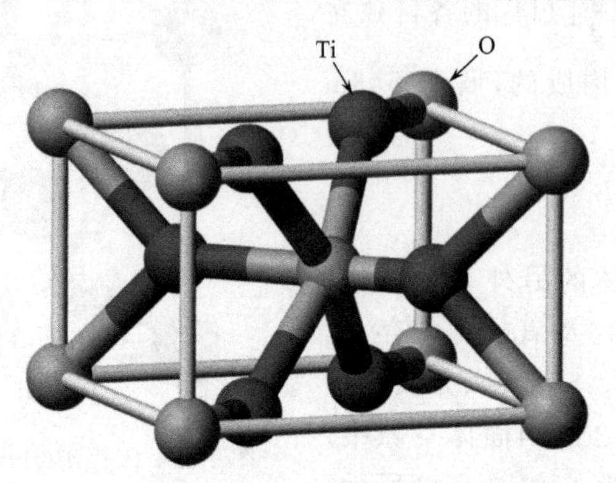

图 1-15　金红石(rutile 或 TiO_2)结构($P4_2/mmm$)[10]

7. 钙钛矿结构

钙钛矿晶体的典型构成为 ABO_3,其中 A 和 B 为正离子,结构如图 1-16 所示[10],属于 Pnma 空间群。在理想的钙钛矿结构中,可以定义一个容差因子[7]:

$$t_f=\frac{r_A+r_O}{\sqrt{2}(r_B+r_O)} \tag{1-7}$$

式中,r_A、r_B 和 r_O 分别为正离子 A、B 及氧负离子的半径。

钙钛矿结构仅在 $0.75<t_f<1.0$ 的范围内形成。此外,随着 A 和 B 原子价态的不同,可以形成多种化合物,包括 $A^{1+}B^{5+}O_3$、$A^{2+}B^{4+}O_3$、$A^{3+}B^{3+}O_3$、$A^{2+}(B^{3+}_{0.67}B^{6+}_{0.33})O_3$、$A^{2+}(B^{2+}_{0.33}B^{5+}_{0.67})O_3$、$A^{2+}(B^{3+}_{0.5}B^{5+}_{0.5})O_3$、$A^{2+}(B^{1+}_{0.25}B^{5+}_{0.75})O_3$、$A^{2+}(B^{2+}_{0.5}B^{5+}_{0.5})O_{2.75}$、$A^{2+}(B^{3+}_{0.5}B^{2+}_{0.5})O_{2.25}$。

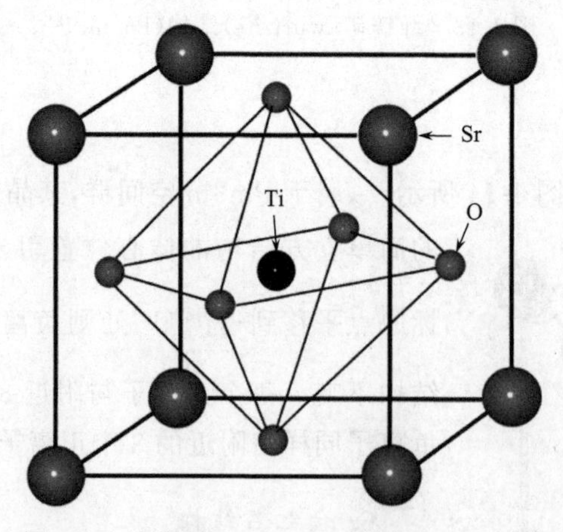

图 1-16　钙钛矿(perovskite)结构(Pnma)[10]

8. 萤石结构

典型的萤石晶体是 CaF_2,其晶体结构如图 1-17 所示[7],属于 $Fm\bar{3}m$ 空间群。可以简单地将其描述为一负离子立方体被围在一面心立方的正离子点阵中。在该结构中,每个正离子有 8 个配位的负离子,而每个负离子有 4 个配位的正离子。两个负离子的点阵沿正离子点阵的一条对角线方向位移 $\pm\frac{1}{4}[111]$。萤石结构的晶体还可以演变为负离子缺位的缺氧萤石结构。

9. 金刚石结构

金刚石是由共价键成键构成的晶体,除 C 以外,Si 及 α-Sn 均可形成金刚石结构的晶体。金刚石的晶体结构如图 1-18 所示[10]。它可以看成是面心立方的衍生结构,属于立方晶系、$Fd\bar{3}m$ 空间群。每个晶胞中有 8 个元素,其中 4 个分布在面心立方的正常位置,另外 4 个分布在 8 个四面体间隙的中间位置。每个原子的配位数为 4,其共价键的键角为 109°28′。对于 C,其点阵常数为 3.5668Å。

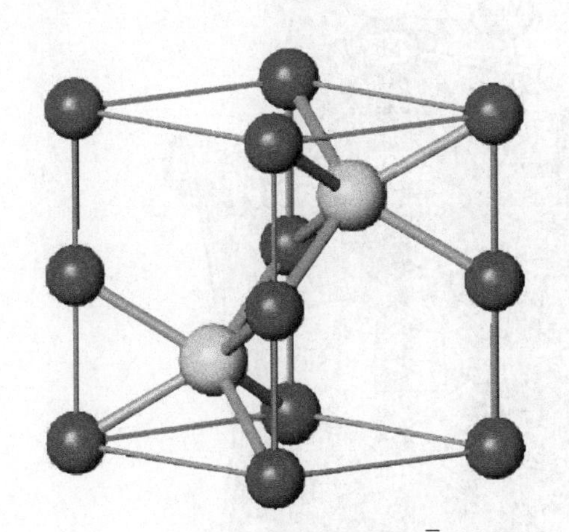
图 1-17 萤石(CaF_2)结构($Fm\bar{3}m$)[7]

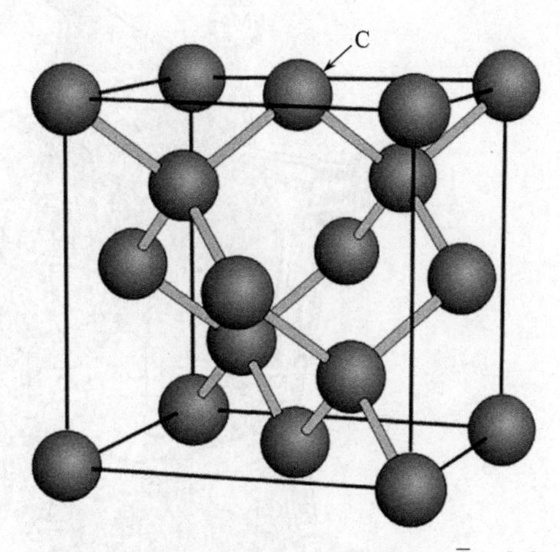

图 1-18 金刚石(diamond)结构($Fd\bar{3}m$)[10]

10. 红宝石结构

Al_2O_3 是典型红宝石结构的晶体,O^{2-} 呈立方最紧密堆积,而 Al^{3+} 在两氧离子层之间,充填 2/3 的八面体空隙,组成共面的 Al-O_6 配位八面体,晶体结构如图 1-19 所示[10],Al_2O_3 属三方晶系、$R\bar{3}c$ 空间群。a_0=4.75Å,c_0=12.97Å,配位数为 6。

11. 石榴石结构

石榴石通用的成分表达式为 $A_3B_2[SiO_4]_3$,其 A=Mg^{2+}、Fe^{2+}、Mn^{2+}、Ca^{2+};B=Al^{3+}、Cr^{3+}、V^{3+}。属于立方晶系、D3 点群、O_h^{10}-Ia3d 空间群,如图 1-20 所示[10]。

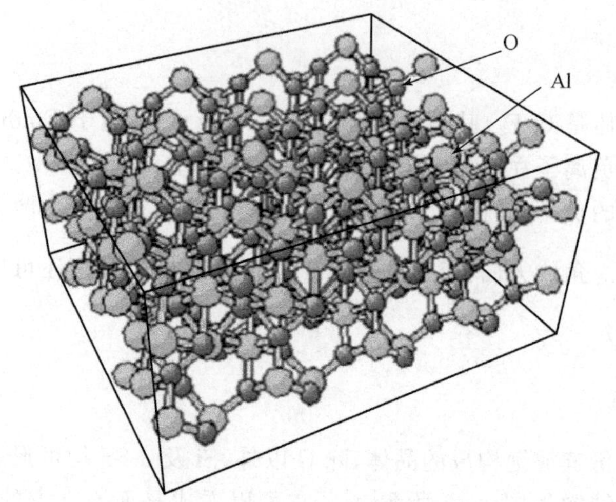

图 1-19 红宝石(carbuncle)结构($R\bar{3}c$)[10]

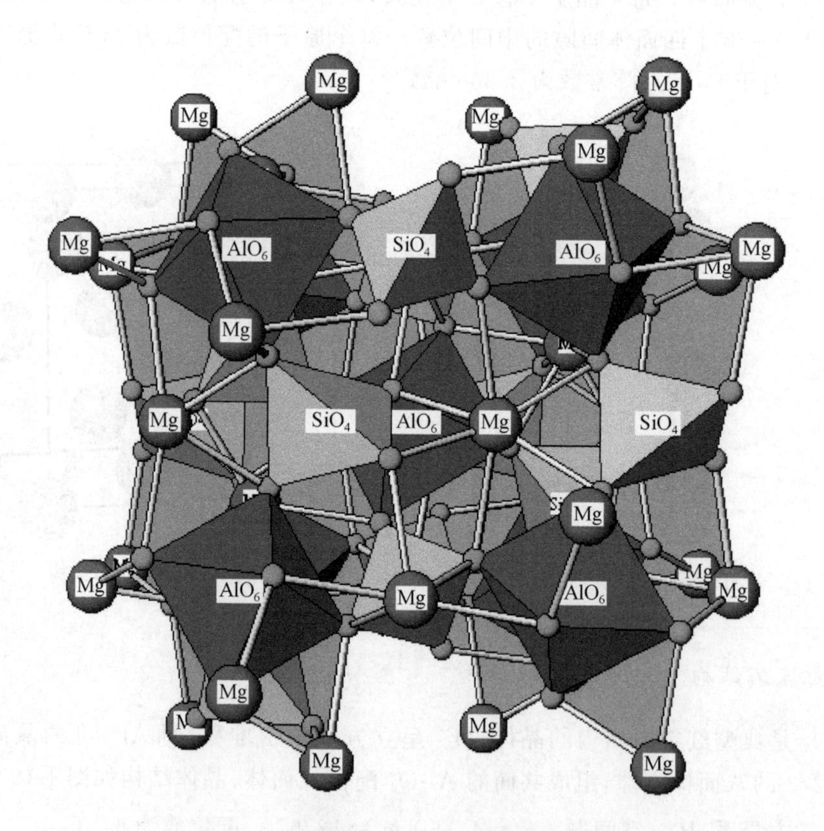

图 1-20 石榴石(garnet)结构(O_h^{10}-Ia3d)[10]

1.2.2 按照功能分类的晶体材料[11]

1. 金属晶体

金属在工程结构材料中占有主导地位,同时也因其特殊的电学、磁学等性能而成为功能材料家族的主要成员之一。单质金属晶体包括碱金属、碱土金属及过渡族金属。同时，金属可通过加入其他元素进行合金化而获得特殊的物理、力学性能。

2. 半导体晶体

半导体晶体是20世纪50年代被发现并得到快速发展的一类重要的电子材料，是现代微电子技术的发展基础。典型的半导体材料包括Ge、Si、金刚石等单质半导体，以GaAs为代表的Ⅲ-Ⅴ族化合物半导体，以HgCdTe为代表的Ⅱ-Ⅵ族化合物半导体，以及Ⅳ-Ⅵ族化合物半导体等。

3. 磁性晶体

以钕铁硼(NdFeB)为代表的永磁材料以其极高的磁能积在工业上得到了广泛的应用。同时，在计算机存储系统中大量采用的磁性薄膜成为决定计算机性能的重要因素。磁性薄膜通常是通过外延的方法在非磁性衬底上生长的。典型的磁性单晶薄膜是稀土铁石榴石($Re_3Fe_5O_{12}$)，它通常是在钆镓石榴石($Gd_3Ga_5O_{12}$)上外延生长的。

4. 光学晶体

光学晶体是用来制作光学透镜、棱镜、偏光镜和观察窗口的晶体材料。根据晶体透光波段的不同可选用不同的光学晶体。几种光学晶体的晶体结构和使用的透光波段如表1-2所示。

表 1-2 几种光学晶体的晶体结构和透光波段[11]

晶　体	NaCl	KBr	LiF	氟金云母	水晶(α-SiO_2)	宝石(α-Al_2O_3)
晶体结构	$Fm\bar{3}m$	$Fm\bar{3}m$	$P\bar{3}112$		Cc	$R\bar{3}m$
透光波段/μm	0.2～15	0.2～27	0.1～6.5	0.3～4.5	0.2～4.5	0.2～5.5
晶　体	ZnS	CaF_2	SrF_2	TeO_2	$CaWO_4$	$PbMoO_4$
晶体结构		$Fm\bar{3}m$				
透光波段/μm	0.5～24	0.1～12	0.13～11	0.35～5.0	0.3～3.1	0.4～5.5

5. 激光晶体

激光晶体材料作为固体激光光源，自20世纪80年代以来有了很大的发展。典型的激光晶体包括掺钕钇铝石榴石(Nd:YAG)、(Nd:YAP)、(Nd,Cr:GSGG)、掺钛红宝石(Ti:Al_2O_3)、(Cr:$BeAl_2O_4$)、(Nd:$LiYF_4$,NYAB)、(Nd:$LaMgAl_{11}O_{19}$)、掺镝氟化钙(Dy:CaF_2)等。

6. 电光晶体

可以通过外加电场改变其折射率的晶体称为电光晶体。此类晶体可以用来制作电光调制器、参量振荡器等。常用的电光晶体包括磷酸二氘钾（KD_2PO_4）、砷酸二氘铯（CsD_2AsO_4）、铌酸锂（$LiNbO_3$）、钽酸锂（$LiTaO_3$）、氯化亚铜（CuCl）、铌酸锶钡（$Ba_{0.75}Sr_{0.25}Nb_5O_{15}$）、铌酸钡钠（$Ba_2NaNb_5O_{15}$）等。

7. 声光晶体

利用声波和光波的相互作用进行光束的偏转，强度及频率转变的晶体称为声光晶体，可用于制作声光偏转器、声光调 Q 开关、声表面波器件等。常用的声光晶体包括钼酸铅（$PbMoO_4$）、锗酸铋（$Bi_{12}GeO_{20}$）、二氧化碲（TeO_2）、硫代砷酸铊（Tl_3AsS_4）等。

8. 非线性光学晶体

非线性光学晶体可以产生激光的倍频、和频和差频，光参量放大与振荡，多光子吸收和非线性光谱效应等，应用非常广泛。典型的非线性光学晶体包括 α 碘酸锂（α-$LiIO_3$）、铌酸锂（$LiNbO_3$）、铌酸钡钠（$Ba_2NaNb_5O_{15}$）、砷酸二氘铯（CsD_2AsO_4）、磷酸二氘钾（KD_2PO_4）、磷酸钛氧钾（$KTiOPO_4$）、五硼酸钾（$KB_5O_8\cdot 4H_2O$）、尿素（$(NH_2)_2CO$）、偏硼酸钡（β-BaB_2O_4）等。

9. 磁光晶体

在外加磁场作用下会发生折射率变化的晶体称为磁光晶体，可以用来制作磁光偏转器等。通常要求它是透明的磁性体，并具有大的法拉第旋转角和一定的吸收系数。常用磁光晶体包括偏铁酸钇（$YFeO_5$）、EuX（X 为 O、S、Se、Te 等）。

10. 压电晶体

压电晶体可用于制作滤波器、谐振器、光偏转器、机电换能器和观察窗口等。用量最大的压电晶体是水晶（α-SiO_2），其他压电晶体还包括磷酸二氢铵（$NH_4H_2PO_4$）、磷酸二氢钾（KH_2PO_4）、钽酸锂（$LiTaO_3$）、钛酸钡（$BaTiO_3$）、磷酸铝（$AlPO_4$）等。

11. 热释电晶体

热释电晶体是在受到热辐射的条件下会激发自由电子，从而可用于温度敏感测试的晶体。典型的热释电晶体包括硫酸三甘肽（TGS）、铌酸锶钡（SBN）、铌酸锂（LN）、钽酸锂（TN）、亚硝酸钠（$NaNO_2$）等。

12. 铁电晶体

某些电介质材料在一定的温度范围内表现出自发极化现象，并且极化强度与电场之间的关系呈现类似磁滞回线的滞后现象。具有上述特性的晶体称为铁电体。典型的铁电晶体包括钛酸钡（$BaTiO_3$）、钛酸铅（$PbTiO_3$）、铌酸钾（$KNbO_3$）等。

13. 闪烁晶体

闪烁晶体是指受高能射线照射时激发、产生高效发光的荧光晶体。它具有对入射线吸收系数大、荧光效率高和衰减快、发光特性与辐射强度呈现良好的线性关系、光学均匀性和对产生的荧光透明性好等特点。典型的闪烁晶体包括掺铊(Tl)的碘化钠(NaI)、碘化铯(CsI)、碘化锂(LiI),掺铕(Eu)的碘化锂(LiI)、氟化钙(CaF_3)、氟化钡(BaF_2)、铋(Bi_4)、氧化铈(Ce_3O_{12})、溴化镧($LaBr_3$)等。

14. 硬质晶体

硬质晶体具有超高硬度,包括金刚石(C)、立方氮化硼(BN)、宝石(α-Al_2O_3)等。这些晶体通常具有优异的力学、热学、光学和电学性能。

15. 绝缘晶体

绝缘晶体是指具有很大的电阻率,可用作绝缘介质的晶体。典型的绝缘晶体包括云母(白云母:$KAl_2(AlSi_3O_{10})(OH)_2$、金云母:$KMg_3(AlSi_3O_{10})(OH)_2$)、白宝石($\alpha$-$Al_2O_3$)及镁橄榄石($Mg_2SiO_4$)等。

16. 敏感晶体

敏感晶体是指能够感知某种特殊环境的晶体,包括热敏、压敏、光敏、气敏(不同气体)、湿敏晶体等。

几种主要人工晶体对应的结构如表 1-3 所示。

表 1-3 几种主要人工晶体的晶体结构

晶体功能	常用晶体	晶体结构	空间群
半导体晶体	Si、C	金刚石	$Fd\bar{3}m$
	Ge	面心立方	$Fm\bar{3}m$
	Ⅲ-Ⅴ族化合物:BAs、AlAs、InAs、GaAs、InP、GaP、AlP、InSb、GaSb 及某些多元Ⅲ-Ⅴ族化合物	闪锌矿	$F\bar{4}3m$
	Ⅲ-Ⅴ族化合物:AlN、GaN、InN	纤锌矿	$P6_3mc$
	Ⅱ-Ⅵ族化合物:CdTe、HgSe、HgTe、HgCdTe 等	闪锌矿	$F\bar{4}3m$
	Ⅱ-Ⅵ族化合物:ZnO	纤锌矿	$P6_3mc$
	Ⅱ-Ⅵ族化合物:ZnS、ZnSe、ZnTe、CdS、CdSe	闪锌矿和纤锌矿两种结构	$F\bar{4}3m$ 和 $P6_3mc$
	Ⅳ-Ⅵ族化合物:PbTe、PbS、PbSe 等	NaCl 结构或 CsCl	$Fm\bar{3}m$ 或 $Pm\bar{3}m$
	$Ⅱ_1Ⅲ_2Ⅵ_4$ 型化合物半导体(如 $Cd_1In_2Te_4$)	缺陷性黄铜矿结构	$I\bar{4}2m$

续表

晶体功能	常用晶体	晶体结构	空间群
激光晶体	Nd:YAG(掺钕钇铝石榴石 $Y_3Al_5O_{12}$)	石榴石型结构	O_h^{10}-Ia3d
	Nd:YAP(掺钕铝酸钇 $YAlO_3$)	正交晶系	Pbnm
	Nd,Cr:GSGG(掺钕或铬的钆钪镓石榴石)	石榴石型结构	O_h^{10}-Ia3d
	Ti:Al_2O_3(掺钛红宝石)	刚玉型结构	$R\bar{3}c$
	Nd:$LiYF_4$(掺钕氟化钇锂)	四方晶系(白钨矿结构)	C_{4h}^6-$I4_1/a$
	NYAB ($Nd_xY_{1-x}Al_3(BO_3)_4$ 四硼酸铝钇钕)	三方晶系	R32
	Nd:LMA ($LaMgAl_{11}O_{19}$掺钕铝酸镁镧)	六角晶系	
压电晶体	水晶(α-SiO_2)	三方晶系	D_3^4-$P3_12$
	$LiNbO_3$(铌酸锂)、$LiTaO_3$(钽酸锂)	畸变钙钛矿结构	$C_3v\bar{3}m$
	$Li_2B_2O_7$		$I4_1$-cd
	$AlPO_4$	六方晶系	P6-cc
	PMN(铌镁酸铅)、PZN(铌锌酸铅)	钙钛矿结构	Pnma
非线性光学晶体(光频转换晶体)	LBO(硼酸锂)	正交	P_{12}-cn
	BBO(偏硼酸钡)		D_{3d}^5-$R\bar{3}c$
	KTP(磷酸钛氧钾)	斜方晶系	C_2v-mm2
	CaF_2、MgO_2	萤石结构	$Fm\bar{3}m$
	$LiNbO_3$(铌酸锂)、$LiTaO_3$(钽酸锂)	畸变钙钛矿结构	$C_3v\bar{3}m$
光折变晶体	$BaTiO_3$	钙钛矿结构	Pnma
	Fe:$KNbO_3$(掺铁铌酸钾)	正交晶系,畸变钙钛矿	C_2v-mm2
	KNSBN(钾钠铌酸锶钡)	四角钨青铜结构	P4-bm
	$Bi_{12}SO_{20}$(BSO)	立方晶系	Iz3
电光、声光、磁光晶体	$LiNbO_3$	畸变钙钛矿结构	$C_3v\bar{3}m$
	$PbMoO_4$	四方晶系	C_{4h}^6-$I4_1/a$
	TeO_2	四方晶系	D_4-422
	YIG(钇铁石榴石)	石榴石型结构	O_h^{10}-Ia3d
光电晶体	KDP(磷酸二氘钾 KD_2PO_4)	四方晶系	$D_2^{12}d$-$I_{42}d$
	氯化亚铜(CuCl)	立方晶系,闪矿型	$Td\bar{4}3m$
	$LiNbO_3$(铌酸锂)、$LiTaO_3$(钽酸锂)	畸变钙钛矿结构	$C_3v\bar{3}m$
	SBN(铌酸锶钡 $Ba_{0.75}Sr_{0.25}Nb_5O_{15}$)		P4bm(C_{4v}^2)
	BNN(铌酸钡钠 $Ba_2NaNb_5O_{15}$)	正交晶系	C_2v-mm2
闪烁晶体	NaI、CsI	碘化钠结构	$Fm\bar{3}m$
	BaF_2	萤石结构	$Fm\bar{3}m$
	BGO(锗酸铋)	立方晶系	$I_{43}d$
热释电晶体	TGS(硫酸三甘肽)	单斜晶系	$P2_1$
	SBN(铌酸锶钡 $Ba_{0.75}Sr_{0.25}Nb_5O_{15}$)		P4bm(C_{4v}^2)
	$LiNbO_3$(铌酸锂)、$LiTaO_3$(钽酸锂)	畸变钙钛矿结构	$C_3v\bar{3}m$
	亚硝酸钠($NaNO_2$)	正交晶系	C_{2v}^{20}-Imm
超硬晶体	Al_2O_3	刚玉型	$R\bar{3}c$
	金刚石	金刚石	$Fd\bar{3}m$

1.3 晶体生长技术的发展

晶体生长技术是利用物质(液态、固态、气态)的物理化学性质控制相变过程，获得具有一定结构、尺寸、形状和性能的晶体的技术。图 1-21(a)为天然的刚玉，经过熔融和人工晶体生长可以得到图 1-21(b)所示的红宝石[12]。人工晶体生长的奇妙之处可见一斑，堪称“点石成玉”的技术。

(a)

(b)

图 1-21 刚玉的天然结构(a)和人工晶体生长获得的红宝石(b)[12]

人们从事晶体生长的历史可以追溯到公元前 2700 年前后。那个时期，我们的祖先已掌握了从海水中获取食盐晶体的方法[13]。在我国明代的著作《天工开物》中记载有“天生曰卤，人生曰盐”[14]。此处的“人生”即为现在所说的人工晶体生长。我国古代的炼丹术中关于“丹砂烧之成水银，积变又还成丹砂”的记载，其后一句即是由 S 和 Hg 合成 HgS 晶体的过程[14]。然而，在漫长的历史中，晶体生长一直只是一种凭经验传授的技艺。直到 20 世纪初，现代科学技术的原理不断地被用于晶体生长过程的控制，晶体生长开始了从技艺向科学的进化。特别是 50 年代以来，以单晶硅为代表的半导体材料的发展推动了晶体生长理论研究和技术的发展。近年来，多种化合物半导体等电子材料、光电子材料、非线性光学材料、超导材料、铁电材料、金属单晶材料的发展，引出一系列理论问题，并对晶体生长技术提出了越来越复杂的要求，晶体生长原理和技术的研究显得日益重要，成为现代科学技术的重要分支。

目前，晶体生长已逐渐形成了一系列的科学理论，并被用于晶体生长过程的控制。但这一理论体系尚未完善，仍有大量的内容依赖于经验。因此，人们通常认为人工晶体生长是技艺和科学的结合。

晶体生长方法可以根据其母相的类型归纳为 4 大类，即熔体生长、溶液生长、气相生长和固相生长。随着控制条件的变化，这 4 类晶体生长方法已演变出数十种晶体生长技术。典型晶体生长技术的分类如图 1-22[15]所示。

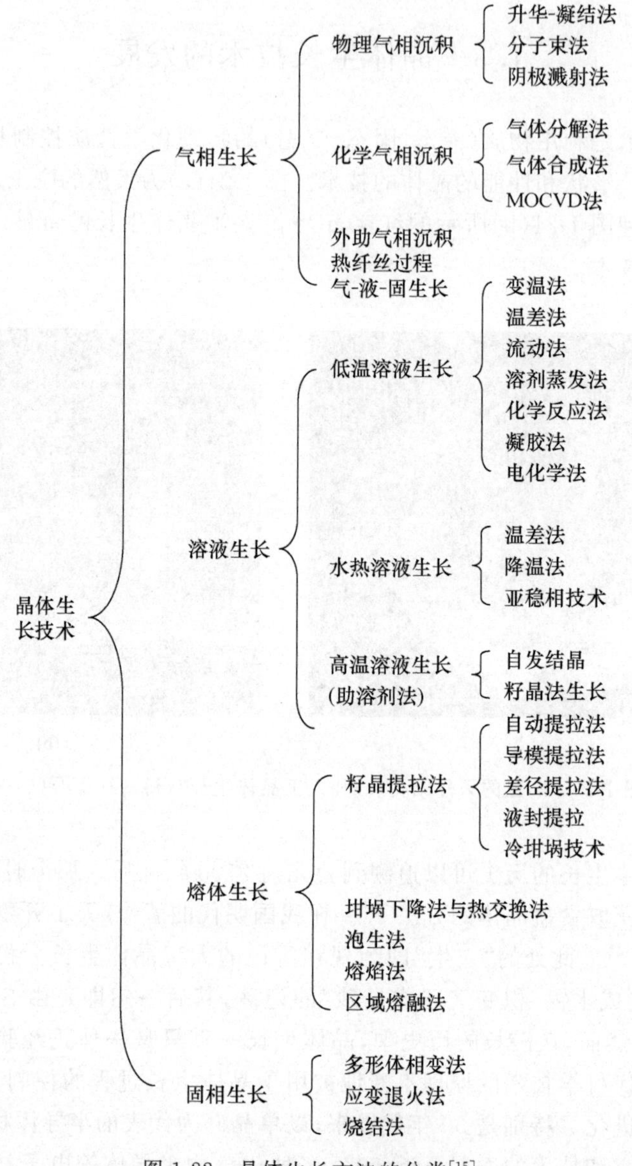

图 1-22 晶体生长方法的分类[15]

溶液生长是最古老的晶体生长方法。它是将原材料溶解在溶剂中,通过改变环境条件使其处于过饱和状态,从而使晶体材料按照设定方式析出,形成单晶体的。当前这一方法仍然得到广泛的应用,是多种晶体的主要生长方法。

熔体生长是将拟生长的晶体材料的原料加热到熔点以上,使其处于熔融状态,然后按照特定的方向缓慢冷却,形成结晶界面单向生长的条件,获得单晶体的方法。西方国家认为,19 世纪 Verneuil 等发明火焰法并被应用于宝石的单晶生长标志着熔体法晶体生长技术的开始[16],也是工业化晶体生长技术的开始。随后人们先后发展了 Kyropoulos 法(泡生法)、Bridgman 法(布里奇曼法)、Czochralski 法(提拉法,简称 Cz 法)等熔体生长方法,并被应用于半导体等功能晶体的单晶生长。当今应用最为普遍的晶体生长熔体法是

Bridgman 法和 Cz 法。前者是 1925 年由 Bridgman 提出[17]，并于 1936 年由 Stockbarger[18]改进并首先应用于 LiF 晶体生长的技术[19]。该方法已被广泛应用于化合物半导体、金属晶体等多种材料的单晶生长。Cz 法创始于 1917 年[20,21]，其发展与单晶硅的生长密不可分[22]。Cz 技术的发展促进了单晶硅的尺寸和质量的不断提高。当前 Cz 法也已成为大多数氧化物晶体生长的主要方法。其他熔体生长方法大多是由这两种方法演变而来的。

气相生长方法是将待生长的原材料通过物理或化学方法气化，然后改变环境条件形成过饱和蒸汽，使得气相中的原子或分子通过物理沉积或化学反应(合成或分解)析出，获得晶体材料的方法。20 世纪 80 年代以来，MBE(分子束外延)、MOCVD(金属有机物化学气相沉积)等先进气相生长技术迅速发展，这些新技术可以进行精确的成分和厚度控制，在各种薄膜材料、超晶格、量子阱技术领域得到广泛应用[23]。

固相生长方法是借助于固相的再结晶或相析出的方法获得晶体材料的技术。

1.4 晶体生长技术基础及其与其他学科的联系

晶体生长过程的研究需要解决的基本问题如下：

1. 晶体生长过程能够发生的热力学条件分析及其生长驱动力

晶体生长过程是一个典型的相变过程，因此进行晶体生长过程设计时首先需要考虑的是该相变过程在什么条件下可以发生、相变驱动力的大小与环境条件的关系，并以此为基础，选择合理的晶体生长条件。这是一个典型的热力学问题。

2. 晶体生长过程中的形核

晶体生长的第一步是获得晶体结晶核心，后续的结晶过程通过该核心的长大完成。结晶核心可以是外来的，即引入籽晶，也可以直接从母相中形核获得。该形核过程是需要严格控制的。理想的单晶生长过程应该精确地控制到只形成一个晶核。在后续的晶体长大过程中，防止新的晶核形成也是晶体生长过程形核研究的重要课题。

3. 晶体生长界面的结构及其宏观、微观形态

在完成形核之后，晶体生长过程是通过结晶界面不断向母相中推进进行的。结晶界面的宏观及微观形态与结晶过程的宏观传输特性相互耦合、相互影响，并对晶体的结晶质量，特别是晶体结构缺陷与成分偏析的形成具有至关重要的影响。因此，从结晶界面弯曲特性等宏观的形貌，到结晶界面纳米到毫米尺度上的平整度等细观形貌，直至晶面原子尺度的微观结构都是晶体生长研究的重要课题。

4. 结晶界面的物理化学过程

母相中的原子或分子在结晶界面上的沉积过程、堆垛方式，以及界面上的化学反应、扩散行为等是影响晶体结构完整性的重要因素。该过程决定着杂质与夹杂物的卷入、溶

质的分凝、缺陷(点缺陷、位错、孪晶等)的形成,特别是对于溶液法及化学气相沉积法晶体生长过程显得尤为重要。

5. 晶体生长过程中的溶质再分配

溶质原子及掺杂在结晶界面上的分凝是由其物理化学性质决定的。分凝导致形成晶体中的成分与母相成分的不同。对于熔体法和溶液法晶体生长过程,通常采用分凝系数反映分凝特性。某特定组元在结晶界面的分凝系数 k_i 定义为析出晶体中该组元的含量 w_{Si} 与母相中该组元含 w_{Li} 的比值,即,$k_i = w_{Si}/w_{Li}$。

结晶界面上的溶质分凝(成分的变化)使其附近液相和晶体中形成成分梯度而引起扩散,晶体生长过程中的溶质再分配包括了界面上的分凝及固相和液相中的扩散。

6. 晶体生长过程中的热平衡及其传热过程控制

晶体生长过程通常是在梯度场中进行的,而结晶过程通常也包含热效应,如结晶潜热的释放。传热过程不仅决定着结晶过程能否进行,而且传热方式控制是结晶界面的宏观、微观形貌及生长速率控制的主要手段。

7. 晶体结构缺陷的形成与控制

晶体中的主要缺陷可在结晶过程中直接形成,也可以在结晶结束后的保温过程中形成。合理地控制晶体的热过程,可以改变缺陷的密度与分布,实现晶体的改性。

8. 晶体材料原料的提纯

在半导体等电子、光电子材料及各种功能晶体材料中,微量的杂质可能会对其性能造成灾难性的影响。精确控制材料中的杂质含量,实现材料的高纯度是至关重要的。因此,材料的提纯成为晶体生长研究必不可少的环节。材料的提纯技术包括化学方法及区熔法等物理方法。关于区熔法将在熔体法晶体生长技术部分详细讨论。在晶体生长过程中还要进行全过程控制,防止材料的二次污染。

9. 化合物晶体材料合成过程的化学反应热力学及动力学

对于化合物晶体材料,需要首先进行原料的合成。合成过程可以采用高纯原料直接合成,也可以借助中间化合物间的化学反应合成。在采用高纯原料合成过程中通常会遇到不同的技术难题:单质材料通常熔点较低,而形成化合物后熔点很高,形成的固态化合物会阻断反应的通道,为了维持反应的继续进行,需要进一步提高温度。但提高反应温度又会遇到高蒸汽压、杂质污染等技术问题。借助于中间化合物进行化学合成的过程中,需要维持反应充分进行,并使其他副产物能够从晶体材料中排除,从而保证晶体的纯度。

10. 晶体材料结构、缺陷与组织的分析与表征

晶体结构、缺陷及组织分析是评价结晶质量的基本环节。该环节获得的信息将对改

进和完善晶体生长工艺提供重要的信息。从传统的光学显微分析到X射线衍射技术，透射电镜、扫描电镜等电子显微分析技术，都已成为晶体结构分析的重要手段。同时，借助于吸收光谱、光致发光谱等分析技术也能间接获得晶体结构与缺陷的信息。

11. 晶体材料的力学、物理、化学等性能表征

晶体材料的力学、物理、化学性质的分析是考查材料使用性能的依据。材料使用性能的要求不同，所需要检测的性能指标也不同，具体的性能表征方法详见第14章。

12. 晶体生长过程温度、气氛、真空度等环境条件的控制

晶体生长过程的环境控制主要包括：①温度控制，即升温与保温过程；②温度场的控制，即温度场的分布及温度梯度；③真空度的控制；④气氛控制，即环境介质中气相的成分及不同气体的蒸汽分压；⑤自然对流及溶液、气相生长过程中流体流动场的控制；⑥晶体生长的坩埚材料选择，其主要依据是室温及高温强度、工作温度、热稳定性及化学稳定性。由于需要防止坩埚材料与晶体材料之间发生化学反应，对于不同的晶体需要选用不同的坩埚材料。

13. 晶体生长设备机械传动系统的控制

晶体生长设备通常包括大量的传动系统，如拉晶过程中的抽拉速度控制、晶体及坩埚的旋转、气相生长系统中样品的移动。这些传输过程通常对低速及长时间的稳定性、平稳性、位置的精确控制等有很高的要求，是先进的机电一体化技术。

上述问题涉及的学科领域包括物理学、化学、化学工程、材料科学、应用数学、机电工程等学科领域，并且与工程热物理、地矿学、测试技术、电子信息、计算机等学科交叉。因此，晶体生长作为应用性的学科，具有综合性、交叉性的特点，需要综合相关学科领域的知识，并进行创造性的运用。

参考文献

[1] Cahn R W, Haasen P, Kramer E. Structure of Solids. Weinheim: VCH Verlags Gesellschaft mbH, 1996, 1: 22-24, 363-482.
[2] 陈纲，廖理几. 晶体物理学基础. 北京：科学出版社，1992.
[3] 宋维锡. 金属学. 北京：冶金工业出版社，1980.
[4] Jie W Q. Solute redistribution and segregation in solidification processes. Science and Technology of Advanced Materials, 2001, 2: 29-35.
[5] 周尧和，胡壮麒，介万奇. 凝固技术. 北京：机械工业出版社，1997.
[6] Tiller W A. The Science of Crystallization: Macroscopic Phenomena and Defects Generation. Cambridge: Cambridge University Press, 1991.
[7] 王中林，康振川. 功能与智能材料结构演化与结构分析. 北京：科学出版社，2002.
[8] 冯学聪, Gallon Cen. 晶体学基础，2009-05-20. http://www.xray-crystal.com/crystallogray.htm.
[9] 胡庚祥，钱苗根. 金属学. 上海：上海科学技术出版社，1980.

[10] Hermann K. http://www.fhi-berlin.mpg.de/th/personal/hermann/pictures.html.
[11] 周馨我. 功能材料学. 北京:北京理工大学出版社,2002.
[12] Smyth G. Descriptive mineralogy. 2009-05-20. http://ruby.colorado.edu~smythG301018Oxides.pdf
[13] 郭正忠. 中国盐业史. 北京:中国人民出版社,1997.
[14] 宋应星. 天工开物. 北京:中国社会出版社,2004.
[15] 曾汉民. 高技术新材料要览. 北京:中国科学技术出版社,1993.
[16] Scheel H J. Historical aspects of crystal growth technology. Journal of Crystal Growth, 2000, 211: 1-12.
[17] Bridgman P W. Certain physical properties of single crystals of tungsten, antimony, bismuth, tellurium, cadmium, zinc, and tin//Proceedings of the American Academy of Arts and Sciences, 1925, 60: 306.
[18] Stockbarger D C. The production of large single crystal of lithium fluoride. Review of Science Instruments, 1936, 7: 133-136.
[19] Scheel H J. Historical Introduction in Handbook of Crystal Growth. Amsterdam, New York: North-Holland, 1993, 1A: 1-42.
[20] Czochralski J. Zeitschrift für physikalische. Chemie, 1918, 92: 219-221.
[21] Buckley H E. Crystal Growth. New York: John Wiley and Sons Inc., 1951.
[22] Teal G, Little J B. Growth of Germanium single crystal. Physical Review, 1950, 78: 647.
[23] 杨树人,丁墨元. 外延生长. 北京:国防工业出版社,1992.

第 2 章　晶体生长的热力学原理

2.1　晶体生长过程的物相及其热力学描述

晶体生长是以气体、液体或固体为母相，通过形核与长大，形成具有一定的尺寸、形状及相结构的晶体的过程，是典型的一级相变过程，遵从相变的基本热力学原理。本节将从对母相和晶体的结构和热力学描述开始，进而对晶体生长界面进行热力学分析，为以下各节对晶体生长过程的热力学条件的分析做准备。

在以下分析中，均假定读者对热力学的基本原理，包括热力学定律、自由能、焓、熵等热力学概念都是熟悉的，不作进一步的描述，而直接采用。

2.1.1　气体的结构及热力学描述

1. 气体结构、状态与状态方程

气态物质是由自由分子构成的，分子之间除了运动过程的碰撞外，其作用力可以忽略。理想气体的模型归纳起来有以下几点[1]：

(1) 分子本身的大小比起它们之间的平均距离可忽略不计。

(2) 除了短暂的碰撞过程之外，分子之间的相互作用可忽略。

(3) 分子之间的碰撞是完全弹性的。

描述气体状态的主要参数是温度和压力。

温度是由气体中分子运动的平均动能决定的，并且通过其与固体或液体物质的接触界面上动能的传递而表现出来。理想气体的温度与其中分子的动能之间的关系可表示为

$$\bar{\varepsilon}=\frac{1}{2}m\,\overline{v^2}=\frac{3}{2}k_{\mathrm{B}}T \tag{2-1}$$

式中，$\bar{\varepsilon}$ 为分子动能平均值；m 为分子质量；$\overline{v^2}$为分子运动速率平方的平均值；k_{B} 为 Boltzmann 常量。

气体的压力是气体分子在特定界面上发生弹性碰撞所传递的动量的统计结果。假定分子的运动速度为 v，其所携带的动量 $\boldsymbol{p}=mv$，则多个分子对某特定方向上压力的贡献为 $\boldsymbol{p}\cdot v$，如果 D 表示分子数密度，则压力计算的统计公式为

$$p=\frac{1}{3}Dm\,\overline{v^2}=\frac{2}{3}D\bar{\varepsilon} \tag{2-2}$$

式中，分子数密度 D 可表示为

$$D=\frac{N}{V}=\frac{nN_{\mathrm{A}}}{V} \tag{2-3}$$

其中，N 为分子数量；V 为体积；N_A 为 Avogadro 常量；n 为分子的物质的量。

由式(2-1)～式(2-3)可以推导出理想气体的状态方程为

$$pV = nRT \tag{2-4}$$

式中，$R = k_B N_A$ 为摩尔气体常量。

在标准状态(1atm[①]，25℃)下 1mol 的任何理想气体所占据的空间都是相同的，为 22.4L。

在理想气体中，分子之间的作用力是可以完全忽略的，但在实际气体中，随着密度的增大，其相互之间的作用力将会表现出来。可以通过对气体体积和压力的修正把分子之间作用力考虑到气体的状态方程中。

每一个分子占据一定的空间，当其他分子接近它时将会产生排斥力，使得其他分子不能侵入。因此，应该把这一部分空间从体积中扣除，则气体实际可以自由运动的空间为 $V-nb$，b 为 1mol 气体分子所占有的体积。

气体的表观压力除了分子运动产生的压力外，还应该扣除分子之间的相互作用力对压力的衰减。该衰减项可以表示为 n^2a/V^2，其中 a 为常数。综合以上分析，实际气体的状态方程可表示为

$$p = \frac{nRT}{V-nb} - \frac{n^2a}{V^2} \tag{2-5a}$$

或

$$\left(p + \frac{n^2a}{V^2}\right)(V-nb) = nRT \tag{2-5b}$$

对于多组元的混合气体，除了温度和压力以外，还需要了解气体的成分。气体的成分通常采用摩尔分数表示。第 i 种气体的摩尔分数可表示为

$$x_i = \frac{n_i}{\sum_j n_j} \tag{2-6}$$

式中，n_i 是第 i 种分子的物质的量；$\sum_j n_j$ 是混合气体中所有组成元素的物质的量之和。

如果忽略分子间的相互作用力，则每一种气体均满足式(2-4)所示的状态方程，即其气体分压 p_i 与其摩尔分数成正比。因此，气体的成分也可以用气体的分压表示，如 O_2、H_2O、H_2、N_2、CO_2 等混合气体中，每种气体的分压可表示为 p_{O_2}、p_{H_2O}、p_{H_2}、p_{N_2}、p_{CO_2} 等。对于理想气体，其对外表现出的宏观压力为所有气体分压的代数和。

当混合气体中存在化学反应时，其中每一种气体的实际成分是由化学平衡条件决定的，并服从物质守恒定律。

2. 气体的内能与热力学函数

气体的 Gibbs 自由能(以下简称自由能)包括 3 项，分别是气体分子的内能、压力及熵

① 1atm＝1.01325×10^5Pa。

的贡献：

$$G = E + pV - TS = H - TS \tag{2-7}$$

式中，E 为气体的自由能，包括分子作热运动的动能及其分子间相互作用的势能。对于多分子气体，它还包括了由原子结合成分子时的化学能。以水蒸气为例，水分子是由一个 O 原子和两个 H 原子构成的，当其结合为水分子时将形成两个 O—H 键，由此产生的化学键能构成其内能的一部分。pV 项为分子运动的动能，它是由分子的运动速度和分子质量决定的。TS 项是反映气体中混乱度的熵对自由能的贡献。$H = E + pV$ 为焓。

在晶体生长等相变过程中，人们通常关心的是气体状态发生变化时自由能的变化。气体由状态 1 转变为状态 2 时的自由能变化可以表示为

$$\Delta G = \left(\sum \varepsilon_i\right)_2 - \left(\sum \varepsilon_i\right)_1 + \Delta(pV) - \Delta(TS) \tag{2-8}$$

式中，$\left(\sum \varepsilon_i\right)_1$、$\left(\sum \varepsilon_i\right)_2$ 分别为状态 1 和状态 2 下气体内部所有分子自由能的总和；$\Delta(pV)$、$\Delta(TS)$ 分别为 pV 和 TS 的变化量。如果气体状态变化过程中分子的种类及键能不变，即不发生化学反应，则 $\left(\sum \varepsilon_i\right)_2 - \left(\sum \varepsilon_i\right)_1 = 0$。

等温变化过程：

$$\Delta G = \Delta(pV) - T\Delta S \tag{2-9a}$$

等温等压过程：

$$\Delta G = p\Delta V - T\Delta S \tag{2-9b}$$

等温等容过程：

$$\Delta G = V\Delta p - T\Delta S \tag{2-9c}$$

单质气体的自由能可以以式(2-4)所示的气态方程为基础，按照等温过程分析。根据式(2-9c)，$\left(\dfrac{\partial G_G}{\partial p}\right)_T = V$，从而

$$G_G = nG_{st}^G + \int_{p_{st}}^{p} \left(\frac{\partial G_G}{\partial p}\right) dp = nG_{st}^G + \int_{p_{st}}^{p} \frac{nRT}{p} dp = nG_{st}^G + nRT\ln\frac{p}{p_{st}} \tag{2-10}$$

式中，p_{st} 为标准大气压力，为 1.01325×10^5 Pa；G_{st}^G 为气体在该标准压力下的摩尔自由能。

当两种或两种以上的气体混合时，如果仍不考虑分子间的作用力，则将会由于混乱度的增大而产生混合熵。将摩尔分数分别为 x_i $(i = 1, 2, 3, \cdots)$ 的多种气体混合，其自由能可表示为

$$G = \sum_i n_i G_i^0 + \Delta G_m = \sum_i n_i G_i^0 + Vp - \sum_i V_i p_i - T\Delta S_m \tag{2-11}$$

式中，ΔG_m 为混合自由能；n_i 为组元 i 的物质的量；G_i^0 为纯组元 i 的摩尔自由能；V 和 p 分别为混合后的气体体积和压力；V_i 和 p_i 分别为混合前各种气体独立存在时的体积及压力；ΔS_m 为混合熵。

对于理想气体混合过程：

$$\Delta S_{\mathrm{m}}=-R\sum_{i}n_{i}\ln x_{i} \tag{2-12}$$

$$Vp=\sum_{i}V_{i}p_{i} \tag{2-13}$$

从而得出理想气体的自由能为

$$G=\sum_{i}n_{i}G_{i}^{0}+RT\sum_{i}n_{i}\ln x_{i} \tag{2-14}$$

同时，理想气体中每一种组元的蒸汽分压 p_i 与其摩尔分数 x_i 成正比：

$$p_{i}=x_{i}p^{0} \tag{2-15}$$

式中，p^0 为气体的总压力。

从而式(2-14)可以写为

$$G=\sum_{i}n_{i}G_{i}^{0}+RT\sum_{i}n_{i}\ln\frac{p_{i}}{p^{0}} \tag{2-16a}$$

其摩尔自由能可表示为

$$\frac{G}{n}=\sum_{i}x_{i}G_{i}^{0}+RT\sum_{i}x_{i}\ln\frac{p_{i}}{p^{0}} \tag{2-16b}$$

关于气相中的化学变化，将在本书的第 7 章中讨论。

2.1.2 液体的结构及热力学描述

1. 单质的液体结构

液体分子之间的距离与固体接近，分子之间存在强烈的相互作用。与结晶态的固体相比，构成液体的分子或原子不存在长程有序。

关于液体结构的认识还非常有限，通常采用的液体结构模型有两种，即范德瓦耳斯模型和格子模型。

范德瓦耳斯模型是从气态模型入手进行液体结构逼近的，认为液体是高度压缩的气体。随着分子之间距离的缩短，在式(2-5b)所示的状态方程中，nb 项已经与实际的体积接近。同时，在压力项中，n^2a/V^2 也达到很大的数值，从而引起原子间作用力的增大[2]。

格子模型是从结晶态的固体入手进行液体结构逼近的，认为液体是晶格破损、存在大量缺陷的晶体[3]。从 X 射线衍射得出的径向分布函数看，液体也有着与晶体相似的周期性[4,5]，但主要表现为短程有序，配位数约为 10.6[6]。

除了配位数以外，分子(原子)的相互作用及由此决定的分子(原子)间距是决定液体宏观性质的重要因素。分子间的相互作用是由 Lennard-Jones 势能函数 $U(r)$ 表示的[2,7]：

$$U(r)=-\frac{a}{r^{6}}+\frac{b}{r^{12}} \tag{2-17}$$

式中，等号右边第 1 项是引力项，是描述分子间作用力的通用表达式；第 2 项为斥力项，其指数 12 并不严格，但定性上是合理的，并且数学处理上是方便的。参数 a 和 b 是与温度、压力有关的常数。

式(2-17)表示的 $U(r)$ 与分子(原子)间距离 r 的函数关系如图 2-1 所示[2]。当分子间的距离为 r_e 时势能最低，r_e 即为平衡的分子间距离。该距离对应的分子间作用能为 ε，r_0 为零动能下的碰撞直径。因此，式(2-17)还可表示为

$$U(r)=-2\varepsilon\left(\frac{r_e}{r}\right)^6+\varepsilon\left(\frac{r_e}{r}\right)^{12}$$
$$=4\varepsilon\left[-\left(\frac{r_0}{r}\right)^6+\left(\frac{r_0}{r}\right)^{12}\right] \quad (2\text{-}18)$$

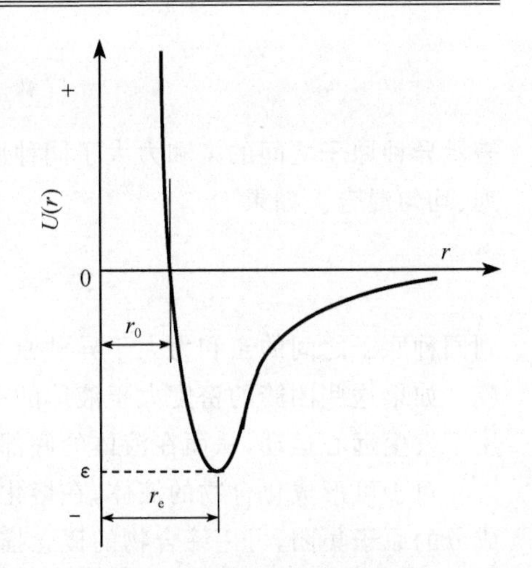

图 2-1　原子间相互作用势函数随间距的变化[2]

对于实际液体的结构，目前较为普遍的认识是，液体由许多游动的原子集团所组成，在集团内部可以看作是空位等缺陷较多的固体，其中的原子排列和结合与同组元的固体相近，但存在着结构起伏，即这些原子集团是时聚时散、此起彼伏的。在原子集团之间存在大量的空隙。这些原子集团随着温度的升高运动加快、尺寸减小。在过冷的熔体中，这些原子集团可能发展为晶坯，成为均质形核的核心。

2. 多组元液体状态的描述

实际上，纯组元构成的单质熔体是不存在的。即使经过特殊的提纯技术获得的高纯材料，其中仍然存在着大量的杂质。因此，多组元液体才是最常见的。对于多组元液体，首先需要约定一个对其组成进行定量表示的方法。通常采用质量分数(或百分数)，或摩尔分数表示。

由 q 个组元组成的液体中，某特定组元 i 的质量分数用下式计算：

$$w_i=\frac{m_i}{\sum_{j=1}^{q}m_j} \quad (2\text{-}19a)$$

式中，m_i 及 m_j 是液体中组元 i 及组元 j 的质量。

摩尔分数则表示为

$$x_i=\frac{N_i}{\sum_{j=1}^{q}N_j} \quad (2\text{-}19b)$$

式中，N_i 及 N_j 是液体中组元 i 及组元 j 的原子数。

对于多组元的液体，除了结构起伏外，还存在着成分起伏，同时会引出偏析、原子团簇、缔合物等结构概念。

偏析包括微观尺度的成分偏聚及长程的成分偏析。以 A、B 两个组元形成的二元系为例，分别用 ε_{AA}、ε_{BB}、ε_{AB} 表示 A-A、B-B 及 A-B 原子之间的作用力，如果

$$\varepsilon_{AB} > \frac{1}{2}(\varepsilon_{AA} + \varepsilon_{BB}) \tag{2-20}$$

表示异种原子之间的亲和力大于同种原子之间的亲和力，则 A、B 两种原子倾向于交错排列、均匀混合。如果

$$\varepsilon_{AB} < \frac{1}{2}(\varepsilon_{AA} + \varepsilon_{BB}) \tag{2-21}$$

则同种原子之间的亲和力大于异种原子，将会发生 A 原子或 B 原子的偏聚，形成原子团簇。如果这些团簇的密度大于液体的平均密度，则会在重力作用下下沉，或在离心力的作用下发生远心运动，从而在液体的底部或远离运动中心的部位形成偏析。

对于可形成化合物的液体，在熔化之后还可能在液体中的局部保存成分接近于晶体成分的原子集团，可用缔合物的概念描述。例如，在 Al-Cu 二元合金系中，在 Al 和 Cu 的原子比为 1∶3 的位置会形成 $AlCu_3$ 化合物，因此可以假定在 Al-Cu 熔体中存在成分接近于 $AlCu_3$ 的缔合物，并认为合金液是由 Al、Cu 单质及 $AlCu_3$ 缔合物构成的三元系，在此假设条件下获得的自由能计算结果能够更好地反映实际情况[8]。

3. 液体的宏观性质

液体的宏观参数主要是密度和质量热容(或比热容)。

1) 密度

密度是单位体积液体的质量，表示为

$$\rho_L = \frac{m}{V} \tag{2-22}$$

式中，m 为质量；V 为体积。下标 L 特指液体的密度，以示和其他状态的区别。

密度是由原子(分子)的质量及其间距决定的，除极特殊的情况外，随着温度的升高，原子(分子)的热运动加剧，间距增大，从而密度降低。同时，溶质原子的加入改变了液体中原子之间的作用力及平均原子质量，也会引起密度的变化。因此，实际液体的密度是温度和成分的函数，可以表示为

$$\rho = \rho_0 + \alpha_{VT}(T - T_0) + \sum_i \alpha_{Vci}(w_i - w_{i0}) \tag{2-23}$$

式中，ρ_0 是温度为 T_0、成分为 w_{i0} 的液体密度；α_{VT} 为体膨胀系数，可表示为 $\alpha_{VT} = \partial\rho/\partial T$，单位为 $g/(mm^3 \cdot K)$；α_{Vci} 为组元 i 的成分体膨胀系数，表示为 $\alpha_{Vci} = \partial\rho/\partial w_{i0}$，单位为 g/mm^3。通常加下标 L 特指液体。

将密度与温度及成分之间的关系作线性化处理，对于大多数低溶质含量的液体是比较好的近似。在实际液体中，α_{VT} 可能随温度的变化改变，α_{Vci} 则可能是成分的函数。

2) 质量热容

随着温度的升高，液体从环境中获得热量使得其原子(分子)的热运动加剧，能量升高。液体的内能增量(或从环境吸收的能量)随温度变化的度量指标是质量热容，在常压下，质量定压热容表示为

$$c_p = \frac{Q}{\rho V \Delta T} \tag{2-24}$$

式中，Q 为液体温度升高 ΔT 所吸收的热量。因此，液体的质量定压热容定义为单位质量的液体温度升高一度所吸收的热量。

4. 液体的热力学状态度数

描述液体热力学状态的主要参数仍是自由能和熵。

与气体相同，液体的自由能也可以用式(2-7)所示的通式表示，其中 G、E、H、S 通常用单位摩尔液体对应的数值表示，前三者具有能量的单位，可用 J/mol 等表示。S 是能量与温度之比，其单位为 J/(mol·K)。

虽然式(2-7)中的各热力学参量的绝对值可以通过热力学计算方法确定，但人们通常关心的还是体系状态发生变化时各个参数的改变量。因此，需要首先确定一个参考状态。对于等温变化过程：

$$\Delta G = \Delta H - T\Delta S \tag{2-25}$$

在常见的晶体生长过程中，压力 p 是恒定的，体积 V 的变化量很小，因此经常用内能变化量 ΔE 近似表示焓的变化量 ΔH。

对于多组元的液体，其自由能可以用下式进行计算：

$$G = \sum_i x_i G_i + \Delta G_{\text{mix}} = \sum_i x_i G_i + \Delta H_{\text{mix}} - T\Delta S_{\text{mix}} \tag{2-26}$$

式中，x_i 是组元 i 的摩尔分数；G_i 是组元 i 单质液体的自由能；ΔG_{mix}、ΔH_{mix}、ΔS_{mix} 分别为混合自由能、混合焓和混合熵。

上述典型热力学参数可以采用统计热力学的方法计算，但获得精确值仍有很大难度，通常通过测定单质液体混合过程中的热效应进行实验测定。目前，已经建立了大量的热力学参数的数据库，可以查阅和计算，如纯物质数据库[9]、溶液数据库[10]、Ⅱ-Ⅵ族化合物半导体材料数据库[11,12]，以及Ⅲ-Ⅵ族化合物半导体材料数据库[13]。

2.1.3　固体的结构及其热力学参数

1. 固体的结构

固体按其结构可分为晶态和非晶态。其中非晶态材料的微观结构与液体非常接近，被认为是过冷的液体，并且由于固体非晶态材料微观结构的稳定性比较高，在室温下稳定存在，其微观结构的研究与液体相比较为容易。因此，人们通常根据非晶态固体的结构性质类推或分析液体的结构。当前，非晶态材料的研究已经成为一个非常重要的领域，并且有大量的文献可供阅读[14,15]。

关于晶体基本结构的描述，已经在第 1 章中进行了归纳，这里不再赘述。以下对固体的热力学相关的宏观参数作简单描述，并重点结合多组元材料的结构特性进行分析。多组元材料的成分表达形式与液体相同。组成多组元材料的典型结构是固溶体及化合物，以下分别分析。

1) 固溶体

固溶体是多组元固态材料的典型形式，它通常以一种原子(或化合物)形成的晶体结构为基础，其中溶入其他原子，而不改变原有的晶体结构。构成晶格的基本原子称为溶剂，溶入的其他原子称为溶质。溶质可以占据原有结构中溶剂所在格点的位置，而将原来的原子置换出来，形成所谓的置换固溶体。尺寸较小的溶质原子可以进入晶格中间隙的位置而形成间隙固溶体。

对于置换固溶体，溶质原子进入(溶解)或逸出晶体的过程中原子的扩散是双向的，溶质原子和溶剂原子的扩散方向相反，而间隙固溶体中仅通过溶剂原子的扩散即可完成固溶或脱溶过程。

置换固溶体和间隙固溶体的表观成分对应的微观成分的意义是不同的。假定基本晶格晶胞中的原子数为 N，则可以用晶胞中的溶质原子被溶剂原子 i 占据的概率 $x_i=N_i/N$ 来计算置换固溶体的成分。对于间隙固溶体，同样假定晶胞中的原子数为 N，间隙的数目为 N'，间隙被间隙原子 i 占据的概率为 g_i，则宏观的成分与晶胞中的原子之间的关系为

$$x_i=\frac{g_iN'}{N+g_iN'}=\frac{g_in'}{1+g_in'} \tag{2-27}$$

式中，$n'=\dfrac{N'}{N}$，表示平均每一个晶格原子对应的间隙数。

异种原子的尺寸和性质不可能是完全相同的，当其溶入晶格中时必将引起晶格的畸变。随着溶解的原子浓度的增大，畸变达到一定的程度后，原有的晶格结构将被破坏，形成新的结构，即新的相。因此，对于给定的晶体结构，对各种原子的溶解量是有限制的，该极限称为固溶度。在固溶度的极限之内成分是可变的，即固溶体的成分在一定的范围内是可调的。仅在两种原子单质的相结构相同、原子尺寸和化学性质接近的情况下，才可能形成连续固溶体，即在成分从 $x=0$ 变化到 $x=1$ 的范围中只发生晶格常数的变化，而不形成新相。

影响固溶体中固溶度的因素包括原子尺寸、电负性及电子浓度[16]。

(1) 原子尺寸因素。设溶剂的原子直径为 $d_{溶剂}$，溶质原子直径为 $d_{溶质}$，则当二者的比值 $d_{溶质}/d_{溶剂}=0.85\sim1.15$ 时，或者 $(d_{溶剂}-d_{溶质})/d_{溶剂}$ 在 $\pm(0.14\sim0.15)$ 范围内时，才能形成具有显著固溶度的置换固溶体。而当 $d_{溶质}/d_{溶剂}<0.59$ 或 $(d_{溶剂}-d_{溶质})/d_{溶剂}>0.41$ 时更容易形成间隙固溶体。

(2) 电负性。将不同原子混合时，二者之间的电负性相差越大，电子就越容易被电负性大的原子吸引，从而更容易形成化合物，而不形成固溶体，其固溶度就必然减小。

(3) 电子浓度。若以 N_{e0} 表示溶剂的价电子数，N_{ei} 表示组元 i 的价电子数，则固溶体的电子数为

$$C_e=N_{e0}\left(1-\sum_i x_i\right)+\sum_i x_iN_{ei} \tag{2-28}$$

对于一定的过渡族金属，固溶度极限位置的电子浓度通常为一定值。对于 1 价的 Cu、Ag、Au 等，该值约为 1.4。

对于置换固溶体，随同类原子及异类原子之间相互作用力的不同，其微观结构会发生

变化。与液体中的情况相同，分别用 ε_{AA}、ε_{BB}、ε_{AB} 表示 A-A、B-B 及 A-B 原子之间的作用力，则当式(2-20)成立时形成有序固溶体，而当式(2-21)成立时发生同类原子的偏聚。

2) 化合物

多组元固体的另一种结构是化合物，即异类原子之间形成具有固定成分及不同于溶质或溶剂的新结构。化合物包括以离子键或共价键构成的正常价化合物、电子化合物以及由尺寸因素决定的化合物[16]。

(1) 正常价化合物。符合正的化合价与负的化合价平衡的化合价规律的化合物，如第 1 章中描述的氯化钠(NaCl)型、氟化钙(CaF_2)型、闪锌矿(ZnS)型等化合物，均属于正常价化合物。

(2) 电子化合物。电子化合物是由过渡族及ⅠB 族、ⅡB 族和ⅢA～ⅤA 族元素形成的。这些化合物常不符合化合价平衡的规律，当电子浓度达到一定值时就会形成特定结构的化合物。如当 $C_e=3/2$ 时，形成体心立方结构的化合物，称为 β 黄铜结构，如 CuBe、CuZn、Cu_3Al、Cu_5Sn 等；当 $C_e=21/13$ 时形成复杂立方结构的化合物，如 Cu_5Zn_8、Cu_9Al_4 等；当 $C_e=7/4$ 时，形成密堆六方结构的化合物，如 $CuZn_3$、Cu_3Sn、Cu_3Si、Cu_5Al_3 等。

(3) 尺寸因素化合物。尺寸因素化合物包括间隙相化合物和 Laves 相。当原子尺寸相差较大时，小尺寸的原子将填入大尺寸原子结构的间隙中形成间隙相化合物。可以用简单的分子式 M_4X、M_2X、MX 或 MX_2 表示，M 表示大尺寸的金属原子，X 表示小尺寸原子，主要包括 H、C、N、B 等。通常要求原子直径比 $d_{溶质}/d_{溶剂}<0.59$。典型的间隙相化合物包括面心立方结构的 ZrN、ScN、TiN、VN、ZrC、TiC、TaC、ZrH 等，密排六方结构的 Fe_2N、Cr_2N、Mn_2N、V_2N、Mo_2C、Ta_2C、W_2C、V_2C、Nb_2C、Zr_2H、Ta_2H、Ti_2H 等。当 $d_{溶质}/d_{溶剂}>0.59$ 时形成的化合物则较为复杂，如正交晶系的 Fe_3C、Mn_3C、Ni_3C 等，复杂立方的 $Cr_{23}C_6$ 等及简单六方的 Cr_7C_3 等。

Laves 相是当原子尺寸差 $d_B/d_A=0.83\sim0.71$ 时，形成具有 AB_2 结构的化合物，如 $MgCu_2$、$MgZn_2$、$MgNi_2$ 等。

化合物结构的固体中也可能溶解其他元素而形成以化合物为基体相的固溶体。

2. 固体的性质

固体的性质包括的范围非常广泛，以下仅讨论与热力学行为密切相关的几个性质。同时，由于固体的性质在本书的许多章节都会涉及和描述，此处从简。

1) 密度及质量热容

固体的密度及质量热容的定义、表示方法与液体相同，可以加下标 S 表示固体的参数，但其所反映的微观结构的本质有微小的区别。

随着温度的升高或成分的变化，固体的密度也相应发生变化。当温度升高时，原子的热运动加剧，平均原子间距增大，同时，部分原子会离开原来的位置形成点缺陷。因此，密度的变化是由晶格常数的变化和缺陷的增加两个因素造成的。对于固溶体型的晶体，成分的变化引起晶格常数的变化也将导致密度的变化。通常密度随着成分的变化呈线性的变化规律，然而一旦形成化合物或新相，则密度会发生突变。

如果固体中出现多相共存的情况，其各相的密度将是不同的，实际可测的表观密度可

以表示为

$$\rho = \sum_i \varphi_i \rho_i \tag{2-29}$$

式中，φ_i 表示第 i 相的体积分数；ρ_i 是第 i 相的密度。

质量热容所反映的物理本质包括了晶格振动和固体中自由电子的贡献。值得指出的是，对于实际晶体，不论是密度还是质量热容，都需要考虑晶体结构缺陷的影响。

2）弹性模量

弹性模量是反应固体变形抗力的参数，在仅发生弹性变形的情况下，固体中的应力 σ 与发生变形的应变 ε 之间呈线性关系，即

$$\sigma = E_y \varepsilon \tag{2-30}$$

式中，E_y 为固体的弹性模量，或称杨氏模量，它随着温度的升高而减小。

3）强度

强度是指固体在外力作用下断裂的临界应力。根据原子之间的相互作用力计算，要将整排的原子之间的结合键拉断所需要的应力是非常大的。理论计算表明，将金属 Fe 拉断需要的应力要达到 40GPa，而实际上临界应力只能达到其理论值的 1/1000～1/100。材料强度研究结果表明，材料在外力的作用下借助于位错的滑移首先发生变形，当变形达到一定值时，材料内部的均匀性和一致性均发生变化，该变化积累到一定数值时发生破坏。因此，表观上可测定的固体开始发生塑性变形的临界应力对应于材料位错开动的应力，而测定的固体断裂时的临界应力则是反映固体滑移特性、组织结构、应力取向等多种因素综合作用的表观参数，不能直接反映固体中原子之间的相互作用力。

3. 固体的热力学参数

与液体相同，固体的热力学参数包括自由能、内能、焓、熵，并可用式(2-25)表示。对于固体，其体积 V 的变化非常小，除了考虑高压等特殊过程外，pV 在状态变化过程中的改变量是非常小的，因此当热力学状态发生变化时

$$\Delta E \approx \Delta H \tag{2-31}$$

而熵的改变可根据状态变化过程中的热效应，采用下式计算：

$$\Delta S = \int \frac{1}{T} \frac{\partial H}{\partial T} \mathrm{d}T \tag{2-32}$$

因此，其热力学状态函数主要是 ΔE 的确定。对于固体，ΔE 的影响因素很多，可表示为

$$\Delta E = \Delta E_C + \Delta E_V + \Delta E_E + \Delta E_D + \Delta E_S \tag{2-33}$$

式中，ΔE_C 是固体中原子之间结合键能的变化，可以用其升华热近似；ΔE_V 为晶格振动动能；ΔE_E 为晶体中电子振动的动能；ΔE_D 是晶体中的结构缺陷引入的能量变化，包含了空位、位错、层错、孪晶、晶界等缺陷对固体内能的贡献；ΔE_S 为晶体中的应力引入的弹性畸变能。在不发生相结构和成分变化的情况下，固体中的结合键能变化很小，$\Delta E_C \approx 0$。ΔE_V 在其状态变化过程中可用质量热容反映出来

$$\Delta E_{\mathrm{V}} = \int_{T_0}^{T} c_{p\mathrm{S}} \rho_{\mathrm{S}} (T - T_0) \mathrm{d}T \tag{2-34}$$

式中，$c_{p\mathrm{S}}$ 为固相的质量定压热容；ρ_{S} 为固体的密度。

2.1.4 相界面及其热力学分析

相界面是进行晶体生长过程分析和控制的关键环节。经常遇到的界面包括气-液界面、气-固界面、液-固界面、固-固界面。不同相界面所具有的共性的性质有：

（1）界面两侧的组成相具有不同的结构和性质。

（2）界面上的原子排列方式和成键特性不同于界面两侧的任何相，界面上存在着附加的自由能，即界面能。

（3）界面两侧的成分是相关的，由热力学原理决定。在热力学平衡条件下，界面两侧的物质相互转移的速率相等，从而维持动态平衡。该平衡一旦被破坏，则会发生物质的转移，导致物质从自由能较高的一侧向自由能较低的一侧转移，进而导致界面的迁移。

然而，不同的界面将会表现出不同的性质，并在晶体生长过程中扮演着不同的角色。以下分别结合具体的界面，对界面结构、界面性质及界面过程进行分析。

1. 气-液界面

以液相作为母相进行晶体生长的过程中，液相必然要与环境气氛接触，存在着气相与液相的界面。

气-液界面上最典型的性质是界面张力，或称为界面能，用 σ 表示。液相内部原子在各个方向上的环境是相同的，它与周围的原子形成的键数与其配位数 η 相等。但在气-液界面上，液相存在大量的断键，这些断键以附加自由能的形成存在。界面能定义为单位面积界面上的附加能，即

$$\sigma = \frac{\Delta E}{A} \tag{2-35}$$

其单位为 $\mathrm{J/cm^2}$。

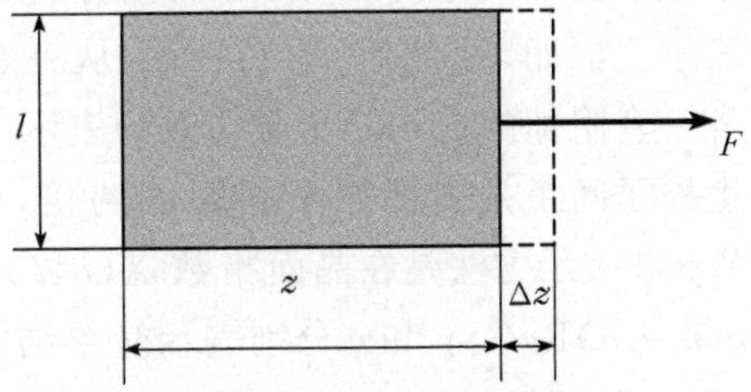

界面张力是按照图 2-2 所示的原理确定的。假定界面的长度为 l，将其拉长一段距离 Δz 所做的功为

l
F
z
Δz

图 2-2 界面张力的定义

$$\Delta W = \sigma l \Delta z \tag{2-36a}$$

或

$$\sigma = \frac{\Delta W}{l \Delta z} \tag{2-36b}$$

由于 $l\Delta z$ 即为面积，相当于式(2-35)中的 A。而根据能量守恒定律，对界面做功 ΔW 则以能量的形式保留在界面上，因此 ΔW 和 ΔE 也是等效的。可以看出，不论是由式(2-35)定义的界面能，还是由式(2-36b)定义的界面张力，其数值和量纲都是完全相同的。

在气相与液相的界面上存在不同程度的原子交换。原子从液相进入气相的过程称为气化，而从气相进入液相的过程则称为凝聚。在热力学平衡条件下，这一交换过程是一个

动态平衡的过程。液相原子进入气相时必须挣脱原子之间的相互束缚，因此气化的过程通常都是吸热的。

液相中的元素可以以原子的形式存在，而进入气相时以分子的形式存在。如液相中的氧原子进入气相，必然会相互结合形成 O_2 分子，或者与其他气体原子结合形成其他分子，如 H_2O、CO、CO_2 等。

与物质气化过程相关的参数包括：

(1) 气化热。单位质量的液相发生气化所吸收的热量称为汽化热，通常采用沸点温度的汽化热作为度量标准，记为 Δh_V。

(2) 蒸汽压。液相的气化过程与环境气氛的压力有关，当环境压力偏高时将会发生气相的凝结，而当环境气氛的压力偏低时将会发生液相的气化。气化速率和凝结速率相等时对应的气相的压力就是液相和气相的平衡蒸汽压。

(3) 沸点。液相的蒸汽压通常随着温度的升高而增大。当其达到一个大气压时，气化在表面和液相内部同时进行，出现沸腾现象。液相蒸汽压刚刚达到大气的蒸汽压时对应的温度称为沸点。

2. 气-固界面

气-固界面与气-液界面的共同之处在于它们都是凝聚态与非凝聚态的界面，由于成键特性在界面上的变化，存在着界面能，并且可以采用相同的方式来描述。但由于固相为结晶态，在固相一侧的原子规则排列，具有方向性。因此，即使同一晶体，不同取向界面上的界面能是不同的，界面能具有各向异性。

在结晶状态的固体表面上，原子之间的成键规律发生破坏，可能会发生原子的重构，形成不同于固体内部的原子排列方式。因此，通常对于表面上的原子，将采用另外的指数表示。例如，对于 Pt 的(111)面，从表面上看，其原子排成密堆的六边形结构，则可以用另外一套附加的 Miller 指数(1×1)表示。如果在表面上原子和空位是相间排列的，即表面上原子间距是内部原子间距的两倍，则可用(2×2)表示表面指数。表面原子组态的 Wood 表示方法是在晶面指数 $X(hkl)$ 的基础上，加上表面重构的指数 $p(m\times n)R\alpha°$ 或 $c(m\times n)R\alpha°$。p 和 c 分别表示简单结构(primitive)和面心结构(centers)；$\alpha°$则表示相对于内部原子结构旋转的角度。图 2-3 为几种低 Miller 指数晶面常见表面结构及对应的 Wood 表示法[17,18]。

在气-固界面上同样存在着物质的交换。物质从固相进入气相的过程称为升华，相反的过程称为结晶。此二者也是一个动态平衡的过程。单位质量物质升华所吸收的热量称为升华热，记为 Δh_C。

3. 液-固界面

液-固界面两侧均为凝聚态介质，但其性质存在较大的差异。液相一侧原子的排列是无序的，并且原子间的作用力通常较固相一侧弱。因此，在液-固界面上同样存在着界面能及界面能的各向异性，但液-固界面能通常远远小于气-液及气-固界面能。

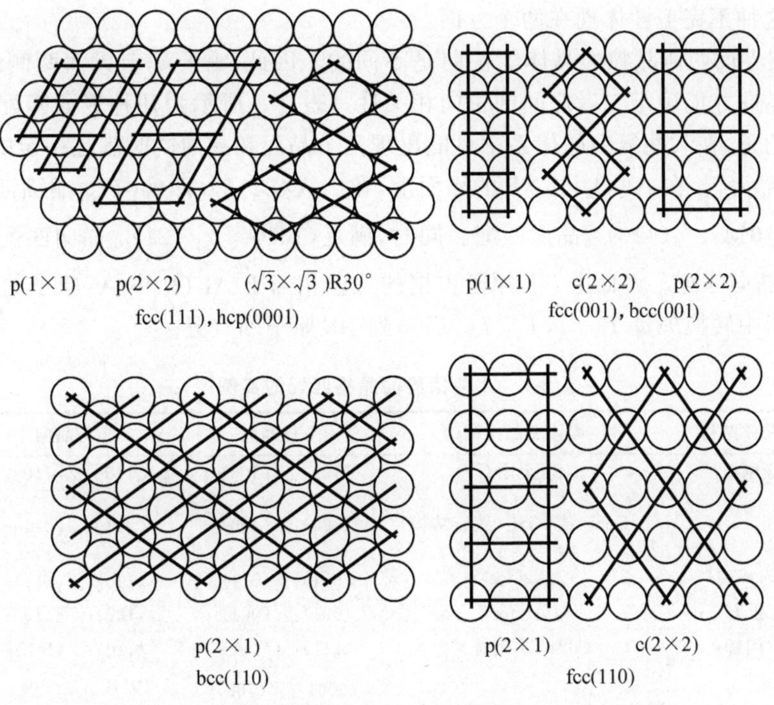

图 2-3　几种低 Miller 指数面常见表面重构及 Wood 表示法[17,18]

液-固界面结构仍是一个尚待研究的领域。通常认为液-固界面是一个由若干个原子层构成的过渡区，在过渡区内进行着原子向规则有序转变和向无序转变的动态过程。如果原子向规则有序排列的转变速度大于反向转变的速度，则界面向液相一侧移动，发生结晶过程。如果相反，则发生熔化过程。宏观上可以用凝固速率 R 表示，它是界面位置相对于时间的偏导数，即

$$R=\frac{\partial z}{\partial \tau} \tag{2-37}$$

z 的正向指向液相一侧。当 R 为正值表示结晶，R 为负值表示熔化。R 的绝对值大小表示凝固(熔化)的速率。

熔化过程通常是一个吸热过程，而结晶则是一个放热过程。熔化热和结晶释放的结晶潜热在数值上是相等的，可以用 Δh_S 表示。

4. 固-固相界面

相同结构、成分和晶格参数的不同取向的晶粒之间的界面称为晶界，而具有不同结构的两相之间的界面则称为相界面。由于相界面两侧的晶体性质都是各向异性的，因此其界面结构不仅与其两侧的晶体结构有关，而且与两相之间的相对取向有关。因此，固-固相界面与其他类型界面的区别之处在于界面上可能存在共格关系，即界面两侧的晶体取向具有一定的相关性。这种相关性可能是随机偶然形成的，也可能是由热力学稳定性条件决定的一种择优取向。在晶体外延生长中，该取向则是人为设计的。

共格界面两侧晶体结构及晶格参数不可能是完全相同的，因此，晶格的匹配必然不是

完美的。这种不完美性体现在两个方面：

(1) 相界面两侧晶粒的晶体学位向是不同的。因此，需要确定界面两侧的相互平行的晶面及晶向才能确定二者之间的位向相关性。表 2-1 所示为几种界面匹配的实例[18]。值得指出的是，在某些复杂的体系中可能出现几个晶面和晶向同时满足一定的对应关系。如图 2-4 所示[18]，在 Al_2O_3 与 Nb 的界面上，在出现 $(0112)_S // (001)_{Nb}$ 晶面匹配的同时，还存在着 $(1014)_S // (110)_{Nb}$ 晶面匹配。同时，满足 $\langle 10\bar{1}0\rangle_S // \langle 1\bar{2}1\rangle_{Nb}$ 晶向匹配和 $\langle 2\bar{1}\,\bar{1}0\rangle_S // \langle 1\bar{1}0\rangle_{Nb}$ 晶向匹配。界面上 Nb 原子占据的位置相当于 Al_2O_3 中 Al 原子的延伸，即 Al 原子经过图中转换矢量 $\boldsymbol{T}(T_1, T_2, T_3)$ 后达到 Nb 原子的位置。

表 2-1 几种相界面晶格匹配的实例[18]

固体 1 晶体结构	固体 2 晶体结构	平行晶面	平行晶向	文 献
Si,B(金刚石)	Si(金刚石)	$(100)_1 // (100)_2$	$[110]_1 // [110]_2$	[19]
Si	$CoSi_2$ 或 $NiSi_2$(萤石结构)	$(100)_1 // (100)_2$	$[011]_1 // [011]_2$	[19]
GaAs(闪锌矿)	Ag(fcc)	$(00\bar{1})_1 // (011)_2$	$\langle\bar{1}10\rangle_1 // \langle 111\rangle_2$	[19]
$TiAl_3$(正方)	Al(fcc)	$(001)_1 // (001)_2$	$\langle 100\rangle_1 // \langle 110\rangle_2$	[20]
HgCdTe(闪锌矿)	CdZnTe(闪锌矿)	$(111)_1 // (111)_2$	$\langle 110\rangle_1 // \langle 110\rangle_2$	[21]
Al_2O_3(刚玉)	Nb(bcc)	$(0001)_1 // (100)_2$ $(0001)_1 // (111)_2$ $(0014)_1 // (110)_2$	$\langle 0110\rangle_1 // \langle 001\rangle_2$ $\langle 10\bar{1}0\rangle_1 // \langle 1\bar{2}1\rangle_2$ $\langle 2\bar{1}\,\bar{1}0\rangle_1 // \langle 1\bar{1}0\rangle_2$	[18]

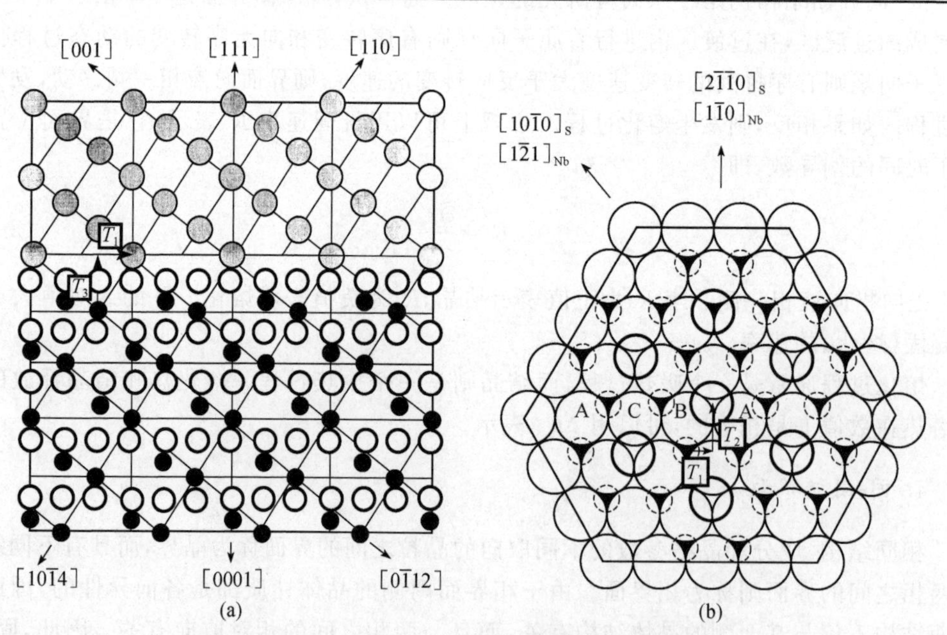

图 2-4 Al_2O_3 与 Nb 的界面上晶格匹配的方式之一[18]

(2) 界面晶格匹配不完美的另一个标志是晶格的错配。在相界面的两侧，晶体结构和晶格常数不可能完全一致。这种不一致性称为错配，并用错配度 δ 来度量：

$$\delta=\frac{a_2-a_1}{a_1} \tag{2-38}$$

式中，a_1、a_2 分别表示晶界两侧相匹配的晶体学取向上的晶格常数。

晶界上的错配在晶体中引入应力。该应力可通过形成位错得以释放，如图 2-5 所示[18]。如果晶格的错配 δ 是已知的，则理论上的位错间距应为

$$l=Na_1=\frac{a_1}{\delta}a_1 \tag{2-39}$$

式中，N 为相邻位错之间晶格数。

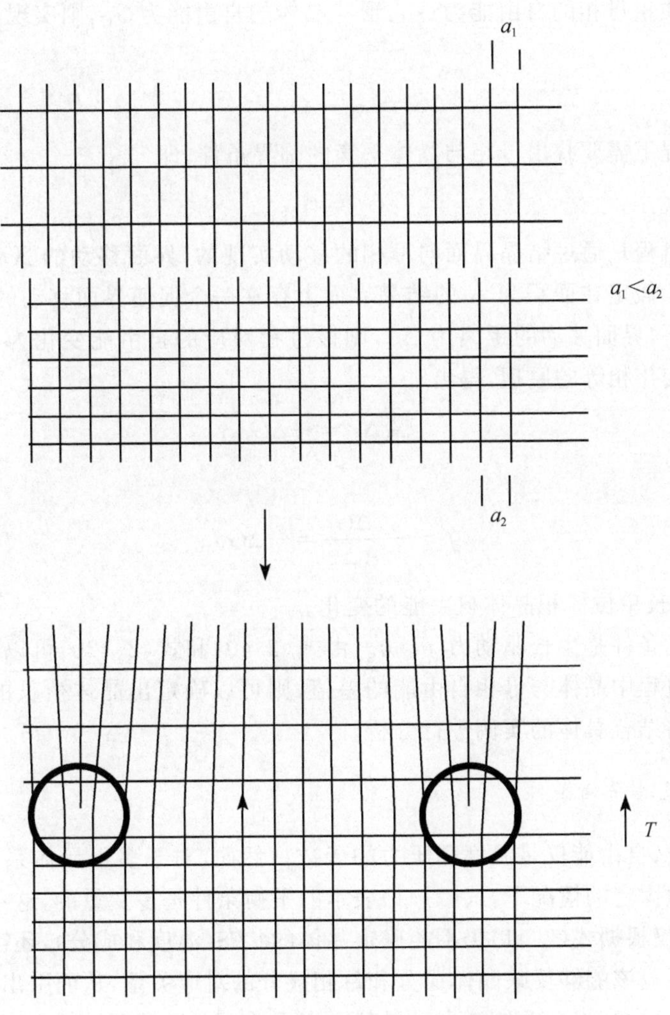

图 2-5　相界面上晶格错配形成的位错[18]

固-固相界面上同样存在着界面能。但与至少一侧为流体的相界面相比，固-固界面上的界面能包括原子间键能的变化产生的化学能和界面错配引起的应力场在两侧晶体中产生的弹性畸变能。

固-固界面上也会发生原子的交换，导致界面的迁移。通过固态再结晶法进行晶体的固相生长就是通过控制固-固界面的迁移实现的。

2.1.5 晶体生长的热力学条件

1. 自由能与晶体生长驱动力

晶体生长过程是一个典型的一级相变过程，热力学条件分析是判断该过程能否进行以及进行的倾向性强弱的重要工具。根据热力学原理，实现晶体生长的条件满足热力学第二定律，即熵增大原理，或自由能降低的原理。形成晶体的自由能应该低于母相的自由能。假定单位质量母相的自由能为 G_M，形成晶体的自由能为 G_C，则实现晶体生长的热力学条件是

$$\Delta G = G_C - G_M < 0 \tag{2-40}$$

在许多情况下需要找出母相与晶体平衡的临界条件，即

$$G_C = G_M \tag{2-41}$$

晶体生长过程是通过结晶界面向母相的移动实现的，界面移动的驱动力来自于体系自由能的降低。假定在面积为 A 的结晶界面上存在一个促使界面移动的驱动力 f，在该驱动力的作用下，界面移动的距离为 Δz，则该过程对应的自由能变化为 ΔG。根据外力做功与自由能变化相等的原理，得出

$$fA\Delta z = -\Delta G \tag{2-42a}$$

或

$$f = -\frac{\Delta G}{A\Delta z} = -\Delta G_V \tag{2-42b}$$

式中，ΔG_V 为生长单位体积晶体自由能的变化。

晶体生长的条件是生长驱动力 $f>0$。由式(2-40)和式(2-42b)可以看出，只要能够确定晶体生长过程中晶体与母相自由能的差值，则可以确定出晶体生长的驱动力。在本章以后各节中将结合具体的实例进行分析。

2. 化学位及其平衡条件

对于纯物质，自由能仅是温度和压力的函数。然而，对于多组元体系，自由能还与成分相关。在压力固定的情况下，式(2-41)表示的平衡条件是多变量的，这些变量包含温度和成分。因此，仅根据式(2-41)仍不能确定晶体的状态(温度和成分)，还需要新的约束条件。该约束条件应该能够反映晶体成分和母相成分的对应关系，从而引出化学位的概念。

在多组元介质中，将其总的自由能对某一组元成分的偏导数定义为该组元在该介质中的化学位，记为

$$\mu_i = \frac{\partial G}{\partial x_i} \tag{2-43}$$

通常给 μ_i 加上上标表示所在的介质。如用 μ_i^S、μ_i^L、μ_i^G 分别表示组元 i 在固相、液相及气

相中的化学位。化学位通常是温度、压力和成分的函数。

对于气相，由式(2-14)、式(2-15)及式(2-43)得出[2]

$$\mu_i^{G}=\mu_{i0}^{G}+RT\ln\frac{p_i}{p^0} \tag{2-44}$$

式中，μ_{i0}^{G}称为组元 i 的标准化学位，即在单质状态下的自由能，是温度和压力的函数。

对于多组元的液相，按照蒸汽压与气相的平衡条件，可以推出忽略原子间相互作用的理想熔体的化学位为[2]

$$\mu_i^{L}=\mu_{i0}^{L}+RT\ln x_i \tag{2-45}$$

考虑到液相中异类原子之间强烈的相互作用会引起原子活性的变化，需要用活度代替成分。从而，对于实际熔体：

$$\mu_i^{L}=\mu_{i0}^{L}+RT\ln a_i=\mu_{i0}^{L}+RT\ln\gamma_i x_i \tag{2-46}$$

式中，a_i 为组元 i 在液相中的活度；γ_i 为活度系数。

在多组元体系中，热力学平衡条件除了母相和晶体之间自由能的平衡(相等)外，还要求化学位相等，即

$$\mu_i^{C}=\mu_i^{M},\qquad i=1,2,3 \tag{2-47}$$

式中，μ_i^{C}、μ_i^{M} 分别表示组元 i 在晶体和母相中的化学位。对于 n 个组元组成的体系，可以写出 $n-1$ 个化学位平衡方程。

在 n 个组元形成的体系晶体生长过程中，母相和晶体中各有 $n-1$ 个独立变量，共有 $2n-2$ 个独立的成分变量和一个温度变量，而由式(2-41)和式(2-47)提供的约束条件有 n 个，因此其自由度为

$$f=(2n-2+1)-n=n-1 \tag{2-48}$$

可见，对于二元系，自由度为1，即当母相的成分给定之后，析出的晶体成分是唯一的。而大于二元的体系中，式(2-41)和式(2-44)提供的约束条件仍不能确定晶体成分与母相成分的关系，需要寻找新的约束条件，如溶质守恒条件。

3. 界面与界面能的作用

如前文所述，在相界面上由于原子组态的变化存在界面能。在晶体生长的初期，晶体的形成将产生晶体与母相的界面。随着晶体的长大，界面面积及形状都在发生变化，从而引起界面能总量的变化。这些变化必将对晶体生长过程产生影响。因此，晶体生长过程的热力学分析必须考虑界面能的因素。

假定 G_M 和 G_C 分别为母相和晶体的自由能，晶体生长过程的自由能变化应该为

$$\Delta G_C=G_C-G_M+\int_{A_N}\sigma\mathrm{d}A_N-\int_{A_E}\sigma\mathrm{d}A_E \tag{2-49}$$

式中，A_N 为晶体生长过程中新形成的界面；A_E 为晶体生长中覆盖掉的原有的界面。

以下为界面张力效应的两个实例。

1) 在弯曲界面上界面张力引起的附加压力

界面能对晶体生长过程影响的一个重要实例是其在弯曲界面上产生的附加压力。以

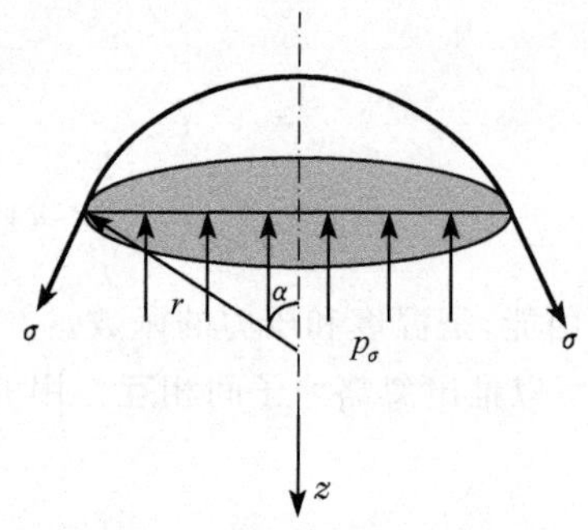

图 2-6　球冠状弯曲界面及其引起的附加压力

图 2-6 所示的球冠状弯曲界面为例。施加在球冠上的附加压力 p_σ 与球冠边沿上的界面张力平衡，即

$$p_\sigma A = L\sigma\cos\left(\frac{\pi}{2}-\alpha\right) \tag{2-50}$$

式中，A 为球冠底面面积；L 为球冠底边边长；$\sigma\cos\left(\frac{\pi}{2}-\alpha\right)$为界面张力在 z 方向上的分量。

可以求出

$$A = \pi r^2(\sin\alpha)^2 \tag{2-51}$$

$$L = 2\pi r\sin\alpha \tag{2-52}$$

由于 $\cos\left(\frac{\pi}{2}-\alpha\right)=\sin\alpha$，因此，将式(2-51)及式(2-52)代入式(2-50)，得出界面张力附加压力与曲率半径 r 的关系为

$$p_\sigma = \frac{2\sigma}{r} \tag{2-53}$$

对于非球面的任意形状的曲面，可以求出

$$p_\sigma = \sigma\left(\frac{1}{r_1}+\frac{1}{r_2}\right) \tag{2-54}$$

式中，r_1 和 r_2 为两个主曲率半径。

2) 三相交接点处的力学平衡

在三相交接处，不同相邻相对应的界面张力不同，力的平衡条件决定了各相之间的夹角。以图 2-7 为例，假定与 σ_α、σ_β、σ_γ 相对的夹角分别为 α、β、γ，建立图中所示的直角坐标系，并令 y 轴与 σ_γ 平行，则在 x 轴的方向上力的平衡条件为

$$\sigma_\alpha\cos\left(\beta-\frac{\pi}{2}\right)=\sigma_\beta\cos\left(\alpha-\frac{\pi}{2}\right) \tag{2-55}$$

由于 $\cos\left(\beta-\frac{\pi}{2}\right)=\sin\beta$，$\cos\left(\alpha-\frac{\pi}{2}\right)=\sin\alpha$，从而

$$\frac{\sigma_\alpha}{\sin\alpha}=\frac{\sigma_\beta}{\sin\beta} \tag{2-56}$$

同样的方法可以求出

$$\frac{\sigma_\alpha}{\sin\alpha}=\frac{\sigma_\gamma}{\sin\gamma} \tag{2-57}$$

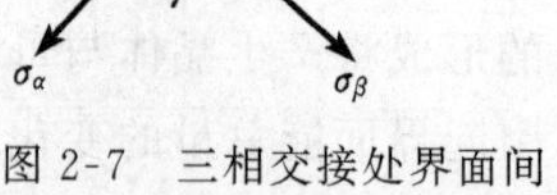

图 2-7　三相交接处界面间夹角与界面张力的关系

因此，三相交接处的界面夹角与界面张力的关系满足

$$\frac{\sigma_\alpha}{\sin\alpha}=\frac{\sigma_\beta}{\sin\beta}=\frac{\sigma_\gamma}{\sin\gamma} \tag{2-58}$$

2.2　单质晶体生长热力学原理

2.2.1　单质晶体生长过程中的热力学条件

单质晶体生长过程中不发生成分的变化，热力学自由能是由温度和压力决定的，其通

用的表达式为

$$G(T,p)=E(T)+pV-TS(T)=H(T)-TS(T) \tag{2-59}$$

假定压力恒定,单质的焓及熵随温度变化的示意图如图 2-8 所示。

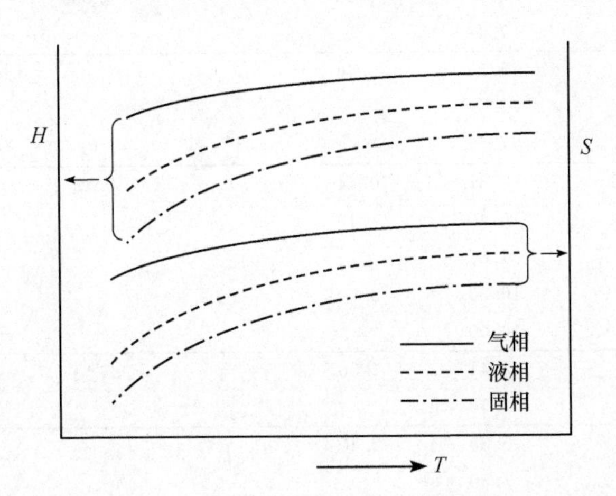

图 2-8　在恒定压力下气相、液相及固相单质的焓及熵随温度的变化趋势

单质的自由能可根据式(2-59)计算。其中焓 H 和熵 S 可以以某温度下(通常取 298K)的数值为起点,根据质量定压热容 c_p 计算:

$$c_p=a+(b\times10^{-3})T+(c\times10^{-6})T^2+\frac{d\times10^5}{T^2} \tag{2-60}$$

$$H_T=H_{298}+\int_{298}^{T}c_p\mathrm{d}T=aT+\frac{1}{2}(b\times10^{-3})T^2+\frac{1}{3}(c\times10^{-6})T^3-\frac{d\times10^5}{T}-A \tag{2-61}$$

$$S_T=S_{298}+\int_{298}^{T}\frac{c_p}{T}\mathrm{d}T=2.303a\lg T+(b\times10^{-3})T+\frac{1}{2}(c\times10^{-6})T^2-\frac{1}{2}\frac{d\times10^5}{T^2}-B \tag{2-62}$$

式中,a、b、c、d、A 及 B 均为常数,并可从有关热力学数据库中查到。表 2-2 给出了部分单质自由能计算的主要参数[22]。

表 2-2　部分单质自由能计算的主要参数[22]

元素		S_{298}/(cal①/(mol·K))	其他参数/(cal/mol)					
			a	b	c	d	A	B
Li	固	6.7	3.05	8.6			1.292	12.92
	液		7.0				1.509	32.00
Na	固	12.31	5.657	3.252	0.579		1.836	20.92
	液		8.954	−4.577	2.540		1.924	36.0
Mg	固	7.77	5.33	2.45		−0.103	1.733	23.39
	液		8.0				0.942	30.97
Al	固	6.769	4.94	2.96			1.604	22.26
	液		7.0				0.33	30.12

续表

元素		S_{298}/(cal[①]/(mol·K))	其他参数/(cal/mol)					
			a	b	c	d	A	B
Si	固	4.50	5.70	1.02		−1.06	2.100	28.88
	液		7.4				−7.646	33.17
Ti	α	7.334	5.25	3.46			1.677	23.33
	β		7.30				1.645	35.46
	液		7.50				−2.355	35.45
Fe	α	6.491	3.37	0.44		0.43	1.176	14.59
	β		10.40	7.10			4.281	55.66
	γ		4.85				0.396	19.76
	δ		10.30	3.00			4.382	55.11
	液		10.00				−0.021	50.73
Cu	固	7.97	5.41	1.50			1.680	23.30
	液		7.50				0.024	34.05
Zn	固	9.95	5.35	2.40			1.702	21.25
	液		7.50				1.020	31.35
Ga	固	9.82	5.237	3.03			1.710	21.01
	液		6.645				0.648	23.64
Ge	固	10.1	5.90	1.13			1.764	23.8
	液		7.3				−5.668	25.7
Se	固	10.144	3.30	8.80			1375	11.28
	液		7.0				0.881	27.34
Ag	固	10.20	5.09	1.02		0.36	1.488	19.21
	液		7.30				0.164	30.12
Cd	固	12.3	5.31	2.94			1.714	18.8
	液		7.10				0.798	26.1
In	固	13.88	5.81	2.50			1.844	19.97
	液		7.50				1.564	27.34
Sb	固	10.5	5.51	1.74			1.72	21.4
	液		7.50				−1.992	28.1
Te	α	11.88	4.58	5.25			1.599	15.78
	β		4.58	5.25			1.469	15.57
	液		9.0				−0.988	34.96
Hg	液	18.46	6.61				1.971	19.20

① 1cal=4.1868J。

对于气相,随着温度的升高,分子振动的动能增大,而分子之间相互作用的势能是可以忽略的,因此,其内能、焓及熵均随温度的升高而增大。对于液相及固相,随着温度的升高,分子之间作用的势能降低,而动能增大,总体上内能随温度的升高而增大,同时其熵也随温度的升高增大。

将图 2-8 所示的焓及熵代入式(2-59),得出在固定压力下单质的气相、液相及固相的自由能变化,其示意图如图 2-9 所示。气相、液相及固相的自由能均随温度的升高而增大,但气相的变化速率较小,液相次之,固相的变化速率较大,从而三条自由能变化曲线形成三个交点。气相与液相自由能曲线的交点确定了体系的沸点 T_b，气相与固相自由能曲线的交点确定了体系的升华点 T_V，而液相与固相自由能曲线的交点则确定了体系的熔点 T_m。由于在标准大气压下，大多数单质的升华点 T_V 对应的气相及固相自由能均高于液相，因此 T_V 点并不显现。

进而将压力的变化考虑进去，则需要在三维的坐标系中进行分析，得出自由能随温度和压力的变化，即任意一相的自由能都是由温度和压力决定的一个曲面。而气相、液相和固相自由能曲面均形成交线，该交线在 OTp 平面上的投影构成了单质的相图，如图 2-10 所示。该相图是进行单质相变条件分析和晶体生长设计的基础。

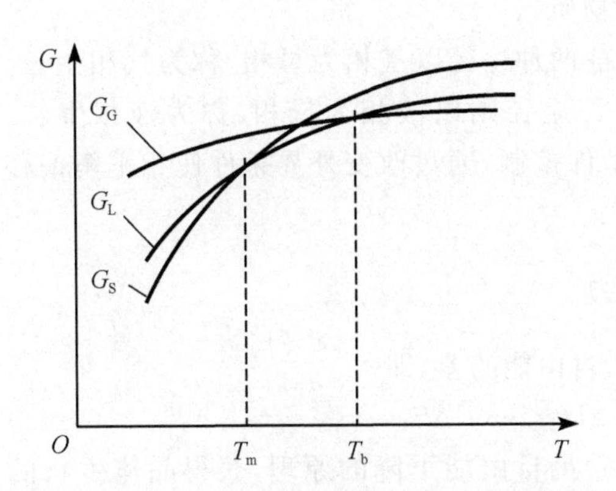

图 2-9　恒压下(高于三相点)单质的固、液、气相自由能的变化趋势示意图

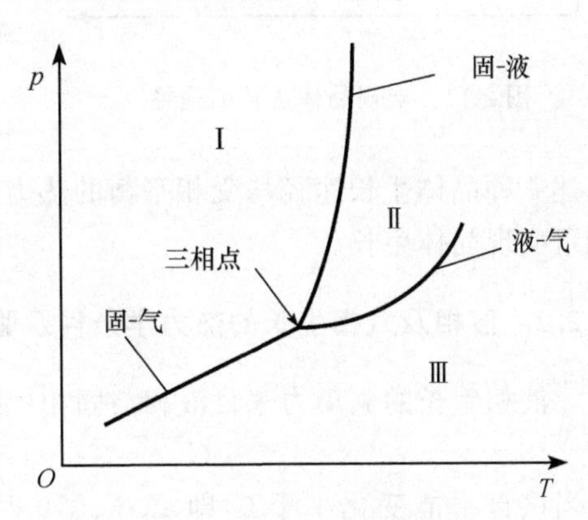

图 2-10　单质的平衡相图

值得指出的是，对于固相，体系的内能除了构成固体的基本元素(原子和分子)的贡献外，晶体中的点缺陷、线缺陷(位错)、晶界与亚晶界以及应力也会引起内能的变化，造成附加自由能。因此，固相的内能可表示为

$$E_S(T)=E_n(T)+E_{St}(T)+E_{Def}(T) \tag{2-63}$$

式中，E_n 为完整晶体的内能；E_{St} 为应力引起的附加内能；E_{Def} 为晶体中的缺陷引起的附加内能。

可以看出，E_{St} 和 E_{Def} 是受晶体生长工艺条件和结晶质量的优劣等可变因素控制的。因此，在实际应用中，固相与气相、固相与液相的边界需要根据实际情况修正。

在图 2-10 中，当纯物质处于Ⅰ区时，固相的自由能最低，是稳定相；处于Ⅱ区时液相自由能最低，为稳定相；处于Ⅲ区时气相自由能最低，为稳定相。其中每个相区的交界是由相平衡条件(自由能相等)决定的，即

$$G_G(T,p)=G_L(T,p) \tag{2-64a}$$

$$G_L(T,p)=G_S(T,p) \tag{2-64b}$$

$$G_G(T,p)=G_S(T,p) \tag{2-64c}$$

式(2-64a)、式(2-64b)及式(2-64c)分别构成图 2-10 中的气-液、液-固及气-固边界的曲线，将任意两个方程联立即可求出三相平衡的条件，此时 T 和 p 是唯一的。因此，三相平衡点对应温度 T_T 和压力 p_T 是确定的，是物质的一个基本性质参数。

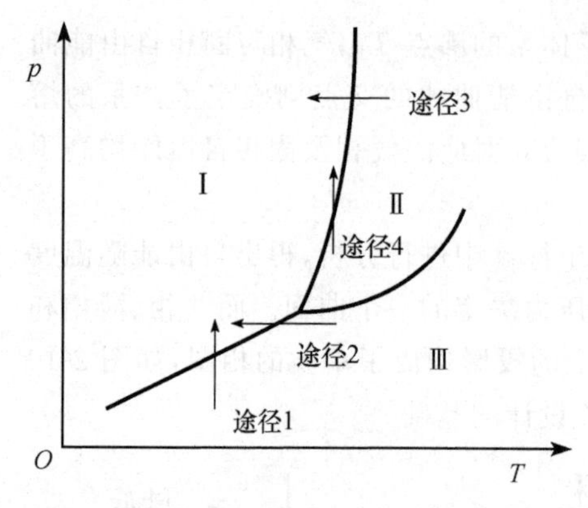

图 2-11　实现晶体生长的途径

通过改变体系的状态，即压力或温度，可以使由平衡条件决定的稳定性被打破，获得晶体生长的条件。通过 4 种途径可以实现晶体生长，如图 2-11 中的箭头所示。

途径 1：气相压缩。

途径 2：气相降温。

途径 3：液相降温。

途径 4：液相压缩（仅限于凝固过程体积收缩的物质）。

前两种途径以气相为母相，称为气相生长。后两种途径则以液相为母相，称为液相生长。上述 4 种晶体生长途径均受相平衡的热力学条件控制，通过改变外界条件使相平衡偏移则可实现晶体生长。

2.2.2　液相及气相生长的热力学条件及驱动力

液相生长的驱动力来自液相与固相（晶体）自由能的差，即

$$\Delta G_{\text{L-S}} = G_{\text{S}} - G_{\text{L}} = \Delta H_{\text{L-S}} - T\Delta S_{\text{L-S}} \tag{2-65}$$

仅当该自由能变化小于 0，即 $\Delta G_{\text{L-S}} < 0$ 时才满足自由能下降的原理，获得晶体生长的条件。

由于在熔点温度下体系将达到平衡，$\Delta G_{\text{L-S}} = 0$，$\Delta H_{\text{L-S}} = -\Delta H_{\text{m}}$，$T = T_{\text{m}}$，从而求出熔点温度下的主要参数之间的关系：

$$\Delta S_{\text{m}} = -\frac{\Delta H_{\text{m}}}{T_{\text{m}}} \tag{2-66}$$

当实际温度与熔点的偏差很小时，可以将式(2-65)中的 $\Delta H_{\text{L-S}}$ 和 $\Delta S_{\text{L-S}}$ 用 ΔH_{m} 和 ΔS_{m} 近似代替，则可得到

$$\Delta G_{\text{L-S}} = -\frac{\Delta T \Delta H_{\text{m}}}{T_{\text{m}}} \tag{2-67}$$

式中，ΔH_{m} 称为熔化焓，是物质的一个基本热物理参数，结晶是熔化的逆过程，其焓的变化数值相等，符号相反；$\Delta T = T_{\text{m}} - T$ 为熔体的过冷度。

液相晶体生长过程中，除了过冷度 ΔT 及熔点 T_{m} 以外，最重要的控制参数是熔化焓 ΔH_{m}，它可以表示为

$$\Delta H_{\text{m}} = E_{\text{L}} - E_{\text{S}} + (V_{\text{L}} p_{\text{L}} - V_{\text{S}} p_{\text{S}}) \tag{2-68}$$

由于晶体生长过程中除了弯曲界面施加的很小的界面张力外，液相与形成的晶体压力通常是相等的，因此

$$\Delta H_{\text{m}} = \Delta E_{\text{m}} + p\Delta V \tag{2-69}$$

将式(2-69)代入式(2-67)得出

$$\Delta G_{\text{L-S}} = -\frac{\Delta T(\Delta E_{\text{m}} + p\Delta V)}{T_{\text{m}}} \tag{2-70}$$

通常液-固相变过程中，体积的变化非常微小，因此 p 的变化对总体自由能的影响很小，$\Delta G_{L\text{-}S}$的数值主要是由过冷度 ΔT 控制的。因此，图 2-11 所示的途径 4 生长不是非常有效的方法，很少采用。而液相生长方法主要采用上述途径 3，即控制熔体的过冷度实现晶体生长。

对于气相生长过程，同样可以得出相变的驱动力为

$$\Delta G_{G\text{-}S} = G_S - G_G \tag{2-71}$$

假定气相为单质，则 G_G 由式(2-16a)和式(2-16b)给出，故

$$\Delta G_{G\text{-}S} = G_S - G_G^0 - RT\ln\frac{p}{p^0} \tag{2-72}$$

由于在给定的温度下，压力对固相的自由能影响很小，即近似认为 $G_S \equiv G_S^0$。在平衡条件下 $p = p_0$（p_0 为平衡蒸汽压），同时

$$\Delta G_{G\text{-}S} = G_S - G_G^0 - RT\ln\frac{p_0}{p^0} = 0 \tag{2-73}$$

从而

$$G_S - G_G^0 \approx G_S^0 - G_G^0 = RT\ln\frac{p_0}{p^0} \tag{2-74}$$

将式(2-74)代入式(2-72)得出

$$\Delta G_{G\text{-}S} = -RT\ln\frac{p}{p_0} \tag{2-75}$$

式中，p 为实际蒸汽压力。

对于气相生长，由式(2-75)可以看出，p 及 T 的变化对于控制 $\Delta G_{L\text{-}S}$的数值是非常有效的。因此，采用图 2-11 所示的途径 1 及途径 2 均可实现有效的晶体生长。

几种单质材料的典型热力学参数如表 2-3 所示[22]。

表 2-3　几种单质的熔点、沸点及相变焓[22]

元素	熔点 T_m/K	沸点 T_b/K	熔化热（焓）ΔH_m/(kcal/(g·mol))	汽化热（焓）ΔH_b/(kcal/(g·mol))
Li	459	1640	2.3	27
Na	371	1187	0.63	23.4
Mg	923	1393	2.2	31.5
Al	931.7	2600	2.57	67.9
Si	1683	2750	11.1	71
Ti(β)	2000	3550	4.6	101
Fe(δ)	1808	3008	3.86	84.62
Cu	1356.2	2868	3.11	72.8
Zn	692.7	1180	1.595	27.43
Ga	302.9	2700	1.335	
Ge	1232	2980	8.3	68

续表

元素	熔点 T_m/K	沸点 T_b/K	熔化热(焓) ΔH_m/(kcal/(g·mol))	汽化热(焓) ΔH_b/(kcal/(g·mol))
Se	490.6	1000	1.25	14.27
Ag	1234	2485	2.855	60.72
Cd	594.1	1040	1.46	23.86
In	430	2440	0.775	53.8
Sb	903.7	1713	4.8	46.665
Te(β)	723	1360	0.13	4.28
Hg	244.3	629.8	2.3	13.985
H_2O	273.2	373.2	1.43	9.7

注：熔点、沸点均为标准大气压下的数值。熔化热、汽化热均为对应相变点温度、标准大气压时的数值。

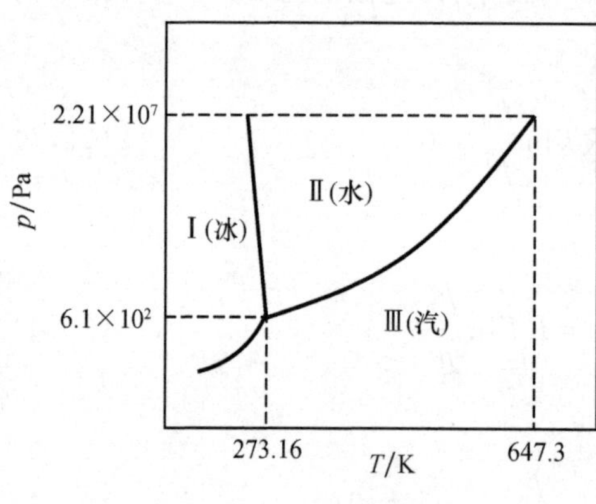

图 2-12 水的平衡相图

值得指出的是，压力在大范围变化时也会引起熔点 T_m 的改变，从而使相同温度下的过冷度 ΔT 发生变化。这也是实际晶体生长过程控制，特别是高压下生长晶体时所必须考虑的因素。

水本身是一个化合物，但在其相变过程中不发生分解，从而表现出单质的性质，而水的特殊性在于结晶过程中体积是膨胀的，从而根据 $\Delta G_{L\text{-}S}=0$ 的液固平衡条件决定的 p-T 曲线斜率为负值，如图 2-12 所示。因此，改变压力实现液相法晶体生长时应该减压，而不是增压。

2.2.3 固态再结晶的热力学条件

通过固态再结晶实现晶体生长可以在两种情况下发生，即利用晶体的同素异构转变或同结构晶体中部分晶粒的异常长大。前者所生长晶体的结构与母相不同，而后者晶体与母相的结构是相同，但其晶内的结构缺陷的密度可能存在本质的区别，以下分别讨论。

1. 固相的同素异构转变

假定某单质元素在结晶状态下存在 α 及 β 两种结构，这两种结构在一定的条件下将发生相互转变，称为同素异构转变，其相转变的热力学条件可借助图 2-13 分析。在恒定压力下，这两种结构晶体的自由能随温度变化的规律是不同的，可能出现图 2-13 所示的情况。二者自由能曲线在 A 点相交，则该交点对应的温度为同素异构相变点，记为 T_h。

由 α 相向 β 相转变过程中自由能的变化为

$$\Delta G_{\alpha\text{-}\beta}=G_\beta-G_\alpha=\Delta H_{\alpha\text{-}\beta}-T\Delta S_{\alpha\text{-}\beta} \tag{2-76}$$

进而参考液相法晶体生长的热力学分析求出

$$\Delta G_{\alpha\text{-}\beta}=\frac{\Delta T\Delta H_{\alpha\text{-}\beta}}{T_h} \tag{2-77}$$

式中，$\Delta T = T_h - T$；$\Delta H_{\alpha\text{-}\beta}$ 为 α→β 转变过程的焓变。

如果 $\Delta H_{\alpha\text{-}\beta} > 0$，即 α→β 转变为吸热过程，则当 $\Delta T < 0$，即 $T > T_h$ 时获得负的相变自由能，可以利用 α→β 转变实现由 α 相生长 β 相的晶体。相反，如果 $T < T_h$ 则获得了发生 β→α 转变的热力学条件，可实现由 β 相生长 α 相的晶体。

如果 $\Delta H_{\alpha\text{-}\beta} < 0$，即 α→β 转变为放热过程，则晶体生长的过冷条件恰恰相反。当 $\Delta T < 0$，即 $T > T_h$ 时获得负的相变自由能，可以实现由 β 相生长 α 相的晶体，当 $T < T_h$ 时可以由 α 相生长 β 相的晶体。

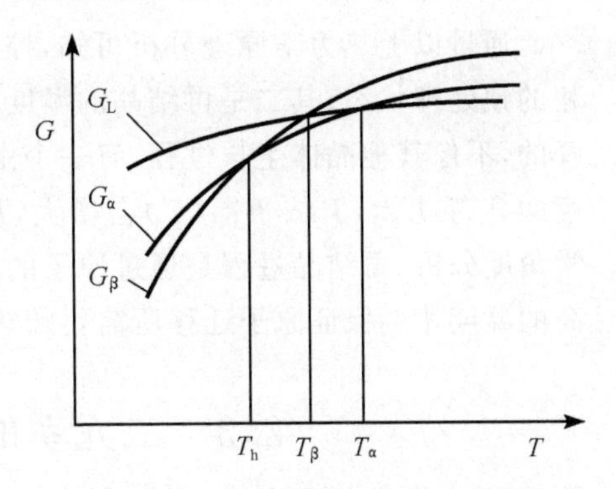

图 2-13　具有同素异构转变的单质固相及液相自由能变化趋势示意图

利用同素异构转变进行晶体生长的特点之一是，该相变过程具有固定的相变点。

单质的同素异构转变特性可能会影响到体系的液相生长行为，如图 2-13 所示。当液相的过冷度较小，即 $\Delta T = T_\alpha - T < T_\alpha - T_\beta$ 时，只有 α 相获得结晶的热力学条件，具有自液相生长的趋势。而当实际控制的过冷度较大，达到 $\Delta T = T_\alpha - T > T_\alpha - T_\beta$，即 $T < T_\beta$ 时，α 相和 β 相同时具备自液相生长的热力学条件，出现两相竞争生长的情况。尽管两个相的生长驱动力不同，但并不总是驱动力大的相优先生长。这将与两个固相生长的形核条件相关，对此将在第 5 章中结合形核动力学进行分析。

2. 晶粒的异常长大

利用固态再结晶过程晶粒的异常长大可以获得大尺寸的单晶，实现晶体生长，其生长驱动力来自原始固相中的应力与缺陷导致的附加自由能。

参考固相内能的表达式(2-63)，假定环境温度为 T，则此时原始固相通过预先变形处理或激冷获得的内能为

$$E_S^{(1)}(T) = E_n(T) + E_{St}^{(1)}(T) + E_{Def}^{(1)}(T) \tag{2-78}$$

在相同温度下，通过再结晶可以使晶体的缺陷及应力大幅度减小。假定再结晶后的晶体内能减小到

$$E_S^{(2)}(T) = E_n(T) + E_{St}^{(2)}(T) + E_{Def}^{(2)}(T) \tag{2-79}$$

再结晶过程中自由能的变化可以近似表示为

$$\Delta G_{re} \approx \Delta E_S = E_S^{(2)} - E_S^{(1)} = [E_{St}^{(2)}(T) + E_{Def}^{(2)}(T)] - [E_{St}^{(1)}(T) + E_{Def}^{(1)}(T)] \tag{2-80}$$

通常在式(2-80)中，$E_{St}^{(2)}(T) + E_{Def}^{(2)}(T)$项在给定温度下是相对固定的，即仅是温度的函数，$E_{St}^{(1)}(T) + E_{Def}^{(1)}(T)$则与原始固相的预处理状态相关。通过高温激冷、直接从液态淬火，或者在固态下进行大变形量的强制变形处理，可在固相中引入高密度的点缺陷、位错、应力，也可通过细化晶粒获得大量的晶界，使固相的内能增大，这些措施均可增大再结晶的动力。

通过以上热力学原理分析可知，控制再结晶过程热力学条件的因素有两个：其一为固相的预处理状态；其二是再结晶的温度。同时可以看出，固态再结晶的温度是可以人为选择的，不像其他晶体生长过程，有一个由热力学条件决定的固定的相变温度。通常随着温度的升高，$E_{St}^{(2)}(T)+E_{Def}^{(2)}(T)$会增大，从而使得生长驱动力减小。但从晶体生长的动力学角度分析，再结晶过程是通过原子的迁移实现新析出相形核与长大的，必须维持一个较高的温度才能保证原子迁移所需要的热激活条件。

2.3　二元系的晶体生长热力学原理

2.3.1　二元合金中的化学位

在二元合金系中，自由能不仅是温度和压力的函数，同时也与成分有关。因此，晶体生长过程中的热力学平衡条件不仅包括力(压力)的平衡、能量(热)的平衡，还包括成分的平衡。这三个平衡条件同时也构成了晶体生长过程的三个可操控的因素。其中控制能量转换的核心因素是温度。成分因素是二元及其二元以上合金热力学平衡条件分析需要考虑的主要问题。反映成分因素对多元合金凝固行为影响的热力学函数是化学位。化学位的定义已由式(2-43)给出。

对于A、B两种组元构成的二元合金熔体，可采用以下分析。假定A、B两种组元的物质的量分别为n_A、n_B，摩尔分数表示为x_A、x_B，则混合后的溶液的自由能为

$$G=n_A\mu_A+n_B\mu_B \tag{2-81}$$

混合前单质的自由能总和为

$$G_0=n_A\mu_{A0}+n_B\mu_{B0} \tag{2-82}$$

混合过程形成的附加自由能可表示为

$$\Delta G_{mix}=G-G_0=n_A(\mu_A-\mu_{A0})+n_B(\mu_B-\mu_{B0}) \tag{2-83}$$

其中，混合自由能ΔG_{mix}包括混合焓ΔH_{mix}和混合熵ΔS_{mix}的贡献，即

$$\Delta G_{mix}=\Delta H_{mix}+T\Delta S_{mix} \tag{2-84}$$

对于理想溶液：

$$\Delta H_{mix}=0 \tag{2-85}$$

$$\Delta S_{mix}=-Rn_A\ln x_A-Rn_B\ln x_B \tag{2-86}$$

从而根据式(2-84)～式(2-86)得出

$$n_A(\mu_A-\mu_{A0}-RT\ln x_A)+n_B(\mu_B-\mu_{B0}-RT\ln x_B)=0 \tag{2-87}$$

由于式(2-87)要求在任意n_A及n_B下均成立，因此必须满足以下条件：

$$\mu_A=\mu_{A0}+RT\ln x_A \tag{2-88a}$$

$$\mu_B=\mu_{B0}+RT\ln x_B \tag{2-88b}$$

二元系中x_A和x_B不是两个独立变量，满足

$$x_A + x_B = 1 \tag{2-89}$$

因此，可以用 x 代替 x_B，则 $x_A = 1 - x$。同时，用活度替代成分，则得出

$$\mu_A = \mu_{A0} + RT\ln a_A = \mu_{A0} + RT\ln\gamma_A(1-x) \tag{2-90a}$$

$$\mu_B = \mu_{B0} + RT\ln a_B = \mu_{B0} + RT\ln\gamma_B x \tag{2-90b}$$

式中，γ_A 及 γ_B 分别为组元 A 和 B 的活度系数。

固相中化学位的分析与液相相同，因此对式(2-90a)和式(2-90b)中的各项分别加上上标 L 表示液相、S 表示固相，则得出相应的化学位的表达式：

$$\mu_A^L = \mu_{A0}^L + RT\ln a_A^L = \mu_{A0}^L + RT\ln\gamma_A^L(1-x^L) \tag{2-91a}$$

$$\mu_B^L = \mu_{B0}^L + RT\ln a_B^L = \mu_{B0}^L + RT\ln\gamma_B^L x^L \tag{2-91b}$$

$$\mu_A^S = \mu_{A0}^S + RT\ln a_A^S = \mu_{A0}^S + RT\ln\gamma_A^S(1-x^S) \tag{2-91c}$$

$$\mu_B^S = \mu_{B0}^S + RT\ln a_B^S = \mu_{B0}^S + RT\ln\gamma_B^S x^S \tag{2-91d}$$

式中，各标准化学位均对应于单质的自由能，通常是温度和压力的函数。式(2-91a)～式(2-91d)也反映了化学位与各主要热力学参数(温度、压力和成分)的关系。

2.3.2　液-固界面的平衡与溶质分凝

二元合金结晶界面的平衡不仅要求两相的自由能相等，而且每一组元的化学位也应该相等，即

$$\mu_A^L = \mu_A^S \tag{2-92a}$$

$$\mu_B^L = \mu_B^S \tag{2-92b}$$

根据化学位的定义可知，化学位是体系中自由能对于成分的偏导数，即自由能-成分曲线的切线。在二元体系中，式(2-92a)、式(2-92b)确定的平衡条件要求液相自由能-成分曲线的斜率与固相自由能-成分曲线的斜率相等，即二者有一公切线，如图 2-14(a)所示，可由此确定出固相和液相平衡的成分 x^L 和 x^S。不同温度下自由能-成分曲线是不同的，将不同温度下按照图 2-14(a)确定的 x^L 和 x^S 值表示在 T-x 图上，其变化轨迹则构成了相图中的液相线和固相线，如图 2-14(b)所示。

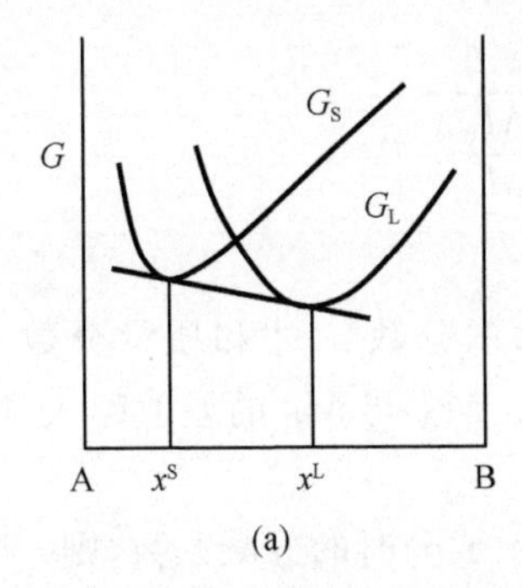

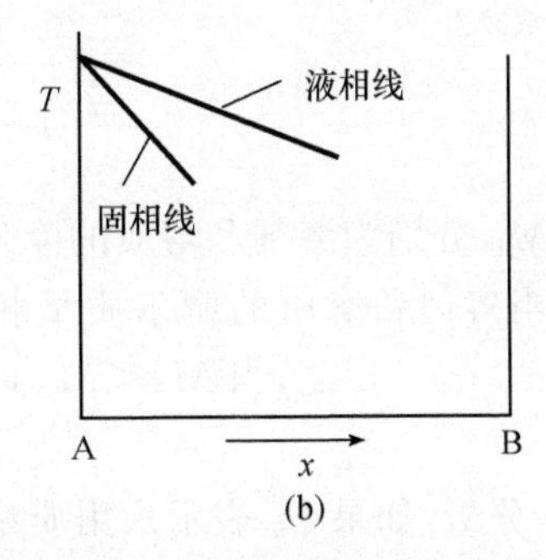

图 2-14　给定温度 T 下二元合金中固相与液相的自由能随成分的变化

(a) 液相自由能和固相自由能随成分的变化；(b) 相图

当在整个成分范围内，液相自由能均大于固相自由能时，则仅固相为稳定相，进入固相区，如图 2-15(a)所示。而当固相自由能在整个成分范围内均大于液相时，则仅液相为稳定相，进入液相区，如图 2-15(b)所示。

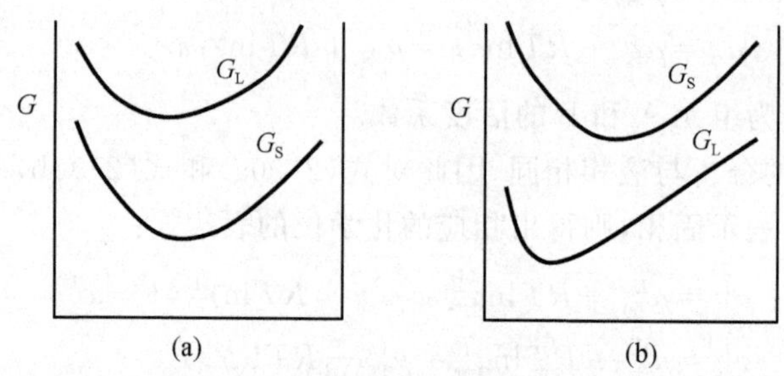

图 2-15　单相稳定区内液相和固相自由能数值的对比关系

(a) 固相区的情况；(b) 液相区的情况

将式(2-91b)及式(2-91d)代入式(2-92b)则可得出 x^L 和 x^S 之间的关系：

$$\mu_{B0}^S - \mu_{B0}^L + RT(\ln\gamma_B^S x^S - \ln\gamma_B^L x^L) = 0 \tag{2-93}$$

且令

$$k = \frac{x^S}{x^L} \tag{2-94}$$

定义为溶质(组元 B)的分凝系数。由于

$$\Delta G_B = \mu_{B0}^S - \mu_{B0}^L \tag{2-95}$$

为纯组元 B 在对应温度下的结晶自由能。可以求出

$$k = \frac{\gamma_B^L}{\gamma_B^S}\exp\left(-\frac{\Delta G_B}{RT}\right) \tag{2-96}$$

分凝系数定义的范围仅适合于液固相平衡的两相区，在固相稳定或液相稳定的单向相区中没有意义。

式(2-94)及式(2-96)是按照摩尔分数确定的分凝系数，为了便于区分，用 k_m 表示。在工程实际中常用质量分数表示溶质浓度。在二元合金中，假定 w 为溶质的质量分数(浓度)，则

$$x = \frac{w}{1 + w\left(1 - \frac{M_B}{M_A}\right)} \tag{2-97}$$

式中，M_A 和 M_B 分别为溶剂和溶质的摩尔质量。

可见，仅当溶剂和溶质的摩尔质量相当时，摩尔分数 x 才和质量分数 w 相近。当 $M_A > M_B$ 时，$x > w$。反之，当 $M_A < M_B$ 时，$x < w$。M_A 与 M_B 的差值越大，则 x 与 w 的偏差就越大。

根据以上分析，如果 k_w 表示采用质量分数表示成分时的分凝系数，则

$$k_w = Ak_m \tag{2-98}$$

式中，常数 A 为

$$A = \frac{1 + w^{\mathrm{S}}\left(1 - \dfrac{M_{\mathrm{B}}}{M_{\mathrm{A}}}\right)}{1 + w^{\mathrm{L}}\left(1 - \dfrac{M_{\mathrm{B}}}{M_{\mathrm{A}}}\right)} \tag{2-99}$$

在传统的晶体生长理论中,通常将分凝系数 k 作为一个常数处理。实际上由式(2-96)可以看出,还有以下因素会影响 k 的变化。

(1) 温度。温度对 k 的影响可以由式(2-96)直接反映出来。实际上,活度系数 $\gamma_{\mathrm{B}}^{\mathrm{L}}$、$\gamma_{\mathrm{B}}^{\mathrm{S}}$ 及结晶自由能 ΔG_{B} 也是温度的函数。k 值随温度的变化反映在二元合金相图中表现为液相线和固相线并不是几何学上的直线,而是随温度变化的曲线。

(2) 压力。压力对分凝系数的影响隐含在 ΔG_{B} 中。纯组元 B 在液相及固相中的标准化学位 $\mu_{\mathrm{B0}}^{\mathrm{S}}$ 及 $\mu_{\mathrm{B0}}^{\mathrm{L}}$ 通常采用标准大气压下的数值。随着压力的增大,其值将发生变化。但通常压力的影响较小,仅在压力增大数十倍的高压下才能体现出来。

(3) 成分。分凝系数 k 对成分的依赖关系包含在活度系数 $\gamma_{\mathrm{B}}^{\mathrm{L}}$ 及 $\gamma_{\mathrm{B}}^{\mathrm{S}}$ 中。活度系数通常并不是一个常数,而是随着成分变化的。同一组元在固相和液相中的活度系数随温度的变化规律是不同的,从而导致 k 随成分的变化。

当结晶过程在接近平衡的条件下进行时,实际溶质分凝系数可以由平衡相图确定。在平衡条件下,温度与成分是相互关联的,因而可以将其仅仅表示为温度的函数。

几种简单体系溶质的分凝系数的定义如图 2-16 所示。表 2-4 给出了几种单质中掺入合金化组元后在结晶过程中的分凝系数[23~26]。

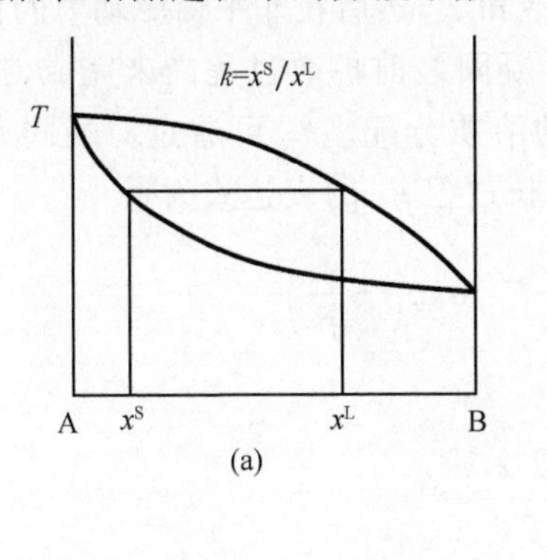

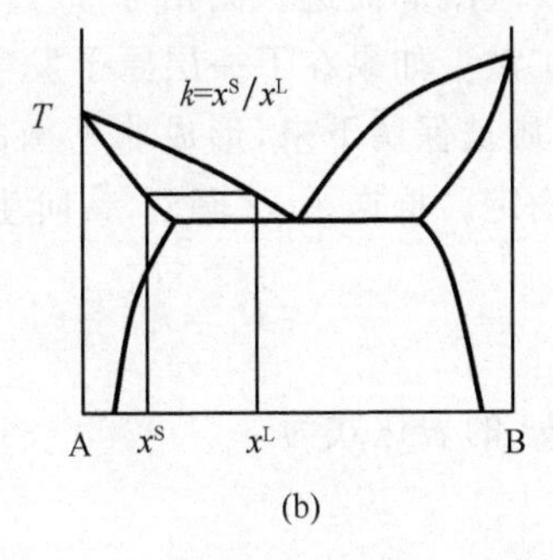

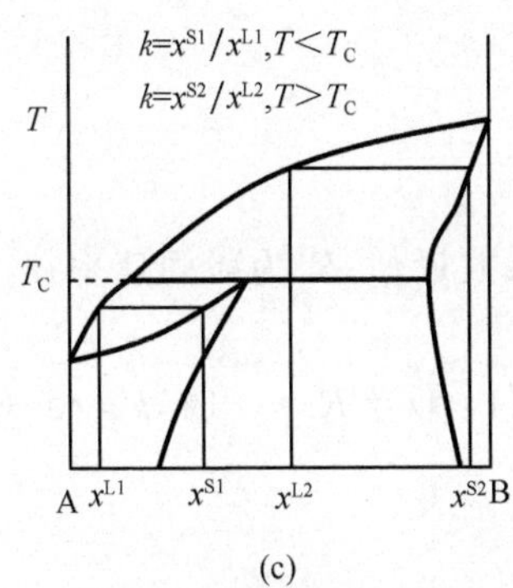

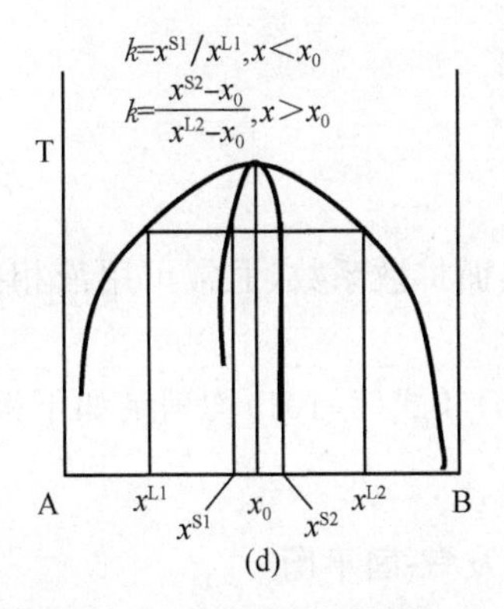

图 2-16　几种简单体系溶质分凝系数的定义及其对应的相图

(a) 连续固溶体系;(b) 共晶系;(c) 包晶系;(d) 包含化合物的体系

表 2-4 几种材料中的溶质分凝系数[22~26]

α-Fe		GaAs		CdZnTe	
溶质元素	分凝系数	溶质元素	分凝系数	溶质元素	分凝系数
P	0.2	In	0.01～0.94	Li	0.07
Mn	0.15	Sb	0.93～0.97	Na	0.68
Mo	0.7	C	2	Mg	0.36
C	0.25	O	0.25	Al	3.90
O	0.1			S	3.50
S	0.002			Cl	0.15
Al	0.6			K	0.55
Si	0.7			Cu	0.06
Ti	0.6			In	1.30
Zr	0.5			Ga	1.30
				Ag	0.28

随着凝固速率的增大，凝固界面上的溶质迁移也将偏离平衡，凝固在非平衡条件下进行。非平衡溶质分凝系数 k_a 定义为界面处固相和液相的实际溶质质量分数之比，它偏离平衡值 k_0，随着结晶速率的增大与 k_0 的偏差增大，并向 1 趋近。

快速凝固条件下的实际溶质分凝系数已超出热力学的研究范畴，而需要采用动力学方法研究。Backer 和 Jackson 等均曾作过理论研究工作，而迄今广为采用的是 Aziz 模型[27]。该模型的基本思路是假设凝固界面在推进过程中液相一侧的溶质和溶剂原子首先在瞬间全部发生凝固而进入固相，形成过饱和层，然后在非平衡驱动力的作用下溶质原子向液相反向扩散。如果在下一层原子发生凝固之前扩散过程尚未完成，扩散过程将被中止，过量的溶质被保留下来，形成非平衡的溶质分配。k_a 可通过对凝固界面层中扩散方程的求解来确定。根据 Aziz 模型，台阶生长过程 k_a 的表达式为[27]

$$k_a = k_0 + (1 - k_0)\exp\left(-\frac{1}{\beta}\right) \tag{2-100}$$

连续生长过程 k_a 的表达式为

$$k_a = \frac{\beta + k_0}{\beta + 1} \tag{2-101}$$

式中

$$\beta = \frac{Ra}{D_i} \tag{2-102}$$

其中，D_i 为界面扩散系数，通常可用液相扩散系数近似；R 为凝固速率；a 为凝固方向上的原子层厚度。

式(2-100)和式(2-101)均满足如下极限条件：①当 $R \to \infty$ 时，$k_a \to 1$；②当 $R \to 0$ 时，$k_a \to k_0$。

2.3.3 气-液及气-固平衡

气-液界面是晶体生长过程中的一个普遍现象。在二元体系中，溶质和溶剂在气相与

液相之间的热力学平衡条件为化学位相等，即

$$\mu_{A}^{L}=\mu_{A}^{G} \tag{2-103a}$$

$$\mu_{B}^{L}=\mu_{B}^{G} \tag{2-103b}$$

对于气相，参考式(2-16)得出

$$\mu_{A}^{G}=\frac{\partial G^{G}}{\partial n_{A}}=\mu_{A0}^{G}+RT\ln\frac{p_{A}}{p^{0}} \tag{2-104a}$$

$$\mu_{B}^{G}=\frac{\partial G^{G}}{\partial n_{B}}=\mu_{B0}^{G}+RT\ln\frac{p_{B}}{p^{0}} \tag{2-104b}$$

式中，p^{0} 为气体总压力；p_{A}、p_{B} 分别为气体中组元 A 及组元 B 的蒸汽分压；μ_{A0}^{G}、μ_{B0}^{G} 分别为纯组元 A 及纯组元 B 独立存在时的自由能。

对于理想溶液中的组元 A，由式(2-88a)、式(2-103a)及式(2-104a)得出

$$\mu_{A0}^{L}+RT\ln x_{A}=\mu_{A0}^{G}+RT\ln\frac{p_{A}}{p^{0}} \tag{2-105}$$

对于纯组元 A，$x_{A}=1$，式(2-105)变为

$$\mu_{A0}^{L}=\mu_{A0}^{G}+RT\ln\frac{p_{A}^{*}}{p^{0}} \tag{2-106}$$

式中，p_{A}^{*} 为纯组元 A 的蒸汽压。式(2-105)与式(2-106)相减得出

$$p_{A}=p_{A}^{*}x_{A} \tag{2-107a}$$

对于组元 B，同理得出

$$p_{B}=p_{B}^{*}x_{B} \tag{2-107b}$$

式中，p_{B}^{*} 为纯组元 B 的蒸汽压。

式(2-107a)及式(2-107b)即为拉乌尔定律，任意组元的蒸汽分压正比于与其平衡的液相中的成分。上述关系反映的蒸汽压可用图 2-17 实线表示[2]。图中 $p^{0}=p_{A}+p_{B}$ 为气体总压力。

对于非理想溶液，式(2-107a)及式(2-107b)所示的线性关系将不再成立，需要用活度代替式中的浓度，即

$$p_{A}=\gamma_{A}x_{A}p_{A}^{*} \tag{2-108a}$$

$$p_{B}=\gamma_{B}x_{B}p_{B}^{*} \tag{2-108b}$$

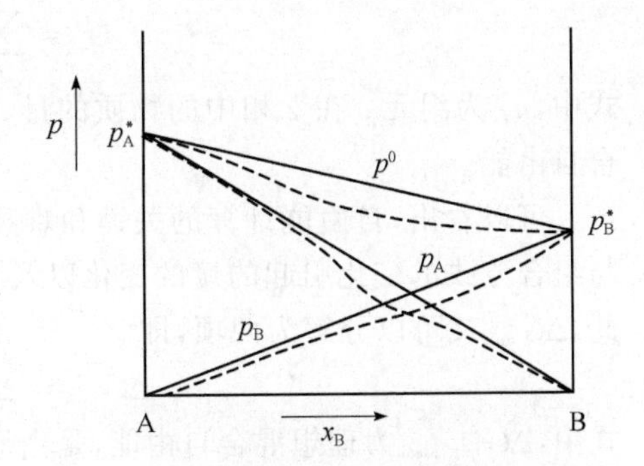

图 2-17 与理想二元熔体混合物平衡的蒸汽压与熔体成分的关系[2]

式中，活度系数 γ_{A} 及 γ_{B} 均为成分的函数。

图 2-17 中的虚线则为实际二元体系中可能出现的平衡蒸汽压随成分的变化关系。

尽管大部分实际溶液都是非理想溶液，其平衡蒸汽压偏离由拉乌尔定律确定的线性关系。但在稀溶液中，按照亨利定律，溶质的平衡蒸汽压与溶质的浓度成正比，即

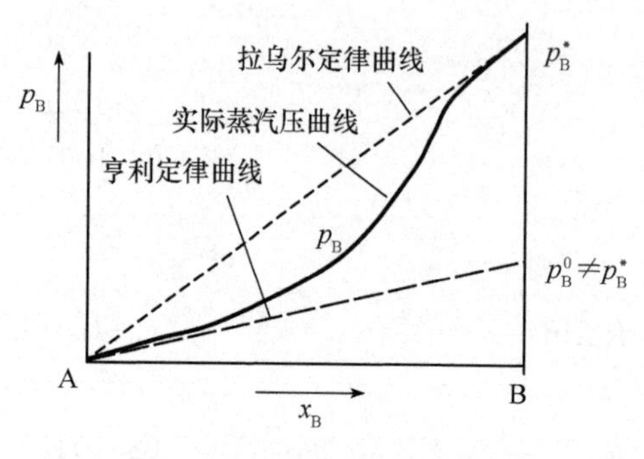

图 2-18　二元溶液中溶质的蒸汽压随成分的变化

$$p_B = p_B^0 x_B \tag{2-109}$$

但值得指出的是，式(2-109)中的 p_B^0 不再等于纯溶质的蒸汽压，而是一个实验常数，如图 2-18 所示。

另外，不论式(2-107a)及式(2-107b)中的 p_A^* 和 p_B^*，还是式(2-109)中的 p_B^0，均是温度的函数。因此，蒸汽压是随着温度的变化而改变的。通常随着温度的升高，蒸汽压增大。

气相与固相的平衡关系与气相和液相的平衡关系相同。只要在上述各式中，将液相成分用固相中的成分代替即可。通常，气-固平衡的条件在较低的温度下存在，固相的蒸汽压也低于液相的蒸汽压。当温度高于熔点时，固相熔化，气-固平衡的条件不存在。而在熔点温度下，液相与固相的蒸汽压相等，出现三相平衡。在固溶体型的材料体系中，二元溶液的结晶是在一定的温度范围(即结晶温度间隔)内完成的。在结晶温度范围内均存在气相-液相-固相三相平衡的条件，但在不同温度下平衡蒸汽压对应的液相和固相成分是不相同的。

2.4　多组元系晶体生长热力学分析

2.4.1　多元体系的自由能

与单质及二元合金系的分析相似，多元合金系中热力学平衡条件分析的核心问题仍然是自由能的确定，即该自由能在不同物相中随合金成分、温度、压力的变化规律。对于任意一个多组元物相 z，其自由能 G^z 的通用表达式为

$$G^z = \sum_i n_i^z G_{i0}^{\mathrm{ref}} + \Delta G_{\mathrm{mix}}^z \tag{2-110}$$

式中，n_i^z 为组元 i 在 z 相中的物质的量；G_{i0}^{ref} 为组元 i 在参考状态下的自由能；$\Delta G_{\mathrm{mix}}^z$ 为混合自由能。

可以看出，自由能计算的关键和难点是混合自由能 $\Delta G_{\mathrm{mix}}^z$ 的确定，它包含了原子排列与组合方式的变化引起的熵的变化以及异类原子之间的相互作用引起的内能的变化。因此，$\Delta G_{\mathrm{mix}}^z$ 又可以分解为两项，即

$$\Delta G_{\mathrm{mix}}^z = \Delta G_{\mathrm{mix,ideal}}^z + \Delta G_{\mathrm{mix,ex}}^z \tag{2-111}$$

式中，$\Delta G_{\mathrm{mix,ideal}}^z$ 为理想混合自由能，是由原子的组合排列引起的熵的变化决定的；$\Delta G_{\mathrm{mix,ex}}^z$ 为考虑原子之间相互作用引起的附加自由能。

影响两相平衡的是不同组态的自由能差，而不是它的绝对值。

多组元体系中的自由能计算通常根据物相的结构，采用置换式溶液模型[28]或亚晶格模型[29]处理。其中置换式溶液模型又称为 Redlich-Kister-Muggianu 模型[28]，其应用较为普遍，以下重点对其进行分析。根据该模型，n 组元合金体系中液相和 fcc、bcc、hcp 可以采用固溶体模型，其摩尔自由能 G^z 可以用以下形式表述：

$$G^z = \sum_{i=1}^{n} x_i^z G_{i0}^{\mathrm{ref}} + G_{\mathrm{mix,ideal}}^z + G_{\mathrm{mix,ex}}^z \tag{2-112}$$

式中，x_i 为组元 i 的摩尔分数；G_{i0}^{ref} 为参考状态下纯组元 i 的摩尔自由能，其值可通过式(2-59)～式(2-62)由表 2-2 中的数据计算。理想混合的自由能 $G_{\mathrm{mix,ideal}}^z$ 表示为

$$G_{\mathrm{mix,ideal}}^z = RT \sum_{i=1}^{n} x_i^z \ln x_i^z \tag{2-113}$$

与原子之间的相互作用相关的附加自由能 $G_{\mathrm{mix,ex}}^z$，对于二元和三元固溶体合金，可以有以下不同的表示方法[28]：

二元合金：

$$G_{\mathrm{mix,ex}}^z = x_1^z x_2^z \sum_{l=0}^{m} [L_{12,l}^z (x_1^z - x_2^z)^l] \tag{2-114}$$

三元合金：

$$G_{\mathrm{mix,ex}}^z = \sum_{i=1}^{2} \sum_{j=i+1}^{3} x_i^z x_j^z \sum_{l=0}^{m} [L_{ij,l}^z (x_i^z - x_j^z)^l] + x_1^z x_2^z x_3^z \left[\sum_{i=1}^{3} (L_{\mathrm{ter},i}^z x_i^z) \right] \tag{2-115}$$

式中，L_{ij}^z 为 z 相中组元 i 和组元 j 的相互作用系数；L_{ter}^z 为 z 相中三组元 1、2、3 之间的相互作用系数。

对于 n 元合金，附加自由能 $G_{\mathrm{mix,ex}}^{z,n}$ 可以表示为 $n-1$ 元合金自由能之和再加上 n 元溶质相互作用引起的自由能增量。

2.4.2　多元系结晶过程的热力学平衡条件

相律是分析多元多相体系相平衡条件的一个基本概念。按照相律，如果影响多相平衡的外界因素包括压力和温度，多元合金相变过程中的自由度 f 为[30]

$$f = n - \varphi + 2 \tag{2-116}$$

式中，n 和 φ 分别为系统的独立组元数和相数；参数 2 代表压力和温度的影响。在常压下，压力的影响可以忽略，则式(2-116)中的 2 变为 1。

根据热力学原理，体系在恒温恒压条件下达到平衡的一般条件是

$$\mu_i^{\alpha} = \mu_i^{\beta} = \cdots = \mu_i^{\eta} \tag{2-117}$$

式中，μ_i^{α}、μ_i^{β} 和 μ_i^{η} 分别为组元 i 在 α、β 和 η 相中的化学位。

对于 n 元合金，系统中某一组元在 z 相中的化学位可以表示为[30]

$$\mu_i^z = G_{\mathrm{m}} + \sum_{j=2}^{n} (\delta_{ij}^z - x_j^z) \frac{\partial G_{\mathrm{mix,ex}}^z}{\partial x_j^z} \tag{2-118}$$

式中，μ_i^z 表示组元 i 在 z 相中的化学位；x_j^z 为组元 j 在 z 相中的摩尔分数；δ_{ij} 为 Kronecker 数，即在 $i=j$ 时，$\delta_{ij}=1$；而在 $i \neq j$ 时，$\delta_{ij}=0$。

对于三元合金，各元素在 z 相中的化学位可以表示为

$$\mu_1^z = G_{\mathrm{mix,ex}}^z - x_2^z \frac{\partial G_{\mathrm{mix,ex}}^z}{\partial x_2^z} - x_3^z \frac{\partial G_{\mathrm{mix,ex}}^z}{\partial x_3^z} \tag{2-119a}$$

$$\mu_2^z = G_{\text{mix,ex}}^z + (1 - x_2^z)\frac{\partial G_{\text{mix,ex}}^z}{\partial x_2^z} - x_3^z \frac{\partial G_{\text{mix,ex}}^z}{\partial x_3^z} \tag{2-119b}$$

$$\mu_3^z = G_{\text{mix,ex}}^z - x_2^z \frac{\partial G_{\text{mix,ex}}^z}{\partial x_2^z} + (1 - x_3^z)\frac{\partial G_{\text{mix,ex}}^z}{\partial x_3^z} \tag{2-119c}$$

按照相平衡判据，各组元在各相中的化学位相等，即各相自由能曲面在各相的平衡成分处具有公共切面。如果知道了该合金体系的自由能，就可以通过求解相平衡方程的方法获得多元合金中的溶质分凝系数。

对于 n 组元合金从液相的结晶过程，在液相和初生固相的两相平衡中，按照相律其自由度为 n；如果忽略压力的影响，则自由度变为 $n-1$；再进一步将温度固定下来，则自由度变为 $n-2$。这一结果也可以从另一个角度得出，式(2-117)为 $n-1$ 个独立的非线性方程，但固、液两相共有 $2n-2$ 个独立的成分变量，还必须再找到 $n-2$ 个约束条件才能确定体系的平衡状态。对于与环境没有物质交换的保守体系，这些约束条件可以通过溶质守恒条件确定。

2.4.3 相图计算技术的应用

在讨论二元合金结晶过程平衡条件时，通常借助相图进行分析。对于三元合金，也可以通过实验或计算获得几何相图。但对于三元以上的多元合金的结晶过程和相析出规律，采用几何相图分析将变得非常困难。同时，n 元合金系在由两相平衡的结晶过程，其自由度仍为 n，即使将温度和压力都确定下来，仍有 $n-2$ 个自由度，需要确定新的约束条件，而这些约束条件与几何相图耦合计算将更加困难。目前解决这个问题的较好方法就是在结晶过程中引入计算热力学技术，即相图计算技术(CALPHAD)。

在过去的几十年中，相图计算技术得到快速发展。目前，国际上已经有许多成熟的相图计算软件，如 Thermo-Calc[31]、Thermosuite[32]、MTDATA[33]、FACT[34] 和 PANDAT[35] 等，同时也建立了许多相图热力学数据库，如 SGTE 纯物质数据库[9]、溶液数据库[10]、半导体材料数据库[11~13]等。

计算热力学就是利用热力学原理计算系统的相平衡关系及各种热力学数据，并绘制出相图的科学分支。热力学计算的关键是选择合适的热力学模型，模拟各相的热力学性质随温度、压力、成分等的变化。

运用相图计算方法进行热力学计算分为 4 个步骤[36]。首先，根据体系中各相的结构特点选择合适的热力学模型来描述其自由能，这些与温度、压力和浓度有关的自由能表达式中含有一定数量的待定参数；其次，利用实测的相图与热力学数据优化出自由能表达式中的待定参数；再次，采用适当的算法和相应的计算程序，按照相平衡条件计算出相图；最后，将计算结果与实测相图和其他热力学数据进行比较，如果两者相差较大，则调整待定参数或重新选择热力学模型，再进行一次优化计算，直到计算结果和大部分相图数据及热力学数据在试验误差范围内吻合，其具体的优化过程如图 2-19 所示[36]。

引入计算热力学之后，只需要对体系中相图的部分关键区域和某些关键相的热力学数据进行实验测定，就可以优化自由能的模型参数，外推计算出整个相图，建立起该体系完整的相图热力学数据库，从而大大减少了相图研究的工作量。热力学计算技术不仅能

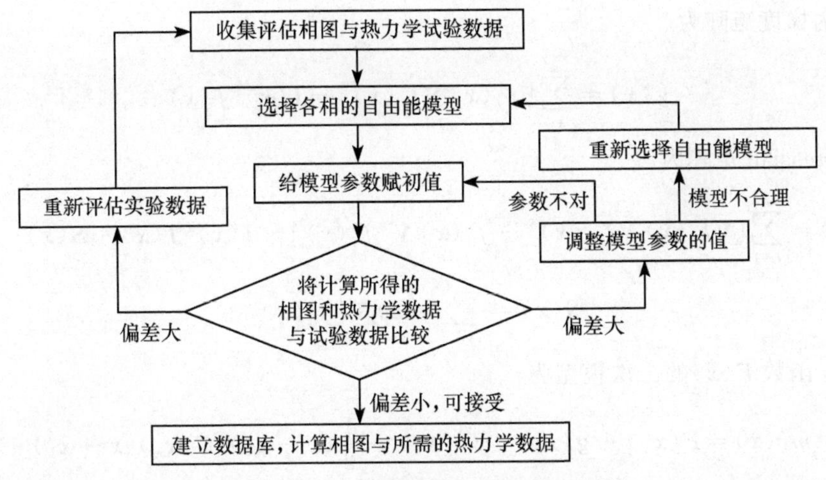

图 2-19　热力学模型参数优化流程图[36]

获得多元合金的相图信息,还可以获得与合金体系相关的热力学量,如化学位、活度、相变驱动力、质量热容等[37]。

现阶段关于相图的计算主要采用了两种数值计算方法,即 Newton-Raphson 法和单纯形法[36],后者的数学推导要比前者简单。20 世纪 80 年代以来,大的计算程序相继发表,这些计算程序都能从事大量复杂计算并提供各种图表作为计算结果输出,其中如 FACT、MTDATA、Thermo-Calc 等已经成为通用的方法[38]。以下介绍一种 Levenberg-Marquardt 算法(L-M 算法)[39,40]。

对于 α 和 β 两相平衡的过程,热力学平衡条件可写为

$$\mu_i^{\alpha}-\mu_i^{\beta}=0,\qquad i=1,\cdots,n \tag{2-120}$$

定义计算相平衡的目标函数为

$$F(\boldsymbol{x})=\frac{1}{2}\sum_{i=1}^{n}f_i^2(\boldsymbol{x})=\frac{1}{2}\boldsymbol{f}^{\mathrm{T}}\boldsymbol{f} \tag{2-121}$$

式中

$$f_i(\boldsymbol{x})=\mu_i^{\alpha}-\mu_i^{\beta},\qquad i=1,\cdots,n \tag{2-122}$$

$$\boldsymbol{x}=[x_1,x_2,\cdots,x_n] \tag{2-123}$$

$$\boldsymbol{f}=[f_1,f_2,\cdots,f_n]^{\mathrm{T}} \tag{2-124}$$

目标函数 $F(\boldsymbol{x})$不可能为负值。当 $F(\boldsymbol{x})$小于某一小量 ε 时,例如 0.0001,可以认为已经达到了数学上的整体最小。$F(\boldsymbol{x})\leqslant\varepsilon$ 的实质就是相平衡准则,即组元的化学位在各相中相等。此准则与体系自由能最小的相平衡准则等价。故数学上达到整体最小时,体系自由能也已达到整体最小。

设 $\boldsymbol{J}(\boldsymbol{x})$是 $\boldsymbol{f}(\boldsymbol{x})$的 Jacobian 矩阵,即

$$\boldsymbol{J}=\begin{bmatrix}\dfrac{\partial f_1}{\partial x_1} & \cdots & \dfrac{\partial f_1}{\partial x_n}\\ \vdots & & \vdots\\ \dfrac{\partial f_n}{\partial x_1} & \cdots & \dfrac{\partial f_n}{\partial x_n}\end{bmatrix} \tag{2-125}$$

则 $\boldsymbol{f}(\boldsymbol{x})$的梯度矩阵为

$$\boldsymbol{g}(\boldsymbol{x})=\sum_{i=1}^{n}[f_i(\boldsymbol{x})\nabla f_i(\boldsymbol{x})]=\boldsymbol{J}(\boldsymbol{x})^{\mathrm{T}}\boldsymbol{f}(\boldsymbol{x}) \tag{2-126}$$

$\boldsymbol{f}(\boldsymbol{x})$的 Hessian 矩阵为

$$\boldsymbol{G}(\boldsymbol{x})=\sum_{i=1}^{n}[\nabla f_i(\boldsymbol{x})\nabla f_i(\boldsymbol{x})^{\mathrm{T}}+f_i(\boldsymbol{x})\nabla^2 f_i(\boldsymbol{x})]=\boldsymbol{J}(\boldsymbol{x})^{\mathrm{T}}\boldsymbol{J}(\boldsymbol{x})+\boldsymbol{S}(\boldsymbol{x}) \tag{2-127}$$

$$\boldsymbol{S}(\boldsymbol{x})=\sum_{i=1}^{n}f_i(\boldsymbol{x})\nabla^2 f_i(\boldsymbol{x}) \tag{2-128}$$

因此，目标函数 $F(\boldsymbol{x})$的二次模型为

$$\begin{aligned}m_k(\boldsymbol{x})&=F(\boldsymbol{x}_k)+\boldsymbol{g}(\boldsymbol{x}_k)^{\mathrm{T}}(\boldsymbol{x}-\boldsymbol{x}_k)+\frac{1}{2}(\boldsymbol{x}-\boldsymbol{x}_k)^{\mathrm{T}}\boldsymbol{G}(\boldsymbol{x}_k)(\boldsymbol{x}-\boldsymbol{x}_k)\\&=\frac{1}{2}\boldsymbol{f}(\boldsymbol{x}_k)^{\mathrm{T}}\boldsymbol{f}(\boldsymbol{x}_k)+[\boldsymbol{J}(\boldsymbol{x}_k)^{\mathrm{T}}\boldsymbol{f}(\boldsymbol{x}_k)]^{\mathrm{T}}(\boldsymbol{x}-\boldsymbol{x}_k)\\&\quad+\frac{1}{2}(\boldsymbol{x}-\boldsymbol{x}_k)^{\mathrm{T}}[\boldsymbol{J}(\boldsymbol{x}_k)^{\mathrm{T}}\boldsymbol{J}(\boldsymbol{x}_k)+\boldsymbol{S}(\boldsymbol{x}_k)](\boldsymbol{x}-\boldsymbol{x}_k)\end{aligned} \tag{2-129}$$

从而，获得式(2-121)最小二乘解的 Gauss-Newton 法为

$$\boldsymbol{x}_{k+1}=\boldsymbol{x}_k-[\boldsymbol{J}(\boldsymbol{x}_k)^{\mathrm{T}}\boldsymbol{J}(\boldsymbol{x}_k)+\boldsymbol{S}(\boldsymbol{x}_k)]^{-1}\boldsymbol{J}(\boldsymbol{x}_k)^{\mathrm{T}}\boldsymbol{f}(\boldsymbol{x}_k) \tag{2-130}$$

忽略 Hessian 矩阵 $\boldsymbol{G}(\boldsymbol{x})$中的二阶信息项 $\boldsymbol{S}(\boldsymbol{x})$，可以获得 Gauss-Newton 法：

$$\boldsymbol{x}_{k+1}=\boldsymbol{x}_k-[\boldsymbol{J}(\boldsymbol{x}_k)^{\mathrm{T}}\boldsymbol{J}(\boldsymbol{x}_k)]^{-1}\boldsymbol{J}(\boldsymbol{x}_k)^{\mathrm{T}}\boldsymbol{f}(\boldsymbol{x}_k) \tag{2-131}$$

Levenberg-Marquardt 算法是对 Gauss-Newton 法的一个改进，其具体的计算公式为

$$\boldsymbol{x}_{k+1}=\boldsymbol{x}_k-[\boldsymbol{J}(\boldsymbol{x}_k)^{\mathrm{T}}\boldsymbol{J}(\boldsymbol{x}_k)+\lambda_k\boldsymbol{I}]^{-1}\boldsymbol{J}(\boldsymbol{x}_k)^{\mathrm{T}}\boldsymbol{f}(\boldsymbol{x}_k) \tag{2-132}$$

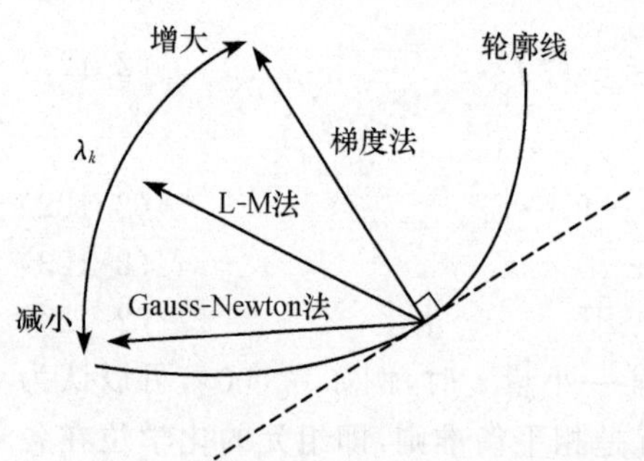

图 2-20　Levenberg-Marquardt 算法的搜索方向及其和其他方法的比较[41]

该方法采用目标函数的二阶导数，因此可以获得更好的收敛性。在普通的梯度算法中仅仅使用了目标函数的一阶导数，收敛的方向始终是目标函数的梯度方向。而在 Levenberg-Marquardt 算法中，采用了一个方向矢量不断调整计算的收敛方向，可以获得更好的收敛性，如图 2-20 所示[41]。

对于较大的 λ_k，迭代式(2-132)演变成标准的梯度算法。对于较小的 λ_k，式(2-132)又演变成 Gauss-Newton 法。因此，引入了参数 λ_k 后，Levenberg-Marquardt 算法在 Gauss-Newton 法和最速下降法之间光滑过渡。其具体的计算在 MATLAB 中进行，软件本身将根据下一步的计算结果来调整 λ_k 的取值，从而实现精度和计算速度的很好结合。

当各相中组元的化学位被导出后，便可以写出目标函数。在目标函数中写入相应的平衡条件，Levenberg-Marquardt 算法便可以计算任何的两相平衡。作为例子，将该方法

应用于 Al-Si-Mg 三元合金富 Al 端的液-固平衡的计算。其中液相和 Al 相(fcc)的自由能采用式(2-111)及式(2-115)计算。Al-Si-Mg 合金的热力学参数选取文献[41]中的数据,见表 2-5。图 2-21 中显示了计算结果和实验相图的比较[41],其中实验结果取自文献[43]。可以看出,计算结果与实验结果吻合得很好。

表 2-5　Al-Si-Mg 合金的典型热力学参数[42]

参　数	液　相	fcc 结构固相
$L^0_{Al,Si}$	$-11655.93-0.93T$	$-3423.91-0.096T$
$L^1_{Al,Si}$	$-2873.45+0.29T$	
$L^2_{Al,Si}$	2520	
$L^0_{Al,Mg}$	$-12000+8.566T$	$4971-3.5T$
$L^1_{Al,Mg}$	$1894-3T$	$900+0.423T$
$L^2_{Al,Mg}$	2000	950
$L^0_{Mg,Si}$	$-82462.11+32.43T$	$-7148.79+0.89T$
$L^1_{Mg,Si}$	$16617.63-17.79T$	
$L^2_{Mg,Si}$	$2331.67-0.29T$	
$L^3_{Mg,Si}$	$17833.02-2.23T$	
$L^4_{Mg,Si}$	$-11203.22+1.4T$	
$L^0_{Al,Mg,Si}$	$26860.37-3.36T$	
$L^1_{Al,Mg,Si}$	$-21007.19+2.63T$	
$L^2_{Al,Mg,Si}$	$-56273.39+7T$	

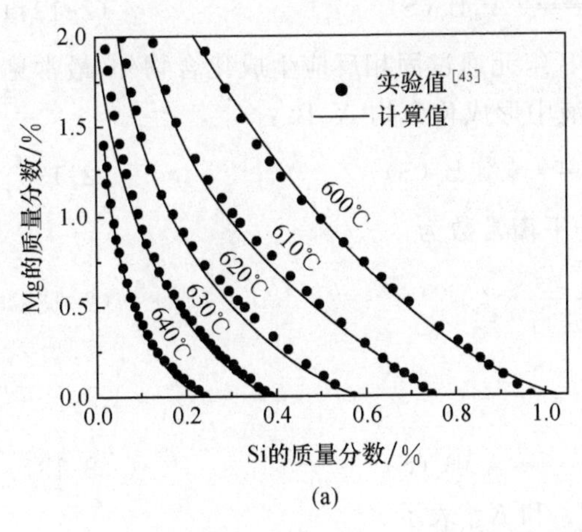

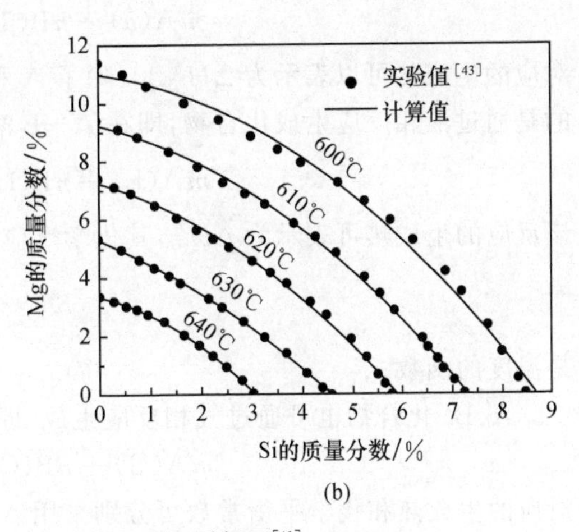

图 2-21　Al-Si-Mg 合金富 Al 端的液相面和固相面[41]

(a) 固相面;(b) 液相面

2.5　化合物晶体生长热力学原理

随着材料科学研究的深入,越来越多具有特殊物理性能的晶体材料不断被发现。这些新型功能晶体材料绝大多数都是化合物。因此,化合物晶体的单晶生长逐步成为人工晶体生长研究的重点。在化合物晶体生长中,由于化学键的存在和化学反应的参与,使得热力学问题的研究更加复杂。本节对所涉及的主要热力学问题作简单的分析。

2.5.1 化合物分解与合成过程的热力学分析

化合物是具有固定化学计量比的有序结构，根据其中所含组元的数量可以分为二元化合物、三元化合物，乃至 n 元化合物。然而，常见的具有工业应用价值的化合物材料主要是二元及三元化合物，更多组元的化合物多以置换固溶体的形式出现。以下以最典型的 A_mB_n 型二元化合物为例进行分析。假定单质 A 为 α 相、单质 B 为 β 相，则由 1mol 的 A 和 B 组元形成的标准化学计量比 A_mB_n 化合物（记为 θ）的自由能可表示为

$$G^{\theta}=x_{A}G_{A}^{\alpha}+x_{B}G_{B}^{\beta}+\left(\frac{x_{A}}{m}+\frac{x_{B}}{n}\right)\Delta G^{\theta} \tag{2-133a}$$

然而，对于 A_mB_n 化合物，要求 $x_A=\dfrac{m}{m+n}$，$x_B=\dfrac{n}{m+n}$，从而式(2-133a)可以表示为

$$G^{\theta}=x_{A}G_{A}^{\alpha}+x_{B}G_{B}^{\beta}+\frac{2}{m+n}\Delta G^{\theta} \tag{2-133b}$$

式中，G_A^{α} 和 G_B^{β} 分别为纯组元 A 和 B 在 α 相和 β 相状态下的摩尔自由能；ΔG^{θ} 为由单质 A 和 B 形成 1mol 的 A_mB_n 化合物（包含 m mol 的组元 A 和 n mol 的组元 B）的形成自由能，可以用化合物 A_mB_n 的生成热 ΔH^{θ} 来近似。化合物的形成过程通常为放热反应，ΔG^{θ}（或 ΔH^{θ}）为负值。

形成 A_mB_n 的化学反应可以用下式表示：

$$mA(\alpha)+nB(\beta)=\!=\!=A_mB_n(S) \tag{2-134}$$

对应的生成热可以表示为 $\Delta H_{\alpha+\beta}^{\theta}$。除了 A 和 B 组元通过固相反应生成化合物外，最常见的是通过液相反应生成化合物，即在 A+B 溶液中形成化合物 A_mB_n：

$$mA(L)+nB(L)=\!=\!=A_mB_n(S) \tag{2-135}$$

该反应的生成热可表示为 ΔH_L^{θ}，其化学反应的平衡常数为

$$K_L^{\theta}=\frac{1}{x_A^m x_B^n} \tag{2-136}$$

是温度的函数。

A_mB_n 化合物也可通过气相反应生成，即

$$mA(G)+nB(G)=\!=\!=A_mB_n(S) \tag{2-137}$$

对应的生成热和化学平衡常数可分别采用 ΔH_G^{θ} 和 K_G^{θ} 表示。

此外，A_mB_n 化合物还可以通过气相的 A 与固相的 B、固相的 A 与气相的 B 等不同状态的母相间化学反应获得。不同的反应物所对应的生成热及化学平衡常数均可根据化学反应原理计算。

通常获得理想的标准化学计量比的化合物是少见的，化合物的成分或多或少会发生偏离。这种偏离将以空位、间隙原子、反位原子等点缺陷的形式存在，导致晶体自由能的增大。因此，实际晶体的自由能可表示为

$$G^{\theta}=x_{A}G_{A}^{\alpha}+x_{B}G_{B}^{\beta}+\frac{2}{m+n}(\Delta G^{\theta}+\Delta G_{div}^{\theta}) \tag{2-138}$$

式中，ΔG^{θ}_{div}为导致化合物成分偏离标准化学计量比的各种点缺陷引起自由能变化的总和。点缺陷的形成通常会造成自由能的增大，因此，ΔG^{θ}_{div}为正，并且随着实际成分对标准化学计量比偏离程度的增加而增大。

图 2-22 中给出了 A 和 B 组元由液相形成化合物时的自由能变化规律示意图，图中同时给出了 α 相、β 相和气相的自由能随成分变化的关系曲线，G^{α}、G^{β} 及 G^{G}。

由图 2-22 可以看出，在给定温度下，仅当液相成分 x_B 处于 $x^{\theta}_{B,min}$ 与 $x^{\theta}_{B,max}$ 之间时才可形成稳定的 A_mB_n 化合物。

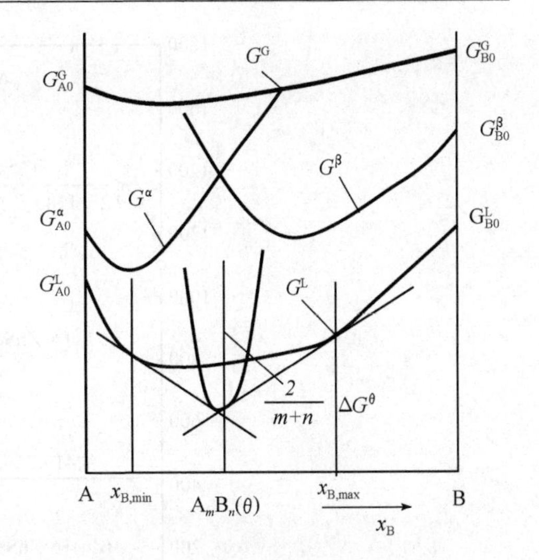

图 2-22　具有化合物相的二元系中各组成相的自由能变化关系示意图

随着温度的升高，各个相的自由能均升高，但对于不同相，其自由能升高的速率不同，从而出现以下不同的变化规律：

（1）当化合物自由能曲线 G^{θ} 的最低点首先低于的是液相线自由能 G^{L} 时，则形成典型的具有化合物结构的相图，如图 2-23 所示的 Cd-Te 二元相图[44]。化合物为稳定相，仅当其达到熔点温度时，发生熔化。

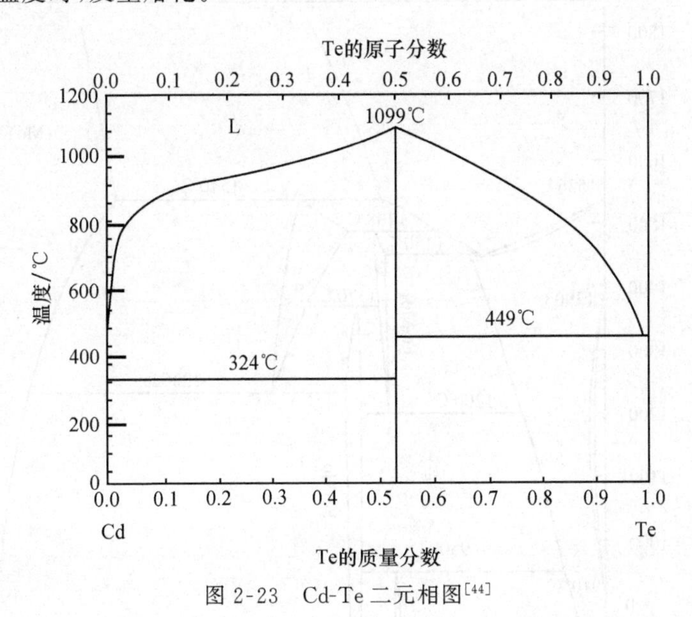

图 2-23　Cd-Te 二元相图[44]

（2）当化合物自由能曲线 G^{θ} 的最低点首先超过的是气相的自由能 G^{G} 时，化合物不会发生熔化，而是在足够高的温度下直接气化，如图 2-24 所示的 Zn-Se 相图[45]。

（3）当化合物自由能曲线 G^{θ} 的最低点首先超过的是 α 或 β 相的自由能时，则发生化合物的固相分解。随着自由能曲线具体变化规律的不同，可能出现多种不同的分解次序。以图 2-25 所示的 Fe-Mo 系的化合物分解反应为例[46]。Fe_2Mo 相在 950℃下分解为 α 相

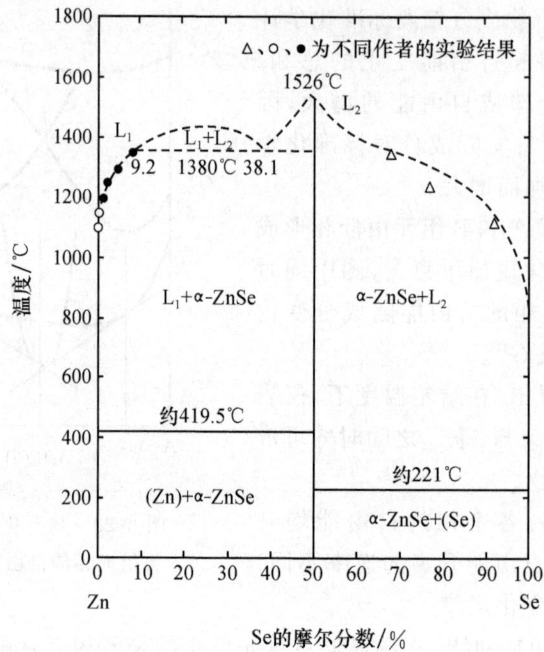

图 2-24　Zn-Se 二元相图[45]

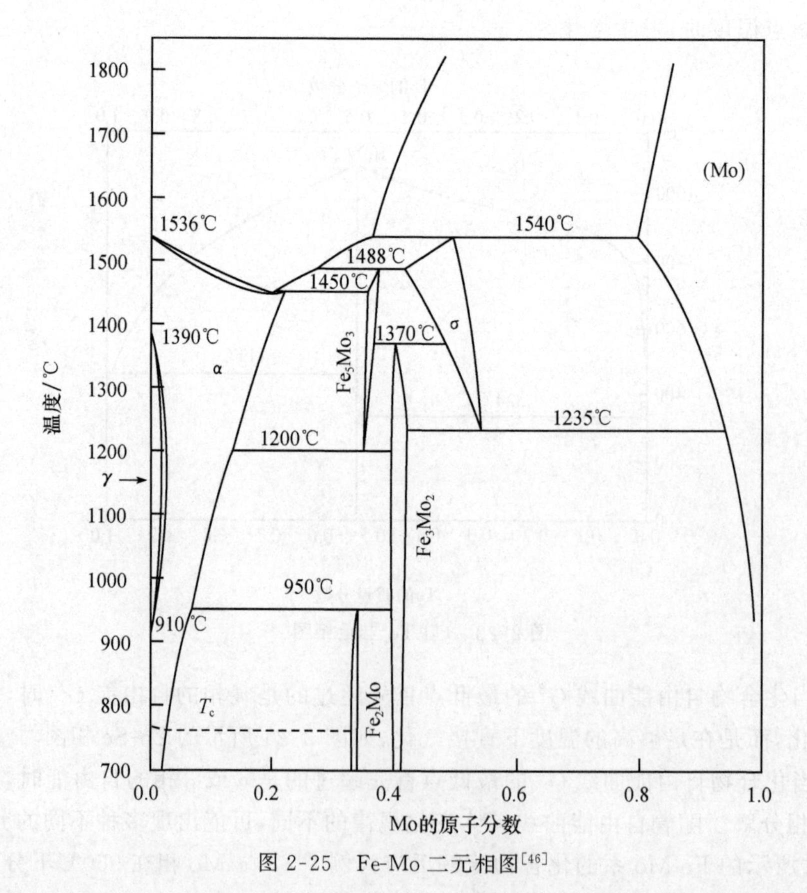

图 2-25　Fe-Mo 二元相图[46]

和 Fe_3Mo_2 相；Fe_3Mo_2 相在 1370℃下分解为 Fe_5Mo_3 相和 σ 相；而 Fe_5Mo_3 相则在 1488℃下分解为液相和 σ 相。

2.5.2 复杂二元及多元化合物体系的简化处理

1. 复杂二元系的简化

在复杂的二元体系中，可能形成不同化学组成的多种化合物，每种化合物相都有固定的成分。在不追究其具体成键特性的情况下，可以将其按单质相对待，从而将复杂的二元相图分解为几个部分，分别讨论。如图 2-26 所示的 Cu-Mg 二元系[47]，其中形成的化合物包括 Cu_2Mg 及 $CuMg_2$，分解后可获得 3 个子相图。在 $0<x_{Mg}<\frac{1}{3}$成分范围，可以按照 $Cu\text{-}Cu_2Mg$ 二元系处理；在$\frac{1}{3}<x_{Mg}<\frac{2}{3}$的成分范围内按照 $Cu_2Mg\text{-}CuMg_2$ 二元系处理；在$\frac{2}{3}<x_{Mg}<1$ 的成分范围内，按照 $CuMg_2\text{-}Mg$ 二元系处理。

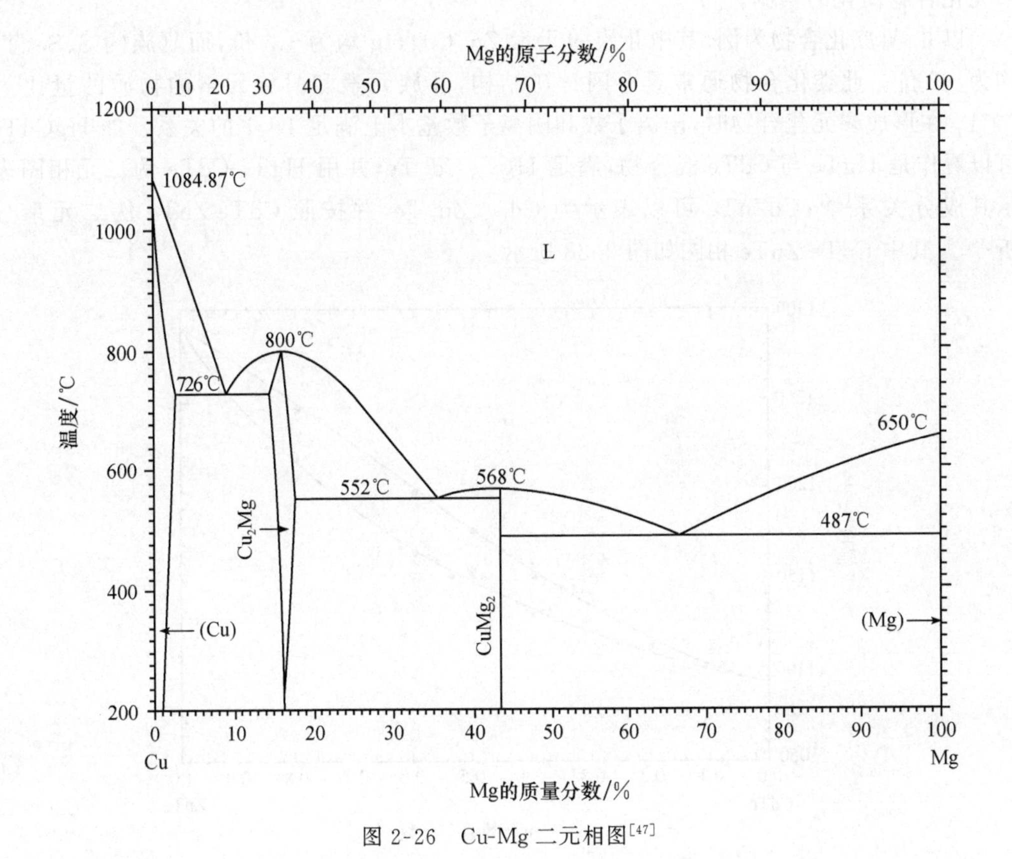

图 2-26　Cu-Mg 二元相图[47]

经过简化的子二元相图，可以采用与单质构成的二元相图相同的方法讨论其热力学参数。以图 2-27 所示的 A-B 二元系中形成的化合物 $A_{m1}B_{n1}$（记为 θ_1）和 $A_{m2}B_{n2}$（记为 θ_2）为例，在 $A_{m1}B_{n1}\text{-}A_{m2}B_{n2}$ 子相图中，组元 A 和 B 在液相和 θ 中的化学位可表示为

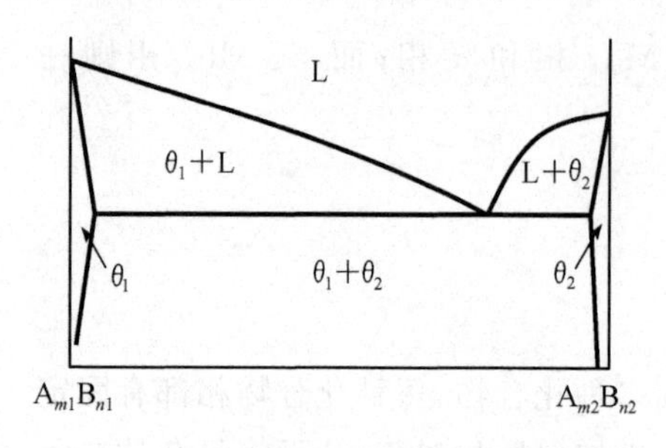

图 2-27 A-B二元相图中截取的 $A_{m1}B_{n1}(\theta_1)$-$A_{m2}B_{n2}(\theta_2)$相图

$$\mu_{\theta_1}^{S}=\mu_{\theta_1 0}^{S}+RT\ln x_{\theta_1}^{S} \tag{2-139a}$$

$$\mu_{\theta_2}^{S}=\mu_{\theta_2 0}^{S}+RT\ln x_{\theta_2}^{S} \tag{2-139b}$$

$$\mu_{\theta_1}^{L}=\mu_{\theta_1 0}^{L}+RT\ln x_{\theta_1}^{L} \tag{2-139c}$$

$$\mu_{\theta_2}^{L}=\mu_{\theta_2 0}^{L}+RT\ln x_{\theta_2}^{L} \tag{2-139d}$$

式中，$x_{\theta_1}^{S}$、$x_{\theta_2}^{S}$分别为在$A_{m1}B_{n1}$-$A_{m2}B_{n2}$系中成分为$A_{m1}B_{n1}$和$A_{m2}B_{n2}$的物质在晶体中的分数；$x_{\theta_1}^{L}$、$x_{\theta_2}^{L}$分别为与$A_{m1}B_{n1}$和$A_{m2}B_{n2}$同成分的液体的分数；$\mu_{\theta_1 0}^{S}$、$\mu_{\theta_2 0}^{S}$、$\mu_{\theta_1 0}^{L}$、$\mu_{\theta_2 0}^{L}$分别为$A_{m1}B_{n1}$和$A_{m2}B_{n2}$固态和液态下的自由能，均是由A、B混合形成的混合物的自由能，可分别以式(2-26)为基础进行计算。

2. 多元化合物的简化处理

多元化合物通常可以通过简化，借助二元化合物热力学分析方法处理。以下为几种多元化合物简化的实例。

以Ⅱ-Ⅵ族化合物为例，其中Ⅱ族的元素Zn、Cd、Hg均为+2价，而Ⅵ族的S、Se、Te均为−2价。此类化合物通常具有闪锌矿结构，Ⅱ族元素和Ⅵ族元素的物质的量比为1∶1。在形成多元化合物时，阳离子数和阴离子数基本上满足1∶1的关系。如HgCdTe可以看作是HgTe与CdTe混合物，满足$Hg_{1-x}Cd_xTe$，并用HgTe-CdTe伪二元相图表示其成分关系[48]；CdZnTe可以表示为$Cd_{1-x}Zn_xTe$，并按照CdTe-ZnTe伪二元系分析[49]。其中CdTe-ZnTe相图如图2-28所示。

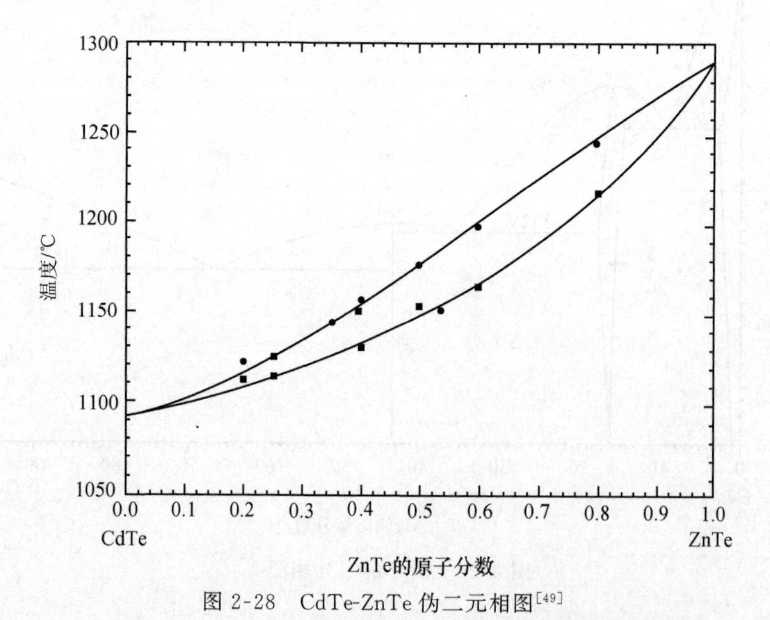

图 2-28 CdTe-ZnTe伪二元相图[49]

由Ⅲ族的元素Al、Ga、In等与Ⅴ族元素As、Sb、Bi等形成的多元Ⅲ-Ⅴ族化合物也可以按照与Ⅱ-Ⅵ族化合物相同的方法进行相图的分解。

在氧化物体系中，由两种氧化物形成的二元系相图非常普遍，如 $CaO\text{-}Fe_2O_3$ 体系，在 CaO 中 Ca 为 +2 价，而 Fe 为 +3 价。可以将 CaO 和 Fe_2O_3 作为单质对待，获得 $CaO\text{-}Fe_2O_3$ 二元相图[50]。盐类化合物也可以形成类似的伪二元体系，如 $MgSO_4\text{-}Na_2SO_4$ 二元系[50]。图 2-29 所示的即为 $MgSO_4\text{-}Na_2SO_4$ 二元相图。

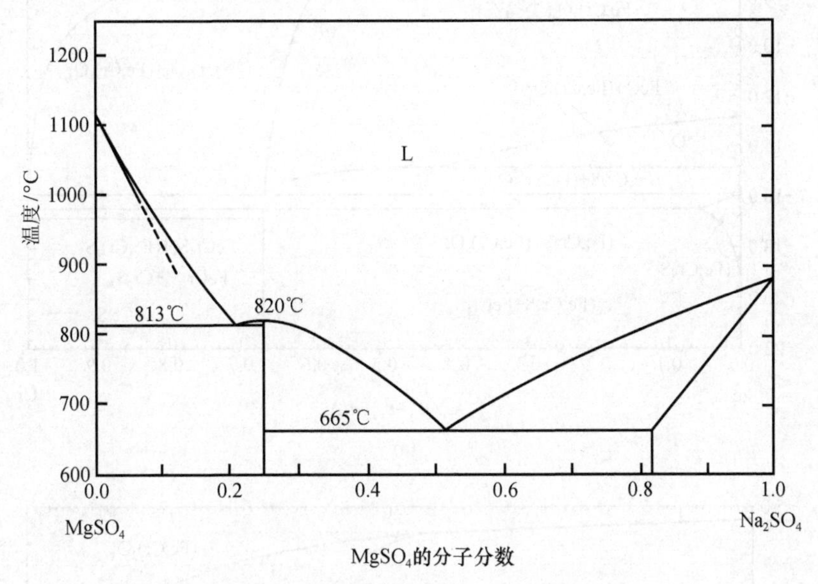

图 2-29　$MgSO_4\text{-}Na_2SO_4$ 二元相图[50]

3. 采用化学平衡约束条件进行多元化合物体系的简化

对于三元系，可采用三元相图进行分析。通常用三元相图的等温截面分析不同温度下的相平衡关系，确定出各种化合物存在的温度及成分的空间区域。

对于四元及其四元以上的合金系，则无法采用直观的图示分析，但可引入化学平衡条件进行分析条件的简化。以 Fe-Cr-S-O 四元系为例，S 和 O 均为气化倾向非常严重的元素，而 Fe 及 Cr 的气化率则非常低。忽略气相中的 Fe 和 Cr 则得到如下的气相化学平衡条件：

$$\frac{1}{2}S_2 + O_2 = SO_2 \tag{2-140}$$

化学平衡常数：

$$K_{SO_2} = \frac{p_{SO_2}}{p_{O_2} p_{S_2}^{\frac{1}{2}}} \tag{2-141}$$

式中，只要给定 3 个压力项中的一个，则可以将成分自由度简化为 2。图 2-30(a)和图 2-30(b)[50]在给定温度 $T = 1273.15\text{K}$ 的条件下，给定 $p_{SO_2} = 10^{-7}\text{atm}$ 及给定 $p_{S_2} = 10^{-2}\text{atm}$ 时不同化合物形成的成分范围。与普通相图的区别是，该图固定温度，而通过改变反映 Fe 与 Cr 相对含量的参数 $x'_{Cr} = n_{Cr}/(n_{Fe} + n_{Cr})$，以及 O_2、S_2 气体成分使平衡相发生变化。其中 n_{Fe}、n_{Cr} 分别是 Fe 和 Cr 的物质的量。

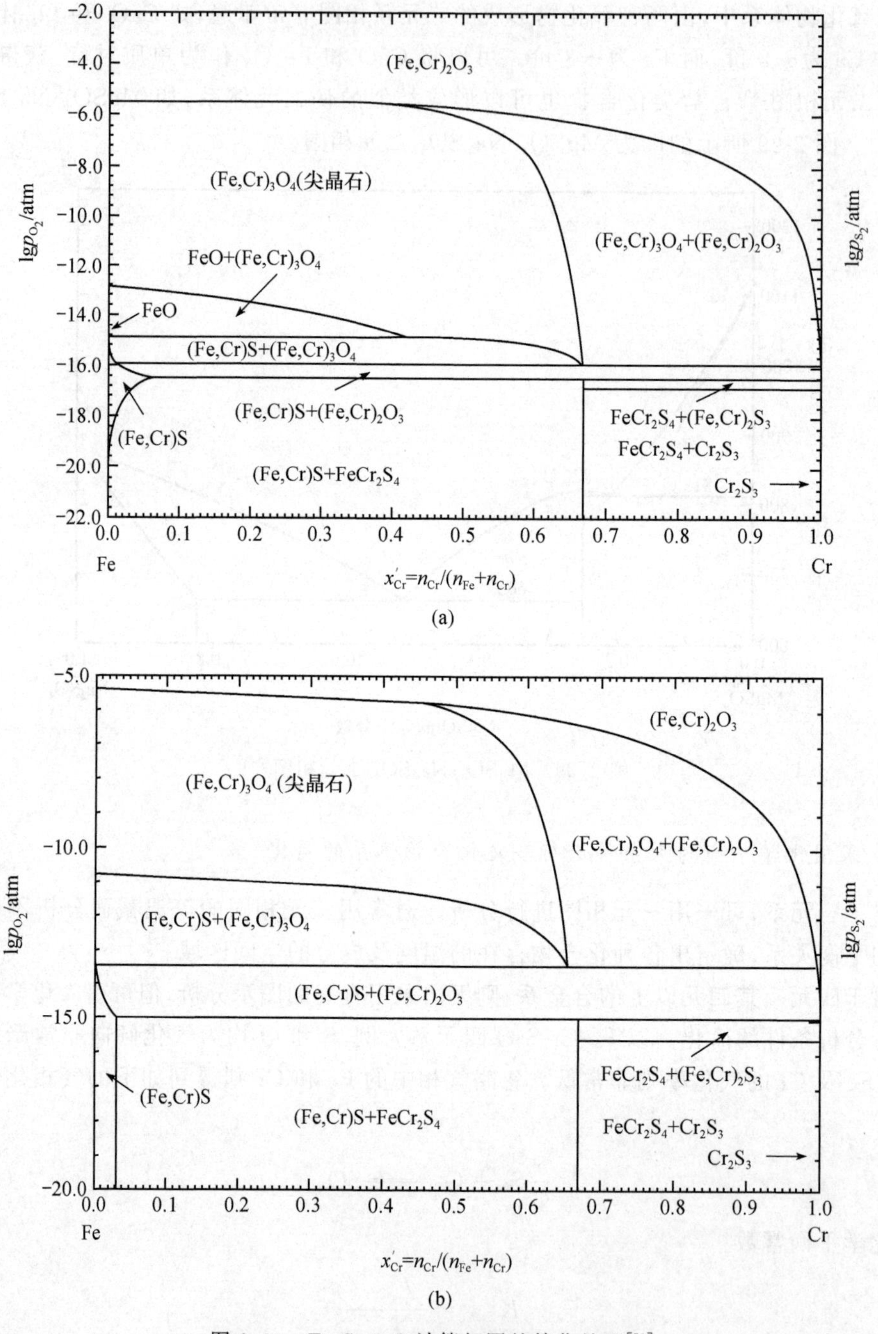

图 2-30　Fe-Cr-S-O 计算相图的简化处理[50]

(a) $T=1237.15\text{K}$，$p_{SO_2}=10^{-7}\text{atm}$；(b) $T=1237.15\text{K}$，$p_{S_2}=10^{-2}\text{atm}$

2.5.3　化合物晶体非化学计量比的成分偏离与晶体结构缺陷

化合物晶体的成分可能偏离理想的化学成分配比而出现所谓的非化学计量比的问题。这种成分的偏离必然对应于晶体中某种形式的结构缺陷，如间隙原子、空位、反位等点缺陷。以 AB 型的化合物晶体为例，晶体中可能出现的点缺陷及其密度分别表示如下：

A 空位密度：

$$X_{AV}=\frac{n_{AV}}{N_A} \tag{2-142a}$$

B 空位密度：

$$X_{BV}=\frac{n_{BV}}{N_B} \tag{2-142b}$$

A 间隙原子密度：

$$X_{AI}=\frac{n_{AI}}{N_A} \tag{2-142c}$$

B 间隙原子密度：

$$X_{BI}=\frac{n_{BI}}{N_B} \tag{2-142d}$$

A 原子反位（A 原子占据 B 原子的位置）密度：

$$X_{AB}=\frac{n_{AB}}{N_B} \tag{2-142e}$$

B 原子反位（B 原子占据 A 原子的物质）密度：

$$X_{BA}=\frac{n_{BA}}{N_A} \tag{2-142f}$$

式(2-142a)～式(2-142f)中，N_A、N_B 分别表示单位体积完整晶格中 A 原子和 B 原子的位置数；n_{AV}、n_{AI} 和 n_{AB} 分别为单位体积晶格中 A 原子的空位、A 间隙原子与 A 反位原子的数目；n_{BV}、n_{BI} 和 n_{BA} 分别为单位晶体晶格中 B 原子的空位、B 间隙原子与 B 反位原子的数目。

可以求出，AB 型晶体中 B 组元的成分偏差 Δx_B 为

$$\Delta x_B=X_{AV}+X_{BI}+2X_{BA}-X_{BV}-X_{AI}-2X_{AB} \tag{2-143}$$

晶体中的点缺陷是在热激活条件下形成的，因此随着时间的变化而不断形成和湮灭。但在一定的状态下，其热力学平衡浓度是确定的，并取决于点缺陷形成的激活能，满足 Arrhenius 公式。以 A 原子空位为例

$$X_{AV}=\exp\left(-\frac{\Delta g_{AV}}{k_B T}\right) \tag{2-144}$$

式中，Δg_{AV} 为形成一个 A 原子空位所需要的激活能。

在式(2-144)中，形成点缺陷的激活能 Δg_{AV} 也是随温度变化的，但变化的幅度有限，其 $\Delta g_{AV}/T$ 是随着温度的升高而减小的。因此，随着温度的降低，点缺陷的平衡浓度将降低。其他点缺陷的浓度可采用相似表达式计算，其浓度也随着温度的下降而减小。

已知二元化合物在二元相图中表现为一竖直的直线，但当存在热力学平衡的成分偏离时，则其成分可在一个区间内变化，形成一个具有溶解度区域的区间。该区间的范围是由式(2-143)所确定的成分偏差决定的。该偏差通常随着温度的降低而减小。图 2-31 所示为几种典型的二元化合物的固溶度区间。固溶度区间通过式(2-143)与晶体中点缺陷的密度相关。

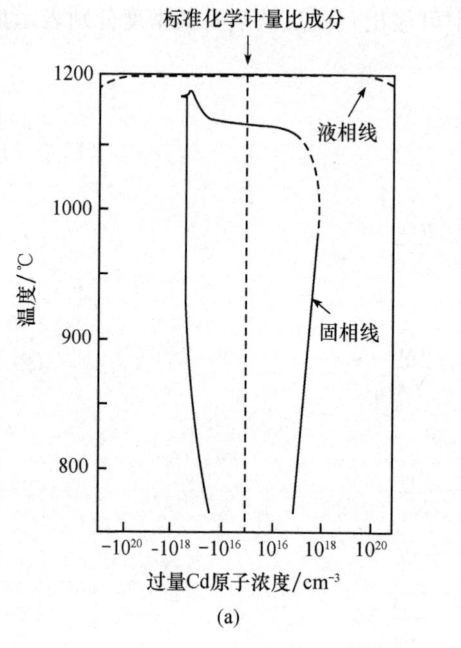

(a)

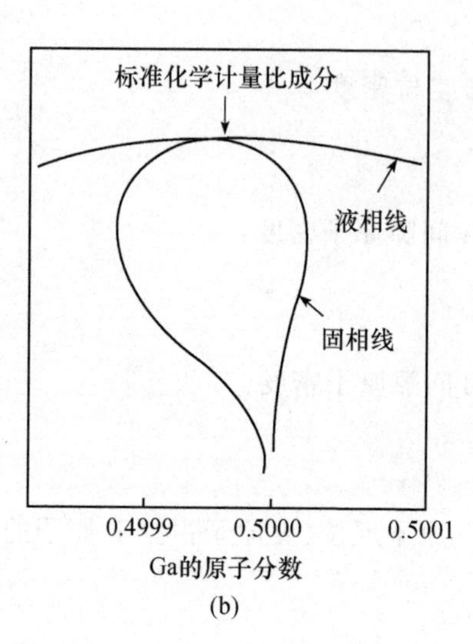

(b)

图 2-31 几种典型的二元化合物的固溶区间

(a) Cd-Te 系[51]；(b) Ga-As 系[52]

2.5.4 熔体中的短程序及缔合物

由 X 射线衍射、中子衍射实验和成分依赖的热物理性质分析显示，在一些可形成化合物的体系中，即使在熔融状态下，熔体中存在着短程序(SRO)，并对熔体的热力学性质产生影响。对于多元合金熔体中的短程序，可以采用缔合物的概念来描述。缔合物表示熔体中与结晶时形成的化合物成分接近但键合较弱的原子集团。缔合溶液模型使用化学计量比固定的缔合物来描述短程序对液相热力学性质的影响，将合金熔体处理成一个由缔合物和自由原子组成的赝混合物。

熔体中缔合物 $A_m B_n$ 的形成可以用以下反应表示

$$A_m B_n \longleftrightarrow m\mathrm{A} + n\mathrm{B} \tag{2-145}$$

该反应的平衡常数 K 表示为

$$K = \frac{(x_\mathrm{A})^m (x_\mathrm{B})^n}{x_{\mathrm{A}_m \mathrm{B}_n}} \tag{2-146}$$

K 与温度的关系为

$$\ln K = \frac{C_1}{T} + C_2 \tag{2-147}$$

Li 等[53]结合 Hg-Cd-Te 三元系分析了缔合物的存在对热力学平衡条件的影响，认为 Hg-Cd-Te 三元熔体是由自由的 Hg、Cd、Te 及 HgTe 和 CdTe 缔合物构成的，各自的摩尔分数分别用 x_i 表示。这些缔合物改变了式(2-45)所示的化学位中的活度系数 γ。对于组元 $i = p$，缔合物的存在引入附加化学位 μ_p^{xs} 可表示为

$$\mu_p^{xs}=RT\ln\gamma_p$$
$$=2\sum x_i\left[\alpha_{ip}+\beta_{pi}\left(\frac{x_i}{2}-x_p\right)\right]-\sum\sum x_ix_j(\alpha_{ij}+2\beta_{ij}x_j)-x_{p,4}\Delta G_4-x_{p,5}\Delta G_5 \tag{2-148}$$

式中，γ_p 为组元 p 的活度系数；ΔG_4 和 ΔG_5 分别为缔合物 HgTe 及 CdTe 分解为单质的自由能；α_{ij} 和 β_{ij} 为组元间的相互作用系数；$x_{p,4}$ 和 $x_{p,5}$ 分别是缔合物 HgTe 和 CdTe 的摩尔分数。

以组元 Hg 为例，由于 HgTe 缔合物的存在降低了 Hg 原子的化学位，使得气相中的化学位相对增大，导致气相中的 Hg 原子向液相中转移，引起液相中 Hg 含量的增大。

Krull 等[54]使用缔合溶液模型研究了大量的二元合金熔体(如 Al-Ni)，多元合金熔体(如 Al-Mg-Zn)和过冷熔体(如 Al-Cu-La-Ni)的热力学性质。

下面以 Al-Cu 合金为例来建立这个模型。Al-Cu 二元合金固态时存在 $\alpha_2(AlCu_3)$、$\gamma(Al_4Cu_9)$、$\delta(Al_2Cu_3)$、$\zeta(Al_9Cu_{11})$、$\eta_2(AlCu)$、$\theta(Al_2Cu)$六个金属间化合物，在高温时这些化合物都可能以短程序的形式存在于熔体中。计算发现，当缔合物的成分为 $\alpha_2(AlCu_3)$ 时，熔体的混合热力学性质和实验值是一致的[8,55]，可以假设 Al-Cu 二元合金由 Al 原子、Cu 原子和 $AlCu_3$ 缔合物三元赝混合物组成，并用 x_{Al}、x_{ass}、x_{Cu} 代表赝混合物中 Al、$AlCu_3$、Cu 的摩尔分数。

在没有缔合物形成的条件下，Al-Cu 二元合金熔体的自由能表示为

$$G_m^L=x_{Al}G_{Al0}^L+x_{Cu}G_{Cu0}^L+RT(x_{Al}\ln x_{Al}+x_{Cu}\ln x_{Cu})+G^{ex} \tag{2-149}$$

式中，G_{Al0}^L 和 G_{Cu0}^L 为纯组元 Al 和 Cu 的自由能；G^{ex} 为组元 Al 和 Cu 之间的交互作用引起的附加自由能，表示为

$$G^{ex}=x_{Al}x_{Cu}L_{Al,Cu}^L \tag{2-150}$$

其中，$L_{Al,Cu}^L$ 为 Al 和 Cu 的交互作用系数。

当熔体中存在 $AlCu_3$ 缔合物时，式(2-149)变为

$$G_m^L=x_{Al}G_{Al0}^L+x_{ass}G_{ass0}^L+x_{Cu}G_{Cu0}^L+RT(x_{Al}\ln x_{Al}+x_{ass}\ln x_{ass}+x_{Cu}\ln x_{Cu})+G^{ex} \tag{2-151}$$

而式(2-150)变为

$$G^{ex}=x_{ass}\Delta G_{ass}^L+x_{Al}x_{ass}L_{Al,ass}^L+x_{ass}x_{Cu}L_{ass,Cu}^L+x_{Al}x_{Cu}L_{Al,Cu}^L \tag{2-152}$$

式中，$\Delta G_{ass}^L=V_1+V_2T$ 为化学计量比 $x_{Al}:x_{Cu}=0.25:0.75$ 的缔合物 $AlCu_3$ 的生成自由能；$L_{Al,ass}^L=V_{11}+V_{12}T$、$L_{ass,Cu}^L=V_{13}+V_{14}T$、$L_{Al,Cu}^L=V_{15}+V_{16}T$，分别表示在 L 相中组元 Al、$AlCu_3$ 和 Cu 之间的相互作用参数；V_1、V_2、$V_{11}\sim V_{16}$ 等为待定常数。对于 Al-Cu-$AlCu_3$ 体系，忽略与缔合物无关的参数 V_{12}、V_{14}、V_{15}、V_{16}，其余参数见表 2-6。

表 2-6　一些液态金属亚规则缔合溶液模型的多项式参数[56]

合　金	缔合物	V_1/(J/mol)	V_2/(J/(mol·K))	V_{11}/(J·mol)	V_{13}/(J·mol)
Al-Cu	$AlCu_3$	−48843.95	29.70	5574.71	21769.15
Mg-Sn	Mg_2Sn	−27988.01	19.10	11049.7	4762.47
In-Sb	InSb	−4663.16	−5.89	−2188.62	181.85

图 2-32 为计算结果与 Stolz 等[56]实验结果的比较。可见，采用缔合物模型可以较为精确地计算熔体的热力学参数。

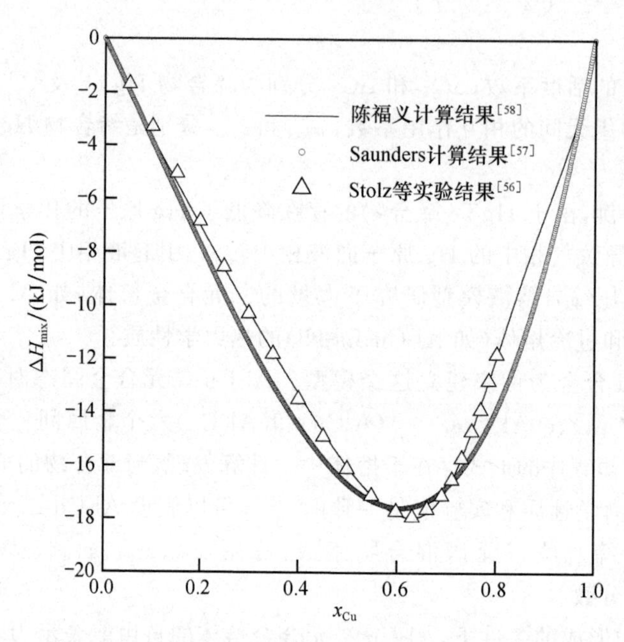

图 2-32 Al-Cu 合金中 1467K 时的混合焓随成分变化

表 2-6 中还给出了 Mg-Sn 中的 Mg_2Sn 及 In-Sb 中 InSb 缔合物的相关参数。这两种缔合物对其熔体热力学参数、热力学混合焓的影响，如图 2-33 及图 2-34 所示[58]。

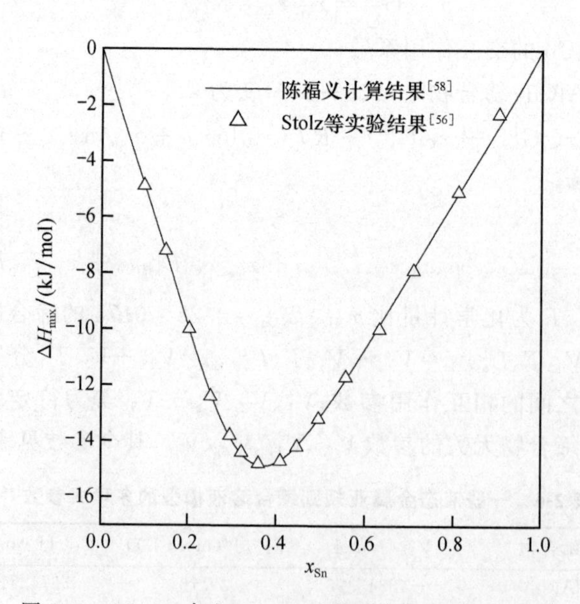

图 2-33 Mg-Sn 合金 1073K 时的混合焓随成分的变化

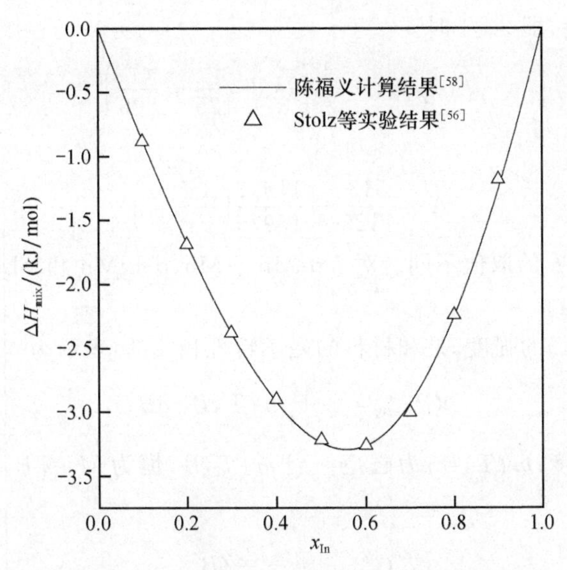

图 2-34　In-Sb 合金 900K 时的混合焓随成分的变化

2.6　强磁场及高压环境对晶体生长热力学条件的影响

电场、磁场等物理场及高压环境被越来越多地应用于晶体生长过程的控制。本节将对强磁场和高压环境对晶体生长热力学条件的影响进行分析。与其相关的物理原理和应用技术将在后续的章节中分别讨论。

2.6.1　强磁场对晶体生长热力学平衡条件的影响

晶体生长过程中磁场的应用引出的主要物理效应包括洛伦兹力、热电磁力、磁化力、磁力矩、磁极间相互作用及磁化能。其中磁化能将对物相的 Gibbs 自由能有所贡献，从而影响晶体生长的热力学平衡条件。

在存在外加磁场的情况下，式(2-110)给出的任意相 z 的 Gibbs 自由能变为

$$G^z = \sum_{i=1}^{n} x_i^z G_{i0}^{\text{ref}} + G_{\text{mix,ideal}}^z + G_{\text{mix,ex}}^z + G_{\text{in-mag}}^z + G_{\text{ex-mag}}^z \tag{2-153}$$

式中，$G_{\text{in-mag}}^z$ 是材料本身的磁学特性对自由能的贡献；$G_{\text{ex-mag}}^z$ 是外加磁场引入的附加自由能。

对于含有磁性元素的体系，磁性项 $G_{\text{in-mag}}^z$ 对总体自由能的贡献将很突出。Inden[59]、Oikawa 等[60]及 Mitsui 等[61]提出的，$G_{\text{in-mag}}^z$ 表达式为

$$G_{\text{in-mag}}^z = RT\ln(\beta+1)f(\tau) \tag{2-154}$$

式中，β 是波尔磁子数；$f(\tau)$ 是约化温度 τ 的函数；τ 定义为实际温度与居里温度(T_C)的比值，即 $\tau = T/T_C$。结合 Mn-B 二元系，Mitsui 等[61]得出

在居里温度以下，即 $\tau<1$ 时

$$f(\tau) = 1 - \frac{1}{A}\left[\frac{79\tau^{-1}}{140p} + \frac{474}{497}\left(\frac{1}{p}-1\right) \times \left(\frac{\tau^3}{6} + \frac{\tau^9}{135} + \frac{\tau^{15}}{600}\right)\right] \tag{2-155}$$

在居里温度以上，即 $\tau>1$ 时

$$f(\tau)=1-\frac{1}{A}\left(\frac{\tau^{3}}{6}+\frac{\tau^{9}}{135}+\frac{\tau^{15}}{600}\right) \tag{2-156}$$

式中

$$A=\frac{518}{1125}+\frac{11692}{15975}\left(\frac{1}{p}-1\right) \tag{2-157}$$

不同的相，参数 p 的取值不同。对于α-Mn、γ-Mn、α-BiMn 和β-BiMn，$p=0.28$；而对于δ-BiMn 相，$p=0.4$。

$G_{\text{ex-mag}}^{z}$是外加磁场的强度，是和材料的磁学特性相关的，表示为[61]

$$G_{\text{ex-mag}}^{z}=-\int_{0}^{B} m(T,B)\,\mathrm{d}B \tag{2-158}$$

式中，B 为磁感应强度；$m(T,B)$为磁矩。当 $m(T,B)$恒为 $M=\chi B$，χ为顺磁磁化率，则可得出

$$G_{\text{ex-mag}}^{z}=-\frac{1}{2}\chi B^{2} \tag{2-159}$$

在相转变过程中，如晶体生长过程，不同物相的 $G_{\text{ex-mag}}^{z}$值的差异实际上反映在顺磁磁化率χ中。

$$\Delta G_{\text{ex-mag}}^{\text{L}\to\text{S}}=-\frac{1}{2}B^{2}(\chi^{\text{S}}-\chi^{\text{L}}) \tag{2-160}$$

式中的上标 S 和 L 分别表示固相(晶体)和液相的参数。

对于 Bi-Mn 二元体系的实际计算结果表明[62]，施加外加磁场可使 Bi-Mn 相图的液相线按照图 2-35(a)所示的虚线偏离无磁场条件下的实线。随着外加磁场强度的增大，液相线的偏离程度增大。图 2-35(b)所示的计算结果显示，随着外加磁场强度的增大，胞晶反应温度 T_{p1}和 T_{p2}均升高。其中 T_{p1}的增加速率远大于 T_{p2}。当外加磁场达到 49T 时，T_{p1}与 T_{p2}重叠，高温相 $\text{BiMn}_{1.08}$消失。

2.6.2　高压对晶体生长热力学平衡条件的影响

高压下的晶体生长已经在多种超硬材料，如金刚石等的合成过程中得到应用。压力对晶体生长过程的影响主要体现在以下两个方面。其一是静压力引起相图的变化，包括高压引起的相结构、溶解度、挥发性元素的蒸汽压，以及晶体结构缺陷浓度的变化；其次，活性气体元素增压时导致其在晶体或夜相中溶解度的变化。

1. 高静压的影响

高静压力对晶体生长热力学平衡条件的影响体现在压力引起不同物相 Gibbs 自由能的变化上。传统的 Gibbs 自由能的表达式为

$$G=E+pV-TS \tag{2-161}$$

在常压下，压力对自由能的影响可由式(2-161)中的第 2 项反映出来。而高压通常指的压力高达到数十，甚至上千个大气压。此时，式(2-161)中除了压力 p 以外，内能 E 及熵 S 均可能偏离常压下的值，同时，体积 V 也可能被压缩。高压引起 Gibbs 自由能的变

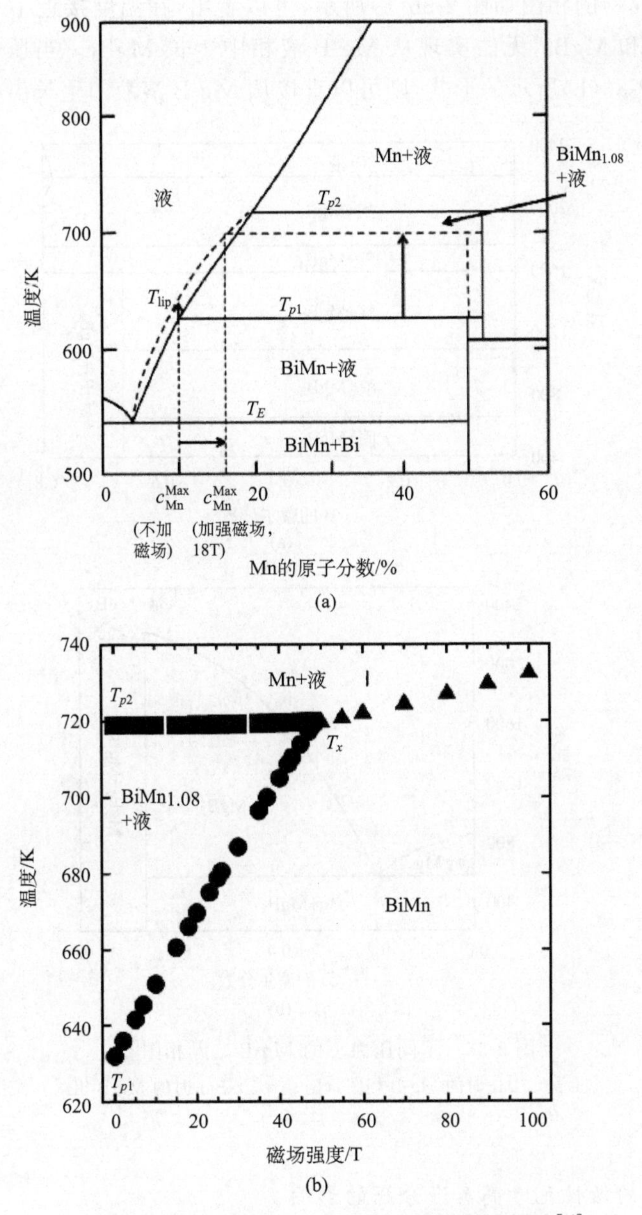

图 2-35　磁场对 Bi-Mn 二元系相平衡条件的影响[62]

(a) Bi-Mn 二元相图，图中实线为无外加磁场时的相图，虚线是外加磁场引起相平衡条件的偏离；(b) 胞晶反应温度 T_{p1} 和 T_{p2} 随磁场强度的变化

化可表示为

$$\Delta G=\left(\frac{\mathrm{d}E}{\mathrm{d}p}+V+p\ \frac{\mathrm{d}V}{\mathrm{d}p}-T\ \frac{\mathrm{d}S}{\mathrm{d}p}\right)\Delta p \tag{2-162}$$

对于不同物相，式(2-162)中各参数随压力的变化规律是不同的，从而将改变相平衡温度和成分，并获得不同压力下的平衡相图。图 2-36 所示为不同压力下 Mg-B 二元相

图。常压下(1Bar①)的相图如图 2-36(a)所示,可以看出,在温度接近 1600 ℃时 MgB_2 相直接分解为气相和 MgB_4,无法实现从 Mg-B 液相中生长 MgB_2。当压力升高到 30kBar 时,相图变为图 2-36(b)所示的形式,则可以直接从 Mg-B 溶液中生长出 MgB_2 相。

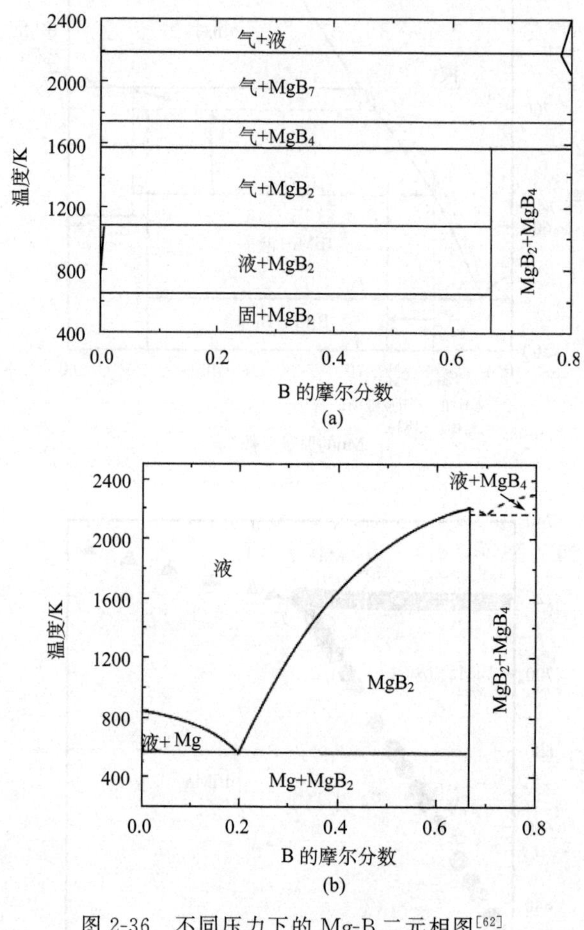

图 2-36　不同压力下的 Mg-B 二元相图[62]

(a) $p=1$Bar 时的 Mg-B 相图;(b) $p=30$kBar 时的 Mg-B 相图

2. 参与反应的活性元素高蒸汽分压的影响

通过气相与液相的反应实现晶体生长已经在多种体系中得到应用,以下以从 Al-Ga-N_2 体系中合成 $Al_xGa_{1-x}N$ 的过程为例分析[62]。该合成通过气相 N_2 与 x mol Al 与 $1-x$ mol Ga 溶液反应实现,即

$$xAl+(1-x)Ga+\frac{1}{2}N_2 \longrightarrow Al_xGa_{1-x}N \tag{2-163}$$

合成反应过程的自由能变化可表示为

① 1Bar=0.1MPa。

$$\Delta G = G_{Al_x Ga_{1-x} N} - xG_{Al} - (1-x)G_{Ga} - \frac{1}{2}G_{N_2} \tag{2-164}$$

在热力学平衡条件下 $\Delta G=0$。此时，增大 N_2 气压力（从 1atm 增大到 p_a）引起的自由能变化为

$$\Delta G_{\Delta p} = -\frac{1}{2}RT\ln a_{N_2} \tag{2-165}$$

式中，a_{N_2} 是以一个大气压为量纲表征的高压 N_2 气体的活度。该自由能的减小提供了 $Al_x Ga_{1-x} N$ 合成的驱动力。

基于以上原理，Belousov 等[63]成功地从 Al-Ga 液相中合成不同成分的 $Al_x Ga_{1-x} N$ 晶体。Liu 等[64]则在约 5GPa、大于 1350℃ 下从 Fe-Ni-C 溶液中合成出金刚石。Löffert 等[65]在 1500～1350℃、5GPa 下从 Sr-Cu-O 中合成出 $SrCu_2O_3$。Moutaabbid 等[66]在 1700℃、4～6 GPa 下由 V 和 S 粉体合成出 $V_{1+x}S_2$。

参考文献

[1] 赵凯华，罗蔚茵.热学.北京：高等教育出版社，1998.

[2] Rosenberg R M.Principles of Physical Chemistry.New York：Oxford University Press，1997.

[3] Eyring H. Viscosity，plasticity，and diffusion as examples of absolute reaction rates. Journal of Chemical Physics，1936，4：283-291.

[4] Debye P，Menke H.Bestimmung der inneren Struktur von Flüssigkeiten mit Rontgenstrahlen.Physik Z，1930，31：797.

[5] 边秀房.熔体结构.济南：山东工业大学出版社，2000.

[6] 师昌绪.材料大词典.北京：化学工业出版社，1994：1079.

[7] Lennard-Jones J E，Devonshire A F.Critical phenomena in gases-I.Proceedings of the Royal Society of London Series A，1937，163：53.

[8] 陈福义，介万奇.液态结构对 Al-Cu 熔体过剩自由能的影响.金属学报，2003，39(3)：259-262.

[9] Dinsdale A T.SGTE data for pure elements.Calphad，1991，15(4)：317-425.

[10] Hack K. The SGTE Casebook：Thermodynamics at Work. London：The Institute of Materials，1996：227.

[11] Yu T C，Brebrick R F.The Hg-Cd-Zn-Te phase diagram.Journal of Phase Equilibria，1992，13：476-496.

[12] Yu T C，Brebrick R F.Supplement：The Hg-Cd-Zn-Te phase diagram.Journal of Phase Equilibria，1993，14(3)：271-272.

[13] Ansara I，Chatillon C，Lukas H L，et al.A binary database for Ⅲ-Ⅴ compound semiconductor systems.Calphad，1994，18：177-222.

[14] 郭贻诚，王震西.非晶态物理学.北京：科学出版社，1984.

[15] Saunders N，Miodowaik A P.Evaluation of glass forming ability in binary and ternary metallic alloy systems-an application of thermodynamic phase diagram calculations. Materials Science and Technologies，1988，4：768-777.

[16] 宋维锡.金属学.北京：冶金工业出版社，1980.

[17] Wood E A.Vocabulary of surface crystallography.Journal of Applied Physics，1964，35：1306-1312.

[18] Cahn R W, Haasen P, Kramer E J. Materials Science and Technology-Structure of Solid. Weinheim: VCH Verlagsgesellschaft mbH, 1993, 1: 485-605.

[19] Cahn R W, Haasen P, Kramer E J. Materials Science and Technology-Electronic Structure and Properties of Semiconductors. Weinheim: VCH Verlagsgesellschaft mbH, 1991, 4: 379-448.

[20] 李庆春,等.铸件形成理论基础.哈尔滨:哈尔滨工业大学出版社,1980.

[21] Bevan M J, Doyle N J, Snyder D. A comparison of HgCdTe MOCVD films on lattice-matched (Cd, Zn)Te and Cd(TeSe) substrates. Journal of Crystal Growth, 1990, 102: 785.

[22] Weast R C, Astle M J, Beger W H. CRC Handbook of Chemistry and Physics. New York: CRC Press, 1992: 43-46.

[23] Marmalyuk A A, Govorkov O I, Petrovsky A V, et al. Investigation of indium segregation in InGaAs/(Al)GaAs quantum wells grown by MOCVD. Journal of Crystal Growth, 2002, 237-239: 264-268.

[24] Pitts O J, Wartkins S P, Wang C X, et al. Antimony segregation in GaAs based multiple quantum well structures. Journal of Crystal Growth, 2003, 254: 28-34.

[25] Eichler S, Seidl A, Börner F, et al. A combined carbon and oxygen segregation model for the LEC growth of SI GaAs. Journal of Crystal Growth, 2003, 247: 69-76.

[26] Li G Q, Jie W Q, Yang G, et al. Behaviors of impurities in $Cd_{0.85}Zn_{0.15}Te$ crystal grown by vertical Bridgman method. Materials Science and Engineering B, 2004, 113: 7-12.

[27] Aziz M J. Model for solute redistribution during rapid solidification. Journal of Applied Physics, 1982, 53(2): 1158-1168.

[28] Buhler T, Fries S G. A Thermodynamic assessment of the Al-Cu-Mg ternary system. Journal of Phase Equilibria, 1998, 19: 317-333.

[29] Hillert M. The compound energy formalism. Journal of Alloys and Compounds, 2001, 320: 161-170.

[30] Lupis C H P. Chemical Thermodynamics of Materials. North-Holland: Elsevier, 1983: 263-294.

[31] Andersson J O, Helander T, Höglund L, et al. Thermo-Calc & DICTRA, computational tools for materials science. Calphad, 2002, 26: 273-312.

[32] Cheynet B, Chevalier P, Fischer E. Thermosuite. Calphad, 2002, 26: 167-174.

[33] Davies R H, Dinsdale A T, Gisby J A, et al. MTDATA-thermodynamic and phase equilibrium software from the national physical laboratory. Calphad-Computer Coupling of Phase Diagrams and Thermochemistry, 2002, 26: 229-271.

[34] Bale C W, Chartrand P, Degterov S A, et al. FactSage thermochemical software and databases. Calphad, 2002, 26(2): 189-228.

[35] Chen S L, Daniel S, Zhang F, et al. The PANDAT software package and its applications. Calphad, 2002, 26(2): 175-188.

[36] Ansara I. Comparison of methods for thermodynamic calculation of phase diagrams. International Metals Reviews, 1979, 1: 20-51.

[37] Saunders N, Miodownik A P. Calphad: A Comprehensive Guide. Oxford: Pergamon Press, 1998: 299-402.

[38] Saunders N, Miodownik A P. Calphad: A Comprehensive Guide. Oxford: Pergamon Press, 1998: 7-26.

[39] Onder E M, Kaynak O. A novel optimization procedure for training of fuzzy inference systems by combining variable structure systems technique and Levenberg-Marquardt algorithm. Fuzzy Sets

and Systems,2001,122:153-165.

[40] Li A J,Li H J,Li K Z.Modeling of CVI process in fabrication of carbon/carbon composites by an artificial neural network.Science in China E,2003,46:173-181.

[41] 张瑞杰.多元多相的热力学描述及其在凝固过程中的应用[博士学位论文].西安:西北工业大学,2004.

[42] Feufel H,Godecke T,Lukas H L,et al.Investigation of the Al-Mg-Si system by experiments and thermodynamic calculation.Journal of Alloys and Compounds,1997,247:31-42.

[43] Roosz A,Farkas J,Kaptay G.Thermodynamics based semi-empirical description of liquidus surface and partition coefficients in ternary Al-Mg-Si alloy.Materials Science Forum,2003,414/415:323-328.

[44] Bickmann K,Hauck J,Mock P.Monoclinic deformation and tilting of epitaxial CdTe films of GaAs at 25-400℃.Journal of Crystal Growth,1993,131:133-137.

[45] Rudolph P,Schafer N,Fukuda T.Crystal growth of ZnSe from the melt.Materials Science and Engineering,R:Reports,1995,15(3):85-133.

[46] Kubaschewski O.Iron-Binary Phase Diagram.New York:Springer-Verlag,1982.

[47] Baker H.ASM Handbook:Alloy Phase Diagrams.New York:ASM International,1992,3:2-172.

[48] Patrick R S,Chen A B,Sher A,et al.Phase diagram and microscopic structure of(Hg,Cd)Te,(Hg,Zn)Te,and(Cd,Zn)Te alloys.Journal of Vacuum Science & Technology A,1988,6(4):2643-2649.

[49] Yu T C,Brebrick R F.The Hg-Cd-Zn-Te phase diagram.Journal of Phase Equilibria,1992,13(5):476-496.

[50] Cahn R W,Haasen P,Kramer E J.Materials Science and Technology.Phase Transformation in Materials.Weinheim:VCH Verlagsgesellschaft mbH,1991,5:3-71.

[51] Greenberg J H.Vapor pressure scanning implications of CdTe crystal growth.Journal of Crystal Growth,1999,197(33):406-412.

[52] Hurle D T.Crystal Pulling from the Melt.Berlin:Springer-Verlag,1993:135.

[53] Li B,Chu J H,Cheng X Q,et al.Influence of mercury pressure on liquidus temperature and composition of liquid phase epitaxial(Hg,Cd)Te.Journal of Crystal Growth,1995,148(1-20):41-48.

[54] Krull H G,Singh R N,Sommer F.Generalized association model.Zeitschrift fur Metallkd,2000,91(5):356-365.

[55] 陈福义,介万奇.液态结构对 Al-Cu 熔体过剩自由能的影响.金属学报,2003,36(2):346-352.

[56] Stolz U K,Arpshofen I,Sommer F,et al.Determination of the enthalpy of mixing of liquid alloys using a high temperature mixing calorimeter.Journal of Phase Equilibria,1993,14(4):473-478.

[57] Saunders N.COST 507:Thermochemical Database for Light Metal Alloys.Luxembourg:European Communities,1994:19-23.

[58] 陈福义.Al-Cu-Zn 合金的液态结构和凝固行为的数值模拟与实验研究[博士学位论文].西安:西北工业大学,2004.

[59] Inden G. Determination of chemical and magnetic interchange energies in bcc alloys. 1. General treatment. Zeitschrift fur Metallkunde, 1975, 66:577-582.

[60] Oikawa K, Mitsui Y, Koyama K, et al. Thermodynamic assessment of the Bi-Mn system. Materials Transactions, 2011, 52 (11): 2032-2039.

[61] Mitsui Y, Oikawa K, Koyama K, et al. Thermodynamic assessment for the Bi-Mn binary phase

diagram in high magnetic fields. Journal of Alloys and Compounds, 2013, 577:315-319.

[62] Karpinsk J. High pressure in the synthesis and crystal growth of superconductors and Ⅲ-N semiconductors. Philosophical Magazine, 2012, 92(19-21): 2662-2685.

[63] Belousov A, Katrych S, Jun J, et al. Bulk single-crystal growth of ternary $Al_x G_{al-x}$ N from solution in gallium under high pressure. Journal of Crystal Growth. 2009,311:3971.

[64] Liu X, Jia X, Guo X, et al. Experimental evidence for nucleation and growth mechanism of diamond by seed-assisted method at high pressure and high temperature. Crystal Growth & Design, 2010, 10(7): 2895-2900.

[65] Löffert A, Gross C, Assmus W.Crystal growth of $SrCu_2O_3$ under high pressure. Journal of Crystal Growth,2002,237-239:796-800.

[66] Moutaabbid H, Le Godec Y, Taverna D, et al. High-pressure control of vanadium self-intercalation and enhanced metallic properties in 1T-$V_{1+x}S_2$ single crystals. Inorganic Chemistry, 2016, 55: 6481-6486.

第3章 晶体生长过程的形核原理

晶体生长过程是从形核开始的，即首先在母相中形成与拟生长的晶体具有相同的结构、并且在给定的晶体生长条件下热力学稳定的"晶胚"。随后，通过该"晶胚"的长大实现晶体生长。尽管与后续的生长过程相比，形核过程是短暂的，但从原理上，形核则是与生长不同的过程。随着晶体生长条件的不同，晶体的形核可以通过以下不同的方式发生：

(1) 在均匀的母相中形核，即所谓的均质形核。

(2) 依附于母相中存在的结晶态的固相表面形核，即所谓的异质形核。

(3) 依附于预先制备的拟生长晶体(籽晶)的界面生长。

严格地讲，第三种情况不属于形核，而称为外延生长。本节主要讨论前两种形核问题。

晶体生长可以以不同状态的物相为母相。不同的母相提供的形核条件不同，因此其形核的控制因素和参数也存在很大的差异。母相的物态包括液相(熔体生长、溶液生长)、非晶态固相(晶化)、结晶态固相(固态再结晶或同素异构转变)、气相(凝结或气相生长)、分子束(如分子束外延，即 MBE)、等离子体(等离子体沉积)、超临界液相等。以下结合不同的形核条件对已有的形核理论作简单的描述。

3.1 均质形核理论

3.1.1 熔体中的均质形核理论

最早的形核理论是针对过饱和蒸汽中液滴的形核，并由 Volmer 和 Weber[1] 及 Becker 和 Döring[2] 提出的。在 Becker 和 Döring 模型的基础上，Turnbull 和 Fisher[3] 于 1949 年提出了经典的由液相中均质形核的理论。

经典的均质形核理论以液相中的结构起伏假设为基础，采用热力学分析方法进行形核率和形核条件研究。该假设认为，过冷的液相中由于结构起伏而形成不同尺寸的原子团簇，这些原子团簇在结构上接近于晶体，但它们是不稳定的，时聚时散，此起彼伏。具有临界尺寸的原子团簇获再获得一个原子后则成为晶核，失去一个原子后则退回到非稳定的团簇，这两个方向相反的变化过程的差值即为净形核速率。该临界尺寸的团簇又称为临界晶核。根据这一概念，体系的形核率 I_n，即单位时间、单位质量的母相中形成晶核的数目，可表示为

$$I_n = I_0 \exp\left(-\frac{\Delta G_n}{RT}\right) \tag{3-1}$$

式中，ΔG_n 为形成一个晶核引起体系自由能的变化，又称为形核功；R 为摩尔气体常量；T 为热力学温度；I_0 为指前系数，与温度、原子迁移率等多种因素相关。

Turnbull 等[3]确定了 I_0 的表达形式，最终得出形核率的表达式为

$$I_n \approx \frac{Nk_B T}{h}\exp\left(-\frac{\Delta G^*}{RT}\right)\exp\left(-\frac{\Delta G_n}{RT}\right) \tag{3-2}$$

式中，N 为单位体积母相中的原子数目；k_B 为 Boltzmann 常量；h 为 Planck 常量；ΔG^* 为原子通过界面由母相跃迁到晶核中需要越过的势垒。

关于形核功可通过以下分析求出。

在液相中形成晶体结晶核心时，其自由能的变化由体积自由能 ΔG_V 和附加界面能 ΔG_i 两部分构成：

$$\Delta G = \Delta G_V + \Delta G_i \tag{3-3}$$

式中

$$\Delta G_V = V_n \Delta G_m \tag{3-4}$$

$$\Delta G_i = \oiint_A \sigma_n \mathrm{d}A \tag{3-5}$$

式中，V_n 为晶核的体积；ΔG_m 为形成的晶体相与母相自由能的差值，该项为负值是晶体生长的必要条件；A 为晶核与母相的界面面积；σ_n 为晶核与母相的界面能，通常与界面取向相关。

经典形核理论假定界面能为各向同性，即 $\sigma_n \equiv \sigma$，亦即 $\Delta G_i = \sigma A$。同时假定晶核的形状为球形，其半径为 r，因此，$V_n = \frac{4}{3}\pi r^3$，$A = 4\pi r^2$。由式(3-3)～式(3-5)得出

$$\Delta G = \frac{4}{3}\pi r^3 \Delta G_m + 4\pi r^2 \sigma \tag{3-6}$$

根据结构起伏的假设，认为母相中存在着结构与晶体相近的团簇，这些团簇是时起时伏、不断变化的。

形成这些团簇的自由能可以用式(3-6)表示。形核的基本条件要求 ΔG_m 为负值。因此在式(3-6)中 ΔG 随着原子团簇的尺寸 r 的增大，先是增大，达到最大值后则随着 r 的进一步增大减小。对应于 ΔG 最大值的团簇称为临界晶核。临界晶核在获得新原子时总体自由能将降低，表明该临界晶核的长大过程为热力学自发过程，晶核变成热力学稳定相。对式(3-6)求极值则可得到临界晶核的半径为

$$r_C = -\frac{2\sigma}{\Delta G_m} \tag{3-7}$$

假定晶体中每个原子所占有的体积为 Ω，则临界晶核中原子的数目为

$$n = \frac{4\pi r_C^3}{3\Omega} \tag{3-8}$$

将式(3-7)代入式(3-6)，并考虑到 ΔG_m 为负值，得出

$$\Delta G_n = \frac{16\pi\sigma^3}{3(\Delta G_m)^2} \tag{3-9}$$

在第 2 章关于晶体生长热力学的分析中得出，在单质晶体由液相生长的过程中，ΔG_m 与相变焓 ΔH_m、晶体熔点 T_0 及过冷度 ΔT 的关系为

$$\Delta G_{\mathrm{m}} \approx \frac{\Delta H_{\mathrm{m}} \Delta T}{T_0} \tag{3-10}$$

因此，式(3-7)及式(3-9)可分别写为

$$r_{\mathrm{C}} = -\frac{2\sigma T_0}{\Delta H_{\mathrm{m}} \Delta T} \tag{3-11}$$

$$\Delta G_{\mathrm{n}} = \frac{16\pi\sigma^3 T_0{}^2}{3(\Delta H_{\mathrm{m}} \Delta T)^2} \tag{3-12}$$

将式(3-12)代入式(3-2)得出单质液相中均质形核的形核率为

$$I_{\mathrm{n}} \approx \frac{N k_{\mathrm{B}} T}{h} \exp\left(-\frac{\Delta G^*}{RT}\right) \exp\left(-\frac{16\pi\sigma^3 T_0^2}{3RT(\Delta H_{\mathrm{m}} \Delta T)^2}\right) \tag{3-13}$$

在接近熔点附近，式(3-13)中的第二个指数项起决定性的作用。除材料的物性参数σ、ΔH_{m}、T_0外，过冷度ΔT和实际温度T是影响形核的可控参数，但二者是关联的，过冷度随着温度的降低快速增大，对指数项的影响幅度要比实际温度大得多，因此形核率主要是由过冷度决定的。

单质熔体中形核率随温度变化的示意图如图 3-1(a)所示。过冷度较低时形核率很低，接近于 0。当达到一定的过冷度时，形核率突然增大。这一转折点通常称为临界过冷度，记为ΔT_{C}。

但当过冷度很大，即温度降的很低时，式(3-13)中第一个指数项的影响增大，导致形核率随温度的进一步降低而减小。在激冷条件下，形核过程可能被抑制而获得非晶态材料则是由这一形核原理控制的。其物理本质是在温度很低时，原子的动能减小，越过界面势垒变得困难，从而导致形核概率大幅度减小，如图 3-1(b)所示。

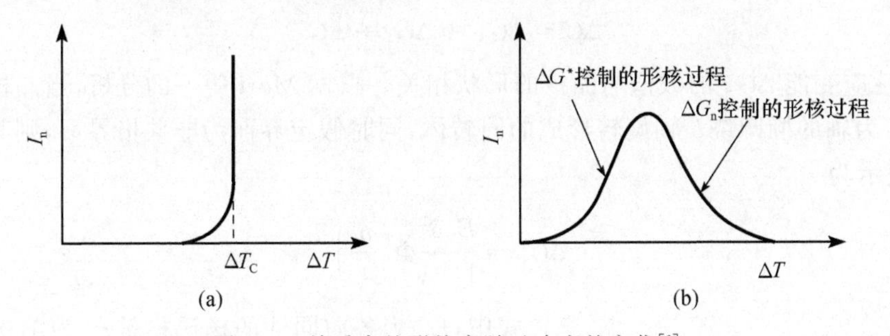

图 3-1　单质中的形核率随过冷度的变化[6]

该形核率计算式可表示为如下更通用的形式[4,5]：

$$I_{\mathrm{n}} = Z f^0(r_{\mathrm{C}}) k^+(r_{\mathrm{C}}) \tag{3-14}$$

式中，$f^0(r_{\mathrm{C}})$为体系中具有临界尺寸的原子团簇数目；$k^+(r_{\mathrm{C}})$为临界尺寸的团簇获得一个原子的概率；Z 称为 Zeldovich 非平衡系数，表示为

$$Z = \left(\frac{\phi}{2\pi RT}\right)^{\frac{1}{2}} \tag{3-15}$$

$$\phi = -\left.\frac{\partial^2 \Delta G(r)}{\partial r^2}\right|_{r=r_C} \tag{3-16}$$

3.1.2　气相与固相中的均质形核

在气相生长过程中，由式(2-75)可知

$$\Delta G_m = -RT\ln\frac{p}{p_0} \tag{3-17}$$

从而由式(3-7)、式(3-9)及式(3-17)得出

$$r_C = \frac{2\sigma}{RT\ln\left(\frac{p}{p_0}\right)} \tag{3-18}$$

$$\Delta G_n = \frac{16\pi\sigma^3}{3\left[RT\ln\left(\frac{p}{p_0}\right)\right]^2} \tag{3-19}$$

将式(3-19)代入式(3-2)，得出气相生长过程中的形核速率：

$$I_n \approx \frac{Nk_BT}{h}\exp\left(-\frac{\Delta G^*}{RT}\right)\exp\left(\frac{16\pi\sigma^3}{3R^3T^3\left[\ln\left(\frac{p}{p_0}\right)\right]^2}\right) \tag{3-20}$$

由式(3-20)看出，在气相生长过程中，除了温度的作用外，气相的蒸汽压发挥着重要作用。随着蒸汽压的增大，形核速率迅速增大。

在固相中，新相的析出不仅引起体积自由能的变化和形成新增界面能，还会因为新相的密度与母相不同引起弹性应变能，因此，在式(3-3)中应加上弹性应变能项，即

$$\Delta G = \Delta G_V + \Delta G_i + \Delta G_S \tag{3-21}$$

式中，弹性应变能 ΔG_S 的数值与晶核的形状相关。根据 Mott 等[7]的分析，当晶核的形状为以 a、b 为轴的椭圆绕 b 轴旋转形成的回转体，同时假定界面为非共格界面，则其弹性应变能可表示为

$$\Delta G_S = \frac{E_y\delta^2}{1-\nu}\Phi\left(\frac{b}{a}\right) \tag{3-22}$$

式中，E_y 为各向同性的杨氏模量；ν 为泊松比；$\delta = \frac{a_n - a_m}{a_m}$，其中 a_n 为新相的晶格常数，a_m 为母相的晶格常数；$\Phi\left(\frac{b}{a}\right)$ 与 $\frac{b}{a}$ 的关系如图 3-2 所示[7]。

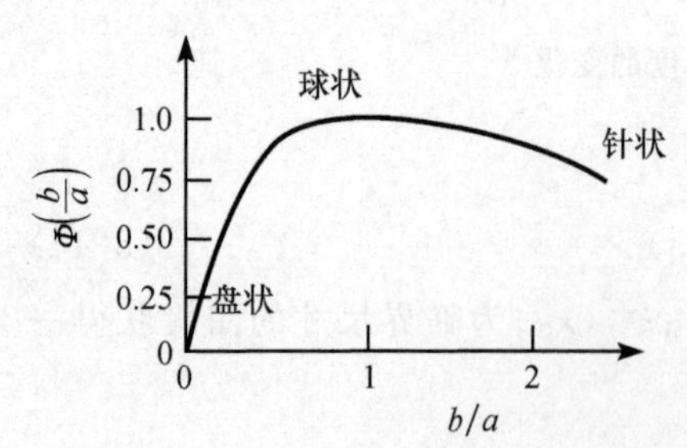

图 3-2　$\Phi\left(\frac{b}{a}\right)$ 数值随 $\frac{b}{a}$ 的变化关系[7]

同样在临界晶核形成自由能，即形核功中，也要加上弹性能项。该弹性能项是阻止形核的因素。同时，固相的温度低于液相，在同一单质中固相中的形核更加困难。因此，固相中非平衡相的稳定存

在更为普遍。

根据式(3-22)看出，当晶核形状为球形时，其弹性应变能最大，即形核阻力最大，针状次之，片状最小。因此，在固相中，新相形核的晶核最常见的形状为片状，球状晶核是非常少见的。

3.1.3　均质形核理论的发展

经典的形核理论是以热力学分析为基础的，其中存在着诸多疑问。Kelton 与 Greer 指出，经典形核理论包含着不可实际测定的未知参数，如界面原子跃迁频率[8]。并且，用宏观的热力学参数及界面能等宏观概念描述纳米尺度的微小晶核行为，必然带来很大的误差。Kelton 和 Greer 等[8~10]还以非晶态二氧化硅玻璃中晶体形核为对象，数值模拟团簇的动态变化和形核速率，并通过与实验结果的对比证明，当临界晶核的尺寸达到 16～20 个原子时，经典的理论是合理的。

Parshakova 和 Ermakov[11]以结构起伏的假设为基础，提出了一个新的形核模型。该模型的出发点是将亚稳状态的母相划分为若干个自身处于平衡状态、统计学上相互独立的子系统，将形核的问题转变为寻找各个子系统发生相变的概率问题。其中主要假设包括：①每一个子系统是以 l 为特征尺寸的立方体，在子系统内部结构的不均匀性可以忽略；②每一个子系统在两种稳定态中任选其一，其与时间和位置相关的概率分别为 $P^{(1)}(r,\tau)$和 $P^{(2)}(r,\tau)$，其中上标“(1)”和“(2)”别表示基体相(母相)和形成的新相；③在初始状态下，所有子系统均处于基态，即

$$P^{(1)}(r,0)=1,\quad P^{(2)}(r,0)=0 \tag{3-23a}$$

而系统的终态为

$$P^{(1)}(r,\infty)=0,\quad P^{(2)}(r,\infty)=1 \tag{3-23b}$$

④子系统从基态转变为新相状态的过程是一个大范围的异质结构起伏的过程，满足相变随机 Poisson 的所有条件。

该过程可用如下 Kolmogorov 方程[12]描述：

$$\frac{\partial P^{(1)}(r,\tau)}{\partial \tau}=\lambda(r,\tau)P^{(2)}(r,\tau) \tag{3-24}$$

式(3-24)还满足如下归一化条件：

$$P^{(1)}(r,\tau)+P^{(2)}(r,\tau)=1 \tag{3-25}$$

从而获得式(3-24)的解为

$$P^{(1)}(r,\tau)=\exp\left(-\int_0^{\tau}\lambda(r,t)\mathrm{d}t\right) \tag{3-26}$$

由于在整个体系中，$\lambda(r,t)$的值为

$$\lambda_{\mathrm{C}}(t)=\int_{V_{\mathrm{C}}}\lambda(r,t)\mathrm{d}r \tag{3-27}$$

因此，体系中亚稳态的平均寿命 τ_{C} 可用下式求出

$$\bar{\tau}_{\mathrm{C}}^{-1}=\bar{\lambda}_{\mathrm{C}}=\lim_{\tau\to\infty}\frac{1}{\tau}\int_0^{\tau}\lambda_{\mathrm{C}}(t)\mathrm{d}t=\lim_{\tau\to\infty}\frac{1}{\tau}\int_0^{\tau}\int_{V_{\mathrm{C}}}\lambda(r,t)\mathrm{d}r\,\mathrm{d}t \tag{3-28}$$

从而,形核问题归结为$\lambda(r,t)$函数的确定。

Parshakova 和 Ermakov[11]通过统计分析得出

$$\lambda(r,t)=\frac{3D}{\pi l^2}\exp\left(-\frac{\Delta G_{\mathrm{n}}}{RT}\right) \tag{3-29}$$

式中,D 为原子自扩散系数;l 为微区线度,与微区体积 V_{C} 之间满足 $l^3=V_{\mathrm{C}}$;ΔG_{n} 为形核功。

以上探讨了晶体形核的热力学条件,晶体的形核速率是晶体生长实践中人们更为关心的问题。关于形核速率可采用以下动力学分析。

为了避免采用宏观的热力学参数及界面张力的概念分析团簇尺度上的微观过程,Ruckenstein 等[13~15]提出了一个新的形核动力学理论模型。该模型的基本概念是假定在团簇周围存在着一个势阱,原子在势阱中的运动是由 Fokker-Planck 方程[16]控制的。通过求解该方程可以分别计算出单个原子被团簇排出和吸附的速率 k_{n}^{-} 和 k_{n}^{+}。

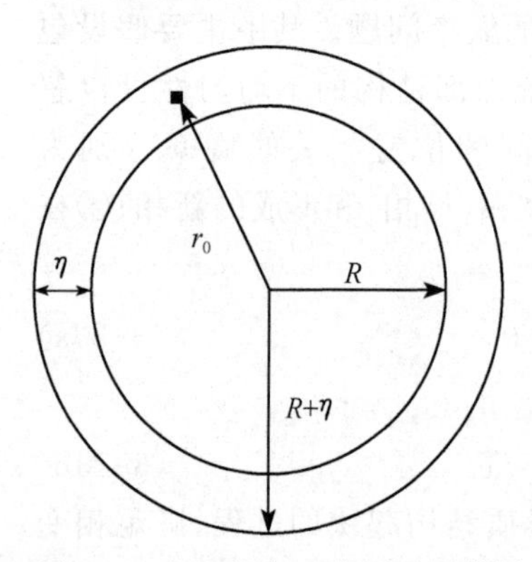

图 3-3 在半径为 R 的原子团簇周围存在厚度为 η 的界面层模型[15]

对于液固相变过程,假定团簇为被液相包裹的球形颗粒,在其周围存在着势阱,如图 3-3 所示[15]。在液相中,速度配分函数中原子弛豫时间与原子脱附的特征时间相比非常短,可以忽略。因此,Fokker-Planck 方程可以用如下 Smoluchowski 方程[17]代替

$$\frac{\partial n(r,t)}{\partial t}=D\frac{1}{r^2}\frac{\partial}{\partial r}\left[r^2\mathrm{e}^{-\Phi(r)}\frac{\partial}{\partial r}\mathrm{e}^{\Phi(r)}n(r,t)\right] \tag{3-30}$$

式中,$n(r,t)$为参与扩散的分子数密度;D 为扩散系数;$\Phi=\phi/k_{\mathrm{B}}T$,其中 ϕ 为团簇附近分子运动的势场。

式(3-30)求解的初始条件为 $n(r,0)=\delta(r-r_0)$,δ 是 Dirac 函数。式(3-30)的解就是初始位置在 r_0 处的分子经过时间 t 后转移到 r 处的概率,记为 $P(r,t/r_0)$。

采用 Smoluchowski 反向方程[17]可以得到与初始位置 r_0 相关的分子转移概率函数:

$$\frac{\partial P(r,t/r_0)}{\partial t}=D\frac{1}{r_0^2}\mathrm{e}^{\Phi(r_0)}\frac{\partial}{\partial r}\left[r_0^2\mathrm{e}^{-\Phi(r_0)}\frac{\partial}{\partial r_0}P(r,t/r_0)\right] \tag{3-31}$$

在边界层中,位置 r_0 处的分子经过时间 t 后仍然处于边界层的概率称为幸存概率:

$$Q(t/r_0)=\int_R^{R+\eta}r^2P\left(r,\frac{t}{r_0}\right)\mathrm{d}r \tag{3-32}$$

式中,R 为团簇的半径。

因此,在脱附的时间 0 至 t 的范围内,表面原子脱附的平均时间为

$$\tau(r_0)=-\int_0^{\infty}t\frac{\partial Q(t/r_0)}{\partial t}\mathrm{d}t=\int_0^{\infty}Q(t/r_0)\mathrm{d}t \tag{3-33}$$

采用边界条件，$r_0=R$ 时，$\frac{d\tau}{dr_0}=0$；$r_0=R+\eta$ 时，$\tau(r_0)=0$ 求出

$$\tau(r_0)=\frac{1}{D}\int_{r_0}^{R+\eta}\frac{dy}{P_{eq}(y)}\int_R^y P_{eq}(x)dx+[\kappa P_{eq}(R+\eta)]^{-1} \tag{3-34}$$

式中，P_{eq} 为平衡分布概率；系数 κ 为

$$\kappa=\frac{De^{\Phi(R+\eta)}}{\int_{R+\eta}^{\infty}x^{-2}e^{\Phi(x)}dx}(R+\eta)^{-2} \tag{3-35}$$

脱附的速率可以表示为

$$k^-=\frac{N_S}{\tau} \tag{3-36}$$

式中，N_S 为团簇表面分子数目，而对于 fcc 及二十面体结构的团簇，$\tau=\tau(r_0)$，从而

$$k^-=\frac{DN_S}{\int_R^{R+\eta}dyP_{eq}^{-1}(y)\int_R^y P_{eq}(x)dx+D[\kappa P_{eq}(R+\eta)]^{-1}} \tag{3-37}$$

而对于非晶态的团簇，$\tau=\langle\tau\rangle=\int_R^{R+\eta}\tau(r_0)P_{eq}(r_0)dr_0$，则

$$k^-=\frac{DN_S}{\int_R^{R+\eta}dr_0P_{eq}(r_0)\int_{r_0}^{R+\eta}dyP_{eq}^{-1}\int_R^y P_{eq}(x)dx+D[\kappa P_{eq}(R+\eta)]^{-1}} \tag{3-38}$$

液相中团簇的吸附速率 k^+ 被认为是扩散控制的，并由式(3-39)给出

$$k^+=\frac{4\pi Dn_1}{\int_0^{\infty}\frac{1}{r^2}e^{\Phi(R)}dR}=4\gamma\pi DRn_1 \tag{3-39}$$

对于临界晶核(半径表示为 r_C)，其吸附的速率应和脱附的速率相等，即 $k^+(r_C)=k^-(r_C)$，从而得出

$$n_S=\frac{N_S}{4\pi r_C^2\int_{rC}^{rC+\eta}e^{-\Phi(r)}dr},\qquad \frac{r_C}{\eta}\gg 1 \tag{3-40}$$

在 k^- 和 k^+ 确定之后，则可获得稳态形核速率 I_S 为

$$I_S=\frac{\frac{1}{2}k^+(1)n_1}{\int_0^{\infty}\exp(-2w(\nu))d\nu}\approx\frac{1}{2}k^+(1)n_1\left[\frac{w(\nu)}{\pi}\right]^{\frac{1}{2}}\exp(2w(\nu^*)) \tag{3-41}$$

式中

$$w(\nu)=\int_0^{\nu}\frac{k^+(\nu)-k^-(\nu)}{k^+(\nu)+k^-(\nu)}d\nu \tag{3-42}$$

其中，ν 为团簇中的原子数量；ν^* 为临界晶核中的原子数量。

在动力学形核理论模型中，原子被排出团簇是以分子在势阱中运动的动力学计算为

基础的，其中动力学控制方程与环境介质中的分子或原子之间的相互作用力密切相关。因此，气相中的原子或分子之间的作用力几乎可以忽略，这一点与液相中的形核有较大差异。采用同样的原理，Parshakova 和 Ermakov[11] 通过以气相为环境介质的团簇周围势阱中的分子运动，获得气-液转变过程的形核率为

$$I_S = \frac{n_1 k^+(1)}{\int_0^\infty \exp\left(h(\nu) - \ln\frac{k^+(\nu)}{k^+(1)}\right)\mathrm{d}\nu} \tag{3-43}$$

式中

$$h(\nu) = \prod_{j=2}^{\nu} \frac{k^+(j-1)}{k^-(j)} \tag{3-44}$$

Mario[18] 采用相场计算的方法，研究了形核过程。在其相场模型中，温度作为热噪声处理。所建立的模型不需要特殊的假设条件即可用于均质形核和异质形核的描述，并可以研究晶界、局部杂质、缺陷等的影响，还可进一步扩展到非晶态晶化、再结晶等问题的研究。Jou 和 Lusk[19] 也采用单一相场研究了均质形核问题，其计算的核心问题是构造临界晶核。Roy 等[20] 采用相近的方法研究了形核问题。近年来，更复杂的相场模型被用于形核分析，包括所谓的多相场模型[21]。该模型对每一个包裹在亚稳相中的团簇采用其自身的相场描述，同时，该相场与另一个表征晶体学取向的场相耦合[22,23]。因此，多相场模型的主要问题是自由能与晶粒取向相关性的确定。

近年来，人们采用各种物理方法进行了晶体生长形核过程的研究。Kooi[24]、Pineda 和 Crespo[25] 采用 MC 模拟方法研究了时间和温度相关的形核过程及其后续的生长过程。Erwin 等[26] 则采用第一性原理研究了 GaAs 表面 Fe 的形核、生长及界面结构，其中既考虑了原子之间的互相作用，也考虑了磁相互作用。

3.2 异质形核

3.2.1 异质形核的基本原理

异质形核理论认为，在母相中存在着固相颗粒，新相依附于已有的固相颗粒表面形核，从而使形核功大大减小，形核过冷度也因之减小。在工程实际中异质形核是更为普遍的形核现象。Turnbull[27,28] 在提出均质形核的经典理论后探讨了异质形核的问题，并进行了实验研究。如图 3-4 所示，假定母相中存在的固体颗粒与晶核的尺寸相比很大，则其表面可以看作是平面。依附于该表面形成晶核时的自由能变化为

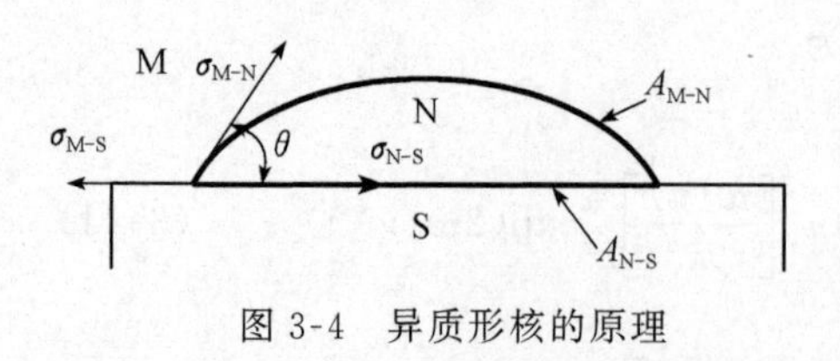

图 3-4　异质形核的原理

$$\Delta G = V_G \Delta G_m + \Delta\sigma \tag{3-45}$$

式中，V_G 为球冠的体积；$\Delta\sigma$ 为形成异质晶核前后总的界面能的变化。

假定晶核的界面能是各向同性的，则形成晶核的稳定形状为球冠，其半径为 r_C。根据界面张力平衡条件可以得出

$$\cos\theta = \frac{\sigma_{M\text{-}S} - \sigma_{N\text{-}S}}{\sigma_{M\text{-}N}} \tag{3-46}$$

同时可以求出

$$V_G = \frac{\pi r_C^3}{3}(2+\cos\theta)(1-\cos\theta)^2 \tag{3-47}$$

$$\Delta\sigma = A_{M\text{-}N}\sigma_{M\text{-}N} + A_{N\text{-}S}(\sigma_{N\text{-}S} - \sigma_{M\text{-}S}) \tag{3-48}$$

$$A_{M\text{-}N} = 2\pi r_C^2(1-\cos\theta) \tag{3-49}$$

$$A_{N\text{-}S} = \pi r_C^2(1-\cos^2\theta) \tag{3-50}$$

将式(3-46)～式(3-50)代入式(3-45)，得出异质形核的形核功 $\Delta G'_n$ 为

$$\Delta G'_n = \Delta G_n f_1(\theta) \tag{3-51}$$

式中，ΔG_n 为由式(3-9)定义的均质形核功；$f_1(\theta)$为下式表达的函数：

$$f_1(\theta) = \frac{1}{4}(2+\cos\theta)(1-\cos\theta)^2 \tag{3-52}$$

从而得出异质形核的形核率 I'_n 为

$$I'_n \approx \frac{Nk_BT}{h}\exp\left(-\frac{\Delta G^*}{RT}\right)\exp\left(-\frac{16\pi\sigma^3}{3RT(\Delta G_m)^2}f(\theta)\right) \tag{3-53}$$

由图 3-4 可以看出，在异质形核过程中，临界晶核的半径与均质形核的临界晶核相同，但其体积减小，减小的幅度是由接触角 θ 决定的。随着 θ 的减小，形核功减小，形核率增大。

由式(3-46)可以看出，θ 主要取决于母相与基底的界面能 $\sigma_{M\text{-}S}$、晶核与基底的界面能 $\sigma_{N\text{-}S}$及母相与晶核的界面能 $\sigma_{M\text{-}N}$。其中 $\sigma_{M\text{-}S}$和 $\sigma_{N\text{-}S}$是可以通过优选合适的基底进行选择的参数，特别是 $\sigma_{N\text{-}S}$通常是控制异质形核重点考虑的因素。

在上述分析中，假定异质形核基底的表面为平面，当基底的表面形状发生变化时，临界晶核的体积 V_G、不同界面面积 $A_{M\text{-}N}$ 和 $A_{N\text{-}S}$也将随之改变，并对形核行为产生影响。如图 3-5 所示，在假定界面能为各向同性的条件下，凹面处形成的结晶核心其形核能最小，形核最容易，而凸面处形成的晶核形核能最大，形核最困难。

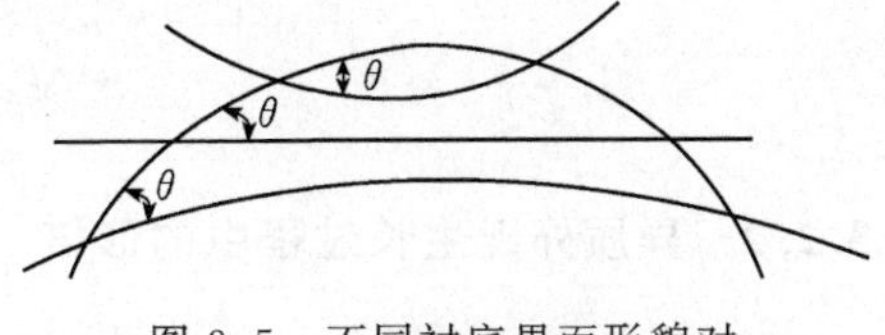

图 3-5　不同衬底界面形貌对形核行为的影响

异质形核与均质形核的本质区别是其依赖于外来的形核基底。经典的形核理论没有考虑形核基底的数量问题，而形核率在很大程度上是由已有的基底数量决定的。因此，在实际应用中会有许多问题。Kozisek 等[29]在假定母相中可以作为形核基底的“形核激活点”的数量为有限值的条件下，讨论了异质形核率的问题。

假定母相中形核激活点的总数为 N_0，则任意时刻 τ 体系中已经形成的晶核的数量

$N(\tau)$随时间的变化率为

$$\frac{\mathrm{d}N(\tau)}{\mathrm{d}\tau}=[N_0-N(\tau)]I'_m(\tau) \tag{3-54}$$

假定$F_m(\tau)$为时刻τ，单位体积的母相中临界晶核的数目，则

$$I'_m(\tau)=k^+(m)F_m(\tau)-k^-(m+1)F_{m+1}(\tau) \tag{3-55}$$

式中，$k^+(m)$和$k^-(m)$分别表示原子在临界晶核上吸附及脱附的频率，与原子振动频率、晶体中原子结合键能与母相中键能的差值以及临界晶核表面原子越过界面的频率及界面面积有关。Kozisek 等[30]提出气相生长过程的$k^+(m)$表达式为

$$k^+(m)=\frac{p}{\sqrt{2\pi m_{\mathrm{A}}k_{\mathrm{B}}T}}S_m\exp\left(-\frac{\Delta G_{\mathrm{i}}}{RT}\right) \tag{3-56}$$

式中，m_{A}为原子质量；p为实际蒸汽压；S_m为m个原子的团簇表面面积；ΔG_{i}为原子越过界面的势垒高度；R为摩尔气体常量；T为热力学温度。

由于结晶界面通常是近平衡的，因此，根据界面平衡条件得出

$$k^-(m+1)\approx k^+(m)\frac{F_m^0}{F_{m+1}^0} \tag{3-57}$$

式中，F_m^0及F_{m+1}^0均表示近平衡条件下的数值。

$$F_m^0=N_0\exp\left(\frac{\Delta g_{\mathrm{M\text{-}C}}-\gamma_1\sigma}{RT}\right)\exp\left(-\frac{\Delta G_{\mathrm{n}}}{RT}\right) \tag{3-58}$$

$$\Delta G_{\mathrm{n}}=-m\Delta g_{\mathrm{v}}+\gamma_1\sigma m^{\frac{2}{3}} \tag{3-59}$$

$$\gamma_1=N_0\sqrt[3]{36\pi f(\theta)}\left(\frac{m_{\mathrm{A}}}{\rho_{\mathrm{C}}}\right)^{\frac{2}{3}} \tag{3-60}$$

式中，$f(\theta)$为由式(3-52)确定的函数；$\Delta g_{\mathrm{M\text{-}C}}$为每个分子在母相与新相之间化学位的差值；$\sigma$为界面能；$\rho_{\mathrm{C}}$为新相的密度；$\theta$为接触角；$\Delta G_{\mathrm{n}}$为形核功；$\Delta g_{\mathrm{v}}$为每个分子的熔化焓。

体系中形成的大于某给定尺寸l的晶核数目为

$$N_l(\tau)=\int_0^{\tau}I'_l(\tau)\mathrm{d}\tau \tag{3-61}$$

3.2.2 异质外延生长过程中的形核

在固相表面外延生长薄膜材料是当今电子和光电子材料与器件研制中广泛采用的技术。外延薄膜材料的结构和性能在很大程度上取决于沉积初期原子团簇的形核和生长。因而，关于气相沉积过程中的形核和生长问题引起了人们的高度重视。人们从实验和理论建模两个方面开展了大量的研究工作[31～33]。通常认为，在气相异质外延沉积过程中，气相分子首先在衬底表面被吸附[34]。吸附的分子浓度是由气相沉积速率、吸附的分子再次挥发速率及沉积的分子被固相表面形成的原子团簇俘获的速率共同决定的。

在吸附的原子层内将会发生形核。吸附在表面的原子不断向晶核扩散使晶核长大，从而在每个晶核周围形成扩散区。原子团簇或晶核也可能直接从气相中获取原子而发生

长大。

基于以上分析，Chen 等[35,36]提出了一个外延生长过程的形核理论。该理论引入了如下假设：①在衬底表面仅有单个原子的迁移，团簇的长大是通过单个原子沉积的方式进行的，衬底表面原子的吸附过程也是单个原子的行为；②稳定原子团簇的钝化可以忽略；③衬底表面是均匀的，不存在择优形核点；④原子团簇为球冠状，在衬底表面随机分布，每个团簇周围所占有的面积是均等的；⑤在任何时刻原子沉积的速率足够快，因此，原子的吸附是接近平衡的，表面达到稳态条件，吸附原子在团簇周围的分布是轴对称的。

在沉积过程的初期，原子发生连续的吸附，直至再次蒸发的速率与沉积速率相等。因此，这一过渡阶段持续的时间与原子在衬底表面停留的时间 τ_S 相等：

$$\tau_S = \frac{1}{\nu}\exp\left(\frac{E_a}{k_B T}\right) \tag{3-62}$$

式中，ν 为表面原子振动频率；E_a 为吸附自由能。

因此，表面吸附原子的平均浓度 N_{10} 可由下式确定：

$$N_{10} = J\tau_S \tag{3-63}$$

式中，J 为原子在异质表面上的沉积速率。

在吸附的原子完全凝聚之前，τ_S 非常短暂，因此在形核之前，吸附的平衡状态很容易达到。假定 n_S 是衬底表面形成的稳定团簇的数目，L 为每一个团簇所占据的区域半径，L 远远大于团簇的尺寸，以致团簇的存在对 L 的影响可以忽略。因此

$$\pi L^2 = \frac{1}{n_S} \tag{3-64}$$

以原子团簇中心为原点，通过求解以下扩散方程获得衬底表面吸附原子的浓度 $N_1(r)$：

$$D_i\left[\frac{\partial^2 N_1(r)}{\partial r^2} + \frac{1}{r}\frac{\partial N_1(r)}{\partial r}\right] - \frac{N_1(r)}{\tau_S} + J = \frac{\partial N_1(r)}{\partial \tau} \tag{3-65}$$

式中，D_i 为原子在衬底表面的扩散系数，表示为

$$D_i = D_0\exp\left(-\frac{E_d}{k_B T}\right) \tag{3-66}$$

E_d 为表面扩散激活能；$D_0 = \nu a^2$，其中，ν 为原子跃迁的频率，a 为原子每一次跃迁所移动的距离。

式(3-65)求解的边界条件为：当 $r=R$（R 为团簇半径）时，$N_1(r)=0$；当 $r=L$ 时，$\frac{\partial N_1(r)}{\partial \tau}=0$。根据该边界条件，可以由式(3-65)求出

$$N_1(r) = J\tau_S\left[1 - \frac{\mathrm{B}_0(Xr)\mathrm{K}_1(XL) + \mathrm{B}_1(XL)\mathrm{K}_0(Xr)}{\mathrm{B}_0(XR)\mathrm{K}_1(XL) + \mathrm{B}_1(XL)\mathrm{K}_0(XR)}\right] \tag{3-67}$$

式中，K_j 和 B_j 为修正的 j 阶 Bessel 函数，$X=(D_i\tau_S)^{-\frac{1}{2}}$。根据经典的形核理论，可以确定出临界晶核的密度：

$$n^* = N_1 \exp\left(-\frac{\Delta G'_n}{k_B T}\right) \tag{3-68}$$

对于气相生长，异质形核功 $\Delta G'_n$ 可表示为

$$\Delta G'_n = \frac{16\pi\sigma^3}{3\left[k_B T \ln\left(\frac{p}{p_0}\right)\right]^2} f(\theta) \tag{3-69}$$

形核率仍由式(3-14)确定，即

$$I_n = z f^0(r_C) k^+(r_C)$$

式中，单个原子通过表面扩散进入原子团簇的频率 $k^+(r_C)$ 为[37]

$$k^+(r_C) = (2\pi r_C \sin\theta) a N_1 \nu \exp\left(-\frac{E_d}{k_B T}\right) \tag{3-70}$$

$$z = \frac{\Delta G'_n}{3k_B T (i^*)^2} \tag{3-71}$$

其中，i^* 为临界晶核中的原子数目。

根据式(3-3)、式(3-68)～式(3-71)，Chen 等[35,36]获得了气相生长过程形核率的表达式为

$$I_n = K'_1 \exp\left(\frac{K'_2 f(\theta)}{(\ln s)^2}\right) \tag{3-72}$$

式中

$$K'_1 = C' J^2 (2\pi m k_B T) \exp\left(\frac{2E_a - E_d}{k_B T}\right) \tag{3-73}$$

$$K'_2 = \frac{16\pi\sigma_{CV}^3 v_m^2}{3(k_B T)^3} \tag{3-74}$$

$$s = \frac{p}{p_e} \tag{3-75}$$

s 为过饱和比；p 为蒸汽压力；p_e 为平衡蒸汽压力；m 为原子质量；v_m 为原子体积；σ_{CV} 为晶核与气相的界面能；$f(\theta)$ 为由式(3-52)表示的临界晶核形状函数。

3.3　多元多相合金结晶过程中的形核

在多元多相合金中，形核问题的特殊性表现在两个方面：其一是析出结晶相的成分不同于母相，形核过程中存在成分的变化；其二是会发生两种或两种以上的固相同时析出的情况，存在多相竞争形核的问题。以下分别对这两种形核过程进行分析。

3.3.1　多组元介质中的形核

在多组元合金中，析出固相的成分与母相是不同的，因此，形核过程不仅存在结构的变化，同时还要发生成分的调整以适应新相与母相的热力学平衡。以多组元熔体中的形

核为例，以 C 表示成分，S 表示结构，1 表示母相，2 表示形成的新相，形核的途径可用图 3-6 表示。如下为可能的几种形核途径。

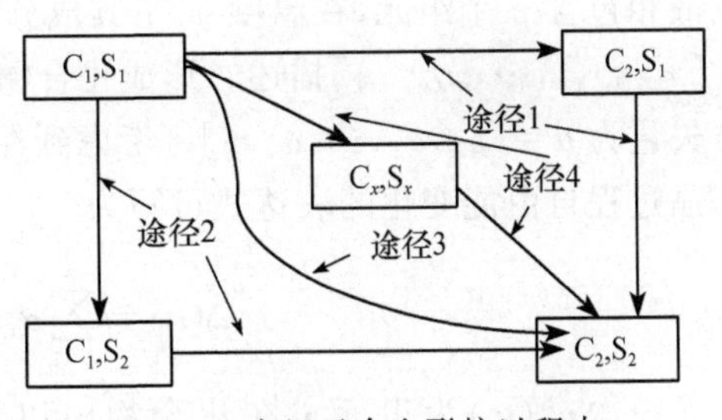

图 3-6　多组元合金形核过程中，成分与结构调整的几种可能途径

途径 1：首先发生成分的起伏，形成与结晶相成分相同的微区，然后发生结构的转变，形成新相。

途径 2：首先发生结构的变化，形成与新相结构相同但成分非平衡的新相，然后通过成分的互扩散调整，获得成分与结构均近平衡的新相。

途径 3：介于途径 1 和途径 2 之间的某一中间途径，成分和结构同步调整。

途径 4：首先形成某中间成分和结构的过渡相，进而形成新相的晶核。

然而，由于液相中的晶核尺寸很小，通过实验确定其具体的形核途径是难以实现的。同时，形核过程可能还会受到形核驱动力等外部条件和不同材料体系本身物理化学性能的影响，其形核途径可能并不是唯一的。因此，追究具体的形核途径是一个艰难而复杂的过程。然而，在过去数十年的研究中，人们已经提出了若干较具说服力的理论模型。其中主要的模型是在固态相变的研究中形成的。

关于多组元体系中的相变过程，在固态相变理论中已经进行了较为充分的讨论。根据多组元合金新相形成过程中的成分变化，将相变过程分为形核长大机制和调幅分解机制[39~42]。然而，在经典的固态相变理论中，形核长大理论实际上忽略了形核这一必须经历的过程，而调幅分解理论则只考虑了形核所需要的成分条件，忽略了形核过程的结构转变。现有的形核理论，均把成分的起伏作为形核的必要条件。

Klein 和 Unger[43,44] 曾将多组元合金中的形核与经典的调幅分解理论相结合，进行形核模型分析。通过对亚稳相和形核场理论描述证明，在多组元体系接近调幅分解线时，体系将在不消耗自由能的条件下形成网络状分布的晶核。最初核心通过缩聚形成，而不是通过原子的径向堆砌形成。

近年来，Djikaev、Teichmann 和 Grmela[45] 提出了一个二元合金非等温形核的动力学理论模型。该模型以 Feder 等[46] 和 Grinin 等[47] 建立的形核动力学模型为基础，通过适当的简化处理，将形核动力学的三维方程简化为一维方程。该模型可进行多种形核特征参数(包括形核率)的分析。模型分析结果得到乙醇-乙烷系的实验验证。Kurasov[48] 采用相似的分析方法，研究了多组元合金非等温形核过程。结果表明，非等温的形核率小于同体系的等温形核率。然而，这些模型均繁杂，必须借助于数值计算才能用于实际过程的分析。

在经典的形核理论中，把成分起伏和结构起伏的概念作为一个自然而然的伴随现象，而未对其进行仔细的分析。近年来，人们提出了一个多组元合金形核的均相起伏介质机理(HFM)，并被首先用于二元合金的形核分析[49]。

对于多组元合金，HFM 模型首先从过冷液相中成分起伏形成临界晶坯时的能量平衡分析入手，获得了形核驱动力的表达式，进而获得了形核率的计算模型[50]。假定过冷

液相包含 v 个组元，在温度 T 下其成分可以用 $v-1$ 个由摩尔分数表示的成分矢量 $\boldsymbol{X}_0=[x_{01},x_{02},\cdots,x_{0(v-1)}]$描述。形成化合物晶坯的成分由 ω 个组元构成，各组元的摩尔分数矢量为 $\boldsymbol{\alpha}=[\alpha_1,\alpha_2,\cdots,\alpha_{\omega-1}]$。考虑到在形成晶坯的过程中并不改变母相的化学位，则结晶过程自由能变化的表达式可写为

$$\Delta G_{\mathrm{C}}=\sum_{i=1}^{\omega}\alpha_i[\Delta\mu_i^{\mathrm{S}}(\boldsymbol{\alpha})-\Delta\mu_i^{\mathrm{L}}(\boldsymbol{X}_0)] \tag{3-76}$$

式中，$\Delta\mu_i^{\mathrm{S}}(\boldsymbol{\alpha})$为组元 i 在化合物中以该组元在同温度下纯液态为参考点的化学位；$\Delta\mu_i^{\mathrm{L}}(\boldsymbol{X}_0)$为在成分为 $\boldsymbol{X}_0$ 的液态中的化学位。

在成分为 $\boldsymbol{\alpha}$ 的液体中包含 ω 个组元的混合自由能为

$$\Delta G^{\mathrm{L}}(\boldsymbol{\alpha})=\sum_{i=1}^{\omega}\alpha_i\Delta\mu_i^{(j)}(\boldsymbol{\alpha}) \tag{3-77}$$

形核自由能 ΔG_{C} 可以分解为两项：

$$\Delta G_{\mathrm{C}}=\Delta G_{\mathrm{pc}}+\Delta G_{\mathrm{fm}}(\boldsymbol{X}_0,\boldsymbol{\alpha}) \tag{3-78}$$

式中，ΔG_{pc}为同成分结晶摩尔自由能；$\Delta G_{\mathrm{fm}}(\boldsymbol{X}_0,\boldsymbol{\alpha})$为通过成分起伏由成分为 $\boldsymbol{X}_0$ 的液相形成成分为 $\boldsymbol{\alpha}$ 的液相引起自由能的变化。

$$\Delta G_{\mathrm{pc}}=\sum_{i=1}^{\omega}\alpha_i[\Delta\mu_i^{\mathrm{S}}(\boldsymbol{\alpha})-\Delta\mu_i^{\mathrm{L}}(\boldsymbol{\alpha})] \tag{3-79}$$

$$\Delta G_{\mathrm{fm}}(\boldsymbol{X}_0,\boldsymbol{\alpha})=\Delta G^{\mathrm{L}}(\boldsymbol{\alpha})-\sum\alpha_i\Delta\mu_i^{\mathrm{L}}(\boldsymbol{X}_0) \tag{3-80}$$

假定，在 $\boldsymbol{\alpha}$-$\boldsymbol{X}_0$ 自由能变化不满足调幅分解的条件时，则 $\Delta G_{\mathrm{fm}}(\boldsymbol{X}_0,\boldsymbol{\alpha})$为正值。

借鉴经典的形核理论，形成球形晶坯的能障为

$$\Delta G^*(N^*)=\frac{16}{3}\pi\frac{V^2\sigma_{\mathrm{SL}}^2}{\Delta G_{\mathrm{C}}^2}=-\frac{1}{2}\frac{N^*}{N_{\mathrm{A}}}\Delta G_{\mathrm{C}} \tag{3-81}$$

式中，N^* 为成分为 $\boldsymbol{X}_0$ 的液相临界晶核中的原子数；σ_{SL} 为成分为 $\boldsymbol{X}_0$ 的液相与成分为 $\boldsymbol{\alpha}$ 的晶核的界面能；V 为晶体的摩尔体积；N_{A} 为 Avogadro 常量。

假设球形的成分起伏区，从中心到原子数为 n 处的成分与临界晶核成分相同，并且 $n>n^*$，n^* 为在成分起伏区内形成的临界晶核中的原子数。在该成分起伏区内形核称为多形性形核，临界晶核的形成能为

$$\Delta G^{\mathrm{poly}}(n^*)=\frac{16}{3}\pi\frac{V^2\sigma_{\mathrm{poly3}}}{\Delta G_{\mathrm{pc}}^2}=-\frac{1}{2}\frac{n^*}{N_{\mathrm{A}}}\Delta G_{\mathrm{pc}} \tag{3-82}$$

由式(3-81)和式(3-82)的对比可以看出成分起伏区形核与无成分起伏时形核自由能的区别。只要$\dfrac{\Delta G_{\mathrm{C}}}{\Delta G_{\mathrm{pc}}}<\left(1+\dfrac{\sigma_{\mathrm{SL}}-\sigma_{\mathrm{poly}}}{\sigma_{\mathrm{poly}}}\right)^{\frac{3}{2}}$，则$\dfrac{\Delta G^{\mathrm{poly}}(n^*)}{\Delta G^*(N^*)}<1$。$\dfrac{\Delta G_{\mathrm{C}}}{\Delta G_{\mathrm{pc}}}<1$ 时，上述条件在 $\sigma_{\mathrm{SL}}>\sigma_{\mathrm{poly}}$时成立。$\dfrac{\Delta G^{\mathrm{poly}}(n^*)}{\Delta G^*(N^*)}<1$ 时，两种形核自由能和临界晶核原子尺寸的关系如图 3-7 所示[50]。

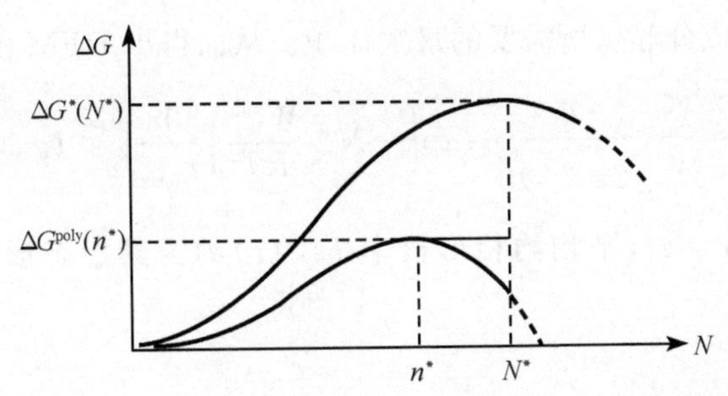

图 3-7　当 $\frac{\Delta G^{\text{poly}}(n^*)}{\Delta G^*(N^*)}<1$ 时，球状晶核的形核功及其临界晶核尺寸[50]

然而，在成分为 $\boldsymbol{X}_0$ 的液相环境中，通过均匀成分起伏形成的包含 n^* 个原子的亚临界晶核将会被溶解。成分起伏形成至少包含 N^* 个原子的团簇，才能保证亚临界晶核在溶解前长大到临界晶核的原子数 N^*。因此，把形成的由 N^* 个原子构成的核心以及包含一个由晶核成分 $\boldsymbol{\alpha}$ 到母相成分 $\boldsymbol{X}_0$ 的壳层称为有效成分起伏(RCF)。保证原子团簇由 n^* 长大到 N^* 所需要的最小能量 $W_{\text{f}}^{\min}$ 为

$$W_{\text{f}}^{\min}=\Delta G_{\text{f}}(n^*)+E_{\min}^{\text{XS}} \tag{3-83}$$

式中，$E_{\min}^{\text{XS}}$ 为形成过渡壳层所需要的能量；$\Delta G_{\text{f}}(n^*)$ 为形核成分起伏核心部分所需要的能量，表示为

$$\Delta G_{\text{f}}(n^*)=\frac{n^*}{N_{\text{A}}}\Delta G_{\text{fm}}(\boldsymbol{X}_0,\boldsymbol{\alpha}) \tag{3-84}$$

成分起伏形成的区域也可能通过扩散而发生弛豫。一个由 N^* 个原子组成的成分起伏区发生50%原子弛豫的时间定义为弛豫时间，可表示为

$$\tau_{\text{relax}}=\frac{r_{\text{C}}^2}{6D_{\text{h}}} \tag{3-85}$$

式中，r_{C} 为临界晶核半径；D_{h} 为有效扩散系数。

Desre 等[50]关于形核率的讨论，也从成分起伏分析入手。从无限量的成分为 $\boldsymbol{X}_0$ 的液相中形成 n 个原子组成的成分为 $\boldsymbol{X}^*$ 的成分起伏区的概率为

$$P(n)=\frac{\Phi}{(2\pi n)^{\frac{\nu-1}{2}}}\exp\left(-\frac{n}{RT}\Delta G_{\text{fm}}(\boldsymbol{X}_0,\boldsymbol{X}^*)\right) \tag{3-86}$$

式中，$\Delta G_{\text{fm}}(\boldsymbol{X}_0,\boldsymbol{X}^*)$ 为由成分为 $\boldsymbol{X}_0$ 的液相中形成 1mol 成分为 $\boldsymbol{X}^*$ 的液相的形成自由能；ν 为组元数目；Φ 为无量纲参数，对于理想溶液：

$$\Phi=x_1,x_2,\cdots,x_\nu \tag{3-87}$$

将式(3-86)用于描述有效成分起伏，则得到形成 N^* 个原子团簇的有效成分起伏的概率为

$$P(N^*)=\frac{V_{\text{f}}}{V}\frac{\Phi}{(2\pi n)^{\frac{\nu-1}{2}}}\exp\left(-N^*\frac{W_{\text{f}}^{\min}}{RT}\right) \tag{3-88}$$

式中，V_f 为形成有效成分起伏所需要的最大体积。从而得出 HFM 模型形核率表达式为

$$I_{HFM}=\frac{V_f}{V}\frac{\Phi}{(2\pi N^*)^{\frac{\nu-1}{2}}}\exp\left(-N^*\frac{W_f^{min}}{RT}\right)\frac{1}{\tau_{relax}}\int_0^{\tau_{poly}}I_{poly}(t)dt \tag{3-89}$$

在时间间隔 $t=0$ 到 $t=\tau_1$，平均均相形核率 $I_{poly}(t)$ 约为其稳态形核率 I_{poly}^{st} 的一半，即 $I_{poly}(t)\approx\frac{1}{2}I_{poly}^{st}$，而

$$I_{poly}^{st}=K_v\exp\left(-\frac{\Delta G^*(n^*)}{RT}\right) \tag{3-90}$$

式中，K_v 为动力学系数。从而

$$I_{HFM}=K_v\frac{V_f}{V}\frac{\Phi}{(2\pi N^*)^{\frac{\nu-1}{2}}}\left(1-\frac{1}{2}\frac{\tau_1}{\tau_{relax}}\right)\exp\left(-\frac{\Delta G^*(N^*)}{RT}\right) \tag{3-91}$$

式中，形核功 $\Delta G^*(N^*)$ 为

$$\Delta G^*(N^*)=\frac{16\pi}{3}\frac{\sigma_{SL}^3V^2}{[\Delta G_{pc}+\Delta G_{fm}(\boldsymbol{X}_0,\boldsymbol{\alpha})]^2} \tag{3-92}$$

3.3.2 多相形核过程的分析

在复杂体系的结晶过程中，会出现两种或两种以上的结晶相同时获得形核的热力学条件，亚稳相的形核也可能参与其中。典型的例子是亚稳相金刚石及立方相的氮化硼 c-BN(cubic BN)，在适当的温度和压力条件下可以直接合成，其同体系的稳定相分别是石墨及六方结构的氮化硼(h-BN)。Garvie[51] 和 Ishihara 等[52] 从形核原理上提出了一种解释：晶核由于尺寸很小，界面张力很大，以至于界面张力引起的高压使得高压相优先形核，成为稳定相，而低温相变得不稳定。

两相形核的过程可能会出现以下三种情况：①两相各自独立形核；②两相顺序形核，首先形核的相由于选择结晶，而改变母相的成分，为第二相的形核创造了成分条件；③第二相以第一相作为形核基底，发生异质形核。第一种情况下，两种结晶相的形核没有交互作用，互不影响，两相竞争形核；后两种情况则第一相的形成对第二相的形核起到了促进作用，形核已经不再是一个孤立的现象，而是与后续的生长相关联的。

1. 两相独立形核的情况

假定母相中形成的两个结晶相分别用 A 和 B 表示，两相独立形核则可分别按照以下异质形核和均质形核的情况分别讨论[53]。

1) 异质形核

假定异质形核过程中 A 晶相和 B 晶相的异质结晶核心的密度分别为 γ_A 和 γ_B，并且各自全部发生形核；φ_A 和 φ_B 分别为 A 相和 B 相相变的体积分数；Φ 为总的相变体积，即 $\Phi=\varphi_A+\varphi_B$，则

$$\frac{\mathrm{d}\varphi_{\mathrm{A}}}{\mathrm{d}\tau}=\Omega_d d\gamma_{\mathrm{A}}v_{\mathrm{A}}^d\tau^{d-1}(1-\varphi_{\mathrm{A}}-\varphi_{\mathrm{B}}) \tag{3-93}$$

$$\frac{\mathrm{d}\varphi_{\mathrm{B}}}{\mathrm{d}\tau}=\Omega_d d\gamma_{\mathrm{B}}v_{\mathrm{B}}^d\tau^{d-1}(1-\varphi_{\mathrm{A}}-\varphi_{\mathrm{B}}) \tag{3-94}$$

$$\frac{\mathrm{d}\Phi}{\mathrm{d}\tau}=\Omega_d d(\gamma_{\mathrm{A}}v_{\mathrm{A}}^d+\gamma_{\mathrm{B}}v_{\mathrm{B}}^d)\tau^{d-1}\Phi \tag{3-95}$$

式中，d 为形核空间的维数，对于实际的三维空间，$d=3$；Ω_d 为 d 维空间生长单元的体积；v_{A} 和 v_{B} 分别为 A 相和 B 相的生长线速率；τ 为时间。

对式(3-95)积分得到

$$\Phi(\tau)=\exp(-\Omega_d d(\gamma_{\mathrm{A}}v_{\mathrm{A}}^d+\gamma_{\mathrm{B}}v_{\mathrm{B}}^d)\tau^d) \tag{3-96}$$

将式(3-96)代入式(3-93)得出

$$\varphi_{\mathrm{A}}(\tau)=\frac{\gamma_{\mathrm{A}}v_{\mathrm{A}}^d}{\gamma_{\mathrm{A}}v_{\mathrm{A}}^d+\gamma_{\mathrm{B}}v_{\mathrm{B}}^d}[1-\exp(-\Omega_d(\gamma_{\mathrm{A}}v_{\mathrm{A}}^d+\gamma_{\mathrm{B}}v_{\mathrm{B}}^d)\tau^d)] \tag{3-97}$$

在相变完成后，A 相的体积分数为

$$\varphi_{\mathrm{A}}(\infty)=\frac{\gamma_{\mathrm{A}}v_{\mathrm{A}}^d}{\gamma_{\mathrm{A}}v_{\mathrm{A}}^d+\gamma_{\mathrm{B}}v_{\mathrm{B}}^d}=\frac{1}{1+\bar{\gamma}\alpha^d} \tag{3-98}$$

式中，$\bar{\gamma}\equiv\gamma_{\mathrm{B}}/\gamma_{\mathrm{A}}$，$\alpha\equiv v_{\mathrm{B}}/v_{\mathrm{A}}$。

2）均质形核

均质形核过程的分析与异质形核相似，A 和 B 两相在均质形核的形核率条件下引起的相变量可表示为

$$\frac{\mathrm{d}\varphi_{\mathrm{A}}}{\mathrm{d}\tau}=\Omega_d I_{\mathrm{A}}v_{\mathrm{A}}^d\tau^{d-1}(1-\varphi_{\mathrm{A}}-\varphi_{\mathrm{B}}) \tag{3-99}$$

$$\frac{\mathrm{d}\varphi_{\mathrm{B}}}{\mathrm{d}\tau}=\Omega_d I_{\mathrm{B}}v_{\mathrm{B}}^d\tau^{d-1}(1-\varphi_{\mathrm{A}}-\varphi_{\mathrm{B}}) \tag{3-100}$$

$$\frac{\mathrm{d}\Phi}{\mathrm{d}\tau}=-\Omega_d d(I_{\mathrm{A}}v_{\mathrm{A}}^d+I_{\mathrm{B}}v_{\mathrm{B}}^d)\tau^d\Phi \tag{3-101}$$

式中，I_{A} 和 I_{B} 分别为 A 相和 B 相的形核率。

对式(3-101)求解得出

$$\Phi(\tau)=\exp\left(-\frac{\Omega_d}{d+1}(I_{\mathrm{A}}v_{\mathrm{A}}^d+I_{\mathrm{B}}v_{\mathrm{B}}^d)\tau^{d+1}\right) \tag{3-102}$$

同样可求得

$$\varphi_{\mathrm{A}}(\tau)=\frac{I_{\mathrm{A}}v_{\mathrm{A}}^d}{I_{\mathrm{A}}v_{\mathrm{A}}^d+I_{\mathrm{B}}v_{\mathrm{B}}^d}\left[1-\exp\left(-\frac{\Omega_d}{d+1}(I_{\mathrm{A}}v_{\mathrm{A}}^d+I_{\mathrm{B}}v_{\mathrm{B}}^d)\tau^{d+1}\right)\right] \tag{3-103}$$

$$\varphi_{\mathrm{A}}(\infty)=\frac{I_{\mathrm{A}}v_{\mathrm{A}}^d}{I_{\mathrm{A}}v_{\mathrm{A}}^d+I_{\mathrm{B}}v_{\mathrm{B}}^d}=\frac{1}{1+\bar{I}\alpha} \tag{3-104}$$

式中，$\bar{I}=I_B/I_A$。

由上述分析可以看出，在两相同时析出的情况下，任意一相的形成体积分数是由各自的形核率和生长速率共同决定的。以 A 相为例，结晶组织中 A 相所占的百分数与以下参数 η_A 和 v_B/v_A 相关，其计算结果如图 3-8 所示[53]。

对于异质形核：

$$\eta_A=\frac{\gamma_A}{\gamma_A+\gamma_B} \tag{3-105}$$

对于均质形核：

$$\eta_A=\frac{I_A}{I_A+I_B} \tag{3-106}$$

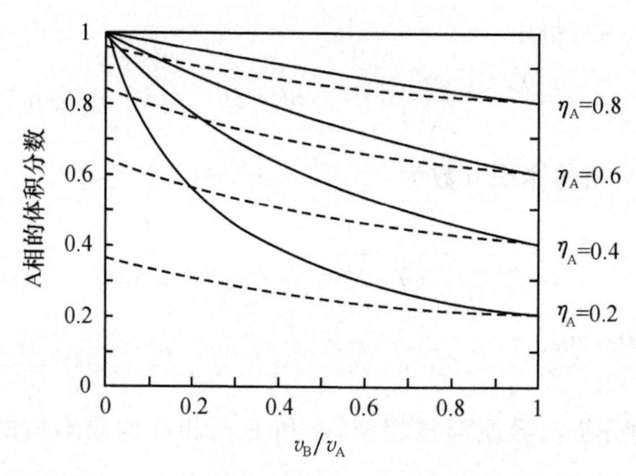

图 3-8　根据模型计算的一维相变完成后 A 相的体积分数随$\frac{v_B}{v_A}$及 η_A 的变化[53]

图中的实线对应于均质形核相变，虚线对应于异质形核

2. 两相促进形核的情况

在多相合金的结晶过程中，已经形成的第一相会从两个方面影响第二相的形核。其一是改变了母相中的热力学状态，特别是成分；其二是可能成为第二相的异质形核基底。参考式(3-53)所示的异质形核的形核率计算模型可以看出，这两个影响分别体现在两个参数上，即相变自由能 ΔG_m 和接触角 θ。

根据 2.4 节的分析，在多元合金中体系的自由能可以表示为

$$G^z=\sum_{i=1}^{n}x_i^z(G_{i0}^{\text{ref}}+RT\ln x_i^z)+G_{\text{mix,ex}}^z \tag{3-107}$$

式中，$G_{\text{mix,ex}}^z$为附加混合自由能；G_{i0}^{ref}为对应单质的参考自由能；上标 z 表示所在的相。

假定母相为液相，式(3-107)中的上标 z 可用 L 取代。形成第二结晶相的成分和温度是固定的，从而其形成自由能也是恒定的，记为 G^2，则第二相析出的相变自由能为

$$\Delta G_{\mathrm{m}} = G^{2} - G^{\mathrm{L}} = G^{2} - \left[\sum_{i=1}^{n} x_{i}^{\mathrm{L}} (G_{i0}^{\mathrm{ref}} + RT\ln x_{i}^{\mathrm{L}}) + G_{\mathrm{mix,ex}}^{\mathrm{L}} \right] \tag{3-108}$$

第一个结晶相的析出与生长造成结晶界面前熔体中成分 x_i^{L} 发生变化。同时，在第一个结晶相析出过程中，溶质分凝也将导致结晶温度 T 的降低。温度和成分的变化引起体系总的自由能变化，改变了第二个结晶相的形核所需要的驱动力 ΔG_{m}，形成利于第二相形核的条件。

同时，第一个结晶相形成后，第二相可能以第一相为基底，依附第一个相发生异质形核。这一过程与结晶相依附于外来质点形核的条件是相同的，可以用式(3-53)描述其形核率。此时，θ 角即为第二相与第一相的接触角。显然，仅当第二相与第一相完全不润湿，即 $\theta \to 180°$时，第二相才需要独立形核。

3.4　特殊条件下的形核问题

3.4.1　溶液中的形核

溶液生长是常用的晶体生长方法。在溶液生长的工程实际中，晶体与母相成分发生巨大的变化，大量溶剂被排出。同时，析出的固相多为化合物，并且这些化合物可能是在析出过程中才发生化合的，化学反应包含其中。因此，其形核问题非常复杂。为了讨论方便，以下以经典的形核模型为基础进行分析。

过饱和溶液中形核的经典模型可表示为[54]

$$I_{\mathrm{n}} = I_{0} \exp\left(-\frac{B\sigma^{3}\Omega^{2}}{k_{\mathrm{B}}^{3} T (\ln s)^{2}} \right) \tag{3-109}$$

式中，B 为晶核形状系数，对于球形晶核，$B=\dfrac{16\pi}{3}$，而对于立方体晶核 $B=32$；Ω 为分子体积；I_0 为形核率指前系数；s 为过饱和比。

在实际晶体生长过程中，由于存在成分变化，式(3-109)中的主要参数均是成分 x 的函数。因此，式(3-109)变为

$$I_{\mathrm{n}} = I_{0} \exp\left(-\frac{B\sigma^{3}(x)\Omega^{2}(x)}{k_{\mathrm{B}}^{3} T (\ln s(x))^{2}} \right) \tag{3-110}$$

式中，I_0 可表示为[54]

$$I_{0} = N_{0} 4\pi r_{\mathrm{C}}^{2} \frac{k_{\mathrm{B}} T}{h} \exp\left(-\frac{\Delta G_{\mathrm{v,diff}}}{RT} \right) \tag{3-111}$$

其中，N_0 为单位体积溶液中溶质分子的数目；$4\pi(r_{\mathrm{C}})^2$ 为临界晶核的表面面积；$k_{\mathrm{B}}T/h$ 为原子跃迁的频率系数；h 为 Planck 常量；$\Delta G_{\mathrm{v,diff}}$为原子通过界面从液相迁移到晶核上需要跃过的势垒。

多组元水溶液中，过饱和比的通用表达式为

$$s=\left(\frac{\prod a_j^{vi}}{K_s}\right)^{\frac{1}{v}} \tag{3-112}$$

式中，a_j 是溶液中离子 j 的活度；vi 是离子在溶解反应式中的标准计量数，$v=\sum vi$；K_s 为溶解度积。

以水溶液中形成化合物 $B_xC_{1-x}A$ 为例，s 可以表示为

$$s=\sqrt{\frac{a(C^+)^{1-x}a(B^+)^x a(A^-)}{(K_{CA}a_{AC})^{1-x}(K_{BA}a_{BA})^x}} \tag{3-113}$$

式中，K_{CA}、K_{BA} 分别为结晶产物的溶解度积；a_{CA} 和 a_{BA} 分别为其中 CA 和 BA 组分的活度。

Pina 和 Puinis[54] 分别以 $(Ba,Sr)SO_3 \cdot H_2O$ 和 $(Ba,Sr)CO_3 \cdot H_2O$ 水溶液中生长 $(Ba,Sr)SO_4$ 和 $(Ba,Sr)CO_3$ 晶体为例，研究了其过饱和比 s 及形核率 I_n 随成分的变化，其结果如图 3-9 所示。其中，图 3-9(a)、(b)的曲线为各自的过饱和比曲线，图 3-9(c)、(d)的曲线为其形核率曲线。

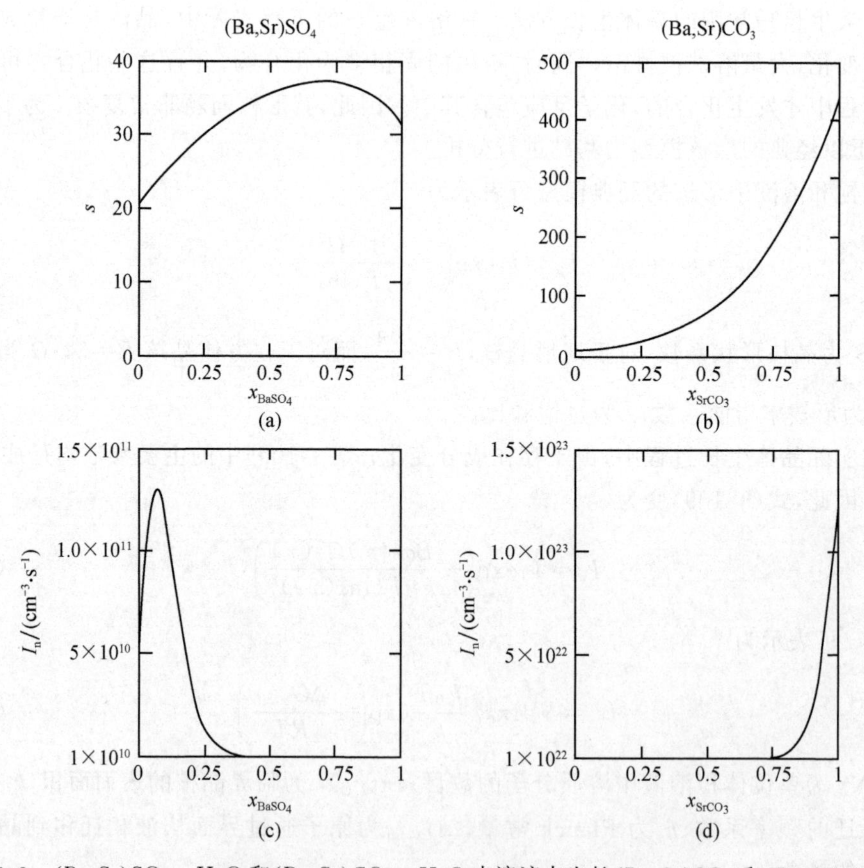

图 3-9　$(Ba,Sr)SO_3 \cdot H_2O$ 和 $(Ba,Sr)CO_3 \cdot H_2O$ 水溶液中生长 $(Ba,Sr)SO_4$ 和 $(Ba,Sr)CO_3$ 晶体时过饱和比 s 及形核率 I_n 随成分的变化[54]

3.4.2　电化学形核

在电介质溶液中,电场作用下的沉积过程也包含着形核的问题,是一个典型的异质形核过程。假定形核基底表面形核活性点的数目为 N_0, a 为形核频率,则形核率 I_n 可表示为

$$I_n = \frac{dN(\tau)}{d\tau} = a(\tau) N_0 [1 - \varphi(\tau)] \tag{3-114}$$

式中,$N(\tau)$为已形成的晶核数目;$\varphi(\tau)$为已形成的晶核占据的形核表面面积。初始的形核率可表示为 $I_{n0} = I_n(\tau = 0)$。

根据 Scharifker 和 Mostany 等[55]的推导,已形成的晶核半径随时间的变化满足

$$r_z = (kD)^{\frac{1}{2}} \tau^{\frac{1}{2}} \tag{3-115}$$

式中,D 为扩散系数;k 为动力学系数。进而获得晶核数目随时间变化的表达式为

$$N(\tau) = I_0 \int_0^\tau \exp\left(-\frac{1}{2} I_0 \pi k D t^2\right) dt = N_S \mathrm{erf}\left(\sqrt{\frac{1}{2} \pi D k I_0 \tau^2}\right) \tag{3-116}$$

式中,N_S 表示饱和晶核数,即 $N_S = N(\tau \to \infty)$,由下式确定

$$N_S = \left(\frac{1}{2} \frac{I_0}{kD}\right)^{\frac{1}{2}} \tag{3-117}$$

外加电场对扩散系数 D 和动力学系数 k 均可能产生影响,从而影响晶体的形核速率。

Milchev 和 Heerman[56] 以 $AgNO_3$ (0.1mol/L) + KNO_3 (2.5mol/L) + HNO_3 (0.3mol/L)水溶液为电介质,在 309K 下进行了电化学形核试验,获得的试验数据如表 3-1 所示。表中,$\eta = E_0 - E$,其中 E_0 为溶液中的电势,E 为施加在沉积电极上的电势。可以看出,随着电势 η 的增大,形核率 I_0 及饱和晶核数目 N_S 均增大。这一变化可能与溶质中扩散系数 D 的增大相关。

表 3-1　电化学形核试验结果[55]

η/V	I_0/(cm^{-2}·s^{-1})	N_S/(cm^{-2})	D/(cm^2/s)
0.110	1.08×10^5	1.05×10^5	3.04×10^{-5}
0.115	2.05×10^5	1.48×10^5	2.91×10^{-5}
0.120	2.58×10^5	1.59×10^5	3.17×10^{-5}

Nanev 和 Penkova[57] 研究了外加电场作用下,NaCl 水溶液中蛋白质晶体的形核。结果表明,外加电场不仅可以增大蛋白质晶体的形核率和生长速率,还能促使蛋白质晶体的 c 轴沿外加电场的方向排列。

3.4.3　超临界液体结晶过程中的形核

超临界流体在材料制备过程中具有重要的应用,可以通过气相反溶剂结晶(GAS)或

超临界溶液快速膨胀(RESS)制备小颗粒粉体材料。深刻理解超临界物质的热力学性质和相变形核行为对于控制粉体尺寸、纯度均是非常重要的。在 RESS 法中,超临界物质主要参数变化速率非常高[58],其中膨胀速率 $R_E=-\dfrac{\Delta p}{p\Delta\tau}$($\Delta p$ 为压力变化值)可以达到 9×10^7/s,最大冷却速率达到 7×10^9 K/s。在 10^{-6} s 的时间里过饱和比 s 可以达到 $10^5\sim10^8$。

超临界介质中的形核可借鉴经典形核理论的基本表达形式[58]。固相形成过程中,形核功为

$$\Delta G^* = \frac{4}{3}\pi\sigma r_C^2 \tag{3-118}$$

式中,临界晶核半径为

$$r_C = \frac{2\sigma V_S}{k_B T \ln s} \tag{3-119}$$

其中,V_S 为分子体积;s 为过饱和比,表示为

$$s = \frac{x_E(T_E, p_E)\phi(T, p, x_E)}{x^*(p, T)\phi(T, p, x^*)} \tag{3-120}$$

这里,$x_E(T_E, p_E)$为溶质在温度 T_E 和压力 p_E 下的摩尔分数;$x^*(p,T)$为平衡溶质摩尔分数;$\phi(T,p,x_E)$为在真实混合物中相应的溶质瞬态系数。

对于理想的混合气体,$\phi(T,p,x^*)=\phi(T,p,x_E)=1$,而对于理想的溶液,$\phi(T,p,x^*)=\phi(T,p,x_E)=\phi(T,p)$,因而,$s$ 可以简化为

$$s = \frac{x_E(T_E, p_E)}{x^*(p, T)} \tag{3-121}$$

其形核速率可表示为

$$I_n = K\exp\left(-\frac{\Delta G^*}{RT}\right) \tag{3-122}$$

$$K = \theta\alpha_C v_S N^2\left(\frac{2\sigma}{RT}\right)^{\frac{1}{2}} \tag{3-123}$$

式中,θ 为非等温系数,对于稀薄混合物,$\theta=1$;a_C 为致密度系数,通常 $a_C=0.1$;N 为可凝聚分子的数目,$N=\rho_M x_E N_A$,其中 ρ_M 为摩尔密度(mol/cm^3)。

可以看出界面张力及超临界介质本身的性质 a_C、N 及 s 决定着其形核率。

3.4.4 形核过程的实验观察与控制

近年来,人们更加注重晶体生长和形核行为的实验研究。对于透明的低温溶液生长过程,可以直接采用光学显微镜观察晶体的形核与晶核的生长。图 3-10 所示是 95%的乙醇水溶液中生长二羟丙茶碱光学显微照片[59]。采用该方法可对不同生长条件下晶体的形核率进行统计计算。

此外,X 射线同步辐射、高分辨透射电子显微技术也可直观地获得晶体形核的信息。

在某些材料体系的原位观察中,人们发现了许多有趣的现象。图 3-11 即是 Langille

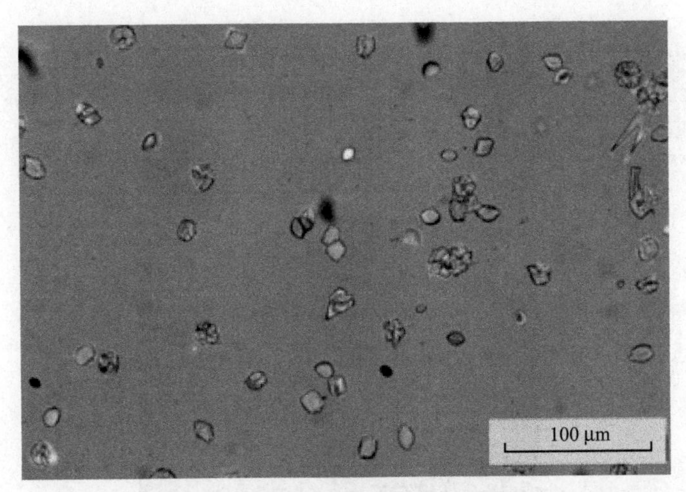

图 3-10　在 95%的乙醇水溶液中生长二羟丙茶碱晶核照片[59]

80℃下生长 15min

等[60]采用 TEM 原位直接观察到的由硝酸银及有机溶剂形成的溶液中引入 Au 颗粒作为外来质点，在其表面发生的 Ag 异质形核的细节。其中 Au 为立方晶，在其表面形成了 20 面体的 Ag 晶体。

采用物理的方法，也可以改变晶体的形核行为。如 Mirsaleh-Kohan 等[61]采用激光形成的冲击波作用于低过饱和的溶液表面，由此形成压力波，导致溶液中的晶体形核，如图 3-12 所示。该方法首先应用于 NaCl 水溶液，实现了激发形核，并进而用于酒石酸、$C_4H_6O_6$ 等，证明了该方法在溶液生长中的普适性。

Ren 等[62]直接在过冷 35 ℃ 的双乙炔苯 (PEB)表面施加时长为 15ns，最大压力峰值为 1.2 GPa 的冲击波，实现了 PEB 的快速形核生长。

在实验基础上实现形核率的定量计算需要建立一个半经验的模型。对于恒温形核过程，在时间 τ 时累积形成至少一个晶核的概率为[63]

$$F(\tau)=1-\exp\left(-\frac{\tau}{\tau_{\text{mean}}}\right) \tag{3-124}$$

式中，τ_{mean} 为平均形核时间，可表示为

$$\tau_{\text{mean}}=\int_0^{\infty}\tau k\exp(-k\tau)\,\mathrm{d}\tau=\frac{1}{k} \tag{3-125}$$

而对于连续冷却过程的形核，累积形成一个晶核的概率随时间的变化为[63]

$$F(\tau)=1-\exp\left(-\int_{\tau_{\text{sat}}}^{\tau}k(S)\,\mathrm{d}S\right) \tag{3-126}$$

式中，τ_{sat} 为溶液达到临界饱和的时间；S 为过饱和比，表示为 $S(\tau)=\frac{C_{\text{act}}}{C_{\text{sat}}(\tau)}$，$C_{\text{act}}$ 为实际溶质浓度，$C_{\text{sat}}(\tau)$ 为溶质的溶解度，在连续冷却过程中是随时间变化的。

在连续冷却过程中的平均形核时间 τ_{mean} 为

$$\tau_{\text{mean}}=\int_{\tau_{\text{sat}}}^{\infty}\tau k(t)\exp\left(-\int_{\tau_{\text{sat}}}^{\tau}k(S)\,\mathrm{d}S\right)\mathrm{d}\tau \tag{3-127}$$

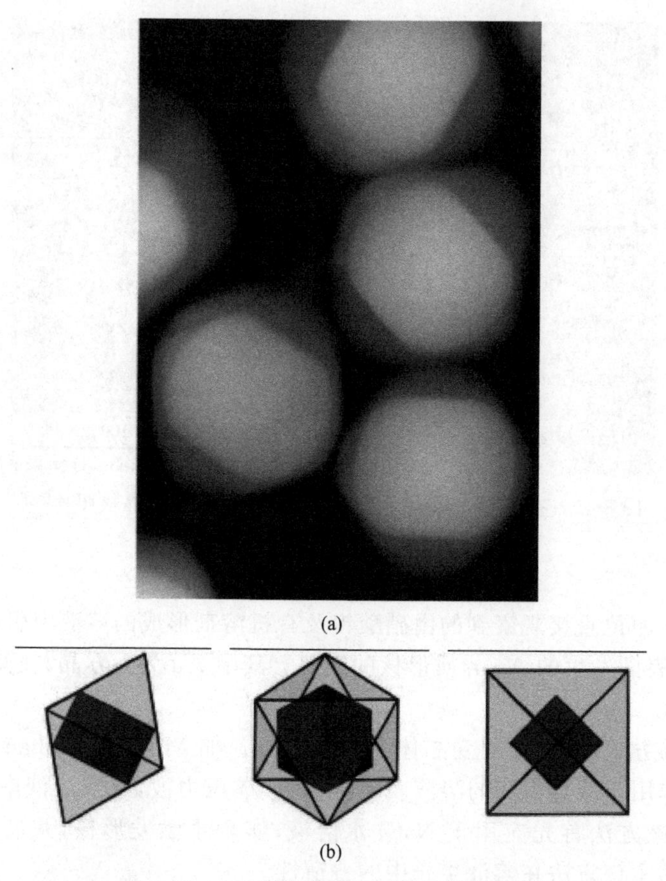

图 3-11　Au 颗粒表面 Ag 的异质形核[60]

(a)典型的 STEM 照片;(b) Au 核心与外围形成的 Ag 颗粒的取向

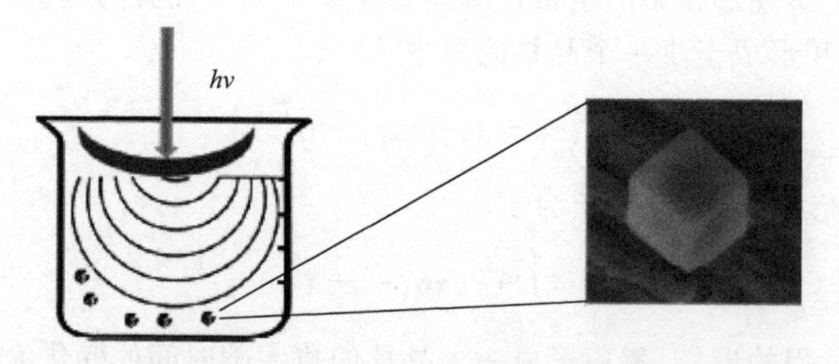

图 3-12　激光形成的冲击波激发形核[61]

以上模型中的参数 k 或 $k(S)$ 需要通过经验的方法,进行试验拟合获得。

Kulkarni 等[64]提出的累积形成一个晶核的概率的经验模型是

$$F(\tau)=1-\exp(JV(\tau-\tau_g)) \tag{3-128}$$

式中,J 是形核率;$V(\tau-\tau_g)$ 是液相体积;τ_g 是生长时间。

而连续冷却过程中累积形核概率的分布函数为

$$F(\Delta T)=1-\exp\left[-V\int_0^{\tau-\tau_g} J(\tau-\tau_g)\,\mathrm{d}(\tau-\tau_g)\right] \tag{3-129}$$

在上述模型中，J 为形核率；V 为体积；τ_g 为生长时间，是实验拟合参数。

对于具有确定数量异质形核质点的体系，Mooney 和 McFadden[65] 建议的形核速率随过冷度变化的经验模型是

$$\frac{\mathrm{d}N}{\mathrm{d}(\Delta T)}=N_0 p(\Delta T) \tag{3-130}$$

式中，N_0 为给定体积中异质晶核的总数；$p(\Delta T)$ 是形核率的分布函数，可用式(3-131)所示的分布函数近似，即

$$p(\Delta T)=\frac{1}{\Delta T_\sigma\sqrt{2\pi}}\exp\left(-\frac{1}{2}\left(\frac{\Delta T-\Delta T_0}{\Delta T_\sigma}\right)\right) \tag{3-131}$$

其中，ΔT_0 为平均过冷度；ΔT_σ 为过冷度分布函数的标准差。

参考文献

[1] Volmer M，Weber A Z.Physical.Chemistry，1938，32：128.

[2] Becker R，Döring W.Kinetische behandlung der keimbildung in übersättigten dämpfen.Annalen der Physik，1935，24(5)：719.

[3] Turnbull D，Fisher J C.Rate of nucleation in condensed system.Journal of Physics Chemistry，1949，17(1)：71-73.

[4] Zeldovich Y B.Theory of formation of a new phase：Cavitation.Journal of Experimental and Theoretical Physics.1942，12：525.

[5] Bravina L V，Zabrodin E E.Statistical prefactor and nucleation rate near and out of critical point. Physics Letters A，1998，247：417-420.

[6] Tiller W A.The Science of Crystallization：Microscopic Interface Phenomena.Cambridge：Cambridge University Press，1991.

[7] Mott N F，Nabarro F R N.The influence of elastic strain on the shape of particles segregating in an alloy.Progress in Physical Society，1940，52：90.

[8] Kelton K F，Greer A L.Test of classical nucleation theory.Physical Review B，1988，38(14)：10089-10092.

[9] Kelton K F，Greer A L，Thompson C V.Transient nucleation in condensed system.Journal of Chemical Physics，1983，79：6261-6276.

[10] Kelton K F，Greer A L.Transient nucleation effects in glass formation.Journal of Non-Crystal Solids，1986，79：295-309.

[11] Parshakova M A，Ermakov G V.Nucleation as a local subsystem fluctuation.Physica A，2002，303：35-47.

[12] Venttsel E A，Ovcharov L A.Applied Problems of the Theory of Probabilities.Moscow：Radio i Svyaz′，1991.

[13] Ruckenstein E，Djikaev Y S.Recent developments in the kinetic theory of nucleation.Advances in Colloid and Interface Science，2005，118：51-72.

[14] Ruckenstein E，Nowakowski B.A kinetic theory of nucleation in liquids.Journal of Colloid and In-

terface Science,1990,137:583-592.

[15] Nowakowski B, Ruckenstein E. Homogeneous nucleation in gases: A three-dimensional Fokker-Planck equation for evaporation from cluster. Journal of Chemical Physics,1991,94:8487-8492.

[16] Chandrasekhar S. Stochastic problem in physics and astronomy. Reviews of Modern Physics,1949,15:1-89.

[17] Ruckenstein E, Nowakowski B. Rate of nucleation in liquids for fcc and icosahedral clusters. Journal of Colloid and Interface Science,1990,139:500-507.

[18] Mario C. Phase-field approach to heterogeneous nucleation. Physical Review B,2003,67:035412.

[19] Jou H J, Lusk M T. Comparison of Johnson-Mehl-Avrami-Kologoromov kinetics with a phase-field model for microstructure evolution driven by substructure energy. Physical Review B,1997,55:8114-8121.

[20] Roy A, Rickman J M, Gunton J D, et al. Simulation study of nucleation in a phase field model with nonclocal interactions. Physical Review E,1998,57:2610-2617.

[21] Steinbach I, Pezolla F, Nestler B, et al. A Phase field concept for multiphase systems. Physica D,1996,94:135147.

[22] Nestler B, Wheeler A A. Anisotropic multi-phase-field model: Interface and junctions. Physical Review E,1998,57:2602-2609.

[23] Kobayashi R, Warren J A, Carter W C. A continuum model of grain boundaries. Physica D,2000,140:141-150.

[24] Kooi B J. Monte Carlo simulation of phase transformation caused by nucleation and subsequent anisotropic growth. Physical Review B,2003,67:035412.

[25] Pineda E, Crespo D. Microstructure development in Kolmogorov, Johnson-Mehl and Avrami nucleatio and growth kinetics. Physical Reciew B,1999,60(5):3104-3112.

[26] Erwin S, Lee S H, Scheffer M. First-principles study of nucleation, growth, and interface structure of Fe/GaAs. Physical Review B,2002,65(20):205422.

[27] Turnbull D. Kinetics of heterogeneous nucleation. The Journal of Chemical Physics,1950,18(2):198-203.

[28] Turnbull D. Kinetics of solidification of supercooled liquid mercury droplets. Journal of Chemical Physics,1952,20(3):411-424.

[29] Kozisek Z, Demo P, Sato K. Nucleation on active sites: Evolution of size distribution. Journal of Crystal Growth,2000,209:198-202.

[30] Kozisek Z, Demo P, Nesladek M. Transient nucleation on in homogeneous foreign substrate. Journal of Chemical Physics,1998,108:9835-9838.

[31] Sigsbee R A, Pound G M. Heterogeneous nucleation from the vapor. Advances Colloid Interface Science,1967,1:335-390.

[32] Venables J A. Rate equation approaches to thin film nucleation kinetics. Philosophical Magazine,1973,27:697-738.

[33] Venables J A, Spiller G D T, Hanbucken M. Nucleation and growth of thin films. Report on Progress in Physics,1984,47:399-459.

[34] Bassett G A, Montor J W, Pashley D W, et al. Structure and Properties of Thin Films. New York: John Wiley & Sons, Inc.,1959.

[35] Chen C Y, Chen L H, Lee Y L. Nucleation and growth of clusters on heterogeneous. International

Communications in Heat and Mass Transfer,2000,27(5):705-717.

[36] Chen C Y,Chen L H,Lee Y L.Nucleation and growth of clusters in the process of vapor deposition.Surface Science,1999,429:150-160.

[37] Spitzmueller J,Fehrenbacher M,Rauscher H,et al.Nucleation and growth kinetics in semiconductor chemical deposition.Physical Review,2001,63:041302.

[38] Shen J S,Maa J R.The inception of condensation of water vapor on smooth solid substrates.Journal of Colloid Interface Science,1990,135:178-184.

[39] Cahn J W,Hilliard J E.Free energy of a nonuniform system I.Interface free energy.Journal of Chemical Physics,1958,28:258267.

[40] Cahn J W.Spinodal decomposition.Transactions of Metallurgical Society of AIME,1968,242:166-180.

[41] Langer J S.Theory of the condensation point.Annals of Physics,1967,41(1):108-157.

[42] Wagner R,Kampmann R.Homogeneous second phase precipitation // Cahn J W,Haasen P,Kramer E J.Materials Science and Technology.Weinheim:VCH Verlagsgesellscharft mbH,1991,5:224.

[43] Klein W,Unger C.Pseudospinodal,spinodal and nucleation.Physical Review B,1983,28(1):445-448.

[44] Unger C,Klein W.Nucleation theory near the classical spinodal.Physical Review B,1984,29(5):2698-2708.

[45] Djikaev Y S,Teichmann J,Grmela M.Kinetic theory of nonisothermal binary nucleation:The stage following thermal relaxation.Physica A,1999,267:322-342.

[46] Feder J,Russel K C,Lothe J et al.Homogeneous nucleation and growth of droplets in vapors.Advanced in Physics,1966,15:111-178.

[47] Grinin A P,Kuni F M.Thermal and fluctuation effects of nonisothermal nucleation.Theoretical and Mathematical Physics,1989,80(3):968-980.

[48] Kurasov V B.Multicomponent nonisothermal nucleation.Physica A,2000,280:219-255.

[49] Cini E,Vinet B,Desre P J.A thermodynamic approach to homogeneous nucleation via fluctuations of concentration in binary liquid alloys.Philosophical Magazine A,2000,80(4):955-966.

[50] Desre P J,Cini E,Vinet B.Homophase-fluctuation-mediated mechanism of nucleation in multicomponent liquid alloys and glass-forming ability.Journal of Non-Crystalline Solids,2001,288:210-217.

[51] Garvie R C.The occurrence of metastable tetragonal zirconia as a crystallite size effect.Journal of Physics Chemistry,1965,69(4):1238-1243.

[52] Ishihara K N,Maeda M,Shingu P H.The nucleation of metastable phases from undercooled liquids.Acta Metallurgica,1985,33:2113-2117.

[53] Bradley R M,Strenski P N.Nucleation and growth in system with two stable phases.Physical Review B,1989,40(13):8967-8977.

[54] Pina C M,Puinis A.The kinetics of nucleation of solid solutions from aqueous solutions:A new model for calculating non-equilibrium distribution coefficients.Geochimica et Cosmochimica Acta,2002,66(2):185-192.

[55] Scharifker B R,Mostany J.Three-dimensional nucleation with diffusion controlled growth Part1.Number density of active sites and nucleation rate per site.Journal of Electroanalytical Chemistry,1984,177:13-23.

[56] Milchev A, Heerman L. Electrochemical nucleation and growth of nano-and microparticles: Some theoretical and experimental aspects. Electrochimica Acta, 2003, 48: 2903-2913.

[57] Nanev C N, Penkova A. Nucleation and growth of lysozyme crystals under external electric field. Colloids and Srufaces, 2002, 209: 139-145.

[58] Türk M. Influence of thermodynamic behaviour and solute properties on homogeneous nucleation in supercritical solution. Journal of Supercritical Fluids, 2000, 18: 169-184.

[59] Lemercier A, Viel Q, Brandel C, et al. Optimization of experimental conditions for the monitoring of nucleation and growth of racemic Diprophylline from the supercooled melt. Journal of Crystal Growth, 2017, 472: 11-17.

[60] Langille M R, Zhang J, Personick M L, et al. Stepwise evolution of spherical seeds into 20-Fold twinned icosahedra. Science, 2012, 337: 954-957.

[61] Mirsaleh-Kohan N, Fischer A. Graves B, et al. Laser shock wave induced crystallization. Crystal Growth & Design, 2017, 17: 576-581.

[62] Ren Y, Lee J, Hutchins K M, et al. Crystal structure, thermal properties, and shock-wave-induced nucleation of 1, 2-bis(phenylethynyl)benzene. Crystal Growth & Design, 2016, 16: 6148-6151.

[63] Bhamidi V, Kenis P J A, Zukoski C F. Probability of nucleation in a metastable zone: Cooling crystallization and polythermal method. Crystal Growth & Design, 2017, 17: 5823-5837.

[64] Kulkarni S A, Kadam S S, Meekes H, et al. Crystal nucleation kinetics from induction times and metastable zone widths. Crystal Growth & Design, 2013, 13: 2435-2440.

[65] Mooney R P, McFadden S. Theoretical analysis to interpret projected image data from in-situ 3-dimensional equiaxed nucleation and growth. Journal of Crystal Growth, 2017, 480: 43-50.

第 4 章 晶体生长的动力学原理

4.1 结晶界面的微观结构

熔体生长、溶液生长、气相生长这些主要的晶体生长方法均是原子由无序状态向有序状态转变的过程，在母相和新生相之间存在一个锐变的界面。在数个原子层厚度的界面区内，其原子的排列方式既不同于新生相，也不同于母相，而是一个与其在新生相中的成键特性和母相中原子之间的相互作用力有关的过渡区。该过渡区的结构对生长特性的影响反映在以下几个方面：①影响生长过程中原子的堆垛方式，从而影响表观的生长形态；②造成界面能、生长形态的各向异性；③影响结晶界面的动力学过冷度和生长速度，导致生长速度的各向异性；④对于多组元材料，与各组元的选择结晶相关，影响溶质组元的分凝系数。因此，进行结晶界面原子结构的分析，是晶体生长过程研究的一个基本物理问题。

4.1.1 结晶界面结构的经典模型

结晶界面的结构是由原子的跃迁、吸附、扩散等动态过程决定的。经典的界面结构模型试图通过统计热力学的原理找出热力学平衡条件下的稳定结构。因此，所反映的是在特定母相环境下晶体材料本身的内禀特性。

描述结晶界面特性的最重要的概念是 Burton 等于 20 世纪 50 年代初提出的粗糙度的概念[1]。这一问题至今仍受到人们的重视，开展了大量的研究工作，并已建立了多种结晶界面理论模型。经典的结晶界面模型包括 Jackson 等[2~4]提出的单原子层模型和 Cahn 等[5,6]提出的扩散界面模型。

Jackson 模型假设结晶界面由单一的原子层构成。在该过渡层以下的原子都已完成结晶，成为晶体中的原子，界面层以上全部为流体（气相、熔体或溶液）原子；该界面层则有一部分已变为晶体原子，另一部分原子仍属于流体。如果界面层内的晶体原子所占的比例很大（接近 100%）或很小（接近于 0），则该界面为光滑界面。如果该界面层内的晶体原子与流体原子所占的比例相当，则该界面为粗糙界面。为了获得一个定量的表达方式，Jackson 模型首先假设界面层的“背景层”晶体原子是充满的，然后在其上面堆积晶体原子，并采用统计热力学方法寻找其稳定状态。

假定界面层中有 N 个原子位置，其中 N_A 个位置被晶体原子占据。定义界面层内晶体原子占据的分数为 $x=N_A/N$。界面层的形成过程也可以理解为在 N 个晶体充满层中由于熔化（气化或溶解）形成 $N-N_A$ 个空位的过程。该过程引起的自由能变化为

$$\Delta G = \Delta H - T\Delta S \tag{4-1}$$

假定 ν 为晶体内部原子的配位数，η 为原子在充满的界面层中的配位数，A 为界面层

原子与底面原子的配位数,则

$$\nu = \eta + 2A \tag{4-2}$$

忽略次近邻原子的结合键能,则晶体原子形成每个化学键对熔化焓的贡献为 $\Delta h_0/\nu$,其中 Δh_0 为每个原子的熔化焓,从而得出

$$\Delta H = \frac{\Delta h_0}{\nu}\eta x N(1-x) \tag{4-3}$$

在 N 个界面原子位置上堆放 $N-N_A$ 个空位的方式有 W 个:

$$W = \frac{N!}{N_A!\ (N-N_A)!} \tag{4-4}$$

根据统计热力学原理:

$$\Delta S = k_B \ln W \tag{4-5}$$

式中,k_B 为 Boltzmann 常量。

引入 Stirling 公式,$\ln N! = N\ln N - N$ 则

$$\Delta S = -Nk_B[x\ln x + (1-x)\ln(1-x)] \tag{4-6}$$

将式(4-3)和式(4-6)代入式(4-1)并整理得出

$$\frac{\Delta G}{Nk_B T_m} = a_J x(1-x) + x\ln x + (1-x)\ln(1-x) \tag{4-7}$$

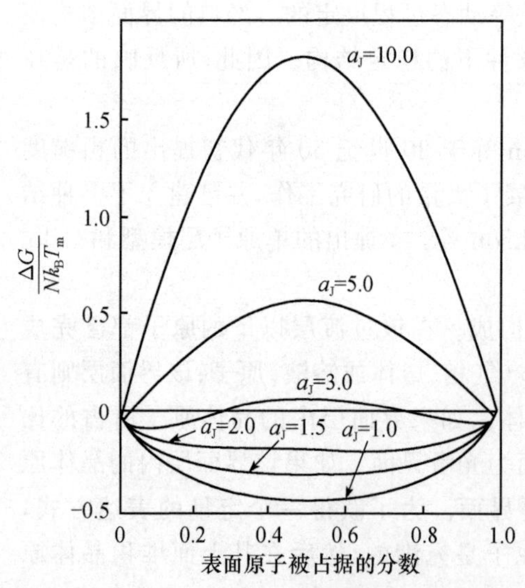

图 4-1　界面相对自由能随界面晶体原子位置被占据的分数的变化规律[2]

根据式(4-7)可以绘制出界面无量纲自由能$\frac{\Delta G}{Nk_B T_m}$与 x 的函数关系,如图 4-1 所示。可以看出,当 $a_J<2$ 时,自由能最小的位置位于 $x\to 0.5$ 的位置,此时界面是稳定的,对应于粗糙界面;当 $a_J>3$ 时出现两个自由能极小值,即当 $x\to 0$ 或 $x\to 1$ 时,该界面对应于光滑界面;当 $2<a_J<3$ 时,则界面处于中间状态。

式(4-7)的左边为无量纲自由能,其数值由界面层被晶体原子占据的分数和式(4-7)中的参数 a_J 决定,其中

$$a_J = \frac{\Delta h_0}{k_B T_m}\frac{\eta}{\nu} \tag{4-8}$$

称为 Jackson 因子,由两部分构成。$\frac{\Delta h_0}{k_B T_m}$定义为熔化熵,是晶体生长过程的一个重要热力学参数,而 η/ν 是界面层内的配位数和晶体内部原子总的配位数之比,是由结晶界面的取向特性决定的。因此,结晶界面的粗糙与光滑不仅取决于材料本身的热力学参数,还与其晶体学取向有关。

表 4-1 列出了几种材料的熔化熵。由于取向因子 η/ν 总是小于 1 的，因此材料的熔化熵大于 3 的晶体才存在 Jackson 因子大于 3 的晶面，出现光滑界面。

表 4-1　几种典型晶体的熔化熵及其 Jackson 因子

晶体材料	无量纲熔化熵 $\frac{\Delta h_0}{k_B T_m}$	文献
K	0.825	[7]
Zn	1.26	[7]
Ge	3.15	[7]
Si	3.56	[7]
H_2O	2.63	[7]
$LiNbO_3$	5.44	[7]
GaAs	6.19	[8]
CdTe	4.42	[9]

Cahn 等[5]提出的扩散界面模型又可称为界面运动理论(theory of interface motion)。该理论模型假定界面是由若干个原子层构成的过渡区。以低指数晶面为分析对象，在没有驱动力的条件下，界面可达到一种平衡组态；当存在驱动力时，界面将通过一个与晶格周期相对应的周期势场运动；界面运动过程中，界面能也按照相同周期变化，如图 4-2 所示。假定 σ_{max} 和 σ_{min} 分别为界面能周期性变化过程中的极大值和极小值，其界面能变化的相对幅值可以用 g_m 描述：

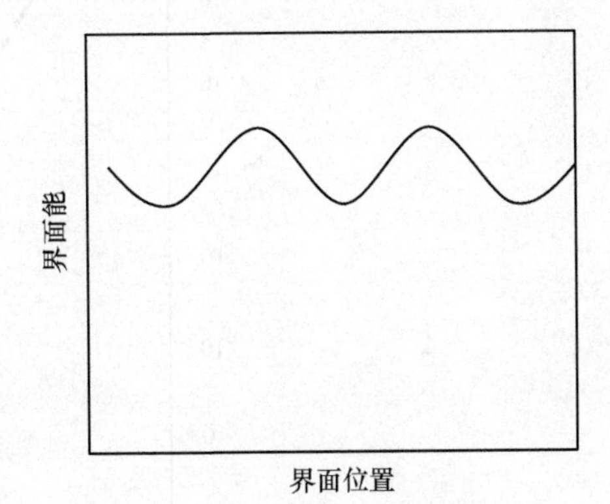

图 4-2　界面能随界面位置的变化[5]

$$g_m = \frac{\sigma_{max} - \sigma_{min}}{\sigma_{min}} \tag{4-9}$$

对于单元体系，界面能随位置 α 的变化规律为[5]

$$\sigma(\alpha) = [1 + g(\alpha)]\sigma_{min} \tag{4-10}$$

式中，$g(\alpha)$为界面能随 α 变化的改变量：

$$g(\alpha) = \frac{\pi^4 n^3}{16}\exp\left(-\frac{\pi^2 n}{2}\right)\left(1 - \sin\frac{2\pi\alpha}{a}\right) \tag{4-11}$$

其中，a 为垂直于密排面方向上的原子层间距。

由式(4-9)～式(4-11)可以得出[5]

$$g_m = \frac{1}{8}\pi^4 n^3 \exp\left(-\frac{1}{2}\pi^2 n\right) \tag{4-12}$$

式中，n 为界面过渡区所包含的原子的层数。估算得出，当 $g_m \approx 0.006$ 时，$n=2$，而当 $g_m \approx 10^{-8}$ 时，$n=5$。

Jackson 等[2]的分析认为，Cahn 获得的参数 g_m 偏小，并通过统计计算，获得了 g_m 数值，其值在 n 较大时与如下 Poisson 公式近似：

$$g_m = 2\pi^4 n^3 \exp\left(-\frac{1}{2}\pi^2 n\right) \tag{4-13}$$

由式(4-13)计算的 g_m 随界面厚度 n 的变化曲线如图 4-3 所示[2]。可以看出，结晶界面在前进过程中随着波动幅度的增大，即 g_m 的增大，结晶界面的层数减少，界面弥散程度减小，界面倾向于呈现锐变界面，对应于按照 Jackson 因子判断的光滑界面。

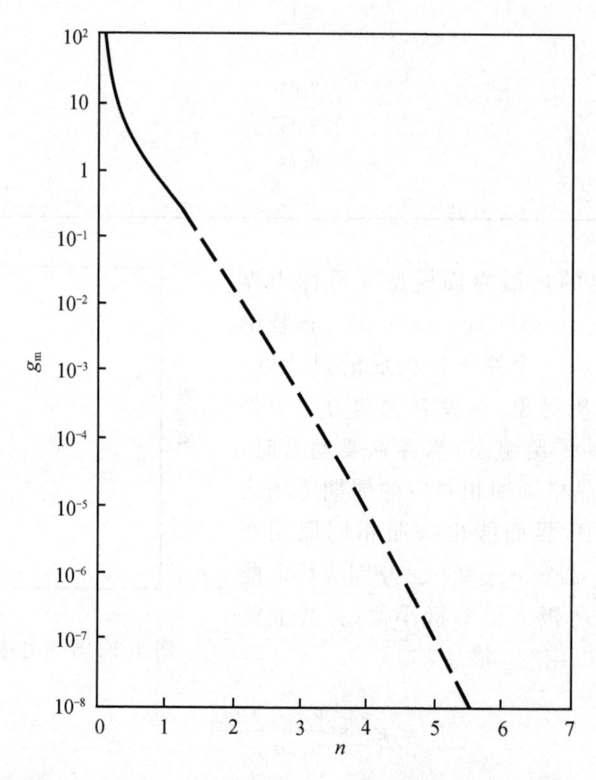

图 4-3 由式(4-13)计算的 g_m 随界面厚度 n 的变化[2]

虽然采用该扩散界面的理论模型同样可以对结晶界面的生长特性进行分析和定义，但不足的是，式(4-12)或式(4-13)中的 g_m 和 n 均是较难实际测定的参数，不易直观地进行生长晶面特性的描述。

结晶界面移动过程过程中界面能按照图 4-2 所示的周期性变化，运动距离为 $\delta\alpha$ 时其自由能的变化为

$$\delta G = \left(\Delta G + \sigma_0 \frac{\mathrm{d}g(\alpha)}{\mathrm{d}\alpha}\right)\delta\alpha \tag{4-14}$$

界面生长过程没有势垒的条件是 $\delta G = 0$，即 $\Delta G + \sigma_0 \left.\frac{\mathrm{d}g(\alpha)}{\mathrm{d}\alpha}\right|_{\alpha=0} = 0$，将式(4-11)代入，则可得出发生连续生长的临界驱动力 ΔG^* 为

$$-\Delta G^{*}=\frac{\pi\sigma_{0}g_{\mathrm{m}}}{a} \tag{4-15}$$

式中，σ_0 为界面能；g_{m} 为由式(4-12)确定的界面能振幅参数。

上述分析也可以作如下解释。在结晶界面向前推移的过程中，如果生长驱动力较小，在接近平衡时，界面能的变化如图4-4(a)所示，界面能基本上是周期变化的；当生长驱动力很大时，界面能的变化则如图4-4(b)所示，晶体生长需要越过的界面势垒减小；而生长驱动力达到某临界值时，则晶体生长需要越过的界面势垒为0，如图4-4(c)所示。此时，不论界面能的绝对值如何，生长界面将按照连续生长的方式进行，界面是完全粗糙的。该临界驱动力对应的邻界过冷度为 $\pi\Delta T^{*}$。

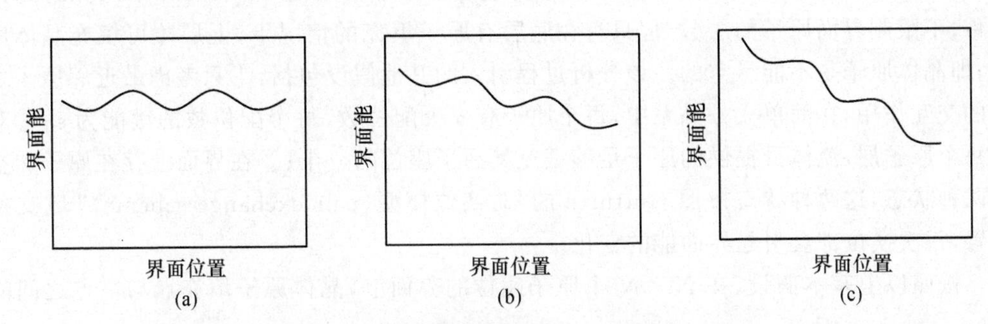

图4-4　结晶界面前进过程中界面能的变化

(a) 生长驱动力很小，界面能接近周期性变化；(b) 生长驱动力较大时，势垒减小；(c) 生长驱动力达到临界值时，势垒为0

当生长过冷度 $\Delta T>\pi\Delta T^{*}$ 时，结晶过程将按照连续生长的方式进行；当 $\Delta T<\Delta T^{*}$ 时结晶过程按照台阶生长方式；当 $\Delta T^{*}<\Delta T<\pi\Delta T^{*}$ 时，结晶过程将按照准侧向生长(mock lateral)的方式进行。

对于二元合金，Cahn也提出了相应的分析模型[10]。

在连续生长区，晶体生长速率与过冷度呈线性关系[2]。侧向生长区的生长过程借助螺形位错进行，生长速率与过冷度平方成正比[9]。而过冷度介于 ΔT^{*} 和 $\pi\Delta T^{*}$ 之间时存在一个过渡区。生长速率 R 与过冷度的比值 $\frac{R}{\Delta T}$ 与过冷度 ΔT 的关系示于图4-5中。

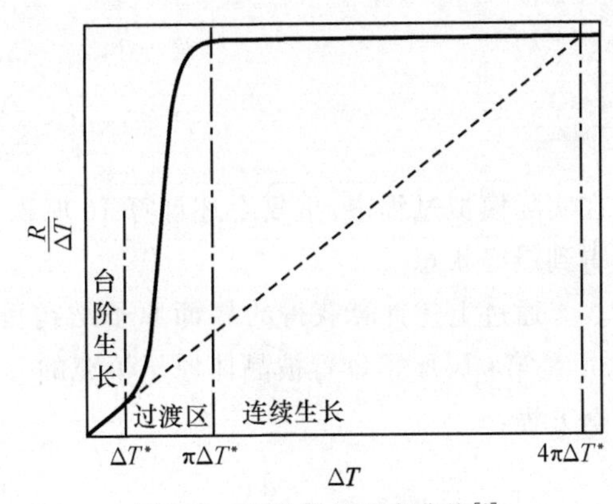

图4-5　理论生长速率曲线[2]

结合以上分析，熔体生长过程中的驱动力可表示为

$$-\Delta G=\frac{\Delta H_{\mathrm{m}}}{V_{\mathrm{m}}T_{\mathrm{m}}}\Delta T \tag{4-16}$$

式中，ΔH_m 为摩尔熔化焓；V_m 为摩尔体积；T_m 为熔点。

参考图 4-5，ΔG^* 对应的过冷度为 $\pi\Delta T^*$，从而结合式(4-14)和式(4-15)得出

$$\Delta T^* = \frac{\sigma_0 g_m V_m T_m}{a \Delta H_m} \tag{4-17}$$

4.1.2 界面结构的 Monte-Carlo(MC)模拟

MC 模拟可以对结晶界面单一原子随机行为的统计规律进行描述，获得确定性的结果，因而可以对不同理论模型进行对比。

Leamy 和 Jackson[11] 以简单立方晶系(100)面为对象，对其界面特性进行了 MC 模拟，其模拟方法也适用于其他界面。该分析过程采用了常用的 SOS(solid-on-solid)约束条件，不限制界面原子的层数，但只有在底层有原子填充的情况下，上层才可填充晶体原子，即晶体原子是不能悬空的。该分析过程引入的其他假设包括：①只考虑最近邻原子之间的交互作用，在简单立方晶系中，每个原子有 6 个配位数，每个配位数的键能为 ε；②对于每个原子层，流体可提供的原子足够填充其原子座位的一半；③在界面上存在原子和空位两种状态，这两种状态按照 Guttman 的“对换位模型(pair exchange scheme)”[12] 交换位置，每次换位都会引起界面能的变化。

按照以上基本假设，在 $N \times N$ 个原子座位的界面上，晶体原子填充点与空点之间的无量纲界面能 $\frac{E}{k_B T_m}$ 可表示为

$$\frac{E}{k_B T_m} = \sum_{i=-\infty}^{+\infty} \sum_{j=1}^{5} \frac{n_j(6-j)}{N^2} \frac{\varepsilon}{k_B T_m} \tag{4-18}$$

式中，n_j 为具有 j 个配位数的界面原子数；i 为原子层数；ε 为每个结合键的键能。

假定空位与原子的每一次换位引起的界面能变化为 ΔE，并用 P 表示其换位发生的概率，则

$$P = 1, \quad \Delta E < 0 \tag{4-19a}$$

$$P = \exp\left(-\frac{\Delta E}{k_B T}\right), \quad \Delta E > 0 \tag{4-19b}$$

在实际模拟过程中，重复上述计算 1000 次获得一个接近稳态的状态，然后再进行 1000 次得到最终状态。

通过上述计算获得的界面原子结构可以用以下零阶近似或一阶近似来表示。假定 x_i 是第 i 层原子位置被晶体原子填充的分数，则达到稳态时可得到如下结晶与气化的平衡方程：

$$\frac{dx_i}{d\tau} = 0 = (x_{i-1} - x_i)V^+ - (x_i - x_{i+1})V^- \tag{4-20}$$

式中，V^+ 为结晶的原子流率，表示为 $\exp\left(-\frac{3\varepsilon}{k_B T_m}\right)$；$V^-$ 为气化的原子流率，表示为

$\exp\left(-\frac{\varepsilon(1+4x_i)}{k_B T_m}\right)$，其中 $1+4x_i$ 为气化原子的平均配位数。

一阶近似又可称为 Bethe 近似[11]，在分析原子随机分布时允许团簇的存在。在第 i 层原子层中，一个原子获得第一个近邻原子的概率 P_i^0 为

$$P_i^0 = x_i + \phi_i - x_i\phi_i \tag{4-21}$$

式中，ϕ_i 对应于第 i 层的团簇参数，其值在 0～1 之间变化，并由下式确定：

$$\frac{(x_i+\phi_i-x_i\phi_i)(1-x_i+x_i\phi_i)}{x_i(1-x_i)(1-\phi_i)} = \exp\left(\frac{\varepsilon}{k_B T_m}\right) \tag{4-22}$$

而第 i 层中具有 j 个最近邻原子的气化率为

$$V_i^- = \sum_{j=1}^{5}\binom{4}{j-1}(P_i^0)^{j-1}(1-P_i^0)^{5-j}\exp\left(-\frac{j\varepsilon}{k_B T_m}\right) \tag{4-23}$$

根据上述 MC 模拟，可以获得如下界面特性参量：

(1) 界面粗糙度 R_S。界面粗糙度 R_S 定义为单位界面面积上“填充原子-空位”对的数目减 1，可表示为

$$R_S = -1 + \sum_{i=-\infty}^{+\infty}\sum_{j=1}^{5}\frac{n_j(6-j)}{N^2} \tag{4-24}$$

对于零阶和一阶近似：

$$R_S = \sum_{i=-\infty}^{+\infty} 4x_i(1-P_i^0) \tag{4-25}$$

利用该模型获得的结晶界面粗糙度与 Jackson 因子之间的关系如图 4-6 所示[11]。

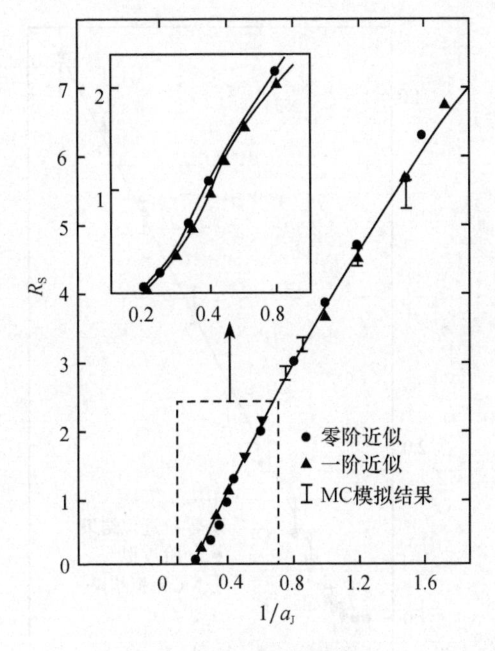

图 4-6　结晶界面粗糙度 R_S 与 Jackson 因子 a_J 的关系[11]

(2) 界面阔度 S。界面阔度 S 定义为界面原子数与界面原子座位数之比，即

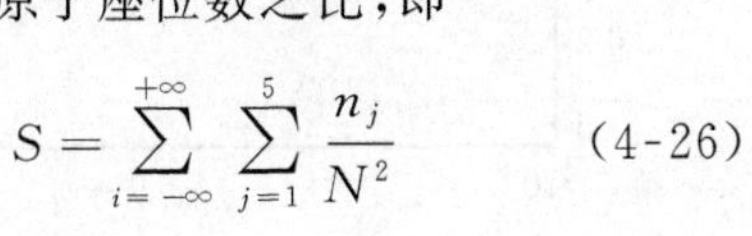

$$S = \sum_{i=-\infty}^{+\infty}\sum_{j=1}^{5}\frac{n_j}{N^2} \tag{4-26}$$

对于零阶和一阶近似：

$$S = \sum_{i=-\infty}^{+\infty} x_i - x_{i+1}(P_i^0)^4 \tag{4-27}$$

界面阔度 S 与 Jackson 因子 a_J 的相关性如图 4-7 所示，S 与 a_J^{-1} 近似呈线性关系[11]。

(3) 界面层中的原子分布。可采用界面原子分布函数 f_j 对界面结构进行详细描述。f_j 定义为第 j 阶界面原子(具有 j 个配位原子)与界面原子总数之比，即

$$f_j = \frac{n_j}{S} \tag{4-28}$$

对于零阶和一阶近似：

$$n_j = \sum_{i=-\infty}^{+\infty}(x_i - x_{i+1})\binom{4}{j-1}(P_i^0)^{j-1}(1-P_i^0)^{5-j} + x_{i+1}\binom{4}{j-2}(P_i^0)^{j-2}(1-P_i^0)^{6-j} \tag{4-29}$$

且当 $b<0$ 时，函数 $\binom{a}{b}=0$。

a_J^{-1} 分别为 0.25、0.6 和 2.0 时界面原子分布函数 f_j 与界面层数 i 的关系，如图 4-8 所示[11]。

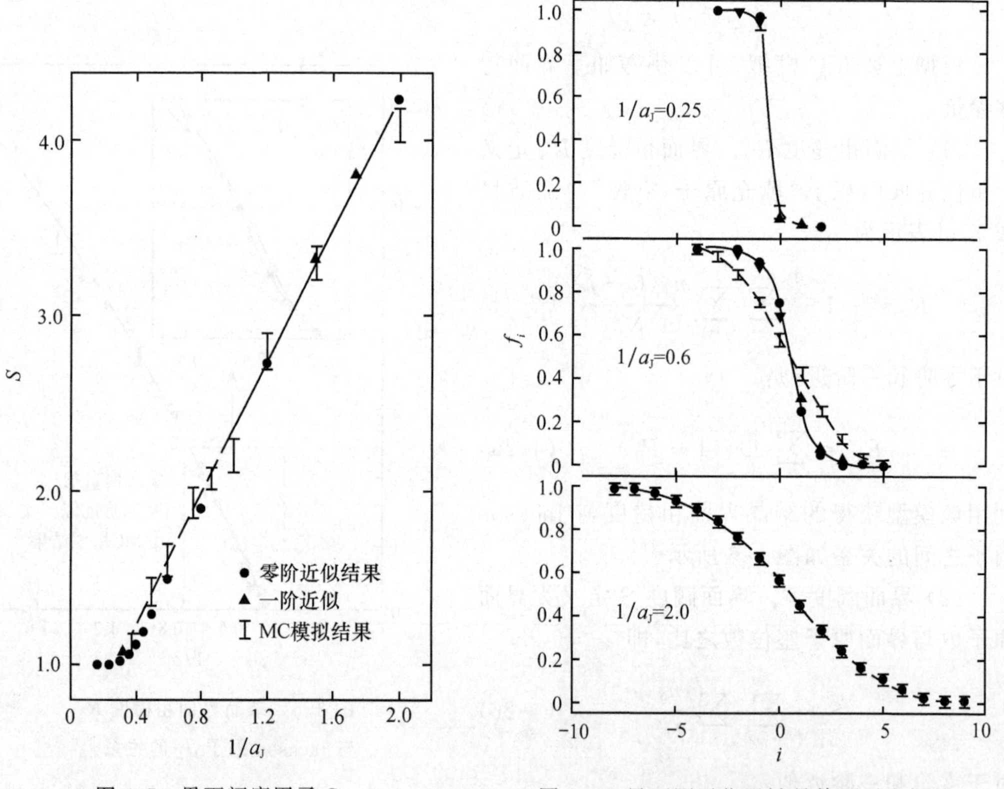

图 4-7　界面阈度因子 S 与 Jackson 因子的 a_J 关系[11]

图 4-8　界面原子位置被晶体原子占据的分数 f_i 与界面层数 i 的关系[11]

上述分析仅考虑了最近邻原子间的相互作用，从而可以区分出粗糙界面和光滑界面（台阶状界面）。从粗糙界面向光滑界面转变的条件即为经典的 KT(Kosterlitz-Thouless)转变[13]。den Nijs 和 Rommelse 等[13,14]基于 SOS 约束条件和对次近邻原子间相互作用的考虑，定义了一个界面过渡相。该过渡相是局部无序的，但平均是平面的，因此称为无序平面相或 DOF(disordered flat)相。

在平面界面上，由于热力学平衡条件的要求，将形成台阶。台阶的存在本身会引起与台阶刃边长度成比例的、数量级为 $k_B T$ 的附加自由能，台阶的尺寸是由该自由能决定的。通常随着温度的升高，自由能减小，从而台阶间距减小。Grimbergen 等[15] 将台阶引起的自由能分解为水平分量（与界面平行）J 和垂直分量（与界面垂直）Φ，并以萘（naphthalene）为对象，获得图 4-9 所示的界面相图。在 KT 曲线的右上侧区域可获得粗糙界面。在粗糙化曲线的左下侧获得光滑界面，即台阶界面，而在这两个区域之间将存在一个无序平面界面（DOF）区。

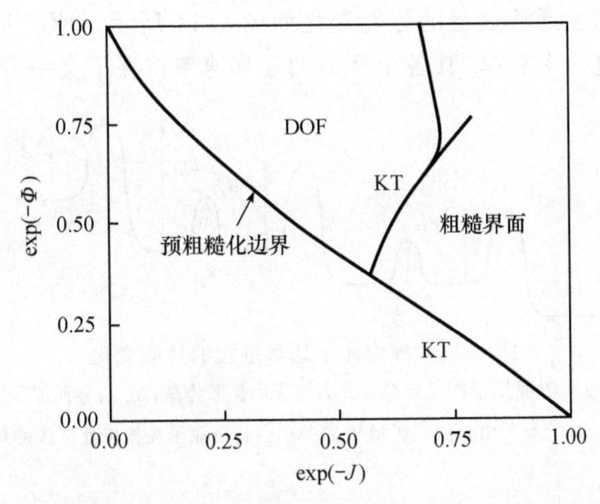

图 4-9　以 SOS 约束为基础，考虑次近邻原子间相互作用的萘的界面相图[15]

4.2　结晶界面的原子迁移过程与生长速率

4.2.1　结晶界面上原沉积的途径与过程

晶体生长过程是流体（气相、熔体或溶液）中的原子在结晶界面上连续沉积的过程。随着生长速率的增大，结晶界面的原子组态必将偏离平衡条件下的组态。

以简单立方晶体（100）晶面上的生长为例。如果只考虑最近邻原子间的相互作用，每个原子可形成 6 个结合键，其中在（100）晶面内形成 4 个键，与底层和顶层原子各形成 1 个键。流体原子在结晶界面上沉积的位置如图 4-10 所示。其中在 a 处沉积的原子仅形成 1 个键，b 处可形成 2 个键，c 处形成 3 个键，d 处形成 4 个键，而 e 处则形成 5 个键。成键的数量越多，沉积的原子就越稳定，越不容易发生反向跃迁再回到流体。因此，结晶界面不同位置沉积的原子稳定性按照如下次序递减：

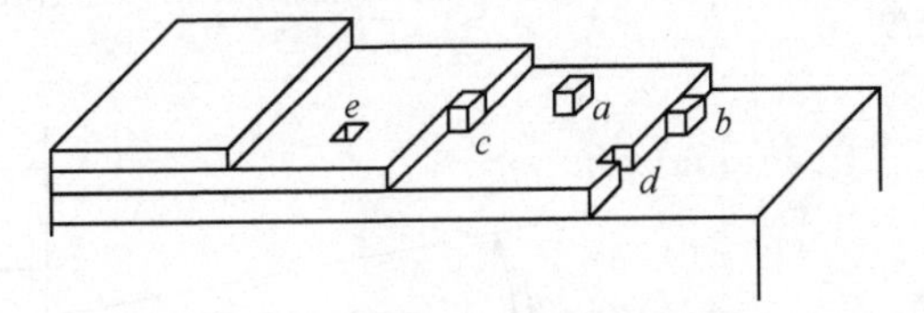

图 4-10　简单立方晶系（100）晶面上原子可沉积的位置示意图

$$e \to d \to c \to b \to a$$

而结晶界面上可提供的不同类型原子位置的数目则按如下次序减少：

$$a \to b \to c \to d \to e$$

虽然 d 处和 e 处的原子最稳定，但结晶界面上可提供的 d 处和 e 处的数目非常少，不会成为主要沉积方式。最主要的界面原子沉积方式可能包括以下几个途径：

途径一：a 处的连续沉积。

途径二：a 处沉积，并向 b 位或 c 位扩散。

途径三：b 处直接沉积。

原子在结晶界面上迁移过程的势能变化如图 4-11 所示。原子从一种状态转变为另一种状态都需要跃过一个势垒，其各个环节的迁移速率将在下文中分别分析。

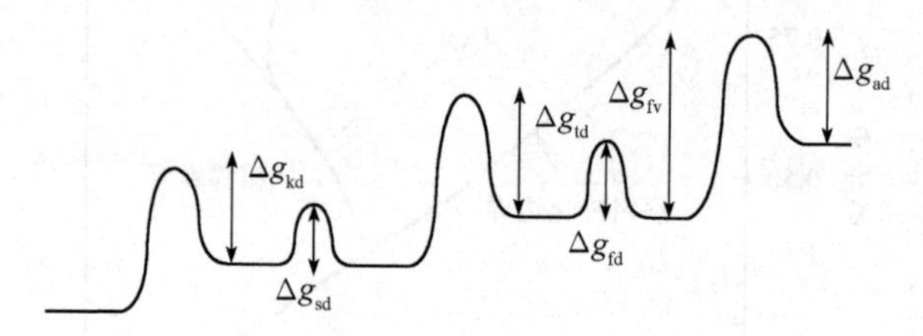

图 4-11　界面原子迁移过程的势能变化

Δg_{ad}：界面吸附势垒；Δg_{fv}：界面原子挥发势垒；Δg_{fd}：原子面扩散势垒；Δg_{td}：界面原子在台阶处沉积的势垒；Δg_{sd}：台阶原子沿台阶线扩散势垒；Δg_{kd}：台阶原子在扭折处沉积的势垒

当沉积速率较大，即生长驱动力较大时，生长过程按照途径一进行，称为连续生长；生长驱动力较小的稀薄流体(气相生长)过程，可能按照途径二进行，称为台阶生长；驱动力较小的熔体生长过程，则可能按照途径二或者途径三进行，也为台阶生长。

结晶界面主要由密排面构成时，可获得较小的界面能；当结晶界面与某密排面具有很小的夹角时，则可获得大量的生长台阶，如图 4-12 所示。具有这些特性的结晶界面称为邻位面。其中台阶间距 l、台阶高度(通常等于原子层间距)a 及结晶界面与密排面的夹角 β 之间满足如下关系：

$$\tan\beta = \frac{a}{l} \tag{4-30}$$

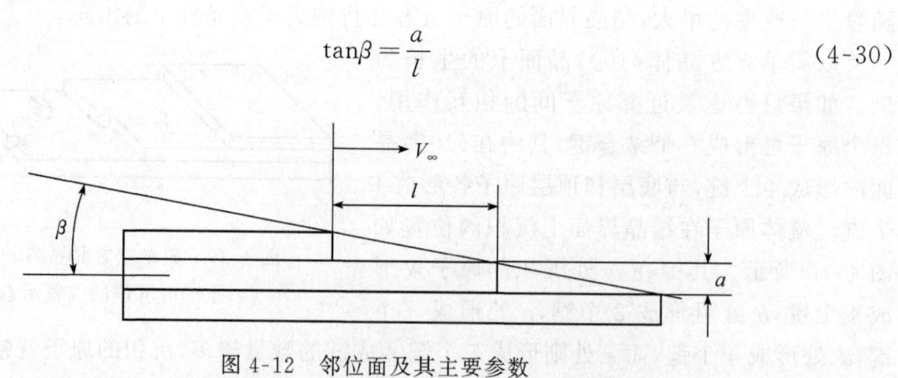

图 4-12　邻位面及其主要参数

图 4-13 是 Brichzin 和 Pelz[16] 采用 STM 显微技术获得的 Si 单晶(001)晶面邻位面的显微结构。可以看出，在(001)晶面内，除少量的空位外，原子几乎是充满的，生长台阶并

不是理想的直线。图 4-13(a)的台阶间距较大，对应的夹角 β 相对较小。

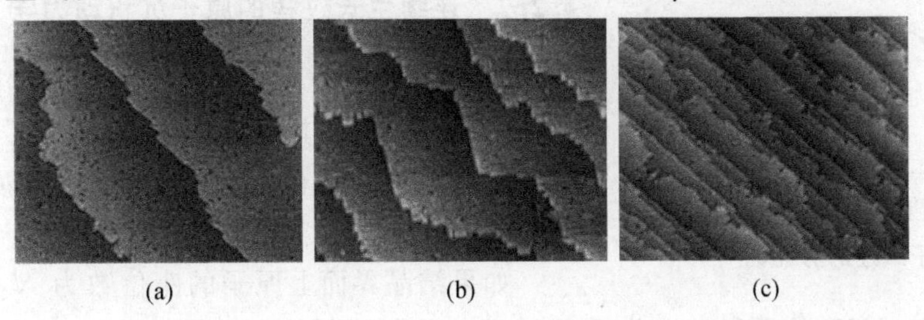

图 4-13　STM 方法获得的清洁 Si 单晶(001)表面邻位面的显微结构[16]

倾斜角分别为(a) 0.2°；(b) 0.4°；(c) 1.4°

可提供生长台阶的其他晶体学条件包括：螺型位错、二维形核及孪晶生长。

当结晶界面上存在与之垂直的螺形位错时，在界面上形成台阶。生长过程通过原子在台阶处沉积引起台阶沿界面运动，实现晶体生长。生长界面的推进速率，即生长速率由台阶的移动速率决定。台阶沿垂直于台阶的方向等速推进，离位错中心的位置越远，台阶在相同移动速率下绕位错中心转动的角速度就越小，从而形成图 4-14(a)所示的螺旋线，并提供源源不断的生长台阶。

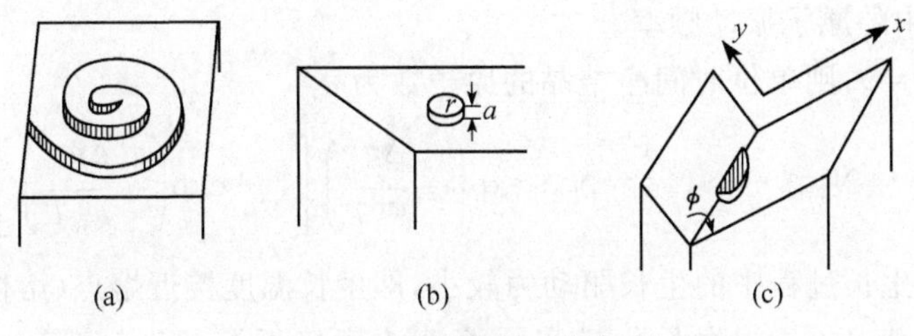

图 4-14　几种台阶生长机制

(a) 螺型位错生长；(b) 二维形核生长；(c) 孪晶生长

对于完全平行于密排面并无位错的生长界面，可通过二维晶核的形核形成生长台阶。所谓二维晶核，就是指高度为一个原子层间距、半径满足热力学稳定条件的层片，如图 4-14(b)所示。仅当其尺寸(半径)大于某临界值时，该晶核才能稳定存在并长大。

当结晶界面存在孪晶时，也可提供生长台阶。这些台阶可沿着图 4-14(c)所示的 x 和 y 两个方向不断形成，提供源源不断的生长台阶。

对于远低于晶体熔点的气-固界面，通常认为结晶界面是锐变的，结晶过程通过界面上台阶的侧向移动进行。其中结晶界面上的二维形核是提供生长台阶的一个重要途径。随着生长驱动力的增大，二维形核的能障消失，形核可以连续进行，从而连续生长。由此推测，当温度接近晶体的熔点时，发生“表面熔化”，从而表面台阶不再存在，生长过程通过连续生长机制进行[6]。有大量实验证明[9,17,18]，熔体生长过程中仍会发生通过螺形位错等台阶生长的情况。

以下分别对结晶界面上流体原子沉积过程的几个动力学问题进行讨论。

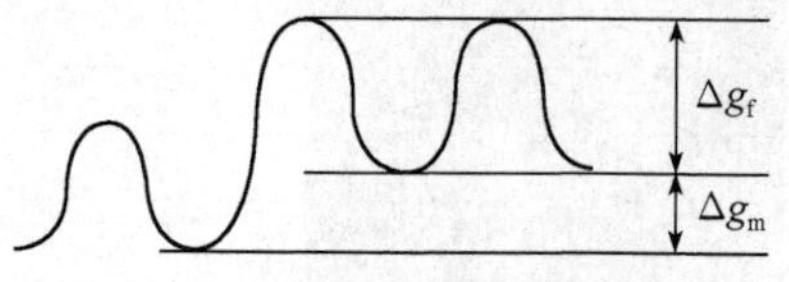

图 4-15　粗糙界面连续生长过程原子跃迁的势能场

4.2.2　连续生长过程的原子沉积动力学

在粗糙界面连续生长过程中，结晶界面附近的势场如图 4-15 所示，其中 Δg_m 是每一个原子由流体进入晶体引起自由能的变化，是生长过程所必需的驱动力。

如果结晶界面上原子的座位数为 N_0，晶面间距为 a，则单位时间流体原子越过势垒 Δg_f，进入晶格座位的原子数目为

$$N_{L\to S} = N_0 \nu_L \exp\left(-\frac{\Delta g_f}{k_B T}\right) \tag{4-31}$$

式中，ν_L 为流体中的原子振动频率。

离开晶格座位向流体反向跃迁的原子需要跃过的势垒为 $\Delta g_f + \Delta g_m$，单位时间反向跃迁的原子数目为

$$N_{S\to L} = N_0 \nu_S \exp\left(-\frac{\Delta g_f + \Delta g_m}{k_B T}\right) \tag{4-32}$$

式中，ν_S 为晶体中的原子振动频率。

假定 $\nu_L = \nu_S = \nu$，则单位时间净结晶的原子数为

$$N = N_{L\to S} - N_{S\to L} = N_0 \nu \exp\left(-\frac{\Delta g_f}{k_B T}\right)\left[1 - \exp\left(-\frac{\Delta g_m}{k_B T}\right)\right] \tag{4-33}$$

通常在实际晶体生长过程中的生长驱动力较小，即生长温度接近熔点(熔体生长)、实际蒸汽压接近平衡蒸汽压(气相生长)，或实际溶液浓度接近溶解度(溶液生长)，$|\Delta g_m| \ll k_B T$，则 $\exp\left(-\frac{\Delta g_m}{k_B T}\right) \approx 1 - \frac{\Delta g_m}{k_B T}$。从而，式(4-33)可写为

$$N = N_{L\to S} - N_{S\to L} = \frac{N_0 \nu}{k_B T} \Delta g_m \exp\left(-\frac{\Delta g_f}{k_B T}\right) \tag{4-34}$$

粗糙界面上的晶体生长速率 R_r，即结晶界面移动速率，可表示为

$$R_r = \frac{N}{N_0} a \tag{4-35}$$

对于熔体生长，当过冷度较小时，$\Delta g_m = \frac{\Delta h_0}{T_m} \Delta T$，$\Delta T = T - T_m$ 为过冷度，Δh_0 为每个原子的熔化焓，从而得出

$$R_r = B_1 \Delta T \tag{4-36}$$

式中

$$B_1 = \frac{\nu a \Delta h}{k_B T T_m} \exp\left(-\frac{\Delta g}{k_B T}\right) \tag{4-37}$$

4.2.3　结晶界面上的原子扩散

关于台阶生长的动力学，Burton、Cabrera 和 Frank[1]（BCF）通过求解气相生长过程中的原子面扩散方程，得出生长台阶两侧的吸附原子向台阶处扩散的流量为

$$\dot{q}=2\sigma_{\mathrm{v}}n_{\mathrm{S0}}\frac{D_{\mathrm{m}}}{d_{\mathrm{S}}} \tag{4-38}$$

式中，σ_{v} 为过饱和度，对于气相生长过程 $\sigma_{\mathrm{v}}=\frac{\Delta p}{p_0}=\frac{p-p_0}{p_0}$，其中 p 为实际蒸汽压力，p_0 为平衡蒸汽压力；n_{S0} 为平衡条件下吸附原子面密度；D_{m} 为原子面扩散系数；d_{S} 为原子无规则漂移而在给定方向上的迁移距离，根据爱因斯坦方程，$d_{\mathrm{S}}=\sqrt{D_{\mathrm{m}}\tau_{\mathrm{S}}}$，其中 τ_{S} 为界面吸附原子的寿命，与吸附能 W^{S} 及原子在垂直界面方向上的振动频率 $\nu_{\perp}$ 之间满足如下关系：

$$\tau_{\mathrm{S}}=\frac{1}{\nu_{\perp}}\exp\left(\frac{W^{\mathrm{S}}}{k_{\mathrm{B}}T}\right) \tag{4-39}$$

台阶侧向移动的速率则可表示为

$$V_{\infty}=\frac{\dot{q}}{n_0}=2\sigma_{\mathrm{v}}\frac{n_{\mathrm{S0}}}{n_0}\frac{D_{\mathrm{m}}}{d_{\mathrm{S}}} \tag{4-40}$$

式中，n_0 是界面上的原子位置数。

Roland 和 Gilmer[19]（RG）结合分子束外延技术（MBE），进行了更详细的讨论。以下以 RG 的方法为基础，对台阶生长动力学原理作一简单介绍。该分析方法虽然是以 MBE 为对象的，但也适合于气相生长、熔体生长和溶液生长。

假定结晶界面为一低指数晶面的邻位面，界面由相距为 l 的台阶构成，并且台阶为直线。在存在一定生长驱动力的条件下，流体中的原子在台阶表面浓度将大于其平衡浓度，发生过饱和。假定其过饱和度为 σ_{v}，过饱和的原子将通过两个途径向平衡转变：其一是脱离晶体表面，进入流体；其二是向台阶扩散，导致台阶运动，实现晶体生长。界面原子沿界面扩散过程受到晶体表面周期势场的约束，该周期势场的变化如图 4-16 所示[19]。在平面上运动的势垒高度为 g_{T}。在台阶附近，势场将发生变化，从台阶的上面进入势场需要越过一个更高的势垒 g_{u}^{+}。当原子扩散进入台阶时势能突然下降（比其在平面界面上的稳定位置低 g_{S}），进入更稳定的位置。设 F 为流体原子在平面界面上沉积的通量，其单位为 $\mathrm{cm^{-2}\cdot s^{-1}}$，则界面扩散方程可表示为

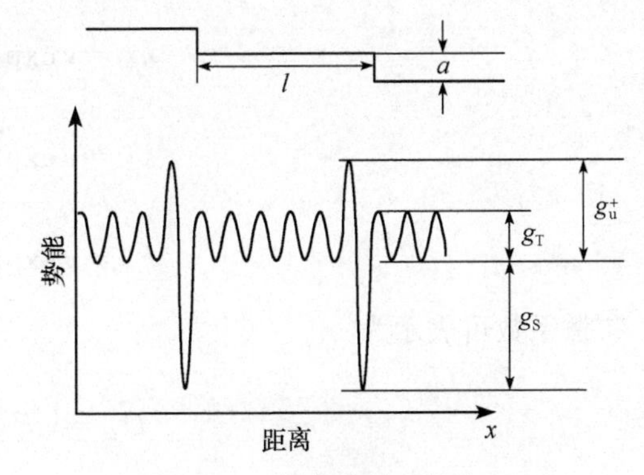

图 4-16　低指数晶面邻位面原子扩散的势能场[19]

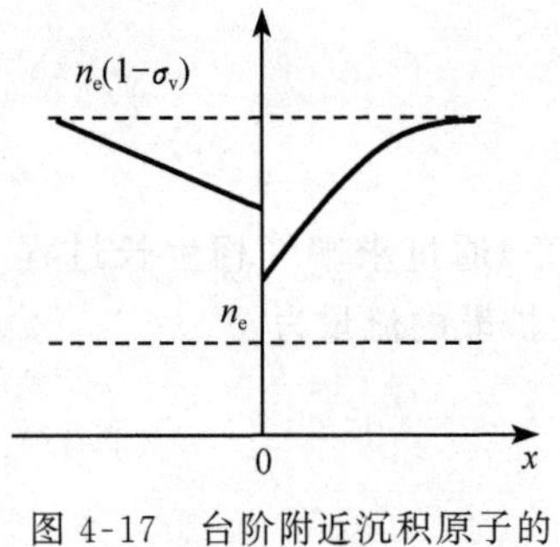

图 4-17　台阶附近沉积原子的浓度分布[19]

$$D_m \frac{d^2 n}{dx^2} + V_\infty \frac{dn}{dx} - \frac{n}{\tau} + F = 0 \tag{4-41}$$

式中，V_∞ 为台阶沿结晶界面的移动速率；τ 为在有限平面上沉积原子的寿命。

台阶附近的浓度场如图 4-17 所示[19]，其中 n_e 为沉积原子的平衡浓度，定义 F_e 为平衡条件下的沉积通量，则

$$n_e = \tau F_e \tag{4-42}$$

而对于过饱和的界面

$$F = F_e(1+\sigma_v) \tag{4-43}$$

式中，σ_v 为过饱和度。从而式(4-41)可表示为

$$D_m \frac{d^2 n}{dx^2} + V_\infty \frac{dn}{dx} - F_e \frac{n}{n_e} + F_e(1+\sigma_v) = 0 \tag{4-44}$$

该扩散方程的边界条件可表示为

$$-D_m \frac{dn}{dx}\bigg|_{0^-} = a\left[k_u^+ n(0^-) - k_u^- n_S\right] \tag{4-45a}$$

$$-D_m \frac{dn}{dx}\bigg|_{0^+} = a\left[k_l^+ n(0^+) - k_l^- n_S\right] \tag{4-45b}$$

式中，a 为原子层间距；k_u^+ 和 k_l^+ 分别为台阶上平面和台阶下平面原子沉积速率；k_u^- 和 k_l^- 分别为台阶处的原子逃逸到上平面和下平面的速率；n_S 为台阶线上的原子密度，可通过分析原子沿台阶的线扩散确定。

$$k_l^+ = \nu \exp\left(-\frac{g_T}{k_B T}\right) \tag{4-46a}$$

$$k_u^+ = \nu \exp\left(-\frac{g_u^+}{k_B T}\right) \tag{4-46b}$$

$$k_l^- = \nu \exp\left(-\frac{g_T + g_S}{k_B T}\right) \tag{4-46c}$$

$$k_u^- = \nu \exp\left(-\frac{g_u^+ + g_S}{k_B T}\right) \tag{4-46d}$$

扩散系数可表示为

$$D_m = \nu a^2 \exp\left(-\frac{g_T}{k_B T}\right) \tag{4-47}$$

台阶速率 V_∞ 还应该满足如下质量守恒条件：

$$n_r V_\infty = \left(D_m \frac{dn}{dx} + V_\infty n\right)\bigg|_{0+}^{0-} \tag{4-48}$$

式中，$n_r = \dfrac{1}{a^2}$ 为原子座位密度。

台阶发生生长的概率 P_g 可表示为

$$P_g = 1 - \frac{(k_l^- + k_u^-) n_S}{k_l^+ n(0^+) + k_u^+ n(0^-)} \tag{4-49}$$

以上述模型为基础，Roland 等[19]通过数值计算得出的台阶生长的概率 P_g 和台阶生长速率随过饱和度 σ_v 变化的关系分别如图 4-18(a)和图 4-18(b)所示。

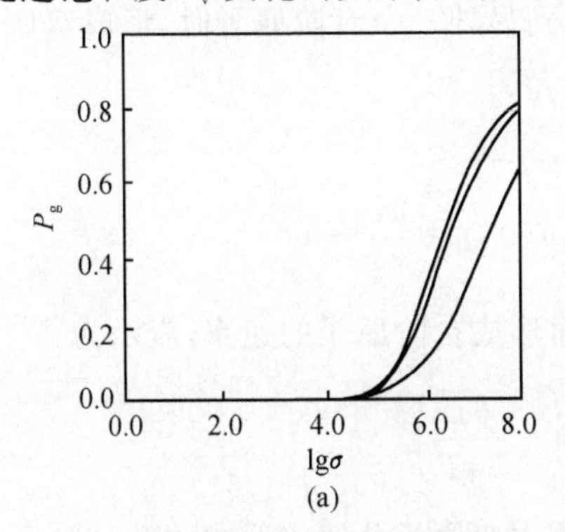

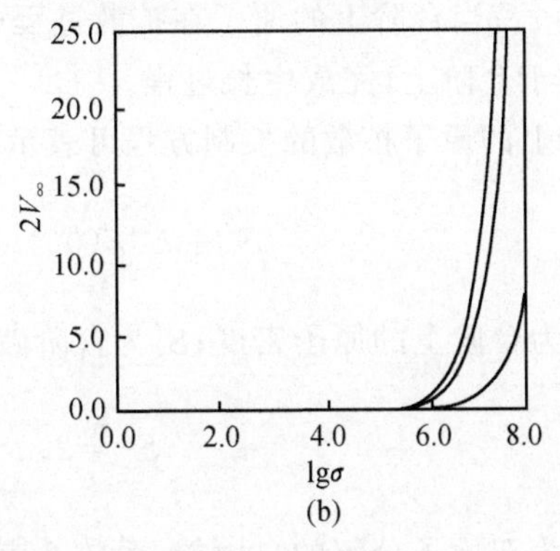

图 4-18　台阶生长概率 P_g(a)和台阶生长速率 V_∞(侧向移动速率)(b)随过饱和度 σ_v 变化的数值计算结果[19]

图中的曲线对应的台阶间距 l 自上而下分别为 10、1、0.1 个原子间距，$g_T = 0.60\text{eV}$，$g_b = 4.0\text{eV}$，$T = 1000\text{K}$

在获得台阶移动速率 V_∞ 后，密排面的生长速率 $V_\perp$ 可通过简单的几何分析得到(见图 4-19)

$$V_\perp = \frac{a}{l} V_\infty \tag{4-50}$$

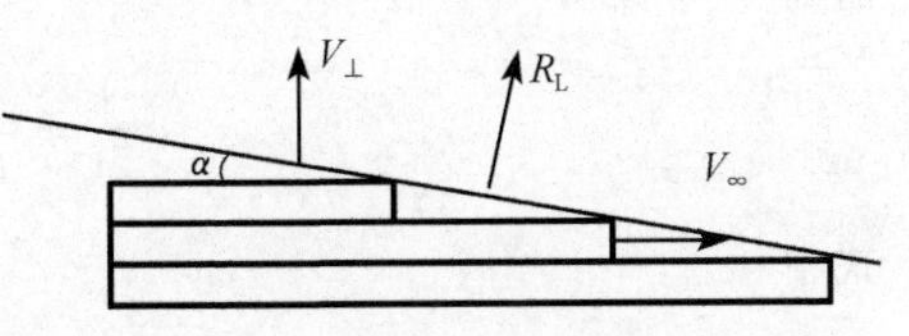

图 4-19　台阶生长过程，生长速率的几何关系

邻位面的生长速率：

$$R_L = \frac{V_\perp}{\cos\alpha} = \frac{\sin\alpha}{\cos^2\alpha} V_\infty$$

$$= V_\infty \frac{a}{l} \sqrt{1 + \left(\frac{a}{l}\right)^2} \tag{4-51}$$

对于气相生长过程，V_∞ 由式(4-40)给出，或更精确地通过上述 RG 方法获得。

对于溶液生长和熔体生长，界面上沉积的原子定向迁移量很小，生长过程主要通过体扩散进行。Chernov 等[20,21]通过分析原子的体扩散过程，分别推导出相应的台阶移动速率。

对于熔体生长过程：

$$V_\infty = \frac{3D\Delta h_0}{a k_B T^2} \Delta T \tag{4-52}$$

对于溶液生长过程：

$$V_\infty = \frac{\pi\beta x_0 \dfrac{a}{n_0}}{1 + \dfrac{\pi\beta a\delta}{2Dd_S} \ln \dfrac{2d_S}{\pi a}} \sigma_S \tag{4-53}$$

以上两式中，D 为体扩散系数；Δh_0 为每个原子的熔化焓，a 为原子层间距；x_0 为溶解度(平衡浓度)；σ_S 为溶液中的过饱和度；β 为台阶与溶液的交换系数；δ 为扩散边界层的厚度。

原子沿着台阶线扩散的分析可先作如下假设，台阶为相互平行的直线，并且不存在扭折；原子在沿着生长台阶线扩散的过程中可再次跃迁，回到生长平面，原子在台阶处的平均寿命为 τ_S；当台阶上的原子在扩散过程中遇到另外一个台阶原子时，形成双原子，并稳定地存在于台阶上，完成生长过程。

台阶上的原子扩散的控制方程可表示为

$$S' + k_l^+ n(0^+) + k_u^+ n(0^-) - \frac{n_S}{\tau_S} = 0 \tag{4-54}$$

式中，n_S 为台阶上的原子密度；S'为台阶破损而形成台阶原子的速率，表示为

$$S' = 2\nu a^2 \exp\left(-\frac{g_b}{k_B T}\right) \tag{4-55}$$

其中，g_b 为双原子分解的自由能；系数 2 表示每次双原子分解将形成两个台阶原子，其余与面扩散分析过程的参数相同。

Roland 等[19]分析了台阶上原子的扩散和再次返回到平面的概率，得出台阶原子的寿命为

$$\tau_S = \frac{b}{2}[1-(1-4c)^{\frac{1}{2}}] \tag{4-56}$$

式中

$$c = \frac{1}{[(k_l^- + k_u^-)b]^2} \tag{4-57}$$

$$b = \frac{2(k_l^- + k_u^- + D_S a^2 P_S^2 n_S^2)}{(k_l^- + k_u^-)^2} \tag{4-58}$$

式中，D_S 为原子沿台阶扩散的扩散系数；P_S 为每次两个台阶原子相遇时发生结合的概率；n_S 为沉积台阶线沉积原子密度。

当 c 较小时，τ_S 变为

$$\tau_S \approx \frac{1}{k_l^- + k_u^- + D_S a^2 P_S^2 n_S^2} \tag{4-59}$$

根据式(4-54)、式(4-56)或式(4-59)则可确定出的 n_S。

4.2.4 结晶界面上原子的二维形核

当结晶界面存在较大的生长驱动力时，可通过形核方式在密排的低指数晶面上形成图 4-14(b)所示的半径为 r 的二维晶核。该晶核形成过程引起自由能的变化为

$$\Delta g = \pi r^2 a \Delta g_m + 2\pi r a \sigma \tag{4-60}$$

式中，Δg_m 为结晶的体积自由能；σ 为界面能；a 为二维晶核的台阶高度，等于生长方向上

的原子层间距。

式(4-60)中，右侧的第一项为形成该二维晶核时的体积自由能变化，发生结晶的基本条件是 $\Delta g_m < 0$；第二项是界面能的变化，在形成二维晶核时净增加的界面面积只是二维晶核台阶的侧面部分。仅当自由能的变化小于 0 时二维晶核才能稳定存在。因此，Δg 对 r 求导并由 $\partial \Delta g / \partial r = 0$ 可得出临界晶核的半径 r^* 和临界形核自由能 Δg^* 分别为

$$r^* = -\frac{\sigma}{\Delta g_m} \tag{4-61}$$

$$\Delta g^* = -\frac{\pi\sigma^2}{\Delta g_m} \tag{4-62}$$

而形核率则可表示为

$$I_n = I_0 \exp\left(-\frac{\Delta g^*}{k_B T}\right) = I_0 \exp\left(\frac{\pi\sigma^2}{k_B T \Delta g_m}\right) \tag{4-63}$$

假定 S 为形核表面的面积，则连续两次形核的时间间隔可表示为

$$\tau_n \approx \frac{1}{I_n S} \tag{4-64}$$

二维晶核的形成，为原子的沉积提供了生长台阶，连续不断地形核可以保持结晶按照台阶生长的方式持续生长。

假定二维晶核形成后的台阶移动速率足够大，形核是生长过程的控制环节，则每通过一个时间间隔 τ_n 就可以生长一个台阶高度 a。因此，形核控制的晶体生长速率 R_n 可表示为

$$R_n = \frac{a}{\tau_n} = aSI_0 \exp\left(\frac{\pi\sigma^2}{k_B T \Delta g_m}\right) \tag{4-65}$$

对于熔体生长，$\Delta g_m = \dfrac{\Delta h_0}{T}\Delta T$；对于溶液生长，$\Delta g_m \approx k_B T \sigma_S$；对于气相生长，$\Delta g_m \approx k_B T \sigma_v$。

如果形核速率很大，当相邻晶核形成的台阶相遇时则发生合并而消失。每一个晶核的寿命仅为

$$\tau_n' = \frac{1}{V_\infty^{\frac{2}{3}} I_n^{\frac{1}{3}}} \tag{4-66}$$

从而其生长速率可表示为

$$R_n \approx a V_\infty^{\frac{2}{3}} I_n^{\frac{1}{3}} \tag{4-67}$$

对应于气相生长、熔体生长和溶液生长，V_∞ 分别由式(4-40)、式(4-52)和式(4-53)给出，而 I_n 则由将式(4-63)确定。

形核率进一步增大，界面上将密布新的结晶核心，生长过程由台阶生长向连续生长转变。

4.2.5　位错生长

当结晶界面上存在与界面垂直的螺形位错时，将会形成生长台阶。台阶在生长晶面上沿着与其垂直的方向移动。假定台阶的移动速率是均匀的，则越靠近位错线处的台阶绕位错中心线转动的角速度就越大，从而按照图 4-20 所示的过程形成螺旋线，并提供源源不断的生长台阶[21]。而当界面上存在一对螺形位错时，也可以按照图 4-21 所示的方式不断提供生长台阶[21]。图 4-22 为 Maiwa 等[22]采用原子力显微镜观察到的 $Ba(NO_3)_2$(111)晶面上的螺形位错生长台阶。Hannon 等[23]也采用低能电子显微镜(LEEM)直接观察到 Si 表面的螺形位错生长形貌。Rimer 等[24]采用原子力显微镜观察到胱氨酸表面的螺形位错生长痕迹。

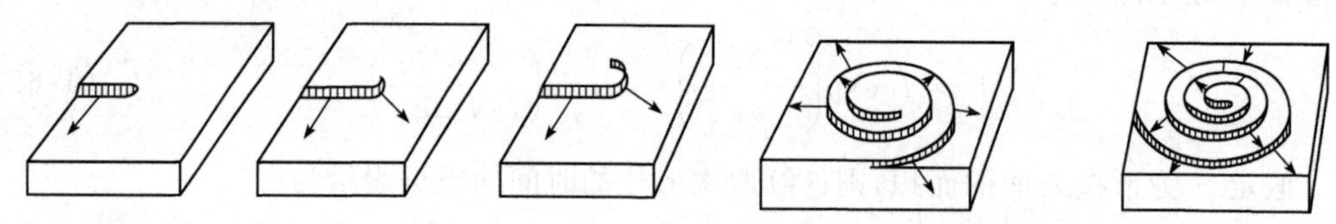

图 4-20　单个螺形位错在结晶界面上形成生长台阶的过程[21]

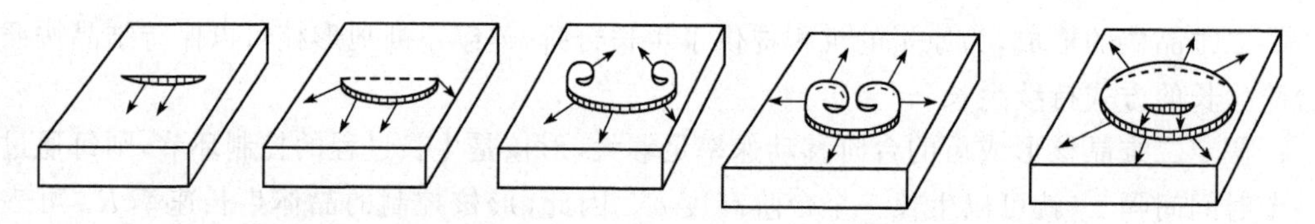

图 4-21　螺形位错对在生长界面上形成生长台阶的过程[21]

图 4-22　Maiwa 等采用原子力显微镜观察到的 $Ba(NO_3)_2$(111)晶面上的螺形位错生长台阶[22]

在极坐标系中，单一螺形位错提供的生长台阶可近似用阿基米德螺旋线表示，即

$$r = 2r_c\theta \tag{4-68}$$

式中，r_c 为螺线核心的半径，根据其稳定性的热力学条件，r_c 应等于式(4-61)给出的临界晶核的半径。由式(4-68)可以确定出台阶间距为 $l' = 4\pi r_c$，则螺形位错的生长速率可表示为

$$R_d = \frac{a}{4\pi r^*} V_\infty \tag{4-69}$$

式中，r^* 由式(4-61)给出；V_∞ 则可分别由式(4-40)、式(4-52)和式(4-53)计算。

在实际晶体生长过程中，经常可看到大量的台阶聚集成“束”，形成宏观的台阶。界面的特性可以用台阶的高度(包含原子层数 N)、台阶的间距(相邻台阶之间的距离 L)以及曲率分布特性描述。而这些参数是由原子沉积动力学和扩散动力学因素决定的，并可采用 Monte Carlo 模拟方法进行预测[25~28]。

4.2.6　化合物晶体生长的界面动力学

基于 BCF(Burton，Cabrera and Frank model)[1]的台阶生长沉积模型，对于表面化合形成化合物晶体的生长过程，Pimpinelli 等[29]提出了可逆界面反应模型 RSR(reversible surface reaction)。该模型以 AB 型化合物为例，通过邻位面的台阶生长。相邻台阶间距为 l，台阶高度为 a。假定 A 原子是存在于生长表面上的相对稳定的原子，B 原子是可逆的，在表面上沉积并沿表面扩散，在其扩散过程中可能与 A 原子相遇并化合，形成稳定的晶体原子，也可能再次脱附，返回流体相。在生长界面，沉积的 B 原子扩散到 A 原子位置并化合形成 AB 的速率为 $v_{B\to A}$，而其逆反应速率为 $v_{A\to B}$，则生长速率可以表示为

$$R_{B\leftrightarrow A} = v_{B\to A} x_A^0 \Delta\mu_A - v_{A\to B} x_B^0 \Delta\mu_B \tag{4-70}$$

式中，x_A^0 和 x_B^0 分别为生长界面上 A 和 B 原子的平衡浓度，对应于生长台阶附近的浓度；$\Delta\mu_A$ 和 $\Delta\mu_B$ 分别为 A 和 B 原子的气相化学位与生长表面化学位的差值，根据 BCF 模型表示为[1]

$$\Delta\mu_A = \mu_A^G - \mu_A^S(x,\tau) \tag{4-71a}$$

$$\Delta\mu_B = \mu_B^G - \mu_B^S(x,\tau) \tag{4-71b}$$

其中，μ_A^G 和 μ_B^G 为 A 原子和 B 原子在气相中的实际化学位；$\mu_A^S(x,\tau)$ 和 $\mu_B^S(x,\tau)$ 分别为生长表面上随位置和时间变化的实际化学位。

B 原子在表面上吸附的速率 R_B 为

$$R_B = -v_B x_B \Delta\mu_B \tag{4-72}$$

从而根据 BCF 模型[1]获得以下以化学位表示的扩散方程：

$$D_{Ai} x_A \nabla^2(\Delta\mu_A) - R_{B\leftrightarrow A} = 0 \tag{4-73a}$$

$$D_{Bi} x_B \nabla^2(\Delta\mu_B) + R_{B\leftrightarrow A} + R_B = 0 \tag{4-73b}$$

式中，D_{Ai} 和 D_{Bi} 分别为 A 和 B 原子的界面扩散系数。

式(4-71a)和式(4-71b)所示的化学位与表面成分的关系为

$$\Delta\mu_A = \frac{k_B T(x_A^\infty - x_A)}{x_A^0} \tag{4-74a}$$

$$\Delta\mu_B = \frac{k_B T(x_B^\infty - x_B)}{x_B^0} \tag{4-74b}$$

式中，x_A^∞ 和 x_B^∞ 为远离生长台阶处的界面成分。

将式(4-70)、式(4-74a)及式(4-74b)代入式(4-73)并求解，可以获得表面原子浓度分布，并进而确定出表面原子向台阶沉积的扩散流及台阶生长速率 V_{step}，并根据 $R_G = V_{step}/l$ 的几何关系确定出晶体生长速率 R_G 为

$$R_G = (1-\alpha)(\Phi_B - \Phi_B^{eq})\Theta_V^\infty \tag{4-75}$$

式(4-75)的求解过程引入了如下 BCF 模型[1]定义的关系式：

$$x_B^{\infty} = \Phi_B \tau_B \Theta_V^{\infty} \tag{4-76}$$

$$\Theta_V^{\infty} = 1 - a^2 x_A^{\infty} - a^2 x_B^{\infty} \tag{4-77}$$

式中，表面原子寿命

$$\tau_B = \frac{1}{v_B} \tag{4-78}$$

以上各式中的 a 为原子层间距；α 和 Φ_B 分别为

$$\alpha = \frac{v_B}{v_{B\to A} + v_B} \tag{4-79}$$

$$\Phi_B = \frac{p_B}{\sqrt{2\pi m_B k_B T}} \tag{4-80}$$

m_B 是 B 原子的质量；Φ_B^{eq} 是平衡条件下的 Φ_B 值。

式(4-75)中的 α 值反映了吸附原子脱附速率和化合形成晶体速率的相对值，随着 α 值的增大，即吸附原子脱附的速率相对于化合速率变大，晶体生长速率迅速下降。而化合速率 $v_{B\to A}$ 增大将使 α 减小、生长速率 R_G 增大。Θ_V^{∞} 反映了远离生长台阶的界面上原子的密度，随着 Θ_B^{∞} 增大，表面原子倾向于向生长台阶的沉积，而不是分布在表面上，从而使生长速率提高。Φ_B 值反映了气相中的 B 原子的蒸汽压大小，$\Phi_B - \Phi_B^{eq}$ 差值则反映了过饱和蒸汽压的大小，随着过饱和蒸汽压的增大，生长速率增大。

可以看出，RSR 模型虽然可以解释化合物晶体生长过程主要参数的影响，但对元素 A 的扩散与气化行为的简化缺乏依据。

4.2.7 基于实验结果的结晶界面动力学过程分析

近年来，非传统的晶体生长机制引起人们的高度关注。这主要得益于实验技术的进步和学科交叉融合。在试验技术方面，高分辨电子显微镜(HRTEM)、低温透射电子显微镜、原子力显微镜(AFM)原位观察等高分辨原位观察技术的发展使得人们有可能对晶体生长的实际过程进行原位观察；同时，在对生物、矿物、离子化合物晶体的结晶，蛋白质晶体的结晶，胶体的组装及纳米晶的合成等的研究中，对微观的结晶过程积累了越来越多的实验结果信息。上述进步使得人们试图用传统的形核生长模型(特别是单原子(分子)沉积生长模型)解释所有生长过程的思路受到挑战，开拓了晶体生长研究的新思路。液相中的原子团簇的存在及其对晶体生长过程的影响越来越受到人们的关注。

早在 2000 年，Banpeld 等[30]就采用高分辨电镜观察到了天然生物矿化氢氧化铁中纳米颗粒组装生长特性。新的生长机制基于试验观察，可描述真实的晶体生长过程，包括取向黏附机制(oriented attachment，或 OA 机制)和颗粒黏附生长机制(crystallization by particle attachment，或缩写为 CPA 机制)。

Yoreo 等[31]提出，实际晶体生长过程中，除了单原子(或分子)作为生长元素沉积外，还包含着多原子的沉积、固相颗粒的黏附、准晶团簇的沉积和非晶颗粒的沉积，如图 4-23[31]所示。多原子的沉积、固相颗粒的黏附、准晶团簇的沉积和非晶颗粒的沉积晶体生长可能的途径如图 4-24 所示[31]。

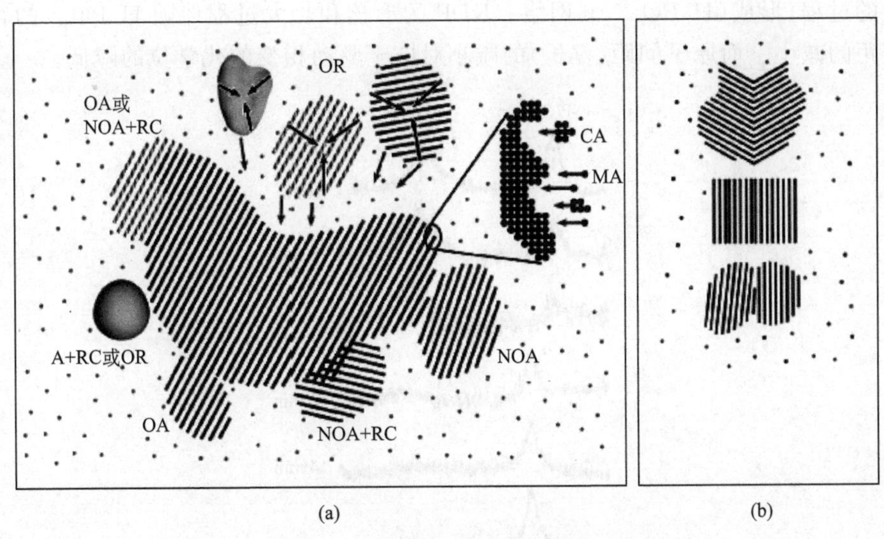

图 4-23　晶体生长的微观机制[31]

OA 表示取向黏附机制，OR 表示 Ostwald 熟化，MA 表示单分子沉积，CA 表示团簇黏附，NOA 表示非取向黏附，RC 表示再结晶。图中实心的块体表示非晶体团簇；实线区表示充分发展的晶体；虚线区表示有序度低的“准晶体”

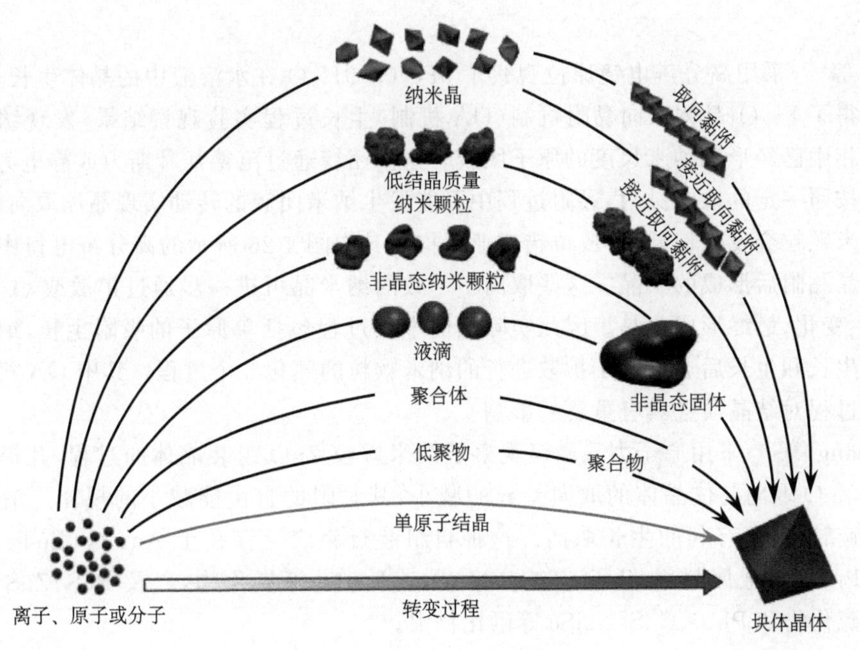

图 4-24　实际晶体生长的可能方式[31]

Sun 和 Xue[32]分析了水溶液中 KDP(KH_2PO_4)晶体的结晶过程。将 KDP 水溶液滴在玻璃衬底上，再用激光照射激发 KDP 晶体的结晶，同时进行原位拉曼光谱测试。图 4-25所示的拉曼光谱显示，在溶液中首先发生了由 v_s-PO_2 和 v_s-$P(OH)_2$ 键向 v_3-PO_4

键转变的过程，形成($H_2PO_4^-$)n 网络。KDP 的形核和长大过程伴随 $H_2PO_4^-$ 的转动和原子间距的减小。而原子间距(键长)的减小对应于驱动相变的化学位的降低。

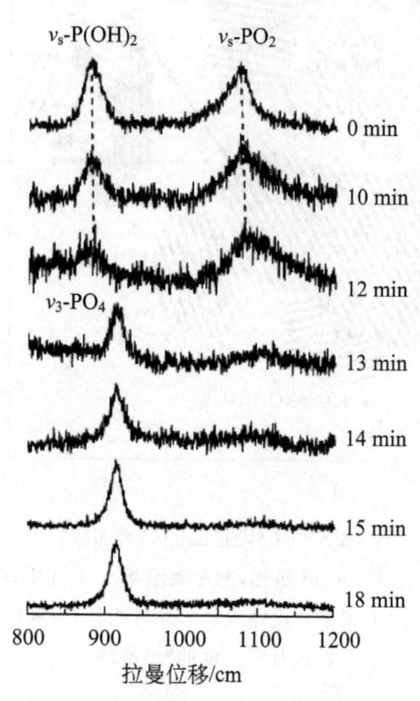

图 4-25　KDP 在水溶液中结晶过程拉曼谱的演变[32]

Li 等[33]采用高分辨电镜原位观察了 $5Fe_2O_3$-$9H_2O$ 在水溶液中的晶体生长过程，直观地获得了 Fe_2O_3 晶体取向黏附机制(OA 机制)生长过程实验观察结果，发现结晶界面前的液相中已经形成纳米尺度的原子团簇。这些团簇通过范德瓦耳斯力或静电力在结晶界面上按照一定的取向黏附，黏附过程中可能发生纳米团簇的转动实现晶体取向的匹配。某些纳米颗粒会发生偏差，形成位错或亚结构。其中图 4-26 所示的高分辨电镜中可以看到纳米晶黏附后形成的孪晶。这些取向不一致的纳米晶可进一步通过扩散或 Oswald 熟化，发生变化，最终形成单晶。因此实际晶体生长过程包括单原子的吸附生长，纳米团簇的黏附生长和生长后通过原子扩散进行的纳米颗粒的熟化 3 个过程。其中 OA 机制生长和熟化过程对结晶质量具有重要的影响。

Zhang 等[34]采用原子力显微镜观察了纳米颗粒 ZnO 组装晶体的过程，并提出了随着纳米 ZnO 取向与体晶体的取向差异的减小，其黏附的自由能减小的规律。纳米 ZnO 可通过旋转，获得有利的生长取向。这种自组装行为广泛存在于 Au、Ag、ZnTe、Pt-Ni、Pt-Cu、Pt-Fe 等金属材料，ZnO、TiO_2、MnO、α-Fe_2O_3 等氧化物，以及 PbS、ZnS、Ag_2S、CdS 等硫化物和 PbSe、CdSe、NiSe 等硒化物中。

Jiang 等[35]通过采用原子力显微镜原位观察，并结合电喷离子质谱进行键合特性分析，提出了图 4-27 所示的预原子团簇(prenucleation clusters，PNCs)的气相沉积生长模型。

Monte Carlo 方法已被应用于团簇沉积过程的描述[36]。对于复杂分子结构的晶体，其结晶过程可能包含着多步的化学键形成过程，并会出现多种原子团簇，如多金属中的团

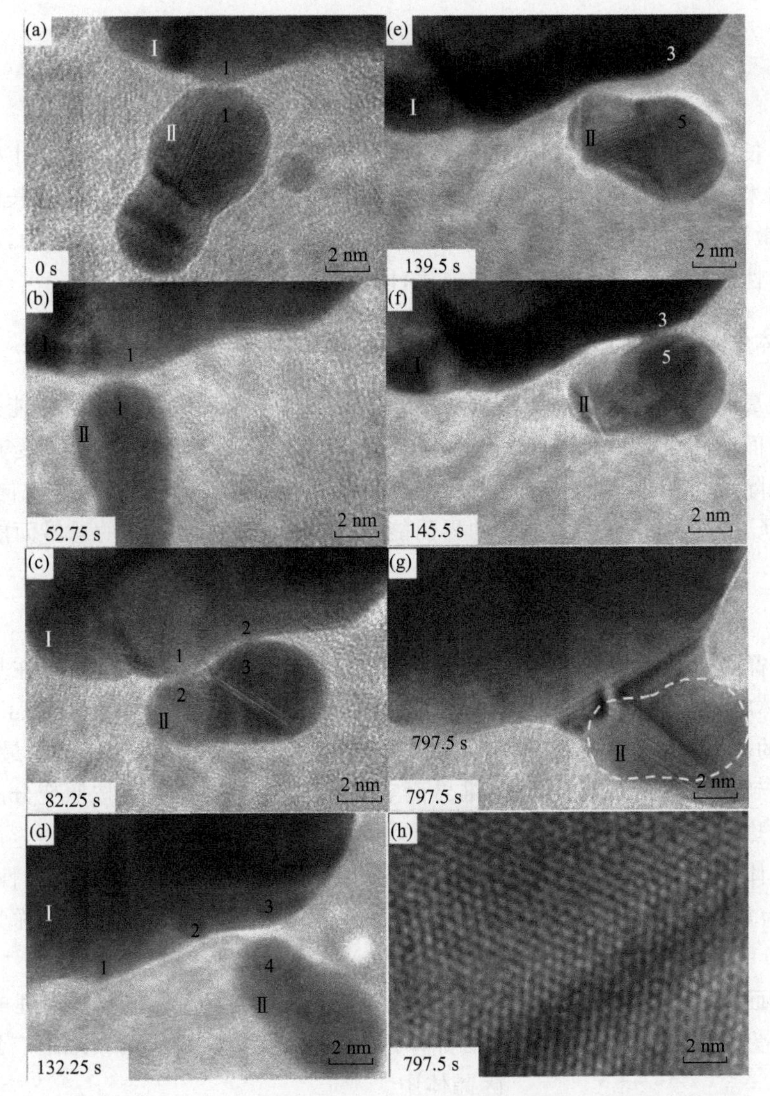

图 4-26　$5Fe_2O_3$-$9H_2O$ 晶体生长过程中纳米颗粒 OA 生长[33]

图中左下角的数字为演变时间(单位:s),Ⅰ和Ⅱ是两个晶粒的编号;1、2、3、4、5 为晶粒的固定部位,可以反映出晶粒的转动和移动的情况;图(h)中可以看到 OA 生长形成的孪晶

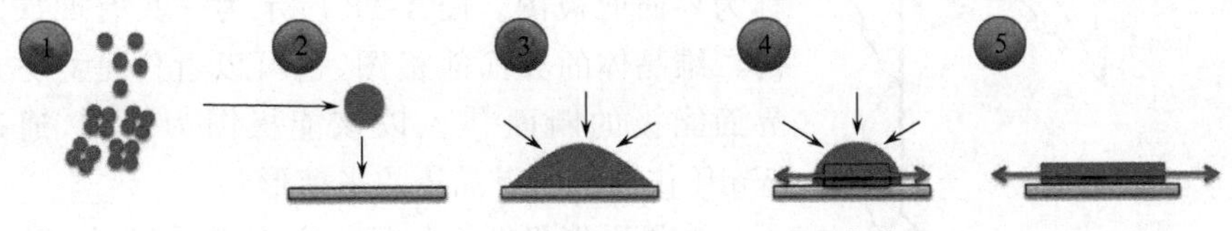

图 4-27　多步晶体生长方式示意图[35]

簇[37]。这些团簇在沉积过程的扩散和转动速率远小于单个原子。因此在实际生长过程中,生长形貌和结构随生长条件和驱动力的变化出现多样性,并可能偏离平衡态。

4.3 晶体生长的本征形态

晶体生长形态是指结晶界面在三维空间中的几何形态，包括与晶体尺寸相当的宏观形态和微纳米尺度的微观形态。晶体的宏观形态在很大程度上是由晶体生长的环境条件决定的，而微观形态则主要取决于材料的内禀特性。前者将在第5章中讨论，本节重点分析材料本身性质对其生长形态的影响规律，即晶体生长的本征形态。

4.3.1 晶体生长形态的热力学分析

自由能最小原理是控制晶体生长形态的基本热力学条件。晶体的自由能是由其体积自由能和界面能两个部分构成的。体积自由能只与晶体的体积相关而不受其形状的影响。界面能除了与晶体本身的特性和环境相的特性有关外，还与其晶体学取向相关，假定 σ_n 为法线为 n 的界面微分单元 dA 的界面能，则给定体积 V 的晶体的总界面能可表示为

$$\sigma_\Sigma = \oiint_A \sigma_n \mathrm{d}A \tag{4-81}$$

在讨论晶体本征形态时的自由能最小则等效于界面能最小，也就是说在热力学平衡状态下，晶体将调整自己的形状以使其本身的总界面能降低至最小，此即 Wulff 定理[21]。因此，晶体的本征形态可通过在给定体积 V 的约束条件下求解式(4-81)的最小值获得。只要能够找到晶体的界面能 σ_n 在三维界面空间分布的表达式，则可按照变分法的数学原理获得晶体热力学平衡条件下的本征形态。

假定晶体的界面能在各个方向上的各向异性不明显，可近似按照各向同性条件处理，即 $\sigma_n \approx \sigma_0$ 为常数。则对于给定的体积 V，球形晶体具有最小的界面能 σ_Σ，称为晶体的本征形态。

随着界面能各向异性的增大，晶体的形态将变得更加复杂。Wulff 定理的应用可采用作图法。为了讨论方便，以下用二维晶体进行分析，其结论可以简单地推广到三维的实际晶体中。

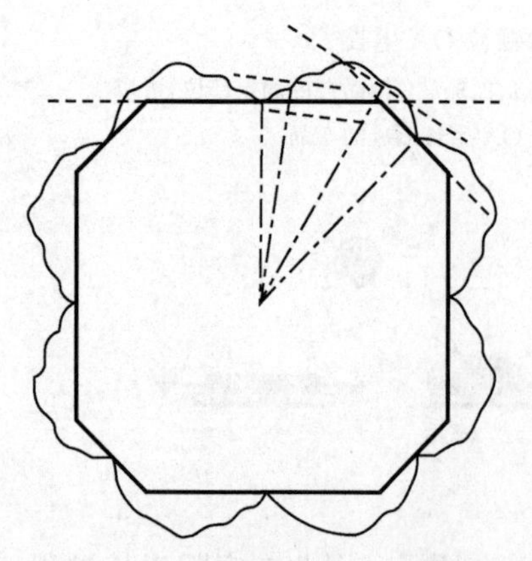

图 4-28 四次对称性的二维晶体的界面能极图及其晶体的平衡形状[21]

从原点 O 出发，做出不同取向晶面的法线，其法线的长度正比于该晶面的界面能大小，这些法线端点的连线反映了不同晶面的界面能各向异性特征，该图则称为界面能极图。图 4-28 所示为一具有四次对称性的二维晶体的界面能极图，也可以看作是立方对称的界面能极的断面[21]。以该能极图为基础，通过以下 Wulff 作图法获得晶体的平衡形状。

在界面能极图上的每一点作出垂直于该点矢径的平面，这些平面所包围的最小体积，即图中的实线所表示的体积，就相似于晶体的平衡形状。也就是说，晶体的平衡形状相似于能极图中最小的内接多面体。可以看出，晶体的形状是由一些界面能较小的晶面构成，并

且界面能越小，该晶面距离其几何中心的距离就越短。设 h_i 为界面能为 σ_i 的晶面与几何中心的距离，则满足

$$\frac{\sigma_1}{h_1}=\frac{\sigma_2}{h_2}=\cdots=\frac{\sigma_i}{h_i}=\cdots=\frac{\sigma_n}{h_n} \tag{4-82}$$

晶体的平衡形状仅在热力学平衡条件下才能获得。实际晶体生长过程中，生长驱动力较小的均衡环境介质中的晶体生长形态将与其平衡形状接近。生长驱动力的存在及非均衡的环境介质是影响晶体生长形态的两个重要的动力学因素。

晶体的尺寸越小，越容易获得均衡的生长环境，晶体的生长形态与其平衡形状也就越接近。随着晶体尺寸的增大，控制晶体生长的外场环境将变得不对称，晶体生长的内禀特性被外场环境抑制，晶体的形状随之发生变化。

此外，实际晶体生长过程是动态的，或大或小存在着生长的驱动力。因此，从生长动力学的角度可以更合理地进行晶体生长形态的描述。

4.3.2　晶体生长形态的动力学描述

从生长动力学的角度分析，人们通常认为晶体生长形态是由生长速率的各向异性决定的。晶体生长速率越大的取向，在晶体形状中显示的机会就越小，并最终在晶体的平衡形状中消失。晶体的形状最终是由生长速率小的晶面围成的。

基于上述思想，已建立了多种晶体生长形态的理论模型，以下介绍几种主要的晶体生长形态的动力学理论模型，并结合典型实例，对晶体生长形态研究中的分析方法加以说明。

1. BFDH 模型

BFDH(Bravais-Friedel-Donnay-Harker)模型是分析晶体本征形态较早的理论模型，最早由 Bravais 和 Friedel 提出，Donnay 和 Harker[38] 对其进行了完善和发展。该模型认为，在晶体中任意给定晶面(hkl)的生长速度(在其垂直方向上的移动速率)R_{hkl} 与该晶面的原子层间距 d_{hkl} 成反比，即

$$R_{hkl}\propto\frac{1}{d_{hkl}} \tag{4-83}$$

因此，晶面的原子层间距越大，该晶面的生长速率就越小，从而其在决定生长晶体形态时的形态重要性(MI)就越大。给定晶面(hkl)的 MI 定义为该晶面在晶体表面显露的相对面积。晶面的 MI 越大，该晶面在晶体表面所占的面积就越大。然而，由式(4-83)定义的生长速率并不是连续变化的，而是受晶体的几何学因素约束的，在各向异性较明显的晶体中，只有某些特殊取向的晶面才会显露。同时，也会出现显露晶面不完全符合 BFDH 模型的情况。

图 4-29 所示为一设想晶体的截面[39]，给定晶面(hkl)的形态 MI 可用晶面的截面尺寸 l_{hkl} 表示，l_{hkl} 越大，表示该晶面的 MI 越大。通过几何学的分析得出

$$l_{hkl}=\frac{R_{h_1k_1l_1}\sin\gamma+R_{h_2k_2l_2}\sin\alpha-R_{hkl}\sin(\alpha+\gamma)}{\sin\alpha\sin\gamma}\tau \tag{4-84}$$

式中，τ 为时间；$(h_1k_1l_1)$ 和 $(h_2k_2l_2)$ 为与其相邻晶面的晶面指数。

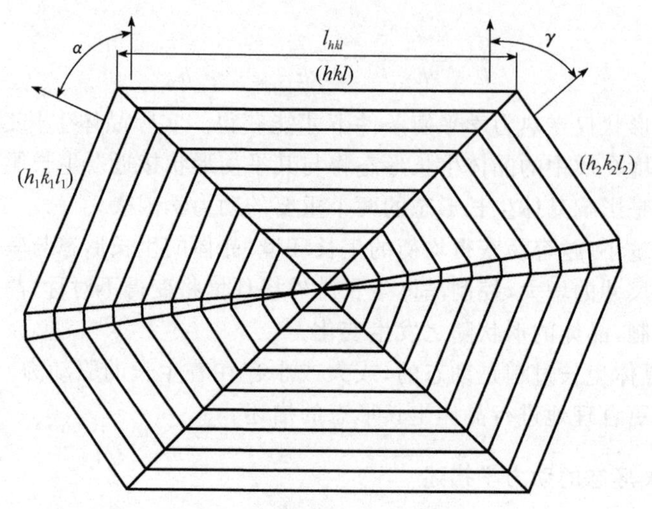

图 4-29　假想的某晶体截面图[39]

将式(4-83)代入式(4-84)得出

$$l_{hkl}=\frac{\frac{1}{d_{h_1k_1l_1}}\sin\gamma+\frac{1}{d_{h_2k_2l_2}}\sin\alpha-\frac{1}{d_{hkl}}\sin(\alpha+\gamma)}{\sin\alpha\sin\gamma}\tau \tag{4-85}$$

由 $\frac{\mathrm{d}l_{hkl}}{\mathrm{d}\tau}=0$ 可以得出一个临界晶面间距 d_{hkl}^{crit}：

$$d_{hkl}^{\mathrm{crit}}=\frac{\sin(\alpha+\gamma)}{\frac{\sin\gamma}{d_{h_1k_1l_1}}+\frac{\sin\alpha}{d_{h_2k_2l_2}}} \tag{4-86}$$

同时得到

$$\frac{d_{hkl}}{d_{hkl}^{\mathrm{crit}}}=\frac{\frac{d_{hkl}}{d_{h_1k_1l_1}}\sin\gamma+\frac{d_{hkl}}{d_{h_2k_2l_2}}\sin\alpha}{\sin(\alpha+\gamma)} \tag{4-87}$$

当 $\frac{d_{hkl}}{d_{hkl}^{\mathrm{crit}}}>1$ 时，对应的晶面将显露并发展；当 $\frac{d_{hkl}}{d_{hkl}^{\mathrm{crit}}}\leqslant 1$ 时，对应的晶面将不显露，即不会出现在晶体的表面。

基于 BFDH 模型，Prywer[39] 推算出的 $C_9H_{10}Cl_2N_2O$ 晶体形状如图 4-30 所示。

通常晶面的面间距 d_{hkl} 越大，该晶面的界面能就越小，因此 BFDH 模型判断的晶体生长形态与按照 Wulff 定律判断的结果是基本一致的。Philippot 等[40] 以 Wulff 极图为基础，以 $1/d_{hkl}$ 为长度作线段，用线段末端垂直线围成的形状预测晶体的实际生长形态，

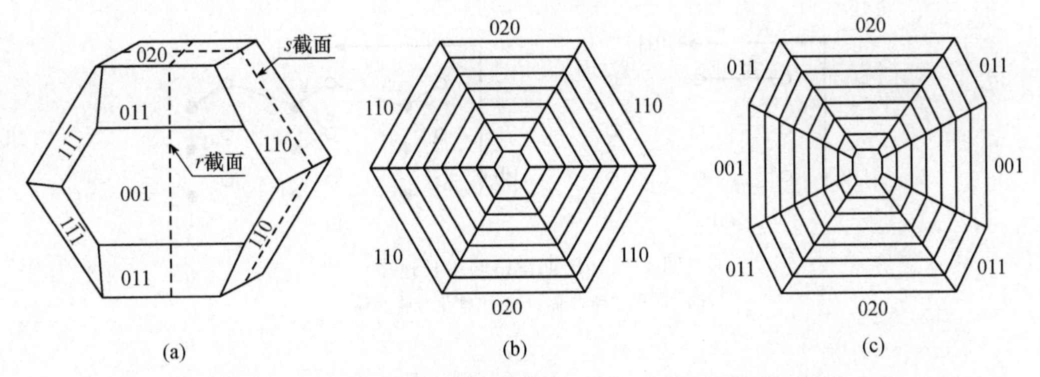

图 4-30　采用 BFDH 模型推算出的 $C_9H_{10}Cl_2N_2O$ 晶体形状[39]

(a) 空间形态;(b) s 截面;(c) r 截面。图中的数字对应于各晶面的晶面指数

其结果非常接近实验获得的晶体形状。特别对于石英晶体,预测结果与实验结果基本一致。

2. 周期键链(PBCs)理论

周期键链理论是 Hartman 和 Perdok[41,42]于 20 世纪 50 年代基于结晶化学的理论提出的根据晶体生长过程的成键特性推测晶体生长形态的方法。该方法的基本出发点是,晶体在不同结晶取向上形成的结合键的类型和强度的差异将导致其形成结合键所需要的时间不同,从而引起生长速率的差异。形成一个结合键所需要的时间随键合能的增大而减少。因而在特定方向上成键的键合能越大,该方向上的生长速率就越大。由于生长过程中,快面将被淹没,慢面显露,最终使得键合能大的晶面消失,晶体的形态将由键合能小的晶面构成。

为了讨论方便,采用图 4-31 所示的二维晶体生长过程分析。图 4-31(a)为一由(01)和(10)面为边界的简单二维晶体。晶体沿[10]和[01]方向成键的键合能分别为 ε_a 和 ε_b,如果 $\varepsilon_a > \varepsilon_b$,则在[10]方向上的生长速率大于[01]方向的生长速率,晶体将沿[10]方向拉长。

如果晶胞中存在两个构造单元 A 和 B,同一晶向上可能包含几种键,如图 4-31(b)中的[01]方向存在 b′和 b″两种键,且这两种键是串联的,其键合能分别为 $\varepsilon_{b'}$ 和 $\varepsilon_{b''}$。在[10]方向也存在两种键 b′和 a,其键合能分别为 $\varepsilon_{b'}$ 和 ε_a。如果 b″为弱键,b′为强键,则 $\varepsilon_{b''} < \varepsilon_{b'}$。虽然 b′键很容易形成,但 b″键形成较慢,成为限制环节。因此在[01]方向上的生长速率实际上是由 b″键控制的。如果 $\varepsilon_{b'} < \varepsilon_a$,则在[01]方向上的生长速率仍将小于[10]方向,晶体沿[10]方向拉长。

通过以上分析可以得出,晶体沿强键方向上的生长较快,但这些强键必须构成“不间断的键链”。如果一键链中包含不同类型的键时,则该键链中最弱的键决定着该方向上的生长速率。重要的晶带方向平行于只含强键的键链方向。

值得指出的是,这些键必须是在晶体生长过程中形成的“新键”,在分子晶体中,生长前就已经存在的键在周期键链理论中将不予考虑。

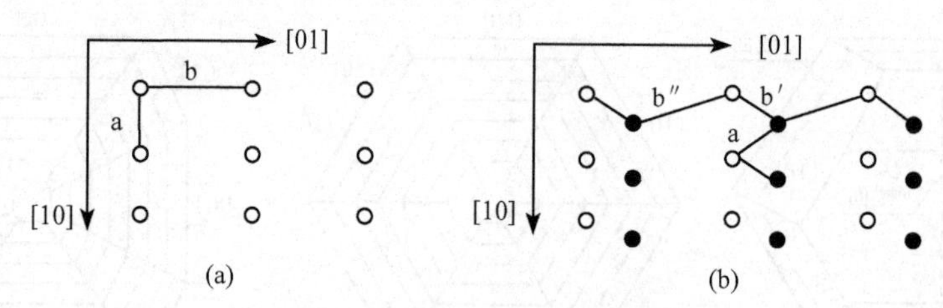

图 4-31　周期键链与生长速率

(a) 简单二维晶体；(b) 二维化合物晶体

在三维空间中，任意给定方向上生长的实际上是一个原子(分子)层，称为“F 层片”[43]，该层的厚度与原子(分子)层间距 d_{hkl} 相等。晶体沿特定方向的生长过程实际上就是“F 层片”连续堆积的过程。

以下以 Pfefer 和 Boistelle[44] 对己二酸($C_4H_8(COOH)_2$)晶体分析为例，说明周期键链理论在晶体生长形态分析中的应用。己二酸属于单斜晶系，其晶胞参数为 $a=10.01$Å，$b=5.15$Å，$c=10.06$Å，$\beta=136.75°$，如图 4-32 所示。与上述“F 层片”平行的晶面称为 F 面。晶体的表面是由 F 面构成的。图 4-32 中不同 F 面的键合能列于表 4-2 中。表中的键合能是采用 BIOSYM 软件计算获得的。可以看出，键合能最强的取向是[100]方向，其他周期键链键合能较强的方向还包括[011]、[010]和[211]方向。[110]、[001]和[21$\bar{1}$]方向的键能很弱，在讨论晶体的理论形态时，这些晶面可以忽略。图 4-33 给出了按照 Wulff 定律推测的己二酸晶体的平衡形状和采用周期键链理论推测的生长形态[44]。可以看出二者存在一定的差异，但基本形状接近。

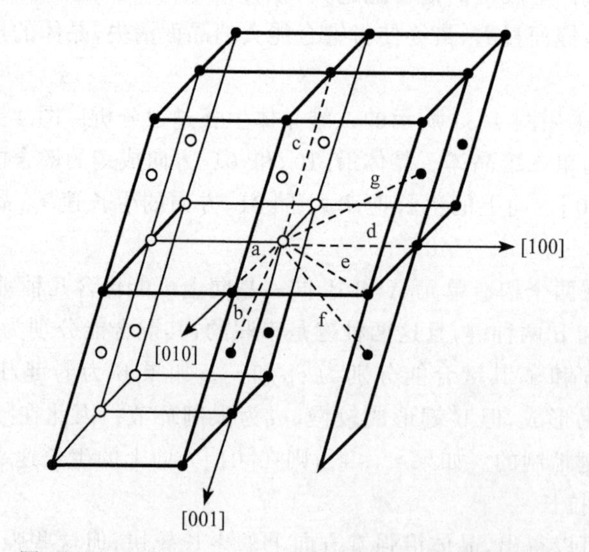

图 4-32　$C_4H_8(COOH)_2$ 晶体结构及其周期键链取向[30]

表 4-2　己二酸在不同周期键链方向上的键能[44]

结合键(见图 4-32)	PBC 方向	键能/(kJ/mol)
d	[100]	34.6
b	$[011]=[01\bar{1}]$	21.3
a	[010]	11.9
f	$[211]=[\bar{2}11]$	11.8
e	$[110]=[1\bar{1}0]$	2.7
c	[001]	0.7
g	$[21\bar{1}]=[2\bar{1}\bar{1}]$	0.2

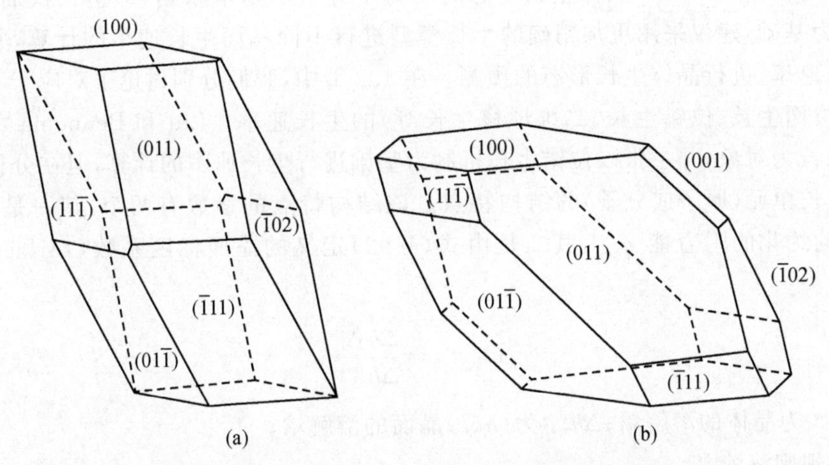

图 4-33　己二酸($C_4H_8(COOH)_2$)晶体的形态[44]

(a) 由 Wulff 定理推测的平衡形态；(b) 按照周期键链理论推测的生长形态

对于复杂的晶体，其特定晶体取向上结合键的键能可以用末端键能(end chain energy，ECE)表示[45]，它是指流体的分子在准无穷大的生长表面上进入原子位置时释放的能量。

周期键链理论已被广泛应用于各种复杂成分的晶体生长形态的分析，包括 α-甘氨酸[46]、MPO_4(M＝Al，Ga)晶体[40]、$CaCO_3$ 晶体[47]、$MgAl_2O_4$ 晶体[48]、β-$LiNaSO_4$ 晶体[49]、萘($C_{10}H_8$)[50]、并三苯($C_{18}H_{12}$)[50]、并五苯($C_{22}H_{14}$)[50]、石膏($CaSO_4 \cdot 2H_2O$)[51]等，其结果均与实际晶体的生长形态接近。

3. 晶面附着能模型

在周期键链理论的基础上，Hartman 和 Perdok[52,53]进一步提出了晶面附着能概念：晶体中给定晶面(hkl)的生长速率 R_{hkl} 由该晶面上的晶面附着能 E_{hkl}^{att} 决定，并正比于 E_{hkl}^{att}，即

$$R_{hkl} \propto E_{hkl}^{att} \tag{4-88}$$

或

$$R_{hkl} \propto \eta_{hkl}^{att} \tag{4-89}$$

式中

$$\eta_{hkl} = \frac{E_{hkl}^{\text{att}}}{E^{\text{cr}}} \tag{4-90}$$

$$E^{\text{cr}} = E_{hkl}^{\text{att}} + E_{hkl}^{\text{slice}} \tag{4-91}$$

其中，E_{hkl}^{att}为附着能，即生长单元附着到晶体生长表面(hkl)时所释放的能量；E^{cr}为晶格能；E_{hkl}^{slice}为生长晶面上晶面内的二维晶格能；η_{hkl}可称为约化的附着能。

上述晶面附着能模型可成功地分析气相生长过程中的晶体生长形态，但在分析溶液法和熔体法晶体生长时则存在较大的偏差[54]。

Liu 和 Bennema[54]以晶体生长形态的动力学分析的基本原则（即生长快面淹没，慢面显露）为基础，建议采用更加精确的生长模型进行不同晶面生长速率的计算，并根据获得的生长速率，进行晶体生长形态的预测。在 4.2 节中，我们分别讨论了对应于不同生长机理（邻位面生长、位错生长、二维形核生长等）的生长速率。Liu 和 Bennema[54]的分析以溶液生长为对象，并主张以位错生长机制为基础进行生长速率的计算，但在分析计算中考虑了生长单元（原子或分子）的结构特点。该结构特点的参数有两个：其一是由式(4-90)所示的约化的附着能 η_{hkl}，其二是由式(4-92)定义的晶面标度系数(surface scaling factor)：

$$C_{l(hkl)}^{*} = \frac{\Delta h_{hkl}^{\text{diss}}}{\Delta h^{\text{diss}}} \tag{4-92}$$

式中，Δh^{diss}为晶体的溶解焓；$\Delta h_{hkl}^{\text{diss}}$为$(hkl)$晶面的溶解焓。

对于规则溶液[54]：

$$C_{l(hkl)}^{*} \approx \frac{\ln x_{\text{A}(hkl)}^{\text{eff}}}{\ln x_{\text{A}}} \tag{4-93}$$

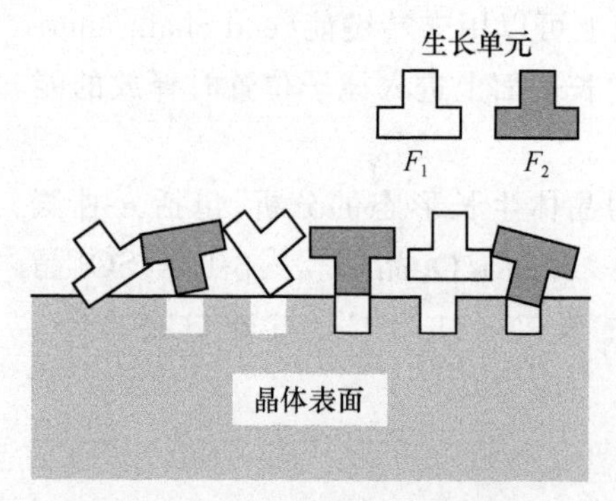

图 4-34　结晶界面上不同性质的溶质单元[55]

F_1 是不沉积的溶质单元；

F_2 是可以沉积的有效溶质单元

式中，x_{A}为母相（溶液）中的溶质浓度；$x_{\text{A}(hkl)}^{\text{eff}}$为在$(hkl)$晶面上有效生长单元（溶质）浓度。这里主要考虑了复杂分子晶体在生长过程中的取向性和界面效应。

对于给定的晶体方向，择优取向和结构的分子才会发生生长。如图 4-34 所示[55]，在结晶界面上的 6 个溶质单元中，仅有 3 个单元的取向满足生长条件，为有效溶质。这一问题对于大分子的有机晶体则更为突出（见图 4-35）[55]，在结晶界面上的多个溶质分子中，可以生长的有效溶质分子仅占很小的比例，大量的分子必须在结晶界面附近调整其取向才能够在结晶界面上沉积、生长。

在考虑了上述因素后，Liu 和 Bennema[54]得出的(hkl)晶面上螺形位错生长速率为

$$R_{hkl}^{\mathrm{d}} \approx n_{hkl} d_{hkl} \zeta \exp\left(-\frac{\Delta h}{k_{\mathrm{B}} T}\right) \sigma_{\mathrm{S0}}^{2} \left[19(1-\eta_{hkl}) C_{l(hkl)}^{*} \frac{\Delta h}{k_{\mathrm{B}} T}\right] \times \exp\left(\frac{(1-t) C_{l(hkl)}^{*} \Delta h}{4 k_{\mathrm{B}} T}\right) \tanh \frac{\sigma_{\mathrm{S}}}{\sigma_{\mathrm{S0}}} \tag{4-94}$$

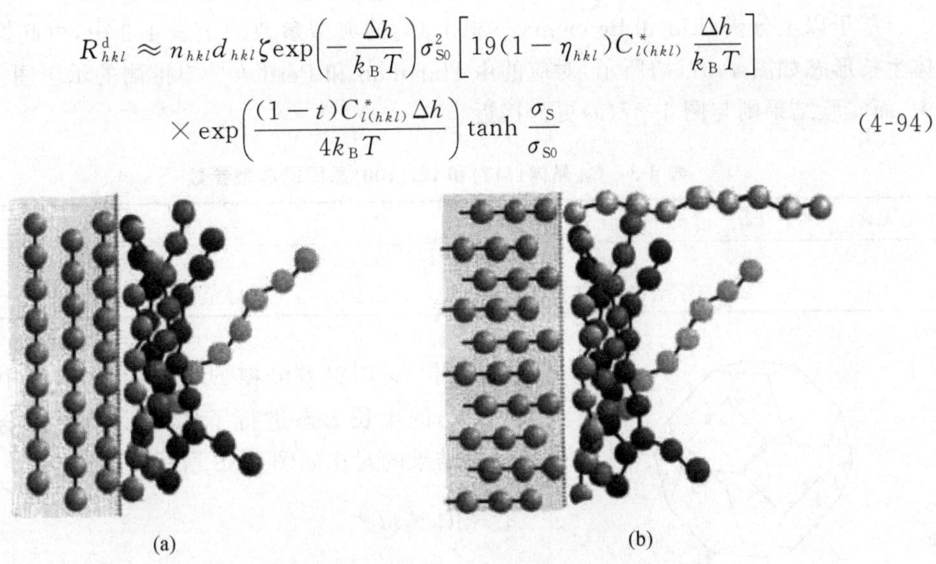

图 4-35　大分子晶体生长过程中分子的取向及其生长特性[55]

(a) 分子链平行于生长界面；(b) 分子链垂直于生长界面

式中，σ_{S0} 为过饱和度，表示为 $\sigma_{\mathrm{S0}}=\frac{\Delta\mu}{k_{\mathrm{B}}T}$（$\Delta\mu$ 为溶液与晶体中的化学位差）；n_{hkl} 为界面层 (hkl) 内的原子配位数；d_{hkl} 为 (hkl) 晶面的面间距；ζ 是由扩散系数、台阶生长的动力学特征及溶液过饱和度决定的综合参数；Δh 为熔化焓；σ_{S} 则可表示为

$$\sigma_{\mathrm{S}} \approx \frac{19}{n_{hkl}}(1-\eta_{hkl}) C_{l(hkl)}^{*} \frac{\Delta h}{k_{\mathrm{B}} T} \exp\left(-\frac{(1-t) C_{l(hkl)}^{*} \eta_{hkl} \Delta h}{4 k_{\mathrm{B}} T}\right) \tag{4-95}$$

以 C_{60} 晶体生长过程为例，计算（100）晶面的生长速率。η_{hkl} 和 $C_{l(hkl)}^{*}$ 的变化区间分别为 0.04～0.25 与 0.5～0.8。η_{hkl} 和 $C_{l(hkl)}^{*}$ 对晶体生长形态的影响如图 4-36 所示[54]。

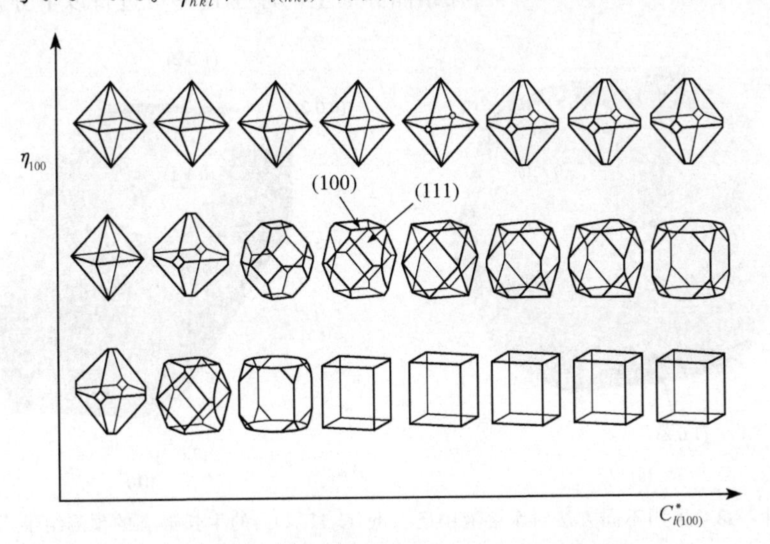

图 4-36　fcc 晶体的生长形态与 η_{hkl} 和 $C_{l(hkl)}^{*}$ 的关系[54]

基于以上分析，Liu 和 Bennema[54]得出 C_{60} 的典型参数列于表 4-3 中，由此推测的晶体生长形态如图 4-37(a)所示，对应的由 Hartman 和 Perdok[52,53]推测的示于图 4-37(b)中，而实验结果则与图 4-37(a)更为接近。

表 4-3　C_{60} 晶体{111}和 C_{60}{100}晶面的典型参数[54]

晶面	n_{hkl}	d_{hkl}	η_{hkl}	$C^*_{l(hkl)}$	σ_S	ζ	R^d_{hkl}
{111}	3	8.18	0.5	0.130	1.36	0.946	473
{100}	2	7.09	0.667	0.100	0.230	0.950	539

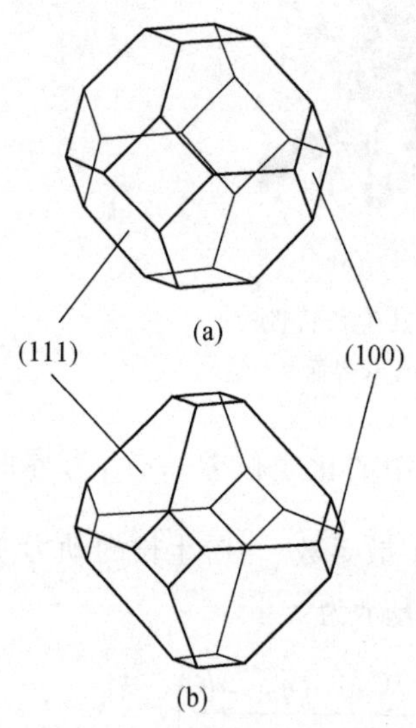

图 4-37　C_{60} 晶体的生长形态[55]

(a) Liu-Bennema 模型预测结果；(b) Hartman-Perdok 模型预测结果

Seo 等[56]采用附着能模型(AE)对水溶液中己二酸($C_6H_{10}O_4$)的生长形态进行了计算，计算结果与 BFDH 模型计算结果的对比如图 4-38 所示。

4. MC 模拟

MC 模拟方法通过模拟原子在生长晶面上不同位置堆积速率的差异可以获得晶体的生长形态。Xiao 等[57]以稀薄气体中的单原子沉积过程为例，提出原子在气相中的行走(迁移)过程可以采用以下扩散机制来描述：

$$U(\boldsymbol{r}, s\tau) = \frac{1}{c}\sum_{i}^{c} U(\boldsymbol{r} + \overline{x}, (s-1)\tau) \qquad (4\text{-}96)$$

式中，$U(\boldsymbol{r}, s\tau)$为经过 s 步跃迁后在位置 $\boldsymbol{r}$ 发现该原子的概率；$\overline{x}$ 为原子平均自由程；τ 为相邻两次跃迁之间的时间间隔，跃迁的平均自由程为$|\overline{x}|$；c 为归一化参数，表示原子可能跃迁的位置数。

在结晶界面上的原子迁移可进行以下分析：

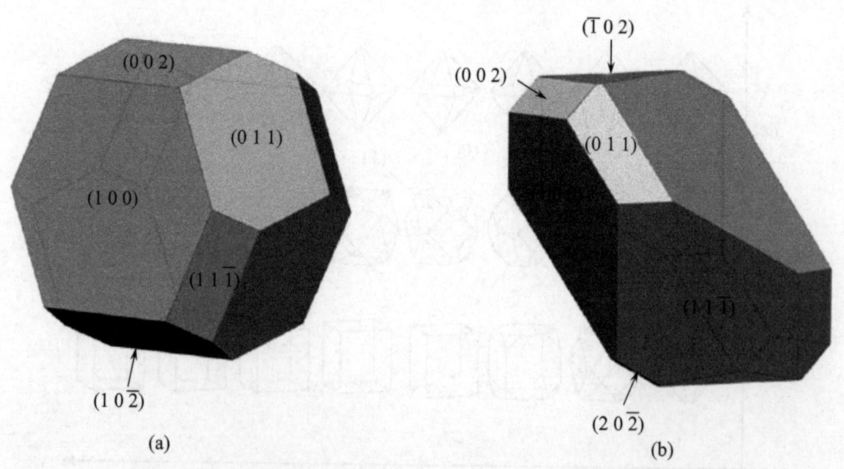

图 4-38　采用不同方法对水溶液中己二酸($C_6H_{10}O_4$)的生长形态的预测结果[56]

(a)BFDH 模型；(b) AE 模型

原子沉积速率 K^+ 为

$$K^+=K_{\text{eq}}\exp\left(\frac{\Delta\mu}{k_B T}\right) \tag{4-97}$$

式中，K_{eq} 为与温度相关的 K^+ 的平衡值；$\Delta\mu$ 为气相原子与晶体晶面原子化学位的差值。

晶体表面原子挥发的速率 K^- 可表示为

$$K^-=\nu\exp\left(-\frac{g_i}{k_B T}\right) \tag{4-98}$$

式中，ν 为晶格振动系数；g_i 为结晶界面上原子挥发的能障，是由界面原子成键的键能总和决定的。

界面原子的扩散速率 $K_{i\to j}$ 可表示为

$$K_{i\to j}=\nu_s\exp\left(-\frac{\Delta g_{ij}}{k_B T}\right) \tag{4-99}$$

式中，ν_s 为表面振动系数；Δg_{ij} 为扩散激活能，表示为

$$\Delta g_{ij}=\begin{cases}\delta_i+\varepsilon(n_i-n_j), & n_i>n_j\\ \delta_i, & n_i\leqslant n_j\end{cases} \tag{4-100}$$

其中，n_i 为在界面上位置 i 处的原子的近邻位置被晶体原子占据的数目；δ_i 为与原子组态有关的参数；ε 为每形成一个结合键的键能。

以简单立方晶体为例，原子在晶体生长界面沉积的概率为

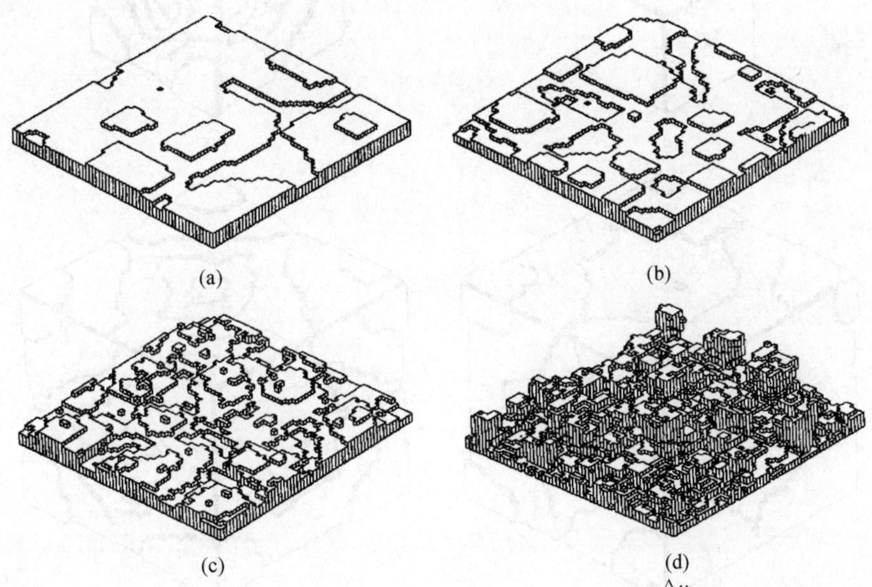

图 4-39　简单立方晶体二维形核机制在平面上生长过程中，$\frac{\varepsilon}{k_B T}=3.9$ 时，$\frac{\Delta\mu}{k_B T}$ 对生长界面形态的影响[57]

(a) $\frac{\Delta\mu}{k_B T}=0.69$；(b) $\frac{\Delta\mu}{k_B T}=3.0$；(c) $\frac{\Delta\mu}{k_B T}=5.0$；(d) $\frac{\Delta\mu}{k_B T}=7.0$

$$P_i^{\mathrm{s}}=\frac{K^+}{K^+ + K_i^-}=\frac{\exp\left(\frac{\Delta\mu}{k_{\mathrm{B}}T}\right)\exp\left(-\frac{(3-n_i)\varepsilon}{k_{\mathrm{B}}T}\right)}{1+\exp\left(\frac{\Delta\mu}{k_{\mathrm{B}}T}\right)\exp\left(-\frac{(3-n_i)\varepsilon}{k_{\mathrm{B}}T}\right)} \tag{4-101}$$

而在 i 处的原子跃迁到近邻 j 处的概率为

$$P_{i\to j}=\frac{K_{i\to j}}{\sum_{j=1}^{c'}K_{i\to j}}=\frac{\exp\left(-\frac{(n_i-n_j)\varepsilon}{k_{\mathrm{B}}T}\right)}{\sum_{j=1}^{c'}\exp\left(-\frac{(n_i-n_j)\varepsilon}{k_{\mathrm{B}}T}\right)} \tag{4-102}$$

式中，c'为 i 处的原子的近邻原子位置中被占据的数目。

界面原子挥发的概率为

$$P_i^{\mathrm{e}}=\frac{K_i^-}{\sum_{i=1}^{m}K_i^-}=\frac{\exp\left(-\frac{n_i\varepsilon}{k_{\mathrm{B}}T}\right)}{\sum_{i=1}^{m}\exp\left(-\frac{i\varepsilon}{k_{\mathrm{B}}T}\right)} \tag{4-103}$$

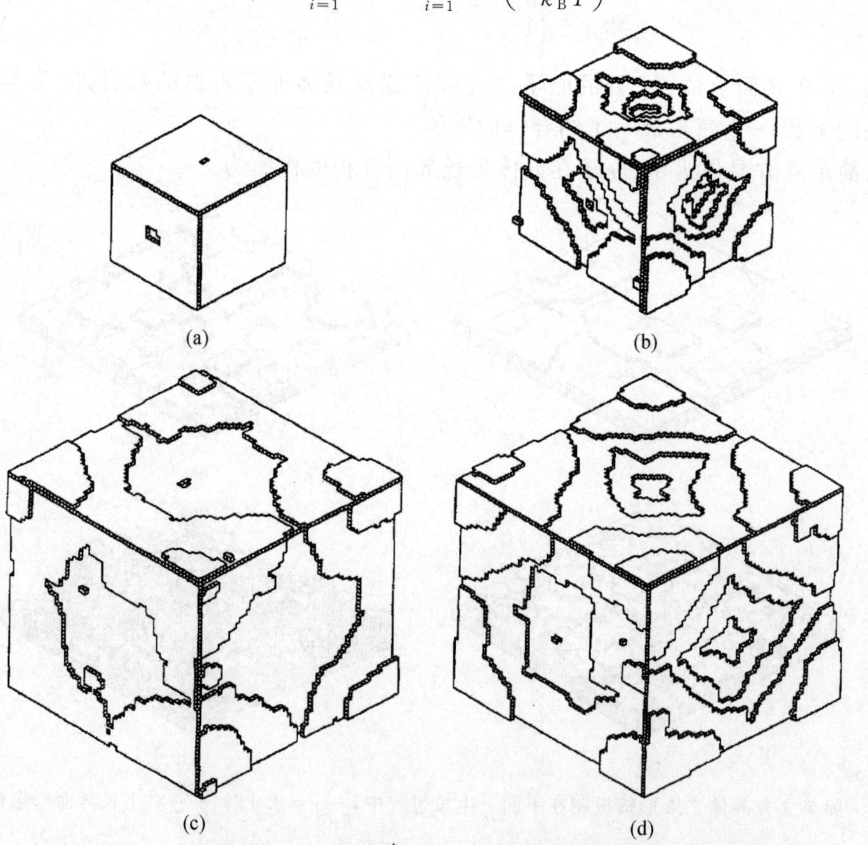

图 4-40　简单立方晶体在$\frac{\varepsilon}{k_{\mathrm{B}}T}=2.3$，$\frac{\Delta\mu}{k_{\mathrm{B}}T}=0.69$，原子迁移自由程不同时的形态[57]

(a) $|\bar{x}|=a$，在 21×21×21 个原子的晶核上生长 6340 个原子；(b) 在图(a)的基础上进一步生长 31056 个原子；(c) $|\bar{x}|=5a$，在 47×47×47 的晶核上生长 28828 个原子；(d) 在图(c)的基础上进一步生长 52542 个原子

式中，m 为界面原子数目。

以上述模型为基础，Xiao 等[57]采用 MC 方法分别模拟了简单立方晶体在螺形位错机制和二维形核机制控制下，平面和立方体生长过程中的形态演变。计算中同样采用了 SOS 条件。结果表明，其生长形态主要取决于$\frac{\Delta\mu}{k_B T}$和$\frac{\varepsilon}{k_B T}$。前者反映了生长系统过饱和度和温度的影响，而后者则反映了晶体的键能和温度的影响。图 4-39 给出了二维形核机制生长过程，当$\frac{\varepsilon}{k_B T}=3.9$时，$\frac{\Delta\mu}{k_B T}$对生长界面形态的影响[57]。可以看出，随着$\frac{\Delta\mu}{k_B T}$的增大，结晶界面将变得不平整。图 4-40 给出了简单立方晶体在$\frac{\varepsilon}{k_B T}=2.3$，$\frac{\Delta\mu}{k_B T}=0.69$，但原子迁移的自由程不同时的形态[57]。进而通过区分不同晶体学取向上 $\Delta\mu$、g_i 及 Δg_{ij} 的差异，并考虑饱和度的影响，则可获得晶体的生长形态[58]。

近年来相场模型也已经被应用于晶体生长形态的计算，成为晶体形状预测的又一有效的方法[59]。

参 考 文 献

[1] Burton W K, Cabrera N, Frank F C. The growth of crystals and the equilibrium structure of their surfaces. Philosophical Transactions of the Royal Society of London, Series A, 1951, 243: 299-358.

[2] Jackson K A, Uhlmann D R, Hunt J D. On the nature of crystal growth from the melt. Journal of Crystal Growth, 1967, 1(1): 1-36.

[3] Jackson K A. Liquid metal and solidification. American Society for Metals, 1958.

[4] Jackson K A. Growth and Perfection of Crystals. New York: John Wiley & Sons, Inc., 1958.

[5] Cahn J W. Theory of crystal growth and interface motion in crystalline materials. Acta Metarilia, 1960, 8: 554-562.

[6] Cahn J W, Hillig B W, Sears G W. The molecular mechanism of solidification. Acta Meterilia, 1964, 12: 1421-1439.

[7] Wang Z Q, Stroud D. Monte Carlo study of liquid GaAs: Bulk and surface properties. Physical Review B, 1990, 42(8): 5353-5356.

[8] Rudolph P, Muhlberg M. Basic problems of vertical Bridgman growth of CdTe. Materials Science and Engineering B, 1993, 16: 8-16.

[9] Hillig W B, Turnbull D. Theory of crystal growth in undercooled pure liquids. Journal of Chemical Physics, 1956, 24: 914.

[10] Cahn J W, Hilliard J E. Free energy of a nonuniform system I. Interface free energy. The Journal of Chemical Physics, 1958, 28(2): 258-267.

[11] Leamy H J, Jackson K A. Roughness of the crystal-vapor interface. Journal of Applied Physics, 1971, 42(5): 2121-2127.

[12] Guttman L. Monte Carlo computation on the Ising model: The body-centered cubic lattice. The Journal of Chemical Physics, 1961, 34(3): 1024-1036.

[13] Rommelse K, den Nijs M. Preroughening transitions in surface. Physical Review Letters, 1987, 30

(22):2578-2581.

[14] den Nijs M,Rommelse K.Preroughening transitions in crystal surfaces and valence-bond phases in quantum spin chains.Physical Review B,1989,40(7):4709-4734.

[15] Grimbergen R F P,Meekes H,Bennema P,et al.Prerouhgening in organic crystals.Physical Review B,1998,58(9):5258-5265.

[16] Brichzin V,Pelz J P.Effect of surface steps on oxide-cluster nucleation and sticking of oxygen on Si (001)surfaces.Physical Review B,1999,59(15):10138-10144.

[17] Sears G W.Screw dislocations in growth from the melt.Journal of Chemical Physics,1955,23: 1630-1632.

[18] Sears G W.Melting and freezing of p-toluidine.Journal of Physics and Chemistry of Solids,1957, 2(1):37-43.

[19] Roland C,Gilmer G H.Kinetics of nucleation-dominnated step flow.Physical Review B,1996,54 (4):2931-2936.

[20] Chernov A A.Stability of faceted shapes.Journal of Crystal Growth,1974,24/25:11-31.

[21] 闵乃本.晶体生长的物理基础.上海:上海科学技术出版社,1982.

[22] Maiwa K,Plomp M,van Enkevort W J P,et al.AFM observation of barium nitrate {111} and {100}faces spiral growth and two-dimensional nucleation growth.Journal of Crystal Growth,1998, 186(1-2):214-223.

[23] Hannon J B, Shenoy V B, Schwarz K W. Anomalous spiral motion of steps near dislocations on silicon surfaces.Science, 2006,313:1266-1269.

[24] Rime J D,An Z H, Zhu Z N, et al. Crystal growth inhibitors for the prevention of L-cystine kidney stones through molecular design, Science, 2010, 330: 337-341.

[25] Krzyżewski F, Załuska-Kotur M, Krasteva A, et al. Step bunching and macrostep formation in 1D atomistic scale model of unstable vicinal crystal growth. Journal of Crystal Growth, 2017,474: 135-139.

[26] Bales G, Zangwill A. Morphological instability of a terrace edge during step-flow growth. Physical Review B, 1990, 41:5500.

[27] Yagi K, Minoda H, Degawa M. Step bunching, step wandering and faceting: selforganization at Si surfaces. Surface Science Reports. 2001,43:45-126.

[28] Załuska-Kotur M A, Krzyżewski F. Step bunching process induced by the flow of steps at the sublimated crystal surface. Journal of Applied Physics, 2012,111:114311.

[29] Pimpinelli A,Cadoret R,Gil-Lafon E,et al.Two-particle surface diffusion-reaction models of vapour-phase epitaxial growth on vicinal surfaces.Journal of Crystal Growth,2003,258(1-2):1-13.

[30] Banpeld J F,Welch S A,Zhang H Z,et al. Aggregation-based crystal growth and microstructure development in natural iron oxyhydroxide biomineralization products. Science, 2000, 289: 751-754.

[31] de Yoreo J J,Gilbert P U P A, Sommerdijk N A J M,et al. Crystallization by particle attachment in synthetic, biogenic, and geologic environments. Science, 2015, 349: 760.

[32] Sun C T, Xue D F,Crystallization: A phase transition process driving by chemical potential decrease. Journal of Crystal Growth, 2017, 470:27-32.

[33] Li D, Nielsen M H, Lee J R I, et al. Direction-specific interactions control crystal growth by oriented attachment. Science,2012, 336: 1014-1018.

[34] Zhang X, Shen Z, Liu J. Direction-specific interaction forces underlying zinc oxide crystal growth by oriented attachment. Nature Communication, 2017, DOI: 10.1038/s41467-017-00844-6.

[35] Jiang Y, Kellermeier M, Gebauer D, et al. Growth of organic crystals via attachment and transformation of nanoscopic precursors.Nature Communications, 2017. DOI: 10.1038/ncomms15933.

[36] Madadi Z, Hassanibesheli F, Esmaeili S, et al. Surface growth by cluster particles: Effects of diffusion and cluster's shape. Journal of Crystal Growth, 2017,480: 56-61.

[37] Mitzinger S, Broeckaert L, Massa W, et al. Understanding of multimetallic cluster growth. Nature Communications, 2016, 7:10480.

[38] Donnay G D H, Harker D. A new of crystal morphology extending the law of Bravais. American Mineralogist, 1937, 22:446.

[39] Prywer J. Explanation of some peculiarities of crystal morphology deduced from the BFDH law. Journal of Crystal Growth, 2004, 270(3-4):699-710.

[40] Philippot E, Goiffon A, Ibanez A. Comparative crystal habit study of quartz and MPO_4 isomorphous compounds(M=Al, Ga). Journal of Crystal Growth, 1996, 160:268-278.

[41] Hartman P, Perdock W G. On the relations between structure and morphology of crystals II. Acta Crystallography, 1955, 8:49-52.

[42] Hartman P. Crystal Growth: An Introduction. Amsterdam: North-Holland, 1973:367.

[43] Strom C S. Validity of Hartman-Perdok PBC theory in prediction of crystal morphology from solution and surface X-ray diffraction of potassium dihydrogen phosphate(KDP). Journal of Crystal Growth, 2001, 222(1-2):298-310.

[44] Pfefer G, Boistelle R. Theoretical morphology of adipic acid crystals. Journal of Crystal Growth, 2000, 208(1-4):615-622.

[45] Massaro F R, Moret M, Bruno M, et al. Equilibrium and growth morphology of oligoacenes: Periodic bond chains (PBC) analysis of tetracene crystal. Crystal Growth & Design, 2011, 11:4639-4646.

[46] Lin C H, Gabas N, Canselier J P, et al. Prediction of the growth morphology of aminoacid crystals in solution I. α-Glycine. Journal of Crystal Growth, 1998, 191:791-802.

[47] Aquilano D, Rubbo M, Catti M, et al. Theoretical equilibrium and growth morphology of $CaCO_3$ polymorphs I. Aragonite. Journal of Crystal Growth, 1997, 182:168-184.

[48] Dekkers R, Woensdregt C F. Crystal structural control on surface topology and crystal morphology of normal spinel($MgAl_2O_4$). Journal of Crystal Growth, 2002, 236(1-3):441-454.

[49] Pina C M, Woensdregt C F. Hartman-Perdok analysis of crystal morphology and interface topology of β-$LiNaSO_4$. Journal of Crystal Growth, 2001, 233(1-2):355-366.

[50] Massaro F R, Moret M, Bruno M, et al. Equilibrium and growth morphology of oligoacenes: Periodic bond chains analysis of naphthalene, anthracene, and pentacene. Crystal Growth & Design, 2012, 12: 982-989.

[51] Massaro F R, Moret M, Bruno M. Theoretical equilibrium morphology of gypsum ($CaSO_4 \cdot 2H_2O$). 2. The stepped faces of the main [001]zone. Crystal Growth & Design, 2011, 11: 1607-1614.

[52] Hartman P, Perdok W G. On the relations between structure and morphology of crystals II. Acta Crystallography, 1955, 8:521-524.

[53] Hartman P, Perdok W G. The attachment energy as a habit controlling factor I. Journal of Crystal Growth, 1980, 49(1):145-165.

[54] Liu X Y, Bennema P. Theoretical consideration of the growth morphology of crystal. Physical Review B, 1996, 53(5): 2314-2325.

[55] Liu X Y. Modeling of fluid-phase interface effect on the growth morphology of crystal. Physical Review B, 1999, 60(4): 2810-2817.

[56] Seo B, Kim T, Kim S, et al. Interfacial structure analysis for the morphology prediction of adipic acid crystals from aqueous solution. Crystal Growth & Design, 2017, 17: 1088-1095.

[57] Xiao R F, Iwan J, Alexander D, et al. Growth morphologies of crystal surfaces. Physical Review A, 1991, 43(6): 2977-2992.

[58] Lovette M A, Doherty M F. Predictive modeling of supersaturation-dependent crystal shapes. Crystal Growth & Design, 2012, 12: 656-669.

[59] Salvalaglio M, Backofen R, Bergamaschini R, et al. Faceting of equilibrium and metastable nanostructures: A phase-field model of surface diffusion tackling realistic shapes. Crystal Growth & Design, 2015, 15: 2787-2794.

第 5 章　实际晶体生长形态的形成原理

5.1　晶体生长驱动力与平面结晶界面的失稳

第 4 章中对于晶体生长形态的分析仅考虑了晶体材料本身的内禀特性。实际晶体生长过程是在一定的外场驱动条件下进行的，其生长驱动力可以用晶体生长引起自由能的降低表示，即晶体生长的过程必须是自由能降低的过程。对于气相生长、溶液生长和熔体生长，该生长驱动力 f 可以用实际可测定的参数表示。

气相生长过程：

$$f = -\Delta G_{\text{G-S}} = RT\ln\frac{p}{p_0} \tag{5-1}$$

溶液生长过程：

$$f = -\Delta G_{\text{L-S}} = RT\ln\frac{a}{a_0} \tag{5-2}$$

熔体生长过程：

$$f = -\Delta G_{\text{L-S}} = \frac{-\Delta H_{\text{m}}}{T_{\text{m}}}\Delta T \tag{5-3}$$

式(5-1)～式(5-3)中，p 为气相蒸汽压；p_0 为平衡蒸汽压；a 为溶质的活度；a_0 为平衡条件下的溶质活度，即溶解度；ΔH_{m} 为熔化焓；T_{m} 为熔点；ΔT 为过冷度；R 为摩尔气体常量。

晶体生长速率是由生长驱动力决定的，驱动力越大，生长速率就越大。可以推测，当晶体生长的外场(温度场、扩散场、对流场、电场、磁场等)条件不均衡时，不同取向和不同位置的生长驱动力不同，从而导致晶体生长速率的差异。随着晶体尺寸的增大，这种差异将增大。因此，在实际晶体生长过程中，晶体生长形态是可以通过外场条件控制的。外场条件下生长形态演变的分析通常从平面结晶界面的失稳分析开始，进而分析其复杂形态的演化过程和条件，以及形态演变与材料内禀特性和外场条件的关系。随着生长驱动力的增大，平面结晶界面可能发生失稳，形成胞状界面。胞状界面进一步失稳则会演变出多种晶体生长形态，甚至出现树枝状的晶体生长。

以下重点以熔体法晶体生长过程为例，分析温度场及与之耦合的扩散场对晶体生长形态的影响规律。分析将从平界面的失稳开始，进而讨论其在不同生长条件下的形态演变规律。

熔体法晶体生长过程的驱动力可以用生长过冷度表示。影响晶体生长行为的各种因素均可通过过冷度的形式表示出来。以简单的二元合金为对象，晶体生长的实际过冷度包括熔体中热过冷度 ΔT_T，生长界面上的动力学过冷度 ΔT_{K}，由溶质分凝与扩散行为决

定的成分过冷度 ΔT_C，弯曲界面上由界面张力引起的曲率过冷度 ΔT_σ，以及其他物理场(电场、磁场等)引起的过冷度 ΔT_E，如图 5-1 所示，即

$$\Delta T = \Delta T_T + \Delta T_K + \Delta T_\sigma + \Delta T_C + \Delta T_E \tag{5-4}$$

当 $\Delta T < 0$ 时，实际温度低于平衡温度，结晶界面处于过冷状态。相反，如果 $\Delta T > 0$，则结晶界面处过热状态。

结晶界面附近可能存在两种温度分布：其一，熔体温度随着与结晶界面距离的增大而降低，定义为负温度梯度；其二，熔体温度随着与结晶界面距离的增大而升高，定义为正温度梯度。这两种情况对应的过冷度分布情况分别如图 5-1(a)和图 5-1(b)所示。

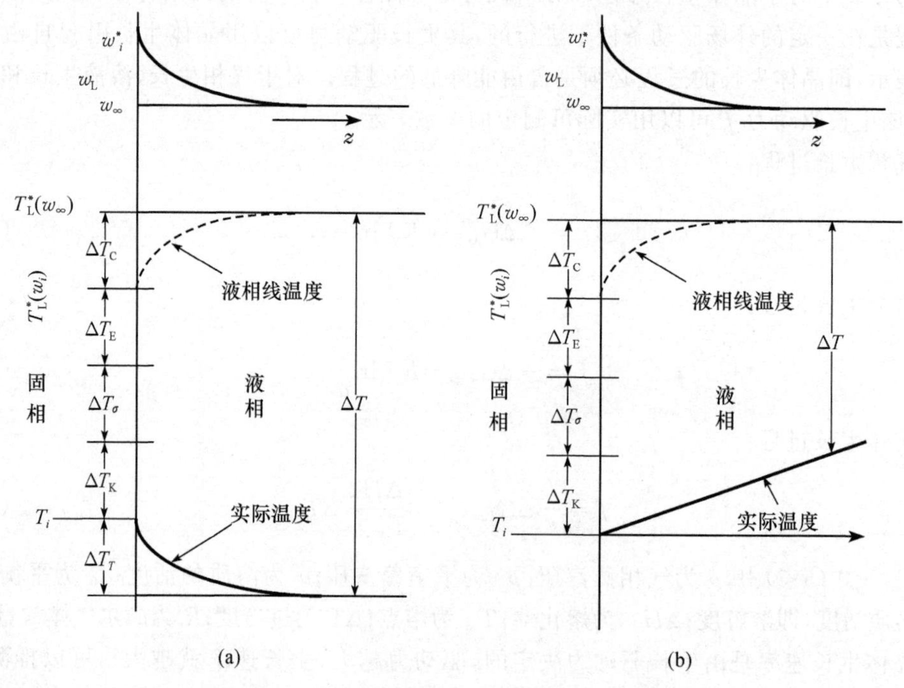

图 5-1　晶体生长界面的成分分布及过冷度

(a) 界面前为负温度梯度；(b) 界面前为正温度梯度

热过冷度 ΔT_T 是由结晶界面前沿熔体中的传热条件决定的，仅当结晶界面前存在负的温度梯度时才会出现。

动力学过冷度 ΔT_K 是结晶界面上驱动晶体生长过程正向进行的动态过冷度，它与生长速率相关。4.2 节中讨论的过冷度即是指动力学过冷度。在静止(结晶界面上原子通过界面正向和反向迁移的速率相等)的晶面上，动力学过冷度趋近于 0。生长机理不同，ΔT_K 与生长速率 R 的关系也不同。对应于连续生长、邻位面生长、位错生长及二维形核生长过程，ΔT_K 与生长速率 R 的关系已在 4.2 节中进行了分析。

界面曲率过冷度 ΔT_σ 存在于弯曲界面上，在熔体生长过程中：

$$\Delta T_\sigma = \frac{\sigma_i}{\Delta H_V} T_m \left(\frac{1}{r_1} + \frac{1}{r_2} \right) \tag{5-5}$$

式中，σ_i 为结晶界面张力；ΔH_V 为单位体积晶体的熔化焓（结晶潜热）；T_m 为熔点温度；r_1 和 r_2 为主曲率半径。对于圆周方向对称的界面，$r_1=r_2=r$，$\Delta T_\sigma=\dfrac{2\sigma T_m}{r\Delta H_V}$；对于二维晶体，$r_1=0$（或 $r_2=0$），$\Delta T_\sigma=\dfrac{\sigma T_m}{r\Delta H_V}$；而对于平界面，$r_1=r_2\to\infty$，从而 $\Delta T_\sigma\to 0$。

ΔT_E 与其他外场条件有关，当没有其他物理场存在时，$\Delta T_E=0$。

成分过冷 ΔT_C 是由结晶界面前沿熔体中的成分分布决定的，以二元熔体为例，假定熔体中的溶质浓度与距结晶界面的距离 z 的关系为 $w=w(z)$，则

$$\Delta T_C = T - [T_L^*(w_0) + m(w - w_0)] \tag{5-6}$$

式中，m 为液相线斜率；w_0 为结晶界面处液相侧的溶质浓度；T 为结晶界面上的实际温度；$T_L^*(w_0)$ 为对应于溶质浓度（质量分数）w_0 的熔点温度。

可以看出，在结晶界面上实际存在的过冷度包括动力学过冷度 ΔT_K、曲率过冷度 ΔT_σ 和物理场引起的过冷度 ΔT_E，而热过冷度 ΔT_T 和成分过冷度 ΔT_C 则是一个场量，并不直接施加在结晶界面上，因而和生长速率没有直接的关系。

对于溶液法和气相法晶体生长过程，也可以分别对界面蒸汽压差 Δp 和界面成分差 ΔC 作同样的分解，即

$$\Delta p = \Delta p_T + \Delta p_K + \Delta p_\sigma + \Delta p_C + \Delta p_E \tag{5-7}$$

$$\Delta C = \Delta C_T + \Delta C_K + \Delta C_\sigma + \Delta C_C + \Delta C_E \tag{5-8}$$

式(5-7)及式(5-8)中各参量，用下标 T、K、σ、C 和 E 分别表示温度、界面动力学、界面张力、成分和外场因素引起的分量。

我们先分析一下纯组元晶体生长过程中，过冷条件对生长界面形态的影响。假定结晶过程中没有施加其他物理场，即 $\Delta T_E=0$。由于纯组元的晶体生长过程，不存在成分的变化，因此，成分过冷度是不存在的，即在图 5-1 中应去掉 ΔT_C。可以看出，结晶界面前沿存在负的温度梯度时，结晶界面上的某个局部发生快速生长形成凸起，该凸起部分将伸入到液相中过冷度更大的位置。在前文中分析过，在 $\Delta T_E=0$ 时，界面上的过冷度仅包括 ΔT_K 和 ΔT_σ。凸起部分获得的过冷度增加部分（等于 ΔT_T），将由 ΔT_K 和 ΔT_σ 分享。假定 ΔT_K^0 和 ΔT_σ^0 分别为界面原始位置的 ΔT_K 和 ΔT_σ 的值，则在凸起的尖端，有

$$\Delta T_K + \Delta T_\sigma = \Delta T_K^0 + \Delta T_\sigma^0 + \Delta T_T \tag{5-9}$$

式中，ΔT_T 为热过冷为晶体凸起处提供的超额过冷度。可以看出，如果界面曲率不是很大，即 ΔT_σ 很小时，由于 ΔT_T 的存在，使得 $\Delta T_K > \Delta T_K^0$，即凸起部分的过冷度更大，从而生长速率更大。这将导致凸起部分快速生长和发展，使得平面结晶界面失稳，发展成为胞状界面。随着凸起部分的进一步增大，其尖端的曲率减小，ΔT_σ 迅速增大，又夺走了部分 ΔT_K，从而约束了凸起处尖端的生长，使得结晶界面维持一定的形态。

当结晶界面前沿存在正的温度梯度时，一旦结晶界面形成凸起，则进入过热的熔体中，生长过冷度迅速减小，生长速率降低，因此，凸起不能发展，此时平面结晶界面是稳定的。

对于合金，以二元合金为例，在结晶界面前沿的熔体中，除了热过冷可以提供生长过

冷度外，还存在着成分过冷。式(5-9)可写为

$$\Delta T_{\mathrm{K}} + \Delta T_{\sigma} = \Delta T_{\mathrm{K}}^{0} + \Delta T_{\sigma}^{0} + \Delta T_{T} + \Delta T_{\mathrm{C}} \tag{5-10}$$

式中，$\Delta T_{\mathrm{K}}^{0}$ 和 ΔT_{σ}^{0} 分别为平结晶界面动力学过冷度和曲率过冷度。

因此，在结晶界面前沿，即使存在正的温度梯度，即熔体过热，$\Delta T_{T} > 0$，也会因为 ΔT_{C} 的存在，使得结晶界面上的凸起处获得更大的过冷度，即

$$\Delta T_{T} + \Delta T_{\mathrm{C}} > 0 \tag{5-11}$$

或

$$\Delta T_{\mathrm{K}} + \Delta T_{\sigma} > \Delta T_{\mathrm{K}}^{0} + \Delta T_{\sigma}^{0} \tag{5-12}$$

因此，式(5-11)或式(5-12)可以作为合金凝固过程平界面失稳的条件。式(5-11)中，ΔT_{T} 和 ΔT_{C} 均是距结晶界面距离 z 的函数，因此，结晶界面上凸起的高度不同时，所获得的过冷度也是不同的。平界面失稳的临界条件可表示为

$$\frac{\partial}{\partial z}(\Delta T_{T} + \Delta T_{\mathrm{C}}) = 0 \tag{5-13}$$

设二元合金中液相线的斜率 m 为常数，即液相线为一直线，则平界面失稳的临界条件，即式(5-13)，可以表示为

$$G_{T} + mG_{\mathrm{C}} = 0 \tag{5-14}$$

式中，G_{T} 为结晶界面前的温度梯度；G_{C} 为结晶界面前的溶质浓度梯度，分别可表示为

$$G_{T} = \left.\frac{\partial \Delta T}{\partial z}\right|_{z=z'} = \left.\frac{\partial T}{\partial z}\right|_{z=z'} \tag{5-15}$$

$$G_{\mathrm{C}} = \left.\frac{\partial \Delta w}{\partial z}\right|_{z=z'} = \left.\frac{\partial w}{\partial z}\right|_{z=z'} \tag{5-16}$$

式中，$z = z'$ 对应于结晶界面。当 $G_{T} + mG_{\mathrm{C}} > 0$ 时，平界面是稳定的，反之，当 $G_{T} + mG_{\mathrm{C}} < 0$ 时，平界面将失稳，形成胞状界面。此即平界面稳定性的成分过冷判据，是 Tiller、Jackson 和 Rutter 等[1]于 20 世纪 50 年代初提出的。

成分过冷判据未详细分析考虑界面张力在平界面失稳过程中所起的作用，而且对结晶界面固相和液相中温度分布的差异也没有分析。在 1963 年前后，Mullins 和 Sekerka[2,3]提出了平界面失稳的动力学理论，又称为 MS 理论。该理论的基本出发点是，首先在平面生长界面上施加一个正弦扰动，分析该扰动引起温度场、扩散场和界面张力随时间的变化。这些参量的变化将导致界面扰动振幅随时间的变化。发生该振幅随时间的延长而增大的条件即为平界面失稳的条件，而该振幅随时间的延长减小的条件则为平界面稳定的条件。

以低溶质含量的 A-B 二元合金(即 B 含量很少)为例，结晶界面的形态在图 5-2 所示的坐标系中可用如下正弦函数表示：

$$z' = \delta(\tau)\sin(\omega x) \tag{5-17}$$

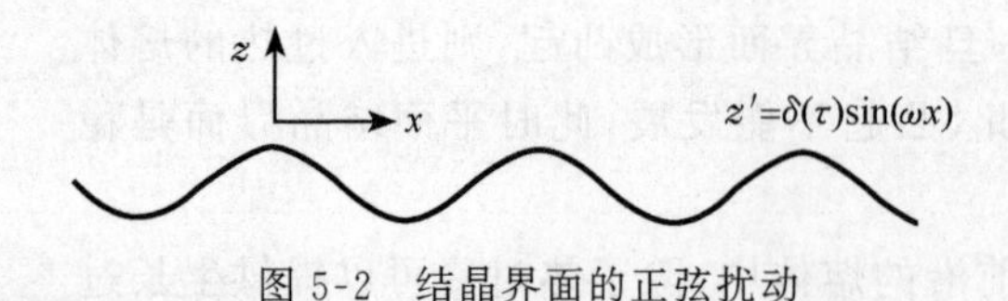

图 5-2 结晶界面的正弦扰动

振幅 $\delta(\tau)$ 随时间的变化可表示为

$$\dot{\delta}=\frac{\mathrm{d}\delta}{\mathrm{d}\tau} \tag{5-18}$$

因此平界面失稳条件可表示为

$$\dot{\delta}>0 \tag{5-19a}$$

或

$$\frac{\dot{\delta}}{\delta}>0 \tag{5-19b}$$

假定结晶界面以恒定的速率 R 生长，固相中的溶质扩散可以忽略，则在该生长系统中溶质浓度和温度的分布可用如下溶质扩散方程和传热方程描述：

$$\nabla w_{\mathrm{L}}+\frac{R_0}{D_{\mathrm{L}}}\frac{\partial w_{\mathrm{L}}}{\partial z}=0 \tag{5-20}$$

$$\nabla T_{\mathrm{L}}+\frac{R_0}{a_{\mathrm{L}}}\frac{\partial T_{\mathrm{L}}}{\partial z}=0 \tag{5-21}$$

$$\nabla T_{\mathrm{S}}+\frac{R_0}{a_{\mathrm{S}}}\frac{\partial T_{\mathrm{S}}}{\partial z}=0 \tag{5-22}$$

式中，w_{L} 为液相中的溶质浓度；T_{L} 和 T_{S} 分别为液相和固相中的温度；D_{L} 为液相中的溶质扩散系数；a_{L} 和 a_{S} 分别为液相和固相的热扩散率；R_0 为结晶界面平均生长速率。

在离开结晶界面若干个扰动波长处的温度场和溶质浓度场不受界面扰动的影响，与无界面扰动时的情况一致。

在结晶界面上，即 $z=z'$ 处：

$$T_{z'}=T_{\mathrm{m}}+mw_{z'}-\Gamma\delta\omega^2\sin(\omega x) \tag{5-23}$$

式中，m 为液相线斜率；$w_{z'}$ 为结晶界面上液相侧的溶质含量；$\Gamma=\frac{\sigma_{\mathrm{S}}}{\Delta S_V}=\frac{T_{\mathrm{m}}\sigma_{\mathrm{S}}}{\Delta H_V}$ 为 Gibbs-Thomson 系数，其中 σ_{S} 为界面张力，ΔH_V 为结晶潜热，ΔS_V 为熔化相变熵，T_{m} 为纯溶剂 A 的熔点。

式(5-23)右边的第 2 项为成分波动引起结晶界面平衡温度的变化，第 3 项则反映了界面曲率变化引起平衡温度的变化。

由结晶界面上的热平衡条件和溶质平衡条件可以得出生长速率 $R(x)$ 为

$$R(x)=\frac{1}{\Delta H_{\mathrm{m}}}\left[\lambda_{\mathrm{S}}\left(\frac{\partial T_{\mathrm{S}}}{\partial z}\right)\bigg|_{z=z'}-\lambda_{\mathrm{L}}\left(\frac{\partial T_{\mathrm{L}}}{\partial z}\right)\bigg|_{z=z'}\right]=\frac{D_{\mathrm{L}}}{w_{z'}(k-1)}\left(\frac{\partial w_{\mathrm{L}}}{\partial z}\right)\bigg|_{z=z'} \tag{5-24}$$

结晶界面的温度和成分可分别表示为

$$T_{z'}=T_0+a\delta\sin(\omega x) \tag{5-25a}$$

$$w=w_0+b\delta\sin(\omega x) \tag{5-25b}$$

式中，T_0 和 w_0 分别为界面无扰动时的平界面上的温度和液相成分；a 和 b 为待定常数，将在下面的分析中获得。

根据上述边界条件，可以获得式(5-20)、式(5-21)和式(5-22)的解分别为

$$w(x,z)-w_0=\frac{G_{CL}D_L}{R_0}\left[1-\exp\left(-\frac{R_0}{D_L}z\right)\right]+\delta(b-G_{CL})\sin(\omega x)\exp(-\omega'_{CL}z) \tag{5-26}$$

$$T_L(x,z)-T_0=\frac{G_{TL}a_L}{R_0}\left[1-\exp\left(-\frac{R_0}{a_L}z\right)\right]+\delta(a-G_{TL})\sin(\omega x)\exp(-\omega'_{TL}z) \tag{5-27}$$

$$T_S(x,z)-T_0=\frac{G_{TS}a_S}{R_0}\left[1-\exp\left(-\frac{R_0}{a_S}z\right)\right]+\delta(a-G_{TS})\sin(\omega x)\exp(-\omega'_{TS}z) \tag{5-28}$$

式(5-26)～式(5-28)的右侧第一项为无界面扰动条件下的场量，第二项为界面扰动对温度场和浓度场的影响，该项随着离开结晶界面距离的增大而迅速衰减。其中 G_{CL}、G_{TL} 和 G_{TS}分别为溶质浓度梯度、液相温度梯度和固相温度梯度。

$$\omega'_{CL}=\frac{R_0}{2D_L}+\left[\left(\frac{R_0}{2D_L}\right)^2+\omega^2\right]^{\frac{1}{2}} \tag{5-29a}$$

$$\omega'_{TL}=\frac{R_0}{2a_L}+\left[\left(\frac{R_0}{2a_L}\right)^2+\omega^2\right]^{\frac{1}{2}} \tag{5-29b}$$

$$\omega'_{TS}=\frac{R_0}{2a_S}+\left[\left(\frac{R_0}{2a_S}\right)^2+\omega^2\right]^{\frac{1}{2}} \tag{5-29c}$$

将式(5-26)～式(5-28)代入式(5-23)和式(5-24)，可以得出式(5-25a)和式(5-25b)中 a 和 b 的表达式为

$$b=\frac{2G_{CL}\Gamma\omega^2+\omega G_{CL}(G'_{TS}+G'_{TL})+G_{CL}\left(\omega'_{CL}-\frac{R_0}{D_L}\right)(G'_{TS}-G'_{TL})}{2\omega mG_{CL}+(G'_{TS}-G'_{TL})\left[\omega'_{CL}-\frac{R_0}{D_L}(1-k)\right]} \tag{5-30}$$

$$a=mb-\Gamma\omega^2 \tag{5-31}$$

式中，$G'_{TL}=\frac{2\lambda_L}{\lambda_L+\lambda_S}G_{TL}$，$G'_{TS}=\frac{2\lambda_S}{\lambda_L+\lambda_S}G_{TS}$，$\lambda_S$ 和 λ_L 分别为固相和液相的热导率。同时，将式(5-27)和式(5-28)代入式(5-24)得出

$$R(x)=R_0+\dot{\delta}\sin(\omega x)=\frac{\lambda_L+\lambda_S}{2\Delta H_m}(G'_{TS}-G'_{TL})+\frac{\lambda_L+\lambda_S}{2\Delta H_m}\omega[2a-(G'_{TS}+G'_{TL})]\delta\sin(\omega x) \tag{5-32}$$

式中

$$\dot{\delta}=\frac{\lambda_L+\lambda_S}{\Delta H_m}\omega\left[a-\frac{1}{2}(G'_{TL}+G'_{TS})\right] \tag{5-33}$$

将式(5-31)代入式(5-33)可以得到最终的结果：

$$\frac{\dot{\delta}}{\delta}=\frac{R_0\omega\left\{-2\Gamma\omega^2\left[\omega'_{CL}-\frac{R_0}{D_L}(1-k)\right]-(G'_{TL}+G'_{TS})\left[\omega'_{CL}-\frac{R_0}{D_L}(1-k)\right]+2mG_{CL}\left(\omega'_{CL}-\frac{R_0}{D_L}\right)\right\}}{(G'_{TS}-G'_{TL})\left[\omega'_{CL}-\frac{R_0}{D_L}(1-k)\right]+2\omega mG_{CL}} \tag{5-34}$$

由于在式(5-34)中，$G'_{TL}<G'_{TS}$，$\omega'_{CL}>\frac{R_0}{D_L}>\frac{R_0}{D_L}(1-k)$，可以定义以下函数：

$$S(\omega)=f(\omega)-\frac{1}{2}(G'_{TS}+G'_{TL})+mG_{CL} \tag{5-35}$$

$$f(\omega)=-\Gamma\omega^2-mG_{CL}\frac{2k}{\left[1+\left(\frac{2\omega D_L}{R_0}\right)^2\right]^{\frac{1}{2}}-1+2k} \tag{5-36}$$

由式(5-19b)定义的界面稳定性条件等效于

$$S(\omega)>0 \tag{5-37}$$

可以看出函数 $f(\omega)$ 始终为负值，假定 h 为 $f(\omega)$ 绝对值的最大值，即

$$h=|\max f(\omega)| \tag{5-38}$$

可以得出如下平界面稳定的条件：

$$-\frac{1}{2}(G'_{TS}+G'_{TL})+mG_{CL}<h \tag{5-39}$$

由式(5-36)可以看出，函数 $f(\omega)$ 中包含了合金的主要参数 m、D_L、k、T_m 和 $\Gamma(\sigma_S, \Delta H_m)$ 以及晶体的生长速率 R_0。这些参数的不同决定了 $f(\omega)$ 随 ω 的变化规律。对于给定的合金系，代入相应的参数，则可获得函数 $f(\omega)$ 的具体表达式，并可求出其最大绝对值 h，进而根据式(5-39)进行平界面稳定性判断。

可以看出，上述 MS 理论不仅考虑了结晶界面张力的影响，同时还区分了液相温度梯度和固相温度梯度的差异，比成分过冷判据更为合理。然而，进一步分析可以发现，MS 理论也存在着其局限性。比如，在实际晶体材料中，结晶界面张力是随着晶体学取向变化的。这一因素必将对平面结晶界面的稳定性产生影响，但 MS 理论却将界面张力假定为常数。

5.2　枝晶的形成条件与生长形态

5.2.1　经典枝晶生长模型

典型的立方晶系晶体生长过程形貌演变如图 5-3 所示[4]。平面结晶界面失稳后在界面上凸起的位置形成胞状结构，如图 5-3(b)所示。进一步发展，每个胞的侧面会在圆周方向上失稳，而在圆周方向上变得不对称，形成如图 5-3(c)、(d)所示形貌。再进一步发展，枝晶在轴向上失稳，形成侧向分枝，如图 5-3(e)所示，并进而发展成树枝晶，如图 5-3(f)所示。

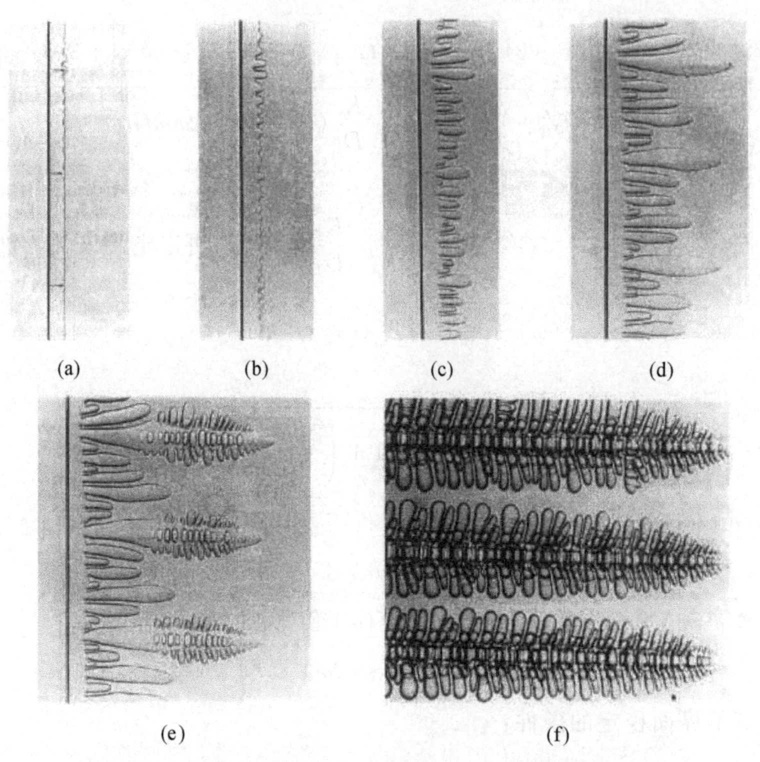

图 5-3 立方晶系结晶界面的失稳与生长形态的演变[4]

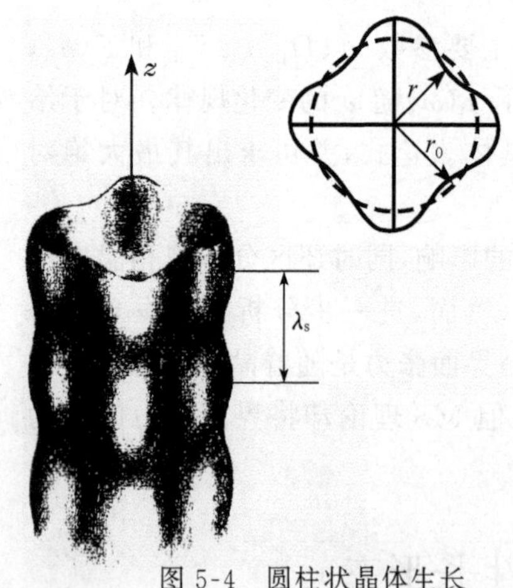

图 5-4 圆柱状晶体生长界面的失稳方式[5]

枝晶侧面形态的扰动和失稳是一个较为复杂的问题，Tiller 等[4]和 Kotler[6]曾将枝晶假定为圆柱状，在此条件下分析了其界面扰动及其稳定性问题。如图 5-4 所示，枝晶的半径 r 可表示为

$$r(\phi,z)=r_0+\delta Y_{l,\frac{m}{r0}}(\phi,z) \tag{5-40}$$

式中，半径扰动项 $\delta Y_{l,\frac{m}{r0}}(\phi,z)$ 为

$$\delta Y_{l,\frac{m}{r0}}(\phi,z)=\delta(\tau)\exp(\mathrm{i}l\phi)\exp\left(\mathrm{i}\frac{m}{r_0}z\right) \tag{5-41}$$

式中，$\delta(\tau)$ 为扰动振幅；$\exp(\mathrm{i}l\phi)$ 为圆周方向的扰动；ϕ 为圆周方向上的角度；$\exp\left(\mathrm{i}\frac{m}{r_0}z\right)$ 为轴向的扰动。采用与平界面扰动分析相同的方法，可以获得 $\frac{\dot{\delta}}{\delta}$ 作为圆柱界面稳定性的判据。该分析首先将结晶界面假定为圆柱形，这一假设与实际情况不一致，同时分析结果太过繁杂，因此，作为一个定量的判据并不实用，但可以得出一些定性的结论，如随着结晶界面过冷度的增大和溶质富集程度的增大，界面失稳的扰动波长减小，更容易发生失稳。

上述形态的演变过程是由晶体本身的特性(特别是界面能的各向异性)和温度场、溶质扩散场共同决定的。其中界面能的各向异性在决定生长形态的对称性上起着决定性的作用(由于立方晶系中界面能是四重对称的)。

以下首先分析在过冷熔体中单一胞晶的生长形态。假定结晶界面为粗糙界面，按照连续生长的方式结晶。在过冷熔体中，温度场对晶体生长形态的约束较弱，可以发生所谓的“自由生长”。

Ivantsov[7]通过求解胞晶稳态生长过程的传热方程得出如下解：

$$St = Pe\left[\exp(Pe)\int_{Pe}^{\infty}\frac{\exp(-u)}{u}\mathrm{d}u\right] \tag{5-42}$$

式中，St 为 Stefan 数，即无量纲过冷度；Pe 为 Peclet 数。St 和 Pe 可分别为

$$St = \frac{\Delta T_{\mathrm{t}}}{\left(\dfrac{\Delta H_{\mathrm{m}}}{c_p}\right)} \tag{5-43}$$

$$Pe = \frac{R_{\mathrm{t}}r_{\mathrm{t}}}{2a_{\mathrm{L}}} \tag{5-44}$$

式中，c_p 为摩尔质量热容；ΔH_{m} 为结晶潜热；ΔT_{t} 为枝晶尖端过冷度；R_{t} 为枝晶尖端生长速率；r_{t} 为枝晶尖端半径；a_{L} 为熔体的热扩散率。

对式(5-42)整理后可以得出如下 $R_{\mathrm{t}}r_{\mathrm{t}}$ 乘积与过冷度的关系：

$$R_{\mathrm{t}}r_{\mathrm{t}} = 2a_{\mathrm{L}}I_{\mathrm{v}}^{-1}(St) \tag{5-45}$$

式中，$I_{\mathrm{v}}^{-1}(St)=Pe$ 为式(5-42)的反函数。

要独立地获得 R_{t} 和 r_{t} 分别与过冷度 ΔT_{t} 的关系，则需要找出一个与 Ivantsov 理论无关的约束条件。Oldfield[5]通过分析生长晶面的稳定性，提出了如下约束条件：

$$R_{\mathrm{t}}r_{\mathrm{t}}^2 = 常数 \tag{5-46}$$

从而由式(5-45)和式(5-46)联立求解，分别得到 R_{t} 和 r_{t} 与过冷度 ΔT_{t} 的关系。

图 5-5(a)为 SCN 晶体生长过程中在显微镜下直接拍照获得的枝晶尖端的照片[8]。通过采用图中描点的拟合发现，该晶体尖端形状接近抛物线。

在图 5-5(b)所示的坐标系中，该抛物线的方程为(对应于图 5-5(b)中的曲线 a)[8]

$$y = y_0 + \frac{1}{2r_{\mathrm{t}}}(x - x_0)^2 \tag{5-47}$$

LaCombe 等[8]分析发现，采用四次方程能够更精确地描述胞晶的形状，如图 5-5(b)中的曲线 b，即

$$y = y_0 + \frac{1}{2r_{\mathrm{t}}}(x - x_0)^2 + q(x - x_0)^4 \tag{5-48}$$

式中，q 为实验参数，其量纲为 L^{-3}(L 为长度参数)。

胞状晶侧向分枝的进一步发展可形成图 5-3(f)所示的发达的树枝晶。由原始的胞状晶发展起来的主干称为一次枝晶，而侧向分枝则称为二次枝晶。二次侧向分枝在生长过程中相互影响、竞争生长，结果部分枝晶被淘汰，而另一部分则快速长大。如果晶体生长的空间足够大，则这些二次分枝获得与一次分枝相似的生长环境而得以发展，并可进一

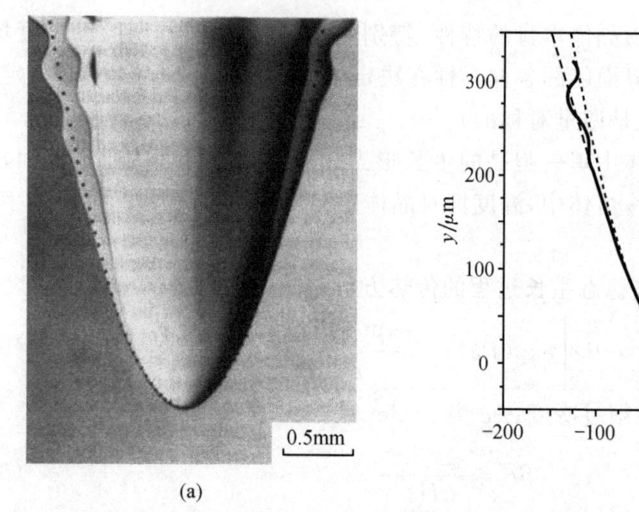

图 5-5　SCN 晶胞的生长形态[8]

(a) 单个胞晶的照片；(b) 拟合的胞晶尖端形状

曲线 a 为二次方程(抛物线)拟合结果，曲线 b 为四次方程拟合结果

步形成三次乃至更高次枝晶。

在"自由生长"过程中，只有溶质的扩散对其晶体生长形态具有约束作用。

5.2.2　枝晶生长的相场模型

采用上述解析方法进行晶体生长形态计算时均涉及场量的自由边界的求解问题，而且需要考虑界面张力的影响。只有考虑了界面张力的各向异性，才能更合理地预测生长形态的演变。近年来，人们发展了一种新的生长形态分析方法，即相场法[9~12]。在相场法中锐变的界面被处理为扩散界面，并引入一个相场参量 φ。该相场参量是连续变化的，在单一相区 φ 为常数，在固相区 φ 为 0，而在液相区 φ 为 1。在扩散的结晶界面上，φ 介于 0 和 1 之间。通常定义一个偏微分方程来描述 φ 的变化。

假定对于给定的任意体积微元 V，其表面面积为 A，则该体积微元中的内能 U 和熵 S 分别为[9]

$$U=\int_V\left[u(\boldsymbol{r},\tau)+\frac{1}{2}\varepsilon_u^2\,|\nabla\varphi|^2\right]\mathrm{d}^3x \tag{5-49}$$

$$S=\int_V\left[s(\boldsymbol{r},\tau,\varphi)-\frac{1}{2}\varepsilon_s^2\,|\nabla\varphi|^2\right]\mathrm{d}^3x \tag{5-50}$$

式中，$u(\boldsymbol{r},\tau)$ 和 $s(\boldsymbol{r},\tau,\varphi)$ 分别为内能密度和熵密度，是位置矢量 $\boldsymbol{r}$ 和时间 τ 的函数；ε_u 和 ε_s 为常数，$\frac{1}{2}\varepsilon_u^2|\nabla\varphi|^2$ 和 $\frac{1}{2}\varepsilon_s^2|\nabla\varphi|^2$ 分别称为梯度能和梯度熵。

根据能量守恒原理，微元 V 的内能 U 随时间的变化应等于通过微元的边界 A 进入微元的能流的总和，则可得到

$$\int_V(\dot{u}-\varepsilon_u^2\varphi\nabla^2\varphi+\nabla\boldsymbol{q})\,\mathrm{d}^3x=0 \tag{5-51}$$

由于微元的选取是任意的，因此可以去掉上述的积分符号，得到通用的表达式：

$$\dot{u} - \varepsilon_u^2 \varphi \nabla^2 \varphi + \nabla \boldsymbol{q} = 0 \tag{5-52}$$

而根据熵的增大原理可以得出

$$\int_V \left[\boldsymbol{q} \cdot \nabla \left(\frac{1}{T} \right) \right] \mathrm{d}^3 x + \int_V \left[\left(\frac{\partial s}{\partial \varphi} \right)_u + \frac{\varepsilon_f^2}{T} \nabla^2 \varphi \right] \varphi \mathrm{d}^3 x \geqslant 0 \tag{5-53}$$

式(5-53)等效于

$$\left[\boldsymbol{q} \cdot \nabla \left(\frac{1}{T} \right) \right] + \left[\left(\frac{\partial s}{\partial \varphi} \right)_u + \frac{\varepsilon_f^2}{T} \nabla^2 \varphi \right] \varphi \geqslant 0 \tag{5-54}$$

式中，$\boldsymbol{q}$ 为热流密度

$$\boldsymbol{q} = -\lambda \nabla T \tag{5-55}$$

$$\varepsilon_f^2 = \varepsilon_u^2 + T \varepsilon_s^2$$

$$\tau \varphi = \left(\frac{\partial s}{\partial \varphi} \right)_u + \frac{\varepsilon_f^2}{T} \nabla^2 \varphi \tag{5-56}$$

Sekerka[10]采用了如下内能的表达式：

$$u(T, \varphi) = u_0 + c_V (T - T_m) + \Delta H_m p(\varphi) + \frac{W_u}{2} g(\varphi) \tag{5-57}$$

式中，u_0 为常数；c_V 为体积热容；ΔH_m 为单位体积的结晶潜热（熔化焓）；$p(\varphi)$为构造的 φ 的光滑函数，当 φ 从 0 增大到 1 时，$p(\varphi) = \varphi^3 (10 - 15\varphi + 6\varphi^2)$从 $p(0) = 0$ 连续地变化为$p(1) = 1$；$g(\varphi) = \varphi^2 (1 - \varphi)^2$ 为双阱势函数；W_u 为双阱势强度参数。

同样可以建立如下 Helmholtz 自由能密度 $F = u - Ts$：

$$F(T, \varphi) = u_0 - T s_0 + c_V (T - T_m) - c_V T \ln \left(\frac{T}{T_m} \right) + \Delta H_m \left(1 - \frac{T}{T_m} \right) p(\varphi) + \frac{W_f}{2} g(\varphi) \tag{5-58}$$

式中，s_0 为常数；$W_f = W_u + T W_s$，W_s 为常数，并可以根据热力学原理得出

$$\left(\frac{\partial s}{\partial \varphi} \right)_u = -\frac{1}{T} \left(\frac{\partial F}{\partial \varphi} \right)_T = \Delta H_m \left(\frac{1}{T_m} - \frac{1}{T} \right) p'(\varphi) - \frac{W_f}{2} g'(\varphi) \tag{5-59}$$

其中，$p'(\varphi) = \dfrac{\mathrm{d}p(\varphi)}{\mathrm{d}\varphi}$和 $g'(\varphi) = \dfrac{\mathrm{d}g(\varphi)}{\mathrm{d}\varphi}$。

将相关参数分别代入式(5-52)和式(5-56)，则可得出如下相场方程：

$$c_V \dot{T} + \Delta H_m \dot{p}(\varphi) = k \nabla^2 T + \varepsilon_u^2 \varphi \nabla^2 \varphi - \frac{W_u}{2} g(\varphi) \tag{5-60}$$

$$\tau \varphi = \frac{\varepsilon_f}{T} \nabla^2 \varphi + \Delta H_m \left(\frac{1}{T_m} - \frac{1}{T} \right) p'(\varphi) - \frac{W_f}{2} g'(\varphi) \tag{5-61}$$

基于式(5-60)和式(5-61)，可以采用数值计算方法进行晶体生长形态的模拟。

McFadden 等[11]通过渐进分析获得结晶界面过渡区的厚度 δ_i、张力 σ_S 和界面生长动

力学系数 k_i 的表达式分别为

$$\delta_i = \frac{6\varepsilon_f}{\sqrt{W_f}} \tag{5-62}$$

$$\sigma_S = \frac{\varepsilon_f \sqrt{W_f}}{6} \tag{5-63}$$

$$k_i = \frac{\delta_i \Delta H_m}{T_m^2 \tau} \tag{5-64}$$

为了更为合理地模拟晶体生长形态，必须考虑界面能 σ_S 和晶体生长动力学系数 k_i 的各向异性。对此可通过定义 ε_f 的各向异性来获得。在 Warren 和 Boettinger[13] 的分析中，引入了各向异性参数：

$$\varepsilon_f = \varepsilon_0 [1 - \gamma_e \cos(b\theta)] \tag{5-65}$$

式中，ε_0、γ_e 和 b 均为常数，而 θ 满足

$$\tan\theta = \frac{\varphi_y}{\varphi_x} \tag{5-66}$$

式中，φ_x 和 φ_y 为 x 和 y 方向上的相场参量分量。

在引入各向异性的参数后，相场的计算式（见式(5-60)和式(5-61)）的表达形式将更加复杂，但可更为合理地预测晶体的生长形态。图 5-6 是 Warren 和 Boettinger[13] 采用相场模拟获得的枝晶结构。可以看出，模拟结果已和实际晶体生长形态非常接近。

图 5-6　采用相场模拟获得的枝晶生长形态[13]

5.2.3　六方晶系的枝晶生长

经典的枝晶生长模型通常是针对弱各向异性的金属材料凝固过程建模的，并且主要讨论立方晶系的枝晶生长行为。但实际晶体生长过程中，晶体结构的差异、生长环境的变化均会影响枝晶生长的方式和形态。以下仅以两个事例说明六方晶系枝晶生长形貌的多变特性。

最为奇特的六方晶系的晶体是冰。Libbrecht 教授[14] 数十年的研究获得了大量的雪花照片，艺术地展示了冰晶体的气相生长形态。其形貌的多变和有趣令人叹为观止，可见人类想要巧夺天工实属不易。图 5-7 所示为挑选出的几个雪花照片[14]。

在单质材料中，铍、镁、锌、钴、钛、锆等均为六方晶系（见图 1-10）。化合物晶体中六方晶系的材料更为普遍，图 5-8 为通过水解 $[Fe(CN)_6]^{3-}$ 形成的赤铁矿（α-Fe_2O_3）的枝晶形貌[15]，其形成过程的化学反应是

$$[Fe(CN)_6]^{3-} + H_2O \longrightarrow [Fe(OH)(CN)_5]^{3-} + HCN \tag{5-67}$$

枝晶的择优生长取向为 $\langle 11\bar{2}0\rangle$，同时发现，增大 $[Fe(CN)_6]^{3-}$ 的浓度，可以使择优取

向由$\langle 11\bar{2}0\rangle$变为$\langle 110\bar{1}\rangle$。这也反映了过饱和度对不同取向结晶界面上沉积速度的影响。对此尚难采用简单的模型进行量化处理。

(a)　(b)　(c)　(d)

图 5-7　典型的雪花生长形貌[14]

5.3　枝晶阵列的生长

在实际晶体生长过程中，当平面结晶界面失稳后将形成多个胞晶，这些胞晶的集合构成一个阵列。在胞晶阵列的生长过程中，每个胞晶周围的温度场与溶质扩散场相互重叠、相互影响，制约着其形态的发展。

枝晶阵列的生长形态是由生长速率决定的。图 5-9 所示为 SCN-1.3%乙醇胞(枝)晶阵列的生长形貌的演变过程[16]。随着生长速率从小到大的变化，可能出现三种情况：

图 5-8 通过式(5-67)所示的反应形成的赤铁矿(α-Fe_2O_3)枝晶[15]

①在低速生长条件下,胞晶阵列不会形成侧向分枝,而且胞晶尖端并不形成抛物线型的形状,如图 5-9(a)所示。②在中等生长速率下,在胞晶的侧面出现微弱的侧向分枝,形成胞状枝晶。同时,胞晶尖端变得尖锐,形成抛物线形的尖端形貌,如图 5-9(b)、(c)所示。③随着生长速率的进一步增大,形成具有发达侧向分枝的枝晶阵列。同时,枝晶尖端进一步变细,尖端半径远远小于枝晶间距,如图 5-9(d)、(e)、(f)所示。

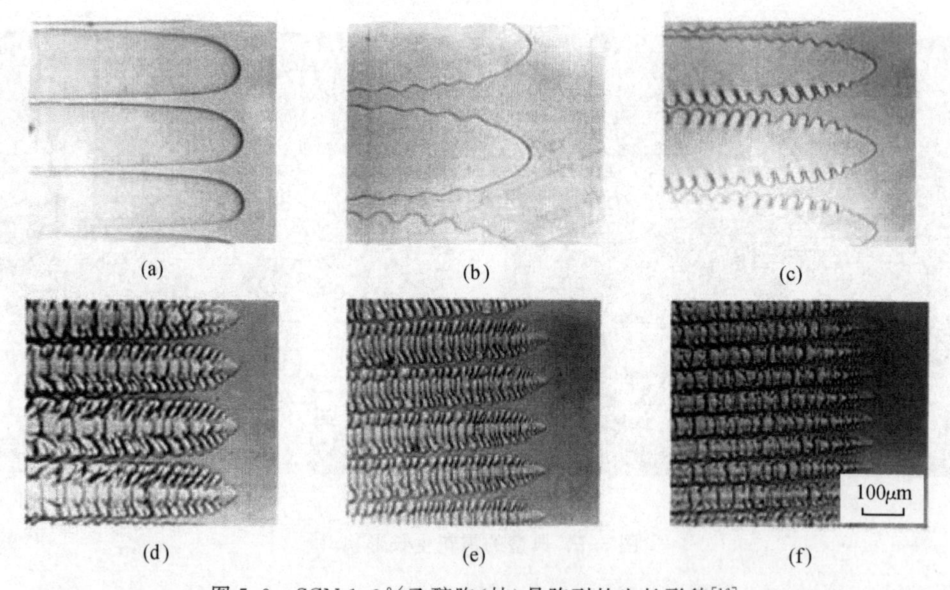

图 5-9 SCN-1.3%乙醇胞(枝)晶阵列的生长形貌[16]

温度梯度为 $8K/mm < G_T < 10.5K/mm$;生长速率($\mu m/s$)、扩散长度$\left(即\dfrac{2D_L}{R}(mm)\right)$、胞晶间距与尖端直径的比值分别为:(a) 1.6,1.6,2.0;(b) 2.5,1.0,2.5;(c) 8.3,0.3,5.5;(d) 16,0.16,6.0;(e) 33,0.08,7.5;(f) 83,0.03,9.0

在胞晶阵列生长过程中,人们关心的问题除了其形状外,主要是胞晶间距。对于胞枝晶,除了枝晶杆的间距,即一次枝晶间距外,还有侧向枝晶的间距,即二次枝晶间距。

定向枝晶阵列的典型参数是一次枝晶间距。从 20 世纪 50 年代起,人们对一次枝晶间距进行了大量的实验研究和理论建模，包括经典的 Bower-Brody-Flemings 模型[17]、Hunt 模型[18]、Kurz-Fisher 模型[19,20]、Warren-Langer 模型[21,22]、Laxmanan 模型[23]，以及后来的 Lu-Hunt 数值模型[24~26]等。这些模型揭示了稳态条件下枝晶间距与合金系特征参数（分凝因数 k、液相线斜率 m、溶质浓度 w、界面张力 σ、结晶潜热 ΔH），以及凝固条件（温度梯度 G_T、生长速率 R）之间的定量关系。以下简要介绍几种有代表性的枝晶间距理论模型的基本原理和主要结论。

5.3.1　Hunt 模型

经典的 Hunt 模型[18]是以 Bower-Brody-Flemings 模型[17]为基础发展的一种解析模型。该模型按照图 5-10 所示的方法，将柱状树枝晶处理为胞晶，用图中轮廓线近似表示其外形，同时采用如下假设：①等温面为垂直于生长方向的平面；②胞晶间距很小，以至于胞晶间液相中成分的径向扩散是充分的；③胞晶为回转体，端部为球面，其曲率半径对溶质分布及熔点温度的影响不能忽略；④固相扩散可以忽略。

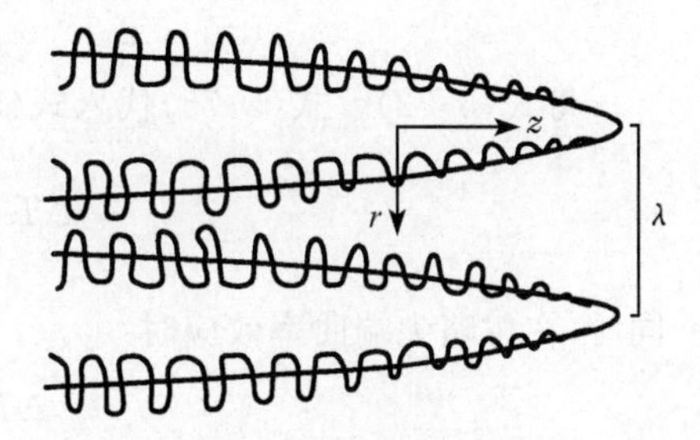

图 5-10　胞状枝晶阵列的简化及生长过程中的主要参数

基于以上假设，液相中的溶质浓度沿胞晶长度方向上的分布可表示为

$$w(z)=\overline{w}(z)+\Delta w_{\mathrm{t}} \tag{5-68}$$

式中，$\overline{w}(z)$为两相区中 z 截面上的平均液相溶质浓度；Δw_{t} 为尖端曲率效应引起的枝晶尖端溶质浓度的变化。

忽略结晶界面上的生长动力学过冷度，则胞晶尖端的过冷度 ΔT 可表示为成分过冷 ΔT_{C} 与界面曲率过冷 ΔT_σ 之和，即

$$\Delta T=\Delta T_{\mathrm{C}}+\Delta T_\sigma \tag{5-69}$$

式中

$$\Delta T_\sigma=\frac{2\Gamma}{r_{\mathrm{t}}} \tag{5-70}$$

其中，r_{t} 为枝晶尖端半径；Γ 为 Gibbs-Thomson 系数，定义为界面能与熔化熵之比，即 $\Gamma=\dfrac{\sigma}{\Delta S_{\mathrm{f}}}$，而

$$\Delta T_{\mathrm{C}}=m(w_\infty-\overline{w}_{\mathrm{t}})-m\Delta w_{\mathrm{t}} \tag{5-71}$$

这里，w_∞为无穷远处的成分，即合金的平均成分；$\overline{w}_{\mathrm{t}}$ 为枝晶尖端的平均成分；m 为液相线斜率。

参照平界面生长过程的溶质分凝模型，结晶界面处液相溶质浓度梯度可表示为

$$\left.\frac{\mathrm{d}\overline{w}(z)}{\mathrm{d}z}\right|_{z=z_{\mathrm{t}}}=\frac{R}{D_{\mathrm{L}}}(w_\infty-\overline{w}_{\mathrm{L}}) \tag{5-72}$$

由式(5-72)得出

$$w_\infty - \overline{w}_t = \frac{D_L}{R} \frac{d\overline{w}(z)}{dz}\bigg|_{z=z_t} = \frac{D_L}{R}\frac{G_T}{m} \tag{5-73}$$

式中，D_L 为溶质在液相中的扩散系数；G_T 为温度梯度。

Hunt[18] 通过详细分析胞晶尖端的成分分布得出

$$\Delta w_t = \left[\frac{R}{D_L}(1-k_0)w_t + \frac{G_T}{m}\right] r_t \tag{5-74}$$

式中，胞晶尖端半径 r_t 与胞晶间距 λ 的关系可表示为

$$r_t = -\frac{G_T \lambda^2}{4\sqrt{2}\left[m w_t(1-k_0) + \dfrac{D_L G_T}{R}\right]} \tag{5-75}$$

将式(5-72)～式(5-75)代入式(5-71)得出

$$\Delta T_C = \frac{G_T D_L}{R} + \frac{G_T \lambda^2 R}{D_L 4\sqrt{2}} \tag{5-76}$$

同时，在忽略尖端曲率效应时

$$\Delta T_C = m(w_\infty - w_t) \tag{5-77}$$

因此

$$m(1-k_0)w_t = m(1-k_0)w_\infty - (1-k_0)\Delta T_C \tag{5-78}$$

将式(5-75)～式(5-78)代入式(5-70)得

$$\Delta T_\sigma = \frac{2\Gamma(1-k_0)R}{D_L} - \frac{2\Gamma 4\sqrt{2}}{G_T \lambda^2}\left[m(1-k_0)w_\infty + \frac{k_0 G_T D_L}{R}\right] \tag{5-79}$$

从而

$$\Delta T = \frac{G_T D_L}{R} + \frac{G_T \lambda^2 R}{D_L 4\sqrt{2}} + \frac{2\Gamma(1-k_0)R}{D_L} - \frac{2\Gamma 4\sqrt{2}}{G_T \lambda^2}\left[m(1-k_0)w_\infty + \frac{k_0 G_T D_L}{R}\right] \tag{5-80}$$

由式(5-80)对 λ 求导数，并令 $\frac{d(\Delta T)}{d\lambda} = 0$，得出胞晶间距为

$$\lambda^4 = -\frac{64\Gamma D_L\left[m(1-k_0)w_\infty + k_0 \dfrac{G_T D_L}{R}\right]}{R G_T^2} \tag{5-81}$$

由式(5-81)可以看出，根据 Hunt 模型，胞晶间距是由合金本身的成分(w_∞)、物理化学性能(界面张力 σ 与熔化熵 ΔS_f 的比值 Γ、溶质扩散系数 D_L、液相线斜率 m、分凝因数 k_0)和生长条件(温度梯度 G_T 和生长速率 R)共同决定。Trivedi[27] 通过将实验获得的枝晶间距与 Hunt 预测结果对比发现，Hunt 模型预测的胞晶间距稍小于实测的结果。

5.3.2 Kurz-Fisher 模型

Kurz-Fisher 模型[19] 将胞晶近似处理为纵截面为椭圆的回转体，其长半轴和短半轴

的长度分别为 a 和 b，如图 5-11(a)所示。这些回转体在空间按照密排六方结构排列，其中 3 个胞晶的交接处如图 5-11(b)所示。胞晶间距为

$$\lambda = b\sqrt{3} \tag{5-82}$$

胞晶的长半轴为

$$a = \frac{\Delta T'}{G_T} \tag{5-83}$$

式中，$\Delta T'$为胞晶尖端温度与根部温度的差值，可表示为

$$\Delta T' = \Delta T_0 - \Delta T^* = T_t - T_E \tag{5-84}$$

式中，ΔT_0 为结晶温度间隔，等于合金液相线温度 T_L 与共晶温度 T_E 的差值，即 $\Delta T_0 = T_L - T_E$；ΔT^* 为枝晶尖端过冷度；T_t 为枝晶尖端温度。

通过几何关系分析得出

$$r_t = \frac{b^2}{a} = \frac{\lambda^2 G_T}{3\Delta T'} \tag{5-85}$$

或

$$\lambda = (3\Delta T' r_t)^{\frac{1}{2}} G_T^{-\frac{1}{2}} \tag{5-86}$$

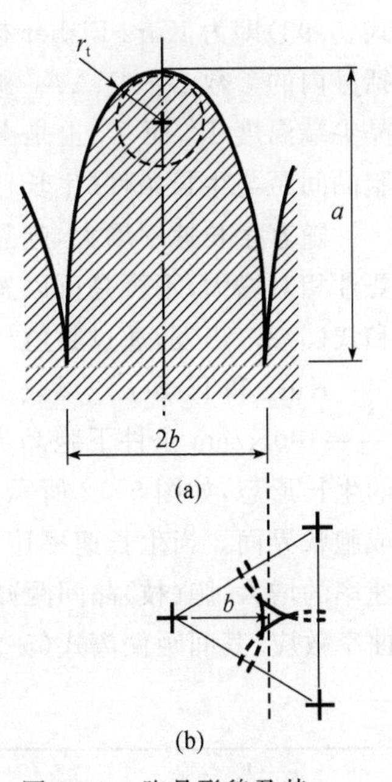

图 5-11　胞晶形貌及其阵列排列结构[19]

(a) 胞晶形貌；(b) 胞晶阵列排列

式中，待定的参数是枝晶尖端半径 r_t 和尖端过冷度 ΔT^*。根据 Kurz 和 Fisher 的胞晶生长稳定性的分析[19,20]，胞晶尖端生长速率可表示为

$$R = \frac{2D_L(G_T r_t^2 + 4\pi^2 \Gamma)}{(r_t^3 G_T - 2r_t^2 w_0 m + 4\pi^2 \Gamma r_t)(1-k_0)} \tag{5-87}$$

在低速生长条件下，即 R 很小时，式(5-87)中的枝晶尖端半径 r_t 相对较大，$4\pi^2\Gamma$ 项相对很小[19]，可以忽略，从而式(5-87)可简化为

$$R \approx \frac{2D_L G_T}{(r_t G_T - 2w_0 m)(1-k_0)} \tag{5-88}$$

并得出

$$r_t = \frac{2D_L}{R(1-k_0)} + \frac{2mw_0}{G_T} \tag{5-89}$$

$$\lambda = \left[\frac{6\Delta T'}{G_T(1-k_0)}\left(\frac{D_L}{R} - \frac{\Delta T_0 k_0}{G_T}\right)\right]^{\frac{1}{2}} \tag{5-90}$$

当生长速率 R 很小时

$$R \approx \frac{4D_L \pi \Gamma}{r_t^2 (1-k_0) w_0 (-m)} \tag{5-91}$$

$$r_t = 2\pi\left(\frac{D_L \Gamma}{R k_0 \Delta T_0}\right)^{\frac{1}{2}} \tag{5-92}$$

$$\lambda = 4.3\Delta T'^{\frac{1}{2}}\left(\frac{D_L \Gamma}{\Delta T_0 k_0}\right)^{\frac{1}{4}} R^{-\frac{1}{4}} G_T^{-\frac{1}{2}} \tag{5-93}$$

式(5-93)即为 Kurz-Fisher 模型提出的胞晶间距计算模型。对于给定的合金体系,式中括号内的参数 D_L、Γ、ΔT_0 和 k_0 均是确定的。由式(5-84)可以看出,$\Delta T'$ 主要取决于枝晶尖端温度 T_t,而 T_t 也是由生长速率 R 和温度梯度 G_T 决定的。因此,式(5-93)反映了胞晶间距与生长条件(生长速率 R 和温度梯度 G_T)的关系。

随着生长速率增大,胞晶间距减小,式(5-87)中的枝晶尖端半径 r_t 减小,$4\pi^2\Gamma$ 项重要性相对增大,不再是可以忽略的项。此时,胞晶尖端半径和间距的讨论应该从式(5-86)和式(5-87)出发,通过数值计算获得。

Kurz 和 Fisher[19] 以表 5-1 给出的 Al-Cu 系的典型参数为基础,获得在温度梯度 $G_T=100\text{K/cm}$ 条件下胞晶尖端半径 r_t 和胞晶间距随生长速率 R 的变化,并给出了对应的生长形态,如图 5-12 所示。当生长速率到达临界值 R_{cs}时,平面结晶界面开始失稳,形成胞状界面。当生长速率达到 R_{tr}时,胞状结晶界面开始失稳,形成枝晶。然后,随着生长速率的增大,胞(枝)晶间距减小,并由式(5-93)确定。在高速生长阶段,由于胞晶尖端的曲率效应,其间距偏离式(5-93)。温度梯度的影响可由图 5-13 反映出。

表 5-1　Al-Cu 合金系的主要参数[19]

m/(K/%)	k_0	D_L/(cm²/s)	Γ/(K·cm)
−2.6	0.14	3×10^{-5}	1×10^{-5}

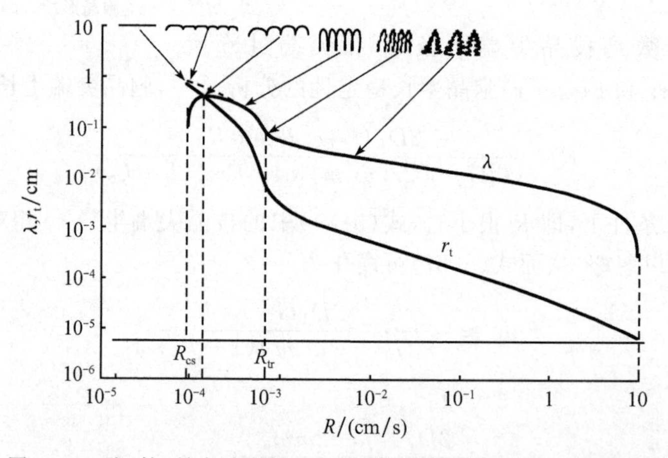

图 5-12　胞(枝)晶尖端半径 r_t 及间距 λ 随生长速率 R 的变化[19]

Al-2%Cu① 合金,$G_T=100\text{K/cm}$

5.3.3　Lu-Hunt 数值模型[24~26]

几乎所有讨论枝晶和胞晶的生长形态和间距的解析模型均对其间距的选择采用了某些人为的假设,并且对溶质的扩散采用了过分的简化。为了更真实地反映晶体生长过程的实际情况,Lu-Hunt 模型首先假定枝晶的尖端形状为抛物线,而胞晶尖端为半球面,胞(枝)晶在垂直于生长方向的截面上按照图 5-14 所示的密排六方结构排列[26],并将生长

① 此种表示方法,若无特别说明,均表示质量分数。

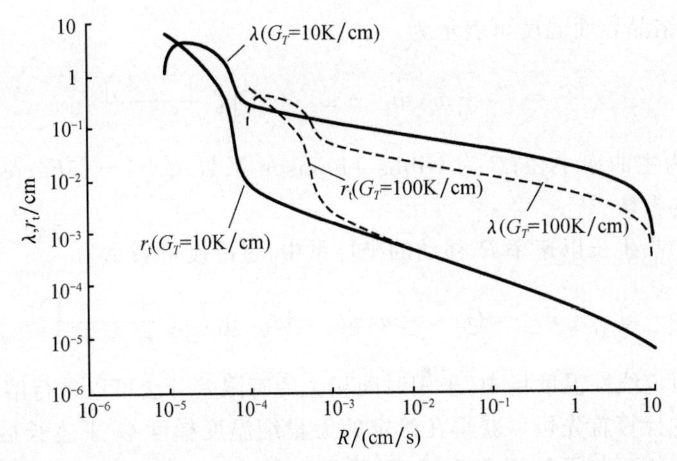

图 5-13　温度梯度 G_T 对胞(枝)晶尖端半径 r_t 及间距 λ 随生长速率 R 的变化规律的影响[19]
(Al-2%Cu 合金)

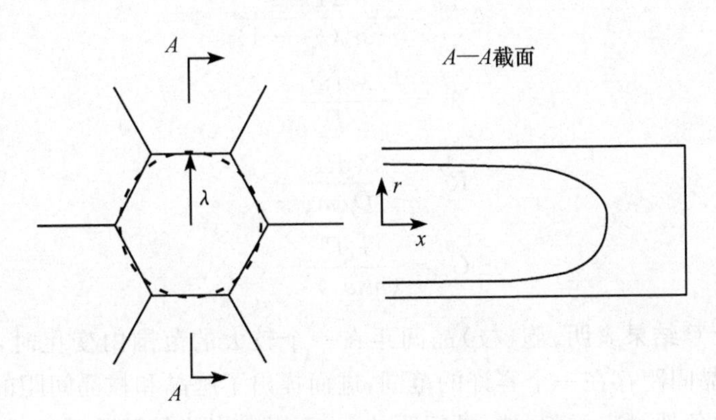

图 5-14　胞晶阵列的排列及其胞晶形状[26]

过程的温度场假定为一维的稳态温度场，温度梯度是恒定的，表示为 G_T。该温度场随着生长过程的进行以恒定速率 R(表观生长速率)沿生长方向移动。在上述条件下，只需要进行溶质传输过程的分析。关于晶体生长过程的溶质传输，Lu-Hunt 模型假定固相扩散可以忽略，并且液相无对流，因此仅需要在假定的几何形状条件下分析液相中的扩散过程。

液相扩散的控制方程为

$$D_L \nabla^2 w_L = \frac{\partial w_L}{\partial \tau} \tag{5-94}$$

该方程的边界条件包括：远场条件，即 $X \to \infty$ 时，$w_L = w_0$；结晶界面的边界条件：

$$R_n (k_0 - 1) w_{Li} = D_L \frac{\partial w_L}{\partial n} \tag{5-95}$$

式中，R_n 为结晶界面法线方向上的生长速率；$\frac{\partial w_L}{\partial n}$ 为界面法线方向上的溶质浓度梯度。

在生长区,结晶界面温度可表示为

$$T_{\mathrm{i}}=T_0+m(w_{\mathrm{Li}}-w_0)-\Gamma\left(\zeta\frac{1}{r_1}+\frac{1}{r_2}\right) \tag{5-96}$$

式中,r_1 和 r_2 为主曲率半径;Γ 为 Gibbs-Thomson 系数;$\zeta=1-15E_4\cos4\theta$ 为表示晶体生长各向异性的参数[28]。

在随胞(枝)晶生长以速率 R 移动的坐标系中,过冷度可表示为

$$T_0-T=-G_Tx=m(w_0-w_{\mathrm{L}})+\Gamma\left(\zeta\frac{1}{r_1}+\frac{1}{r_2}\right) \tag{5-97}$$

在假定的恒定线性温度场中,采用时间相关的有限差分法可以进行溶质分布的计算。Lu-Hunt 模型的计算首先可以获得在给定的无量纲温度梯度 G' 下生长区胞(枝)晶界面的无量纲过冷度 $\Delta T'$ 与无量纲间距 λ'、无量纲生长速率 R' 的函数关系。以该关系为基础,可以推导胞(枝)晶间距形成与演变的一系列定量规律。其中

$$\Delta T'=\frac{\Delta Tk_0}{mw_0(k_0-1)} \tag{5-98}$$

$$\lambda'=-\frac{\lambda mw_0}{\Gamma} \tag{5-99}$$

$$R'=-\frac{R\Gamma}{D_{\mathrm{L}}mw_0} \tag{5-100}$$

$$G'=\frac{G_T\Gamma}{(mw_0)^2} \tag{5-101}$$

Lu-Hunt[26]的计算结果表明,胞(枝)晶间距在一个较大的范围内变化时,均能获得稳定解,即胞晶和枝晶间距存在一个容许的范围,进而提出了胞晶和枝晶间距的调整机制。该调整过程发生的条件对应于胞(枝)晶间距的上、下限。当胞晶间距过小时,某些胞晶将覆盖相邻胞晶,使间距变大,覆盖生长的临界条件即对应于胞晶间距的下限;而当胞晶间距过大时,一个胞晶分裂为两个胞晶,该胞晶尖端分裂的临界条件对应于胞晶间距的最大值。枝晶生长过程间距的调节机制与此相近,枝晶的覆盖生长对应于枝晶间距的下限,但枝晶间距接近上限时,不是通过枝晶尖端的分裂,而是通过二次枝晶上形成的三次分枝快速生长,赶上一次枝晶进行。上述胞晶和枝晶间距的调整机理如图 5-15 所示。其中胞晶和枝晶间距调整过程覆盖生长的条件如图 5-16 所示。如果周围胞晶排出的溶质向相对滞后的胞晶生长空间扩散时,则该胞晶的生长过冷度被降低,从而该胞晶可能被覆盖而消失,如图 5-16(a)所示;如果该胞晶向其周围空间排出溶质,则该胞晶获得更好的生长条件而长大,该胞晶是稳定的,如图 5-16(b)所示。

以丁二腈-35%丙酮及 Al-0.34%Si-0.14%Mg 为对象,Lu-Hunt 模型预测的胞晶和枝晶间距的变化范围及其与实验结果的对比如图 5-17 所示。

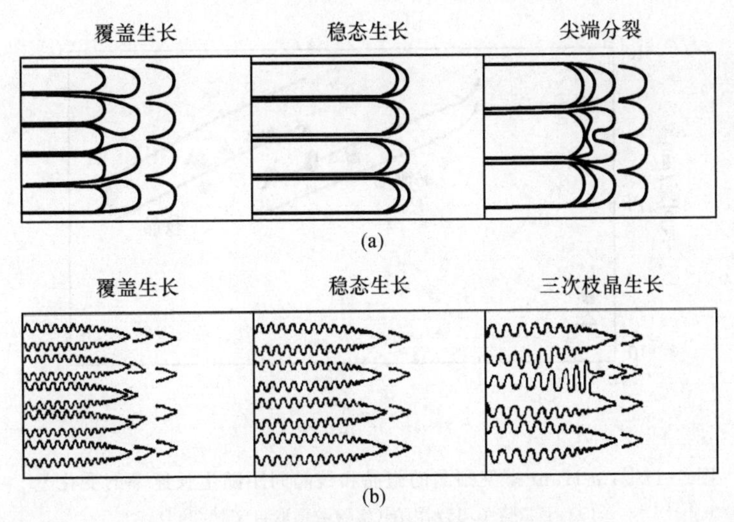

图 5-15　胞晶间距和枝晶间距的调整机制[26]

(a) 胞晶；(b) 枝晶

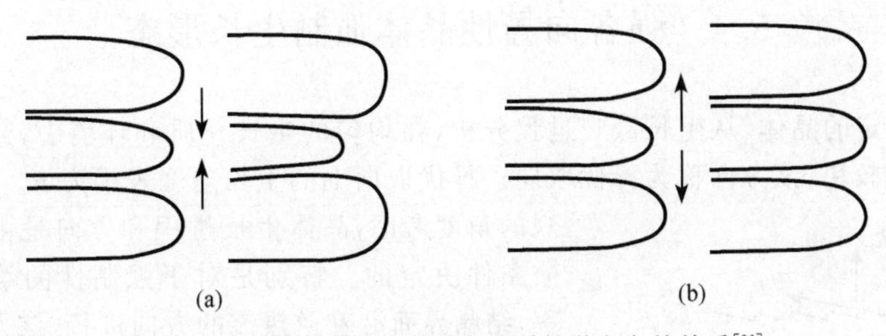

图 5-16　胞晶间距的稳定性与溶质扩散方向的关系[26]

(a) 不稳定；(b) 稳定

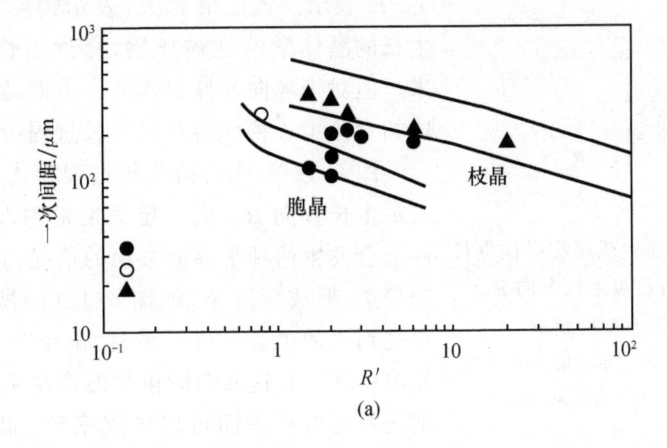

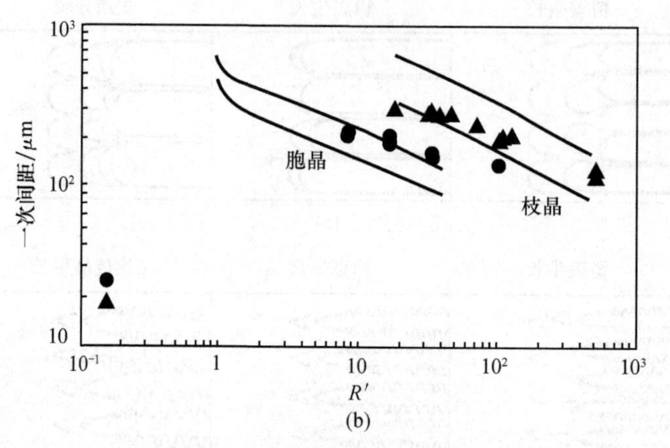

图 5-17　Lu-Hunt 模型预测的胞晶和枝晶间距随生长速率的变化[26]

(a) 丁二腈-0.35%丙酮(实验数据取自文献[29])；
(b) Al-0.34%Si-0.14%Mg 合金(实验数据取自文献[30])

5.4　强各向异性晶体强制生长形态

对于特定的晶体，从生长微观过程分析，在均匀的生长介质和环境中，某些晶体学取向上生长较快，该方向称为择优取向。择优取向上的生长速度表示为 $\boldsymbol{R}_{\mathrm{p}}$。然而从宏观的角度考虑，晶体生长过程和方向是由传热和传质条件决定的。特别是对于强制性的熔体生长过程，结晶界面沿着逆热流的方向进行，该方向的生长速度表示为 $\boldsymbol{R}_{\mathrm{M}}$。强制性生长的约束条件可以用温度梯度 G_T 与沿宏观生长方向上的生长速率 R 的比值 G_T/R 表示。该比值越大，表示约束条件越强，晶体生长的晶体学特性被压制，择优生长取向表现不出来。但对于各向异性很强的小平面晶体生长过程，晶体的台阶生长特性会对其生长过程产生影响。

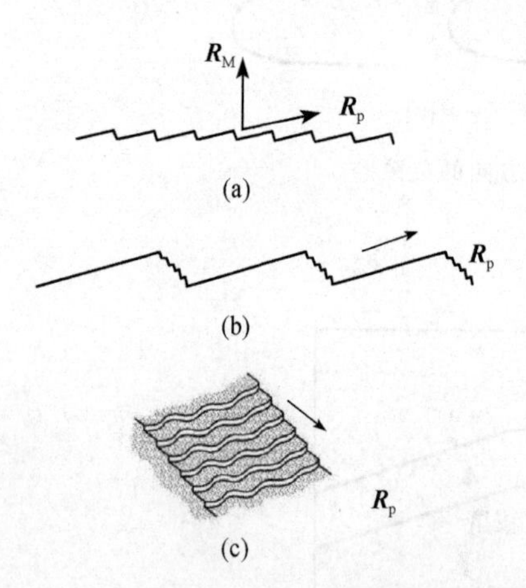

图 5-18　台阶生长过程择优生长取向 $\boldsymbol{R}_{\mathrm{p}}$ 与宏观生长方向 $\boldsymbol{R}_{\mathrm{M}}$ 成一定角度的情况

(a) 晶体生长取向关系；(b) 台阶聚集，形成台阶束；(c) 台阶束的扰动

图 5-18(a)为台阶生长过程择优生长取向 $\boldsymbol{R}_{\mathrm{p}}$ 与宏观生长方向 $\boldsymbol{R}_{\mathrm{M}}$ 成一定角度的情况。在该生长条件下会发生两种平界面失稳的情况，其一是发生台阶的聚集，形成台阶束，如图 5-18(b)所示。这些台阶束受到扰动也会变得不平直，出现图 5-18(c)所示的波浪。其二是这些台阶束和波浪在实际晶体生长，特别是外延生长表面可以被观察到。图 5-19(a)所示则为 Bauser 和 Strunk[31] 实验观察到的 GaAs 晶体液相外延生长表面的生长台阶，图 5-19(b)为局部放大图。可以看出每个台阶的高度达到数千个原子层。

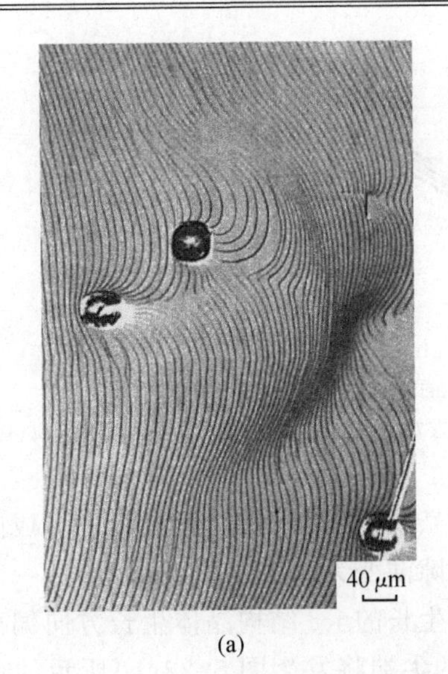

(a)

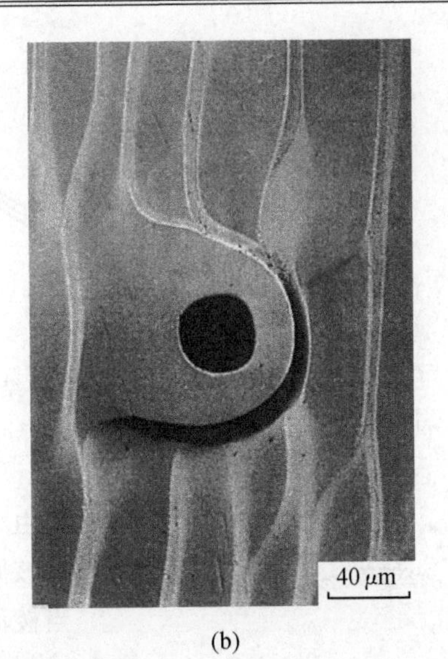

(b)

图 5-19 GaAs 液相外延生长过程中表面形成的台阶束及其失稳特性[31]

(a) 台阶束及其扭曲；(b) 台阶局部放大

台阶生长过程择优生长取向与宏观生长方向垂直，即生长台阶与生长晶面平行。平界面失稳时，胞晶的顶端只能通过二维形核形成新的生长层，而在侧面形成大量生长台阶，如图 5-20 所示。由于二维形核需要的过冷度远大于台阶侧向生长所需要的过冷度，因此，该生长过程利于平面结晶界面的稳定。Bauser 和 Strunk[31] 在同一实验中观察到在该取向条件下的台阶生长特性，在胞状结构的顶端存在一个平面，在其侧面不同倾角处出现不同的生长台阶。

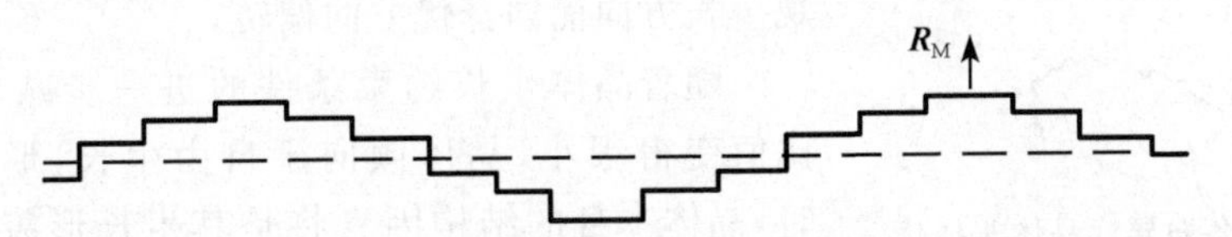

图 5-20 择优生长取向与宏观生长方向垂直条件下的平界面失稳特性

图 5-21 所示为择优生长取向与宏观生长方向一致时的平界面失稳的情况。平界面首先在一维方向上失稳，形成沟和梁。这些梁进一步失稳形成棱面的胞状结构。这一生长特性也被 Bardsley 等[32] 在 Ge 单晶生长过程中观察到。

(a) (b)

图 5-21 择优生长取向与宏观生长方向一致时的平界面失稳情况

(a) 在一维方向上失稳形成沟和梁；

(b) 梁进一步失稳形成棱面胞状结构

对于 fcc 结构的晶体，择优生长方向为〈100〉，(111)晶面为密排面，生长台阶通常在该晶面上出现。在 fcc 结构的晶体中，如果熔体中存在一定量的杂质，则平界面失稳后将形成胞状结构。但由于其台阶生长机制，胞晶将发生棱面化。如果生长方向为〈100〉，则其生长台阶与生长方向成 45°，按照图 5-22(a)所示的方式生长。虽然胞晶发生了棱面化生长，但其形状仍然是对称的。在

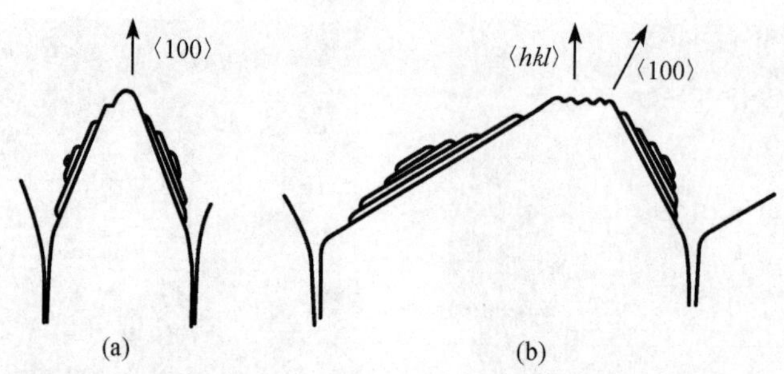

图 5-22　强各向异性 fcc 结构晶体胞状生长的微观过程

(a) 宏观生长方向与择优取向一致，即⟨100⟩方向生长；(b) 宏观生长方向与择优取向不一致，即偏离⟨100⟩方向生长

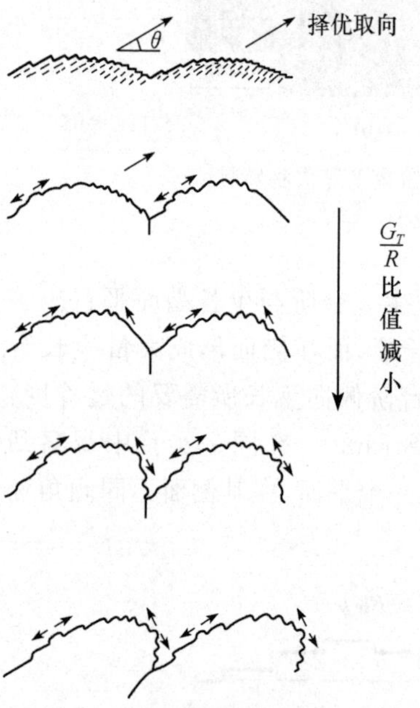

图 5-23　强各向异性晶体非择优取向生长胞状结构随约束条件 G_T/R 比值减小的演变过程

胞晶间由于杂质的富集，在生长过程中形成间隙，生长结束后该间隙演变为偏析带。

当棱面生长的 fcc 结构晶体生长方向偏离⟨100⟩方向时，胞晶的尖端将发生图 5-22(b)所示的偏移，形成非对称的胞晶，其偏离的方向向择优生长的方向靠近。Hunt 等[33]在 Salol 晶体熔体法生长过程实验中观察到具有该特性的界面结构，其生长方向偏离了择优生长方向，胞晶的尖端及胞晶界均向择优生长取向偏转。

在以台阶机制生长的强各向异性的实际晶体生长过程中，晶体生长方向与择优取向不一致时的胞晶发展过程可以由图 5-23 示意说明。随着约束条件的减弱，即 G_T/R 比值的减小，胞晶尖端和胞晶界偏离其宏观生长方向而向择优方向偏转。

随着晶体生长约束条件的进一步减弱，即 G_T/R 比值变得很小，晶体倾向于自由生长，形成枝晶。此时，晶体本身的结构因素将是其生长形貌的决定性因素，只要有溶质存在，通常会形成枝晶。在强各向异性的枝晶生长过程中，其枝晶尖端将发生棱面化，可能会出现图 5-24 所示的枝晶尖端形状。

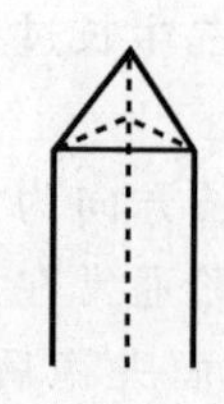
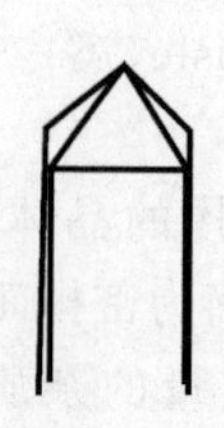

图 5-24　强各向异性晶体枝晶生长过程可能出现的枝晶尖端形状

5.5　多相协同生长

多相生长将在共晶、偏晶和胞晶系的晶体生长过程中出现。这三种合金体系的相图如图 2-16 所示。

在共晶生长过程中,两个成分和结构均不相同的固相同时自液相析出,其中一个相排出的溶质通常恰好是另一相生长所需要的元素。在该生长过程中存在着成分的互扩散和界面张力效应。偏晶生长过程与共晶生长过程相似,但自母相析出的两相中其中一相为液相,液相随后的结晶在另一固相生长的空间中进行的。胞晶生长过程也涉及多相耦合生长的问题。下面几节将分别进行讨论。

5.5.1　亚共晶生长

在一定形状的容器中生长晶体,生长形态受到容器器壁的约束。与此相似,在多相体系的晶体生长过程中,如果析出相的次序不同,则首先形成的相(初生相)的形状将对后形成的相(次生相)的生长形态产生约束作用。前面几节的讨论适合于初生相生长形态的分析。对于次生相,可结合图 2-16(b)所示的相图进行分析。该合金结晶过程中,初生相 α 析出时将多余的组元 B 排入液相中,使得液相中组元 B 的含量不断增大,液相成分沿液相线向共晶成分靠近。当液相成分达到共晶成分时则析出共晶相。如图 5-25 所示,共晶相只能在初生相留下的空间中生长,共晶相的生长形态是由初生相的生长形态决定的。因此,初生相将从两个方面影响次生相的生长:其一是从空间上限制次生相的生长形态;其二是初生相的生长将优先消耗某一组元,改变液相成分,创造了利于次生相生长的成分条件。

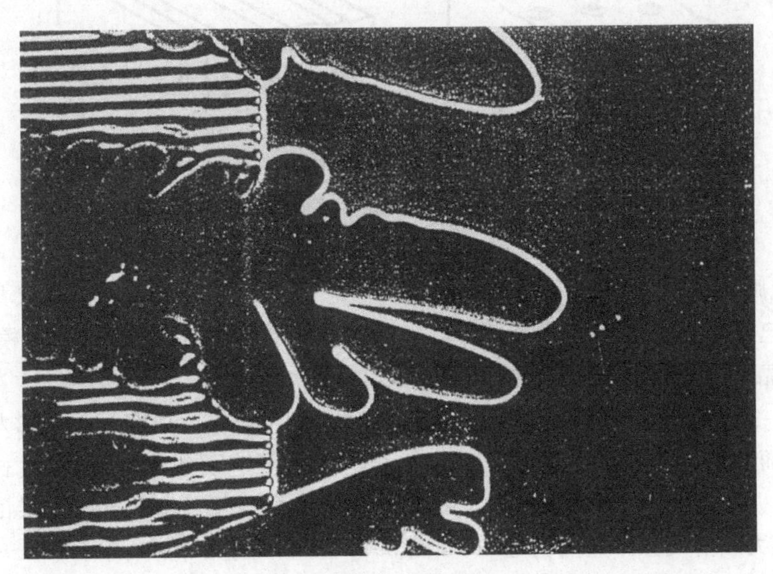

图 5-25　典型的亚共晶组织[34]

假定合金液的密度为 ρ_L，共晶成分液相的密度为 ρ_{LE}，初生相的平均密度为 ρ_α，则初生相生长结束瞬间的质量守恒条件为

$$\rho_\alpha \varphi_\alpha \overline{w}_\alpha + \rho_{LE} \varphi_{LE} w_E = \rho_L w_0 \tag{5-102}$$

式中，w_0、$\overline{w}_\alpha$ 和 w_{LE} 分别为原始合金平均成分、初生相平均成分和共晶成分；φ_α 和 φ_{LE} 分别为初生相和共晶成分液相的体积分数，定义为 $\varphi_\alpha = \dfrac{V_\alpha}{V_\alpha + V_{LE}}$，$\varphi_{LE} = \dfrac{V_{LE}}{V_\alpha + V_{LE}}$，则

$$\varphi_\alpha + \varphi_{LE} = 1 \tag{5-103}$$

因此，由式(5-102)可以得出共晶相生长的空间所占体积分数为

$$\varphi_{LE} = \frac{\rho_L w_0 - \rho_\alpha \overline{w}_\alpha}{\rho_{LE} w_E - \rho_\alpha \overline{w}_\alpha} \tag{5-104}$$

5.5.2 共晶生长

当组成共晶的两个相均为非小平面相(根据第 4 章中讨论的 Jackson 因子判断)时，共晶生长形态的各向异性、界面张力和溶质扩散决定着共晶的生长形态，控制生长形态的一个重要原理仍然是界面能最小原理。根据此原理可以推测，如果组成共晶的两个相之间的界面能为各向同性，当两相的体积分数差别很大，其中一相的体积分数小于 1/π 时，该相以棒状生长，如图 5-26(a)所示，此时两相之间的界面能最小。而当其中两相的体积分数差别小，各相的体积分数均大于 1/π 时，则形成片层状结构时界面能最小，如图 5-26(b)所示。

图 5-26　规则共晶的两种形态

(a) 棒状共晶；(b) 片层状共晶

对于规则共晶，共晶间距是表征共晶生长形态的关键参数。关于片层状共晶的生长过程，人们已经建立了多个模型[34~42]，以下以被广泛接受的 Jackson-Hunt 模型[34]为基础，分析共晶间距的形成规律。

以图 5-27(a)所示的共晶定向生长过程为例，α 相生长排出的组元 B 为 β 相的生长创造了条件，而 β 相生长排出的组元 A 则为 α 相的生长创造了条件，因而在生长界面前形成互扩散场并发生图 5-27(a)所示的 α 相和 β 相的耦合生长。结晶界面前沿的过冷条件是由界面张力和溶质分布共同决定的，如图 5-27(b)和图 5-27(c)所示。

在忽略动力学过冷的条件下，在结晶界面上的过冷度可表示为

$$\Delta T = T_E - T_i = \Delta T_C + \Delta T_\sigma \quad (5\text{-}105)$$

式中，T_E 为共晶温度；T_i 为界面实际温度；ΔT_σ 为界面曲率过冷度，表示为 $\Delta T_\sigma = \Gamma/\lambda$；$\Delta T_C$ 为成分过冷度

$$\Delta T_C = m(w_E - w_i) \quad (5\text{-}106)$$

只要求出结晶界面上的液相成分 w_i，则可得到过冷度的表达式。在图 5-27(d)所示的坐标系中，组元 B 扩散方程为

$$\nabla^2 w_L + \frac{R}{D_L}\frac{\partial w_L}{\partial z} = 0 \quad (5\text{-}107)$$

式中，w_L 为组元 B 的质量分数；R 为生长速率，即结晶界面推进速度；D_L 为组元 B 在液相中的扩散系数。

式(5-106)求解的边界条件为

当 $z=\infty$ 时，$w_L = w_E$。

当 $x=0$ 或 $x=\lambda/2=\delta_\alpha+\delta_\beta$ 时，$\partial w_L/\partial x = 0$。

在稳态时

$$\left(\frac{\partial w_L}{\partial z}\right)_{z=0} = -\frac{R(w_E - w_\alpha)}{D_L}, \quad 0 < x < \delta_\alpha \quad (5\text{-}108)$$

$$\left(\frac{\partial w_L}{\partial z}\right)_{z=0} = -\frac{R(w_\beta - w_E)}{D_L}, \quad \delta_\alpha < x < \delta_\alpha + \delta_\beta \quad (5\text{-}109)$$

式中，w_α 和 w_β 分别为平衡条件下共晶组织中 α 相和 β 相中的溶质质量分数。

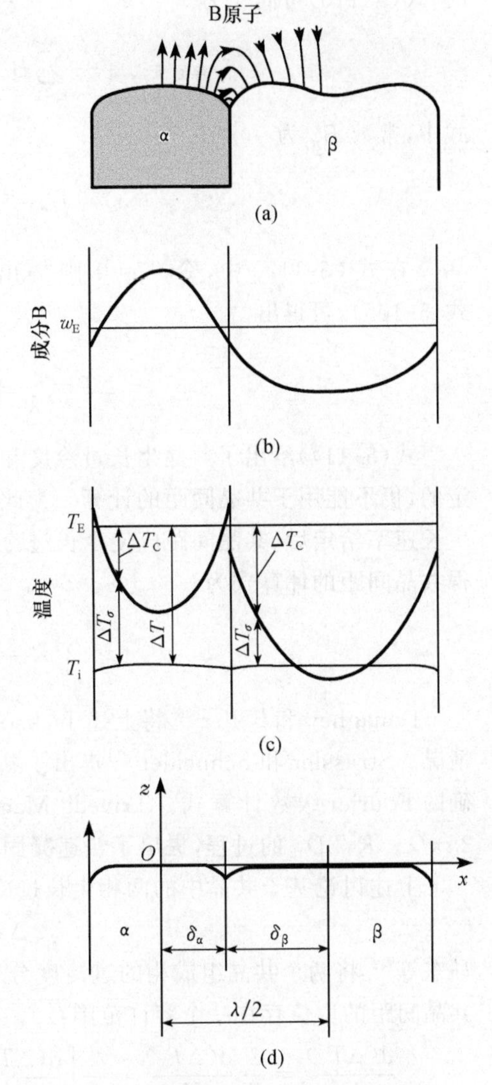

图 5-27　共晶生长的 Jackson-Hunt 模型

(a) α 和 β 耦合生长；(b) 共晶生长界面前的溶质(组元 B)分布；(c) 共晶生长界面过冷度分布；(d) 共晶生长界面简化模型与坐标系

在上述边界条件下，式(5-106)的解的 Fourier 级数形式为

$$w_L = w_E + \sum_{n=0}^{\infty} B_n \cos\left(\frac{2n\pi x}{\lambda}\right) \times \exp\left(\left[-\frac{R}{2D_L} - \sqrt{\left(\frac{R}{2D_L}\right)^2 + \left(\frac{2n\pi}{\lambda}\right)^2}\right] z\right) \quad (5\text{-}110)$$

当

$$\frac{2n\pi}{\lambda} \gg \frac{R}{2D_L}, \quad n > 0 \quad (5\text{-}111)$$

时，式(5-110)可简化为

$$w_{\mathrm{L}}=w_{\mathrm{E}}+\sum_{n=1}^{\infty}B_{n}\cos\left(\frac{2n\pi x}{\lambda}\right)\exp\left(-\frac{2n\pi z}{\lambda}\right) \tag{5-112}$$

式中，常数 B_n 为

$$B_{n}=\frac{\lambda R(w_{\beta}-w_{\alpha})}{(n\pi)^{2}D_{\mathrm{L}}} \tag{5-113}$$

在式(5-112)中，令 $z=0$ 则得出 $w_{\mathrm{L}}=w_{\mathrm{i}}$，并将其代入式(5-106)，进而代入式(5-105)，可得出

$$\Delta T=\frac{\Gamma}{\lambda}+\frac{m(w_{\alpha}-w_{\beta})}{\pi^{2}D_{\mathrm{L}}}R\lambda \tag{5-114}$$

式(5-114)给出了共晶生长过冷度和共晶间距的关系。然而，该式中的过冷度是不确定的，仍不能用于共晶间距的计算。为此，Jackson 和 Hunt 引入了最小过冷度原理，即当生长速率给定后，共晶间距应使生长过冷度获得最小值。因而通过对式(5-114)求极值获得共晶间距的计算式为

$$\lambda^{2}R=\frac{\Gamma\pi^{2}D_{\mathrm{L}}}{m(w_{\alpha}-w_{\beta})} \tag{5-115}$$

Donaghey 和 Tiller[36]将上述 Jackson-Hunt 理论模型扩展到式(5-110)不再成立的情况。Strässler 和 Schneider[37]提出了共晶生长模型的数值解。Series 等[36]提供了更精确的 Fourier 级数计算式。Trivedi、Magnin 和 Kurz[39]则将 Jackson-Hunt 模型推广到 $2n\pi/\lambda<R/2D_{\mathrm{L}}$ 的过程，提出了快速凝固条件下的共晶生长理论模型。

上述讨论基于共晶中的两相生长过冷度相等的假设，即

$$\Delta T_{\alpha}=\Delta T_{\beta} \tag{5-116}$$

马东等[42]将两个共晶组成相的过冷度分别处理，通过对规则共晶的准动力学分析，提出共晶间距的取值存在一个容许范围：

$$\frac{\mathrm{d}(\Delta T_{i})}{\mathrm{d}\delta_{i}}=\frac{2}{f_{i}}\frac{\mathrm{d}(\Delta T_{i})}{\mathrm{d}\delta_{i}}=\frac{2}{f_{i}}\left[\frac{\mathrm{d}(\Delta T_{\mathrm{G}})}{\mathrm{d}\lambda}+\frac{\mathrm{d}(\Delta T_{\mathrm{D}})}{\mathrm{d}\lambda}+\frac{\mathrm{d}(\Delta T_{\sigma})}{\mathrm{d}\lambda}\right]_{i},\quad i=\alpha,\beta \tag{5-117}$$

式中，f_α 和 f_β 分别为共晶中 α 相和 β 相的体积分数；ΔT_{G} 为沿生长方向一维扩散引起的过冷度；ΔT_{D} 为沿界面侧向扩散引起的过冷度；ΔT_σ 为界面曲率效应引起的过冷度。

通常沿生长方向的长程扩散可以忽略，即$\frac{\mathrm{d}\Delta T_{\mathrm{G}}}{\mathrm{d}\lambda}\approx 0$，因此

$$\frac{\mathrm{d}(\Delta T_{\alpha})}{\mathrm{d}\delta_{\alpha}}=2\left(\frac{m_{\alpha}w_{0}P}{D_{\mathrm{L}}}R-\frac{2a_{\alpha}^{\mathrm{L}}}{\lambda^{2}}\right) \tag{5-118}$$

$$\frac{\mathrm{d}(\Delta T_{\beta})}{\mathrm{d}\delta_{\beta}}=2\left(\frac{m_{\beta}w_{0}P}{D_{\mathrm{L}}}R-\frac{2a_{\beta}^{\mathrm{L}}}{\lambda^{2}}\right) \tag{5-119}$$

式中，δ_α、δ_β 分别为 α 相和 β 相的半宽；λ 为共晶间距；D_{L} 为液相扩散系数；R 为生长速率；m_α 和 m_β 分别为对应于 α 相和 β 相的液相线斜率；a_{α}^{L}、a_{β}^{L} 和 P 分别为

$$a_{\alpha}^{L}=\frac{T_{E}\sigma_{\alpha}^{L}}{\Delta h}\sin\left(\frac{n\pi\delta_{\alpha}}{\delta_{\alpha}+\delta_{\beta}}\right) \tag{5-120}$$

$$a_{\beta}^{L}=\frac{T_{E}\sigma_{\beta}^{L}}{\Delta h}\sin\left(\frac{n\pi\delta_{\beta}}{\delta_{\alpha}+\delta_{\beta}}\right) \tag{5-121}$$

$$P=\sum_{n=1}^{\infty}\left(\frac{1}{n\pi}\right)^{3}\sin^{2}\left(\frac{n\pi\delta_{\alpha}}{\delta_{\alpha}+\delta_{\beta}}\right) \tag{5-122}$$

式中,Δh 为结晶潜热;σ_{α}^{L} 和 σ_{β}^{L} 分别为 α 相与液相及 β 相与液相的界面能。

基于上述分析可以得出以下推论:

(1) ΔT_{α} 或 ΔT_{β} 随共晶间距 λ 的增大而减小,即存在$\frac{d(\Delta T_{\alpha})}{d\delta_{\alpha}}<0$ 或$\frac{d(\Delta T_{\beta})}{d\delta_{\beta}}<0$,则部分共晶相将被近邻的组成相覆盖而被淘汰,使得共晶间距 λ 增大,从而得出共晶间距选择的下限,即

$$\min(K_{\alpha},K_{\beta})<K \tag{5-123}$$

式中,$K_{\alpha}=\frac{2D_{L}a_{\alpha}^{L}}{m_{\alpha}w_{0}P}$,$K_{\beta}=\frac{2D_{L}a_{\beta}^{L}}{m_{\beta}w_{0}P}$,$K=R\lambda^{2}$。$K_{\alpha}$ 和 K_{β} 称为稳定性参数。

(2) 如果上述过冷度随共晶间距 λ 的增大而增大,即$\frac{d(\Delta T_{\alpha})}{d\delta_{\alpha}}>0$ 或$\frac{d(\Delta T_{\beta})}{d\delta_{\beta}}>0$,则新相将在某一相的凹陷部位形成,引起共晶间距 λ 的减小,从而得出共晶间距选择范围的上限,即

$$K<\max(K_{\alpha},K_{\beta}) \tag{5-124}$$

因此,共晶间距的选择范围可表示为

$$\min(K_{\alpha},K_{\beta})<K<\max(K_{\alpha},K_{\beta}) \tag{5-125}$$

上述结论与 Trivedi 等[41]对 Pb-Sn 共晶和 Ourdjini 等[43]对 Al-$CuAl_2$ 共晶的实验非常吻合。

以上述分析为基础,以下对共晶生长过程中的几个特殊问题加以分析。

1. 温度梯度对共晶生长形态的影响

在经典的共晶生长理论中,共晶间距仅仅与生长速度相关,而与温度梯度无关。然而,有实验表明共晶间距与温度梯度有一定的依赖关系。共晶生长模型可表示为[44]

$$\lambda^{2}R=Af(G_{T}) \tag{5-126}$$

式中,$f(G_{T})$为温度梯度 G_{T} 的弱相关函数;A 为比例常数。

对于规则共晶,温度梯度的影响较小,在许多情况下可以忽略。但对于非规则共晶,温度梯度的影响将是明显的。

Kassner 和 Misbah[45]的研究表明,共晶间距与溶质扩散距离 δ_{C} 和热扩散距离 δ_{T} 的比值相关,即

$$\lambda\propto R^{-\frac{1}{2}}f\left(\frac{\delta_{C}}{\delta_{T}}\right) \tag{5-127}$$

共晶间距的通式为$\lambda \propto R^{-a}$。其中a为常数，当R较大时，$a=1/2$，而当R较小时，$a<1/2$。

2. 棒状共晶生长

对于棒状共晶生长，以r取代层状共晶中的间距λ作为共晶组织的特征尺寸。参照层状共晶生长模型的分析方法，通过求解结晶界面前的溶质浓度场方程和过冷度分析获得棒状共晶的理论模型。其中浓度场解析解的形式与层状共晶相似，只是 Fourier 级数将被 Bessel 函数取代，而过冷度的讨论则与层状共晶完全相同。最终获得过冷度ΔT、生长速率R及r之间的关系为

$$\Delta T = A_b R r + \frac{B_b}{r} \tag{5-128}$$

按照过冷度最小原理求得

$$r^2 R = K \tag{5-129}$$

式中，$K=\dfrac{B_b}{A_b}$；A_b、B_b及K是由组成相的物理性质决定的常数。

3. 非规则共晶

当共晶组织中至少一相为小平面相时，由于小平面相强烈的各向异性将形成非规则的共晶组织。在非规则共晶生长过程中，组成共晶的两相的位置不能进行光滑调整。同时，晶体生长方向受传热条件的控制作用不明显，晶体学各向异性是决定生长方向的关键因素。因而，非规则共晶在以下几个方面不同于规则共晶。

(1) 结晶界面在生长过程中是各向异性的。

(2) 定量的实验表明，非规则共晶具有大的生长过冷度，并且共晶间距远大于规则共晶，共晶间距常远离最小过冷度原理确定的极值点。

(3) 非规则共晶的间距除与生长速率相关外，还依赖于温度梯度。

(4) 由于大的过冷度，在生长界面前的液相中可能形成新的共晶晶核。

(5) 添加少量第三组元可对共晶组织产生非常大的影响。

(6) 随着生长速率的增大，小平面相的生长特性将减弱。

关于非规则共晶生长理论模型虽有许多研究工作，但这些模型仍有待进一步完善。Magnin 等[46]提出了一个唯象的模型，认为非规则共晶的实际生长间距λ_a与式(5-114)所示的最小过冷度原理确定的极值间距λ成正比，即

$$\lambda_a = \Phi \lambda \tag{5-130}$$

式中，Φ为常数，对于 Al-Si 共晶，$\Phi=3.2$，而对于灰铸铁，$\Phi=5.4$。

5.5.3 偏晶生长

偏晶合金相图如图 2-16(d)所示。偏晶生长特性与共晶非常相似，但由于析出相之一为液相，因而具有以下特性：

(1) 析出的液相 L_2 还要发生枝晶、共晶或其他方式的结晶，但偏晶反应对最终的结晶组织有决定性的影响。

(2) 原始液相 L_1 与新形成的液相 L_2 的界面能是完全各向同性的，因而界面曲率是固定的，界面为球体的一部分。

(3) L_2 可以流动，间距的调整没有障碍，界面能对生长形态起着决定性的影响。

根据偏晶合金中固相与两个液相界面能的相互关系，Chadwick[47] 将偏晶合金的结晶分为以下三种情况讨论：

(1) $\sigma_{SL_2} \gg \sigma_{SL_1} + \sigma_{L_1L_2}$ 时，液相 L_2 不能润湿固相(见图 5-28(a))，新析出的液相将不依赖于固相异质形核，而是在界面前的液相中形核，并因两种液相密度的不同而上浮或下沉。对于给定的合金系，存在着一个临界生长速率，当生长速率大于此值时，L_2 相将被固相截留，而当生长速率小于此值时，L_2 相将漂浮或被结晶界面推动前进。

(2) $\sigma_{SL_2} < \sigma_{SL_1} + \sigma_{L_1L_2}$ 时，L_2 可以润湿固相(见图 5-28(b)，$0 < \theta < 180°$)，并在生长过程中被固相拉长，形成棒状组织。在三相交界处建立起界面张力的平衡条件。

(3) $\sigma_{SL_2} \ll \sigma_{SL_1} + \sigma_{L_1L_2}$，在此条件下，$L_2$ 可完全润湿固相(见图 5-28(c)，$\theta = 0$)，固相将被液相 L_2 封闭，不可能出现稳定生长过程。

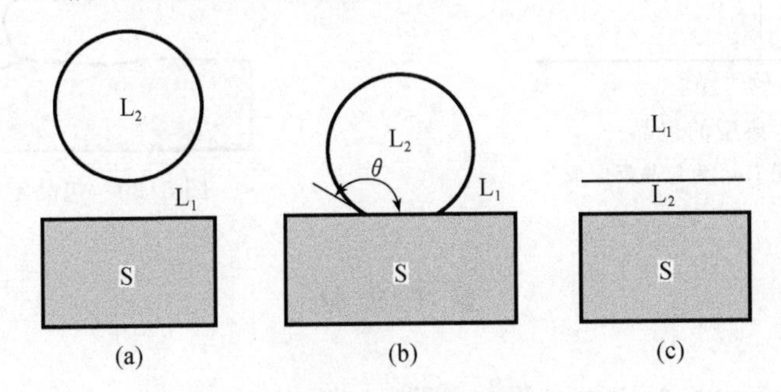

图 5-28　三种情况下的偏晶结晶方式

(a) $\sigma_{SL_2} \gg \sigma_{SL_1} + \sigma_{L_1L_2}$；(b) $\sigma_{SL_2} < \sigma_{SL_1} + \sigma_{L_1L_2}$；(c) $\sigma_{SL_2} \ll \sigma_{SL_1} + \sigma_{L_1L_2}$

实验结果表明[48]，偏晶生长的棒间距 r 与生长速率 R 的关系仍然满足共晶间距的计算式：

$$r^2 R = K_1 (\text{常数}) \tag{5-131}$$

但常数 K_1 稍小于共晶生长时的数值。

5.5.4　包晶生长

典型的包晶相图如图 5-29 所示。选择具有典型包晶生长特征的 w_0 成分的合金作为研究对象。该合金在结晶过程中首先析出 α 相并以枝晶方式生长。在 α 枝晶生长过程中组元 B 在液相中富集，导致液相成分沿相图中的液相线变化。当液相成分达到 w_P 时则发生包晶反应：

$$w_P + \alpha = \beta \tag{5-132}$$

β 相在 α 相表面发生异质形核并很快沿表面生长，将 α 相包裹在中间。进一步的包晶反应通过β相内的扩散进行。组元B自β相与液相界面向α相与β相界面扩散，导致α相与β相界面向α相一侧扩展，而组元A则自α相与β相界面向β相与液相界面扩散，并导致该界面向液相扩展完成式(5-129)所示的反应。由于固相扩散速度比较缓慢，则包晶生长过程中界面生长速率较慢，利于α相的大量形核。同时，在有限的时间内包晶反应很难充分进行。

当包晶生长定向进行时，β相依附于α相形核并生长，同时在β相的尖端，α相中的A组元被溶解，并通过液相向β相扩散，在β相结晶界面前沿与富集B组元的液相反应形成β相，则在β相生长的同时α相被“蚕食”(见图5-30)[30]。

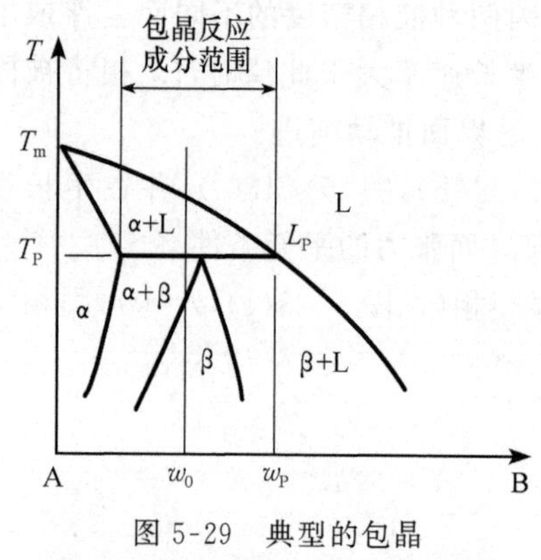

图5-29 典型的包晶

w_0为合金原始成分；w_P为包晶反应成分

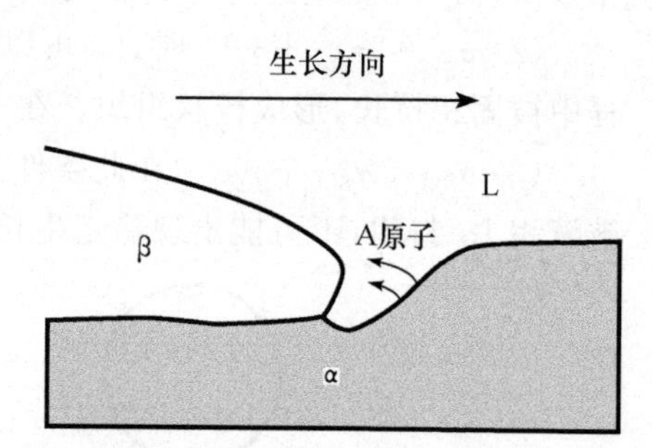

图5-30 包晶定向生长过程[30]

参考文献

[1] Tiller W A, Jackson K A, Rutter J W, et al. The redistribution of solute atoms during the solidification of metals. Acta Metallurgica, 1953, 1: 428-437.

[2] Mullins W W, Sekerka R F. Morphological stability of particle growing by diffusion or heat flow. Journal of Applied Physics, 1963, 34(2): 323-329.

[3] Mullins W W, Sekerka R F. Stability of planar interface during solidification of a dilute binary alloy. Journal of Applied Physics, 1964, 36(2): 444-451.

[4] Tiller W A. The Science of Crystallization: Macroscopic Phenomena and Defect Generation. Cambridge: Cambridge University Press, 1991.

[5] Oldfield W. Computer model studies of dendritic growth. Materials Science Engineering, 1973, 11: 211-218.

[6] Kotler G R, Tiller W A. Crystal Growth. London: Pergammon Press, 1976: 721.

[7] Ivantsov G P. Temperature field around a spherical, cylindrical and acicular crystal growth in a supercooled melt. Doklady Akademii Nauk SSSR, 1947, 58: 567.

[8] LaCombe J C, Koss M B, Fradkov V E, et al. Three-dimensional dendrite-tip morphology. Physical Review E, 1995, 52(3): 2778-2786.

[9] Collins J B, Levine H. Diffusion interface model of diffusion-limited crystal growth. Physical Review B, 1985, 31(9): 6119-6122.

[10] Sekerka R F.Morphology:From sharp interface to phase field models.Journal of Crystal Growth, 2004,264(4):530-540.

[11] McFadden G B, Wheeler A A, Anderson D M.Thin interface asymptotics for an energy/entropy approach to phase-field models with unequal conductives.Physica D,2000,144(1-2):154-168.

[12] Wang S L,Sekerka R F,Wheeler A A,et al.Thermodynamically-consistent phase-field models for solidification.Physica D,1993,69(1-2):189-200.

[13] Warren J A,Boettinger W J.Prediction of dendritic growth and microsegregation patterns in a binary alloy using the phase-field method.Acta Metallurgica et Materialia,1995,43(2):689-703.

[14] Libbrecht K. The Art of the Snowflake-A Photographic Album. Minneapoils: Motorbooks International, 2007.

[15] Green A E, Chiang C-Y, Greer H F, et al. Growth mechanism of dendritic hematite via hydrolysis of ferricyanide. Crystal Growth & Design, 2017, 17:800-808.

[16] Krumbhaar H M,Kurz W.Solidification:Materials Science and Technology.Weinheim:VCH Verlagsgesellschaft mbH,1991,5:553-632.

[17] Bower T F,Brody H D,Flemings M C.Measurements of solute redistribution during dendritic solidification.Transactions of the Metallurgical Society of AIME,1966,236:624-634.

[18] Hunt J D.Solidification and Casting of Metals.London:The Metals Society,1979:3-9.

[19] Kurz W,Fisher J D.Dendrite growth at the limit of stability:Tip radius and spacing.Acta Metallurgica,1981,29:11-20.

[20] Kurz W,Fisher J D.Fundamentals of Solidification.Switzerland:Trans Tech Publications,1992:85-90.

[21] Warren J A,Langer J S.Stability of dendritic arrays.Physical Review A,1990,42(6):3518-3525.

[22] Warren J A,Langer J S.Prediction of dendritic spacing in a directional-solidification experiment. Physical Review E,1990,47(4):2702-2712.

[23] Laxmanan V.Cellular and primary dendritic spacings in directionally solidified alloys.Scripta Materialia,1998,38(8):1289-1297.

[24] Hunt J D,Lu S Z.Numerical modeling of cellular/dendritic array growth:Spacing structure prediction.Metallurgical and Materials Transactions A,1996,27(3):611-623.

[25] Hunt J D,Lu S Z.Numerical modelling of cellular and dendritic array growth:Spacing and structure predictions.Materials Science and Engineering A,1993,173(1-2):79-83.

[26] Lu S Z,Hunt J D.A numerical analysis of dendritic and cellular array growth the spacing adjustment mechanism.Journal of Crystal Growth,1991,123(1-2):17-34.

[27] Trivedi R. Interdendritic spacing Part II. A comparison of theory and experiment. Metallurgical Transactions A,1984,15(6):977-982.

[28] Pelec P,Bensimon D.Theory of dendrite dynamics.Nuclear Physics B-Proceeding Supplements, 1987,2:259-270.

[29] Eshelman M A,Seetharman V,Trivedi R.Cellular spacings I.Steady-state growth.Acta Metallurgica,1988,36:1165-1174.

[30] McCartney D G,Hunt J D.Measurements of cell and primary dendrite arm spacings in directionally solidified aluminium alloys.Acta Metallurgica,1981,29:1851-1863.

[31] Bauser E,Strunk H P.Microscopic growth mechanisms of semiconductors:Experiments and models.Journal of Crystal Growth,1984,69(2-3):561-580.

[32] Bardsley W, Boulton J S, Hurle D J T. Constitutional supercooling during crystal growth from stirred melts: III. The morphology of the germanium cellular structure. Solid-State Electronics, 1962, 5(6): 395-403.

[33] Hunt J D, Jackson K A. Binary eutectic solidification. Transactions of the Metallurgical Society of AIME, 1966, 236: 843-852.

[34] Kassner K, Misbah C. Parity breaking in eutectic growth. Physical Review Letters, 1990, 65: 1458-1461.

[35] Jackson K A, Hunt J D. Lamellar and rod eutectic growth. Transactions of the Metallurgical Society of AIME, 1966, 236: 1129-1142.

[36] Donaghey L F, Tiller W A. Diffusion of solute during the eutectoid and eutectic transformations I. Materials Science and Engineering, 1968/9, 3(4): 231-239.

[37] Strässler S, Schneider W R. Stability of lamellar eutectic. Zeitschrift für Physik B Condensed Matter, 1974, 17: 153.

[38] Seriers R W, Hunt J D, Jackson K A. The use of an electric analogue to solve the lamellar eutectic diffusion problem. Journal of Crystal Growth, 1977, 40(2): 221-233.

[39] Trivedi R, Magnin P, Kurz W. Theory of eutectic growth under rapid solidification conditions. Acta Metallurgica, 1987, 35(4): 971-980.

[40] Seetharaman V, Trivedi R. Eutectic growth: Selection of interlamellar spacing. Metallurgical Transactions A, 1988, 19(12): 2955-2964.

[41] Trivedi R, Mason J T, Verhoeven J D, et al. Eutectic spacing selection in lead-based alloy systems. Metallurgical Transactions A, 1991, 22(10): 2523-2533.

[42] 马东，介万奇.定向凝固规则共晶生长相间距的选择.金属学报，1996，32(8)：791-798.

[43] Ourdjini A, Liu J, Elliott R. Eutectic spacing selection in Al-Cu system. Materials Science Technology, 1994, 10(4): 312-318.

[44] Liu J M, L Z G, Wu Z C. Spacing selection for an Sn-Pb lamellar eutectic during direction solidification. Materials Science and Engineering A, 1993, 167(1-2): 87-96.

[45] Kassner K, Misbah C. Similarity laws in eutectic growth. Physical Review Letters, 1991, 66(4): 445-448.

[46] Magnin P, Mason J T, Kurz W. Growth of irregular eutectics and the Al-Si system. Acta Metallurgica, 1991, 39: 469-480.

[47] Chadwisk G A. Monotectic solidification. British Journal of Applied Physics, 1965, 66: 1095-1097.

[48] Grugel R N, Lograsso T A, Hellawell A. The solidification of monotectic alloys-microstructures and phase spacing. Metallurgical and Materials Transactions A, 1984, 15: 1003-1012.

第二篇　晶体生长的技术基础

第6章　晶体生长过程的传输问题

晶体生长过程的核心控制手段是温度场的控制，通过对热源和热流的有效控制，可以建立起合适的温度场。该温度场与拟生长晶体的热物理参数(熔点、结晶潜热、导热参数等)相匹配，则可设计出理想的晶体生长条件。

在气相生长过程中，气相输运是保证晶体生长过程进行的关键环节。而在多组元晶体的液相与固相生长过程中，由热力学平衡条件决定的结晶界面的溶质分凝也会在生长系统中建立起扩散场。因此，无论是哪一种晶体生长方法，质量的传输，即扩散行为都是晶体生长过程的又一关键控制因素。

以流体作为母相的晶体生长过程，包括气相生长和液相生长，是最主要的晶体生长方法。流体的流动对传热过程将产生重要影响，对溶质的传输行为的影响也不容忽视。因此，流体的流动是晶体生长所必须考虑的关键问题。

除此之外，电场、磁场、压力场等物理场量也被广泛地用来进行晶体生长过程的控制。对这些基本问题的认识对于掌握和发展晶体生长技术是至关重要的。本章将重点介绍晶体生长过程传质、传热及流体流动的基本原理及其分析方法。关于晶体生长过程涉及的其他物理及化学原理将在第7、8章中讨论。

6.1　晶体生长过程的传质原理

6.1.1　溶质扩散的基本方程

结合图6-1所示实例，可以引出溶质扩散的基本方程。设在厚度为 l 的介质 M_0 中某种溶质 i 的浓度为 w_i^0。在某一瞬间使其两侧与溶质浓度分别为 w_i^{10} 和 w_i^{20} 的介质 M_1 和 M_2 接触，则瞬时在 M_1-M_0 和 M_0-M_2 接触界面建立起平衡条件。假定介质 M_1 和 M_2

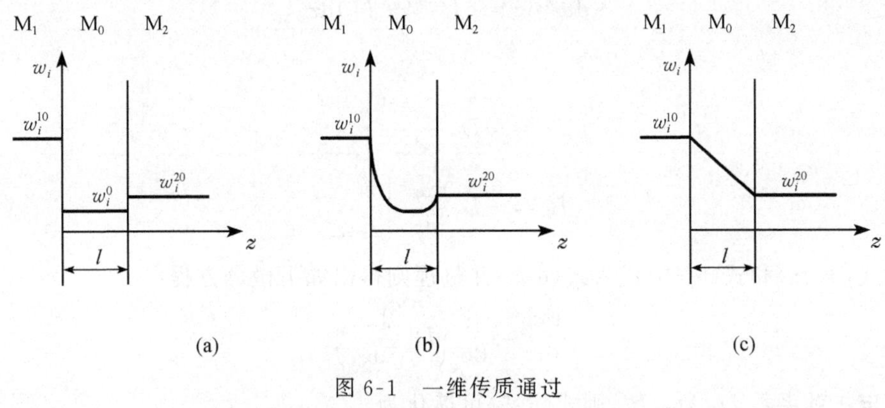

图6-1　一维传质通过

(a) 扩散前；(b) 非稳态扩散；(c) 稳态扩散

的尺寸为无穷大,即成分的扩散不会影响其中的溶质浓度,并且溶质扩散速率很大,则在 M_0 的两侧分别形成成分为 w_i^{10} 和 w_i^{20} 的边界条件,如图 6-1(a)所示。溶质向介质 M_0 中扩散,使得其中溶质含量升高,如图 6-1(b)所示。经过足够长的时间,将逐渐建立起图 6-1(c)所示的稳态扩散场,形成溶质由介质 M_1 通过 M_0 向 M_2 扩散的稳定扩散流。

根据上述假设,该扩散过程中 w_i^{10} 和 w_i^{20} 维持为定值。达到稳态时,溶质通过介质 M_0 向介质 M_2 扩散的通量用 J_i 表示,则

$$J_i = D_i \frac{w_i^{10} - w_i^{20}}{l} \tag{6-1}$$

式(6-1)即为 Fick 第一扩散定律。式中,D_i 定义为溶质 i 在介质 M_0 中的扩散系数。

在一维扩散体系中取垂直于扩散方向上厚度为 $\mathrm{d}z$ 的薄片,其两边的溶质浓度差为 $\mathrm{d}w_i = w_i^z - w_i^{z+\mathrm{d}z}$。如果 $\mathrm{d}z$ 足够小,为一微分单元,则 $\mathrm{d}w_i$ 也很小,并且其中溶质近似为线性分布,则可得出通过该微元扩散的溶质通量为

$$J_i = -D_i \frac{\mathrm{d}w_i}{\mathrm{d}z} \tag{6-2}$$

式(6-2)是 Fick 第一扩散定律的微分形式,其中负号表示扩散的方向与浓度梯度的方向相反。

在达到稳态扩散条件之前的非稳态扩散过程中,w_i^z、$w_i^{z+\mathrm{d}z}$ 及 $\mathrm{d}w_i$ 均是随时间变化的。因此,由式(6-2)定义的方程只能代表微分单元 k 处的扩散通量。以此为基础,可以通过如下分析建立溶质扩散的二阶微分方程。

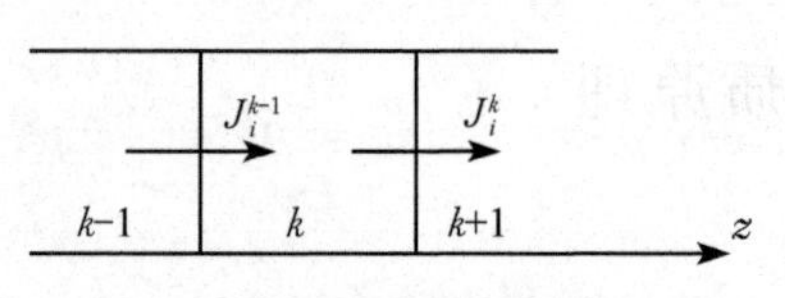

图 6-2　非稳态传质过程中微分单元内的溶质平衡条件

取一微分单元 k 进行分析,用微元 k 中的通量代表该微元中心线处的溶质通量,如图 6-2 所示。该单元的前一单元定义为 $k-1$,下一个单元定义为 $k+1$,微分单元的厚度为 $\mathrm{d}z$,则在时间微元 $\mathrm{d}\tau$ 内由微元 $k-1$ 流入微元 k 的溶质为 $J_i^{k-1}\mathrm{d}\tau$,而由微元 k 流入微元 $k+1$ 的溶质为 $J_i^k\mathrm{d}\tau$。对于非稳态过程 $J_i^{k-1} \neq J_i^k$,从而导致溶质在该微元内发生变化,设其改变量为 $\mathrm{d}w_i^k$,则可获得如下溶质守恒方程:

$$\mathrm{d}w_i^k \mathrm{d}z = (J_i^{k-1} - J_i^k)\mathrm{d}\tau \tag{6-3}$$

式中

$$J_i^{k-1} = -D_i \frac{\mathrm{d}w_i^{k-1}}{\mathrm{d}z}\bigg|_{z-\frac{1}{2}\mathrm{d}z} \tag{6-4a}$$

$$J_i^k = -D_i \frac{\mathrm{d}w_i^k}{\mathrm{d}z}\bigg|_{z+\frac{1}{2}\mathrm{d}z} \tag{6-4b}$$

将式(6-4a)和式(6-4b)代入式(6-3)并整理则得出如下微分方程:

$$\frac{\mathrm{d}w_i}{\mathrm{d}\tau} = \frac{\mathrm{d}}{\mathrm{d}z}\left(D_i \frac{\mathrm{d}w_i}{\mathrm{d}z}\right) \tag{6-5}$$

假定扩散系数 D_i 为常数,则式(6-5)可简化为

$$\frac{\mathrm{d}w_i}{\mathrm{d}\tau}=D_i\frac{\mathrm{d}^2w_i}{\mathrm{d}z^2} \tag{6-6}$$

式(6-5)则为 Fick 第二扩散定律。以该方程为基础，引入必要的边界条件求解，即可获得介质 M_0 中的溶质分布随时间的变化规律。

上述对扩散过程的分析选择了一维的情况，在三维扩散场中，Fick 第一扩散定律和第二扩散定律可分别表示为

$$J_i=-D_i\frac{\mathrm{d}w_i}{\mathrm{d}\boldsymbol{n}}=-D_i\nabla w_i \tag{6-7}$$

$$\frac{\mathrm{d}w_i}{\mathrm{d}\tau}=D_i\nabla^2w_i \tag{6-8}$$

式中，$\boldsymbol{n}$ 为溶质浓度梯度方向矢量。∇ 为 Hamilton 算子，为矢量，∇^2 为 Laplace 算子。常用的坐标系包括直角坐标系、圆柱坐标系和球面坐标系，如图 6-3 所示。上述算子在不同的坐标系中有不同的表达形式。

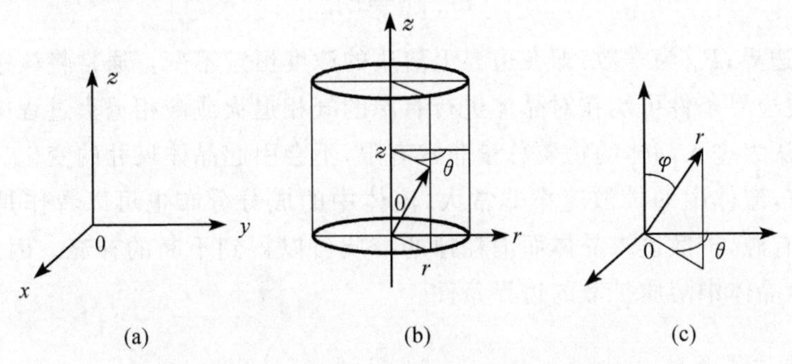

图 6-3　扩散分析可选的 3 种不同的坐标系

(a) 直角坐标系；(b) 柱面坐标系；(c) 球面坐标系

在直角坐标系中

$$\nabla w_i=\frac{\partial w_i}{\partial x}\boldsymbol{i}+\frac{\partial w_i}{\partial y}\boldsymbol{j}+\frac{\partial w_i}{\partial z}\boldsymbol{k} \tag{6-9}$$

$$\nabla^2w_i=\frac{\partial^2w_i}{\partial x^2}+\frac{\partial^2w_i}{\partial y^2}+\frac{\partial^2w_i}{\partial z^2} \tag{6-10}$$

在圆柱坐标系中

$$\nabla w_i=\frac{\partial w_i}{\partial r}\boldsymbol{e}_r+\frac{1}{r}\frac{\partial w_i}{\partial \theta}\boldsymbol{e}_\theta+\frac{\partial w_i}{\partial z}\boldsymbol{e}_z \tag{6-11}$$

$$\nabla^2w_i=\frac{1}{r}\left[\frac{\partial}{\partial r}\left(r\frac{\partial w_i}{\partial r}\right)+\frac{\partial}{\partial \theta}\left(\frac{1}{r}\frac{\partial w_i}{\partial \theta}\right)+\frac{\partial}{\partial z}\left(r\frac{\partial w_i}{\partial z}\right)\right] \tag{6-12}$$

在球面坐标系中

$$\nabla w_i=\frac{\partial w_i}{\partial r}\boldsymbol{e}_r+\frac{1}{r}\frac{\partial w_i}{\partial \theta}\boldsymbol{e}_\theta+\frac{1}{r\sin\theta}\frac{\partial w_i}{\partial \varphi}\boldsymbol{e}_\varphi \tag{6-13}$$

$$\nabla^2 w_i = \frac{1}{r^2 \sin\theta}\left[\sin\theta \frac{\partial}{\partial r}\left(r^2 \frac{\partial w_i}{\partial r}\right) + \frac{\partial}{\partial \theta}\left(\sin\theta \frac{\partial w_i}{\partial \theta}\right) + \frac{1}{\sin\theta}\frac{\partial^2 w_i}{\partial \varphi^2}\right] \tag{6-14}$$

在实际晶体生长过程的分析中，可根据具体情况，选择合适的扩散方程，进行扩散通量和溶质分布的计算。上述各式中 $\boldsymbol{i}$、$\boldsymbol{j}$、$\boldsymbol{k}$，$\boldsymbol{e}_r$、$\boldsymbol{e}_\theta$、$\boldsymbol{e}_z$，$\boldsymbol{e}_r$、$\boldsymbol{e}_\theta$、$\boldsymbol{e}_\varphi$ 分别为对应坐标系中的单位方向矢量。

6.1.2　扩散过程的求解条件与分析方法

扩散方程的求解条件包括边界条件和初始条件，即使在同一生长系统中，不同的界面上的边界条件是不同的。常见边界条件可归纳为以下几种：

1. 第一类边界条件

第一类边界条件的表达式为

$$w_i\,|_A = B_{i1} \tag{6-15}$$

式中，A 表示边界；B_{i1} 为常数，即在边界上溶质的浓度恒定不变。通常将该边界选为坐标原点。这一类边界条件可能在对晶体进行有源的气相退火或液相退火过程中出现。在该条件下，可以认为进入晶体的物质总量非常有限，不会引起晶体尺寸的变化。相对于晶体中的扩散而言，流体中的扩散速率非常大，流体中的成分分布也可以看作是均匀的。同时，由于溶质有源，扩散进入晶体而消耗掉的溶质可以得到不断的补充。因此，可以采用式(6-15)表示晶体中溶质扩散的边界条件。

2. 第二类边界条件

第二类边界条件的表达形式为

$$\left.\frac{\partial w_i}{\partial \boldsymbol{n}}\right|_A = B_{i2} \tag{6-16}$$

式中，$\boldsymbol{n}$ 为边界的法线方向；B_{i2} 为常数。$B_{i2} \neq 0$，意味着在界面上存在恒定的溶质流；$B_{i2}=0$ 时，晶体与环境没有溶质的交换。这是晶体生长中经常遇到的边界条件，如晶体与坩埚的界面、无挥发条件下液相的自由表面。

3. 远场条件

远场条件的表达式为

$$w_i\,|_\infty = B_{i\infty} \tag{6-17}$$

这是晶体生长过程经常遇到的求解条件。由于溶质的扩散速率通常比较小，扩散的距离是有限的。如在 Bridgman 法晶体生长过程中，溶质在晶体(或熔体)中的扩散距离与晶体(或熔体)的长度相比是很小的。在远离结晶界面处可以采用式(6-17)所示的边界条件处理。

4. 结晶界面

在熔体法和溶液法晶体生长过程中，在结晶界面上由于热力学平衡条件的要求，通常存在着以下溶质平衡条件：

$$w_{Si}^{*} = k_i w_{Li}^{*} \tag{6-18}$$

式中，w_{Si}^{*} 和 w_{Li}^{*} 分别为溶质 i 在界面处固相侧和液相侧的浓度；k_i 为组元 i 的分凝系数。

这一平衡条件将结晶界面两侧的溶质浓度相联系，减少了溶质分布求解过程的未知参数。

式(6-18)所示的边界条件在气相生长和固态再结晶等界面过程中也会出现。

5. 溶质守恒条件

在封闭的生长系统中，溶质的守恒也为溶质扩散方程的求解提供了合理的约束条件。

假定在体积为 V、溶质 i 的初始浓度为 w_{i0} 的熔体结晶过程中，体系的溶质守恒条件可表示为

$$w_{i0}\rho_L V_0 = \int w_{Si}\rho_S \mathrm{d}V_S + \int w_{Li}\rho_L \mathrm{d}V_L + \int q_V \mathrm{d}\tau \tag{6-19}$$

式中，ρ_L 和 ρ_S 分别为液相和固相的密度；V_L 和 V_S 分别为液相和固相的体积；w_{Li} 和 w_{Si} 分别为溶质 i 在液相和固相中的浓度(质量分数)；q_V 为溶质 i 的挥发速率。在封闭体系中，$q_V \equiv 0$，从而式(6-19)可简化为

$$w_{i0}\rho_L V_0 = \int w_{Si}\rho_S \mathrm{d}V_S + \int w_{Li}\rho_L \mathrm{d}V_L \tag{6-20}$$

6. 初始条件

晶体生长过程典型的初始条件为

$$w_{Li}(z,\tau)\big|_{\tau=0} \equiv w_{i0} \tag{6-21a}$$

$$w_{Si}(z,\tau)\big|_{\tau=0} \equiv k_i w_{i0} \tag{6-21b}$$

此时，$V_L \to V_0$，$V_S \to 0$。

以 Fick 第一扩散定律和 Fick 第二扩散定律为基础，引入不同的求解条件，可以对晶体生长及其他冶金过程中质量传输行为，包括传输通量和成分分布进行分析和计算。

溶质传输过程经典的解析方法对于系统的几何结构有非常苛刻的要求，仅非常简单的一维传输过程以及轴对称的圆柱和球形的几何结构才有可能获得解析解，并且，即使分析对象的几何结构非常简单，获得非稳态传输过程的溶质分布规律也需要引入大量的假设。当前求解溶质传输特性最常用的方法是数值计算方法，该方法对研究对象作离散化处理，选用合适的计算模型，采用差分法、有限元法以及边界元法等计算方法，原则上可解决任何溶质传输相关的计算问题。

6.1.3　扩散系数的本质及其处理方法

扩散系数是决定溶质传输行为的核心参数，是原子微观热运动的宏观表现。由于原

子的排列方式和原子间的相互作用力的差异,不同介质中的扩散机制并不完全相同,因而扩散系数的影响因素和规律也存在一定的差异。在间隙固溶体中,间隙原子是通过向近邻"空"的间隙位置的跃迁实现扩散的。而在置换固溶体中,溶质的扩散则或者借助于晶体中的空位,或者取道间隙位置,或者直接向邻近的间隙位置的跃迁进行扩散,也可通过两种原子的协同运动换位,进行扩散。

采用统计热力学的方法可以推导出原子扩散系数 D 正比于原子跃迁频率(单位时间的跃迁次数)Γ 和每次跃迁的距离 a 的平方[1]。由于原子的每一次跃迁在三维空间的方向有 6 个,沿特定方向上跃迁的概率为$\frac{1}{6}$,因此

$$D=\frac{1}{6}a^2\Gamma \tag{6-22}$$

式中,Γ 可以表示为

$$\Gamma=vP_{\mathrm{v}}p_{\mathrm{D}} \tag{6-23}$$

其中,v 为原子近邻位置数(配位数);P_{v} 为原子近邻位置是空位的概率;p_{D} 为扩散原子迁入近邻空位的频率。设 ν_{D} 是原子沿扩散方向振动的频率,则

$$p_{\mathrm{D}}=\nu_{\mathrm{D}}\exp\left(-\frac{\Delta G_{\mathrm{D}}}{RT}\right) \tag{6-24}$$

在扩散过程中,原子从一个平衡位置转移到另一个平衡位置,中间要跃过一个势垒。ΔG_{D} 为原子从平衡位置到势垒顶点的自由能差:

$$\Delta G_{\mathrm{D}}=\Delta H_{\mathrm{D}}-T\Delta S_{\mathrm{D}} \tag{6-25}$$

ΔH_{D} 和 ΔS_{D} 分别为相应的焓和熵的变化。由式(6-23)~式(6-25)得出

$$D=D_0\exp\left(-\frac{\Delta H_{\mathrm{D}}}{RT}\right) \tag{6-26}$$

式中,$D_0=\frac{a^2z\nu_{\mathrm{D}}}{6}\exp\left(\frac{\Delta S_{\mathrm{D}}}{R}\right)$称为扩散常数,其中 $z=vP_{\mathrm{v}}$;ΔH_{D} 称为扩散激活能。

扩散系数还可以通过对溶质迁移规律的分析来理解。驱动溶质迁移的动力是化学位的梯度,而不是溶质梯度[1]。假定溶质元素 A 的化学位梯度为 $\partial\mu_{\mathrm{A}}/\partial z$,由此产生的热力学驱动力 F_{A} 可表示为

$$F_{\mathrm{A}}=-\frac{\partial\mu_{\mathrm{A}}}{\partial z} \tag{6-27}$$

由此引起原子定向移动的通量 J_{A} 可表示为

$$J_{\mathrm{A}}=M_{\mathrm{A}}C_{\mathrm{A}}F_{\mathrm{A}} \tag{6-28}$$

式中,M_{A} 定义为原子 A 的迁移率;C_{A} 为原子 A 的体积浓度。

设 x_{A} 为原子 A 的物质的量,V_{m} 为摩尔体积,则

$$x_{\mathrm{A}}=C_{\mathrm{A}}V_{\mathrm{m}} \tag{6-29}$$

由式(6-25)～式(6-27)得出

$$J_{A}=-M_{A}C_{A}\frac{\partial\mu_{A}}{\partial C_{A}}\frac{\partial C_{A}}{\partial z}=-M_{A}\frac{\partial\mu_{A}}{\partial\ln x_{A}}\frac{\partial C_{A}}{\partial z} \tag{6-30}$$

由于体积浓度 C_A 和质量浓度的换算系数为 1,因此,比较式(6-2)和式(6-30)得出扩散系数的表达式为

$$D_{A}=M_{A}\frac{\partial\mu_{A}}{\partial\ln x_{A}} \tag{6-31}$$

将式(2-88a)和式(2-88b)给出的化学位表达式代入式(6-31)得出

$$D_{A}=M_{A}RT\left(1+\frac{\partial\ln\gamma_{A}}{\partial\ln x_{A}}\right)=D_{A}^{*}\left(1+\frac{\partial\ln\gamma_{A}}{\partial\ln x_{A}}\right) \tag{6-32}$$

式中,R 为摩尔气体常量;T 为热力学温度;D_A^* 即为自扩散系数,是表征纯组元中原子活动性的参数。

由以上分析可以看出,除了溶质浓度梯度外,活度系数也是影响溶质迁移的一个重要因素,这反映在$\frac{\partial\ln\gamma_{A}}{\partial\ln x_{A}}$项中。当$\frac{\partial\ln\gamma_{A}}{\partial\ln x_{A}}<-1$时,会出现负的扩散系数,从而发生所谓的上坡扩散,即溶质向浓度升高的方向扩散。

式(6-31)定义的扩散系数即为本征扩散系数。在理想溶液或理想固溶体中 $\gamma_A=1$,从而扩散系数趋近于常数。在稀溶液中,即溶质浓度趋近于 0 时,γ_A 为一常数。此时也可得到,$D_A=D_A^*=M_ART$。主要材料体系中的扩散参数可从文献[1]～[5]中获得。

由上述分析可以看出,扩散系数是由原子跃迁的动能和其周围的势能场决定的。前者只与温度相关,随着温度的升高,原子的动能增大,发生跃迁的概率增大,从而扩散系数增大;而后者的影响则与晶体(或熔体)结构、溶质浓度、晶体(或熔体)其他组元的构成及其元素之间的交互作用等因素相关。在晶体生长过程中,这些因素都是随时变化的,因此,扩散系数通常也是一个变量,是温度和扩散介质化学成分的函数。但当其他因素的变化范围较小时,可以近似用常数来表示。

6.1.4　晶体生长过程扩散的特性

晶体生长过程中溶质分布的非均匀性是扩散的起因,而造成溶质分布非均匀性的原因是多种多样的。如由单质进行多组元晶体合成过程的均匀化扩散;结晶界面的溶质分凝引起的成分梯度导致液相和固相中的溶质扩散;晶体与其他介质的界面反应引起的成分梯度与扩散;溶质的挥发与气化过程等。

晶体生长过程中的扩散问题与结晶界面的溶质分凝密切相关。当某一溶质组元在结晶界面上的分凝系数 $k<1$ 时,由于析出固相所能固溶的溶质含量小于液相,该组元将被结晶界面排出,并分别向液相和固相中扩散,结晶界面成为该组元扩散传输的溶质源,如图 6-4(a)所示。而当某组元的分凝系数 $k>1$ 时,由于固相中固溶度的增大,结晶界面成为该组元扩散传输的溶质陷阱,界面两侧的溶质均向界面扩散,形成图 6-4(b)所示的扩散场。

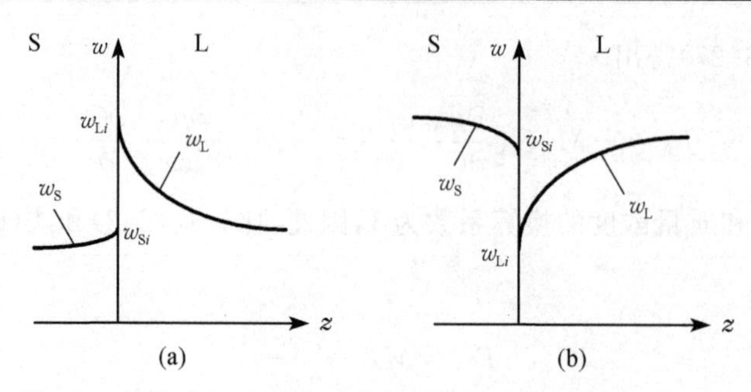

图 6-4 晶体生长过程溶质分凝引起结晶界面附近的扩散场

(a) $k<1$;(b) $k>1$

以 $k<1$ 的情况为例,假定在 $d\tau$ 的时间间隔内,结晶界面移动的距离为 dz,结晶界面排出的溶质量为

$$dJ_i=(w_{Li}-w_{Si})dz \tag{6-33}$$

而通过扩散进入液相和固相的容质量分别为

$$dJ_L=-D_L\frac{dw_L}{dz}\bigg|_{z=0+}d\tau \tag{6-34a}$$

$$dJ_S=-D_S\frac{dw_S}{dz}\bigg|_{z=0-}d\tau \tag{6-34b}$$

从而得出

$$(w_L-w_S)R=-\left(D_L\frac{dw_L}{dz}\bigg|_{z=0+}+D_S\frac{dw_S}{dz}\bigg|_{z=0-}\right) \tag{6-35}$$

式中,$R=\frac{dz}{d\tau}$,为生长速率,即结晶界面的移动速率。

由于在结晶界面附近液相中的成分梯度$\frac{dw_L}{dz}\Big|_{z=0+}$和固相中的成分梯度$\frac{dw_S}{dz}\Big|_{z=0-}$通常在同一数量级,而液相扩散系数 D_L 比固相扩散系数 D_S 大 2~3 个数量级,因此结晶界面排出的溶质绝大部分是通过液相传输的。结果导致分凝系数 $k<1$ 的溶质元素在液相中的不断富集,后结晶部分的晶体溶质含量增大,而 $k>1$ 的溶质元素则在初始端的晶体中富集,在液相中贫化,最终导致末端晶体中的溶质贫化。

在晶体生长实践中,对扩散的一些特征参数的了解有助于分析扩散的影响。

对于固定的边界,溶质扩散的程度可以用以下扩散特征参数表示

$$a=\frac{D\tau}{L^2} \tag{6-36}$$

式中,D 为扩散系数;τ 为扩散时间;L 为扩散的特征长度。

当 $a\ll1$ 时,表示扩散非常有限,基本上可以忽略,而当 a 接近或大于 1 时,则表示扩散进行得非常充分。同时我们可以导出一个扩散的特征长度

$$L_D=\sqrt{D\tau} \tag{6-37}$$

L_D 的数值表示扩散场可能影响的距离，而当距扩散源的距离 $L > L_D$ 时，扩散源对溶质分布的影响则可以忽略。

在结晶过程中，结晶界面不断排出或俘获溶质，成为扩散“源”或“阱”。同时，结晶界面是移动的。因此，该界面可以看作是以生长速率 R 移动的扩散“源”或“阱”，其在液相中的扩散特征长度参数可以表示为

$$L_L = \frac{D_L}{R} \tag{6-38}$$

该特征距离也是扩散影响区距结晶界面的距离。与固定界面相比，扩散的特征长度随着扩散系数的增大而增大，但随着生长速率的增大而减小，即液相中的扩散距离被结晶界面的移动缩短了。

对于晶体生长过程扩散行为的研究可以采用以下不同的方法：

(1) 通过对扩散场的理论建模，根据已经知道的扩散系数进行计算，可以获得扩散场的分布特性。对于非规则几何形状的扩散系统，需要借助数值计算方法进行分析。

(2) 对结晶过程中的晶体进行淬火，将高温下的成分分布固定下来，而后在室温下采用微区成分分析方法，确定其在高温下的溶质分布规律，了解溶质在高温下的晶体生长过程中的扩散和分布特性。

(3) 对结晶完成后的晶体中的溶质分布规律，采用微区成分分析方法进行分析，并通过与分凝理论模型的比较和回归分析，获得晶体在结晶过程中的扩散与分凝规律。

6.1.5　多组元的协同扩散

以下针对两种情况探讨多组元扩散分析方法。

1. 二元系中的互扩散

前面几节中建立的扩散模型仅适合于间隙原子的扩散或稀溶液（包括稀释固溶体）中的扩散分析。在高浓度的置换固溶体中，原子的扩散通常是通过两种原子的换位来实现的。以 A 和 B 两种组元形成的固溶体为例，在 A 组元向某方向 z 扩散的同时，B 组元则沿相反方向扩散。总体扩散效果是两种组元扩散效果的叠加。由此可以定义一个互扩散系数[1]

$$\widetilde{D} = x_A D_B + x_B D_A \tag{6-39}$$

式中，D_A 和 D_B 是组元 A 和 B 的本征扩散系数；x_A 和 x_B 为组元 A 和 B 的原子分数。

假定两种组元 A 和 B 形成置换固溶体，如果取富 A（B 组元含量为 x_{B1}）和富 B（B 组元含量为 x_{B2}）的两块等截面的固溶体对接，形成图 6-5 所示的扩散偶，则可导致通过原始标记界面的物质通量不相同，从而使标记界面偏离原始位置发生运动。根据物质平衡条件可以求出标记界面的运动速率为

$$v = (D_B - D_A)\frac{\partial x_B}{\partial z} \tag{6-40a}$$

或

$$v=(D_{\mathrm{A}}-D_{\mathrm{B}})\frac{\partial x_{\mathrm{A}}}{\partial z} \tag{6-40b}$$

式中，$\frac{\partial x_{\mathrm{A}}}{\partial z}=-\frac{\partial x_{\mathrm{B}}}{\partial z}$。

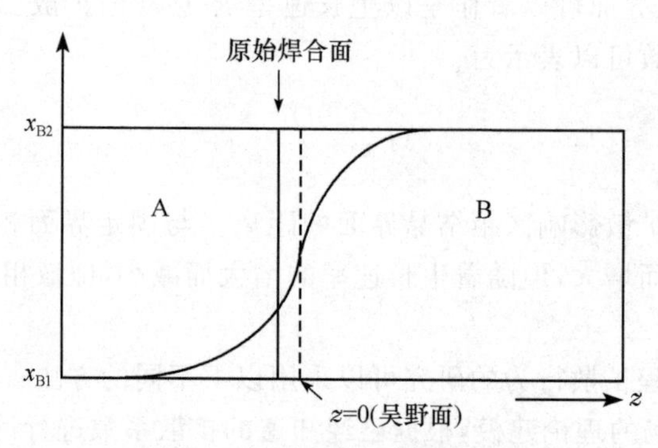

图 6-5　扩散偶附近的扩散特性

由于两组元扩散系数不同而引起标记界面移动的现象称为 Kirkendall 效应[6,7]，移动的标记界面称为吴野面[8,9]。

2. 三元体系中两种溶质的同时扩散

在实际晶体生长过程中，经常遇到晶体中的溶质元素不止一种的情况。不同组元在结晶界面上同时发生分凝，并同时在液相和固相中扩散。以下以 A-B-C 三元系的扩散过程分析为例，理解多组元体系中的溶质传输规律。在三元系中，任一溶质元素的扩散速率不仅与该元素本身的分布梯度有关，还与另一元素的梯度相关，即

$$J_{\mathrm{B}}=-D_{\mathrm{BB}}\frac{\partial x_{\mathrm{B}}}{\partial z}-D_{\mathrm{BC}}\frac{\partial x_{\mathrm{C}}}{\partial z} \tag{6-41a}$$

$$J_{\mathrm{C}}=-D_{\mathrm{CB}}\frac{\partial x_{\mathrm{B}}}{\partial z}-D_{\mathrm{CC}}\frac{\partial x_{\mathrm{C}}}{\partial z} \tag{6-41b}$$

式中，D_{BC}和 D_{CB}为交互扩散系数，满足 Onsager 倒易关系，即

$$D_{\mathrm{BC}}=D_{\mathrm{CB}} \tag{6-42}$$

由式(6-41a)和式(6-41b)可以看出，两种溶质的扩散是相互影响的，仅当交互扩散系数趋近于 0 时，两种组元的扩散才可以分别求解。在大多数情况下需要采用数值方法分析。

6.1.6　外场作用下的扩散

导致元素扩散的驱动力除了溶质浓度梯度以外，温度场和电场也可能造成溶质的迁移。实际上，如果用 J 表示溶质的迁移速率，用 q 表示热流，可得

$$J=a_{\mathrm{S}}\frac{\partial T}{\partial z}-D\frac{\partial w}{\partial z} \tag{6-43a}$$

$$q=-\lambda\frac{\partial T}{\partial z}-a_{\mathrm{D}}\frac{\partial w}{\partial z}\tag{6-43b}$$

式中，$-D\frac{\partial w}{\partial z}$项是反映溶质浓度梯度引起的传质项，即本节重点讨论的 Fick 传质效应项；$-\lambda\frac{\partial T}{\partial z}$项是反映温度梯度引起的传热效应项，即 Fourier 效应项，将在 6.2 节重点讨论。

$a_{\mathrm{S}}\frac{\partial T}{\partial z}$项反映温度梯度对传质的影响。温度梯度引起的传质现象称为 Soret 效应，是 Soret 于 1893 年发现的一个重要物理现象[10]。Soret 效应系数 a_{S} 是随材料体系的不同而变化的。Soret 效应为我们提供了一个控制溶质扩散的思路，也有助于准确地理解溶质扩散的实验现象。

$-a_{\mathrm{D}}\frac{\partial w}{\partial z}$项反映了成分梯度对传热的影响。成分梯度引起的传热现象称为 Dufour 效应，a_{D} 为 Dufour 效应系数。该现象是 Dufour 于 1872 年在气体扩散实验中发现的一个重要物理现象[10]，对这一现象的了解对于更好地控制晶体生长过程将是有益的。

6.2　晶体生长过程的传热原理

几乎所有的晶体生长过程都是在一定的温度控制条件下进行的，需要充分利用温度场的非均匀性实现晶体的定向生长。因此，温度场的控制是晶体生长过程控制的核心。溶液法和熔体法晶体生长过程的传热主要包括：①坩埚（或晶体）与加热单元之间的换热；②坩埚（或晶体）与冷却介质之间的换热；③晶体和熔体内部的传热，包括结晶界面释放的结晶潜热。在气相法晶体生长过程中还涉及气相和衬底及加热单元之间的换热。不同的晶体生长方法对温度场和传热方式的要求是不同的。现有的晶体生长方法几乎涉及所有的传热方式，即导热、辐射换热和对流换热，而可能出现的热源则包括结晶界面释放的结晶潜热、系统内部的化学反应所释放（或吸收）的热量、加热体的放热以及电磁感应造成晶体生长系统内部的放热。

6.2.1　晶体生长过程的导热

导热是最基本的传热方式。如图 6-6 所示，假定在某介质（晶体生长过程的液相或固相，用 M 表示）两端的温度分别维持为 T_1 和 T_2 的恒温（$T_2>T_1$），介质的厚度为 z_0，则在单位时间内通过介质由环境 A 传向环境 B 传热的热流密度可表示为

$$q=\lambda\frac{T_2-T_1}{z_0}\tag{6-44}$$

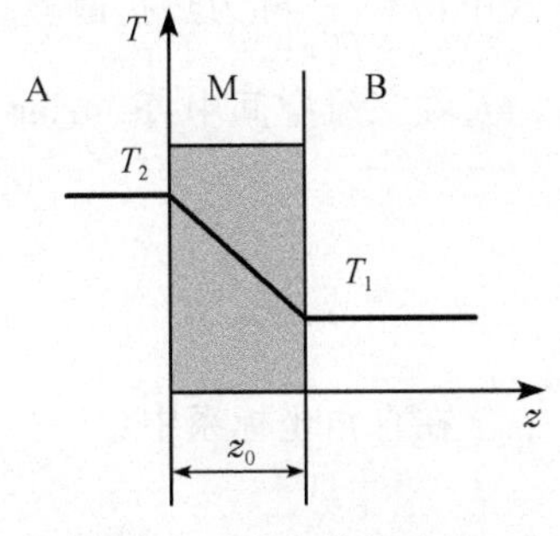

图 6-6　稳态导热过程

即热流密度正比于温度差，反比于厚度，其比例系数 λ 是由

介质本身的物理性质决定的，称为热导率。

如果介质的厚度缩小为一个无穷小量 $\mathrm{d}z$，则对应的温度差 $\Delta T = T_2 - T_1$ 也趋近一个无穷小量 $\mathrm{d}T$，从而得出热流密度的微分形式：

$$q = -\lambda \frac{\mathrm{d}T}{\mathrm{d}z} \tag{6-45}$$

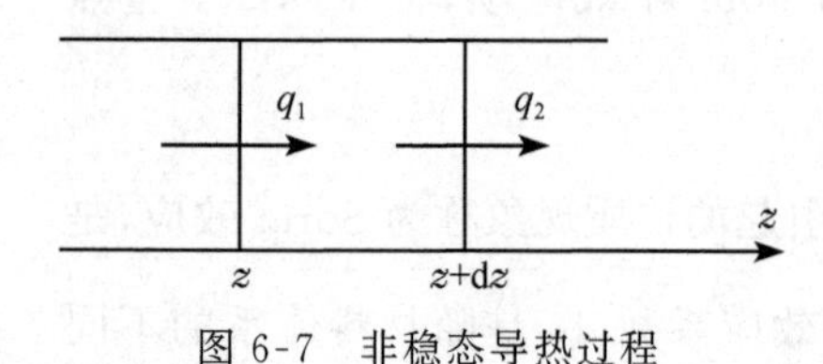

图 6-7　非稳态导热过程

式(6-44)及式(6-45)即为热传导的 Fourier 第一定律。其中的“－”号表示热传导的方向与温度梯度的正向相反。

对于非稳定的热传导过程，可借助图 6-7 所示的一维导热的情况进行分析。取 z 到 $z+\mathrm{d}z$ 的微元作为分析单元。在 $\mathrm{d}\tau$ 的时间间隔内从 z 处进入微元的热流可表示为

$$q_1 = -\lambda A \left.\frac{\mathrm{d}T}{\mathrm{d}z}\right|_z \mathrm{d}\tau \tag{6-46}$$

而从 $z+\mathrm{d}z$ 处导出该微元的热流可以表示为

$$q_2 = -\lambda A \left.\frac{\mathrm{d}T}{\mathrm{d}z}\right|_{z+\mathrm{d}z} \mathrm{d}\tau \tag{6-47}$$

式中，A 为单元的截面面积。

q_1 和 q_2 的差值即为被该单元吸收的热量。吸收的热量将导致该单元的温度变化，设该温度的变化量为 $\mathrm{d}T$，则该单元所吸收的热量可以表示为

$$q_3 = \rho c_p A \,\mathrm{d}z \,\mathrm{d}T \tag{6-48}$$

式中，ρ 为介质密度；c_p 为介质的质量热容。

根据热平衡条件：

$$q_3 = q_1 - q_2 \tag{6-49}$$

得出

$$\frac{\mathrm{d}T}{\mathrm{d}\tau} = a \frac{\mathrm{d}^2 T}{\mathrm{d}z^2} \tag{6-50}$$

式中，$a = \dfrac{\lambda}{\rho c_p}$称为热扩散率。式(6-50)即为一维导热过程的 Fourier 第二定律。

在三维空间中，Fourier 第一定律和第二定律分别为

$$\boldsymbol{q} = -\lambda \boldsymbol{\nabla} T \tag{6-51}$$

$$\frac{\partial T}{\partial \tau} = a \boldsymbol{\nabla}^2 T \tag{6-52}$$

在直角坐标系中：

$$\boldsymbol{\nabla} T = \frac{\partial T}{\partial x}\boldsymbol{i} + \frac{\partial T}{\partial y}\boldsymbol{j} + \frac{\partial T}{\partial z}\boldsymbol{k} \tag{6-53}$$

$$\nabla^2 T = \frac{\partial^2 T}{\partial x^2} + \frac{\partial^2 T}{\partial y^2} + \frac{\partial^2 T}{\partial z^2} \tag{6-54}$$

在圆柱坐标系中：

$$\nabla T = \frac{\partial T}{\partial r}\boldsymbol{e}_r + \frac{1}{r}\frac{\partial T}{\partial \theta}\boldsymbol{e}_\theta + \frac{\partial T}{\partial z}\boldsymbol{e}_z \tag{6-55}$$

$$\nabla^2 T = \frac{1}{r}\left[\frac{\partial}{\partial r}\left(r\frac{\partial T}{\partial r}\right) + \frac{\partial}{\partial \theta}\left(\frac{1}{r}\frac{\partial T}{\partial \theta}\right) + \frac{\partial}{\partial z}\left(r\frac{\partial T}{\partial z}\right)\right] \tag{6-56}$$

在球面坐标系中：

$$\nabla T = \frac{\partial T}{\partial r}\boldsymbol{e}_r + \frac{1}{r}\frac{\partial T}{\partial \theta}\boldsymbol{e}_\theta + \frac{1}{r\sin\theta}\frac{\partial T}{\partial \varphi}\boldsymbol{e}_\varphi \tag{6-57}$$

$$\nabla^2 T = \frac{1}{r^2\sin\theta}\left[\sin\theta\frac{\partial}{\partial r}\left(r^2\frac{\partial T}{\partial r}\right) + \frac{\partial}{\partial \theta}\left(\sin\theta\frac{\partial T}{\partial \theta}\right) + \frac{1}{\sin\theta}\frac{\partial^2 T}{\partial \varphi^2}\right] \tag{6-58}$$

以上各式中的主要参数与式(6-9)～式(6-14)相同。在实际晶体生长过程的分析中，可根据具体情况选择合适的方程，进行温度场的计算。

由上述 Fourier 导热定律可以看出，除了晶体生长系统的形状因素之外，导热介质的热导率λ、质量热容c_p和密度ρ是控制导热过程的主要热物理参数，这 3 个参数的影响规律是不同的。在恒定的温度差下，决定热流密度的主要是热导率λ，表示介质允许热量通过的速率。而质量热容c_p和密度ρ的乘积则反映了介质的蓄热能力，即介质储存热量的能力。该乘积越大，介质的热惯性就越大，也即介质升温和降温过程吸收和释放的热量就越多。

在非稳态的传热过程中，虽然热导率λ、质量热容c_p和密度ρ这 3 个参数都在起控制作用，但其影响规律可以归纳为一个综合参数，即热扩散率a。

在晶体生长系统中，参与导热的通常包括 3 种介质，即母相（熔体、溶液或气相介质）、已生长的晶体，以及坩埚材料或其他材料。因此，晶体生长过程的导热通常至少需要分为 3 个区域计算，即母相、晶体和坩埚。表 6-1～表 6-3 分别列出了常见晶体生长系统中母相、晶体及坩埚材料的典型热物理性能参数[11]，更多的数据见文献[12]、[13]。值得指出的是，主要热物理性能参数通常是随着温度的变化而改变的。因此，在对实际问题的分析过程中还需要考虑这一因数，确定合理的参数。

表 6-1　典型熔体的导热参数[11]

元素	熔点 T_0/℃	质量热容 c_p/(J/(g·K))	热导率 λ/(W/(m·K))	密度 ρ_L/(g/cm³)
Ag	960.7	0.28	174.8	9.346
Al	660	1.08	94.03	2.385
Au	1063	0.149	104.44	17.36
Bi	271	0.146	17.1	10.068
Cd	321	0.264	42	8.02
Cu	1083	0.495	165.6	8.000

续表

元素	熔点 T_0/℃	质量热容 c_p/(J/(g·K))	热导率 λ/(W/(m·K))	密度 ρ_L/(g/cm^3)
Ga	29.8	0.398	25.5	6.09
Ge	934	0.404		5.60
In	156.6	0.259	42	7.023
Li	180.5	4.370	46.4	0.525
Mg	650	1.36	78～100	1.590
Sb	630.5	0.258	21.8	6.483
Se	217	0.445	0.3	3.989
Si	1410	1.04		2.51
Sn	232	0.250	30.0	7.000
Te	450	0.295	2.5	5.71
Zn	419.5	0.481	49.5	6.575

表 6-2　典型晶体的导热参数[11]

元　素	20℃时的密度 ρ_S/(g/cm^3)	热膨胀系数 α_T/(10^{-6}K^{-1})	0～100℃ 区间平均 热导率 λ/(W/(m·K))	0～100℃ 区间平均 质量热容 c_p/(J/(g·K))
Ag	10.5	19.1	425	234
Al	2.70	23.5	238	917
Au	19.3	14.1	315.5	130
Bi	9.80	13.4	9	124.8
Cd	8.64	31	103	233.2
Cu	8.96	17.0	397	386.0
Ga	5.91	18.3	41.0	377
Ge	5.32	5.75	56.4	310
In	7.3	24.8	80.0	243
Li	0.534	56	76.1	3517
Mg	1.74	26.0	155.5	1038
Sb	6.68	8～11	23.8	209
Se	4.79	37		339
Si	2.34	7.6	138.5	729
Sn	7.3	23.5	73.2	226
Te	6.24	1.7(平行 c 轴) 27.5(垂直 c 轴)	3.8	134
Zn	7.14	31	119.5	394

表6-3 晶体生长过程常用介质材料的导热参数[11]

化合物	熔点 T_0/℃	密度 ρ_S /(g/cm³)	不同温度下的热膨胀系数 α_T/($10^{-6}K^{-1}$)	不同温度下的热导率 λ/(W/(m·K))
TiB_2	2980	4.5		26(20～200℃)
B_4C	2350	2.51	约6.0(1000℃) 7.0(1500℃)	29(20℃) 84(425℃)
SiC	2700	3.17	4.6～5.9(500～250℃)	42(20℃) 21(1000℃)
TiC	3140	4.25	7.7(1000℃) 9.7(2500℃)	32(20℃) 5.5(1000℃)
WC	2777	15.7	4.9(1000℃) 约6.0(2000℃)	84(20℃)
ZrC	3540	6.7	6.1(500℃) 6.6(1000℃) 7.6(2000℃)	21(20℃)
C (石墨)	3650 (升华)	4.25	1～4(20℃,平行晶粒) 2.5～4.5(20℃,垂直晶粒) 4～8.9(1000℃) 5.5～11(1500℃)	63～210(20℃,平行) 42～130(20℃,垂直) 47(1300℃) 34(2500℃)
BN	2730 (升华)	2.1	2.0(1000℃,平行热压方向) 13.3(1000℃,垂直热压方向)	15(20℃) 27(1000℃)
Si_3N_4	1900 (升华)	3.2	2.1(500℃,α相) 3.7(1000℃,α相) 1.5(500℃,β相) 3.1(1000℃,β相)	2.3～13(20℃) 9.4(1200℃)
Al_2O_3	2050	3.97	7.6(500℃) 8.5(1000℃) 8.9～9.1(1400℃)	39(20℃) 9.2(600℃) 5.9(1400℃) 7.1(1800℃)
MgO	2800	3.58	12.8(500℃) 13.6(1000℃) 15.1(1500℃)	46(20℃) 8.4(800℃) 6.3(1400℃)
SiO_2	1710	2.32	22.2(575℃,α石英) 27.8(575℃,β石英) 14.6(1000℃,β石英)	1.5(20℃) 2.5(1600℃)
$MoSi_2$	2030	5.95～6.24	7.8(500℃) 8.5(1000℃) 9.0(1500℃)	31.5(20～200℃) 17(1100℃)

除了导热基本方程和热物理性能参数外,进行导热过程分析还需要确定边界条件。晶体生长过程导热分析可能遇到的边界条件包括以下几种情况:

(1) 恒温边界。熔体法和溶液法晶体生长通常是在恒定的温度场中进行的,坩埚的表面温度近似恒定,只是位置的函数,并不随时间变化,即

$$T|_{z0}=T(x) \tag{6-59}$$

(2) 绝热边界。即无热交换的边界条件,此时热流密度

$$q=-\lambda\frac{\mathrm{d}T}{\mathrm{d}z}\bigg|_{z0}=0 \tag{6-60}$$

即

$$\frac{\mathrm{d}T}{\mathrm{d}z}\bigg|_{z0}=0 \tag{6-61}$$

(3) 连续边界。在坩埚与熔体(溶液)或晶体紧密接触的条件下,无界面热阻,并且接触界面通常既无热量的产生也无热量的消失。从一侧进入界面的热量从另一侧导出,即界面两侧的热流密度相等。此边界条件可以表示为

$$\lambda_1\frac{\partial T}{\partial z}\bigg|_{z_0^-}=\lambda_2\frac{\partial T}{\partial z}\bigg|_{z_0^+} \tag{6-62}$$

式中,λ_1 和 λ_2 分别为界面两侧介质的热导率;$\frac{\partial T}{\partial z}\Big|_{z_0^-}$ 和 $\frac{\partial T}{\partial z}\Big|_{z_0^+}$ 分别为界面两侧的温度梯度。

(4) 结晶界面。晶体生长过程通常都是在一定的温度梯度下进行的。结晶界面将释放结晶潜热。能量守恒条件决定了界面导向晶体的热流密度与液相导向界面的热流密度的差值等于结晶界面释放结晶潜热的速率。该守恒条件可以表示为

$$-\left(\lambda_S\frac{\partial T}{\partial z}\bigg|_{z_0^+}-\lambda_L\frac{\partial T}{\partial z}\bigg|_{z_0^-}\right)=\rho_S\Delta H_m R \tag{6-63}$$

式中,λ_L 和 λ_S 分别为液相和晶体的热导率;$\frac{\partial T}{\partial z}\Big|_{z_0^-}$ 和 $\frac{\partial T}{\partial z}\Big|_{z_0^+}$ 分别为结晶界面附近液相一侧和晶体一侧的温度梯度;ρ_S 为晶体的密度;ΔH_m 为单位质量晶体结晶的焓变,称为熔化焓;R 为晶体生长速率。

在主要热物理性能参数被定义、主要边界条件确定之后,则可采用 Fourier 第二定律进行晶体生长温度场的分析计算。然而,实际晶体生长过程传热通常都不是一维的,而且几何形状也是多变的,需要采用数值计算的方法进行温度场的计算。

6.2.2 晶体生长过程的辐射换热

辐射换热是晶体生长过程最基本的传热方式之一。特别是在高温熔体生长过程中,加热器和安瓿之间的换热常以辐射换热为主。因此,了解辐射换热的基本原理和特性对于晶体生长过程工艺设计和过程控制是至关重要的。

在辐射换热过程中,如果忽略气相的吸收,则热流由表面的吸收和辐射两个部分构成。特定的表面所吸收的热量与其辐射热量的差值即为该表面吸收的净热量。表面吸收的热量除了使表面层被加热外,还将向内部传导。换热问题可以按照有源的热传导过程分析。如果表面层的厚度可以忽略,则表面净吸收的热流密度 q_S 与自表面向内部导热热流密度相等,如图 6-8 所示。

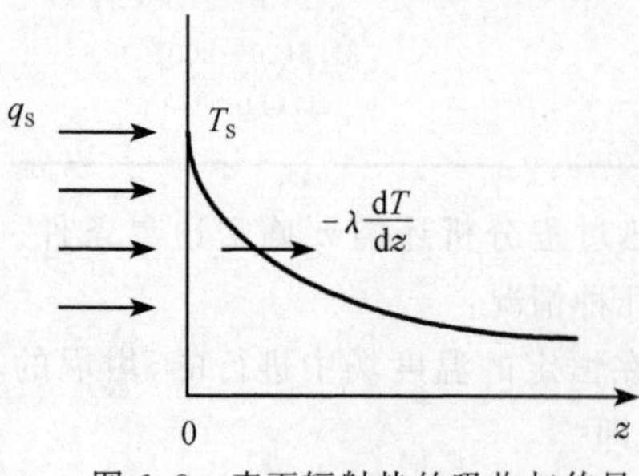

图 6-8 表面辐射热的吸收与传导

$$q_S=-\lambda\frac{\partial T}{\partial z}\bigg|_{z=0} \tag{6-64}$$

辐射换热系统中，任何表面均既向外辐射热量，又可以吸收来自其他表面的辐射热量。此外，辐射热是有方向性的，辐射强度随着距热源的距离增大而减小。因此，对于辐射换热的分析需要掌握表面的发射特性、吸收特性及辐射热传输的特性。以下分别对这 3 个问题进行分析。

1. 表面的发射

假定 e_b 表示黑体表面辐射的能量密度，则任意物体表面辐射的能量密度为[14]

$$e = \varepsilon e_b \tag{6-65}$$

式中，ε 为指定物体的辐射率，是物质性质的参数，并且是随温度变化的。表 6-4 为晶体生长可能遇到的物质在不同温度下的辐射率。

表 6-4　几种物体在给定温度范围内的辐射率[15]

材　料	温度 /K	辐射率 ε
铝(Al 光亮表面)	480～870	0.038～0.06
锑(Sb 光亮表面)	310～540	0.28～0.31
铋(Bi 光亮表面)	350	0.34
黄铜(光亮表面)	530～640	0.028～0.031
镉(Cd 光亮表面)	298	0.02
铬(Cr 光亮表面)	310～1370	0.08～0.4
铜(Cu 光亮表面)	310～530	0.04～0.05
金(Au 光亮表面)	370～870	0.018～0.035
铁(Fe 光亮表面)	310～530	0.05～0.07
铅(Pb 光亮表面)	310～530	0.06～0.08
镁(Mg 光亮表面)	310～530	0.07～0.13
钼(Mo 光亮表面)	310～530 810～1640 3030	0.06～0.08 0.10～0.18 0.29
镍(Ni 光亮表面)	310～530 500～650	0.04～0.06 0.07～0.087
铂(Pt 光亮表面)	530～810	0.06～0.10
银(Ag 光亮表面)	310～810	0.01～0.03
钢(光亮表面)	530～920	0.27～0.31
钽(Ta 光亮表面)	1640～3030	0.2～0.3
氧化铝(Al_2O_3)	831～1370	0.65～0.45
炭黑(C)	310	0.95
氧化镁(MgO)	420～760	0.69～0.55
刚玉(Al_2O_3)	370	0.86
碳化硅(SiC)	420～920	0.83～0.96

在给定温度下，黑体辐射的光子波长 λ 在一定的范围内是变化的，其分布方程为[14]

$$e_{\mathrm{b},\lambda}=\frac{2\pi hc^2\lambda^{-5}}{\exp\left(\frac{ch}{k_{\mathrm{B}}\lambda T}\right)-1} \tag{6-66}$$

式中，h 为 Planck 常量；c 为光速。

黑体总的辐射能为[14]

$$e_{\mathrm{b}}=\int_0^{\infty}e_{\mathrm{b},\lambda}\mathrm{d}\lambda \tag{6-67}$$

将式(6-66)代入式(6-67)，并积分得出

$$e_{\mathrm{b}}=\sigma T^4 \tag{6-68}$$

式中，$\sigma=\frac{2\pi^2k_{\mathrm{B}}^4}{15c^2h^3}$，称为黑体辐射系数。

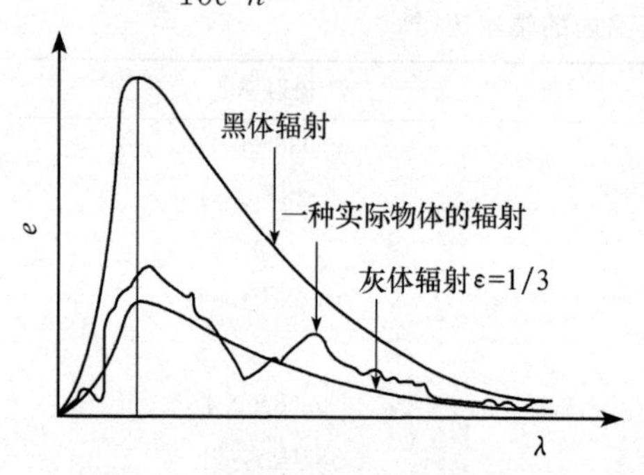

图 6-9　在某给定温度下，黑体、灰体和实际物体表面辐射谱的对比[14]

真实物体(灰体)表面的辐射能量密度：

$$e=\varepsilon\sigma T^4 \tag{6-69}$$

这一能量是分布在一定的波长范围内的。实际物体的表面由于种种缺陷会导致辐射谱的变化。图 6-9 示意给出了给定温度下黑体、灰体及实际物体表面辐射谱的对比。黑体和灰体的谱线形状随温度的变化按照式(6-67)所示的规律改变。

2. *表面的吸收*

照射到任何物体表面的辐射能量将被分解为 3 个部分，一部分被吸收，一部分被反射，一部分则透射通过物体。这一规律可以表示为

$$E=\alpha E+rE+tE \tag{6-70}$$

式中，α 为吸收系数；r 为反射系数；t 为透射系数，且

$$\alpha+r+t=1 \tag{6-71}$$

通常物体对辐射的吸收系数与入射光子的能量相关，而入射光子的能谱又与发射源的温度相关。温度为 T_1 的物体放置在温度为 T_2 的环境中，该物体向环境辐射的能量密度为

$$q_{1\to2}=\varepsilon_1\sigma T_1^4 \tag{6-72}$$

而物体从环境中吸收的能量为

$$q_{2\to1}=\alpha_{12}e_{\mathrm{b}2}=\alpha_{12}\sigma T_2^4 \tag{6-73}$$

则物体向环境辐射散热的净热流密度为

$$q_{1,\mathrm{net}}=\sigma(\varepsilon_1T_1^4-\alpha_{12}T_2^4) \tag{6-74}$$

在灰体中通常辐射率与吸收率相等[14]，即 $\alpha_{12}=\varepsilon_1$，从而得出

$$q_{1,\text{net}}=\sigma\varepsilon_1\left(T_1^4-T_2^4\right) \tag{6-75}$$

由式(6-75)可以看出，辐射换热的热流密度除了与其本身的辐射系数相关外，温度是决定性因素。当物体本身温度高于环境温度，即 $T_1>T_2$ 时，$q_{1,\text{net}}>0$，物体向环境散热，发生降温。而当 $T_1<T_2$ 时，$q_{1,\text{net}}<0$，物体从环境中获得热量，发生升温。由于辐射热流密度与温度的 4 次方成正比，随着温度的升高，辐射热流急速增大。因此，高温下的换热以辐射换热为主；而在低温下，辐射换热则成为次要的换热方式。

3. 两个面积单元之间的换热

两个物体表面之间的换热不仅与其辐射和吸收特性以及各自的温度有关，几何因素也起着重要的作用。以图 6-10 所示的面积单元 $\mathrm{d}A_1$ 向面积元 $\mathrm{d}A_2$ 辐射传热过程为例[14]。设从 $\mathrm{d}A_1$ 向 $\mathrm{d}A_2$ 方向的视线与 $\mathrm{d}A_1$ 法线的夹角为 ϕ_1，而 $\mathrm{d}A_2$ 向 $\mathrm{d}A_1$ 方向的视线与 $\mathrm{d}A_2$ 法线的夹角为 ϕ_2。此时从 $\mathrm{d}A_2$ 方向观察 $\mathrm{d}A_1$ 所能看到的面积为 $\cos\phi_1\mathrm{d}A_1$。同样从 $\mathrm{d}A_1$ 的角度观察 $\mathrm{d}A_2$ 所能看到 $\mathrm{d}A_2$ 的面积为 $\cos\phi_2\mathrm{d}A_2$。辐射的强度随着距辐射源距离 l 的增大按照 l^{-2} 的规律衰减的，从而得出由面积 $\mathrm{d}A_1$ 向面积 $\mathrm{d}A_2$ 辐射传热的热流可以表示为

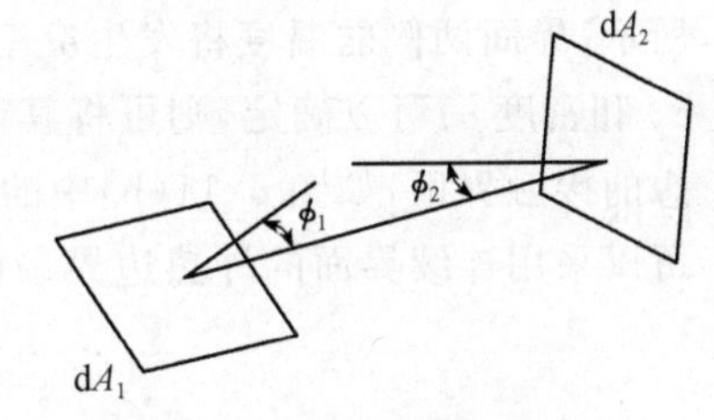

图 6-10　两个面积单元 $\mathrm{d}A_1$ 和 $\mathrm{d}A_2$ 之间的辐射换热[14]

$$\mathrm{d}E_{12}=I\frac{\cos\phi_1\mathrm{d}A_1\cos\phi_2\mathrm{d}A_2}{l^2} \tag{6-76}$$

式中，I 是由 $q_{1,\text{net}}$ 决定的比例常数。

由式(6-76)可以看出，如果讨论由 $\mathrm{d}A_2$ 向 $\mathrm{d}A_1$ 的辐射换热 $\mathrm{d}E_{21}$，其表达形式也是一样的，即 $\mathrm{d}E_{12}=\mathrm{d}E_{21}$。如果 $\mathrm{d}A_1$ 的温度高于 $\mathrm{d}A_2$，则由 $\mathrm{d}A_1$ 传向 $\mathrm{d}A_2$ 的净热流大于 0。$\mathrm{d}A_1$ 为热源，而 $\mathrm{d}A_2$ 为被加热的单元。反之，如果 $\mathrm{d}A_2$ 的温度高于 $\mathrm{d}A_1$，则热流向相反方向传输。

假定 $\mathrm{d}A_1$ 和 $\mathrm{d}A_2$ 分别是总表面为 A_1 和 A_2 的物体表面的微分单元，则两个物体之间换热的总的热流密度可以通过积分获得，即

$$E_{12}=\iint\limits_{A_1A_2}\frac{I\cos\phi_1\cos\phi_2}{l^2}\mathrm{d}A_2\mathrm{d}A_1 \tag{6-77}$$

6.2.3　晶体生长过程的对流换热与界面换热

在实际晶体生长过程中存在多种液体与固体的界面，如熔体、溶液或气相生长的结晶界面，液体与坩埚的界面，坩埚与气体的界面，坩埚与加热用液体的界面等。这些界面在晶体生长的传热过程中起着重要作用。对这些界面换热特性的分析是控制晶体生长过程的重要问题之一。另外一类界面是固相与固相的接触界面，如晶体与坩埚以及其他导热介质之间的界面。这类界面如果是理想接触的，则可以采用式(6-62)所示的连续边界条

件来分析。但如果界面非理想接触，则存在界面热阻。

流体与固体界面的换热过程中，由于液相中往往存在对流，从而加速了换热速率。影响界面换热的因素是非常复杂的，需要对界面附近的对流行为进行详细的分析。通常为了数学处理方便，将多种影响因素归纳到一个界面换热系数 a_b 中。在该换热系数的控制下，流体相与固相的换热热流密度可以表示为

$$q_b = a_b(T_f - T_S) \tag{6-78}$$

式中，T_f 为流体温度；T_S 为固体表面温度。

如果 $T_f > T_S$，则热流由流体向固体传输，流体加热固体；而当 $T_f < T_S$ 时，则固体向流体散热。对换热系数 a_b 的进一步解析需要从流体力学的角度分析。

在固体与固体的界面存在隔热层或形成气隙时，在界面上形成热阻。如图 6-11(a) 所示，界面两侧的温度将发生突变。如果界面层厚度和热传导参数(热导率 λ、质量热容 c_p 和密度 ρ)可以确定，则可将其视为一个独立的传热单元，并与两侧的介质形成两个理想的接触界面，如图 6-11(b)中的 I。在界面层内按照纯导热过程处理，而在两个界面上可以采用连续界面的导热边界条件处理，即

$$\lambda_1 \frac{\partial T}{\partial z}\bigg|_{z_{10}^-} = \lambda_i \frac{\partial T}{\partial z}\bigg|_{z_{10}^+} \tag{6-79}$$

$$\lambda_i \frac{\partial T}{\partial z}\bigg|_{z_{02}^-} = \lambda_2 \frac{\partial T}{\partial z}\bigg|_{z_{02}^+} \tag{6-80}$$

式中，λ_i 是界面层的热导率。

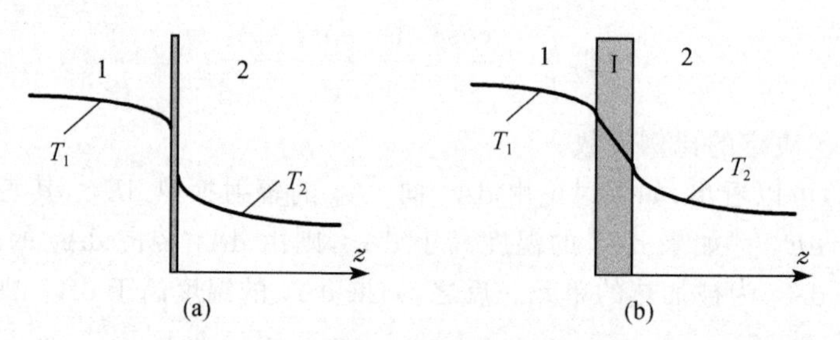

图 6-11 通过界面隔热层的换热

(a) 界面的隔热层导致温度场的变化；(b) 导热控制的隔热层

如果界面层很薄并且不规则，或者界面为一气隙，其中为导热、辐射、对流综合换热过程，则也可以引入一个界面综合换热系数 a_i，通过界面的热流密度也可用与式(6-78)相同方法计算。在实际晶体生长过程中，界面层(气隙、氧化层等)几何特征等有时是随着时间变化的，因此 a_i 也可能随时发生变化。

6.2.4 晶体生长过程温度场的测控方法与技术

晶体生长过程需要对温度及其分布进行精确的控制，因此需要采用多种加热和强制冷却方法。而要进行温度控制，首先需要进行精确的测温，并根据测温获得的温度场的信息，进行温度场的调整。因此，晶体生长温度场的控制是一个闭环控制过程。从工程应用

的角度,需要掌握 3 个方面的知识和技能,即可控的加热技术、可控的冷却技术和测温技术。其中前二者是控温的手段,第三个是控制的依据。以下分别对这 3 个晶体生长过程常用的技术作简单的介绍和分析。

1. 晶体生长过程的加热方法和原理

1) 电阻加热

电阻加热是晶体生长过程中最常用的加热方式,适合于从低温到高温不同温区的温度控制。电阻加热利用电流通过具有一定电阻率的导体时释放的焦耳热使导体本身被加热,并通过辐射、导热和对流而向被加热的物体传导热量。导体本身就是发热体,其发热功率 P_h 可表示为

$$P_h = IV = \frac{V^2}{R} = RI^2 \tag{6-81}$$

式中,I 为通过导体的电流;V 为施加在导体两端的电压;R 为导体本身的电阻。

在恒电压 V 下,发热体的发热功率随着电阻率的增大而减小,而在恒电流 I 条件下,发热功率则随着电阻率的升高而增大的。电阻 R 是发热体本身性质参数,随着发热体长度 l 的增大而增大,而随着发热体的截面面积 S_s 的增大而减小,即

$$R = \rho_e \frac{l}{S_s} \tag{6-82}$$

式中,ρ_e 为电阻率,通常为温度的函数[16]。

将式(6-82)代入式(6-81)可以得出导体的发热功率为

$$P_h = IV = \frac{S_s}{\rho_e l} V^2 \tag{6-83}$$

而导体温度的升高所吸收的热量为

$$Q_h = c_p \rho V \frac{dT_1}{d\tau} = c_p \rho S_s l \frac{dT_1}{d\tau} \tag{6-84}$$

式中,c_p 为发热体的质量热容;ρ 为发热体的密度;$V = lS$ 为发热体的体积。

导体向环境散热的热量 Q_Σ 包括辐射热 Q_r、导热热 Q_c 和对流散热 Q_b,可表示为

$$Q_\Sigma = Q_r + Q_c + Q_b = S_b(q_r + q_c + q_b) \tag{6-85}$$

式中,S_b 为发热体的表面面积。假定发热体是半径为 r 的圆柱形线材,则 S_b 可表示为

$$S_b = \frac{2l}{r} S_s \tag{6-86}$$

而辐射热流密度 q_r、导热热流密度 q_c 和对流热流密度 q_b 分别由式(6-75)、式(6-45)和式(6-78)给出。

根据能量守恒条件:

$$P_h = Q_h + Q_\Sigma = Q_h + Q_r + Q_c + Q_b \tag{6-87}$$

假定环境温度 T_2 不变,则 q_r、q_c 和 q_b 均随着加热体温度的升高而迅速增大。如果加热功率趋于恒定,则随着散热热流 Q_Σ 的增大,用于加热发热体的热量 Q_h 下降,如图 6-12 所示。当 $P_h = Q_\Sigma$ 时,发热体释放的焦耳热全部传导到环境中,从而发热体停止升

温，此时对应的温度 T_0 即为发热体在给定的发热功率下能够达到的极限温度。进一步提高发热体的加热功率，所对应的极限温度也随之升高，如图 6-13 所示，也即发热体的温度是可以通过控制加热功率(改变电流 I 或电压 V)而调整的。

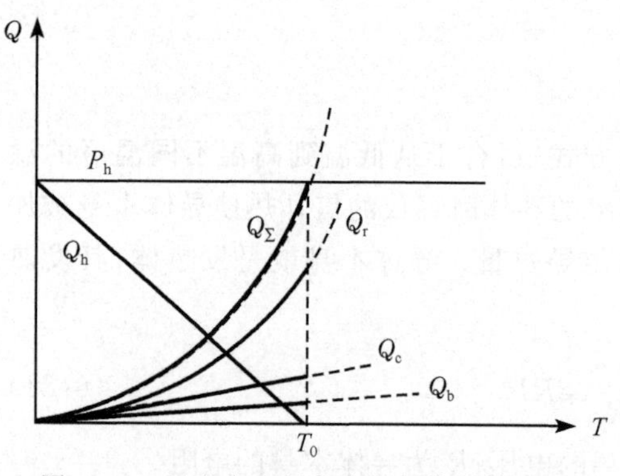

图 6-12 无穷大空间中电阻加热的热平衡

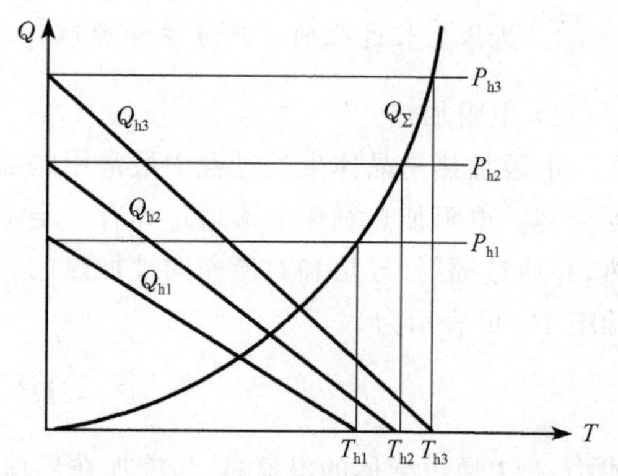

图 6-13 无穷大空间中电阻加热的温度调节原理

上述分析假定环境温度 T_2 是维持不变的，这种情况只有在将发热体放置在一个无穷大的空间中才会发生。在实际晶体生长过程中，发热体的周围是被保温材料以及被加热的坩埚所包围的，这些物体在不断被加热而升温，即式(6-75)中的环境温度 T_2 是不断升高的。假定通过控制发热体的功率使发热体的温度很快达到设定的温度，如图 6-14 所示，则随着时间的延长，T_2 不断向 T_1 逼近。这一过程导致 Q_Σ 不断减小，而如果 T_1 维持不变，则 $Q_h \to 0$。如果整个加热体系是绝热的，则此时 $P_h \to 0$。在实际晶体生长过程中，热量总会通过晶体或保温材料向环境散热，因此达到稳态时加热功率将趋近于一个常数，以平衡晶体生长系统向环境的散热。图 6-15 中的发热功率曲线是维持恒温的控制条件。发热功率进入Ⅰ区，则体系将升温；进入Ⅱ区，体系将降温。理想的控温条件是使加热功率沿着图中的曲线变化。然而将加热功率控制到严格按照该曲线变化是非常困难的。但当恒温时间足够长时，所需要的加热功率趋于恒定，此时的恒温控制将变得容易。因此，在实际晶体生长开始之前维持一个使温度稳定的足够长的时间是必要的。

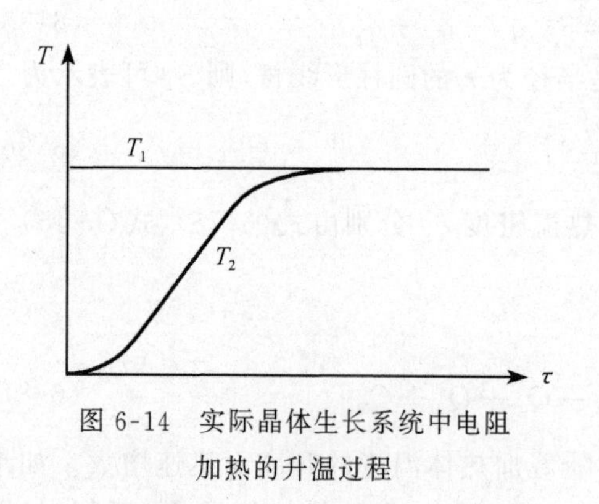

图 6-14 实际晶体生长系统中电阻加热的升温过程

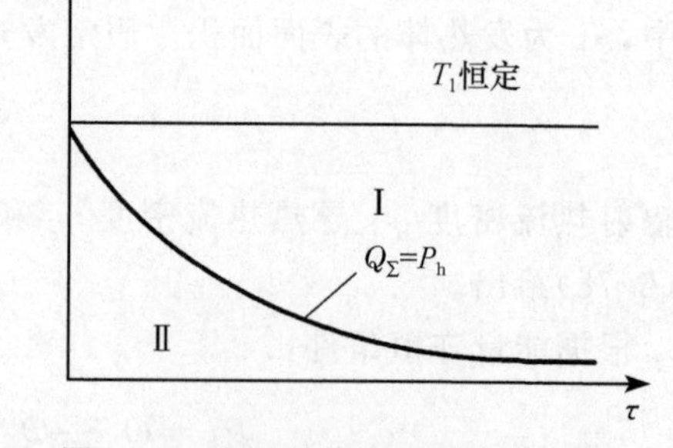

图 6-15 实际晶体生长系统中电阻加热的恒温控温条件

2) 感应加热

感应加热是利用感应线圈中交变电流在其周围的空间产生感应电磁场,该电磁场作用在具有一定导电能力的物体时,在其中产生感生电流,利用该感生电流产生的焦耳热对物体进行加热。以熔体法晶体生长过程为例,可以通过图 6-16 所示的 3 种方式对原料及熔体进行加热。

当晶体及其熔体为导体时,可以将感应电磁场直接作用在原料或熔体上,在其内部形成感生电流,并由此产生焦耳热,达到加热或保温的目的,如图 6-16(a)所示。

当长晶的原料及其熔体为绝缘体或者电磁参数不适合时,可以选择电磁参数合适的材料作坩埚,使感应电磁场对坩埚进行感应加热,坩埚内形成的热量通过热传导对原料进行加热,如图 6-16(b)所示;还可以选用合适的感应加热材料制成成形的发热体,包套在坩埚的外部,采用电磁场对该成形发热体进行加热,在发热体内产生的热量通过辐射、传导或对流换热对坩埚进行加热,如图 6-16(c)所示。

不论哪种情况,被加热表面的单位面积的发热功率可表示为[17]

$$P_g = K_0 I_i^2 \sqrt{\rho_e \mu f} \tag{6-88}$$

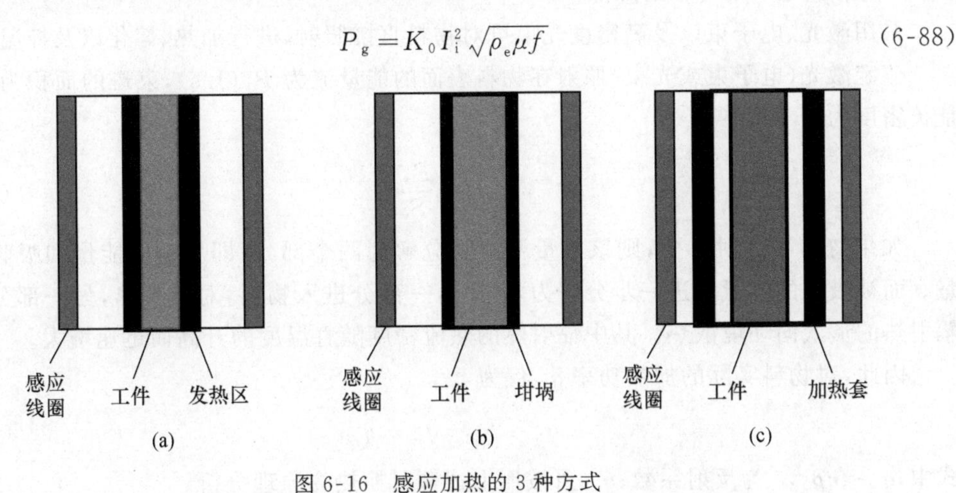

图 6-16　感应加热的 3 种方式

(a) 物料直接感应加热;(b) 坩埚感应加热;(c) 成形加热体感应加热

式中,K_0 为取决于感应线圈和发热体的几何尺寸和形状的系数;I_i 为感应器中的感生电流;ρ_e 为发热体的电阻率;μ 为发热体的相对磁导率;f 为感应电流的频率;$\sqrt{\rho_e \mu}$ 称为材料的吸收因子[17]。

由于电流的趋肤效应,感应电流通常只分布在发热体的表面,电流密度随着与表面距离 x 的增大按照指数函数的规律衰减[17]

$$I_x = I_0 \exp\left(-\frac{x}{\delta}\right) \tag{6-89}$$

式中,I_0 为最表面的电流密度;δ 为电流透入深度,可用下式计算[17]:

$$\delta = A\sqrt{\frac{\rho_e}{f\mu}} \tag{6-90}$$

当电阻率 ρ_e 的单位取为 $\Omega \cdot cm$，δ 的单位为 cm 时，常数 $A=5030$。

参考式(6-85)可以估算发热体升温所吸收的热量为

$$Q_h = c_p\rho V\frac{dT_1}{d\tau} = c_p\rho S_b\delta\frac{dT_1}{d\tau} \tag{6-91}$$

发热体向物料及环境散热的热流为 $Q_w = S_b q_w$，则热平衡条件可表示为

$$P_g = Q_h + Q_w \tag{6-92}$$

由此也可以获得在给定的加热功率下的平衡温度 T_h。当该平衡温度大于晶体生长原料的熔点，原料将发生熔化，并逐渐达到恒温。与此同时，随着时间的延长，Q_w 将减小，必须相应地降低感应线圈的加热功率以维持恒温，其分析方法与电阻加热过程相同。

3) 激光、电子束等辐射加热

采用激光、电子束以及高密度光束可对物料直接照射，进行加热、熔化以及控温。

假定激光(电子束或光束)照射在物料表面的能量流为 P_a(J/s)，束斑的面积为 S，则能流密度为

$$p_a = \frac{P_a}{S} \tag{6-93}$$

如果忽略了透射部分，则该能量密度将分解为两个部分，即反射的能量和吸收的能量。而被吸收的能量又进一步分解为两部分，一部分进入物料，对其加热，另一部分则以辐射热的形式向环境散热。其中辐射热的热流密度随着温度的升高而迅速增大。

因此，对物料实际的加热功率 q_h 仅为

$$q_h = p_a - q_{rf} - q_{rad} \tag{6-94}$$

式中，$q_{rf} \approx rp_a$，r 为反射系数；q_{rad} 可按照上述辐射换热的原理分析。

被物料吸收的热流 q_h 除了使物料表面被加热外，还以导热的方式向内部传导。当物料被熔化后，熔体的对流增强传热，使得传热速率加快。

2. 晶体生长过程的冷却方法和原理

晶体生长过程通常需要在一定的非均匀温度场中进行，为了获得合适的温度梯度，常常需要在特定的部位强制冷却。结晶过程释放的结晶潜热也必须以适当的方式导出才能维持晶体生长过程的继续进行。各种冷却方法均以传热的基本原理为基础，通过增大传热热流达到冷却的目的。

1) 利用导热原理进行冷却

由导热的 Fourier 第一定律可以看出，在导热传热过程中，热流是由温度梯度控制的。因此，选用热导率 λ 较大的材料，或者在导热介质的另一端采用其他冷却方式降温，以增大导热介质中的温度梯度则可达到增大热流的目的。利用 Fourier 第一定律可以控制恒定的热流，从而获得稳定的温度场。

根据 Fourier 第二定律可以实现对晶体生长系统的瞬时冷却。假定晶体生长系统的温度为 T_1，密度为 ρ_1，质量热容为 c_{p1}，热导率为 λ_1，使其与温度为 $T_2(T_2<T_1)$ 的介质接触，则热量将由晶体生长系统向冷却介质传导。该传导过程是由 Fourier 第二定律控制的，根据其几何形状和表面散热特性确定其边界条件，进行求解。如果晶体生长系统释放的热量全部被冷却介质吸收，则达到平衡时的温度 T_e 可以根据以下热平衡条件获得：

$$c_{p1}\rho_1 m_1(T_1 - T_e) = c_{p2}\rho_2 m_2(T_e - T_2) \tag{6-95}$$

即

$$T_e = \frac{BT_1 + T_2}{1 + B} \tag{6-96}$$

式中，m 表示质量，下标 2 表示环境介质的参数；$B=\dfrac{c_{p1}\rho_1 m_1}{c_{p2}\rho_2 m_2}$，是晶体生长系统热容量与冷却介质热容量的比值。随着 B 值的减小，平衡温度减小，向温度 T_2 逼近，表明冷却介质的冷却能力强；随着 B 的增大，介质冷却能力降低，平衡温度则向 T_1 逼近。

由以上分析可以看出，控制导热冷却能力的主要参数是冷却介质的热导率、质量热容及密度。冷却能力较强的介质通常为金属材料，其典型参数列于表 6-2。导热热流是通过晶体生长系统与冷却介质的接触界面散热的，选择不同的接触界面可以实现对生长系统的定向冷却，而在晶体生长系统形成温度梯度场。

2）辐射散热冷却

辐射散热在高温换热过程中起着决定性的作用。增强物体向环境的散热热流可以达到对其冷却的目的。辐射散热的热流密度实际上是物体向环境辐射的热流密度与环境向该物体辐射热流密度的差值，如式(6-75)所示。在给定温度下，特定物体表面辐射能力是确定的，增强散热的主要途径是改变环境温度，即降低式(6-75)中的 T_2。

通常直射的热流密度是最大的，并且环境的辐射面距物体的距离越大，向该物体辐射的热流就越小。以图 6-17 所示的在保温套内的坩埚散热为例，在保温套的特定部位开孔，如图 6-17 中的 A 点，可以实现坩埚 A' 处的定点散热，而将坩埚移出保温套则可实现坩埚整体的快速降温。

3）强制对流冷却

采用流体进行冷却是晶体生长过程常用的冷却方式。自然对流的导热能力有限，但可通过施加强制对流强化散热。根据式(6-72)所示的对流换热方程，改变流体的温度可以增强散热热流。因此，向晶体生长系统的特定部位通入低温冷却介质则可增大散热热流，实现强制冷却。而在对流散热过程中，界面换热系数 a_b 不仅与冷却介质的性质有关，还与对流的强度和方式密切相关。a_b 可调整的范围非常大，调整的手段也很多，因此采用液体冷却介质是晶体生长过程控制中人们最愿意采用的强化冷却的方式。

3. 晶体生长过程常用的温度场测控方法

1）温度的控制方法

对某一给定位置的温度进行控制的原理可以用图 6-18 示意图说明。这一过程分为以下几个步骤：

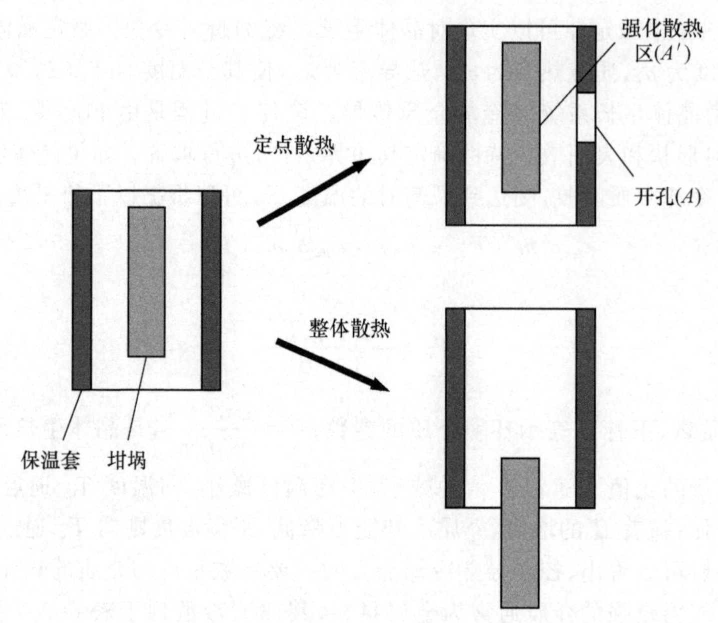

图 6-17 利用辐射原理进行定点散热或整体降温

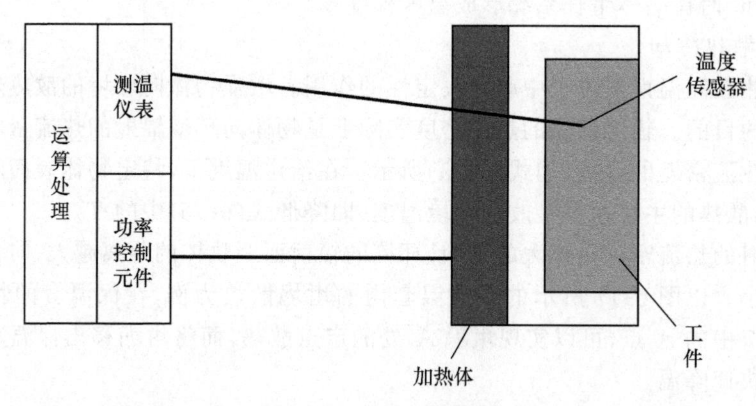

图 6-18 温度调节原理

第一步,首先确定控制的目标温度 T_0。

第二步,采用温度传感器对该点的实际温度 T 进行测定。

第三步,将该点的实测温度与控温的目标温度进行比较。

第四步,进行加热功率调整。当 $T>T_0$ 时降低加热功率,使得系统的散热热流大于加热功率提供的热流,使其降温;而当 $T<T_0$ 时则增大加热功率,使其升温。

T_0 可以是恒定的,也可以是变化的。假定 T_0 恒定,则可根据图 6-18 所示的原理进行功率调节,实现温度场的控制。

参考图 6-19,不同的测温方法存在一定的时间滞后,时刻 τ_i 所获得的温度信息可能是前一时刻 $\tau_i-\Delta\tau_1$ 的信息。当实测温度 $T<T_0$ 时,表示实际加热功率比理想的加热功率 $P_{\tau-\Delta\tau1}$ 偏低 $\Delta P_{\tau-\Delta\tau1}$。而进行上述第四步的运算,并将运算结果传给加热单元进行功

率调整又存在一个时间滞后，即实际可以控制的是时刻 $\tau+\Delta\tau_2$。因此在图 6-19 所示的闭环控制过程中，实际的控温功率是将时刻 $\tau_i-\Delta\tau_1$ 应该采用的理想的加热功率 $P_{\tau-\Delta\tau_1}$ 施加到时刻 $\tau+\Delta\tau_2$，使得加热功率偏高 $\Delta P_{\tau+\Delta\tau_2}$，则温度因功率超调而升高。而当 $T>T_0$ 时则会因功率下调过大而引起降温。基于上述原因，在控温过程中经常会发生温度的振荡。

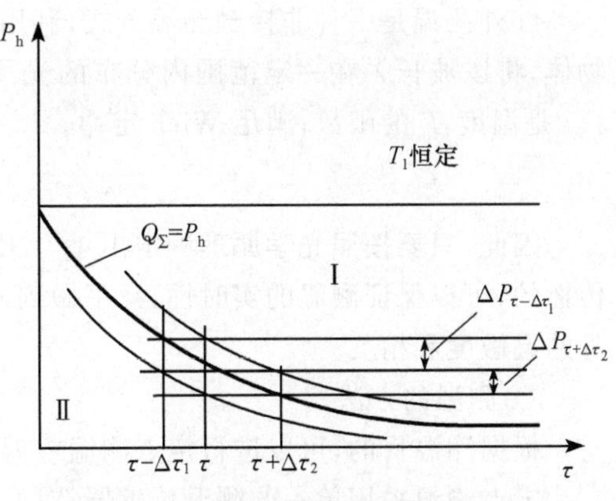

图 6-19　温度调节过程示意图

在上述控温过程中，除了精确的测温外，加热功率调节量的计算也是极其复杂而非常重要的。先进的运算方法不仅考虑了温度的偏差，也考虑了温度的变化趋势，从而确定出合适的功率调节量 ΔP，有效地控制温度振荡，得到稳定的温度场。其中应用比较成功和普遍的是 PID 算法。

2）测温传感器

准确的测温是进行温度场精确控制的依据。晶体生长过程常用的测温传感器包括温度计测温、热电偶测温以及红外测温。

温度计是按照液体的热胀冷缩原理设计的，通常熔点低而气化点高，并且体膨胀系数恒定的液体适合作温度计。在室温下为液体的物质其气化点也相对较低，因此温度计通常只适用于低温下的测温。同时，由于液体的加热需要一定的时间，温度计测温的反应较为缓慢，因此在晶体生长的控温中其应用范围有限。

热电偶测温是根据两种 Fermi 能级不同的金属或半导体接触时形成的 Peltier 电动势和金属或半导体内部的 Thomson 电动势之和决定的温差电动势的原理制成的[18]。

常用热电偶的材料及其所适合的测温范围如表 6-5 所示。

表 6-5　常用热电偶的材料及其所适合的测温范围

型　号	名称及材料	测温范围/℃	适应气氛	稳定性
B	铂铑$_{30}$-铂铑$_6$	200～1800	O,N	<1500℃,好 >1500℃,良
R	铂铑$_{13}$-铑	−40～1600	O,N	<1400℃,好 >1400℃,良
S	铂铑$_{10}$-铑	−40～1600	O,N	<1400℃,好 >1400℃,良
K	镍铬-镍硅(铝)	−270～1300	O,N	中等
N	镍铬硅-镍硅	−270～1260	O,N,R	良
E	镍铬-康铜	−270～1260	O,N	中等
J	铁-康铜	−40～760	O,N,R,V	<500℃,良 >500℃,差
T	铜-康铜	−270～350	O,N,R,V	−170～200℃,优
WRe3-WRe25	钨铼$_3$-钨铼$_{25}$	0～2300	N,R,V	中等
WRe5-WRe26	钨铼$_5$-钨铼$_{26}$	0～2300	N,R,V	中等

红外测温是一种非接触测温方式,利用了高温物体的热辐射原理。对于给定温度的物体,将以波长 λ 在一定范围内分布的光子形式向外辐射热量,其密度最大的光子波长 λ_{max}是温度 T 的函数,满足 Wien 定律,

$$T\lambda_{max}=2898(\mu m \cdot K) \tag{6-97}$$

因此,只要按照光学原理测定出 λ_{max},则可获得辐射源的温度。由于热辐射是以光速传播的,可以保证测温的实时性,几乎做到没有时间滞后,其测温精度则取决于探测器本身的灵敏度和精度。

3) 测温的方法

根据测温目的,可以进行定点测温或温度场的测定。

定点测温采用单一的测温传感器,对给定点的温度及其变化规律进行测定。虽然定点测温仅能反映某一点的温度变化情况,但如果测温点选择合适,则能较好地反映晶体生长过程的控温特性。特别是在温度场达到稳态时,各个部位的温度差相对固定,测定一点的温度即可反映整个系统的温度分布。

温度场测定可以了解整个生长系统不同部位温度分布规律,因此需要在不同的位置布放温度传感器,并同时记录。实际上,不论温度传感器布放得多么密,获得的仍是不连续的温度分布。对此通常的做法是选择有代表性的测温点,并同时建立半经验的理论模型,通过测温点的实测温度与理论模型的耦合,拟合出系统的温度分布情况。

在恒定的温度场中,通过一个温度传感器的运动,记录不同时刻温度传感器的位置和对应的温度,可以用一个温度传感器获得整个系统的温度分布情况。

6.3 晶体生长过程的液相流动

6.3.1 流动的起因与分类

流体的变形阻力很小,在微弱的外加力场作用下即会发生流动。根据流动的起因,可以将流体的对流归纳为自然对流、强制对流和表面张力引起的对流。以下分别对其相关的基本原理进行讨论。

1. 强制对流

通过物理或机械的方法向流体施加力场则可驱动流体的流动。常用的方法包括:①机械搅拌,如采用叶片或搅拌棒直接搅动液体,强制流体的流动,如图 6-20(a)及图6-20(b)所示;②电磁搅拌,对于导电的流体,将交变电磁场直接施加到流体上导致流体的流动,如图 6-20(c)所示;③电磁机械搅拌,对于非导电的流体,在流体中放置一个铁磁性的物体,在容器外采用电磁场驱动该铁磁体在流体中运动,带动流体的流动,如图 6-20(d)所示。

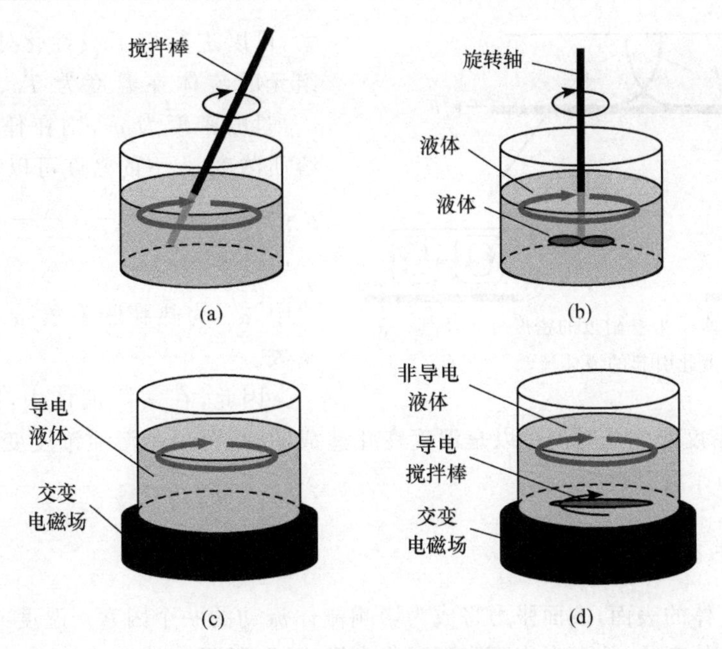

图 6-20　几种强制对流的方法

(a) 直接机械搅拌；(b) 叶片机械搅拌；(c) 电磁搅拌；(d) 电磁机械搅拌

2. 自热对流

流体具有热胀冷缩现象，受热后密度减小。在具有一定体积的流体内部，当温度不均匀时密度将不均匀，在流体内部产生应力场，并导致流体流动。

在垂直的热壁(即壁面温度 T_i 大于流体温度 T_f)前的液体中靠近壁面的流体将被加热，其密度是随着与壁面距离的减小而降低，从而在靠近壁面处的流体发生上浮，出现图 6-21 右上方所示的对流。而在冷壁(即壁面温度 T_i 小于流体温度 T_f)附近，流体密度的变化相反，从而发生下沉，出现图 6-21 右下方所示的对流。

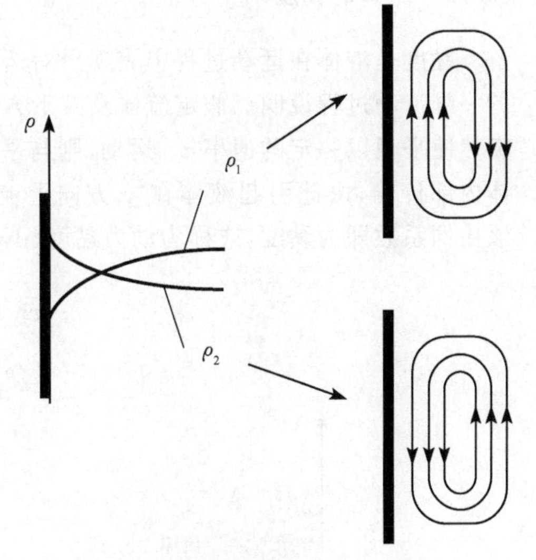

图 6-21　垂直平壁附近的密度分布及由此引起的流体流动

在水平的热壁表面的对流可以用图 6-22 说明，靠近表面的流体密度小于上方流体的密度，从而整个体系变得不稳定，受到任何外界的扰动都会导致流体发生图6-22右下方所示的流动，此即 Bénard 对流。而在冷壁的上方，密度的分布是自下而上逐渐降低的，体系是稳定的，如果没有水平方向上的密度变化，则不会产生自然对流。

在多组元的流体中，溶质浓度的不均匀也会导致密度的变化，引起流体的流动。因此，流体的密度可以表示为温度和溶质浓度的函数。如果温度和溶质浓度的偏差不是很

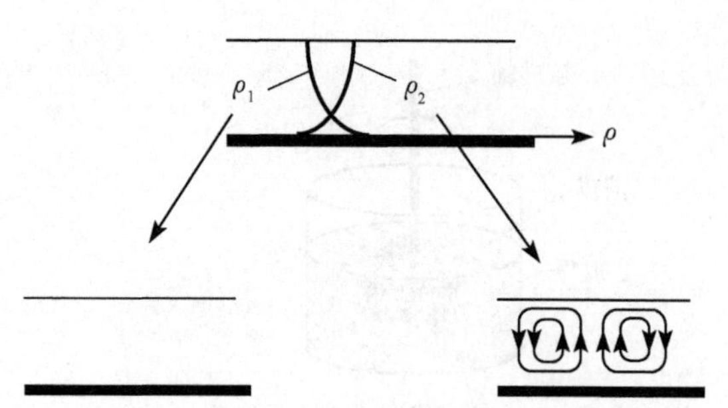

图 6-22　水平平壁附近的密度分布及其由此引起的流体流动

大,可以进行以下线性化处理。假定二组元的流体在温度为 T_0、溶质浓度为 w_0 时的密度为 ρ_0,则在任意温度 T 和溶质浓度 w 下的密度可以表示为

$$\rho=\rho_0[1+\alpha_T(T-T_0)+\alpha_C(w-w_0)] \tag{6-98}$$

式中,α_T 为热膨胀系数;α_C 为溶质膨胀系数。

因此,在实际流体中,图 6-21 和图 6-22 所示的密度变化及对流可以是温度变化造成的,也可以是溶质浓度变化造成的,或者由二者共同作用引起的。

3. 界面张力引起的流动

在靠近流体的表面,表面张力将成为影响流体流动的一个因素。温度或成分的变化导致表面张力的变化,从而在表面附近形成力场,导致所谓的 Marangoni 对流[19,20]。

6.3.2　流体的黏度

黏度是液体在运动过程中表现出对运动的黏滞阻力的度量参数,可以用图 6-23 所示的一维流动过程说明。假定流体及其下方平板的初始状态是静止不动的,而在某一时刻突然使平板以一定的速率 v_{y0} 运动,则与平板相邻的流体在 y 方向产生剪应力 τ_y,并向流体内部传输,由此引起液体在 y 方向上流动,流动速度在 z 方向的梯度与应力成正比。该比例系数即为黏度,或称为动力黏度(dynamic viscosity)系数,表示为 η,即

$$\tau_{zy}=\eta\frac{\mathrm{d}v_y}{\mathrm{d}z} \tag{6-99}$$

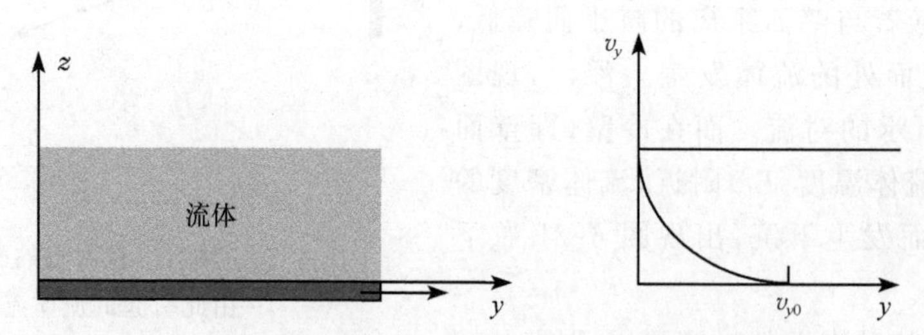

图 6-23　剪应力引起的一维流动过程及其对黏度的定义

运动黏度系数(kinematic viscosity)ν 定义为动力黏度与密度的比值:

$$\nu=\frac{\eta}{\rho} \tag{6-100}$$

η 的单位为 g/cm s,ν 的单位为 cm^2/s 或 m^2/s。

黏度与密度及质量热容均是流体的性质参量，通常通过实验确定，而它们所反映的物理本质则是液体中原子（分子）的振动、转动，原子间相互作用力，以及自由电子运动状态的统计结果。这些参数均是随着温度和成分变化的，可作线性化的处理来近似。

黏度通常随着温度的升高而降低，可以表示为

$$\eta = \eta_0 \exp\left(\frac{E_d}{RT}\right) \tag{6-101}$$

式中，R 为摩尔气体常量；η_0 和 E_d 为常数。不同单质液体的 η_0 和 E_d 在表 6-6 中给出[11]，表中同时给出了液体在熔点温度下的黏度 η_{mp}。

表 6-6　几种流体的典型黏度[11]

元　素	熔点温度黏度 $\eta_{mp}/(10^{-2}N \cdot s/m^2)$	$\eta_0/(10^{-2}N \cdot s/m^2)$	E_d/(kJ/mol)
Ag	3.88	0.4532	22.2
Al	1.30	0.14925	16.5
Au	5.0	1.132	15.9
Bi	1.80	0.4458	6.45
Cd	2.28	0.3001	10.9
Cu	4.0	0.3009	30.5
Ga	2.04	0.4359	4.00
Ge	0.73		
In	1.89	0.3020	6.65
Li	0.57	0.1456	5.56
Mg	1.25	0.0245	30.5
Sb	1.22	0.0812	22
Se	24.80		
Si	0.94		
Sn	1.85		
Te	2.14		
Zn	3.85	0.4131	12.7

6.3.3　流体流动的控制方程

流体流动过程的控制方程包括两个部分，即连续方程和动量方程。前者反映了流体的质量守恒，后者则反映了流体流动过程力的平衡。

1. 连续方程

如图 6-24 所示，在三维空间中取一个微分单元，则该微分单元的质量守恒条件是流入该单元的物质 Δm_{in} 减去流出该单元的物质 Δm_{out} 等于该单元的内物质总量的变化 Δm_{va}，即

$$\Delta m_{va} = \Delta m_{in} - \Delta m_{out} \tag{6-102}$$

对于图 6-24 所示的体积单元，该式的具体表达式为

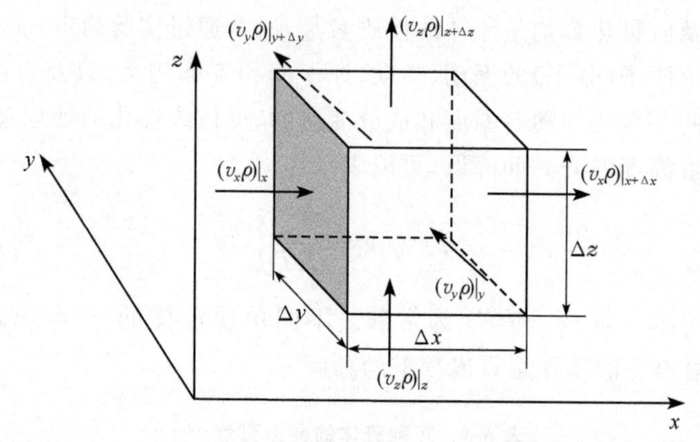

图 6-24　流体的微分单元与质量守恒条件

$$\Delta x \Delta y \Delta z \frac{\partial \rho}{\partial \tau} = \Delta y \Delta z (\rho v_x |_x - \rho v_x |_{x+\Delta x}) + \Delta x \Delta z (\rho v_y |_y - \rho v_y |_{y+\Delta y}) + \Delta x \Delta y (\rho v_z |_z - \rho v_z |_{z+\Delta z}) \tag{6-103}$$

在式两边同除以 $\Delta x \Delta y \Delta z$，并令 $\Delta \to 0$ 则可导出连续方程的通用表达形式：

$$\frac{\partial \rho}{\partial \tau} = -\left(\frac{\partial}{\partial x}\rho v_x + \frac{\partial}{\partial y}\rho v_y + \frac{\partial}{\partial z}\rho v_z\right) \tag{6-104}$$

如果流体的密度为常量，则式(6-104)可以简化为

$$\frac{\partial v_x}{\partial x} + \frac{\partial v_y}{\partial y} + \frac{\partial v_z}{\partial z} = 0 \tag{6-105}$$

2. 动量方程

动量守恒条件可以表示为

$$F_{va} = F_{in} - F_{out} + F_f \tag{6-106}$$

式中，F_{va} 为微分单元内部的动量变化；F_{in} 为进入微分单元的动量；F_{out} 表示移出微分单元的动量；F_f 为外力对该微分单元的做功。

x 轴方向的动量平衡条件可表示为

$$\frac{\partial}{\partial \tau}\rho v_x = -\left(\frac{\partial}{\partial x}\rho v_x v_x + \frac{\partial}{\partial y}\rho v_y v_x + \frac{\partial}{\partial z}\rho v_z v_x\right) - \left(\frac{\partial}{\partial x}\tau_{xx} + \frac{\partial}{\partial y}\tau_{yx} + \frac{\partial}{\partial z}\tau_{zx}\right) - \frac{\partial P}{\partial x} + \rho g_x \tag{6-107a}$$

式中，右边第 1 项是 x 轴方向流体流动的动量，其中 v_x、v_y、v_z 分别为 x、y、z 方向上的流速；ρ 为流体密度。第 2 项是应力对该微分单元的做功，其中 τ_{xx} 表示垂直于 x 轴的平面上的正应力，τ_{yx} 和 τ_{zx} 分别表示垂直于 y 轴的平面和垂直于 z 轴的平面上在 x 轴方向的剪应力。第 3 项 $\partial P/\partial x$ 是 x 轴方向压力的变化。第 4 项 ρg_x 是重力场的做功，其中 g_x 为重力加速度在 x 轴方向上的分量。

同样可以求出 y 轴和 z 轴方向上的动量平衡条件分别为

$$\frac{\partial}{\partial \tau}\rho v_y = -\left(\frac{\partial}{\partial x}\rho v_x v_y + \frac{\partial}{\partial y}\rho v_y v_y + \frac{\partial}{\partial z}\rho v_z v_y\right) - \left(\frac{\partial}{\partial x}\tau_{xy} + \frac{\partial}{\partial y}\tau_{yy} + \frac{\partial}{\partial z}\tau_{zy}\right) - \frac{\partial P}{\partial y} + \rho g_y \tag{6-107b}$$

$$\frac{\partial}{\partial \tau}\rho v_z = -\left(\frac{\partial}{\partial x}\rho v_x v_z + \frac{\partial}{\partial y}\rho v_y v_z + \frac{\partial}{\partial z}\rho v_z v_z\right) - \left(\frac{\partial}{\partial x}\tau_{xz} + \frac{\partial}{\partial y}\tau_{yz} + \frac{\partial}{\partial z}\tau_{zz}\right) - \frac{\partial P}{\partial z} + \rho g_z \tag{6-107c}$$

当体系的密度恒定时,式(6-107a)～式(6-107c)可进一步简化为[14]

$$\left.\begin{aligned}
\rho\left(\frac{\partial v_x}{\partial \tau} + v_x\frac{\partial v_x}{\partial x} + v_y\frac{\partial v_x}{\partial y} + v_z\frac{\partial v_x}{\partial z}\right) &= -\frac{\partial P}{\partial x} + \eta\left(\frac{\partial^2 v_x}{\partial x^2} + \frac{\partial^2 v_x}{\partial y^2} + \frac{\partial^2 v_x}{\partial z^2}\right) + \rho g_x \\
\rho\left(\frac{\partial v_y}{\partial \tau} + v_x\frac{\partial v_y}{\partial x} + v_y\frac{\partial v_y}{\partial y} + v_z\frac{\partial v_y}{\partial z}\right) &= -\frac{\partial P}{\partial z} + \eta\left(\frac{\partial^2 v_y}{\partial x^2} + \frac{\partial^2 v_y}{\partial y^2} + \frac{\partial^2 v_y}{\partial z^2}\right) + \rho g_y \\
\rho\left(\frac{\partial v_z}{\partial \tau} + v_x\frac{\partial v_z}{\partial x} + v_y\frac{\partial v_z}{\partial y} + v_z\frac{\partial v_z}{\partial z}\right) &= -\frac{\partial P}{\partial z} + \eta\left(\frac{\partial^2 v_z}{\partial x^2} + \frac{\partial^2 v_z}{\partial y^2} + \frac{\partial^2 v_z}{\partial z^2}\right) + \rho g_z
\end{aligned}\right\} \tag{6-108}$$

对于式(6-104)及式(6-105)所示的连续方程和式(6-107a)～式(6-108)所示的动量方程,通过适当的坐标变换可获得其在圆柱坐标系和球面坐标系中的表达形式。在圆柱坐标系中的流速分量为 v_r、v_θ 和 v_z,而球面坐标系中的流速分量则分别为 v_r、v_θ 和 v_φ,其具体表达形式较为复杂,可查阅文献[14]。选择合适的坐标系则可以使某些流速分量变为常数或近似为零,从而使计算模型大大简化,并且能更简洁地反映液体流动的特点。

6.3.4 流体流动过程的求解条件与分析方法

对流体流动行为的描述除了流体流动的基本方程,即连续方程和动量方程外,还需要确定以下求解条件。

1. 几何形状与尺寸条件

流体的流动是在一定的空间条件约束下进行的,空间的几何形状和尺寸是决定流体的流动方式和流速的重要因素。在实际计算中,需要根据空间形状选择合适的坐标系,确定最简洁的流速表述方法,并定义合适的边界条件。

2. 基本物理性能参数

决定流体流动行为的最主要物理性能参数首先是流体的黏度,其次是流体的密度。这两个参数不仅与流体的种类、成分有关,通常也是温度的函数。

3. 边界条件

晶体生长过程流体流动特性计算的边界条件包括以下几种情况:

(1) 液-固界面。在图 6-25 所示的流体与固体接触的界面上,垂直于界面上的流速分量为零,而平行界面的流速与固体的速率相等,即

$$\left.\begin{aligned}
v_z\big|_{z\to 0} &= 0 \\
v_x\big|_{z\to 0} &= v_{x\mathrm{S}} \\
v_y\big|_{z\to 0} &= v_{y\mathrm{S}}
\end{aligned}\right\} \tag{6-109}$$

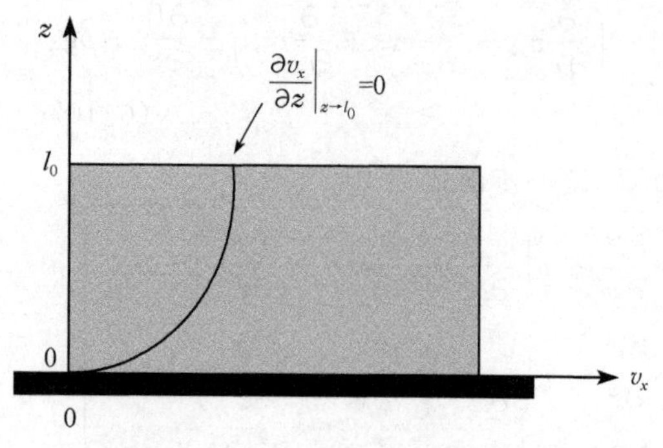

图 6-25　流体流动的两种边界条件

式中，v_{xS} 和 v_{yS} 为固体表面在 x 和 y 方向上的运动速率分量。

如果固体静止不动，则

$$\left.\begin{array}{l} v_x \big|_{z\to 0}=0 \\ v_y \big|_{z\to 0}=0 \end{array}\right\} \tag{6-110}$$

(2) 流体自由表面。在液体的自由表面上，平行于表面的剪应力为零，从而速度梯度分量为零。参考图 6-25 可以看出，表面的边界条件为

$$\left.\begin{array}{l} \dfrac{\partial v_x}{\partial z}\bigg|_{z\to l_0}=\dfrac{\partial v_y}{\partial z}\bigg|_{z\to l_0}=0 \\ v_z \big|_{z\to l_0}=0 \end{array}\right\} \tag{6-111}$$

4. 初始条件

对于非稳态的流动过程，需要确定一个流动速率计算的起始时间，将该时间确定为时间“0”点，即 $\tau=0$。该时间起点通常选择在流动条件开始发生变化的时刻。在此之前，经过长时间维持恒定的流动条件使得体系内的流速分布达到稳态，体系内任何位置的流速都是确定的，即

$$\left.\begin{array}{l} v_x(x,y,z,\tau)\big|_{\tau=0}=v_x(x,y,z,0) \\ v_y(x,y,z,\tau)\big|_{\tau=0}=v_y(x,y,z,0) \\ v_z(x,y,z,\tau)\big|_{\tau=0}=v_z(x,y,z,0) \end{array}\right\} \tag{6-112}$$

如果流体的初始时刻在所选定的坐标系内是静止不动的时刻，则

$$v_x(x,y,z,0)=v_y(x,y,z,0)=v_z(x,y,z,0)=0 \tag{6-113}$$

5. 其他条件

在选定的坐标系内需要对重力加速度进行分解。在直角坐标系中需要确定 g_x、g_y 和 g_z；在圆柱坐标系中确定 g_r、g_θ 和 g_z；在球面坐标系中确定 g_r、g_θ 和 g_φ。如果 z 轴平行于重力场，则 $g_z=g_0$（g_0 为垂直于重力场方向的重力加速度），而其他分量均为 0。

其他物理场，如电磁场、压力场等的存在也会引起流体的流动。如果没有其他物理场的作用，则在动量方程中压力项可以忽略。如果重力场与 z 轴平行，则

$$\frac{\partial P}{\partial x}=\frac{\partial P}{\partial y}=0 \tag{6-114}$$

在上述求解条件确定之后，可以通过解析或者数值计算方法进行压力与流速分布的计算。

6.3.5　层流与紊流的概念及典型层流过程分析

如果在流动过程中，流体的任何微分单元的运动轨迹都是很有规律的，与宏观的流动

方向一致,即可以将流动的流体划分成无穷小的薄层,流体的流动过程中任意一个薄层之间只发生滑动,而不发生流体的混合,则称为层流。而当流体微分单元的运动轨迹无序,发生随机运动,不同流层流体不断发生混合,则称为紊流。层流是低速下的流动方式,紊流则是高速下的流动方式。通常采用雷诺数(Reynolds number)Re 判断[14]。

$$Re = \frac{Dv\rho}{\eta} \tag{6-115}$$

式中,D 为流体截面的线尺寸;v 为流体的流动速率。

当 Re 较小时流动通常表现为层流,而当 Re 大于某一临界值时则发生紊流。

以下通过对两种具体流动情况进行实例分析。

实例1:水平壁板表面上的流体流动

以图6-23所示的流动行为为例,假定流体的厚度为无穷大,流动过程为层流,在时刻 $\tau=0$ 开始,平板突然以速率 v_{y0} 运动,则可以采用以下方法进行流动速率变化过程的计算。同时,除了重力场外没有其他外力场的作用,并且重力场与 z 轴方向平行,因此,式(6-108)可以简化为

$$\rho \frac{\partial v_y}{\partial \tau} = \eta \frac{\partial^2 v_y}{\partial z^2} \tag{6-116}$$

$$\frac{\partial P}{\partial z} = \rho g_z \tag{6-117}$$

其边界条件为

$$v_x = v_z = 0 \tag{6-118}$$

$$v_y \big|_{z=0} = v_{y0} \tag{6-119}$$

$$\left.\frac{\partial v_x}{\partial z}\right|_{z=l} = 0 \tag{6-120}$$

$$P_{z=l} = 0 \tag{6-121}$$

初始条件为

$$v_y \big|_{\tau=0} = 0 \tag{6-122}$$

利用式(6-118)~式(6-121)给出的求解条件,对式(6-116)和式(6-117)求解则可得出

$$v_y = v_{y0}\left[1 - \mathrm{erf}\left(\frac{z}{2}\sqrt{\frac{\rho}{\eta\tau}}\right)\right] \tag{6-123}$$

$$P = \rho g_0 (l - z) \tag{6-124}$$

式中,$\mathrm{erf}\left(\frac{z}{2}\sqrt{\frac{\rho}{\eta\tau}}\right)$ 为Gauss误差函数,其通用表达式为

$$\mathrm{erf}(u) = \frac{2}{\sqrt{\pi}}\int_0^u \exp(-u^2)\,\mathrm{d}u \tag{6-125}$$

满足 $\mathrm{erf}(0)=0$,$\mathrm{erf}(\infty)=1$,对应于不同 u 值的数值可以查阅相关数学手册。

实例 2:垂直圆柱管道内部的流动

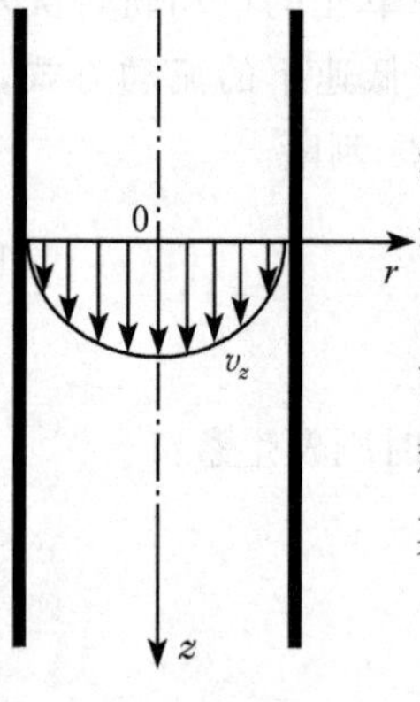

如图 6-26 所示,圆管半径为 R,流体在重力场作用下沿轴向流动,取流动方向为 z 轴,则在管道中部取长度为 L 的一段进行流动速率的分布分析。

0 r v_z z

图 6-26 圆管中的液体流动速度分析

该流动过程可以在圆柱坐标系中进行分析,其中 $v_\theta = v_r = 0$,而只有 v_z 分量,并且该分量是沿半径方向 r 变化的。根据连续方程,如果流体的密度为常数,则 $\partial v_z/\partial z = 0$。假定除重力场外没有其他外加力场,则 $\partial P/\partial z = 0$。因此,流动的动量方程可简化为

$$\rho \frac{\partial v_z}{\partial \tau} = \eta \frac{1}{r} \frac{\partial}{\partial r}\left(r \frac{\partial v_z}{\partial r}\right) + \rho g_0 \tag{6-126}$$

达到稳态时流速分布是恒定的,即 $\partial v_z/\partial \tau = 0$,则式(6-126)可进一步简化为

$$\eta \frac{1}{r} \frac{\partial}{\partial r}\left(r \frac{\partial v_z}{\partial r}\right) + \rho g_0 = 0 \tag{6-127}$$

求解的边界条件为

$$v_z \big|_{r=R} = 0 \tag{6-128}$$

$$\left.\frac{\partial v_z}{\partial r}\right|_{r=0} = 0 \tag{6-129}$$

根据上述求解条件可以求出管道内稳态流速分布为

$$v_z = \frac{\rho g_0}{4\eta}(R^2 - r^2) \tag{6-130}$$

可以看出在管道中心流速最大,为

$$v_{z\max} = \frac{\rho g_0}{4\eta} R^2 \tag{6-131}$$

进而可以求出单位时间的流量为

$$V = \int_0^R v_z (2\pi r) \mathrm{d}r = \frac{\pi \rho g_0}{8\eta} R^4 \tag{6-132}$$

平均流速则为

$$\bar{v}_z = \frac{V}{\pi R^2} = \frac{\rho g_0}{8\eta} R^2 \tag{6-133}$$

因此,圆管中流体的流动速度与半径的平方成正比的,而流量则与其 4 次方成正比。以上分析假定重力场作为流动的驱动力,其流速分布是重力场和液体流动的黏滞阻力平衡的结果。

6.3.6 双扩散对流

如式(6-98)所示,溶质浓度的变化或温度的变化均可造成密度的不均匀,从而导致自热对流。由二者共同作用产生的对流称为双扩散对流。以图 6-27 所示两个相互距离为

l 的无限大平行平板之间流体流动的简化模型为基础，讨论液相流动的规律。冷壁处液体的温度和溶质浓度分别为 T_1 和 w_1，热壁处液体的温度和溶质浓度分别为 T_2 和 w_2。设温度、溶质浓度及密度在热壁和冷壁之间为线性分布。在此条件下，两个壁之间的中心处液体流动速度为零。以两个壁之间的中心线为原点建立图 6-27(a)所示的直角坐标系。两个壁之间任意位置液体的浮力为

$$F_r = \rho(T, w)g - \rho_0 g \tag{6-134}$$

式中，g 为重力加速度；$\rho(T, w)$ 为液相密度，是温度 T 和溶质浓度 w 的函数；ρ_0 是温度为 T_0、溶质浓度为 w_0 时的液相密度。

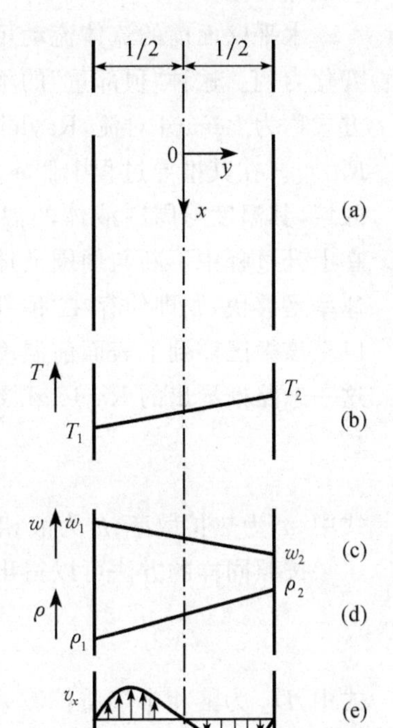

图 6-27　无限大平行冷壁和热壁之间的对流条件与对流方式

(a) 坐标系；(b) 温度分布；(c) 溶质质量分数分布；(d) 密度分布；(e) 流速分布

将式(6-98)代入式(6-134)得出

$$\begin{aligned} F_r &= \rho_0 g[\alpha_T(T - T_0) + \alpha_C(w - w_0)] \\ &= 0.5\rho_0 g(\alpha_T \Delta T + \alpha_C \Delta w)\frac{y}{l} \end{aligned} \tag{6-135}$$

式中，$\Delta T = T_2 - T_1$；$\Delta w = w_2 - w_1$；液体流动的黏滞阻力为

$$F_V = \eta \frac{\partial^2 v_x}{\partial y^2} \tag{6-136}$$

式中，η 为动力学黏度。

由力的平衡条件 $F_r = F_V$ 得出

$$\eta \frac{\partial^2 v_x}{\partial y^2} = 0.5\rho_0 g(\alpha_T \Delta T + \alpha_C \Delta w)\frac{y}{l} \tag{6-137}$$

式(6-137)的求解边界条件为：$y = \pm l/2$ 时，$v_x = 0$；$y = 0$ 时，$v_x = 0$。可求出

$$v_x \frac{l}{\nu} = \frac{1}{12}(Gr_T + Gr_C)\left[\left(\frac{y}{l}\right)^3 - \frac{1}{4}\frac{y}{l}\right] \tag{6-138}$$

式中，$v_x \dfrac{l}{\nu}$ 为无量纲流速；$\nu = \dfrac{\eta}{\rho_0}$ 为运动黏度；而

$$Gr_T = \frac{\alpha_T g l^3 \Delta T}{\nu} \tag{6-139}$$

$$Gr_C = \frac{\alpha_C g l^3 \Delta w}{\nu} \tag{6-140}$$

分别为温度 Grashof 数和溶质 Grashof 数[14]。

垂直平壁之间流体流动速度的绝对值是由 Gr_T 和 Gr_C 决定的，而流动速率的分布则是由几何形状因素决定的。随着温度差(或溶质浓度差)及热膨胀系数(或溶质膨胀系数)的增大，Grashof 数增大，对流增强，而随着黏度的增大，对流减弱。其中最敏感的因素是流体的厚度 l，Grashof 数与 l 的 3 次方成正比。

当 $\Delta T = 0$ 或 $\Delta w = 0$，则可获得纯粹由溶质浓度梯度或纯粹由温度梯度造成的对流

的计算模型。

水平壁面前的流体流动可以采用以下方法分析。以图 6-22 中密度按照 ρ_2 所示规律变化为例。这种"顶部重"的不稳定体系在外界扰动下将发生失稳形成对流胞,这种对流方式称为 Bénard 对流,Rayleigh 于 1916 年推导出了该对流的判断准则,即 Rayleigh 数 Ra[13]。在其推导过程中假定液相中由于温度的波动形成一个温度高于周围液体的微小区域,其温度与周围液体的温度差为 ΔT。从而,该微区的密度减小,形成浮力而上升。在上升过程中不断与周围液体换热,温度趋于均匀。如果该液体微区与周围的液体换热速率足够快,则即使存在"顶部重"的非稳态情况,对流也不会发生。如果换热速率较慢,以至该微区浮到上表面前温度还没有完全均匀化,则体系是非稳定的,会发生对流。基于这一思路推导出的 Rayleigh 数 Ra 的表达形式为

$$Ra_T=\frac{\alpha_T g h^3\Delta T}{a\nu} \tag{6-141}$$

式中,a 为热扩散率;h 为液相区的高度;ΔT 为液相底面与上表面的温度差。

按照同样的方法可以得出溶质分布不均匀导致对流的 Rayleigh 数表达式为

$$Ra_C=\frac{\alpha_C g h^3\Delta w}{D_L\nu} \tag{6-142}$$

式中,D_L 为液相中溶质扩散系数;其余符号同式(6-141)。

通常当 $Ra>1100$ 时,Bénard 对流开始形成,而当 $Ra>10^8$ 时将产生严重的紊流。图 6-28 所示为几种不同条件下的 Bénard 对流方式[21]。图 6-28(a)为上表面是约束表面时的 Bénard 对流,是一种最简单的情况;上表面为自由表面时,Bénard 对流将引起表面扰动,如图 6-28(b)所示;而当流体的高度很大时将会出现多层 Bénard 对流,如图 6-28(c)所示。

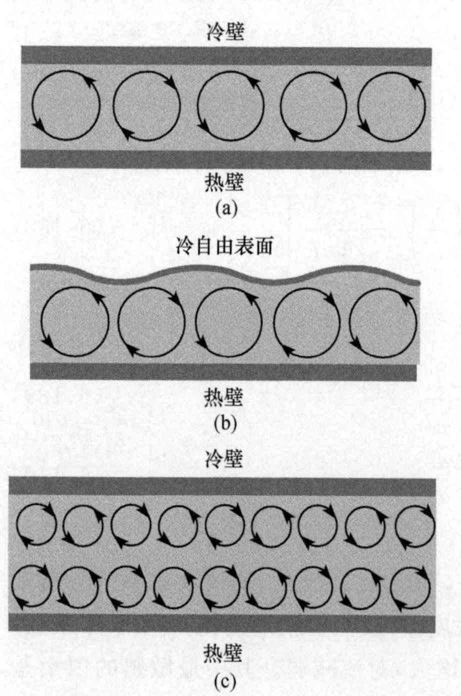

图 6-28 几种 Bénard 对流方式[21]

由上述分析可以看出,水平壁板之间的对流稳定性是由浮力、温度(或成分)和扩散速率共同决定的。随着 Ra 数的增大,流动将由层流向紊流转变。该转变条件不仅与 Ra 数相关,还与 Prandtl 数 Pr 有关。Pr 数定义为流体的运动黏度与热导率的比值,即 $Pr=\nu/\lambda$。

在两个水平壁板之间的流体流动失稳条件由图 6-29 给出[22]。可以看出,在给定的 Pr 数下,随着 Ra 数的增大,流体开始流动,形成与形状约束条件相关的层流。Ra 继续增大,对流将发生失稳形成紊流。层流发生失稳的临界条件与 Pr 相关,随着 Pr 的增大,层流失稳的临界 Ra 数增大。对于高黏度的熔体,在紊流和层流之间存在着一个振荡的区域。图 6-29 中同时给出了不同材料晶体生长过程遇到的典型

流体的 Pr 数。

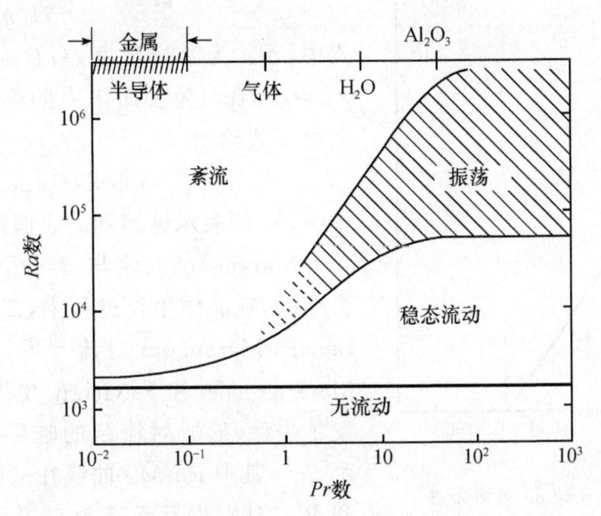

图 6-29　水平壁板之间流体流动失稳的临界条件[22]

6.3.7　Marangoni 对流

Marangoni 对流是由界面张力的非均匀性导致的一种对流方式。液体的表面张力不仅取决于液体的成分(包括溶质浓度与杂质含量),同时也是温度的函数,通常随着温度的升高而降低。假定给定液体在温度 T_0 时的表面张力为 σ_0,则在任意温度 T 时的表面张力可表示为

$$\sigma = \sigma_0 + \alpha_{ST}(T - T_0) \tag{6-143}$$

式中,$\alpha_{ST} = \partial\sigma/\partial T$ 称为表面张力温度系数,而通常取 T_0 为熔点温度。

如图 6-30 所示,当熔体表面存在图 6-30(a)所示的温度梯度时,将会出现图 6-30(b)所示的表面张力梯度,从而导致液体从表面张力小的地方向表面张力较大的地方运动,引起对流,形成图 6-30(c)所示的对流胞,称为 Marangoni 对流。

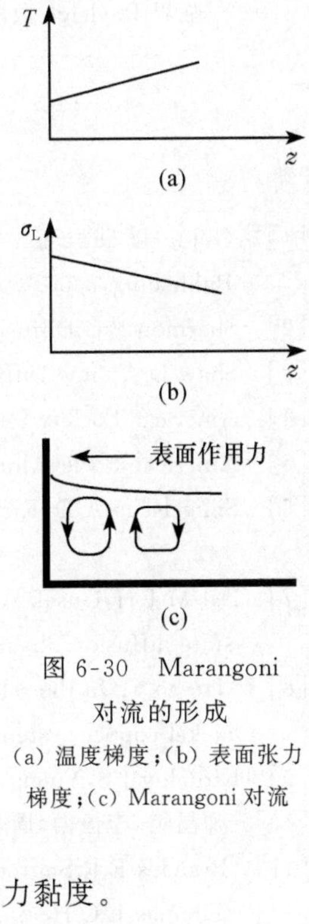

图 6-30　Marangoni 对流的形成
(a) 温度梯度;(b) 表面张力梯度;(c) Marangoni 对流

决定 Marangoni 对流强度的是 Marangoni 准则数,纯粹由温度变化决定的 Marangoni 数 Ma_T 可表示为[23]

$$Ma_T = \frac{\alpha_{ST} d \Delta T}{a\eta} \tag{6-144}$$

式中,d 为液体深度;ΔT 为表面温差;a 为热扩散率;η 为液体的动力黏度。

随着 Marangoni 准则数的增大,系统将由稳定状态向失稳状态转变,导致 Marangoni 对流的形成。

溶质浓度的梯度也会导致表面张力的变化,形成 Marangoni 对流。成分的 Marangoni 准则数可以表示为

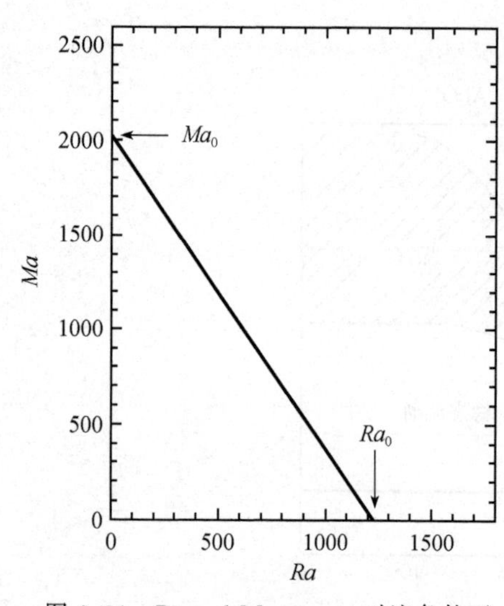

图 6-31　Bénard-Marangoni 对流条件下流体失稳的临界 Marangoni 数和临界 Rayleigh 数的关系[24]

$$Ma_C = \frac{\alpha_{SC} d \Delta w}{D_L \eta} \tag{6-145}$$

式中，Δw 为溶质浓度差；D_L 为溶质扩散系数；$\alpha_{SC}=\partial\sigma/\partial w$ 为表面张力的溶质成分系数，其定义由下式给出

$$\sigma = \sigma_0 + \alpha_{SC} w \tag{6-146}$$

式中，σ_0 则表示纯溶剂的表面张力。

Marangoni 对流与 Bénard 对流通常是相互影响的，在晶体生长过程中，二者经常伴生，形成 Bénard-Marangoni 对流[24,25]，其对流强度是由 Marangoni 数和 Rayleigh 数共同决定的。流体发生失稳，形成对流胞的临界条件如图 6-31 所示[24]。其中 Ra-Ma 曲线在坐标轴上的截距 Ma_0 和 Ra_0 分别表示无浮力对流和无 Marangoni 对流条件下，形成 Bénard 对流的临界 Marangoni 数和临界 Rayleigh 数。

参考文献

[1]　Gupta D. Diffusion Processes in Advanced Technological Materials. New York: William Andrew Publishing, 2005.

[2]　Shermon P G. Diffusion in Solids. New York: McGraw-Hill, 1963.

[3]　Shaw D. Atomic Diffusion in Semiconductors. Companies Plenum, 1973.

[4]　American Society for Metals. ASM Metals Reference Book. Ohio: ASM International, 1983.

[5]　American Society for Metals. Metals Handbook. Ohio: ASM International, 1986.

[6]　Smigelskas A D, Kirkendall E O. Zinc diffusion in alpha brass. Transactions AIME, 1947, 171: 130-142.

[7]　Dal M J H, Gusak A M, Cserhati C, et al. Microstructural stability of the Kirkendall plane in solid-state diffusion. Physical Review Letters, 2001, 86(15): 3352-3355.

[8]　Matano C. On the relation between the diffusion coefficients and concentrations of solid metals (the nickel-copper system). Japanese Journal of Physics, 1933, 8: 109-113.

[9]　Kirdaldy J S, Young D J. Diffusion in the Condensed State. London: Institute of Metals, 1987.

[10]　师昌绪，李恒德，周廉.材料科学与工程手册.北京：化学工业出版社，2004：1-59.

[11]　Brandes E R. Smithells Metals Reference Book. Boston: Butterworth-Heinernan, 1983.

[12]　Thomas L C. Heat Transfer. England Cliffs: Prentice Hall, 1992.

[13]　Majumdar P. Computation Methods for Heat and Mass Transfer. New York: Taylor & Francis, 2005.

[14]　Geiger G H, Poirier D R. Transport Phenomena in Metallurgy. London: Addson-Wesley Publishing Company, 1974: 361-426.

[15]　Siegel R, Howell J R. Thermal Radiation Heat Transfer. New York: Taylor & Francis, 2002.

[16]　田莳.材料物理性能.北京：北京航空航天大学出版社，2004.

[17] 周德成,姜秋华,戴万福.感应加热中的节能途径与措施.应用能源技术,1995,11,833:730-736.

[18] 师昌绪,李恒德,周廉.材料科学与工程手册.北京:化学工业出版社,2004:1-53.

[19] Block M J.Surface tension as the cause of Bénard cells and surface deformation in a liquid film.Nature,1956,178:650.

[20] Pearson J R A.On convection cells induced by surface tension.Journal of Fluid Mechanics,1958,4:489-500.

[21] Bénard H. Les tourbillons cellulaires dans une nappe liquide. Revue Générale Science Pure Appliquée,1900,11:1261.

[22] Rosenberger F,Müller G.Interfacial transport in crystal growth,a parameter comparison of convective effects.Journal of Crystal Growth,1983,65:91-104.

[23] Zeng Z,Mizuseki H,Higashino K,et al.Direct numerical simulation of oscillatory Maragoni convection in cylindrical liquid bridges.Journal of Crystal Growth,1999,204:395-404.

[24] Tokaruk W A,Molteno T C,Morris S W.Bénard-Marangoni convection in two-layered liquids. Physical Review Letters,2000,84(16):3590-3593.

[25] Ferm E N,Wollkind D J.Onset of Rayleigh-Benard-Marangoni instability:Comparison between theory and experiment.Journal of Non-Equilibrium Thermodynamics,1982,7:169-190.

第 7 章　晶体生长过程中的化学问题

7.1　晶体生长过程相关的化学原理

7.1.1　晶体生长过程的化学反应

人工晶体的晶体结构及其物理、化学性质是由化学键的性质决定的，晶体生长过程的本质上也就是化学键的形成过程。化学反应是晶体生长各个环节都会遇到的现象，是晶体生长过程研究的基础问题之一。常见晶体材料的化学键包括金属键、离子键和共价键。金属键通过自由电子将原子核结合，无取向性和饱和性，因此通常具有简单的密堆结构、多呈面心立方或密排六方结构。离子键具有饱和性，但没有取向性，因此其结构也相对简单，以立方结构为主。而共价键具有饱和性和取向性，这两个特性决定了由共价键形成的晶体结构比较复杂。异类原子形成的共价键中，共用电子对受到不同原子核的作用力不同，会向正电荷数多的原子核偏移，因此带有离子键的成分。

除此之外，晶体生长过程还会涉及络合物、胶体、分子间作用力形成的吸附等化学问题。

在实际晶体生长实践中，原材料的获取、多晶体的合成、晶体生长的界面过程、晶体材料与环境相的相互作用等不同的环节均与化学反应相关，所涉及的化学反应过程在表7-1中进行了归纳。可以看出，几乎所有的化学反应形式在晶体生长中都可能遇到。以下对这些化学反应问题作以简要介绍。

表 7-1　晶体生长过程涉及的化学反应问题及其实例

工艺环节	目标	涉及的化学反应原理	典型实例
原材料提取	对化合状态元素分解，获得单质	分解反应	分解 SiO_2、Al_2O_3 等获得单质 Si、Al 等
	萃取法单质提纯	氧化还原反应	萃取提取 Zn、In、Cu、Cd 等单质的过程
	电解法提纯	电极反应	电解法提取 Zn、In、Cu、Cd 等单质的过程
	提纯过程的气氛控制	气相平衡反应	通过反应控制气相成分，进行原料中 H、O、C 含量控制
化合物合成	气相合成	气相化合反应	ZnSe 及 ZnO 的气相合成
	溶液中的化学反应合成	沉淀反应 中和反应	各种盐类晶体的合成
	熔体合成	化合反应	高温熔体直接合成化合物半导体
	气-固界面反应	氧化还原反应	气体在固体表面的分解沉积等
	液-固界面反应	电极反应 氧化还原反应	电解质中带电离子在固体表面的沉积

续表

工艺环节	目标	涉及的化学反应原理	典型实例
溶液法生长的溶解过程	单质的溶解、电离、络合等	氧化还原反应等	溶液法晶体生长过程，原料向溶液的溶解及液相中的反应
	通过离子的化合反应形成化合物晶体	沉淀反应；中和反应	盐类晶体在溶液中的生长过程
熔体法晶体生长过程	晶体生长体系与环境气氛的反应	氧化反应；气固平衡	晶体生长原料及晶体与大气中 O_2、N_2 以及水蒸气的反应
	晶体生长系统与坩埚的界面反应	氧化还原反应	原料中的 Mn 等与石英坩埚（SiO_2）的反应
气相生长过程	晶体生长过程气相成分的控制	气相平衡反应	（同提纯过程）
	复杂分子气体的形成	气体合成反应	MOCVD 气源的合成；气相输运剂与生长元素的化合
	气相分解法晶体生长	气体分解反应	硅烷气体 $SiH_4(G)$ 分解生长 Si 单晶
	气相合成法晶体生长	气体合成反应	（同气相合成）
	复杂气体化合物反应直接进行晶体生长	分解合成反应	以下 GaAs 的生长过程：$Ga(CH_3)_3(G)+AsH_3(G)=GaAs(S)+3CH_4(G)$

晶体生长过程所涉及的主要化学反应包括：

(1) 化合反应。由两个或两个以上的物质反应，形成单一化合物的化学反应称为化合反应。在化合物晶体生长的典型工艺中，需要首先通过化合反应合成多晶的化合物原料，然后进行单晶生长，特别是Ⅱ-Ⅵ族及Ⅲ-Ⅴ族化合物半导体的合成。因此合成反应过程的控制是晶体生长研究中经常遇到的问题。合成反应的通用反应表达式为

$$aA+bX \longrightarrow A_aX_b \tag{7-1}$$

当形成的化合物是简单化合物 AX 时，式(7-1)中 $a=b=1$。例如，ZnSe 的合成，通常采用气相反应合成，即

$$Zn(G)+\frac{1}{2}Se_2(G) \longrightarrow ZnSe(S) \tag{7-2}$$

式中，括号中的 S 表示固相，G 表示气相，通常还用 L 表示液相。

(2) 分解反应。通过对复杂化合物的分解，不仅可以获得晶体生长的原材料，而且可以直接进行单质或简单化合物的晶体生长。分解反应的通用表达式为

$$A_aX_b \longrightarrow aA+bX \tag{7-3}$$

同样，简单化合物 AX 分解时，式(7-3)中 $a=b=1$。如果反应产物为多原子分子，如 A_{n1} 和 X_{n2}，则反应式(7-3)可写为

$$A_aX_b \longrightarrow \frac{a}{n_1}A_{n1}+\frac{b}{n_2}X_{n2} \tag{7-4}$$

例如 ZnSe 的分解，其反应方程为

$$ZnSe \longrightarrow Zn + \frac{1}{2}Se_2 \tag{7-5}$$

(3) 氧化-还原反应。离子键形成的化合物中的离子被另一种离子取代的反应。在取代和被取代的原子之间发生电子转移,使得元素的化合价发生变化,这种化学反应称为氧化还原反应,其表达式为

$$A + BX \longrightarrow AX + B \tag{7-6}$$

例如 Zn 与 $Pb(NO_3)_2$ 的反应:

$$Zn(S) + Pb(NO_3)_2 \longrightarrow Pb(S) + Zn(NO_3)_2 \tag{7-7}$$

在该反应过程中,正 2 价的 Pb^{2+} 得到两个电子变为中性的 Pb,而中性的 Zn 则失去两个电子变为正 2 价的 Zn^{2+},并与 NO_3^- 形成化合物。

利用氧化还原反应不仅可以进行特定化合物的合成,还可以根据该原理进行晶体生长过程辅助材料的选择。如在晶体生长实践中必需首先判断坩埚材料与晶体生长原料之间是否会发生氧化还原反应,然后进行坩埚材料的选择。

(4) 沉淀反应。当两种化合物在溶液中发生反应,其中形成的一种产物为固相化合物并发生沉淀。利用沉淀反应可以在溶液中进行化合物原材料的合成。如在水溶液中使 $CaCl_2$ 与 NaF 反应,形成 CaF_2 沉淀相:

$$Ca^{2+} + 2F^- \longrightarrow CaF_2(S) \tag{7-8}$$

利用该反应可以获得CaF_2 多晶材料。

(5) 中和反应。酸与碱反应形成水和盐的过程称为中和反应,其通用表达式为

$$HX(aq) + MOH(aq) \longrightarrow H_2O + MX(aq) \tag{7-9}$$

式中,HX 和 MOH 首先发生电离,形成带一个正电荷的 H^+,带一个负电荷的 OH^-,aq 表示水溶液。这一反应过程也可称为复分解反应,其反应实例如下:

$$2HNO_3(aq) + Ba(OH)_2(aq) \longrightarrow 2H_2O + Ba(NO_3)_2(aq) \tag{7-10}$$

该反应是获得盐类晶体材料的一个重要途径。

(6) 电极反应。在电化学反应中,带正电荷的离子在负极得到电子还原出原子(分子)态单质(氧化反应),而带负电荷的离子在正极失去电子转变为原子(分子)态的单质的反应。利用电解法进行原材料提纯是晶体材料制备最常用的方法之一。

(7) 水合反应。物质与水之间的反应称为水合反应。其中比较特殊的是无机盐与水反应生成结晶水合物,如

$$Na_2SO_4 + 10H_2O \longrightarrow Na_2SO_4 \cdot 10H_2O \tag{7-11}$$

其中结晶水与 Na_2SO_4 是通过分子间作用力相结合的。

在以上化学反应过程中,反应物和生成物均可以是气相、液相或固相,从而使得实际过程变得非常复杂。以下几节分别对晶体生长过程控制所涉及的典型化学原理、化学反应速率以及反应过程伴随的热效应和相结构的变化行为进行分析。

7.1.2　物质的主要化学性质和化学定律

1. 物质的主要化学性质

晶体材料的提纯、合成、生长过程,就是实现化学键重新组合的过程。该过程进行的方向、速率、产物的组成与结构等是由原子的电子结构决定的。控制化学反应的最主要的性质包括化合价、电离能、电子亲和能与电负性。

(1) 化合价。元素的化合价取决于原子的电子结构,并决定着与其他原子形成的化合物的性质。离子化合物和共价化合物中化合价的含义不同。离子化合物中元素化合价的数值,就是这种元素的一个原子得失电子的数目,其正负值与离子所带的电荷相同。共价化合物中,元素化合价的数值就是这种元素的一个原子跟其他元素共用电子对的对数,正负号决定于共用电子对的偏向和偏离。共用电子对偏向哪一方,则此方就显负价,另一方显正价。

(2) 电离能。某元素基态气态原子失去外层的电子所需要的能量即是其电离能。失去最高能级的一个电子所需要的能量定义为第一电离能,失去其次的第二个电子所需要的能量称为第二电离能。依次类推,可以得到第三电离能、第四电离能等,分别记为 $I_1, I_2, \cdots, I_n$ 等。电离能的大小决定了元素在形成化合物时的倾向性和化合价。

(3) 电子亲和能。原子的电子亲和能是指在原子和电子反应生成负离子时所释放的能量。通常以 0.0K 下的气相中的原子与电子的结合过程对应的数值为参考。

(4) 电负性。电负性是原子吸引电子能力的一种相对标度。元素的电负性愈大,吸引电子的倾向就愈大。电负性的概念是由 Pauling 于 1932 年提出的,并规定氟原子的电负性为 3.98,其他原子与氟相比,得出相应数据[1]。关于电负性的计算还有 Milliken 方法[2],即根据从电离势和电子亲和能计算绝对电负性的方法,和 Allred-Rochow[3] 建立在原子核和成键原子的电子静电作用基础上的电负性计算方法。使用电负性值时,必须是同一套数值进行比较。

常见元素的化合价、电离能、电子亲和能与电负性见表 7-2[4]。

表 7-2　常见元素的化合价、电离能、电子亲和能与电负性[4]

元　素	常见化合价	电负性	电离能/(MJ/mol)				
			第一电离能	第二电离能	第三电离能	第四电离能	第五电离能
H	+1	2.2	1.312				
Li		0.98	0.520	7.298	11.815		
Be		1.57	0.899	1.757	14.849	21.007	
B		2.04	0.810	2.427	3.660	25.027	32.828
C		2.55	1.086	2.353	4.620	6.223	37.832
N	−3,+2,+4,+5	3.04	1.402	2.856	4.578	7.475	9.445
O	−2	3.44	1.314	3.388	5.300	7.469	10.989
F	−1	3.90	1.681	3.374	6.147	8.408	11.022
Na	+1	0.93	0.496	4.562	6.912	9.543	13.353
Mg	+2	1.31	0.738	1.451	7.733	10.540	13.629
Al	+3	1.61	0.578	1.817	2.745	11.577	14.831

续表

元　素	常见化合价	电负性	电离能/(MJ/mol)				
			第一电离能	第二电离能	第三电离能	第四电离能	第五电离能
Si	+4	1.90	0.786	1.577	3.231	4.355	16.091
P	−3,+3,+5	2.19	1.012	1.903	2.912	4.956	6.274
S	−2,+4,+6	2.58	1.000	2.251	3.361	4.654	7.004
Cl	−1,+1,+3,+5,+7	3.16	1.251	2.297	3.822	5.158	6.540
K	+1	0.82	0.419	3.051	4.411	5.877	7.976
Ca	+2	1.00	0.590	1.145	4.912	6.474	8.144
Sc		1.36	0.631	1.235	2.389	7.089	8.844
Ti		1.54	0.658	1.310	2.652	4.175	9.573
V		1.63	0.650	1.414	2.828	4.507	6.299
Cr		1.66	0.653	1.592	2.987	4.743	6.70
Mn	+2,+4,+6,+7	1.55	0.717	1.509	3.248	4.94	6.99
Fe	+2,+3	1.83	0.759	1.561	2.957	5.63	7.24
Co		1.88	0.758	1.646	3.232	4.95	7.67
Ni		1.91	0.737	1.753	3.939	5.30	7.34
Cu	+1,+2	1.90	0.745	1.958	3.555	5.536	7.70
Zn	+2	1.65	0.906	1.733	3.833	5.73	7.95
Ga		1.81	0.579	1.979	2.963	6.2	
Ge		2.01	0.762	1.537	3.302	4.410	9.022
As		2.18	0.947	1.798	2.735	4.837	6.043
Se		2.55	0.941	2.045	2.974	4.143	6.99
Br		2.96	1.140	2.10	3.47	4.56	5.76
Rb		0.82	0.403	2.632	3.9	5.08	6.85
Sr		0.95	0.549	1.064	4.138	5.5	6.91
Y		1.22	0.616	1.181	1.980	6.96	7.43
Zr		1.33	0.660	1.267	2.218	3.313	7.75
Nb		1.6	0.664	1.382	2.416	3.695	4.877
Mo		2.16	0.685	1.558	2.621	4.477	5.91
Tc		2.10	0.702	1.472	2.850		
Ru		2.2	0.711	1.617	2.747		
Rh		2.28	0.720	1.744	2.997		
Pd		2.20	0.805	1.875	3.177		
Ag	+1	1.93	0.731	2.073	3.361		
Cd		1.69	0.868	1.631	3.616		
In		1.78	0.558	1.821	2.704	5.2	
Sn		1.96	0.709	1.412	2.943	3.930	6.974
Sb		2.05	0.834	1.595	2.44	4.26	5.4
Te		2.1	0.869	1.795	2.698	3.610	5.668
I		2.66	1.008	1.846	3.2		

续表

元　素	常见化合价	电负性	电离能/(MJ/mol)				
			第一电离能	第二电离能	第三电离能	第四电离能	第五电离能
Cs		0.79	0.376	2.234			
Ba	+2	0.89	0.503	0.965			
La		1.10	0.538	1.067	1.850	4.820	5.94
Hf		1.3	0.68	1.44	2.25	3.126	
Ta		1.5	0.761				
W		1.7	0.770				
Re		1.9	0.760				
Os		2.2	0.84				
Ir		2.2	0.88				
Pt		2.2	0.87	1.791			
Au		2.4	0.890	1.98			
Hg		1.9	1.007	1.810	3.30		
Tl		1.8	0.589	1.971	2.878		
Pb		1.8	0.716	1.450	3.081	4.083	6.64
Bi		1.9	0.703	1.610	2.466	4.371	5.40
Po		2.0	0.812				
At		2.2					
Fr		0.7					
Ra		0.9	0.509	0.979			
Ac		1.1	0.67	1.17			
Th		1.3	0.587	1.11	1.93	2.78	
U		1.7	0.598				

除了上述单一原子的性质外，大量原子集合显示出一些宏观的性质。不同物态下的宏观性质是不同的。在晶体生长实践中，经常涉及的物态宏观性质如表7-3所示。

表7-3　不同物态的宏观性质

性　质	物　态				表征的符号与单位
	气态	溶液	熔体	固态	
温度	√	√	√	√	T(热力学温度)：K；t(摄氏温度)：℃；T(英美有时用华氏温度)：F
体积	√	√	√	√	V：m^3，cm^3(毫升)，L(dm^3，升)
成分	√	√	√	√	x：%(摩尔分数)；w：%(质量分数)
压力	√	√	√		P：Pa(N/m^2)，kPa，MPa
分压	√				p_i：Pa(N/m^2)，kPa，MPa
质量	√	√	√	√	$M(m)$：g，kg
pH		√			pH：1～12分为12个等级
形状				√	几何描述方法
密度	√	√	√	√	ρ 或 D：g/cm^3，kg/m^3
质量热容	√	√	√	√	c：J/(kg·K)
热导率	√	√	√	√	λ：J/(m·s·K)
键合类型	√	√	√	√	共价键，离子键，金属键，混合键，氢键，范德瓦耳斯力

续表

性　质	物　态				表征的符号与单位
	气态	溶液	熔体	固态	
键能	√	√	√	√	E:eV,J/mol,kJ/mol
化合价	√	√	√	√	化合物中的成键数量
配位数		√	√	√	每个原子的最近邻原子数
黏度	√	√	√		常用动力黏度 η:N·s/m 运动黏度 ν:m^2/s
强度				√	σ:Pa(N/m^2),kPa,MPa

注:表中打"√"表示可以定义,空白处表示在给定物态下不可定义。

2. 基本化学定律

在晶体生长的化学变化过程中,有一些基本规律决定着反应物与产物的组成及其各种量之间的关系。以下对这些关系作简单归纳和描述。

(1) 质量守恒定律。参加化学反应的全部物质的质量等于反应后全部产物的质量称为质量守恒定律。由于在普通的化学反应过程中不会发生原子核的聚变或裂变,因此在一个不与外界发生物质交换的封闭体系中,不管发生何种化学反应,其中所有元素的数量(或物质的量)总是维持恒定的。后一种解释又可称为物质不灭定律。根据这一原理可进行化学反应方程式的配平。

(2) 定比定律。即一种单纯的化合物,无论其来源如何,无论用何种方法测定,其组成元素的质量都有一定的比例。严格符合比例关系的化合物称为标准化学计量比的化合物。但在实际化合物晶体中,至少以下两种情况会导致实际成分与标准化学计量比的偏离:①同一种组元会以不同的化合价与其他组元化合,当两种化合价的物质同时存在时则形成两种化合物的混合物,其表观成分发生偏离;②在实际晶体中,除了化合态的元素外,还可能出现固溶态的元素或者形成点缺陷,导致其成分与标准化学计量比偏离。

(3) 倍比定律。A、B两种元素形成几种化合物时,在这些化合物中与一定量的A元素化合的B元素的质量必须互成简单的整数比。这是由于元素得失的电子个数只能为整数,虽然其化合价可变,但化合价也只能取整数。与定比定律相同,当出现定比定律所列的两种情况而发生化合物的成分与标准化学计量比偏离时,表观成分也会与倍比定律偏离。

(4) Dalton分压定律。在混合气体中,如果不同组分的气体之间不发生化学反应,则混合气体的总压力等于各组分气体分压力之和。其中各组分气体的分压即为该气体单独占有同样体积空间时的压力。根据气态方程,组元 i 的气体分压 p_i 可表示为

$$p_i = n_i \frac{RT}{V} \tag{7-12}$$

因此气体的总压力 P 可表示为

$$P = \sum_i p_i = \frac{RT}{V} \sum_i n_i \tag{7-13}$$

式中，n_i 为组元 i 的物质的量；R 为摩尔气体常量；T 为热力学温度；V 为体积。

(5) Amage 分体积定律。在混合气体中，组分的分体积是该组分单独存在并具有与混合气体相同温度和压力时具有的体积。在恒定压力 P 下，假定组分 i 的体积为 V_i

$$V_i = n_i \frac{RT}{P} \tag{7-14}$$

则

$$V = \sum_i V_i = \frac{RT}{P} \sum_i n_i \tag{7-15}$$

式中，V 为混合气体的总体积。

(6) Faraday 电解定律。电解时在电极上析出物质的质量与通过的电量成正比，当多种电解质串联时，每个电极上析出的物质的质量与他们的摩尔质量成正比，即

$$m = kQ = k\int_0^\tau I \mathrm{d}\tau \tag{7-16}$$

式中，Q 表示电量；I 为电流；τ 为时间。

7.1.3　化学反应动力学原理

1. 化学反应的条件

化学反应的通用表达式为

$$a\mathrm{A} + b\mathrm{B} = d\mathrm{D} + e\mathrm{E} \tag{7-17}$$

式中，A、B、D、E 分别为反应物和反应产物的分子名称；a、b、d、e 分别为各分子对应的化学平衡配平参数。

决定上述反应能否进行以及进行的方向和程度的控制因素是温度、压力和成分，并且符合 Le Chatelier 原理，即平衡移动原理。

Le Chatelier 原理的表述是，如果改变影响化学平衡的任何一个条件（温度、压力、成分等），将会促使化学平衡的移动，其移动的方向总是向着削弱这种改变的方向进行。如降温将会使反应向着放热的方向进行，相反升温会使反应向着吸热的方向进行；增压会使移动向着气体物质的量减小的方向进行，而减压会使移动向着气体分子物质的量增加的方向进行；添加某种元素会使反应向着该元素减少的方向进行。

在溶液中的反应过程主要受成分控制，并且受温度的影响很大。只要有一个反应物或生成物为气体，则压力成为控制反应过程的重要因素。对于固相参与的反应过程，通常需要将其加热到一定的温度反应才能发生，即存在着一个“燃点”温度。

2. 均相体系的化学反应动力学

溶液和气相中的化学反应属于均相体系中的反应。反映其反应动力学条件与特征的典型参量是平衡常数和反应速度。

在均相体系中，反应速率可以用任何一个物质的浓度变化来表示。仍以式(7-17)所示的反应过程为例，反应速率可定义为

$$v=-\frac{1}{a}\frac{d[A]}{d\tau}=-\frac{1}{b}\frac{d[B]}{d\tau}=\frac{1}{d}\frac{d[D]}{d\tau}=\frac{1}{e}\frac{d[E]}{d\tau} \tag{7-18}$$

式中，[A]、[B]、[D]和[E]分别为溶液中物质A、B、D和E的浓度。

反应速率是由反应物的浓度决定的，可表示为

$$v=k[A]^a[B]^b \tag{7-19}$$

式中，k 定义为反应速率常数；a、b 为反应级数，$a=1$ 表示对于反应物A为一级反应，$a=2$ 表示对于反应物A为二级反应，依次类推。对于反应物B也是同样的。

在式(7-19)中，反应速率常数 k 由如下Arrhenius公式确定：

$$k=C\exp\left(-\frac{E_a}{RT}\right) \tag{7-20}$$

式中，C 为反应频率因子，其量纲与 k 相同；E_a 为反应激活能；R 为摩尔气体常量；T 为热力学温度。

假定式(7-17)所示的反应是在溶液中进行的，并且生成的产物也为液相，即

$$aA(L)+bB(L)=\!=\!=dD(L)+eE(L) \tag{7-21}$$

对于可逆反应过程，正向反应速率由式(7-19)确定，而逆向反应的速率可表示为

$$v_r=k_r[D]^d[E]^e \tag{7-22}$$

式中，k_r 为逆向反应的反应速率常数。

在反应达到平衡时 $v=v_r$，从而，由式(7-19)和式(7-22)得出

$$K=\frac{k}{k_r}=\frac{[D]^d[E]^e}{[A]^a[B]^b} \tag{7-23}$$

式中，K 称为化学反应的平衡常数，通常是温度的函数。K 值随温度的变化规律通常符合如上所示的Le Chatelier原理。

如果其中某一产物，如D，为固相或气相，则以固相中的浓度代替其在溶液中的浓度。当其他物质在该固相中的溶解度很低时，$[D]\to 1$，式(7-23)可简化为

$$K=\frac{[E]^e}{[A]^a[B]^b} \tag{7-24}$$

反应生成的气相产物不断从液相中逸出，而生成的固相则随密度和颗粒尺寸的不同而向底部沉淀，或向顶部漂浮，或悬浮在液相中形成悬浮液。

气相中的反应，不同组元的浓度可以用平衡分压表示，对应于反应

$$aA(G)+bB(G)=\!=\!=dD(G)+eE(G) \tag{7-25}$$

的平衡常数可写为

$$K=\frac{p_D^d p_E^e}{p_A^a p_B^b} \tag{7-26}$$

式中，p_A、p_B、p_D 及 p_E 分别为气相中物质A、B、D和E的蒸汽分压。

3. 界面化学反应动力学

当参与反应的几种反应物处于不同物态时，化学反应只能在界面上进行，如气相与液相的反应、气相与固相的反应、液相与固相的反应。不同物态之间的反应除了反应动力学因素以外，还将出现一个新的控制反应过程的环节，即扩散因素。

1）液相与固相之间的反应

假定在液-固界面反应过程中形成的反应产物在液相中是可溶解的，反应方程可写为

$$aA(L)+bB(S)=\!=\!=dD(L) \tag{7-27}$$

即液相中A与固相B反应形成可溶解于液相的产物D。D将通过在液相中的扩散不断离开界面进入液相，而反应物A则通过扩散向反应界面输送，形成如图7-1所示的互扩散场。反应速率 v 和扩散速率 u 可分别表示为

$$v=k[A]_i^a \tag{7-28}$$

$$u=-D_A\left.\frac{\partial[A]}{\partial z}\right|_{z=0} \tag{7-29}$$

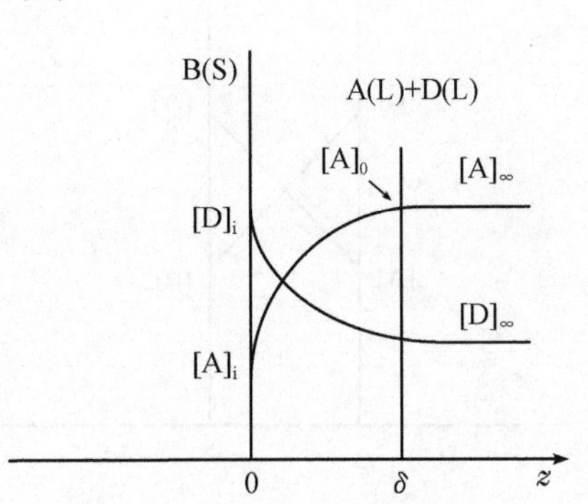

图7-1　液相与固相界面反映的动力学模型

式中，D_A 为组元A的扩散系数；$\left.\frac{\partial[A]}{\partial z}\right|_{z=0}$ 为反应界面处组元A的浓度梯度。

假定反应物A的扩散边界层厚度为 δ，并对该边界层中的反应物A的分布作线性化处理，即将式(7-29)用下式近似：

$$u=D_A\frac{[A]_\infty-[A]_i}{\delta} \tag{7-30}$$

在实际反应过程中，界面上不会发生反应物的聚集，因此必须满足 $v=u$，从而得出以下关系式：

$$k[A]_i^a=D_A\frac{[A]_\infty-[A]_i}{\delta} \tag{7-31}$$

由式(7-31)可以求出 $[A]_i$，并代入式(7-28)得到反应速率计算式。对于一级反应，即 $a=1$，可求出

$$[A]_i=\frac{1}{1+\frac{\delta k}{D_A}}[A]_\infty \tag{7-32}$$

$$v=\frac{k}{1+\frac{\delta k}{D_A}}[A]_\infty \tag{7-33}$$

当 $\delta k/D_A\to 0$ 时，表示扩散过程进行得非常快，对反应速率的影响可以忽略，界面反应速率是控制环节。而当 $\delta k/D_A<1$ 时，扩散成为反应过程的控制环节。

当反应产物为固相时，所形成的固相可能附着在反应物B的表面，将反应物和生成

物隔离，反应的继续进行依赖于生成产物中的扩散，其动力学过程按照第 4 章所述的包晶反应进行。

当形成的产物为气相时，将在固相表面形成气膜，反应过程的进行依赖于气膜中的扩散。气膜厚度达到一定值时，可能进一步形成气泡，并从表面分离，发生上浮。反应过程是一个微观上非均匀的复杂过程。

2）气相与固相间的反应

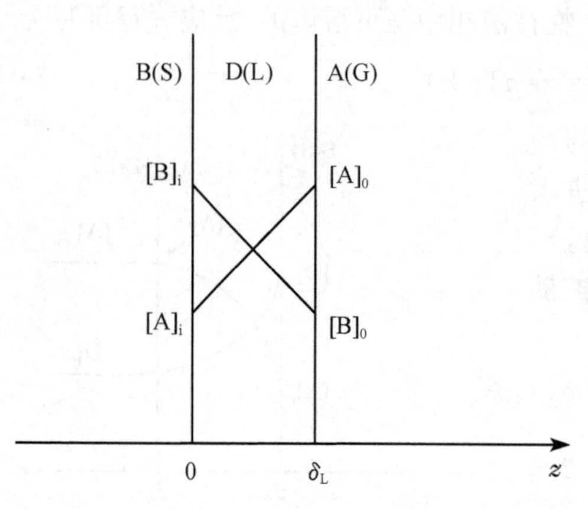

图 7-2　气-液-固界面反应动力学过程

气相与固相的反应过程与上述液相与固相的反应基本相同。如在式(7-27)中 A 为气相，只要采用气相中各组分的蒸气分压 p_A 代替成分[A]，则可借鉴上述式(7-28)～式(7-33)进行讨论。仅当反应产物 D 为液相时，出现图 7-2 所示的液相扩散控制的反应过程。其中，$[A]_0$ 为液相中与气相平衡的反应物的浓度或称溶解度。$[A]_i$ 为液相与反应物 B 的界面上反应物 A 的浓度。通过分析该反应的扩散动力学过程，并假定反应物 A 在液相中线性分布，反应为一级反应，则得出

$$v=\frac{k}{1+\dfrac{\delta k}{D_A}}[A]_0 \tag{7-34}$$

3）气相与液相间的反应

气相与液相反应的特殊性在于：其一，液相和气相均为流体相，除了扩散以外，在两相中均存在流体的流动问题并对反应过程有着重要影响；其二，随着反应过程的不同将会出现图 7-3 所示不同情况。

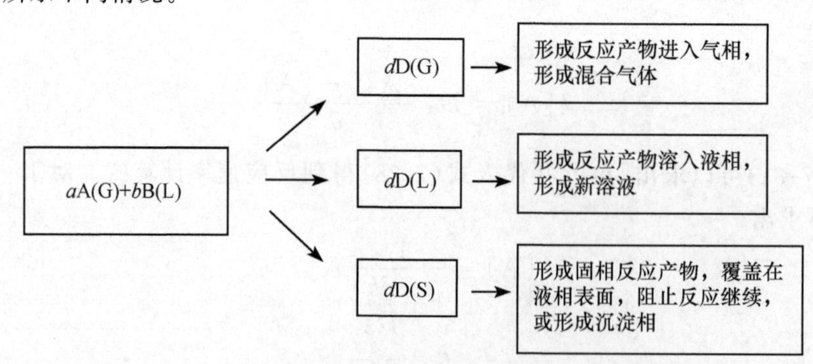

图 7-3　气-液界面反应的几种情况

当反应产物 D 为气相时，出现图 7-4(a)所示的由气相中 A 和 D 互扩散控制的界面反应过程。当反应产物溶入液相时，则出现图 7-4(b)所示的液相中 B 和 D 互扩散控制的界面反应过程。

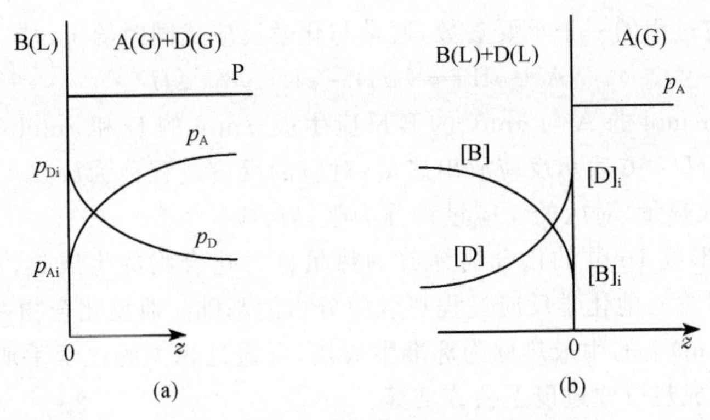

图 7-4　气-液界面反应过程的两种情况

(a) 生成产物 D 为气相；(b) 生成产物 D 溶入液相

对于图 7-4(a)所示的反应过程，反应控制方程和扩散控制方程分别为

$$v = k p_{Ai}^{a} \tag{7-35}$$

$$u = -D_{AG} \frac{\partial p_A}{\partial z}\bigg|_{z=0+} \tag{7-36}$$

式中，p_{Ai} 为反应物 A 在反应界面处的蒸汽分压；D_{AG} 为反应物 A 在气相中的扩散系数。

对于图 7-4(b)所示的反应过程，反应速率和扩散速率可分别表示为

$$v = k[B]_i^b p_{Ai}^a \tag{7-37}$$

$$u = -D_{BL} \frac{\partial [B]}{\partial z}\bigg|_{z=0-} \tag{7-38}$$

式中，$[B]_i$ 为反应物 B 在反应界面处的浓度；D_{BL} 反应物 B 在液相中的扩散系数。

7.1.4　化学反应过程的热效应

化学反应是原有的化学键被破坏，新的化学键不断形成的过程。新形成的化学键能的总和不同于原有化学键能的总和，这一能量差值必须通过一定的能量转化形式反映出来。化学反应释放的能量可能包括热能、光能、机械能等形式，其能量平衡方程可表示为

$$\sum_j \Delta E_j - \sum_k \Delta E_k \approx \Delta H^T = Q_h + Q_r + Q_m + \cdots \tag{7-39}$$

式中，Q_h 为反应过程释放的热量；Q_r 为反应过程以光辐射的形式释放的能量；Q_m 为反应过程以机械能的形式释放的能量；ΔH^T 为在温度 T 下化学反应过程的焓变；$\sum_j \Delta E_j$ 为反应产物(生成物)新形成的化学键能的总和；$\sum_k \Delta E_k$ 为反应物被破坏的化学键能的总和。对应于式(7-17)所示的反应过程，$j=$D、E，$k=$A、B。

通常 Q_r 和 Q_m 等其他形式的能量值相对较小，Q_h 占主导地位，即

$$\Delta H^T \approx Q_h \tag{7-40}$$

ΔH^T 是化学反应过程的一个重要参数,通常与化学反应式同时给出,如

$$aA + bB = dD + eE \qquad \Delta H^T \tag{7-41}$$

该式表示由 $a$mol 的 A 与 $b$mol 的 B 反应生成 $d$mol 的 D 和 $e$mol 的 E 时所释放的热量为 ΔH^T。$\Delta H^T > 0$ 表示反应放出热量,对应的反应过程称为放热反应。相反,$\Delta H^T < 0$ 表示反应吸收热量,对应的反应过程称为吸热反应。

由单质元素形成 1mol 的化合物释放的热量称为化合物的生成热,是化合物的一个典型参数,也是讨论其他化学反应过程热效应分析的基础。典型化合物在标准状态(温度 293.2K,压力 1atm)下的生成热称为标准生成热,可通过相关的化学手册查得[4],而在其他温度 T 下的生成热可通过以下公式估算:

$$\Delta H^T = \Delta H^{293.2} + \int_{293.2}^{T} c_p \mathrm{d}T \tag{7-42}$$

式中,c_p 为化合物的质量热容。

在反应式(7-42)中,如果每个反应物和生成产物的生成热均已知,则可通过下式计算反应过程释放的热量 ΔH^T

$$\Delta H^T = a\Delta H_A^T + b\Delta H_B^T - d\Delta H_D^T - e\Delta H_E^T \tag{7-43}$$

当反应在溶液中进行时,反应物的溶解过程也存在热效应,称为溶解热。相当于物质的一部分化学能已在溶解过程中释放。而反应产物如果仍溶解在溶液中,则尚未达到单纯状态,使其从溶液中结晶还需要吸收热量。因此,在化学反应热效应的分析中应该考虑这一因素。

假定反应(7-41)是在溶液中进行的,其中每摩尔组元 A、B、D、E 的溶解热分别为 ΔH_A^m、ΔH_B^m、ΔH_D^m、ΔH_E^m,则该反应过程的实际热效应为

$$\Delta H^T = a(\Delta H_A^T - \Delta H_A^m) + b(\Delta H_B^T - \Delta H_B^m) - d(\Delta H_D^T - \Delta H_D^m) - e(\Delta H_E^T - \Delta H_E^m) \tag{7-44}$$

在实际化学反应过程中,除了上述放热(或吸热)的总量外,通常其放热(或吸热)的速率也是一个重要的参数。只有当释放的热量能够被及时排出,或吸收热量能够得到及时补充,才能维持反应过程的连续进行。

单位时间体系内释放的化学热定义为热释放速率,该速率是和化学反应速率成比例的。仍以反应式(7-41)为例,其反应速率可由式(7-19)计算,则热释放速率 q_r 可表示为

$$q_r = v\frac{M_A}{a}\Delta H^T = v\frac{M_B}{b}\Delta H^T \tag{7-45}$$

式中,M_A 和 M_B 分别为反应体系中组元 A 和 B 的摩尔质量。

在均匀体系中,反应物的浓度随着反应过程的进行不断减少,因此,由式(7-45)可以看出 q_r 也是随着反应过程的进行变化的。对于界面反应,影响反应速率的因素还有扩散过程,因此反应热的释放也是受扩散行为控制的。

7.1.5 化学反应的尺寸效应

一切物质随着尺寸的减小,其性质也将随之发生变化。当尺寸达到纳米尺度时变化

更加突出,会出现三大效应[5],即小尺寸效应、表面和界面效应、量子效应。其中前两个效应均和化学性质相关。从晶体生长的角度,可利用纳米效应加速材料的合成速度,也可直接采用晶体生长方法进行纳米材料合成,获得具有特殊应用背景的新材料。

任何材料表面上的原子均存在大量的断键,处于能量较高的状态,其自由能大于内部原子。假定晶体内部原子的自由能为 G_t^0,表面原子由于断键的存在其自由能为 G_t^i,表面原子在原子总数中所占比例为 x^i,则原子的平均自由能 G_t 可表示为[6]

$$G_t = (1 - x^i)G_t^0 + x^i G_t^i \tag{7-46}$$

随着颗粒尺寸的减小,x^i 增大,即表面原子所占比例增大,从而 G_t 值发生相应变化。在直径为 d、界面厚度为 δ 的颗粒中,x^i 可表示为[7]

$$x^i = \frac{6\delta}{(1 - \Delta V)d} \tag{7-47}$$

式中,$\Delta V \approx 0.3 \sim 0.35$ 是晶体结构中的间隙所占的体积分数。

通常 $G_t^0 < G_t^i$。图 7-5 所示为 Zhang 等[6]以 t 相和 m 相的 ZrO_2 为对象,计算的原子平均自由能随颗粒尺寸的变化情况。随着颗粒尺寸的减小,原子平均自由能 G_t 增大,体系变得更加不稳定。

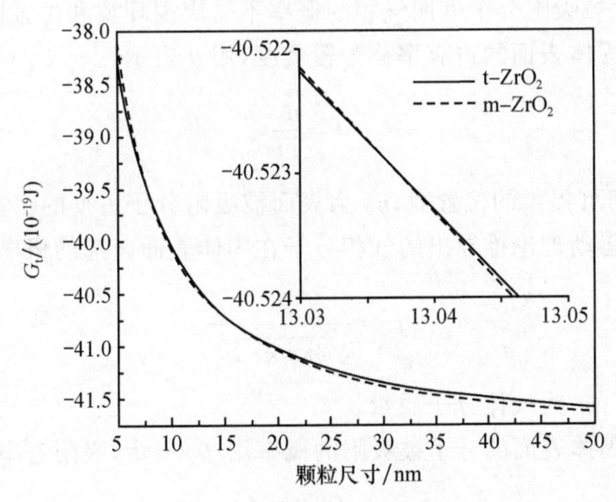

图 7-5　t 相和 m 相的 ZrO_2 原子平均自由能随颗粒尺寸的变化情况[6]

因此,任何物质的尺寸减小到纳米尺度时将会出现两种典型变化:①物质变得更加不稳定,化学反应温度迅速下降;②由于表面原子数量增多,异质材料之间的接触面积增大,因而化学反应速率迅速增大。

7.1.6　晶体生长过程的其他化学问题

与晶体生长相关的其他化学问题包括吸附、电解,以及胶体与络合物的形成等。这些过程都是晶体生长需要掌握的基本概念,以下分别对其作简要的分析。

1. 吸附的原理与规律

固体表面原子的成键特性不同于其内部原子,由于大量断键的存在,形成较大的表面能。当固体与气相或液相接触时，气相或液相中的分子或原子将与固相表面结合，使其在表面附近的浓度远远大于气相或液相内部，富集在表面上的这些原子认为被固体表面吸附了。下面以气相分子吸附为例进行讨论。被吸附的分子需要获得附加的能量才能从表面上去除。该能量等于表面分子吸附过程释放的热量，称为吸附热。根据被吸附的分子与固体表面的键合特性可以区分出物理吸附和化学吸附。

当被吸附分子与固体表面之间通过分子间作用力，即范德瓦耳斯力结合时称为物理吸附。物理吸附的特点是被吸附分子与固体的结合能弱，因而吸附热较小，通常接近于其液化热，吸附较快，吸附温度低。加热固体可以使被吸附的分子完全被去除。

当被吸附的分子通过固体表面的断键与其形成化学键时称为化学吸附。化学吸附与其成键特性有关，相当于化学反应过程。因此，吸附热通常较大，接近于化学反应热。同时，吸附在接近于化学反应的温度下进行，被吸附的分子与固体表面的结合能较大，去除比较困难。

描述吸附动力学过程的经典模型是 Langmuir 吸附理论[8]。该理论基于以下两个基本假设：①固体表面的吸附能力来自于固体表面力场的不饱和性，吸附层为单分子层，吸附只能在固体表面空白位置上发生，覆盖满一层后表面力场达到饱和；②被吸附的分子间无相互作用力，因此被吸附分子返回气相的概率不受周围环境和位置影响。

被吸附分子在固体表面的占有率称为覆盖度，用 θ 表示：

$$\theta=\frac{n_0}{N} \tag{7-48}$$

式中，N 为固体表面可提供的位置数；n_0 为表面被吸附分子占据的位置数。

根据气体分子运动理论推导出的气相分子在固体表面碰撞的概率为

$$f=\frac{p}{\sqrt{2\pi mk_{\mathrm{B}}T}} \tag{7-49}$$

式中，p 为气体压力；m 为气体分子质量。

如果将碰撞在固体表面的分子被吸附的概率用 f_{a} 表示，吸附速率 v_{a} 可表示为

$$v_{\mathrm{a}}=ff_{\mathrm{a}}(1-\theta) \tag{7-50}$$

而吸附分子脱附的速率 v_{d} 为

$$v_{\mathrm{d}}=f_{\mathrm{d}}\theta \tag{7-51}$$

式中，f_{d} 为吸附分子脱附的概率。

气相分子发生吸附的绝对速率 v 可表示为

$$v=v_{\mathrm{a}}-v_{\mathrm{d}}=f_{\mathrm{a}}f-\theta(f_{\mathrm{a}}f+f_{\mathrm{d}}) \tag{7-52}$$

当脱附和吸附达到平衡时的覆盖度 θ_{e} 可根据 $v_{\mathrm{a}}=v_{\mathrm{d}}$，为

$$\theta_{\mathrm{e}}=\frac{bp}{1+bp} \tag{7-53}$$

式中

$$b=\frac{f_{\mathrm{a}}}{f_{\mathrm{d}}}\frac{1}{(2\pi mk_{\mathrm{B}}T)^{\frac{1}{2}}}\tag{7-54}$$

式(7-54)即为 Langmuir 单分子层吸附公式。式中，f_a/f_d 是由吸附分子的键合强度决定的，结合键越强，该比值将越大。此外，θ_e 随着压力的增大而增大，温度 T 的升高或分子量 m 的增大而减小。

2. 胶体的概念

在晶体生长原料的提纯、化合物晶体的合成、溶胶-凝胶法或溶液法晶体生长过程，以及纳米材料的制备等与晶体生长相关的过程都会涉及胶体的问题。

胶体是多相分散体系中出现的一种物态，是由胶团分散在溶液中形成的。胶团是固相微粒在溶液中有选择性地吸附某种带电离子，或者固体表面的物质颗粒在溶液中发生电离而带电。带电的固体粒子表面由于静电吸引力的存在，将会吸引等电量的、与固体表面带有相反电荷的离子环绕在固体粒子周围，构成了胶团。

例如，将 KI 加入 $AgNO_3$ 溶液中将会形成 AgI 溶胶。胶团结构如图 7-6 所示。胶团的核心是固相，固相与其吸附的 Ag^+ 构成胶团的核心，称为胶核。胶核与其周围吸附的异性带电离子(NO_3^-)共同构成胶粒。胶团的最外层是 NO_3^- 扩散层。

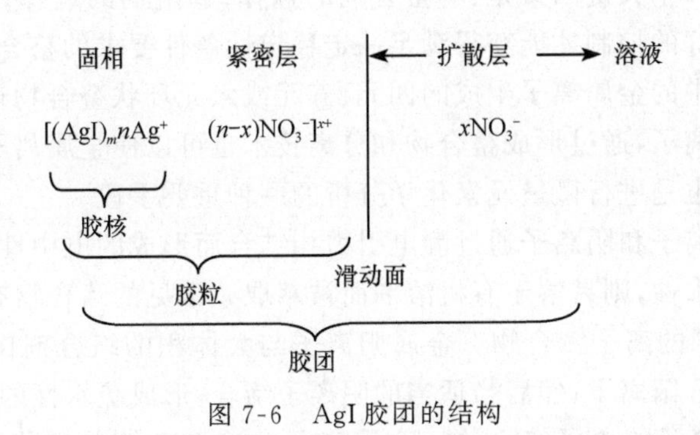

图 7-6　AgI 胶团的结构

在图 7-6 中，胶粒与扩散层之间是可以滑动的，因此胶粒本身所带的正电荷没有被完全中和，是带正电荷的。由此引起胶体的一系列特性：

(1) 分散特性。由于同种胶粒带有相同的电荷，发生同性相斥，因而可以保证胶粒之间保持一定的距离，稳定地分散在溶液中。

(2) 在电场中的运动。由于胶粒本身带有电荷，在外加电场的作用下，分散在液相中的带电粒子将会发生定向移动，带正电荷的粒子向负极运动，带负电荷的粒子则向正极移动，这一现象称为电泳。电泳的速率和程度既与电场强度、带电粒子所带电荷数有关，也与粒子尺寸和溶液黏度有关。

(3) 沉降特性。胶粒的密度通常不同于溶液，因而在重力场的作用下会发生沉降。当大量的同种胶粒在溶液底部沉积时会造成溶液表面与底部之间的电势差，称为沉降电势。这一现象是电泳的逆现象。

(4) 电解质与溶胶的作用。溶胶受电解质的影响非常敏感。少量电解质的存在对溶胶起着稳定作用,而过量的电解质将破坏胶团中的双电层,对溶胶的稳定性起破坏作用,使其发生聚沉。通常将溶胶在一定时间内完全聚沉所需要的电解质的最小浓度称为聚沉值。聚沉值的倒数定义为电解质的聚沉能力。

利用溶胶的分散特性可以进行纳米材料的制备,也可以通过溶胶的聚沉过程进行化合物材料的合成和特殊晶体材料的生长。同时,可利用电泳原理等进行材料的合成。

3. 金属螯合物和缔合物的概念及其应用

金属螯合物是金属离子与螯合剂的阴离子结合而形成的中性螯合物分子。这类金属螯合物难溶于水,易溶于有机溶剂,因而能被有机溶剂所萃取,如丁二酮肟镍即属于这种类型。Fe^{3+} 与铜铁试剂所形成的螯合物也属于此种类型。常用的螯合剂还有 8-羟基喹啉、双硫腙(二苯硫腙、二苯基硫卡巴腙)、乙酰丙酮和噻吩甲酰三氟丙酮(TTA)等。

以双硫腙萃取水溶液中的金属离子 M^{2+} 为例来说明。双硫腙(H_2Dz)与二价金属离子 M^{2+} 的反应为

$$M^{2+} + 2H_2Dz \longrightarrow M(HDz)_2 + 2H^+ \tag{7-55}$$

从而使得金属离子以 $M(HDz)_2$ 的形式溶解在有机溶剂中。

控制螯合物的 3 个关键因素是:①螯合剂的选择;②溶剂的选择;③酸度适当。只有这 3 个条件得到很好的控制才能获得满足一定稳定性条件要求的螯合物。

螯合剂与试样中的金属离子生成的四元、五元或六元环状螯合物很稳定,因此即使对于浓度很低的金属离子,通过形成螯合物和分离技术也可以使金属离子富集,实现金属离子的提取。该方法也是进行微量元素化学分析的一种重要手段。

缔合物是由阳离子和阴离子通过静电引力相结合而形成的电中性化合物。如果该缔合物具有较大的疏水性,则易溶于有机溶剂而被萃取。常见的缔合物有以下几种:

(1) 金属阳离子的离子缔合物。金属阳离子与大体积的络合剂作用,形成没有或很少配位水分子的络合阳离子,然后与适当的阴离子缔合,形成疏水性的离子缔合物。

(2) 金属络阴离子的离子缔合物。金属离子与溶液中简单配位阴离子形成络阴离子,然后与大体积的有机阳离子形成疏水性的离子缔合物。

(3) 形成洋盐的缔合物。含氧的有机萃取剂,如醚类、醇类、酮类和烷类等,它们的氧原子具有孤对电子,因而能够与 H^+ 或其他阳离子结合形成洋离子。

(4) 其他离子缔合物。如含砷的有机萃取剂萃取铼是基于铼酸根与氯化四苯砷反应,生成可被苯或甲苯萃取的离子缔合物。

与金属螯合物一样,缔合物也是进行微量金属离子萃取或进行化学分析的重要手段。同时,缔合物也是在熔体法或溶液法晶体生长过程中可能在液相中形成的异质颗粒。这些颗粒的存在将会对晶体生长过程产生影响。因此,对其相关概念的了解对于更好地进行晶体生长过程的分析和控制是必要的。

4. 电解原理

电解就是利用电流在电解质溶液中引起化学变化的过程。利用电解原理可以进行原

材料的提纯或直接实现晶体生长过程。在电解质溶液中插入正、负两个电极，并在两极上加上电压则在电解质中引起两个过程，即带电离子在液相中的迁移以及电极表面的化学反应。以下对这两个过程分别说明。

1）带电离子的迁移

在外加电场作用下，电解质中带正电荷的阳离子将向负极移动，而带负电荷的阴离子向正极移动，发生电泳，其迁移速率 v_{I} 可以表示为

$$v_{\mathrm{I}}=\mu_{\mathrm{I}}E \tag{7-56}$$

式中，μ_{I} 为迁移率；E 为电势，如果外加电场的电压为 V，电极间的距离为 l，则 $E=\frac{V}{l}$，即

$$v_{\mathrm{I}}=\mu_{\mathrm{I}}\frac{V}{l} \tag{7-57}$$

其中，在给定电解质中某一特定带电离子的迁移率 μ_{I} 是反映电解质性质的一个基本参数。同一带电离子在不同电解质中的迁移率也是不同的。影响 μ_{I} 的因素包括：颗粒本身所带电荷、大小、形状，以及外加电场强度 E、电解质的 pH、溶液的黏度及温度等。

2）电极上的化学反应

电极上的化学反应可以 $CuCl_2$ 水溶液的电解过程为例进行分析。$CuCl_2$ 在水溶液中电离生成 Cu^{2+} 和 Cl^-，即

$$CuCl_2 = Cu^{2+} + 2Cl^- \tag{7-58}$$

在阳极和阴极上的反应分别为

阴极：$Cu^{2+}+2e = Cu$

阳极：$2Cl^- - 2e = Cl_2\uparrow$

即，带正电荷的 Cu^{2+} 在阴极上得到电子而沉淀出 Cu 原子。带负电荷的 Cl^- 在阳极上失去电子，形成 Cl_2 气。利用这一原理可以进行 Cu 的提取。

在阴极上提供的电子数量 n_e 为

$$n_{\mathrm{e}}=\frac{I\tau}{e} \tag{7-59}$$

式中，I 为电流；τ 为时间；$e=1.60219\times10^{-19}\mathrm{C}$ 为电子电量。

由于每获得两个电子即可沉积一个 Cu 原子，因此单位时间在阴极上沉积的 Cu 的物质的量为

$$n_{\mathrm{Cu}}=\frac{I}{2eN_{\mathrm{A}}} \tag{7-60}$$

式中，N_{A} 为 Avogadro 常量。

根据以上分析可以看出，电极上的沉积速率主要由电流控制，而带电离子在溶液中的迁移速率主要由电压控制。电极反应速率一般较快，因此，带电离子在电介质中的迁移速率是控制环节。在实际电解过程中，根据迁移率选择合理的电极间距和电压，则可实现电解速率的控制。

7.2　原料的提纯

人工晶体材料，特别是应用于电子及光电子技术的半导体、光学晶体等，其物理性能

对成分是非常敏感的，微量的杂质即会对性能产生至关重要的影响。典型的半导体材料要求将其纯度控制在7个9以上，即杂质含量低于$10^{-5}\%$。因此，原材料的提纯是人工晶体的关键技术之一。材料的提纯技术通常是不同化学原理和物理原理的综合应用。本节将简要介绍几种常用的人工提纯原材料的方法。

7.2.1　气化-凝结法

气化-凝结方法是利用物质的蒸汽压随温度的变化以及不同元素蒸汽压的差异进行元素的分离和提纯的方法。几乎所有元素的蒸汽压是随着温度的升高而增大的，但不同元素的变化规律不同。在给定温度下，蒸汽压较大的元素优先气化，进入气相，并再次凝聚为液态或固态，而蒸汽压低的元素留在原位。因此，采用气化-凝结的方法可以实现两种材料的提纯。其一是蒸汽压较低的材料，通过升温，使其中所含蒸汽压较高的杂质元素气化，达到提纯的目的；其二是通过升温使蒸汽压较高的元素气化，并再次凝结、收集，而低蒸汽压的杂质元素残留在原位，达到提纯的目的。采用气化-凝结的方法还可对机械混合物进行分离与提纯。

1. *机械混合物气化-凝结法提纯的基本原理*

机械混合物是不同元素在微观尺度以单质形式存在的混合体，但没有发生原子尺度的固溶或化合。当不同元素的颗粒尺寸很小或者不同元素颗粒镶嵌在一起，不能采用机械的方法分离时，需要借助物理或化学的方法进行分离。以两种元素的混合物为例，虽然两种元素混合在一起，但在微观尺度上是独立的单质，其宏观的物理、化学性质可以完全按照单质处理。使蒸汽压较高的元素气化并在另一个位置凝结则可实现两种混合物的分离。如图7-7所示，将气化室中的A、B混合物的加热至较高的温度T_1，高蒸汽压的B组元发生气化，并在温度较低的凝结室（温度为T_2）凝结，而蒸汽压较低的A组元留在气化室，从而实现A和B的分离。

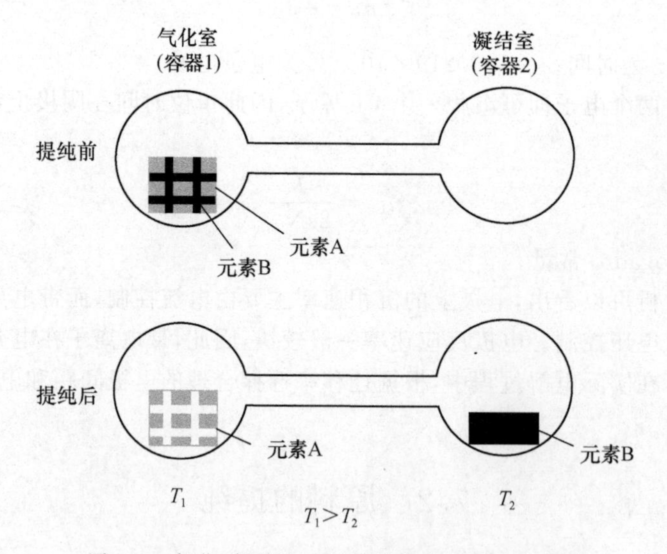

图7-7　气化-凝结法进行元素分离的原理示意图

气化凝结的过程实质上是一个气相参与的相变过程，因此首先需要了解各元素的蒸汽压力 p 的变化规律。根据第 2 章关于热力学的讨论可知，单质在气相中的自由能可表示为

$$G_G = G_G^0 + RT\ln\frac{p}{p_0} \tag{7-61}$$

式中，p_0 为平衡蒸气压；G_G^0 是平衡自由能。对于固相的升华过程，对应的固相自由能可表示为 G_S，固相与气相平衡时的自由能为 G_S^0，则在平衡条件下

$$G_S^0 = G_G^0 + RT\ln\frac{p}{p_0} \tag{7-62}$$

从而导出对应于不同温度 T 的平衡蒸汽压的表达式

$$p = p_0\exp\left(-\frac{\Delta G_{G\text{-}S}}{RT}\right) \tag{7-63a}$$

式中，$\Delta G_{G\text{-}S}=G_G^0-G_S^0$ 为升华焓。

表 2-3 为部分元素的升华焓，是随温度变化的。由式(7-63a)可以看出，元素的蒸汽压随着温度的升高而增大。

当温度升高到熔点以上时，元素变为液相，此时需要考虑液相与气相的平衡。采用与气相-固相平衡相似的分析方法可以导出如下气相中元素的平衡蒸汽压 p' 的表达式[10]：

$$p' = p_0\exp\left(-\frac{\Delta G_{G\text{-}L}}{RT}\right) \tag{7-63b}$$

式中，$\Delta G_{G\text{-}L}=G_G^0-G_L^0$ 为气化焓，不同元素气化焓的典型参数也在表 2-3 中给出。

由于通常 $\Delta G_{G\text{-}L}<\Delta G_{G\text{-}S}$，因此当温度升高到熔点以上时蒸汽压会迅速增大，在熔点温度发生阶跃。

根据热力学原理，单质的蒸汽压是温度的函数，其表达形式为[9]

$$\lg p = -\frac{A}{T} + B + C\lg T + 10^{-3}DT \tag{7-64}$$

式中，T 采用热力学温度；p 的单位为 mmHg①。常见半导体及其相关元素蒸汽压的具体参数如表 7-4 所示[9]。

表 7-4　典型半导体及其相关元素单质的蒸汽压参数[9]

元　素	A	B	C	D	温度区间/K
Ag	14710	11.66	−0.755		298～1234
Al	16450	12.36	−1.023		1200～2800
Au	19820	10.81	−0.306	−0.16	298～133.6
B	29900	13.88	−1.0		1000～熔点
Bi	10400	12.35	−1.26		熔点～沸点
Cd	5908	9.717	−0.232	−0.284	450～594
	5819	12.287	−1.257		594～1050

① 1mmHg=1.33322×10²Pa。

续表

元　素	*A*	*B*	*C*	*D*	温度区间/K
Cr	20680	14.56	−1.31		298～熔点
Cs	4075	11.38	−1.45		280～1000
Cu	17870	10.63	−0.236	−0.16	298～1356
	17650	13.39	−1.273		1356～2870
Ga	14700	10.07	−0.5		熔点～沸点
Ge	20150	13.28	−0.91		298～熔点
Hg	3308	10.373	−0.8		298～630
I_2	3578	17.72	−2.51		298～熔点
	3205	23.65	−5.18		熔点～沸点
In	12580	9.79	−0.45		熔点～沸点
Li	8415	11.34	−1.0		熔点～沸点
Mg	7780	11.41	−0.855		298～熔点
	7550	12.79	−1.41		熔点～沸点
Mn	14850	17.88	−2.52		993～1373
	13900	17.27	−2.52		熔点～沸点
Na	5700	11.33	−1.718		400～1200
Pb	10130	11.16	−0.985		600～2030
S_2	6975	16.22	−1.53	−1.0	熔点～沸点
Sb_2	11170	18.54	−3.02		熔点～沸点
Si	20900	10.84	−0.565		熔点～沸点
Sn	15500	8.23			505～沸点
Te_2	9175	19.68	−2.71		298～熔点
V	26900	10.12	0.33	−0.265	298～熔点
Zn	6883	9.418	−0.0503	−0.33	473～692.5
	6670	12.00	−1.126		692.5～1000

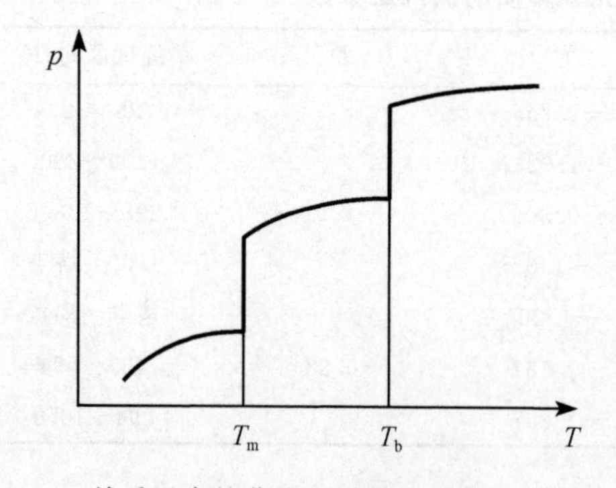

图 7-8　单质元素的蒸汽压随温度的变化规律

T_m 为熔点，T_b 为沸点

典型元素的蒸汽压随温度的变化规律如图 7-8 所示。不同元素的蒸汽压-温度曲线不同，利用该差异可以实现对机械混合物的分离。

以图 7-9 所示的两种蒸汽压变化规律的元素为例。该蒸汽压变化图可以分为 3 个区间，Ⅰ区内元素 A 和 B 均为固相；Ⅱ区内元素 B 为固相，A 已发生熔化而变为液相；Ⅲ区内元素 A 和 B 均为液相。

当气化室的温度 $T_1 < T_m^A$ 时，元素 A 和

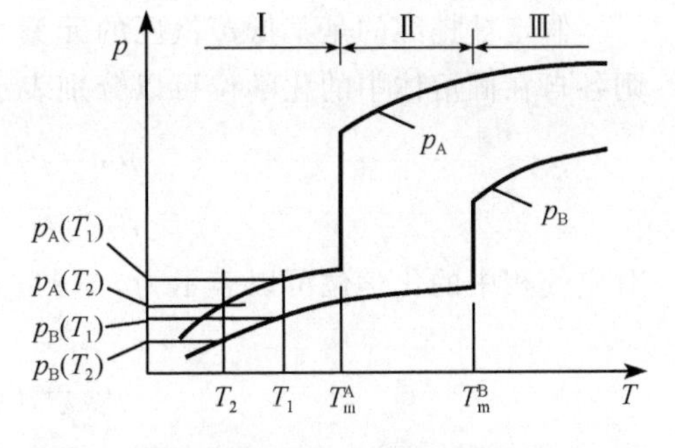

图 7-9　两种元素蒸汽压随温度的变化规律对比与气化-凝结分离条件

B 均处于固相，但由于 $p_A(T_1)>p_B(T_1)$，元素 A 的蒸汽压高于元素 B 而优先发生气化。此时，如果凝结室的温度 $T_2<T_1$，则在凝结室内元素 A 和 B 的平衡蒸汽压分别为 $p_A(T_2)$ 和 $p_B(T_2)$。此时在气化室和凝结室之间建立起的蒸汽压差为

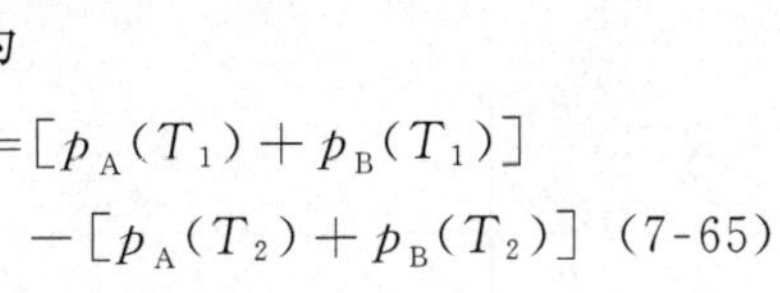

$$\Delta p=[p_A(T_1)+p_B(T_1)]-[p_A(T_2)+p_B(T_2)] \quad (7\text{-}65)$$

由于该压力差 Δp 的存在，构成了气化的元素由气化室向凝结室的传输驱动力，使得气化-凝结过程连续进行。

此外，元素 A 的分压差为

$$\Delta p_A=p_A(T_1)-p_A(T_2) \quad (7\text{-}66)$$

该压差则是元素 A 扩散的驱动力。

根据图 7-9 所示的蒸汽压变化规律可以在以下 4 种条件下进行元素 A 和 B 的分离。

(1) 固相气化-固相凝结。当温度条件满足 $T_2<T_1<T_m^A$ 时，气化室温度低于两种元素的熔点，元素通过升华而气化，并在凝结室内更低的温度 T_2 下凝结。由于元素 A 的蒸汽压远远大于元素 B，因此元素 A 快速气化并在凝结室凝结，在凝结室获得富含元素 A 的产品，而元素 B 则主要残留在气化室内，从而可实现两种元素的分离。在此条件下，由于气化室和凝结室的蒸汽压均较低，该过程进行得比较缓慢。

(2) 液相气化-固相凝结 1。当温度条件满足 $T_m^A<T_1<T_m^B$，$T_2<T_m^A$ 时，元素 A 处于液态，而元素 B 仍为固态。此时 $p_B \ll p_A$，元素 A 升华速率很大而元素 B 的升华速率很小，从而不仅利于两种元素的分离，可以获得较大的分离速率。

(3) 液相气化-固相凝结 2。当温度条件满足 $T_m^B<T_1$，$T_2<T_m^A$ 时，两种元素均发生熔化。此时，虽然可以获得较大的气化-凝结速率，但由于 p_B 较大，较多的元素 B 也进入凝结室，使得提纯效率降低。

(4) 液相气化-液相凝结法。当温度条件满足 $T_m^A<T_2<T_1$ 时，气化室内元素 A 的气化速率增大，但同时凝结室内的平衡蒸汽压也增大，会降低物质传输的压力差。但传输阻力很小，传输过程不是控制的主要因素时，采用该条件也是可行的。

同时，在混合物的气化-凝结过程中会出现两个问题，即在气化室内互溶问题和在凝结室内元素 B 向元素 A 中的溶解问题。这些问题与固溶体的行为及传输动力学过程相关，对此将在本节的第 3 条中讨论。

2. 固溶体中杂质气化法去除的基本原理

当两种元素形成固溶体时可以根据不同元素蒸汽压的差异进行材料的提纯。首先对固相升华的方法进行材料提纯的热力学原理进行分析。

假定被提纯的是某低蒸汽压的元素 A,其中含有多种高蒸汽压的杂质元素,记为 i,则各自在固溶体中的化学位可以分别表示为

$$\left.\begin{aligned}\mu_A^S&=\mu_{A0}^S+RT\ln\gamma_A^S x_A^S\\ \mu_i^S&=\mu_{i0}^S+RT\ln\gamma_i^S x_i^S\end{aligned}\right\}\tag{7-67}$$

对应气相中的化学位可以表示为

$$\left.\begin{aligned}\mu_A^G&=\mu_{A0}^G+RT\ln\frac{p_A}{p_0}\\ \mu_i^G&=\mu_{i0}^G+RT\ln\frac{p_i}{p_0}\end{aligned}\right\}\tag{7-68}$$

根据固相与气相平衡的条件,$\mu_A^S=\mu_A^G$ 及 $\mu_i^S=\mu_i^G$ 得出

$$p_A=\gamma_A^S x_A^S p_0\exp\left(-\frac{\Delta\mu_{A0}^{GS}}{RT}\right)\tag{7-69a}$$

$$p_i=\gamma_i^S x_i^S p_0\exp\left(-\frac{\Delta\mu_{i0}^{GS}}{RT}\right)\tag{7-69b}$$

式中,$\Delta\mu_{A0}^{GS}=\mu_{A0}^G-\mu_{A0}^S$ 及 $\Delta\mu_{i0}^{GS}=\mu_{i0}^G-\mu_{i0}^S$ 分别为纯组元的元素 A 和 i 的升华焓。而 $p_0\exp\left(-\frac{\Delta\mu_{A0}^{GS}}{RT}\right)$和 $p_0\exp\left(-\frac{\Delta\mu_{i0}^{GS}}{RT}\right)$分别为纯组元 A 和 i 的饱和蒸汽压。

可以看出,每一组元的平衡蒸汽压是由其在固相中的活度系数 γ、升华焓 $\Delta\mu^{GS}$、温度 T 以及成分 x 决定的。当某元素 i 的升华焓 $\Delta\mu_{i0}^{GS}$很小时,即使其在固溶体中的含量 x_i 很低,也可以有很大的平衡蒸汽压而快速升华,使得该元素在固体中的含量迅速下降,而使元素 A 得到提纯。

上述提纯方法也可以在液态下进行,通过液态的气化来实现。此时,其平衡蒸汽压的热力学表达形式与式(7-69a)、式(7-69b)一致,只要将相关参数用液态中的参数代替即可,即

$$p_A=\gamma_A^L x_A^L p_0\exp\left(-\frac{\Delta\mu_{A0}^{GL}}{RT}\right)\tag{7-70a}$$

$$p_i=\gamma_i^L x_i^L p_0\exp\left(-\frac{\Delta\mu_{i0}^{GL}}{RT}\right)\tag{7-70b}$$

式中,$\Delta\mu_{A0}^{GL}=\mu_{A0}^G-\mu_{A0}^L$及 $\Delta\mu_{i0}^{GL}=\mu_{i0}^G-\mu_{i0}^L$分别为纯组元 A 和 i 的气化焓。

基于上述气化过程的热力学原理,选择合适的动力学条件,则可实现提纯过程的控制。这些动力学条件是千变万化的,大致可以将其归纳为以下 3 种情况。

1) 开放体系的气化提纯

在开放的体系中使含有高蒸汽压杂质元素的材料升温,可以加速杂质的挥发,使材料得到提纯。杂质元素 i 的气化条件取决于环境气氛中该组元的实际蒸气分压 p_i^r。只要 p_i^r 低于式(7-69b)或式(7-70b)定义的平衡蒸汽压,即 $p_i^r<p_i$,则该杂质元素会不断气化。发生气化的杂质气氛可能首先富集在材料表面,通过扩散向环境中排放。采用强制对流可以加速气化过程。假定气相中的扩散是充分的,即可以将原材料表面杂质元素 i

的蒸汽分压维持为 p_i^{r}，从而由式(7-69b)可以确定出原材料表面的元素 i 的平衡成分为 $x_{i\mathrm{S}}$，并在原材料内部建立起成分梯度，如图 7-10 所示。达到平衡条件时 $x_i \equiv x_{i\mathrm{S}}$。

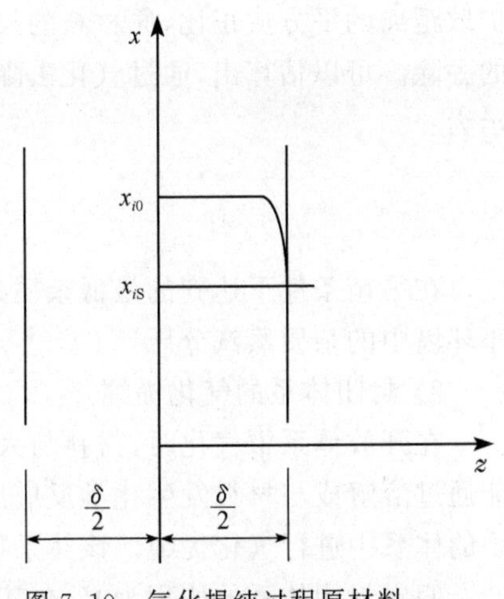

图 7-10　气化提纯过程原材料内部的扩散场

采用气化法提纯的效率可以用 x_i/x_{i0} 来表示。当 $x_i/x_{i0}<1$ 时表示杂质元素可以通过气化法去除，而当 $x_i/x_{i0}>1$ 则表示该杂质蒸汽压很低，不能通过气化法去除。该比值越小则去除的效率就越高。x_i 表示提纯后原材料 A 中的杂质残余含量。

由于气化过程首先是从材料表面开始的，内部的杂质只有扩散到表面后才能发生气化。因此，气化提纯过程实际上是由扩散控制的，其扩散速率与原材料的尺寸和形状相关。假定原材料呈片状、厚度为 δ，则可以采用第 6 章讨论过的一维非稳态扩散方程进行计算，即

$$\frac{\mathrm{d}x_i}{\mathrm{d}\tau} = D_i \frac{\mathrm{d}^2 x_i}{\mathrm{d}z^2} \tag{7-71}$$

其定解条件为

$$\tau = 0 \text{ 时}, \quad x_i \equiv x_{i0}$$

$$z = 0 \text{ 时}, \quad \left.\frac{\partial x_i}{\partial z}\right|_{z=0} = 0$$

$$z = \frac{\delta}{2} \text{ 时}, \quad x_i = x_{i\mathrm{S}}$$

然而，在给定边界条件下获得该方程的解析解是相当困难的，需要采用数值求解方法进行讨论。借鉴第 6 章的分析，可以对气化提纯过程所需要的时间进行估算。对于图 7-10所示的扩散过程，扩散程度的评价参数可表示为

$$a = \frac{4D_i\tau}{\delta^2} \tag{7-72}$$

当 $a \to 1$ 时被认为扩散已经较充分了，此时，可以估算使内部杂质扩散到表面而被充分去除所需要的时间 τ_{F}

$$\tau_{\mathrm{F}} = \frac{\delta^2}{4D_i} \tag{7-73}$$

式(7-72)定义的参数 a 反映了扩散程度随时间的变化。给定晶体中初始杂质浓度 x_{i0} 和环境介质中的杂质浓度 $x_{i\mathrm{S}}$，则可获得晶体中的杂质含量在不同时刻的分布情况。

可以看出，随着扩散系数 D_i 的增大，所需要的扩散时间减少。通常液相的扩散系数远远大于固相，因此将原材料升温到液相区有利于杂质向表面的扩散。然而，扩散时间与

扩散距离的平方成正比，原材料的尺寸对扩散时间的影响更大。因此，减小尺寸利于杂质的去除。可以估算出，通过气化去除杂质的过程中，杂质元素在原材料中的残余含量可表示为

$$\overline{x}_i=\frac{2}{\delta}\int_0^{\frac{\delta}{2}} x_i\,\mathrm{d}z \tag{7-74}$$

在平衡条件下达到的最低杂质残余含量为 x_{iS}，而要进一步降低残余含量，则需要减小环境中的杂质蒸汽分压。

2）封闭体系的气化提纯

在开放体系中气化时，材料与大气接触，在杂质元素气化的同时，大气中的O、N等可能通过溶解或与材料发生化学反应而进入材料中，带来新的污染。在此情况下需要在封闭的体系中进行气化提纯。该体系可以预抽真空，排除其他元素的污染。

假定封闭体系的体积为 V，在其中放置含有多种杂质 i 的质量为 m 的材料A，在温度 T 下进行加热提纯，则当气化过程达到平衡时的物质平衡条件为

$$\left.\begin{aligned} x_{A0}m &= x_A(m-\Delta m^G)+\Delta m_A^G \\ x_{i0}m &= x_i(m-\Delta m^G)+\Delta m_i^G \end{aligned}\right\} \tag{7-75}$$

式中，x_{A0} 和 x_{i0} 分别为组元A和杂质 i 在原料中的初始成分；x_A 和 x_i 分别为气化过程达到平衡条件时的成分；Δm_A^G、Δm_i^G 和 Δm^G 分别为通过气化进入气相的原材料A、杂质元素 i 的质量以及气化物质总量。

$$\Delta m^G=\Delta m_A^G+\sum_i \Delta m_i^G \tag{7-76}$$

当杂质含量很低时，$\sum\limits_i \Delta m_i^G \ll \Delta m_A^G$，则 $\sum\limits_i \Delta m_i^G$ 可以忽略

$$\Delta m^G \approx \Delta m_A^G \tag{7-77}$$

气相中含有的任一元素质量与其蒸汽压及其气体体积成正比，即

$$\left.\begin{aligned} \Delta m_A^G &= B_A p_A V \\ \Delta m_i^G &= B_i p_i V \end{aligned}\right\} \tag{7-78}$$

式中，比例系数 B_A 及 B_i 是温度的函数。

将式(7-69a)和式(7-69b)代入式(7-78)，然后，将式(7-76)～式(7-78)代入式(7-75)得出

$$\frac{x_i}{x_{i0}}=\frac{1}{1+\dfrac{B_iV\gamma_i^S}{m}\exp\left(-\dfrac{\Delta\mu_{i0}^{GS}}{RT}\right)-\dfrac{B_AV\gamma_A^S x_A^S}{m}\exp\left(-\dfrac{\Delta\mu_A^{GS}}{RT}\right)} \tag{7-79}$$

如果材料中杂质含量远低于元素A，则在式(7-79)中取 $\gamma_A^S x_A^S \approx 1$。更进一步，如果元素A本身的蒸汽压很小，如大多数金属，则 Δm_A^G 也可忽略，从而，式(7-79)可进一步简化为

$$\frac{x_i}{x_{i0}}=\frac{1}{1+\dfrac{B_iV\gamma_i^S}{m}\exp\left(-\dfrac{\Delta\mu_{i0}^{GS}}{RT}\right)} \tag{7-80}$$

在以上分析中，将固相的相关参数用液相的参数代替，则可获得通过液相气化去除原材料中杂质含量的提纯效率以及提纯后材料中的杂质残余含量。

如果在完成一步提纯后对封闭体系抽真空，再进行二次提纯，则在上述分析中的 x_i 最终成分变为二次提纯的初始成分，可以重复上述分析。经过多次反复提纯后，原材料 A 中杂质 i 的含量可以降低到 x_i^n

$$x_i^n = \frac{x_{i0}}{\left[1 + \frac{B_i V \gamma_i^{\mathrm{S}}}{m} \exp\left(-\frac{\Delta\mu_{i0}^{\mathrm{GS}}}{RT}\right)\right]^n} \tag{7-81}$$

或者采用液相气化提纯

$$x_i^n = \frac{x_{i0}}{\left[1 + \frac{B_i V \gamma_i^{\mathrm{L}}}{m} \exp\left(-\frac{\Delta\mu_{i0}^{\mathrm{GL}}}{RT}\right)\right]^n} \tag{7-82}$$

在此条件下的提纯速率也可参照开放体系的情况分析。

3) 气氛控制的气化提纯

在单纯的封闭体系中进行提纯，材料不断气化，使得封闭体系内部的蒸汽压力不断增大，最终达到平衡状态，气化过程停止。如果对封闭体系内部某些杂质元素的蒸汽分压进行人为控制，使其不断降低，则可维持气化过程连续进行，从而使该元素在材料中的含量降到很低的程度。

由式(7-69a)～式(7-70b)可以看出，只要能够使某元素 i 在气相中的蒸气分压 p_i 降低，则可使与之平衡的固相或液相中的含量 x_i^{S} 或 x_i^{L} 降低，达到从材料中去除的目的。

前文提到过，通过再次抽真空可以进一步对原材料 A 提纯，但在抽真空的过程中，被气化的原材料 A 同时被抽出。抽出的气氛可能会污染环境，同时，也会使操作过程变得复杂。如果在封闭系统中充填某种与杂质元素 i 亲和力较强的介质，则杂质元素气化后被该介质吸收，从而使封闭环境中杂质元素的蒸汽压维持在很低的水平，杂质元素不断从原材料 A 中气化，达到较好的提纯效果。

如图 7-11 所示，把对杂质 i 吸收能力很强的介质 B 与原材料 A 放置在同一封闭的空间，各自所在位置的温度分别为 T_{B} 和 T_{A}，杂质在温度 T_{B} 下与介质 B 平衡的蒸汽压为 p_i^{B}，将 $p_i = p_i^{\mathrm{B}}$ 代入式(7-69a)、式(7-69b)或式(7-70a)、式(7-70b)可以得出平衡时杂质在原材料 A 中的浓度为

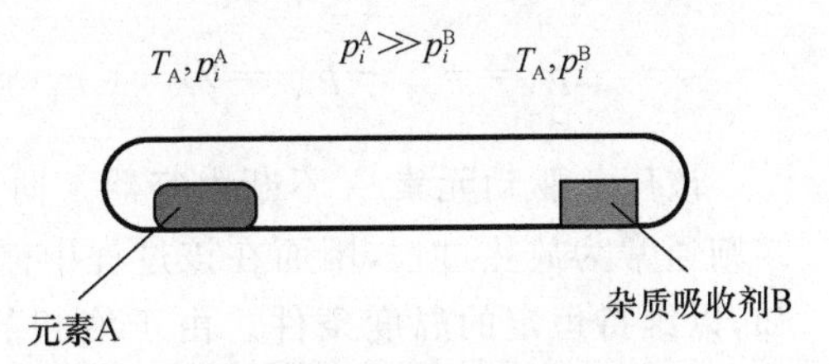

图 7-11　控制气氛蒸汽压的方法

$$x_i^{\mathrm{S}} = \frac{p_i^{\mathrm{B}}}{\gamma_i^{\mathrm{S}} p_0} \exp\left(\frac{\Delta\mu_{i0}^{\mathrm{GS}}}{RT}\right) \tag{7-83a}$$

或

$$x_i^{\mathrm{L}} = \frac{p_i^{\mathrm{B}}}{\gamma_i^{\mathrm{L}} p_0} \exp\left(\frac{\Delta\mu_{i0}^{\mathrm{GL}}}{RT}\right) \tag{7-83b}$$

典型的实例是采用H(氢)气氛退火去除金属或其他非金属材料中的O(氧)。H和O反应形成水,其表达式为

$$H_2+\frac{1}{2}O_2 = H_2O \tag{7-84}$$

根据文献[10],该反应过程的自由能为 $\Delta G^0=-246438+54.81T$(J),从而,其化学反应平衡常数可表示为

$$K=\frac{p_{H_2O}}{p_{H_2}p_{O_2}^{\frac{1}{2}}}=\exp\left(\frac{\Delta G^0}{RT}\right) \tag{7-85}$$

即

$$p_{O_2}=\left(\frac{p_{H_2O}}{p_{H_2}}\right)^2\exp\left(-\frac{2\Delta G^0}{RT}\right) \tag{7-86}$$

假定体系内冷端温度控制在水的沸点以下接近沸点的温度,如 $T=373$K(100°C),该温度下水的蒸汽压为 $p_{H_2O}=1$atm,从而由式(7-86)得出

$$p_{O_2}=\frac{1.8\times10^{-14}}{p_{H_2}^2} \tag{7-87}$$

如果充入氢气的蒸汽分压为1atm,即 $p_{H_2}=1$atm,则 $p_{O_2}=1.8\times10^{-14}$atm。可以看出,将如此低的蒸汽压代入式(7-83a)或式(7-83b),可以使杂质O元素在材料A中的含量降低到非常低的数值。

3. 固溶体元素气化-凝结提纯的基本原理

采用气化-凝结的方法可以将高蒸汽压的元素从固溶体或化合物中提取出来,而其他低蒸汽压的元素滞留在原处,实现对其提纯。这一过程的基本原理实际上就是蒸馏原理。如图7-7所示,被提纯的元素仍用A表示,当 $T_1>T_2$ 时,在气化室(简称容器1)与凝结室(简称容器2)中形成的平衡蒸汽压差可表示为

$$\Delta p_A=p_{A1}-p_{A2}=\gamma_{A1}x_{A2}p_0\exp\left(-\frac{\Delta\mu_{A0}^{GL}}{RT_1}\right)-\gamma_{A2}x_{A2}p_0\exp\left(-\frac{\Delta\mu_{A0}^{GL}}{RT_2}\right) \tag{7-88}$$

该压差驱动元素A不断由容器1向容器2转移。由于气化往往是吸热过程,而凝结则通常为放热过程,因而在该过程中需要不断对容器1进行加热,而对容器2进行冷却,以维持恒定的温度条件。由于液相的蒸汽压通常远大于固相蒸汽压,因此采用液相气化-凝结方法提纯的效率大于固相气化-凝结的方法。以下以液相的气化-凝结为例进行分析。

在该提纯过程中,提纯效果和速率是由3个环节控制的,即蒸发环节、传输环节和凝结环节。以下从这3个环节入手,分别对提纯效果和效率进行分析。

1) 气化-凝结法提纯的速率

控制蒸发过程3个环节的速率计算方法如下[11~13]:

(1) 熔体表面蒸发速率 ω_V。定义为在单位时间内单位面积的熔体表面蒸发的气体

的质量。根据气体分子运动理论可以计算出

$$\omega_{\mathrm{V}}=(p_{\mathrm{A1}}^{\mathrm{L}}-p_{\mathrm{A1}})\sqrt{\frac{M_{\mathrm{A}}}{2\pi RT}} \tag{7-89}$$

式中，ω_{V} 的单位为 $\mathrm{kg/(s\cdot m^2)}$；$p_{\mathrm{A1}}^{\mathrm{L}}$ 和 p_{A1} 分别为气化表面元素 A 的平衡蒸汽分压和实际蒸汽分压，单位为 Pa；M_{A} 为元素 A 的蒸汽摩尔质量。

(2) 气相扩散速率 ω_{D}。定义为单位时间内通过单位面积截面扩散的气体质量。在气化-凝结过程中，气化表面和凝结表面的蒸汽压不同。因此，空间存在蒸汽浓度梯度，成为蒸汽扩散的驱动力。该扩散速率为

$$\omega_{\mathrm{D}}=\frac{KDP}{TL}\ln\frac{P-p_{\mathrm{A2}}}{P-p_{\mathrm{A1}}} \tag{7-90}$$

式中，K 为与气体种类有关的常数；D 为气体扩散系数；L 为蒸发表面与凝结表面之间的距离；P 为空间的总压；p_{A1} 和 p_{A2} 分别为气化表面和凝结表面的蒸汽分压。

(3) 凝结速率 ω_{C}。定义为单位时间内在单位面积的凝结表面沉积的物质质量，可以表示为

$$\omega_{\mathrm{C}}=p_{\mathrm{A2}}\sqrt{\frac{M}{2\pi RT_{\mathrm{V}}}}-p_{\mathrm{A}}^{\mathrm{L2}}\sqrt{\frac{M}{2\pi RT_2}} \tag{7-91}$$

式中，p_{A2} 和 $p_{\mathrm{A}}^{\mathrm{L2}}$ 分别为凝结表面元素 A 的实际蒸气分压和平衡蒸汽分压；T_{V} 为蒸汽温度；T_2 为凝结物的温度；M 为分子的摩尔质量。

上述 3 个环节构成了一个串联的流量通道。假定 A_{V}、A_{D} 和 A_{C} 分别表示蒸发表面、扩散通道和凝结表面的面积，则气化-凝结法提纯的速率，即单位时间的提纯量 Q_{P} 可表示为

$$Q_{\mathrm{P}}=A_{\mathrm{V}}\omega_{\mathrm{V}}=A_{\mathrm{D}}\omega_{\mathrm{D}}=A_{\mathrm{C}}\omega_{\mathrm{C}} \tag{7-92}$$

其中速率最低的环节将成为整个传输过程的限制性环节。

2) 气化-凝结法提纯的条件及其效果分析

首先从气化的过程分析，元素 A 和杂质 i 的蒸汽密度可分别表示为

$$\left.\begin{aligned}\rho_{\mathrm{A}}&=n_{\mathrm{A}}m_{\mathrm{A}}\\ \rho_i&=n_i m_i\end{aligned}\right\} \tag{7-93}$$

式中，n_{A} 和 n_i 分别为元素 A 和杂质 i 的分子密度，满足气态方程 $pV=\dfrac{nV}{N_0}RT$；m_{A} 和 m_i 分别为元素 A 和杂质 i 的单分子质量，分别表示为 $m_{\mathrm{A}}=\dfrac{M_{\mathrm{A}}}{N_0}$，$m_i=\dfrac{M_i}{N_0}$。其中 N_0 为 Avogadro常量。

将上述参数以及式(7-70a)和式(7-70b)代入式(7-93)得出

$$\rho_{\mathrm{A}}=\frac{M_{\mathrm{A}}}{RT}p_{\mathrm{A}}=\frac{M_{\mathrm{A}}\gamma_{\mathrm{A}}^{\mathrm{L}}p_{\mathrm{A}}^{*}}{RTp^0}x_{\mathrm{A}}^{\mathrm{L}} \tag{7-94a}$$

$$\rho_i=\frac{M_i}{RT}p_i=\frac{M_i\gamma_i^{\mathrm{L}}p_i^{*}}{RTp^0}x_i^{\mathrm{L}} \tag{7-94b}$$

由式(7-94b)与式(7-94a)之比可以得出

$$\frac{\rho_i}{\rho_A}=\beta_i\frac{x_i^L}{x_A^L} \tag{7-95}$$

式中，$\beta_i=\dfrac{M_i\gamma_i^L p_i^*}{M_A\gamma_A^L p_A^*}$定义为分离系数。当 $\beta_i=1$ 时，杂质 i 与元素 A 同步气化，不能采用气化法进行分离。当 $\beta_i<1$ 时，表示气相中杂质 i 与元素 A 之比小于液相，因此可以对元素 A 进行气化-凝结法提纯，在凝结室内获得提纯的元素 A。β_i 的数值越小，提纯的效率就越高。当 $\beta_i>1$ 时，杂质在蒸汽中的含量高于液相，因此杂质可以通过气化去除，而在气化室内获得提纯的元素 A。

控制提纯的第二个环节是扩散环节。经过一定的工作过程后，在系统中建立起稳态的蒸汽压分布。被提纯的元素 A 和杂质 i 通过在气相中的扩散进行传输。扩散系数较大的元素首先到达凝结室，从而其沉积速率大。

气化-凝结的第三个环节是杂质元素向沉积物中的溶解。该环节同样受热力学平衡条件制约。由于凝结室温度低于气化室，其产物对杂质元素的溶解度也可以因之而降低。即使杂质元素传输到凝结室内也不一定会完全溶解到凝聚物中。

7.2.2　萃取法

萃取法是材料提纯的主要方法之一，它是利用不同元素在选定的液态介质(萃取液)中溶解度的差异进行元素分离和提纯的技术。萃取原理和方法如图 7-12 所示，将多元的原料(混合物或固溶体)溶解在萃取液中，拟提纯的元素以及可溶性杂质同时进入萃取液，不溶解的杂质则通过过滤或沉降的方法去除。当固相颗粒较小时可以采用乳化液吸附，加速其沉降或过滤。溶解到萃取液中的杂质可以采用再结晶或者蒸馏方法进行去除，还可以使杂质在溶液中形成螯合物、离子缔合物或者络合物提高萃取效果。

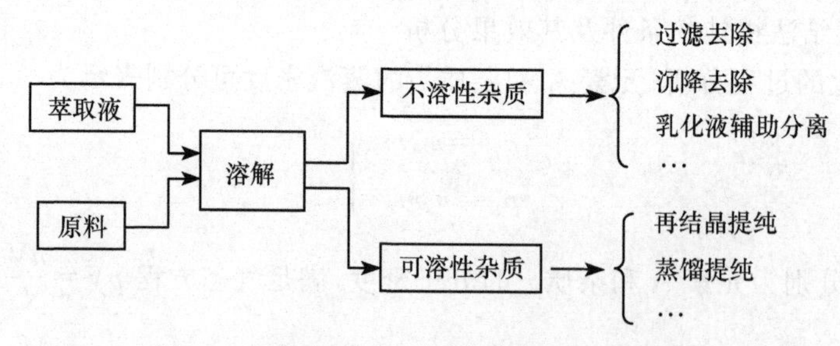

图 7-12　萃取法进行元素分离和提纯的原理

1. 可溶性杂质的萃取提纯

采用溶解的方法进行元素的提纯可以通过选择合适的萃取液，按照两种方式进行提纯。一种是被提纯的元素不溶解，而杂质溶解到溶液中，通过分离实现元素的提纯。另一种是被提纯的元素溶解到溶液中，直接与杂质分离，通过再结晶的方法析出进行提纯，或者在再结晶以前先进行分馏，提高提纯效果。因此，其核心问题包括以下 3 个方面，即溶解过程、蒸馏过程和再结晶过程。以下对这 3 个问题分别进行讨论。

1）元素的溶解

元素的溶解过程首先必须满足一定的热力学条件。在进行溶解过程分析以前，先对溶液的溶解度作一定义。假定溶液的总质量为 m，溶剂的质量为 m_{m}，所含元素 i 的质量为 m_i，则元素 i 在液相中的浓度或称为质量分数 w_i 可表示为

$$w_i=\frac{m_i}{m}=\frac{m_i}{m_{\mathrm{m}}+\sum_i m_i} \tag{7-96}$$

随着固相的元素不断向液相中溶解，m_i 不断增大，该组元的浓度 w_i 也随之增大。但该溶解量并非可以无限增大，当其到达一定的值时，将不再溶解，认为该元素在液相中达到平衡，此时对应的 w_i 值称为溶解度，记为 $w_{i\mathrm{c}}$。如果用物质的量浓度 x_i 定义，溶解度记为 $x_{i\mathrm{c}}$。

$$x_i=\frac{\dfrac{m_i}{M_i}}{\dfrac{m_{\mathrm{m}}}{M_{\mathrm{m}}}+\sum_i\dfrac{m_i}{M_i}} \tag{7-97}$$

式中，M_i 为杂质 i 的摩尔质量。

物质在液体中的溶解度与其分子之间的相互作用力相关。根据其在固相和液相中化学位相等的热力学平衡原理，元素 i 在液相中的溶解度 $w_{i\mathrm{c}}$ 可表示为

$$w_{i\mathrm{c}}^{\mathrm{L}}=\frac{w_i^{\mathrm{S}}}{k_i} \tag{7-98}$$

$$k_i=\frac{\gamma_i^{\mathrm{L}}}{\gamma_i^{\mathrm{S}}}\exp\left(-\frac{\Delta H_{\mathrm{m}i}}{RT}\right) \tag{7-99}$$

式中，w_i^{S} 为其在固相中的浓度；γ_i^{L} 和 γ_i^{S} 分别为其在液相和固相中的化学位；$\Delta H_{\mathrm{m}i}$ 为熔化焓。

如果原料的质量为 m_0，其中杂质 i 的含量为 w_{i0}，则在溶解过程达到平衡时的守恒关系为

$$w_{i0}m_0=w_i^{\mathrm{S}}m_{\mathrm{S}}+w_{i\mathrm{c}}^{\mathrm{L}}V_{\mathrm{L}}\rho_{\mathrm{L}} \tag{7-100}$$

式中，m_{S} 为平衡条件下残余固相的质量；V_{L} 为液相体积；ρ_{L} 为液相密度。

由式(7-98)和式(7-100)得出在平衡条件下液相中的杂质浓度为

$$w_{i\mathrm{c}}^{\mathrm{L}}=\frac{w_{i0}m_0}{\rho_{\mathrm{L}}V_{\mathrm{L}}+k_i m_{\mathrm{S}}} \tag{7-101}$$

假定待提纯的元素记为 A，则按照同样的方法可以得出

$$w_{\mathrm{Ac}}^{\mathrm{L}}=\frac{w_{\mathrm{A0}}m_0}{\rho_{\mathrm{L}}V_{\mathrm{L}}+k_{\mathrm{A}}m_{\mathrm{S}}} \tag{7-102}$$

以式(7-101)和式(7-102)为基础，可以获得残余固相中杂质 i 和元素 A 的浓度：

$$w_i^{\mathrm{S}}=k_i w_{i\mathrm{c}}^{\mathrm{L}}=\frac{k_i w_{i0}m_0}{\rho_{\mathrm{L}}V_{\mathrm{L}}+k_i m_{\mathrm{S}}} \tag{7-103}$$

$$w_A^S = k_A w_{Ac}^L = \frac{k_A w_{A0} m_0}{\rho_L V_L + k_A m_S} \tag{7-104}$$

根据以上分析,可以通过以下两种途径进行元素提纯:

(1) 当 k_i 较小,k_A 较大,即 $k_i < k_A$ 时,$\frac{w_i^S}{w_{i0}} < \frac{w_A^S}{w_{A0}}$。此时,大量的杂质元素溶解到液相中,而被提纯元素 A 则残留为固相,去除液相则可实现元素 A 的提纯。提纯后的固相中杂质 i 的含量可由式(7-103)计算。当 k_A 较大,而 $k_i \ll 1$ 时,提纯效率将大大提高

$$\frac{w_i^S}{w_{i0}} \approx \frac{k_i m_0}{\rho_L V_L} \tag{7-105}$$

(2) 当 k_i 较大,而 k_A 较小,即 $k_i > k_A$ 时,$\frac{w_i^S}{w_{i0}} > \frac{w_A^S}{w_{A0}}$,则被提纯的元素 A 大量溶解到液相中,杂质元素 i 残留在固相中。将液相与固相分离,并进一步通过蒸馏或再结晶则可实现元素 A 的提纯。溶液中溶解的杂质 i 的含量可由式(7-103)计算。当 k_A 较小,而 k_i 很大时,溶入液相的杂质含量将极低

$$\frac{w_i^L}{w_{i0}} \approx \frac{m_0}{k_i m_S + \rho_L V_L} \tag{7-106}$$

如果 $k_i \approx k_A$,则杂质 i 很难通过萃取法去除,需要寻找更合适的萃取液,或者采用其他方法进行提纯。

假定残余物的质量为 m_i,其中所含元素 i 的总量为 $m_i^S = m_S w_i^S$,则萃取法对元素 i 的去除效率可以表示为

$$R_i = \frac{m_i^L}{m_i^L + m_i^S} = \frac{D_i}{D_i + k_i} \tag{7-107}$$

式中,$D_i = V_L \rho_L / m_S$,即萃取液的质量与残余固相的质量比;$k_i = w_i^S / w_{ic}^L$,为元素 i 在固相和液相中的平衡分配系数。

上述表达式为萃取液完全达到饱和状态时的情况。实际上,萃取的过程是一个固相向液相中溶解的过程,受到界面溶解速率和液相中扩散系数控制。当被萃取的元素在固相中并非以单质存在时,其溶解过程还要受到固相中扩散的制约。通过对原料的粉碎和溶解过程的搅拌有助于溶解速率的提高。

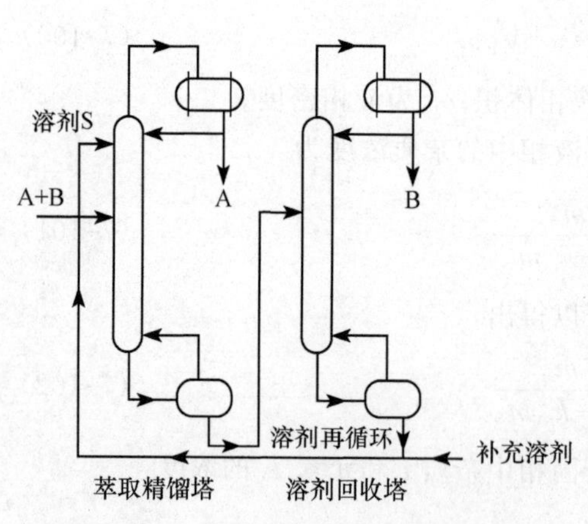

图 7-13　连续蒸馏提纯过程原理图[14]

2) 溶液的分馏

对于高蒸汽压的元素,萃取溶解后可通过蒸馏的方法进行分离。连续蒸馏过程示意图如图 7-13 所示[14]。通常至少采用两个塔操作,即萃取精馏塔和溶剂回收塔。被分离物料 A+B 从萃取精馏塔的中部加入,而溶剂由萃取精馏塔的顶部加入。在溶解

过程中，待分离的物料中较轻的元素A从萃取精馏塔的顶部馏出，并回收。重关键组分与溶剂一同由塔底馏出，然后进入溶剂回收塔进行溶剂回收。在回收塔内轻关键组分B气化，并在顶部凝结，实现与溶剂的分离。来自回收塔的溶剂循环送回萃取精馏塔进行再利用。

萃取剂的选择是萃取提纯工艺设计的关键。在萃取精馏过程中，萃取剂与被分离体系之间的作用力主要是较强的氢键和较弱的分子间作用力。要求萃取剂对被分离物料有较高的选择性，并采用选择性参数 S_{ij} 评价[15]。S_{ij} 定义为轻重关键组元在萃取剂中的挥发性比。该比值越大，则分离的效果就越好。对萃取剂的其他要求包括：①对组元有较大的溶解度；②具有较高的沸点，并且不与组元形成共沸物；③具有一定的热稳定性，在分离过程中不发生聚合或分解；④具有足够低的熔点；⑤不和被分离组分发生化学反应；⑥其他与工艺操作性相关的性质。

3）再结晶

在萃取的溶解过程中，根据溶解度的差异可以控制杂质的溶解，实现第一步提纯。在溶液中，通过蒸馏等分离方法可进一步提纯，降低杂质的浓度。再结晶提纯通过控制结晶界面的分凝行为，进行杂质浓度的控制，是获得高纯材料最为有效的方法，往往作为高纯度材料提纯的最后一道工序。

被提纯元素从液相中的析出是由其过饱和条件控制的。在给定的温度和压力下被提纯的元素在溶液中达到过饱和（即实际浓度大于其溶解度）时，将会从溶液中析出。由于溶解度随着温度的降低而减小，因此随着温度的降低，饱和溶液甚至欠饱和溶液将会变为过饱和状态，发生晶体的析出，获得固态的提纯材料。这一提纯过程与普通的结晶过程无异，是一个晶体的形核与生长过程，这将在本书的其他章节讨论，本节则侧重考虑其提纯的作用。被提纯元素仍用A表示，形成的固相用S表示。其中溶解的杂质元素浓度可表示为 x_i^{S}，该元素在液相中的浓度可表示为 x_i^{L}，则根据第2章讨论的化学位平衡条件得出

$$x_{i0}^{\mathrm{S}}=k_i^{\mathrm{SL}}x_i^{\mathrm{L}} \tag{7-108}$$

式中，k_i^{SL} 为杂质元素 i 在固相与液相之间的分配系数，可表示为

$$k_i^{\mathrm{SL}}=\frac{\gamma_i^{\mathrm{L}}}{\gamma_i^{\mathrm{S}}}\exp\left(-\frac{\Delta\mu_i^{\mathrm{SL}}}{RT}\right) \tag{7-109}$$

其中，γ_i^{L} 和 γ_i^{S} 分别为杂质 i 在液相和固相中的活度系数；$\Delta\mu_i^{\mathrm{SL}}$ 为杂质元素的熔化焓。

可以看出，随着 k_i^{SL} 的减小，溶入固相中的杂质浓度随之减小。因此，k_i^{SL} 是表征再结晶过程中杂质控制效率的参数。

2. 不溶性杂质的萃取去除

对于非溶解性的杂质，可使被提纯的元素溶解在萃取液中，杂质残留在固相中，并以不同方法使液相和固相分离，达到提纯的目的，然后通过分馏或者再结晶使原材料得到提纯。

为了加快溶解速率，对原料的粉碎可能使残余物以固体颗粒的形式存在于萃取液中。

其典型的去除方法是过滤，如图 7-14(a)所示。当不溶解的固相密度大于萃取液时，可以采用沉降的方法使固相颗粒在容器底部沉积，实现分离，如图 7-14(b)所示。采用图 7-14(c)所示的离心方法也可以加速固相颗粒的分离。

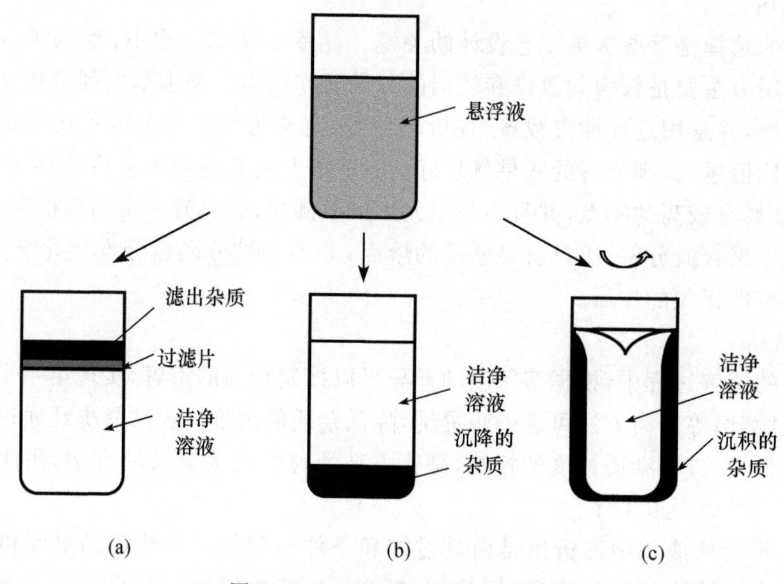

图 7-14 不溶解杂质的去除方法

(a) 过滤；(b) 沉降；(c) 离心分离

在沉降法分离过程中，假定固相颗粒是体积为 V_S、半径为 r 的球体，则作用于固相颗粒的重力 f_g 为

$$f_g = V_S(\rho_S - \rho_L)g = \frac{4}{3}\pi r^3(\rho_S - \rho_L)g \tag{7-110}$$

式中，ρ_S 和 ρ_L 分别为固相颗粒和液相的密度；g 为重力加速度。

在该重力作用下，固相颗粒下沉过程受到黏滞阻力。达到稳态时黏滞阻力 f_r 与沉降速率 v_y 的关系为[16]

$$f_r = 6\pi r v_y \eta \tag{7-111}$$

式中，η 为液相的动力黏度。

根据重力与黏滞阻力之间的平衡关系 $f_g = f_r$，可以得出固相颗粒的沉降速率的 Stokes 计算公式：

$$v_y = \frac{2}{9}\frac{r^2(\rho_S - \rho_L)}{\eta}g \tag{7-112}$$

而采用离心法分离时，固相颗将向外壁运动，作用于固相颗粒的离心力可表示为

$$f_c = V_r(\rho_S - \rho_L)R\omega^2 = \frac{4}{3}\pi r^3(\rho_S - \rho_L)R\omega^2 \tag{7-113}$$

式中，R 为固相颗粒距离旋转轴的距离；ω 为旋转角速度；V_r 为半径为 r 的颗粒体积。

在式(7-111)中，将 v_y 用离心运动速率 v_r 代替，并由力的平衡关系 $f_r = f_c$ 得出其固相颗粒离心运动的速率表达式为

$$v_r = \frac{2}{9}\frac{r^2 R\omega^2}{\eta}(\rho_S - \rho_L) \tag{7-114}$$

当固相颗粒非常细小时，可借助形成乳液加速其沉降或者上浮过程。乳液通常采用水和有机溶剂混合形成，固相颗粒与水和有机溶剂中分子间结合力不同，其润湿特性也不同，可能出现图 7-15 所示的 3 种不同情况[17]，图中界面张力和 θ 角的关系可表示为

$$\sigma_{wo}\cos\theta = \sigma_{so} - \sigma_{sw} \tag{7-115}$$

式中，σ_{wo} 为水与有机溶剂的界面张力；σ_{so} 为固相颗粒与有机溶剂的界面张力；σ_{sw} 为固相颗粒与水之间的界面张力。

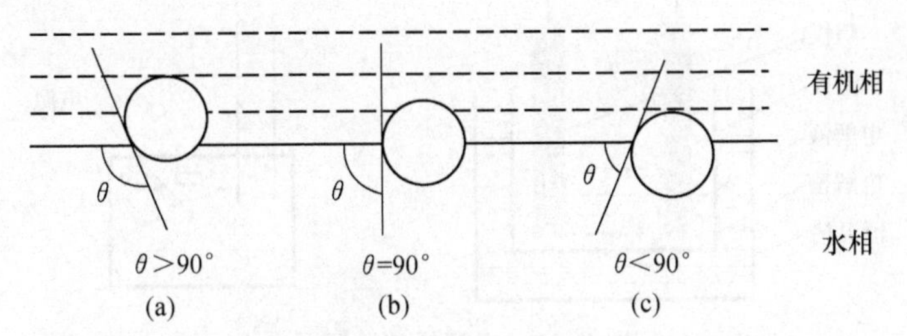

图 7-15　固相颗粒在有机溶剂和水的界面上的 3 种分布形式[17]

可以看出，当 $\sigma_{so} < \sigma_{sw}$ 时，固相颗粒将倾向于有机溶剂一侧，而当 $\sigma_{so} > \sigma_{sw}$ 时，颗粒将倾向于水一侧，如图 7-15 所示。

当 $\frac{\sigma_{so} - \sigma_{sw}}{\sigma_{wo}} > 1$ 时，固相颗粒将完全“嵌入”水中。在有机溶剂以颗粒形式存在于水中时，固相颗粒会以图 7-16 所示的两种方式被有机溶剂颗粒吸附。当 $\frac{\sigma_{so} - \sigma_{sw}}{\sigma_{wo}}$ 小于但接近 1 时，固相颗粒吸附在有机溶剂颗粒附近，如图 7-16(a)所示。当 $\frac{\sigma_{so} - \sigma_{sw}}{\sigma_{wo}} < -1$ 时，固相颗粒“嵌入”有机溶剂颗粒中，如图 7-16(b)所示。

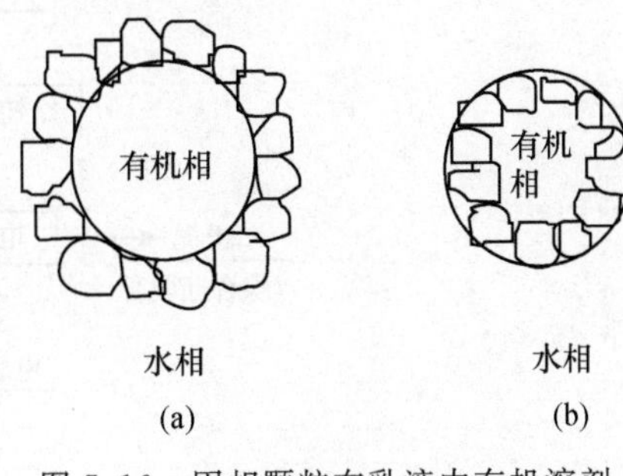

图 7-16　固相颗粒在乳液中有机溶剂颗粒附近的分布[17]

(a) 吸附在有机溶剂颗粒附近；(b) 嵌入颗粒内部

当形成图 7-16 所示的乳液时，由有机溶剂和固相颗粒形成的团簇在重力场中的沉降速率和在离心力场中的离心速率可参考式(7-112)和式(7-114)表示为

$$v_y = \frac{2}{9}\frac{r^2(\bar{\rho}_C - \rho_L)}{\eta}g \tag{7-116}$$

$$v_r = \frac{2}{9}\frac{r^2 R\omega^2}{\eta}(\bar{\rho}_C - \rho_L) \tag{7-117}$$

式中，$\bar{\rho}_C$ 为有机溶剂于与固相颗粒形成的团簇的平均密度。

7.2.3　电解提纯法

电解法是实现金属材料提纯的主要技术之一。电解提纯过程的基本原理如图 7-17 所示，以待提纯的原料为阳极，在阳极上金属元素失去电子，形成带正电荷的阳离子或者阳离子络合物。阳离子在电场作用下向阴极迁移，在阴极上再次获得电子变为金属原子而沉积。杂质原子保留在电解液中，不易发生电解的金属元素则直接在阳极附近以阳极泥的形式沉淀。

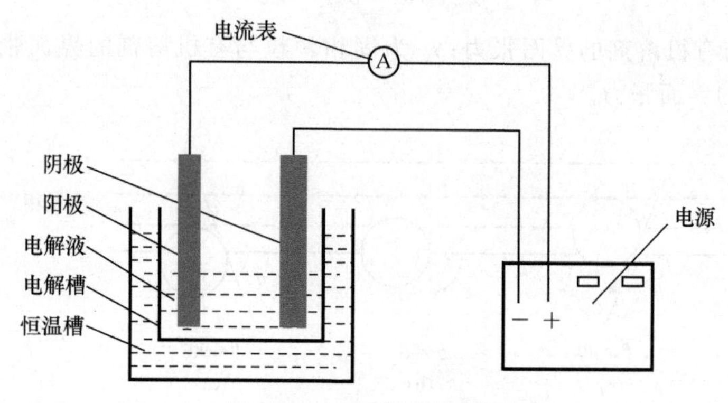

图 7-17　电解提纯原理图

图 7-18 是以 NH_4Cl 为电解液进行锌提纯的原理图[18]。阴极反应为

$$Zn + 2NH_3 - 2e \xlongequal{\quad} [Zn(NH_3)_2]^{2+} \tag{7-118}$$

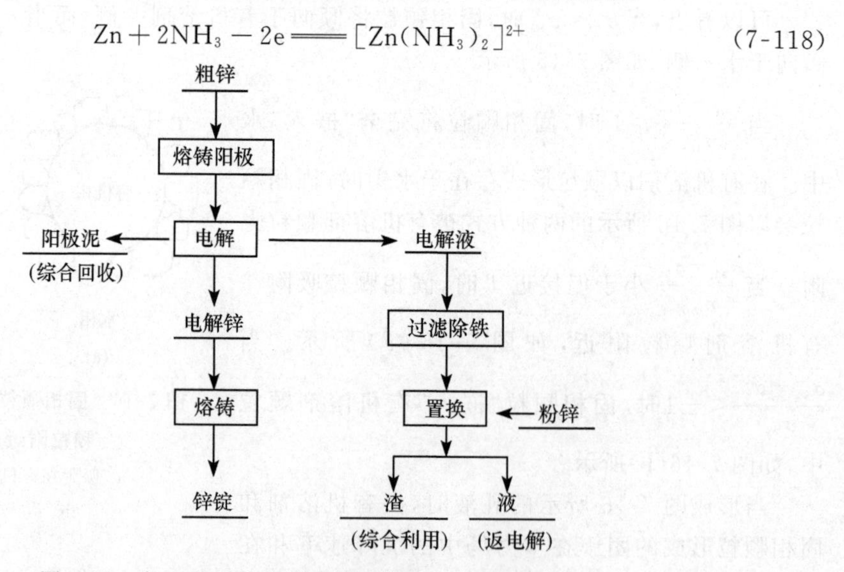

图 7-18　在 NH_4Cl 电解液中提纯锌的工作原理图[18]

络合离子 $[Zn(NH_3)_2]^{2+}$ 在电场作用下向阴极迁移，并在阴极发生如下反应，获得提纯的锌

$$[Zn(NH_3)_2]^{2+} + 2e \xlongequal{\quad} Zn + 2NH_3 \tag{7-119}$$

Zn^{2+}/Zn 氧化还原的标准电极电位为−0.763，比其电极电位更偏向正值的 Cd、Cu、Pb 等杂质则不易发生电解，在阳极附近富集，形成阳极泥。

电解法进行金属元素提纯的条件选择主要依据不同元素发生氧化还原反应的标准电极电位。以铟(In)的提纯为例[19]，In 及其所含杂质元素的标准电极电位的对比如表 7-5 所示。通过选择合适的电解液和与 In 匹配的电场强度使其通过如下反应实现 In 的提纯。

在阳极：$In-3e \longrightarrow In^{3+}$

在阴极：$In^{3+}+3e \longrightarrow In$

表 7-5　In 及其杂质的标准电极电位[19]（25℃）

Cu^{2+}/Cu	As^{3+}/As	Bi^{2+}/Bi	Sb^{3+}/Sb	H^{+}/H	Pb^{2+}/Pb	Sn^{2+}/Sn
0.337	0.3V	0.20V	0.10V	0	−0.126V	−0.136V
In^{3+}/In	Tl^{+}/Tl	Cd^{2+}/Cd	Fe^{2+}/Fe	Zn^{2+}/Zn	Al^{3+}/Al	Ag^{+}/Ag
−0.343	−0.335V	−0.403V	−0.440V	−0.763V	−1.662V	0.799V

通过上述反应，In 在阳极上不断溶解，阴极上不断析出。标准电极电位为正值的 Cu、As、Bi、Sb、Ag 等元素大部分进入阳极泥中，仅少部分随 In 电解，并进入阴极，从而到达提纯的目的。而标准电极电位比 In 更负的 Al、Fe、Zn 等将与 In 一起在阳极氧化，进入电解液中。但由于这些杂质的电负性较大，且浓度较低，不易在阴极析出。其中较难去除的是其标准电极电位与 In 接近的元素 Cd、Tl、Pb、Sn 等，特别是 Cd 和 Tl。为此，可采取化学方法进行去除。如在碘化钾的甘油溶液中，进行电解提纯，该提纯过程溶液中发生如下反应：

$$Cd+I_2 \longrightarrow CdI_2 \tag{7-120}$$

$$CdI_2+2KI \longrightarrow K_2CdI_4\downarrow \tag{7-121}$$

$$Tl^{+}+I^{-} \longrightarrow TlI\downarrow \tag{7-122}$$

$$TlI+I_2 \longrightarrow TlI_3 \tag{7-123}$$

通过以上反应从而使 Cd 和 Tl 被去除。

7.2.4　区熔法

区熔法是获得高纯材料的提纯技术，其基本原理如图 7-19 所示。该技术采用适当的加热方式对预制的棒材进行局部加热熔化，形成熔化区，然后采用机械运动的方式使棒材相对于加热源运动。原始棒材在加热区的一端不断被熔化，另一端再次结晶。由于杂质元素在固相中的扩散系数远远低于在液相中的扩散系数，因此可以认为熔化侧进入液相的成分与原始固相相同。在液相中，由于快速扩散及可能存在的对流而发生均匀混合。在结晶侧，由于结晶界面上的溶质分凝使得进入再结晶晶体中的杂质含量受平衡分凝因数控制。当杂质元素 i 的分凝因数 $k_i<1$ 时，析出晶体中该杂质的含量 x_i^S 小于与之平衡的液相含量 x_i^L，从而达到提纯的效果。

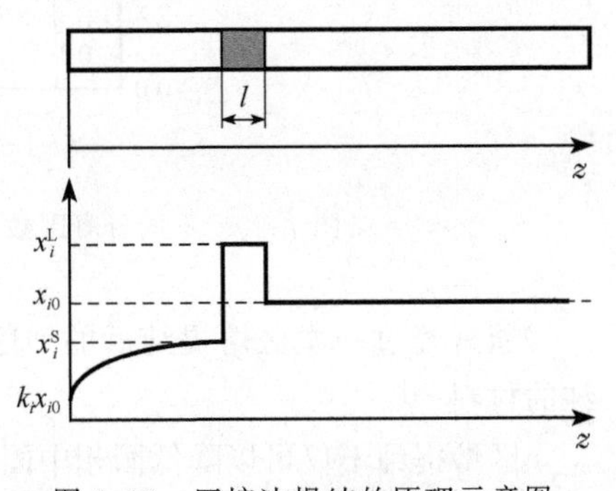

图 7-19　区熔法提纯的原理示意图

对区熔法提纯过程可进行如下溶质守恒条件分析。当熔区移动的距离为 $\mathrm{d}z$ 时，从右侧进入熔区的杂质含量为

$$\mathrm{d}m_1 = x_{i0}\mathrm{d}z \tag{7-124}$$

从左侧结晶进入晶体的杂质含量为

$$\mathrm{d}m_2 = x_i^{\mathrm{S}}\mathrm{d}z \tag{7-125}$$

二者的差值即为熔区中杂质的增加量，可表示为

$$\mathrm{d}m_3 = l\,\mathrm{d}x_i^{\mathrm{L}} = k_i l\,\mathrm{d}x_i^{\mathrm{S}} \tag{7-126}$$

在上述过程中的溶质守恒条件为

$$\mathrm{d}m_1 - \mathrm{d}m_2 = \mathrm{d}m_3 \tag{7-127}$$

由此可以推出如下溶质守恒方程：

$$\frac{\mathrm{d}x_i^{\mathrm{S}}}{\mathrm{d}z} = \frac{x_{i0} - x_i^{\mathrm{S}}}{k_i l} \tag{7-128}$$

由于最初析出的固相对应的液相杂质含量为 x_{i0}，因此式(7-128)求解的初始条件为 $z=0$ 时，$x_i^{\mathrm{S}} = k_i x_{i0}$，从而可以求出经过一次区熔提纯后杂质 i 沿试样长度方向上的分布为

$$x_i^{\mathrm{S}} = x_{i0}\left[1 - (1-k_i)\exp\left(-\frac{z}{k_i l}\right)\right] \tag{7-129}$$

图 7-20 为对应于不同 k_i 值时，一次提纯后的杂质沿试样长度方向上的分布。该图采用了无量纲浓度参数 x_i^{S}/x_{i0} 为纵坐标。可以看出，当 $k_i<1$ 时，晶体生长初始端的杂质含量被明显降低。随着 k_i 值的减小，降低的幅度增大，但随着距离初始端距离的增大，杂质含量逐渐增大，向原始的平均杂质含量逼近。当 $k_i>1$ 时，杂质则在初始端富集。

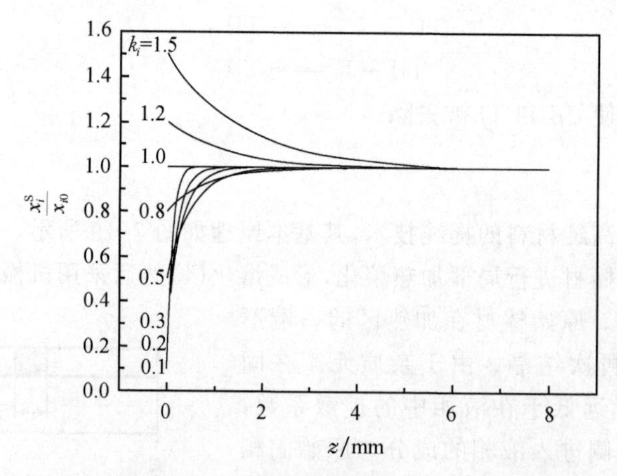

图 7-20 不同分凝因数 k_i 的杂质元素经过一次区熔提纯后的分布

通常经过一次区熔提纯后的纯度仍不能满足要求，可通过多次反复区熔提纯获得高纯的材料[20]。

区熔提纯不仅可以降低固相中固溶的金属及无机非金属元素含量，而且可以通过气氛控制，降低试样中气体元素的含量。如充氢区熔提纯可有效去除金属中 O 元素的含量。

7.3　晶体生长原料的合成原理

具有工程应用价值的晶体材料通常都是多元的固溶体或化合物。化学成分与结构完全符合使用要求的天然材料是极其罕见的,需要采用一定的途径进行晶体生长原料的人工合成和成分调控。晶体生长原料合成的目标包括 3 个方面,即主要组成元素的含量控制、纯度的控制(杂质含量的控制)和组成相结构的控制。晶体生长可以在合成过程中直接完成,即将合成与生长合并为一个过程。但多数晶体需要首先进行原料的合成,获得所需要的中间体,然后进行生长过程控制。本节重点探讨原料合成环节。

获得晶体生长原料可以通过以下几种途径:

(1) 由具有一定纯度的单质直接合成;

(2) 通过复杂化合物的分解获得;

(3) 通过一种化合物与另一种化合物或单质反应,形成所需要的新的化合物;

(4) 从自然界直接获得,或通过对天然原料的提纯获得。

原料的合成可以在液态(包括溶液和熔体)中进行,也可以通过气相中分子间的反应进行。在更多的情况下,涉及界面反应过程。以下各节将根据合成反应的环境和条件分别进行讨论。

7.3.1　熔体直接反应合成

对于化合物半导体和金属材料,可以采用熔体直接合成方法制备,其合成反应过程取决于环境条件和反应物与生成物的熔点,并可以根据相图设计。以下以图 2-24 所示的 Cd-Te 二元相图[21]为依据,探讨 Cd 与 Te 合成 CdTe 的过程。

将 Cd 与 Te 在不同温度下混合,其反应过程是不同的,如图 7-21 所示。在低于 321℃下混合时,Cd 和 Te 之间只能通过固相反应形成 CdTe,涉及固相扩散,反应过程是极其缓慢的。

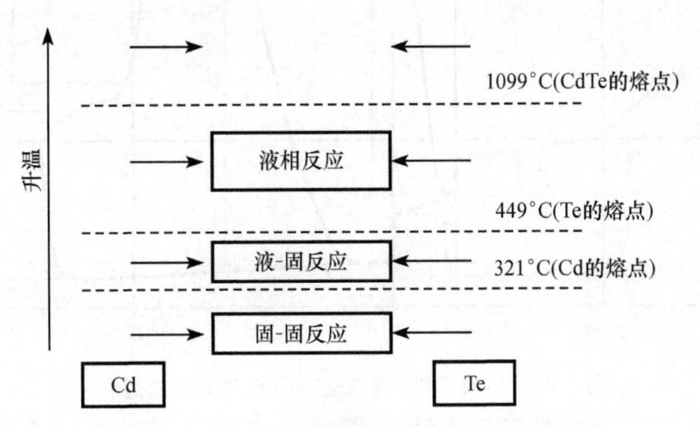

图 7-21　Cd-Te 在不同温度下混合时的反应方式

在介于 321℃和 449℃之间,Cd 为液相,但 Te 仍为固相,Cd 和 Te 之间的反应是液相和固相之间进行。

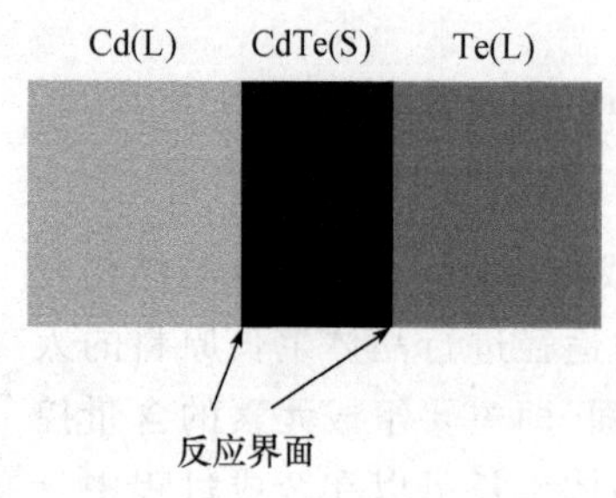

图 7-22 液态 Cd 和液态 Te 合成 CdTe 的反应过程

在介于 449℃和 1099℃之间，Cd 和 Te 均为液相，将这两种液相混合则会立即发生反应，但该温度仍低于化合物 CdTe 的熔点，其典型的反应过程如图 7-22 所示，液相 Cd 和 Te 被形成的固相 CdTe 隔离，反应只能通过固相扩散进行。由于 Cd 和 Te 在 CdTe 中的溶解度均非常低，因此随着 CdTe 厚度的增大，反应过程变得困难。利用热应力或其他作用使 CdTe 壳层破裂，有利于加速反应过程。当温度高(接近 1099℃)或散热困难时，反应生成热不能及时释放，体系温度可能升高到 CdTe 的熔点以上，从而发生纯液相的反应。

将熔融的 Cd 和 Te 升温到 CdTe 的熔点，即 1099℃以上并混合时，CdTe 的合成可分解为两个过程，也即两个放热的环节。第一个是液相混合过程，该过程将释放出混合焓。第二个过程是液态 CdTe 的结晶过程，将释放出结晶潜热。

上述不同合成途径的热历程如图 7-23 所示。不论合成反应经历的过程如何，其标准生成自由能 ΔG_{CdTe}^{293K} 总是相同的。然而，在不同温度和状态下进行 Cd 和 Te 的混合，其反应方式和热历程是不同的。升温阶段是原料吸收热量的过程，其中包括温度变化吸收的物理热和 Cd 与 Te 熔化吸收的熔化焓。

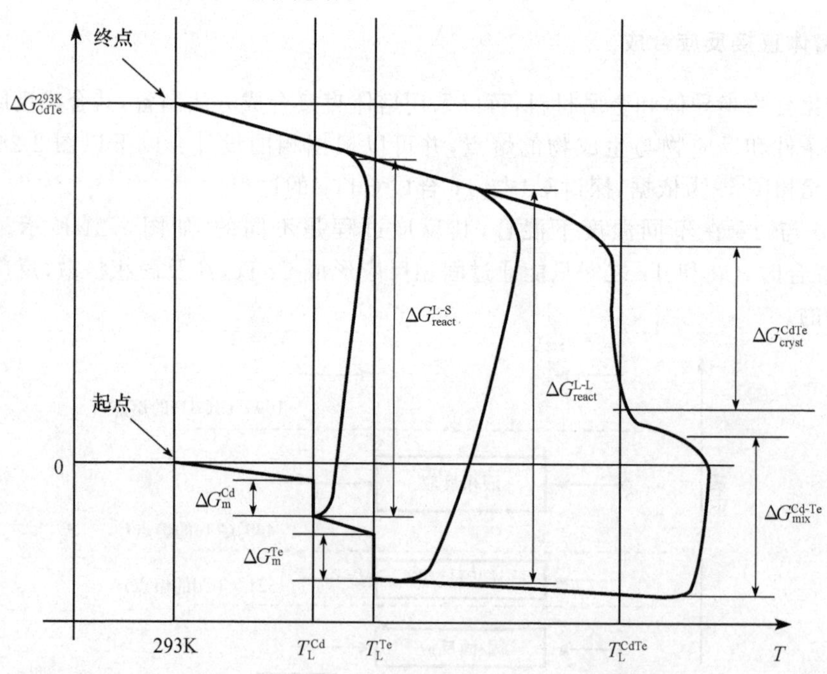

图 7-23 不同 CdTe 合成途径生成热的释放过程

T_L^{Cd}、T_L^{Te} 和 T_L^{CdTe} 分别为 Cd、Te 和 CdTe 的熔点；ΔG_{CdTe}^{293K} 为 CdTe 的标准生成焓；ΔG_{m}^{Cd} 和 ΔG_{m}^{Te} 分别为 Cd 和 Te 的熔化焓；ΔG_{react}^{L-S} 为液态 Cd 和固态 Te 反应形成固态 CdTe 的生成焓；ΔG_{react}^{L-L} 为液态 Cd 和液态 Te 反应形成固态 CdTe 的生成焓；ΔG_{mix}^{Cd-Te} 为液态 Cd 和液态 Te 混合焓；ΔG_{cryst}^{CdTe} 为液态 CdTe 的结晶潜热

在 Cd 和 Te 的熔点之间混合则发生液态 Cd 和固态 Te 之间的反应，形成生成焓 $\Delta G_{react}^{L\text{-}S}$。该生成焓会引起体系温度的上升。在反应结束后形成的 CdTe 在降温过程中会进一步向环境释放物理热。

在 Te 的熔点之上混合，则 Cd 和 Te 发生液相间反应，形成生成焓 $\Delta G_{react}^{L\text{-}L}$，同样引起温度的上升，然后发生 CdTe 的冷却和放热。

在 CdTe 的熔点之上混合时，液态 Cd 和液态 Te 互溶而不结晶，其热效应为混合焓 $\Delta G_{mix}^{Cd\text{-}Te}$，其值相对较小。另外一部分热量将在 CdTe 的结晶过程中以结晶潜热 ΔG_{cryst}^{CdTe} 的形式释放。

7.3.2　溶液中的反应合成

溶液中的合成方法很多，最常用的方法有溶液中的沉淀反应合成、水热与溶剂热合成和溶胶-凝胶法合成。

1. 溶液中的沉淀合成

溶液中的沉淀合成是按照 7.1 节中所描述的沉淀反应的基本原理进行合成条件和过程控制的，其沉淀相的形成条件可根据式(7-23)所示的平衡常数确定。增加反应物的浓度可以促进合成产物的形成。

在沉淀合成过程中，首先反应物在溶液中应有一定的溶解度，其次还需要考虑除了沉淀合成的产品以外其他副产物的性质，可能出现以下几种情况：

(1) 合成的产品为反应过程唯一的生成物，即

$$a\mathrm{A(L)} + b\mathrm{B(L)} = d\mathrm{D(S)} \tag{7-130}$$

这是最理想的沉淀合成过程，不会形成任何副产物。产物 D 为单相，则[D]=1，平衡常数可表示为

$$K = \frac{1}{[\mathrm{A}]^a[\mathrm{B}]^b} \tag{7-131}$$

只要控制原料 A 和 B 的浓度，则能实现反应过程的控制。

(2) 生成的副产物为气相，即

$$a\mathrm{A(L)} + b\mathrm{B(L)} = d\mathrm{D(S)} + e\mathrm{E(G)}\uparrow \tag{7-132}$$

在产品 D 沉淀的同时，气体 E 从溶液中浮出，[D]=[E]=1，其平衡常数仍可由式(7-131)表示。只要所生成的气体不是污染环境的有害气体，该方法是一个非常容易控制的合成过程。

(3) 生成的副产物溶解在液相中，即

$$a\mathrm{A(L)} + b\mathrm{B(L)} = d\mathrm{D(S)} + e\mathrm{E(L)} \tag{7-133}$$

则平衡常数的表达式为

$$K = \frac{[\mathrm{E}]^e}{[\mathrm{A}]^a[\mathrm{B}]^b} \tag{7-134}$$

在该合成过程中，随着反应的进行，副产物 E 在溶液中的浓度不断增大，反应速率随之减小。当反应达到式(7-134)所示的平衡条件时，反应停止。因此，利用该反应进行合

成时将会产生废液，反应不能连续进行。

(4) 生成的副产物为固相，即

$$a\mathrm{A(L)} + b\mathrm{B(L)} = d\mathrm{D(S)} + e\mathrm{E(S)} \qquad (7\text{-}135)$$

此时的化学平衡常数也可由式(7-131)表示。但仅当产物D和副产物E的密度分别大于和小于溶液时，才会使其中之一上浮在表面，另一个沉淀在底部，实现分离。否则，两种产物将混合在一起，不能获得所需要的纯净产品。

2. 水热与溶剂热合成

在溶液中进行化合物合成的前提是反应物在液相中必需具有一定的溶解度。采用水作为溶剂是最方便经济的溶液合成方法。然而，许多无机非金属材料在水中的溶解度很低，在正常情况下无法进行溶液合成。水热法合成是进行无机材料液相合成的一个重要途径。水热法是利用高温高压条件获得非平衡、非理想的溶液，提高反应物的化学活性，实现液相合成的方法。用其他溶剂代替水也可以进行高温高压合成，称为溶剂热法。水热法已被广泛应用于多种无机化合物的合成，其中沸石分子筛和人工水晶的合成是典型的应用实例[22]。

高温高压水热合成室温度可达到1000℃，压力达到0.3GPa[22]。由于高温高压条件，水热合成过程的化学反应具有如下特性：①反应物的溶解度和反应活性大大提高；②在水热反应条件下，中间态、介稳态以及特殊物相易形成，从而可能获得特殊的新型化合物；③可能合成低熔点化合物、高蒸汽压化合物和高温分解的相；④有利于获得低缺陷密度的晶体；⑤能够进行特殊难掺杂元素的掺杂。

在水热和溶剂热环境下可以实现的化学反应种类很多，包括一步或多步化合反应、同素异构转变、脱水反应、分解反应、沉淀反应、晶化反应、水解反应等。

在高温高压水热体系中，水的性质将发生变化，包括蒸汽压增大、密度减小、表面张力减小、黏度减小、离子积变高。溶剂的这些变化和反应物的性质变化导致一些新的反应特征。高温高压水热反应的3个特征是：①重要离子间的反应加速；②水解反应加剧；③氧化还原电势发生明显变化。

在高温高压水热合成过程中，合成产物的形成也是一个形核长大的过程。采用水热合成可以直接获得晶体材料，其典型晶体及其合成条件见表7-6[22]。以下以水晶的合成过程为例，进行水热合成过程的分析。

在水热法水晶合成过程中常用NaOH作为助剂。石英SiO_2的溶解过程可表示为

$$\mathrm{SiO_2(石英)} + (2x-4)\mathrm{NaOH} = \mathrm{Na_{2x-4}SiO_x} + (x-2)\mathrm{H_2O} \qquad (7\text{-}136)$$

表7-6　可用水热法合成的晶体及其合成条件[22]

材　料	合成温度/℃	合成压力/GPa	矿化剂
SiO_2(水晶)	330～350	0.1～0.16	NaOH
Al_2O_3	450	0.2	Na_2CO_3
	500	0.4	K_2CO_3
ZrO_2	600～650	0.17	KF

续表

材　料	合成温度/℃	合成压力/GPa	矿化剂
Ti_2O	600	0.2	NH_4F
GeO_2	500	0.4	
CdS	500	0.13	

式中，$x \geqslant 2$，典型反应产物为 $Na_2Si_2O_5$ 和 $Na_2Si_3O_7$。这些产物经电离和水解后在水热溶液中形成大量的 $NaSi_2O_5^-$ 和 $NaSi_3O_7^-$。人工水晶合成过程的反应包括以下两个步骤：

第一步，溶质离子的活化

$$NaSi_3O_7^- + H_2O = Si_3O_6^- + Na^+ + 2OH^- \quad (7\text{-}137)$$

$$NaSi_3O_5^- + H_2O = Si_2O_4^- + Na^+ + 2OH^- \quad (7\text{-}138)$$

第二步，活化离子在带有羟基的石英表面沉积，即

$$Si{-}OH + (Si + O)^- \longrightarrow Si{-}O{-}Si + OH^- \quad (7\text{-}139)$$

通过后一过程，完成了 SiO_2 在石英表面的沉积。随着合成温度和压力的不同，可以获得不同结构的石英晶体[22]。

当水的温度和压力达到超临界条件，即高于临界温度 374℃ 和临界压力 22.1MPa 时，具有与标准状态的水完全不同的性质。表 7-7 为 550℃ 和 25MPa 时水的典型性质和标准状态下水的性质的比较。超临界水具有非协同、非极性溶剂的性质，其氧化性增强，可以溶解多种物质，并使其中物质断键和成键的性能大幅度增强。

表 7-7　超临界水和标准状态下水的性能对比

状　态	密度/(g/cm^3)	静介电常数	电离常量/(kmol/kg)	黏度/cP①
标准状态	1.0	80	10^{-14}	1
超临界状态（550℃，25MPa）	0.15	2	10^{-23}	0.03

① $1cP = 10^{-3} Pa \cdot s$。

3. 溶胶-凝胶法合成

溶胶-凝胶法是 20 世纪 60 年代发展起来的一种无机材料制备方法。该方法将原料分散在凝胶中，经过水解反应生成活性单体，然后对其进行聚合形成溶胶，并进一步形成具有一定空间结构的凝胶。最后经过干燥和高温处理将凝胶去除，获得所需要的材料。采用该方法可以在低温下进行各种化合物的合成，不仅可合成 V_2O_5、TiO_2、MoO_3、WO_3、ZrO_2、Nb_2O_5 等简单氧化物，还可以进行诸如 $YBa_2Cu_3O_{7-\delta}$ 等复杂化合物的合成[22]。

溶胶-凝胶过程首先将反应物在水或醇溶剂中溶解，然后控制其水解（或醇解）以及缩聚过程。在该过程中，反应物经历了分子态→聚合体→溶胶→凝胶→结晶态的演变过程[23,24]。

以金属氧化物制备为例，其基本过程和化学反应如下：

1）溶液制备

通过一定的化学方法使金属离子溶解在水或醇溶剂中，形成溶胶。这一过程以金属的有机或无机盐为原料。该原料称为先驱体。

2）水解过程

向溶胶中加水，使其发生水解。水解反应的表达式为

$$M(OR)_n + xH_2O \longrightarrow M(OH)_x(OR)_{n-x} + xROH \tag{7-140}$$

3）聚合过程

聚合过程可能出现以下两种反应：

$$—M—OH + HO—M— \longrightarrow —M—O—M— + H_2O$$
$$—M—OR + HO—M— \longrightarrow —M—O—M— + ROH$$

通过上述过程，最终形成MO氧化物。

以$YBa_2Cu_3O_{7-\delta}$的制备过程为例，可以分别采用无机盐和有机盐两条途径制备。

途径一：以$Y(NO_3)_3 \cdot 5H_2O$、$Ba_2(NO_3)_2$和$Cu_3(NO_3)_2 \cdot H_2O$为先驱体，将其按照一定的比例溶解于乙醇中形成均匀混合溶液，然后在130～180℃下回流并使溶剂蒸发获得凝胶。将该凝胶在950℃的氧气气氛下焙烧，获得正交相的$YBa_2Cu_3O_{7-\delta}$。

途径二：以金属有机化合物$Y(OC_3H_7)_3$、$Cu(O_2CCH_3)_2 \cdot H_2O$和$Ba(OH)_2$为先驱体，将其溶解于乙醇中加热并强烈搅拌，然后在氧气气氛中升温至950℃并保温，获得$YBa_2Cu_3O_{7-\delta}$。

图7-24所示是溶胶-凝胶法合成$CaC_4H_4O_6 \cdot 4H_2O$（酒石酸钙）的原理示意图。以硅胶作为扩散介质，在其两端分别加入$CaCl_2$溶液和$H_2C_4H_4O_6$溶液，从而分别形成Ca^{2+}和$C_4H_4O_6{}^{2-}$。这两种离子相向扩散，并在中间相遇后发生化学反应，形成$CaC_4H_4O_6 \cdot 4H_2O$。

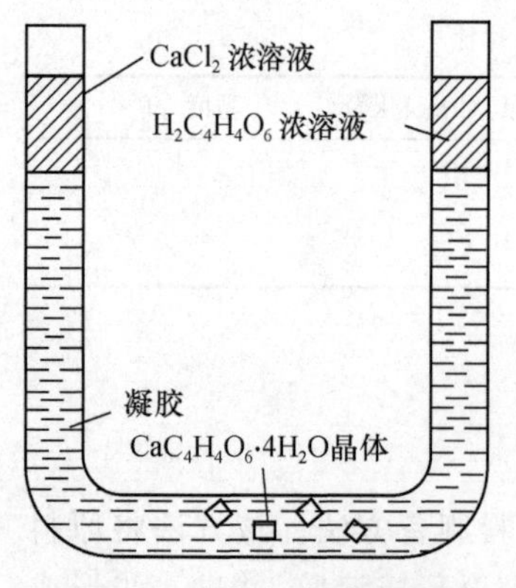

图7-24　溶胶-凝胶法制备$CaC_4H_4O_6 \cdot 4H_2O$的合成过程[25]

7.3.3　气相反应合成

利用气体组元之间的化学反应，合成固体原料的方法比较适合于高熔点化合物的合成。其原理是利用一定方式提供气源，在气相中造成相对于生成产物过饱和的蒸汽压力，从而使气体组元之间发生化学反应，形成生成物。其中气源可以通过直接向反应釜中通入气体，或者通过加热相应的固相单质，使其挥发获得。气体之间的反应，除了控制气体组元的蒸汽分压，形成过饱和的混合气体外，反应通常需要在一定的温度下才能发生，因此还需要进行温度的控制。利用外助气体可以控制气体反应条件，加速反应过程。

以下以ZnSe为例，进行气相反应合成过程的分析。

ZnSe的相图如图7-25所示[26,27]。标准化学计量比的ZnSe熔点高达(1526±10)℃，并且ZnSe在熔点温度附近将发生固态相变。图7-26给出了ZnSe熔体高温时的详细T-x

相图[28]。可以看出，在采用熔体法合成 ZnSe 时首先获得纤锌矿结构的晶体。当温度降低到熔点以下 100～150℃时，发生从纤锌矿到闪锌矿的相转变。该相变属于一级相变[28]。此外，不同成分 ZnSe 熔体沿液相线和固相线冷却时的成分差异使得最终获得的 ZnSe 晶体存在成分偏差。随着温度降低，该偏差变小，并最终回退到 1∶1 的标准化学计量比的成分。这说明，要从熔体生长化学计量比为 1∶1 的 ZnSe 晶体，配料成分必须严格符合 1∶1，熔体成分的微小偏差都难以合成 ZnSe。

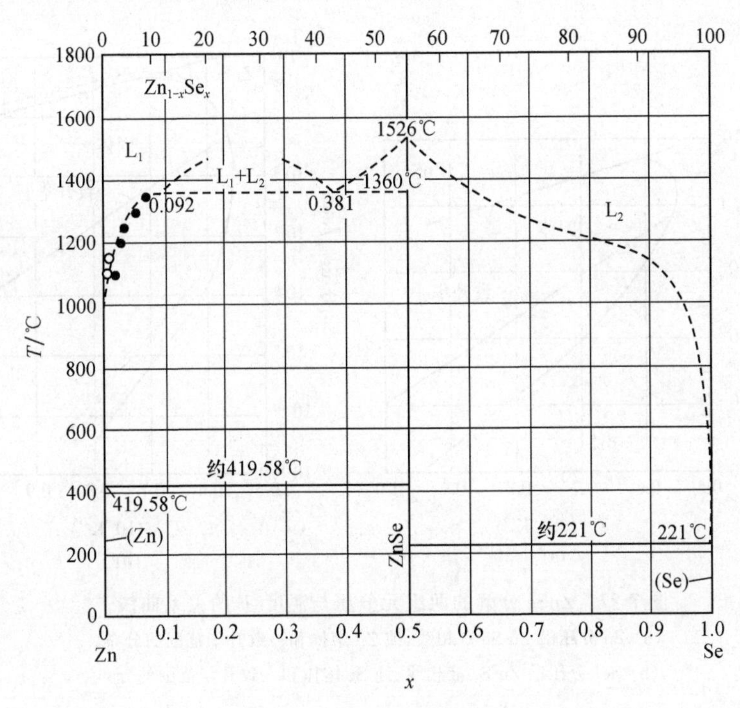

图 7-25　ZnSe 的相图[26,27]

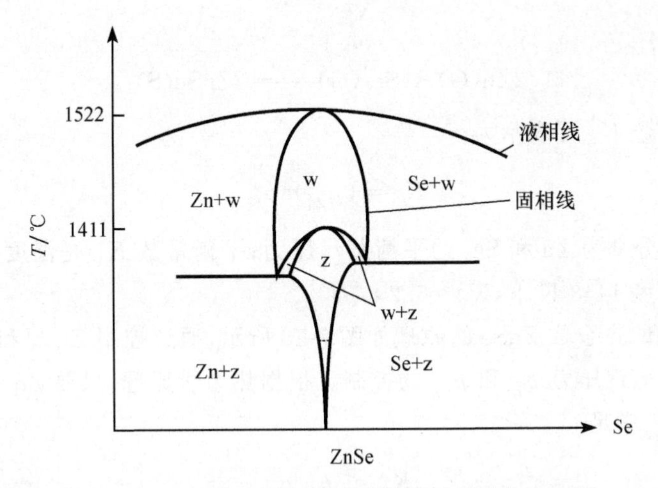

图 7-26　ZnSe 的 T-x 相图在熔点附近的详细结构[28]

w 为纤锌矿，z 为闪锌矿

采用低温气相合成法制备闪锌矿 ZnSe 时，需要对其平衡蒸汽压力进行分析。ZnSe 分解的两组元(Zn 和 Se_2)分压与温度 T 的关系曲线见图 7-27[29]。图 7-27(a)中最上端的直实线是与液态 Zn 平衡的 Zn 分压，它决定了 ZnSe 固体能稳定存在范围的绝对上限，其中抛物线内的直线是 ZnSe(S)一致升华范围的下限。图 7-27(b)则是 Se_2 的蒸汽压力变化情况，其中虚线是除双原子分子以外，考虑单原子及多原子 Se 蒸汽分压的贡献后获得的 Se 蒸汽总压。

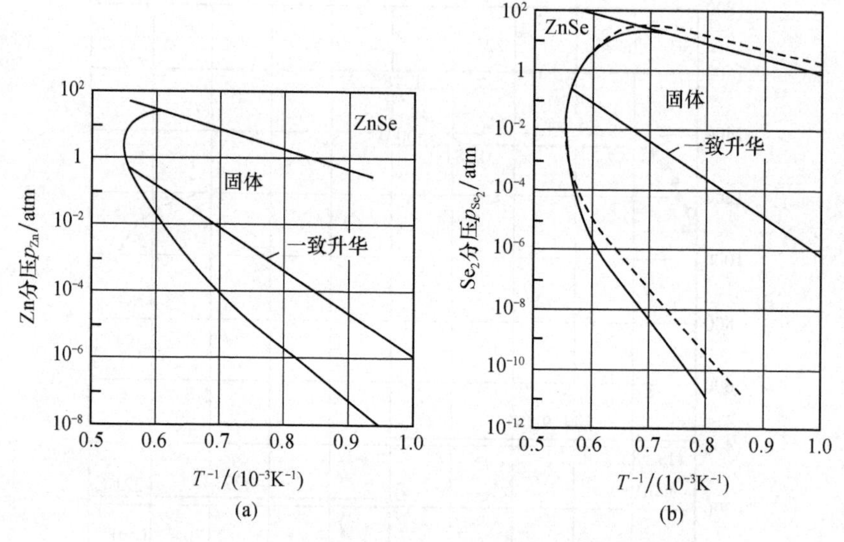

图 7-27 ZnSe 分解的两组元分压与温度 T 的关系曲线[29]

(a) Zn 分压沿 Zn-Se 液相线、纯 Zn 熔体和一致升华范围的分布；

(b) Se_2 分压沿 Zn-Se 液相线、纯 Se 熔体和一致升华范围的分布

在气相状态下，Zn 通常为单原子分子，而 Se 为双原子分子，ZnSe 的气相合成反应可以表示为

$$2Zn(G) + Se_2(G) = 2ZnSe(S) \tag{7-141}$$

其反应的平衡常数 K_p 可表示为[30]

$$K_p = (p^0_{Zn})^2 p^0_{Se_2} \tag{7-142}$$

式中，p^0_{Zn}和 $p^0_{Se_2}$ 分别为 Zn 和 Se_2 的平衡蒸汽压力；平衡常数 K_p 是温度的函数[31]，在常见的晶体生长温度 1443 K 下，$K_p = 6.2\times10^{-7}$。

由单质 Zn 和 Se 合成 ZnSe 的原理如图 7-28 所示，通过控制 Zn 源和 Se 源的温度即可实现对其实际蒸汽压力 p_{Zn}和 p_{Se_2} 的控制。根据热力学原理，只要 Zn 和 Se_2 的实际蒸汽压力 p_{Zn}和 p_{Se_2} 满足

$$K_p < p^2_{Zn} p_{Se_2} \tag{7-143}$$

即可实现 ZnSe 的气相生长。p_{Zn}和 p_{Se_2} 可表示为

$$\left.\begin{aligned} p_{Zn} &= \frac{RT}{V}(N_{Zn} - N_{ZnSe}) \\ p_{Se_2} &= \frac{RT}{2V}(N_{Se_2} - N_{ZnSe}) \end{aligned}\right\} \tag{7-144}$$

式中,V 为气相体积;R 为摩尔气体常量;N_{Zn}、N_{Se_2} 和 N_{ZnSe} 分别为 Zn、Se 和 ZnSe 原子数。

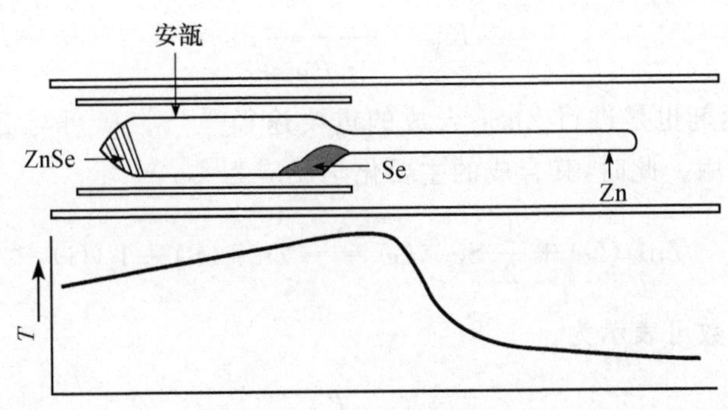

图 7-28　由 Zn 和 Se 单质合成 ZnSe 的原理[32]

然而,由于 ZnSe 固溶区非常小,只有在 p_{Zn} 和 p_{Se_2} 的比值接近 2,即 $p_{Zn}/p_{Se_2} \approx 2$ 时才能达到所需要的成分条件。用 Δn 表示 Zn 和 Se_2 的成分偏差,记为

$$\Delta n = \frac{N_{Zn} - N_{Se_2}}{V} \tag{7-145}$$

在平衡条件下,由式(7-142)、式(7-144)和式(7-145)而得出

$$K_p^{\frac{1}{2}} - RT\Delta n p_{Se_2}^{\frac{1}{2}} - 2p_{Se_2}^{\frac{3}{2}} = 0 \tag{7-146}$$

将 1443K 下的 K_p 代入式(7-146)则可得出 Se_2 平衡蒸汽压力随 Δn 的变化规律,如图 7-29 所示[30]。Zn 的平衡蒸汽压力变化规律与 Se_2 的相似,但数值为 Se_2 的两倍。可以看出,在 Zn 的平衡蒸汽压力偏低的条件下,气体成分的微小偏差即可导致 Se_2 平衡蒸汽压力迅速增大,从而使得 ZnSe 的稳定性减小;同样,在 Se_2 的平衡蒸汽压力偏低时则会由于 Zn 平衡蒸汽压力的增大,而使其稳定性降低。由于适合于化合物合成的成分范围,即成分窗口很窄,同时由于反应动力学的原因,采用气相反应合成方法合成 ZnSe 是很难控制的。

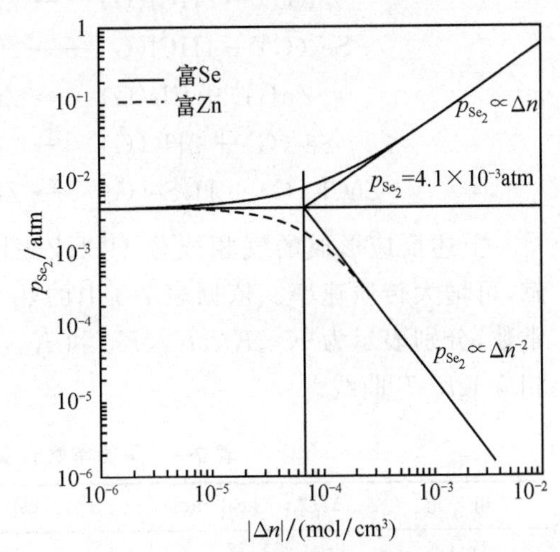

图 7-29　Se_2 的平衡蒸汽压力随成分偏差 Δn 的变化规律[30]

为了克服以上一致升华的苛刻要求,通常要采用外助气体改变化学反应条件,加速合成过程。Mauk 等[33] 和 Mnxanoi 等[34] 采

用 H_2 作为外助气体进行 ZnSe 合成过程控制。其中 H_2 与 Se_2 反应形成 H_2Se,并通过气相向 ZnSe 晶核处输运,在 ZnSe 表面与 Zn 蒸汽反应形成 ZnSe。被置换出的 H_2 再次通过扩散回到 Se 源与 Se 反应,形成新的 H_2Se。这一过程连续进行即可实现 ZnSe 的合成。该合成过程中控制 ZnSe 合成的反应式为

$$\mathrm{Zn(G)} + \mathrm{H_2Se(G)} = \mathrm{ZnSe(S)} + \mathrm{H_2(G)} \tag{7-147}$$

其化学平衡常数为

$$K_{p1} = \frac{p_{H_2}}{p_{Zn} p_{H_2Se}} \tag{7-148}$$

以 I_2 作为输运剂也是进行 ZnSe 合成的重要途径[35,36]。I_2 可与 Zn 反应生成 ZnI_2,起到输运气体的作用。此时,其合成的主要化学反应为[35]

$$\mathrm{ZnI_2(G)} + \frac{1}{2}\mathrm{Se_2(G)} = \mathrm{ZnSe(S)} + \mathrm{I_2(G)} \tag{7-149}$$

化学反应的平衡常数可表示为

$$K_{p2} = \frac{p_{I_2}}{p_{ZnI_2} p_{Se_2}^{\frac{1}{2}}} \tag{7-150}$$

利用 I_2 进行 Zn 的搬运,可以降低对一致升华条件的要求,改善化学反应动力学条件。

李焕勇等提出了以反应促进剂 $Zn(NH_4)_3Cl_5$ 为助剂,进行 ZnSe 合成的方法[37,38]。该方法是在真空度为 1×10^{-4} Pa 环境下将 Zn∶Se=1∶1 原料和 $Zn(NH_4)_3Cl_5$ 输运剂一起密封在石英管内,然后将其加热到 990~1000℃下实现 Zn 与 Se 的合成。

在 Zn-Se-$Zn(NH_4)_3Cl_5$ 系统中,输运剂 $Zn(NH_4)_3Cl_5$ 在高温下分解为 HCl 和 $ZnCl_2$,与 ZnSe 晶体生长传质过程相关的化学反应可写为

$$\mathrm{Zn(NH_4)_3Cl_5(S)} \longrightarrow \mathrm{ZnCl_2(G)} + 3\mathrm{HCl(G)} + 3\mathrm{NH_3(G)} \tag{7-151}$$

$$\mathrm{Zn(G)} + 2\mathrm{HCl(G)} \longrightarrow \mathrm{ZnCl_2(G)} + \mathrm{H_2(G)} \tag{7-152}$$

$$\mathrm{Se_2(G)} + 4\mathrm{HCl(G)} \longrightarrow 2\mathrm{Cl_2(G)} + 2\mathrm{H_2Se(G)} \tag{7-153}$$

$$\mathrm{Zn(G)} + \mathrm{Cl_2(G)} \longrightarrow \mathrm{ZnCl_2(G)} \tag{7-154}$$

$$\mathrm{Se_2(G)} + 2\mathrm{H_2(G)} \longrightarrow 2\mathrm{H_2Se(G)} \tag{7-155}$$

$$\mathrm{ZnCl_2(G)} + \mathrm{H_2Se(G)} \longrightarrow \mathrm{ZnSe(S)} + 2\mathrm{HCl(G)} \tag{7-156}$$

上述反应形成的气相成分 HCl、$ZnCl_2$、H_2 和 Cl_2 均对 ZnSe 合成的传质过程有贡献,可增大传质速率。依据表 7-8 中的热力学数据求得式(7-151)~式(7-156)的平衡常数,分别表示为 K_2、K_3、K_4、K_5 和 K_6,结果列于式(7-157)~式(7-161),图 7-30 为相应 $\lg K$-T 曲线。

表 7-8　平衡常数计算所用的热力学数据[39~42]

组　元	$\Delta H^{\ominus}_{298}$/(kcal/mol)	$S^{\ominus}_{298}$/(cal/(mol·K))	c_p/(cal/(mol·K))
Zn(G)	31.17	38.45	4.968
HCl(G)	−22.063	44.643	$6.34+1.10\times10^{-3}T+0.26\times10^{5}/T^{2}$

续表

组　元	$\Delta H^{\ominus}_{298}$/(kcal/mol)	$S^{\ominus}_{298}$/(cal/(mol·K))	c_p/(cal/(mol·K))
$ZnCl_2$(G)	−63.8	62.2	$14.4+0.2\times10^{-3}T$
H_2(G)	0	31.263	$6.526+0.78\times10^{-3}T+0.1196\times10^{5}/T^2$
Se_2(G)	33.3±0.5	58.2±0.9	$10.66-0.635\times10^{-3}T-0.598\times10^{5}/T^2$
Cl_2(G)	0	53.3	$8.82+0.06\times10^{-3}T-0.68\times10^{5}/T^2$
H_2Se(G)	7.0±0.3	52.3±0.03	$7.59+3.50\times10^{-3}T-0.31\times10^{5}/T^2$
ZnSe(S)	−38.0±2.0	16.8±1.0	$11.99+1.38\times10^{-3}T$

$$\lg K_2=-2.93-\frac{2710.64}{T}+0.17\ln T-3.19\times10^{-5}T-\frac{1045.54}{T^2} \tag{7-157}$$

$$\lg K_3=0.18-\frac{1019.12}{T}-0.36\ln T+5.21\times10^{-5}T-\frac{2250.99}{T^2} \tag{7-158}$$

$$\lg K_4=-1.43+\frac{4957.94}{T}+0.03\ln T+3.66\times10^{-6}T+\frac{1775.72}{T^2} \tag{7-159}$$

$$\lg K_5=2.04+\frac{893.86}{T}-0.45\ln T+1.59\times10^{-4}T-\frac{682.09}{T^2} \tag{7-160}$$

$$\lg K_6=-1.35-\frac{3315.96}{T}+0.14\ln T-3.13\times10^{-6}T+\frac{2167.43}{T^2} \tag{7-161}$$

由式(7-157)～式(7-161)和图 7-30 可知，平衡常数 K_3 和 K_6 随温度升高而增大，而 K_2、K_4 和 K_5 随温度的升高而降低，表明较低温度的合成区形成 $ZnCl_2$(G)很少，气-固界面附近 H_2Se 分子是主要成分。气相中的 $ZnCl_2$ 和 H_2Se 分子通过扩散到达合成区，并按照 ZnSe 化学计量比 1∶1 合成。因此，依靠 $Zn(NH_4)_3Cl_5$ 热分解和由 Zn(G)、Cl_2 与 HCl 按式(7-152)及式(7-154)来提供 $ZnCl_2$ 十分重要。

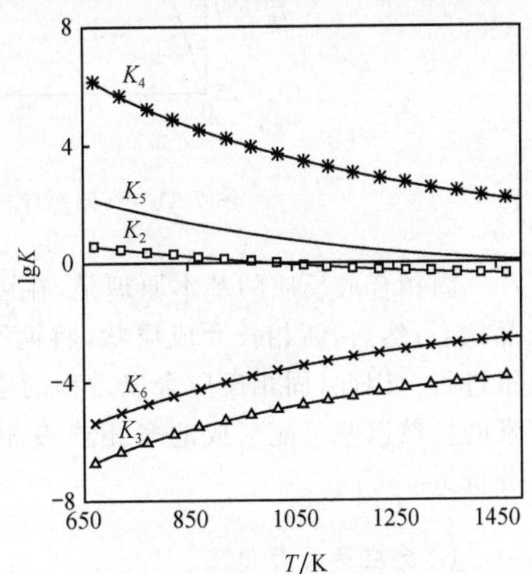

图 7-30　平衡常数与温度的关系 lg K-T 曲线[38]

$Zn(NH_4)_3Cl_5$ 化合物具有高的热稳定性和室温下相对低的蒸汽压，热分解温度达 210～340℃[43]，便于在室温下处理称量配料，是一个多功能的输运剂。

在上述外助气体合成过程中涉及多种气体之间的反应，其中扩散是关键的控制因素。设计合适的反应室结构，以利于扩散过程的进行是至关重要的。

在工业上采用气相合成的材料很多，如通过如下反应合成 AlN[44]

$$AlCl_3(G)+NH_3(G)=\!=\!=AlN(S)+3HCl(G) \tag{7-162}$$

$$Al(C_2H_5)_3(G)+NH_3(G)=\!=\!=AlN(S)+3C_2H_6(G) \tag{7-163}$$

通过如下反应合成 GaAs[45]

$$Ga(CH_3)_3(G) + AsH_3(G) \longrightarrow GaAs(S) + 3CH_4(G) \qquad (7\text{-}164)$$

在气相合成过程中,温度控制是关键问题之一。通常可采用各种方法进行加热,如电阻丝加热、火焰加热。对于反应温度极高的材料合成,可以采用激光束加热。激光束与气体作用,不仅可以使气体升温到预定的反应温度,并且可借助光子与气体的相互作用加速反应过程。

7.3.4 固相反应合成

固相反应合成是通过加热固相颗粒化合物,使化合物中的不同物质直接反应形成新的化合物的合成方法。这一合成方法又称为陶瓷工艺方法。在固相合成反应过程中,在固相颗粒之间可能形成液相或气相,并起到中间传输介质的作用。这一合成工艺虽然很传统,但仍是经济实用的合成技术,其最典型的应用实例是高温氧化物超导材料 $YBa_2Cu_3O_{7-x}$(YBCO)[45]。该材料在 $x=0$ 时可获得高达-181℃的最高临界超导温度,而当 $x>0.6$ 时失去超导性能。YBCO 的典型的合成工艺是按比例将 Y_2O_3、BaO_2 和 CuO 混合,按照图 7-31 所示的方式加热[45]。其中在 930℃保温 12~16h 的过程中形成 $x\approx0.5$的 $YBa_2Cu_3O_{6.5}$,而在随后 500℃下在空气气氛下保温,形成的化合物会从气体中获得 O 而使 x 值进一步减小,获得 $YBa_2Cu_3O_{6.9}$。

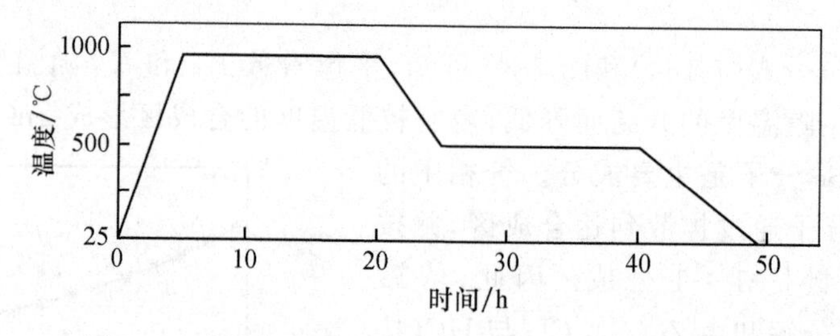

图 7-31 高温超导材料 $YBa_2Cu_3O_{6.9}$合成的热历程[45]

固相合成反应的基本原理是,在固相颗粒的接触点上首先通过形核,形成新相的结晶核心;然后,新相长大成层状,将两个反应相隔离,随后的反应在新相中的扩散控制下进行。因此,固相反应合成过程的主要影响因素包括反应界面面积、新相的形核、元素的扩散以及可能形成的气相或液相对反应过程的影响。下面对这些因素分别进行分析。

1. *反应界面面积*

固相反应是在界面上进行的,单位体积物质的表面积越大,反应界面就越大。固相颗粒的比表面积 S_f 是决定反应速率的主要因素之一。S_f 定义为单位体积固相的表面面积。假定固相颗粒是直径为 d 的球形,则

$$S_f = \frac{6}{d} \qquad (7\text{-}165)$$

由此可以看出，随着颗粒尺寸的减小，反应界面面积迅速增大。当颗粒尺寸达到 1μm 级时，反应扩散的距离仅为 1000 个晶胞。而当颗粒尺寸达到纳米尺度时，不仅扩散距离减小，而且纳米效应发挥作用，反应动力学因素被大大改善，反应速率加快。因此，对固体颗粒进行破碎分散并均匀混合，对于固相反应合成是至关重要的。固相反应合成过程中，新相的形成会降低反应界面面积，因此对反应化合物重复加热和粉碎有利于反应的充分进行。

2. 新相的形核

与其他反应过程一样，新相的形成首先要经过一个形核环节。形核通常在不同反应相的接触界面上发生。按照热力学原理，新相的形成过程必须是自由能下降的过程。在热力学条件具备的情况下，生成物与反应物之间的晶体学取向关系是决定形核速率的重要因素。当产物与反应物之间存在晶体学取向关系，形成共格界面时，形核过程变得容易，形核速率增大。由形核控制的固相合成反应过程的相变速率可以用如下 Avrami-Erofeev 经验公式表示[45]：

$$x(\tau)=1-\exp(-k\tau^{n}) \tag{7-166}$$

式中，k 和 n 为常数，根据不同的反应体系，可以通过实验确定。

3. 元素的扩散

在固相反应合成过程中，新相形核之后，在两个反应相之间形成隔离层。后续的反应是在新相中的扩散控制下通过其两侧界面向反应相中移动进行的。以由元素 A 和元素 B 反应形成 C 为例，其扩散反应的控制条件如图 7-32 所示。在 A-C 界面，元素 A 与通过 C 中扩散来的 B 反应，形成富 A 的化合物 C。由于此处的元素 A 含量偏高，因而通过 C 向 C-B 界面扩散，并与 B 反应形成富 B 的化合物 C。该反应合成是一个非稳态互扩散控制的过程，其扩散系数随成分变化，因此其精确的数学描述较为复杂，需要借助于数值计算方法。通常可采用如下经验公式描述反应产物的形成速率[45]：

$$\frac{dx}{d\tau}=k_{d}\tau^{-1} \tag{7-167}$$

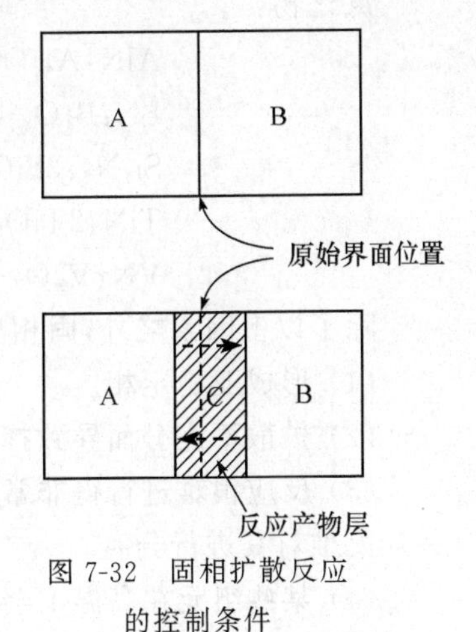

图 7-32 固相扩散反应的控制条件

式中，k_{d} 为经验常数。

4. 气相或液相的影响

固相反应合成过程通常是在高温下进行的，反应物和产物均会挥发。由于固相颗粒之间的接触界面是非常有限的，反应物的挥发会起到传输作用，促进反应的进行。当反应温度较高时，反应物发生熔化。液相的流动有利于反应物的充分接触，改善反应条件。在该条件下，反应过程变为气-固界面反应或液-固界面反应。

气相参与的反应过程的典型例子就是碳热反应。通过将反应物与石墨粉混合使得 C 通过氧化反应释放出 CO 或 CO_2 气体，同时产生大量的热量，使温度升高。该反应过程的原理如图 7-33 所示[45]。采用碳热反应可以合成各种碳化物、硼化物和氮化物。以下是不同化合物的反应原理和所需要的最低反应温度[45]。

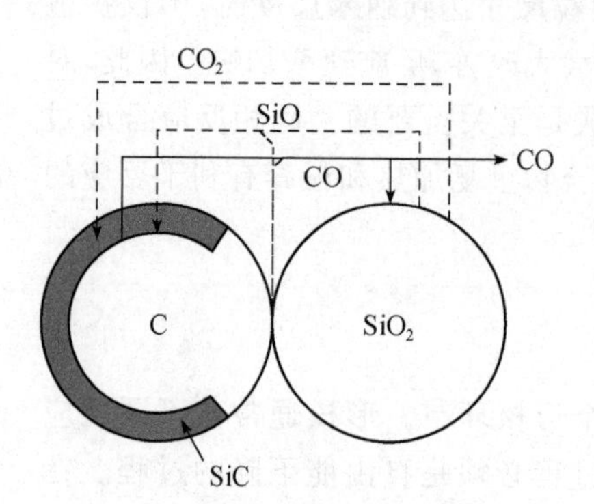

图 7-33　利用碳热反应合成 SiC 的原理[45]

碳化物：

Al_4C_3：$2Al_2O_3+9C=Al_4C_3+6CO$　1950℃

B_4C：$2B_2O_3+7C=B_4C+6CO$　1550℃

SiC：$SiO_2+3C=SiC+2CO$　1500℃

TiC：$TiO_2+3C=TiC+2CO$　1300℃

WC：$WO_3+4C=WC+3CO$　700℃

Mo_2C：$2Mo+7C=Mo_2C+6C$　500℃

硼化物：

AlB_{12}：$Al_2O_3+12B_2O_3+39C=2AlB_{12}+39CO$　1550℃

VB：$V_2O_5+B_2O_3+8C=2VB+8CO$　950℃

VB_2：$V_2O_3+2B_2O_3+9C=2VB_2+9CO$　1300℃

TiB_2：$TiO_2+B_2O_3+5C=TiB_2+5CO$　1300℃

TiB_2：$2TiO_2+B_4C+3C=2TiB_2+4CO$　1000℃

氮化物：

AlN：$Al_2O_3+3C+N_2=2AlN+3CO$　1700℃

BN：$B_2O_3+3C+N_2=2BN+3CO$　1000℃

Si_3N_4：$3SiO_2+6C+2N_2=Si_3N_4+6CO$　1550℃

TiN：$2TiO_2+4C+N_2=2TiN+4CO$　1200℃

VN：$V_2O_3+3C+N_2=2VN+3CO$　600℃

除了以上因素之外，固相反应合成过程还会因为动力学因素出现以下特殊情况：

(1) 形成亚稳定相。

(2) 扩散不充分而导致掺杂元素，甚至主成分的非均匀分布。

(3) 反应很难进行得非常完全，因此会形成反应物与生成产物，甚至亚稳定相共存，并且很难对其进行分离。

(4) 某些组元在高温下会发生大量挥发，很难加热到最佳的反应温度。

这些因素都是设计固相合成反应条件时应该考虑的问题。

7.3.5　自蔓延合成

自蔓延高温合成技术(简称 SHS)是 20 世纪中叶在苏联发展起来的一种高效、节能、清洁的合成高熔点材料的技术[46]，并在 80 年代以后在国际上得到广泛重视并迅速发展[47]。其原理是将按照一定比例混合的反应物加热到一定的温度，即点火温度(T_{ig})使其发生剧烈的燃烧反应，燃烧过程释放的热量可以使反应系统维持在一个较高的温度，即绝热温度(T_{ad}),使得反应过程自发地连续进行,如图7-34所示。

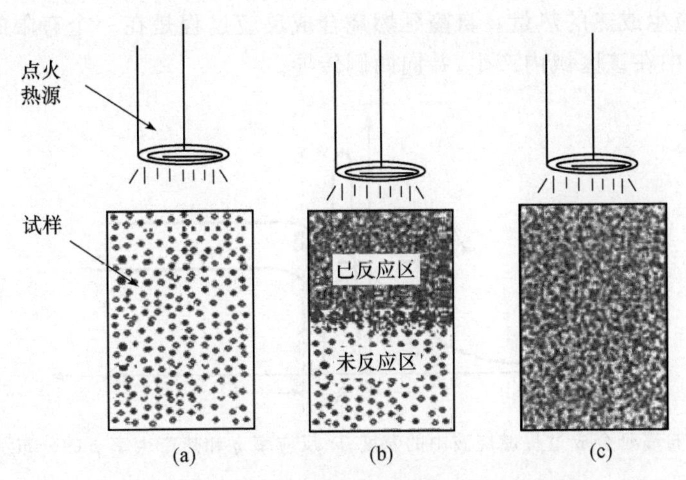

图7-34　自蔓延合成过程的基本原理[49]

(a) 反应前;(b) 反应中;(c) 反应后

自蔓延燃烧合成技术是一种典型的、远离平衡条件的材料合成制备技术,反应过程,即产物的形成过程都是在非平衡条件下进行的。这种非平衡特性会对产物的相选择、相形态与空间分布等产生重要影响。

经过几十年的发展,采用自蔓延燃烧技术合成的材料体系已达上千种,其中包括碳化物、硼化物、硅化物、氮化物等陶瓷材料,金属间化合物,梯度材料,高温超导材料,钛合金,以及氢化物等[48,49]。

典型的自蔓延法材料合成制备工艺如图7-35所示[50]。图7-35(a)所示为两种固相反应形成化合物的自蔓延过程。反应物和反应产物均为固相的自蔓延过程称为固相自蔓延燃烧合成;而当反应生成物中出现液相时称为液相自蔓延燃烧合成。图7-35(b)为气相浸渗的自蔓延合成过程,图7-35(c)为释放气体的自蔓延合成过程,这两种过程均称为气相自蔓延燃烧合成过程。

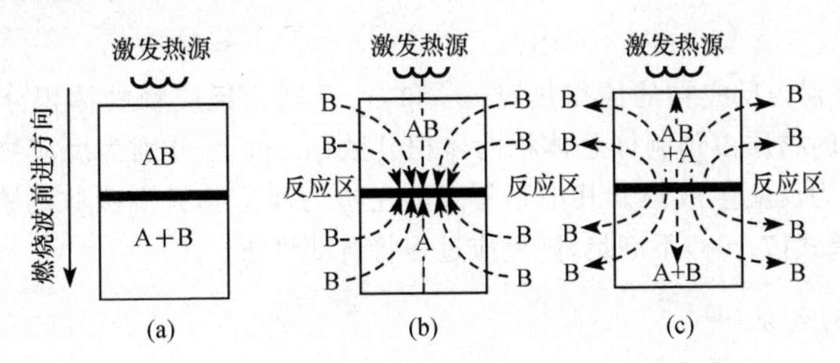

图7-35　三种自蔓延法复合材料制备工艺原理图[50]

(a) 固相反应自蔓延合成过程(反应物A、B均为固相);(b) 气相浸渗自蔓延法过程(反应物A为固相,B为气相);(c) 释放气体的自蔓延合成过程(反应物A、B均为固相,生成部分气相B)

自蔓延高温合成过程中,燃烧波的温度T、转化度η和热产生率φ是表征反应特性的典型参数,分布示意图如图7-36所示[51]。其中反应率η定义为已发生反应而转化为产物的反应物占预制体中反应物总量的分数。热产生率 φ 定义为单位时间、单位质量的反应物释放的反应生成热的热量。自蔓延燃烧合成反应过程是在一个有限的 δ_W 区域内完成的，热量也集中在该区域内产生，并向两侧传导。

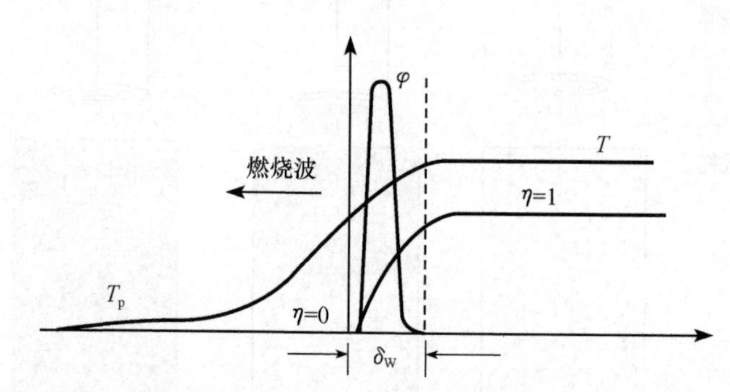

图 7-36 自蔓延合成过程燃烧波中的温度 T、反应率 η 和热产生率 φ 的分布示意图[51]

自蔓延高温合成过程的主要控制因素包括：

1. 着火点

不同的化学反应具有不同的反应温度，即着火点(记为 T_f)。着火点是由反应相和生成相的性质决定的。反应的起始点温度必须高于着火点，反应过程才能被引发。

2. 预热温度

预制体的预热温度 T_p 是由反应过程的热平衡条件决定的。自蔓延高温合成过程中的热量包括：化学反应的生成热，反应物升温过程吸收的物理热，产物升温吸收的物理热，反应物可能发生的熔化吸收的潜热，产物以及尚未发生反应的反应物凝固释放的凝固潜热，以及热量向环境的散失。假定反应体系为绝热体系，反应物及产物不发生熔化及凝固，则体系内的化学反应所释放的热量维持反应过程持续进行的条件是保证反应物升温到着火点所吸收的热量不大于反应过程所释放的热量，即

$$(c_1\rho_1\varphi_1 + c_2\rho_2\varphi_2 + \cdots)(T_f - T_p) \leqslant Q\varphi_p\rho_p \tag{7-168}$$

式中，c_1 和 c_2 分别为反应物的体积热容；φ_1 和 φ_2 分别为反应物的体积分数；φ_p 为反应率，即发生反应的物质占预制体总体积的体积分数；ρ_1 和 ρ_2 分别为反应物的密度；ρ_p 为产物的密度；Q 为反应生成热。其中不等式的左边为反应物升温吸收的物理热，右边为反应放热。如果式(7-168)不满足，则反应过程将自动终止。

3. 预制体的成分

如果预制体的成分完全按照反应产物的化学成分配比设计，则反应物可全部参加反应，合成为化合物，式(7-168)中的 φ_p 则为 1。否则，当某一反应物过量时，过量部分成为稀释剂只吸收热量而不释放热量，不利于自蔓延过程的进行。因此，从自蔓延反应的角度对成分设计的要求是获得尽可能大的 φ_p 值。

以下是几个自蔓延燃烧合成的实例及其对应的绝热温度和点火温度：

$$Si + C \xlongequal{\quad} SiC \quad T_{ad} = 1527℃, \quad T_{ig} = 1300℃$$

$$Ti + Al \xlongequal{\quad} TiAl \quad T_{ad} = 1245℃, \quad T_{ig} = 640℃$$

$$Ti + C \xlongequal{\quad} TiC \quad T_{ad} = 2937℃, \quad T_{ig} = 1027℃$$

参 考 文 献

[1] Pauling L.The Chemical Bond.New York:Cornell University Press,1967.

[2] Parker S P.McGraw-Hill Encyclopedia of Chemistry.New York:McGraw-Hill,1982:331.

[3] Allred A L,Rochow E G.A scale of electronegativity based on electrostatic force.Journal of Inorganic and Nuclear Chemistry,1958,5(4):269-288.

[4] Dean J A.Lange's Handbook of Chemistry.5th ed.New York:McGraw-Hill,1999.

[5] 张立德,牟季美.纳米材料与纳米结构.北京:科学出版社,2001.

[6] Zhang Y L,Jin X J,Rong Y H,et al.The size dependence of structural stability in nano-sized ZrO_2 particles.Materials Science and Engineering A,2006:438-440.

[7] Wagner M.Structure and thermodynamic properties of nanocrystalline metals.Physical Review B,1992,45(2):635-639.

[8] Langmuir I.The sorption of gases on plane surfaces of glass,mica and platinum.Journal of American Chemistry Society,1918,40:1361-1402.

[9] Brandes E A.Smithells Metals Reference Book.6th ed.Bodmin:Butterworth & Co.Ltd,1983.

[10] Rosenberg R M.Principles of Physical Chemistry.New York:Oxford University Press,1997.

[11] 戴永年,杨斌.有色金属材料的真空冶金.北京:冶金工业出版社,2000.

[12] 戴永年.粗金属真空蒸馏时杂质的分离.真空冶金,1992,1:1-11.

[13] 夏丹葵,戴永年,李淑兰.锌-镉系中镉蒸馏气压的测定.真空冶金,1990,2:13-21.

[14] 华超.间隙萃取精馏新操作方式及相关应用基础研究[博士学位论文].天津:天津大学,2005.

[15] Pretel E J,Lopea P A,Bottini S B.Computer-aided molecular design of solvents for separation processes.AICHE,1994,40(8):1342-1360.

[16] 李庆春.铸件形成理论基础.哈尔滨:哈尔滨工业大学出版社,1980.

[17] 贝歇尔 P.乳状液理论与实践.北京:科学出版社,1964:77-150.

[18] 邓良勋,吴保庆.粗锌的络合物电解发精炼提纯.有色金属(冶炼部分),2000(3):22-23.

[19] 韩翌,李琛,黄凯等.甘油碘化钾-电解联合提纯粗铟研究.矿业工程,2003,23(6):59-61.

[20] Flemings M C.Solidification Processing.New York:McGraw-Hill,1974.

[21] Kyle V R.Monoclinic deformation and tilting of epitaxial CdTe films of GaAs at 25～400℃.Journal of Electronchemistry Society:Solid State Science,1971,11:1970.

[22] 徐如人,庞文琴.无机合成与制备化学.北京:高等教育出版社,2001.

[23] Chen C,Ryder D F Jr,Spurgeon W A.Synthesis and microstructure of highly oriented lead titanate thin films prepared by a sol-gel method.Journal of American Ceramic Society,1989,72(8):1495-1498.

[24] de Sanctis O,Gomez L,Pellegri N,et al.Protective glass coatings on metallic substrates.Journal of Non-Crystalline Solids,1990,121:338-343.

[25] 曾汉民.高技术新材料要览.北京:中国科学技术出版社,1993.

[26] Romesh C R, Chang Y A. Thermodynamic analysis and phase equilibrium calculations for the Zn-Se and Zn-S systems. Journal of Crystal Growth, 1988, 88: 193-204.

[27] Kulakov M P, Balyakina I V, Kolesnikov N N. Phase diagram and crystallization in the system CdSe-ZnSe. Inorganic Materials, 1989, 25(10): 1637-1640.

[28] Okada H, Kawanaka T, Ohmoto S. Study on the ZnSe phase diagram by differential thermal analysis. Journal of Crystal Growth, 1996, 165: 31-38.

[29] Brebrick R F, Liu H. Analysis of the Zn-Se system. Journal of Phase Equailibria, 1996, 17: 495-501.

[30] Tamura H, Suto K, Nishizawa J I. Se and Zn vapor pressure control in ZnSe single crystal growth by the sublimation method. Journal of Crystal Growth, 2000, 209: 675-682.

[31] Hartmann H, Mach R, Selle B. Wide gap II-VI compounds as electronic materials // Kaldis E. Current Topics in Materials Science. Amsterdam: North-Holland, 1982, 9: 373.

[32] Mullin J B. Compound semiconductor processing // Cahn R W, Haasen P, Kramer E J. Materials Science and Technology. Weinheim: VCH Verlagsgesellshchaft mbH, 1996, 16: 65-105.

[33] Mauk M G, Feyock B W. Vapor-phase epitaxial lateral over growth of ZnSe on GaAs. Journal of Crystal Growth, 2000, 211: 73-77.

[34] Mnxanoi T, Shiohara T, Sotokawa A. Gas effect on transport rates of ZnSe in closed ampoules. Journal of Crystal Growth, 1995, 146: 49-55.

[35] Boettcher K, Hartmann H, Siche D. Computational study on the CVT of the ZnSe-I2 material system. Journal of Crystal Growth, 2000, 224: 195-203.

[36] Boettcher K. ZnSe single crystal growth by chemical transport reactions. Journal of Crystal Growth, 1995, 146: 53-57.

[37] Li H Y, Jie W Q, Xu K W. Growth of ZnSe single crystals from Zn-Se-Zn$(NH_4)_3Cl_5$ system. Journal of Crystal Growth, 2005, 279: 5-12.

[38] 李焕勇. ZnSe晶体的气相生长与光电特性研究[博士学位论文], 西安: 西北工业大学, 2003.

[39] Hultgren R, Orr R L, Anderson P D, et al. Selected Value of Thermodynamic Properties of Metals and Alloys. New York: John Wiley & Sons, Inc., 1963.

[40] Kubaschewski O, Alcock C B. Metallurgical Thermochemistry. 5th ed. Oxford: Pergamon, 1979.

[41] Lorenz M R. Thermodynamics Physics and Chemistry of II-VI Compound. Amsterdam: North-Holland, 1967.

[42] Barin I, Knacke O. Thermodynamic Properties of Inorganic Substances. Berlin: Springer-Verlag, 1973.

[43] 李焕勇, 胡荣祖, 介万奇. ZnSe晶体气相生长输运剂 Zn$(NH_4)_3Cl_5$ 的热分解行为及动力学. 应用化学, 2003, 4: 312-317.

[44] 匡加才. AlN粉体及陶瓷的制备、结构与性能研究[博士学位论文]. 长沙: 国防科学技术大学, 2004.

[45] Schubert U, Huesing N. Synthesis of Inorganic Materials. New York: Wiley-VCH, 2000.

[46] Merzhanov A G, Borovinskaya I P, Dokl A N. Self-propagating high-temperature synthesis of inorganic compounds. SSSR, 1972, 204(2): 429-440.

[47] Munir Z A, Anseimi T. Self-propagating exothermic reactions: The synthesis of high temperature materials by combustion. Materials Science Reports, 1989, 3: 277-284.

[48] Stephens R L, McFeaters J S, Moore J J, et al. A thermodynamic analysis of the synthesis of titanium carbide in a thermal plasma. Journal of Materials Synthesis and Processing, 1993, 1(2).

[49] 张金咏.自蔓延燃烧合成的非平衡动力学及其对材料结构的影响[博士学位论文].武汉:武汉理工大学,2002.
[50] 许兴利.二元系统 SHS 过程动力学行为的研究[博士学位论文].哈尔滨:哈尔滨工业大学,1997.
[51] Merzhanov A G. Theory and practice of SHS: World wide state of the art and the newest results. International Journal of SHS, 1993, 2(2): 113-153.

第 8 章　晶体生长过程物理场的作用

除了第 6 章讨论的温度场、对流场及扩散场以外,其他物理场被越来越多地应用于晶体生长过程的控制,包括重力场(微重力和超重力)、压力场、应力场、电场、磁场等。这些物理场的应用增加了晶体生长的控制手段,丰富和发展了晶体生长的内涵。了解不同物理场与晶体生长系统的相互作用原理,对于合理而有效地利用各种物理方法进行晶体生长过程与结晶质量的控制是至关重要的。本章拟对这些物理场的作用原理作简要介绍。除此之外,光学原理、声学原理(如超声波)等也在晶体生长过程中具有应用潜力,但目前的应用仍很有限,因此本书将不进行相关问题的分析。

8.1　晶体生长过程的压力作用原理

在晶体生长过程中,已形成的晶体或母相中的任何一点,所受的压应力通常包括外加压力和重力两个部分。在旋转的系统中还将受到离心力的作用,在电场或磁场中则会受到电磁力的作用。其中外加压力是施加在表面上并向内部传递的,称为表面力;而重力和电磁力是分散作用在整个体积上的,称为体积力。本节将讨论外加压力和重力的作用规律。

8.1.1　重力场中的压力

在重力场中作用于晶体生长系统的力包括重力场引起的体积力、非直线运动产生的离心力、气相或液相环境施加的静压力、不同介质相对运动产生的摩擦力。这些作用力的存在和变化将会改变体系的动力学输运过程,甚至热力学平衡条件。

以图 8-1 所示的抽象模型为例,假定施加在单位面积液面上的压力为 p_0,则在晶体中任意截面 a 处的压力可以表示为

$$p = p_0 + z\rho g \tag{8-1}$$

式中,ρ 为晶体的密度;g 为重力加速度。

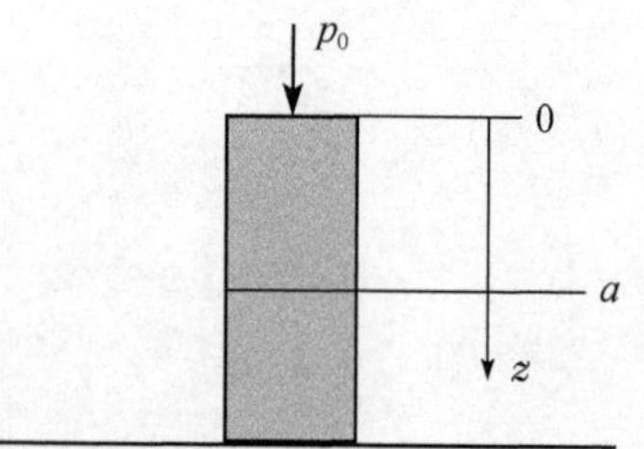

图 8-1　晶体中压力的形成

式(8-1)中右边的第一项为施加在表面上的压力在液体内部等效传递形成的压力,第二项为晶体自重在距离表面为 z 的深度处形成的压力。

对于固态的晶体,其压应力是有方向性的,对于变截面的情况,其压应力将是非一维、非均匀的,式(8-1)定义的应力仅仅是某截面上压应力的平均值。

假定图 8-1 中的物体为固体,其压力 p_0 可以是多种原因造成的。如图 8-2 所示,可能包括压在晶体上面的重物 B(见图 8-2(a));由液压系统直接施加的压力(见图 8-2(b));晶体上方液体施加的压力(见图 8-2(c));高压气体施加的压力(见图 8-2(d))。

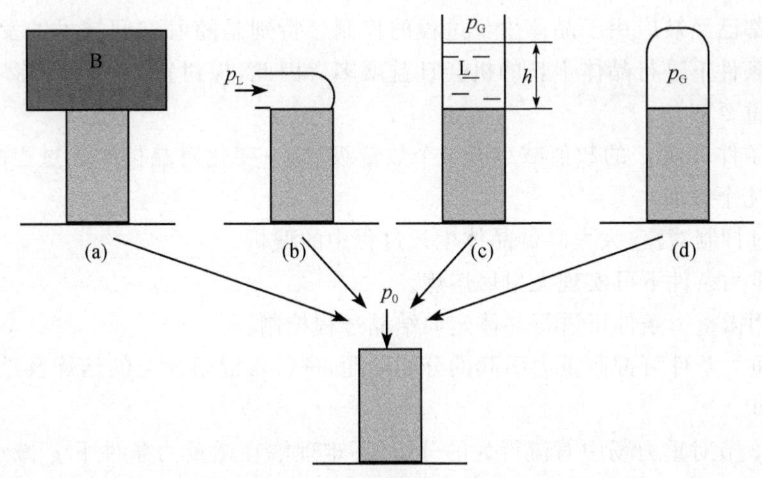

图 8-2　晶体中压力的来源

(a) 重物加压；(b) 液压加压；(c) 液相静压；(d) 气体加压

用 σ_0 表示晶体中施加于单位面积上的压力，则对应于图 8-2 所示的 4 种情况，σ_0 的表达式分别为

$$\sigma_0 = \frac{m_B g}{A_0} \tag{8-2a}$$

$$\sigma_0 = p_L \tag{8-2b}$$

$$\sigma_0 = p_G + \rho_L h g \tag{8-2c}$$

$$\sigma_0 = p_G \tag{8-2d}$$

式中，m_B 为重物的质量；p_L 为液压系统加压压力；A_0 为晶体上表面面积；p_G 为气体压力，当体系在大气中开放时为大气压力；ρ_L 为液体密度；h 为液体高度。

8.1.2　微重力场的特性与影响

由以上分析可以看出，晶体生长系统内部的自重通常在其所受压力中占有很大的比重。因此，分析重力场对晶体生长过程的影响是非常重要的。以图 8-3 所示的情况为例，在液相中深度 h 处，各向等效的静压力可表示为 $\sigma_G = \rho_L h g$，随着深度 h 和液体密度 ρ_L 的增大而增大。然而，随着现代科学技术的发展，重力加速度 g 也成为一个可控制的因素。g 的本质是万有引力，在地球引力场中，通常在海平面上 g 可用 g_0 表示，$g_0 \approx 9.8\text{m/s}^2$。随着距地心距离的变化，$g$ 随之发生变化，可表示为[1]

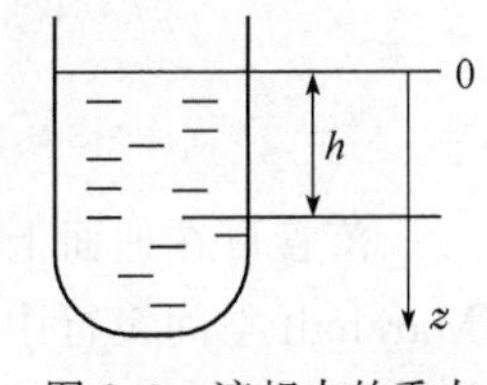

图 8-3　液相中的重力

$$g = \frac{R_0^2}{r^2} g_0 \tag{8-3}$$

式中，R_0 为地球半径；r 为距离地心的距离。

$g < g_0$ 的条件称为微重力条件，而 $g > g_0$ 的条件则称为超重力条件。微重力条件和超重力条件都已经被应用于晶体生长过程的控制。特别是随着空间技术的发展，在微重力或超重力条件下进行晶体生长的机会日益增多。因此，探讨重力条件的影响成为晶体生长研究的重要部分。

微重力条件可使 g 的数值减小若干个数量级，这一变化对晶体生长过程的影响主要表现在以下几个方面：

(1) 通过抑制对流，大大降低晶体生长过程中的偏析。

(2) 微重力条件下可实现无坩埚熔炼。

(3) 利用微重力条件可进行晶体定向结晶过程控制。

(4) 微重力条件可抑制重力引起的分相问题，进行难混熔合金的熔炼及结晶，获得均匀的复相组织。

通过 6.3 节对重力场中对流行为的分析，不难理解在微重力条件下 g 减小在抑制对流方面的作用。然而，在微重力条件下，某些被重力效应掩盖而被忽视的现象则会突现出来，其中较典型的是 Marangoni 对流，其有关原理的讨论见 6.3.7 节[2]。

以下是关于微重力条件对结晶组织中偏析抑制作用实验研究的几个实例：

(1) 微重力条件下掺 Te 的 InSb 单晶生长中获得了长达 5cm 的溶质均匀分布的晶体[3]。对 Ge 中掺杂一定量 Ga 的合金也取得类似结果，证明微重力条件可获得更均匀的晶体[4]。

(2) Eyer 等[5]研究了掺 P 的 Si 晶体中的生长条纹，发现在空间实验室微重力下制备的晶体中的生长条纹形貌和地面试样相差不多，认为这是由表面张力梯度驱使的 Marangoni 对流造成的。

(3) Yee 等[6]研究了微重力对 $In_xGa_{1-x}Sb$($x=0.1$，0.3 和 0.5)缺陷的抑制作用。对比在 $10^{-4}g$ 的空间条件和 $1g$ 的地面条件制备的晶体中的缺陷发现，空间样品中孪晶比地面样品少 70%，晶界多 18%，空间样品中空洞分布比地面样品中的分布更均匀。

实现微重力的主要途径如下：

1) 人工建造的落管

利用自由落体下落过程获得短暂的微重力条件。其微重力维持的时间 τ 与落管的高度 H 及重力加速度 g 的关系式为

$$\tau=\sqrt{\frac{2H}{g}} \tag{8-4}$$

落管可在地面上模拟失重，进行多种现象的研究，例如无容器液体的凝固等。NASA Marshall 空间飞行中心的落管内径为 25cm，高度为 100m，可提供 4.6s 自由落体的时间。在落管中配备的熔化炉可获得最高达 3500℃的温度，沿着管子装有温度传感器，记录样品在自由下落时的温度[7]。NASA Lewis 研究中心的落管已高达 145m，自由落体时间为 5.15s，抽真空到 1×10^{-4}Pa，可使残余加速度低到 $10^{-6}g$。德国则在不莱梅建造了落塔。日本在北海道利用废弃的矿井建造了高达 300m 的落管。

2) 飞机向天空方向作抛物线飞行

飞机在向天空方向作抛物线轨迹飞行时，在其抛物线的定点(最高点)可提供 15～60s 的微重力条件。这种方法的主要优点是研究人员可亲自参加实验，并且单飞一次能

提供若干次实验结果。例如用 NASAKC-135 飞机在一次 3h 飞行中，可获得 40 次实验结果。此种方法在数秒钟短时间内重力加速度可达 $10^{-3}g$。

3）利用探空火箭或空间站进行微重力实验

探空火箭在 90000m 以上高空，气动阻力足够小，可获得小于 $10^{-4}g$ 的残余重力加速度。美国空间加工应用火箭(SPAR)的自由下落时间是 760s，而德国的 TEXUS 火箭为 360s。影响微重力水平的主要因素为大气阻力、残余自旋、速率控制等。与空间实验室相比，采用探空火箭是一种较经济的方法。

绕地球作轨道飞行的航天器，如空间实验室是研究微重力的重要工具，例如 D-1 空间实验室的大气阻力加速度的最大值为 $1\times10^{-6}g$。在空间实验室舱内可安装各种研究微重力的设备。

4）各种地面模拟条件

利用电磁悬浮或声悬浮可以抵消试样的自重，在地面上获得微重力条件。

8.1.3　超重力场的特性与影响

与微重力相对应的是超重力。一般只要物体加速度与重力加速度的比值超过 1，就可以认为该物体处于超重力状态。超重力条件能改变固-液界面前沿的对流，并可获得组织均匀和性能良好的晶体。

超重力条件的主要实现途径包括探空火箭升空及再入过程、飞机空中向地面方向作抛物线飞行过程，以及高速旋转系统中形成的离心力。

火箭再入段最大加速度可达 $30g$，起飞段约有 $12g$。在高速旋转的离心力场中，其加速度为向心加速度与重力加速度的矢量和。其中向心加速度 $\boldsymbol{a}$ 与旋转角速度 ω 及旋转半径 $\boldsymbol{r}$ 的关系为

$$\boldsymbol{a}=\omega^2\boldsymbol{r} \tag{8-5}$$

衡量重力场中液相对流不稳定性的主要物理量是 Rayleigh 数。当温度 Rayleigh 数 Ra_T 和 Ra_C 分别或同时超过某一临界值时，浮力将克服黏滞力，发生自然对流。在自然对流条件下，当 Rayleigh 数较小时为层流。随着 Rayleigh 数的增大，发生从层流到紊流的变化。在超重力条件下，Rayleigh 数进一步增大，对流又从紊流回到层流，称为“重新层流化”。

重力引起的生长条纹缺陷，是一种微观偏析[8]。在超重力条件下，可通过重新层流化消除这种生长条纹[9]。

利用高速旋转的机械运动形成的离心力是实现超重力的有效途径。以图 8-4 所示的高度为 h_0、截面面积为 A、半径可以忽略的试样在水平面内的旋转过程为例，在任意截面 $z=h$ 处的微分单元 $A\Delta z$ 中所受到的重力和离心力分别为

$$\boldsymbol{P}_g=\boldsymbol{i}\rho gA\Delta z \tag{8-6}$$

$$\boldsymbol{P}_c=\boldsymbol{j}A\Delta z\rho\omega^2(R_0+z)\sin\theta \tag{8-7}$$

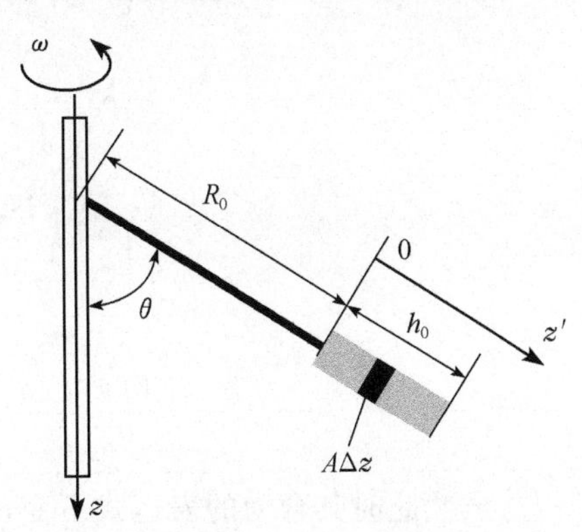

图 8-4　水平面内旋转过程中的作用力

式中，$\boldsymbol{P}_g$ 的方向为垂直方向，与重力场一致；$\boldsymbol{P}_c$ 为与旋转轴垂直方向，与重力场平行；g 为重力加速度；ρ 为液相密度；ω 为离心旋转的角速度；$\boldsymbol{i}$ 和 $\boldsymbol{j}$ 分别为垂直方向和圆周方向上的单位矢量。

施加在该微分单元上的合力为二者的矢量和，即

$$\boldsymbol{P} = \boldsymbol{P}_g + \boldsymbol{P}_c \tag{8-8}$$

在此条件下，只要旋转角速度不变，则 $\boldsymbol{P}$ 的方向和数值是恒定的。

如果试样为液相，则由此在任意深度 h 处产生的静压力也是重力和离心力产生静压力的加和，即

$$p = p_g + p_c \tag{8-9}$$

式中

$$p_g = \rho_L g \int_{R_0}^{R_0+h} \cos\theta \mathrm{d}z = \rho_L g h \cos\theta \tag{8-10}$$

$$p_c = \rho_L \omega^2 \int_{R_0}^{R_0+h} (R_0 + z)\sin\theta \mathrm{d}z = \frac{1}{2}\rho_L \omega^2 (h^2 + 2R_0 h)\sin\theta \tag{8-11}$$

当旋转机械在垂直的平面内旋转时，如果旋转角速度不变，则离心力不变，始终施加在与转轴垂直的方向上，而重力则是呈周期性变化的。以图 8-5 所示的离心旋转过程为例，同样可以求出任意微分单元 $A\Delta z$ 上所受到的重力和离心力分别为

$$\boldsymbol{P}_g = \boldsymbol{i}\rho g A \Delta z \tag{8-12}$$

$$\boldsymbol{P}_c = \boldsymbol{j} A \Delta z \rho \omega^2 (R_0 + z) \tag{8-13}$$

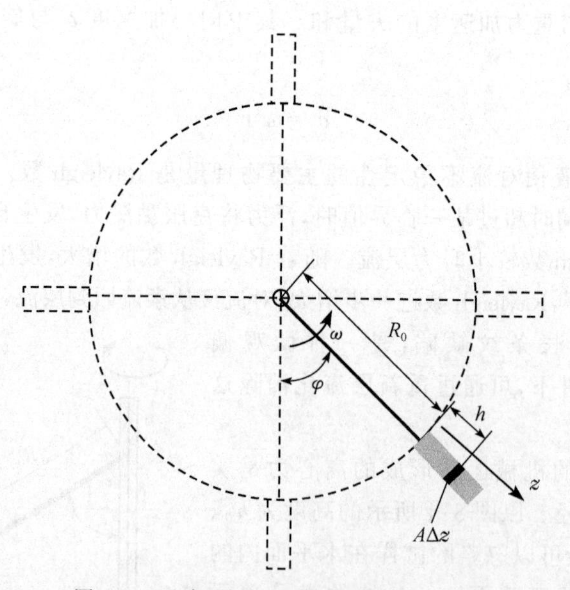

图 8-5　垂直平面内离心旋转的受力情况

虽然此时其合力的表达式不变，仍可用式(8-8)表示，但由于相对于试样来说，重力的施加方向是周期性变化的，因此其合力 $\boldsymbol{P}$ 的方向和数值均是周期性变化的。在最低点处

二者平行且方向一致,此时受力最大,是二者的代数和。在最高点处,二者平行但方向相反,此时受力最小,是二者的差值。

同样可以确定出由此产生的静压力:

$$p_g = \rho_L g \int_{R_0}^{R_0+h} \cos\varphi \mathrm{d}z = \rho_L g h \cos\varphi \tag{8-14}$$

$$p_c = \rho_L \omega^2 \int_{R_0}^{R_0+h} (R_0 + z)\mathrm{d}z = \frac{1}{2}\rho_L \omega^2 (h^2 + 2R_0 h) \tag{8-15}$$

其合力可以近似表示为

$$p = p_g + p_c = \rho_L g h \cos\varphi + \frac{1}{2}\rho_L \omega^2 (h^2 + 2R_0 h) \tag{8-16}$$

值得指出的是,式(8-16)仅在离心力远远大于重力的条件下才是合理的。在水平面以上的部分,底部的合金液会施加反向静压力。

离心力场是形成超重力的主要途径之一,随着旋转角速度的增大会导致一系列超重力效应。Müller 和 Neumann[10] 采用径向半径为 0.7m 的离心机研究了 InSb 晶体掺杂 Te:$5\times10^{18}/\mathrm{cm}^3$ 在区熔法生长过程中生长条纹的形成情况。熔池高度为 3～5mm,长度为 9～11mm,在重力加速度和离心加速度的合力加速度 $a=16g$ 下,熔池温度稳定,无生长条纹;在 $a=27g$ 时,温度波动幅度为 2K,出现生长条纹;进一步提高至 $a=29g$,则测不出温度波动,同时生长条纹又消失。他们提出两个临界值 a_{C2} 和 a_{C3},当加速度为低于 a_{C2} 时,温度是稳定的;高于 a_{C3},温度又变为稳定,并且发现 a_{C2}、a_{C3} 与熔池高度密切相关。熔池愈深,两个临界值愈低,两个临界值之间的差值就愈大。

8.1.4　晶体生长过程的高压技术

经典的热力学参数包括温度、压力和成分,其中对压力的研究相对较少。如果压力的变化范围较小,则对热力学平衡条件的影响不够显著。近年来,高压技术不断发展,并在人工晶体合成中得到应用。因此,高压条件的分析及其对晶体合成、生长热力学特性和动力学过程影响的研究逐步受到人们的重视。

产生压力的方法可分为两大类,即静态方法和动态方法。静态压力由力学方法产生,持续时间长,它是由挤压被压缩物质产生的。动态高压使用脉冲冲击加载,对样品表面做功,从而在样品内部产生冲击波。冲击压缩的高压冲击波在物质中以超声波速度传播,它以压力、密度和温度的急剧增加为前导。

静态加压可以分为单向加压和等压加压。只有固态的物质可以进行单向加压,但由于固体内部的应力传递,即使在单向加压条件下也会形成复杂的三维应力场。对于液体或气体,由于压力在各个方向上的等效传递,在液体内部给定点处在任意方向上的压应力相等,可以达到力的平衡。因此,流体内部的压应力通常称为等静压力。

应用于晶体生长及其相变过程控制的高等静压实现方法通常包括高压反应釜加压、热等静压和六面顶压机加压。

高压釜通常应用于蒸汽压较高的材料系统,其高压的形成是通过体系内部物质的气化形成的[11]。大多数物质随着温度的升高,蒸汽压增大。达到超临界温度时其压力增加得更快,可以根据反应体系内部压力随温度的变化规律确定。热等静压通常是在高压容器中采用石墨发热体加热,气体加压,在高温高压下进行材料处理和加工的。该方法可以使材料的组织结构得到改善[12]。

实现高压的另一个有效的装置是六面顶压机,其工作原理如图 8-6 所示[13]。将试样包裹在助溶剂中,通过施加在六面体六个面上的压锤加压,并通过助溶剂的等效传递,在试样上施加极高的等静压力,其典型的压力为约 5GPa。

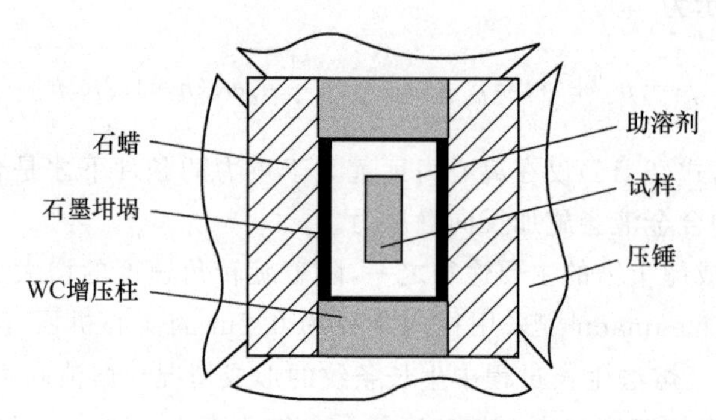

图 8-6 六面顶压机工作原理图[13]

动态高压是利用物理或化学的方法,如爆炸过程,造成瞬时的高压环境,并且往往和高温条件相伴生。爆炸现象通常包括物理爆炸、化学爆炸、核爆炸等[14]。物体的高速撞击、水的大量迅速气化、高压气瓶的爆炸以及电极击穿时的火花放电均属于物理爆炸现象。强放电时能量在 $10^{-7}\sim10^{-6}$ s 内迅速释放,形成极高的能量密度和数万度的高温。炸药爆炸时所形成的温度约 3000～5000℃,压力高达数百吉帕。爆炸过程形成的压力与被作用的物体相关,如 TNT 爆炸时产生的峰值压力为 200GPa,作用于钢板时峰值压力可以达到 280GPa,而作用于水面时的峰值压力则为 13GPa。核爆炸中心的温度可以达到数百万到数千万度,压力达到数千吉帕。在如此高的温度和压力下,材料的相变过程是远离平衡的。利用局部瞬时的高温高压条件可以实现金刚石等超硬材料的合成,制备出非平衡的结构材料。

高压对晶体生长过程的影响反映在以下几个方面。

1. 高压下的液相黏度及相平衡条件的变化

研究高压下的结晶可从压力对合金液及其相变行为影响的研究开始。如果熔体在常压下的动力黏度为 η_0,则在压力 p 下的动力黏度变为[15]

$$\eta(p)=\eta_0\exp\left(\frac{E+pV}{RT}\right) \tag{8-17}$$

式中,E 为黏滞流变激活能;V 为体积;R 为摩尔气体常量;N_A 为 Avogadro 常量;T 为温度。

由式(8-17)可以看出,熔体的黏度随着压力的增加而增大。固体的黏度也是随着压力的增加而增大的。但因固体的 E 值很大,因而压力 p 的影响相对较小。

压力通过改变合金液相与固相的自由能而改变凝固过程的平衡条件。在压力为 p 的条件下,液相及固相的自由能分别为

$$G_S = H_S + S_S T + V_S \Delta p \tag{8-18}$$

$$G_L = H_L + S_L T + V_L \Delta p \tag{8-19}$$

式中,Δp 为实际压力与标准大气压的差值。

结晶过程相变自由能的变化可以表示为

$$\Delta G = G_S - G_L = \Delta H_S + T\Delta S_S + \Delta V_S \Delta p \tag{8-20}$$

在常压下,Δp 的变化范围有限,而且对于液体的结晶过程,ΔV_S 也是一个很小的量,因此 $\Delta V_S \Delta p$ 项通常被忽略。对于高压下的结晶过程,尽管 ΔV_S 仍很小,但 Δp 在一个很大范围内变化,从而 $\Delta V_S \Delta p$ 项的影响变得重要。

首先,高压会导致结晶温度的变化。$G_S = G_L$ 时,达到凝固的临界条件,可以得出合金的熔点为

$$T_L = \frac{-(H_S - H_L) - (V_S - V_L)\Delta p}{S_S - S_L} = \frac{-\Delta H - \Delta V \Delta p}{\Delta S} \tag{8-21}$$

在式(8-21)中,通常 $\Delta H < 0, \Delta S > 0$。因此,当 $\Delta V < 0$,即凝固过程体积收缩的情况下,合金的凝固温度将随着压力的增大而升高;而当 $\Delta V > 0$,即凝固过程体积膨胀时,合金的凝固温度随压力升高而降低。

对于多元合金,同样可以通过对自由能变化的分析得出合金元素的分凝系数随压力的变化情况。通常所用的 k_0 是标准大气压下的平衡溶质分凝系数,压力升高时需要在平衡条件中加入压力项,从而求出高压下的平衡溶质分凝系数 k''_0 为[16]

$$k''_0 = k_0 \left(1 - \frac{\Delta \overline{V^B} \Delta p}{RT_M^A}\right) \tag{8-22}$$

式中,$\Delta \overline{V^B}$ 为溶质原子在凝固过程中偏摩尔体积的变化;Δp 为实际压力与标准大气压之差。通常当 $\Delta p = 10\text{MPa}$ 时,k''_0 与 k_0 将有明显的差异。

上述变化反映在相图上将是主要的点、线、面随环境压力的变化而改变,从而使得相变规律发生变化。Al-Si 合金系在不同压力下相图的变化如图 8-7 所示[17]。随着压力的增大,α 相熔点升高,使得共晶点成分及 α 相的饱和成分向高 Si 方向移动,整个合金的平衡条件发生显著变化。

2. 压力对形核速率和生长速率的影响

压力对合金系各种参数的影响将引起形核速率的变化。假定形核激活能为 $\Delta G'$ 时的形核速率可表示为

$$I \propto \exp\left(-\frac{a\sigma^3 V_S}{RTK(\Delta h)^2}\left(\frac{T_m - T}{T_m T}\right)^2\right)\exp\left(-\frac{\Delta G'}{RT}\right) \tag{8-23}$$

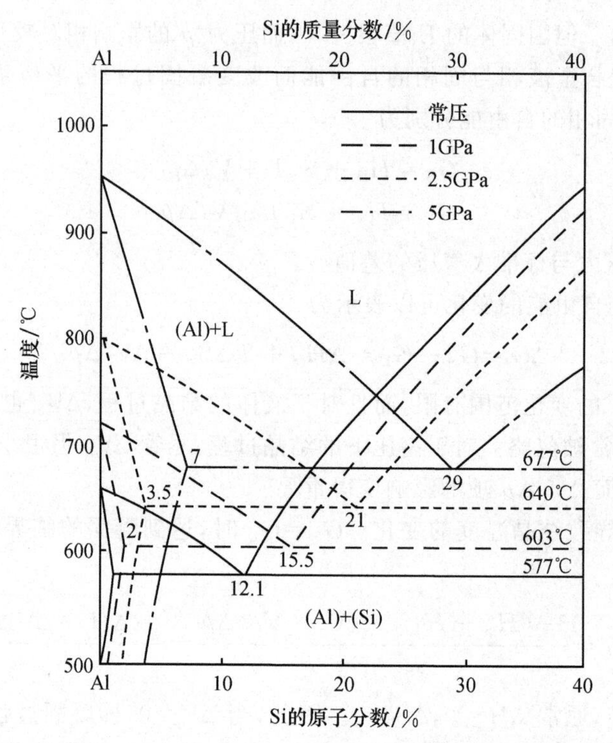

图 8-7 Al-Si 合金系的平衡条件随压力的变化[17]

在忽略界面张力随压力变化的条件下，得出在高压下的形核率 I_p 与常压下的形核率 I_{p0} 之比为

$$\frac{I_p}{I_{p_0}}=\exp\left(-\frac{\Delta G'_p-\Delta G'_{p0}}{R_g T}\right) \tag{8-24}$$

压力总是使形核激活能降低的，即 $\Delta G'_{p0}>\Delta G'_p$。所以 $I_p>I_{p0}$，即压力能促进凝固过程中的形核。

关于压力对生长速率的影响，可作以下分析，生长速率 R 可表示为

$$R=\left[1-\exp\left(-\frac{\Delta h(T_m-T)}{R_g T T_m}\right)\right]\exp\left(-\frac{\Delta G''}{R_g T}\right) \tag{8-25}$$

式中，$\Delta G''$ 为生长激活能。

高压下的生长速率 R_p 与常压下的生长速率 R_{p0} 之比为

$$\frac{R_p}{R_{p_0}}=\exp\left(\frac{\Delta G''_{p_0}-\Delta G''_p}{R_g T}\right) \tag{8-26}$$

式中，$\Delta G''_{p0}$ 为常压下生长激活能；$\Delta G''_p$ 为高压下生长激活能。通常 $\Delta G''_{p0}<\Delta G''_p$，因此，$R_{p0}<R_p$。

3. 高压凝固制备非晶态材料

利用高压制备块状非晶态材料是一个近年来刚刚兴起的研究方向。1985 年，Popova

和 Brazhkin 以 $Cu_{85}Sn_{15}$ 合金为对象，在 10GPa 的高压下，仅以 10^3K/s 的冷却速率获得可在常压下稳定存在的非晶态合金[18,19]。

非晶态形成温度 T_g 与压力也有很大关系[20]

$$T_g = T_g^* \frac{E(T_g) + W + pVN_A}{E(T_g^*) + W^*} \tag{8-27}$$

式中，T_g^* 为常压下的非晶形成温度；T_g 为高压下的非晶形成温度；W 为高压 p 下形核势垒；W^* 为常压下形核势垒；E 为黏滞流变激活能。

由式(8-27)可见，T_g 随着压力的升高而升高，并且满足如下规律：

(1) 对于 $\Delta V_f = V_L - V_S > 0$ 的体系，$dT_m/dp > 0$，其熔点 T_m 随压力的上升而上升，因而虽然 T_g 随压力的增大而上升，但是 T_g/T_m 作为非晶态形成能力的判据，却随压力的变化只发生很小的变化。

(2) 对于 $\Delta V_f = V_L - V_S < 0$ 的体系，$dT_m/dp < 0$，熔点 T_m 随压力的增加而下降，此时 T_g 依然随压力的增加而升高，两个原因的结合导致了 T_g/T_m 的升高，结果非晶态形成能力增强。

由此可见，$\Delta V_f = V_L - V_S < 0$ 的体系，能够在压力下从熔体淬火形成非晶，有利于非晶态的形成，而且 $|\Delta V_f|$ 越大，形成非晶态所需要的压力就越小。

高压下熔体淬火制备非晶态材料存在着一个临界压力，当低于此临界压力时不可能得到非晶相[20]。对于 Cu-Ti 合金，以 300K/s 冷却时，其临界压力介于 3～4GPa 之间。

4. 高压下制备纳米晶材料

纳米材料的制备过程就是控制材料的形核与生长的过程。为了获得纳米尺度的晶体，应设法提高材料的形核速率，而抑制其生长速率。由于压力对激活能和熔化温度等的影响，使得在一定的压力范围内，形核速率增加，生长速率下降。

用高压下熔体急冷的方法制备块状纳米材料，是通过在高压下进行合金熔化，然后保压冷却至室温完成的。通过调整压力可实现对晶粒度的控制，在较低的冷却速率下获得块状纳米晶体材料，采用这种方法所制备的块状纳米材料具有清洁的界面和较高的致密度。

8.2　晶体生长过程中的应力分析

晶体生长过程中的应力主要来源于以下几个方面：

(1) 晶体与安瓿热膨胀特性不同，受到安瓿的约束力。

(2) 晶体温度的非均匀或冷却不同步形成的热应力。

(3) 晶体几何因素导致出现悬臂梁，或受阻收缩形成的应力。

(4) 外延生长衬底与晶体之间晶格常数的不同，在界面附近形成应力。

(5) 晶体内部的相界面处晶体结构或晶格常数的不匹配形成的应力。

(6) 其他外力非均匀作用于晶体表面形成的应力。

应力是造成各种晶体缺陷，甚至出现多晶的主要因素，因此是晶体生长研究者所关注的重要问题。

8.2.1 应力场计算的基本方程

应力场的研究以微分单元中的应力分析为基础，建立微分方程，进一步定义定解条件(边界条件和初始条件)，最后通过求解微分方程获得应力分布。

在直角坐标系中通常以图 8-8 所示的六面体作为微分单元进行应力分量的描述。图中，σ_x、σ_y、σ_z 分别表示在 x、y、z 方向上的正应力，而其他应力矢量表示切应力。如 τ_{zy} 表示在垂直于 z 轴的面上受到的 y 方向的切应力，其余类推。

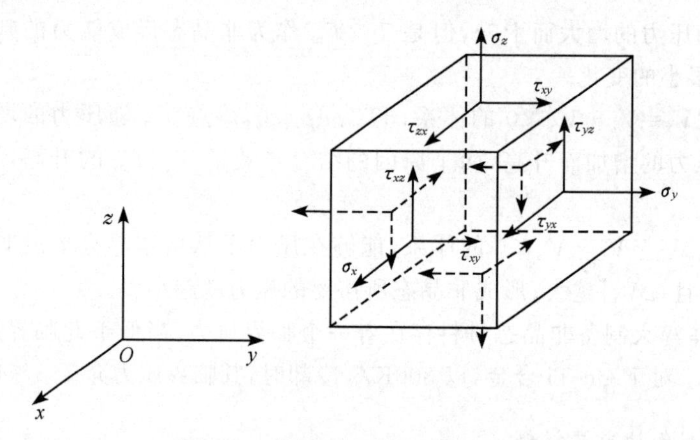

图 8-8　直角坐标系中的应力单元

通常用以下矩阵表示各个应力分量。

$$\boldsymbol{\sigma}=\begin{bmatrix}\sigma_x & \tau_{xy} & \tau_{xz}\\ \tau_{yx} & \sigma_y & \tau_{yz}\\ \tau_{zx} & \tau_{zy} & \sigma_z\end{bmatrix} \tag{8-28}$$

在应力平衡条件下，切应力之间存在如下对称关系：

$$\left.\begin{aligned}\tau_{xy}&=\tau_{yx}\\ \tau_{xz}&=\tau_{zx}\\ \tau_{yz}&=\tau_{zy}\end{aligned}\right\} \tag{8-29}$$

上述应力分析采用的坐标系通常是根据样品的宏观形状或外加力场的对称性选取的。但在实际晶体生长研究中，人们更关心的是沿特定晶面上的应力分布特性以及最大应力存在的条件。为此需要建立另外一个坐标系：x'、y'、z'，通过坐标变换，可以根据 x、y、z 坐标系中的应力分量确定出在新的坐标系中的各应力分量。新坐标系的选择可以以某特殊的晶面，如晶体滑移面的法线作为一个坐标方向，如 x 方向，而以该晶面上其他特殊方向，如滑移方向作为 y、z 方向，从而便于进行应力作用下的变形分析。

假定坐标轴 x'、y'、z' 在坐标系 x、y、z 中的单位方向矢量为

$$\left.\begin{aligned} x':\boldsymbol{n}_1 &= [l_1 \quad m_1 \quad n_1] \\ y':\boldsymbol{n}_2 &= [l_2 \quad m_2 \quad n_2] \\ z':\boldsymbol{n}_3 &= [l_3 \quad m_3 \quad n_3] \end{aligned}\right\} \tag{8-30}$$

式中，l_i、m_i、n_i 为 $\boldsymbol{n}_i$ 的方向余弦，则在坐标系 x'、y'、z' 中，应力分量可以通过如下公式计算得到：

$$\begin{bmatrix} \sigma_x{}' \\ \sigma_y{}' \\ \sigma_z{}' \\ \tau_{x'y'} \\ \tau_{x'z'} \\ \tau_{y'z'} \end{bmatrix} = \begin{bmatrix} l_1^2 & m_1^2 & n_1^2 & 2l_1m_1 & 2l_1n_1 & 2m_1n_1 \\ l_2^2 & m_2^2 & n_2^2 & 2l_2m_2 & 2l_2n_2 & 2m_2n_2 \\ l_3^2 & m_3^2 & n_3^2 & 2l_3m_3 & 2l_3n_3 & 2m_3n_3 \\ l_1l_2 & m_1m_2 & n_1n_2 & l_1m_2+l_2m_1 & l_1n_2+l_2n_1 & m_1n_2+m_2n_1 \\ l_1l_3 & m_1m_3 & n_1n_3 & l_1m_3+l_3m_1 & l_1n_3+l_3n_1 & m_1n_3+m_3n_1 \\ l_2l_3 & m_2m_3 & n_2n_3 & l_2m_3+l_3m_3 & l_2n_3+l_3n_2 & m_2n_3+m_3n_2 \end{bmatrix} \begin{bmatrix} \sigma_x \\ \sigma_y \\ \sigma_z \\ \tau_{xy} \\ \tau_{xz} \\ \tau_{yz} \end{bmatrix} \tag{8-31}$$

在选取坐标系 x'、y'、z' 时，如果不以晶体取向为依据，而是调整到使其只有正应力，而切应力为零，即

$$\begin{bmatrix} \sigma_x & \tau_{xy} & \tau_{xz} \\ \tau_{yx} & \sigma_y & \tau_{yz} \\ \tau_{zx} & \tau_{zy} & \sigma_z \end{bmatrix} \rightarrow \begin{bmatrix} \sigma_1 & 0 & 0 \\ 0 & \sigma_2 & 0 \\ 0 & 0 & \sigma_3 \end{bmatrix} \tag{8-32}$$

则 σ_1、σ_2、σ_3 称为主应力。

主应力 σ 应满足以下条件[21]：

$$\left.\begin{aligned} (\sigma_x-\sigma)l+\tau_{xy}m+\tau_{xz}n &= 0 \\ \tau_{xy}l+(\sigma_y-\sigma)m+\tau_{yz}n &= 0 \\ \tau_{xz}l+\tau_{yz}m+(\sigma_z-\sigma)n &= 0 \end{aligned}\right\} \tag{8-33}$$

式(8-33)有非零解的条件是

$$\begin{vmatrix} \sigma_x-\sigma & \tau_{xy} & \tau_{xz} \\ \tau_{yx} & \sigma_y-\sigma & \tau_{yz} \\ \tau_{xz} & \tau_{yz} & \sigma_z-\sigma \end{vmatrix} = 0 \tag{8-34}$$

式(8-34)的 3 个实根则是主应力 σ_1、σ_2、σ_3。进一步根据下式可以确定出各个主应力的方向余弦：

$$(\sigma_x-\sigma_i)l_i+\tau_{xy}m_i+\tau_{xz}n_i=0 \tag{8-35a}$$

$$\tau_{xy}l_i+(\sigma_y-\sigma_i)m_i+\tau_{yz}n_i=0 \tag{8-35b}$$

$$\tau_{xz}l_i+\tau_{yz}m_i+(\sigma_z-\sigma_i)n_i=0 \tag{8-35c}$$

$$l_i^2+m_i^2+n_i^2=1 \tag{8-35d}$$

式中，$i=1,2,3$ 对应于 3 个主应力。

由于晶体的变形主要是由切应力决定的，因此，人们更关心最大切应力的情况。根据 3 个主应力，可以计算出 3 个主切应力[21]：

$$\left.\begin{aligned}\tau_{12}&=\frac{1}{2}(\sigma_1-\sigma_2)\\ \tau_{13}&=\frac{1}{2}(\sigma_1-\sigma_3)\\ \tau_{23}&=\frac{1}{2}(\sigma_2-\sigma_3)\end{aligned}\right\}\tag{8-36}$$

主切应力 τ_{12}、τ_{23}、τ_{13} 中的最大值即为最大切应力 $\tau_{\max}$。假定 σ_1 为主应力的最大值，σ_3 为其最小值，则

$$\tau_{\max}=\tau_{13}=\frac{1}{2}(\sigma_1-\sigma_3)\tag{8-37}$$

在最大切应力作用面上的正应力为

$$\sigma_{\mathrm{n}}=\frac{1}{2}(\sigma_1+\sigma_3)\tag{8-38}$$

实际生长的晶体往往在圆周方向上是轴对称的，如圆柱状，因此在圆柱坐标系中讨论会更方便。在圆柱坐标系中的应力定义如图 8-9 所示，应力张量可记为

$$\boldsymbol{\sigma}=\begin{bmatrix}\sigma_r & \tau_{r\theta} & \tau_{rz}\\ \tau_{\theta r} & \sigma_\theta & \tau_{\theta z}\\ \tau_{zr} & \tau_{z\theta} & \sigma_z\end{bmatrix}\tag{8-39}$$

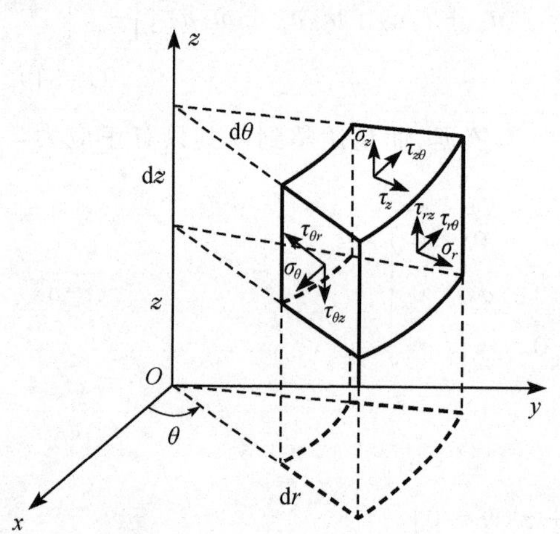

图 8-9　圆柱坐标系中的应力单元

材料的应变与应力的表达形式接近，在直角坐标系和圆柱坐标系中的应变参量可以分别表示为

$$\boldsymbol{\varepsilon}=\begin{bmatrix}\varepsilon_x & \gamma_{xy} & \gamma_{xz}\\ \gamma_{yx} & \varepsilon_y & \gamma_{yz}\\ \gamma_{zx} & \gamma_{zy} & \varepsilon_z\end{bmatrix}\tag{8-40}$$

$$\boldsymbol{\varepsilon}=\begin{bmatrix}\varepsilon_r & \gamma_{r\theta} & \gamma_{rz}\\ \gamma_{\theta r} & \varepsilon_\theta & \gamma_{\theta z}\\ \gamma_{zr} & \gamma_{z\theta} & \varepsilon_z\end{bmatrix}\tag{8-41}$$

在弹性变形范围内，应力与应变是通过下式联系起来的：

$$\boldsymbol{\sigma}=\boldsymbol{D}\boldsymbol{\varepsilon}\tag{8-42}$$

或者

$$\boldsymbol{\varepsilon}=\boldsymbol{S}\boldsymbol{\sigma}\tag{8-43}$$

式中，$\boldsymbol{D}$ 是由材料的杨氏模量 E_{y} 和泊松比 ν 决定的弹性矩阵；$\boldsymbol{S}$ 则为弹性柔度矩阵。

式(8-42)的具体表达式为

$$\begin{bmatrix}\sigma_x\\\sigma_y\\\sigma_z\\\tau_{yz}\\\tau_{zx}\\\tau_{xy}\end{bmatrix}=\begin{bmatrix}C_{11}&C_{12}&C_{13}&C_{14}&C_{15}&C_{16}\\C_{21}&C_{22}&C_{23}&C_{24}&C_{25}&C_{26}\\C_{31}&C_{32}&C_{33}&C_{34}&C_{35}&C_{36}\\C_{41}&C_{42}&C_{43}&C_{44}&C_{45}&C_{46}\\C_{51}&C_{52}&C_{53}&C_{54}&C_{55}&C_{56}\\C_{61}&C_{62}&C_{63}&C_{64}&C_{65}&C_{66}\end{bmatrix}\begin{bmatrix}\varepsilon_x\\\varepsilon_y\\\varepsilon_z\\\gamma_{yz}\\\gamma_{zx}\\\gamma_{xy}\end{bmatrix} \tag{8-44}$$

其中，C_{nm} 为弹性系数，满足对称性条件：

$$C_{mn}=C_{nm}, \qquad m,n=1,2,3,\cdots,6 \tag{8-45}$$

8.2.2 应力场的分析方法

晶体中的应力来源通常可以区分为体积力、表面力及内应力(热应力)，以下分别对这 3 种条件下的应力进行分析。

1. 体积力与表面力作用下的应力分析

假定作用于晶体中的体积力为

$$F=(f_x,f_y,f_z) \tag{8-46}$$

式中，f_x、f_y、f_z 为体积力沿坐标轴 x、y、z 的分量，该体积力可以是重力或电磁力，则可以推导出力的平衡微分方程：

$$\left.\begin{aligned}\frac{\partial\sigma_x}{\partial x}+\frac{\partial\tau_{xy}}{\partial y}+\frac{\partial\tau_{xz}}{\partial z}+f_x=\rho\frac{\partial^2 u}{\partial\tau^2}\\\frac{\partial\tau_{xy}}{\partial x}+\frac{\partial\sigma_y}{\partial y}+\frac{\partial\tau_{yz}}{\partial z}+f_y=\rho\frac{\partial^2 v}{\partial\tau^2}\\\frac{\partial\tau_{xz}}{\partial x}+\frac{\partial\tau_{yz}}{\partial y}+\frac{\partial\sigma_z}{\partial z}+f_z=\rho\frac{\partial^2 w}{\partial\tau^2}\end{aligned}\right\} \tag{8-47}$$

式中，u、v、w 为微元在 x、y、z 方向上的位移分量。通常晶体本身的运动速率可以忽略，因此，$\frac{\partial^2 u}{\partial\tau^2}=\frac{\partial^2 v}{\partial\tau^2}=\frac{\partial^2 w}{\partial\tau^2}=0$。同时，切应力满足对称性条件。因此，式(8-47)中只要定义出体积力 f_x、f_y、f_z，则只有 6 个独立变量，给出合适的边界条件即可求解应力分布。如果在晶体的表面上加上外力$(\bar{X},\bar{Y},\bar{Z})$，则获得以下边界条件：

$$\left.\begin{aligned}\sigma_x l+\tau_{xy}m+\tau_{xz}n=\bar{X}\\\tau_{xy}l+\sigma_y m+\tau_{yz}n=\bar{Y}\\\tau_{xz}l+\tau_{yz}m+\omega_z n=\bar{Z}\end{aligned}\right\} \tag{8-48}$$

因此，由式(8-47)和式(8-48)联合，即可获得在给定体积力和边界条件下应力场的分布。在许多情况下需要借助数值计算方法求解。

外力的边界条件还可能以位移量的形式给出，如在边界上

$$u=\bar{u},\quad v=\bar{v},\quad w=\bar{w} \tag{8-49}$$

则可以通过计算应变量入手，进行应力场的计算。此时需要引入如下应力应变关系式：

$$\left.\begin{aligned}
\varepsilon_x&=\frac{1}{E_y}[\sigma_x-\nu(\sigma_y+\sigma_z)]\\
\varepsilon_y&=\frac{1}{E_y}[\sigma_y-\nu(\sigma_x+\sigma_z)]\\
\varepsilon_z&=\frac{1}{E_y}[\sigma_z-\nu(\sigma_x+\sigma_y)]\\
\gamma_{yz}&=\frac{1}{G}\tau_{yz}\\
\gamma_{zx}&=\frac{1}{G}\tau_{zx}\\
\gamma_{xy}&=\frac{1}{G}\tau_{xy}
\end{aligned}\right\} \tag{8-50}$$

和几何关系式

$$\left.\begin{aligned}
\varepsilon_x&=\frac{\partial u}{\partial x}\\
\varepsilon_y&=\frac{\partial v}{\partial y}\\
\varepsilon_z&=\frac{\partial w}{\partial z}\\
\gamma_{xy}&=\frac{\partial u}{\partial y}+\frac{\partial v}{\partial x}\\
\gamma_{yz}&=\frac{\partial v}{\partial z}+\frac{\partial w}{\partial y}\\
\gamma_{zx}&=\frac{\partial w}{\partial x}+\frac{\partial u}{\partial z}
\end{aligned}\right\} \tag{8-51}$$

从而可以在式(8-49)给定的边界条件下，由式(8-47)、式(8-50)和式(8-51)求解应力分布。以上各式中，$G=\dfrac{E_y}{2(1+\nu)}$为剪切模量；E_y 为杨氏模量；ν 为泊松比。

2. 晶体中的热应力的分析

热应力的分析是以温度场的计算为基础的。由于应力场对温度场的影响可以忽略，因此二者的计算是非耦合的，可以首先计算温度场，然后以温度场的计算结果为基础，进行应力场的计算。

在存在热应力的条件下，正应变量将由于热膨胀的作用而发生变化，其应力与应变量及热膨胀系数之间的关系可表示为

$$\begin{bmatrix}\sigma_x\\ \sigma_y\\ \sigma_z\\ \tau_{yz}\\ \tau_{zx}\\ \tau_{xy}\end{bmatrix}=\begin{bmatrix}C_{11} & C_{12} & C_{13} & 0 & 0 & 0\\ C_{21} & C_{22} & C_{23} & 0 & 0 & 0\\ C_{31} & C_{32} & C_{33} & 0 & 0 & 0\\ 0 & 0 & 0 & C_{44} & 0 & 0\\ 0 & 0 & 0 & 0 & C_{55} & 0\\ 0 & 0 & 0 & 0 & 0 & C_{66}\end{bmatrix}\begin{bmatrix}\varepsilon_x-\alpha_x(T-T_0)\\ \varepsilon_y-\alpha_y(T-T_0)\\ \varepsilon_z-\alpha_z(T-T_0)\\ \gamma_{yz}\\ \gamma_{zx}\\ \gamma_{xy}\end{bmatrix} \tag{8-52}$$

式中，α_x、α_y、α_z 为 x、y、z 向的热膨胀系数，当热膨胀特性各向同性时，$\alpha_x=\alpha_y=\alpha_z=\alpha_T$。各应变参数由式(8-51)计算。在计算出温度场后，只要知道热膨胀系数，即可根据式(8-52)进行应力计算。

在轴对称的圆柱坐标系中，稳态条件下的弹性应力是由如下平衡方程控制的：

$$\left.\begin{aligned}&\frac{1}{r}\frac{\partial}{\partial r}(r\sigma_r)+\frac{\partial\tau_{rz}}{\partial z}-\frac{\sigma_\theta}{r}=0\\ &\frac{1}{r}\frac{\partial}{\partial r}(r\tau_{rz})+\frac{\partial}{\partial z}\sigma_z=0\end{aligned}\right\} \tag{8-53}$$

而对于热应力可以采用如下应力应变方程确定[22]：

$$\left.\begin{aligned}&\sigma_r=\frac{E_y}{1+\nu}\left(\frac{\partial u}{\partial r}+\frac{\nu}{1-2\nu}e-\frac{1+\nu}{1-2\nu}\alpha_T T\right)\\ &\sigma_\theta=\frac{E_y}{1+\nu}\left(\frac{u}{r}+\frac{\nu}{1-2\nu}e-\frac{1+\nu}{1-2\nu}\alpha_T T\right)\\ &\sigma_z=\frac{E_y}{1+\nu}\left(\frac{\partial w}{\partial z}+\frac{\nu}{1-2\nu}e-\frac{1+\nu}{1-2\nu}\alpha_T T\right)\\ &\tau_{rz}=\frac{E_y}{2(1+\nu)}\left(\frac{\partial w}{\partial r}+\frac{\partial u}{\partial z}\right)\end{aligned}\right\} \tag{8-54}$$

式中，u 和 w 为径向和轴向的位移；α_T 为热膨胀系数；且

$$e=\frac{\partial u}{\partial r}+\frac{u}{r}+\frac{\partial w}{\partial z} \tag{8-55}$$

Indenbom 等[23,24]通过详细的理论分析得出，在沿 z 轴呈轴对称的晶体中，热应力与温度的二阶导数成正比，可表示为

$$\sigma_{\mathrm{st}}\approx\alpha E_y W^2\frac{\mathrm{d}^2T}{\mathrm{d}z^2} \tag{8-56}$$

式中，$\alpha\approx10^{-5}\sim10^{-6}$/K 为线膨胀系数；$E_y\approx100$GPa 为杨氏模量；$W$ 为特征尺寸，通常为晶体直径的 0.2 倍。式(8-56)得到数值模拟结果的支持[25]。

8.2.3 应力作用下的塑性变形

晶体的塑性变形是由位错的滑移行为决定的，因此在滑移系(即在滑移面上沿滑移方向)上的切应力是决定滑移行为的关键因素。当该切应力达到相应滑移系位错启动所需要的临界切应力 τ_C 时，晶体将发生塑性变形。临界切应力的大小取决于晶体结构、结合键的强度、滑移系、变形速率、变形温度等因素。

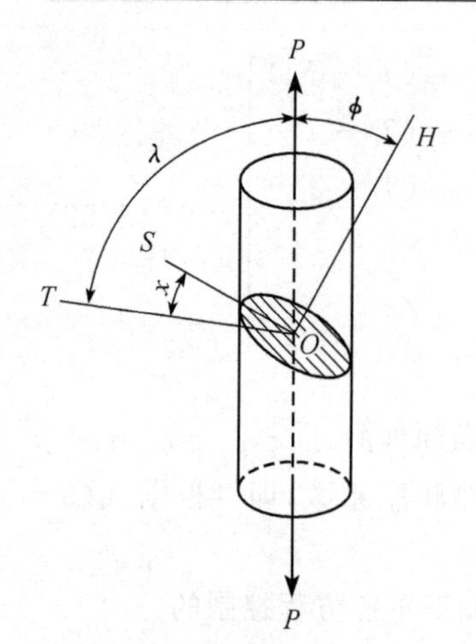

图 8-10 单向拉伸过程的切应力与滑移系的关系

以图 8-10 所示的单向拉伸为例，试样截面面积为 A，拉伸力为 P，拉伸轴与滑移面的法线的夹角为 ϕ，与滑移方向的夹角为 λ。因此，作用在滑移方向上的分力为 $P\cos\lambda$，而滑移面的面积为 $A/\cos\phi$，从而推导出在滑移面上，沿滑移方向的切应力为

$$\tau=\frac{P\cos\lambda}{\dfrac{A}{\cos\phi}}=\frac{P}{A}\cos\lambda\cos\phi=\sigma\cos\lambda\cos\phi \tag{8-57}$$

式中，σ 是沿试样轴线上的拉应力；$\cos\lambda\cos\phi$ 是与晶体取向有关的取向因子。

可以看出，晶体达到塑性变形的临界屈服应力 σ_C 是通过式(8-57)与临界切应力 τ_C 对应的。对于单晶体，该临界屈服应力同时与晶体的取向有关。τ_C 则是反映晶体材料本身性能的参数，与晶体的结构和键合特性有关。

位错克服点阵阻力而发生滑移所需要的最大切应力称为临界切应力，或 Peierls-Nabarro 力。对于该临界切应力可以参考图 8-11 进行分析。假定图中的位错是伯格斯矢量 $\boldsymbol{b}$ 的刃形位错，位错的滑移相当于 A 层原子克服 B 层原子的吸引力而沿 x 方向运动。

在计算 Peierls-Nabarro 力时先引入如下假设：①A、B 两个面间相互作用的切应力 τ_{xy} 以 $\boldsymbol{b}$ 为周期，相对位移按照正弦函数而周期变化；②A 面以上和 B 面以下的晶体仍按照各向同性的均匀连续介质处理，相当于在半无限大弹性介质的 B 面上外加应力 τ_{xy}，而在 A 面上外加应力 $-\tau_{xy}$；③应力和应变之间满足 Hooke 定律；④原子的纵向位移可以忽略不计。在此基础上确定出 B 层原子对于 A 层原子的吸引而产生的切应力为[26]

$$\tau_{xy}=\frac{-\mu b}{2\pi a}\sin\left(\frac{2\pi a}{b}\right)=\frac{\mu b}{2\pi a}\sin\left(\frac{4\pi u}{b}\right) \tag{8-58}$$

式中，a 为原子层间距；b 为伯格斯矢量的模；μ 为切变模量。

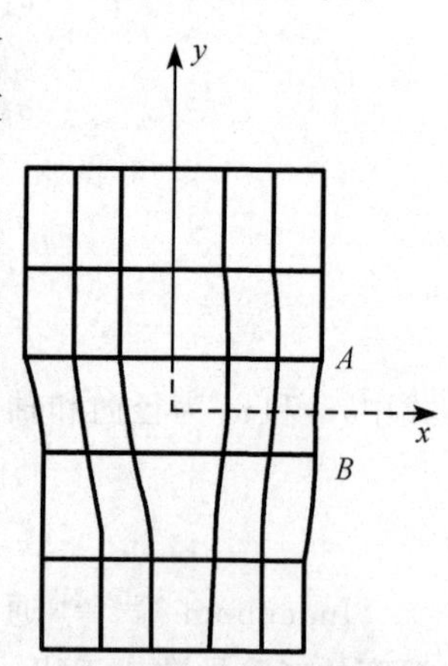

图 8-11 刃型位错滑移过程的应力分析

位错线上的原子在滑移过程中的错排能是随着位移量而周期变化的。当移动到 $b/2$ 位置时错排能达到最大值，该最大值即为位错滑移启动的临界值，即 Peierls-Nabarro 力

$$\tau_{\text{P-N}}=\frac{2\mu}{1-\nu}\exp\left(-\frac{4\pi\zeta}{b}\right) \tag{8-59}$$

式中

$$\zeta=\frac{a}{2(1-\nu)} \tag{8-60}$$

可以看出，临界切应力随着位错伯格斯矢量的增大而减小，随着原子层间距的增大而增大。当 $a\approx b$ 时，$\nu\approx3$，则 $\tau_{\text{P-N}}\approx3.6\times10^{-4}\mu$。表 8-1 给出了不同晶体结构、不同纯度的

金属单晶滑移系统和临界切应力之间的关系[26]。

表 8-1　典型金属单晶体滑移系统和临界切应力之间的关系[26]

金　属	晶体结构	纯　度	滑移面	滑移方向	临界切应力/MPa
Zn	hcp	99.999	(0001)	[11$\bar{2}$0]	0.18
Mg	hcp	99.996	(0001)	[1120]	0.76
Cd	hcp	99.996	(0001)	[11$\bar{2}$0]	0.57
Ti	hcp	99.99	(1010)	[11$\bar{2}$0]	13,7
		99.9	(1010)	[11$\bar{2}$0]	90.1
Ag	fcc	99.99	(111)	[110]	0.47
		99.97	(111)	[110]	0.72
		99.93	(111)	[110]	12.8
Cu	fcc	99.999	(111)	[110]	0.64
		99.98	(111)	[110]	0.92
Ni	fcc	99.8	(111)	[110]	5.7
Fe	bcc	99.96	(110)	[111]	27.5
Mo	bcc		(110)	[111]	49

8.2.4　薄膜材料中的应力

外延生长薄膜材料已经成为晶体生长的主要方法之一，在薄膜材料外延生长过程中，应力分析对于控制薄膜材料的结晶质量，乃至能否成功获得薄膜材料具有决定性的影响，过大的残余应力会导致薄膜材料的失稳、变形，甚至相变、开裂。

薄膜材料中的应力通常包括两个部分，即热应力和内应力。其中热应力是当薄膜与衬底材料热膨胀系数不同时在温度变化过程中形成的，而内应力则是由于外延层与衬底之间晶体结构和晶格常数的不匹配造成的。同时，在薄膜与衬底的界面上会形成晶格错配应力。

1. 薄膜中的热应力

在薄膜材料中，当其厚度 δ 足够小时，可认为在厚度方向上温度是均匀的，可简化为平面应力场[27,28]。设 x 轴和 y 轴是在薄膜平面内的直角坐标系，而 z 轴垂直于薄膜。因此可以认为 $\sigma_z=\tau_{xz}=\tau_{yz}=0$，应力与应变的关系可表示为

$$\begin{bmatrix}\sigma_x\\\sigma_y\\\tau_{xy}\end{bmatrix}=\begin{bmatrix}C_{11}&C_{12}&0\\C_{21}&C_{22}&0\\0&0&C_{33}\end{bmatrix}\begin{bmatrix}\varepsilon_x-\alpha_T(T-T_0)\\\varepsilon_y-\alpha_T(T-T_0)\\\gamma_{xy}\end{bmatrix}\tag{8-61}$$

假定薄膜中应力为零的参考温度为 T_0，即在 T_0 时，$\varepsilon_x\approx\varepsilon_y\approx0$。当温度升高到 T 时，薄膜中的各向同性的热弹性应变 $\varepsilon_{\text{therm}}$ 可表示为[29]

$$\varepsilon_x=\varepsilon_y=\varepsilon_{\text{therm}}=\int_{T_0}^{T}[a_{\text{film}}(T)-a_{\text{sub}}(T)]\mathrm{d}T\tag{8-62}$$

式中，$a_{\text{film}}(T)$、$\alpha_{\text{sub}}(T)$分别为薄膜和衬底的晶格常数，则各向同性的热应力 σ_{therm} 可以表示为

$$\sigma_x = \sigma_y = \sigma_{\text{therm}} = \frac{E_y}{1-\nu}\varepsilon_{\text{therm}} \tag{8-63}$$

切应力则可以根据以下平面应力分量之间的关系计算：

$$\frac{\partial \sigma_x}{\partial x} + \frac{\partial \tau_{xy}}{\partial y} = 0 \tag{8-64a}$$

$$\frac{\partial \tau_{xy}}{\partial x} + \frac{\partial \sigma_y}{\partial y} = 0 \tag{8-64b}$$

2. 薄膜中的内应力

内应力又称为本征应力，通常认为是由于晶格常数的变化引起的。根据 Hoffmann 的晶界弛豫模型[30]，假定薄膜在无应力状态下的晶格常数为 a（可用无应力的体晶的晶格常数代替），而当材料以薄膜沉积在衬底上时，晶格常数变为 x，则应变为

$$\varepsilon = \frac{x-a}{a} \tag{8-65}$$

应力为

$$\sigma = \frac{E_y}{1-\nu}\frac{x-a}{a} = \frac{E_y}{1-\nu}\frac{\Delta}{L_S} \tag{8-66}$$

式中，最右边的表达形式是根据晶粒尺寸变化计算应力的公式；E_y 为薄膜材料的杨氏模量；ν 为薄膜材料的泊松比；Δ 为薄膜中晶界的弛豫距离；L_S 为晶粒尺寸。

与块体材料相同，当切应力在滑移系上的分量大于位错滑移启动所需要的临界切应力时，将会发生变形，使应力得到松弛。

3. 薄膜中残余应力的测定

残余应力测定最简单的方法是 X 射线衍射法。采用 X 射线衍射测定出薄膜的实际晶格常数 x，则可以通过与理论晶格常数 a 对比，按照式(8-65)和式(8-66)分别计算薄膜中的应力和应变。

另外一种实用的方法是根据在薄膜中残余应力引起衬底的挠曲进行测定。假定在未沉积薄膜以前，衬底的曲率半径为 R_0，而沉积薄膜后曲率变为 R_f，则可以根据下式计算薄膜中的应力[31]：

$$\sigma = \left(\frac{E_S}{1-\nu_S}\right)\frac{\delta_S^2}{6\delta_f}\left(\frac{1}{R_f} - \frac{1}{R_0}\right) \tag{8-67}$$

式中，E_S 和 ν_S 分别为衬底的杨氏模量和泊松比；δ_S 是衬底厚度；δ_f 是薄膜厚度。

虽然沉积薄膜后衬底的曲率变化是非常有限的，但采用光的干涉原理仍可分辨出沉积薄膜前后衬底的曲率变化情况。

对于多层薄膜，在进行第 i 层的应力分析时，可以将前 $i-1$ 层与衬底看作一个整体，按衬底处理即可。

4. 界面错配应变与应力

在异质界面上，由于晶格的错配将导致出现大量位错以及松弛应力。根据 Matthews 错配位错理论[32]，假定薄膜厚度为 δ，错配位错间距为 d，则薄膜内的残余应变为

$$\varepsilon = b(1-\nu)\frac{\ln\left(\dfrac{\delta}{d}\right)+1}{8\pi\delta(1+\nu)\cos\lambda} \tag{8-68}$$

式中，b 为位错的伯格斯矢量的模；λ 为相界面平面内垂直于位错线的直线与伯格斯矢量的夹角。

两个半无限大的晶体接触界面附近的应力分布在文献[33]、[34]中作了较为详细的分析。假定 y 轴和 z 轴是相界面内的直角坐标，x 轴与界面垂直，并决定界面位错为纯刃形位错，位错 A 和 B 分别平行于 x 轴和 y 轴，对应的应力分量分别为 σ^{A} 和 σ^{B}，则各应力分量为

$$\tau_{xy}^{A} = \sigma_0^{A}\sin(2\pi Y)[\cosh(2\pi X)-\cos(2\pi Y)-2\pi X\sinh(2\pi X)] \tag{8-69a}$$

$$\sigma_x^{A} = -\sigma_0^{A}2\pi X[\cosh(2\pi X)\cos(2\pi Y)-1] \tag{8-69b}$$

$$\sigma_y^{A} = \sigma_0^{A}\{2\sinh(2\pi X)[\cosh(2\pi X)-\cos(2\pi Y)]-2\pi X[\cosh(2\pi X)\cos(2\pi Y)-1]\} \tag{8-69c}$$

$$\sigma_z^{A} = \nu(\sigma_x^{A}+\sigma_y^{A}) \tag{8-69d}$$

$$\sigma_{xz}^{B} = \sigma_0^{B}\sin(2\pi Z)[\cosh(2\pi X)-\cos(2\pi Z)-2\pi X\sinh(2\pi X)] \tag{8-69e}$$

$$\sigma_x^{B} = -\sigma_0^{B}2\pi X[\cosh(2\pi X)\cos(2\pi Z)-1] \tag{8-69f}$$

$$\sigma_z^{B} = \sigma_0^{B}\{2\sinh(2\pi X)[\cosh(2\pi X)-\cos(2\pi Z)]-2\pi X[\cosh(2\pi X)\cos(2\pi Z)-1]\} \tag{8-69g}$$

$$\sigma_y^{B} = \nu(\sigma_x^{B}+\sigma_z^{B}) \tag{8-69h}$$

$$\sigma_0^{A} = \frac{Gb}{2d(1-\nu)[\cosh(2\pi X)-\cos(2\pi Y)]^2} \tag{8-69i}$$

$$\sigma_0^{B} = \frac{Gb}{2d(1-\nu)[\cosh(2\pi X)-\cos(2\pi Z)]^2} \tag{8-69j}$$

式中，d 为位错间距；$X=\dfrac{x}{d}$；$Y=\dfrac{y}{d}$；G 为剪切模量；$\sigma=\sigma^{A}+\sigma^{B}$。

当 $x>d$ 时，以上各应力可以近似如下：

$$\sigma_y = \sigma_z = \pm\frac{Gb}{d}\frac{1+\nu}{1-\nu} \tag{8-70}$$

$$\tau_{xy} = \tau_{xz} = \sigma_x = 0 \tag{8-71}$$

其中主要应力分量均随着与接触界面距离的增大而衰减。

8.3 电场在晶体生长过程中的作用原理

电加热是晶体生长过程控制的核心技术，当今几乎所有的晶体生长方法均直接或间接的以电流作为加热方式，进行温度场控制。除此之外，电流和静电场的其他特性，如

Peltier 效应、Thomson 效应、电泳原理等也可用于晶体生长过程的控制，并且越来越多地得到人们的重视。本节将对晶体生长过程涉及的电学原理作简要的叙述，以期拓宽晶体生长技术的研究思路。

8.3.1　材料的电导特性

任何材料在其两端施加一个电压 V 时，将会在其中产生电流 I，电流和电压的关系是由欧姆定律决定的。晶体生长过程经常遇到的大截面物体，其电流的分布具有非均匀性和方向性，因此以下微分形式的欧姆定律更便于进行晶体生长过程的分析：

$$\boldsymbol{J}=\frac{1}{\rho}\boldsymbol{E} \tag{8-72}$$

式中，$\boldsymbol{E}$ 为电场强度；$\boldsymbol{J}$ 为电流密度；ρ 为电阻率，其倒数 $\sigma=\frac{1}{\rho}$ 为电导率。

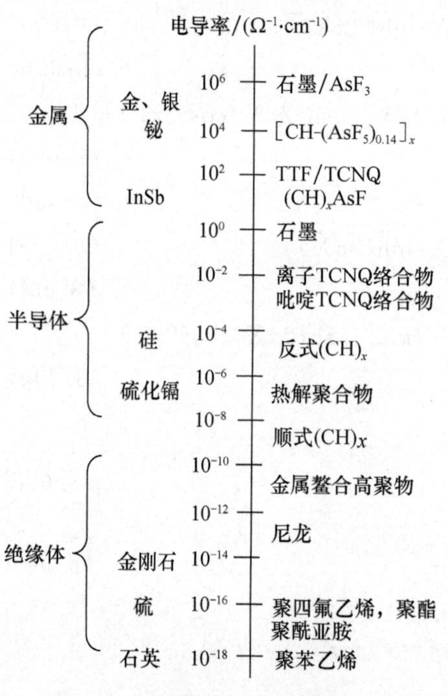

图 8-12　不同材料的电导率变化范围

电阻率(或电导率)是反映材料电学性质最重要的参数，也是进行材料分类的一个重要依据。不同材料的电导率变化范围如图 8-12 所示。材料电导率是由其中带电粒子的浓度 n_i 和迁移率 μ_i 决定的。固体材料中的带电粒子只有电子，因此电导率可表示为

$$\sigma=\mu_e n_e e \tag{8-73}$$

式中，n_e 为电子的浓度；μ_e 为电子迁移率；e 为电子电荷。

许多材料当其温度降低到一定数值时，电阻率会突然降低到接近于零，出现超导电现象[35]。

根据 Drude-Lorentz 电导理论[36]，导电材料是由围绕平衡位置振动的正离子和自由运动的带负电的“电子气”构成的。电子在外电场的作用下发生加速运动，并在运动过程中不断与晶格点阵发生碰撞。电子在两次碰撞之间的平均速度为

$$v_d \approx \frac{eE_x}{m_e}\frac{\tau}{2} \tag{8-74}$$

式中，E_x 为电场强度；m_e 为电子质量；τ 为两次碰撞之间的时间间隔，与电子运动的自由程 L 之间满足 $\tau=\frac{L}{u+v_d}\approx\frac{L}{u}$；$u$ 为电子热运动的运动速率，表示为 $u=\left(\frac{3k_B T}{m_e}\right)^{\frac{1}{2}}$，通常远大于电子定向运动的平均速率 v_d。

电流密度可以表示为

$$j=n_e e v_d=\frac{n_e e^2}{2m_e}\tau E_x \tag{8-75}$$

从而结合式(8-72)和式(8-75)可以得出电阻率的表达式为

$$\rho = \frac{1}{\sigma} \approx \frac{2}{n_e e^2 L}\sqrt{3k_B m_e T} \tag{8-76}$$

由于 L 是与晶体结构和成分相关的参数,因此,电阻率不仅取决于材料的成分,还与组织结构和温度有关。实际材料的实验结果表明,材料的电阻率与温度之间呈线性关系,而不是式(8-76)所示的平方根的关系,可表示为[35]

$$\rho = \rho_0[1 + \alpha_e(T - T_0)] \tag{8-77}$$

式中,T_0 通常取为 273.2K,即 0℃;ρ_0 为 0℃时的电阻率;α_e 为电阻率温度系数,绝大多数材料的电阻率温度系数为正值,即电阻率随着温度的升高而增大。

电流通过大截面载体时存在着趋肤效应,特别是在高频电流传输过程中,电流的趋肤效应成为必须考虑的问题。以通过图 8-13 所示圆柱截面导体的导电过程为例,电流密度沿导体截面的分布可表示为

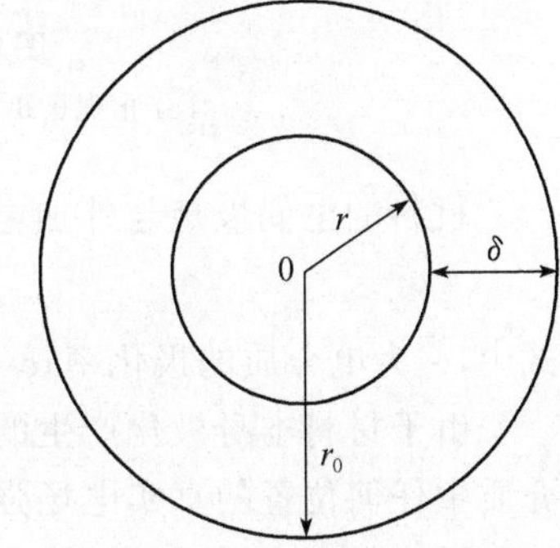

图 8-13　电流在圆柱导体中的趋肤效应

$$J(r) = J_0 \exp\left(-\frac{r_0 - r}{\delta}\right) \tag{8-78}$$

式中,r 为距离导体中心线的距离;J_0 为导体表面电流密度;δ 为趋肤深度,可表示为

$$\delta = \frac{1}{\sqrt{\pi f \sigma \mu}} \tag{8-79}$$

式中,f 为交流电的电流频率;σ 为电导率;μ 为磁导率。

$$J_0 = \frac{I_0}{2\pi\delta\left[(r_0 - \delta)\exp\left(-\frac{r_0}{\delta}\right)\right]} \tag{8-80}$$

式中,I_0 为总电流。

由式(8-79)可以看出,随着频率、电导率以及磁导率的增大,电流的趋肤效应更加突出。根据式(8-78)可对导体中的损耗、电阻、热效应以及热应力等特性进行分析。

8.3.2　材料的电介质特性[37]

反映外电场作用下电介质特性的典型参数是极化率。当构成材料的分子中的正电荷中心和负电荷中心不重合时则会形成一个电偶极矩 $\boldsymbol{p}$,它与电荷电量 q 和正负电荷中心连线矢量 $\boldsymbol{l}$ 之间满足如下关系:

$$\boldsymbol{p} = q\boldsymbol{l} \tag{8-81}$$

材料内部所有偶极矩的矢量和构成其表观偶极矩 $\boldsymbol{P}$,即

$$\boldsymbol{P} = \sum \boldsymbol{p} \tag{8-82}$$

在无外电场作用时,材料内部的偶极矩的取向是随机的,如图 8-14(a)所示,因此其矢量和为 0,即 $\boldsymbol{P}=0$。当在材料的两端施加外电场 $\boldsymbol{E}$ 时,会出现两种情况:对于导体,正、负电荷中心分离,分别在材料的两端聚集,形成宏观的电极矩,如图 8-14(b)所示;对于非导电材料,微观的电偶极矩取向排列,从而表现出宏观的偶极矩,如图 8-14(c)所示。

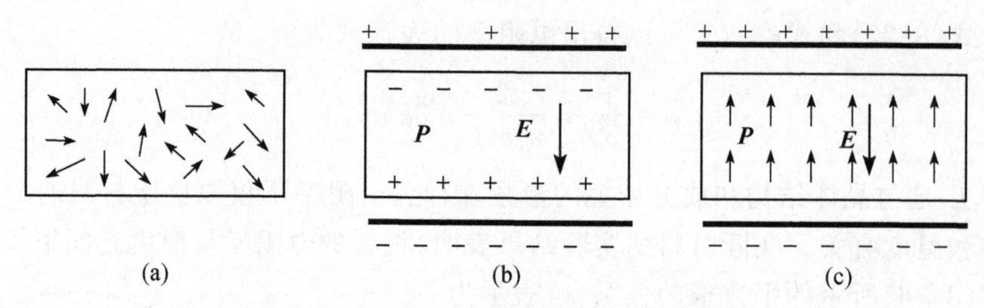

图 8-14　外电场作用下的材料介电特性

(a) 电偶极矩随机分布；(b) 正负电荷分离；(c) 电偶极矩取向排列

材料的电偶极矩与外加电场强度的关系可表示为

$$\boldsymbol{P}=\chi\varepsilon_0\boldsymbol{E} \tag{8-83}$$

式中，χ 为电介质的极化率；ε_0 为真空中的介电常数。

由于材料本身极化产生的偶极矩与外加电场一样会在空间形成电势，因此作用于电介质中任何位置的真实电场强度是其二者的矢量和。图 8-14(b)和图 8-14(c)所示的结构类似于平板电容，可以用电位移 $\boldsymbol{D}$ 表征有外场作用时材料内部的电场特性

$$\boldsymbol{D}=\varepsilon_0\boldsymbol{E}+\boldsymbol{P} \tag{8-84}$$

而 $\boldsymbol{D}$ 又可表示为

$$\boldsymbol{D}=\varepsilon\boldsymbol{E}=\varepsilon_r\varepsilon_0\boldsymbol{E} \tag{8-85}$$

式中，ε_0 为介电常数；ε_r 为介电系数

$$\varepsilon_r=1+\chi \tag{8-86}$$

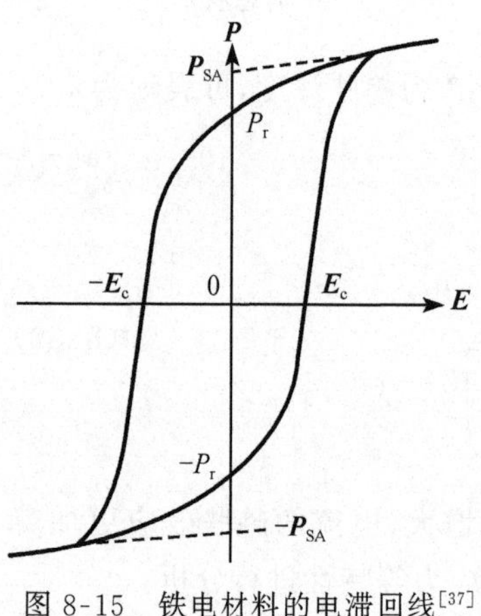

图 8-15　铁电材料的电滞回线[37]

在交变电场中，某些材料可能发生极化，出现相对于外加电场变化滞后的现象，如图 8-15 所示的电滞回线。该回线中的强场饱和部分为一直线，该直线与 $\boldsymbol{P}$ 轴的交点 $\boldsymbol{P}_{SA}$ 称为饱和极化强度。回线与 $\boldsymbol{P}$ 轴的交点 $\pm P_r$ 为剩余极化强度。回线与 $\boldsymbol{E}$ 轴的交点 $\pm\boldsymbol{E}_c$ 称为矫顽场。具有较为明显的电滞回线特性的材料称为铁电材料。

8.3.3　晶体生长相关的电学原理

1. Seebeck 效应[38]

当两种不同的金属两端接触，形成回路时，如果两个接头的温度不同，则会形成电动势 E_{ab}，称为温差电动势，如图 8-16(a)所示。该电动势的大小与其两个接头的温差成正比，即

$$E_{ab}=\alpha_S(T_1-T_2) \tag{8-87}$$

式中，α_S 为 Seebeck 系数。

温差电动势实际上是由图 8-16(b)和图 8-16(c)所示的 Peltier 电动势和 Thomson 电动势两个部分构成的。其中 Peltier 电动势是两种不同的导体或半导体接触时，由于其

Fermi 能级不同，电子从 Fermi 能较高的导体或半导体向 Fermi 能级较低的导体或半导体转移，形成的电动势。Thomson 电动势是由于导体或半导体两端的温度不相等，电子从高温端向低温端扩散，从而在高温端富集正电荷，低温端富集电子形成电势差。

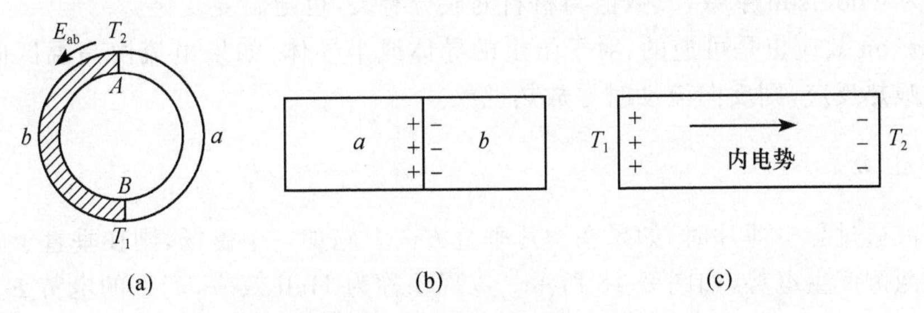

图 8-16 Seebeck 效应[38]

(a) Seebeck 效应原理；(b) Peltier 电动势，$E_{Fa} > E_{Fb}$（E_{Fa} 和 E_{Fb} 分别为 a 和 b 的 Fermi 能）；(c) Thomson 电动势，$T_2 < T_1$

对于给定的金属或半导体的接触，温差电动势是温度的函数。因此测出该电动势则可以推算出接触点处的温度。此即为热电偶测温原理。保证接触点被均匀加热是获得精确温度的基本条件。

2. Peltier 效应[38]

Peltier 效应是 Seebeck 效应的逆效应，即当两种不同的导体或半导体接触，形成闭合回路并通电流时，除焦耳热以外，还会在接触界面上产生或吸收热量。这一现象称为 Peltier 效应，所放出或吸收的热量称为 Peltier 热（见图 8-17）。单位时间在接头处产生的 Peltier 热量可表示为

$$\frac{dQ}{d\tau} = \int_A \pi_{ab} j \, dA = I\pi_{ab} \tag{8-88}$$

式中，j 为电流密度；A 为界面面积；I 为电流强度；π_{ab} 为电流由 a 流向 b 时的 Peltier 系数。

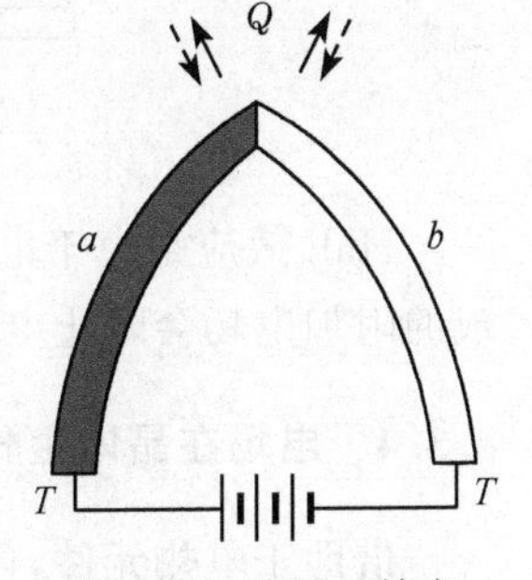

图 8-17 Peltier 效应的原理

Peltier 效应是可逆的，电流流动方向改变为由 b 到 a 时的 Peltier 系数 π_{ba} 与 π_{ab} 之间满足

$$\pi_{ab} = -\pi_{ba} \tag{8-89}$$

即当正向电流作用下的 Peltier 效应为放热反应时，反向电流作用下的 Peltier 效应将表现为吸热反应。

3. Thomson 效应[38]

Thomson 效应是指当电流流过有温度梯度的均匀导体或半导体时，除了产生由电阻决定的焦耳热以外，还向外界释放或吸收热量。该热量释放或吸收的速率 $dH/d\tau$ 与电流

密度 j 和温度梯度 $\mathrm{d}T/\mathrm{d}x$ 成正比,即

$$\frac{\mathrm{d}H}{\mathrm{d}\tau}=\sigma_a^T j\ \frac{\mathrm{d}T}{\mathrm{d}x} \tag{8-90}$$

式中,σ_a^T 为 Thomson 系数,其数值与材料的成分有关,也随温度变化。

Thomson 效应也是可逆的,对于给定的导体或半导体,如果电流由高温区向低温区流动时呈吸热反应,则反向流动时呈放热现象。

4. Hall 效应[38]

当电流通过导电薄片时,如果在薄片垂直方向上施加一个磁场,则在垂直于电流和磁场的薄片两侧产生电势,如图 8-18 所示。该现象称为 Hall 效应,产生的电势 $\boldsymbol{E}_{ab}$ 则称为 Hall 电势差。

$$\boldsymbol{E}_{ab}=R_{\mathrm{H}}\frac{\boldsymbol{I}\times\boldsymbol{B}}{d} \tag{8-91}$$

式中,R_{H} 为 Hall 系数;$\boldsymbol{I}$ 为电流;$\boldsymbol{B}$ 为磁场强度;d 为薄片的厚度。

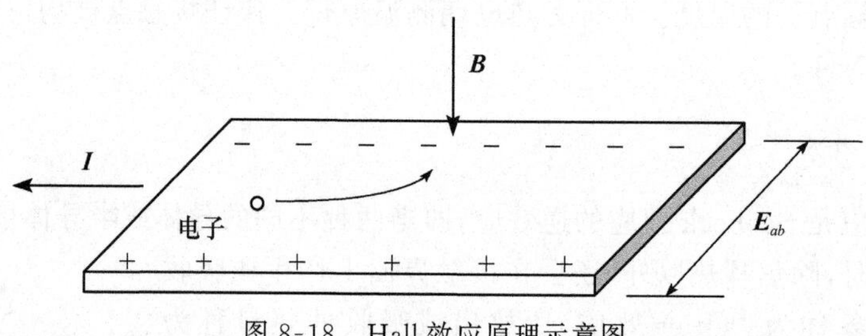

图 8-18　Hall 效应原理示意图

Hall 效应是由于电子在磁场中受到的洛伦兹力造成的。电荷在薄片两侧的聚积形成的附加电场会阻止电荷的进一步聚积,达到平衡时会形成稳定的电位差。

8.3.4　电场在晶体生长过程应用的实例

借助于电热元件,包括电阻丝(电炉丝)、感应线圈加热,进行晶体生长过程温度场控制的技术已经是非常普遍的。除此之外,使电流或静电场直接作用于生长的晶体或母相,实现对晶体生长过程控制的技术近年来也得到广泛研究,并取得显著进展。以下对采用电场或电流直接控制晶体生长过程的几种情况进行分析。

1. 电场对结晶界面的作用原理

采用内电场直接控制电介质材料结晶过程的研究始于 Ribeiro 于 1945 年的工作[39]。此后,人们较为深入地研究了电解质与熔体界面[40]及水与冰的界面[41,42]。Dyakov 等[39]进一步以同成分 $LiNbO_3$ 的 Czochralski 法晶体生长过程为对象,研究了高温熔体的结晶界面,发现了结晶过程固相和液相界面的 Seebeck 效应,并确定了结晶界面上的结晶电势。其研究结果表明,结晶电动势 ϕ_{EMF} 与结晶界面生长速率呈线性关系,即

$$\phi_{EMF} = \alpha_C R \tag{8-92}$$

式中，α_C 为比例系数；R 为生长速率。

Aleksandrovskii 和 Shumov[43] 的实验研究进一步证明了结晶界面电势的存在，并证明该电动势与生长速率之间存在着非线性的关系。

结晶界面上的电势是由于结晶界面上溶质的分凝，使得某些具有带电离子特性的组元在结晶界面两侧存在浓度差异形成的，因此在熔融状态下发生电离的材料容易出现较为明显的界面电势。

Uda 和 Tiller[44,45] 发现，掺 Cr 的 $LiNbO_3$ 生长过程中界面电场可以显著改变 Cr 的分凝系数。Uda 等进一步设计了微下拉(micro-pulling-down)晶体生长方法，研究了掺 Mn[46,47] 及未掺杂[48] 的 $LiNbO_3$ 晶体生长过程的结晶界面的电学特性。该方法被进一步应用于 $La_3Ga_5SiO_{14}$ 晶体生长过程研究[49]。以下对 $LiNbO_3$ 晶体微下拉法生长过程 Seebeck 电动势的研究结果及相关原理作一介绍。

Koh 等[48] 在微下拉法实验中，将试样的底部测量点和熔体内部测量点的温度分别设定在熔点以上和熔点以下，测量两点之间的电位差，并同时通过控制两端的温度差实现结晶界面的移动。分别测定了升温(熔化)和降温(生长)过程结晶界面附近的电势变化，该电势随温度差的变化规律如图 8-19 所示。图中升温过程和降温过程的电势差实际上反映了结晶界面上的电势 $\Delta\phi_{phy}$，即

$$\Delta\phi_{phy} = \Delta\phi_{EMF}^{down} - \Delta\phi_{EMF}^{up} \tag{8-93}$$

式中，$\Delta\phi_{EMF}^{down}$ 和 $\Delta\phi_{EMF}^{up}$ 分别表示降温和升温过程的界面电势。

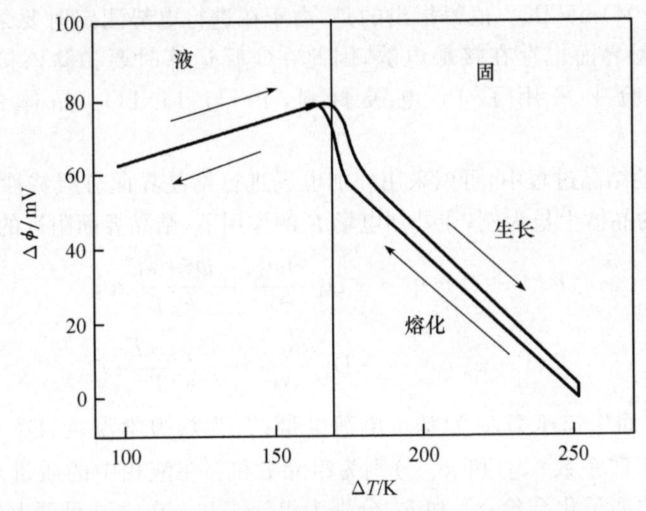

图 8-19　$LiNbO_3$ 晶体在结晶界面附近的 Seebeck 效应以及温差电动势 $\Delta\phi$ 随温度差 ΔT 的变化[48]

根据 Seebeck 效应的可逆性原理可以推出，结晶界面电势为

$$\Delta\phi_{EMF} = \left|\Delta\phi_{EMF}^{down}\right| = \left|\Delta\phi_{EMF}^{up}\right| = \frac{1}{2}\Delta\phi_{phy} \tag{8-94}$$

实验结果表明，结晶界面上的电势与生长速率呈图 8-20 所示的关系。

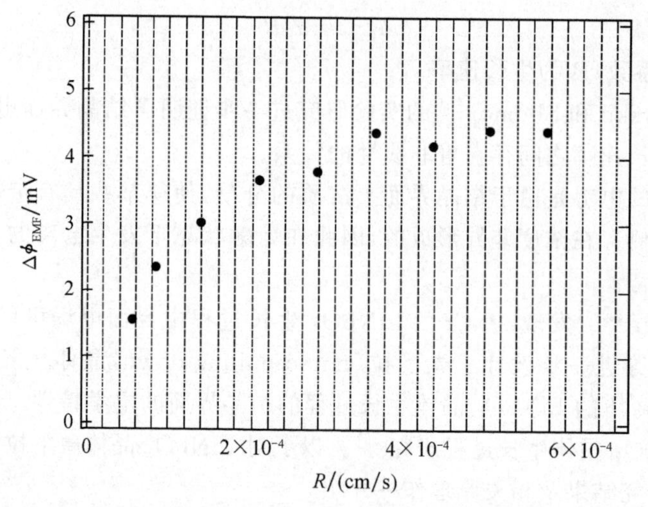

图 8-20　$LiNbO_3$ 晶体结晶界面电动势随生长速率的变化规律[48]

图 8-16 中实际测出的电势包括 3 个部分，即固相和液相中的 Thomson 电势和结晶界面上的 Peltier 电势

$$\Delta\phi = \alpha_L(T_1 - T_i) + \alpha_S(T_i - T_2) + \Delta\phi_{EMF} \tag{8-95}$$

式中，T_1 为高温区温度；T_2 为低温区温度；T_i 为界面温度；α_L 和 α_S 分别为液相和固相的 Seebeck 系数；$\Delta\phi_{EMF}$ 为界面电势，对于升温和降温过程，分别采用相应的参数。

Koh 等[48]通过调整液相区和固相区的体积，计算出 $\alpha_L = (0.23 \pm 0.03)$mV/K 和 $\alpha_S = (-0.71 \pm 0.04)$mV/K。值得指出的是，由于在进行电势测定时要采用电极，电极材料本身与晶体接触界面也存在接触电势，因此在实际运算时要扣除该接触电势的影响。Koh 等[48] 的实验中采用了 Pt 电极材料，Pt 与 $LiNbO_3$ 晶体的接触电势为 -0.025mV/K。

在介电材料的结晶过程中，可以采用外加电场进行结晶界面分凝特性的控制。以包含两种组元 i 和 j 的晶体生长为例，在外加电场 $\boldsymbol{E}$ 的作用下，结晶界面附近的溶质平衡方程为

$$R(1 - k_0^i)w_L^i = -D_L^i \frac{\partial w_L^i}{\partial x} + \frac{D_L^i z^i eE}{k_B T} w_L^i \tag{8-96a}$$

$$R(1 - k_0^j)w_L^j = -D_L^j \frac{\partial w_L^j}{\partial x} + \frac{D_L^j z^j eE}{k_B T} w_L^j \tag{8-96b}$$

式中，R 为结晶界面生长速率；e 为基本电荷电量；T 为热力学温度；D_L^i 和 D_L^j 分别为组元 i 和 j 的液相扩散系数；w_L^i 和 w_L^j 分别为组元 i 和 j 在液相中的质量浓度；z^i 和 z^j 分别为组元 i 和 j 的离子化合价；k_0^i 和 k_0^j 分别为组元 i 和 j 在结晶界面上的分凝系数。

分别定义出如下在电场中组元 i 和 j 的有效生长速率 $R_{E:cry}^i$ 和 $R_{E:cry}^j$，以及有效分凝系数 k_{E0}^i 和 k_{E0}^j

$$R_{E:cry}^i = R - \frac{D_L^i z^i eE}{k_B T} \tag{8-97a}$$

$$R_{E:cry}^j = R - \frac{D_L^j z^j eE}{k_B T} \tag{8-97b}$$

$$k_{E0}^{i}=\frac{R}{R_{E:cry}^{i}}k_{0}^{i} \tag{8-98a}$$

$$k_{E0}^{j}=\frac{R}{R_{E:cry}^{j}}k_{0}^{j} \tag{8-98b}$$

从而可以将式(8-96a)和式(8-96b)写为如下传统的界面溶质平衡的表达式：

$$R_{E:cry}^{i}(1-k_{E0}^{i})w_{L}^{i}=-D_{L}^{i}\frac{\partial w_{L}^{i}}{\partial x} \tag{8-99a}$$

$$R_{E:cry}^{j}(1-k_{E0}^{j})w_{L}^{j}=-D_{L}^{j}\frac{\partial w_{L}^{j}}{\partial x} \tag{8-99b}$$

并可用经典的界面分凝理论分析。

Koh 等[48]进一步假定组元 i 和 j 的初始含量相同，即 $w_0^i=w_0^j=w_0$，通过分析熔体中的电势分布，得出结晶界面电势的表达式为

$$\frac{\Delta\phi_{EMF}}{2}=\frac{zew_0}{\varepsilon}f(k_{E0}^{i},k_{E0}^{j},D_{L}^{i},D_{L}^{j},R_{E:cry}^{i},R_{E:cry}^{j}) \tag{8-100}$$

式中，z 为离子化合价；e 为单位电荷电量；ε 为介电常数；f 为一个复杂的函数。

外加电场对结晶界面溶质分凝系数的影响可进行如下分析[50]。组元 i 在外加电场作用下的固相和液相的化学位分别为

$$\mu_{S}^{i}=\mu_{S0}^{i}+k_{B}T\ln(\gamma_{S}^{i}w_{S}^{i})+z_{S}^{i}eR+\frac{\partial}{\partial w_{S}^{i}}\left[\frac{1}{2}(\varepsilon_{S}\boldsymbol{E}_{S}^{2})\right] \tag{8-101a}$$

$$\mu_{L}^{i}=\mu_{L0}^{i}+k_{B}T\ln(\gamma_{L}^{i}w_{L}^{i})+z_{L}^{i}eR+\frac{\partial}{\partial w_{L}^{i}}\left[\frac{1}{2}(\varepsilon_{L}\boldsymbol{E}_{L}^{2})\right] \tag{8-101b}$$

式中，T 为温度；γ_S^i 和 γ_L^i 分别为组元 i 在固相和液相中的活度系数；w_S^i 和 w_L^i 分别为组元 i 在固相和液相中的浓度；z_S^i 和 z_L^i 为组元 i 在固相和液相中的化合价；e 为单位电荷电量；R 为生长速率；ε_S 和 ε_L 分别为固相和液相的介电常数；$\boldsymbol{E}_S$ 和 $\boldsymbol{E}_L$ 分别为固相和液相中的电场强度。

在平衡条件下，令液相与固相的化学位相等，则可得到在外电场作用下结晶界面分凝系数：

$$k_{e}^{i}=\frac{w_{S}^{i}}{w_{L}^{i}}=\frac{\gamma_{L}^{i}}{\gamma_{S}^{i}}\exp\left(-\frac{\Delta\mu_{0}^{i}-\frac{1}{2}\boldsymbol{E}_{L}^{2}\left[p_{L}-p_{S}\left(\frac{\varepsilon_{L}}{\varepsilon_{S}}\right)^{2}\right]}{k_{B}T}\right) \tag{8-102}$$

式中，$\Delta\mu_0^i=\mu_{S0}^i-\mu_{L0}^i$，$p_S=\dfrac{\partial\varepsilon_S}{\partial w_S^i}$，$p_L=\dfrac{\partial\varepsilon_L}{\partial w_L^i}$

2. 电场对液相中带电离子的作用原理

利用电场驱动溶液中带电离子向两极移动可以加速溶液中元素的扩散，实现溶液生长[51~56]，如图 8-21 所示的 InGaAs 晶体生长过程[56]。采用外加电场和磁场驱动生长单元(离子)的扩散，通过控制电流方向使得在多晶熔化界面上产生 Peltier 放热反应，而结

晶界面上发生 Peltier 吸热反应。

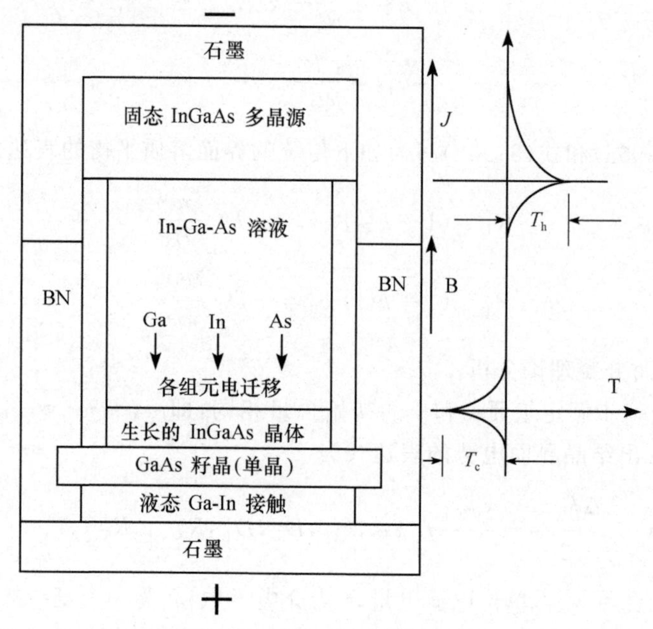

图 8-21　电沉积技术在 Ga-As 溶液中生长 InGaAs 原理示意图[56]

T_h 为 Peltier 加热温度；T_c 为 Peltier 冷却温度

以下为了便于讨论，考虑富 Ga 的 Ga-As 二元溶液中 GaAs 的生长。该晶体生长过程是由 As 的传输特性决定的。As 在液相中的浓度设为 w_L，则其在静电场作用下的溶质迁移通量 J_C 可以表示为

$$J_C = -\mu E w_L \tag{8-103}$$

式中，μ 为离子的迁移率；E 为电场强度；w_L 为该带电离子的浓度。

对于非稳态传输过程，在经典的质量守恒方程中加上电场引起的溶质迁移项即可用于实际计算。对于一维传输过程，质量守恒方程可以表示为

$$\frac{\partial w_L}{\partial \tau} = D_L \frac{\partial^2 w_L}{\partial z^2} - V \frac{\partial w_L}{\partial z} - \mu E \frac{\partial w_L}{\partial z} \tag{8-104}$$

式(8-104)右边的第一项为 Fick 扩散过程引起的溶质迁移，第二项为溶液对流引起的溶质迁移，而第三项为静电场引起的溶质迁移项。

在采用电场驱动的晶体生长过程中，沉积速率符合法拉第电解定律，即在电极上沉积产物的质量 W 与电流强度 I、沉积时间 τ 和产物的物质的量 M 成正比，与每个离子所带的电荷数 n 成反比，即

$$W = \frac{MI\tau}{q_0 n} g \tag{8-105}$$

式中，$q_0 = 96485\text{C}$，对应于电解产生 1g 氢所需要的电荷电量。

尽管采用电沉积法具有生长温度和温度梯度低、易于控制等优点，但由于 Joule 效应和 Peltier 效应产生的温度梯度以及强烈的对流，容易发生结晶界面的失稳。因此，晶体

的生长长度有限,更适合薄膜材料的生长。

3. 电流加热方法控制的结晶过程

电场中晶体生长的又一实例是电流加热方法,即在预制试棒的两端加上电极,直接通入电流,利用电流产生的焦耳热对试样加热。由此在试样中形成高温,导致试样内部发生相变,或者与气相发生反应,形成新的化合物。这一技术首先由 Nezaki 等[57,58]提出并应用于 ZnO 的晶体生长。在该晶体生长过程中,控制 ZnO 生长形态的关键是 Zn 的蒸汽分压,通过改变 Zn 的蒸汽分压可以获得不同形态的 ZnO 纤维。

Suzuki 等[59]研究了通电加热生长 β-Ga_2O_3 的技术,其基本方法是将热压的 β-Ga_2O_3 的预制体加工成 15mm×1mm×1mm 的条,在其两端涂上 Pt 电极,通过电极使电流通过试样,由此产生的焦耳热使试样升温。对于给定尺寸的试样,在空气中加热时试样表面温度与加热功率的关系如图 8-22(a)所示,温度分布则如图 8-22(b)所示。随着气氛条件的变化,在试样中形成不同形态的 β-Ga_2O_3 晶须,如图 8-23 所示。

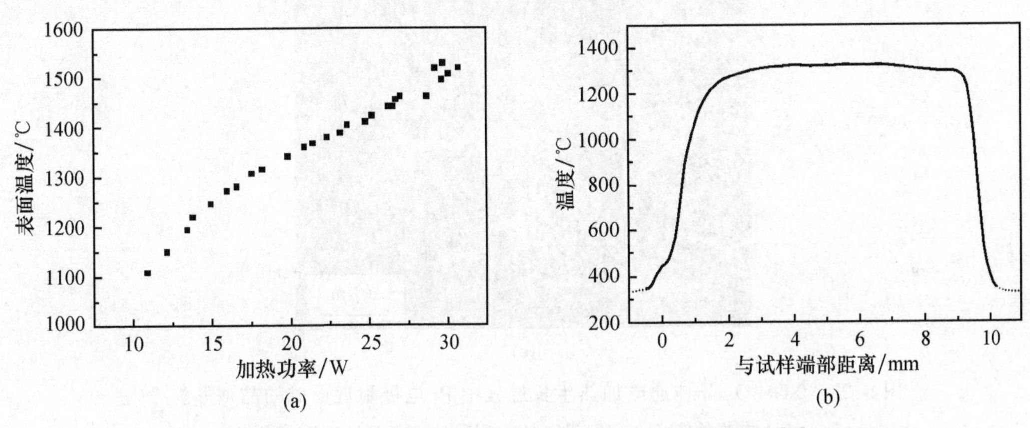

图 8-22　Ga_2O_3 晶体电流加热生长过程中的温度变化[59]

(a) 表面温度随电流的变化;(b) 沿晶体长度方向的温度分布

对于非晶态材料,直接通电加热可以进行晶化过程的控制[60]。在该通电过程中,除了电流的加热效果外,还可以控制结晶相的形核和生长。非晶态材料在电场中的形核速率可表示为[60,61]

$$I = I_0 \exp\left(\frac{\Delta G_n}{k_B T}\right) \exp\left(\frac{Q}{RT}\right) \tag{8-106}$$

式中,R 为摩尔气体常量;ΔG_n 为形核功;Q 为原子由基体向晶核表面迁移的激活能。

在电场中

$$\Delta G_n = \frac{16\pi\gamma^3}{3\left[\Delta G_V - \frac{1}{4}E_0^2(\sigma_1 - \sigma_0)\right]^2} \tag{8-107}$$

$$Q = Q_0 - \frac{1}{2}E_0 l \tag{8-108}$$

(a) (b) (c)

图 8-23　β-Ga_2O_3 晶体通电加热生长过程中 Pt 电极附近形成的晶须形貌[59]

(a) 大气条件；(b) 6.7×10^{-1}Pa 负压；(c) 6.7×10^{-3}Pa 负压

式中，γ 为晶核与母相之间的界面能；ΔG_V 为结晶过程的体积自由能；E_0 为电场强度；σ_1 和 σ_0 分别为晶体和母相的电导率；l 为母相中势阱的间距，相当于原子间距。

电场中的生长速率为

$$R=R_0\exp\left(-\frac{Q}{RT}\right) \tag{8-109}$$

从而，晶化率，即形成结晶体的体积分数，随时间的变化可表示为

$$f_{\text{cry}}=1-\exp\left(-\frac{\pi}{3}IR^3\tau^4\right) \tag{8-110}$$

采用该原理也可以进行熔体或溶液中形核过程的控制。

8.4　电磁场在晶体生长过程中应用的基本原理

电磁力是自然界的一种基本相互作用力，利用电磁力进行晶体生长过程的控制已经

成为一个非常重要的晶体生长控制手段。本节将对相关的原理和技术作简要分析。

8.4.1　电磁效应及磁介质的性质

磁场是由磁铁(永磁体)或电场产生的一种空间力场。表征该力场强弱的参数是磁感应强度,通常用矢量 $\boldsymbol{B}$ 表示。可采用运动的点电荷在磁场中运动时所受到的外力反映磁感应强度。假定电荷的电量为 q,电荷以速度 $\boldsymbol{v}$ 通过磁场运动时所受到的作用力 $\boldsymbol{F}$ 为

$$\boldsymbol{F}=q\boldsymbol{v}\times\boldsymbol{B} \tag{8-111}$$

反过来根据力的大小,由式(8-111)可以确定出磁感应强度 $\boldsymbol{B}$。

除了永磁体外,在电场周围存在着感应磁场。当电流沿着导线运动时,任意电流元 $I\mathrm{d}\boldsymbol{l}$ 在距该电流元的距离为 r 的任意点 P 处产生的元磁场 $\mathrm{d}\boldsymbol{B}$ 由以下公式计算:

$$\mathrm{d}\boldsymbol{B}=\frac{\mu_0}{4\pi}\frac{I\mathrm{d}\boldsymbol{l}\times\boldsymbol{e}_0}{r^2} \tag{8-112}$$

式中,$\boldsymbol{e}_0$ 是由电流元指向 P 点的单位矢量;$\frac{\mu_0}{4\pi}$是 Coulomb 定律的国际制表达式,其中,$\mu_0=4\pi\times10^{-7}\mathrm{N/A}$(N 和 A 分别为牛顿和安培)。磁感应强度符合右手螺旋定律。

沿着导线长度对式(8-112)积分则可得到 P 点的实际磁感应强度。以下针对图 8-24 所示的 4 个例子进行磁感应强度的计算[64]。

1. 无限长直线附近的磁感应强度

假定 P 点距离无限长导线的距离为 a,则沿轴线长度积分获得 P 点的磁感应强度为

$$B=\int_{-\infty}^{+\infty}\frac{\mu_0}{4\pi}\frac{I\mathrm{d}x\sin\theta}{r^2} \tag{8-113}$$

根据图 8-24(a)所示的几何关系,$x=-a\cot\theta$,$r=\frac{a}{\sin\theta}$,从而由式(8-113)得出

$$B=\frac{\mu_0}{4\pi}\int_0^{\pi}\frac{\sin\theta}{a}\mathrm{d}\theta=\frac{\mu_0 I}{4\pi a} \tag{8-114}$$

2. 环形导线附近的磁磁感应强度

假定环形线圈的半径为 R_0,线圈微元 $\mathrm{d}l$ 在距环形线圈距离为 a 的 P 点的磁感应强度 $\mathrm{d}B$ 为

$$\mathrm{d}B=\frac{\mu_0}{4\pi}\frac{I\mathrm{d}l}{r^2} \tag{8-115}$$

该磁感应强度可分解为垂直于轴线的分量 $\mathrm{d}B_{\perp}=\mathrm{d}B\sin\alpha$ 和平行于线圈轴线的分量 $\mathrm{d}B_{/\!/}=\mathrm{d}B\cos\alpha=\frac{R_0}{\sqrt{a^2+R_0^2}}\mathrm{d}B$,其中圆周方向上不同线圈微元产生的磁场互相抵消,其和

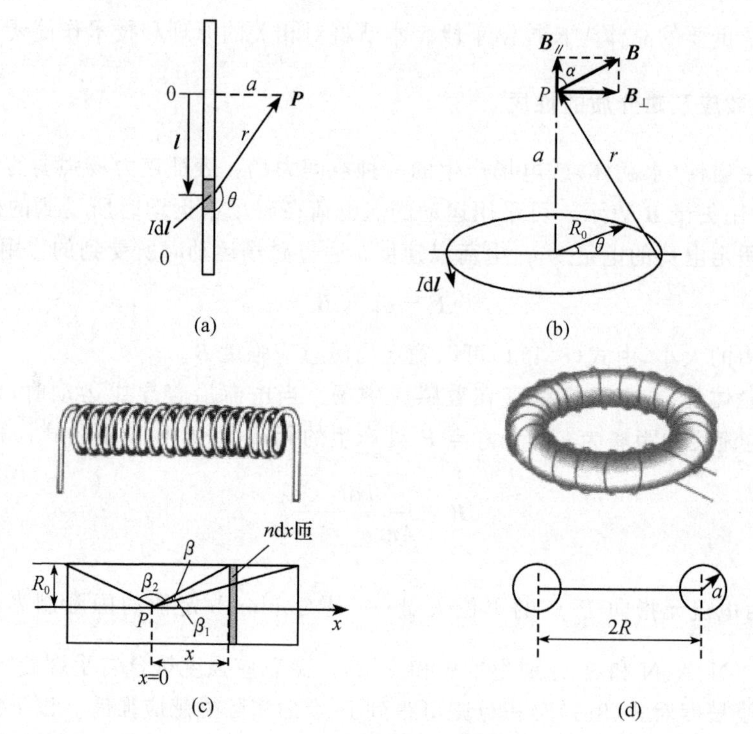

图 8-24　电流引起的感应磁场

(a) 无限长直线附近的磁场；(b) 环形线圈轴线上的磁场；(c) 螺线管轴线上的磁场；(d) 环形螺线管轴线上的磁场

为 0。平行于线圈轴线上的磁感应强度总和通过沿环线积分求得。其中 $r=\sqrt{a^2+R_0^2}$

$$B_{/\!/}=\int \mathrm{d}B\cos\alpha=\int_0^{2\pi}\frac{\mu_0}{4\pi}\frac{IR_0\cos\alpha\,\mathrm{d}\theta}{r^2}=\frac{\mu_0 IR_0^2}{2(a^2+R_0^2)^{\frac{3}{2}}} \tag{8-116}$$

3. 螺线管轴线上的磁感应强度

图 8-24(c)所示的线圈轴线中心线上的任何一点 P 可以用 β_1 和 β_2 两个参数表示，角度为 β 处的线圈在 P 点产生的磁感应强度为

$$\mathrm{d}B=\frac{\mu_0 IR_0^2}{2(a^2+R_0^2)^{\frac{3}{2}}}n\,\mathrm{d}x \tag{8-117}$$

式中，$x=R_0\cot\beta$，从而

$$B=\int_{\beta_1}^{\beta_2}-\frac{\mu_0 nI\sin\beta}{2}\mathrm{d}\beta=\frac{1}{2}\mu_0 nI(\cos\beta_1-\cos\beta_2) \tag{8-118}$$

当螺线管的长度接近无限长时，$\beta_1\approx 0$，$\beta_2\approx\pi$，从而

$$B\approx\mu_0 nI \tag{8-119}$$

4. 螺绕环线环轴线上的磁场

对于图 8-24(d)所示的螺绕环线环轴上的磁场，可通过对所有线圈在该处产生的磁

场强度的积分得到

$$B = \frac{\mu_0 IN}{2\pi R} \tag{8-120}$$

式中，N 为螺绕环线的总匝数。

不同材料在磁场中表现出不同的性质，这些性质在磁场作用下将发生变化，并能反过来影响磁场性质，这一类材料称为磁介质。在磁介质中，由于电子的运动，每个分子或原子相当于一个环形电流，即分子电流。由该电流产生的磁矩称为分子磁矩。在没有外场时，分子的磁矩是杂乱无章的，但当存在外加磁场时，这些分子磁矩倾向于取向排列，从而表现出宏观的磁学特性。为此，人们引入了磁化强度的概念。磁介质中体积单元 ΔV 中的磁化强度定义为

$$\boldsymbol{M} = \frac{\sum \boldsymbol{p}_{\mathrm{mi}}}{\Delta V} \tag{8-121}$$

式中，$\sum \boldsymbol{p}_{\mathrm{mi}}$ 为该体积元中所有分子磁矩的矢量和，因此 $\boldsymbol{M}$ 也是一个矢量。

磁化强度与磁感应强度 $\boldsymbol{B}$ 之间的关系可表示为

$$\boldsymbol{M} = \chi \boldsymbol{B} \tag{8-122}$$

式中，$\boldsymbol{B}$ 是由外加的磁感应强度 $\boldsymbol{B}_0$ 和磁化电流激发的磁场 $\boldsymbol{B}'$ 两个部分构成的，即 $\boldsymbol{B} = \boldsymbol{B}_0 + \boldsymbol{B}'$；$\chi$ 为磁化率，是反映磁介质特性的参数。$\chi > 0$ 的磁介质称为顺磁体；$\chi < 0$ 的介质称为抗磁体。除此之外，还有一类材料，其磁化强度 $\boldsymbol{M}$ 与磁感应强度的取向不一致，称为铁磁体。

因此，在材料中的任何位置，实际磁场的强度是由磁感应强度和磁化强度两个部分叠加而成的，通常用磁场强度 $\boldsymbol{H}$ 来表示

$$\boldsymbol{H} = \frac{\boldsymbol{B}}{\mu_0} - \boldsymbol{M} = \left(\frac{1}{\mu_0} - \chi\right)\boldsymbol{B} = \mu \boldsymbol{B} \tag{8-123}$$

式中，μ 称为磁导率；μ_0 为真空中的磁导率，同时，定义 $\mu_r = \frac{\mu}{\mu_0} = \frac{1}{1-\chi\mu_0}$ 为材料的相对磁导率。

对于铁磁体，式(8-122)和式(8-123)所示的关系均不成立，磁感应强度 $\boldsymbol{B}$ 相对于磁场强度 $\boldsymbol{H}$ 滞后，出现图 8-25 所示的磁滞回线。从 $\boldsymbol{H}=0$ 开始逐渐增大，磁场强度达到 S 点，此点对应的磁感应强度 $\boldsymbol{B}_S$ 称为在磁场强度 $\boldsymbol{H}_S$ 下的饱和磁感应强度。然后逐渐去除磁场，使 $\boldsymbol{H}$ 回到 0 时，磁感应强度不会消失，而是沿着上方的实线，回到 R 点。该点对应的磁感应强度称为剩磁 $\boldsymbol{B}_R$。逐渐施加反向磁场，则 $\boldsymbol{B}$ 随之减小，达到 D 点时，$\boldsymbol{B}\to 0$，该点对应的磁场强度 $\boldsymbol{H}_D$ 定义为矫顽力。

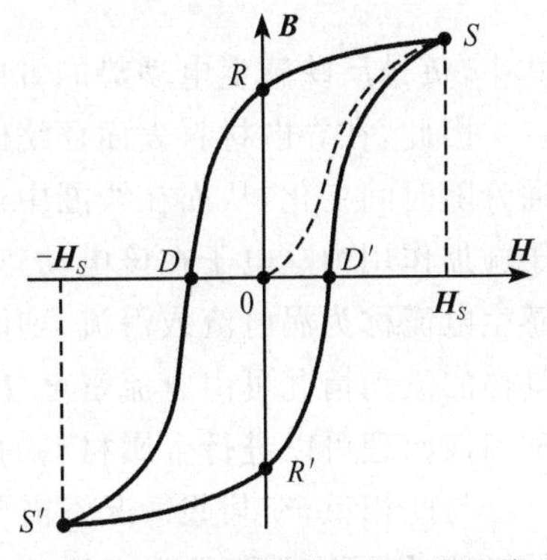

图 8-25　铁磁性材料的磁滞回线

8.4.2 电磁场的作用原理

1. 安培环路定理

在电场中,对于任意封闭的曲线 L,电动势 $\boldsymbol{E}$ 满足$\oint_L \boldsymbol{E}\cdot \mathrm{d}\boldsymbol{l}=0$。而对于磁场,线单元 $\mathrm{d}\boldsymbol{l}$ 上的磁感应强度 $\boldsymbol{B}$ 对任意封闭曲线 L 内环流的贡献为 $\boldsymbol{B}\cdot \mathrm{d}\mathrm{l}$,沿着曲线 L 对 $\boldsymbol{B}\cdot \mathrm{d}\boldsymbol{l}$ 积分则可得到

$$\oint_L \boldsymbol{B}\cdot \mathrm{d}\mathrm{l}=\iint_A \mu \boldsymbol{j}\cdot \mathrm{d}\boldsymbol{A} \tag{8-124}$$

式中,A 是曲线 L 所围成的曲面的面积;$\boldsymbol{j}$ 为电流密度;$\mathrm{d}\boldsymbol{A}$ 为面积为 $\mathrm{d}A$,并以其法线为方向的微分单元;μ 为磁导率。

式(8-124)即为磁场的安培环路定理,即磁感应强度沿任意曲线的积分等于通过该曲线围成的面积内的电流与磁感应强度的乘积。

2. 感生电流及涡电流

在通电导线周围会形成磁场,同样磁场的变化会导致闭合线圈中形成电动势,该电动势称为感生电动势。感生电动势的大小与磁通量的变化速率成正比。如果闭合线圈是由 n 匝构成的,则感生电动势与线圈的匝数 n 成正比,即

$$E_{\mathrm{ind}}=kn\frac{\mathrm{d}\Phi}{\mathrm{d}\tau} \tag{8-125}$$

式中,E_{ind} 为感生电动势;Φ 为磁通量;k 为取决于 E_{ind}、Φ 和 τ 量纲的比例常数。式(8-125)即为 Faraday 电磁感应定律。

感应电动势会导致线圈中形成感应电流,该电流也会形成磁场。感应电流的磁通量总是力图阻碍引起感应电流的磁通量变化,此即 Lenz 定律。考虑了 Lenz 定律的法拉第定律可写为

$$E_{\mathrm{ind}}=-\frac{\mathrm{d}\Phi}{\mathrm{d}\tau} \tag{8-126}$$

式中,负号反映感生电动势的方向。感生电动势和磁通量的变化相互满足右手螺旋定律。

因此,在导电材料表面环绕闭合的线圈,在线圈中通入交流电,由此引起线圈中的磁通量随时间变化,从而在线圈中形成感生电动势。该感生电动势会对导电材料内部的电子施加作用力。电子在该电动势的电场力和磁洛伦兹力的作用下发生运动。材料内部的感生电流称为涡电流或涡流,如图 8-26(a)所示。该涡电流在材料内部形成一个场量,其具体的流动情况可由电流密度 $\boldsymbol{J}$ 表示。涡电流和其他形式的电流一样,会形成焦耳热。利用该原理可以进行金属材料的加热,如图 8-26(b)所示。

与此相反,在某些情况下需要控制涡电流,抑制其热效应。将整体的铁芯割裂成小块的铁芯,则可有效降低涡电流的尺度,从而减小涡流损耗,如图 8-27 所示。

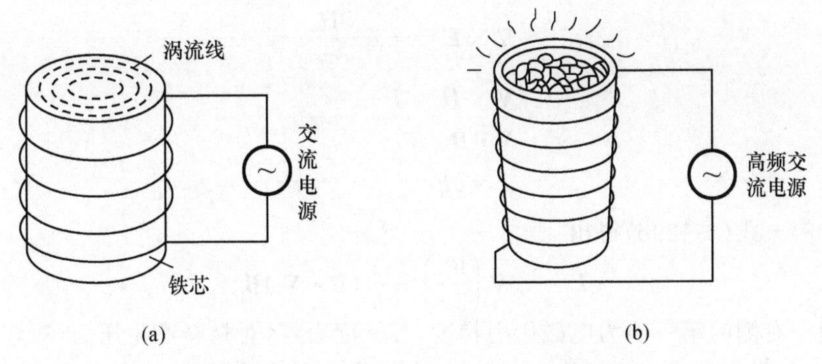

图 8-26　涡电流的形成与作用原理

(a) 涡电流的流动形式;(b) 利用涡电流进行材料加热的原理

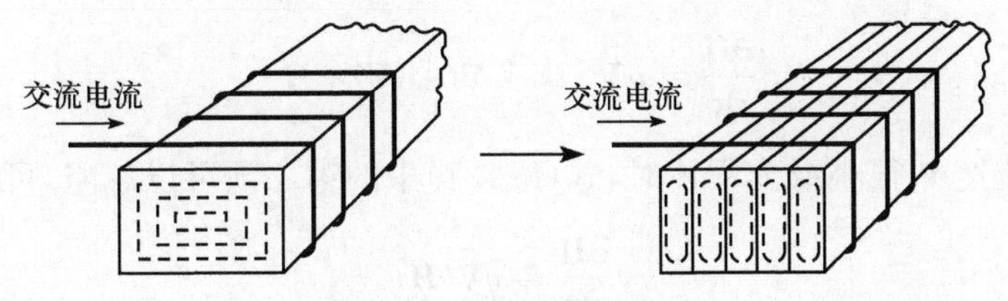

图 8-27　限制涡流的方法

在任意介质中,电场与磁场是互为因果、相互影响的,其变化规律满足如下 Maxwell 方程组:

$$\oiint_S \boldsymbol{E} \cdot \mathrm{d}\boldsymbol{S} = \frac{q}{\varepsilon_0} = \frac{1}{\varepsilon_0}\iiint_V \rho \mathrm{d}V \tag{8-127a}$$

$$\oint_L \boldsymbol{E} \cdot \mathrm{d}\boldsymbol{l} = -\iint_S \frac{\partial \boldsymbol{B}}{\partial \tau} \cdot \mathrm{d}\boldsymbol{S} \tag{8-127b}$$

$$\oiint_S \boldsymbol{B} \cdot \mathrm{d}\boldsymbol{S} = 0 \tag{8-127c}$$

$$\oint_L \boldsymbol{B} \cdot \mathrm{d}\boldsymbol{l} = \mu_0 \iint_{SD} \left(\boldsymbol{J} + \varepsilon_0 \frac{\partial \boldsymbol{E}}{\partial \tau} \right) \cdot \mathrm{d}\boldsymbol{S} \tag{8-127d}$$

式中,$\boldsymbol{E}$ 为电场强度;$\boldsymbol{S}$ 为面积;ε_0 为介电常数;ρ 为电荷密度;q 为封闭的面积 S 内的电荷电量;V 为封闭的面积 S 内的体积;$\boldsymbol{B}$ 为磁感应强度;μ_0 为磁导率;L 为封闭的曲线;τ 为时间;$\boldsymbol{J}$ 为电流密度。

3. 交变电磁场的力学效应

电磁场中的洛伦兹力被广泛应用于晶体生长过程,特别是流体流动过程的控制。在连续介质中,洛伦兹力的基本表达式为

$$\boldsymbol{F} = \boldsymbol{J} \times \boldsymbol{B} \tag{8-128}$$

式中,$\boldsymbol{J}$ 为电流密度;$\boldsymbol{B}$ 为磁感应强度,这两个参数通过 Maxwell 电磁方程而相互关联。为了便于分析,采用如下 Maxwell 电磁方程的微分形式[65]:

$$\nabla \times \boldsymbol{E} = -\mu \frac{\partial \boldsymbol{H}}{\partial \tau} \tag{8-129a}$$

$$\nabla \times \boldsymbol{H} = \boldsymbol{J} \tag{8-129b}$$

$$\nabla \cdot \boldsymbol{B} = 0 \tag{8-129c}$$

$$\boldsymbol{J} = \sigma \boldsymbol{E} \tag{8-129d}$$

由式(8-128)～式(8-129d)得出

$$\boldsymbol{F} = -\nabla \left(\frac{\boldsymbol{B}^2}{2\mu} \right) + \frac{1}{\mu} (\boldsymbol{B} \cdot \nabla) \boldsymbol{B} \tag{8-130}$$

式(8-130)中右侧的第一项为电磁压力梯度，其旋度为零，对材料产生压力，对熔体中的流动起到约束作用。而第二项的旋度不为零，在熔体中形成搅拌作用。

连续介质中的磁场强度可表示为

$$\frac{\partial \boldsymbol{H}}{\partial \tau} = \eta \nabla^2 \boldsymbol{H} + \nabla \times (\boldsymbol{V} \times \boldsymbol{H}) \tag{8-131}$$

液体中的流速 $\boldsymbol{V}$ 很小或为固体时，式(8-131)中的第二项可以忽略，可简化为[65]

$$\frac{\partial \boldsymbol{H}}{\partial \tau} = \eta \nabla^2 \boldsymbol{H} \tag{8-132}$$

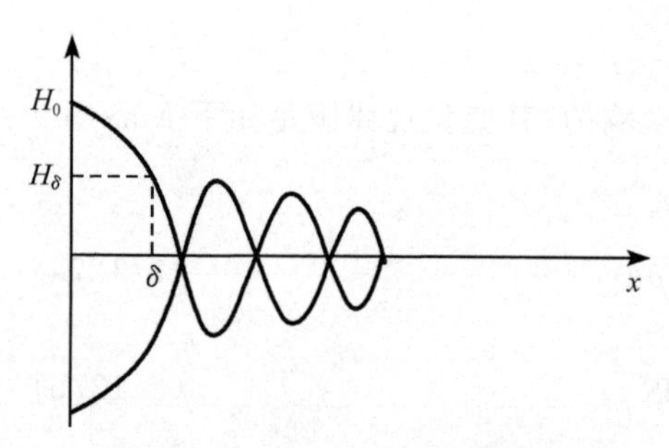

图 8-28　半无限大熔体中的磁场强度分布[66]

对于图 8-28 所示的半无限大的熔体，式(8-132)简化为如下式(8-133)所示的一维的形式：

$$\frac{\partial H_z}{\partial \tau} = \eta \frac{\partial^2 H_z}{\partial x^2} \tag{8-133}$$

式中，$\eta = \frac{1}{\mu \sigma}$；$\mu$ 为磁导率；σ 为电导率。

设交变电磁场的角速度为 ω，则 H_z 可写为如下复数函数形式：

$$H_z = h_z(x) \exp(\mathrm{j}\omega\tau) \tag{8-134}$$

其边界条件为 $x=0$ 处，$h_z = H_0$；$x=\infty$ 处，$h_z = 0$，从而可以求出

$$H_z = H_0 \exp\left(-x\sqrt{\frac{\omega}{2\eta}}\right) \exp\left(\mathrm{j}\left(-x\sqrt{\frac{\omega}{2\eta}} + \omega\tau\right)\right) \tag{8-135}$$

由式(8-129b)及式(8-135)可以求出熔体中的电流密度为

$$J_y = -\sqrt{\frac{\omega}{2\eta}} (1+\mathrm{j}) H_0 \exp\left(-x\sqrt{\frac{\omega}{2\eta}}\right) \exp\left(\mathrm{j}\left(-x\sqrt{\frac{\omega}{2\eta}} + \omega\tau\right)\right) \tag{8-136}$$

作用于熔体的电磁力为

$$f_x = \frac{\mu H_0^2}{2} \sqrt{\frac{\omega}{2\eta}} \exp\left(-x\sqrt{\frac{2\omega}{\eta}}\right) = \frac{\mu H_0^2}{2\delta} \exp\left(-\frac{2x}{\delta}\right) \tag{8-137}$$

式中，$\delta = \sqrt{\frac{2\eta}{\omega}}$ 为电磁场透入深度。

对式(8-137),从 $x=0$ 到 $x=\infty$ 积分,得到作用于熔体的电磁力为

$$F_x=\int_0^\infty f_x\mathrm{d}x=\frac{\mu H_0^2}{4}=\frac{\mu H_{0\mathrm{m}}^2}{2} \tag{8-138}$$

式中,$H_{0\mathrm{m}}$ 为表面磁场强度的最大值,$H_{0\mathrm{m}}=\frac{H_0}{\sqrt{2}}$。

作用于熔体上的电磁压力为

$$p=\frac{\mu HH^*}{4}=\frac{\mu H_0^2}{4}\exp\left(-\frac{2x}{\delta}\right) \tag{8-139}$$

对于图 8-29 所示的圆柱试样,可在圆柱坐标系中进行分析,其基本方程为[66]

$$\frac{\mathrm{d}^2H}{\mathrm{d}r^2}+\frac{1}{r}\frac{\mathrm{d}H}{\mathrm{d}r}-KH=0 \tag{8-140}$$

式中,$K=\mathrm{j}\,\frac{4\pi\mu\omega}{\rho}$。

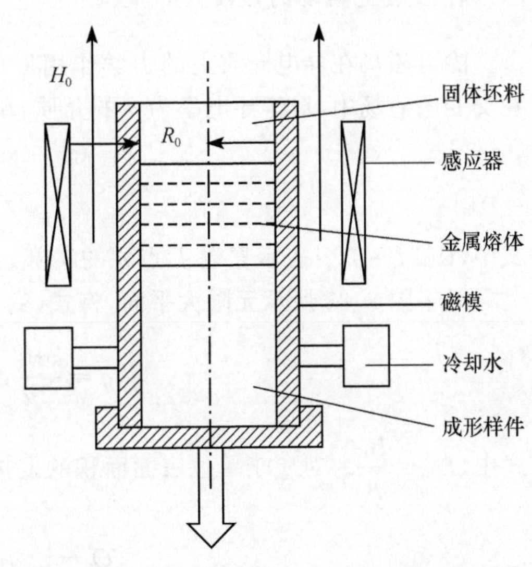

图 8-29　圆柱试样中的电磁场作用原理分析[66]

式(8-140)求解的边界条件为,试样外表面:$r=R_0$ 时,$H=H_0$;试样中心:$r=0$ 时,$J=0$。在该边界条件下可以求出

$$H=H_0\frac{\mathrm{J}_0(\sqrt{-\mathrm{j}}m)}{\mathrm{J}_0(\sqrt{-\mathrm{j}}m_2)} \tag{8-141}$$

$$J=\frac{\sqrt{-2\mathrm{j}}H_0}{\delta}\frac{\mathrm{J}_1(\sqrt{-\mathrm{j}}m)}{\mathrm{J}_0(\sqrt{-\mathrm{j}}m_2)} \tag{8-142}$$

式中,$m=\frac{\sqrt{2}r}{\delta}$,$m_2=\frac{\sqrt{2}R_0}{\delta}$;$\mathrm{J}_0$ 和 J_1 分别为零阶和一阶第一类 Bessel 函数,表示为

$$\mathrm{J}_0(\sqrt{-\mathrm{j}}m)=\mathrm{ber}m+\mathrm{jbei}m \tag{8-143a}$$

$$\mathrm{J}_1(\sqrt{-\mathrm{j}}m)=\mathrm{ber}'m+\mathrm{jbei}'m \tag{8-143b}$$

试样表面所受的电磁力可表示为

$$F_r=\frac{\mu}{\sqrt{2}\delta}H_0^2\frac{\mathrm{ber}m\,\mathrm{ber}'m+\mathrm{bei}m\,\mathrm{bei}'m}{\mathrm{ber}^2m_2+\mathrm{bei}^2m_2} \tag{8-144}$$

由此形成的电磁压力为

$$p=\frac{\mu H_0^2}{4}\left(1-\frac{\mathrm{ber}^2m+\mathrm{bei}^2m}{\mathrm{ber}^2m_2+\mathrm{bei}^2m_2}\right) \tag{8-145}$$

在试样的中心处,$r=0$,$\mathrm{ber}^2m+\mathrm{bei}^2m=1$,获得电磁压力的最大值:

$$p_{r=0}=\frac{\mu H_0^2}{4}\left(1-\frac{1}{\mathrm{ber}^2 m_2+\mathrm{bei}^2 m_2}\right) \tag{8-146}$$

4. 交变电磁场的热效应

除电磁场在导电介质上的力学作用形成的压力外，另外一个重要的效应是热效应。在交变电磁场中，对于导电率为 σ 的介质，单位时间在单位体积形成的焦耳热可表示为

$$q=\frac{J^2}{\sigma}=\frac{1}{2\sigma}\mathrm{Re}\mid J\cdot J^*\mid \tag{8-147}$$

式中，$\mathrm{Re}|J\cdot J^*|$ 表示复数 J 点积的实部。

对于图 8-28 所示无限大平面，将式(8-136)代入式(8-147)得出

$$q=\frac{\omega B_0^2}{2\mu}\exp\left(-\frac{2x}{\delta}\right) \tag{8-148}$$

式中，$H_0=\dfrac{B_0}{\mu}$。对应于单位表面面积的发热量可通过如下积分获得

$$Q=\int_0^\infty q\,\mathrm{d}x=\frac{\omega\delta B_0^2}{2\mu} \tag{8-149}$$

而对于无限长的圆柱体，将式(8-142)代入式(8-147)得出

$$q=\frac{H_0^2}{\sigma\delta}\frac{\mathrm{ber}'^2 m+\mathrm{bei}'^2 m}{\mathrm{ber}^2 m_2+\mathrm{bei}^2 m_2} \tag{8-150}$$

单位长度的圆柱体上的放热功率为[67]

$$q_1=\int_0^{R_0} q2\pi r\,\mathrm{d}r=\frac{\sqrt{2}\,\pi}{\sigma\delta}H_0^2 R_0 f(m_2) \tag{8-151}$$

式中，$f(m_2)=\dfrac{\mathrm{ber}m_2\,\mathrm{ber}'m_2+\mathrm{bei}m_2\,\mathrm{bei}'m_2}{\mathrm{ber}^2 m_2+\mathrm{bei}^2 m_2}$。当 $m_2\leqslant 1$ 时，$\mathrm{ber}^2 m+\mathrm{bei}^2 m\approx 1$，$\mathrm{ber}'^2 m+\mathrm{bei}'^2 m\approx\dfrac{m^2}{4}$，从而

$$q_0=\int_0^{R_0} q2\pi r\,\mathrm{d}r=\int_0^{R_0}\frac{H_0^2}{\sigma\delta}\frac{m^2}{4}2\pi r\,\mathrm{d}r=\frac{\pi H_0^2}{4\sigma\delta^4}R_0^4 \tag{8-152}$$

关于电磁感应加热的应用已在 6.2 节中进行了讨论。

8.4.3 电磁悬浮技术

采用电磁场对材料作用形成的电磁力可以使材料处于悬浮状态，并利用电磁场的焦耳效应同时对其加热，则可以在悬浮状态加热。这一技术已经成为材料熔体处理和结晶过程控制的重要技术。

使合金液悬浮的基本原理是利用高频电磁场在试样中引起感生电流，该感生电流产生的感生磁场的磁场力与高频电磁场的磁场力相排斥，从而在试样中产生悬浮力。其典

型的线圈设计如图 8-30 所示[68]。下部为主绕组,产生高频磁场对试样悬浮;上部为环形稳定控制绕组,抑制试样的侧向漂移。主绕组与控制绕组是反向串联的。由于二者的磁场方向相反,悬浮熔炼线圈产生的高频电磁场中形成一个势阱,试样就稳定地悬浮在这个势阱中。同时,试样内的感应电流产生的焦尔-楞次热将其加热并熔化。悬浮线圈的设计主要是磁场悬浮力的计算,同时要考虑磁场悬浮力与加热功率的匹配。

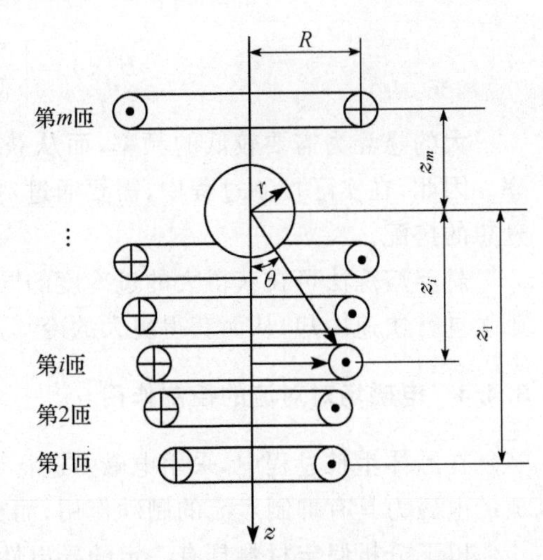

图 8-30　浮线圈的结构与主要设计参数[68]

关于磁场力,Brisley 与 Thornton 曾提出一套精确的计算方法[69],但过于烦琐。当试样的直径不大于线圈的最小半径时,用 Okress-Tromm-Jehn 的近似计算方法[64]是足够精确的。对于图 8-30 所示的线圈结构,采用 Okress-Tromm-Jehn 计算悬浮力 F 的公式为[68]

$$F=\frac{3}{2}\pi\mu_0 I^2 r^3 G(x)A(z) \tag{8-153}$$

式中,位置函数 $A(z)$和无量纲函数 $G(x)$分别表示为

$$A(z)=\sum_{i=1}^{m}\frac{\varepsilon_i b_i^2}{(b_i^2+z_i^2)^{\frac{3}{2}}}\sum_{i=1}^{m}\frac{\varepsilon_i b_i^2 z_i}{(b_i^2+z_i^2)^{\frac{5}{2}}} \tag{8-154}$$

$$G(x)=1-\frac{3}{4x}\frac{\mathrm{sh}2x-\sin 2x}{\mathrm{sh}^2 x+\sin^2 x} \tag{8-155}$$

式中,μ_0 为真空磁导率;ε_i 为绕组方向因子,对于主绕组取 1,稳定控制绕组取 -1;I 为励磁电流;r 为试样半径;z_i 为试样中心到线圈第 i 匝所在平面的距离;b_i 为悬浮线圈第 i 匝半径;x 为试样半径 r 与电流透入深度 δ 之比

$$x=\frac{r}{\delta} \tag{8-156}$$

$$\delta=\left(\frac{\rho}{\pi\mu_0 f_0}\right)^{\frac{1}{2}} \tag{8-157}$$

式中,f_0 为励磁电流频率;ρ 为试样电阻率。

对于非铁磁材料,感应加热功率的计算公式为

$$P=\frac{3}{4}\pi a\rho I^2 F_1(x)B(z) \tag{8-158}$$

式中,位置函数 $B(z)$及无量纲函数 $F_1(x)$分别为

$$F_1(x)=\frac{x(\mathrm{sh}2x+\sin 2x)}{\mathrm{ch}2x-\cos 2x}-1 \tag{8-159}$$

$$B(z)=\left[\sum_{i=1}^{m}\frac{\varepsilon_i b_i^2}{(b_i^2+z_i^2)^{\frac{3}{2}}}\right]^2 \tag{8-160}$$

大的悬浮力需要较低的频率，而从获得大的加热功率的角度考虑，则需要较高的频率。因此，在实际控制过程中，需要通过对悬浮力 F 及加热功率 P 进行计算和调整，获得理想的搭配。

悬浮熔炼法可在获得大的过冷度的同时，采用氮气、氩气、氢气等冷却，在深过冷的基础上进行快速冷却，从而获得更大的冷却速率。

8.4.4　电磁场对对流的控制作用

在晶体生长过程中，采用电磁力进行对流过程的控制已经得到广泛应用。静磁场形成的电磁力具有抑制对流的制动作用，而交变电磁场可以驱动液体按照一定的规律流动。

以下分析假定材料具有一定的导电性能；不会在电磁场中被磁化或极化；忽略电磁场的焦耳效应，只考虑电磁力对对流的影响规律。在此条件下，根据材料的连续方程和动量方程进行电磁场驱动下的流动特性分析。以图 8-31 所示的圆柱体中的流动过程为例[70,71]，在该图中液相为 Si-Ge 二元溶液，生长衬底为 Ge 单晶，顶部提供 Si 生长源。在有磁场作用的圆柱坐标系中的连续方程和动量方程可写为

$$\frac{1}{r}\frac{\partial(rv_r)}{\partial r}+\frac{1}{r}\frac{\partial v_\varphi}{\partial\varphi}+\frac{\partial v_z}{\partial z}=0 \tag{8-161}$$

$$\left.\begin{aligned}
&\frac{\partial v_r}{\partial r}+v_r\frac{\partial v_r}{\partial r}+\frac{v_\varphi}{r}\frac{\partial v_r}{\partial\varphi}+v_z\frac{\partial v_r}{\partial z}-\frac{v_\varphi^2}{r}=-\frac{1}{\rho_L}\frac{\partial p}{\partial r}+\nu\left(\nabla^2 v_r-\frac{v_r}{r^2}-\frac{2}{r^2}\frac{\partial v_\varphi}{\partial\varphi}\right)+\frac{f_r^M}{\rho_L}\\
&\frac{\partial v_\varphi}{\partial r}+v_r\frac{\partial v_\varphi}{\partial r}+\frac{v_\varphi}{r}\frac{\partial v_\varphi}{\partial\varphi}+v_z\frac{\partial v_\varphi}{\partial z}+\frac{v_r v_\varphi}{r}=-\frac{1}{r\rho_L}\frac{\partial p}{\partial\varphi}+\nu\left(\nabla^2 v_\varphi-\frac{v_\varphi}{r^2}-\frac{2}{r^2}\frac{\partial v_r}{\partial\varphi}\right)+\frac{f_\varphi^M}{\rho_L}\\
&\frac{\partial v_z}{\partial r}+v_r\frac{\partial v_z}{\partial r}+\frac{v_\varphi}{r}\frac{\partial v_z}{\partial\varphi}+v_z\frac{\partial v_z}{\partial z}=-\frac{1}{\rho_L}\frac{\partial p}{\partial z}+\nu\nabla^2 v_z+\frac{f_z^M}{\rho_L}+\alpha_T(T-T_0)g+\alpha_C(c-c_0)g
\end{aligned}\right\} \tag{8-162}$$

式中，v_r、v_φ 和 v_z 分别为径向、圆周方向和垂直方向的流速；p 为压力；ρ_L 为流体密度；ν 为流体运动黏度；f_r^M、f_φ^M 和 f_z^M 分别为电磁力径向、圆周方向和垂直方向的分量，可以由式(8-128)计算。

式(8-162)的第 3 式的后两项反映了重力场对对流的影响，α_T 和 α_C 分别为热膨胀系数和溶质膨胀系数；g 为重力加速度；T 为温度；c 为成分；T_0 和 c_0 分别为温度和成分的参考点。对于等温和成分的均匀体系，此两项可以忽略。这里重点分析是含 f_r^M、f_φ^M 和 f_z^M 的项。磁场力可以包括静磁场力和旋转磁场力两个部分，分别用下标 st 和 rot 表示，即

$$\left.\begin{aligned}
f_r^M&=f_{r,st}^M+f_{r,rot}^M\\
f_\varphi^M&=f_{\varphi,st}^M+f_{\varphi,rot}^M\\
f_z^M&=f_{z,st}^M+f_{z,rot}^M
\end{aligned}\right\} \tag{8-163}$$

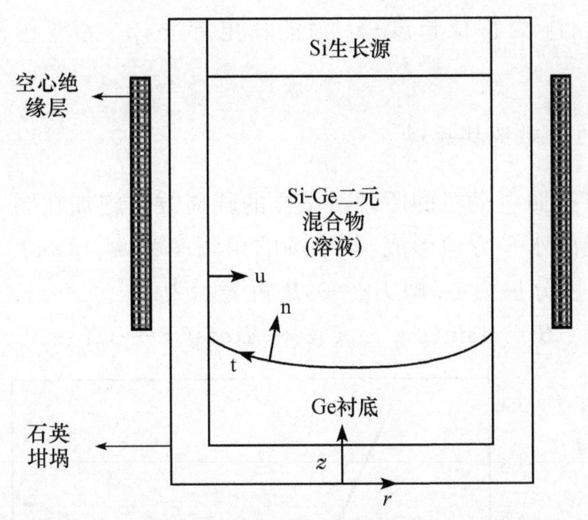

图 8-31　液相扩散控制的晶体生长系统示意图[70,71]

以下分别针对静磁场和旋转磁场进行讨论。

1. 静磁场的电磁制动原理

以图 8-31 所示的系统为例，在沿轴向施加恒定的静磁场时，电磁力的表达式为 $\boldsymbol{f}_{\mathrm{st}}^{\mathrm{M}}=\boldsymbol{j}\times\boldsymbol{B}$，而

$$\boldsymbol{j}=\sigma(\boldsymbol{E}+\boldsymbol{V}\times\boldsymbol{B})=\sigma(-\nabla\phi+\boldsymbol{V}\times\boldsymbol{B}) \tag{8-164}$$

式中，ϕ 为标量电势。

从而在圆柱坐标系中，施加轴向磁场时，在液相中形成的洛伦兹力的表达式为

$$\left.\begin{aligned} f_{r,\mathrm{st}}^{\mathrm{M}}&=-\sigma_{\mathrm{L}}B\frac{1}{r}\frac{\partial\phi}{\partial\varphi}-\sigma_{\mathrm{L}}B^{2}v_{r}\\ f_{\varphi,\mathrm{st}}^{\mathrm{M}}&=\sigma_{\mathrm{L}}B\frac{\partial\phi}{\partial r}-\sigma_{\mathrm{L}}B^{2}v_{\varphi}\\ f_{z,\mathrm{st}}^{\mathrm{M}}&=0\end{aligned}\right\} \tag{8-165}$$

其中电势可以根据电荷守恒条件 $\nabla\cdot\boldsymbol{j}=\sigma_{\mathrm{L}}\nabla\cdot(-\nabla\phi+\boldsymbol{V}\times\boldsymbol{B})=0$ 得到，即

$$\nabla^{2}\phi=B\left(\frac{\partial v_{\varphi}}{\partial r}+\frac{v_{\varphi}}{r}-\frac{1}{r}\frac{\partial v_{r}}{\partial\varphi}\right) \tag{8-166}$$

将式(8-165)代入式(8-162)即可进行静止恒定磁场作用下对流场的计算。Yildiz 等[70]的计算结果表明，在未施加磁场时，在结晶界面前沿的液相中存在着强烈的自然对流。随着轴向静磁场强度 B 由 0.05T 到 0.3T 逐渐增大，该对流明显被抑制。作者进一步计算了流体流动的绝对速度 $U=\sqrt{v_{r}^{2}+v_{\varphi}^{2}+v_{z}^{2}}$，获得流速的最大流速 $U_{\max}$ 随表征磁场强度的参数 Hartmann 数 Ha 的变化规律，如图 8-32 所示[70]。其中

$$Ha=Bl_{0}\sqrt{\frac{\sigma_{\mathrm{L}}}{\rho_{\mathrm{L}}\nu_{\mathrm{L}}}} \tag{8-167}$$

式中，B 为磁场强度；l_0 为特征长度；σ_L 为液相电导率；ρ_L 为液相密度；ν_L 为液体流动学黏度。

2. 交变电磁场的电磁搅拌原理

交变电磁场可以按照电动机的原理沿试样的圆周方向施加在图 8-31 所示的系统中，磁场将在垂直于轴线的水平方向形成，其磁场的角频率为 $\omega_B=2\pi f$（f 为频率）。此时在 z 轴方向的磁感应强度分量为零，即 $B_z=0$，$\boldsymbol{B}$ 可表示为

$$\boldsymbol{B}=B\sin(\varphi-\omega_B\tau)\boldsymbol{e}_r+B\cos(\varphi-\omega_B\tau)\boldsymbol{e}_\varphi \tag{8-168}$$

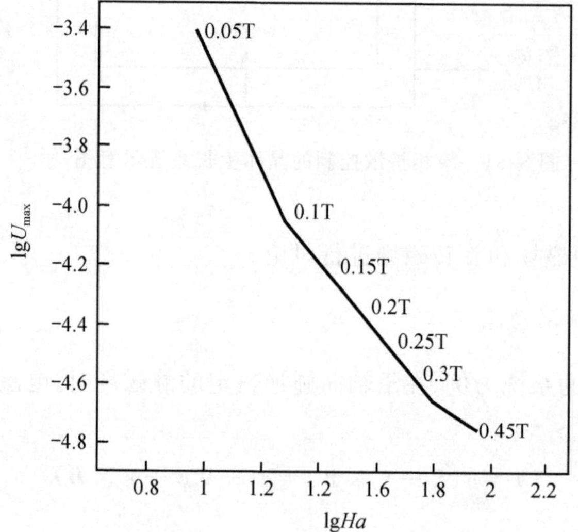

图 8-32　流速最大值随 Hartmann 数的变化[70]

式中，$\boldsymbol{e}_r$ 和 $\boldsymbol{e}_\varphi$ 分别为径向和圆周方向的单位方向矢量；τ 为时间。

由于磁场与流体的相互作用，磁场的分布将发生变化，实际磁场分布由以下磁感应方程控制：

$$\frac{\partial \boldsymbol{B}}{\partial \tau}=\frac{1}{\mu_0\sigma_L}\boldsymbol{\nabla}^2 B+\boldsymbol{\nabla}\times(\boldsymbol{V}\times\boldsymbol{B}) \tag{8-169}$$

在该旋转磁场中的电磁力可表示为[70]

$$\left.\begin{aligned}
f^{M}_{r,\mathrm{rot}}&=\frac{1}{2}\sigma B\left(\frac{\partial \Phi_1}{\partial z}-v_r B\right)\\
f^{M}_{\varphi,\mathrm{rot}}&=\frac{1}{2}\sigma B\left[-\frac{\partial \Phi_1}{\partial z}+(\omega_B r-v_\varphi)B\right]\\
f^{M}_{z,\mathrm{rot}}&=\sigma B\left[-Bv_z-\frac{1}{2r}\frac{\partial(r\Phi_2)}{\partial r}\right]
\end{aligned}\right\} \tag{8-170}$$

式中，电势 Φ_1 和 Φ_2 可以根据电荷守恒条件 $\boldsymbol{\nabla}\cdot\boldsymbol{j}=0$ 确定：

$$\left(-\boldsymbol{\nabla}^2\Phi_1+\frac{\Phi_1}{r^2}-\frac{\partial v_\varphi}{\partial z}B+\frac{B}{r}\frac{\partial v_z}{\partial \varphi}\right)\sin(\varphi-\omega_B\tau)$$

$$+\left(-\nabla^2\Phi_2+\frac{\Phi_2}{r^2}-\frac{\partial v_z}{\partial r}B+B\frac{\partial v_r}{\partial z}\right)\cos(\varphi-\omega_B\tau)=0 \tag{8-171}$$

由于式(8-171)中的 $\sin(\varphi-\omega_B\tau)$ 和 $\cos(\varphi-\omega_B\tau)$ 不可能同时为零，因此应该满足其系数为零，从而得出式(8-171)的等效条件为

$$\left.\begin{aligned}\left(\nabla^2-\frac{1}{r^2}\right)\Phi_1&=\left(\frac{1}{r}\frac{\partial v_z}{\partial\varphi}-\frac{\partial v_\varphi}{\partial z}\right)B\\ \left(\nabla^2-\frac{1}{r^2}\right)\Phi_2&=\left(\frac{\partial v_r}{\partial z}-\frac{\partial v_z}{\partial r}\right)B\end{aligned}\right\} \tag{8-172}$$

式(8-172)的求解边界条件为，在试样外表面处，即 $r=R_0$ 时

$$\left.\frac{\partial\Phi_1}{\partial r}\right|_{r=R_0}=0,\quad \left.\frac{\partial\Phi_2}{\partial r}\right|_{r=R_0}=0 \tag{8-173}$$

而在结晶界面 $z=z_i$ 处

$$\left.\frac{\partial\Phi_2}{\partial r}\right|_{z=z_i}=0,\quad \left.\frac{\partial\Phi_1}{\partial z}\right|_{z=z_i}=\omega_B Br \tag{8-174}$$

将式(8-170)代入式(8-162)即可进行交变电磁场作用下的强制对流计算，计算结果如图 8-33 所示。可以看出，在给定的电磁场频率条件下，随着磁场强度的增大，对流速率近似线性地增大。

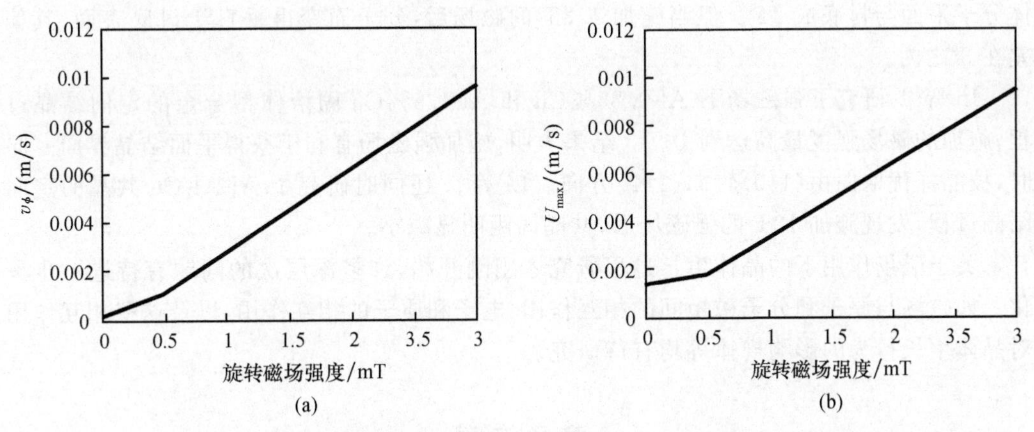

图 8-33　在交变电磁场驱动下图 8-31 所示体系中的流速计算结果[70]

(a) 圆周方向的流速；(b) 流速绝对值的最大值

其中 U 是由 $U=\sqrt{v_r^2+v_\varphi^2+v_z^2}$ 计算的，电磁场的频率为 $f=10\text{Hz}$

当前电磁场已被广泛应用于 Bridgman 法[72]、溶剂法[73]、移动加热器法[74]、垂直梯度法[75,76]、液相扩散生长[70]、电沉积法晶体生长[77,78]，以及溶液法[79,80]等晶体生长过程的对流控制。此外，Lantzsch 等[81]则采用垂直方向上行走的电磁场进行对流控制。

3. 利用磁场进行晶体生长过程控制的其他原理

某些材料，特别是结构复杂的大分子材料，在磁场中具有不同磁化特性。利用磁场进

行分子取向和迁移控制可以实现对晶体生长取向、晶体生长形态以及生长速率控制。

Sueda 等[82]在利用水溶液进行甘氨酸生长过程中，向生长系统施加了 8T 的强磁场。结果发现，形成的 α 结构的甘氨酸晶体的 c 轴与磁场方向成 45°的方向排列。这一取向是由晶体结构的磁感应各向异性决定的。同时发现，在磁场中 c 轴方向的生长速率减小了 20%。这一变化同样是由于磁感应率在结晶界面上的梯度造成的。

Dost 等[78]实验研究了液相电沉积法(LPEE)生长 GaAs 的过程中磁场的作用。结果表明，磁场加速了原子的迁移，从而使其生长速率随磁场强度增大而线性增加，但与磁场的取向却无关。在沉积电流为 3 A/cm^2 时施加 4.5kG 的磁场强度可使生长速率增大一个数量级。Motoyama 等[83]研究了在氢氟酸溶液中进行的 Bi 的电沉积过程。结果表明，施加 0.5T 的磁场可以明显提高电流密度，但轻度降低电流效率。在外加磁场的条件下，Bi 晶体的枝晶生长倾向被抑制，获得更加平整的晶体表面。

Yanagiya 等[84,85]的研究表明，在凝胶法晶体生长过程中，施加磁场可以使凝胶的分子结构定向排列，从而形成利于晶体生长的介质。Kaito 等[86,87]研究了磁场对凝胶法合成 $PbBr_2$ 纳米晶的影响。生长过程是将 $Pb(NO_3)_2$ 和 KBr 同时溶解在硅溶胶($Na_2SiO_3 \cdot 9H_2O$)中，并用水稀释后进行电沉积生长。结果表明，在磁场中获得了定向排列的 $PbBr_2$ 纳米晶。同时，施加外加磁场后，纳米晶的尺寸增加了 4 倍。

Kolotovska 等[88]研究了三斜 VOPc(vanadyl phthalocyanine)晶体在分子束沉积生长过程中磁场的影响，其中磁场方向与衬底垂直。结果表明，在未施加磁场时所生长的晶体分子平面与衬底成 24°。但当施加 1.3T 的磁场后，分子面变得垂直于衬底表面，其偏差在 3°之内。

Li 等[89]研究了强磁场下 Al-0.85%Cu 和 Al-4.5%Cu 固溶体型合金的定向结晶过程，施加的磁场强度最高达到 10T。结果表明，施加强磁场有利于获得平面结晶界面。同时，枝晶择优取向由〈100〉转向〈111〉方向。Li 等[90]还同时研究了 Al-Al_2Cu 共晶的定向结晶过程，发现施加 12T 的强磁场后，共晶间距明显减小。

关于磁场作用下的晶体生长过程研究才刚刚开始，许多深层次的问题有待进一步深化。如磁场与原子和分子磁矩间的相互作用、电子和质子的相互作用，以及这些相互作用对晶体生长行为的影响规律等均有待研究。

参考文献

[1] Hoyle F, Narlikar J. The Physics-Astronomy Frontier. San Francisco: W. H. Freeman Company, 1980.

[2] Tiller W A. The Science of Crystallization: Macroscopic Phenomena and Defect Generation. Cambridge: Cambridge University Press, 1991.

[3] Yue J T, Voltmer F W. Influence of gravity-free solidification on solute microsegregation. Journal of Crystal Growth, 1975, 29: 329-341.

[4] Witt A F, Gatos H C, Lichtensteiger M, et al. Crystal growth and segregation under zero gravity: Ge. Journal of the Electrochemical Society, 1978, 125: 1832-1840.

[5] Eyer A, Leiste H, Nitsche R. Floating zone growth of silicon under microgravity in a sounding rock-

et.Journal of Crystal Growth,1985,71:173-182.

[6] Yee J F,Lin M C,Kalluri S,et al.The influence of gravity on crystal defect formation in InSb-GaSb alloys.Journal of Crystal Growth,1975,30:185-192.

[7] Walter H U.空间流体科学与空间材料科学.葛培文,王景涛,等译.北京:中国科学技术出版社,1991.

[8] Müller G,Neumann G,Weber W.Natural convection in vertical Bridgman configurations.Journal of Crystal Growth,1984,70:78-93.

[9] Müller G,Schmidt E,Kyr P.Investigation of convection in melts and crystal growth under large inertial acceleration.Journal of Crystal Growth,1980,49:387-395.

[10] Müller G,Neumann G.Tenfold growth rates in the traveling heater method of GaSb crystals by forced convection on a centrifuge.Journal of Crystal Growth,1983,63:58-66.

[11] Wang J M,Gao L.Synthesis of uniform rod-like,multi-pod-like ZnO whiskers and their photo luminescence properties.Journal of Crystal Growth,2004,262(1-4):290-294.

[12] 詹志洪.热等静压技术和设备的应用与发展.中国钨业,2005,20(1):44-47.

[13] 李杰.高压下 Al-Si 合金的凝固[硕士学位论文].秦皇岛:燕山大学,2005.

[14] 张国伟,韩勇,苟瑞君.爆炸作用原理.北京:国防工业出版社,2006.

[15] 李冬剑.高压下亚稳相相变机制[博士学位论文].沈阳:中国科学院金属研究所,1993.

[16] Flemings M C.Solidification Processing.New York:McGraw-Hill,1974.

[17] Sommerhofer H,Anto P,Antrekowitsch H,et al.Druckabhängigkeit des Gleichgewichts im System Aluminium-Silicium.Giessereiforschung,2001,53(1):25-29.

[18] Brazhkin V V,Popova S V.The formation structure and thermal stability of the amorphous alloy $Cu_{0.85}Sn_{0.15}$ obtained by high-pressure treatment.Journal of Less Common Metals,1988,138:39-45.

[19] Minomura S,Shimonura Q,Asaumi K,et al.High-pressure modifications of amorphous silicon, germanium and some Ⅲ-Ⅴ compounds.Proceedings of 7th International Conference on Amorphous and Liquid Semiconductors,1977:53-57.

[20] 李冬剑,王景唐,丁炳哲等.压力诱致非晶合金形成.高压物理学报,1994,8:74-79.

[21] 程昌钧,朱媛媛.弹性力学.上海:上海大学出版社,2005.

[22] Ma R H,Zhang H,Larson D J,et al.Dynamics of melt-crystal interface and thermal stresses in rotational Bridgman crystal growth process.Journal of Crystal Growth,2004,266:216-223.

[23] Indenbom V L,Jitomirski I S,Chebanova T S.Kristallografiya,1973,18:39.

[24] Indenbom V L.Izvestia of Academy of Science of USSR.Physics Series,1973,37:2259.

[25] Indenbom V L.Occurrence of stresses and dislocations in a growing crystal.Kristall and Technik,1979,14:493-507.

[26] 师昌绪,李恒德,周廉.材料科学与工程手册.北京:化学工业出版社,2004:148-153.

[27] Timoshenko S,Goodier J N.Theory of Elasticity.2nd ed.New York:McGraw-Hill,1951.

[28] Wu B,Ma R H,Zhang H,et al.Growth kinetics and thermal stress in AlN bulk crystal growth. Journal of Crystal Growth,2003,253:326-339.

[29] Gardner D S,Flinn P A.Mechanical stress as a function of temperature in aluminum film.IEEE Transactions on Electron Devices,1988,35:2160-2169.

[30] Pauleau Y.Generation and evolution of residual stresses in physical vapour deposited film.Vacuum,2001,61:175-181.

[31] Freund L B.Substrate curvature due to thin films mismatch strain in the nonlinear deformation

range.Journal of the Mechanical and Physics Solids,2000,48:1159-1174.

[32] Matthews J W.Defects associated with the accommodation of misfit between crystals.Journal of Vacuum Science and Technology,1975,12:126-133.

[33] Trukhanov E M,Fritzler K B,Lyubas G A,et al.Evolution of film stress with accumulation of misfit dislocations at semiconductor interface.Applied Surface Science,1998,123/124:664-668.

[34] Hirth J P,Lothe J.Theory of Dislocations.New York:McGraw-Hill,1968.

[35] 田莳.材料物理性能.北京:北京航空航天大学出版社,2004.

[36] Kittel C.Introduction to Solid State Physics.8th ed.New York:John Wiley & Sons,Inc. ,2005.

[37] 殷之文.电解质物理学.第二版.北京:科学出版社,2003.

[38] 师昌绪,李恒德,周廉.材料科学与工程手册.北京:化学工业出版社,2004,1:148-153.

[39] Dyakov V A,Shumov D P,Rashkovich L N,et al.Izvestia of Academy of Science of USSR,Physics Series,1985,9:117.

[40] Mascarenhas S,Freitas L G.Influence of crystallographic orientation on the charge formation during phase changes in solid.Journal of Applied Physics,1960,31:1684-1685.

[41] Workman E J,Reynolds S E.Electrical phenomena occurring during the freezing of dilute aqueous solutions and their possible relationship to thunderstorm electricity. Physical Review, 1950, 78: 254-259.

[42] Jindal B K,Tiller W A.On electrostatic potentials at the ice/water interface.Surface Science,1968, 9:137-144.

[43] Aleksandrovskii A L,Shumov D P,Crystallization E M F.Investigation in the lithium niobate pulling process from the melt.Crystal Research and Technology,1990,25:1239-1244.

[44] Uda S,Tiller W A.The influence of an interface electric field on the distribution coefficient of chromium in $LiNbO_3$.Journal of Crystal Growth,1992,121:93-110.

[45] Uda S,Tiller W A.Cr migration associated with interface electric fields during transient $LiNbO_3$ crystal growth.Journal of Crystal Growth,1993,126:396-412.

[46] Uda S,Kon J,Ichikawa J,et al. Interface field-modified solute partitioning during Mn:$LiNbO_3$ crystal fiber growth by micro-pulling down method I.Axial distribution analysis.Journal of Crystal Growth,1997,179:567-576.

[47] Uda S,Koh J,Shimamura K,et al.Interface field-modified solute partitioning during Mn:$LiNbO_3$ crystal fiber growth by micro-pulling down method II.Radial distribution analysis.Journal of Crystal Growth,1997,182:403-415.

[48] Koh S,Uda S,Nishida M,et al.Study of the mechanism of crystallization electromotive force during growth of congruent $LiNbO_3$ using a micro-pulling-down method.Journal of Crystal Growth, 2006,297:247-258.

[49] Uda S,Huang X,Koh S.Transformation of the incongruent-melting state to the congruent-melting state via an external electric field for the growth of langasite.Journal of Crystal Growth,2005,281: 481-491.

[50] Uda S,Huang X,Wang S Q.The effect of an external electric field on the growth of incongruent-melting material.Journal of Crystal Growth,2005,275:1513-1519.

[51] Nakajima K.Layer thickness calculation of $In_{1-x}Ga_xAs$ grown by the source-current-controlled method-diffusion and electromigration limited growth.Journal of Crystal Growth,1989,98:329-340.

[52] Nakajima K, Kusunoki T, Takenaka C. Growth of ternary $In_xGa_{1-x}As$ bulk crystals with a uniform composition through supply of GaAs. Journal of Crystal Growth, 1991, 113: 485-490.

[53] Nakajima K. Liquid-phase epitaxial growth of very thick $In_{1-x}Ga_xAs$, layers with uniform composition by source-current-controlled method. Journal of Applied Physics, 1987, 61(9): 4626-4634.

[54] Zytkiewicz Z R. Influence of convection on the composition profiles of thick GaAlAs layers grown by liquid-phase electroepitaxy. Journal of Crystal Growth, 1993, 131: 426-430.

[55] Dost S, Sheibani H. LPEE growth of ternary GaInAs crystal under external magnetic field. Studies Applied Electromagnetics and Materials // Yang J S, Maugin G A. Mechanics of Electromagnetic Materials and Structures. Amsterdam: IOS Press, 2000, 19: 17-29.

[56] Dost S, Lent B, Sheibani H, et al. Recent developments in liquid phase electroepitaxial growth of bulk crystals under magnetic field. Comptes Rendus Mecanique, 2004, 332: 413-428.

[57] Nezaki D, Takano S, Kuroki Y, et al. Crystal growth on ZnO ceramics heated by direct current. Transactions of Materials Research Society of Japan, 2000, 25: 205-208.

[58] Nezaki D, Yasuda M, Yasui T, et al. Selective area growth of ZnO crystals by electric current heating. Solid State Ionics, 2004, 172: 353-355.

[59] Suzuki K, Okamoto T, Takata M. Crystal growth of β-Ga_2O_3 by electric current heating method. Ceramics International, 2004, 30: 1679-1683.

[60] Porter D, Easterling K. Phase Transformation in Metals and Alloys. New York: van Nostrand Reinhold Publishing, 1981: 263.

[61] Liu W, Tang J, Huang B, et al. Electric-field-enhanced crystallization of amorphous $Fe_{86}Zr_7B_6Cu$ alloy. Journal of Alloys and Compounds, 2006, 420: 171-174.

[62] Wang X, Ma N, Bliss D F, et al. A numerical investigation of dopant segregation by modified vertical gradient freezing with moderate magnetic and weak electric fields. International Journal of Engineering Science, 2005, 43: 908-924.

[63] Holmes A M, Wang X, Ma N, et al. Vertical gradient freezing using submerged heater growth with rotation and with weak magnetic and electric fields. International Journal of Heat and Fluid Flow, 2005, 26: 792-800.

[64] 梁灿彬，秦光戎，梁竹健.电磁学.第二版.北京：高等教育出版社，2004.

[65] 张丰收.特种合金软接触电磁成形定向凝固技术研究[博士学位论文].西安：西北工业大学，2003.

[66] 寇宏超.特种合金的电磁成形过程及凝固特性研究[博士学位论文].西安：西北工业大学，2001.

[67] 卢百平.特种合金双频电磁成形定向凝固过程的研究[博士学位论文].西安：西北工业大学，2004.

[68] 魏炳波.液态镍基合金的净化、深过冷与快速凝固[博士学位论文].西安：西北工业大学，1989.

[69] Brisley W, Thornton B S. Electromagnetic levitation calculations for axially symmetric systems. British Journal of Applied Physics, 1963, 14(10): 682-686.

[70] Yildiz E, Dost S, Yildiz M. A numerical simulation study for the effect of magnetic fields in liquid phase diffusion growth of SiGe single crystals. Journal of Crystal Growth, 2006, 291: 497-511.

[71] Yildiz M, Dost S. A continuum model for the liquid phase diffusion growth of bulk SiGe single crystals. International Journal of Engineering Science, 2005, 43: 1059-1080.

[72] Ganapathysubramanian B, Zabaras N. On the control of solidification using magnetic fields and magnetic field gradients. International Journal of Heat and Mass Transfer, 2005, 48: 4174-4189.

[73] Wang Y, Kudo K, Inatomi Y, et al. Growth interface of CdZnTe grown from Te solution with THM technique under static magnetic field. Journal of Crystal Growth, 2005, 284: 406-411.

[74] Kumar V, Dost S, Durst F. Numerical modeling of crystal growth under strong magnetic fields: An application to the travelling heater method. Applied Mathematical Modeling, 2007, 31: 589-605.

[75] Wang X, Ma N, Bliss D F, et al. Comparing modified vertical gradient freezing with rotating magnetic fields or with steady magnetic and electric fields. Journal of Crystal Growth, 2006, 287: 270-274.

[76] Ma N, Walker J S. Strong-field electromagnetic stirring in the vertical gradient freeze process with a submerged heater. Journal of Crystal Growth, 2006, 291: 249-257.

[77] Motoyama M, Fukunaka Y, Kikuchi S. Bi electrodeposition under magnetic field. Electrochimica Acta, 2005, 51: 897-905.

[78] Dost S, Sheibani H, Liu Y, et al. On the high growth rates in electroepitaxial growth of bulk semiconductor crystals in magnetic field. Journal of Crystal Growth, 2005, 275: 1-6.

[79] Madsen H E L. Crystallization of calcium carbonate in magnetic field in ordinary and heavy water. Journal of Crystal Growth, 2004, 267: 251-255.

[80] Leslie F W, Ramachandran N. Stability of magnetically suppressed solutal convection in crystal growth from solutions. Journal of Crystal Growth, 2007, 303: 597-606.

[81] Lantzsch R, Galindo V, Grants I, et al. Experimental and numerical results on the fluid flow driven by a traveling magnetic field. Journal of Crystal Growth, 2007, 305: 249-256.

[82] Sueda M, Katsuki A, Fujiwara Y, et al. Influences of high magnetic field on glycine crystal growth. Science and Technology of Advanced Materials, 2006, 7: 380-384.

[83] Motoyama M, Fukunaka Y, Kikuchi S. Bi electrodeposition under magnetic field. Electrochimica Acta, 2005, 51: 897-905.

[84] Yanagiya S I, Sazaki G, Durbin S D, et al. Effect of a magnetic field on the orientation of hen-egg white lysozyme crystal. Journal of Crystal Growth, 1999, 196: 319-924.

[85] Yanagiya S I, Sazaki G, Durbin S D, et al. Effects of magnetic field on he growth rate of tetragonal lysozyme crystal. Journal of Crystal Growth, 2000, 208: 645-650.

[86] Kaito T, Yanagiya S, Mori A, et al. Effects of magnetic field on the gel growth of $PbBr_2$. Journal of Crystal Growth, 2006, 289: 275-277.

[87] Kaito T, Yanagiya S, Mori A, et al. Characteristic nanocrystallite growth of $PbBr_2$ in a magnetic field in gel. Journal of Crystal Growth, 2006, 294: 407-410.

[88] Kolotovska V, Friedrich M, Zahn D R T, et al. Magnetic field influence on the molecular alignment of vanadyl phthalocyanine thin films. Journal of Crystal Growth, 2006, 291: 166-174.

[89] Li X, Fautrelle Y, Ren Z. Influence of an axial high magnetic field on the liquid-solid transformation in Al-Cu hypoeutectic alloys and on the microstructure of the solid. Acta Materialia, 2007, 55: 1377-1386.

[90] Li X, Ren Z, Fautrelle Y. Effect of a high axial magnetic field on the microstructure in a directionally solidified Al-Al_2Cu eutectic alloy. Acta Materialia, 2006, 54: 5349-5360.

第三篇　晶体生长技术

第 9 章　熔体法晶体生长(1)——Bridgman 法及其相似方法

熔体法晶体生长是首先将按照设计成分配制的原料加热到熔点以上,使其发生熔化,获得具有一定过热度的均匀熔体。然后按照一定的方式进行非均匀冷却,使熔体以一定的次序和方式结晶,获得单晶体的方法。根据冷却方式和结晶顺序的不同,人们已经能够掌握的熔体法晶体生长方法已有十余种,每一种方法又演化出多种具体控制形式。然而,应用最为广泛的熔体法晶体生长方法是 Bridgman 法和 Czochralski 方法,分别在本章和下一章中重点讨论。其他与之相似的方法也分别穿插在这两章中。

9.1　Bridgman 法晶体生长技术的基本原理

9.1.1　Bridgman 法晶体生长技术简介

Bridgman 法是由 Bridgman 于 1925 年提出的[1]。1936 年,苏联学者 Stockbarger 提出了相似的方法[2]。因此,该方法又称为 Bridgman-Stockbarger 法。

传统 Bridgman 法晶体生长的基本原理如图 9-1 所示。将晶体生长的原料装入合适的容器(通常称为坩埚(crucible)或安瓿(ampoule),以下统一称为坩埚)中,在具有单向温度梯度的 Bridgman 长晶炉内进行生长。Bridgman 长晶炉通常采用管式结构,并分为 3 个区域,即加热区、梯度区和冷却区。加热区的温度高于晶体的熔点,冷却区低于晶体熔点,梯度区的温度逐渐由加热区温度过渡到冷却区温度,形成一维的温度梯度。首先将坩埚置于加热区进行熔化,并在一定的过热度下恒温一段时间,获得均匀的过热熔体。然后通过炉体的运动或坩埚的移动使坩埚由加热区穿过梯度区向冷却区运动。坩埚进入梯度区后熔体发生定向冷却,首先达到低于熔点温度的部分发生结晶,并且随着坩埚的连续运动而冷却,结晶界面沿着与其运动相反的方向定向生长,实现晶体生长过程的连续进行。

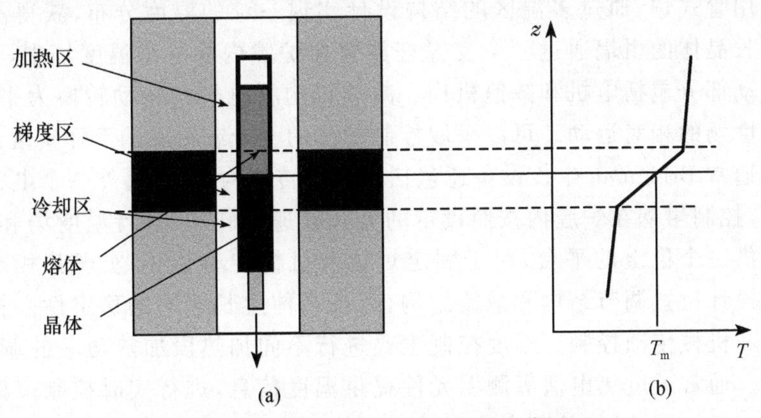

图 9-1　Bridgman 法晶体生长的基本原理

(a) 基本结构;(b) 温度分布。T_m 为晶体的熔点

图 9-1 所示坩埚轴线与重力场方向平行,高温区在上方,低温区在下方,坩埚从上向下移动,实现晶体生长。该方法是最常见的 Bridgman 法,称为垂直 Bridgman 法(vertical Bridgman method,VB 法)。除此之外,另一种应用较为普遍的是图 9-2(a)所示的水平 Bridgman 法(horizontal Bridgman method,HB 法),其温度梯度(坩埚轴线)方向垂直于重力场。垂直 Bridgman 法利于获得圆周方向对称的温度场和对流模式,从而使所生长的晶体具有轴对称的性质;而水平 Bridgman 法的控制系统相对简单,并能够在结晶界面前沿获得较强的对流,进行晶体生长行为控制。同时,水平 Bridgman 法还有利于控制炉膛与坩埚之间的对流换热,获得更高的温度梯度。此外,也有人采用坩埚轴线与重力场成一定角度的倾斜 Bridgman 法进行晶体生长,如图 9-2(b)所示。而垂直 Bridgman 法也可采用从上向下生长的方式。

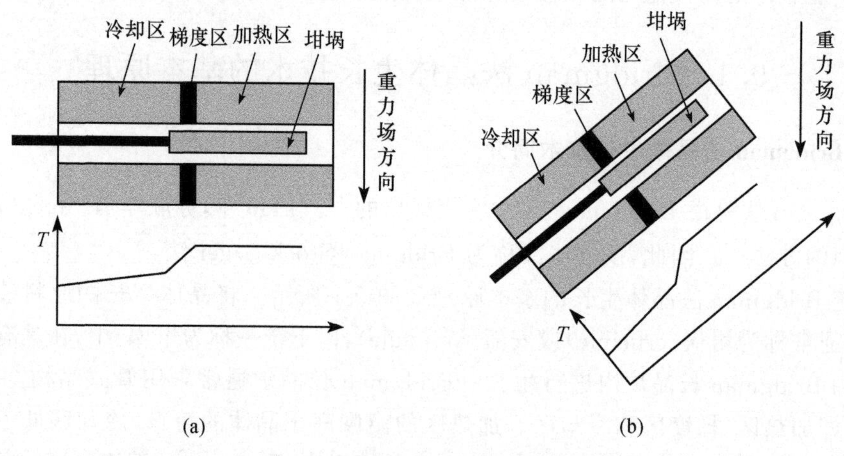

图 9-2　其他方式的 Bridgman 法晶体生长

(a) 水平 Bridgman 法;(b) 倾斜 Bridgman 法

典型垂直 Bridgman 法晶体生长设备如图 9-3 所示,包括执行单元和控制单元。其中执行单元的结构示意图如图 9-4 所示,由炉体、机械传动系统和支撑结构 3 个部分构成。炉体部分采用管式炉,通过多温区的结构设计实现一维的温度分布,获得晶体生长的温度场。生长晶体的坩埚通过一个支撑杆放置在炉膛内的一维温度场中,如图 9-1 所示。机械传动部分包括电机和减速机构。减速机构将电机的转动转换为平移运动,控制坩埚与温度场的相对运动。可以采取控制炉体的上升或坩埚的下降实现晶体生长速率的控制。通常 Bridgman 生长设备还包括坩埚旋转机构,通过另外一个电机驱动坩埚支撑杆转动,控制坩埚在炉膛内按照设定的方式和速率转动,进行温度场和对流控制。支撑结构提供一个稳定的平台,用于固定炉体和机械传动系统,实现其相对定位。在支撑结构中设计位置调节结构和减震结构,保证晶体生长速率的稳定性。控制单元包括温度控制和机械传动控制。温度控制主要进行不同加热段加热功率的调节,形成恒定的温度场。通常通过热电偶等测温元件提供温度信息,进行实时控制。机械传动控制部分进行电机转速控制,从而实现坩埚或炉体移动速度的控制,以及坩埚的旋转。

(a)

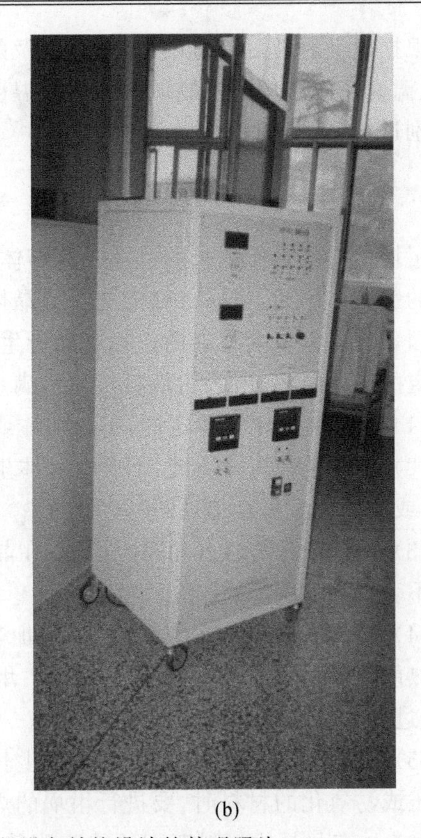

(b)

图 9-3　一种 Bridgman 法晶体生长设备结构设计的外观照片

(a) 执行单元；(b) 控制单元

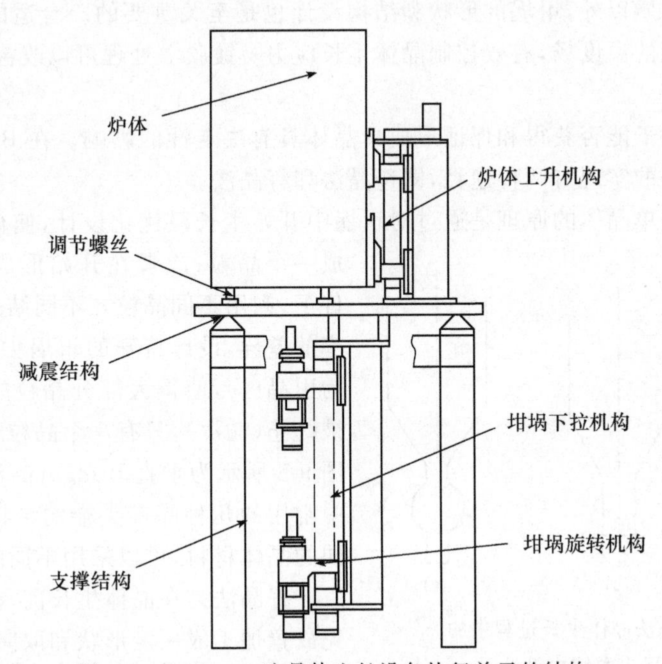

图 9-4　Bridgman 法晶体生长设备执行单元的结构

根据以上原理可以看出，该方法涉及的核心技术问题包括 3 个方面，即坩埚的材质与结构、温度场的形成与控制以及坩埚与温度场相对运动的实现与控制。以下对这 3 个问题分别进行分析。

1. 坩埚的选材与结构设计

坩埚是直接与所生长的晶体及其熔体接触的，并且对晶体生长过程的传热特性具有重要的影响。因此，坩埚材料的选择是晶体生长过程能否实现以及晶体结晶质量优劣的控制因素之一。坩埚材料的选择是由所生长的晶体及其在熔融状态下的性质决定的。对于给定的晶体材料，所选坩埚材料应该满足以下物理化学性质：

(1) 有较高的化学稳定性，不与晶体或熔体发生化学反应。

(2) 具有足够高的纯度，不会在晶体生长过程中释放出对晶体有害的杂质、污染晶体材料，或与晶体发生粘连。

(3) 具有较高的熔点和高温强度，在晶体生长温度下仍保持足够高的强度，并且在高温下不会发生分解、氧化等。

(4) 具有一定的导热能力，便于在加热区对熔体加热或在冷却区进行晶体的冷却。但导热能力太强对晶体生长是不利的。坩埚的导热特性对晶体生长过程的影响较为复杂，通过具体的传热计算才能准确理解。

(5) 具有可加工性，便于根据晶体生长的需要加工成不同的形状。特别是在生长高蒸气压或易氧化的材料时，要进行坩埚的焊封，对其可加工性和高温强度要求更高。

(6) 具有与晶体材料匹配的热膨胀特性，不会在晶体生长过程中对晶体形成较大的压应力，并在晶体生长结束后易于取出。

除了坩埚材质以外，坩埚的形状和结构设计也是至关重要的。合适的坩埚结构设计有利于获得理想的温度场，有效控制晶体生长应力。镀膜等处理可以改善坩埚性质，成为一项重要技术。

坩埚形状对于能否获得和保证形成单晶体具有决定性的影响。在 Bridgman 法晶体生长过程中单晶的实现有两种途径，即选晶法和籽晶法。

选晶法获得单晶体的原理是通过对坩埚中开始生长段优化设计，使得结晶初期只形成一个晶粒；或者在开始形成多个晶粒的条件下，利用不同晶粒在不同结晶方向上生长速率的差异，设计特殊的坩埚尖端形状（通常称为引晶区），使得大部分晶粒的生长在引晶区被终止（淘汰），只有一个晶粒长大，进入晶锭。图 9-5 所示为垂直 Bridgman 法晶体生长过程中常用的几种晶锭尖端的结构设计。对于不同的晶体材料，可以采用不同的结构。

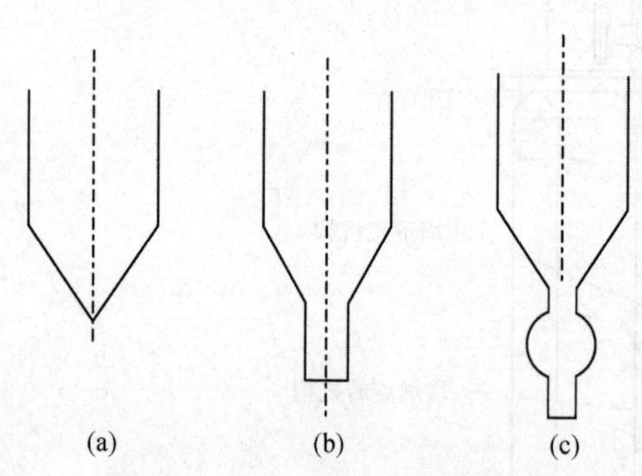

图 9-5 选晶法晶体生长过程中的几种坩埚尖端结构设计

籽晶法是在晶体生长前，在坩埚的尖端预先放置加工成一定形状和取向，并与所生长的晶体结构相同、成分相近的小尺寸单晶体（籽晶)实现单晶生长。在熔化过程中先使籽晶发生部分熔化,与熔体形成理想接触的液-固界面,然后再进行定向结晶,如图 9-6 所示。籽晶法晶体生长对熔化过程的控制要求较高,既要通过过热对熔体进行均匀化处理,又要防止籽晶被完全熔化,失去籽晶的作用。

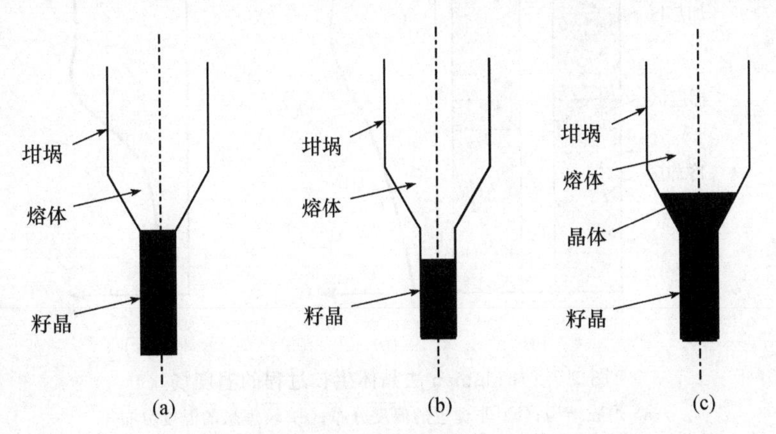

图 9-6　籽晶法晶体生长过程的单晶形成原理

(a) 放置籽晶;(b) 回熔;(c) 生长

除此之外,坩埚的结构设计还要考虑其对应力分布及对流特性的影响,并且在长晶完成后便于晶体的取出。高蒸汽压材料晶体生长中需要对坩埚焊封,对坩埚材料的耐高压性能有一定要求。因此坩埚的选材和设计是一个实践性和经验性很强的技术问题。

2. 温度场的控制方法

如图 9-1 所示,晶体的结晶过程是在温度梯度区内完成的,维持一个稳定的温度梯度是晶体生长过程中温度控制的关键。从维持平面结晶界面的角度考虑,温度梯度应该较大,但过大的温度梯度可能导致晶体中出现较大的应力,对晶体结晶质量的控制不利。同时,过大的温度梯度也会带来温度控制技术上的困难。因此,实际温度梯度应针对具体的晶体材料,综合多个因素确定。温度梯度的控制通常是通过控制加热区的温度、冷却区的温度及梯度区的长度实现的。假定加热区的温度恒定为 T_{h},冷却区的温度恒定为 T_{C},梯度区的长度为 L_0,则梯度区的平均温度梯度为

$$G=\frac{T_{\mathrm{h}}-T_{\mathrm{C}}}{L_0} \tag{9-1}$$

实际上,由于炉膛内的温度分布是由传热原理控制的,其温度的分布是非线性的,可以通过实际测温或计算方法确定结晶界面附近的温度分布及梯度。同时,值得指出的是,坩埚的存在将对温度分布产生影响,因此需要将炉膛、坩埚以及其中的熔体和晶体作为一个整体的换热体系进行分析计算。

加热区内可采用的加热方法、冷却区内可采用的冷却技术以及温度控制原理均已在第 6 章中进行过讨论。从晶体生长的角度考虑,希望加热区和冷却区的温度分布尽可能均匀,而梯度区的炉膛最好是绝热的,从而可以获得理想的一维温度场。图 9-7(c)所示的温度场是较理想的,而图 9-7(b)所示的温度场则对晶体生长不利。

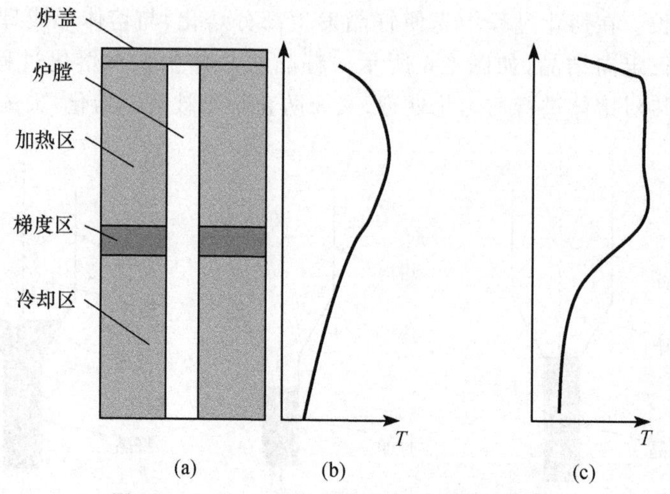

图 9-7　Bridgman 法晶体生长过程的温度场

(a) 炉膛结构;(b) 非理想的温度分布;(c) 较理想的温度分布

3. 生长速率的控制方法

在 Bridgman 法晶体生长过程中,生长速率的控制是通过控制炉体和坩埚的相对运动实现的。对于图 9-1 所示的垂直 Bridgman 法晶体生长过程,可以通过控制炉体均匀上行或坩埚均匀下行的速率实现,还可以同时控制炉体和坩埚同向或反向运动,控制其相对速率,坩埚与炉体的相对运动速度称为抽拉速率,记为 V_d。当两者反向运动时,抽拉速度是二者运动速率的和,可以获得较大的生长速率;而二者同向运动时,抽拉速率是二者运动速度的差,可以获得更低的抽拉速率。

晶体的实际生长速率 R,即结晶界面的移动速率,是由抽拉速率 V_d 决定的,但二者通常并不相等。R 和 V_d 的关系是由晶体生长过程中的传热、传质条件决定的。

Bridgman 法晶体生长过程中,抽拉速率的控制是由一个高精度的机电控制系统完成的。该系统不仅要实现电机的旋转运动向直线运动的转换,而且由于晶体生长的低速要求,需要实现大比率的减速。较传统的机械系统是采用大减速比的减速机构对电机的转速进行减速后驱动滚珠丝杠转动。目前随着机电控制技术的发展,采用步进电机直接驱动滚珠丝杠即可获得很低的转速,实现低的抽拉速率。对于大多数晶体材料,所要求的典型抽拉速率在每小时 1mm 乃至 0.1mm 的数量级。

4. 其他技术问题

除了上述技术问题外,某些特殊的晶体材料还对生长条件提出更加苛刻的要求。如半导体等高纯材料,为了防止气体的污染、氧化以及材料本身的挥发等问题,需要进行环境气氛和压力的控制。进行气氛和压力控制通常有两个方式:其一是向坩埚装入原料后将其密封,如对石英坩埚采用火焰加热,将开口处焊合,从而使原料在熔化和生长过程中与大气隔离,在坩埚内部的小空间内实现气氛和压力的控制。在此条件下,坩埚内部的蒸汽压力是由气液平衡条件决定的,通过调节温度和原料的成分可以实现对气相成分和压力的控制。其二是将整个生长炉放入真空室中,通过抽真空或充入特定成分和压力的气体,实现对其气氛的成分和压力的控制。该方法的控制更为灵活,不仅可以实现负压,而且可以实现高压。但该方法对设备以及气体的纯度等要求高,增加了控制的难度和晶体生长成本。

9.1.2　Bridgman 法晶体生长过程的传热特性

Bridgman 法晶体生长过程包含着极其复杂的传热过程,其典型的传热热流如图 9-8 所示。在加热区热量通过加热元件向坩埚表面传热,其传热方式包括气体的导热、气体对流换热和辐射换热。对于大部分高熔点材料的晶体生长过程,辐射换热占主导地位。在冷却区,坩埚也通过气体中的对流、导热以及辐射向炉膛散热。坩埚内的熔体中存在一个对流和导热共存的综合换热过程。在已完成生长的晶体内部存在一个多维的导热过程。在结晶界面上,结晶潜热的释放是一个有源的界面换热过程。同时,需要进一步考虑的换热影响因素包括坩埚壁中的导热、坩埚对热辐射的透射和吸收行为,以及坩埚内壁和外壁的界面换热特性等因素。

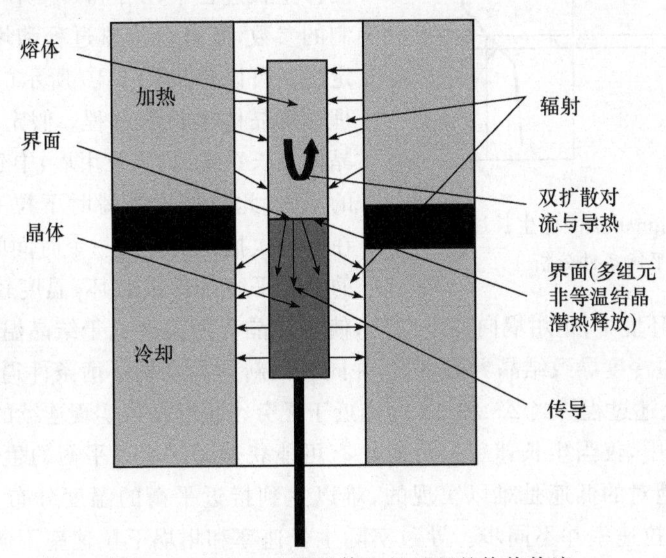

图 9-8　Bridgman 法晶体生长过程的换热热流

假定在结晶界面附近获得了一维温度场,界面为理想的平面界面,则结晶界面附近的热平衡关系如图 9-9 所示。

结晶界面的热流平衡条件如下:

$$q_2 - q_1 = q_3 \tag{9-2}$$

式中,q_1 为液相向结晶界面导热热流密度;q_2 为由结晶界面向固相导热的热流密度;q_3 为单位面积结晶界面上的结晶潜热的释放速率。可以推导出

$$q_1 = -\lambda_L G_{TL} \tag{9-3}$$

$$q_2 = -\lambda_S G_{TS} \tag{9-4}$$

$$q_3 = -\Delta H_M \rho_S R \tag{9-5}$$

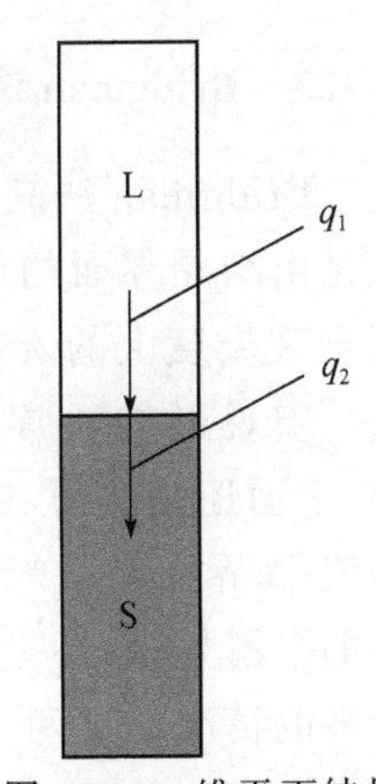

图 9-9　一维平面结晶界面附近的热平衡条件

式中,λ_L 和 λ_S 分别为液相和固相的热导率;ρ_S 为固相密度;ΔH_M

为单位质量的熔体结晶所释放的结晶潜热；R 为生长速率，即结晶界面的移动速率；G_{TL} 和 G_{TS}分别为液相和固相的温度梯度。

在以结晶界面为原点、指向液相的一维坐标系中，$G_{TL}=\left.\frac{\partial T_{\mathrm{L}}}{\partial z'}\right|_{z'=0+}$，$G_{TS}=\left.\frac{\partial T_{\mathrm{S}}}{\partial z'}\right|_{z'=0-}$，$T_{\mathrm{L}}$ 和 T_{S} 分别为液相和固相中的温度。

由式(9-2)～式(9-5)可以得出

$$R=\frac{\lambda_{\mathrm{S}}G_{TS}-\lambda_{\mathrm{L}}G_{TL}}{\rho_{\mathrm{S}}\Delta H_{\mathrm{M}}} \tag{9-6}$$

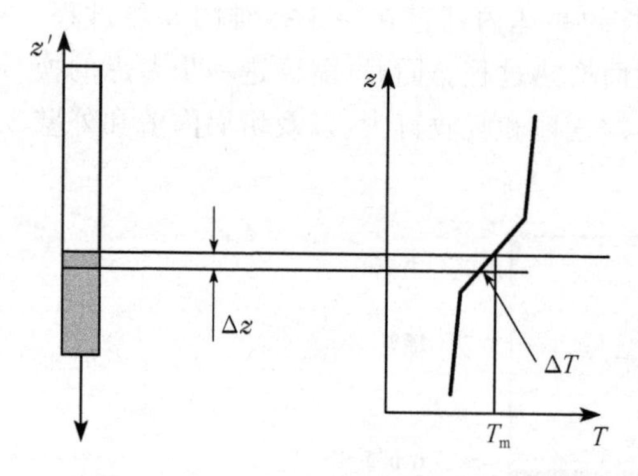

图 9-10　Bridgman 法晶体生长过程动态平衡条件分析

可以看出，除了 λ_{L}、λ_{S}、ρ_{S} 和 ΔH_{M} 等材料的物理性质参数外，晶体生长速率是由温度梯度 G_{TL}和 G_{TS}控制的。然而在实际 Bridgman 法晶体生长过程中，G_{TL}和 G_{TS}并不是可以直接控制的参数，而是由传热过程和坩埚抽拉速率决定的。可以借助图 9-10 所示的步进生长的原理理解晶体生长的过程。假定在某一时刻，在晶体生长系统(炉膛及坩埚)中建立起了温度场的平衡，此时将坩埚瞬时下拉一个距离 Δz 并在下一次抽拉前维持一个时间间隔 $\Delta\tau$，则原来的温度平衡条件被破坏，温度较高的坩埚被下拉到温度更低的环境中，则坩埚向环境散热，使得结晶界面温度低于结晶温度，形成一个过冷度 ΔT。这一过冷度导致结晶界面生长，并同时向新的温度场平衡条件逼近。然后，再次下拉坩埚，重复上述过程。当 Δz 和 $\Delta\tau$ 均趋近于无穷小量时则可实现连续的晶体生长。

在上述过程中，仅当生长速率很低时才有可能获得瞬时接近平衡的生长条件，而在实际生长过程中，绝对的低速是难以实现的，难以达到接近平衡的温度分布。因此，实际生长速率和坩埚下拉速率并不同步。导致实际生长速率和坩埚下拉速率不同的因素还包括溶质的分凝，对此将在 9.2 节结合溶质分凝原理讨论。

9.1.3　Bridgman 法晶体生长过程结晶界面控制原理

Bridgman 法晶体生长的结晶质量在很大程度上是由结晶界面的形貌决定的。界面形貌通常包括宏观尺度上的宏观形貌和微米尺度上的微观形貌。宏观形貌通常指结晶的宏观液-固界面为凸面、平面还是凹面，如图 9-11(a)所示。微观形貌则指液-固界面在微米，乃至亚微米尺度上是否是理想的平滑界面，还是存在着图 9-11(b)所示的凹凸不平的情况。这两个尺度上的界面形貌均与传热条件密切相关的。而第 2 章定义的原子尺度上的界面形貌则主要取决于晶体本身的结构特性。

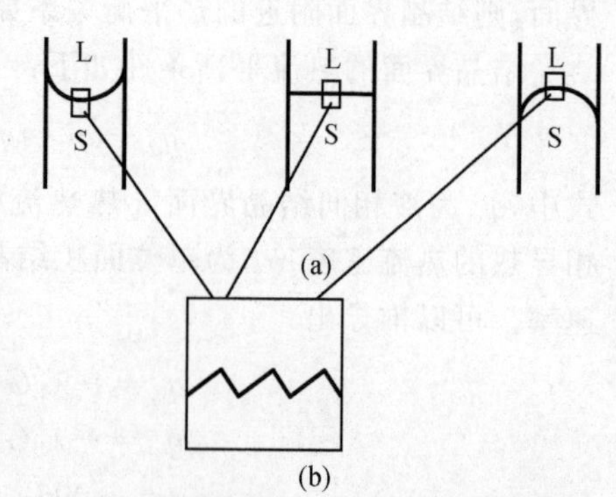

图 9-11　结晶界面的宏观形貌和微观形貌

(a) 界面宏观形貌；(b) 界面微观形貌

宏观结晶界面形貌对晶体生长过程的影响主要表现在对单晶生长的稳定性、成分偏析以及热应力的影响上。

凹陷的结晶界面对于维持单晶生长是不利的,一旦在坩埚壁附近形成新的结晶核心,则很容易沿垂直于热流方向生长,形成多晶;而平面界面则能较好地维持单晶生长;凸出的界面对于获得单晶最为有利,即使发生新的晶核形成,也会被很快淘汰。

平面结晶界面利于获得一维的稳定扩散场,形成一维的溶质分凝条件,因此可以获得径向无偏析的晶体。而凹面和凸面生长的晶体均会形成径向的扩散分量,导致径向成分偏析。其中对于凸面的生长过程,分凝系数 $k<1$ 的元素将在晶锭表面富集,而在中心线附近贫化;分凝系数 $k>1$ 的元素则相反,在晶锭中心富集,在表面贫化。凹陷界面生长条件下的情况恰恰相反,$k<1$ 的元素在中心富集,而 $k>1$ 的元素在表面富集。由于大多数低含量的杂质元素的分凝系数均小于 1,在凹面生长过程中将在晶体内部富集,对晶体性能造成很大的危害。

从应力的角度考虑,非平面生长过程对应于复杂的温度场和热应力场,容易造成较大的应力。特别是凹陷界面,不仅应力复杂,而且晶体强度低,容易在应力下引起变形,造成位错等缺陷。

根据以上分析,平面结晶界面是最为理想的晶体生长界面,其次是凸面界面,而凹陷的结晶界面是最不利于晶体生长的界面形貌。

结晶界面的宏观形貌主要取决于界面附近的热流条件。从热平衡的角度考虑,结晶界面总是和热流方向垂直的,只要沿热流方向确定出结晶温度所在的位置,或者根据温度场定义出熔点温度的等温面,即可确定出结晶界面的形状。图 9-12 则反映了结晶界面附近热流和界面形貌的关系。通过调整加热区和冷却区的温度,使结晶温度位于梯度区的一维温度场中,则可获得宏观上的平面结晶界面。如果整体温度偏高,会使结晶界面下移,进入冷却区,从而得到凹陷的界面;当整体温度偏低时,结晶界面上移,进入加热区,从而得到凸面结晶界面。

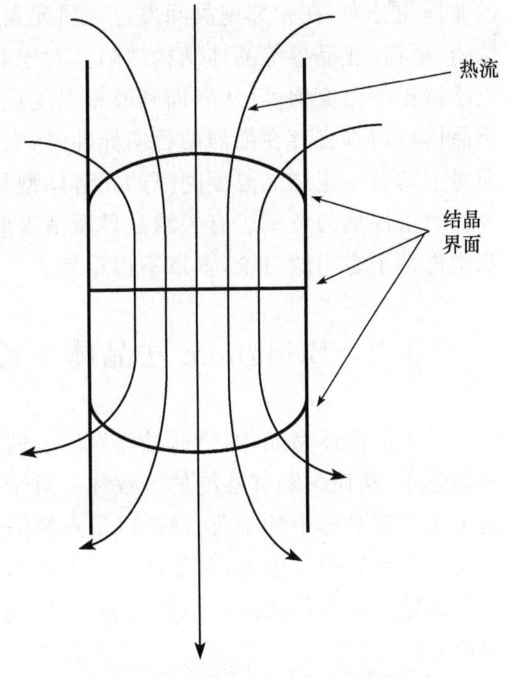

图 9-12　结晶界面附近的热流及其与界面宏观形貌的关系

通常 Bridgman 法晶体生长过程中,结晶界面的相貌很难直接观察。近年来同步辐射技术、能量分辨中子透射成像等被成功应用于晶体生长界面的实时观察。图 9-13 所示是 Tremsin 等[3]采用能量分辨中子透射成像技术观察到的 BaBrCl:Eu 晶体结晶界面的宏观形貌。晶锭直径为 12.3mm,其结晶界面形貌是通过掺杂元素 Eu 的富集区显示的。

随着各种晶体材料的不断发现,Bridg-

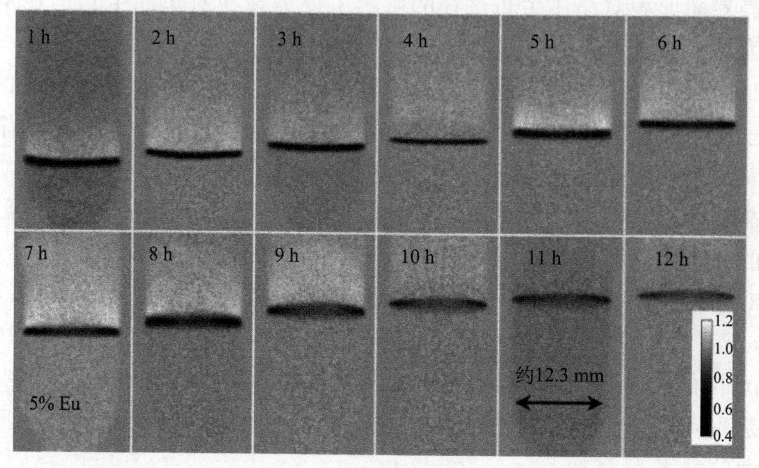

图 9-13　BaBrCl:Eu 晶体 Bridgman 法生长过程中不同时刻的结晶界面形貌[3]

man 法晶体生长方法得到越来越广泛的应用。除了Ⅱ-Ⅵ族和Ⅲ-Ⅴ族化合物半导体之外，大量的光电子采用 Bridgman 法生长成功。例如，有机非线性光学晶体[4]、$CaWO_4$[5]、Dy:$TlPb_2Br_5$ 晶体[6]、掺 Nd 的 $SrBr_2$[7]、$Cu_2ZnSn(S_xSe_{1-x})_4$[8]、KPb_2Cl_5 和 K_2CeCl_5[9] 等晶体生长。

在微观尺度上维持结晶界面为光滑的平面，对于晶体生长过程与质量的控制是有利的。一旦平界面失稳，或形成胞状，乃至树枝状界面，就会由于溶质分凝在微区出现成分的非均匀分布，在相邻胞晶间发生杂质元素的富集。同时，相邻胞晶的结合界面上会出现位错、层错、亚晶界等晶体结构缺陷。对于有固定熔点的单质或化合物晶体，在结晶界面上维持正的温度梯度(从界面到液相温度逐渐升高)是获得平面结晶界面的基本条件。但当晶体材料本身存在强烈的各向异性时，需要有较高的温度梯度才能维持平面结晶界面。而对于具有一定结晶温度间隔的固溶体型材料，由于成分偏析引起的过冷，维持平面结晶界面的条件更为苛刻。有关结晶界面微观形貌的演变及其与生长条件的关系已经在第 4 章中进行了专门的讨论，本章不再重复。

9.2　Bridgman 法晶体生长过程的溶质传输及其再分配

对于固溶体型晶体材料，结晶界面上的溶质再分配将导致其化学成分在晶体中的非均匀分布，从而影响其性能的一致性。对于具有固定成分的单质或化合物晶体，溶质分凝也可能引起晶体中的杂质、掺杂以及点缺陷按照溶质分凝规律发生非均匀分布，对性能的均匀性产生影响。因此，对于任何一个晶体生长过程，溶质的再分配规律都是一个重要的研究课题。以下从二元合金的分析入手，进行 Bridgman 法晶体生长过程溶质再分配规律的分析。

9.2.1　一维平界面晶体生长过程中的溶质再分配

典型 Bridgman 法晶体生长过程是一个等截面的平面结晶界面一维生长过程。这里先讨论纯粹由液相中的扩散控制的简单情况，分析其溶质再分配规律，再进一步讨论固相扩散及液相对流过程的影响。

1. *液相扩散控制的一维平界面晶体生长过程*

将 Bridgman 法晶体生长过程简化为一维平界面结晶过程，其溶质的再分配是由界面分凝和扩散过程控制的。首先采用如下的假设：①所生长的晶体为二元固溶体，其溶质分凝系数 $k<1$，并且为常数，对于低含量的杂质元素 i，元素之间的相互作用可以忽略，此时也可以采用该假设；②对于长程的晶体生长过程，固相的扩散可以忽略；③液相无对流，扩散是液相溶质传输的唯一方式；④晶体为等截面，不考虑生长初期的形核问题；⑤元素的气相挥发可以忽略；⑥忽略结晶收缩；⑦晶体恒速生长，生长速率为 R。

在上述假设的条件下，溶质分凝特性可以用图 9-14 所示的物理模型表示，其中 L 为晶体长度，w 为溶质质量分数(浓度)，核心问题是求解以下液相中的扩散方程：

$$\frac{\partial w_L}{\partial \tau}=D_L\frac{\partial^2 w_L}{\partial z^2} \tag{9-7}$$

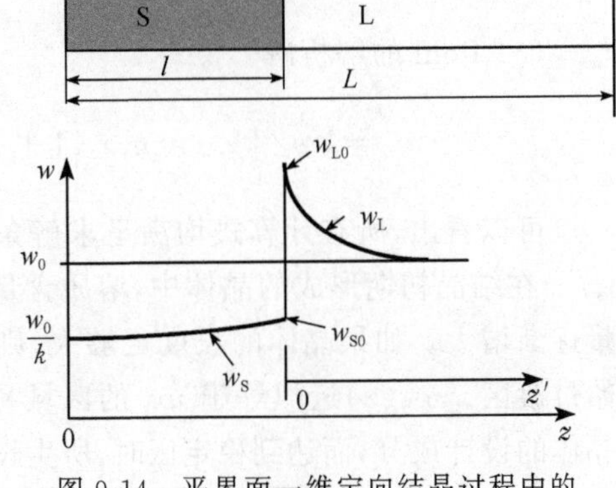

图 9-14　平界面一维定向结晶过程中的溶质再分配过程

为了讨论方便，选择以结晶界面为原点的移动坐标系。在晶体生长系统中，任何位置的坐标 $z'=z-R\tau$，而在晶体生长的任意时刻，结晶界面的位置可以表示为 $l=R\tau$。通过该坐标变换，式(9-7)可以改写为

$$\frac{\partial w_L}{\partial \tau}=D_L\frac{\partial^2 w_L}{\partial z'^2} \tag{9-8}$$

根据上述假设，式(9-8)的求解条件如下：

结晶界面溶质分凝平衡条件

$$w_S=k_0 w_{L0} \tag{9-9}$$

远场条件(在结晶界面前的溶质富集区达到晶体的末端之前)

$$w_L\big|_{z\to\infty}=w_0 \tag{9-10}$$

溶质守恒条件

$$\int_{-l}^{0} w_S\mathrm{d}z'+\int_{0}^{L} w_L\mathrm{d}z'\approx Lw_0 \tag{9-11}$$

以上各式中，k_0 为平衡溶质分凝系数；D_L 为溶质在液相中的扩散系数；R 为生长速率；其余参数见图 9-14。

在上述条件下，对式(9-8)求解可以得到不同生长时刻液相中的溶质分布 $w(z',\tau)$，取 $z'=0$ 则可以得到结晶界面上的液相成分。由于忽略固相扩散，则由不同时刻的界面位置和成分可以求出结晶完成后晶体中的成分分布，即 $w_S(z)=k_0 w_L\left(0,\dfrac{z}{L}\right)$。

针对上述问题，不同作者在 20 世纪 60 年代得出了如下相近的晶体成分沿长度方向上分布的解析解。

(1) Smith 等的精确解[10]。

$$w_S=\frac{w_0}{2}\left[1+\operatorname{erf}\left(\frac{1}{2}\left(\frac{Rz}{D_L}\right)^{\frac{1}{2}}\right)+(2k_0-1)\exp\left(-k_0(1-k_0)\frac{Rz}{D_L}\right)\operatorname{erfc}\left(\frac{2k_0-1}{2}\left(\frac{Rz}{D_L}\right)^{\frac{1}{2}}\right)\right] \tag{9-12}$$

式中，$\operatorname{erf}(X)$为误差函数；$\operatorname{erfc}(X)$为误差反函数。

(2) Tiller 等的近似解[11]。

$$w_S=w_0\left[1-(1-k_0)\exp\left(-\frac{Rk_0}{D_L}z\right)\right] \tag{9-13}$$

(3) Pohl 的解析解[12]。

$$w_S=kw_L\mid_{x'=0}=kw_0\left\{1+\frac{1-k}{k}\left[1-\exp\left(-(1-k)\frac{kR}{D_L}z\right)\right]\right\} \tag{9-14}$$

可以看出，所有计算式均满足求解条件：当 $z\to 0$ 时，$w_S=w_L/k_0$；当 $z\to\infty$ 时，$w_S=w_0$。在结晶初期形成的晶体中，溶质含量最低，为 w_0/k_0。随着结晶过程的进行，溶质含量逐渐增大。如果晶体的长度足够大，则 $w_S(z)$逐渐向 w_0 趋近。该趋近的过程称为初始过渡区。$w_S(z)$近似等于 w_0 的区域称为稳定生长区。在过渡区内，溶质的成分偏离晶体的设计成分，而达到稳定区时，所生长的晶体成分和原始液相成分一致，这可以通过在式(9-12)～式(9-14)中令 $z\to\infty$ 得到。

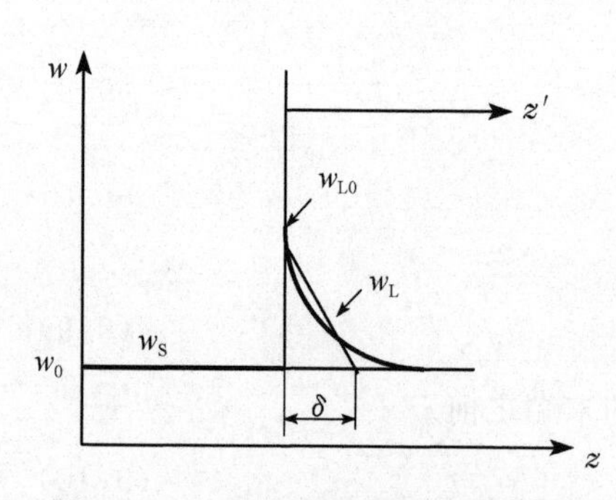

图 9-15 平面结晶界面一维稳态生长过程中界面附近的溶质分布

但值得指出的是，稳定生长阶段并不意味着结晶界面上不发生溶质的分凝，而是在结晶界面前沿的液相中形成了图 9-15 所示的稳定扩散区。在该扩散区内，从液相一侧进入该区的溶质含量与通过结晶进入固相的溶质含量相等。在结晶界面前的溶质富集区中的溶质分布满足如下方程[11]：

$$w_L=w_0\left[1+\frac{1-k_0}{k_0}\exp\left(-\frac{R}{D_L}z'\right)\right] \tag{9-15}$$

通常将结晶界面前溶质富集区内的溶质总量用图 9-15 中的等效三角形近似，即

$$\int_0^\infty (w_L-w_0)\mathrm{d}z'=\frac{1}{2}(w_{L0}-w_0)\delta \tag{9-16}$$

式中，w_{L0}为结晶界面上液相侧的溶质浓度；δ 则定义为溶质富集区的长度。

由式(9-15)和式(9-16)可以得出

$$\delta=\frac{2(1-k_0)D_{\mathrm{L}}}{R} \tag{9-17}$$

可以看出,该扩散区随着扩散系数的增大而增大,随着生长速率和分凝系数的增大而减小。

在晶体生长的后期,液相区的长度与扩散边界层的厚度 δ 接近时,上述扩散方程的求解条件已不满足,式(9-12)～式(9-14)均不能描述实际晶体生长过程的溶质分布特性。实际上由于试样末端端面的限制,溶质不能继续向前扩散,而在末端形成溶质的富集,称为末端过渡区。

对于末端过渡区内的溶质分布,Smith 等[10]采用虚拟溶质源多级逼近的方法求出了级数解,但 Smith 解的前提是扩散场先要达到稳态。Jie 等[13]在 Pohl 解的基础上提出了反扩散补偿法计算平界面定向结晶试样中溶质质量分数分布方程。Pohl 获得的结晶界面前液相中的溶质分布为[12]

$$w_{\mathrm{L}}=w_0\left\{1+\frac{1-k_0}{k_0}\left[\exp\left(-\frac{R}{D_{\mathrm{L}}}z'\right)-\exp\left(-(1-k_0)\frac{R}{D_{\mathrm{L}}}z'\right)\exp\left(-(1-k_0)\frac{k_0R}{D_{\mathrm{L}}}z\right)\right]\right\} \tag{9-18}$$

其中二次反扩散补偿法的基本原理如图 9-16 所示。当液相区为无限长时,液相中的溶质分布符合式(9-18)所示的 Pohl 解。假定结晶界面距试样末端的距离为 $l-z_0$,即 $z'=l-z_0$,在 $z'=2(l-z_0)$ 处取一对称面,设在该对称面的另一侧存在一个虚拟的与 Pohl 解对称的扩散场,其溶质分布为 w''_{L},将 w''_{L} 与 w_{L} 叠加可以求出经过一次补偿的溶质分布 w'_{LB}。

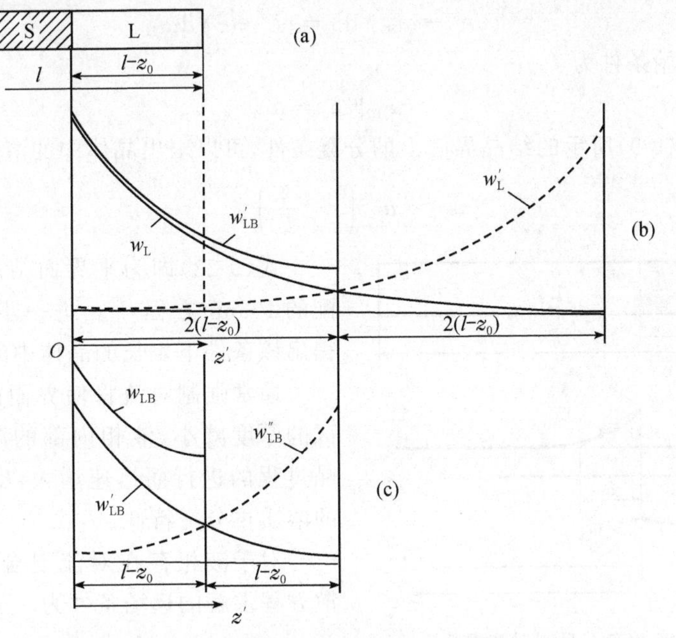

图 9-16　二次反扩散补偿法的基本原理[13]

(a) 单向凝固模型;(b) 一次反扩散补偿;(c) 二次反扩散补偿

再以 $z'=l-z_0$ 为对称轴,假定在该对称轴的另一侧存在一个与 w'_{LB}对称的虚拟扩散场 w''_{LB},将 w''_{LB}与 w'_{LB}叠加,则可以得出末端区内实际溶质分布的近似解 w_{LB}为

$$w_{LB}=w'_{LB}+w''_{LB}=w_L+w''_L+w''_{LB} \tag{9-19}$$

令 $z'=0$ 可以求出末端区的溶质分布为

$$\begin{aligned} w_S=k_0w_0\Bigg(1+\frac{1-k_0}{k_0}\Bigg\{1+\exp\left(-\frac{4R}{D_L}(l-z)\right)+2\exp\left(-\frac{2R}{D_L}(l-z)\right) \\ -\left[1+\exp\left(-4(1-k_0)\frac{R}{D_L}(l-z)\right)+2\exp\left(-2(1-k_0)\frac{R}{D_L}(l-z)\right)\right] \\ \times\exp\left(-(1-k_0)k_0\frac{R}{D_L}R\tau\right)\Bigg\}\Bigg) \end{aligned} \tag{9-20}$$

式(9-20)适用于溶质分凝系数 k 值小的体系,并可用于任意有限长平界面 Bridgman 晶体生长过程从初始区到末端区的溶质分布的计算。仅当剩余液相区的长度 $l-z_0$ 小于 $\delta/4$ 时,式(9-20)的计算结果才会明显偏离实际值。此时已经到了结晶末端,其成分远离配料成分,并且发生大量的杂质富集,不能满足使用要求,研究其溶质分布已意义不大。

2. 对流的影响与有效溶质分凝系数

当结晶界面前沿的液相中存在较为强烈的对流时,会加速液相中的溶质传输。液相混合的一种极端情况是液相完全均匀混合,即 $\delta\to0$,则 $k_{eff}\to k_0$。在该条件下,任何时刻结晶界面排出的溶质均匀地分布在液相中,并导致液相的成分发生微量变化 dw_L,从而得出如下的溶质平衡方程:

$$(w_L-w_{S0})\,dz=(L-z)\,dw_L \tag{9-21}$$

该式求解的初始条件为

$$w_L\big|_{z=0}=w_{L0} \tag{9-22}$$

同时考虑到式(9-9)所示的结晶界面上的分凝条件,可以求出晶体中的溶质分布为

$$w_L=w_0\left(1-\frac{z}{L}\right)^{-(1-k_0)} \tag{9-23}$$

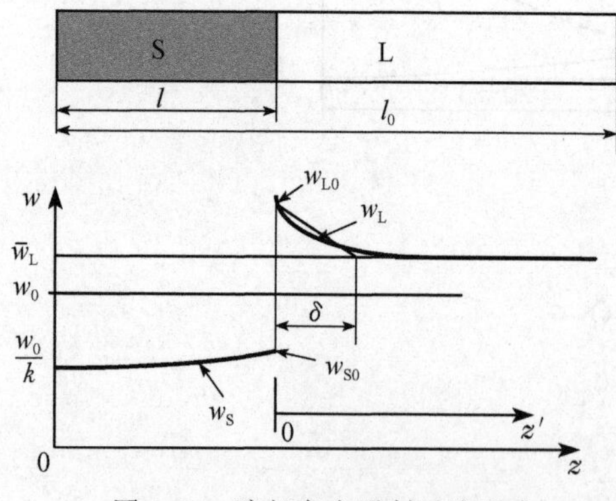

图 9-17 液相存在强制对流混合条件时的溶质再分配

式(9-23)即为平界面结晶过程溶质再分配的 Pfann 方程[14]。进一步由式(9-9)可以得出该条件下生长的晶体中的溶质分布。

通常强制对流将使界面前沿的溶质富集区的厚度减小,液相内部的溶质浓度随着结晶过程的进行而迅速增大,出现图 9-17 所示的溶质再分配特性。

对于液相存在对流混合的生长过程,扩散方程求解的远场条件为

$$w_L\big|_{z=\delta}=\bar{w}_L \tag{9-24}$$

Burton 等[15]求出满足该条件的近似解

为

$$w_{\mathrm{L}}(z')=w_{\mathrm{S}}+(\bar{w}_{\mathrm{L}}-w_{\mathrm{S}})\exp\left[\frac{R}{D_{\mathrm{L}}}(\delta-z')\right] \tag{9-25}$$

结晶界面上的液相成分为

$$w_{\mathrm{L}}(0)=w_{\mathrm{S}}+(\bar{w}_{\mathrm{L}}-w_{\mathrm{S}})\exp\left(\frac{R}{D_{\mathrm{L}}}\delta\right) \tag{9-26}$$

由 $w_{\mathrm{S}}=k_0 w_{\mathrm{L}}(0)$,可以求出,所生长晶体沿长度方向上的溶质分布为

$$w_{\mathrm{S}}=\frac{k_0\bar{w}_{\mathrm{L}}}{k_0+(1-k_0)\exp\left(-\frac{R\delta}{D_{\mathrm{L}}}\right)}=k_{\mathrm{eff}}\bar{w}_{\mathrm{L}} \tag{9-27}$$

式中,$k_{\mathrm{eff}}=\dfrac{k_0}{k_0+(1-k_0)\exp\left(-\frac{R\delta}{D_{\mathrm{L}}}\right)}$定义为有效溶质分凝系数。

现在再看图 9-16 所示的溶质再分配过程,其解中 $\bar{w}_{\mathrm{L}}$ 是一个尚待确定的量,假定结晶界面前液相中富集的溶质量与溶质总量相比为可以忽略,则可将液相中的平均溶质含量 $\bar{w}_{\mathrm{L}}$ 用式(9-26)中的 w_{L} 近似,并用该式计算,同时在式(9-9)中将 k_0 用 k_{eff} 代替,则可近似计算出该条件下生长晶体中的溶质分布为

$$w_{\mathrm{S}}\approx k_{\mathrm{eff}}w_0\left(1-\frac{z}{L}\right)-(1-k_0) \tag{9-28}$$

Wilson[16] 提出了如下更为简洁的有效溶质分凝系数表达式:

$$k_{\mathrm{eff}}=\frac{k_0}{1-(1-k_0)\Delta} \tag{9-29}$$

式中,Δ为扩散边界层的厚度。当液相存在较强的强制对流时,该边界层的厚度是由对流边界层控制的,近似等于对流边界层。

随着液相中对流的减弱,Bridgman 法生长的晶锭中的溶质分布将向式(9-12)~式(9-14)所示的纯扩散控制的情况逼近。而当液相中存在较强的强制对流时,晶锭中的溶质分布将向式(9-27)和式(9-29)推论的情况逼近。

3. 固相扩散的影响

在实际晶体生长过程中,当固相扩散系数较大时,结晶界面移动排出的溶质除了一部分进入液相外,还有一部分通过扩散进入固相,其溶质平衡条件如图 9-18 所示。

$$\mathrm{d}A_1=\mathrm{d}A_2+\mathrm{d}A_3 \tag{9-30}$$

忽略二阶无穷小量 $\mathrm{d}w_{\mathrm{S}}\mathrm{d}z$,则可以求出

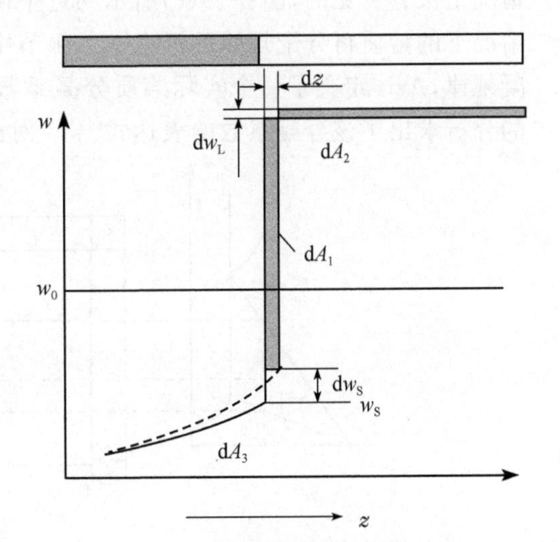

图 9-18　考虑固相扩散时结晶界面附近的溶质分凝特性

$$dA_1 = (w_L - w_S)dz \tag{9-31}$$

$$dA_2 = (L - z)dw_L \tag{9-32}$$

$$dA_3 = D_S \frac{dw_S}{dz}d\tau = D_S \frac{k_0 dw_L}{dz}\frac{dz}{R}$$

$$= \frac{D_S k_0}{R}dw_L \tag{9-33}$$

从而获得溶质守恒条件为

$$(w_L - w_{S0})dz = (L - z)dw_L + \frac{D_S k_0}{R}dw_L \tag{9-34}$$

采用式(9-22)所示的初始条件可以获得如下考虑固相扩散时溶质分布的解析解：

$$w_L = w_0\left(1 - \frac{z}{L + \alpha k_0}\right)^{-(1-k_0)} \tag{9-35}$$

式中，$\alpha = D_S/R$ 是表征扩散程度的参数。当扩散系数很小或生长速率较大时，得 $\alpha k_0 \to 0$，扩散可以忽略，式(9-35)还原为 Pfann 方程。

9.2.2 多元合金及快速结晶条件下的溶质分凝

上述分析至少假定结晶界面上的溶质分凝条件达到了平衡。实际上，随着结晶速率的增大，单向平界面结晶过程中的溶质分凝特性将会发生图 9-19 所示的变化。在近平衡条件下，溶质在结晶界面上的分凝及其在液相和固相中的分布接近图 9-19(b)所示的情况，称为平衡结晶。随着生长速率的增大，固相和液相中的扩散将是有限的，形成扩散场，如图 9-19(c)所示。随着结晶速率的进一步增大，不仅扩散进行得不充分，而且结晶界面上的溶质分凝也将偏离平衡，出现图 9-19(d)所示的情况。溶质再分配完全达到平衡的情况是极其少见的，图 9-19(c)所示的近平衡的条件是晶体生长过程中常见的情况。此种情况下的溶质再分配规律已经在 9.2.1 节中进行了重点讨论。对于图 9-19(d)所示的分凝规律，Aziz 定义了一个实际溶质分凝系数，并通过对结晶界面上原子转移动力学规律的分析求出了该分凝系数的表达式[17]。对此已经在 2.3.2 节中进行了讨论。

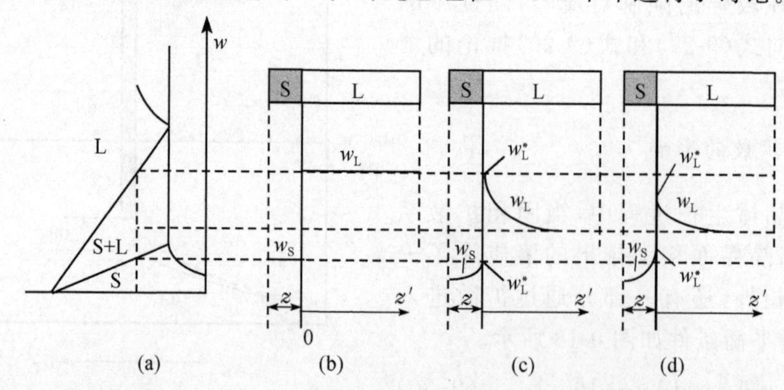

图 9-19 二元体系晶体平界面单向生长过程中，随着生长速率的变化出现的不同溶质分凝特性

(a) 二元相图；(b) 平衡结晶过程；(c) 结晶界面局部平衡过程；(d) 非平衡结晶过程

对于多组元的晶体，即使在图 9-19(c)所示的近平衡条件下，晶体成分的变化也会由于不同组元扩散系数的不同而随生长速率变化。为了便于讨论，以三元系晶体 A-B-C 为例，其中 A 为溶剂，B 和 C 为溶质。溶质元素在结晶界面附近的分布各自如图 9-20 所示。该溶质分凝过程的分析可以借鉴 Maugis 等[18,19]所采用的求解方法。液相和固相中的扩散方程如下：

$$\left.\begin{aligned}
\frac{\partial w_{\mathrm{SB}}}{\partial t}&=\frac{\partial}{\partial z}\left(D_{\mathrm{SBB}}\frac{\partial w_{\mathrm{SB}}}{\partial z}+D_{\mathrm{SBC}}\frac{\partial w_{\mathrm{SC}}}{\partial z}\right)\\
\frac{\partial w_{\mathrm{LB}}}{\partial t}&=\frac{\partial}{\partial z}\left(D_{\mathrm{LBB}}\frac{\partial w_{\mathrm{LB}}}{\partial z}+D_{\mathrm{LBC}}\frac{\partial w_{\mathrm{LC}}}{\partial z}\right)\\
\frac{\partial w_{\mathrm{SC}}}{\partial t}&=\frac{\partial}{\partial z}\left(D_{\mathrm{SCC}}\frac{\partial w_{\mathrm{SC}}}{\partial z}+D_{\mathrm{SCB}}\frac{\partial w_{\mathrm{SB}}}{\partial z}\right)\\
\frac{\partial w_{\mathrm{LC}}}{\partial t}&=\frac{\partial}{\partial z}\left(D_{\mathrm{LCC}}\frac{\partial w_{\mathrm{LC}}}{\partial z}+D_{\mathrm{LCB}}\frac{\partial w_{\mathrm{LB}}}{\partial z}\right)
\end{aligned}\right\}\tag{9-36}$$

式中，w 为溶质浓度(质量分数)；D 为扩散系数；下标 I、S 和 L 分别表示界面、固相和液相；下标 B 和 C 分别表示不同的溶质元素。

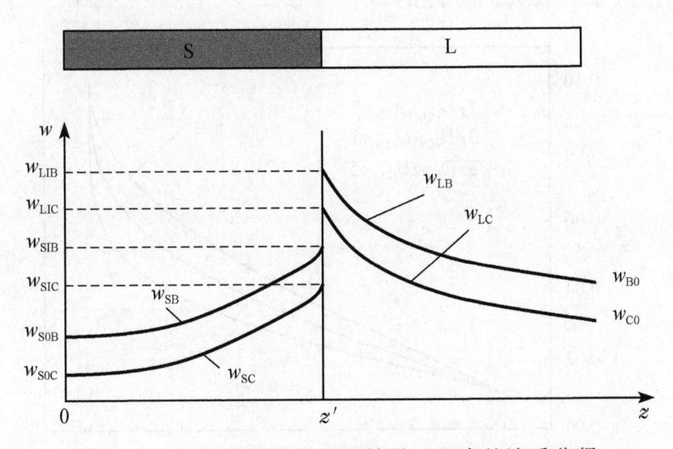

图 9-20　三元系单向平界面结晶过程中的溶质分凝

假定溶质元素的含量较低，不同元素之间的交互作用可以忽略，则上述对角扩散系数可以省略，即 $D_{\mathrm{SBC}}=D_{\mathrm{SCB}}=D_{\mathrm{LBC}}=D_{\mathrm{LCB}}=0$。假定正常扩散系数为常数，则式(9-36)可简化为

$$\left.\begin{aligned}
\frac{\partial w_{\mathrm{SB}}}{\partial t}&=D_{\mathrm{SBB}}\frac{\partial^2 w_{\mathrm{SB}}}{\partial z^2}\\
\frac{\partial w_{\mathrm{LB}}}{\partial t}&=D_{\mathrm{LBB}}\frac{\partial^2 w_{\mathrm{LB}}}{\partial z^2}\\
\frac{\partial w_{\mathrm{SC}}}{\partial t}&=D_{\mathrm{SCC}}\frac{\partial^2 w_{\mathrm{SC}}}{\partial z^2}\\
\frac{\partial w_{\mathrm{LC}}}{\partial t}&=D_{\mathrm{LCC}}\frac{\partial^2 w_{\mathrm{LC}}}{\partial z^2}
\end{aligned}\right\}\tag{9-37}$$

在此条件下可以对溶质 B 和 C 分别求解。对于实际的晶体生长过程,固相的扩散系数比液相扩散系数小约 3 个数量级,固相扩散可以忽略。因此,对于两种溶质组元 B 和 C 在液相中的扩散,其求解条件与式(9-8)的求解条件相同。采用 Smith 解来表示,则

$$w_{\mathrm{SIB}}=\frac{w_{\mathrm{B0}}}{2}\left[1+\operatorname{erf}\left(\frac{1}{2}\left(\frac{Rz}{D_{\mathrm{LBB}}}\right)^{\frac{1}{2}}\right)+(2k_{\mathrm{B}}-1)\exp\left(-k_{\mathrm{B}}(1-k_{\mathrm{B}})\frac{Rz}{D_{\mathrm{LBB}}}\right)\operatorname{erfc}\left(\frac{2k_{\mathrm{B}}-1}{2}\left(\frac{Rz}{D_{\mathrm{LBB}}}\right)^{\frac{1}{2}}\right)\right] \tag{9-38a}$$

$$w_{\mathrm{SIC}}=\frac{w_{\mathrm{C0}}}{2}\left[1+\operatorname{erf}\left(\frac{1}{2}\left(\frac{Rz}{D_{\mathrm{LCC}}}\right)^{\frac{1}{2}}\right)+(2k_{\mathrm{C}}-1)\exp\left(-k_{\mathrm{C}}(1-k_{\mathrm{C}})\frac{Rz}{D_{\mathrm{LCC}}}\right)\operatorname{erfc}\left(\frac{2k_{\mathrm{C}}-1}{2}\left(\frac{Rz}{D_{\mathrm{LCC}}}\right)^{\frac{1}{2}}\right)\right] \tag{9-38b}$$

式中,k_{B} 和 k_{C} 分别为组元 B 和 C 的分凝系数;其余参量见图 9-20。

可以看出在式(9-38a)和式(9-38b)中,生长速率 R 是相等的,区别仅在于扩散系数和溶质分凝系数上。通常 R/D_{LBB} 和 R/D_{LCC} 的数量级为 $10^{-1}\sim10^{2}$ mm。假定 $k_{\mathrm{B}}=k_{\mathrm{C}}=0.1$,$X_{\mathrm{B0}}=X_{\mathrm{C0}}=0.1$,$R/D_{\mathrm{LBB}}=1$mm,而当 $D_{\mathrm{LCC}}/D_{\mathrm{LBB}}$ 取不同值时,所生长的晶体成分变化是不同的。在假定的不同 $D_{\mathrm{LCC}}/D_{\mathrm{LBB}}$ 比值的情况下,其成分变化的轨迹如图 9-21 所示,该轨迹是偏向液相扩散系数较大的一侧的。

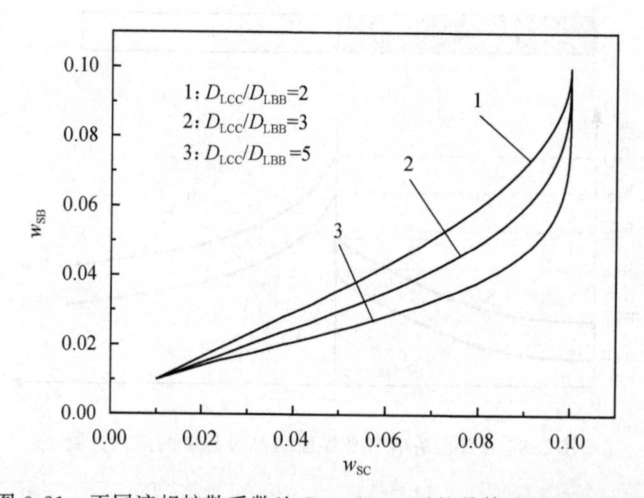

图 9-21 不同液相扩散系数比 $D_{\mathrm{LCC}}/D_{\mathrm{LBB}}$ 下的晶体成分变化轨迹

9.2.3 实际 Bridgman 法晶体生长过程中的溶质分凝分析

上述关于 Bridgman 法晶体生长过程的分析对生长方式、传输特性乃至主要物理参数的数值等均作了理想化的假设,而实际晶体生长过程的变化很大,以下分别分析几个具体的实际问题。

1. 非平面结晶界面生长过程的溶质分凝

在实际晶体生长过程中,获得理想的平面界面是非常困难的,往往会发生结晶界面的弯曲。此时,溶质的再分配过程将不是一维的,在径向上也会发生溶质浓度的变化。

以图 9-22 所示的轴对称的凹面界面为例[20]，界面形状可以用函数 $z'=f(r)$ 描述，溶质分布的准稳态扩散方程为

$$\frac{\partial^2 w_L}{\partial z^2}+\frac{1}{r}\frac{\partial}{\partial r}\frac{\partial w_L}{\partial r}+\frac{R}{D_L}\frac{\partial w_L}{\partial z}=0 \tag{9-39}$$

该方程的求解边界条件为

$$\frac{R(1-k_0)}{D_L}w_{LI}=\left(\frac{\partial w_L}{\partial z}\right)_I-\left(\frac{\partial w_L}{\partial r}\right)_I\frac{dz'}{dr} \tag{9-40}$$

$$w(r,z)\big|_{z\to\infty}=w_0 \tag{9-41}$$

$$\frac{\partial w_L}{\partial r}\bigg|_{r=R}=0 \tag{9-42}$$

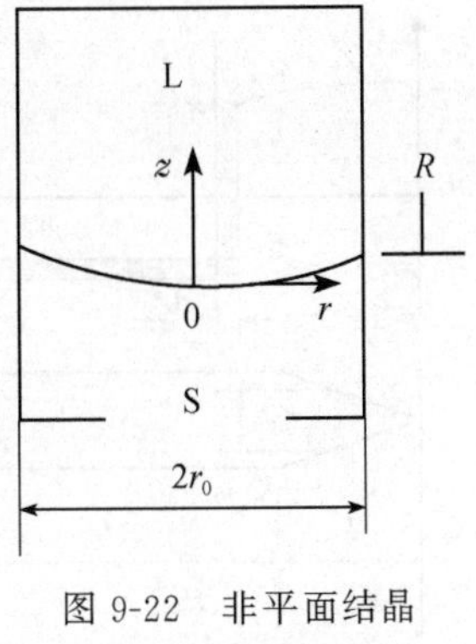

图 9-22　非平面结晶界面的描述[20]

式中，下标 I 表示结晶界面；w_0 为距离结晶界面无穷远处的溶质浓度，与熔体的原始浓度一致。

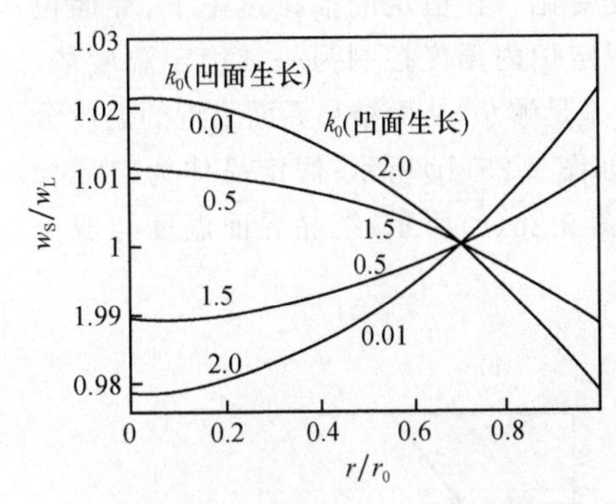

图 9-23　$Pe=0.8,h/r_0=0.06$ 时微弯曲界面结晶条件下的溶质偏析规律随界面曲率和分凝系数的变化[20]

求式(9-39)的解析解是一个复杂的数学问题，需要引入多种假设和简化条件。文献[20]通过数学分析获得了一个解析模型。该模型表明径向溶质分布与界面高度 h（凹面的凹陷深度，或凸面的凸出高度）以及试样半径 r_0 的比值 h/r_0 和 Peclet 数 $Pe=r_0R/D_L$ 有关。图 9-23 给出了 $Pe=0.8,h/r_0=0.06$ 时的径向偏析规律。纵坐标为无量纲溶质浓度 w_S/w_0，横坐标为无量纲半径 r/r_0。可以看出，对应不同的分凝系数 k，其偏析规律是不同的，k 值距 1 越远，偏析倾向越严重。并且，凹面和凸面生长时的偏析规律是相反的，径向偏析的精确求解需要借助于数值计算方法。

2. 非等截面晶体生长过程的溶质分凝

非等截面生长过程中的溶质分凝需要在三维的空间中讨论，只有通过数值计算方法才能获得精确的溶质分布规律。但当液相存在强烈对流而发生均匀混合时，溶质的分凝规律将被大大简化。以图 9-24 所示的引晶阶段的分凝为例进行讨论[21]。以此为例的意义是这种晶锭结构设计是经常采用的，而且溶质分布发生明显的变化往往是在生长初期。假定液相是均匀混合的，则可以求出该条件下的溶质沿晶体长度上的分布。

(1) 在引晶段，即 $0<z<l$ 时

$$w_S=k_0w_0\left(1-\frac{z^3}{3l^2L+l^3}\right)^{k_0-1} \tag{9-43}$$

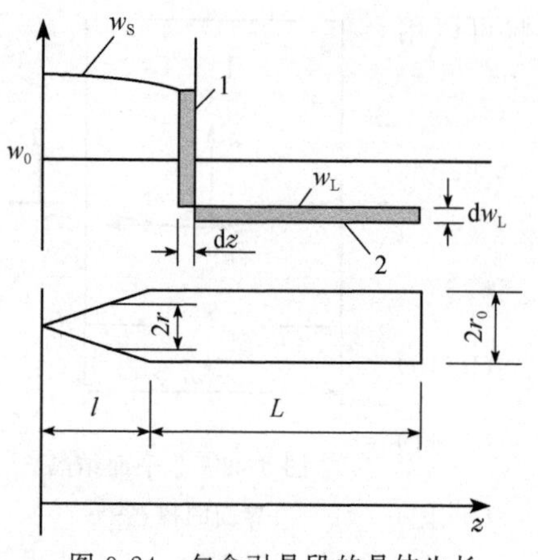

图 9-24 包含引晶段的晶体生长过程中的溶质分凝[21]

(2) 在晶锭中，即 $l<z<L$ 时

$$w_S = k_0 w_0 \left(1 - \frac{l}{3L+l}\right)^{k_0-1} \left(1 + \frac{l-z}{L}\right)^{k_0-1} \tag{9-44}$$

3. 实际晶体生长速率的变化

在建立了单向结晶过程中的溶质分凝模型后，可以讨论溶质分凝对生长速率的影响。在单向生长过程中，初始过渡区和末端过渡区内，结晶界面上的溶质浓度是不断变化的。由热力学平衡条件可知，这一成分变化对应着结晶温度的变化，而生长炉内的温度分布通常是固定的。因此，结晶温度的变化必然导致结晶界面在生长炉内的位置变化。在恒定的抽拉速率下，界面位置的移动必然对应着生长速率的变化[22,23]。以下假定炉内温度控制为一维稳定温度场，温度梯度 G_T 为常数，如图 9-25(a)所示；坩埚下拉速率足够小，从而结晶界面附近的温度分布与炉膛温度分布一致，并能够维持平面结晶界面，如图 9-25(b)所示；假定晶体为二元合金，则在初始过渡区内结晶界面上固相溶质变化如图 9-25(c)所示；结晶界面温度与成分的关系则由图 9-25(d)所示的平衡相图确定。

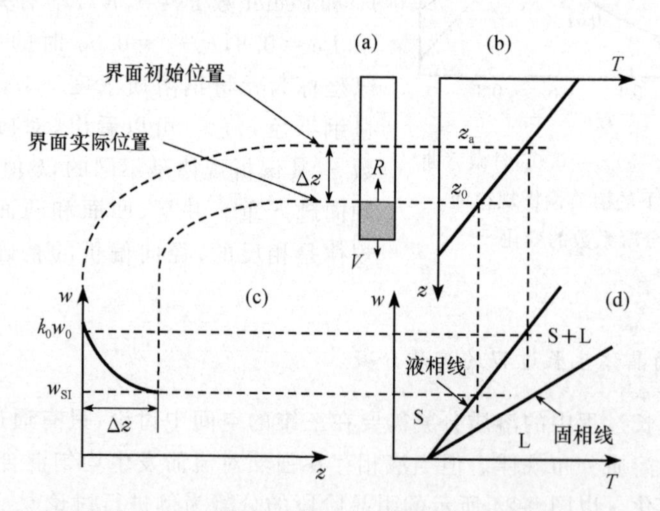

图 9-25 Bridgman 法晶体生长过程溶质再分配引起结晶界面位置和生长速率变化的原理[23]

在结晶初始点，结晶界面上的液相成分为 w_0。随着结晶过程的进行，对于 $k_0<1$ 的体系，界面液相溶质浓度 w_{LI} 逐渐增大，与固相溶质浓度 w_{SI} 满足 $w_{LI}=w_{SI}/k_0$。如果 m_L 为相图中液相线的斜率，则结晶界面上的温度变化可以表示为[23]

$$\Delta T_I = -m_L \left(\frac{w_{SI}}{k_0} - w_0\right) \tag{9-45}$$

由此引起结晶界面位置的变化为

$$\Delta z = z_a - z_0 = -\frac{m_L}{k_0 G_T}(w_{SI} - k_0 w_0) \tag{9-46}$$

结晶达到稳态生长阶段时，$w_{SI} \to w_0$，从而可以推算出在初始过渡区内结晶界面的移动距离为

$$\Delta z_{ini} \approx -\frac{m_L}{G_T}\frac{1-k_0}{k_0}w_0 \tag{9-47}$$

表 9-1 给出了几种典型Ⅱ-Ⅵ族化合物半导体材料的参数及其在典型生长条件下初始过渡区内结晶界面位置的移动距离。可以看出在典型的生长条件下，远红外半导体晶体 $Hg_{0.78}Cd_{0.22}Te$ 在初始过渡区内结晶界面移动距离达到 80mm。

表 9-1　典型 II-VI 族化合物半导体在 Bridgman 法晶体生长过程中在初始过渡区内结晶界面位置的移动距离[23]

晶　体	m_L	k_0	G_T/(K/cm)	Δz_{ini}/mm
$Hg_{0.78}Cd_{0.22}Te$	590	2.62	10	约 80
$Hg_{0.89}Mn_{0.11}Te$	约 280	2.2	10	约 17
$Hg_{0.84}Zn_{0.16}Te$	约 595	约 3.4	10	约 67

而晶体的实际生长速率 R 与坩埚下拉速率 V 之间满足如下关系：

$$R = V - \frac{d\Delta z}{d\tau} = V - R\frac{d\Delta z}{dz} \tag{9-48}$$

将式(9-46)代入式(9-48)则可得出实际晶体生长速率 R 与坩埚抽拉速率 V 之间的关系为

$$V = R\left(1 - \frac{m_L}{k_0 G_T}\frac{\partial w_{SI}}{\partial z}\right) \tag{9-49}$$

式中，在不同生长条件下，固相成分随时间的变化 w_{SI} 已在 9.2.1 节中进行了详细讨论。对于任何一个二元合金体系，当 m_L 为负值时，$\partial w_{SI}/\partial z$ 必为正值。反之，当 m_L 为正值时，$\partial w_{SI}/\partial z$ 必为负值。因此，在初始过渡区内 $R<V$，即实际生长速率总是小于抽拉速率。

以 $Hg_{0.8}Cd_{0.2}Te$ 的 Bridgman 法晶体生长为例，假定生长晶锭的长度为 120mm。并采用式(9-20)描述结晶界面上晶体成分的变化规律。该材料体系的典型参数列于表 9-2 中，则可以估算出欲获得恒定生长速率 R＝0.3mm/h、0.5mm/h 和 1.5mm/h，则抽拉速率应按照图 9-26 所示的规律变化。

4. 分凝系数的实验测定

在二元体系中，溶质分凝系数可以通过相图或热力学方法计算，并且有数据可查。但在多组元体系中，特别是对于晶体中不同种类的杂质，其分凝系数则是很难确定的。为此可以采用 Bridgman 法晶体生长技术进行分凝系数的测定，其典型的测定方法有以下两种。

表 9-2 $Hg_{0.8}Cd_{0.2}Te$ 的典型热物理参数[23]

参数	符号	量纲	数值
Cd(或 CdTe)液相扩散系数	D_L	mm^2/s	0.005
Cd(或 CdTe)固相扩散系数	D_S	mm^2/s	$8.8\times10^{-5}\exp\left(\frac{-0.52eV}{k_BT}\right)$
溶质(CdTe)分凝系数	k_0		2.62
液相线斜率	m_L	K/mol	595
固相线斜率	m_S	K/mol	223
结晶界面温度梯度	G_T	K/mm	1
生长速率	R	mm/h	0.5～1.5

其一，采用晶体生长过程淬火的方法。设计一个无对流传质的恒速 Bridgman 生长过程，在达到稳态生长阶段时对试样淬火使得在生长过程中的溶质分布固定下来，然后进行试样的解剖，确定出试样在生长方向上溶质含量突变的位置，该位置则对应于生长过程中的结晶界面。采用微区分析技术，确定出原结晶界面前液相中的成分分布随距结晶界面距离的变化。将实测的成分分布采用回归分析方法与式(9-15)或式(9-35)拟合，即可确定出溶质分凝系数 k_0。

其二，同样设计一个无对流平界面 Bridgman 晶体生长过程，在完成晶体生长后分析试样中距离初始端不同距离处的溶质浓度，则可以将试验数据与式(9-12)～式(9-14)或式(9-29)拟合，获得晶体生长过程结晶界面上的分凝系数 k_0。

5. 化合物晶体中的成分偏差

即使对于符合化学计量比的化合物晶体也存在着一个成分的变化范围。图 9-27 所示是典型化合物半导体 GaAs 固溶区的变化情况示意图[24]。在接近熔点的高温区，固溶区随着温度的降低而增大。随着温度的进一步降低该固溶区间缩小，即发生退溶。对于溶液生长的情况，液体成分与标准化学计量比的成分偏差较大，并且液相成分维持恒定。

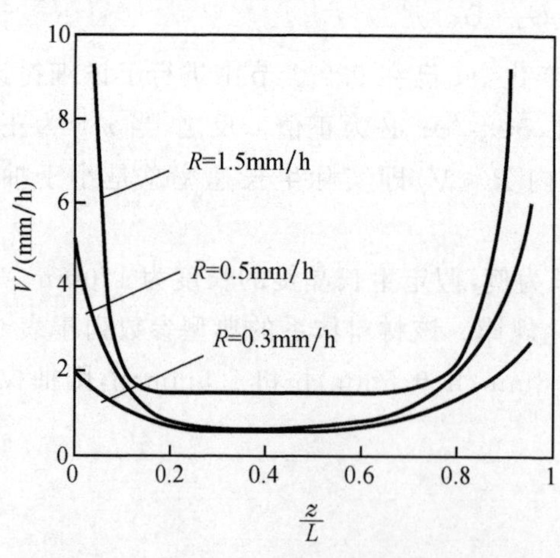

图 9-26 $Hg_{0.8}Cd_{0.2}Te$ 在 Bridgman 法生长过程中，获得恒定的生长速率要求的坩埚抽拉速率[23]

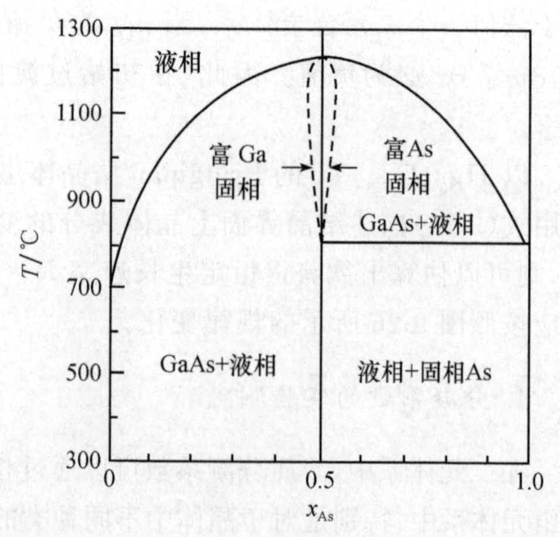

图 9-27 Ga-As 二元相图及其固溶区的分布[24]

按照相平衡原理,可以在最大固溶区以下生长出成分偏差较小的晶体。而对于高温熔体 Bridgman 法生长过程,熔体成分与标准化学计量比的偏差通常很小,可按照固溶体中的溶质分凝原理讨论。对于富 As 的熔体,可以看成是 GaAs 和 As 形成的二元合金。将相图中 GaAs-As 部分看成是独立的二元相图,As 的成分可以表示为

$$x'_{As}=2(x_{As}-0.5) \tag{9-50}$$

式中,x_{As}为熔体中实际 As 的摩尔分数。

对于富 Ga 的熔体,则可以对 Ga 在 GaAs-Ga 二元系中的分凝行为进行讨论。其中 Ga 的浓度可以表示为

$$x'_{Ga}=2(x_{Ga}-0.5) \tag{9-51}$$

式中,x_{Ga}为熔体中实际 Ga 的摩尔分数。

在所生长的 GaAs 晶体中,过量或不足的 As 将以点缺陷的形式存在于晶体中。对此将在第 13 章详细讨论。

9.3　Bridgman 法晶体生长过程的数值分析

9.3.1　Bridgman 法晶体生长过程数值分析技术的发展

Bridgman 法晶体生长过程是一个具有运动界面的非线性问题,涉及传热、传质和对流,并且该典型的"三传"现象是互相耦合的。因此,全面准确地了解晶体生长过程的传输问题,并进行有效控制,需要借助于数值计算的方法。

Chang 和 Wilcox[25] 忽略了对流及凝固潜热,首次计算了理想 Bridgman 系统的温度场,结果证明理想绝热区具有抑制径向热流,使生长界面曲率减小的重要作用。Naumann 等[26,27] 和 Jasinski 等[28] 通过一维分析给出了实现稳态生长(晶体、熔体中温度分布稳定,晶体生长速率等于坩埚抽拉拉速)所需的高温区、低温区及坩埚的最短长度。Wang 等[29] 通过对晶体生长速率进行 Peltier 标记测量证明了上述分析的正确性。

Chin 等[30] 利用有限元法在忽略熔体对流的条件下研究了生长界面的有关性质,结果发现在不计凝固潜热时,界面形态取决于固液两相热导率比和炉子的 Biot 数。Jasinski 等[31] 的研究证明坩埚热导率对于生长界面有重要影响,特别是对于厚壁坩埚。这是生长高蒸汽压材料 $Hg_{1-x}Cd_xTe$、$Hg_{1-x}Mn_xTe$ 等所必需的。Taghavi 等[32] 忽略凝固潜热,研究了拉晶速度及炉内温度分布对结晶界面形态的影响,得到了平界面生长所需的炉膛温度分布。

Change 和 Brown[33] 利用有限元-Newton 算法,忽略坩埚对传热的影响,最先计算了理想 Bridgman 系统的对流及其对传热传质的影响。结果表明,该系统的对流形态分为两个明显的区域,在高温区与绝热区相接的区域,径向温度沿半径升高,驱动熔体在坩埚壁附近上升,坩埚中部下降,形成涡流。在熔体-晶体界面附近,由于熔体热导率高于晶体热导率,径向温度沿半径下降,驱动熔体在坩埚壁附近下降,坩埚中部上升。除了强对流情形,一般情况下熔体热传输是导热控制的,这是因为半导体熔体的 Prandtl 数小的缘故,只有很强的对流才会影响熔体-晶体界面的形态。基于上述对流分析,对于稀组分,利用定向凝固准稳态模型进行的传质计算表明,与温度场相比,溶质分布对对流强度的变化更为敏感,这是因为熔体中的溶质扩散系数远小于热扩散率($Sc/Pr\gg1$)。

Adornato 和 Brown[34] 改进了上述算法，计入坩埚热传输，研究了熔体中由温度梯度和溶质浓度差异驱动的热质对流，详细分析了坩埚材料、对流强度、长晶速度对溶质分凝的影响，给出了选择坩埚材料、厚度的判据。此外，坩埚材料的选择还会极大地影响熔体中的径向温度梯度、自然对流的强度及方向。

上述计算都是针对纯物质或稀合金进行的，且基本上都属稳态计算。同时，对于纯物质或稀合金的晶体生长，界面形状是由等温线决定的，不与溶质偏析发生耦合。

对于浓合金，如 $Hg_{1-x}Cd_xTe$、$Hg_{1-x}Mn_xTe$ 等，情况要复杂得多。此时，结晶温度与界面组分相关，界面形状、晶体生长速率与溶质场的变化相耦合，自然对流形态及强度也和溶质对流传输耦合在一起。

浓合金 Bridgman 生长过程的数值分析开始于 20 世纪 80 年代末。Kim 和 Brown[35] 在考虑自然对流的情况下进行了 $Hg_{1-x}Cd_xTe$ 垂直 Bridgman 生长过程的稳态数值计算。结果表明，晶体轴向偏析受溶质扩散控制。大的径向偏析是热质对流和严重下陷的生长界面相互作用的结果，计算结果解释了 Szofran 等的晶体生长实验结果[36]。

Kim 和 Brown[35] 在考虑自然对流和动量平衡的情况下进行了 $Hg_{1-x}Cd_xTe$ 垂直 Bridgman 法生长过程的稳态数值模拟。在此基础上又利用有限元法对小尺度 $Hg_{1-x}Cd_xTe$ 的 Bridgman 生长进行了非稳态数值计算[36]。Martinez-Tomas 等[37] 采用有限差分法研究了 CdTe 生长过程中的热传输。Kuppurao 等[38,39] 在考虑动量平衡的情况下模拟了 $Cd_{1-x}Zn_xTe$ 的生长。Cerny 等[40] 在此基础上模拟了晶体的热物理参数随温度变化情况下的 $Cd_{1-x}Zn_xTe$ 晶体 Bridgman 法生长过程。

近年来，由于计算速度的提高，Bridgman 法晶体生长过程的数值模拟得到进一步的完善。减少了人为的假设，可以更为准确地进行晶体生长过程温度场、对流场和扩散场的计算[41,42]，以及成分偏析的预测；可以模拟不同强制对流条件下晶体生长过程，包括坩埚加速旋转过程(ACRT 法)[43~45]、电磁场作用[46~48] 等条件下的多场耦合过程；可以进行晶体生长过程应力场的计算[49~51]。这些进展为晶体生长过程的优化控制奠定了良好的基础。

9.3.2　Bridgman 法晶体生长过程多场耦合的数值模拟方法

Bridgman 法晶体生长过程的传热条件如图 9-28 所示[44]，其分析的重点是熔体和晶体的温度、溶质浓度以及对流流速分布。在熔体中的对流可以采用式(6-108)所示的动量方程描述。

对于图 9-28 所示的轴对称系统，采用如下圆柱坐标系的表达形式更为方便[44]：

$$\left.\begin{aligned}&\frac{\partial u_r}{\partial \tau}+u_r\frac{\partial u_r}{\partial r}+u_z\frac{\partial u_r}{\partial z}=-\frac{1}{\rho_L}\frac{\partial p}{\partial z}+\frac{\eta}{\rho_L}\left(\frac{\partial^2 u_r}{\partial r^2}+\frac{\partial^2 u_r}{\partial z^2}+\frac{1}{r}\frac{\partial u_r}{\partial r}-\frac{u_r}{r^2}\right)+\frac{u_\theta^2}{r}\\&\frac{\partial u_\theta}{\partial \tau}+u_r\frac{\partial u_\theta}{\partial r}+u_z\frac{\partial u_\theta}{\partial z}=\frac{\eta}{\rho_L}\left(\frac{\partial^2 u_\theta}{\partial r^2}+\frac{\partial^2 u_\theta}{\partial z^2}+\frac{1}{r}\frac{\partial u_\theta}{\partial r}-\frac{u_\theta}{r^2}\right)+\frac{u_r u_\theta}{r}\\&\frac{\partial u_z}{\partial \tau}+u_r\frac{\partial u_z}{\partial r}+u_z\frac{\partial u_z}{\partial z}=-g-\frac{1}{\rho_L}\frac{\partial p}{\partial z}+\frac{\eta}{\rho_L}\left(\frac{\partial^2 u_z}{\partial r^2}+\frac{\partial^2 u_z}{\partial z^2}+\frac{1}{r}\frac{\partial u_z}{\partial r}\right)\end{aligned}\right\}\quad(9\text{-}52)$$

式中，u_r、u_θ 和 u_z 分别为液体在径向、周向和轴向的流速；η 为液相的动力黏度；ρ_L 为液相密度；g 为重力加速度；p 为压力。

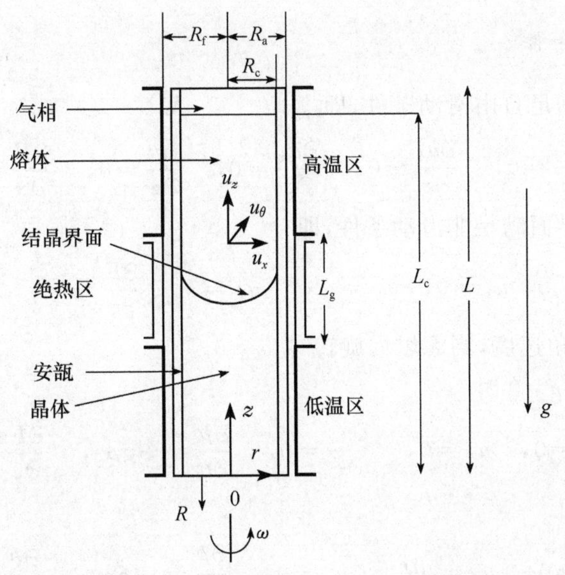

图 9-28　Bridgman 法晶体生长过程的简化物理模型[44]

液相流动还应该满足如下连续方程：

$$\frac{\partial u_r}{\partial r}+\frac{\partial u_z}{\partial z}+\frac{u_r}{r}=0 \tag{9-53}$$

熔体表面为自由表面，采用体积函数法（VOF）计算自由表面形状。体积函数 $F(r,z,\tau)$ 为阶跃函数，流体满单元其值为 1，空单元为 0，若某单元 F 值小于 1 而大于 0，则该单元为自由表面单元。F 的控制方程为

$$\frac{\partial F}{\partial t}+\frac{1}{r}\frac{\partial(ru_rF)}{\partial r}+\frac{\partial(u_zF)}{\partial z}=0 \tag{9-54}$$

忽略固相中的扩散，液相中的溶质传输满足如下溶质守恒方程：

$$\frac{\partial w_L}{\partial \tau}+(\mathbf{V}\cdot\nabla)w_L=\nabla(D_L w_L) \tag{9-55}$$

式中，w_L 为液相中的溶质质量分数；D_L 为溶质在液相中的扩散系数。

在熔体、晶体和坩埚中的能量方程分别为

$$\left.\begin{aligned}
&\rho_L c_{p,L}\frac{\partial T}{\partial \tau}+\rho_L c_{p,L}(\mathbf{V}\cdot\nabla)T=\nabla(\lambda_L\nabla T)\\
&\rho_c c_{p,c}\frac{\partial T}{\partial \tau}=\nabla(\lambda_c\nabla T)\\
&\rho_a c_{p,a}\frac{\partial T}{\partial \tau}=\nabla(\lambda_a\nabla T)
\end{aligned}\right\} \tag{9-56}$$

式中，ρ 为密度；c_p 为质量热容；λ 为热导率；下标 L、c、a 分别表示液相、晶体和坩埚。

对于图 9-28 所示的轴对称的 Bridgman 晶体生长条件，可以取其一半，即 $0\leqslant r\leqslant R_c$、

$0 \leqslant z \leqslant L$ 作为计算域,其求解的边界条件如下:

1. 对流的边界条件

熔体的上表面满足自由滑动条件,即

$$\frac{\partial u_r}{\partial z}=0, \quad \frac{\partial u_\theta}{\partial z}=0, \quad \frac{\partial u_z}{\partial z}=0, \quad \frac{\partial p}{\partial z}=0, \quad \frac{\partial F}{\partial z}=0 \tag{9-57}$$

熔体与晶体的界面满足非滑动条件,即

$$u_r=0, \quad u_\theta=\omega r, \quad u_z=0, \quad \frac{\partial F}{\partial z}=0 \tag{9-58}$$

式中,ω 为坩埚旋转角速度,当无坩埚旋转时,$\omega=0$。

在中心线上,即 $r=0$ 时

$$u_r=0, \quad u_\theta=0, \quad \frac{\partial u_z}{\partial z}=0, \quad \frac{\partial p}{\partial z}=-g\rho_{\mathrm{L}}, \quad \frac{\partial F}{\partial z}=0 \tag{9-59}$$

在坩埚的外表面

$$u_r=0, \quad u_\theta=\omega R_{\mathrm{c}}, \quad u_z=0, \quad \frac{\partial p}{\partial z}=-g\rho_{\mathrm{L}}, \quad \frac{\partial F}{\partial z}=0 \tag{9-60}$$

为了便于计算,通常引入一个流函数 ψ 对动力学方程进行简化,ψ 定义为

$$u_r=\frac{1}{r}\frac{\partial \psi}{\partial x} \tag{9-61a}$$

$$u_z=-\frac{1}{r}\frac{\partial \psi}{\partial r} \tag{9-61b}$$

2. 传热与传质的边界条件

结晶界面上,考虑结晶潜热的释放,忽略固相中的扩散,则

$$\left.\begin{aligned} \lambda_{\mathrm{c}}\left.\frac{\partial T}{\partial n}\right|_{\mathrm{c}}&=\lambda_{\mathrm{L}}\left.\frac{\partial T}{\partial n}\right|_{\mathrm{L}}+\rho_{\mathrm{L}}\Delta H_{\mathrm{m}}(\boldsymbol{V}_{\mathrm{I}}\cdot\boldsymbol{n}) \\ -D_{\mathrm{L}}\left.\frac{\partial w_{\mathrm{L}}}{\partial n}\right|_{\mathrm{c}}&=(1-k_0)w_{\mathrm{L}}(\boldsymbol{V}_{\mathrm{I}}\cdot\boldsymbol{n}) \end{aligned}\right\} \tag{9-62}$$

在轴对称中心:

$$\left.\frac{\partial T}{\partial r}\right|_{r=0}=0, \quad \left.\frac{\partial w_{\mathrm{L}}}{\partial r}\right|_{r=0}=0 \tag{9-63}$$

在坩埚的上表面及坩埚壁处溶质不能逸出,因此

$$\left.\frac{\partial w_{\mathrm{L}}}{\partial r}\right|_{r=R_{\mathrm{c}}}=0, \quad \left.\frac{\partial w_{\mathrm{L}}}{\partial z}\right|_{z=L}=0 \tag{9-64}$$

在上表面和下表面的换热边界条件变化较大,通常假定此处的温度与同水平面上的炉膛温度相等。

坩埚外表面的换热条件则较为复杂,典型的处理方式有以下两种:

(1) 忽略坩埚材料本身的热阻,假定晶体的表面温度与同水平面上的炉膛温度相等,并假定一个炉膛的温度分布,如图 9-29[42] 所示。

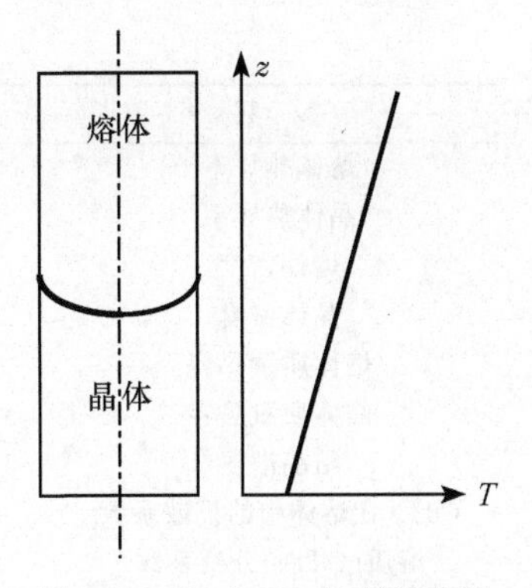

图 9-29　Bridgman 法晶体生长过程表面换热条件的简化[42]

(2) 假定炉膛温度分布恒定,炉膛与坩埚表面之间为一个界面换热过程[44~46]。坩埚表面的换热热流可表示为

$$q=\alpha(T_{\mathrm{f}}-T_{\mathrm{M1}}) \tag{9-65}$$

式中,α 为界面换热系数;T_{f} 为炉膛温度;T_{M1} 为坩埚表面温度。

在高温下的换热以辐射为主,可以求出[52]

$$\alpha=\frac{\sigma F_{e}(T_{\mathrm{f}}^{4}-T_{\mathrm{M1}}^{4})}{T_{\mathrm{f}}-T_{\mathrm{M1}}} \tag{9-66}$$

式中,σ 为黑体辐射系数;F_e 为图 9-28 中,形状相关的参数,定义为

$$F_{e}=\frac{1}{\dfrac{1}{\varepsilon^{*}}+\dfrac{R_{\mathrm{a}}}{R_{\mathrm{f}}}\left(\dfrac{1}{\varepsilon_{\mathrm{f}}}-1\right)} \tag{9-67}$$

式中,ε_{f} 和 ε^{*} 分别为炉壁和坩埚的辐射率;R_{a} 为坩埚的外径;R_{f} 为炉膛的内径。

以上述理论模型为基础,文献[42]计算了 HgCdTe 晶体在 Bridgman 法生长过程中的热质双扩散对流及其对温度场、溶质浓度场、结晶界面形貌的影响。其中对晶体表面温度进行了如下线性化处理:

$$T_{\mathrm{f}}=T_{\mathrm{C}}+(T_{\mathrm{H}}-T_{\mathrm{C}})\frac{z}{L} \tag{9-68}$$

式中,L 为晶体的长度;T_{H} 和 T_{C} 分别为试样热端和冷端温度。

对晶体表面换热采用了如下边界条件代替式(9-65):

$$-\frac{\partial T_{\mathrm{f}}}{\partial r}=\mathrm{Bi}(T_{\mathrm{H}}-T_{\mathrm{C}}) \tag{9-69}$$

式中,Bi 是表征界面换热强度的参数,称为 Biot 数。

计算过程采用的 HgCdTe 晶体的热物理参数列于表 9-3,并将 HgCdTe 处理为 HgTe-CdTe 伪二元系,溶质浓度则表示 CdTe 的浓度。图 9-30 所示为计算得到的晶体生长过程某一时刻对流场、温度场和溶质浓度场的分布情况。图 9-30(b)中的数字是无量纲温度$\dfrac{T-T_{\mathrm{C}}}{T_{\mathrm{H}}-T_{\mathrm{C}}}$,$T_{\mathrm{H}}$ 和 T_{C} 分别为高温端和低温端温度。针对不同的生长条件和生长过程中的不同时刻,可以获得相应的图谱,进一步由这些图谱可以确定出结晶界面的形状、液流方向、液流速率以及温度分布等。结果表明,界面换热条件,即 Bi 数及其生长速率 R 对生长过程的传热和传质特性具有重要影响。其中 Biot 数 Bi 和生长速率对结晶界面的形状和界面成分的影响分别如图 9-31 和图 9-32 所示。其中成分 x 是 CdTe 分子分数,即 $Hg_{1-x}Cd_xTe$ 中的 x 值。

表 9-3　HgCdTe 体系的热物理参数[36]

参　数	符　号	量　纲	数　值
熔体热导率	λ_L	W/(K · cm)	1.96×10^{-2}
晶体热导率	λ_S	W/(K · cm)	2.96×10^{-3}
熔体密度	ρ_L	g/cm^3	7.55
晶体密度	ρ_S	g/cm^3	7.63
熔体质量热容	$c_{p,L}$	J/(K · g)	0.257
晶体质量热容	$c_{p,C}$	J/(K · g)	0.177
结晶潜热	ΔH_m	J/g	130
CdTe 在熔体中的扩散系数	D_L	cm^2/s	5.5×10^{-5}
溶质(CdTe)分凝系数	k_0		2.62
动力黏度	η	cm^2/s	1.08×10^{-3}

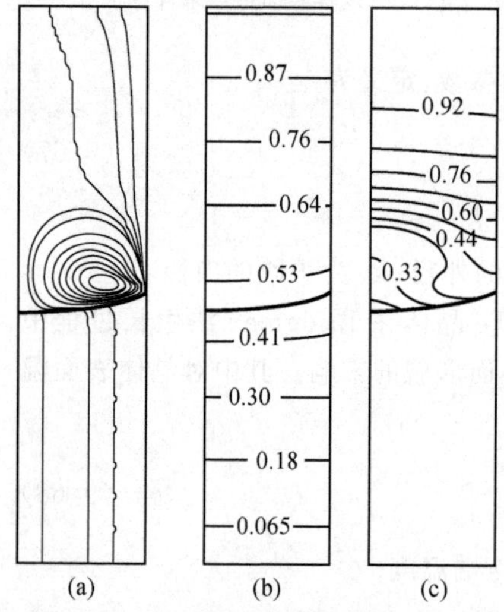

图 9-30　Bridgman 法晶体生长过程中，某时刻对流场、温度场和溶质浓度场计算结果[42]

(a) 流场；(b) 温度场；(c) 溶质浓度场

此外，Lu[53] 采用边界元法，进行了 Bridgman 法晶体生长过程温度场的研究，揭示了晶体和熔体中的实际温度分布与炉膛温度的差异及其依赖规律。Morvan 等[54] 通过数值模拟揭示了 Bridgman 法晶体生长过程结晶潜热对结晶界面形貌的影响规律。Lee 和 Pearlstein[55] 在假定外表界面与中心存在一个恒定温度差的传热条件下，分别结合苯单晶[55] 及 GaSe[56] 的 Bridgman 法生长过程传质方程的数值分析，获得了生长坩埚下拉速率对结晶界面形貌及其成分偏析影响的定量规律。Haddad 等[57] 针对水平 Bridgman 法晶体生长过程，采用数值模拟方法获得了晶体生长过程中的对流及其溶质浓度的分布规律。

数值模拟方法已经被应用于多种化合物半导体晶体的 Bridgman 法生长过程的模拟[42~59]。通过数值模拟，可以较为全面地了解晶体生长过程，

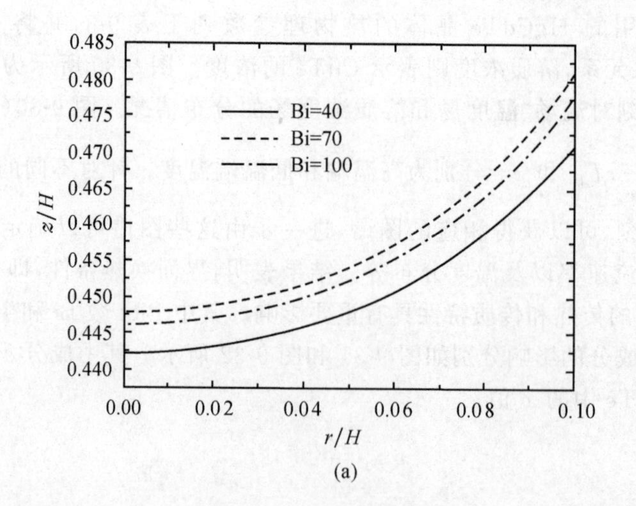

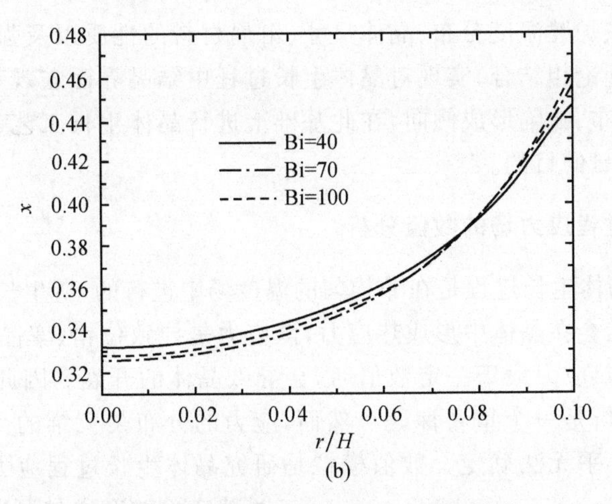

图 9-31　界面换热强度(Bi 数)的影响[42]

(a) Bi 对界面形状的影响;(b) Bi 数对界面成分的影响。H 为坩埚的高度

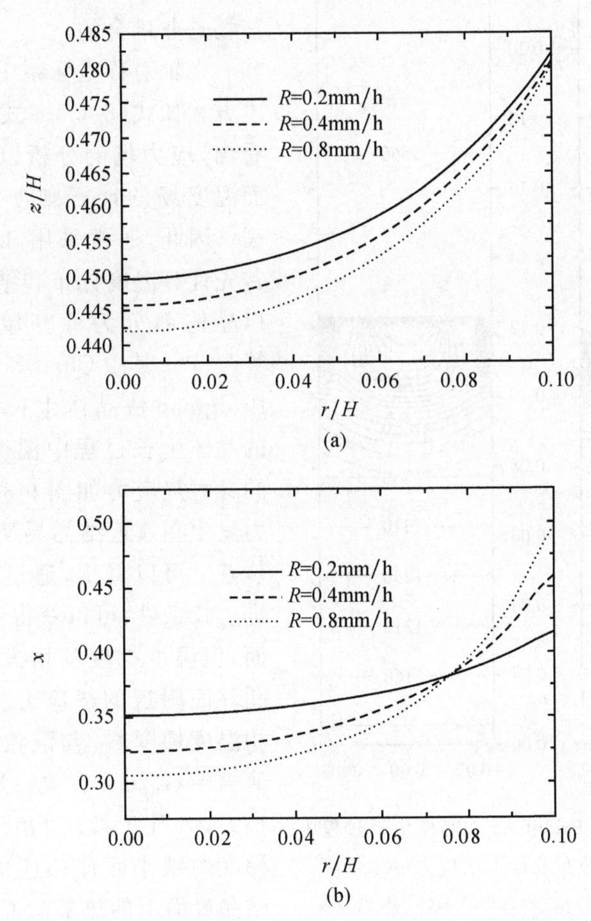

图 9-32　生长速率 R 对晶体生长界面形状的影响[42]

(a) R 对界面形状的影响;(b) R 对界面成分的影响

以及诸如生长速率、炉膛温度分布、晶体尺寸、坩埚材料的性质以及强制对流条件等的影响，并与晶体生长理论相结合，实现对晶体生长过程中结晶界面宏观和微观形貌预测，进而分析晶体成分分布、缺陷形成倾向，在此基础上进行晶体生长工艺参数的优化设计，达到控制晶体结晶质量的目的。

9.3.3 晶体生长过程应力场的数值分析

Bridgman 法晶体生长过程是在非均匀的温度场中进行的，所生长的晶体的冷却过程也是不同步的，必然会在晶体中形成热应力，该应力是导致位错、孪晶等各种晶体结构缺陷的主要原因。当热应力大于一定数值时，会导致晶体的开裂。因此，Bridgman 法晶体生长过程的应力分析是一个重要课题。然而，应力的分布是三维的，并且是随时间变化的，采用试验方法几乎无法确定。数值模拟是研究晶体生长过程应力特性的有效手段。虽然应力的形成与温度场、扩散场乃至对流场相对应，但应力本身对上述场量的影响可以忽略。因此，应力场的计算与上述三场是非耦合的。

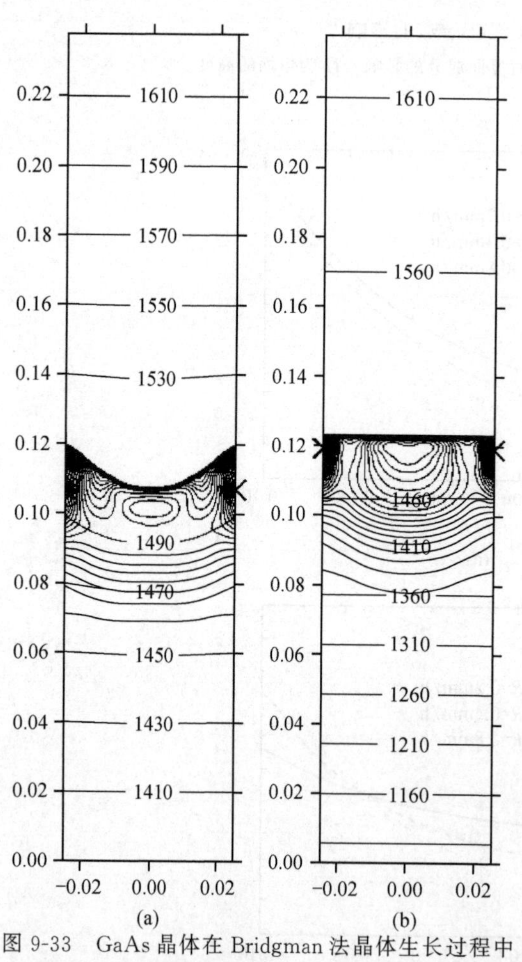

图 9-33 GaAs 晶体在 Bridgman 法晶体生长过程中结晶界面附近的温度分布及最大热应力($K>1$)[61]

(a) 常规 Bridgman 过程，$\sigma_{max}=6.9$MPa；(b) 改进温度分布后，$\sigma_{max}=12.1$MPa。×表示最大应力的位置。图中尺寸坐标单位为 m，图内数字为温度，单位为 K

在轴对称坐标系中，热应力计算的基本方程如式(8-53)～式(8-55)所示。可以看出，应力场的分析以温度分布为基础，而温度场的计算则涉及对流、传质等过程。因此，通常采用 9.3.2 节中的方法，首先计算温度分布和结晶界面形貌，然后以晶体部分为计算域进行热应力的计算[60,61]。其中 Chao 等[51]以 GaAs 的垂直 Bridgman 法晶体生长过程为对象，获得的晶体生长过程中温度场分布及其对应的最大热应力如图 9-33 所示。最大热应力发生在靠近结晶界面、温度梯度最大的位置。可以看出，通过提高温度梯度，改进生长条件，可以获得更加平直的结晶界面，但温度梯度的增大，也同时增大了结晶界面附近的热应力。应力的大小与固相温度梯度 G_S 与液相温度梯度 G_L 的比值 $K=G_S/G_L$ 有关。当 $K>1$ 时热应力很大，而当 $K<1$ 时由于径向和轴向温度梯度的减小而使热应力迅速减小。根据结晶界面上的热平衡关系可以得出

$$K=\frac{G_S}{G_L}=\frac{\lambda_L}{\lambda_S}+\frac{\rho_L R \Delta H_m}{\lambda_S G_L} \quad (9\text{-}70)$$

式中，λ_S 和 λ_L 分别为固相和液相的热导率；ρ_L 为液相密度；ΔH_m 为结晶潜热。

Ma 等[60]以 KBr 的 Bridgman 法晶体生长过程为对象，在对温度场及对流场模拟的基础上，进行了晶体生长应力的计算，所采用的计算参数见表 9-4，所生长的晶体直径为 14mm。晶体生长过程中的应力计算结果如图 9-34 所示，其中图 9-34(a)为假定晶体与坩埚粘连时的应力，图 9-34(b)为晶体与坩埚剥离时的应力。可以看出，当晶体与坩埚粘连时，其变形受到坩埚的约束，应力很大；而当其与坩埚剥离时，则可以自由变形，使应力得以及时释放，从而使应力减小了将近一个数量级。

表 9-4　KBr 晶体生长过程的热物理参数[60]

参　数	符　号	单　位	数　值
晶体密度	ρ_S	g/cm³	2.753
晶体熔点	T_m	℃	730
晶体热导率	λ_S	W/(K·m)	4.816
晶体热膨胀系数(319K 时)	α_S	1/K	4.3×10^{-6}
晶体质量热容	$c_{p,S}$	J/(K·g)	0.435
弹性模量	E	GPa	26.8
熔体黏度	η	P	$0.09083\exp\left(\frac{5161}{RT}\right)$
熔体质量热容	$c_{p,L}$	Cal①/(K·mol)	16.54
熔体热导率	λ_L	W/(K·m)	1.05
结晶潜热	ΔH_m	J/g	471.19

① 1Cal＝1kcal＝4.1868×10^3J。

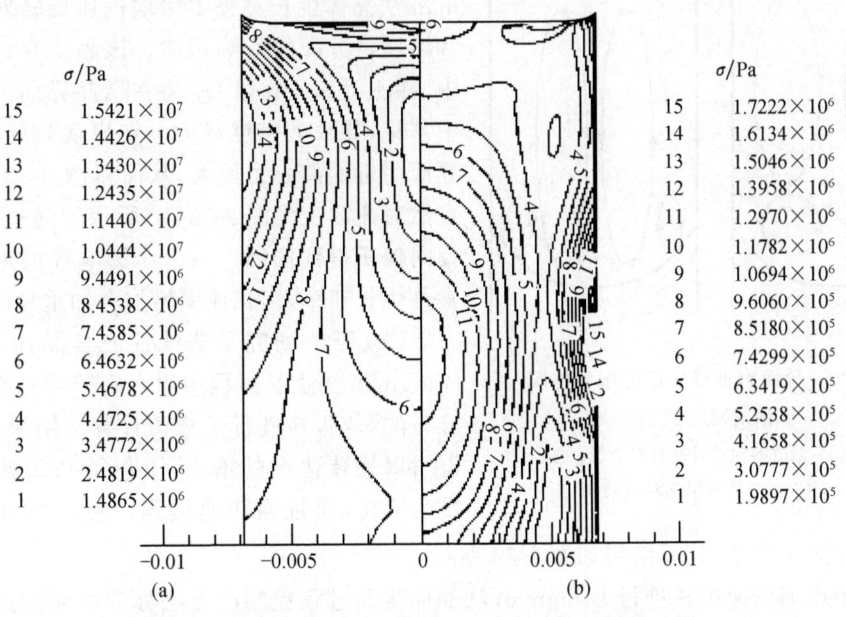

图 9-34　KBr 晶体在 Bridgman 法生长过程中的应力[60]

(a) 晶体与坩埚粘连时的应力；(b) 晶体与坩埚不粘连时的应力

9.4 Bridgman 法晶体生长工艺控制技术

Bridgman 法晶体生长过程控制最重要的因素是温度场和生长速率，二者合理的配合是晶体生长过程控制的核心。此外，多种机械和物理的方法也被用于 Bridgman 法晶体生长过程控制，形成了一系列新技术。以下对几种技术的原理和方法进行简要介绍。

9.4.1 Bridgman 法晶体生长过程的强制对流控制

采用机械方法在 Bridgman 法晶体生长过程中的液相区施加强制对流，以改变其传热、传质条件，实现晶体生长过程优化控制的研究成果很多，形成了一系列改进的 Bridgman 法，包括坩埚恒速旋转技术[61,62]、坩埚加速旋转技术(ACRT)[41~47,63~73]、坩埚倾斜生长技术[74]、坩埚倾斜旋转技术[66,75]、坩埚震荡技术[76~80]等。

1. 坩埚加速旋转技术

在分析坩埚加速旋转技术之前，先讨论坩埚恒速旋转的影响。在 Bridgman 法晶体生长过程中，恒速旋转坩埚会在液相中形成离心力。由于液相中的温度和溶质浓度的不均匀引起密度的差异，从而不同位置液相离心力存在差异，导致在液相中形成强制对流。

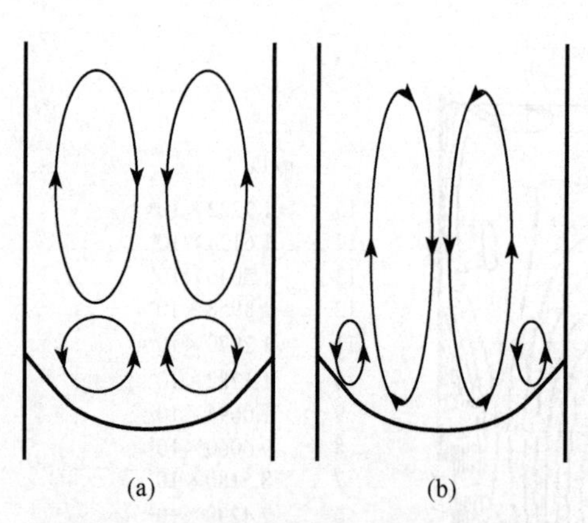

图 9-35　界面附近溶质密度增大情况下的对流方式[62]

(a) 无坩埚旋转时的自然对流；
(b) 坩埚恒速旋转引起对流的变化

Kim 等[62]研究了 $Tb_{0.3}Dy_{0.7}Fe_2$ 在 Bridgman 法晶体生长过程中坩埚恒速旋转对其对流和溶质再分配的影响规律。该晶体在结晶过程中，稀土元素 Tb 和 Dy 将在结晶界面前的液相中富集，导致其密度增大。在坩埚旋转过程中，界面附近的离心力偏大，从而将图 9-35(a)所示自然对流改变为图 9-35(b)所示的强迫对流，使径向偏析得到抑制。另一个影响径向偏析的因素是生长速率，生长速率增加会加重径向偏析。

Lee 等[61]研究了非线性光学晶体 GaSe 在 Bridgman 法生长过程中坩埚旋转对对流和掺杂分布的影响，并进行了数值计算。结果表明，随着坩埚旋转速度的增大，不但掺杂的偏析程度发生变化，而且当转速达到一定值后其偏析的规律也发生了变化，计算结果如图 9-36 所示。

采用坩埚变速旋转进行 Bridgman 法晶体生长过程控制的方法称为坩埚加速旋转技术，简称为 ACRT-B 法，即坩埚加速旋转技术与 Bridgman 法相结合的方法。

20 世纪 70 年代初，Schulz-Dubois[68]和 Scheel 首次提出用坩埚加速旋转产生的强迫

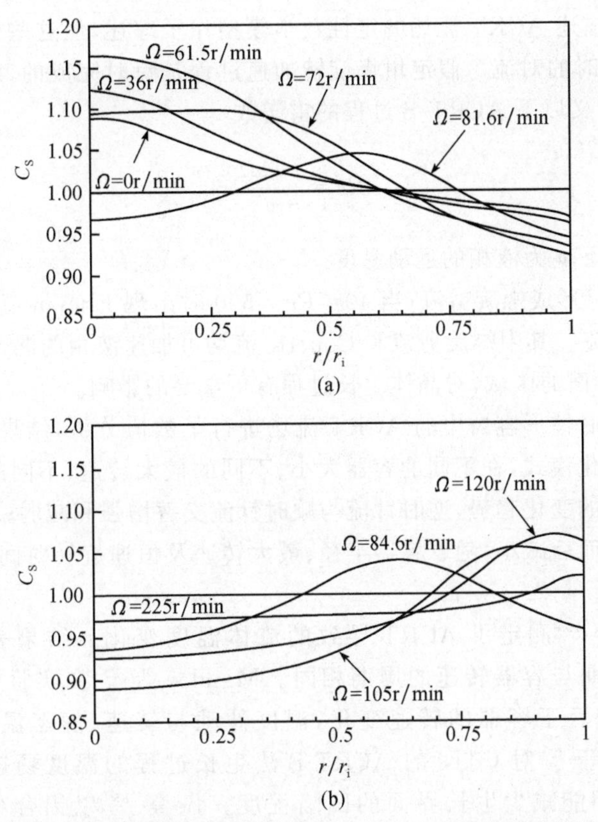

图 9-36　坩埚旋转角速度 Ω 对掺杂径向分布规律的影响[61]

生长速率 $R=0.25\mu m/s$；掺杂分凝系数 $k_0=0.175$；r_i 为坩埚半径；

C_S 为相对溶质浓度，定义为给定位置实际溶质浓度与平均浓度的比值

对流作为晶体生长时液相的搅拌手段，并指出坩埚加速旋转技术的运用减小了溶质边界层厚度，因而允许晶体以较高的速度稳定生长。此后利用 ACRT-B 进行了包括氧化物、磁性材料、半导体等多种材料的晶体生长。ACRT-B 法的主要优势在于增大晶粒尺寸，消除不需要的相，加快液相传质，提高晶体的稳定生长速率。

关于 ACRT 流场，Kirdyashkin 等[70]、Capper 等[71~73]及 Liu 等[81,82]作了较详细的实验模拟，内容包括容器形状与半径、流体黏度、最大转速、加速度大小等因素对流场的影响。Schulz-Dubois 研究认为，ACRT 将产生 3 种对流形式，即螺旋剪流、Ekman 流和瞬态 Couette 流，如图 9-37 所示[67]。

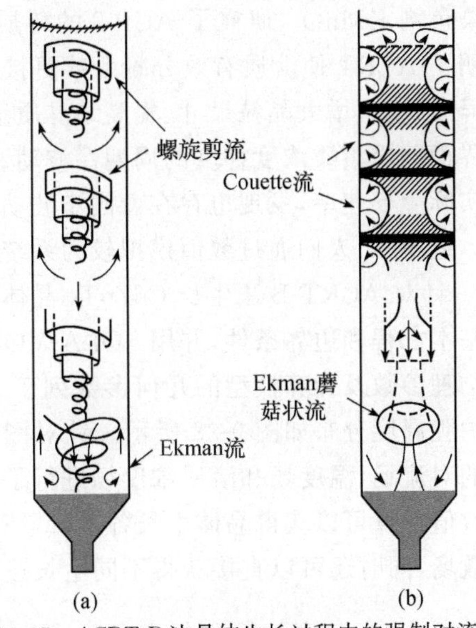

图 9-37　ACRT-B 法晶体生长过程中的强制对流[67]

(a) 加速过程；(b) 减速过程

Brice 等[83]对描述 ACRT 流场的定性数学模型作了综述，但这些模型主要描述的是坩埚转速阶跃变化时的对流。假定坩埚旋转加速过程是瞬时完成的，旋转角速度的改变量为 $\Delta\Omega$，则可以定义以下 ACRT-B 过程的雷诺数

$$Re = \frac{r_0^2 \Delta\Omega}{\nu} \tag{9-71}$$

式中，r_0 为坩埚半径；ν 为液相的运动黏度。

当 $Re<40$ 时只形成螺旋剪流；当 $40<Re<500$ 时出现 Ekman 流；当 $Re>500$ 时则开始形成 Couette 流。其中螺旋剪流和 Couette 流均可加速液相的混合。Ekman 流出现在紧邻熔体-晶体界面的区域，对晶体生长过程有更重要的影响。

Liu 等[81]对平底柱形容器中的 ACRT 流场进行了数值分析，结果表明，对于容器转速的梯形波时间变化模式，在不同的容器大小、不同的最大转速、不同的加速时间等条件下的流场具有相同的变化趋势，逆时针流与顺时针流交替增强和减弱；对流强度随旋转加速度的增大先增加而后减小，随着容器半径、最大转速及恒速旋转时间增加而增加，这与模拟实验结论一致。

Kirdyashkin 等[70]测定了 ACRT 导致的流体温度变化。结果表明，流体温度呈周期性变化，其周期与容器转速的周期相同。Masalov 等[84]在实验中发现，ACRT 过程的温度波动稍滞后于容器的转速变化，温度波动与转速、静态温度梯度及恒速旋转时间有关。Liu 等[82]对 CdTe 的 ACRT-B 法生长过程的温度场进行了数值计算，认为 ACRT 的运用能减少生长界面的凹陷程度。Jie 等[85]以铝合金为对象，通过实际测温实验证明，采用坩埚加速旋转技术可以使结晶界面附近的温度梯度得到明显提高。

关于 ACRT 过程质量传输的研究很少。最初，Scheel[86]在盛放 H_2SO_4 的容器中注入染色剂 $KMnO_4$，研究了 ACRT 的传质作用。Capper 等[75]的 HgCdTe 晶体生长实验证明了 ACRT 使溶质有效分凝系数更接近于平衡分凝系数，有提高晶体组分均匀性、消除异质核心、增大晶粒尺寸、提高结晶质量的作用。Zhou 等[87]实验发现了 ACRT 过程生长界面前沿溶质浓度梯度的周期性波动。他们同时采用界面标记技术(CID)测定了晶体的实际生长速率，发现也存在着同步波动。

近年来，人们通过数值模拟较为系统地研究了 ACRT-B 法晶体生长过程[43~47]。Liu 等[45]针对 ACRT-B 法生长 CdZnTe 晶体过程中的对流场，采用式(9-50)～式(9-62)给出的基本方程和边界条件，并用 SOLA-VOF 方法进行了多场耦合计算。所采用的 CdZnTe 热物理参数及计算模型的几何参数列于表 9-5 和表 9-6 中。根据实际测温结果，所采用的炉膛温度分布如图 9-38 所示。针对图 9-39 所示的不同坩埚旋转方式，对晶体生长过程的对流场、温度场和溶质浓度场进行了计算。计算结果的一个实例如图 9-40 所示。通过数值计算可以获得晶体生长各个阶段和不同坩埚加速旋转条件下的对流场、温度场和扩散场，同时还可以直接获得不同生长速率和对流条件下结晶界面的宏观形貌。

表 9-5　CdZnTe 晶体的热物理参数[45]

参　数	符　号	单　位	数　值
熔体热导率	λ_L	W/(K · cm)	1.085×10^{-2}
晶体热导率	λ_S	W/(K · cm)	0.907×10^{-2}
熔体密度	ρ_L	g/cm^3	5.68
晶体密度	ρ_S	g/cm^3	5.68
熔体质量热容	$c_{p,L}$	J/(K · g)	0.187
晶体质量热容	$c_{p,c}$	J/(K · g)	0.159
结晶潜热	ΔH_m	J/g	209.2
CdTe 在熔体中的扩散系数	D_L	cm^2/s	1×10^{-4}
溶质(CdTe)分凝系数	k_0		1.35
熔体动力黏度	η	cm^2/s	4.155×10^{-3}
熔点温度	T_m	℃	1099.64

表 9-6　CdZnTe 晶体生长过程中的几何参数[45]

参　数	符　号	单　位	数　值
坩埚长度	L	mm	80
晶体长度(熔体装料高度)	L_c	mm	7.6
晶体半径	R_c	mm	7.5
坩埚半径	R_a	mm	10
炉膛内半径	R_f	mm	28
晶体成分(ZnTe 的摩尔分数)	x		0.04
坩埚下拉速率	V	cm/s	1×10^{-4}
炉膛热辐射系数	ε_f		0.61
坩埚热导率	λ_a	W/(K · cm)	0.025
坩埚密度	ρ_a	g/cm^3	2.2
坩埚质量热容	$c_{p,a}$	J/(K · g)	1.05
坩埚热辐射率	ε^*		0.95

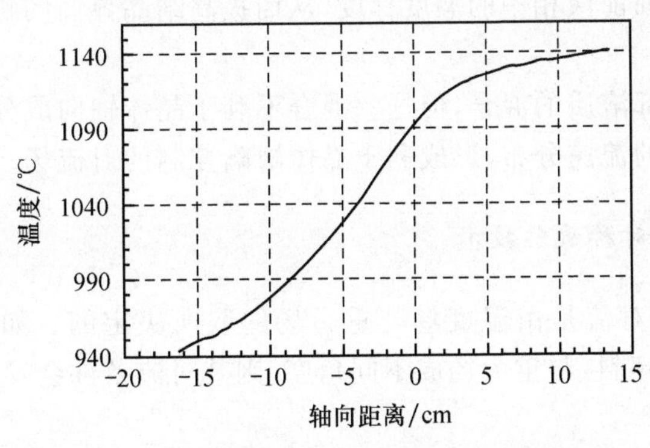

图 9-38　CZT 晶体生长过程中的炉膛温度分布[45]

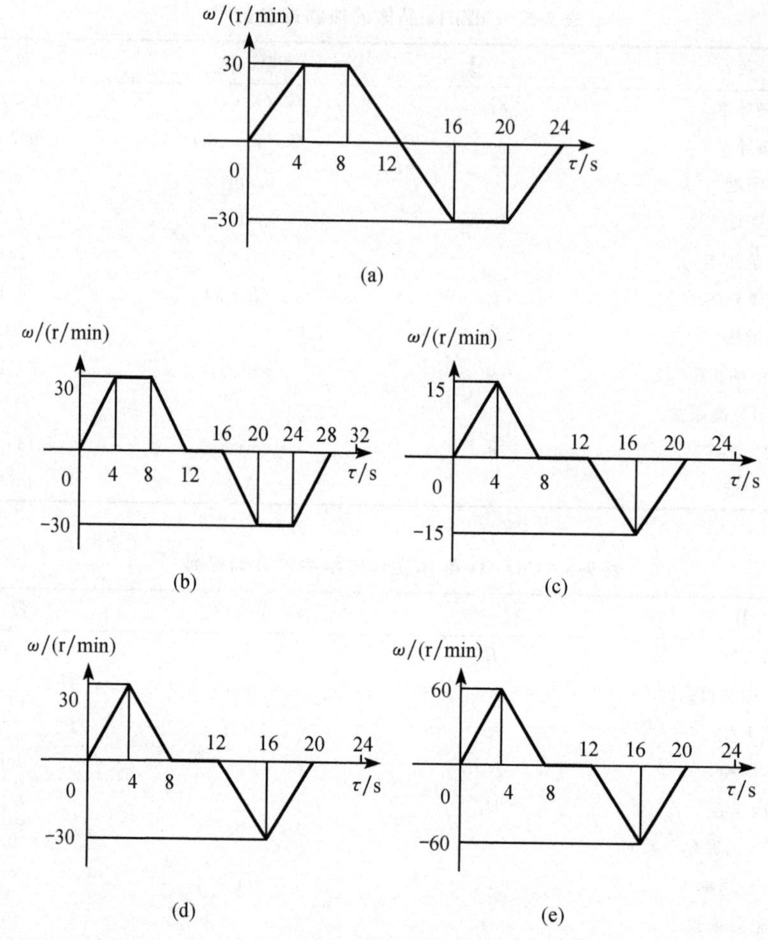

图 9-39 ACRT-B 法晶体生长过程中的坩埚旋转方式[45]

坩埚的加速旋转对晶体生长过程的影响主要表现在以下几个方面：

(1) 提高晶体径向的成分均匀性。

(2) 提高结晶界面前液相中的温度梯度，从而提高结晶界面的稳定性，减小结晶界面的凹陷深度。

(3) 加速液相内部溶质的混合，但这一混合不利于晶体轴向成分偏析的控制。

(4) 改变对流场的流速分布，形成利于晶体缺陷控制的对流场。

2. 坩埚倾斜与非对称旋转技术

晶体生长过程的对流是由温度场与重力场的取向决定的。如果使 Bridgman 生长炉(包括其中的坩埚)倾斜，与重力场成不同角度，则其对流条件会发生变化。

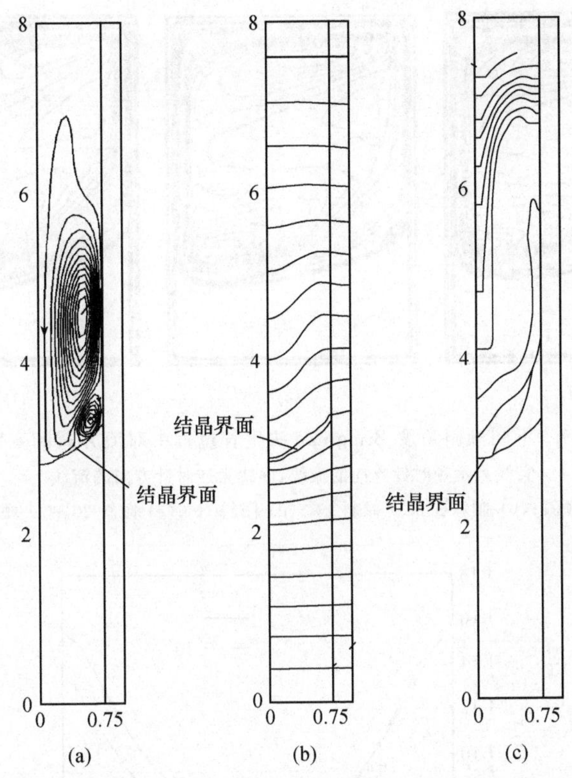

图 9-40　ACRT-B 法生长 CdZnTe 晶体过程中对流场(a)、温度场(b)和溶质扩散场(c)的算例[45]
坐标轴的单位为 cm

Lun 等[74]通过数值计算研究了二维简化的 Bridgman 生长过程。计算以 $Cd_{1-x}Zn_xTe$ 为对象,假定晶体生长炉相对于重力场倾斜不同角度,分析了倾角对对流及溶质分凝特性的影响规律。采用不同倾斜角度时,对流场变化的计算结果如图 9-41 所示。可以看出,合适的倾斜角度有利于获得平直的结晶界面。同时,模拟结果表明,倾斜生长过程的偏析情况发生很大变化,在一定的倾斜角度下可以明显减轻偏析。图 9-42 所示则是正常垂直 Bridgman 法和倾斜 10°时获得的晶体中,在晶锭截面上 Zn 的偏析情况。

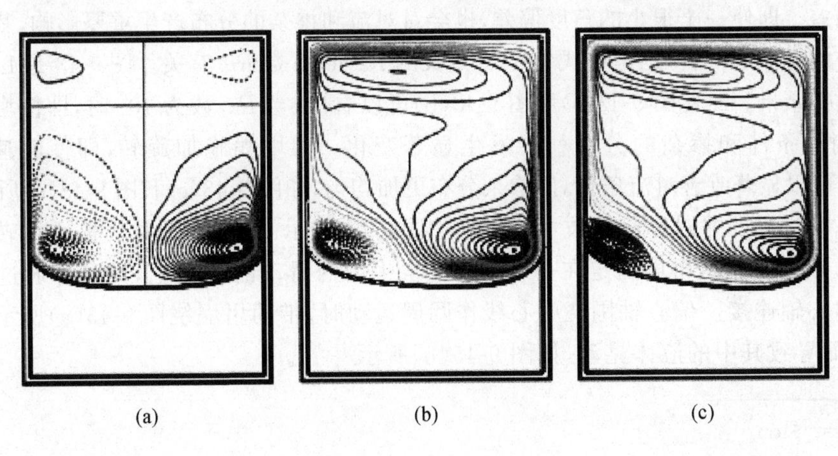

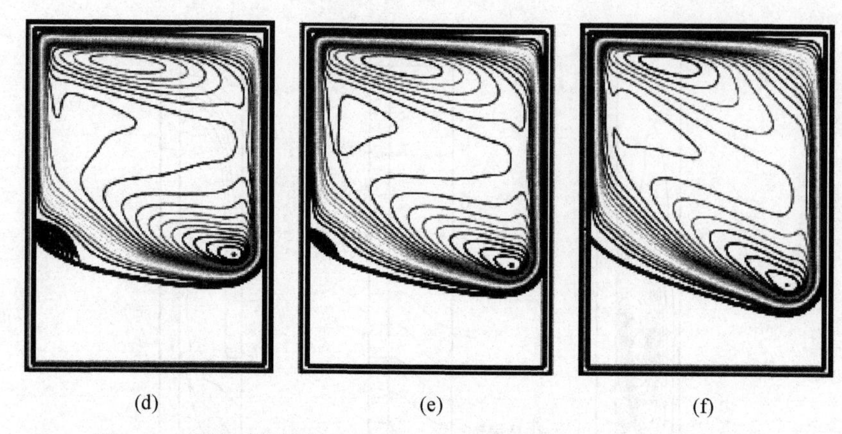

图 9-41 不同倾斜角度 Bridgman 法生长过程中对流方式的变化[74]

实线表示顺时针方向的流线,虚线为逆时针方向的流线

(a) 无倾斜;(b) 倾斜 5°;(c) 倾斜 10°;(d) 倾斜 15°;(e) 倾斜 20°;(f) 倾斜 30°

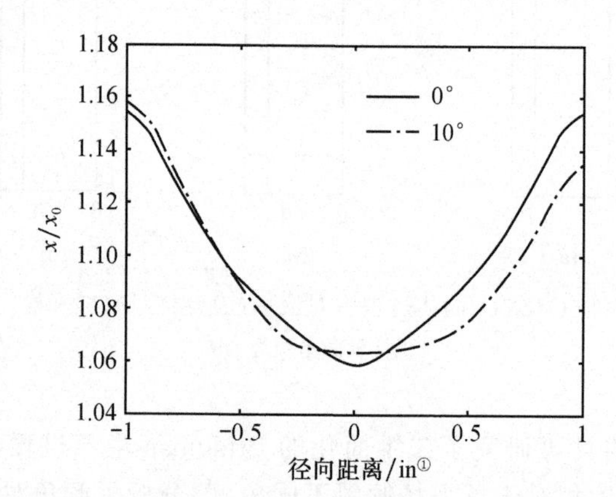

图 9-42 垂直和倾斜 10°的 Bridgman 法生长的 $Cd_{1-x}Zn_xTe$ 晶体,在距底面 1.5in 处的 Zn 在横截面上的分布[74]

x_0 为整个晶锭中的 Zn 平均成分

在 Bridgman 法生长的实践中,保证坩埚与重力完全一致是很难实现的,难免会有一定的角度偏差。即使一个很小的角度偏差,也会对对流和掺杂的分布产生重要影响,其影响与体系本身的对流条件,特别是由式(6-115)定义的 Rayleigh 数 Ra 有关。图 9-43 是 Lan 等[66]的数值模拟结果。对比图 9-43(a)和图 9-43(b)可以看出,当 Ra 数为 10^6 时,即使坩埚倾斜 1.5°,其对流条件和掺杂的分布就会发生显著变化。对坩埚施加旋转,即使转速仅为 5 r/min,也可以显著改善对流条件,使掺杂分布更加均匀,如图 9-43(c)和图 9-43(d)所示。

另一种坩埚的非对称旋转技术的原理如图 9-44 所示[77,79],可以称为偏心旋转 Bridgman 法。该方法是将坩埚固定在一个可以在水平面内滑动的托盘上,其底部通过一个定位孔与偏心轴连接。偏心轴围绕中心线作圆周运动时,带动坩埚绕图 9-45(a)所示的轨迹运动,从而导致其中的流体晃动,如图 9-45(b)所示[77,79]。

① 1in=2.54cm。

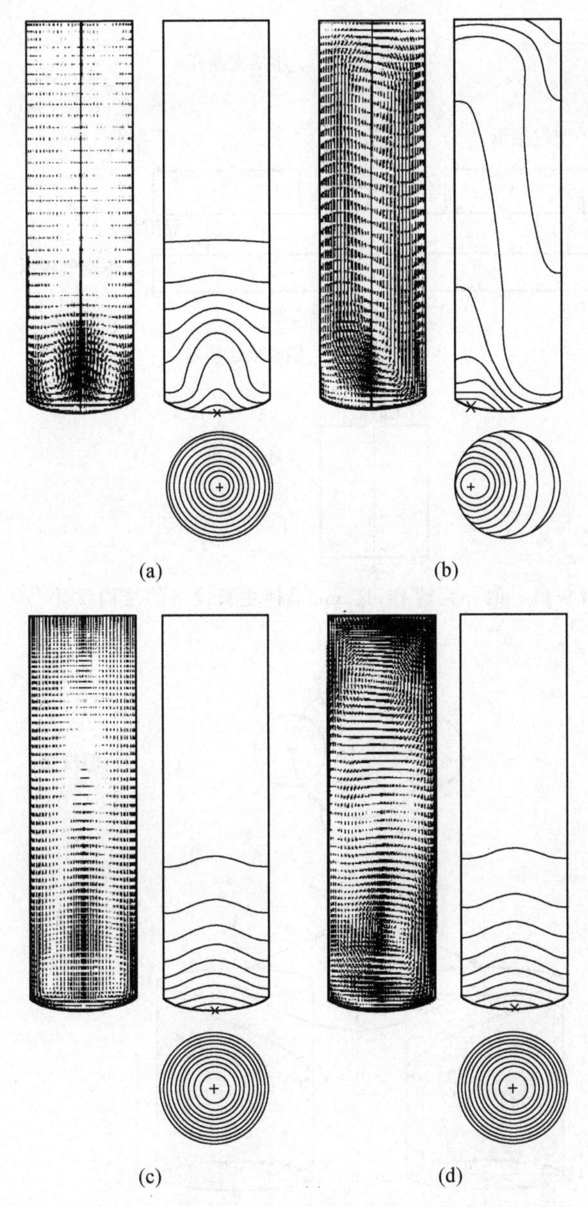

图 9-43　微倾斜 Bridgman 法晶体生长过程中倾斜及旋转条件对液相对流(左图)和溶质分布(右图)的影响($Ra=10^6$)[66]

(a) 倾斜 0°,旋转速度 0r/min;(b) 倾斜 15°,旋转速度 0r/min;(c) 倾斜 0°,旋转速度 5r/min;(d) 倾斜 15°,旋转速度 5r/min

偏心旋转条件下对流起源于液体的表面,然后逐渐向下发展。液体的流动方式和流速与其黏度、振荡频率和坩埚的直径密切相关。在低频旋转时,液体振荡引起的对流可能达不到液-固界面,只能引起液相内的混合。当旋转频率足够大,以至于可以驱动结晶界面上的液体流动时,该方法将引起结晶界面的回熔。回熔的距离随着旋转频率的增加而增大,并且与熔体中的温度梯度有关。设计合适的振荡方式有助于控制平面结晶界面。

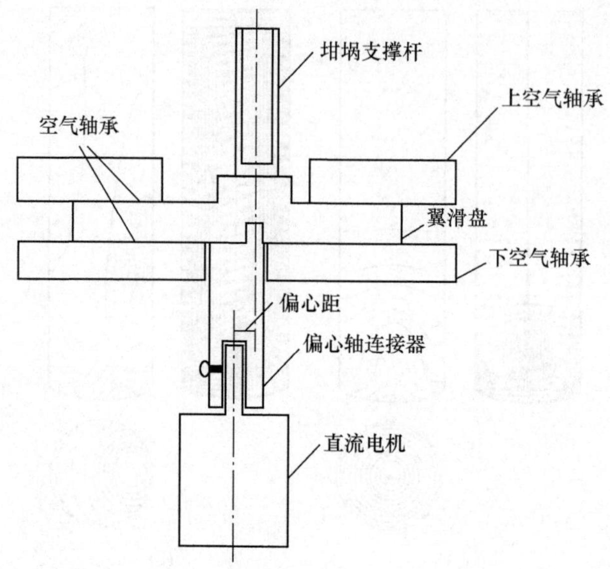

图 9-44　偏心旋转 Bridgman 晶体生长设备的结构设计[77,79]

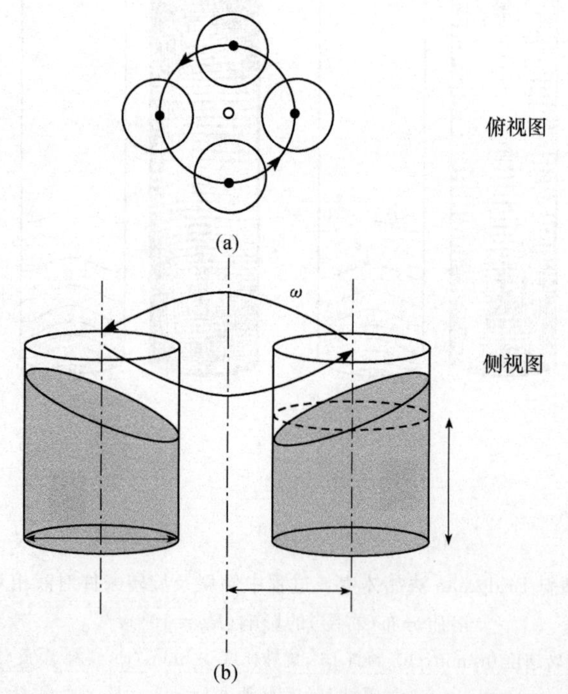

图 9-45　偏心旋转 Bridgman 晶体生长过程的坩埚运动轨迹(a)及对流方式(b)[77,79]

Zawilski 等[79] 对 $NaNO_3$ 晶体的 Bridgman 生长实验证明，坩埚振荡可以有效降低结晶界面的凹陷深度。在高达 10mm/h 以上的生长速率下仍能获得平面结晶界面。

3. 坩埚震荡技术

坩埚角度振荡(angular vibration)技术是台湾学者 Lan 的课题组于 2004 年发展的一种

Bridgman 法晶体生长过程的控制方法[46,75,78]。该方法的基本原理如图 9-46 所示[78]，坩埚的底部支撑在一个弹性的垫子上，在坩埚的顶部安装了两个机构：其一是坩埚旋转机构，采用步进电机驱动坩埚的旋转。同时，采用了另外一个电机驱动摇臂带动坩埚在水平方向上作往复运动。该往复运动也可以采用电磁铁驱动[75]。

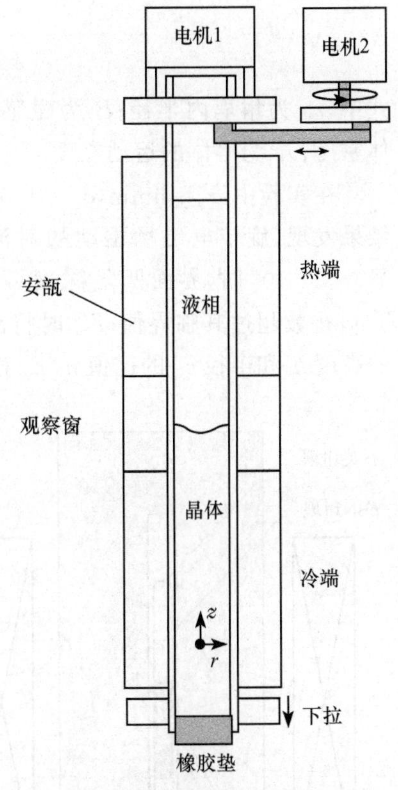

图 9-46 坩埚角度振荡 Bridgman 法晶体生长技术的基本原理[78]

Lan 等所选用的典型振荡周期为 1/60s。采用琥珀腈合金进行了模拟试验，并分别采用更轻的丙酮和更重的 Salol 作为合金化元素。结果表明，在无振荡的条件下，重合金化元素本身具有稳定平面界面的作用。施加合适频率的振荡可以显著降低结晶界面上的成分过冷，提高平界面的稳定性，并降低结晶界面的凹陷深度，同时可提高成分均匀性。但当振荡频率过大时，振荡引起强烈的 Schlichting 对流，使得结晶界面的凹陷深度反而增大。

与 ACRT-B 法相比，坩埚角度振荡法对液相内部溶质的混合影响较小，在提高径向成分均匀性的同时，不会加重轴向的成分偏析，因此，被认为是更好的改善晶体成分分布、提高结晶界面稳定性的方法。

9.4.2 Bridgman 法晶体生长过程的电磁控制

采用电磁场进行晶体生长过程控制的技术已经受到广泛关注，并已取得很大进展。动态磁场、静磁场等不同的磁场形式可以产生不同的控制效果。以下分别对不同的磁场形式在 Bridgman 法晶体生长过程控制中的应用及其原理和作用分别进行分析。

1. 动态磁场的应用

施加于 Bridgman 法晶体生长过程的动态磁场通常包括旋转磁场(rotating magnetic field，RMF)、交变磁场(alternating magnetic field，AMF)和行走磁场(travelling magnetic field，TMF)[88]。Lyubimova 等[88]对这 3 种磁场对 GaAs 晶体 Bridgman 法生长过程的影响进行了数值模拟，揭示了磁场对对流、温度分布和掺杂分布的影响规律，证明旋转磁场可以有效增大圆周和垂直方向上的对流，使凹陷界面转变为平面。交变磁场对 GaAs 生长过程的影响与静磁场相似。行走磁场会改变对流方式、界面形貌和掺杂分布，具体效果随磁场施加方式的变化差异很大。

Volz 等[89]研究了旋转磁场控制的掺 Ga 的(100)面取向 Ge 单晶生长过程。试验设备的示意图如图 9-47 所示，施加的磁场强度可以由其 Taylor 数 T_m 表示

$$T_{\mathrm{m}}=\frac{r_0^4 B^2 \omega \sigma_{\mathrm{L}}}{2\rho_{\mathrm{L}}\nu_{\mathrm{L}}} \tag{9-72}$$

式中，r_0 为坩埚内半径；B 为磁感应场强度；ω 为磁场角频率；σ_L 为熔体的电导；ρ_L 为熔体密度；ν_L 为熔体的运动黏度。

在实验中，$r_0=6\mathrm{mm}$，$\sigma_L=1.5\times10^6\mathrm{S/m}$，$\rho_L=5.6\times10^3\mathrm{kg/m^3}$，$\nu_L=1.3\times10^{-7}\mathrm{m^2/s}$。结果发现，旋转电磁场驱动的对流可以改善温度场，使凹陷界面转变为平面界面。当 $T_m=5\times10^4$ 时，界面凹陷深度可以减小约一半。同时，随着旋转磁场强度的增大，当 Taylor 数超过其临界值 T_m^c 时将出现非稳定的对流，并形成生长条纹。其中 T_m^c 与试样的高度 h 和半径 r_0 的比值 h/r_0 相关，随着该比值的增大而减小，如图 9-48 所示。

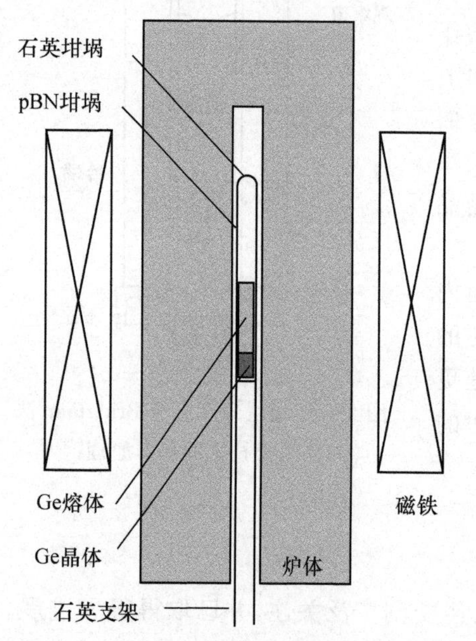

图 9-47 Bridgman 法晶体生长过程中的旋转磁场施加方式[89]

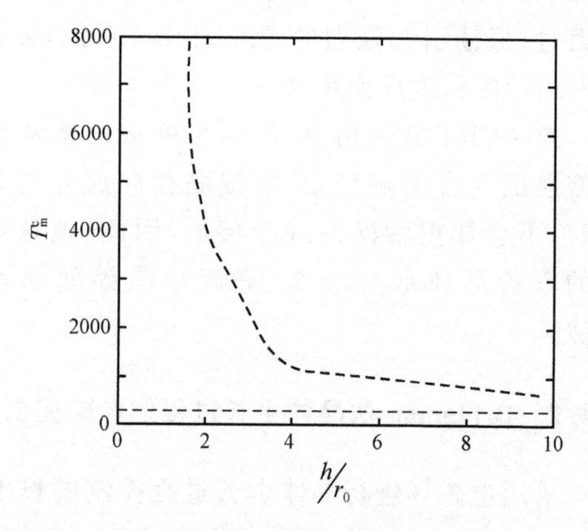

图 9-48 临界磁 Taylor 数 T_m^c 与坩埚长径比的关系[89]
其中下方的虚线对应于无限长坩埚

Stelian 等[48]则将产生交变电磁场的线圈放置在炉膛内，直接施加在坩埚外，从而增大了磁场效率，研究了交变磁场对 $Ga_{1-x}In_xSb$ 晶体 Bridgman 法生长过程的影响，并进行了数值模拟。结果表明，在正常的 Bridgman 法生长过程中，结晶界面前有大量溶质 InSb 被排出，导致结晶界面弯曲，并出现严重的径向偏析。当施加交变磁场后引入了强制对流，使得成分偏析得到有效控制。但该方法只适合于低熔点的晶体生长过程。对于高熔点的晶体，在技术上较难实现，而且线圈的存在会对温度场产生影响。

在 Bridgman 法晶体生长过程中，施加行走磁场的方式如图 9-49 所示[90~92]。通过向垂直排列的一组线圈按照一定的顺序和相位差施加磁场，则在坩埚内获得从下到上连续变化的磁场，产生的洛伦兹力驱动液体流动。当该行走磁场的频率增大时，试样内部产生由纯粹的轴向力向径向力的变化。

Yeckel 和 Derby[93]结合 CdZnTe 晶体，对行走磁场对晶体生长过程中对流场的影响进行系统的数值模拟研究。结果表明,下行的电磁场可驱动熔体沿坩埚壁下行,可稳定平面结晶界面。但当晶体的直径达到 4in 时,行走磁场的作用效果则非常有限。

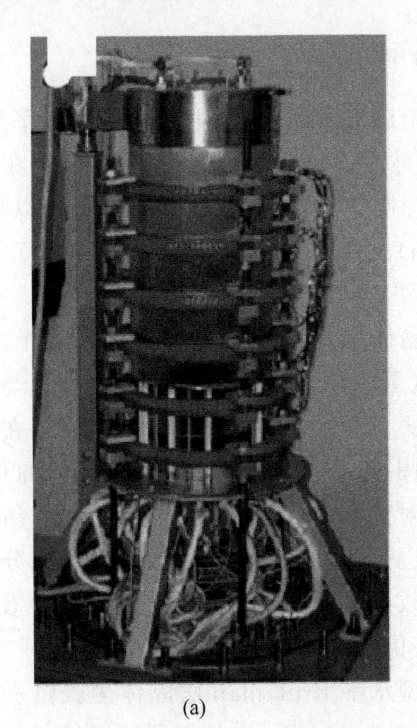

(a)

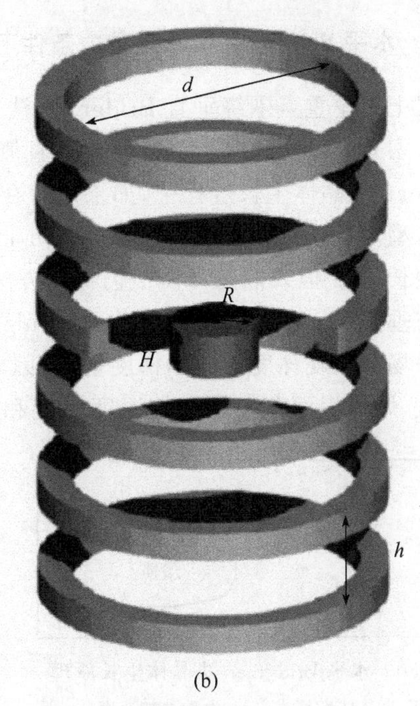

(b)

图 9-49　在 Bridgman 法生长过程中施加行走磁场的技术[90]

(a) 设备结构照片;(b) 线圈结构示意图

2. 静态磁场的应用

Dold 等[94]研究了轴向静磁场对直径为 9mm 的 Ge-2%Si 单晶垂直 Bridgman 法生长过程的影响。生长速率始终控制为 1.3mm/h,其他生长参数不变,唯一改变的是轴向磁场强度。结果表明,当磁场强度大于 2T 时,由于电磁制动作用,液相中的对流被抑制,液相中的溶质传输是一个纯扩散控制的过程。但从磁场强度大于 0.5T 开始,在微米至亚毫米的尺度内出现了微观成分波动。当磁场强度达到 2T 时,该微观偏析达到最大。随着磁场强度的进一步增大,微观偏析减弱。结晶界面附近温度及成分产生的 Seebeck 电势与磁场交互作用决定了微区的液相流动,这一对流称为热电磁对流(thermo-electro-magnetic convection,TEMC)。热电磁对流导致了微观成分的波动。

Yesilyurt 等[95]建立了数学模型,对在垂直磁场作用下的热电磁对流进行了数值计算。结果表明,在结晶界面附近,由于热电流较大,热电磁对流非常明显,对结晶界面附近的成分和界面的形状产生影响。当界面附近的热电流足够大时,界面由凹面向平面,乃至凸面变化,径向成分均匀性提高。

Lan 等[47,49]采用数值方法研究了横向静磁场和轴向静磁场对 Bridgman 法晶体生长过程对流和溶质分凝行为的影响。结果表明,施加轴向磁场可使液相的对流胞进一步向液相内部延伸,轴向的溶质混合加剧。而横向磁场可以更有效地抑制垂直方向上的对流,从而形成纯扩散控制的传输条件,利于控制轴向偏析。但横向磁场限制了结晶界面前溶质的横向混合,从而使得界面凹陷深度较大,径向偏析得不到改善。

9.4.3　水平 Bridgman 法及微重力条件下的 Bridgman 法晶体生长

以上讨论重点围绕垂直 Bridgman 法进行。将 Bridgman 控温炉及其坩埚水平放置,使晶体宏观的生长方向与重力场垂直则可实现水平 Bridgman 法晶体生长。在水平 Bridgman 法晶体生长过程中,如果不存在蒸汽压控制的问题,坩埚的上半部分可以切去,制成舟型坩埚。水平舟法(horizontal boat growth)早在 1928 年就被 Kapitza 用于 B;晶体的生长[96]。但人们在习惯上仍将此方法称为水平 Bridgman 法。

与垂直 Bridgman 法相比,水平 Bridgman 法晶体生长过程的特点在以下 3 个方面:①重力场与温度梯度和成分梯度垂直,因此热对流更为剧烈。②熔体的自由表面与梯度场垂直,熔体表面存在较大的温度梯度和浓度梯度,易形成 Marangoni 对流。③在表面存在着固-液-气三相的交点。④晶体的传热、传质和对流条件是非轴对称的,因此,晶体生长界面也是非轴对称的。从而,对于成分偏析倾向大或晶体的性能对成分及掺杂敏感的晶体,不易保证晶体性能的一致性。

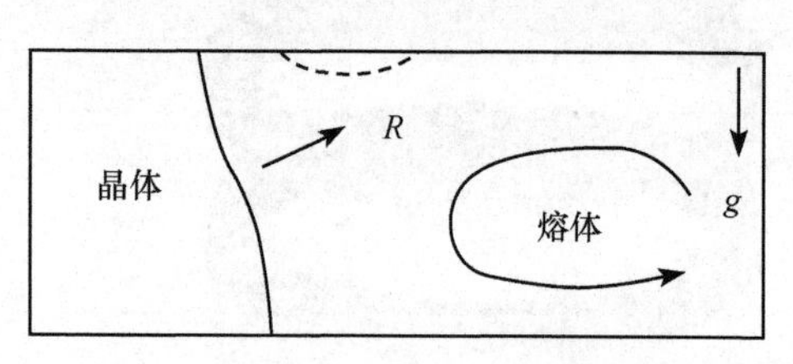

图 9-50　水平 Bridgman 法晶体生长原理
R 为晶体生长速率,g 为重力加速度

典型水平 Bridgman 法晶体生长过程的结晶界面如图 9-50 所示,其不同位置结晶的生长方向不同,并与重力场存在一定的角度。实际结晶界面的形态是由传热和对流特性决定的。Arafune 等[97]以 InSb 晶体为例,分析了不同组分的熔体生长过程中 Sb 的分凝行为及其对流情况。In-Sb 相图如图 9-51 所示[86]。在水平 Bridgman 法生长过程中的对流情况如图 9-52 所示。在远离结晶界面的位置,对流以温度梯度引起的热对流为主,而在结晶界面附近,溶质分凝引起的成分梯度导致密度差引起的溶质对流变得重要。而当 Sb 的摩尔分数大于 0.5 时,界面附近富 Sb,熔体密度较小,从而向下流动;当 Sb 的摩尔分数小于 0.5 时,结晶界面附近富 In,使得熔体密度增大,熔体沿结晶界面向下流动。

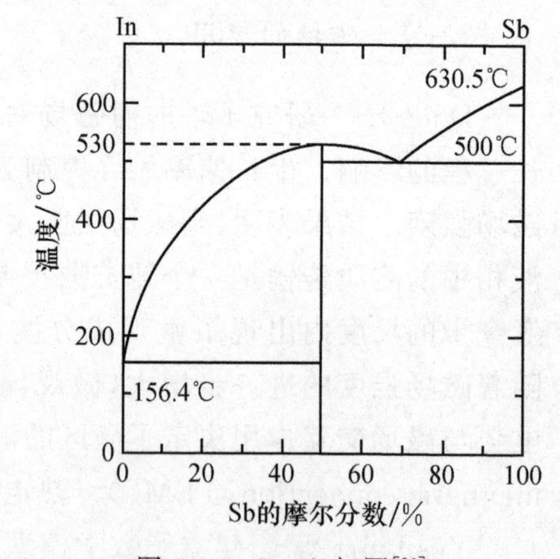

图 9-51　In-Sb 相图[86]

Ganapathysubramanian 等[98]在水平 Bridgman 法的基础上通过在垂直方向上施加磁场,在水平方向上沿宏观生长方向通电,利用电磁力进行对流控制。在数值计算的基础上,通过施加合理的磁场和电场,可以有效平衡重力作用下的自然对流,从而获得更为平直的结晶界面。

由上述分析可知,在 Bridgman 法晶体生长过程中,对流始终是晶体生长过程控制的核心内容,而在微重力条件下进行晶体生长是控制对流的有效手段。由于 Bridgman 法

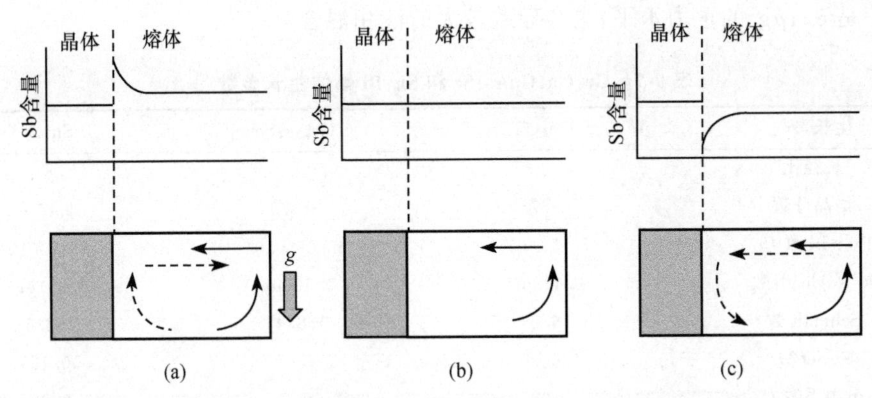

图 9-52　不同成分液态 In-Sb 合金在水平 Bridgman 法生长过程中的对流[86]

(a) 界面前富 Sb；(b) 界面前无溶质梯度；(c) 界面前富 In

虚线箭头方向表示溶质对流，实线箭头方向表示热对流

生长过程时间相对较长，需要提供长时间稳定的晶体生长条件。因此，微重力条件下的 Bridgman 法晶体生长过程通常是在太空条件下进行的，如空间站、航天飞机、空间轨道飞行器等，还要考虑熔体的约束及其挥发等问题，需要在密封的条件下生长。此外，微重力条件下重力可以忽略，因此已没有垂直或水平之说，其生长条件更接近水平 Bridgman 法生长过程。

关于重力对对流过程的影响已反映在式(6-107a)～式(6-107c)所示的动量方程中，其中重力项 ρg 的影响是非常重要的，特别是当熔体密度随温度和成分的变化较大时。在微重力条件下，$g \rightarrow 0$，因此，对流对传热和传质的影响可以忽略，而溶质的再分配也变为纯扩散控制的过程。

Ruiz 等[99,100] 以 8cm 长的欧洲空间局(European Space Agency，ESA)标准 Bridgman 晶体生长设备空间生长条件为背景，分析了多种晶体掺杂条件下微重力 Bridgman 法晶体生长过程中的对流及其溶质再分配规律，包括 Ge：Ga[99,100]、GaAs：Se[99,100]、Sn：Bi[99,100]、GaSb：Te[100]、CdTe：Zn[100]、InP：S[100] 条件下的分凝特性。ESA 标准水平 Bridgman 晶体生长设备的结构如图 9-53 所示[101]，计算采用了多场耦合的二维模型。其中，假定在微重力水平为 $0.1\mu g$ 的条件下，以表 9-7[99] 中给出的体系及其参数，获得溶质再分配的规律如图 9-54 所示[99]。取试样截面上的平均成分作为给定截面上的成分，图中的点画线是纯扩散控制的 Smith 模型[3] 计算的结果。可以看出，对于分凝系数很小的 Ge:Ga 体系($k_0=0.087$)，除末端区外二者基本一致；而对于分凝系数较大的 GaAs:Se 系($k_0=0.3$)和 Sn:Bi 系($k_0=0.29$)，溶质分布仍然偏离了纯扩散模型的计算结果。结果表

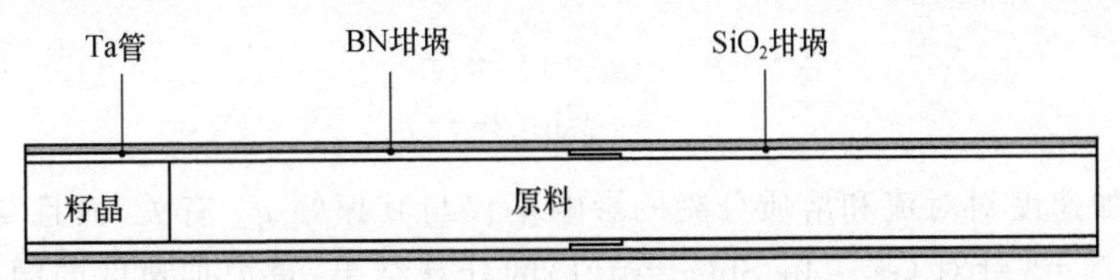

图 9-53　ESA 标准 Bridgman 晶体生长设备的结构[101]

明，即使是 0.1μg 的重力水平，也会导致较大的液相混合。

表 9-7 Ge:Ga、GaAs:Se 和 Sn:Bi 晶体生长参数[99]

生长参数	Ge:Ga	GaAs:Se	Sn:Bi
长径比	8	8	8
结晶分数	0.875	0.875	0.875
Prandtl 数 Pr	7.15×10^3	68.06×10^3	15.17×10^3
热 Rayleigh 数	0.423μg	0.366μg	0.041μg
Schmidt 数	6.2	108.45	162.5
Peclet 数	0.48	4.67	10.125
分凝系数 k	0.087	0.3	0.29
坩埚与晶体的相对热扩散率 $\alpha'=\frac{\alpha_{amp}}{\alpha_{cry}}\times10^2$	5.8	14.6	6.1

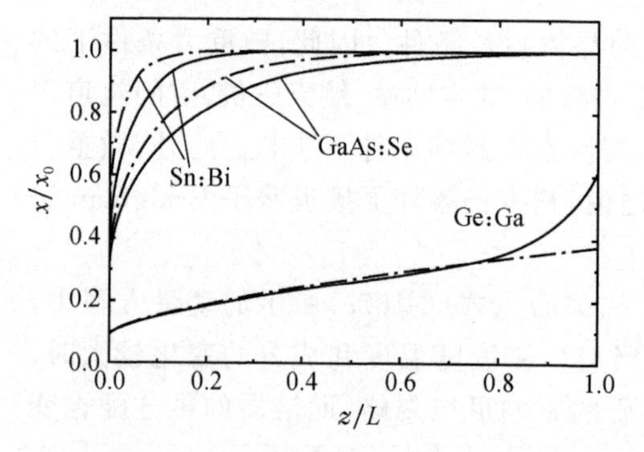

图 9-54 0.1μg 的微重力水平下，Ge:Ga、GaAs:Se 和 Sn:Bi 体系中的掺杂分布[99]
实线为数值模拟结果，点画线为采用纯扩散控制的 Smith 模型[3]计算结果。
z 为距生长初始端的距离；L 为试样长度；
x 为掺杂的摩尔分数；x_0 为掺杂的平均摩尔分数

Simpson 等[102]采用数值计算方法对比研究了从 1μg、10μg 到 50μg 变化的微重力对水平 Bridgman 法晶体生长过程中的溶质分布、温度场分布以及对流的影响。模拟对象为 Bi-1.0%Sn（原子分数）合金。结果显示，在主液相区内的对流是由温度梯度决定的，而在结晶界面附近的对流则是由溶质传输条件引起的对流决定的。在 1μg 的微重力条件下，溶质的传输以扩散条件控制为主；而当重力水平达到 50μg 时，对流传输的作用变得更为重要。

事实上，即使在空间实验室内，重力加速度的作用仍是不可忽略的。Stelian 等[101]将其表示为

$$g=\sum(g_S+g_T) \tag{9-73}$$

式中，g_S 表示频率小于 2×10^{-4} Hz 的准静态加速度；g_T 表示空间颤动引起的瞬时重力加速度，称为颤动加速度（g-jitters）。将 g_T 用正弦函数表示，并沿坐标轴分解为 g_x 和 g_y 两个分量：

$$g_x=g_A\sin(2\pi f\tau) \tag{9-74a}$$

$$g_y=g_A\sin(2\pi f\tau) \tag{9-74b}$$

该颤动加速度对对流和溶质分凝的影响不仅与其振幅 g_A 有关，而且与频率相关。根据 Stelian 等[101]针对 $Ga_{1-x}In_xSb$（$x=0.1$）的计算结果，重力加速度的频率和幅值引起图 9-53 所示系统中的对流流速的最大值 U_{max} 如图 9-55(a)所示，对应的成分偏析情

况如图 9-55(b)所示。可以看出，随着颤动加速度幅值的增大和频率的降低，液相对流增强，轴向偏析减轻。

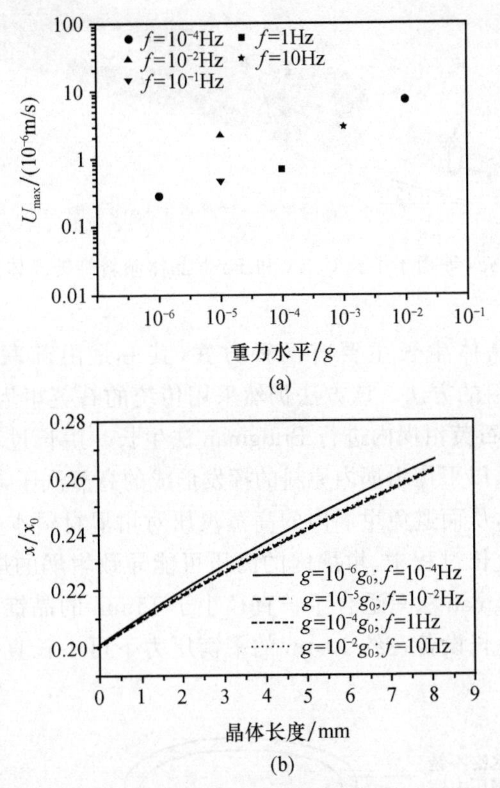

图 9-55　颤动加速度对 $Ga_{1-x}In_xSb(x=0.1)$ 微重力 Bridgman 法晶体生长过程中的对流及成分偏析的影响[103]

(a) 加速度对最大流速的影响；(b) 加速度对偏析的影响

除此之外，Lan 等[103]将微重力条件与电磁场控制相结合，进行了 Bridgman 法晶体生长的分析。Duffar 等[104]提出利用微重力条件实现晶体与坩埚非接触生长的 Bridgman 生长技术。

可以看出，在微重力条件下进行 Bridgman 法晶体生长仅仅是初步的尝试，由于其高昂的成本和尚不确定的技术优势，其工程化应用前景尚待探讨。

Pillaca 等[105]采用图 9-56 所示的倾斜坩埚生长方法，在生长过程中同时进行坩埚旋转。采用该方法成功生长了 $CoSb_3$ 和 FeSb 晶体。由于有效增强了液相对流，避免了晶体中的 Sb 夹杂。

9.4.4　高压 Bridgman 法晶体生长

高压 Bridgman 法晶体生长技术是针对高蒸汽压材料的晶体生长开发的。高蒸汽压材料在熔体法生长的高温条件下会发生大量挥发，不仅造成原料的损失和环境的污染，而且由于不同元素挥发速率的差异导致熔体成分偏离标准化学计量比。高压 Bridgman 法是将 Bridgman 生长设备放置在高压容器内进行的。

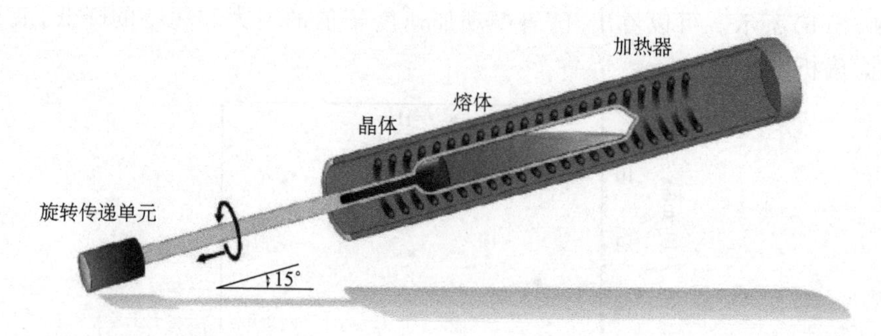

图 9-56　Pillaca 等用于生长 $CoSb_3$ 和 FeSb 晶体倾斜旋转晶体生长方法[105]

高压 Bridgman 法晶体生长主要有两种方式，其一是由苏联学者发明的用于生长 HgCdTe 等高挥发性材料的方法。该方法仍然采用传统的石英坩埚密封生长技术，将合成的 HgCdTe 原料密封在石英坩埚内进行 Bridgman 法生长。生长过程中采用气体加压方式在石英坩埚外施加高压，以平衡坩埚内原料的挥发形成的高蒸汽压，使得石英坩埚内壁和外壁受到的压力基本平衡，从而避免坩埚内的高蒸汽压对坩埚材料本身施加的张应力。而在常压 Bridgman 法晶体生长过程中，坩埚内的高压可能导致坩埚的爆炸。对于 HgCdTe，采用石英坩埚的常压 Bridgman 法只适合生长直径小于 15mm 的晶锭，而采用图 9-57 所示的高压 Bridgman 法晶体生长设备在约 40atm 的平衡压力下可生长直径达 40mm 的 HgCdTe 单晶[106]。

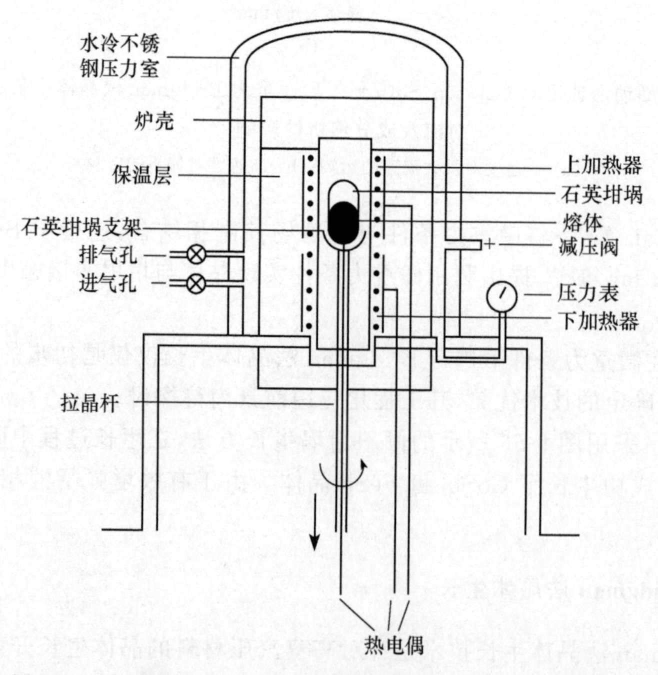

图 9-57　一种高压 Bridgman 法晶体生长设备的工作原理图[106]

1992 年,美国 EV 公司 Doty 等[107,108]开发出用于 CdZnTe 晶体的高压 Bridgman 法生长设备[109]。设备采用高纯氩在坩埚外加压,控制 Cd 的挥发,降低晶体中的 Cd 空位。该方法控制挥发的原理不是密封,而是采用高纯惰性气体平衡,因此该方法甚至可以采用多孔的高纯石墨坩埚,能更有效地防止晶体的污染。1992～1998 年,该公司开发出了可生长直径为 90mm、重 4kg 和生长直径 140mm、重 10kg 的 CdZnTe 晶体的高压 Bridgman 法晶体生长设备[110]。采用该方法生长的 CdZnTe 晶体,由于 Cd 空位的减少,电阻率达到 10^9～$10^{10}\Omega\cdot$cm,被广泛用于 X 射线及 γ 射线探测器技术[111～115]。从 1998 年以后,该公司进一步发展了高压垂直温度梯度法(HPGF)生长 CdZnTe 的晶体生长设备。

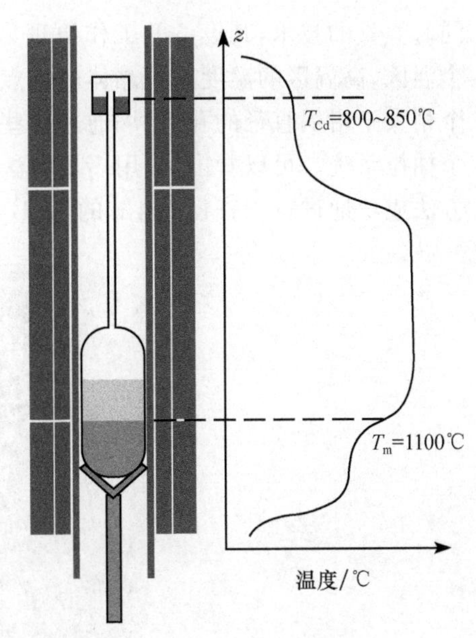

图 9-58　在 Bridgman 法晶体生长过程中采用 Cd 源控制 Cd 蒸汽分压,抑制 Cd 挥发的原理示意图[115]

除了进行熔体表面气体总压控制外,还可以进行单一组元的蒸汽分压控制。图 9-58 所示是 CdZnTe 生长过程控制熔体表面 Cd 的蒸汽分压的方法[115]。由于纯 Cd 表面的 Cd 分压远远大于 CdZnTe 的蒸汽分压,因此在相对很低的温度下就可以获得与高温 CdZnTe 熔体相当的 Cd 蒸汽分压。在坩埚的上部放置纯 Cd 的源,控制其温度使其形成与 CdZnTe 熔体表面相等的蒸汽分压,可抑制 Cd 的扩散和挥发。

9.4.5　其他改进的 Bridgman 生长方法

由于所生长的晶体材料物理化学性质千变万化,基于 Bridgman 法衍生出多种晶体生长技术。以下对几种基于 Bridgman 法演变而来的生长新方法作一简要介绍。

1. *旋转温度场法*

旋转温度场法是俄罗斯 Kokh 等[116]提出的一种改进的 Bridgman 法晶体生长技术。该技术在 Bridgman 法晶体生长界面附近沿圆周方向布置多组加热器,如图 9-59(a)所示,其横截面如图 9-59(b)所示。在截面上共有 7 组加热器,当任意一组加热器通电时开始加热,则该侧温度升高,如图 9-60(a)中的温度分布曲线 1,而当其关闭时温度降低,如图中的温度分部曲线 2。如果在坩埚一侧加热器通电加热,而另一侧关闭,则形成非对称的温度分布,使得结晶界面的位置也是非对称的,如图 9-60(b)所示。如果使各组加热器沿圆周方向按顺序断电,则形成旋转变化的温度场,控制结晶界面按顺序生长或重熔,形成结晶界面的波动。Kokh 等[116]采用该方法成功生长了直径为 30mm、长度为 90mm 的高质量 $AgGaS_2$ 单晶。

2. *多坩埚晶体生长方法*

多坩埚法是在一个 Bridgman 法晶体生长设备中同时放置多个坩埚,实现多根晶锭同时生长的技术，其设备的工作原理如图 9-61 所示[117]。在生长炉内采用隔热板形成两个温区，高温区的温度高于晶体的熔点，而低温区则低于晶体熔点。在隔热板上加工出多个稍大于坩埚直径的孔，坩埚通过这些孔从上向下抽拉，实现晶体生长。所有坩埚共用一个抽拉系统。可以看出，采用多坩埚法可以大大提高晶体生长的效率。Xu 等[117]采用该方法成功地进行了直径为 4in 的 $Li_2B_4O_7$ 单晶的批量生长。

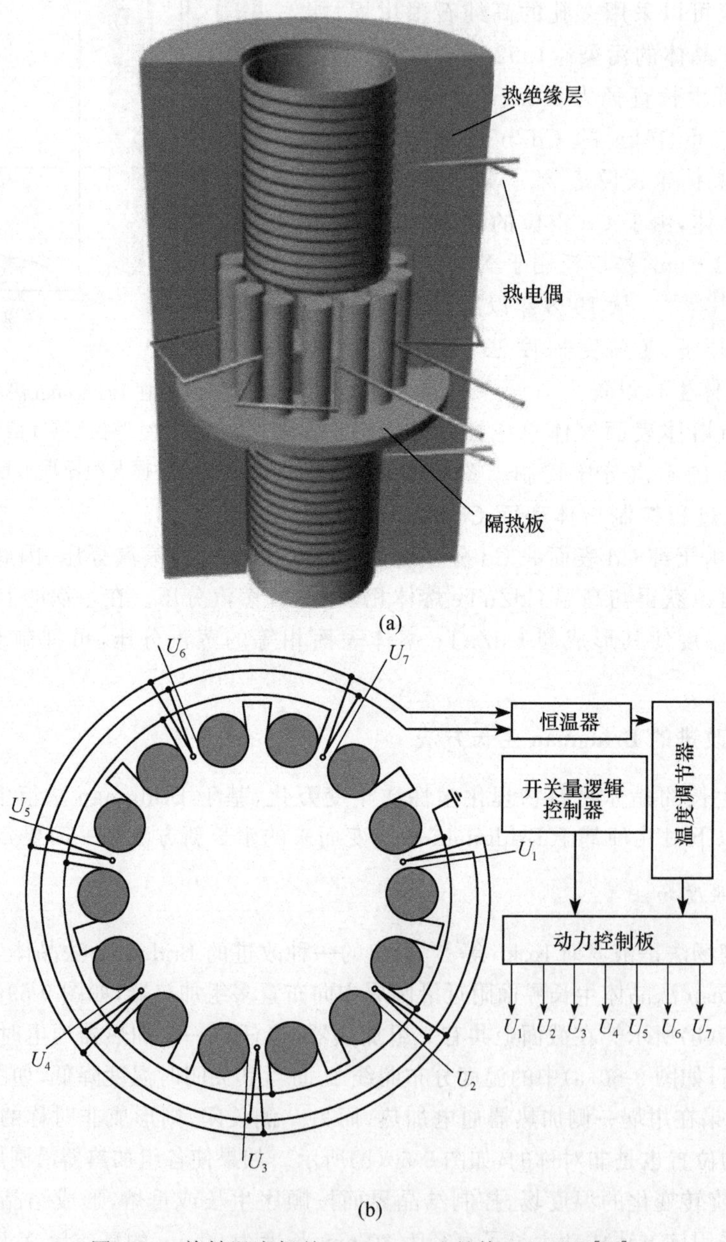

图 9-59　旋转温度场的 Bridgman 法晶体生长原理[116]

(a) 设备结构示意图；(b) 结晶界面附近设备横截面示意图

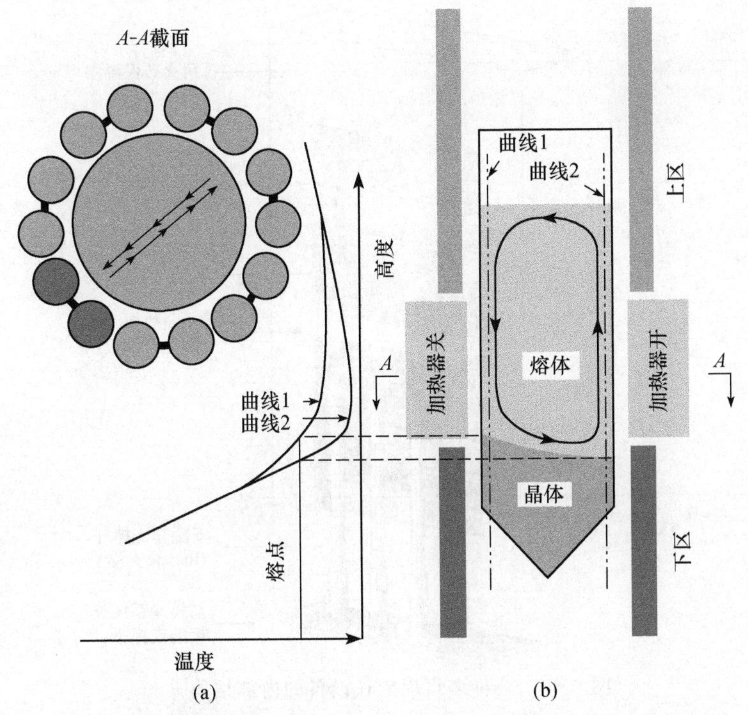

图 9-60　旋转温度场的 Bridgman 法晶体生长过程的温度变化[116]

(a) 加热器的工作状态与温度分布；(b) 结晶界面形貌随温度场的变化

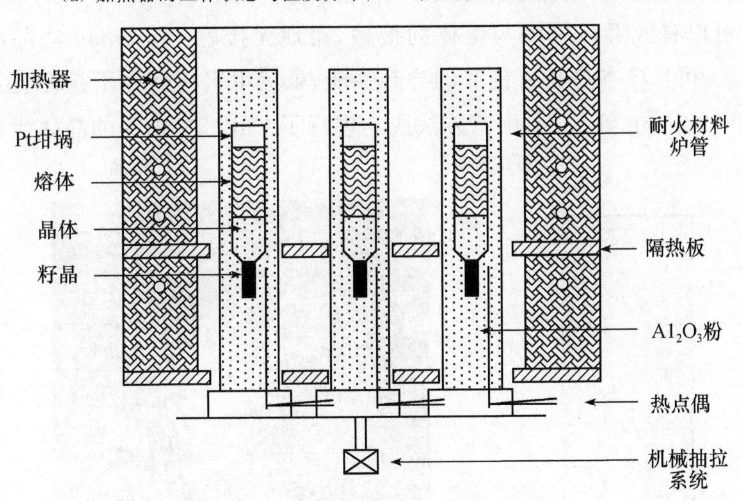

图 9-61　多坩埚法晶体生长原理图[117]

图 9-62 所示为 Lindsey 等[118]设计的一种多坩埚晶体生长设备的内部结构。该设备可一次生长 4 根晶锭。

3. 无接触 Bridgman 法

通常坩埚材料和熔体接触界面容易在高温发生化学作用，造成晶体的污染，或与坩埚粘连，影响晶体的结晶质量。坩埚的内表面处理成为一项重要技术。Zhang 等[119]发明了

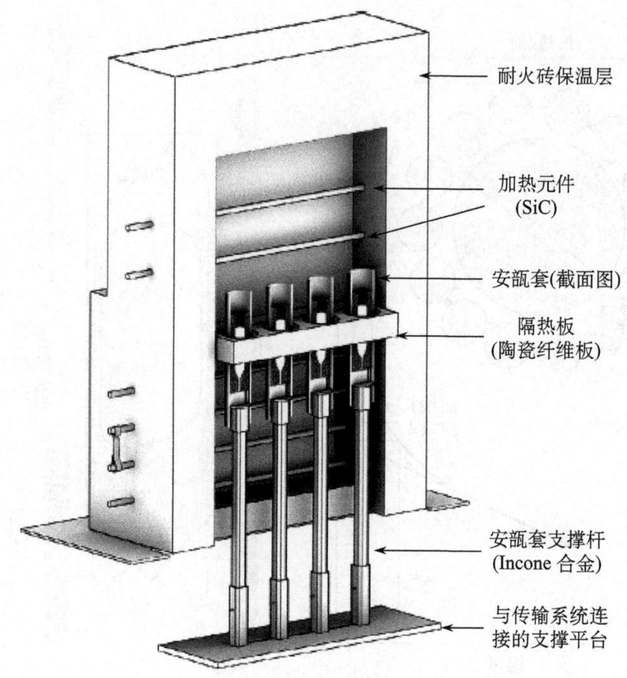

图 9-62　一种多坩埚生长设备的内部结构[118]

一种在坩埚内表面制备 C 纳米管的技术。在坩埚内表面形成密排的 C 纳米管,并与坩埚内表面垂直,可以有效阻止坩埚与熔体的接触,实现无接触 Bridgman 法晶体生长,如图 9-63 所示[119]。由于 C 本身具有良好的导热性能,虽然坩埚与熔体不接触,但仍能保持良好的导热条件。Zhang 等[119]采用该方法成功进行了 CdZnTe 单晶的晶体生长。

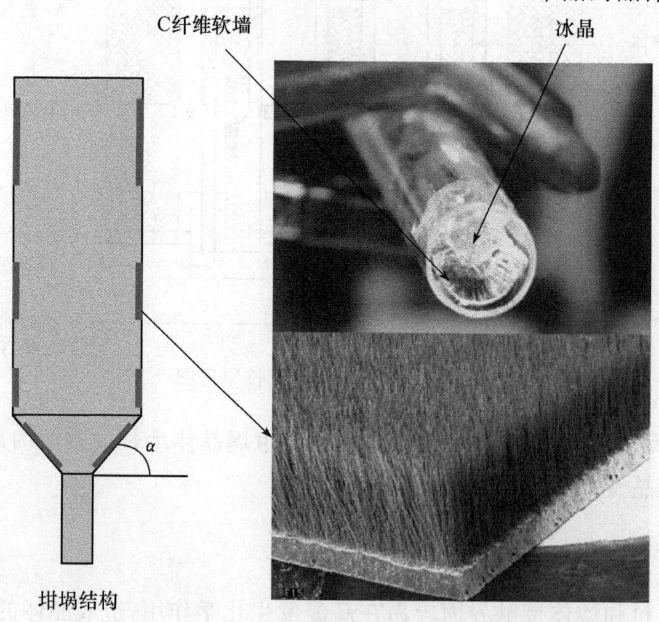

图 9-63　C 纳米管隔离的无接触 Bridgman 法晶体生长技术[119]

9.5　其他定向结晶的晶体生长方法

根据不同材料的物理化性学质及由此决定的晶体生长特性，人们发展了多种与 Bridgman 法相近或相似的晶体生长方法，如垂直温度梯度法、移动加热器法、浮区法等。以下结合具体的实例对这些方法作简要介绍。

9.5.1　垂直温度梯度法

垂直温度梯度法(vertical gradient freeze，VGF)是由美国学者 Sonnenberg 等[120]开发的一项专利技术。该方法与 Bridgman 法的共同之处是，结晶也是在一维的梯度温度场中进行的。熔体在坩埚中自下而上的冷却，实现晶体的定向生长。但与传统 Bridgman 法的区别在于，在 Bridgman 法晶体生长过程中，生长炉内的温度场是恒定的，采用机械的方法使坩埚与炉膛相对运动，实现定向冷却。而在 VGF 法晶体生长过程中，坩埚和炉膛的相对位置固定不变，是静止的。通过控制炉膛中的温度场变化，进行顺序降温，对熔体定向冷却，实现定向结晶，其基本原理如图 9-64[121,122]所示。

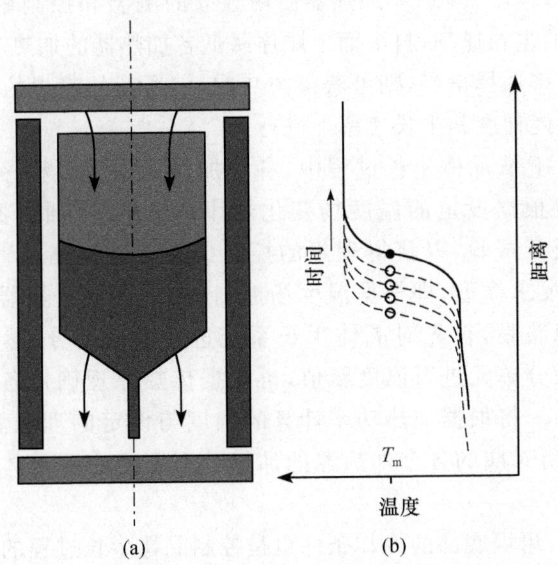

图 9-64　垂直温度梯度法(VGF)晶体生长原理示意图[122]

(a) 晶体生长设备结构示意图；(b) 温度场的变化过程示意图。自下向上的各曲线依次为晶体生长过程中的温度场的变化

与 Bridgman 法相比，VGF 法的主要优点在于：

(1) 由于省去了机械传动系统，消除了机械传动误差和机械振动对熔体和结晶界面的影响。

(2) VGF 法晶体生长设备中不存在机械传动系统的密封问题，因此，更容易实现高压条件下的晶体生长。近年来，基于 VGF 法发展的高压法晶体生长技术已成功地应用

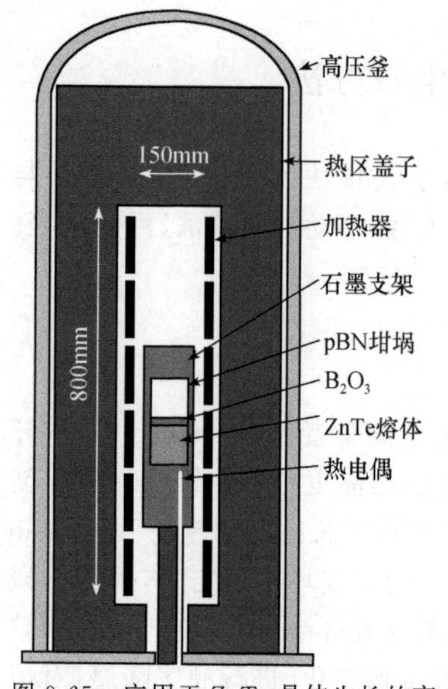

图 9-65 应用于 ZnTe 晶体生长的高压 VGF 法生长设备结构示意图[125]

于高电阻探测器级 CZT 晶体的生长，显示出显著的优越性[110,123,124]。Asahi 等[125]应用于 ZnTe 晶体的高压 VGF 法生长设备的结构设计如图 9-65 所示。

(3) VGF 法生长设备由于控制系统的简化，为采用电场、磁场等物理控制技术预留了更多的空间，便于在采用这些控制措施时进行设备的结构设计[126,127]。

(4) VGF 法生长过程中可以对生长系统进行密封，因此更容易采用气氛控制[128]、溶剂覆盖等控制技术[129,130]。

除了上述优点之外，VGF 法对温度控制精度提出了更为复杂和苛刻的要求。温度场要在动态变化过程中维持恒定的变化速率和顺序，并要保持定向生长所需要的温度梯度。为了获得满足 VGF 法晶体生长所需要的温度场变化规律，通常采用多温区的结构设计，即沿晶体生长方向依次排列多个加热器，每个加热器使用独立的测温和控制单元控制。在晶体生长过程中，根据设定的生长速率，自下而上顺序降低各加热器的加热功率。如果各加热器的功率下降时间和速率选择得当，则可获得图 9-64(b)所示的理想的温度场变化规律，使晶体生长在合适的温度梯度和生长速率下进行。

可以看出，在 VGF 法晶体生长过程中，各个加热器的控温程序是晶体生长工艺控制的关键。通常需要根据设定的温度场变化规律，进行各个加热器控制程序的设计，需要基于经验进行反复试验，以获得理想的控温条件。Kurz 等[131]通过数学建模和数值计算，提出了一个反求模型，即根据温度场控制需求，进行加热器控温过程计算的方法。该方法的基本思路是，首先对晶体生长系统进行网格划分，然后从获得最佳生长效果的角度给各个微分单元进行温度赋值，再根据传热原理确定各个加热器的加热功率与温度之间的关系。将根据加热功率计算的温度与设定的理想温度对比，当二者的差值获得极小值时，所对应的各个加热器的加热功率即为实际晶体生长过程应该控制的加热功率。

除了加热条件外，坩埚底部的冷却条件也是控制晶体生长过程的关键环节。在 VGF 法晶体生长过程中，热量散失的唯一途径是通过坩埚支撑架向底部散热，选择导热性能较好的坩埚支架是非常重要的。此外，需要控制坩埚与支架之间的良好接触，一旦在其间形成气隙，则晶体生长的传热条件被大大减弱。图 9-66 所示是 Jurisch 等[122]通过数值计算获得的坩埚与支架之间的气隙对其温度分布的影响。当形成气隙时，生长系统的散热能力下降，整体温度升高。

VGF 法已经被成功应用于 CZT[110,123,124]、ZnTe[125]、CdTe[128]、InGaAs[129,130]、InP[132]等化合物半导体的晶体生长。

并从单一坩埚，发展到多坩埚晶体生长[134]。图 9-67 为一种 4 坩埚 VGF 晶体生长装置原理图[134]。该装置被用于 GaAs 晶体生长，其中采用的主要新技术包括：采用三段热

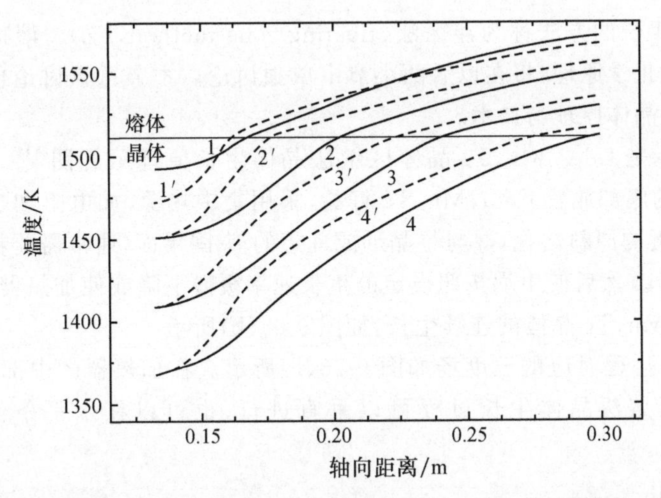

图 9-66　GaAs 晶体 VGF 法生长过程中坩埚与支架之间的气隙对温度分布的影响[122]

1、2、3、4 为不同的加热功率无气隙时计算结果，1′、2′、3′、4′为有气隙时计算结果

磁调节器(heater-magnet module，HMM)，利用洛伦兹力进行晶体生长过程的控制；采用 B_2O_3 液封技术进行熔体的保护。

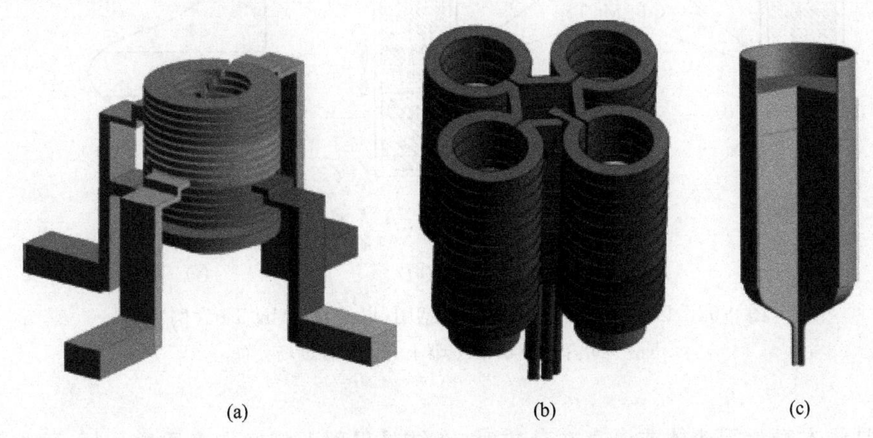

图 9-67　一种 VGF 晶体生长装置的核心元件结构图[134]

(a)三段是 HMM 调节器；(b)四坩埚的组合方式；(c) GaAs 晶锭内部解剖图

9.5.2　区熔-移动加热器法

区熔法(zone melting，ZM)采用集中热源对预制成型的长晶原料棒(通常为圆柱体)局部加热熔化，并使热源与原料棒相对运动，熔区沿着预制棒移动，使原料棒在熔区的一端连续熔化，在另一端再次结晶，获得具有一定成分与性能的晶体。如果区熔过程控制得当，则可获得高质量的单晶体。区熔法最早是用于原材料提纯的技术，现已被广泛应用于多种材料的晶体生长，并且演化出多种方法。固定预制棒，使加热器移动的区熔过程称为移动加热器法(traveling heater method，THM)；采用低熔点的溶剂使预制原料棒局部溶解的方法则称为溶剂法(solvent method)；无坩埚，利用熔体的界面张力维持熔化区形

状，实现区熔法生长的方法称为浮区法(floating zone method，FZ)。溶剂法和浮区法涉及更复杂的物理化学原理，将在以后两小节中单独讨论。本节重点讨论包括移动加热器法的传统区熔法晶体原理与技术。

图 9-68 所示是 $Cd_{1-x}Mn_xTe$ 晶体区熔法晶体生长原理示意图[135]。在预制 $Cd_{1-x}Mn_xTe$ 原料棒的底部放置 $Cd_{1-x}Mn_xTe$ 籽晶，采用集中热源(如电阻加热器或者感应加热器)使籽晶附近的原料熔化，并与籽晶形成理想的液-固界面(通常需要籽晶部分熔化)，如图9-68(a)所示。然后使坩埚按照设定的生长速率缓慢下降或使加热器上升，实现原料的熔化和 $Cd_{1-x}Mn_xTe$ 晶体的连续生长，如图 9-68(b)所示。

区熔法生长过程对应的温度场如图 9-68(c)所示。在加热器的中部，局部温度高于晶体的熔点。区熔法晶体生长过程可以垂直进行，也可以在水平条件下进行，如图 9-69 所示[136]。

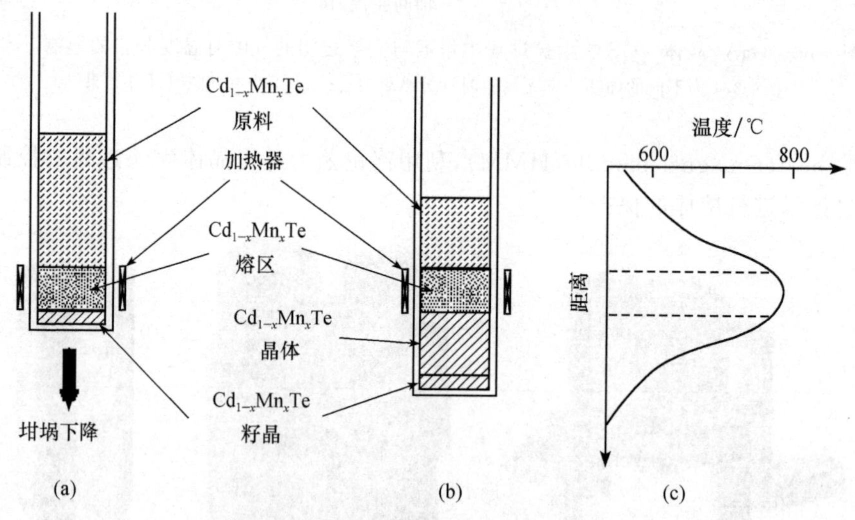

图 9-68　区熔法晶体生长原理示意图(以 $Cd_{1-x}Mn_xTe$ 为例)[135]
(a) 坩埚下降；(b) 加热器上升；(c) 温度场分布

当晶体本身为固溶体或者存在杂质时，在结晶界面上将发生溶质的分凝，再次结晶的晶体成分发生变化。通常熔区内存在强烈对流，其溶质的混合是均匀的，因此区熔法晶体生长过程的溶质再分配规律如图 9-70 所示。在熔区内的溶质平衡条件为

$$(w_L^* - w_S^*)\mathrm{d}z = l\,\mathrm{d}w_L^* = \frac{l\,\mathrm{d}w_S^*}{k} \tag{9-75}$$

式中，w_L^* 和 w_S^* 分别为结晶界面上液相侧和固相侧的溶质质量分数；l 为熔区的长度；k 为溶质的分凝系数；w_0 为原料棒中溶质的平均质量分数，假定原料的成分是均匀的，w_0 也是熔化界面上进入熔区的熔体中溶质的质量分数。

式(9-75)求解的初始条件为

$$w_L^*\big|_{z=0} = w_0 \tag{9-76}$$

从而可以求出

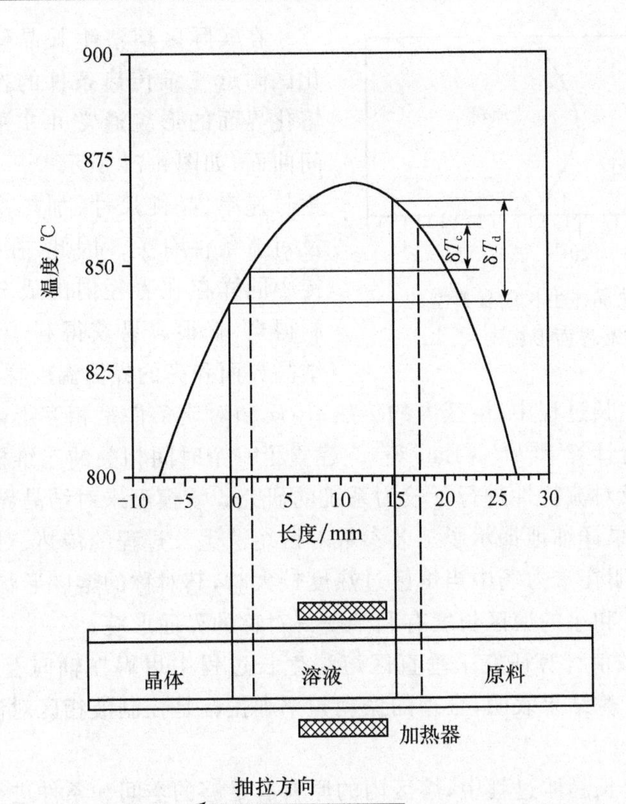

图 9-69　水平区熔法晶体生长原理及其对应的温度分布[136]

δT_d 为空间或磁场控制所需要的大温差；δT_c 为有对流时需要的小温差

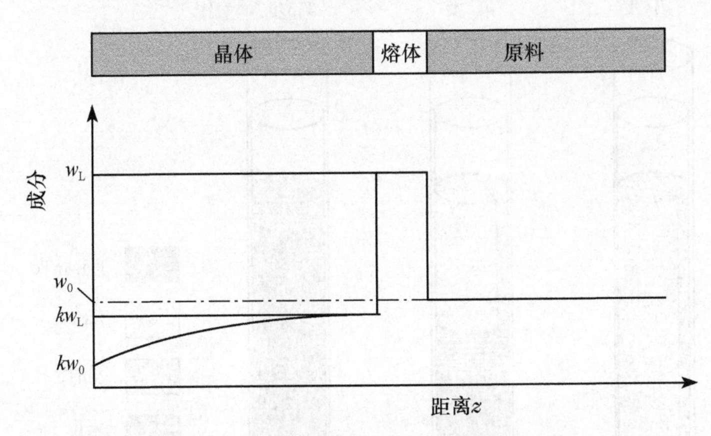

图 9-70　区熔法晶体生长过程的溶质再分配

$$w_S^* = w_0\left[1-(1-k)\exp\left(-\frac{kz}{l}\right)\right] \tag{9-77}$$

可以看出，在生长初期，结晶界面上所生长的晶体成分不同于原料的成分，随着生长过程的进行，该晶体成分向原料的成分逼近。成分不同，对应的界面温度就不同。通常结晶界面上的温度低于熔化界面，如图 9-69 所示。

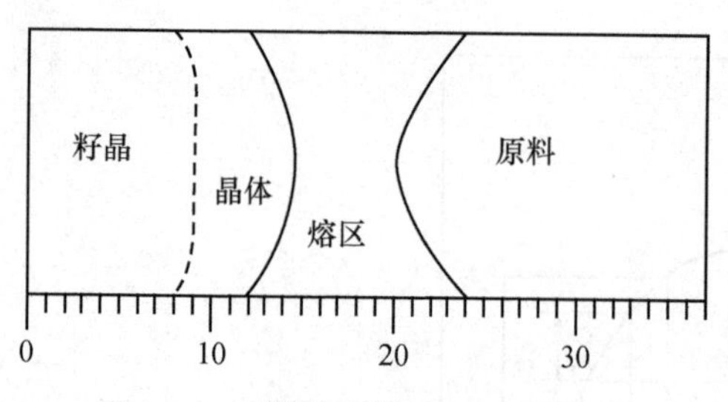

图 9-71　区熔法晶体生长过程典型的熔化和结晶界面形貌[136]

在实际区熔法生长晶体的过程中，受熔化区附近三维传热条件的控制，结晶界面和熔化界面的形貌通常并非平面，而是一个空间曲面，如图 9-71 所示[136]。该曲面的形状与生长速率、晶锭尺寸、加热功率、散热条件以及对流条件有关。因此，在区熔法生长的晶锭中同样存在着径向的成分偏析，而只要控制得当，就很容易获得利于单晶生长的凸形结晶界面和高的界面温度梯度。

区熔法晶体生长过程中，熔区内的传热、传质和对流条件是相互影响的，需要采用耦合的计算模型进行计算[137,138]。Lan 等[138]建立了一个时间相关的三维模型，对区熔法生长过程的温度场及对流特性进行了较为系统的研究。该模型未对结晶界面形貌作任何人为的假设，计算结果详细地揭示了工艺参数对区熔法生长过程的传热、对流规律及结晶界面形貌的影响，证明在重力场中当熔区过热度较大时，其对称的熔区形状是非稳定的。采用小的熔区过热度和小的熔区长度有利于获得对称的界面形貌。

Lan[139]采用数值计算研究了垂直区熔法生长过程中坩埚在轴向上的振动对对流条件的影响规律。计算结果表明，合理的振动频率和振幅是控制液相区对流、传热和结晶界面形貌的有效手段。

采用区熔法生长晶体过程中，熔区内的原料有足够的空间和条件进行充分混合，因此可以直接采用未合成的原料进行生长。如 Reig 等[140]在进行 HgMnTe 晶体区熔法生长过程中，按照成分配比，直接将 MnTe 和 HgTe 棒料拼在一起，进行生长，如图 9-72 所示。

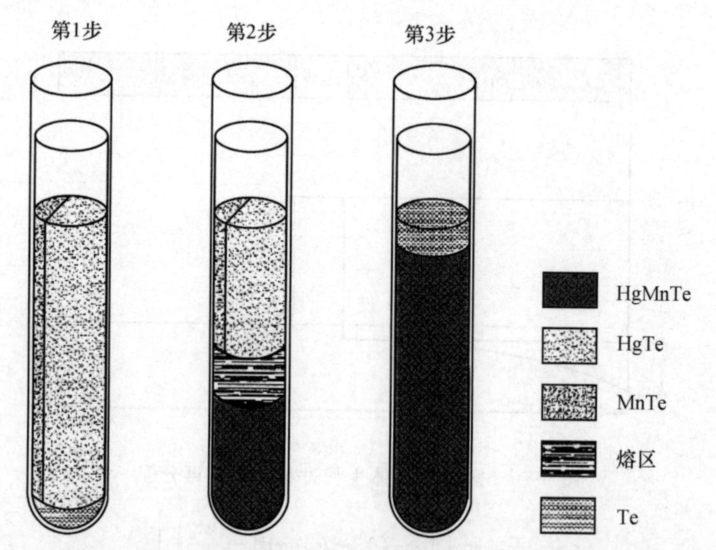

图 9-72　以 MnTe 和 HgTe 为原料，采用区熔法生长 HgMnTe 晶体的原理图[140]

区熔法是微重力条件下常用的晶体生长方法，已经多次被用于空间条件下晶体生长研究，特别是用于对比研究重力场中自然对流对晶体生长过程的影响。在微重力条件下，重力加速度接近于 0,自然对流非常微弱。Kinoshita 等[141]利用国际空间站的微重力条件,研究了 THM 法生长 SiGe 晶体的技术。关于区熔法晶体生长过程,Peterson 等[142,143]进行详细的数值模拟研究,揭示了熔区几何形状、质量传输、相转变、浮力驱动的对流等特性对晶体生长过程,特别是结晶界面形貌的影响。其中关注的一个重点是熔区中的 Lee 波(Lee wave)。它是指图 9-73 所示的对流受阻的区域[143]。Lee 波是导致结晶界面前溶质富集和成分过冷的主要因素。Lee 波是由稳定的温度梯度引发的,因此增大温度梯度并不能消除 Lee 波。只有采用坩埚加速旋转技术才可能消除 Lee 波[143]。

旋转磁场也已经被应用于 THM 法晶体生长过程的控制,并获得很好的控制效果[144]。

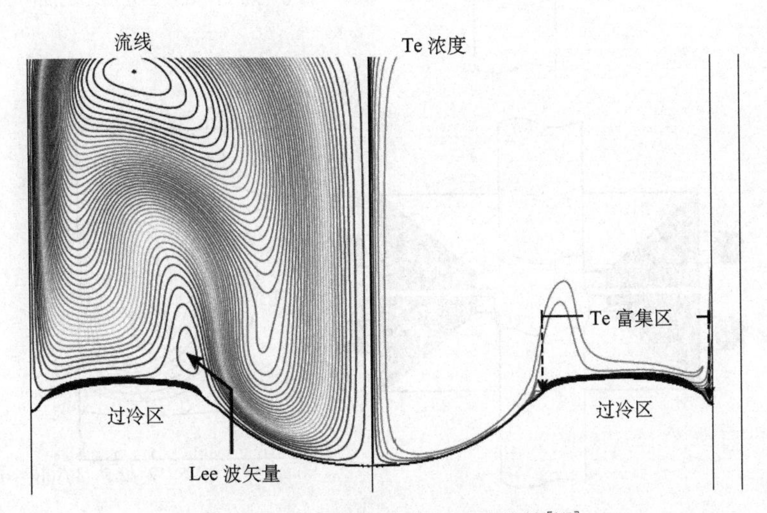

图 9-73　结晶界面前自然对流特性[143]

其中在接近半径方向的 1/2 处出现对流被阻滞的“Lee 波”

9.5.3　浮区法

浮区法,也是一种区熔法晶体生长方法。与传统区熔法的区别在于浮区法不用坩埚,热源直接施加在预制原料棒上,利用液相的表面张力防止熔区液相的塌陷,并维持熔化区的形状。因此,浮区法是一种更适合于熔点高、表面张力大、熔体蒸汽压较小的材料的单晶生长。在微重条件下,重力导致液相塌陷的可能性减小,更容易实现浮区法生长过程的控制[145]。

根据浮区法无坩埚的特点,可以采用多种不同的热源进行加热。除了传统的电阻加热技术外,如下介绍几种浮区法区熔生长技术的加热及温度场控制方法。

1. 感应加热浮区法晶体生长

对于具有一定导电性能的材料,可采用感应加热实现浮区法晶体生长,其原理如图 9-74 所示[146]。采用感应线圈施加交变电磁场,在实现原料棒加热熔化的同时,在熔体中形成电磁力,同时起到了电磁搅拌的作用,引起对流混合,如图 9-74(a)所示。Hermann 等[146]进一步采用双感应线圈实现了对对流场的控制,如图 9-74(b)所示。

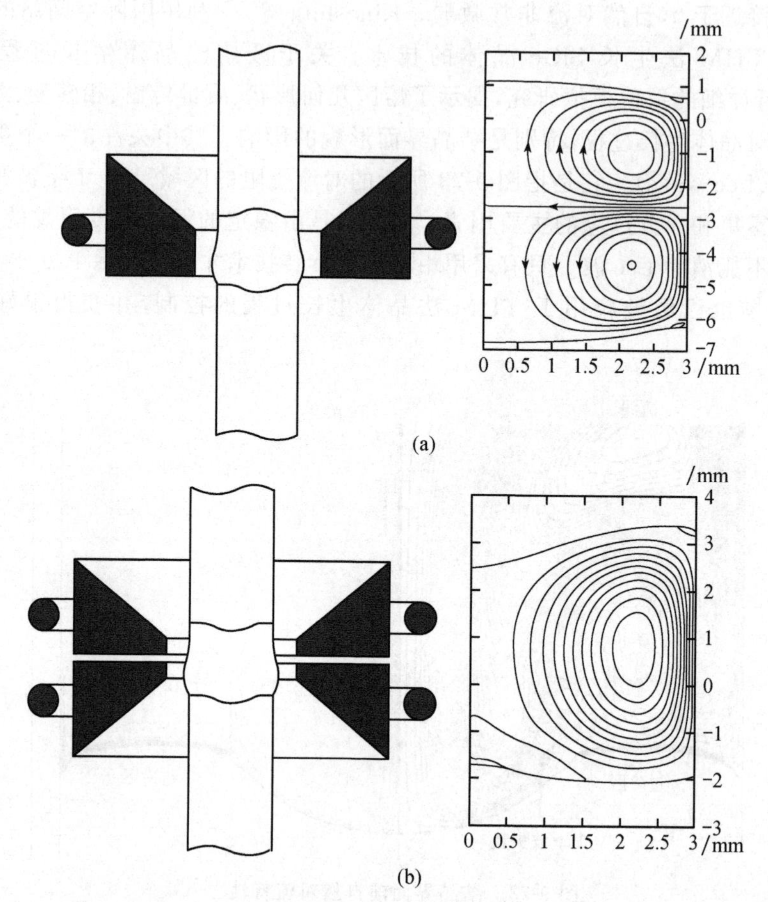

图 9-74　感应加热浮区法晶体生长过程的加热原理及其对应的液相流动[146]

(a) 单感应线圈；(b) 双感应线圈

图 9-75 所示为一种感应加热非等截面熔区的浮区法晶体生长过程的示意图[147~149]。感应线圈的内孔径远小于原料棒及晶体的外径。熔化的原料通过线圈内的孔隙向下流动，在结晶界面前形成一个熔区。缓慢提升线圈或下降晶体使原料棒不断被熔化，并在线圈下方的结晶界面前结晶，获得单晶体。随着线圈内径的变化，熔区的形状和对流方式随之发生变化。Raming 等[148]采用数值模拟方法对该方法生长单晶 Si 的过程进行了研究，获得了感应线圈的孔径等工艺参数对熔区内的对流、温度分布及熔区形状影响的详细信息。可以看出，在熔区内的液体同时受到浮力、电磁力和 Marangoni 力的作用。在晶体和原料棒旋转的条件下还存在着离心力。这些作用力的存在增加了分析的难度，但同时为晶体生长过程的控制提供了更多的手段。该方法已被应用于单晶 Si[147,148]及单晶 ZnSe[149]的生长。

由于图 9-75 所示的颈缩浮区法生长过程几何形状的复杂性，其传热传质过程的解析分析极其困难。Sabanskis 等[150]采用数值模拟方法获得了该晶体生长过程的热平衡条件，获得了生长条件对传热过程影响的数值规律。Krauze 等[151]采用数值分析方法获得了掺杂元素在晶体生长过程中的分凝特性。Plāte 等[152]进一步模拟了原料棒的形状对

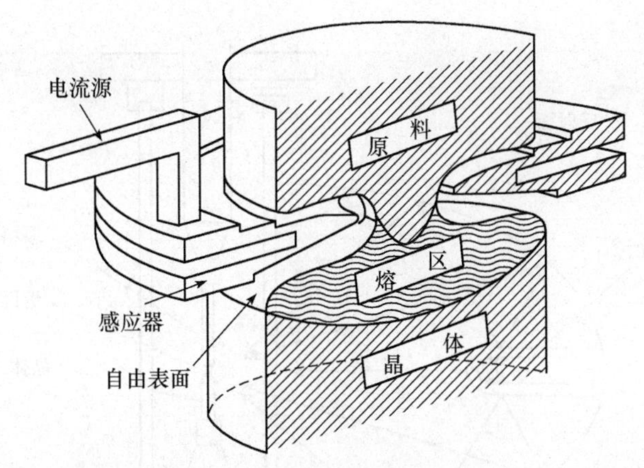

图 9-75 非等截面熔区的感应加热浮区法晶体生长过程示意图[147]

其晶体生长过程的影响。上述研究工作为该技术的工程化应用奠定了基础。

图 9-76 是 Dold[153] 采用射频感应加热器加热,进行 Si 单晶浮区法生长的实物照片。设备采用单匝的感应线圈,用 600Hz 的射频发生器形成高能量密度的局部加热,并同时采用了 4 个感应线圈施加强旋转磁场,控制熔体的流动。结果表明,在该条件下,磁场驱动的对流对熔体表面形状的影响远大于熔体的表面张力。在直径为 12mm 的 Sb 掺杂 Si 单晶的生长过程中,表面形状的波动仅为 100～200μm。生长过程中结晶界面的温度梯度达到 275K/cm,生长速率高达 1.33mm/min,生长过程的温度波动小于 5K。

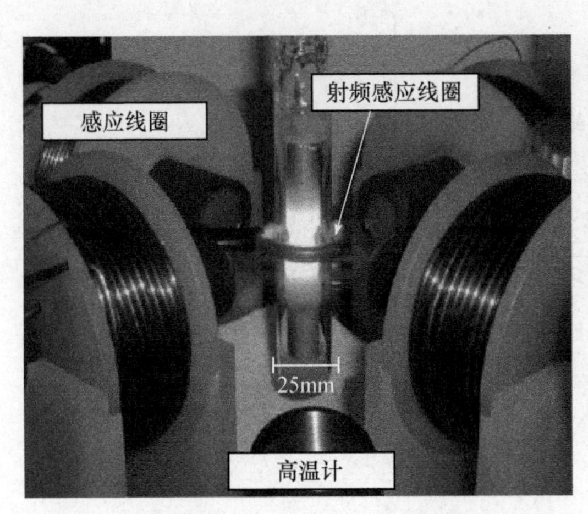

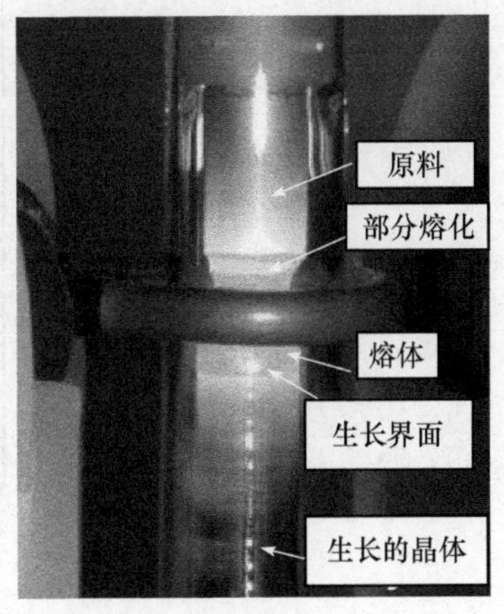

图 9-76 射频感应加热旋转磁场控制的 Si 单晶生长设备照片[153]

2. 光辐射聚焦加热

浮区法应用更多的是采用高能量密度的光源为热源,通过曲面反射使能量聚焦在预制原料棒上,进行加热熔化,并通过试样的移动,实现晶体生长。图 9-77～图 9-83 是不同研究者设计的光聚焦浮区法晶体生长设备的光路系统。

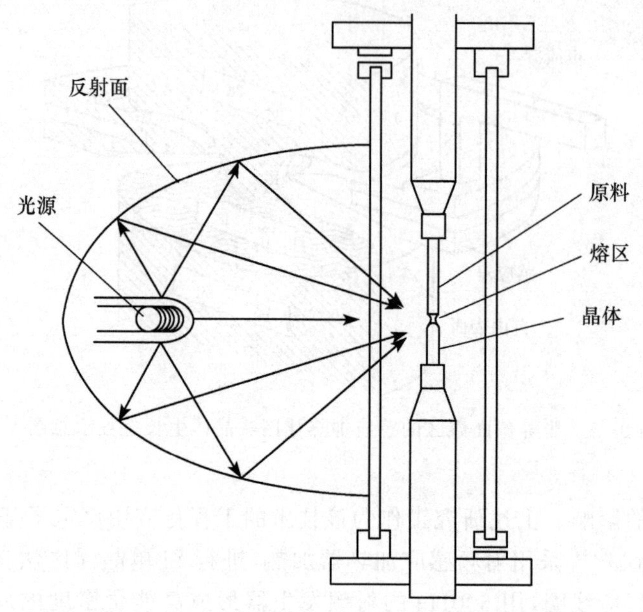

图 9-77　椭圆面聚焦的光加热浮区法晶体生长设备工作原理[154,155]

应用于含 Ge 氧化物单晶[155]及 $KNbO_3$ 单晶的生长[156]

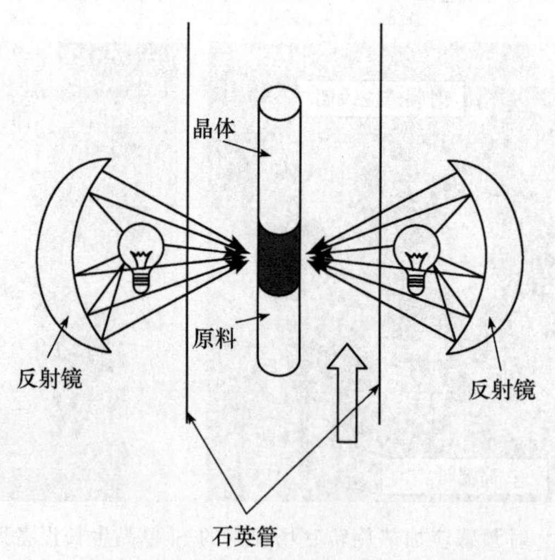

图 9-78　Kakimoto 等设计的一种浮区法生长设备聚焦原理图[157]

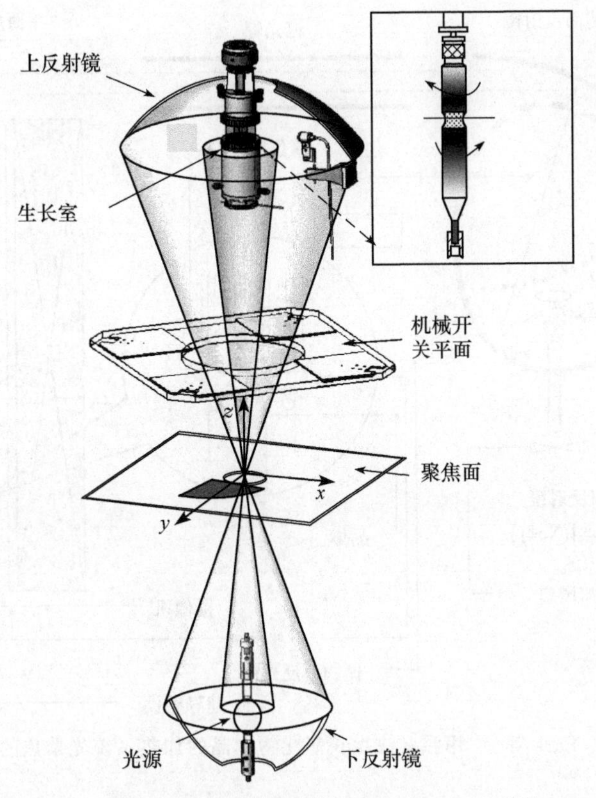

图 9-79　浮区法晶体生长双椭圆反射面聚焦系统[158]

应用于 $SrTiO_3$ 单晶的生长

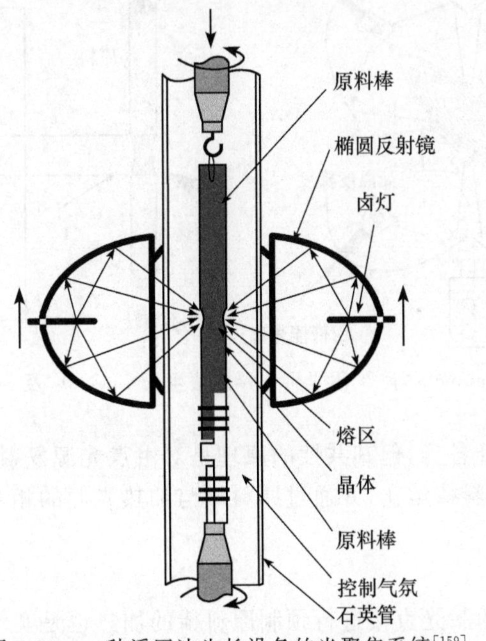

图 9-80　一种浮区法生长设备的光聚焦系统[159]

应用于 $Bi_{2+x}Sr_{2-y}CuO_{6+\delta}$(简写为 Bi-2201)超导体单晶生长

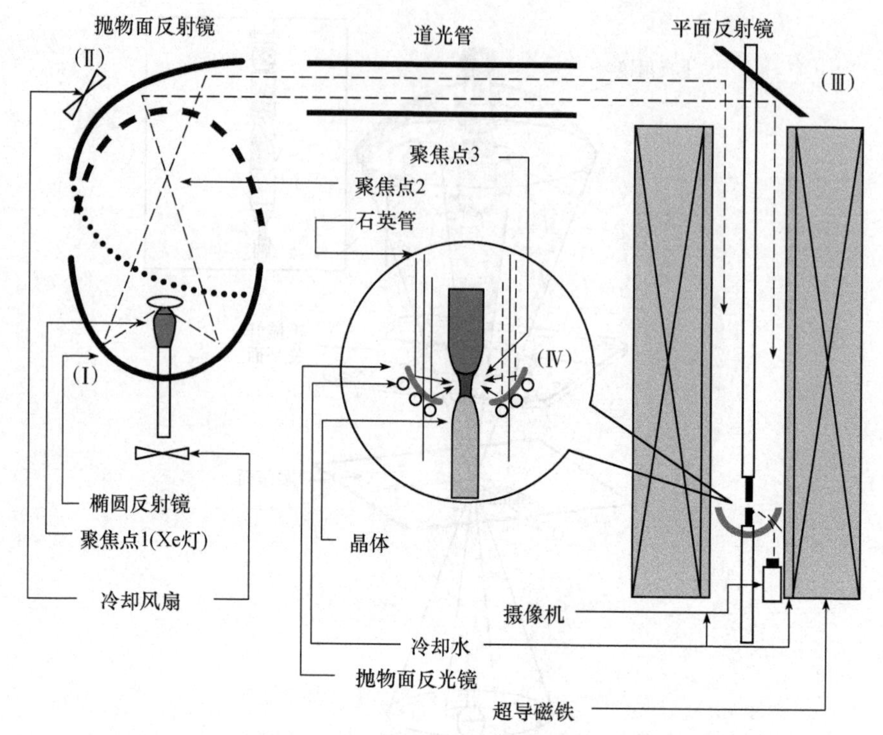

图 9-81　Park 等[160]用浮区法生长氧化物单晶的加热系统光聚焦的光学原理图

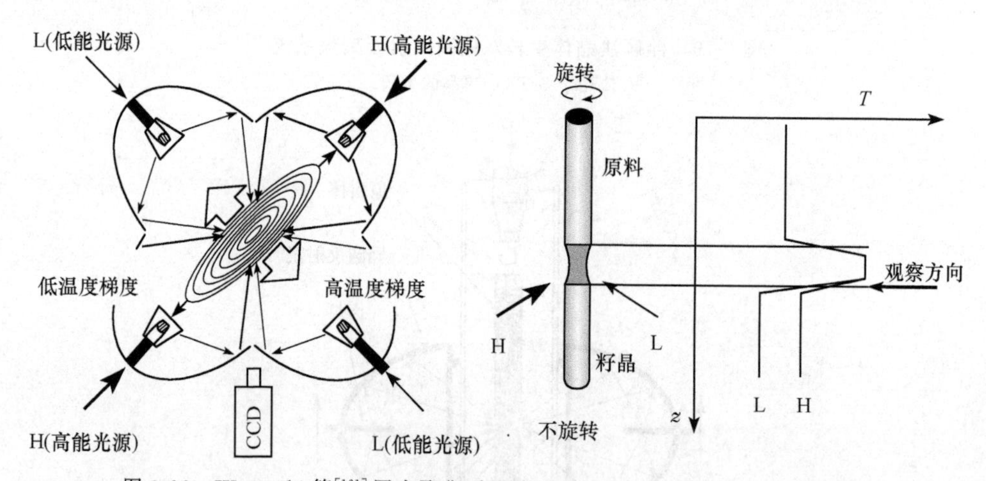

图 9-82　Watauchi 等[161]用光聚焦浮区法生长 $CuGeO_3$ 及 $Sr_{14}Cu_{24}O_{41}$ 单晶

上述光路系统设计各异，但其共性的原理是对由点光源发射的光束聚焦，形成高密度的加热功率，使预制原料棒熔化，并通过原料棒与加热光源的相对运动，实现区熔生长。

3. 激光加热

采用高能量密度的激光直接进行预制原料棒的加热也是实现浮区法晶体生长的技术途径之一。图 9-84 所示是采用 4 台激光器对称排布，进行浮区法熔区加热的方法。Usami 等[163]采用该方法进行了 SiGe 单晶的生长。

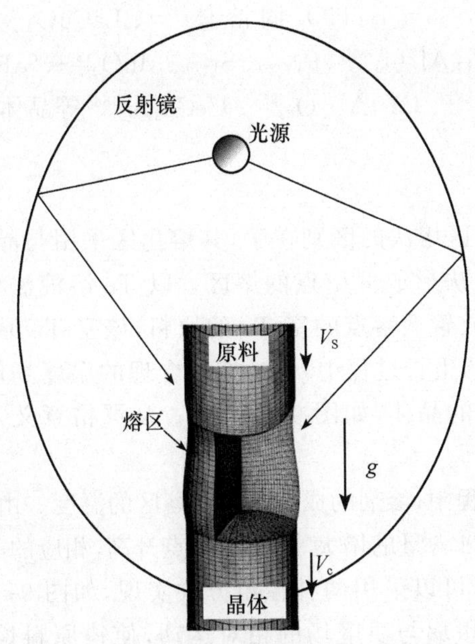

图 9-83　Lan 等[162]应用于模拟研究的一种浮区法生长设备的光聚焦系统

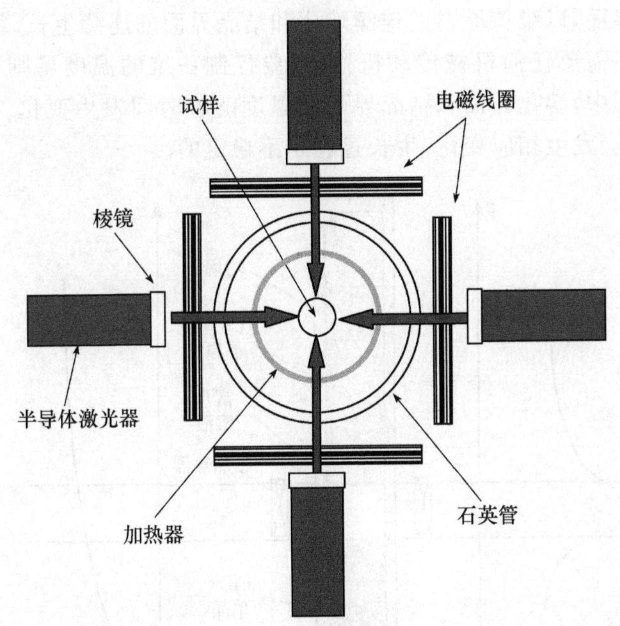

图 9-84　4 台激光器对称加热的浮区法晶体生长设备的工作原理[163]

除了上述技术外，浮区法晶体生长过程的理论分析主要集中在表面张力及浮力、电磁力作用下对流场的数值分析，并且已经形成较为系统的知识[164~160]。

浮区法已被广泛应用于 $Si_{1-x}Ge_x$[167]、Bi_2Te_3[167]、Y_2C[169]、$Li(Mn,Fe)PO_4$[170]、$YbFe_2O_4$[171]、$Sm_xDy_{1-x}FeO_3$ 钙钛矿晶体[172]、$(InNb)_{0.1}Ti_{0.9}O_2$[173]、$YFe_2O_{4-\delta}$[174]、Cr，Nd：

$CaYAlO_4$[175]、67% $BiFeO_3$-33% $BaTiO_3$ 固溶体[176]、$LaCuO_2$[177]、α-$SrCr_2O_4$[178]、$MgCr_2O_4$[179]、$BaTi_2O_5$[180]、Fe：Ti：Al_2O_3[181]、$Pr_{1/2+y}Sr_{1/2-y}MnO_3$[182]、$SrFeO_{3-d}$[183]、金红石[184]、Nd：$LaVO_4$[185]、Nd：Cr：$YVO_4$[186]、$Ca_{12}Al_{14}O_{33}$[187]、$CeCu_2Si_2$[188]等晶体生长。

9.5.4 溶剂法

溶剂法区熔法与传统区熔法的区别在于，其熔化区采用与晶体非同成分的溶液。通常采用某一组元过量的方法形成低熔点的熔区。以 Te 溶液法生长 CdTe 晶体为例，在 CdTe 籽晶和原料棒之间放置低熔点的富 Te 的原料，该富 Te 原料在加热过程中首先被熔化，形成液相。在后续的生长过程中，通过控制合理的温度场使原料棒不断发生溶解，而在结晶界面不断形成新的晶体，如图 9-85 所示。从严格意义上讲，溶剂法实际上是一种溶液生长方法。

在溶剂法晶体生长过程中，溶剂的成分决定着熔区的温度。由图 2-23 所示的 Cd-Te 相图可以看出，随着溶剂中 Cd 含量的增大，溶剂的熔点升高，相应的必须提高熔区的温度。

溶剂法晶体生长过程可以采用两种控温方式实现，如图 9-85 所示。第一种采用区熔法生长的温度场，通过坩埚与温度场的相对运动，使得原料熔化界面过热熔化，结晶界面过冷生长。该方法需要采用相应的机械传动系统实现坩埚与温度场的相对运动，如图 9-85(b)所示。另一种方法是采用与 Bridgman 法相似的温度场，使得原料熔化界面温度始终高于结晶界面，以维持原料的连续熔化和结晶界面的连续生长，如图 9-85(c)所示。采用后一种方法不需要任何机械传动机构，只要控制一维的温度场则可实现晶体生长。但该方法生长过程中，熔化界面和结晶界面的温度随着时间发生变化。根据溶质的守恒条件，熔区的长度会发生相应变化，生长过程是不稳定的。

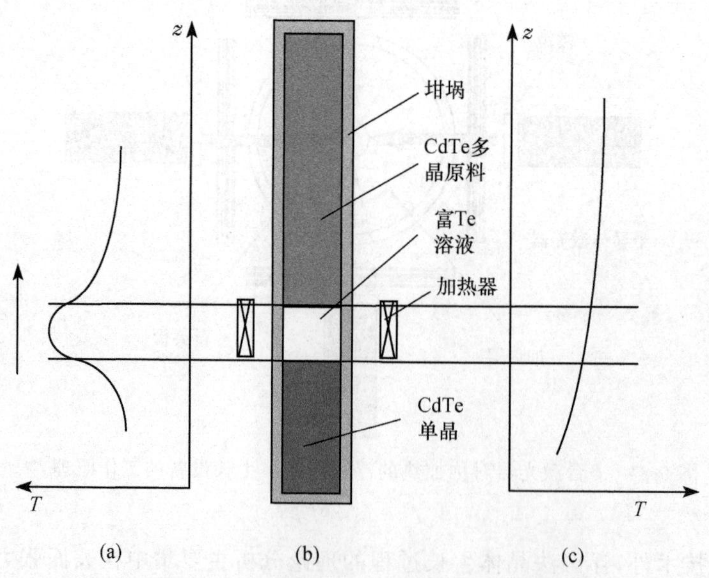

图 9-85 Te 溶剂法生长 CdTe 的基本原理

(a) 区熔法温度场；(b) 设备结构；(c) 溶剂法温度场

在 Te 溶剂法生长过程中，结晶界面附近 CdTe 的生长将使 Cd 含量进一步降低，必须通过熔化界面溶解的 Cd 向结晶界面连续传输才能维持生长过程的进行。该传输过程是由溶质的扩散和对流条件控制的。

图 9-86 为 Ozawa 等[189]基于水平区熔法，以 InGaSb 为溶剂生长 GaSb 单晶的过程。该方法使熔区处于非充满状态，通过旋转坩埚可以加速溶液的混合。

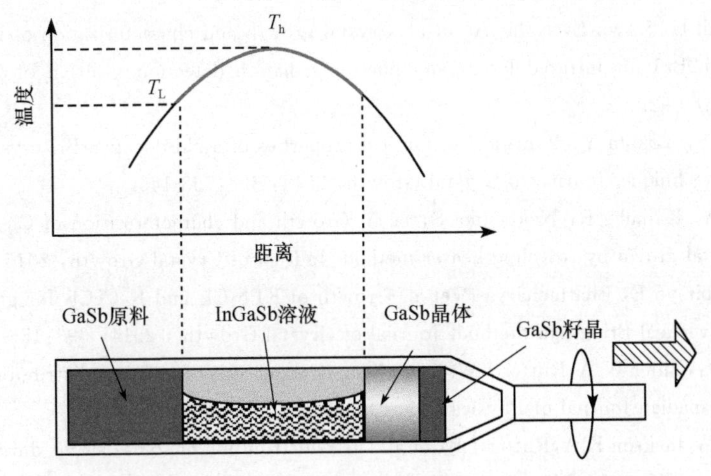

图 9-86　水平区熔法由 ln-Ga-Sb 溶液生长 InGaSb 的原理图[189]

可以看出，溶剂法适合于化合物晶体的生长，其核心问题之一是溶剂的选择。理想的溶剂不但有较低的熔点，对晶体材料有一定的溶解度，而且不固溶于晶体。通常选用的溶剂为化合物中的组成元素之一。如采用富 Te 的溶液（Te 溶剂）生长 Te 化物，如 CdTe[190]、CdZnTe[191]、HgMnTe[140]、HgCdTe[192]。Higuchi 等[193]采用 $LiVO_3$-Li_3VO_4 溶液进行 Li_3VO_4 生长。Kodama 等[194]以非同成分的 InGaAs 溶剂进行 InGaAs 晶体的生长。Nakajima 等[195]、Yildiz 等[196]以非同成分的富 Si 溶液为溶剂，进行 GeSi 单晶的生长。Okano 等[197]以富 Ga 的溶液为溶剂进行了 GaSb 的单晶生长。Kinoshita 等[198]采用该方法生长了 $Si_{0.50}Ge_{0.50}$ 晶体。

与浮区法相结合的溶剂法又被称为移动溶剂浮区法（travelling-solvent floating-zone）。Bag 等[199]采用该方法成功生长了 $Sr_{14}(Cu, Co)_{24}O_{41}$ 晶体。Mohan 等[200]采用该方法成功生长出 $La_8Cu_7O_{19}$ 单晶。

参考文献

[1]　Bridgman P W.Certain physical properties of single crystals of tungsten, antimony, bismuth, tellurium, cadmium, zinc, and tin.Proceedings of the American Academy of Arts and Sciences, 1925, 60: 306.

[2]　Stockbarger D C.The production of large single crystal of lithium fluoride.Review of Science Instruments, 1936, 7: 133-136.

[3]　Tremsin A S, Perrodin D, Losko A S, et al. Real-time crystal growth visualization and quantifica-

tion by energy-resolved neutron imaging, scientific reports. 2017, 7:46275.

[4] Muthuraja A, Kalainathan S.Study on growth, structural, optical, thermal and mechanical properties of organic single crystal ethyl p-amino benzoate (EPAB) grown using vertical Bridgman technique. Journal of Crystal Growth,2017, 459:31-37.

[5] Wang Z, Jiang L, Chen Y, et al. Bridgman growth and scintillation properties of calcium tungstate single crystal. Journal of Crystal Growth,2017,480: 96-101.

[6] Hömmerich U,Brown E, Kabir A, et al. Crystal growth and characterization of undoped and Dy-doped TlPb2Br5 for infrared lasers and nuclear radiation detection. Journal of Crystal Growth, 2017, 479:89-92.

[7] Kurosawa S, Yokota Y, Yanagida Y. Optical properties of a Nd-doped $SrBr_2$ crystal grown by the Bridgman technique. Journal of Crystal Growth, 2014, 393:163-166.

[8] Nagaoka A, Katsube R, Nakatsuka S, et al. Growth and characterization of $Cu_2ZnSn(S_xSe_{1-x})_4$ single crystal grown by traveling heater method. Journal of Crystal Growth, 2015, 423:9-15.

[9] Rowe E,Tupitsyn E, Bhattacharya P,et al. Growth of KPb_2Cl_5 and K_2CeCl_5 for gamma ray detection using vertical Bridgman method. Journal of Crystal Growth , 2014, 393:156-158.

[10] Smith V G,Tiller W A,Rutter J W.A mathematical analysis of solute redistribution during solidification.Canadian Journal of Physics,1955,33:723.

[11] Tiller W A,Jackson K A,Rutter J W,et al.The redistribution of solute atoms during the solidification of metals.Acta Metallurgica,1953,1:428-437

[12] Pohl R.Solute redistribution by recrystallization.Journal of Applied Physics,1954,25:1170-1178.

[13] Jie W Q,Ma D.An approximate method to calculate the solute redistribution in directional solidification specimen with limited length.Journal of Crystal Growth,1995,156:467-472.

[14] Pfann W G.Principles of zone melting.Journal of Metals,1952,4:747-753.

[15] Burton J A,Prim R C,Slichter W G.The distribution of solute in crystal grown from the melt Part 1.Theoretical.Journal of Chemical Physics,1953,21:1987-1991.

[16] Wilson L O. On interpreting a quantity in the Burton, Prim and Slichter equation as a diffusion boundary layer thickness. Journal of Crystal Growth,1978,44:247-250.

[17] Aziz M J.Model for solute redistribution during rapid solidification.Journal of Applied Physics, 1982,53(2):1158-1168.

[18] Maugis P,Hopfe W D,Morral J M,et al.Degeneracy of diffusion paths in ternary,two phase diffusion couples.Journal of Applied Physics,1996,79:7592-7595.

[19] Maugis P,Hopfe W D,Morral J M,et al.Multiple interface velocity solutions for ternary biphase infinite diffusion couples.Acta Materialia,1997,45:1941-1954.

[20] 刘晓华,郭喜平,介万奇,等.定向凝固工程中的径向溶质分凝.材料研究学报,1998,12(2):123-127.

[21] Jie W Q,Li Y J,Liu X H.Solute redistribution during the accelerated crucible rotation Bridgman growth of $Hg_{1-x}Mn_xTe$.Journal of Crystal Growth,1999,205:510-514.

[22] Ma D,Jie W Q,Liu S,et al.Solute redistribution and growth velocity response in directional solidification process.Journal of Crystal Growth,1996,169:170-174.

[23] Jie W Q.The shift of the growth interface during the Bridgman process due to the solute redistribution.Journal of Crystal Growth,2000,219:379-384.

[24] Tiller W A.The Science of Crystallization:Microscopic Interfacial Phenomena.Cambridge:Cam-

bridge University Press,1991,271.

[25] Chang C E,Wilcox W R.Control of interface shape in the vertical Bridgman-Stockbarger technique. Journal of Crystal Growth,1974,21:135-140.

[26] Naumann R J.An analytical approach to thermal modeling of Bridgman-type crystal growth.Journal of Crystal Growth,1982,58:569-584.

[27] Naumann R J,Lehoczky S L.Effect of variable thermal conductivity on isotherms in Bridgman growth.Journal of Crystal Growth,1983,61:707-710.

[28] Jasinski T J,Rohsensow W M.Heat transfer analysis of the Bridgman-Stockbarger configuration for crystal growth.Journal of Crystal Growth,1983,61:339-354.

[29] Wang C A,Witt A F,Carruthers J R.Analysis of crystal growth characteristics in a conventional vertical Bridgman configuration.Journal of Crystal Growth,1984,66:299-308.

[30] Chin L,Carlson F M.Finite element analysis of the control of interface shape in Bridgman.Journal of Crystal Growth,1983,62:561-567.

[31] Jasinski T J,Witt A F.On control of the crystal-melt interface shape during growth in a vertical Bridgman configuration.Journal of Crystal Growth,1985,71:295-304.

[32] Taghavi K,Duval W M B.Inverse heat transfer analysis of Bridgman crystal growth.International Journal of Heat Mass Transfer,1989,32:1741-1750.

[33] Chang C J,Brown R A.Radial segregation induced by natural convection and melt/solid interface shape I.Vertical Bridgman growth.Journal of Crystal Growth,1983,63:343-364.

[34] Adornato P M,Brown R A.Convection and segregation in directional solidification of dilute and non-dilute binary alloys.Journal of Crystal Growth,1987,80:155-190.

[35] Kim D H,Brown R A.Model for convection and segregation in the growth of HgCdTe by the vertical Bridgman method.Journal of Crystal Growth,1989,96:609-627.

[36] Kim D H,Brown R A.Modeling of the dynamics of HgCdTe growth by the vertical Bridgman method.Journal of Crystal Growth,1999,114:411-434.

[37] Martinez-Tomas C,Munoz V,Triboulet R.Heat transfer simulation in a vertical Bridgman CdTe growth configuration.Journal Crystal Growth,1999,197:435-442.

[38] Kuppurao S,Brandon S,Derby J J.Modeling the vertical Bridgman growth of cadmium zinc telluride.Journal Crystal Growth,1995,155:93-102.

[39] Kuppurao S,Derby J J.Designing thermal environments to promote convex interface shapes during the vertical Bridgman growth of cadmium zinc telluride.Journal Crystal Growth,1997,172:350-360.

[40] Cerny R,Kalbac A,Prikryl P.Computational modeling of CdZnTe crystal growth from the melt. Computational Materials Science,2000,17:34-60.

[41] Jones C L,Capper P,Straughan B W,et al.Thermal modeling of casting of $Cd_xHg_{1-x}Te$.Journal of Crystal Growth,1983,63:145-153.

[42] Shi K F,Liu J,Lu W Q.Numerical investigation of the interfacial characteristics during Bridgman growth of compound crystals.Applied Thermal Engineering,2007,27:1960-1966.

[43] Stelian C,Duffar T.Modeling of thermosolutal convection during Bridgman solidification of semiconductor alloys in relation with experiments.Journal of Crystal Growth,2004,266:190-199.

[44] Liu X H,Jie W Q,Zhou Y H.Numerical analysis on $Hg_{1-x}Cd_xTe$ growth by ACRT-VBM.Journal of Crystal Growth,2000,209:751-762.

[45] Liu X H, Jie W Q, Zhou Y H. Numerical analysis of CdZnTe crystal growth by the vertical Bridgman method using the accelerated crucible rotation technique. Journal of Crystal Growth, 2000, 219:22-31.

[46] Lan C W. Flow and segregation control by accelerated rotation for vertical Bridgman growth of cadmium zinc telluride: ACRT versus vibration. Journal of Crystal Growth, 2005, 274:379-386.

[47] Lan C W, Lee I F, Yeh B C. Three-dimensional analysis of flow and segregation in vertical Bridgman crystal growth under axial and transversal magnetic fields. Journal of Crystal Growth, 2003, 254:503-515.

[48] Stelian C, Delannoy Y, Fautrelle Y, et al. Bridgman growth of concentrated GaInSb alloys with improved compositional uniformity under alternating magnetic fields. Journal of Crystal Growth, 2005, 275:1571-1578.

[49] Lan C W, Yeh B C. Three-dimensional analysis of flow and segregation in vertical Bridgman crystal growth under a transversal magnetic field with ampoule rotation. Journal of Crystal Growth, 2004, 266:200-206.

[50] 刘晓华.新型红外材料 $Hg_{1-x}Mn_xTe$ 的 ACRT-VBM 生长及数值模拟[博士学位论文].西安:西北工业大学,1999.

[51] Chao C K, Hung S Y. Stress analysis in the vertical Bridgman growth with the modified thermal boundary condition. Journal of Crystal Growth, 2002, 256:107-115.

[52] Brown A I, Marco S M. Introduction to Heat Transfer. New York: McGraw-Hill, 1958.

[53] Lu W Q. Boundary element analysis of the heat transfer in Bridgman growth process of semi-transparent crystals. Materials Science and Engineering A, 2000, 292:219-223.

[54] Morvan D, Ganaoui M E, Bontoux P. Numerical simulation of a 2-D crystal growth problem in vertical Bridgman-Stockbarger furnace: Latent heat effect and crystal-melt interface morphology. International Journal of Heat and Mass Transfer, 1999, 42:573-579.

[55] Lee H, Pearlstein A J. Simulation of radial solute segregation in vertical Bridgman growth of pyridine-doped benzene, a surrogate for binary organic nonlinear optical materials. Journal of Crystal Growth, 2000, 218:334-352.

[56] Lee H, Pearlstein A J. Simulation of radial dopant segregation in vertical Bridgman growth of GaSe, a semiconductor with anisotropic solid-phase thermal conductivity. Journal of Crystal Growth, 2001, 231:148-170.

[57] Haddad F Z, Garandet J P, Henry D, et al. Solidification in Bridgman configuration with solutally induced flow. Journal of Crystal Growth, 2001, 230:188-194.

[58] Stelian C, Duffar T. Modeling of thermosolutal convection during Bridgman solidification of semiconductor alloys in relation with experiments. Journal of Crystal Growth, 2004, 266:190-199.

[59] Martinez-Tomas C, Munnoz V. CdTe crystal growth process by the Bridgman method: Numerical simulation. Journal of Crystal Growth, 2001, 222:435-451.

[60] Ma R H, Zhang H, Larson D J Jr, et al. Dynamics of melt-crystal interface and thermal stresses in rotational Bridgman crystal growth process. Journal of Crystal Growth, 2004, 266:216-223.

[61] Lee H, Pearlstein A J. Effect of steady ampoule rotation on radial dopant segregation in vertical Bridgman growth of GaSe. Journal of Crystal Growth, 2002, 240:581-602.

[62] Kim J C, Park W J, Lee Z H, et al. Effect of steady ampoule rotation on axial segregation in vertical Bridgman growth of terfenol-D. Journal of Crystal Growth, 2003, 255:286-292.

[63] Liu Y C, Roux B, Lan C W. Effects of accelerated crucible rotation on segregation and interface morphology for vertical Bridgman crystal growth: Visualization and simulation. Journal of Crystal Growth, 2007, 304: 236-243.

[64] Distanov V E, Nenashev B G, Kirdyashkin A G, et al. Proustite single-crystal growth by the Bridgman-Stockbarger method using ACRT. Journal of Crystal Growth, 2002, 235: 457-464.

[65] Lan C W. Effects of centrifugal acceleration on the flows and segregation in vertical Bridgman crystal growth with steady ampoule rotation. Journal of Crystal Growth, 2001, 229: 595-600.

[66] Lan C W, Liang M C, Chian J H. Influence of ampoule rotation on three-dimensional convection and segregation in Bridgman crystal growth under imperfect growth conditions. Journal of Crystal Growth, 2000, 212: 340-351.

[67] Brice J C, Capper P, Jones C L, et al. ACRT: A review of models. Progress in Crystal Growth and Characterization, 1986, 13(3): 197-229.

[68] Schulz-Dubois E O. Accelerated crucible rotation-hydrodynamics and stirring effect. Journal of Crystal Growth, 1972, 12: 81-87.

[69] Capper P, Gosney J J G, Jones C L, et al. Fluid flows induced in tall narrow containers by ACRT. Journal of Electronic Materials, 1986, 15: 361-370.

[70] Kirdyashkin A G, Distonov V E. Hydrodynamics and heat transfer in a vertical cylinder exposed to periodically varying centrifugal forces (accelerated crucible rotation technique). International Journal of Heat and Mass Transfer, 1990, 33: 1397-1415.

[71] Capper P, Gosney J J G, Jones C L. Application of the accelerated crucible rotation technique to Bridgman growth of $Cd_xHg_{1-x}Te$: Simulations and crystal growth. Journal of Crystal Growth, 1984, 70: 356-364.

[72] Capper P, Gosney J J G, Jones C L, et al. Bridgman growth of $Hg_{1-x}Cd_xTe$ using ACRT. Journal of Electronics Materials, 1986, 15: 371.

[73] Coates W G, Capper P, Jones C L, et al. Effect of ACRT rotation parameters on Bridgman grown $Hg_{1-x}Cd_xTe$ crystal. Journal of Crystal Growth, 1989, 94: 959.

[74] Lun L, Yeckel A, Daoutidis P, et al. Decreasing lateral segregation in cadmium zinc telluride via ampoule tilting during vertical Bridgman growth. Journal of Crystal Growth, 2006, 291: 348-357.

[75] Yu W C, Chen Z B, Hsu W T, et al. Reversing radial segregation and suppressing morphological instability during Bridgman crystal growth by angular vibration. Journal of Crystal Growth, 2004, 271: 474-480.

[76] Yu W C, Chen Z B, Hsu W T, et al. Effects of angular vibration on the flow, segregation, and interface morphology in vertical Bridgman crystal growth. International Journal of Heat and Mass Transfer, 2007, 50: 58-66.

[77] Zawilski K T, Claudia M, Custodio C, et al. Vibroconvective mixing applied to vertical Bridgman growth. Journal of Crystal Growth, 2003, 258: 211-222.

[78] Liu Y C, Yu W C, Roux B, et al. Thermal-solutal flows and segregation and their control by angular vibration in vertical Bridgman crystal growth. Chemical Engineering Science, 2006, 61: 7766-7773.

[79] Zawilski K T, Claudia M, Custodio C, et al. Control of growth interface shape using vibroconvective stirring applied to vertical Bridgman growth. Journal of Crystal Growth, 2006, 282: 236-250.

[80] Fedoseyev A I, Iwan J, Alexander D. Investigation of vibrational control of convective fows in Bridgman melt growth configurations. Journal of Crystal Growth, 2000, 211: 34-42.

[81] Liu J C, Jie W Q, Zhou Y H. Numerical simulation of the convection during ACRT. Progress in Natural Science, 1997, 7(2): 215-222.

[82] Liu J C, Jie W Q. Modeling ekman flow during the ACRT process with marked particles. Journal of Crystal Growth, 1998, 183: 140-149.

[83] Brice J C, Capper P, Jones C L, et al. ACRT: A review of models. Progress in Crystal Growth and Characterization, 1986, 13: 197-229.

[84] Masalov V M, Emel'chenko G A. Hydrodynamics and oscillation of temperature in single crystal growth from high-temperature solutions with use of the ACRT. Journal of Crystal Growth, 1992, 119: 297-302.

[85] Jie W Q, Guo X P, Liu J C, et al. The ACRT_ process and its application, solidification processing. Proceedings of the 4th Decennial International Conference on Solidification, Ranmoor Hous, 1997: 49-51.

[86] Scheel H J. Accelerated crucible rotation: A novel stirring technique in high-temperature solution growth. Journal of Crystal Growth, 1972, 13/14: 560-565.

[87] Zhou J, Larrousse M, Wilcox W R, et al. Directional solidification with ACRT. Journal of Crystal Growth, 1993, 128: 173-177.

[88] Lyubimova T P, Croell A, Dold P, et al. Time-dependent magnetic field influence on GaAs crystal growth by vertical Bridgman method. Journal of Crystal Growth, 2004, 266: 404-410.

[89] Volz M P, Walker J S, Schweizer M, et al. Bridgman growth of germanium crystals in a rotating magnetic field. Journal of Crystal Growth, 2005, 282: 305-312.

[90] Galindo V, Grants I, Lantzsch R, et al. Numerical and experimental modeling of the melt flow in a traveling magnetic field for vertical gradient freeze crystal growth. Journal of Crystal Growth, 2007, 303: 258-261.

[91] Yesilyurt S, Motakef S, Grugel R, et al. The effect of the traveling magnetic field (TMF) on the buoyancy-induced convection in the vertical Bridgman growth of semiconductors. Journal of Crystal Growth, 2004, 263: 80-89.

[92] Schwesig P, Hanke M, Friedrich J, et al. Comparative numerical study of the effects of rotating and traveling magnetic fields on the interface shape and thermal stress in the VGF growth of InP crystals. Journal of Crystal Growth, 2004, 266: 224-228.

[93] Yeckel A, Derby J. The prospects for traveling magnetic fields to affect interface shape in the vertical gradient freeze growth of cadmium zinc telluride. Journal of Crystal Growth, 2013, 364: 133-144.

[94] Dold P, Szofran F R, Benz K W. Thermoelectromagnetic convection in vertical Bridgman grown germanium-silicon. Journal of Crystal Growth, 2006, 291: 1-7.

[95] Yesilyurt S, Vjusic L, Motakef S, et al. The influence of thermoelectromagnetic convection (TEMC) on the Bridgman growth of semiconductors. Journal of Crystal Growth, 2000, 211: 360-364.

[96] Kapitza P. The study of specific resistance of bismuth crystals//Proceedings of the Royal Society of London, 1928, A119: 358.

[97] Arafune K, Kodera K, Kinoshita A, et al. Numerical simulation of effect of ampoule rotation for the growth of InGaSb by rotational Bridgman method. Journal of Crystal Growth, 2003, 249: 429-436.

[98] Ganapathysubramanian B, Zabaras N. Using magnetic field gradients to control the directional solidification of alloys and the growth of single crystals. Journal of Crystal Growth, 2007, 270: 255-

272.
[99] Ruiz X, Ermakov M. G-pulses and semiconductor segregation in μg Bridgman growth. Journal of Crystal Growth, 2005, 275: e21-e27.
[100] Ruiz X, Ermakov M. Semiconductor Bridgman growth inside inertial flight mode orbiting systems of low orbital eccentricity and long orbital period. Journal of Crystal Growth, 2004, 273: 1-18.
[101] Stelian C, Duffar T. Modeling of a space experiment on Bridgman solidification of concentrated semiconductor alloy. Journal of Crystal Growth, 2005, 275: 175-184.
[102] Simpson J E, Garimella S V. The influence of gravity levels on the horizontal Bridgman crystal growth of an alloy. International Journal of Heat and Mass Transfer, 2000, 43: 1905-1923.
[103] Lan C W, Tu C Y. Three-dimensional analysis of flow and segregation control by slow rotation for Bridgman crystal growth in microgravity. Journal of Crystal Growth, 2002, 237: 1881-1885.
[104] Duffar T, Boiton P, Dusserre P, et al. Crucible de-wetting during Bridgman growth in microgravity. Journal of Crystal Growth, 1997, 179: 397-409.
[105] Pillaca M, Harder O, Miller W, et al. Forced convection by Inclined Rotary Bridgman method for growth of $CoSb_3$ and $FeSb_2$ single crystals from Sb-rich solutions. Journal of Crystal Growth, 2017, 475: 346-353.
[106] Wang Y, Li Q B, Han Q L, et al. Growth and properties of 40mm diameter $Hg_{1-x}Cd_xTe$ using the two-stage pressurised Bridgman method. Journal of Crystal Growth, 2005, 273: 54-62.
[107] Doty F P, Butler J F, Schetzina J F, et al. Properties of CdZnTe crystal grown by high pressure Bridgman method. Journal of Vacuum Science and Technology B, 1992, 10: 1418-1422.
[108] Butler J F, Doty F P, Lingren C. Recent developments in CdZnTe gamma-ray detector technology. Proceedings of SPIE, 1992, 1734: 131-139.
[109] Szeles C, Eissier E E. Current issues of high-pressure Bridgman growth of semi-insulating CdZnTe. Material Research Society Symposium Proceedings, 1997, 484: 309-318.
[110] Szeles C, Cameron S, Soldner S A, et al. Development of the high-pressure electro-dynamic gradient crystal-growth technology for semi-isulation CdZnTe growth for radiation detector application. Journal of Electronic Materials, 2004, 33, 6: 742-751.
[111] Schieber M, Schlesinger T E, James R B, et al. Study of impurity segregation, crystallinity and detector performance of melt-grown cadmium zinc telluride crystals. Journal of Crystal Growth, 2002, 237/239: 2082-2090.
[112] Komar V, Gektin A, Nalivaiko D, et al. Characterization of CdZnTe crystals grown by HPB method. Nuclear Instruments and Methods in Physics Research A, 2001, 458: 113-122.
[113] Fougeres P, Siffert P, Hageali M, et al. CdTe and $Cd_{1-x}Zn_xTe$ for nuclear detectors: Facts and fictions. Nuclear Instruments and Methods in Physics Research A, 1999, 428: 38-44.
[114] Fougeres P, Chibani L, Hageali M, et al. Zinc segregation in HPB grown nuclear detector grade $Cd_{1-x}Zn_xTe$. Journal of Crystal Growth, 1999, 197: 641-645.
[115] Szeles Csaba, Driver M C. Growth and properties of semi-insulating CdZnTe for radiation detector applications. SPIE Conference on hard X-ray and Gamma-Ray Detector Physics and Applications, San Diego, 1998, 3446: 1.
[116] Kokh K A, Nenashev B G, Kokh A E, et al. Application of a rotating heat field in Bridgman-Stockbarger crystal growth. Journal of Crystal Growth, 2005, 275: 2129-2134.
[117] Xu J Y, Fan S J, Lu B L. Growth of Φ4″ $Li_2B_4O_7$ single crystals by multi-crucible Bridgman

method.Journal of Crystal Growth,2004,264:260-265.

[118] Lindsey A C, Wu Y, Zhuravleva M, et al. Multi-ampoule Bridgman growth of halide scintillator crystals using the self-seeding method. Journal of Crystal Growth, 2017, 470: 20-26.

[119] Zhang H,Larson D J Jr,Wang C L,et al.Kinetics and heat transfer of CdZnTe Bridgman growth without wall contact.Journal of Crystal Growth,2003,250:215-222.

[120] Sonnenberg K,Küssel E,Bünger T,et al.Vorrichtung zur Herstellung von Einkristallen:EP 00 105 206.7,PCT/EP 00 02349.

[121] Stenzenberger J,Bünger T,Börner F,et al.Growth and characterization of 200mm SI GaAs crystals grown by the VGF method.Journal of Crystal Growth,2002,250:57-61.

[122] Jurisch M,Börner F,Bünger T,et al.LEC-and VGF-growth of SI GaAs single crystals-recent developments and current issues.Journal of Crystal Growth,2006,275:283-291.

[123] Szeles C,Cameron S E,Ndap J O,et al.Advances in the high-pressure crystal growth technology of semi-insulating CdZnTe for radiation detector applications.SPIE Conference on hard X-ray and Gamma-Ray Detector Physics and Applications,San Diego,2003,5198:191-199.

[124] Szeles C,Cameron S E,Ndap J O,et al.Advances in the crystal growth of semi-insulating CdZnTe for radiation detector applications. IEEE Transactions on Nuclear Science, 2002, 49(5): 2535-2540.

[125] Asahi T,Arakawa A,Sato K.Growth of large-diameter ZnTe single crystals by the vertical gradient freezing method.Journal of Crystal Growth,2001,229:74-78.

[126] Wang X,Ma N,Bliss D F,et al.Solute segregation during modified vertical gradient freezing of alloyed compound semiconductor crystals with magnetic and electric fields.International Journal of Heat and Mass Transfer,2006,49:3429-3438.

[127] Ma N,Bliss D F,Iseler G W.Vertical gradient freezing of doped gallium-antimonide semiconductor crystals using submerged heater growth and electromagnetic stirring. Journal of Crystal Growth,2002,259:26-35.

[128] Okano Y,Kondo H,Kishimoto W,et al.Experimental and numerical study of the VGF growth of CdTe crystal.Journal of Crystal Growth,2002,237/239:1716-1719.

[129] Nishijima Y,Otsubo K,Tezuka H,et al.InGaAs zone growth single crystal with convex solid-liquid interface toward the melt.Journal of Crystal Growth,2002,245:228-236.

[130] Nishijima Y,Nakajima K,Otsubo K,et al.InGaAs single crystal with a uniform composition in the growth direction grown on an InGaAs seed using the multicomponent zone growth method. Journal of Crystal Growth,2000,208:171-178.

[131] Kurz M,Mueller G.Control of thermal conditions during crystal growth by inverse modeling. Journal of Crystal Growth,2000,208:341-349.

[132] Okano Y,Kondoa H,Dost S.Numerical study of interface shape control in the VGF growth of compound semiconductor crystal.Journal of Crystal Growth,2002,237/239:1769-1772.

[133] Dropka N, Frank-Rotsch C. Accelerated VGF-crystal growth of GaAs under traveling magnetic fields. Journal of Crystal Growth,2013, 367: 1-7.

[134] Dropka N, Glacki A, Frank-Rotsch C. GaAs vertical gradient freeze process intensification. Crystal Growth and Design, 2014, 14:5122-5130.

[135] Sato H,Onodera K,Ohba H.Characterization of $Cd_{1-x}Mn_xTe$ crystals grown by the Bridgman method and the zone melt method.Journal of Crystal Growth,2000,214/215:885-888.

[136] Senchenkov A S,Barmin I V.Theoretical analysis of InP crystal growth experiment performed on-board Russian Foton-11 satellite.Acta Astronautica,2001,48(2-3):79-85.

[137] Martínez-Tomás M C,Muñoz-Sanjosé V,Reig C.A numerical study of thermal conditions in the THM growth of HgTe.Journal of Crystal Growth,2002,243:463-475.

[138] Lan C W,Liang M C.Three-dimensional simulation of vertical zone-melting crystal growth:Symmetry breaking to multiple states.Journal of Crystal Growth,2000,208:327-340.

[139] Lan C W.Effects of axial vibration on vertical zone-melting processing.International Journal of Heat and Mass Transfer,2002,43:1987-1997.

[140] Reig C,Gómez-Garcíac C J,Muñoz V.A new approach to the crystal growth of $Hg_{1-x}Mn_xTe$ by the cold traveling heater method(CTHM).Journal of Crystal Growth,2001,223:357-362.

[141] Kinoshita K, Arai Y, Inatomi Y,et al. Effects of temperature gradient in the growth of $Si_{0.5}Ge_{0.5}$ crystals by the traveling liquidus-zone method on board the International Space Station. Journal of Crystal Growth, 2016, 455:49-54.

[142] Peterson J H, Fiederle M, Derby J J.Analysis of the traveling heat rmethod for the growth of cadmium telluride. Journal of Crystal Growth, 2016,454:45-58.

[143] Peterson J H, Fiederle M, Derby J J.A fundamental limitation on growth rates in the traveling heater method. Journal of Crystal Growth ,2016, 452:12-16.

[144] Stelian C,Duffar T. Influence of rotating magnetic fields on THM growth of CdZnTe crystals under microgravity and ground conditions. Journal of Crystal Growth, 2015,429:19-26.

[145] Lyubimova T P,Skuridin R V,Faizrakhmanova I S.Thermo-and solute-capillary convection in the floating zone process in zero gravity conditions.Journal of Crystal Growth,2007,303:274-278.

[146] Hermann R,Behr G,Gerbeth G,et al.Magnetic field controlled FZ single crystal growth of intermetallic compounds.Journal of Crystal Growth,2005,275:1533-1538.

[147] Ratnieks G,Muižnieks A,Mühlbauer A,et al.Numerical 3D study of FZ growth:Dependence on growth parameters and melt instability.Journal of Crystal Growth,2000,230:48-56.

[148] Raming G,Muižnieks A,Mühlbauer A.Numerical investigation of the influence of EM-fields on fluid motion and resistivity distribution during floating-zone growth of large silicon single crystals.Journal of Crystal Growth,2001,230:108-117.

[149] Miller W,Schröder W.Numerical modeling at the IKZ:An overview and outlook.Journal of Crystal Growth,2001,230:1-9.

[150] Sabanskis A, Surovovs K,Virbulis J. 3D modeling of doping from the atmosphere in floating zone silicon crystal growth. Journal of Crystal Growth, 2017, 457:65-71.

[151] Krauze A, Bergfelds K, Virbulis J. Application of enthalpy model for floating zone silicon crystal growth. Journal of Crystal Growth, 2017, 474: 16-23.

[152] Plāte M, Krauze A, Virbulis J. Mathematical modeling of the feed rod shapein floating zone silicon crystal growth. Journal of Crystal Growth,2017, 457:85-91.

[153] Dold P.Analysis of microsegregation in RF-heated float zone growth of silicon-comparison to the radiation-heated process.Journal of Crystal Growth,2004,261:1-10.

[154] Hara S,Yoshida Y,Ikeda S,et al.Crystal growth of Germanium-based oxide spinels by the float zone method.Journal of Crystal Growth,2005,283:185-192.

[155] Kimura H,Maiwa K,Miyazaki A,et al.New growth technique of potassium niobate crystal with peritectic system from molten zone in stoichiometric composition.Journal of Crystal Growth,

2006,292:476-479.

[156] Kakimoto K,Tanahashi K,Yamada-Kaneta H,et al.Oxygen-isotope-doped silicon crystals grown by a floating zone method.Journal of Crystal Growth,2007,304:310-312.

[157] Souptel D,Löser W,Behr G.Vertical optical floating zone furnace:Principles of irradiation profile formation.Journal of Crystal Growth,2007,300:538-550.

[158] Nabokin P I,Souptel D,Balbashov A M.Floating zone growth of high-quality $SrTiO_3$ single crystals.Journal of Crystal Growth,2003,250:397-404.

[159] Liang B,Maljuk A,Liu C T.Growth of larger superconducting $Bi_{2+x}Sr_{2-y}CuO_{6+\delta}$ single crystals by traveling solvent floating zone method.Physica C,2001,361:156-164.

[160] Park J,Shimomura T,Yamanaka M,et al.Infrared furnace with a superconducting magnet for floating zone growth of oxide single crystals.Review of Scientific Instruments,2005,76:35-104.

[161] Watauchi S,Wakihara M,Tanaka I.Control of the anisotropic growth rates of oxide single crystals in floating zone growth.Journal of Crystal Growth,2001,229:423-427.

[162] Lan C W,Yeh B C.Three-dimensional simulation of heat flow,segregation,and zone shape in floating-zone silicon growth under axial and transversal magnetic fields. Journal of Crystal Growth,2004,262:59-71.

[163] Usami N,Kitamura M,Obara K,et al.Floating zone growth of Si-rich SiGe bulk crystal using pre-synthesized SiGe feed rod with uniform composition.Journal of Crystal Growth,2005,284:57-64.

[164] Lappa M.Analysis of flow instabilities in convex and concave floating zones heated by an equatorial ring under microgravity conditions.Computers & Fluids,2005,34:743-770.

[165] Lan C W.Three-dimensional simulation of floating-zone crystal growth of oxide crystals.Journal of Crystal Growth,2003,247:597-612.

[166] Minakuchi H,Okano Y,Dost S.A three-dimensional numerical simulation study of the Marangoni convection occurring in the crystal growth of Si_xGe_{1-x} by the float-zone technique in zero gravity. Journal of Crystal Growth,2004,266:140-144.

[167] Wagner A C, Cröll A, Hillebrecht H. $Si_{1-x}Ge_x$ crystal growth by the floating zone method starting from SPS sintered feed rods -A segregation study. Journal of Crystal Growth 2016, 448:109-116.

[168] Chen Y-R, Hwang W-S, Hsieh H-L.Thermal and microstructure simulation of thermoelectric material Bi_2Te_3 grown by zone-melting technique. Journal of Crystal Growth, 2014, 402:273-284.

[169] Otani S, Hirata K, Adachi Y, et al. Floating zone growth and magnetic properties of Y_2C two-dimensional electride. Journal of Crystal Growth, 2016, 454:15-18.

[170] Neef C, Wadepohl H, Meyer H-P. High-pressure optical floating-zone growth of Li(Mn,Fe)PO_4 single crystals. Journal of Crystal Growth, 2017, 462: 50-59.

[171] Williamson H L,Mueller T, Angst M, et al. Growth of $YbFe_2O_4$ single crystals exhibiting long-range charge order via the optical floating zone method. Journal of Crystal Growth,2017, 475:44-48.

[172] Xu K, Zhao W, Xing J, et al. Hetero-seed and hetero-feed single crystal growth of $Sm_xDy_{1-x}FeO_3$ perovskites based on optical floating zone method. Journal of Crystal Growth,2017, 467:111-115.

[173] Liu Z, Song Y, Wang X. High quality $(InNb)_{0.1}Ti_{0.9}O_2$ single crystal grown using optical floating zone method. Journal of Crystal Growth, 2016, 446:74-78.

[174] Mueller T, Groot J, Strempfer J. Stoichiometric $YFe_2O_{4-\delta}$ single crystals grown by the optical floating zone method. Journal of Crystal Growth, 2015, 428: 40-45.

[175] Ueda A, Higuchi M, Yamada D. Float zone growth and spectral properties of Cr,Nd:$CaYAlO_4$ single crystals. Journal of Crystal Growth, 2014, 404:152-156.

[176] Rong Y, Zheng H, Krogstad M J, et al. Single crystal growth of 67%$BiFeO_3$-33%$BaTiO_3$ solution by the floating zone method. Journal of Crystal Growth, 2018, 481:23-28.

[177] Mohan A, Büchner B, Wurmehl S, et al. Growth of single crystalline delafossite $LaCuO_2$ by the travelling-solvent floating zone method. Journal of Crystal Growth, 2014, 402:304-307.

[178] Zhao L, Wang K-J, Wen M-H, et al. Floating-zone growth and characterization of triangular lattice antiferromagnetic α-$SrCr_2O_4$ crystals. Journal of Crystal Growth, 2014,392:81-86.

[179] Koohpayeh S M,Wen J-J, Mourigal M, et al. Optical floating zone crystal growth and magnetic properties of $MgCr_2O_4$. Journal of Crystal Growth, 2013, 384:39-43.

[180] Katsui H, Shiga K, Tu R, et al. Crystal growth of $BaTi_2O_5$ by the floating zone method. Journal of Crystal Growth, 2013, 384:66-70.

[181] Xu H, Jiang Y, Fan X. Growth and characterization of Fe:Ti:Al_2O_3 single crystal by floating zone method. Journal of Crystal Growth, 2013, 372:82-86.

[182] Kang B, Cao S, Wang X, et al. Floating zone growth and anisotropic magnetic properties of $Pr_{1/2+y}Sr_{1/2-y}MnO_3$ single crystal. Journal of Crystal Growth,2013, 362: 227-230.

[183] Peets D C, Kim J-h, Reehuis M, et al. Floating zone growth of large single crystals of $SrFeO_{3-d}$. Journal of Crystal Growth, 2012, 361: 201-205.

[184] Watauchi S, Sarker Md A R, Nagao M, et al. Crystal growth of rutile by tilting-mirror-type floating zone method. Journal of Crystal Growth, 2012, 360: 105-110.

[185] Yomogida S, Higuchi M, Ogawa T, et al. Float zone growth and anisotropic spectral properties of Nd:$LaVO_4$ single crystals. Journal of Crystal Growth, 2012, 359:20-24.

[186] Bhaumik I, Ganesamoorthy S, Bhatt R, et al. Growth of Nd:Cr:YVO_4 single crystals by the optical floating zone technique under different oxygen partial pressures to control the oxidation state of chromium. Crystal Growth & Design, 2013, 13:3878-3883.

[187] Ebbinghaus S G, Krause H, Syrowatka F. Floating zone growth of large and defect-free $Ca_{12}Al_{14}O_{33}$ single crystals. Crystal Growth & Design, 2013, 13,:2990-2994.

[188] Cao C, Deppe M, Behr G, et al. Single crystal growth of the $CeCu_2Si_2$ intermetallic compound by a vertical floating zone method. Crystal Growth & Design, 2011, 11(2): 341-345.

[189] Ozawa T,Hayakawab Y,Balakrishnan K,et al.Numerical simulation of effect of ampoule rotation for the growth of InGaSb by rotational Bridgman method.Journal of Crystal Growth,2002,237/239:1692-1696.

[190] Kumar V,Dost S,Durst F.Numerical modeling of crystal growth under strong magnetic fields: An application to the traveling heater method.Applied Mathematical Modeling,2007,31:589-605.

[191] Wang Y,Kudo K,Inatomi Y,et al.Growth interface of CdZnTe grown from Te solution with THM technique under static magnetic field.Journal of Crystal Growth,2005,284:406-411.

[192] Triboulet R,Duy T N,Durand A.THM,a breakthrough in HgCdTe bulk metallurgy.Journal of Vacuum Science & Technology A,1985,3:95.

[193] Higuchi M, Chuman Y, Kitagawa T, et al. Growth of bII-Li_3VO_4 single crystals by the heater-in-zone zone-melting method using a traveling solvent of $LiVO_3$. Journal of Crystal Growth, 2000, 216: 322-325.

[194] Kodama S, Furumura Y, Kinoshita K, et al. Single crystalline bulk growth of $In_{0.3}Ga_{0.7}As$ on GaAs seed using the multi-component zone melting method. Journal of Crystal Growth, 2000, 208: 165-170.

[195] Nakajima K, Kusunoki T, Azuma Y, et al. Compositional variation in Si-rich SiGe single crystals grown by multi-component zone melting method using Si seed and source crystals. Journal of Crystal Growth, 2002, 240: 373-381.

[196] Yildiz M, Dost S, Lent B. Growth of bulk SiGe single crystals by liquid phase diffusion. Journal of Crystal Growth, 2006, 280: 151-160.

[197] Okano Y, Nishino S, Ohkubo S, et al. Numerical study of transport phenomena in the THM growth of compound semiconductor crystal. Journal of Crystal Growth, 2002, 237/239: 1779-1784.

[198] Kinoshita K, Arai Y, Inatomi Y, et al. Growth of a $Si_{0.50}Ge_{0.50}$ crystal by the traveling liquidus-zone (TLZ) method in microgravity. Journal of Crystal Growth, 2014, 388: 12-16.

[199] Bag R, Karmakar K, Singh S. Travelling-solvent floating-zone growth of the dilutely Co-doped spinladder compound $Sr_{14}(Cu, Co)_{24}O_{41}$. Journal of Crystal Growth, 2017, 458: 16-26.

[200] Mohan A, Singh S, Partzsch S. Single crystal growth of spin-ladder compound $La_8Cu_7O_{19}$ by the travelling-solvent floating zone method. Journal of Crystal Growth, 2016, 448: 21-28.

第 10 章　熔体法晶体生长(2)——Cz 法及其他熔体生长方法

10.1　Cz 法晶体生长的基本原理与控制技术

Czochralski 法(以下简称 Cz 法),又称提拉法,是目前应用最为广泛的一种熔体法晶体生长方法。对该方法的命名首先出现在 1951 年 Buckley 的《晶体生长》(*Crystal Growth*)一书中[1,2],以纪念波兰科学家 Czochralski 的开创性的工作。1916 年,旅居德国的波兰科学家 Czochralski 为了测定纯金属的结晶速率,在金属熔体表面提拉出了直径约 1mm,长度达到 150mm 的金属线,并发现该金属线为单晶。Czochralski 随即将该方法应用于凝固速率的测定,设计了提拉速率可以改变的实验装置,认为被拉断的临界速率就是金属的凝固速率,并分别测定了 Sn、Pb、Zn 的凝固速率。这一开创性的工作于 1918 年发表在德国的物理化学杂志上[3~5]。1950 年,美国 Bell 实验室的 Teal 和 Little[6,7] 将该方法发展成为一种工业化的半导体单晶生长技术,并首先应用于 Ge 和 Si 单晶的生长。

Cz 法的原形与当今单晶 Si 提拉法生长设备的对比如图 10-1 所示,并成为单晶 Si 生长的主要方法。

除此之外,Cz 法已经被广泛应用于其他半导体材料,以及氧化物、氟化物等二元及多元晶体材料的单晶生长。同时,为了适应具有不同物理化学性质材料的晶体生长,Cz 法晶体生长技术和设备得到持续发展,衍生出多种多样的控制方法和技术。除了传统的温度场控制方法得到很大发展外,对流场、电磁场,以及气氛控制、液体密封等技术被广泛应用于 Cz 法晶体生长过程的控制。

10.1.1　Cz 法晶体生长的基本原理

1. Cz 法晶体生长的基本过程

应用于 Si 单晶生长的 Cz 法晶体生长设备的工作原理如图 10-1[8] 所示。将晶体生长的原料放在坩埚中加热熔化,获得一定的过热度。将固定于拉晶杆上的籽晶从熔体表面浸入熔体中,发生部分熔化后,缓慢向上提拉籽晶杆。与籽晶接触的熔体首先获得一定的过冷度,而发生结晶。不断提拉籽晶杆,使结晶过程连续进行,从而实现连续的晶体生长。图 10-2 所示的生长单元通常放置在一个密封的生长环境室中。生长室既可以抽真空,也可充入特定的气体,进行气氛环境控制。籽晶杆与一个机械传动机构连接,可以实现平稳的上下移动,控制晶体生长过程的提拉速率。同时,可以进行旋转以利于液相的混合和温度场对称性的控制。坩埚固定在一个支撑架上,该支架通常也可旋转,实现对称加热,并进行液相流动行为的控制。

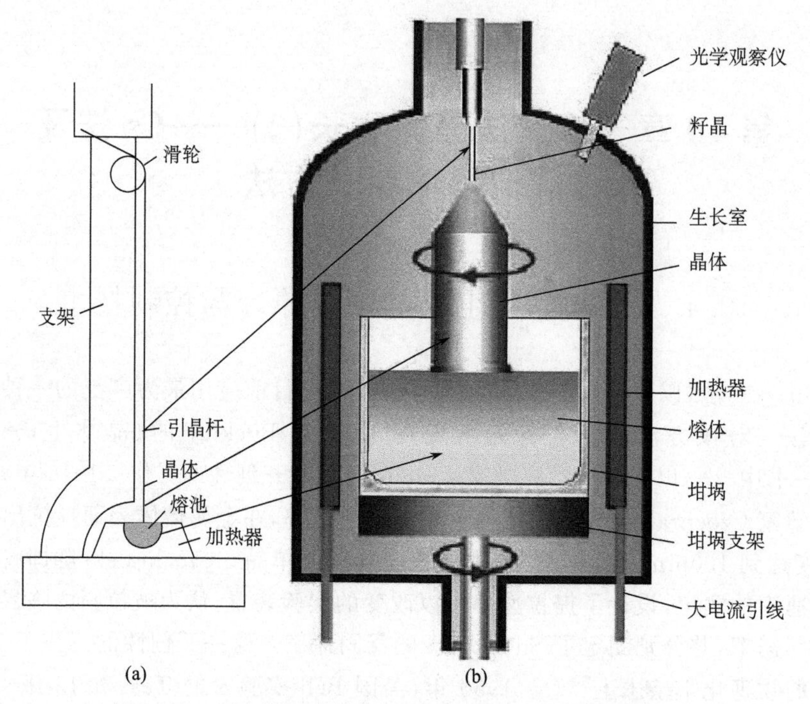

图 10-1　Cz 法的原形与当今单晶硅生长用 Cz 设备的对比

(a) Czochralski 应用测定金属凝固速率的实验装置示意图；(b) Bell 实验室设计的提拉法单晶硅生长设备原理图

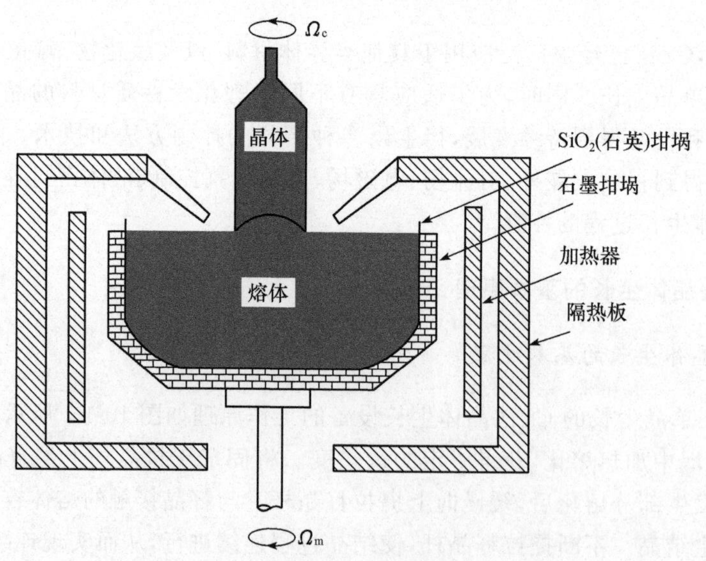

图 10-2　典型 Si 单晶 Cz 法晶体生长方法[8]

Ω_c 为晶体旋转角速度

通常采用石英材料作坩埚的内层，直接与熔融 Si 接触，并用石墨作为坩埚的外层，支撑石英坩埚。在感应加热的条件下，外层石墨坩埚也起着发热体的作用。

2. Cz法晶体生长过程的传热分析及其结晶特性

Cz法晶体生长过程中，晶体、熔体及坩埚的传热热流如图10-3所示。晶体内部通过热传导将来自熔体和结晶界面释放的结晶潜热向籽晶杆及晶体表面传导。晶体与环境及坩埚之间主要通过辐射换热进行热交换，向环境散热。熔体内部存在着一个对流与导热的综合换热过程。坩埚与环境之间的传热与加热方式有关。对于图10-2所示的Si单晶生长过程，石墨发热体产生的热量以导热和辐射换热两种方式通过石英坩埚，对熔体进行加热。而对于坩埚与发热体非接触的生长系统，通过坩埚与发热体之间辐射换热进行熔体的加热。可以看出，如此复杂的换热过程中，要维持晶体与熔体的界面恰好处于熔点温度，需要进行精确的温度控制。

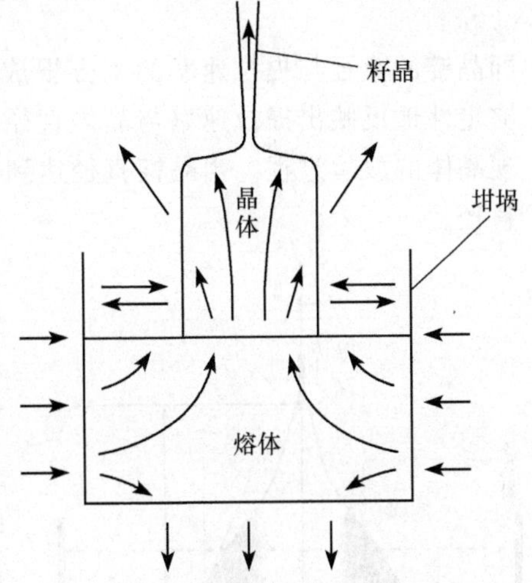

图10-3 Cz法晶体生长过程中结晶界面附近的热流[9]
图中箭头为热流方向

从小尺寸的籽晶过渡到大直径晶锭的过程称为“放肩”。该过程中晶体直径的变化是通过热流和提拉速率控制的，需要实时调整晶体的提拉速率。在随后控制晶锭以稳定的直径生长的过程中，随着晶锭长度的变化，其换热条件也相应发生变化，仍需要实时进行提拉速率的调整。晶体生长过程晶锭直径的控制原理可以通过图10-4所示的简化传热模型进行分析。

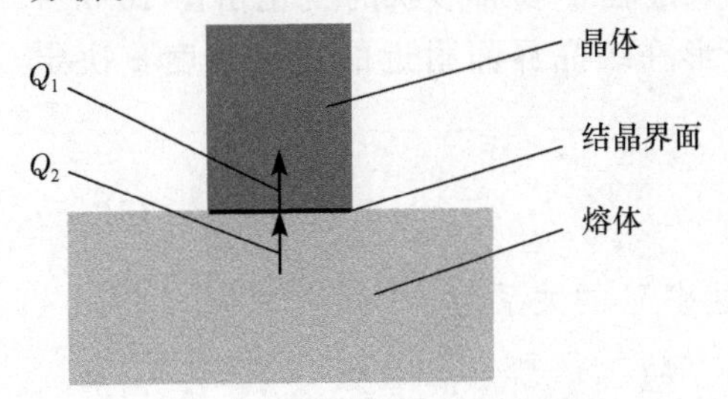

图10-4 结晶界面附近的热平衡条件

图10-4中，Q_1 和 Q_2 分别表示单位时间由结晶界面导向晶体中的热量和熔体向结晶界面传导的热量。如果单位时间结晶界面释放的结晶潜热用 Q_3 表示，则在结晶界面上存在如下热平衡条件：

$$Q_3 = Q_1 - Q_2 = \Delta Q \tag{10-1}$$

对于缓慢的拉晶过程，Q_1 和 Q_2 的差值 ΔQ 的变化幅度很小，在有限的时段内是近似恒定的。

$$Q_3 = \Delta H_{\mathrm{m}} \rho_{\mathrm{C}} R A \tag{10-2}$$

式中，ΔH_{m} 为结晶潜热；ρ_{C} 为晶体的密度；A 为结晶界面的截面面积；R 为生长速率。

如果忽略液面下降的因素，在Cz法晶体生长过程中，生长速率 R 与籽晶杆的提拉速率 V 相等。因此

$$A = \frac{\Delta Q}{\Delta H_{\mathrm{m}} \rho_{\mathrm{C}} R} \tag{10-3}$$

对于圆柱形的晶锭,假定其直径为 d,则 $A=\frac{\pi d^2}{4}$。因此

$$d=2\left(\frac{\Delta Q}{\pi\Delta H_{m}\rho_{C}}\right)^{\frac{1}{2}}R^{-\frac{1}{2}} \tag{10-4}$$

即晶锭的直径与提拉速率的平方根成反比。虽然式(10-4)只是一个近似的表达式,但能够定性地反映出提拉速率与晶体直径的关系。降低生长速率将导致晶锭直径的增大,实现晶体的放肩过程。当晶锭直径达到预定值时,适当提高提拉速率,可以维持稳定的晶体直径。

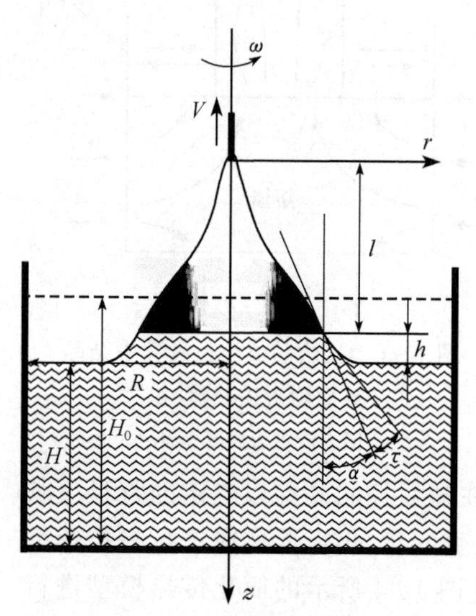

图 10-5　Cz 法晶体生长过程中结晶界面附近的结构[10]

在引晶阶段,可以通过直接观察晶锭直径的变化,手动控制晶锭的放肩过程。先进的晶体生长设备则配备自动控制系统进行晶锭直径的控制。该控制系统可以是开环的或闭环的。开环控制过程根据经验或计算模型确定出晶锭直径与提拉速率之间的函数关系,按照该函数关系进行提拉速率的变化,获得期望的晶锭直径和形状。

结晶界面附近的结构如图 10-5 所示。当晶体被向上提拉时,熔体黏附在晶体的表面被提起,并通过表面张力维持晶体与熔体的接触,形成图 10-5 所示的“半月面”。熔体被提起的高度越大,温度下降得就越多。在距离熔体表面高度达到一定值时,熔体被降温到结晶温度,发生结晶。

晶体生长过程中截面形状的变化由图 10-5 所示的晶锭外形在结晶界面附近的倾斜角度 α 决定的,其半径变化速率可表示为

$$\frac{dr}{d\tau}=R_{C}\tan\alpha \tag{10-5}$$

式中,R_C 为晶体的实际生长速率,与晶锭的提拉速率 V 的关系为

$$R_{C}=V-\frac{dH}{d\tau}-\frac{dh}{d\tau} \tag{10-6}$$

其中,H 为熔区的高度;h 为半月面的高度。

在式(10-5)及式(10-6)中,H 是由坩埚几何尺寸和熔体生长过程的质量守恒关系决定的,h 和 α 则取决于熔体的表面张力、密度及传热条件。可以看出,熔体的表面张力在维持结晶连续进行的过程中起到了至关重要的作用。籽晶的提拉速率要和生长速率协调一致,而生长速率又与热传导的速率相协调。当提拉速率过大时,结晶界面远离熔体的表面。该距离大于一定值时,熔体的表面张力不足以约束熔体的形状,使熔体被“拉断”,导致晶体生长失败。

与 Bridgman 法相同,Cz 法晶体生长过程同样存在着结晶界面的宏观形貌和微观形貌的控制问题。随着提拉速率和传热情况的变化,会出现图 10-6 所示的不同结晶界面的

宏观形貌。该形貌与热流的方向性相关，并满足由热平衡条件决定的界面轮廓与热流方向垂直的一般规律，而微观的界面形貌变化则是由界面附近的生长速率 R 与温度梯度 G_T 的比值决定的。其中相关理论已在第 5 章中进行过叙述。

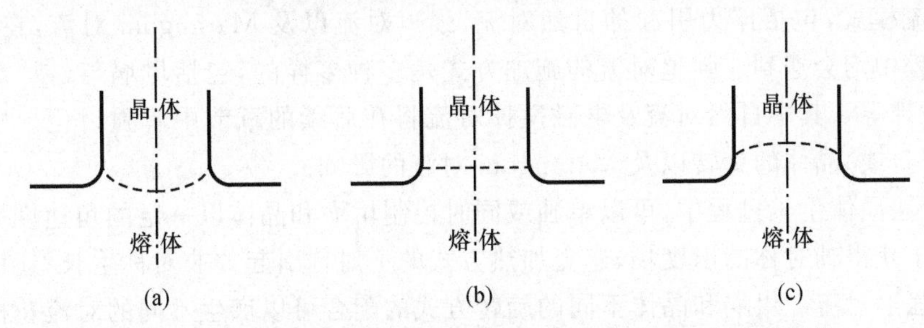

图 10-6　Cz 法晶体生长过程中几种可能的结晶界面的宏观形貌

(a) 凸面界面；(b) 平面界面；(c) 凹面界面

由于 Cz 法晶体生长过程传热的复杂性，晶锭直径与提拉速率之间的关系很难进行精确计算。同时，熔体对流引起的温度波动等因素均会影响结晶界面的传热，改变晶锭直径的变化规律，因此采用闭环控制的方法更为实用。Cz 法晶体生长过程闭环控制的原理是用一定的测量手段测定晶锭生长界面面积的变化规律，通过一个计算模型确定生长界面面积变化规律与晶体提拉速率调整量之间的关系，并根据控制系统中提拉速率与驱动电机转速之间的关系，计算出电机转速的调整量，再控制电机转速变化，最终实现对晶锭直径的控制。目前，被广泛应用的 Cz 法晶体生长过程闭环控制的方法有以下 4 种[10]：

(1) 根据光反射原理，由半月面形成的反射光环，确定晶锭的尺寸，并根据该尺寸的变化规律进行生长速率调整量的计算。该方法通常应用于 Si 单晶生长过程的控制。

(2) 采用光学、红外或 X 射线衍射技术测定晶锭的形状，根据该形状变化进行提拉速率调整量的计算。

(3) 采用激光或电传感器测定坩埚中液面高度的变化，并根据坩埚的直径进行晶体尺寸的预测，确定提拉速率的调整量。该方法在碱金属的卤化物晶体生长过程中被广泛采用。

(4) 采用重量测定方法称量坩埚(与熔体)或晶体的重量变化规律，进行晶锭直径变化规律的计算，并以此为基础进行提拉速率的调整。

以下以称重法为例，描述 Cz 法晶体生长自动控制过程的数据处理程序[10]：①确定拟生长晶体的形状；②根据晶体形状和半月面的形状确定重量传感器的理论重量；③进行传感器实测重量的读数和过滤；④计算传感器实测重量和理论重量的偏差量；⑤计算加热功率和晶锭(与坩埚)的提拉速率与旋转方式，以及其他控制参数；⑥向执行元件输出控制信号。

上述控制方法对晶锭尺寸和形状的控制精度不仅取决于测量精度和执行单元的灵敏度，而且与计算方法，特别是晶锭的尺寸变化与加热功率、晶锭提拉速率及旋转方式的计算模型密切相关。因此，实际晶体生长过程的控制是一个经验与理论相结合，并不断优化的过程。

3. 熔体的流动特性及其影响

除了传热特性之外,熔体的对流是影响及控制Cz法晶体生长过程的重要因素。常见的几种对流模式,包括浮力引起的自然对流、强迫对流以及Marangoni对流,在Cz法晶体生长过程中均会遇到。强迫对流的施加方式是多种多样的,包括坩埚与(或)晶体的旋转、电磁搅拌等。其中自然对流及电磁搅拌对流将在后续的章节中单独讨论。以下主要分析坩埚与(或)晶体的旋转以及Marangoni对流的影响。

在Cz法晶体生长过程中,可以单独或同时控制坩埚和晶体以一定的角速度旋转。旋转不仅利于获得轴对称的温度场,避免加热方式的不对称引起的非对称生长,还可以在熔体中引入强迫对流。坩埚和晶体不同的旋转方式的配合可以产生不同的对流花样。定性的对流方式如图10-7所示。当坩埚或晶体旋转时将带动表面的熔体作圆周运动,这一运动通过内摩擦力向熔体内部传递。圆周方向上的运动引起熔体在圆周方向上的均匀混合,利于获得轴对称的传热、传质等生长条件。同时,由于流体在圆周方向上的速率随高度的变化,导致离心力的差异,形成图10-7所示的不同对流花样。这些对流花样是流体的离心力和黏滞阻力平衡的结果,并且受流体连续方程的约束。坩埚和晶体旋转的方向、

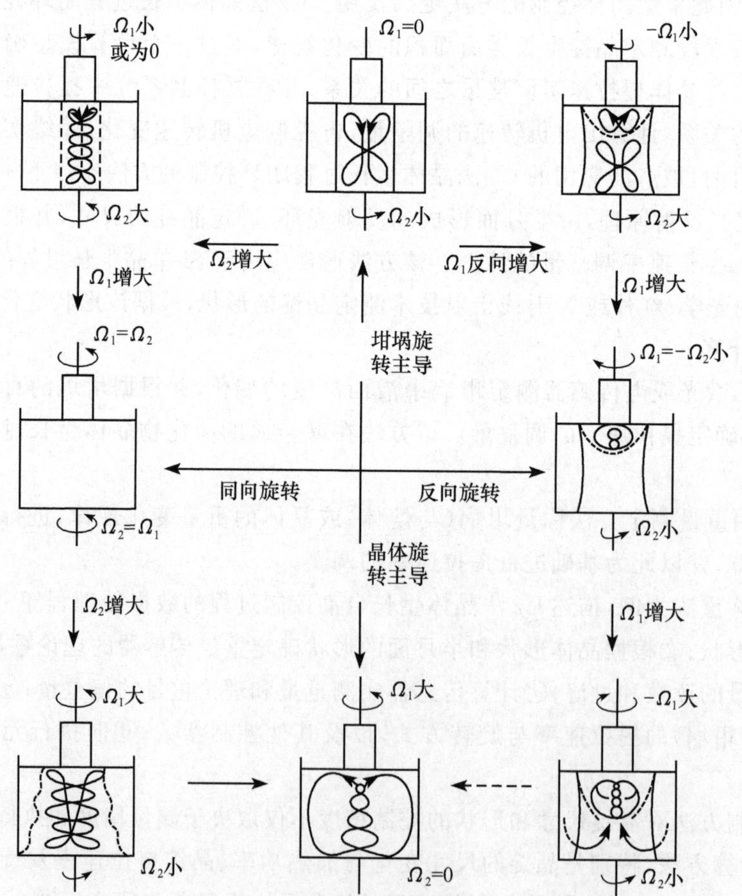

图10-7 坩埚和晶体旋转方向及转速的不同搭配产生的对流方式示意图[9]

转速大小的不同搭配将产生不同的对流形式。当晶体旋转时,靠近晶体表面的熔体离心力大,首先发生离心运动;而坩埚旋转时,坩埚附近的熔体获得更大的离心力,发生离心运动;当坩埚和晶体同时旋转时,二者引起的对流场互相干扰。不同的对流方式对晶体生长行为的影响是不同的。对于这一复杂的变化过程,只有借助于数值计算方法才能获得定量的结果。对此将在 10.2 节讨论。

在 Cz 法晶体生长过程中,熔体表面不可避免地存在温度差,从而形成 Marangoni 流,其对流强度取决于 Marangoni 数。由温度梯度引起的 Marangoni 数见式(6-144)。Nakanishi 等[11]通过实际测温确定出半月面附近温度差的数值在数摄氏度,这一差异将导致明显的 Marangoni 对流。Kumar 等[12]以 Si 单晶生长为例,在不考虑晶锭存在的简化条件下直接计算了平面熔体表面 Marangoni 对流的分布。采用流速矢量表示熔体表面的流动方式,结果如图 10-8 所示[12]。可以看出,在引入 Marangoni 对流后,在熔体表面出现了"轮辐"式的对流花样。Azami 等[13]通过 CCD 照相技术直接观察到了 Si 单晶在 Cz 法生长过程中熔体表面的"轮辐"式对流花样。

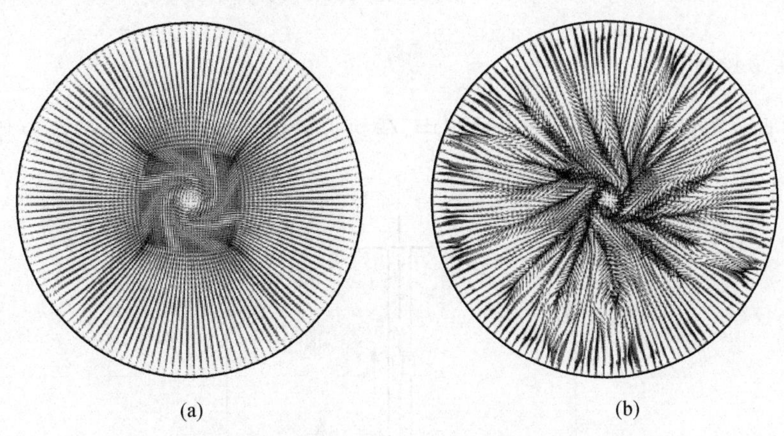

(a)　(b)

图 10-8　熔体自由表面速度矢量表示的 n 重对流花样[12]

(a) 无 Marangoni 对流;(b) 有 Marangoni 对流

Kumar 等[14]对 Marangoni 对流进行了更为详细的数值计算。结果表明,由于 Marangoni 对流的存在,熔体表面以及晶体附近的对流方式将改变,熔体温度波动最强烈的位置由晶体的下方向晶体的边缘移动,使得水平方向上的流速被加强,并改变熔体中的溶质传输特性。

10.1.2　Cz 法晶体生长过程的控制技术

1. 机械传动系统控制

图 10-9 所示为一种 Cz 法晶体生长的提拉系统[15]。该提拉系统通过右侧的丝杠控制晶体上下运动,调整丝杠的转速可以实现提拉速率的调整和精确控制。采用旋转电机控制籽晶杆的旋转,并采用双轴承维持旋转的平稳。该旋转机构还设计了配重单元,其中配重单元与拟最终生长的晶体重量相匹配,从而有利于晶体尺寸控制的稳定性和灵敏度,

并同时可以进行籽晶的冷却。

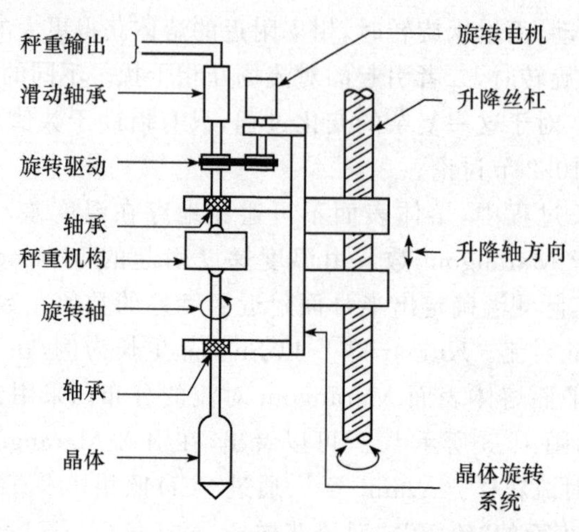

图 10-9　一种 Cz 法晶体生长设备的提拉系统[15]

2. 温度场控制

在高熔点材料的 Cz 法晶体生长过程中，传热方式以辐射换热为主。在炉膛中大量采

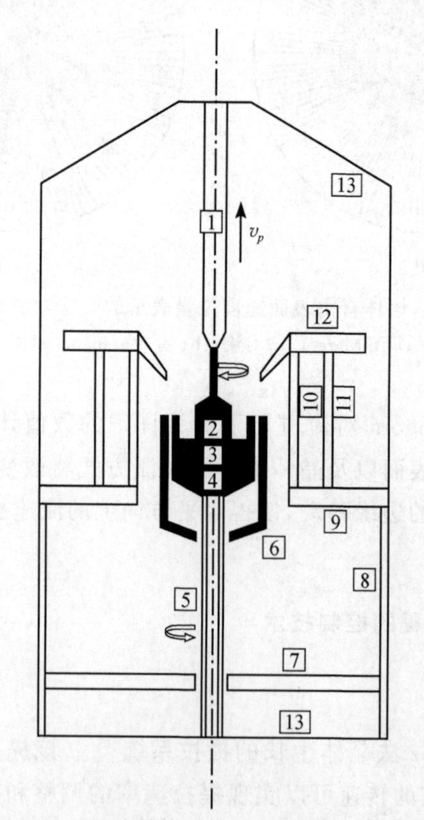

图 10-10　Cz 法晶体生长设备中的隔热方法[16]

1. 拉晶杆；2. 晶体；3. 熔体；4. 坩埚；5. 支座；6. 加热器；7～12. 隔热板；13. 环境室外壳

用隔热板进行热流控制以提高加热效率,并防止炉膛外壳受热,影响机械传动系统和气氛控制系统的工作。在图 10-10 所示的机构设计中,7～12 为隔热板,控制生长系统向上下及四周散热。这些隔热板除本身具有高的热阻外,其表面具有很好的对热辐射的反射能力[16]。

在熔体上方采用隔热板是控制晶体生长过程的传热、优化生长工艺的重要手段。Tsaur 和 Kou[17] 对比研究了图 10-11(a)所示的生长系统中,采用隔热板和无隔热板条件下晶锭中的温度分布,其结果如图 10-11(b)所示。可以看出,采用隔热板后,晶锭中的温度平均降低了 100℃以上。

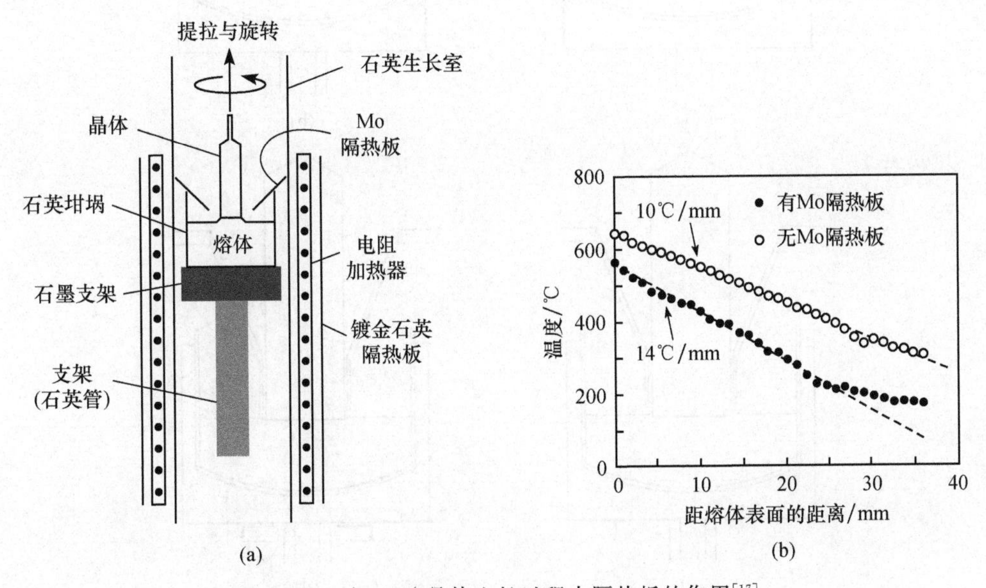

图 10-11　在 Cz 法晶体生长过程中隔热板的作用[17]

(a) 晶体生长炉的结构设计;(b) 隔热板对晶体中温度分布的影响

图 10-12 为采用隔热板控制结晶界面附近温度分布及梯度的几种设计方案[18]。采用隔热板将晶锭与熔体分为两个温区,可以对晶锭和熔体分别进行温度控制,避免二者的相互干扰。图 10-12(a)所示的方案采用单层的简单隔热板;图 10-12(b)所示方案采用了水冷的隔热板;图 10-12(c)所示为在水冷隔热板的基础上,在下方附加了一个与晶锭表面平行的反射面。该反射面可以防止加热器对晶锭加热,但同时减弱了晶锭表面的散热,对提高晶锭中的温度梯度不利;图 10-12(d)对图 10-12(c)所示的方案作了进一步的改进,将镜面反射面分为上下两个部分,上部采用水冷隔热板,表面设计为非镜面反射面以利于晶锭的散热,而下部仍采用镜面反射面。

图 10-13 所示为采用不同隔热措施后结晶界面附近生长速率(R)与温度梯度(G_T)的比值 R/G_T 沿晶锭直径方向的变化情况[18]。$(R/G_T)_{crit}$ 为维持平面结晶界面所需要的临界 R/G_T 值。采用不同的隔热方案获得了不同的 R/G_T 变化规律。图 10-12(d)所示的隔热方案使得 R/G_T 沿晶锭的分布趋于均匀,在大部分晶锭中获得了大于临界值的 R/G_T 比值。这对于晶体结晶质量的控制是非常有利的。

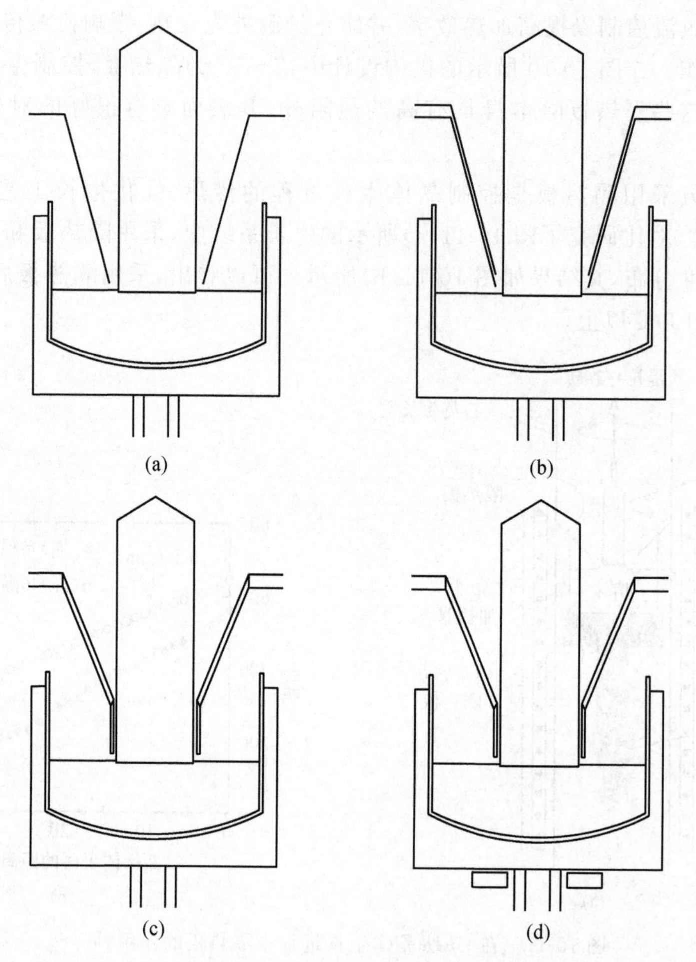

图 10-12　Cz 法晶体生长过程中几种不同的隔热板设计方案[18]

图 10-14 为一种射频感应加热生长 $LiTaO_3$ 晶体的温度场控制方法[19]。$LiTaO_3$ 晶体生长温度超过了 1500℃，侧面采用 Al_2O_3 和 ZrO_2 双层隔热。射频感应电磁场穿过隔热材料直接对铱坩埚进行加热。底部采用 ZrO_2 发泡陶瓷隔热，并采用水冷系统进行炉壳的冷却。

Zhao 和 Liu[20] 的数值模拟证明，除正常的隔热板之外，在晶锭附近加上水冷的外套，如图 10-15，可以大大强化晶体的冷却条件，改善晶体结晶界面的形貌，并可使晶体生长效率提高 20%以上。

3. 物料控制

在大尺寸晶体的生长过程中，随着生长的进行，原料将不断被消耗。为了维持生长过程的连续进行，需要采取某种方法进行原料的补充。图 10-16 所示为南开大学 Sun 等[21] 采用的一种可以连续进行原料补充的 Cz 法生长铌酸锂单晶的技术，称为双坩埚法。该方法采用另外一个坩埚进行晶体生长的反过程，使料锭不断熔化，熔化的熔体液面达到一定

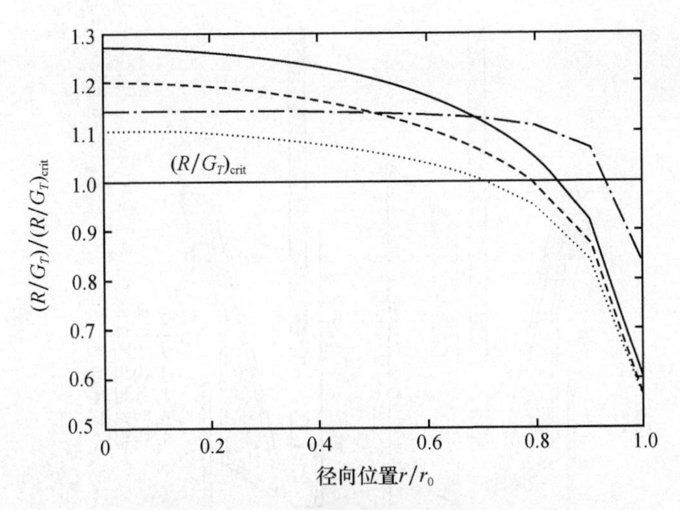

图 10-13　采用不同隔热方案获得的沿晶锭轴向 R/G_T 分布[18]

图中曲线分别与图 10-12 中隔热方案对应：——— 图 10-12(a)；- - - - - 图 10-12(b)；········· 图 10-12(c)；—·—·— 图 10-11(d)

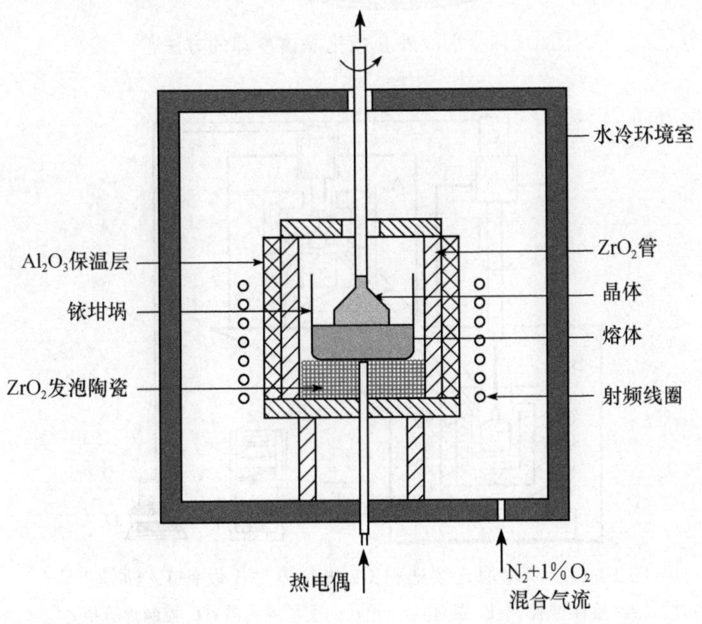

图 10-14　射频感应加热 Cz 法生长 $LiTaO_3$ 晶体的温度场控制方法[19]

的高度时，通过一个导管流入生长坩埚中，进行原料补充。控制熔化速度就可以控制原料补充速度。采用该方法的另一个优点是可以进行熔体成分的调控，从而实现对晶体成分的控制。

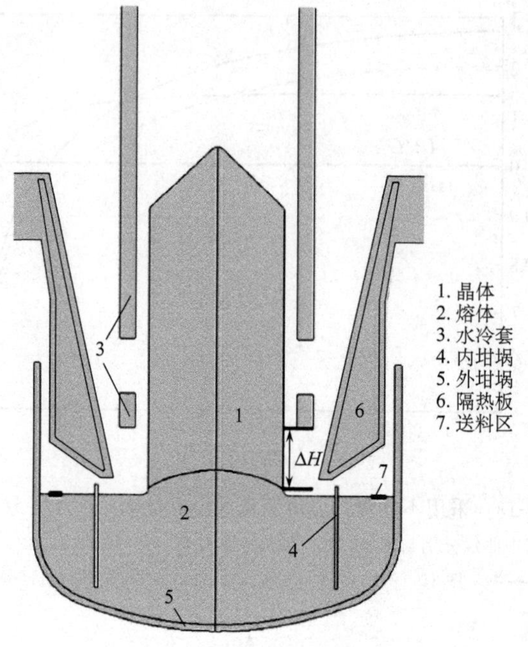

图 10-15 水冷外套强化晶体冷却的方法[19]

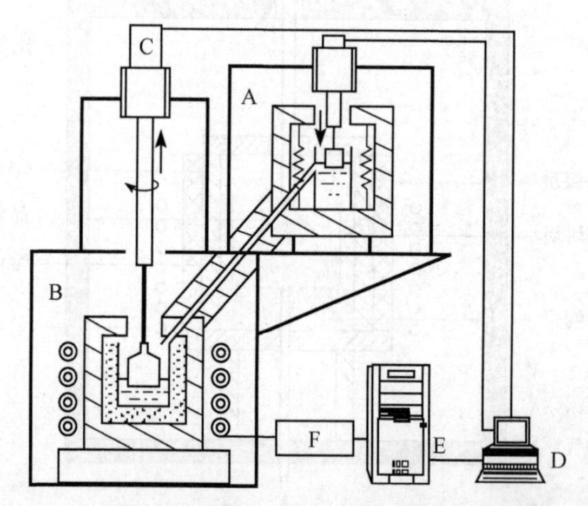

图 10-16 双坩埚连续送料 Cz 法晶体生长设备工作原理[21]

A. 熔体准备炉;B. 晶体生长炉;C. 重量检测器;D. 控制计算机;

E. 电气控制系统;F. 控制执行系统

图 10-17 所示为一种采用固体棒料送料的连续晶体生长技术[22]。该技术采用一个较长的固体原料棒作为原料补充源。首先将原料棒的上部放置在长晶炉内的加热器中加热熔化,形成熔区,在熔区的上表面采用提拉法进行晶体生长。熔区内的熔体因晶体的不断生长而减少的同时,通过升降机构向上推动原料棒,将其连续送入加热器内进行补充,从而实现连续晶体生长。在连续送料过程中可以采用称重的方法进行熔体重量的控制[23]。

Tsaur 等[24]采用图 10-18 所示的方法进行熔体的补充。在生长坩埚的底部放置另外一个坩埚，该坩埚通过升液管与生长坩埚连通。上下两个坩埚分别置于不同的气氛控制室中，其中下室中的压力高于上室，形成压差，以平衡熔体的重力。同时，采用机械传输系统使下室中熔化坩埚不断向上运动，平衡上室中结晶过程对熔体的消耗。采用该方法既可以实现大尺寸晶体的连续生长，又可进行生长坩埚中熔体成分的控制。

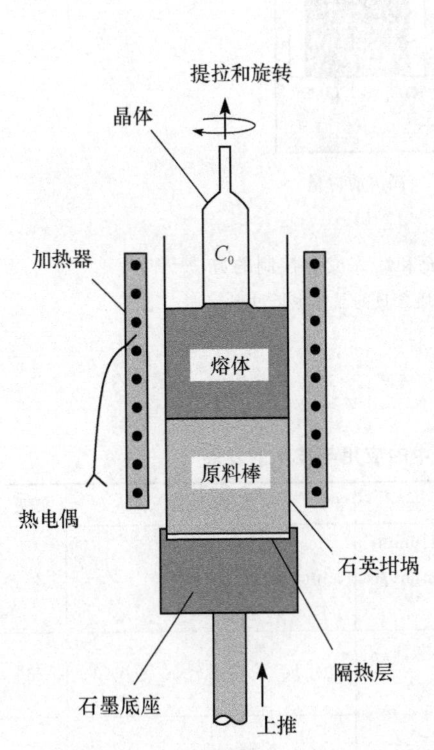

图 10-17　固体原料棒送料的连续 Cz 法晶体生长过程[22]

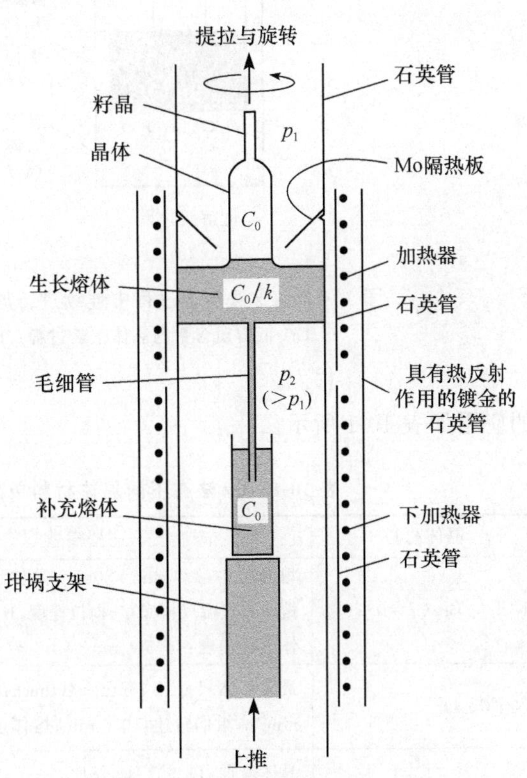

图 10-18　采用下部坩埚进行熔体补充的连续 Cz 法晶体生长方法[24]

采用图 10-19 所示的方法也可进行熔体的补充和成分控制[24]。其中生长坩埚“浸泡”在外层的原料补充坩埚中，两个坩埚中的熔体成分是不同的。假定拟生长的晶体成分(溶质浓度)为 w_0，则在生长坩埚中可以采用成分为 w_0/k_0 的熔体，其中 k_0 为分凝系数。而原料补充坩埚中的熔体成分则采用与拟生长晶体相同成分的液相，从而形成一个稳态的生长-传输系统。采用低溶质含量的液相生长时，成分的变化对熔体熔点的影响很小，则可以将生长坩埚直接“浸泡”在原料补充坩埚中，如图 10-19(a)所示。如果熔体中的溶质含量很高，则熔体的熔点将随着浓度的变化而发生很大变化。因此，需采用双层坩埚使生长坩埚和原料补充坩埚隔离，从而减小两个坩埚中温度的相互影响，如图 10-19(b)所示。

当前，Cz 法晶体生长技术的应用越来越广泛。该方法在每一种新材料中的应用都会出现新的问题。这些问题的解决过程也是 Cz 法晶体生长方法发展和进步的过程，其典型

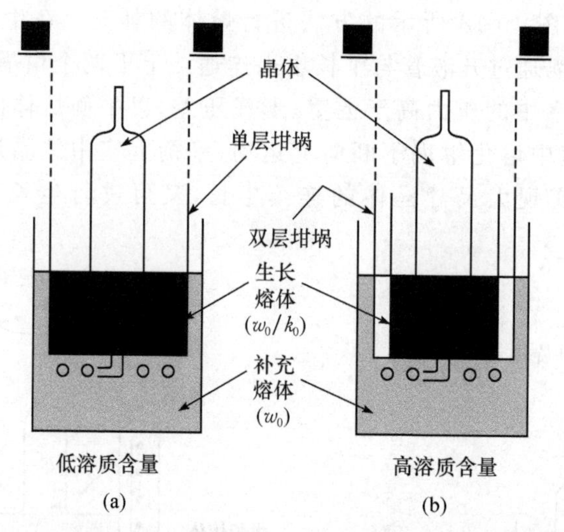

图 10-19　Cz 法生长过程中连续进行原料补充和熔体成分控制的方法[24]
(a) 低溶质含量的晶体生长过程；(b) 高溶质含量的晶体生长过程

的应用如表 10-1 所示。

表 10-1　Cz 法在不同晶体材料单晶生长中的应用与技术的发展

晶体材料	主要参数	特殊问题	文献
$KCl_{1-x}Br_x$($x=0\sim1$)	坩埚尺寸：ϕ200mm ×80mm；晶体尺寸：ϕ110mm；熔体过热温度：850℃；提拉速度：1.5～2mm/h；晶体旋转速度：3～5 r/min	x 值连续可调、可控	[25]
$Na_2Mo_2O_7$	最大晶体尺寸：ϕ40mm ×100mm；拉晶速率：1.5 mm/h；坩埚转速：10 r/min；熔体过热度：20℃	铂坩埚	[26]
$LaPd_2Al_2$	晶体熔点：1125℃；成分比：La∶Pd∶Al＝22∶39∶39	夹杂相控制；成分比控制	[27]
$La_3Ga_{5.5}Ta_{0.5}O_{14}$ (LGT)	铱坩埚尺寸：ϕ60mm ×70mm；生长速率：1.5mm/h；晶体旋转：可调	数值分析晶体转速对界面形貌影响，并与实验结果对比	[28]
$CaGdAlO_4$(掺 Cr^{3+})	晶锭尺寸：ϕ21mm ×33mm	掺杂控制	[29]
掺杂，二苯甲酮	晶锭尺寸：ϕ20mm ×60mm	掺杂控制	[30]
Ga_3Ni_2	晶体尺寸：ϕ40mm ×50mm；拉晶速率：25 μm/h	极低速	[31]
BaBrCl 和 BaBrCl∶Eu	真空度：10^{-6} torr①；坩埚尺寸：ϕ35mm ×35mm；抽拉速率：0.5～1.5mm/h；旋转速度：15r/min 和 25r/min；晶锭尺寸：ϕ30mm ×50mm(不规则)	直径控制；掺杂控制	[32]
BGO	晶锭尺寸：ϕ45mm ×70mm	加热方式控制对流，调整温度场，使界面由变为近似平面	[33]
β-Ga_2O_3	晶锭直径：20～22mm；长度 50mm；生长温度梯度：50K/cm；充 CO_2 气体	CO_2 气氛控制 O 分压；Mg 掺杂；高熔点	[34]

续表

晶体材料	主要参数	特殊问题	文献
$Gd_2Ti_2O_7$	拉晶速度:1.5mm/h; 晶体旋转速度:20～30r/min; 保护性气氛;晶体尺寸:17mm×17mm×20 mm	气氛控制;高熔点;退火处理	[35]
LSO(Lu_2SiO_5:Ce)和LYSO($Lu_{2(1-x)}Y_{2x}SiO_5$:Ce)	拉晶速率:1mm/h;晶体旋状速率:8r/min;晶锭尺寸:ϕ85mm×100mm	物理性能控制	[36]
$Ba(MoO_4)_x(WO_4)_{1-x}$	x=0, 0.05, 0.1, 0.25, 0.5, 0.7, 0.95, 1;温度梯度:85℃/mm;拉晶速度:3mm/h;晶体旋转速度:40r/min;晶锭尺寸:ϕ50mm×30mm	固溶体型,成分控制	[37]
TeO_2	拉晶速度:3～5 mm/d;晶体旋转速度:13～15r/min;晶体质量:1.8kg,不规则形状	低温低速生长	[38]
$(La,Gd)_2Si_2O_7$:Ce	Ir坩埚直径:22mm;生长速率:0.1mm/min;晶体转速:12r/min;加工晶片尺寸:5mm×5mm×1mm	单晶成功率低;控制气氛设计	[39]

①1torr=1.33322×10^2Pa。

10.2 Cz法晶体生长过程的传热与生长形态控制

10.2.1 Cz法晶体生长过程的传热特性

Cz法晶体生长过程的主要传热热流示于图10-3。假定晶体和熔体对于热辐射是非透明的,则晶体中的传热行为可基于Fourier第二定律计算。液相区的传热为导热与对流综合传热,对流对传热、传质及晶体生长形态具有极其重要的影响。

以图10-20所示的轴对称Cz法晶体生长简化模型为例,其综合换热过程可采用如下圆柱坐标系中的动量方程、连续方程和能量方程描述[40]。

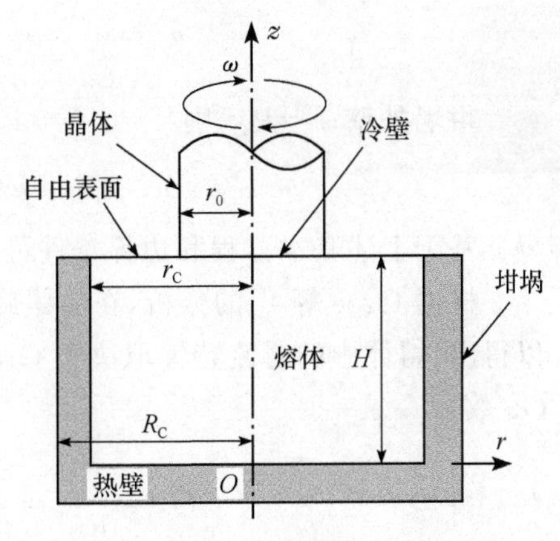

图10-20 Cz法晶体生长过程中熔区的传热模型[40]

动量方程

$$\frac{\partial u_r}{\partial \tau}+u_r\frac{\partial u_r}{\partial r}+u_z\frac{\partial u_r}{\partial z}-\frac{u_\theta^2}{r}=-\frac{1}{\rho_L}\frac{\partial p}{\partial r}+\frac{\eta}{\rho_L}\left[\frac{1}{r}\frac{\partial}{\partial r}\left(r\frac{\partial u_r}{\partial r}\right)+\frac{\partial^2 u_r}{\partial z^2}-\frac{u_r}{r}\right] \quad (10\text{-}7)$$

$$\frac{\partial u_\theta}{\partial \tau}+u_r\frac{\partial u_\theta}{\partial r}+u_z\frac{\partial u_\theta}{\partial z}+\frac{u_r u_\theta}{r}=\frac{\eta}{\rho_L}\left[\frac{1}{r}\frac{\partial}{\partial r}\left(r\frac{\partial u_\theta}{\partial r}\right)+\frac{\partial^2 u_\theta}{\partial z^2}-\frac{u_\theta}{r}\right] \quad (10\text{-}8)$$

$$\frac{\partial u_z}{\partial \tau}+u_r\frac{\partial u_z}{\partial r}+u_z\frac{\partial u_z}{\partial z}=\frac{\eta}{\rho_L}\left[\frac{1}{r}\frac{\partial}{\partial r}\left(r\frac{\partial u_z}{\partial r}\right)+\frac{\partial^2 u_z}{\partial z^2}\right]+g\alpha_T(T-T_0) \quad (10\text{-}9)$$

连续方程

$$\frac{1}{r}\frac{\partial}{\partial r}(ru_r)+\frac{\partial u_z}{\partial z}=0 \tag{10-10}$$

能量方程

$$\frac{\partial T}{\partial \tau}+u_r\frac{\partial T}{\partial r}+u_z\frac{\partial T}{\partial z}=a\left[\frac{1}{r}\frac{\partial}{\partial r}\left(r\frac{\partial T}{\partial r}\right)+\frac{\partial^2 T}{\partial z^2}\right] \tag{10-11}$$

式中，u_r、u_z 和 u_θ 分别为径向、轴向和圆周方向上的流速分量；α_T 为热膨胀系数；g 为重力加速度；η 为动力黏度；ρ_L 为熔体密度；a 为热扩散率。

对应于图 10-20 所示的系统，Rujano 等[40]确定的边界条件如下：

坩埚底部，$z=0, 0<r<r_C$，则

$$u_r=u_\theta=u_z=0,\quad T=T_H \tag{10-12}$$

晶体与熔体的界面，$z=H, 0<r<r_0$，则

$$u_r=u_z=0,\quad u_\theta=\omega r,\quad T=T_C \tag{10-13}$$

熔体的上表面，$z=H, r_0<r<r_C$，则

$$\frac{\partial u_r}{\partial z}=0,\quad \frac{\partial u_\theta}{\partial z}=0,\quad u_z=0,\quad \frac{\partial T}{\partial z}=0 \tag{10-14}$$

熔体的轴线，$r=0$，则

$$u_r=0,\quad u_\theta=0,\quad \frac{\partial u_z}{\partial r}=0,\quad \frac{\partial T}{\partial r}=0 \tag{10-15}$$

坩埚外壁，$r=R_C$，则

$$u_r=0,\quad u_\theta=0,\quad u_z=0,\quad T=T_H \tag{10-16}$$

基于上述基本方程和边界条件可进行晶体生长过程熔体内传热条件的数值计算。

根据 Ozoe 等[41]的分析，在晶体旋转的条件下，对上述动力学方程进行无量纲处理可以得出，熔体中的对流特性取决于 Grashof 数 Gr 和 Reynolds 数 Re 平方的比值，定义为 Oz 数：

$$Oz=\frac{Gr}{Re^2}=\frac{Ra_T}{PrRe^2}=\frac{g\alpha_T(T_H-T_C)H^3}{r_C^2\omega^2} \tag{10-17}$$

式中，$Pr=\frac{\nu}{a}$ 为 Prandtl 数；$Re=\frac{\omega H^2}{\nu}$ 为旋转 Reynolds 数；$Ra=\frac{\alpha_T g(T_H-T_C)H^3}{a\nu}$ 为 Rayleigh 数。其中，a 为热扩散率；ν 为运动黏度；ω 为晶体旋转角速度；H 为熔体深度；T_C 和 T_H 分别为晶体的上表面温度和坩埚底面温度。

在上述 Rujano 等[40]提出的处理模型中，忽略了熔体上表面的 Marangoni 对流以及表面散热，这在实际计算中会带来较大的误差。Wagner 等[42]通过仔细分析，获得了如下熔体自由表面的边界条件：

$$\frac{\partial u_r}{\partial z}=-\frac{Ma}{Pr\sqrt{Gr}}\frac{\partial T}{\partial z} \tag{10-18}$$

$$\frac{\partial u_\theta}{\partial z}=-\frac{Ma}{Pr\sqrt{Gr}}\frac{1}{r}\frac{\partial T}{\partial \theta} \tag{10-19}$$

$$\frac{\partial T}{\partial z}=-\frac{4r_C\varepsilon_h\tilde{\sigma}T_H^3}{\lambda}T-\frac{\varepsilon_h\tilde{\sigma}r_C(T_H^4-T_E^4)}{\lambda(T_H-T_E)} \tag{10-20}$$

式中，Ma 为 Marangoni 数，其表达形式见式(6-145)；λ 为热导率；ε_h 为辐射系数；$\tilde{\sigma}$ 为 Stefan-Boltzmann 辐射常量；T_H 为熔体表面温度；T_E 为环境温度；r_C 为坩埚半径。

以上述模型为基础，Wagner 等[42]选用表 10-2 所示的参数，对图 10-20 所示的 Cz 法晶体生长过程中的对流及温度分布进行了计算。其中，ω_C 和 ω_S 分别为坩埚和晶体的旋转角速度，二者的比值为“－”表示其旋转方向相反；N_z 和 N_r 分别为轴向和径向的网格数。在条件 1 的参数下的计算结果如图 10-21 所示。其中图 10-21(a)为纵截面(即 Ozr 平面)上的流线，反映了轴向和径向上的流速 u_z 和 u_r；图 10-21(b)为圆周方向上的流速 u_θ 的等速度线；图 10-21(c)为纵截面上的等温线。当熔区的高度和半径比发生变化时，上述各种流线发生的相应变化。熔区高度 H 的变化对晶体生长界面附近的温度场和圆周方向上的流速变化不大，但纵截面上的流线变化较大，对应的流速 u_z 和 u_r 数值和方向均发生了很大变化。随着 H 的减小，形成涡流的空间减小，漩涡数量随之减少。

表 10-2　Wagner 等用于 Cz 法晶体生长过程对流和传热计算的典型参数[42]

	条件 1	条件 2	条件 3	条件 4	条件 5	条件 6	条件 7	条件 8
N_z、N_r	196,174	66,02	66,92	130,130	196,196	130,130	130,130	131,174
Gr	10^8	10^8	10^8	10^8	10^9	10^8	10^8	1.6×10^9
Ma	36000	36000	36000	36000	70000	36000	5000	28000
Re	4712	4712	76.7	20950	14902	4712	4612	16782
ω_C/ω_S	−0.7	−0.7	−43	−0.1	−0.7	−0.7	−0.7	−0.25
H/r_C	1	0.5	1	1	1	1	1	0.5

注：N_z、N_r 和 N_ϕ 分别为轴向、径向和圆周方向上划分的网格数，其中 N_ϕ 均为 128；Gr 为 Grashof 数；Ma 为 Marangoni 数；Re 为旋转 Reynolds 数；ω_C 和 ω_S 分别为坩埚和晶体旋转的角速度；H 为熔体高度；r_C 为坩埚内径。

晶体的熔点对应的等温线即为结晶界面的形状。因此，在进行温度场计算的同时，可以获得结晶界面的形状变化。

在高熔点化合物晶体生长过程中，常用射频感应加热条件对导电坩埚(如 Pt 坩埚)加热。坩埚壁产生的热量从表面向熔体的内部传输，维持生长过程所需要的温度场，而坩埚侧面和底面为加热源。因此，感应线圈和坩埚的相对位置对加热效率和温度分布具有重要影响。图 10-22(a)所示为坩埚与感应加热器之间的三种位置关系[42]。对应于图 10-22(a)中的三种不同位置关系，所获得的坩埚侧面加热功率沿高度的变化如图 10-22(b)所示，而在坩埚底面上的加热功率随半径的变化则如图 10-22(c)所示。可以看出，坩埚的位置越高，底面获得的加热功率就越大。随着坩埚位置的下移，高加热功率区将向坩埚上缘移动。

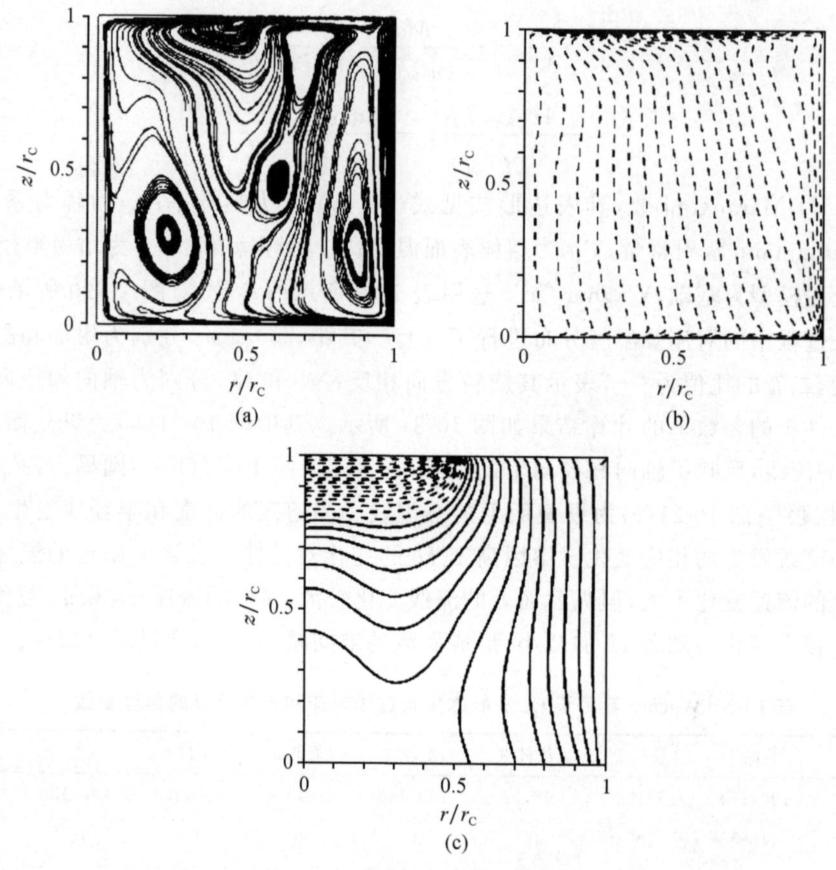

图 10-21　在表 10-2 中条件 1 的参数下流速及等温线的数值计算结果[42]

(a) 纵截面上的流线；(b) 圆周方向流速的等速度线；(c) 等温面

10.2.2　环境温度和气相传输的影响

上述分析仅局限性地讨论了熔体中的传热和对流行为，并对某些换热条件作了简化处理。实际上 Cz 法生长过程中，熔体和晶体是一个不可分割的整体，处于同一换热体系中，而且熔体自由表面上的散热也是一个必须考虑的环节。Nunes 等[44]定义了图 10-23 所示的区域和边界条件，将换热和对流条件相耦合，进行了计算。其中在晶体的侧面、上面和熔体的自由表面均采用了辐射换热边界条件，并通过延伸坩埚高度和在晶体上方加上一个盖子，将晶体生长过程的辐射换热限制在一个有限的空间之中。在该空间中，晶体内部是一个纯导热的过程，晶体和熔体表面散热满足晶体内向表面的导热热流与表面辐射散热热流平衡，平衡条件为

晶体的侧面

$$-\lambda_S \frac{\partial T_S}{\partial r}\bigg|_{r=r_C} = q''_{r,S} \tag{10-21}$$

晶体的上表面

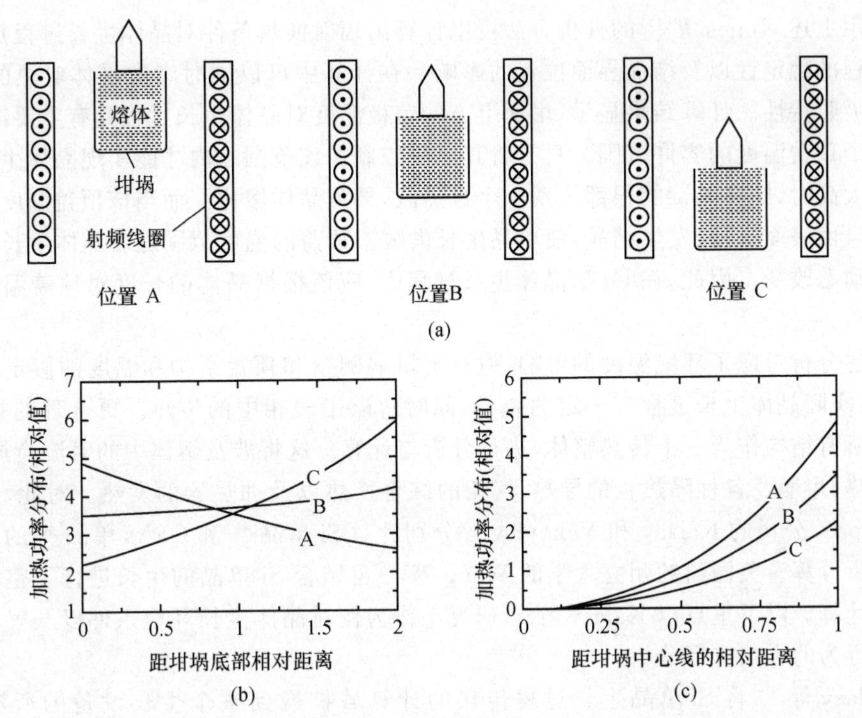

图 10-22　感应加热条件下，坩埚和感应加热器的相对位置对加热功率密度分布的影响[43]

(a) 三种位置关系；(b) 加热功率沿坩埚高度的变化；(c) 加热功率在坩埚底面上的分布

$$-\lambda_S \frac{\partial T_S}{\partial n}\bigg|_A = q''_{r,S} \qquad (10\text{-}22)$$

熔体的上表面

$$-\lambda_L \frac{\partial T_L}{\partial z}\bigg|_{z=H} = q''_{r,L} \qquad (10\text{-}23)$$

式中，λ_S 和 λ_L 分别为晶体和熔体的热导率；$\frac{\partial T_S}{\partial n}\Big|_A$ 为晶体上表面法线方向上的温度梯度；$q''_{r,S}$和 $q''_{r,L}$分别为晶体和熔体的表面辐射散热热流，已经在 6.2 节中进行了分析。该热流是表面向环境辐射的能量密度与表面接受到环境向表面辐射热流密度的差值，不仅与熔体或晶体表面辐射特性有关，而且与环境温度有关。

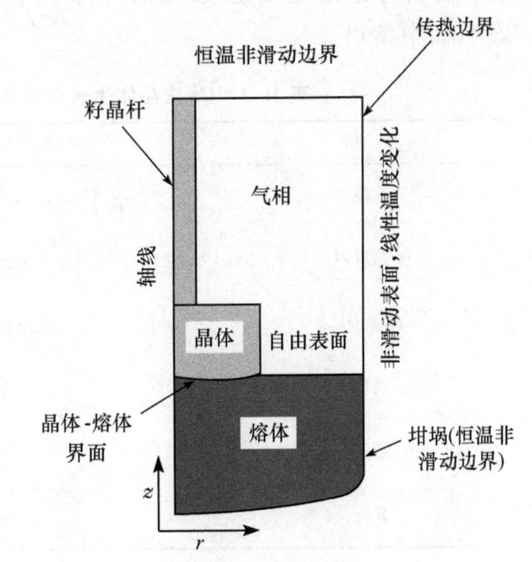

图 10-23　Cz 法晶体生长传热过程扩大的计算区域及其边界条件[44]

对于环境温度，假定液面以上的坩埚侧面一直向上延伸，与顶部的盖子相接，形成一个封闭的空间，将晶体、坩埚和熔体封闭在其中，同时假定该顶盖的温度恒定为 T_{top}，而液面以上部分的坩埚中温度自下而上线性变化。采用上述 Nunes 等[44]的分析方法可以计算出辐射换热条件对晶体生长过程热平衡、生长过程的稳定性以及结晶界面位置的影响。在计算中可以同时考虑晶体对热的透过、散射和吸收特性。计算结果显示，坩埚上方的盖板温度对晶体生长过程具有重要影响，存在着一个顶盖温度的容许范围。只有将其温度控制在该范围之内才能实现晶体生长。当其温度太高时，则在晶锭的根部出现一个过热区，导致晶体熔化。而当该顶盖温度太低时则熔体自由表面过冷，发生结晶，使单晶生长失败。顶盖的温度范围随着晶体生长长度的变化而动态改变。因此，在 Cz 法晶体生长过程中，应该根据晶体的长度对顶盖温度进行实时调整。

上述分析考虑了环境温度的影响，但对于坩埚侧壁和顶盖结构和温度的假定仍是人为的，与实际晶体生长过程有一定的差异，同时忽略了气相中的传热。更合理的是将 Cz 炉内的所有结构作为一个传热整体，进行分析与计算。这将涉及熔体中的对流换热、晶体中的导热、坩埚及各种隔热板的导热、气相的综合换热以及加热器的发热。对此，俄罗斯 Soft-Impact 公司的 Kalaev 和 Yakovlev 等分别针对 Si 单晶[45]和 GaAs 单晶[46]的生长进行了分析计算。美国纽约州立大学的 Wang 等[47]也结合 Si 单晶的生长进行了整体换热过程的计算。以下重点以 Kalaev 等[45]研究工作为例对晶体生长环境条件以及气相流动对生长行为的影响进行分析。

Kalaev 等[45]将 Si 单晶生长过程传热的计算域扩展到整个生长设备的所有热控单元，并考虑了气相对流的影响，所涉及的介质包括 Si 晶体、Si 熔体、各种隔热材料(钢板、石墨、钼板、石英等)。固相中的换热为纯导热过程，可以按照热传导方程处理。需要考虑的主要参数是热导率及表面的热辐射系数。典型固相介质参数在表 10-3中给出。

表 10-3　Cz 法晶体生长过程典型热控固相介质的传热参数[45]

介　质	热导率/(W/(m·K))	辐射系数
石墨	$105\times\left(\frac{300}{T}\right)^{-0.3}\exp(-3.5\times10^{-4}(T-300))$	0.8
保温材料	$0.022\times\left(\frac{300}{T}\right)^{-0.14}\exp(1.5\times10^{-3}(T-300))$	0.9
Si 晶体	$75\times\left(\frac{300}{T}\right)^{-0.32}\exp(-5.3\times10^{-4}(T-300))$	0.7
钢板	15	0.45
钼板	10	0.18
石英	4	0.85

涉及的液相主要是 Si 熔体，其传热为导热与对流的综合换热，计算模型已经由式(10-7)～式(10-11)给出。计算过程所涉及的参数见表 10-4。氩气的主要传热参数见表 10-5。在采用氩气气氛控制的 Si 单晶生长过程中，其气相传热方程为[45]

表 10-4　Si 熔体的传热参数[45]

参数/单位	数值
熔点/K	1685
密度(熔点温度)/(kg/m^3)	2570
动力黏度/(Pa·s)	8×10^{-4}
热导率/(W/(m·K))	66.5
质量热容/(J/(K·kg))	915
热膨胀系数/K^{-1}	1.4×10^{-4}
密度/(kg/m^3)	$3194-0.3701T$
表面张力随温度变化率$\left(\frac{d\sigma}{dT}\right)$/(N/km)	1.5×10^{-4}

表 10-5　氩气的传热参数[45]

参数/单位	数值
热导率/(W/(m·K))	$0.01+2.5\times10^{-5}T$
质量热容/(J/(K·kg))	521
动力黏度/(Pa·s)	$8.466\times10^{-6}+5.635\times10^{-8}T-8.682\times10^{-12}T^2$
摩尔气体常量/(J/(K·kmol))	8314

连续方程

$$\nabla\cdot(\rho_V \boldsymbol{u}_V)=0 \qquad (10\text{-}24)$$

动量方程

$$\nabla\cdot(\rho_V \boldsymbol{u}_V \boldsymbol{u}_V + p\hat{\boldsymbol{I}} - \hat{\boldsymbol{\tau}}) - (\rho_V - \rho_{V0})\boldsymbol{g} = 0 \qquad (10\text{-}25)$$

式中

$$\hat{\boldsymbol{\tau}} = -\frac{2}{3}\eta_V(\nabla\cdot\boldsymbol{u}_V)\hat{\boldsymbol{I}} + 2\eta_V\dot{\boldsymbol{S}} \qquad (10\text{-}26)$$

能量方程

$$\nabla\cdot(\rho_V \boldsymbol{u}_V c_{pV} T - \lambda_V \nabla T) = 0 \qquad (10\text{-}27)$$

由于气相为可压缩流体,故

$$\rho_V \frac{R_g}{m_g} T = p_0 \qquad (10\text{-}28)$$

式(10-24)~式(10-28)中,$\boldsymbol{u}_V$ 为气相的流速矢量;ρ_V 为气相密度;$\boldsymbol{g}$ 为重力加速度矢量;p 为压力;c_{pV}为气相质量热容;λ_V 为气相热导率;η_V 为气相动力黏度;R_g 为摩尔气体常量;m_g 为气体(氩气)的摩尔质量;ρ_{V0}为气体的参考密度;p_0 为气体的参考压力;$\dot{\boldsymbol{S}}$ 为应变速率矢量;

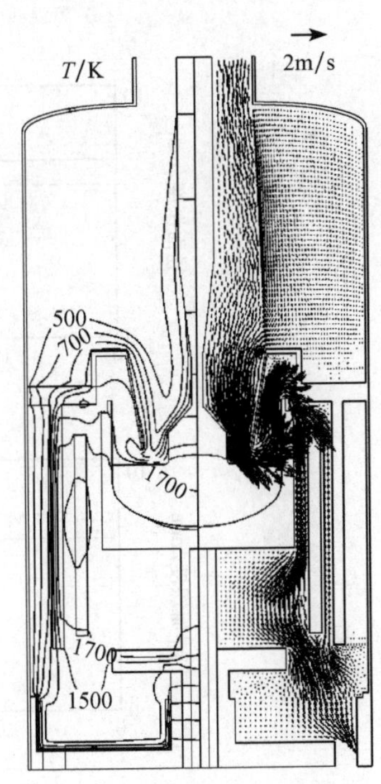

图 10-24　Cz 法单晶 Si 生长过程中的温度(左图)及氩气流速(右图)分布[45]

晶体提拉速率 2mm/min;氩气压力 1500Pa;氩气流量 1500L/h;晶体旋转速率 20r/min;坩埚旋转速率 5r/min

$\hat{I}$ 为单位矢量。

采用上述模型和参数获得的 Si 单晶生长过程中的温度及流速分布如图 10-24 所示[45]。在相同条件下计算获得的液相区的温度及流速分布如图 10-25 所示[45]。其中坩埚旋转速度及氩气流速对结晶界面形状的影响则如图 10-26 所示[45]。

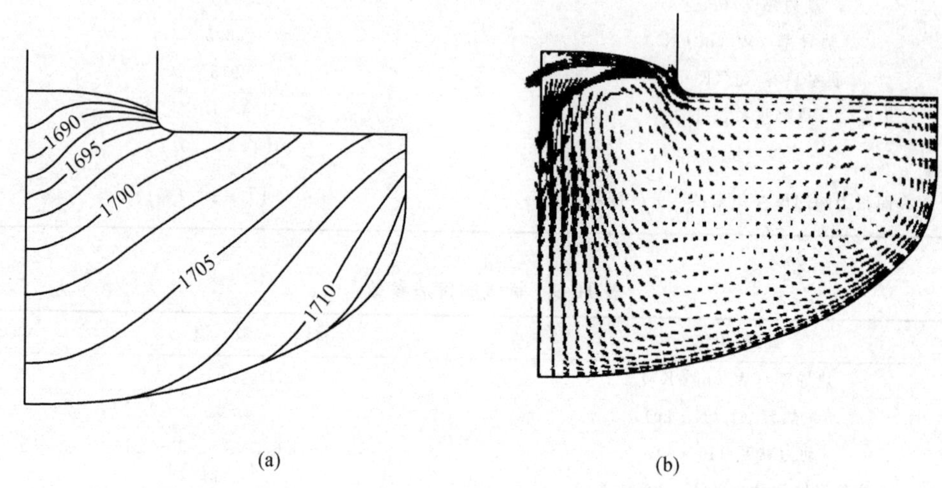

图 10-25　Cz 法单晶 Si 生长过程中液相区的温度及流速分布[45]

(a) 等温线分布；(b) 流速分布。计算条件同图 10-24

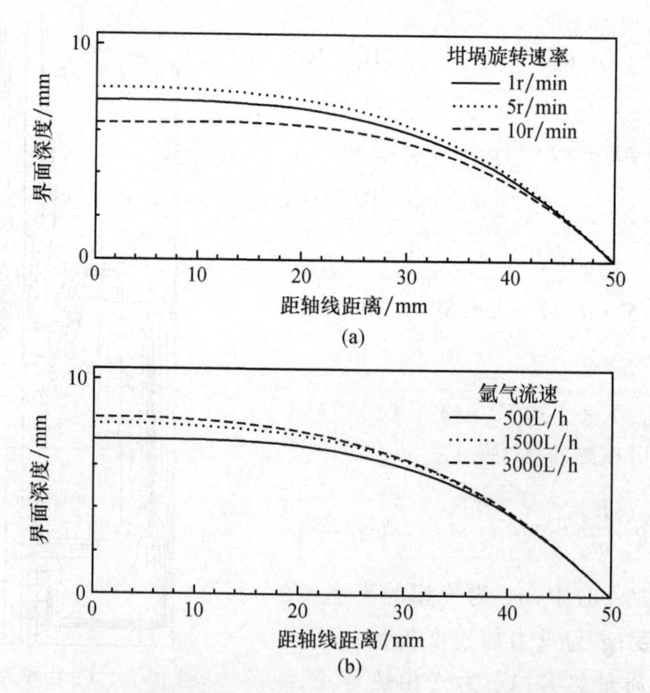

图 10-26　坩埚旋转速率及氩气流速对结晶界面形状的影响[45]

(a) 氩气流速为 1500L/h 时坩埚旋转速率的影响；(b) 坩埚旋转速率为 5r/min 时氩气流速的影响。晶体提拉速率 2mm/min，晶体旋转速率 20r/min

改变加热方式和温度控制条件可以实现对晶体生长过程,特别是结晶界面形貌的控制,达到控制晶体形状和结晶质量的效果。以提拉法蓝宝石晶体生长过程为例[48],在常规的晶体生长条件下,坩埚仅在侧面加热。表面被加热的流体上浮,形成图 10-27(b)所示的对流模式,低温流体沿晶体附近下沉,使得结晶界面严重凸起,深入液相区。如果在坩埚底部加上附加热源(图 10-27(a)),则使得底部的液相温度升高,沿中心上浮,对结晶界面加热,使得结晶界面倾向于平面,如图 10-27(c)所示。这一模拟结果在蓝宝石晶体生长中得到实验验证[48]。相近的结果也由 Borovlev 等[22]在 BGO 晶体生长中得到实验和分析计算结果的验证。

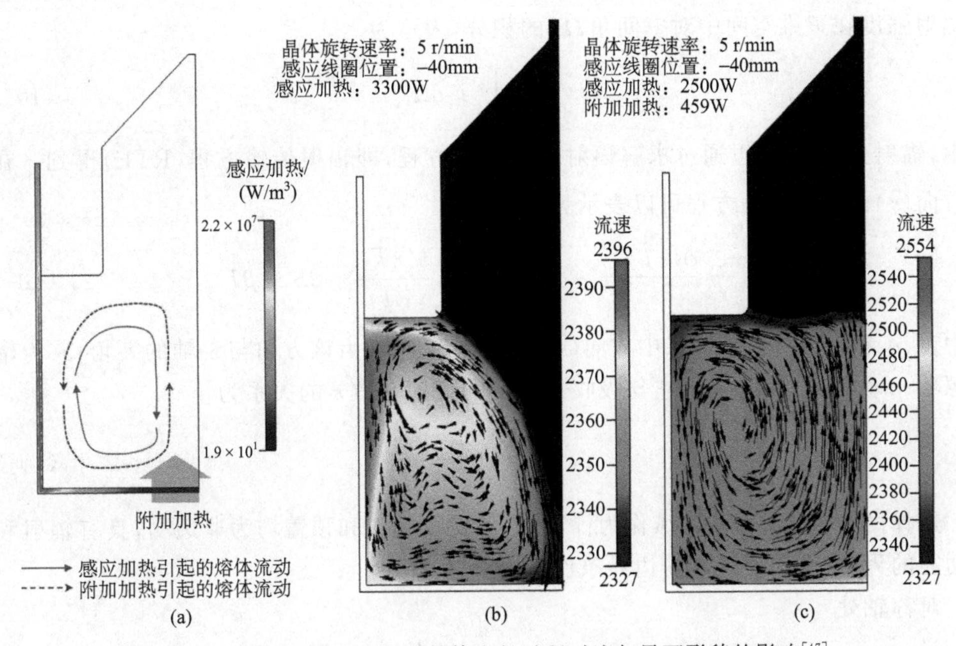

图 10-27　附加热源对蓝宝石晶体生长过程对流与界面形貌的影响[47]

(a) 附加热源的位置;(b) 无附加热源时的对流与界面形貌;(c) 增加附加热源时的对流与界面形貌

10.2.3　晶体内辐射特性的影响

如果晶体本身对于热辐射是非透明的,则仅仅晶体的表面发生热的吸收和辐射。如果晶体本身是完全透明的,则热辐射直接透过晶体,而不会被晶体吸收,晶体内部释放的辐射热也会直接透过晶体向环境散热。而大多数晶体材料对于辐射是半透明的,在此条件下则出现复杂的换热过程。晶体内部的任意单元既会吸收辐射,将其转化为热量,又会通过光子的发射释放热量,同时对光子有透射和散射的作用。

在考虑介质(晶体或熔体)的热辐射和对辐射吸收的条件下,传热的能量方程可以表示为[49]

$$\frac{\partial(\rho_i c_i T)}{\partial \tau} = \frac{1}{Pr} \nabla \cdot (\lambda_i \nabla T) - \nabla \cdot (\rho_i c_i \boldsymbol{u} T) - \nabla \cdot \boldsymbol{q}_r \tag{10-29}$$

式中，ρ 为密度；c_i 为质量热容；λ 为热导率；$\boldsymbol{u}$ 为液体流速；$\boldsymbol{q}_r$ 为辐射换热热流密度；下标 i 表示特定的介质。

式(10-29)的左边微分单元表示吸收的热量，右边的三项分别为导热换热项、对流换热项和辐射换热项。对于晶体，流速 u 为零，即对流换热项为零。以下重点讨论辐射换热项$\nabla \cdot \boldsymbol{q}_r$。该辐射换热项是由微分单元中的辐射、吸收和散射的特性决定的，可表示为[50]

$$\nabla \cdot \boldsymbol{q}_r = \kappa(4I_\mathrm{b} - G) \tag{10-30}$$

式中，κ 为吸收系数；$I_\mathrm{b} = \bar{\sigma} n^2 T^4$ 为黑体的辐射强度；$\bar{\sigma}$ 为 Stefan-Boltzmann 辐射常量；G 为辐射强度在三维空间中对空间角 Ω_i 的积分，表示为

$$G = \int_{2\pi} I_i \mathrm{d}\Omega_i \tag{10-31}$$

式中，辐射强度 I_i 可以通过求解辐射强度守恒方程，即辐射传输方程(RTE)得到。在特定方向($\hat{s}$)的辐射传输方程可以表示为

$$\frac{\tilde{\xi}}{r}\frac{\partial(rT)}{\partial r} + \tilde{\mu}\frac{\partial(I)}{\partial z} - \frac{1}{r}\frac{\partial(\tilde{\eta}T)}{\partial \phi} = \beta S - \beta I \tag{10-32}$$

式中，$\tilde{\xi}$、$\tilde{\mu}$ 和 $\tilde{\eta}$ 为三维坐标系中方向($\hat{s}$)的方向余弦；ϕ 为该方向与 z 轴的夹角；S 为辐射的源项；β 为散射的反照率，它与吸收系数 α 和反射系数 r 的关系为

$$\beta = \frac{r}{\alpha + r} \tag{10-33}$$

选择图 10-21 所示的区域作为计算域，假定坩埚壁和顶盖均为非透明，具有辐射和反射功能的界面，则辐射计算的边界条件如下：

对称轴处

$$I_{\hat{s}} = I_{\hat{s}'} \tag{10-34}$$

其他散热表面

$$I_{\hat{s}} = \varepsilon_\mathrm{s} I_\mathrm{b} + \frac{r_\mathrm{f}}{\pi}\int_{(\boldsymbol{n}_{\hat{s}} \cdot \boldsymbol{\Omega}_i) < 0} (\boldsymbol{n}_{\hat{s}} \cdot \Omega_i) I(\Omega_{\hat{s}'}) \mathrm{d}\Omega_{\hat{s}'} \tag{10-35}$$

式中，$\hat{\boldsymbol{s}}$ 和 $\hat{\boldsymbol{s}}'$分别表示散热面向外和向内的方向；ε_s 和 r_f 为辐射率和反射率。

求解 RTE 方程(式(10-32))需要预先确定温度分布，而进行温度计算则需要求解式(10-29)所示的能量方程，又涉及辐射项$\nabla \cdot \boldsymbol{q}_r$。因此，式(10-29)和式(10-32)的求解是耦合的。通常通过如下步骤求解：

(1) 首先在式(10-29)中忽略辐射项$\nabla \cdot \boldsymbol{q}_r$，进行求解，获得温度分布的初始值。

(2) 根据计算的温度初始值确定黑体辐射强度 I_b，并进行 RTE 方程的求解，获得辐射强度分布。

(3) 将获得的辐射强度分布代入式(10-30)，计算辐射项$\nabla \cdot \boldsymbol{q}_r$。

(4) 将计算获得的辐射项代入式(10-29)，再进行温度分布计算。

(5) 重复(2)～(3)的过程，直到获得收敛的温度分布。

采用上述方法，Banerjee 等[49]对 YAG 晶体生长过程中内辐射特性、液相流动、温度场以至整个晶体生长过程进行了分析计算。对内辐射的影响采用光学厚度 δ_C 和散射反照率 β 的概念来表示。晶体的光学厚度定义为晶体半径 r_0 与晶体吸收系数 α_C 的乘积，即 $\delta_C=\alpha_C r_0$；而熔体的光学厚度 δ_m 则定义为熔体的半径 r_m 与熔体的吸收系数 α_m 的乘积，即 $\delta_m=\alpha_m r_m$。除此之外，计算中采用的其他参数包括熔体高度与坩埚半径 r_C 的比值 $\mathrm{Ar}=H/r_C$；晶体半径与坩埚半径比值 $\mathrm{Rr}=r_0/r_C$，晶体高度与坩埚半径比值 $\mathrm{Hr}=h_C/r_C$，Grashof 数 Gr、Marangoni 数 Ma、旋转 Reynolds 数 Re，并用约化温度 $\theta=\dfrac{T-T_f}{T_w-T_f}$ 定义等温线。其中，T_f 为坩埚壁温度；T_w 为晶体熔点。

计算结果表明，对流对晶体的光学厚度非常敏感，而受散射反照率的影响较小。在熔体中，靠近坩埚的部位吸收最强烈。随着熔体光学厚度的增大，吸收减弱。在靠近坩埚的表面附近，等温线的密度大，即对应的温度梯度大。对于高吸收系数材料，在坩埚中心存在着低温区。高光学厚度部位的冷却导致双对流胞的形成，使得晶体在中心部位凹陷，边缘处凸起，如图 10-28 所示。

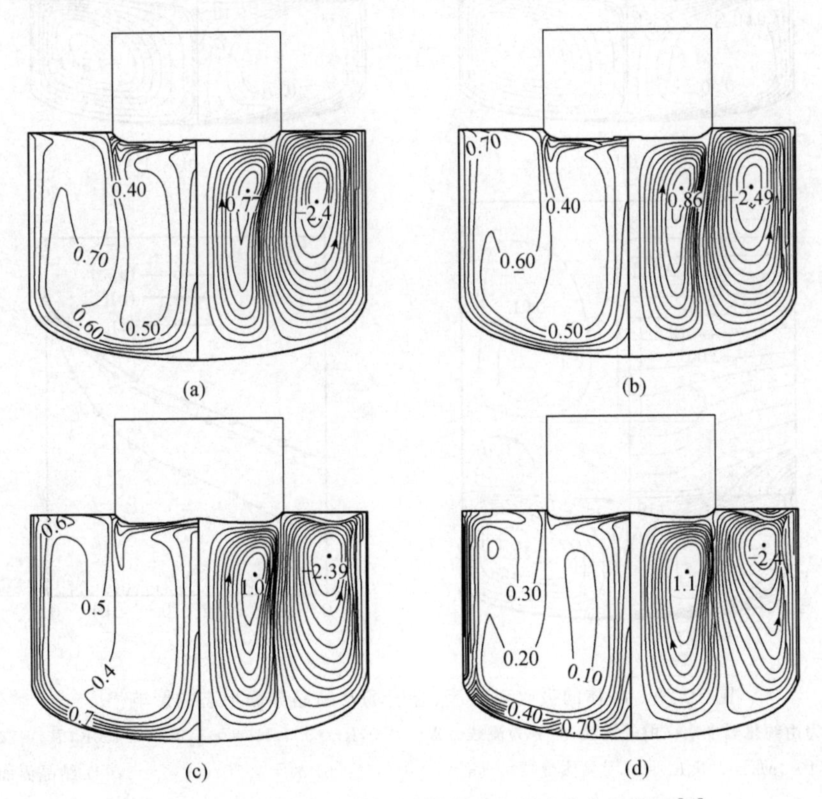

图 10-28　熔体的吸收特性对其流动和温度分布的影响[49]

各图中左侧为由约化温度定义的等温线，右侧为对流流线。$\mathrm{Ar}=1$，$\mathrm{Rr}=0.5$，$Gr=2.7\times10^4$，$Ma=535$，$Re=408$（晶体旋转），$r=0$。(a) $\delta_m=0$；(b) $\delta_m=0.075$；(c) $\delta_m=0.25$；(d) $\delta_m=0.75$

图 10-29 为晶体的吸收特性对对流流线和等温线的影响。在计算中，假定熔体是完全透明的，不对辐射产生吸收，即 $\delta_m=0$。对于低吸收系数的晶体，来自熔体和坩埚的热辐射可以进入晶体，使晶体被加热，温度升高，从而使其熔体的冷却能力减弱，形成的结晶界面不会凸入熔体。而高吸收系数的晶体对辐射的透明度低，具有大的 δ_C 值，通过晶体的散热受阻，晶体温度偏低，晶体与熔体之间的温差增大，从而熔体中的对流强度大，结晶界面凸向熔体。

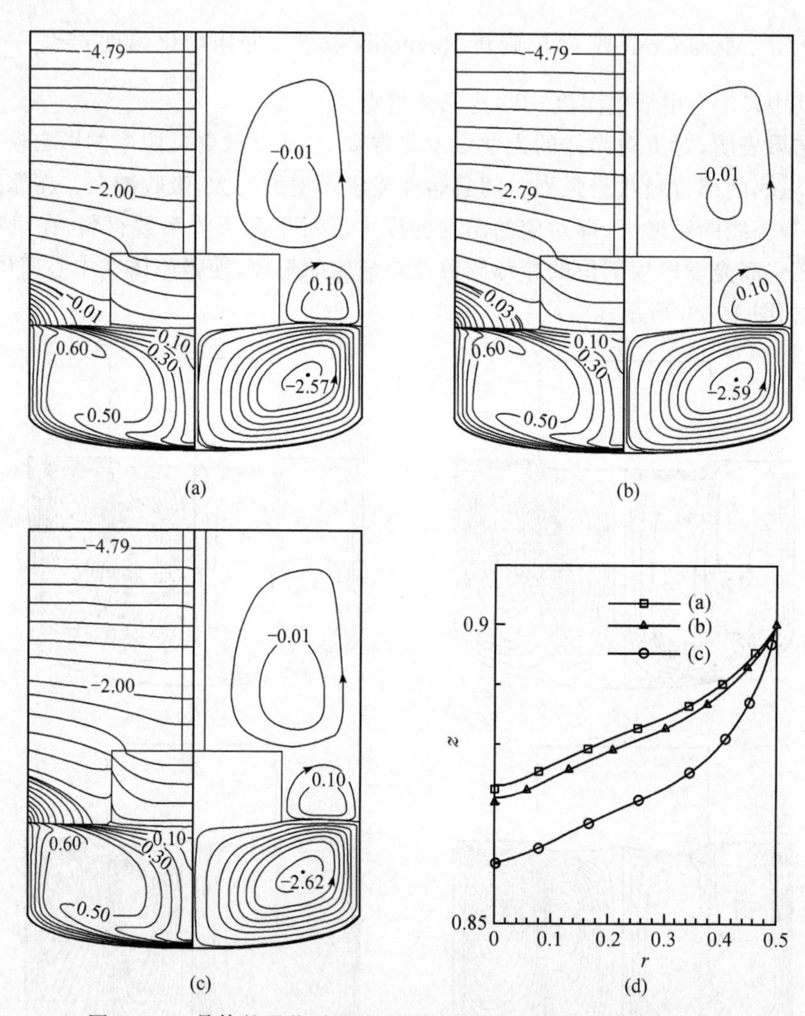

图 10-29　晶体的吸收对对流、温度场及结晶界面形态的影响[49]

各图中左侧为由约化温度定义的等温线，右侧为流线。Ar＝0.9，Rr＝0.5，Hr＝0.5，T_∞＝1400K，T_w＝2403K，Gr＝2.16×10^4，Ma＝475，Re＝0（无晶体旋转）。(a) δ_C＝0.075；(b) δ_C＝0.75；(c) δ_C＝5；(d) 结晶界面形状

如果熔体本身的透明程度低，即 δ_m 较大，则熔体对热辐射的吸收增强使得熔体本身被加热，从而导致结晶界面附近温度升高，结晶界面向晶体一侧凹陷。

除此之外，Jeong 等[51,52]采用数值计算方法研究了结晶界面上辐射对传热行为的影响，其中采用了如下无量纲的公式表示结晶界面的形状：

$$\frac{z'}{r_0}=\varepsilon h\left[1-\left(\frac{r}{r_0}\right)^n\right] \tag{10-36}$$

式中，r_0 为晶体半径；z' 为结晶界面到熔体表面的距离；n 为经验指数，近似取 $n=2$。

εh 则成为描述结晶界面形貌的参数，其值越大，表示结晶界面凹陷的深度越大。当 εh 为负值时则表示结晶界面是凸向液相的。计算结果表明，εh 是由晶体中热传导的 Nu 数和 Rd 数决定的。这两个无量纲数的表达式为

$$Nu=\frac{h_k r_0}{\lambda_S} \tag{10-37}$$

$$Rd=\frac{\sigma T_m^4 r_0}{\lambda_S(T_m-T_{atm})} \tag{10-38}$$

式中，h_k 为晶体侧面的界面换热系数；λ_S 为晶体的热导率；$\bar{\sigma}$ 为 Stefan-Boltzmann 辐射常量；T_m 为晶体熔点温度；T_{atm} 为晶体周围的环境温度。

Nu 数反映了晶体侧面界面换热的强度与晶体轴向导热强度的比值。该值越大，侧面散热热流所占的比重就越大，界面凹陷的深度也随之增大。而 Rd 数则反映了晶体辐射散热热流与通过晶体的轴向导热热流的比值。典型的计算结果如图 10-30 所示。

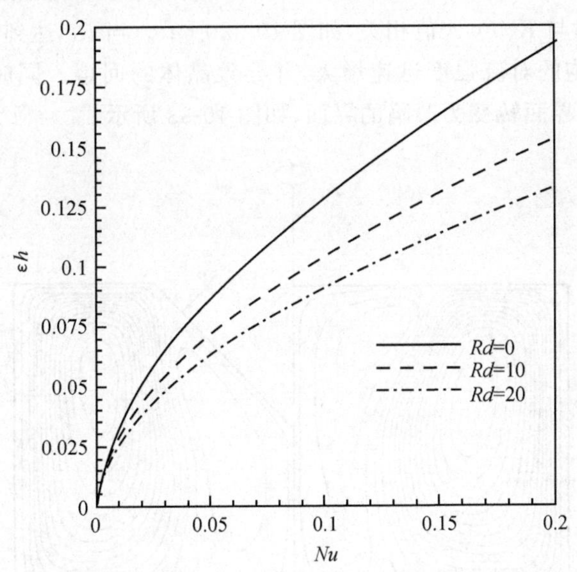

图 10-30　Nu 数和 Rd 数对 Cz 法晶体生长过程界面形状参数 εh 的影响[51]

可以看出，在图 10-30 所示熔体中的对流和温度变化的条件下，εh 始终是大于 0 的，表示结晶界面始终是凹陷的。实际上，凸向液相的结晶界面是经常遇到的，这主要取决于熔体中温度的非均匀性，特别是熔体中的对流对液相区的温度分布具有重要的影响，从而导致结晶界面的复杂变化。

10.2.4　晶体旋转与温度的波动

在 Cz 法晶体生长过程中，晶体和坩埚的旋转是进行晶体生长过程控制的重要手段。

对于 Si 单晶的生长，晶体的旋转不仅可以改善温度场，提高晶体生长过程在圆周方向上的对称性和均匀性，还可以有效控制晶体中的 O 等杂质在径向上的分布。晶体的旋转速率一般较大，为 25～30r/min。而对于化合物半导体，如 InP、GaAs、GaSb 等，通常采用液封的 Cz 法进行晶体生长，晶体旋转的主要作用在于防止温度场的非对称性引起的晶体的非对称生长。因此，晶体旋转的速率相对比较小，约为 4r/min。

针对不同的目的，合理选择旋转方式和速率可以实现晶体生长过程的优化控制。晶体和坩埚旋转参数选择的基础是对不同旋转条件下对流行为的准确理解和定量的认识。其中，数值计算方法是坩埚旋转条件下研究晶体生长过程对流等传输行为的基本方法。

Schwabe 等[52] 以 $NaNO_3$ 晶体生长过程为例，通过计算和实验，揭示了晶体的旋转对结晶界面形貌的影响。首先定义了一个界面高度 K，表示结晶界面凸向液体的高度。该值为正时界面向液相凸出，而该值为负值时表示界面中心是凹陷的，并以 K 与晶体半径的比值 K/r_0 表示界面的形状。计算结果表明，在晶体旋转的情况下，熔体的对流由两个对流胞构成，中心的对流胞是由晶体的旋转引起的，而外侧对流胞是由熔体的浮力引起的自然对流。两个对流胞的交汇点用 SP 表示，如图 10-31 所示。该交汇点位于距离晶锭中心 r_S 处。当 $r_S/r_0<1$ 时，表示交汇点位于晶体下的结晶界面上；而当 $r_S/r_0>1$ 时，表示交汇点位于晶体之外的液相区。随着晶体旋转 Re 数的增大，该交汇点向外移动，即 r_S/r_0 增大，其变化规律与 K/r_0 比值相关，如图 10-32 所示。当 Re 达到某临界值 Re_c 时，晶体旋转引起的对流胞的对流强度迅速增大，并导致晶体的回熔。同时，K 逐渐由正转变为负值，即由凸起的界面转变为凹陷的界面，如图 10-33 所示。

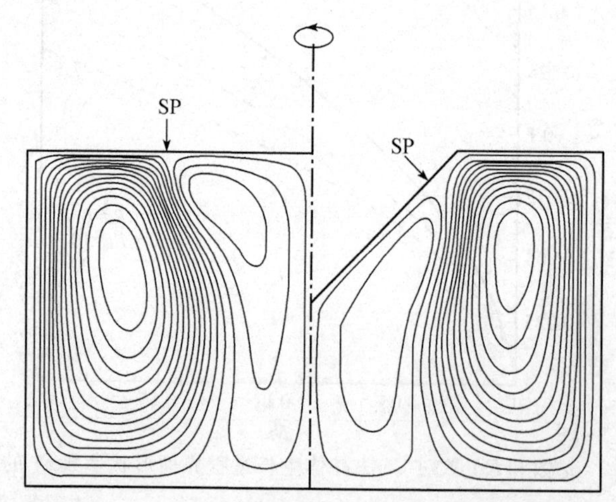

图 10-31　Cz 法生长 $NaNO_3$ 晶体过程中在晶体旋转条件下的熔体对流[53]

$r_C=20$mm，$H=25$mm，$r_0=10$mm，$Re=125$。左侧 $K/r_0=0$，右侧 $K/r_0=1$

晶体的旋转除了引起温度场的宏观变化外，值得关心的另一个重要因素是旋转对温度波动的影响。温度的波动会引起结晶界面附近生长条件的周期性变化。当该波动大于一定值时，还会导致结晶界面生长速率的周期性变化，甚至发生间隙性的重熔。这种周期性的变化伴随着掺杂或其他成分的周期性变化，形成生长条纹。Rujano 等[40] 以硅油为介

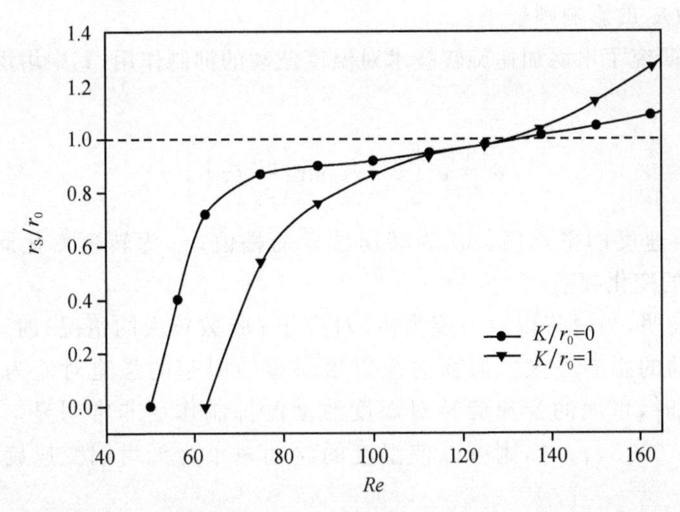

图 10-32　Re 数及界面形状(即 K/r_0 比值)对对流胞的交汇点位置的影响[53]

其余参数同图 10-31

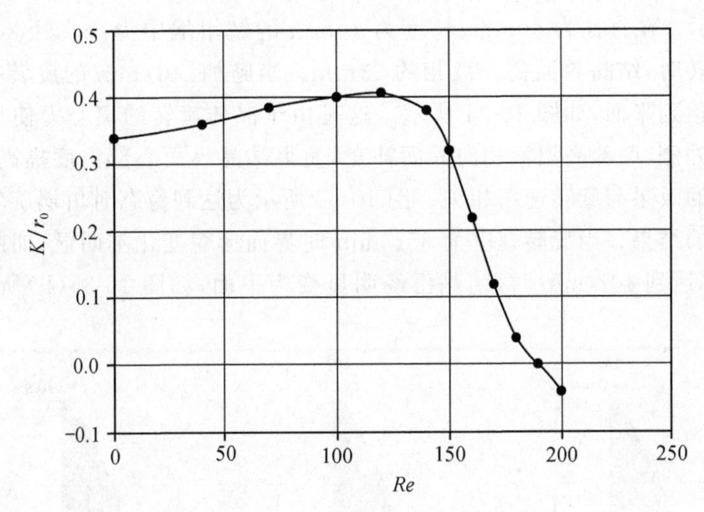

图 10-33　Re 数对结晶界面形状的影响[53]

其中结晶界面附近的温度梯度为 $G_T=280\mathrm{K/cm}$,熔体与晶体热导率的比值为 $\frac{\lambda_S}{\lambda_L}=1.5$,其余参数同图 10-32

质,通过数值计算和实验研究了坩埚旋转对温度波动的影响。以熔体中心线上距离坩埚底面 $0.7H$ 处作为温度检测点(H 为熔体的深度)。计算和实验结果均显示,温度的波动是由式(10-17)定义的 Oz 数决定的。其中尺寸因素主要包括晶体半径与坩埚半径的比值 r_0/r_C、坩埚半径与熔体深度的比值 r_C/H。

计算结果表明,随着 Oz 值的增大,温度波动的幅度增大。晶体旋转的角速度 ω 决定着温度波动的周期,并对温度波动的幅值有一定的影响。将 $\omega=1\mathrm{rad/s}$ 和 $\omega=2\mathrm{rad/s}$ 相比,后者的温度波动幅值更大。对温度波动影响最大的是尺寸因素,温度的波动幅值随着 r_0/r_C 比值的减小,即晶体半径减小而明显减小,而随着 r_C/H 值的增大而迅速减小。相对于尺寸因素，Oz 的影响则较小。

Choi 等[58]研究了坩埚加速旋转技术对温度波动的抑制作用，其中坩埚的旋转角速率变化规律为

$$\omega=\omega_0\left[1+A_S\sin\left(\frac{2\pi}{\tau_p}f\tau\right)\right] \tag{10-39}$$

式中，ω_0 为转角速度的平均值；A_S 为转速波动的幅值；τ_p 为转速变化周期，取为 $\tau_p\approx$ 240s；f 为转速的变化频率。

计算结果表明，当对流以浮力流为主（对应于 Oz 数较大的情况）时，坩埚加速旋转技术对温度波动的影响不大。而当对流以坩埚旋转引起的强迫对流为主（对应于 Oz 数较小的情况）时，坩埚的变速旋转对温度波动的抑制作用非常明显。当 $Oz=0.225$ 时，如果取 $A_S=0.15$，$f=1$，则可以使温度的波动减小为无坩埚变速旋转（即 $A_S=0$）时的 0.1 倍。

Stelian 等[28]对 $La_3Ga_{5.5}Ta_{0.5}O_{14}$(LGT)晶体生长过程中的数值模拟表明，坩埚旋转可以改变液相的对流模式，从而可控制晶体生长界面的形貌。典型计算结果如图 10-34 和图 10-35 所示。在直径为 60mm、长度为 70mm 的铱坩埚中提拉直径 30mm 的晶体。在不加晶体旋转时，结晶界面突入液相约 23mm。当施加 50r/min 的旋转持续 200s 后，结晶界面基本达到平面，如图 10-34 所示。这是由于晶体旋转的离心力使得结晶界面附近的液相流向外侧，底部高温液相向界面补充，使得结晶界面心部温度提高，界面趋于平面。晶体旋转的效果与旋转速率相关。图 10-35 所示为达到稳态时坩埚旋转速率对结晶界面形貌影响的结果。当旋转速率为 35r/min 时界面形貌变化不明显，如图 10-35(a)所示；当旋转速率达到 40r/min 时，结晶已经明显变为平面，如图 10-35(b)所示；当旋转速

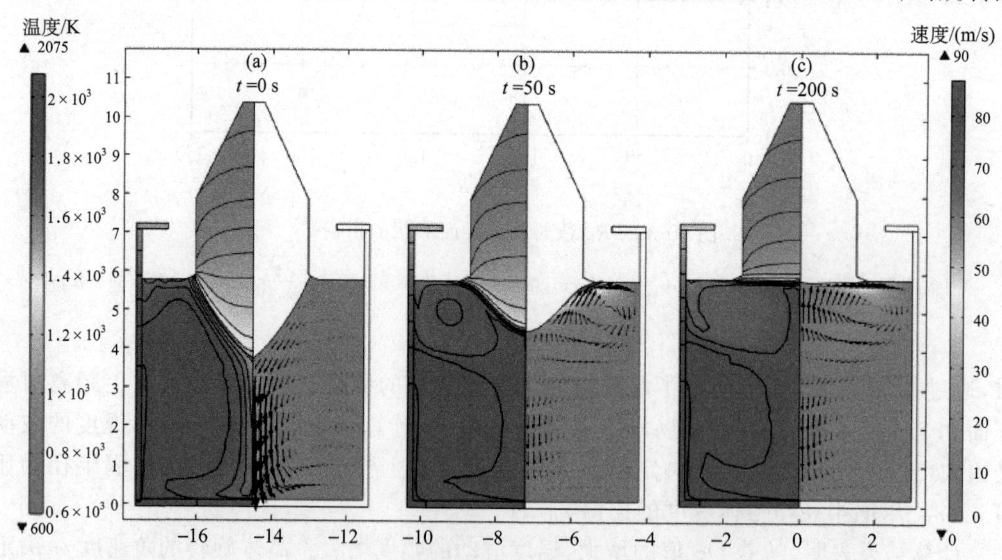

图 10-34　$La_3Ga_{5.5}Ta_{0.5}O_{14}$(LGT)晶体提拉法生长过程施加 50r/min 旋转晶体旋转后结晶界面形貌的变化[28]

(a) 旋转前；(b) 旋转 50s 后；(c) 旋转 200s 后。坩埚尺寸：60mm×70mm；晶体直径 30mm

率达到 45r/min 时,可获得理想的平界面,如图 10-35(c)所示。上述模拟结果,得到实验的验证。Hur 等[55]在蓝宝石晶体生长中也获得了同样的规律。

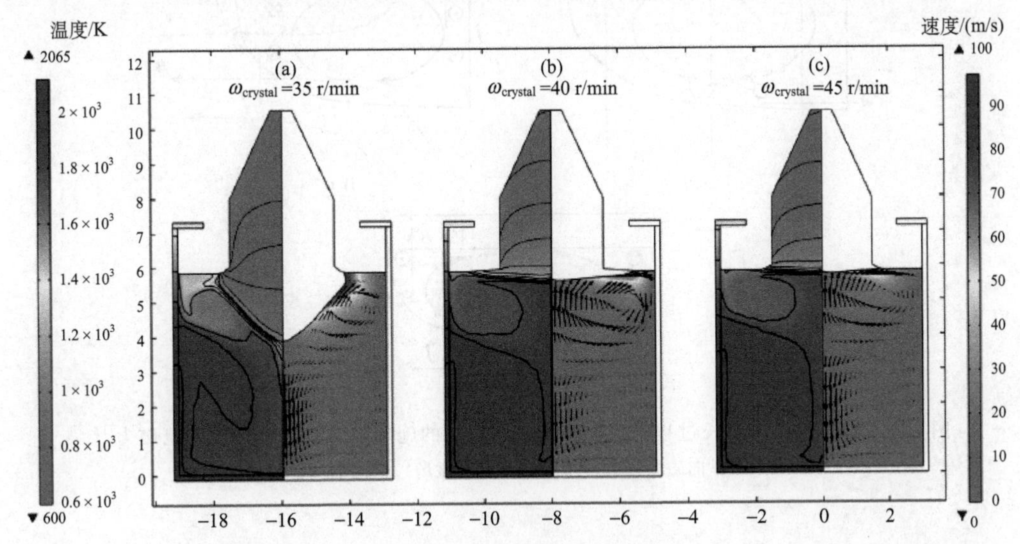

图 10-35　$La_3Ga_{5.5}Ta_{0.5}O_{14}$(LGT)晶体提拉法生长过程晶体旋转速率对稳态结晶界面形貌影响[28]

(a) 35r/min;(b)40r/min;(c)45r/min。坩埚尺寸:60mm ×70mm;晶体直径 30mm

10.3　电磁控制技术在 Cz 法晶体生长中的应用

电磁场对熔体最直接的作用是形成电磁力,从而影响和控制熔体的流动。其中恒定的静磁场可以抑制熔体的流动,而交变电磁场可以驱动熔体的流动,获得所期望的对流方式。对流方式和流速的变化将改变晶体生长系统的温度场和溶质的传输规律,实现对结晶界面形貌、晶体的组分分布和偏析行为的控制。采用电磁力控制熔体流动的基本条件是熔体必须具有一定的导电性能。金属和绝大多数半导体材料在熔融状态下均有较好的导电性能,从而可以借助电磁场进行其单晶生长过程的控制。

10.3.1　静磁场控制 Cz 法晶体生长中的对流

在 Cz 法晶体生长过程中,施加恒定磁场通常有 3 种方式:①纵向磁场,即沿着晶体提拉的纵向施加静磁场,其磁场大多是轴对称的;②横向磁场,即沿着与坩埚(或晶体)轴线垂直的方向施加磁场,磁场是非对称的;③边缘磁场,即沿着坩埚边缘施加磁场,磁场与坩埚成一定角度,又称为轴径向磁场(axial-radial magnetic fields)或 Cusp 磁场。其中 CUSP 磁场是最常采用的恒定磁场施加方式。上述 3 种磁场的施加方式,以及当熔体在磁场中流动(流速为 $\boldsymbol{V}$)时产生的感生电流 $\boldsymbol{j}$ 和受到的电磁力 $\boldsymbol{f}$ 如图 10-36 所示[56]。

恒定磁场已经被广泛应用于 Si、Ge 以及各种化合物半导体的 Cz 法晶体生长过程的控制[56~67]。对这些材料的熔体施加恒定的磁场,则当熔体发生流动时将在熔体中产生感

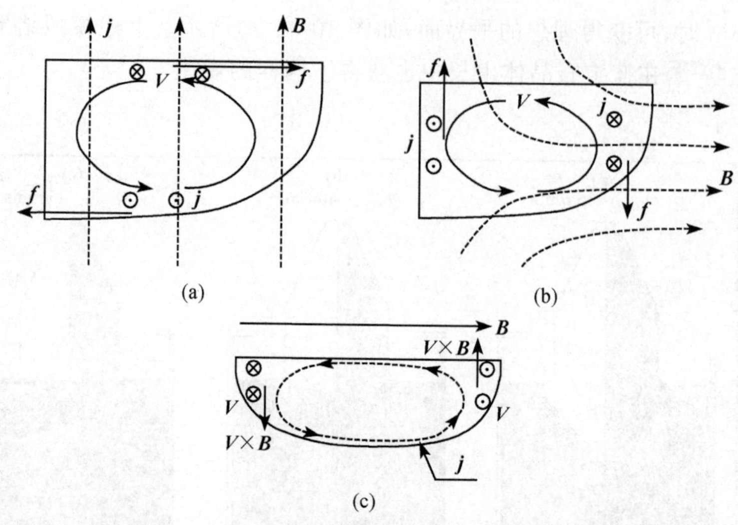

图 10-36 Cz 法晶体生长过程中三种不同恒定磁场的施加方式及其所形成的电磁力[56]

(a) 纵向磁场；(b) 边缘磁场(Cusp 磁场)；(c) 横向磁场

生电流。该感生电流形成的电磁力对流体的运动起到阻尼作用，其相关原理已在 8.4.4 节中进行了详细的讨论。图 10-37 所示是 Morton 等[57]采用恒定磁场控制 InP 及 GaSb 等Ⅲ-Ⅴ族化合物液封 Cz 法晶体生长过程的原理图。液封法的原理将在 10.4 节中讨论，此处仅分析电磁场的控制作用。

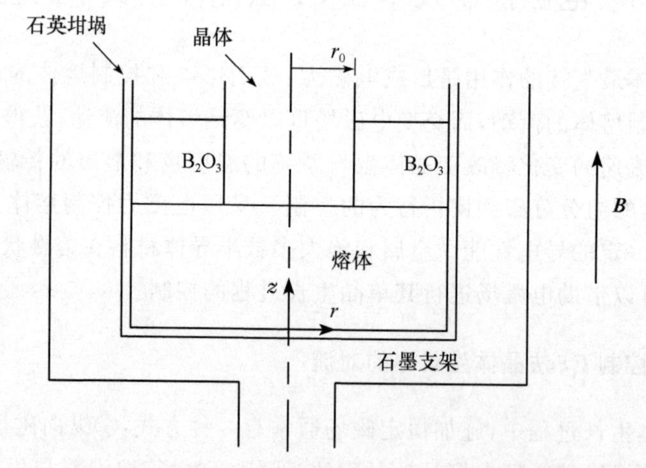

图 10-37 恒定轴向磁场控制液封 Cz 法生长过程流体流动的原理图[57]

磁场对导电熔体对流的控制作用取决于由式(10-40)定义的 Hartmann 数 Ha。随着 Ha 的增大，磁场对熔体对流的抑制作用增强[57]：

$$Ha = B_0 L \left(\frac{\sigma}{\eta}\right)^{\frac{1}{2}} \tag{10-40}$$

式中,B_0 为磁通密度;L 为熔体的特征长度;σ 为熔体的电导率;η 为熔体的动力黏度。

Morton 等[57]的分析表明,很弱的磁场($Ha=500$ 或 $Ha=1000$)产生的阻尼作用就能有效地抑制洛伦兹力驱动的对流。

在熔体中存在强烈对流的条件下,结晶界面前沿的熔体中存在一个对流边界层。该边界层的厚度与 Ha 数成反比。同时,熔体内部的温差引起的对流在磁场的阻尼作用下将大幅度减弱,其流速可表示为[57]

$$U_b=\frac{\rho_L g\alpha_T\Delta T}{\sigma B_0^2} \tag{10-41}$$

式中,ρ_L 为熔体在参考温度下的密度;g 为重力加速度;α_T 为熔体热膨胀系数;ΔT 为熔体中的温度差,其余符号同式(10-40)。

式(10-41)中的分子反映了熔体中的温度差驱动熔体对流的参数。随着熔体热膨胀系数及熔体内部温差的增大,对流增强,而分母则包括了电磁力对熔体对流起阻尼作用的参数。随着熔体电导率和磁通密度的增大,对流减弱。其中流速与磁通密度的平方成反比,表明该参数的影响更为重要。Ma 等[58]的研究表明,当 $B_0\geqslant0.43$T 时,对流的换热作用就可以忽略。

Walker 等[59]通过数值分析,研究了在纵向温差和纵向电磁场作用下的对流行为和 Rayleigh-Benard 非稳定对流的形成条件。在无磁场作用时,该非稳定对流是由式(6-141)和式(6-142)所示的 Ra 数决定的。发生熔体对流失稳的临界 Ra 数是由 Prandtl 数 Pr 和式(10-40)所示的 Hartmann 数决定的。随着 Pr 的增大,熔体温度的均匀化进程加快,对流失稳的临界 Ra 数随之增大。而随着 Ha 的增大,磁场对熔体流动的阻尼作用增强,熔体对流失稳的临界 Ra 数也随之增大。Walker 等[59]的定量分析结果如图 10-38所示,其中,$Pr=0.015$ 是对应于 InP 的参数,$Pr=0.068$ 是对应于 GaAs 的参数。

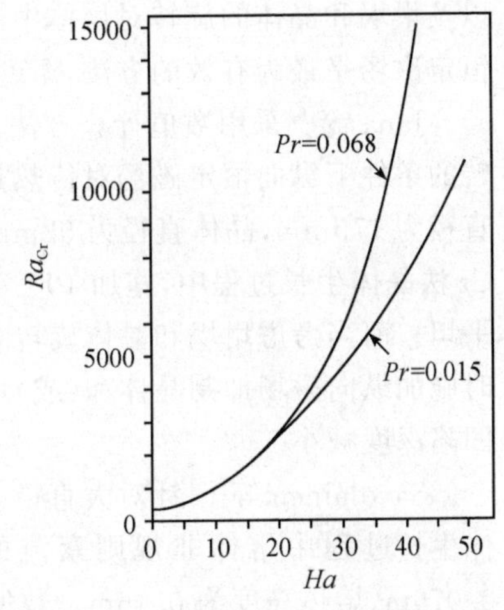

图 10-38　在晶体半径与坩埚半径比 $a=r_0/r_C=0.6$,熔体高度与坩埚直径比 $b=H/2r_C=1$ 的条件下,对应于两个不同 Pr 数的临界 Rayleigh 数 Ra_{Cr} 随 Ha 数的变化[59]

Gorbunov 等[42]以 GaInAs 晶体在纵向磁场控制下的 Cz 法晶体生长过程为对象,采用多通道传感器实时测定熔体中流动引起的电势变化规律,分析了由流动 Reynolds 数 Re 表示的紊流形成条件。其中在磁场中的流动临界 Reynolds 数 Re_{Cr} 与 Ha 数的关系为

$$Re_{Cr}=\alpha\left(\frac{Har_0}{H}\right)^{\frac{1}{2}} \tag{10-42}$$

式中,r_0 为晶体的半径;H 为熔体的特征高度;α 为比例系数。

根据 Gorbunov 等[60]的实验实测结果,$\alpha=600\pm50$。这一结果受晶体及坩埚旋转条件的影响不大,如图 10-39 所示。

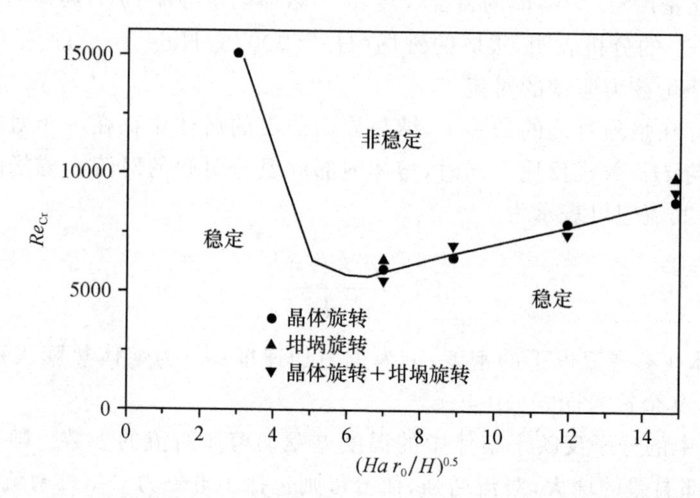

图 10-39 GaInAs 晶体在磁场控制下的 Cz 法生长过程中形成非稳定紊流的临界条件[60]

Gunzburger 等[61]通过有限元计算方法对比研究了外加磁场、坩埚壁纵向温度梯度，以及坩埚和晶体的旋转对熔体中流动速率波动的影响。结果表明，在所有的方法中，外加恒定磁场是最为有效的方法，温度梯度的影响其次，坩埚和晶体旋转的影响很弱。

Jana 等[8]采用数值计算方法对比研究了纯浮力流存在的情况下和同时施加坩埚旋转的条件下纵向恒定磁场对传热过程影响的差别。计算采用 Ge 晶体的参数，假定坩埚直径为 179mm，晶体直径为 92mm，熔体高度为 92mm。计算结果表明，在无坩埚旋转的 Cz 法晶体生长过程中，施加 10^{-5}T 的磁场即可明显阻尼熔体的对流，使结晶界面变得更平坦。而当考虑坩埚和晶体旋转时，坩埚和(或)晶体的旋转会使结晶界面变得凹陷，而此时施加纵向磁场抑制晶体和(或)坩埚旋转产生的离心力导致的熔体流动可使结晶界面的凹陷深度减小。

Savolainen 等[62]针对大直径 Si 单晶生长过程，研究了沿坩埚外侧施加环形磁场对晶体生长过程中熔体非规则紊流的抑制作用。其中坩埚半径为 0.246m，晶体半径为 0.076m，熔体高度为 0.16m。数值计算结果表明，当外加磁场强度为 25mT 时，在坩埚外侧 1/2 坩埚半径以外的区域中，熔体的流动基本上被抑制；而当磁场强度到达 100mT 时，几乎整个熔体中的对流都被抑制。

Akamatsu 等[63]在晶体生长过程中，在坩埚两侧沿水平方向施加横向磁场，研究磁场对熔体中对流和温度场的影响。结果表明，平行磁场方向的熔体流动速度被抑制，垂直磁场方向的熔体流动成为主要的对流分量。在水平面上的等温线分布沿磁场方向被拉长，形成椭圆形的温度场。此时，如果没有晶体的旋转，则获得的晶体也是近椭圆形的。但如果在施加横向磁场的同时进行晶体旋转，则仍能获得轴对称的晶体[64,65]。

Vizman 等[66]和 Li 等[67]均通过三维的数值计算方法对比研究了垂直磁场、水平磁场和圆周磁场对对流的控制作用，获得了不同磁场控制条件下的温度场分布及温度波动规律，并与实验结果进行了对比，揭示了不同对流条件的影响规律。证明不同的磁场均对温度波动有抑制作用，但不同条件下温度场的分布不同。

Kalaev 等[68]针对直径为 400mm 的 Si 单晶生长过程进行了环形磁场和横向磁场对对流控制作用的数值分析。结果表明,30mT 的弱环形磁场和 300mT 的横向磁场均可有效抑制熔体的紊流和结晶界面前沿的温度波动。其中强的横向磁场不仅可以抑制熔体内部的紊流,而且可以有效抑制熔体自由表面边缘的 Marangoni 对流以及气体的流动剪切表面引起的熔体表面的流动。恒定的水平磁场对熔体的制动作用,也在 Grants 等[69]的实验中得到证明。在其他条件相同的情况下,引入静场后,实验测得的熔体中的温度波动大大降低。

Cusp 磁场(CMF)用于单晶硅的生长过程受到人们的广泛关注[70,71]。然而,由于该过程是一个温度场、对流场、电磁场和扩散场相耦合的过程,对其定量描述必须采用数值计算方法,并且其结果受各种具体参数和几何结构影响。但总体上,施加 CMF 磁场后,可使坩埚表面向熔体中溶解 O 的速率降低,生长进入晶体中的 O 浓度同时降低。

10.3.2　交变磁场对 Cz 法晶体生长过程的影响

实现熔体中对流传输行为控制的另一个有效控制手段是采用交变的电磁场驱动熔体按照预定的规律流动。采用不同的磁场施加方式可以形成不同的熔体对流模式,其中旋转磁场是最常用的交变磁场的施加方式。

旋转磁场驱动熔体流动利用了电动机的工作原理。该方法首先被应用于钢锭连续铸造过程中熔体的搅拌,并被移植到 Cz 法晶体生长过程中[72~76],其工作原理如图 10-40 所示。由电磁搅拌器产生的交变电磁场透过坩埚作用于具有一定导电性能的熔体中。该电磁搅拌器通常参照三相电机的工作原理设计,根据绕组接法的不同形成不同的电磁场控制方式[72]。当三相交流电以一定的相位差通过绕组时,磁力线沿圆周方向旋转,带动熔体作圆周运动。采用该方法形成的对流与坩埚旋转形成的对流有一定的相似性。

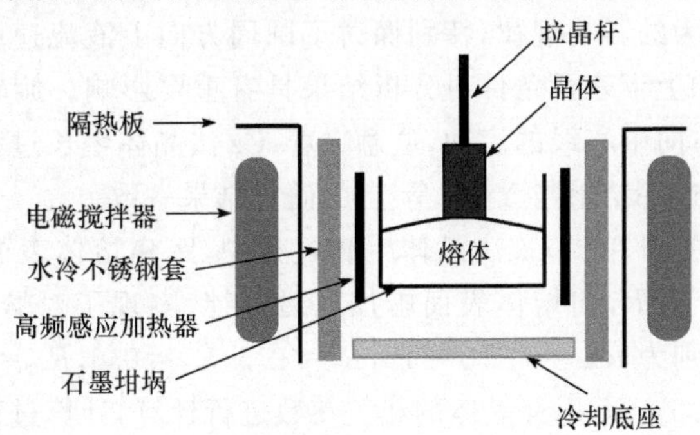

图 10-40　在 Cz 法晶体生长过程中旋转磁场的施加方法[72,76]

将电磁搅拌控制下的 Si 单晶 Cz 法生长过程与单纯晶体旋转、晶体和坩埚同时旋转条件下的生长过程对比可以发现,采用与坩埚旋转方向相反的电磁搅拌可以加速熔体中的混合,从而利于温度场的均匀和溶质的传输。这对于 Si 单晶生长过程的熔体中的 O 向熔体表面传输和挥发是极为有利的,从而利于降低 Si 晶体中的 O 含量[72]。

在电磁搅拌过程中,由于坩埚和其他隔热部件的影响,以及生长系统结构的复杂性、熔体的电磁参数(如电磁场频率与磁场强度)等因素,对于在电磁场作用下的对流场、温度场和扩散场等变化规律的定量研究是非常困难的。因此，电磁搅拌在 Cz 法晶体生长过程中的应用仍然处于实验摸索阶段。定性分析表明，旋转磁场对 Cz 法晶体生长过程的影响主要表现在以下几个方面[74]：①对多组元熔体进行搅拌混合；②降低加热温度场的非对称性；③降低成分过冷现象的非对称性；④控制结晶界面附近的生长条件，达到控制结晶界面形态的目的。因此，采用旋转磁场有可能代替坩埚的旋转，从而简化晶体生长设备结构，同时，利于在多组元熔体的晶体生长过程中提高晶体成分的可控制性。

Brückner 和 Schwerdtfeger[76]采用图 10-40 所示的装置，引入示踪粒子，采用光学测量方法测定了旋转磁场作用下熔体在圆周方向上的流动速率。实验结果表明，该流速随着感应线圈电流的增大近似线性的增大。熔体的电导率越大，对应的流速就越大。

Hoshikawa 等[77]对直径为 100mm 的掺 B(硼)硅单晶生长过程的实验研究表明，旋转磁场可以在熔体中形成约 20～30r/min 的旋转运动。其结果是在施加旋转磁场后，不论采用何种频率，所生长的晶体中 O 含量降低，结晶质量得到改善。

Yang 等[73]以液封 Cz 法生长 GaSb 晶体过程为对象，对比研究了恒定磁场和旋转磁场对结晶界面附近熔体流动及其成分均匀性的影响规律，并通过建模进行了定量估算。结果表明，单独施加旋转磁场将引入子午线方向平面内的对流，并增强晶体与熔体界面处本来存在的由外向内的径向流动。通常该径向流动仅仅由晶体生长对熔体的消耗和坩埚加热引起的浮力流构成。当恒定的纵向磁场与旋转磁场综合作用时，在给定的恒定磁场条件下增强旋转磁场强度，则向结晶界面流动的径向流速随之增大；而当给定旋转磁场强度并增大恒定磁场强度时，该流速减弱。旋转磁场有助于增强结晶界面附近的液流深度，加速界面附近的溶质传输，降低成分偏析。

Möβner 等[75]以圆柱液体为对象，通过数值方法模拟研究了 Cz 法晶体生长过程中旋转磁场对熔体流动行为的影响规律，特别探讨了圆周方向上液流速度的稳定性。结果证明，在该条件下熔体的上下表面条件对分析结果具有重要影响。旋转磁场可以显著稳定浮力流，增强表面熔体向中心线的流动，这意味着，Cz 法晶体生长过程驱动熔体从坩埚边缘向结晶界面流动。这一结果与 Yang 等[73]的研究结果一致。

Munakata 等[78]在 Si 单晶 Cz 法晶体生长过程中，距离熔体表面一定高度处设置了感应线圈，如图 10-41 所示，向熔体表面施加电磁搅拌，实现了对熔体对流的有效控制。图中的无量纲参数分别为 $R_{\mathrm{W}}=6$，$Z_{\mathrm{W}}=12$，$R_{\mathrm{S}}=0.5$，$R_{\mathrm{ii}}=0.6$，$R_{\mathrm{io}}=0.7$，$Z_{\mathrm{cl}}=5.2$，$Z_{\mathrm{cu}}=6.2$，$Z_{\mathrm{il}}=6.4$，$Z_{\mathrm{iu}}=6.5$。采用 Si 晶体的相关参数进行计算，计算过程同时考虑了熔体的浮力流、Marangoni 流和电磁搅拌对流。结果表明，采用不同的搅拌频率和电流强度均在熔体表面有效引入了强制对流，如图 10-42 所示。其中各图的左侧为熔体的流线图，右侧为等温线图。图 10-42(a)为不施加感应电磁场时的对流场和温度场，图 10-42(b)、(c)、(d)和(e)为电流为 216A，频率分别为 100kHz、300kHz、500kHz 和 3MHz 时的对流场和温度场。感应线圈的频率为 500kHz，电流强度改变时的对流场和温度场的变化规律如图 10-43 所示。可以看出，施加表面电磁感应可以有效地控制 Cz 法晶体生长过程中的对流场和温度场。在固定感应电流强度的情况下，改变电磁感应频率可以改变熔体流动和温度的变化规律。同时计算结果表明，在给定的条件下，为了在结晶界面以下的熔体中获

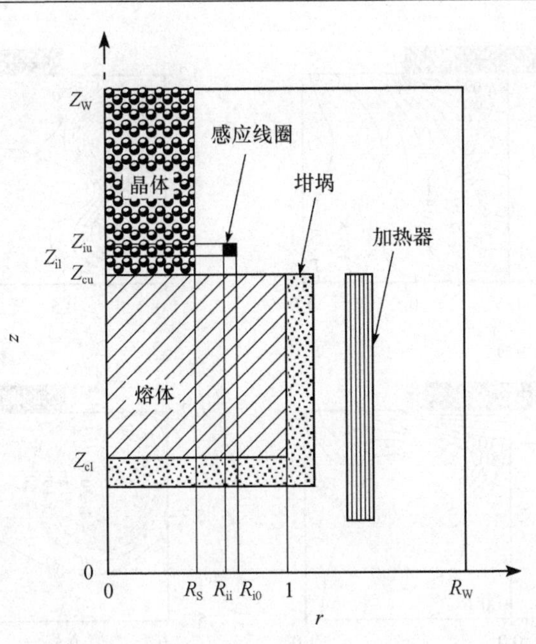

图 10-41　熔体表面电磁控制对流的 Cz 法晶体生长原理图[78]

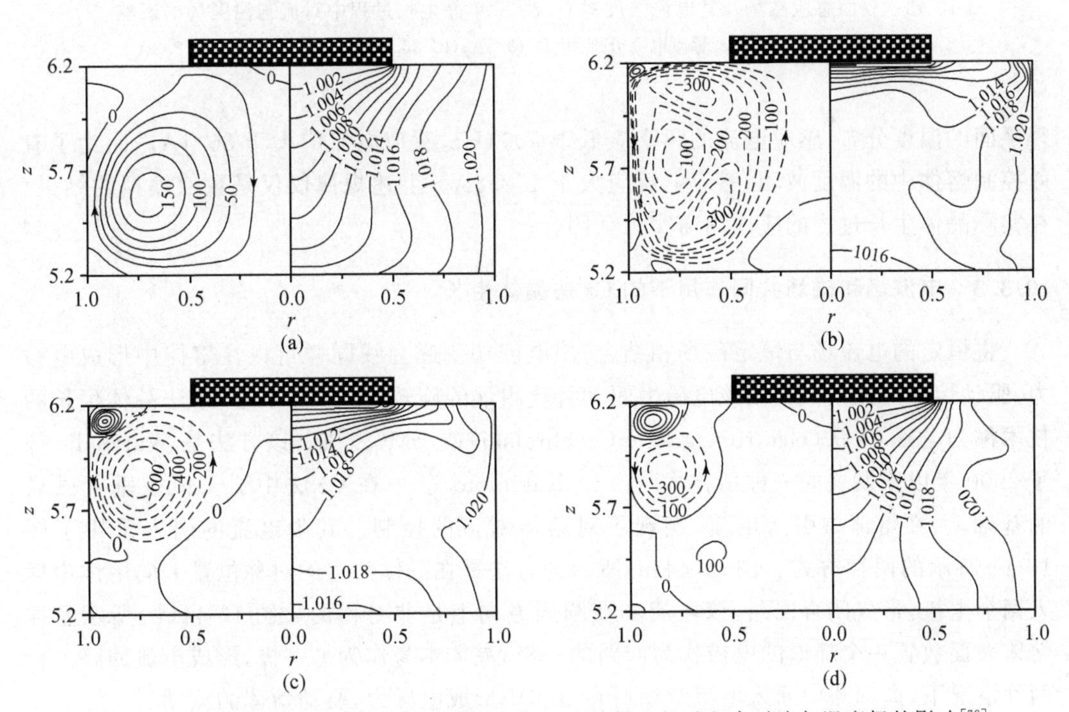

图 10-42　表面感应磁场及其频率变化对 Cz 法 Si 单晶生长过程中对流与温度场的影响[78]

(a) 无感应磁场。其余各图为感应电流为 216A,感应频率不同的温度场和对流场。

(b) 100kHz;(c) 500kHz;(d) 3MHz

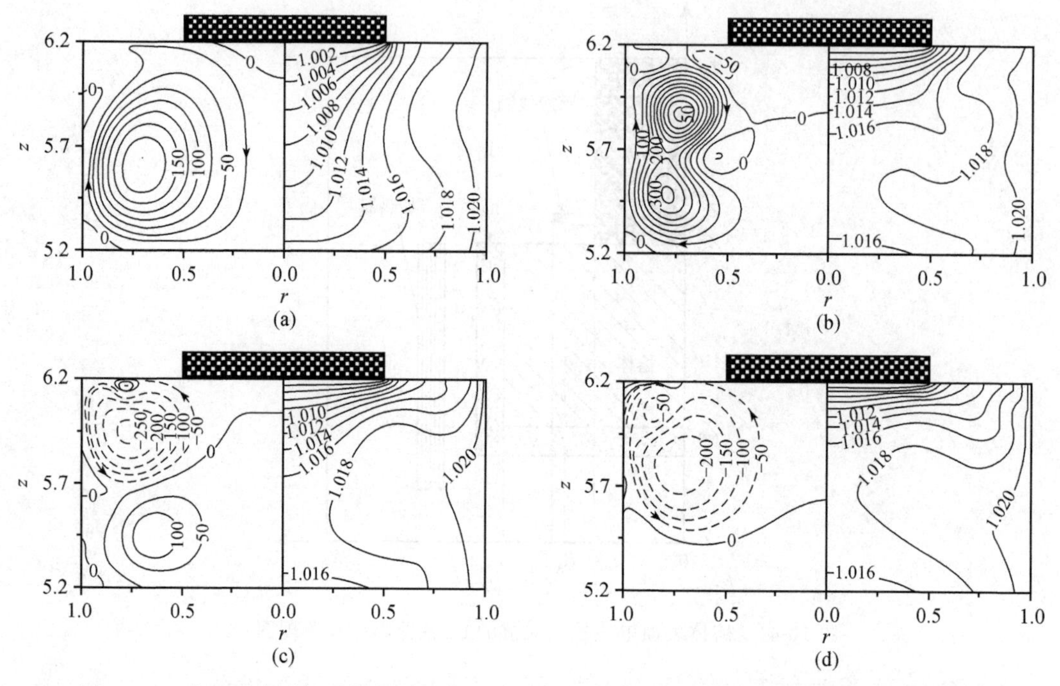

图 10-43　表面感应磁场及其电流强度对 Cz 法 Si 单晶生长过程中对流与温度场的影响[78]

感应电流频率为 500kHz，感应电流分别为(a) 43.2A；(b) 86.4A；(c) 129.6A；(d) 172.8A

得平面的温度分布，感应电流的频率应低于 500kHz，感应电流应大于 86.4A。而为了有效控制熔体中的温度波动，感应电流应大于 172.8A。上述规律仅仅是数值模拟的结果，在实际晶体生长过程的应用尚需实验证明。

10.3.3　电流场和磁场共同作用下的 Cz 法晶体生长

将恒定的电流场与恒定磁场相结合，使电流切割磁力线同样可以在熔体中形成电磁力，驱动熔体的流动。利用该电磁力驱动替代坩埚的旋转，控制 Si 单晶 Cz 法晶体生长的技术称为电磁 Cz 法(electromagnetic Czochralski)或 EMCZ 法。该方法是 Watanabe 等于 2000 年以来发展的一种新技术[79~81]。Kakimoto 等[81]在 Cz 法中引入恒定垂直磁场的基础上，在熔体中引入电流，实现了对熔体对流的控制。其中电流的引入采用了图 10-44 所示的两种方式。图 10-44(a)所示的方法是在晶体两边的对称位置上向熔体中插入两个电极，形成闭合回路，该电流场在圆周方向上是非对称的。图 10-44(b)所示是在熔体表面放置一个环形的电极作为回路的一极，晶体本身作为另一极，形成电流回路。在两种情况下，向回路中通入电流时均可在熔体中形成电磁力，驱动熔体的流动。

Kakimoto 等[81]以 Si 单晶生长的参数为基础进行了数值计算。所选坩埚直径为 75mm，晶体直径为 37.5mm，熔体深度为 37.5mm，电极距轴心的距离为 27.5mm。在非对称电流作用的条件下获得的对流场如图 10-45 所示，而在环形电流场作用下形成的对流场则如图 10-46 所示。两种不同条件下所获得的温度场如图 10-47 所示。可以看出，

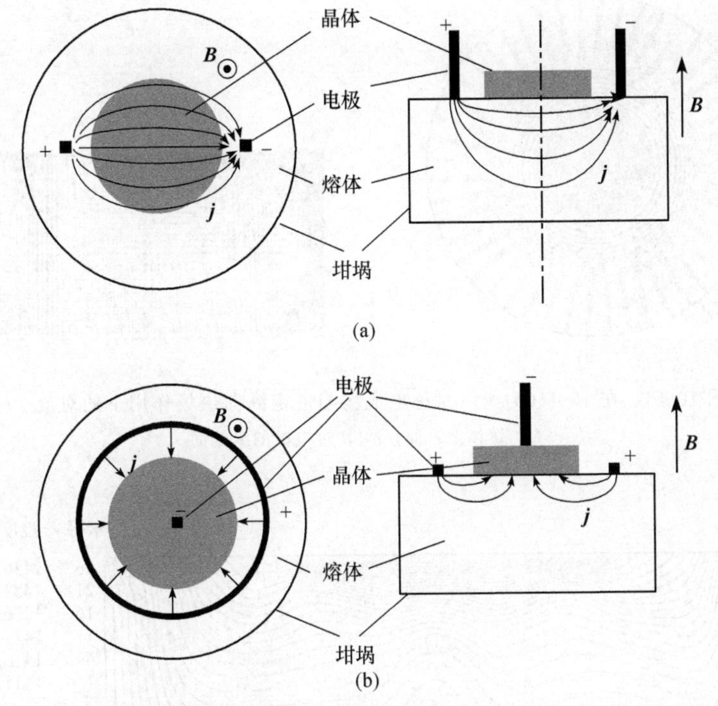

图 10-44　电流场与磁场同时作用于 Cz 法 Si 单晶生长时的两种方式
(a) 非对称电流场；(b) 对称电流场

电极的结构和施加方式对温度场的分布具有显著影响。在此基础上，Kakimoto 等[80]还计算了该电磁场作用下的强制对流对 Si 及熔体中 O 含量的影响，并采用直径为 30mm 的 Si 晶体生长实验进行了验证，证明采用该方法有效提高了晶体中 O 含量的径向均匀性[80,81]。这一结果被认为是强制对流有效控制了晶体和熔体之间扩散边界层造成的。

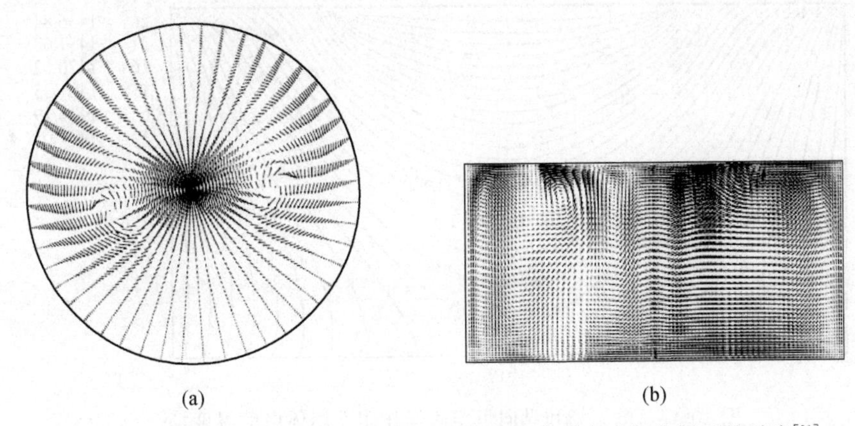

图 10-45　在图 10-44(a)所示非对称电流场与恒定纵向磁场作用下的对流[81]
(a) 熔体上表面；(b) 切过电极的纵截面

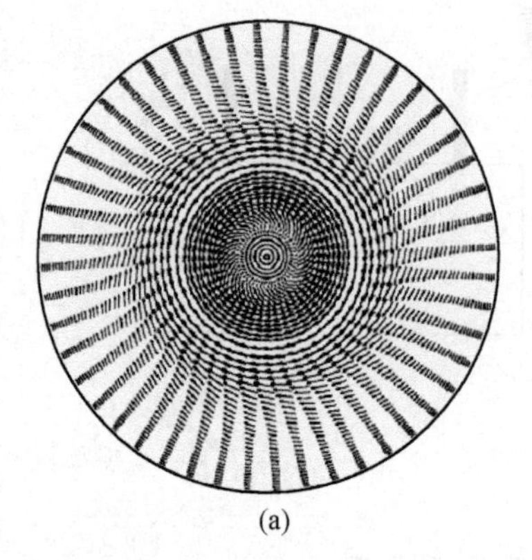

(a)

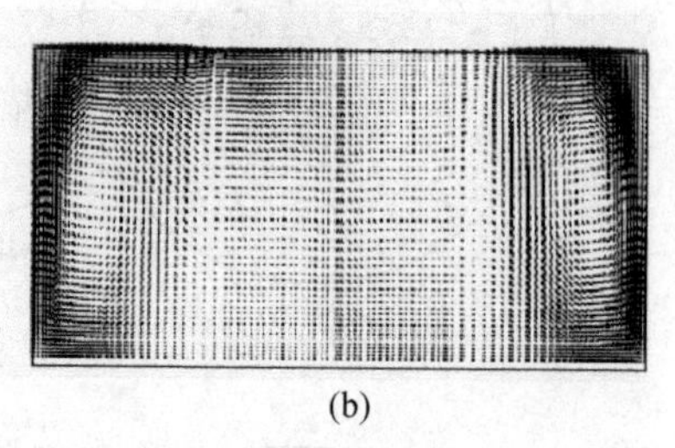

(b)

图 10-46 在 10-44(b)所示对称电流场与恒定纵向磁场作用下的对流[81]

(a) 熔体上表面；(b) 切过电极的纵截面

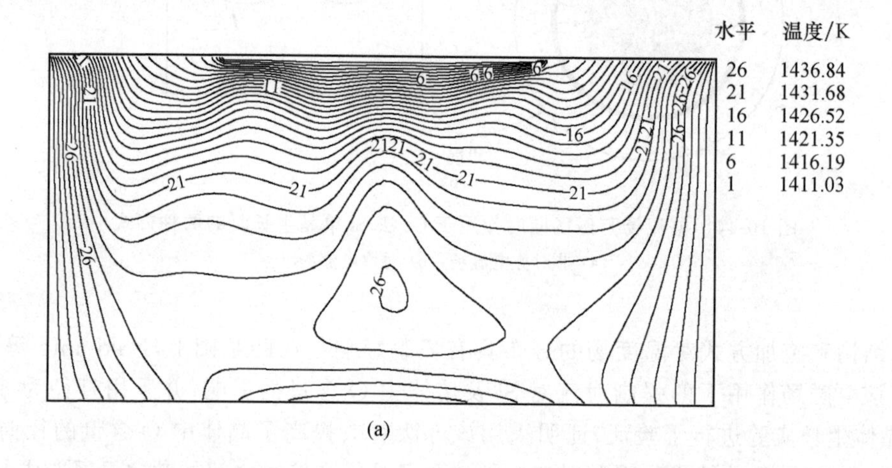

(a)

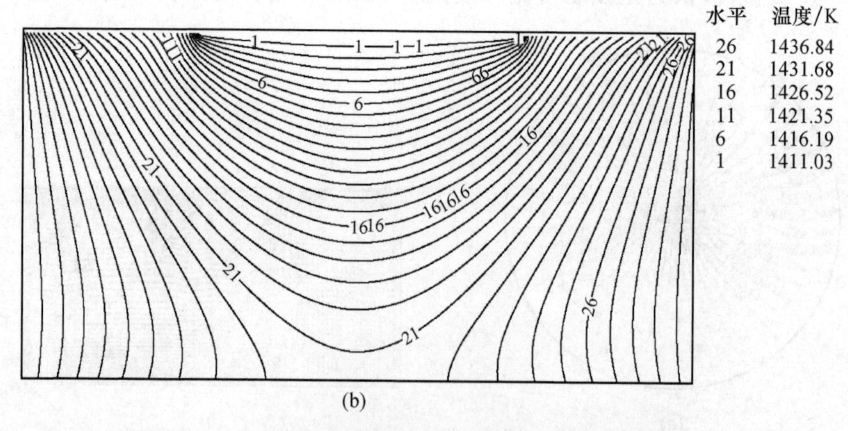

(b)

图 10-47 电流场和纵向恒定磁场作用下熔体中的温度场[81]

(a) 非对称电极；(b) 对称电极

该方法被进一步应用于直径为 200mm 的 Si 单晶生长过程的控制[82]，证明可以优化结晶界面附近的传输条件，在大于传统提拉速率下获得无缺陷的 Si 单晶。实验和数值计算均表明，在 EMCZ 法晶体生长过程，结晶界面受电磁力引起的传输效应控制，引入电场和磁场后换热速率加快，并获得前凸的界面。这一界面形态有利于获得无缺陷的 Si 单晶。

Liu 等[83]采用图 10-48 所示的单电极与晶体形成的回路，并施加横向恒定磁场研究了该电磁控制技术对 Cz 法 Si 单晶生长过程的影响。结果表明，采用该方法，选择合适的电极位置和电流方向，可以有效控制对流场、温度场和熔体中的 O 分布，从而实现晶体中成分偏析的控制。从晶体结晶质量和 O 偏析的角度考虑，采用磁场和电流场综合控制的效果优于横向磁场控制的效果。

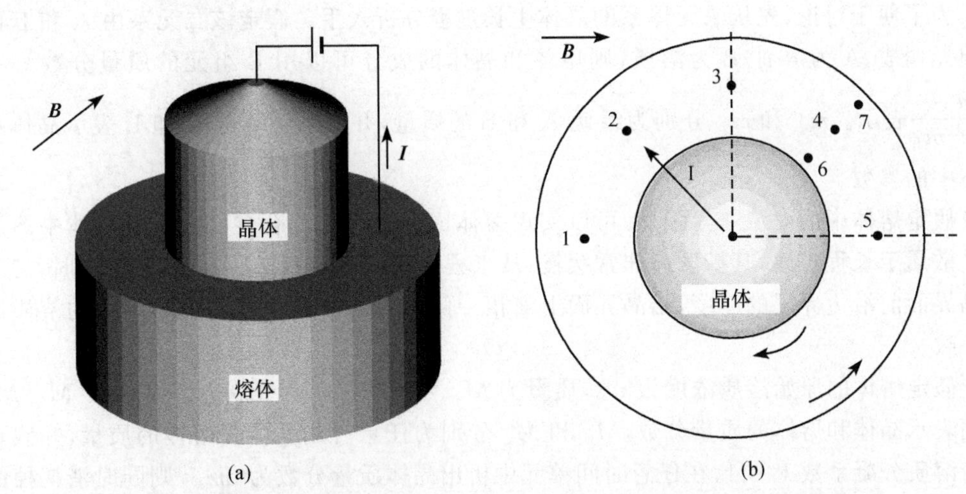

图 10-48　电磁控制的 Cz 法 Si 单晶生长过程中磁场及电流场的施加方法[83]

(a) 电流场和磁场的施加方法；(b) 熔体中电极位置的选择和熔体流动方式，图中的数字表示的位置是可以选用的电流引入位置

Kim 等[84]采用 X 射线照相技术研究了纯电流场和电磁场作用对 Cz 法晶体生长过程结晶界面形貌的影响。结果表明，当电磁力的方向与晶体旋转方向一致时，电磁力将强化晶体旋转的效果，加速热量向生长界面的传输，使得结晶界面凹陷。但同时由于强烈对流加速了熔体表面 O 的挥发，使得晶体中 O 含量降低，形成 O 原子堆垛层错的临界提拉速率增大。而当电磁力的方向与熔体旋转方向相反时，电磁力的作用将减弱晶体旋转作用的影响，其作用与纯粹施加磁场时的作用接近。

10.4　Cz 法晶体生长过程传质特性与成分控制

本节将从多组元熔体 Cz 法生长过程中溶质分凝行为的分析入手，分析各种晶体生长条件对成分均匀性和偏析的影响规律，进一步探讨成分均匀性的控制方法以及气相环境的影响。

10.4.1 多组元熔体 Cz 法晶体生长过程中的溶质再分配及其宏观偏析

在结晶界面上,由于不同组元在液相和晶体中化学位平衡条件的要求,使得析出晶体与相邻熔体的成分发生突变。对于 Cz 法这一低速生长过程,结晶界面上的成分变化可以用平衡分凝系数 k_0 表征。对此已在第 2 章中进行了较为详细的讨论,在 9.2 节中也结合 Bridgman 法晶体生长进行了分析。对于 Cz 法晶体生长过程,可以参考相关原理,结合其传输条件的特殊性进行分析。

在忽略熔体表面挥发的条件下,熔体和晶体构成一个保守体系并满足溶质守恒原理。晶体中的溶质分布是由结晶界面上的分凝及熔体与晶体中的传输条件控制的。

为了便于讨论,先从二元体系的晶体生长过程分析入手。假定该二元系由 A 和 B 两个组元构成,A 为溶剂,B 为溶质,则熔体和晶体的成分可以用 B 组元的质量分数 $w=\frac{m_B}{m_A+m_B}$表示。m_A 和 m_B 分别为组元 A 和 B 的质量,并分别用下标 C 和 L 表示晶体和熔体中的参数。

假定熔体中的对流非常强烈,可以实现熔体成分的均匀混合。已生长的晶体中溶质的扩散属于长程扩散,其扩散速非常缓慢,从工程应用的角度考虑,可以忽略。同时,忽略结晶界面前沿边界层的厚度,结晶界面上液相一侧的界面溶质浓度与液相内部的溶质浓度一致。

假定熔体的原始溶质浓度为 w_0,质量为 M_0。如果用 $m_C=M_C/M_0$ 和 $m_L=M_L/M_0$ 分别表示晶体和熔体的质量分数,M_C 和 M_L 分别为任意时刻晶体和熔体的质量,并假定平衡溶质分凝系数 $k_0<1$,在任意时间单元中析出晶体质量分数为 $\mathrm{d}m_C$,则同时消耗掉的熔体质量分数为 $\mathrm{d}m_L$。其中,在 $\mathrm{d}m_C$ 中所含的溶质 B 为 $w_C\mathrm{d}m_C$,消耗掉的 $\mathrm{d}m_L$ 熔体中原来所含的溶质 B 为 $w_L(-\mathrm{d}m_L)=w_L\mathrm{d}m_C$,由此排出的多余的溶质则进入熔体中,并均匀分布,引起熔体中的溶质浓度变化为 $\mathrm{d}w_L$。此过程满足如下溶质守恒条件:

$$w_L\mathrm{d}m_C-w_C\mathrm{d}m_C=m_L\mathrm{d}w_L \tag{10-43}$$

根据分凝系数和质量分数的定义:

$$w_C=k_0w_L \tag{10-44}$$

$$m_L=1-m_C \tag{10-45}$$

从而,式(10-43)可以简化为

$$(1-k_0)w_C\mathrm{d}m_C=(1-m_C)\mathrm{d}w_C \tag{10-46}$$

式(10-46)求解的初始条件为

$$w_C\big|_{mC=0}=\frac{w_0}{k_0} \tag{10-47}$$

从而得出

$$w_C=\frac{w_0}{k_0}(1-m_C)^{-(1-k_0)} \tag{10-48}$$

式(10-48)与 Scheil 方程非常接近。初始析出的晶体中溶质浓度为 $w_C=w_0/k_0$。随着生长过程的进行，即晶体质量分数 m_C 增大，晶体中的溶质浓度逐渐增大。但当 $m_C \to 1$，即熔体即将耗尽时，式(10-48)要求的条件将不再满足。同时可以证明，式(10-48)对于 $k_0 > 1$ 时的情况仍然成立。

假定晶体的截面为圆形，半径可以用 r_0 表示，z 表示从晶体的尖端开始的晶体生长长度，则可以求出

$$m_C = \frac{1}{M_0}\rho_C \int_0^z 2\pi r_0^2 \mathrm{d}z \tag{10-49}$$

式中，M_0 为熔体的总量；ρ_C 为晶体的密度。

将式(10-49)代入式(10-48)则可以得出溶质浓度沿晶体长度 z 的分布。

在实际晶体生长过程中，熔体中的溶质传输条件是多样的，不同的溶质传输条件导致不同的溶质再分配规律，而关于熔体中溶质均匀分布的假设通常并不适用。对于常见的晶体生长条件，常用的简化处理方法是边界层的假设，即假定在结晶界面附近存在着一个边界层，在边界层以外的熔体中溶质的混合是均匀的，而在边界层内溶质是由扩散控制的。如果忽略有限的边界层中富集的溶质量，则只需要将平衡溶质分凝系数 k_0 用一个有效溶质分凝系数 k_e 替代，则仍可用式(10-48)所示的模型计算。

根据 Burton、Prim 和 Slichter[85] 提出的理论模型(简称为 BPS 模型)，在旋转的晶体生长界面前沿，流动边界层的厚度为

$$\delta = 1.6 D_L^{\frac{1}{3}} \nu^{\frac{1}{6}} \omega^{-\frac{1}{2}} \tag{10-50}$$

而有效溶质分凝系数 k_e 与平衡溶质分凝系数的关系式为

$$k_e = \frac{k_0}{k_0 + (1 - k_0)\exp\left(-\frac{R\delta}{D_L}\right)} \tag{10-51}$$

上两式中，D_L 为溶质在熔体中的扩散系数；ν 为熔体的运动黏度；R 为晶体生长速率；ω 为晶体旋转角速度。

Wilson[86] 基于流体力学原理，提出如下相似的有效溶质分凝系数模型(简称为 W 模型)：

$$k_e = \frac{k_0}{k_0 + (1 - k_0)\exp(-\Delta)} \tag{10-52}$$

式中

$$\Delta = \frac{1.86 a Sc^{\frac{2}{3}}}{1 + 0.13 a Sc^{\frac{2}{3}}} \tag{10-53}$$

其中，$Sc = \frac{v}{D_L}$ 为 Schmidt 数；系数 $a = R\omega^{-\frac{1}{2}}\nu^{-\frac{1}{2}}$。

Ostrogorsky 和 Müller[87] 提出的计算模型为(简称为 OM 模型)

$$k_e = \frac{1 + 4b\left(\frac{\omega}{\nu}\right)^{\frac{1}{2}} \frac{D_L}{R}}{1 + 4b\left(\frac{\omega}{\nu}\right)^{\frac{1}{2}} \frac{D_L}{R}\frac{1}{k_0}} \tag{10-54}$$

式中，系数 $b=\frac{1}{4.6}$。

Kozhemyakin 等[88]以 Bi-Sb 晶体生长为例，对比了不同模型计算获得的有效溶质分凝系数。所选用的参数是 Sb 在 Bi-Sb 熔体中的扩散系数 $D_{Sb}=(2.5\sim3.2)\times10^{-9}\,m^2/s$，熔体的黏度系数 $\nu=1.35\times10^{-5}\,m^2/s$，晶体旋转的角速度为 $\omega=1.047s^{-1}$，计算结果如图 10-49所示。其中，平衡溶质分凝系数是由平衡相图确定的，其值大于 1。可以看出，有效溶质分凝系数随成分的变化规律与平衡溶质分凝系数一致，其中 W 模型计算的 k_e 值最低，BPS 模型计算的 k_e 稍大，而 OM 模型计算的 k_e 最大。

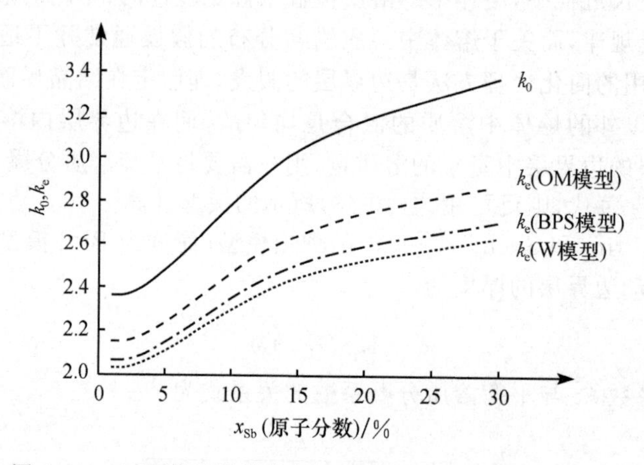

图 10-49 不同模型计算获得的有效溶质分凝系数的对比[88]

Kozhemyakin 等[88]进一步以 OM 模型为基础，对比研究了生长速率对有效溶质分凝系数的影响，结果如图 10-50 所示。可以看出，随着生长速率的增大，有效溶质分凝系数减小，即向 1 靠近，表示分凝倾向减弱。

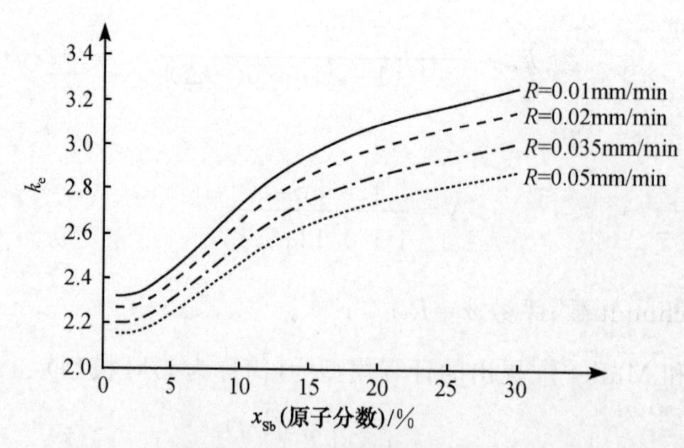

图 10-50 OM 模型计算的 Bi-Sb 晶体生长过程中，不同生长速率下有效溶质分凝系数 k_e 随成分的变化[88]

在实际晶体生长过程中,溶质的分凝与上述理论模型的偏离主要取决于熔体中的传输条件。将 10.2 节中的对流传输模型与式(6-6)所示的溶质传输方程、式(6-20)所示的溶质守恒条件耦合,并引入式(10-44)所示的界面溶质分凝条件,即可进行溶质分凝行为的分析和晶体中溶质浓度分布的计算。

沿长度方向上的溶质非均匀分布称为轴向偏析,是由熔体成分的变化规律控制的。除了轴向的成分偏析以外,在 Cz 法生长的晶锭中也存在径向的成分偏析。与 Bridgman 法生长晶体一样,径向成分偏析的形成都是由结晶界面的非等温、非同成分以及非平面特性决定的。在结晶界面的局部平衡条件仍然成立,但由于其传热、传质及熔体流动的复杂性,只有结合具体的晶体生长条件,通过数值计算才能获得定量的认识。

Abbasoglu 等[89] 以掺 Si 的 Ge 单晶 $Ge_{1-x}Si_x$ 晶体生长过程为对象,采用温度场、扩散场、对流场三场耦合计算方法,并考虑了熔体表面 Marangoni 对流的影响。结果表明,由于传输条件的约束,结晶界面前的熔体中存在着图 10-51 所示的“W”形的 Si 浓度分布[89]。

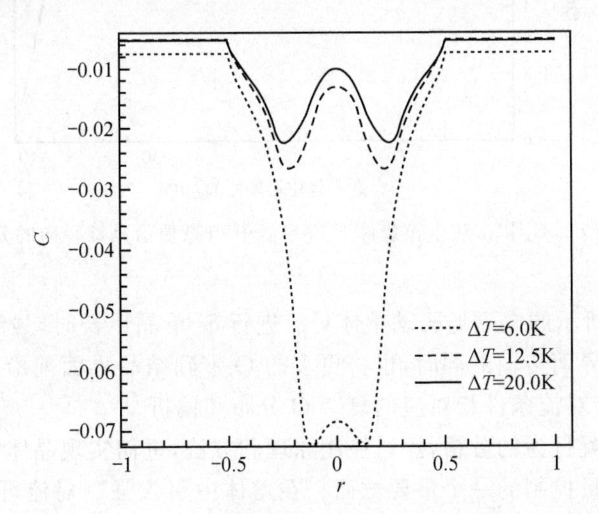

图 10-51　$Ge_{1-x}Si_x$ ($x=0.05$)晶体 Cz 法单晶生长过程中结晶界面上 Si 的分布及其内部温度差的影响[89]

图 10-51 中,C 反映了实际 Si 含量与平均含量的相对差值,定义为

$$C=\frac{x^{*}-x_{0}}{\Delta x^{*}} \tag{10-55}$$

式中,x^{*} 为对应位置的实际成分;x_0 为熔体中的平均成分;Δx^{*} 为参考成分差,定义为

$$\Delta x^{*}=x_{0}\mid(1-k_{0})\mid\frac{Rr_{\mathrm{C}}}{D_{\mathrm{L}}} \tag{10-56}$$

式中,k_0 为平衡分凝系数;R 为生长速率;r_{C} 为坩埚半径;D_{L} 为 Si 在熔体中的扩散系数。

该径向偏析规律与熔体内部的温度差 ΔT 相关(ΔT 定义为坩埚加热面与结晶界面附近熔体的温度差)。ΔT 越大,径向的成分偏析就越小。计算结果还表明[89],径向偏析和熔体高度 h 与坩埚半径 r_{C} 之比 $\mathrm{Ar}=h/r_{\mathrm{C}}$ 有关。随着 Ar 的减小,熔体中的对流方式变化,径向成分偏析减小。

Jana 等[8]的计算结果如图 10-52 所示[8]。无外加磁场时，熔体中的对流将熔体从石英(SiO_2)坩埚表面溶解的 O 带到结晶界面前沿，并使其均匀分布，从而使晶体中的 O 含量偏高，并且在径向均匀分布。而施加约束磁场后，控制了坩埚表面熔体向结晶界面的流动。由于 O 在熔体表面的挥发，使其含量下降，能够传输到结晶界面中心的 O 更少，从而整个晶锭中的平均 O 含量降低。

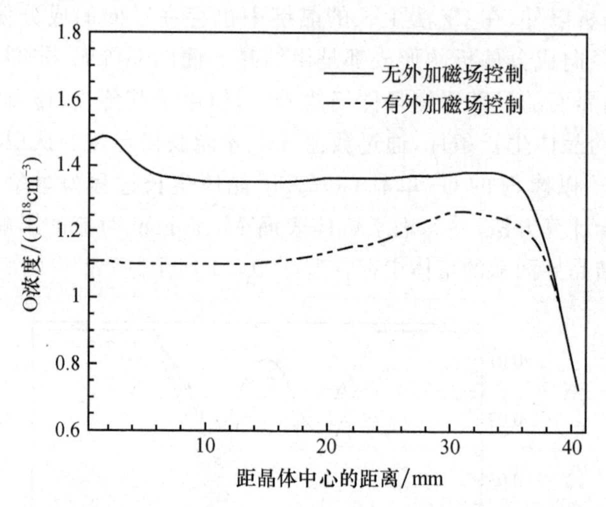

图 10-52　不同 Cz 法生长条件下 Si 单晶中 O 杂质沿晶锭径向的分布[8]

采用图 10-44 所示的电磁场驱动熔体对流进行 Si 单晶生长时，强制对流在加速坩埚表面的热量向结晶界面传输的同时，也将更多的 O 带到结晶界面前沿，使晶体中 O 含量增大的同时，形成与对流条件相对应的复杂 O 分布和偏析[81]。

通过对溶质分凝行为的分析，探讨控制原理和方法，进而实现晶体中成分偏析的控制是晶体生长结晶质量控制的一个重要方面。在熔体中引入强制对流可以强化溶质传输，如坩埚旋转、晶体旋转、电磁搅拌等。文献[80]～[83]中研究的电磁场共同作用下的 Cz 法晶体生长，其核心就是通过控制对流实现对晶体中 O 的浓度和偏析的控制。

Kokh 等[90]甚至在 BaB_2O_4 晶体 Cz 法生长过程中，在熔体的底部直接加入了图 10-53 所示的搅拌叶片加速熔体中成分的均匀混合，进行成分和结晶界面附近温度场的控制。

10.4.2　Cz 法晶体生长过程中熔体与晶体中的成分控制

固溶体型晶体结晶界面上的溶质分凝导致的成分偏析是晶体生长的一个突出问题。图 10-54 所示为两种化合物半导体材料的相图[24]。在图 10-54(a)所示的 Bi-Sb 合金系中，溶质 Sb 的分凝系数大于 1，因此在生长初期晶体中 Sb 含量高于平均含量。随着生长的进行，Sb 被迅速消耗，熔体中 Sb 含量降低，从而析出晶体中 Sb 也随之持续下降。图 10-54(b)为 $Ga_{1-x}In_xSb$ 系的伪二元 GaSb-InSb 相图，其溶质 InSb 的分凝系数远小于 1。因此，在生长初期，晶体中 InSb 的含量偏低。但随着生长过程的进行，In 含量逐渐增大，从而析出晶体中的 In 含量随之增大。对于具有这两种分凝特性的晶体，只有找到一种控制熔体成分稳定性的方法才能获得成分均匀的晶体。除此之外，熔体与气相之间的物质

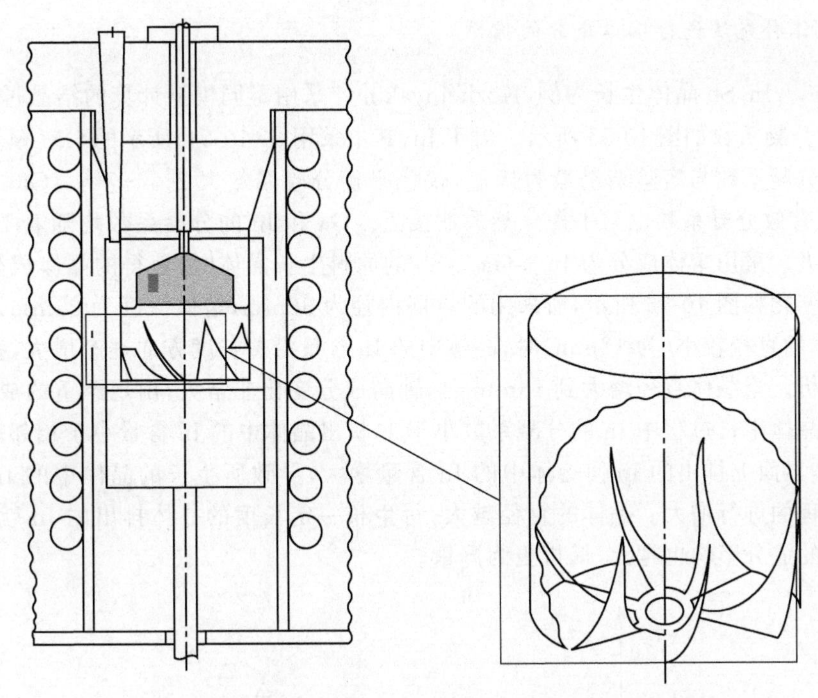

图 10-53　采用叶片进行 Cz 法晶体生长过程熔体搅拌的设备工作原理图[90]

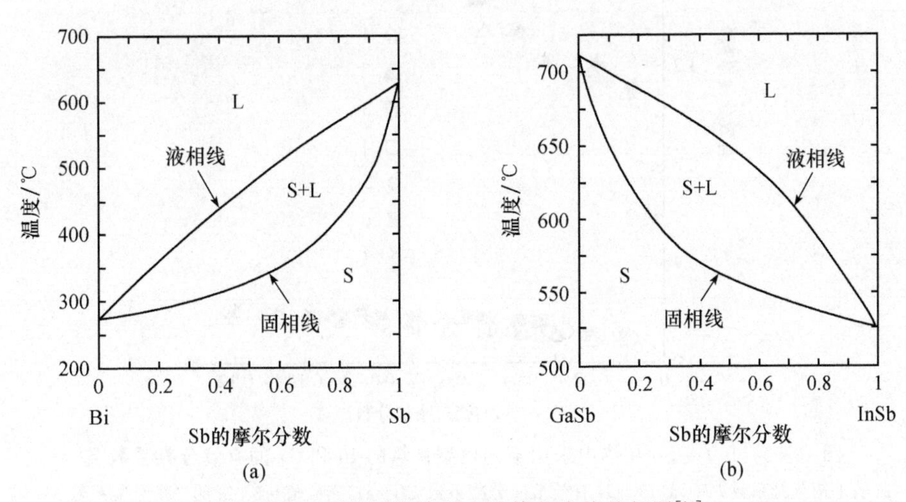

图 10-54　两种固溶体型半导体化合物的相图[24]

(a) Bi-Sb 相图；(b) GaSb-InSb 相图

交换、熔体与坩埚的反应均会导致熔体成分的变化。因此，必须对这些环节进行控制才能实现晶体成分的精确控制。

1. 熔体补充法进行熔体成分的控制

以 $Ga_{1-x}In_xSb$ 晶体生长为例，Kozhemyakin[91] 采用不同模型计算的结晶过程 Ga 和 In 的有效分凝系数如图 10-55 所示。对于 In，其中采用式(10-54)所示的 OM 模型计算的有效溶质分凝系数与实验结果最为接近，仅比平衡分凝系数大 2%～7%。Ga 的分凝系数大于 1，有效分凝系数也与平衡分凝系数接近。Ga 和 In 的分凝系数均随着 In 含量的增加而增大。采用熔体成分为 $In_{0.05}Ga_{0.95}Sb$ 的原料生长晶体时，获得的晶体成分沿长度方向上的变化如图 10-56 所示，所采用的坩埚内径为 36mm，熔体深度为 25mm。可以看出，当晶体的直径较小(为 12mm)时，晶体中的 In 含量沿着长度方向逐渐增大，存在着轴向成分偏析。当晶体直径增大到 18mm 时，轴向成分变化非常大，出现严重的成分偏析。这是由于晶体生长过程中 In 的分凝系数小于 1，析出晶体中的 In 含量小于相邻熔体中的含量，结晶界面上排出的 In 使熔体中的 In 含量增大，导致所生长的晶体中的 In 含量随着生长过程的进行增大。晶体的直径越大，每生长一定长度的晶体排出的 In 就越多，对剩余熔体的成分影响也越大，偏析更为严重。

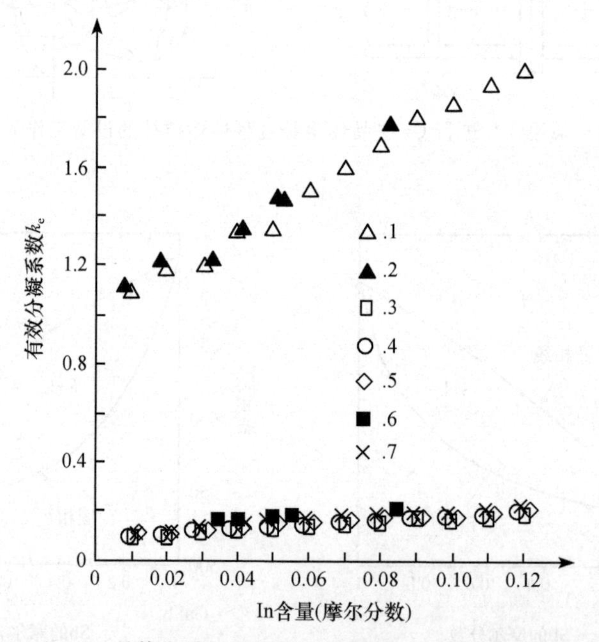

图 10-55　In-Ga-Sb 晶体中采用不同模型计算的 In 和 Ga 的有效分凝系数[91]

1. Ga 的平衡分凝系数 k_0(Ga)；2. Ga 有效溶质分凝系数 k_e(Ga)(实验值)；3. In 的平衡分凝系数 k_0(In)；4. 基于 BPS 模型计算的 In 有效分凝系数 k_e(In)；5. 基于 W 模型计算的 In 有效分凝系数 k_e(In)；6. In 有效分凝系数 k_e(In)的实验结果；7. 基于 OM 模型计算的 In 有效分凝系数 k_e(In)

为了解决上述问题，Kozhemyakin[91] 采用图 10-57 所示的双坩埚技术，将生长坩埚放置在一个装有 GaSb 的坩埚中，并通过一个空隙使生长坩埚中的 $In_xGa_{1-x}Sb$ 熔体与外侧坩埚中的 GaSb 熔体连通。生长过程中，在 $In_xGa_{1-x}Sb$ 熔体被消耗的同时，由 GaSb 熔体补充。由于 GaSb 熔体中不含 In，从而使得结晶界面排出的过量 In 被稀释。合理地控制 GaSb 熔体补充的通量则可以维持熔体中成分的恒定，从而生长出成分均匀的 $In_xGa_{1-x}Sb$

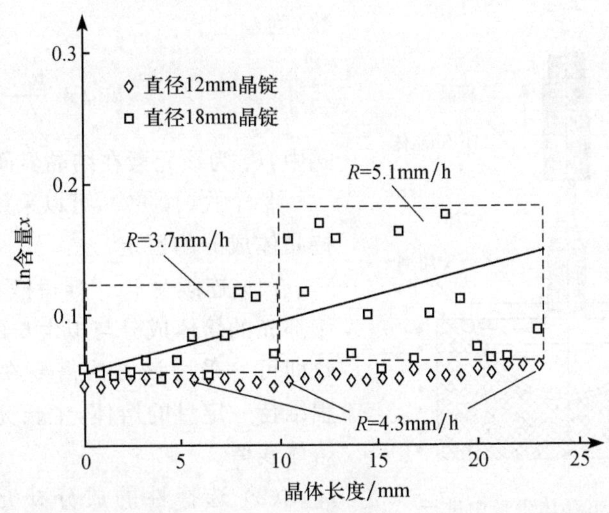

图 10-56　传统 Cz 法生长的 $In_{0.05}Ga_{0.95}Sb$ 晶体中 In 含量沿长度方向上的分布[91]

晶体。图 10-58 所示为采用双坩埚补偿法生长的 $In_{0.05}Ga_{0.95}Sb$ 晶体沿长度方向上的 In 含量分布。可以看出,其成分均匀性得到很好的控制。

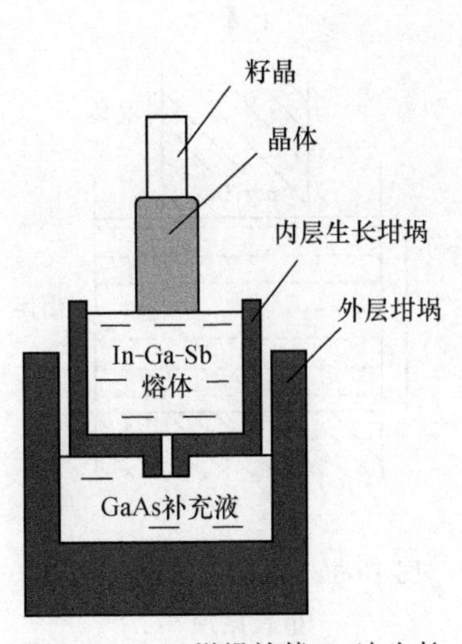

图 10-57　双坩埚补偿 Cz 法生长 $In_xGa_{1-x}Sb$ 的原理[91]

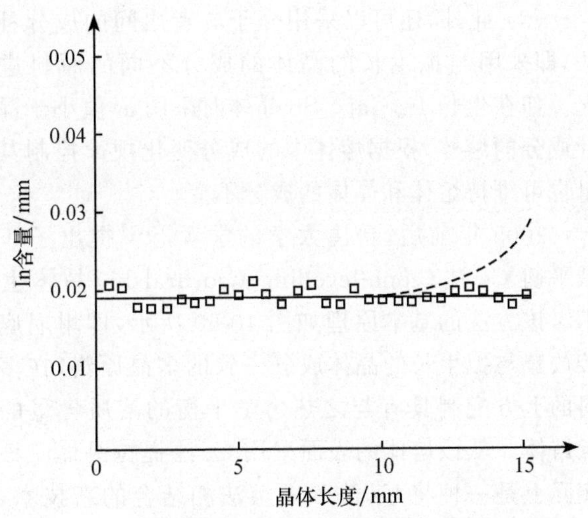

图 10-58　采用双坩埚补偿 Cz 法生长的 $In_{0.05}Ga_{0.95}Sb$ 晶体沿长度方向上的 In 分布[91]

晶体直径 10～16mm,补充液的成分 Sb-19%Ga

Kozhemyakin 等[88]针对 BiSb 晶体生长中 Bi-Sb 系的 Sb 分凝系数大于 1、熔体中 Sb 随着生长过程的进行不断减小的性质,采用图 10-59 所示的方法进行 Sb 的补偿。此外在图 10-16～图 10-19 所示的生长中,均可通过控制补充原料的成分实现晶体成分的控制。

若熔体成分均匀混合,则可以根据结晶界面上的溶质分凝条件调整熔体的成分。假定拟生长的晶体中某溶质 i 的质量分数为 w_{i0},则需要控制的熔体成分(溶质质量分

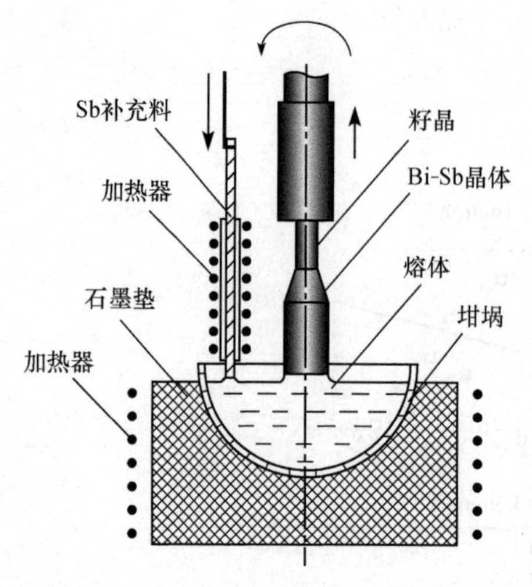

图 10-59 在 BiSb 晶体生长中进行 Sb 补偿的方法[88]

数)为

$$w_{\mathrm{L}i} = \frac{w_{i0}}{k_i} \tag{10-57}$$

式中，k_i 为该元素在结晶界面上的分凝系数。

基于式(10-57)，可以采用以下 3 种方法维持晶体成分的恒定：

(1) 连续生长。维持液相总量恒定，即连续补充的熔体成分与拟生长的晶体成分 w_{i0} 一致即可。采用该方法需要在晶体生长的全过程维持一定量的熔体，生长完成时会有较多的熔体残留。

(2) 选择性的成分补充。如图 10-59 所示，根据生长过程中某组元的损耗进行单一组元的补充。如图 10-57 所示，在 $In_xGa_{1-x}Sb$ 晶体生长中仅补充 Ga-Sb 合金也属于这种情况。采用该方法时，只要补充原料的补充速率计算合理、控制准确，就能维持熔体及晶体成分不变，直至熔体耗尽。

(3) 此外，还可以采用介于二者之间的成分补充方法，即采用与拟生长的晶体的成分不同的原料进行补充。如在生长 $In_xGa_{1-x}Sb$ 晶体时采用 x 值小于晶体设计成分的熔体，根据熔体中的成分变化规律控制其补充量也可维持熔体和晶体的成分不变。

2005 年前后，台湾大学的学者[92,93]提出了一种区域平衡 Cz 法(zone-levelling Czochralski)晶体生长技术。该方法的基本原理如图 10-60 所示，即坩埚底部直接放置与拟生长的晶体成分一致的多晶原料，在多晶原料的上方配制具有与之热力学平衡的溶质含量的低熔点熔体。从该熔体的表面采用 Cz 法提拉晶体。该方法实际上是一种将 Cz 法和区熔法相结合的新技术，在控制熔体成分均匀性方面具有明显优势。该方法已被应用于铌酸锂($LiNbO_3$)单晶体的生长，并实现了 ZnO[92] 和 MgO[93] 掺杂的均匀性控制。

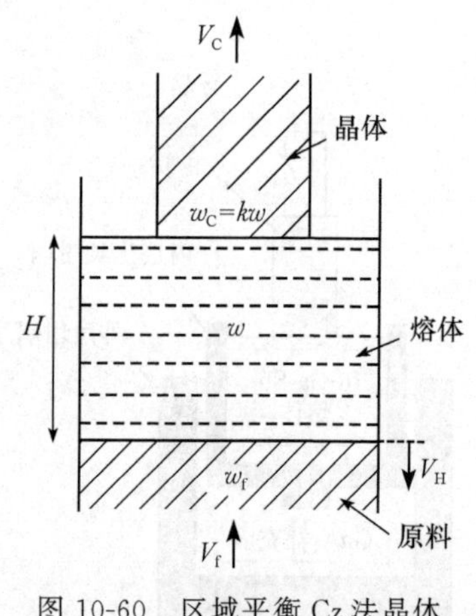

图 10-60 区域平衡 Cz 法晶体生长原理[92]

2. 熔体与环境物质交换及其熔体成分控制

熔体与环境介质的相互作用主要包括其与坩埚材料的反应和与气相化学反应及物质交换(气化或冷凝)。

在 Cz 法熔体生长过程中，熔体与坩埚材料长时间接触，坩埚材料与熔体之间的化学作用及其污染是必须首先考虑的问题。坩埚材料选择的基本原则与 Bridgman 晶体生长方法一致，对此已在第 9 章中进行了仔细的讨论。以下重点分析熔体与气相之间的相互作用及其对结晶质量的影响。在高温熔体的表面，熔体的挥发、熔体与气相的反应均对熔体和晶体的成分控制具有重要的影响。因此,气相的压力、成分和各组元蒸汽分压的控制是晶体生长过程控制的重要内容。Cz 法晶体生长过程通常是在一个气氛可控的真空室内进行的,因此气相成分的控制容易实现。为了防止熔体的挥发,可采用高压下的晶体生长方法。而为了控制特定组元的挥发,可以在真空室内充入该元素的气体,或者在原料中添加过量的该元素,通过挥发形成该组元的控制气氛。根据式(7-70b)可以求出,熔体中特定组元的成分(以摩尔含量 x_i^{L} 表示)与该组元气相平衡分压的关系式:

$$x_i^{\mathrm{L}}=\frac{p_i}{\gamma_i^{\mathrm{L}}P^0}\exp\left(\frac{\Delta\mu_{i0}^{\mathrm{GL}}}{RT}\right) \tag{10-58}$$

如果该组元在熔体中的扩散系数很大,能够实现均匀混合,则在气相和晶体之间也是热力学平衡的,从而根据式(7-69b)得出晶体中该组元的成分为

$$x_i^{\mathrm{S}}=\frac{p_i}{\gamma_i^{\mathrm{S}}P^0}\exp\left(\frac{\Delta\mu_{i0}^{\mathrm{GS}}}{RT}\right) \tag{10-59}$$

上述两式中各个符号的含义参见式(7-69b)和式(7-70b)。

在实际晶体生长过程中,熔体与气相之间溶质分布的热力学平衡是很容易实现的,但由于受到熔体中传输过程的约束,熔体中的溶质分布是不均匀的,而析出晶体的成分是由结晶界面附近与之相邻的熔体成分决定的。因此,需要将熔体和晶体作为一个整体分析。其中典型的实例是 Si 单晶生长中 O 含量的控制。气氛条件决定了熔体表面的 O 含量,而熔体中的对流和扩散则决定了熔体中,特别是结晶界面附近的 O 含量和分布。

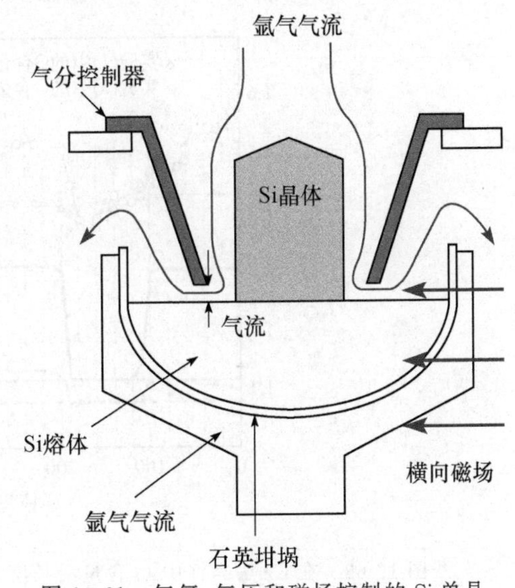

图 10-61　气氛、气压和磁场控制的 Si 单晶 Cz 法生长原理图[94]

图 10-61 所示为 Machida 等[94]进行 Si 单晶生长过程中控制 O 含量的研究装置。该装置可以在一次晶体生长过程中实时调整气相压力、氩气流量以及施加的横向磁场。通过测定所生长晶体中 O 含量的变化,可确定出对应的生长过程的气相成分。通常在 Si 单晶生长过程中,熔体对石英的腐蚀是 O 的主要来源。加速熔体表面 O 的挥发,并防止坩埚与熔体界面上的 O 扩散到结晶界面,是控制 O 含量的主要思路。实验采用的基本参数见表 10-6。

表 10-6　Machida 等[94]控制 Si 单晶 Cz 法生长过程 O 含量实验的基本参数

参　数	数　值	参　数	数　值
坩埚直径	406.4mm	提拉速率	0.8mm/min
初始熔体质量	35kg	晶体旋转速率	15r/min
晶体直径	152.4in	坩埚旋转速率	−5r/min
晶体生长方向	〈100〉	横向磁场强度	0.2T

在不施加横向磁场的条件下，气相压力的增大将导致晶体中 O 含量的降低，如图 10-62(a)所示[94,95]。而气体流量的增大将导致 O 含量的增大，如图 10-62(b)所示。作者的解释是，当气体流量增大时，气体对熔体表面有冷却作用，使得表面温度下降，从而平衡蒸汽压下降，导致熔体中 O 挥发速率下降。

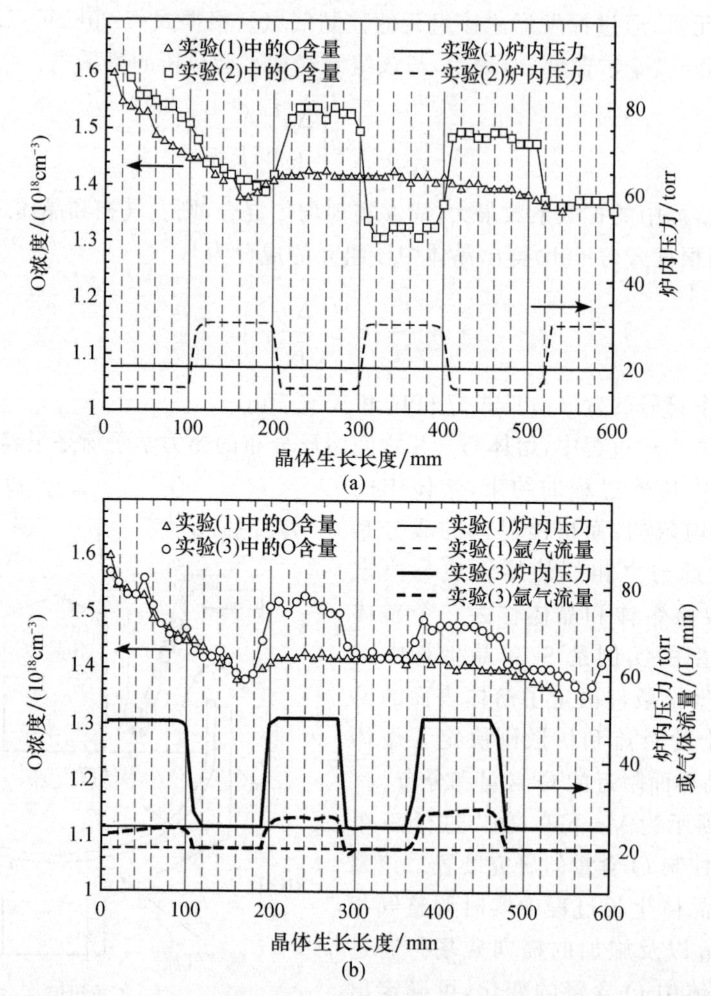

图 10-62 在 Cz 法晶锭中 O 含量沿长度(从放肩处算起)的变化及其对应的生长条件[94]
(a) 气相压力变化对 O 含量的影响；(b) 气相压力和氩气流量同时变化对 O 含量的影响

在施加 0.2T 的磁场后，晶体中的 O 含量随气相压力和氩气流量的变化规律如图 10-63 所示[94]。在横向磁场的作用下，晶体中的 O 含量随气相压力和氩气流量的变化不明显。同时，随着生长过程的进行，晶体中的 O 含量逐渐下降。这是由于恒定的横向磁场抑制了熔体的对流，使得熔体中 O 的传输速率减小，靠近晶体的熔体表面处通过挥发使得其中的 O 含量下降，而坩埚表面高 O 含量的熔体不易到达熔体的生长界面，从而，使得结晶界面附近熔体中的 O 含量不断降低。

Kakimoto 等[96]的研究结果表明，增大坩埚或晶体的旋转速率以提高熔体的流动速率，会使晶体中的 O 含量增大。这是由于在正常的 Si 单晶生长过程中，Si 熔体中的 O 是

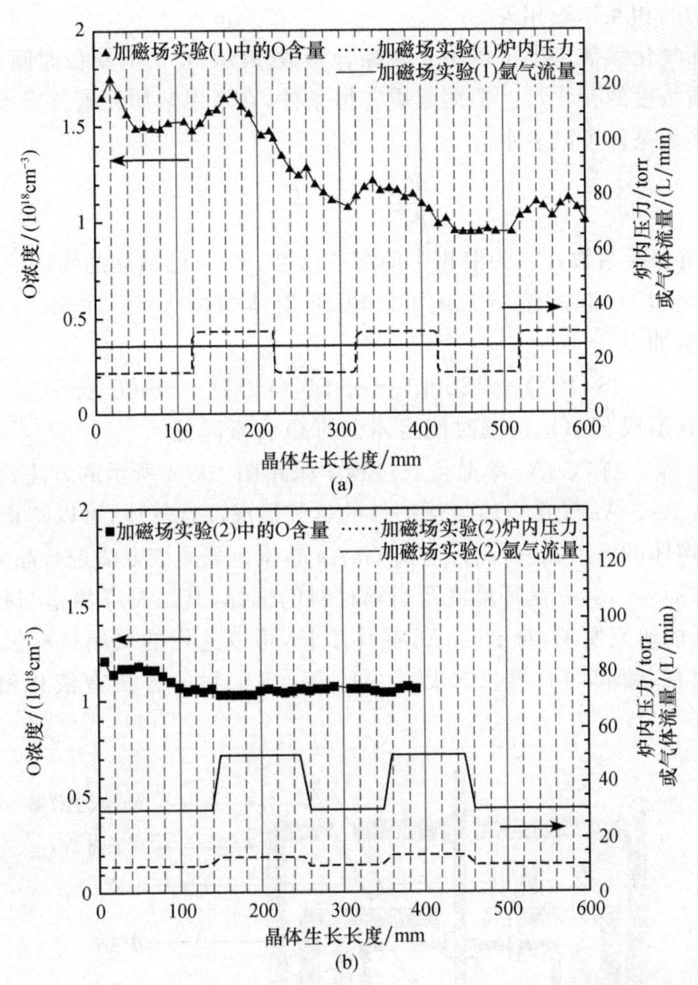

图10-63　在0.2T横向恒定磁场作用下，晶体中的O含量随气相压力和氩气流量的变化[94]

(a) 氩气流量不变，仅改变气相压力时的情况；(b) 气相压力和氩气流量同时变化的情况

通过熔体与石英(SiO_2)反应形成的，即

$$SiO_2 + Si = 2SiO \tag{10-60}$$

对流会加速SiO的溶解过程，导致熔体中O浓度的增大。因此，控制对流必然能够达到控制O含量的目的。

除了O以外，C元素的污染也是Si单晶生长中需要解决的问题。在单晶硅的生长炉中，大量采用石墨作为支撑支架等。这些支架在高温下会形成CO，并在熔体和气氛之间形成溶解C与气氛中的CO之间的化学平衡，控制着熔体中C的浓度，并间接控制着生长的Si晶体中的C污染的浓度[97]。Fukuda等[98]设计了一种惰性涂层，将其涂覆于石英坩埚表面，有效控制了熔体中的溶解C，从而显著降低了Si单晶中的C杂质含量，提高了晶体的性能。

在掺杂的单晶和固溶体晶体生长过程中，溶质元素的平衡条件及其挥发特性和不同溶质元素之间的相互作用相关。

熔体表面气化参数速率可以用一个综合参数γ表示，定义为单位时间由于表面挥发引起熔体中溶质浓度的变化量。根据溶质守恒条件，在考虑溶质元素挥发条件下，熔体中的液溶质浓度平衡条件可以表示为

$$\frac{\mathrm{d}C_L}{\mathrm{d}f_S}=\frac{1-k-\gamma}{1-f_S} \tag{10-61}$$

式中，k 为溶质分凝系数；C_L 为液相中的溶质浓度；f_S 为已结晶的物料的分数。

关于化学反应引起的溶质变化可以以 Si 熔体中掺入 Sb 时 Sb 与 SiO 反应，形成 Sb_2O_5[99] 为例，即

$$5SiO(G)+2Sb(L)=\!=\!=Sb_2O_5(G)+5Si(L\text{或}S) \tag{10-62}$$

通过该反应，在形成 Sb_2O_5 的同时使熔体中的 O 含量降低。

Kiessling 等[100] 在 GaAs 单晶生长过程中采用图 10-64 所示的方法，在晶体生长气氛控制室内引入 As。As 气化以后与保护性的氩气形成混合气体，可以防止熔体中 As 的挥发，并避免了熔体的污染，获得高性能的 GaAs 晶体。采用该方法进行晶体生长的核心问题包括两个方面[101]，其一是环境室及坩埚材料的选择，其二是环境室与拉晶杆之间的密封。经过广泛的研究发现，对于 GaAs 晶体生长，可以选用的坩埚材料包括石英、石英与石墨的混合材料、镀膜的石墨、BN 以及 Mo 等，而密封的方法有液相密封法和固相密封法。

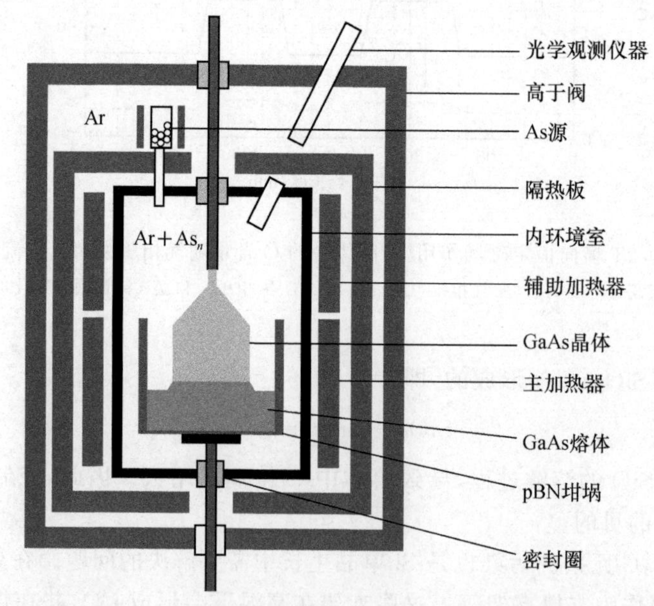

图 10-64 Ar+As_n 气氛控制的 Cz 法 GaAs 单晶生长过程原理示意图[100]

3. 高挥发性材料的液封 Cz 法晶体生长

解决高挥发性材料 Cz 法晶体生长的更为有效的途径是在熔体表面覆盖一层惰性的液体，使熔体与环境隔离。采用惰性液相覆盖熔体表面的 Cz 法晶体生长称为液封提拉法

(简写为 LEC 法)。该方法已被广泛应用于 GaAs[102,103]、GaSb[57]、InP[64,105]、GaInAs[106]、掺 Ga 的 Ge 单晶[107]等 III-V 族化合物半导体的晶体生长。

LEC 法的基本方法如图 10-37 所示[57],选择合理的密封液是实现 LEC 法的关键。对于密封液的基本要求包括:①具有低于晶体的熔点,因此在晶体生长温度下处于液态;②不与熔体或晶体发生反应;③对熔体或晶体中的主要合金元素的溶解度很低,因此合金元素不容易通过密封液向环境气氛中传输;④在熔体或晶体中的溶解度很低,不会进入熔体而被污染;⑤在晶体生长温度下蒸汽压尽可能低,不会大量挥发;⑥对坩埚等其他材料无腐蚀作用。对于 III-V 族化合物半导体材料,人们广泛选用的密封液是 B_2O_3。

如图 10-37 所示,Yang 等[73]将该技术成功应用于 GaSb 的单晶生长,获得了高质量的晶体。Yang 等[52]及 Bystrova 等[105]综合考虑了坩埚、晶体、熔体、密封液以及炉膛、气氛等条件,对 LEC 法晶体生长过程的传热行为进行了模拟,揭示了密封液对传热过程的影响,并获得了结晶界面形状的计算结果。

He 和 Kuo[103,106]在 GaSb、GaInAs 等化合物半导体晶体 LEC 法生长过程中,将液封技术与各种熔体成分补充技术相结合,即分别在图 10-17～图 10-19 所示的生长技术过程中,在熔体表面覆盖熔融的 B_2O_3,解决了熔体挥发问题的同时,实现了熔体恒定成分的控制。

LEC 法也被应用于其他化合物半导体,如 ZnSe 等晶体的生长[108]。然而,密封液对晶体成分的影响是多方面的,密封液本身和其中所含的杂质不可避免地会对熔体产生污染。如 Bystrova 等[105]注意到,在 GaAs 的 LEC 法生长过程中,气相中的 CO 会向 B_2O_3 熔体中溶解,并通过扩散进入到 GaAs 晶体,对晶体造成污染。因此,在采用 LEC 法生长晶体时,需要对气相成分的影响进行认真分析,并采取适当的控制措施。

10.5　其他熔体法晶体生长的方法

除了 Bridgman 法和 Cz 法这两种主要的熔体生长方法以外,还有许多更原始的或由此演变来的其他熔体生长方法。

10.5.1　成形提拉法(导模法)

在 Cz 法晶体生长过程中,晶体的形状是由传热条件控制的。通过控制提拉速率、传热条件和晶体旋转实现晶体的尺寸和形状控制,通常得到的是圆截面等直径或变直径的晶锭。在熔体表面放置一个模子(称为导模)作为约束条件则可以实现晶体形状的控制。采用导模约束晶体形状的提拉法称为成形晶体生长法(shaped crystal growth)。简单成形提拉法晶体生长过程的基本原理如图 10-65(a)所示,采用放置在熔体表面的导模控制晶体的形状。导模的结构可以采用图 10-65(b)所示的不同设计[109]。对于挥发性的材料,可以采用另外一个导模进行熔体表面的覆盖。对于高熔点的材料,采用该方法生长时对导模材料的基本性能要求是:①具有耐高温性能,其熔点远高于晶体材料;②具有很高的化学稳定性,不与晶体或熔体发生化学反应;③在熔体中具有极低的溶解度,不对晶体材料产生污染;④在生长温度下不与环境气氛发生反应或挥发;⑤具有较低的热导率,不会对熔体的温度场产生较大的影响；⑥具有一定的被熔体润湿的性质。

成形提拉法是由苏联学者 Stepanov 于 1960 年前后提出的，所以又称为 Stepanov 法[110~112]。该方法最早被用来提拉 Al 晶体，但与其他铝合金加工方法相比缺乏成本优势，后来逐渐发展为一种半导体等高附加值功能材料的单晶生长技术。晶体的形状就是由导模的形状决定的，其中熔体的表面张力在生长过程中也起着重要的作用。当晶体从导模的边缘被提拉生长时同样形成半月面，可利用熔体的表面张力约束晶体的形状，其原理与图 10-5 所示的控制方法相同。

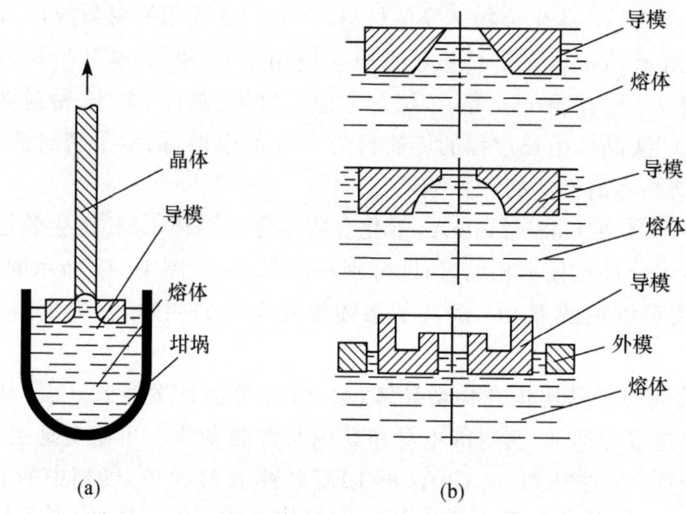

图 10-65　成形提拉法晶体生长的基本原理[109]

(a) 导模法的基本原理；(b) 导模的结构设计

随着时间的推移，Stepanov 法不断得到发展，演变出各种晶体生长技术。以下对几种典型的成形生长技术进行分析。

1. EFG 法(edge-defined film-feed growth)

EFG 法是 20 世纪 60 年代由 LaBelle 等[113]提出的。该方法不要求导模的内腔与所生长的晶体形状一致，而是利用熔体对导模材料的润湿作用，使其通过一个小孔输送到导模上表面，并沿着上表面铺开，形成薄膜，然后由该熔体薄膜提拉出一定形状的晶体。只需要对导模上表面的形状进行控制即可实现对晶体形状的控制，其原理如图 10-66 所示[114]。

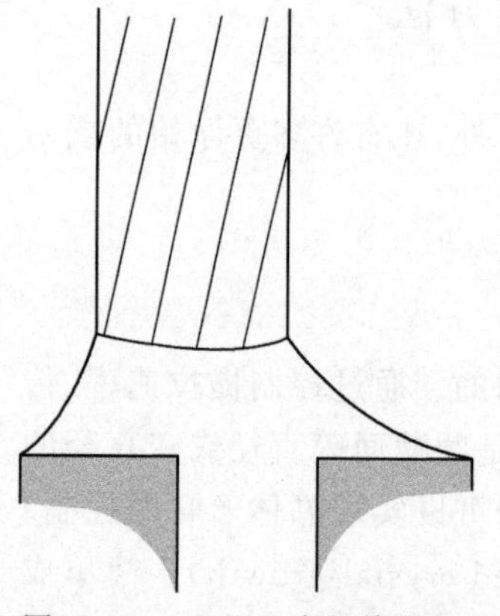

图 10-66　EFG 法中晶体形状的约束原理[114]

EFG 法可以生长圆柱形单晶，采用图 10-67 所示的导模结构设计，还可以生长板状晶体[115,116]。其中图 10-67(a)采用与板材平行的缝隙式通道输送熔体，图 10-67(b)则采用一个圆柱形通道先将熔体输送到导模的上表面，然后熔体沿表面向两侧分散，形成与板材截面形状接近的矩形液膜。

采用环形的缝隙升液，则可形成环形的晶体，如图 10-68 所示[117,118]。该方法又称为 CS(closed-shaping)法[112]。

Garcia 等[119]采用 EFG 法生长了直径达 500mm、壁厚仅为 75～300μm 薄壁单晶 Si 管，长度达到 1.2m。图 10-69 所示即为仍挂在拉晶杆上的薄壁 Si 管的照片。

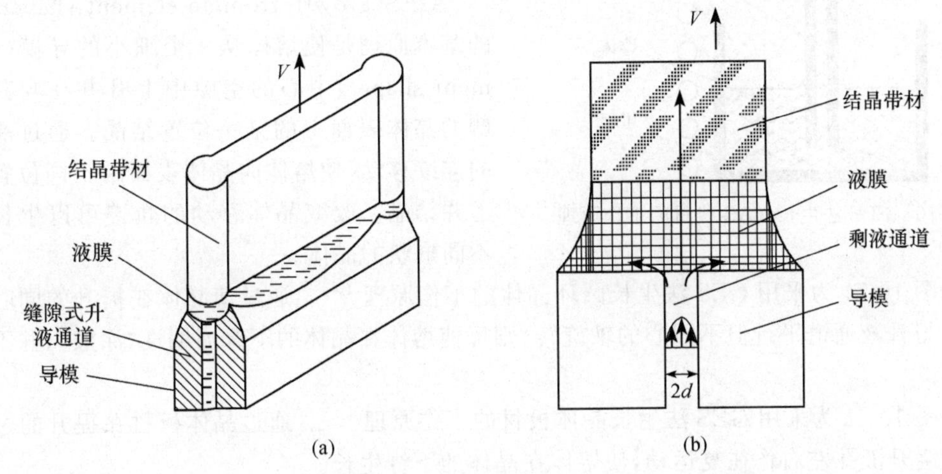

图 10-67　生长结晶带材的 EFG 法

(a) 缝隙式通道[115]；(b) 圆孔通道[116]

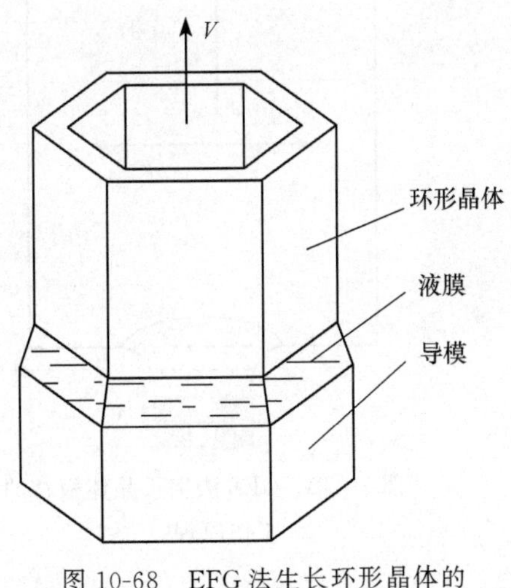

图 10-68　EFG 法生长环形晶体的基本原理[117,118]

图 10-69　采用 EFG 法生长的薄壁 Si 管[119]

直径为 500mm，长度 1.2m，壁厚仅为 75～300μm

Kurlov 等[120]则采用图 10-70 所示的 EFG 法进行了直径仅为 1.2mm、掺稀土的 YAG 晶体线材的生长。

Mu 等[121]采用 EFG 方法成功地从直径为 60mm 的 Ir 坩埚中提拉出截面尺寸为 3.5mm ×25mm 的 Nd^{3+}：$(Lu_xGd_{1-x})_3Ga_5O_{12}$(Nd:LGGG)单晶片，其生长速率达到 6～15 mm/h。Stelian 等[122]进行 EFG 法生长蓝宝石的研究，并对晶体生长过程进行了数值

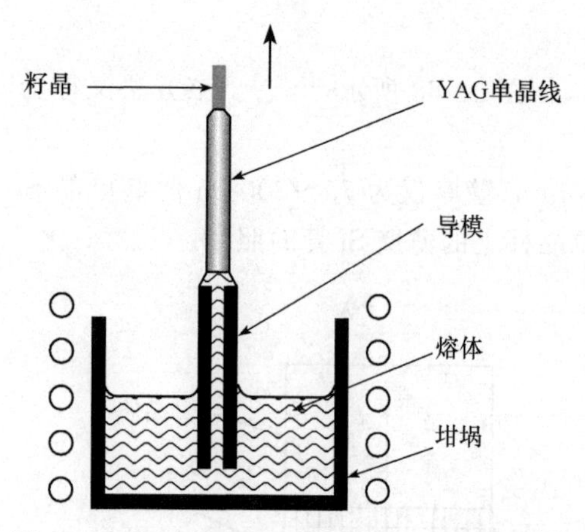

图 10-70　EFG 法生长 YAG 线材的工作原理[120]

模拟。Yeckel[123]对 CsI 晶体生长数值模拟研究结果表明，采用 EFG 法生长直径 18mm 的 CsI，其生长速率可以达到 20mm/h 的高速率。

2. GES 法

GES(growth from an element shaper)法的基本原理是使熔体从一个细小的导模(element shaper)中心的空隙中上升并在与其接触的晶体表面上的某一位置结晶。通过晶体的连续移动，使熔体向晶体表面的不同位置输送并结晶。改变晶体移动的轨迹可以生长出不同形状的晶体。

图 10-71 为采用 GES 法生长圆环晶体的工作原理[124]。通过使晶体在提升的同时绕一个与升液通道平行但不同心的轴旋转，则可使熔体在晶体的下缘周期性“涂敷”，并不断生长。

图 10-72 为采用 GES 法生长晶体板材的工作原理[125]。通过晶体板材在提升的过程中围绕升液孔左右作往复运动，使熔体在晶体的下缘生长。

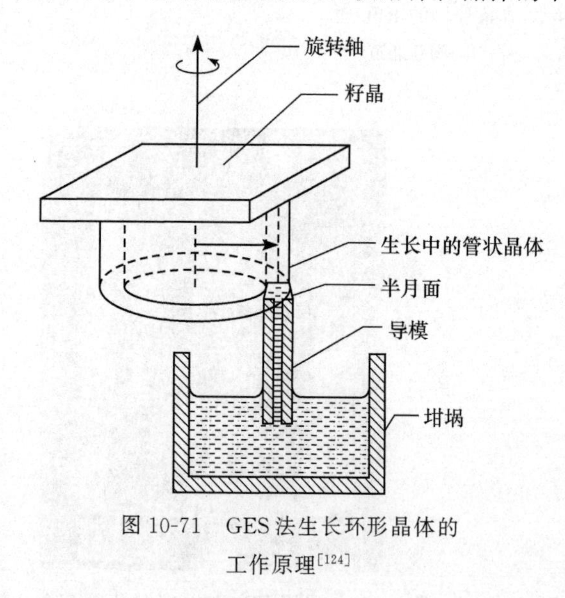

图 10-71　GES 法生长环形晶体的工作原理[124]

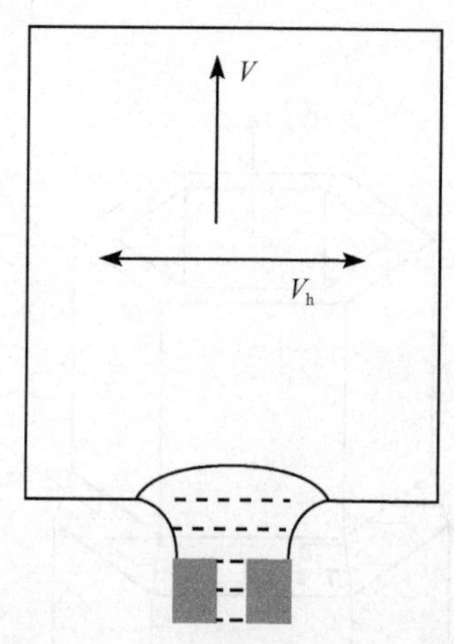

图 10-72　GES 法生长晶体板材的工作原理[125]

3. NCS 法

NCS(non-capillary shaping)法是指当熔体的表面张力很小或所生长的晶体尺寸很大时，依靠表面张力无法实现对晶体形状和液膜稳定性的控制，此时需要对导模的表面形状进行设计，利用熔体对导模的润湿作用来维持晶体的成形生长。与图 10-70 所示的 EFG 法相似，但导模的外径必须大于晶体的外径。

4．HRG 法(horizontal ribbon growth)

HRG 法是一种水平拉晶的方法，其基本过程如图 10-73(a)所示[126]。板状的晶体在传送带的支撑下从坩埚的侧面拉出。拉晶过程控制温度的加热与冷却元件在坩埚的上方。在该过程中，坩埚中的流速、溶质浓度和温度分布示意图如图 10-73(b)所示[126]。

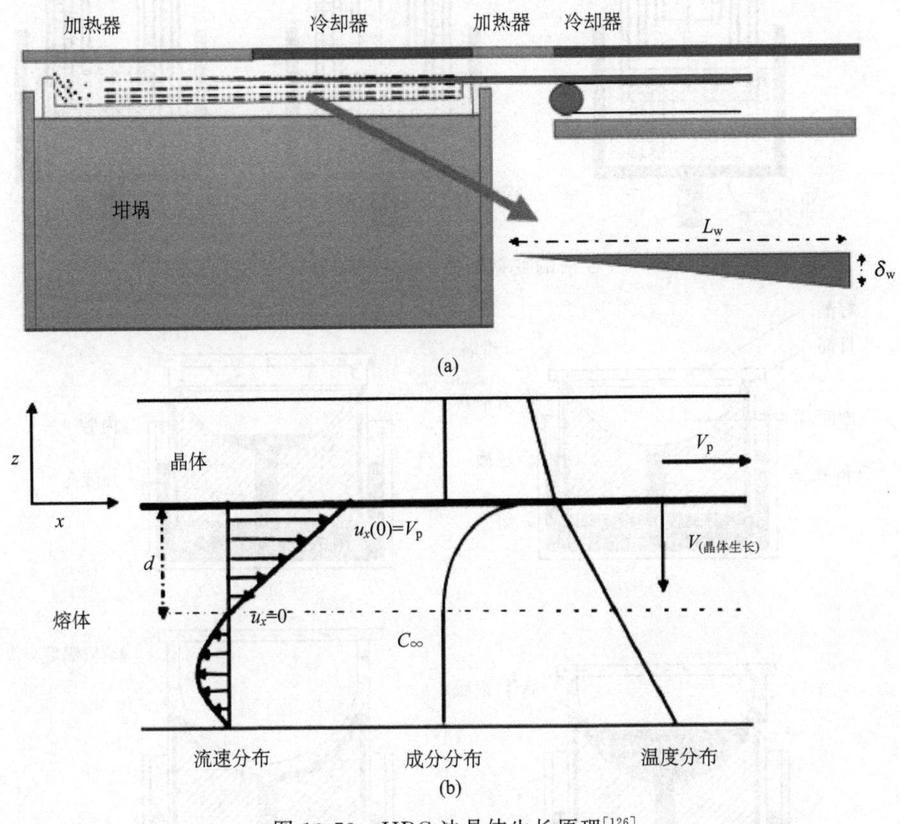

图 10-73　HRG 法晶体生长原理[126]

(a) 生长原理示意图；(b) HRG 法晶体生长过程的流速、溶质浓度和温度分布示意图

5．VST 法

VST(variable shaping technique)法，即变截面成形晶体生长技术，采用复杂的多升液通道，可以实现晶体截面与形状的同时变化。图 10-74 所示是维持环形晶体的外径恒定，多次改变其内径的 VST 法原理图[124]。采用多层长度不同的环形导模，最外层的导模最长，优先插入熔体，并使熔体首先在该导模上缘按照 EFG 法生长原理生长出圆管。在生长过程中不断向上推动坩埚。当外层圆管生长到设计的长度后，次外层导模插入熔体，引导熔体上升，在紧贴外层圆管处生长，并与其生长为一体，使得晶体圆管的内壁向内收缩、厚度增大。然后，按照设计程序，进一步使内层导模上缘的生长启动，从而形成内部阶梯式的变截面圆管。

VST 法进一步演变为底部封闭的环形件生长，即完成“锅底”的生长，形成“锅”形晶

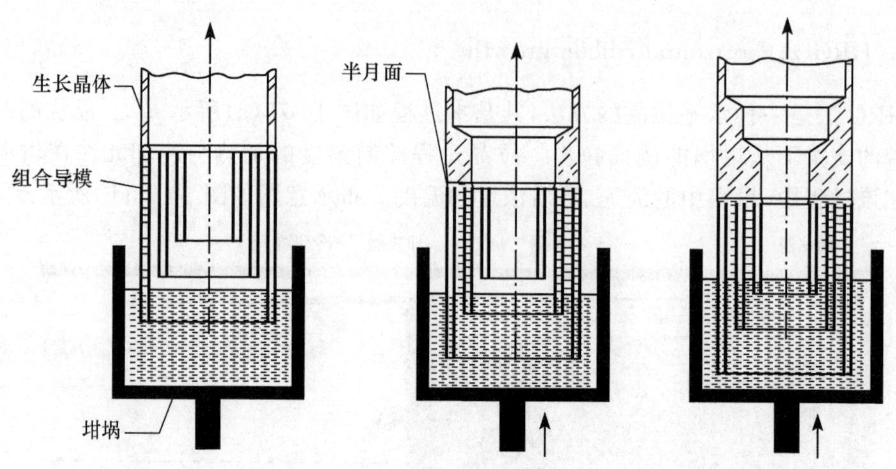

图 10-74 基于 EFG 法的变截面晶体生长方法(VST 法)原理图[124]

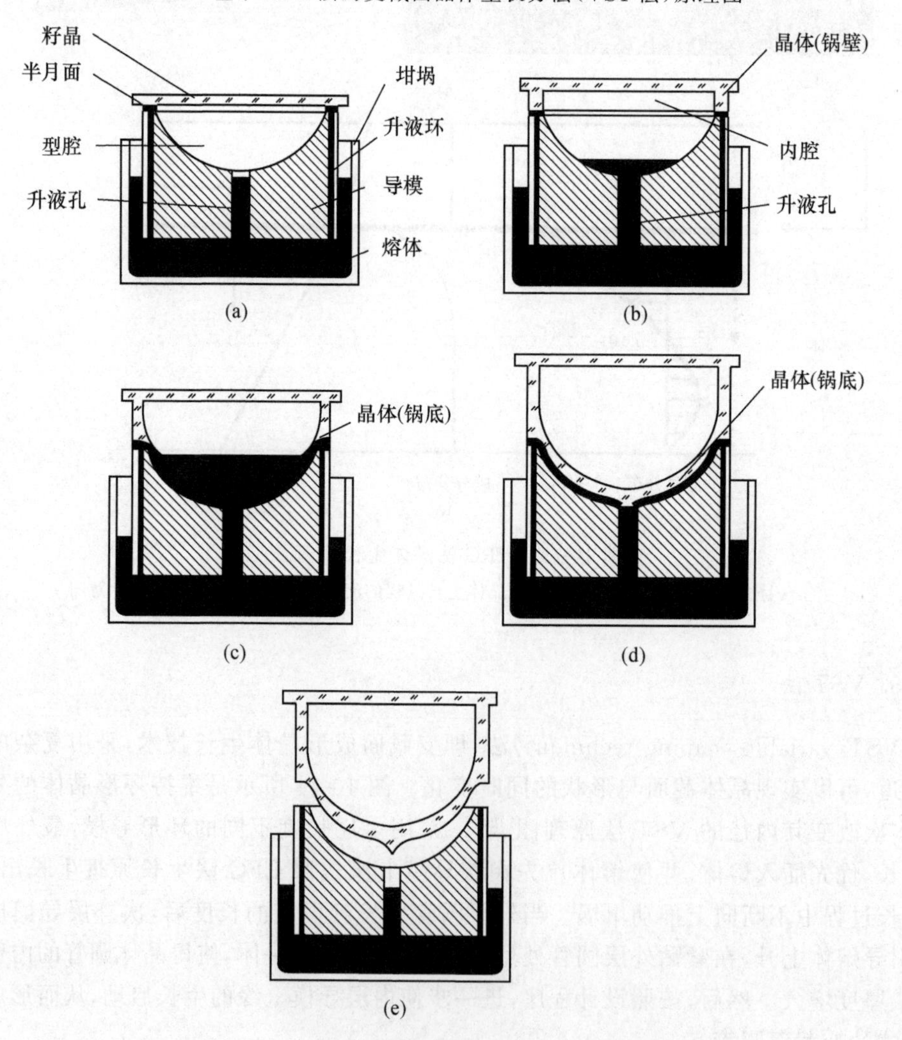

图 10-75 “锅”形刚玉的 EFG 法生长过程[127]

体。图 10-75 所示是 Kurlov 等[127]的“锅”形刚玉的生长工艺过程。导模的形状设计与晶体“锅底”形状一致，并在“锅缘”上开设环形孔。熔体通过该环形孔和设在底部的圆孔两个路径输送熔体(见图 10-75(a))。先由外侧的环形空隙提供熔体，生长管状的晶体，形成“锅”侧面(见图 10-75(b))。当其高度达到设计高度时使熔体由导模底部的圆孔进入模内，并沿模壁生长(见图 10-75(c))。最后在“锅底”封闭，形成“锅”形晶体(见图 10-75(d)和(e))。

6. 梯度掺杂的成形晶体生长

采用导模，不仅可以通过调整熔体的导入位置进行晶体形状的控制，还可以控制熔体的成分变化。若采用多个熔体导入通道，导入不同成分熔体，则可生长出具有成分梯度的晶体。如图 10-76 所示[128]，采用内外两层坩埚，在外层坩埚中装入未掺杂熔体，通过外侧的环形缝隙生长外侧晶体，而在内坩埚装入掺杂的熔体，通过中心的圆孔升液生长晶体的心部。采用该方法可以生长心部掺杂而表面不掺杂的晶锭。如果反过来，外侧坩埚中装掺杂熔体，内坩埚中装未掺杂熔体，则可实现晶体的表面掺杂。采用其他不同的升液孔的分布可以实现更复杂的组合，生长各种具有梯度成分分布的晶锭。

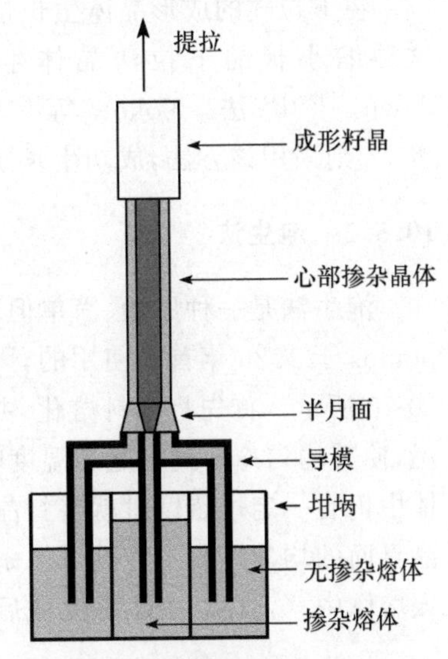

图 10-76　采用 EFG 法生长心部掺杂晶锭的工作原理[128]

7. 下拉式成形晶体生长方法

下拉式(pulling down technique)成形晶体生长方法是 Yoshikawa 等[129]发明的一种类似于 Bridgman 法的晶体生长方法，其基本过程如图 10-77 所示。在坩埚底部设计一个成形导模，熔体通过导模向下“漏出”，并在半月面内的熔体表面张力约束下生长，从而根

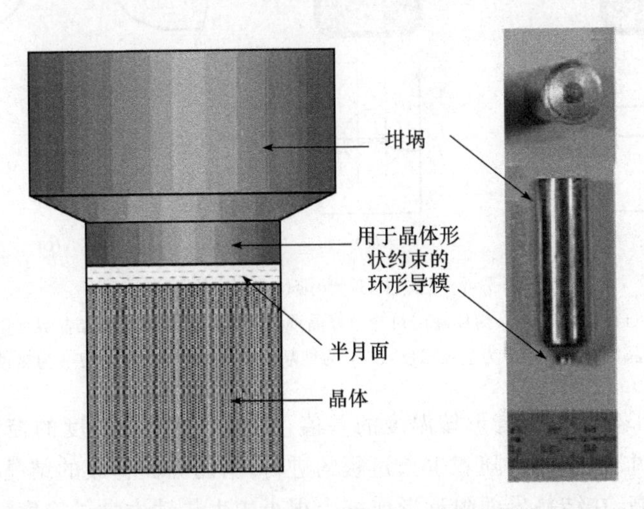

图 10-77　下拉式成形晶体生长原理图[129]

据导模内腔的形状生长出具有一定截面形状的单晶体。该方法已被应用于圆柱和矩形的YGG($(Y_{1-x}Yb_x)_3[Gd]_2(Ga)_3O_{12}$)[129]、掺 Yb 的 LuAG($\{Lu_{1-x}Yb_x\}_3[Al]_2(Al)_3O_{12}$)[129]、掺 Ce^{3+} 的 $Lu_{2(1-x)}Y_{2x}SiO_5$[130]、$Yb_{0.15}Gd_{2.85}Ga_5O_{12}$[131]、$Yb_{0.15}Lu_{1.5}Gd_{1.35}Ga_5O_{12}$[131]、Bi:$Gd_3Ga_5O_{12}$[132]等晶体的生长。

在下拉式的成形晶体生长过程中，进一步缩小晶体的直径，可以生长出细小的单晶。这种缩小板的下拉法晶体生长方法又被称为微下拉法，即 μ-PD（micro-pulling-down）[133,134]法。Yokota 等[133]开发出直径为 2mm 的针状 Ce:YAG 单晶生长技术。Su 等[134]则采用该方法，成功生长了直径 0.2～0.6mm 的蓝宝石纤维。

10.5.2　泡生法

泡生法是一种原始、简单但至今仍被广泛使用的晶体生长方法。该方法是由 Kyropoulos 于 1926 年首先使用的，因此又被称为 Kyropoulos 法[2]。泡生法的基本过程如图 10-78 所示。首先将原料熔化，并加热到一定的过热度使其充分均匀化。然后对熔体降温，使其均匀冷却到一定的温度时，将预先准备好的籽晶浸入熔体中进行生长。通常在熔体中仍有一定过热度时就将籽晶浸入，使其表面发生部分熔化，以利于所生长的晶体与籽晶界面的均匀过渡。籽晶可以采用半浸入状态，使部分露在熔体表面以上，也可以完全浸入熔体中。上述 3 个步骤完成后则进入晶体的稳定生长阶段。

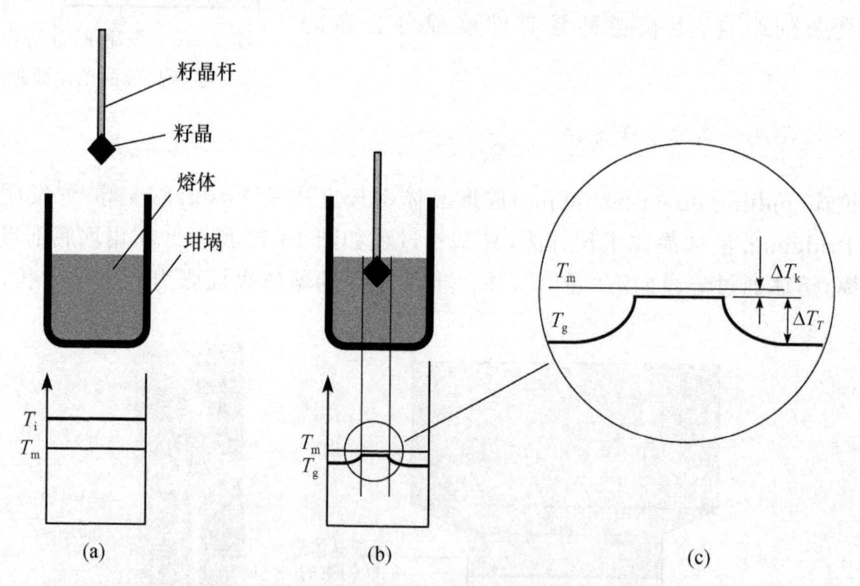

图 10-78　泡生法(Kyropoulos 法)的基本原理

(a) 熔体过热与籽晶准备；(b) 熔体降温过冷与籽晶浸入熔体；(c) 生长过程结晶界面附近的温度场

T_m 为晶体的熔点；T_g 为生长温度；ΔT_k 为结晶界面动力学过冷度；ΔT_T 为热过冷度

泡生法利用了生长温度与形核温度的差值，其核心技术是温度的控制。在晶体开始生长时熔体处于过冷状态，但随着生长过程的进行，结晶界面释放的结晶潜热会使生长界面附近的温度升高，在结晶界面附近形成一个很小的生长动力学过冷度(见图 10-78(c))。

该动力学过冷度通常很小,以至于从传热分析的角度可以忽略。泡生法与其他熔体生长方法的根本区别是结晶界面前的温度分布。其他熔体生长方法在结晶界面前通常存在着正的温度梯度,即随着距结晶界面距离的增大,温度升高,而在泡生法晶体生长过程中,结晶界面前存在着负的温度梯度,即随着距结晶界面距离的增大,温度降低。

对于籽晶完全浸入熔体的生长过程,结晶界面释放的结晶潜热必须通过熔体向坩埚传输,并通过坩埚表面散热。坩埚和熔体必须控制在稍低于熔点的恒定温度下。泡生法晶体生长过程,熔体中的传热主要受对流控制。当熔体中的对流强度较大时,可以假定在结晶界面前熔体中的温度是均匀的,设为 T_g,晶体生长界面温度与晶体结晶温度 T_m 一致(忽略动力学过冷度),在结晶界面前存在着由边界层构成的温度梯度区。假定该边界层的厚度为 δ,则结晶界面前的温度梯度近似为

$$G_T = \frac{T_g - T_m}{\delta} \tag{10-63}$$

由于 $T_g < T_m$,因此 $G_T < 0$。该负的温度梯度控制着结晶界面前的散热速率,从而控制着晶体的生长速率。

单位时间、单位结晶界面上释放的结晶潜热为

$$q_1 = \rho_C \Delta H_m R \tag{10-64}$$

式中,ρ_C 为晶体密度;ΔH_m 为单位质量晶体的结晶潜热;R 为结晶界面生长速率。

而通过界面边界层的散热热流为

$$q_2 = -\lambda_L G_T \tag{10-65}$$

式中,λ_L 为熔体的热导率。

根据结晶界面上的热平衡条件 $q_1 = q_2$ 导出

$$R = \frac{\lambda_L}{\rho_C} \Delta H_m \frac{-(T_g - T_m)}{\delta} \tag{10-66}$$

可以看出,熔体的温度 T_g 和对流条件决定的结晶界面前的边界层厚度 δ 是决定晶体生长速率的主要参数。

而当籽晶部分暴露在熔体表面时,结晶潜热可以通过籽晶杆的导热或晶体的表面辐射散热。因此,所需要的熔体的过冷度更小,甚至可以在过热的条件下生长。

Demina 等[135,136] 对采用半浸入式的泡生法生长蓝宝石过程中传热和对流情况进行了数值计算。计算过程基于传热的能量方程和控制对流的动量方程,其中晶体生长速率表示为

$$R = \frac{1}{\rho_C \Delta H_m}\left(\lambda_C \frac{\partial T_C}{\partial n} - q_{rad} - \lambda_L \frac{\partial T_L}{\partial n}\right) \tag{10-67}$$

式中,λ_C 和 λ_L 分别为晶体和熔体的热导率;$\partial T_C/\partial n$ 和 $\partial T_L/\partial n$ 分别为结晶界面上晶体和熔体一侧法线方向上的温度梯度;q_{rad} 为结晶界面上的热辐射速率,考虑该项是由于蓝宝石晶体是半透明的。

在生长过程两个不同时刻计算的晶体生长形状、对流场与温度场如图 10-79[135] 所

示。可以看出，该生长过程中晶体的温度最低，坩埚的温度最高，熔体的温度介于二者之间，籽晶杆的温度也高于晶体，表明其结晶潜热主要是通过晶体的辐射散热进行的。泡生法最成功的应用是蓝宝石单晶生长[137,139]。俄罗斯 Stavropol 的 Monocrystal 公司采用该方法生长了重达 65kg 的蓝宝石单晶，如图 10-80[137]。又针对该方法的大量数值模拟研究也是围绕蓝宝石晶体生长过程进行的[140~143]。

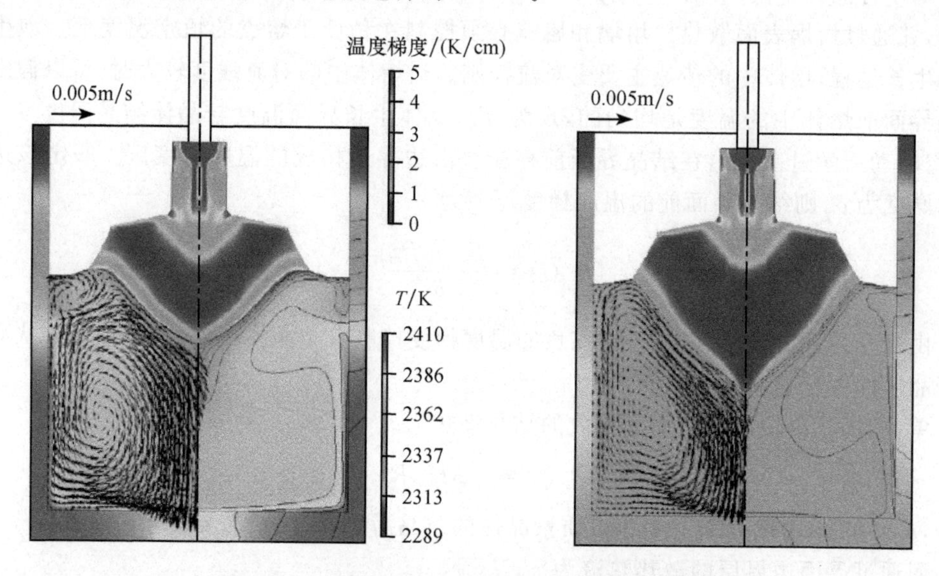

图 10-79　采用半浸入的泡生法生长蓝宝石[135,136]

图 10-80　采用顶部籽晶泡生法生长的蓝宝石单晶[137]

两个晶体的质量分别达到 65kg 和 30kg

Asahi 等[144]用 B_2O_3 熔体液封覆盖保护，采用泡生法进行了 ZnTe 单晶的生长，成功获得了较大尺寸的 ZnTe 单晶。生长过程的控温曲线如图 10-81 所示[144]。该泡生法生长晶体的过程中，温度是一直缓慢下降的，适用于具有一定固溶度的晶体生长。这是由于在固溶体结晶过程中，由于溶质的分凝，熔体的结晶温度是不断下降的。根据相图的平衡条件，还可以通过控制结晶温度的变化进行晶体成分的控制。

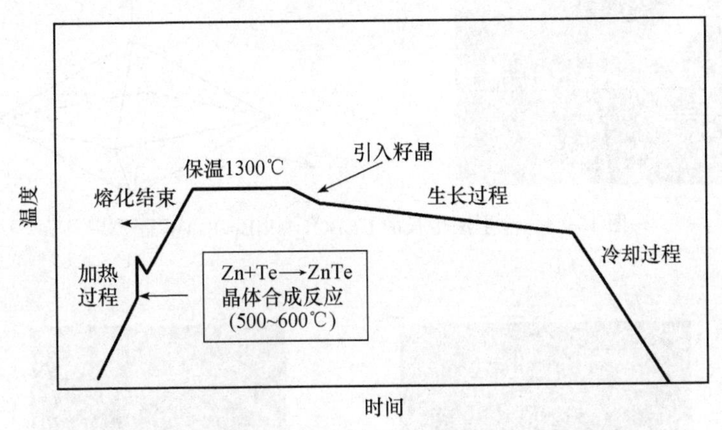

图 10-81　溶剂覆盖的泡生法生长 ZnT 晶体过程中温度的变化[144]

顶部泡生法也被应用于高温超导材料 Y-Ba-Cu-O 单晶的生长[145,146]。底部籽晶的泡生法晶体生长过程的传输特性及其生长过程更为复杂，对此定量的研究和科学的工艺设计也有赖于数值模拟[147,148]。

与完全浸入的泡生法接近，Métrat 等[149]采用图 10-82 所示的表面漂浮籽晶的方法进行了 $KY_{1-x}Nd_x(WO_4)_2$ 激光晶体的生长。利用熔体的表面张力，使得从表面引入的籽晶漂浮在熔体的表面，并随着熔体的降温而生长。该方法适合于晶体和熔体的密度差较小，籽晶不易被熔体润湿的情况。在该方法生长过程中，晶体的一部分面积暴露在熔体表面，不同界面上的散热条件不同，控制晶体内部的温度分布变得更为复杂。

图 10-82　籽晶漂浮法生长 $KY_{1-x}Nd_x(WO_4)_2$ 激光晶体的方法[149]

泡生法晶体生长过程是在过冷条件下进行的，并且生长过冷度很小，在接近熔点的温度下生长，其不同取向上的生长条件差异很小，晶体的结晶学特性在形状控制中起重要作用，并且晶体学各向异性得到充分体现。因此，对于各向异性比较明显的晶体，其生长形态更接近其平衡形态。图 10-83 是 Yuan 等[150]采用泡生法生长的 CLBO($CsLiB_6O_{10}$)单晶。图 10-84 是 Zhang 等[151]采用泡生法生长的 $BaCaBO_3F$ 单晶照片及表面形状。

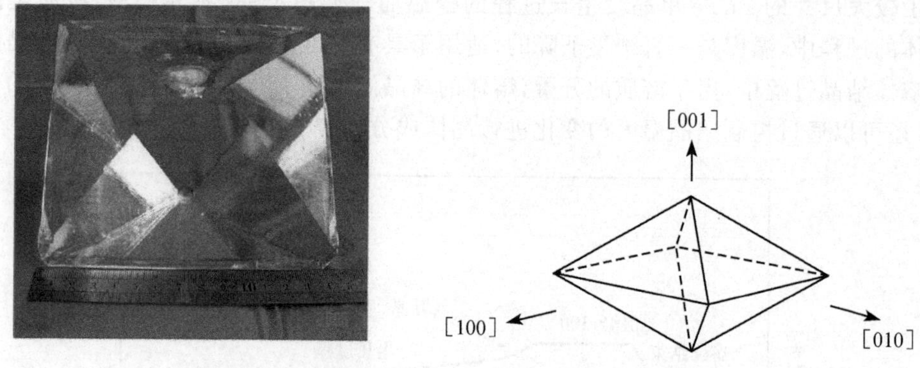

图 10-83 泡生法生长的 CLBO($CsLiB_6O_{10}$)单晶[150]

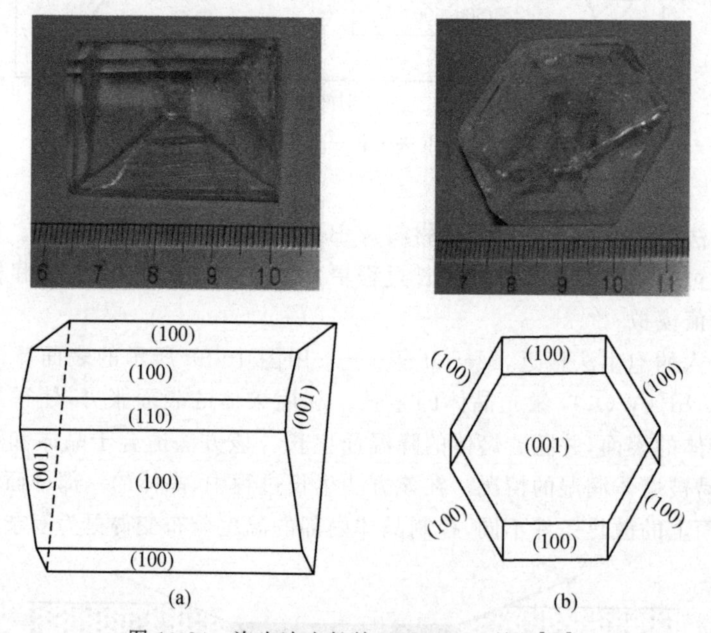

图 10-84 泡生法生长的 $BaCaBO_3F$ 单晶[151]

10.5.3 火焰熔融生长法

火焰熔融生长(flame fusion growth)法又称为 Verneuil 法，是法国科学家 Verneuil 于 1891～1902 年发明并在后来被大量应用于红宝石和蓝宝石生长的技术[2]。到了 1907 年，已经形成 5×10^6 c① 红宝石的生产能力，1913 年则形成 1×10^7 c 蓝宝石的生长能力。因此，Scheel[2]认为该项技术的问世标志着现代工业化人工晶体生长技术的开始。

① 1c=200mg。

Verneuil 法生长宝石晶体的基本原理如图 10-85所示[2]。首先使粉体原料由氢氧焰直接加热，在预制的氧化铝烧结棒的顶端形成一个熔滴。然后通过调整氢氧焰和原料的量使熔滴结晶并生长出长约 5～10mm 的籽晶，再进一步调整氢氧焰、送料方式和送料速率，使晶体直径增大并连续生长，获得大尺寸的宝石晶体。通过调整火焰的温度和送料过程，可防止新的晶核形成，维持单晶生长。在整个生长过程中，晶体生长表面始终维持一个约 500μm 厚的液膜，粉体原料不断熔融进入该液膜，并在结晶界面上生长。尽管火焰法晶体生长过程的控制相对粗糙，并依赖于操作经验，但该方法生长工艺非常简单，生产成本低廉，仍是一个有效而被广泛应用于高熔点氧化物晶体生长的方法。现在每年采用 Verneuil 法生长的红宝石和蓝宝石晶体达到 250t，产品主要用作手表等制造业的装饰材料[2]。

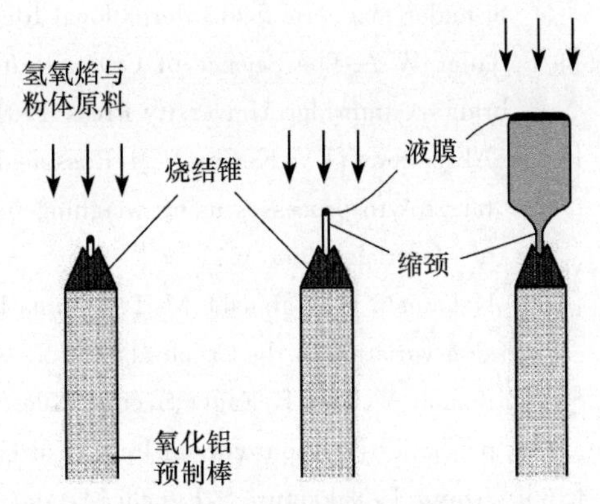

图 10-85　Verneuil 法生长宝石晶体的过程[2]

Barvinschi 等[152]通过数值计算证明，在一般 Verneuil 法晶体生长过程中，透明晶体材料结晶界面前的温度梯度约为 20K/cm，而非透明晶体材料结晶界面前的温度梯度约为 36K/cm。

Verneuil 法至今仍无大的变化。人们所进行的改进主要在送粉方式及其控制精度[153]、掺杂的控制和粉体的活化处理上。如在生长红宝石时进行 Cr 掺杂的控制[154]，以及加热方式的改进[155,156]。1961 年前后，Reed[155]进一步采用等离子焰代替氢氧焰，使熔区温度达到 10000～20000K，同时采用感应电磁场进行粉体和等离子焰的控制，并用于 ZrO 单晶的生长。Halden 等[156]以及 Bartlett 等[157]采用电弧代替氢氧焰加热熔化，发展了一种电弧加热的 Verneuil 技术。

参 考 文 献

[1] Buckley H E.Crystal Growth.New York:John Wiley & Sons,Inc.,1951.

[2] Scheel H J.Historical aspects of crystal growth technology.Journal of Crystal Growth,2000,211:1-12.

[3] Czochralski J.Zeitschrift für physikalische.Chemie,1918,92:219-221.

[4] Tomaszewski P E.Jan Czochralski-father of the Czochralski method.Journal of Crystal Growth,2002,236:1-4.

[5] Talik E.Ninetieth anniversary of Czochralski method.Journal of Alloys and Compounds,2007,442:70-73.

[6] Teal G,Little J B.Growth of Germanium single crystal.Physical Review,1950,78:647.

[7] Talik E,Szade J,Heimann J,et al.X-ray examination,electrical and magnetic properties of R_3Co single crystals(R=Y,Gd,Dy and Ho).Journal of Less-Common Metals,1988,138:129-136.

[8] Jana S,Dost S,Kumar V,et al.A numerical simulation study for the Czochralski growth process of

Si under magnetic field.International Journal of Engineering Science,2006,44:554-573.

[9] Tiller W A.The Science of Crystallization-Macroscopic Phenomena and Defect Generation.Cambridge:Cambridge University Press,1991.

[10] Abrosimov N V,Kurlov V N,Rossolenko S N.Automated control of Czochralski and shaped crystal growth processes using weighing techniques.Progress in Crystal Growth and Characterization of Materials,2003,46:1-57.

[11] Nakanishi H,Watanabe M,Terashima K.Dependence of Si melt flow in a crucible on surface tension variation in the Czochralski process.Journal of Crystal Growth,2002,236:523-528.

[12] Kumar V,Basu B,Enger S,et al.Role of Marangoni convection in Si-Czochralski melts Part I.3D predictions without crystal.Journal of Crystal Growth,2002,253:142-154.

[13] Azami T,Nakamura S,Eguchi M,et al.The role of surface-tension-driven flow in the formation of a surface pattern on a Czochralski silicon melt.Journal of Crystal Growth,2001,233:99-107.

[14] Kumar V,Basu B,Enger S,et al.Role of Marangoni convection in Si-Czochralski melts Part II.3D predictions with crystal rotation.Journal of Crystal Growth,2003,255:27-39.

[15] Brandle C D.Czochralski growth of oxides.Journal of Crystal Growth,2004,264:593-604.

[16] Kakimot K,Liu L.Partly three-dimensional calculation of silicon Czochralski growth with a transverse magnetic field.Journal of Crystal Growth,2007,303:135-140.

[17] Tsaur S C,Kou S.Growth of $Ga_{1-x}In_xSb$ alloy crystals by conventional Czochralski pulling.Journal of Crystal Growth,2003,249:470-476.

[18] Krause M,Friedrich J,Müller G.Systematic study of the influence of the Czochralski hot zone design on the point defect distribution with respect to a "perfect" crystal.Materials Science in Semiconductor Processing,2003,5:361-367.

[19] Shumov D P,Rottenberg J,Samuelson S.Growth of 3-inch diameter near-stoichiometric $LiTaO_3$ by conventional Czochralski technique.Journal of Crystal Growth,2006,287:296-299.

[20] Zhao W, Liu L. Control of heat transfer in continuous-feeding Czochralski-silicon crystal growth with a water-cooled jacket. Journal of Crystal Growth, 2017, 458: 31-36.

[21] Sun J,Kong Y F,Zhang L,et al.Growth of large-diameter nearly stoichiometric lithium niobate crystals by continuous melt supplying system.Journal of Crystal Growth,2006,292:351-354.

[22] Lin M H,Kou S.Czochralski pulling of InSb single crystals from a molten zone on a solid feed. Journal of Crystal Growth,1998,193:443-445.

[23] Borovlev Y A,Ivannikova N V,Shlegel V N,et al.Progress in growth of large sized BGO crystals by the low-thermal-gradient Czochralski technique.Journal of Crystal Growth,2001,229:305-311.

[24] Tsaur S C,Kou S.Czochralski growth of $Ga_{1-x}In_xSb$ single crystals with uniform compositions. Journal of Crystal Growth,2007,307:268-277.

[25] Guo L, Jin W Z, Chen Z K,et al. Large size crystal growth and structural, thermal, optical and electrical properties of $KCl_{1-x}Br_x$ mixed crystals,Journal of Crystal Growth, 2017, 480 :154-163.

[26] Pandey I R, Kim H J, Kim Y D, et al. Growth and characterization of $Na_2Mo_2O_7$ crystal scintillators for rare event searches. Journal of Crystal Growth, 2017, 480:62-66.

[27] Doležal P, Rudajevová A, Vlášková K, et al. Czochralski growth of LaPd2Al2 single crystals. Journal of Crystal Growth, 2017, 475:10-20.

[28] Stelian C, Nehari A,Lasloudji I, et al. Modeling the effect of crystal and crucible rotation on the interface shape in Czochralski growth of piezoelectric langatate crystals. Journal of Crystal

Growth, 2017, 475:368-377.

[29] Zhang Z, Huang Y, Zhang L, et al. Crystal growth and spectroscopic properties of Cr^{3+}-doped $CaGdAlO_4$. Journal of Crystal Growth, 2017, 463:33-37.

[30] Yadav H, Sinha N, Kumar B. Modified low temperature Czochralski growth of xylenol orange doped benzopheone single crystal for fabricating dual band patch antenna. Journal of Crystal Growth, 2016, 450: 74-80.

[31] Wencka M, Pillaca M, Gille P. Single crystal growth of Ga_3Ni_2 by the Czochralski method. Journal of Crystal Growth, 2016, 449: 114-118.

[32] Yan Z, Shalapska T, Bourret E D. Czochralski growth of the mixed halides BaBrCl and BaBrCl: Eu. Journal of Crystal Growth, 2016, 435: 42-45.

[33] Kolesnikov A V, Galenin E P, Sidletskiy O T, et al. Optimization of heating conditions during Cz BGO crystal growth. Journal of Crystal Growth, 2014, 407:42-47.

[34] Galazka Z, Irmscher K, Uecker R. On the bulk β-Ga_2O_3 single crystals grown by the Czochralski method. Journal of Crystal Growth, 2014, 404:184-191.

[35] Guo F Y, Zhang W H, Ruan M, et al. Czochralski growth of $Gd_2Ti_2O_7$ single crystals. Journal of Crystal Growth, 2014, 402:94-98.

[36] Mao R, Wu C, Dai L E. Crystal growth and scintillation properties of LSO and LYSO crystals. Journal of Crystal Growth, 2013, 368: 97-100.

[37] Isaev V A, Ignatiev B V, et al. The Czochralski growth and structural investigations of Ba$(MoO_4)x(WO_4)_{1-x}$ solid solution single crystals. Journal of Crystal Growth, 2013, 363: 226-233.

[38] Kokh A E, Shevchenko V S, Vlezko V A, et al. Growth of TeO_2 single crystals by the low temperature gradient Czochralski method with nonuniform heating. Journal of Crystal Growth, 2013, 384:1-4.

[39] Yoshikawa A, Kurosawa S, Shoji Y. Growth, structural considerations, and characterization of Ce-doped $(La,Gd)_2Si_2O_7$ scintillating crystals. Crystal Growth and Design, 2015, 15:1642-1651.

[40] Rujano J R, Cranea R A, Rahmana M M, et al. Numerical analysis of stabilization techniques for oscillatory convective flow in Czochralski crystal growth. Journal of Crystal Growth, 2002, 245:149-162.

[41] Choi J, Sung H J. Suppression of temperature oscillation in Czochralski convection by superimposing rotating flows. International Journal of Heat Mass Transfer, 1997, 40(7):1667-1675.

[42] Wagner C, Friedrich R. Direct numerical simulation of momentum and heat transport in idealized Czochralski crystal growth configurations. International Journal of Heat and Fluid Flow, 2004, 25: 431-443.

[43] Jing C J, Kobayashi M, Tsukada T, et al. Effect of RF coil position on spoke pattern on oxide melt surface in Czochralski crystal growth. Journal of Crystal Growth, 2003, 252:550-559.

[44] Nunes E M, Naraghi M H N, Zhang H, et al. A volume radiation heat transfer model for Czochralski crystal growth processes. Journal of Crystal Growth, 2002, 236:596-608.

[45] Kalaev V V, Evstratova I Y, Makarov Y N. Gas flow effect on global heat transport and melt convection in Czochralski silicon growth. Journal of Crystal Growth, 2003, 249:87-99.

[46] Yakovlev E V, Kalaev V V, Evstratov I Y, et al. Global heat and mass transfer in vapor pressure controlled Czochralski growth of GaAs crystals. Journal of Crystal Growth, 2003, 252:26-36.

[47] Wang C,Zhang H,Wang T H,et al.A continuous Czochralski silicon crystal growth system.Journal of Crystal Growth,2003,250:209-214.

[48] Hur M-J, Han X-F, Choi H-G, et al. Crystal front shape control by use of an additional heater in a Czochralski sapphire single crystal growth system. Journal of Crystal Growth, 2017, 474: 24-30.

[49] Banerjee J,Muralidhar K.Role of internal radiation during Czochralski growth of YAG and Nd:YAG crystals.International Journal of Thermal Sciences,2006,45:151-167.

[50] Kobayashi M,Tsukada T,Hozawa M.Effect of internal radiative heat transfer on the convection in Czochralski oxide melt.Journal of Crystal Growth,1997,180:157-166.

[51] Jeong J H,Kang I S.Analytical studies on the crystal melt interface shape in the Czochralski process for oxide single crystals.Journal of Crystal Growth,2000,218:294-312.

[52] Jeong J H,Oh J,Kang I S.Analytical studies on the crystal-melt interface shape in the Czochralski process.Journal of Crystal Growth,1997,177:303-314.

[53] Schwabe D,Sumathi R R,Wilke H.The interface inversion process during the Czochralski growth of high melting point oxides.Journal of Crystal Growth,2004,265:494-504.

[54] Choi J,Sung H.Suppression of temperature oscillation in Czochralski convection by superimposing rotating flows.International Journal of Heat Mass Transfer,1997,40(7):1667-1675.

[55] Hur M-J, Han X-F, Song D-S, et al. The influence of crucible and crystal rotation on the sapphire single crystal growth interface shape in a resistance heated Czochralski system. Journal of Crystal Growth, 2014, 385:22-27.

[56] Muiznieks A,Krauze A,Nacke B.Convective phenomena in large melts including magnetic fields. Journal of Crystal Growth,2007,303:211-220.

[57] Morton J L,Ma N,Bliss D F,et al.Magnetic field effects during liquid-encapsulated Czochralski growth of doped photonic semiconductor crystals.Journal of Crystal Growth,2003,250:174-183.

[58] Ma N,Walker J S.Inertia and thermal convection during crystal growth with a steady magnetic field.Journal of Thermophysics and Heat Transfer,2001,15:50-54.

[59] Walker J S,Henry D,BenHadid H.Magnetic stabilization of the buoyant convection in the liquid-encapsulated Czochralski process.Journal of Crystal Growth,2002,243:108-116.

[60] Gorbunov L,Klyukin A,Pedchenko A,et al.Melt flow instability and cortex structures in Czochralski growth under steady magnetic.Energy Conversion and Management,2002,43:317-326.

[61] Gunzburger M,Ozugurlu E,Turner J,et al.Controlling transport phenomena in the Czochralski crystal growth process.Journal of Crystal Growth,2002,234:47-62.

[62] Savolainen V,Heikonen J,Ruokolainen J,et al.Simulation of large-scale silicon melt flow in magnetic Czochralski growth.Journal of Crystal Growth,2002,243:243-260.

[63] Akamatsu M,Higano M,Ozoe H.Elliptic temperature contours under transverse magnetic field computed for a Czochralski melt.International Journal of Heat and Mass Transfer,2001,44:3253-3264.

[64] Liu L,Nakano S,Kakimoto K.An analysis of temperature distribution near the melt-crystal interface in silicon Czochralski growth with a transverse magnetic field.Journal of Crystal Growth, 2005,283:49-59.

[65] Liu L,Kakimoto K.3D global analysis of Cz-Si growth in a transverse magnetic field with various crystal growth rates.Journal of Crystal Growth,2005,275:1521-1526.

[66] Vizman D,Friedrich J,Muller G.Comparison of the predictions from 3D numerical simulation with temperature distributions measured in Si Czochralski melts under the influence of different magnetic fields.Journal of Crystal Growth,2001,230:73-80.

[67] Li Y R,Ruan D F,Imaishi N,et al.Global simulation of a silicon Czochralski furnace in an axial magnetic field.International Journal of Heat and Mass Transfer,2003,46:2887-2898.

[68] Kalaev V V.Combined effect of DC magnetic fields and free surface stresses on the melt flow and crystallization front formation during 400mm diameter Si Cz crystal growth.Journal of Crystal Growth,2007,303:203-210.

[69] Grants I, Pal J, Gerbeth G. Physical modelling of Czochralski crystal growth in horizontal magnetic Field. Journal of Crystal Growth, 2017, 470: 58-65.

[70] Liu X, Liu L, Li Z, et al. Effects of cusp-shaped magnetic field on melt convection and oxygen transport in an industrial CZ-Si crystal growth. Journal of Crystal Growth, 2012, 354:101-108.

[71] Hong Y-H, Namb B-W, Sim B-C. Effect of asymmetric magnetic fields on crystal-melt interface in silicon CZ process. Journal of Crystal Growth, 2013, 366 (2013) :95-100.

[72] Spitzer K H. Application of rotating magnetic fields in Czochralski crystal growth. Progress in Crystal Growth and Characterization,1999,38:39-58.

[73] Yang M,Ma N,Bliss D F,et al.Melt motion during liquid-encapsulated Czochralski crystal growth in steady and rotating magnetic fields.International Journal of Heat and Fluid Flow,2007,28:768-776.

[74] Gelfgat Y M,Krumin J,Abricka M.Rotating magnetic fields as a means to control the hydrodynamics and heat transfer in single crystal growth.Progress in Crystal Growth and Characterization,1999,38:59-71.

[75] Mößner R,Gerbeth G.Buoyant melt flows under the influence of steady and rotating magnetic fields.Journal of Crystal Growth,1999,197:341-354.

[76] Brückner F U,Schwerdtfeger K.Single crystal growth with the Czochralski method involving rotational electromagnetic stirring of the melt.Journal of Crystal Growth,1994,139:351-356.

[77] Hoshikawa K,Kohda H,Hirata H,et al.Low oxygen content Czochralski silicon crystal growth. Japanese Journal of Applied Physics,1980,19:33-36.

[78] Munakata T,Someya S,Tanasawa I.Effect of high frequency magnetic field on Cz silicon melt convection.International Journal of Heat and Mass Transfer,2004,47:4525-4533.

[79] Wang W,Watanabe M,Hibiya T,et al.Three-dimensional simulation of silicon melt flow in electromagnetic Czochralski crystal growth.Japanese Journal of Applied Physics,2000,39:372-377.

[80] Watanabe M,Wang W,Eguchi M,et al.Control of oxygen-atom transport in silicon melt during crystal growth by electromagnetic force.Material Transactions JIM,2000,41(8):1013-1018.

[81] Kakimoto K,Tashiro A,Shinozaki T,et al.Mechanisms of heat and oxygen transfer in silicon melt in an electromagnetic Czochralski system.Journal of Crystal Growth,2002,243:55-65.

[82] Watanabe M,Vizman D,Friedrich J,et al.Large modification of crystal-melt interface shape during Si crystal growth by using electromagnetic Czochralski method(EMCZ). Journal of Crystal Growth,2006,292:252-256.

[83] Liu L,Nakano S,Kakimoto K.Investigation of oxygen distribution in electromagnetic CZ-Si melts with a transverse magnetic field using 3D global modeling.Journal of Crystal Growth,2007,299:48-58.

[84] Kim K H, Sim B C, Choi I S, et al. Point defect behavior in Si crystal grown by electromagnetic Czochralski(EMCZ) method. Journal of Crystal Growth, 2007, 299: 206-211.

[85] Burton J A, Prim R C, Slichter W P. The distribution of solute in crystal grown from the melt. Journal of Chemical Physics, 1953, 21: 1987-1991.

[86] Wilson L O. A new look at the Burton, Prim, and Slichter model of segregation during crystal growth from the melt. Journal of Crystal Growth, 1978, 44: 371-376.

[87] Ostrogorsky A G, Müller G. A model of effective segregation coefficient, accounting for convection in the solute layer at the growth interface. Journal of Crystal Growth, 1992, 121: 587-598.

[88] Kozhemyakin G N, Nalivkin M A, Rom M A, et al. Growing Bi-Sb gradient single crystals by a modified Czochralski method. Journal of Crystal Growth, 2004, 263: 148-155.

[89] Abbasoglu S, Sezai I. Three-dimensional modeling of melt flow and segregation during Czochralski growth of Ge_xSi_{1-x} single crystals. International Journal of Thermal Sciences, 2007, 46: 561-572.

[90] Kokh A E, Kononova N G. Crystal growth through forced stirring of melt or solution in Czochralski configuration. Journal of Crystal Growth, 1999, 198/199: 161-164.

[91] Kozhemyakin G N. Indium inhomogeneity in $In_xGa_{1-x}Sb$ ternary crystals grown by floating crucible Czochralski method. Journal of Crystal Growth, 2000, 220: 39-45.

[92] Tsai C B, Hsu W T, Shih M D, et al. Growth and characterizations of ZnO-doped near-stoichiometric $LiNbO_3$ crystals by zone-leveling Czochralski method. Journal of Crystal Growth, 2006, 289: 145-150.

[93] Tsai C B, Hsia Y T, Shih M D, et al. Zone-levelling Czochralski growth of MgO-doped near-stoichiometric lithium niobate single crystals. Journal of Crystal Growth, 2005, 275: 504-511.

[94] Machida N, Hoshikawa K, Shimizu Y. The effects of argon gas flow rate and furnace pressure on oxygen concentration in Czochralski silicon single crystals grown in a transverse magnetic field. Journal of Crystal Growth, 2000, 210: 532-540.

[95] Machida N, Suzuki Y, Abe K, et al. The effects of argon gas flow rate and furnace pressure on oxygen concentration in Czochralski-grown silicon crystal. Journal of Crystal Growth, 1998, 186: 362-368.

[96] Kakimoto K, Liu L. Partly three-dimensional calculation of silicon Czochralski growth with a transverse magnetic field. Journal of Crystal Growth, 2007, 303: 135-140.

[97] Liu X, Gao B, Nakano S, et al. Reduction of carbon contamination during the melting process of Czochralski silicon crystal growth. Journal of Crystal Growth, 2017, 474: 3-7.

[98] Fukuda T, Horioka Y, Suzuki N, et al. Life time improvement of photo voltaic silicon crystals grown by Czochralski technique using "liquinert" quartz crucibles. Journal of Crystal Growth, 2016, 438: 76-80.

[99] Yang D, Li C, Luo M, et al. Reduction of oxygen during the crystal growth in heavily antimony-doped Czochralski silicon. Journal of Crystal Growth, 2003, 256: 261-265.

[100] Kiessling F M, Neubert M, Rudolph P, et al. Non-stoichiometric growth of GaAs by the vapour pressure controlled Czochralski(VCz) method without B_2O_3 encapsulation. Materials Science in Semiconductor Processing, 2003, 6: 303-306.

[101] Neubert M, Rudolph P. Growth of semi-insulation GaAs crystals in low temperature gradients by using the vapor pressure controlled Czochraski method(VCz). Progress in Crystal Growth and Characterization, 2001, 43: 119-185.

[102] Kuma S, Shibata M, Inada T. Gallium Arsenide and Related Compounds. London: Institute of Physics Publishing, 1993: 497.

[103] He J, Kou S. Double crucible LEC growth of In-doped GaAs using inner crucibles with a bottom tube. Journal of Crystal Growth, 2000, 211: 163-168.

[104] Kohiro K, Ohta M, Oda O. Growth of long-length 3 inch diameter Fe-doped InP single crystals. Journal of Crystal Growth, 1996, 158: 197-204.

[105] Bystrova E N, Kalaev V V, Smirnova O V, et al. Prediction of the melt/crystal interface geometry in liquid encapsulated Czochralski growth of InP bulk crystals. Journal of Crystal Growth, 2003, 250: 189-194.

[106] He J, Kou S. Liquid-encapsulated Czochralski growth of $Ga_{1-x}In_xAs$ single crystals with uniform compositions. Journal of Crystal Growth, 2007, 308: 10-18.

[107] Taishi T, Hashimoto Y, Ise H, et al. Czochralski growth techniques of germanium crystals grown from a melt covered partially or fully by liquid B_2O_3. Journal of Crystal Growth, 2012, 360: 47-51.

[108] Hruban A, Dalecki W, Nowysz K, et al. Synthesis and crystallization of ZnSe by the liquid encapsulation technique. Journal of Crystal Growth, 1999, 198/199: 283-286.

[109] 曾汉民.高技术新材料要览.北京:中国科学技术出版社,1993.

[110] Stepanov A V. Soviet Physics-JETP, 1959, 29: 381.

[111] Stepanov A V. The Future of Metalworking. Leningrad: Lenizdat, 1963.

[112] Antonov P I, Kurlov V N. A Review of developments shaped crystal growth of sapphire by the Stepanov and related techniques. Progress in Crystal Growth and Characterizations of Materials, 2002, 44: 63-122.

[113] LaBelle H E, Mlavsky A I. Growth of sapphire filaments from the melt. Nature, 1967, 216(5115): 574.

[114] Yuferev V S, Krymov V M, Kuandykov L L, et al. The growth of sapphire ribbons with a basal facet surface. Journal of Crystal Growth, 2005, 275: 785-790.

[115] Ciszek T F, Schwuttke G H. Thermal balancing via distribution inert-gas streams for high-meniscus ribbon crystal growth. Journal of Crystal Growth, 1977, 42: 483.

[116] Borodin A V, Borodin V A, Zhdanov A V. Simulation of the pressure distribution in the melt for sapphire ribbon growth by the Stepanov (EFG) technique. Journal of Crystal Growth, 1999, 198/199: 220-226.

[117] Eriss L, Stormont R W, Surov T, et al. The growth of silicon tubes by the EFG process. Journal of Crystal Growth, 1980, 50: 200-211.

[118] Harkey D. Recent progress in octagon growth using edge-defined film-fed growth. Journal of Crystal Growth, 1980, 104: 88-92.

[119] Garcia D, Ouellette M, Mackintosh B, et al. Shaped crystal growth of 50 cm diameter silicon thin-walled cylinders by edge-defined film-fed growth (EFG). Journal of Crystal Growth, 2001, 225: 566-571.

[120] Kurlov V N, Klassen N V, Dodonov A M, et al. Growth of YAG: Re^{3+} (Re=Ce, Eu)-shaped crystals by the EFG/Stepanov technique. Nuclear Instruments and Methods in Physics Research A, 2005, 537: 197-199.

[121] Mu W, Jia Z, Yin Y, et al. Growth of homogeneous Nd: LGGG single crystal plates by edge-de-

fined film-fed growth method. Journal of Crystal Growth, 2017, 478: 17-21.

[122] Stelian C, Barthalay N, Duffar T. Numerical investigation of factors affecting the shape of the crystal-melt interface in edge-defined film-fed growth of sapphire crystals. Journal of Crystal Growth, 2017, 470:159-167.

[123] Yeckel A. Modeling high speed growth of large rods of cesium iodide crystals by edge-defined film-fed growth(EFG). Journal of Crystal Growth, 2016, 449:75-85.

[124] Borodin V A, Sidorov V V, Rossolenko S N, et al. Development of the Stepanov(edge-defined film-fed growth) method: Variable shaping technique and local dynamic shaping technique. Journal of Crystal Growth, 1999, 198/199:201-209.

[125] Krymov V M, Kurlov V N, Antonov P I, et al. Temperature distribution near the interface in sapphire crystals grown by EFG and GES methods. Journal of Crystal Growth, 1999, 198/199:210-214.

[126] Ke J, Khair A S, Ydstie B E. The effects of impurity on the stability of Horizontal Ribbon Growth. Journal of Crystal Growth, 2017, 480:34-42.

[127] Kurlov V N, Epelbaum B M. Fabrication of near-net-shaped sapphire domes by noncapillary shaping method. Journal of Crystal Growth, 1997, 179:175-180.

[128] Kurlov V N, Rossolenko S N, Belenko S V. Growth of sapphire core-doped fibers. Journal of Crystal Growth, 1998, 191:520-524.

[129] Yoshikawa A, Nikl M, Ogino H, et al. Crystal growth of Yb^{3+}-doped oxide single crystals for scintillator application. Journal of Crystal Growth, 2003, 250:94-99.

[130] Hautefeuille B, Lebbou K, Dujardin C, et al. Shaped crystal growth of Ce^{3+}-doped $Lu_{2(1-x)}Y_{2x}SiO_5$ oxyorthosilicate for scintillator applications by pulling-down technique. Journal of Crystal Growth, 2006, 289:172-177.

[131] Novosselov A, Yoshikawa A, Nikl M, et al. Shaped crystal growth and scintillating properties of Yb:$(Gd;Lu)_3Ga_5O_{12}$ solid solutions. Radiation Measurements, 2004, 38:481-483.

[132] Novoselov A, Yoshikawa A, Niklb M, et al. Shaped single crystal growth and scintillation properties of Bi:$Gd_3Ga_5O_{12}$. Nuclear Instruments and Methods in Physics Research A, 2005, 537:247-250.

[133] Yokota Y, Kudo T, Chani V, et al. Improvement of dopant distribution in radial direction of single crystals grown by micro-pulling-down method. Journal of Crystal Growth, 2017, 474: 178-182.

[134] Su W J, Duffar T, Nehari A, et al. Modeling of dopant segregation in sapphire single crystal fibre growth by Micro-Pulling-Down method. Journal of Crystal Growth, 2017, 474:43-49.

[135] Demina S E, Bystrova E N, Postolov V S, et al. Use of numerical simulation for growing high-quality sapphire crystals by the Kyropoulos method. Journal of Crystal Growth, 2008, 310:1443-1447.

[136] Demina S E, Bystrova E N, Lukanina M A, et al. Numerical analysis of sapphire crystal growth by the Kyropoulos technique. Optical Materials, 2007, 30:62-65.

[137] Timofeev V V, Kalaev V V, Ivanov V G, et al. Effect of heating conditions on flow patterns during the seeding stage of Kyropoulos sapphire crystal growth. Journal of Crystal Growth, 2016, 445:47-52.

[138] Yu G, Hua X, Wang X, el al. Characterization of low angle grain boundary in large sapphire crystal grown by the Kyropoulos method. Journal of Crystal Growth, 2014, 405:59-63.

[139] Nehari A, Brenier A, Panzer G, et al. Ti-doped sapphire (Al_2O_3) single crystals grown by the Kyro-

poulos technique and optical characterizations. Crystal Growth & Design, 2011, 11(2):445-448.

[140] Nguyen T P, Chuang H-T, Chen J-C. Effect of power history on the shape and the thermal stress of a large sapphire crystal during the Kyropoulos process. Journal of Crystal Growth, 2018, 484:43-49.

[141] Chen C-H, Chen J-C, Lu C-W. Effect of power arrangement on the crystal shape during the Kyropoulos sapphire crystal growth process. Journal of Crystal Growth, 2012, 352:9-15.

[142] Chen C, Chen H J, Yan W B, et al. Effect of crucible shape on heat transport and melt-crystal interface during the Kyropoulos sapphire crystal growth. Journal of Crystal Growth, 2014, 388:29-34.

[143] Jin Z L, Fang H S, Yang N, et al. Influence of temperature-dependent thermophysical properties of sapphire on the modeling of Kyropoulos cooling process. Journal of Crystal Growth, 2014, 405: 52-58.

[144] Asahi T, Yabe T, Sato K, et al. Growth of large diameter ZnTe single crystals by the LEK method. Journal of Alloys and Compounds, 2004, 371:2-5.

[145] Cheng L, Guo L S, Wua Y S, et al. X Multi-seeded growth of melt processed Gd-Ba-Cu-O bulk superconductors using different arrangements of thin film seeds. Journal of Crystal Growth, 2013, 366:1-7.

[146] Zhai W, Shi Y, Durrell J H, et al. The influence of Y-211 content on the growth rate and Y-211 distribution in Y-Ba-Cu-O single grains fabricated by top seeded melt growth. Crystal Growth & Design, 2014, 14:6367-6375.

[147] Zhang N, Park H G, Derby J J, et al. Simulation of heat transfer and convection during sapphire crystal growth in a modified heat exchange method. Journal of Crystal Growth, 2013, 367:27-34.

[148] Wu M, Liu L, Ma W, et al. Control of melt-crystal interface shape during sapphire crystal growth by heat exchanger method. Journal of Crystal Growth, 217, 474:31-36.

[149] Métrat G, Muhlstein N, Brenier A, et al. Growth by the induced nucleated floating crystal(INFC) method and spectroscopic properties of $KY_{1-x}Nd_x(WO_4)_2$ laser materials. Optical Materials, 1997, 8:75-83.

[150] Yuan X, Shen G Q, Wang X Q, et al. Growth and characterization of large CLBO crystals. Journal of Crystal Growth, 2006, 293:97-101.

[151] Zhang G, Liu H, Wang X, et al. Growth and characterization of nonlinear optical crystal $BaCaBO_3F$. Journal of Crystal Growth, 2006, 289:188-191.

[152] Barvinschi F, Santailler J, Duffar T H, et al. Modelling of Verneuil process for the sapphire crystal growth. Journal of Crystal Growth, 1999, 198/199:239-245.

[153] Adamski J A. Carrier gas diverting apparatus for flame-fusion crystal growth. The review of Scientific Instruments, 1969, 40(12):1634-1635.

[154] Pastor R C, Kimura H, Podoksik L, et al. Surface and bulk states of additives in alumina powder. The Journal of Chemical Physics, 1965, 43(11):3948-3956.

[155] Reed T B. Growth of refractory crystals using the induction plasma torch. Journal Applied Physics, 1961, 32(12):2534-2535.

[156] Halden F, Sedlackk R. Verneuil crystal growth in the Arc-imagine furnace. The Review of Scientific Instruments, 1963, 34(6):622-626.

[157] Bartlett R W, Halden F A, Fowler J W. High temperature Verneuil crystal growth by Arc melting. The Review of Scientific Instruments, 1967, 38(9):1313-1315.

第 11 章　溶液法晶体生长

11.1　溶液法晶体生长的基本原理和方法

溶液法晶体生长是首先将晶体的组成元素(溶质)溶解在另一液体(溶剂)中,然后通过改变温度、蒸气压等状态参数,获得过饱和溶液,最后使溶质从溶液中析出,形成晶体的方法。溶液法是最为古老的晶体生长方法,我们的祖先从海水中提取食盐的过程就是溶液法晶体生长的实例。在长期的实践当中,人们发展了多种溶液法晶体生长技术,如变温法、溶剂蒸发法、高温溶液法、助溶剂法、水热法等。然而,从溶液生长晶体的方法至今仍在发展之中。掌握溶液法晶体生长原理和技术应该先从对溶液的分析开始。

11.1.1　溶液的宏观性质

溶液的基本性质已经在第 2 章和第 7 章中进行了描述,本节将从溶液法晶体生长技术对溶液的要求入手,对溶液的性质作进一步的描述。

1. 溶液的浓度与过饱和特性

溶液的基本构成包括溶剂、溶质、杂质元素,以及在某些特殊情况下添加的助溶剂。在溶液法晶体生长过程中,溶剂是晶体生长的介质,溶质则是拟生长的晶体材料的组成元素。首先使溶质以原子或分子状态分散于溶剂中,当其再次从溶液中析出时,通过控制析出条件可获得具有一定结构、尺寸和性能的晶体。杂质是除溶剂和溶质之外的其他元素,是由于原料纯度不足或工艺过程控制不当引入的。助溶剂是为了控制溶质元素的溶解特性而添加的附加元素。对于某些溶解度很低、蒸汽压很高或含有易挥发元素的晶体材料,添加助溶剂可以控制溶质在溶剂中的溶解度和稳定性。

溶液中各种组成元素的含量可以采用质量分数、摩尔分数或者其百分数表达,对此已经在第 7 章中作了描述。在给定的热力学条件(温度、压力、成分)下,溶质元素 i 在特定溶液中可溶解的最大含量定义为溶解度,当以摩尔分数表示时记为 x_{i0},以质量分数表示时记为 w_{i0}。当溶液中溶质元素 i 的浓度 x_i 小于溶解度时,溶液可以进一步溶解加入的溶质元素,该溶液称为欠饱和溶液或非饱和溶液。而溶质浓度大于溶解度的溶液则称为过饱和溶液。过饱和溶液是不稳定的,在一定的动力学条件下会发生溶质的析出,实现晶体生长。通常可以用如下过饱和比 a 或者过饱和度 σ 反映溶液的成分特性。

$$a_i = \frac{x_i}{x_{i0}} \tag{11-1}$$

$$\sigma_i = \frac{x_i - x_{i0}}{x_{i0}} \tag{11-2}$$

式中,下标 i 表示特定的组成元素 i;x_i 为溶液中组元 i 的实际浓度。

基于式(11-1)或式(11-2)可以对溶液的成分特性进行定量描述。$a_i=1$ 或 $\sigma_i=0$ 的溶液称为饱和溶液,$a_i>1$ 或 $\sigma_i>0$ 时为过饱和溶液,而 $a_i<1$ 或 $\sigma_i<0$ 时为欠饱和溶液。对于单质的晶体生长,获得过饱和溶液是实现晶体生长的必要条件,而且只要引入籽晶,即不考虑形核的因素时,该必要条件也是充分条件。对于化合物晶体,在原料溶解的同时会发生分解,构成晶体的组元在溶液中可能以离子的形式存在。晶体生长过程中化合物再次析出时将伴随着化合反应。化合物晶体生长的原料既可采用与拟生长晶体成分完全相同的同成分多晶,也可通过其他物质的分解形成。在不考虑晶体生长形态的情况下,晶体析出过程的基本原理与第 7 章中描述的溶液中合成反应的原理一致。

2. 溶液的密度

密度是指具有特定的温度、压力、成分的溶液单位体积的质量。对于溶液法晶体生长,人们更关心的是溶液密度随温度、成分和压力的变化规律。溶液密度随压力的变化很小,通常可以忽略。除特殊的高压生长过程,可以采用标准状态(1atm)下的密度表示。因此,密度可表示为温度和成分的函数,记为 $\rho_L=\rho_L(T,x_i)$。常以特定的温度 T_0 和成分 x_{i0} 下的密度为参考,记为 $\rho_{L0}=\rho_L(T_0,x_{i0})$。当实际溶液的温度和成分与该参考点相差较小时可以进行线性化的近似处理,即在任意温度 T 和成分 x_i 下的密度可以表示为

$$\rho_L=\rho_{L0}+\alpha_T(T-T_0)+\sum_i\alpha_{ci}(x_i-x_{i0}) \tag{11-3}$$

在实际晶体生长过程中,生长系统内部的温度和成分是连续变化的,从而,其密度也是连续变化的。该密度的变化是导致溶液内部发生自然对流的根本原因,而式(11-3)所示的表达式则是讨论该自然对流的基础。

3. 溶液的黏度

液体的黏度可以采用动力黏度 η 和运动黏度 ν 两种表达形式。对用于晶体生长的实际溶液,黏度是随着温度和成分变化的,其中温度的影响由式(6-101)可以看出

$$\eta=\eta_0\exp\left(\frac{E_d}{RT}\right)$$

而成分的影响则反映在成分对系数 η_0 和动力学激活能 E_d 的影响上。不同成分溶液的 η_0 和 E_d 是不同的。

溶液的黏度对溶液中的对流起控制作用,从而对溶质的传输速率,以至生长速率都有着重要的影响。

4. 溶液的电学性质

与晶体生长相关的溶液电学性质主要是电导率。当溶液具有一定的导电性能,即较大的电导率时,可以利用电磁场进行溶液对流过程控制。同时,利用熔体导电过程的热效

应可以进行温度场的控制。

溶液的电导率与溶液中存在的带电离子的种类和数量密切相关。在溶液中插入电极并分别在两个电极上加上不同的电位时,带正电荷的离子将向负极迁移,而带负电荷的离子向正极迁移,形成直流电流。宏观的导电电流是正电荷和负电荷迁移的统计结果,可表示为

$$\sigma = \sum_i k_i \mu_i n_i q \tag{11-4}$$

式中,n_i 为组元 i 的离子浓度;μ_i 为组元 i 的迁移率;q 为单位电荷电量;k_i 为每个组元 i 的离子所携带的电荷数。

可以看出,在溶液中电荷的迁移与离子的迁移相伴随,从而可以采用电场驱动溶质的传输,控制晶体生长。

5. 溶液的导热性质

溶液的导热性质可以用热导率 λ、质量热容 c_p 和密度 ρ 这 3 个参数表征。在不考虑对流和辐射传热的条件下,这 3 个参数决定着溶液的热传导速率。随着 λ 的增大,热传导的速率增大,溶液中的温度越容易趋于均匀。而随着 c_p 和 ρ 的增大,溶液的热惯性增大,温度的变化速率减小。由上述 3 个参数构成的综合参数 a(称为热扩散率)控制着非均匀传热的速率

$$a = \frac{\lambda}{c_p \rho} \tag{11-5}$$

随着 a 的增大,溶液的热传输速率增大。

6. 溶液的光学性质

溶液的光学性质包括折射率及其对光的吸收特性。在晶体生长过程的原位观察中,折射率影响其观察的效果,而溶液对光的吸收特性则是影响其传热行为的重要因素。如果溶液对某种波长的光是完全透明的,则在晶体生长系统中,除了表面和各种界面的反射以外,光波将透过溶液传输。实际上,完全透明的溶液是少见的,当光束通过均匀的溶液时会发生部分的吸收,被吸收的光能转变为热能从而对温度场产生影响。

7. 与溶解和结晶相关的性质

在溶液法晶体生长过程中,溶液的配制是一个溶质向溶剂中溶解的过程,而晶体生长则是一个溶质再次析出的过程。这两个过程均伴随着热效应。单位质量的溶质在溶剂中溶解所吸收的热量定义为溶解热,而从溶液中析出单位质量的晶体所释放的热量则定义为结晶潜热。

从热力学原理分析,溶质溶解的过程伴随着自由能的变化,该自由能的变化可以写为 ΔG_c

$$\Delta G_c = \Delta H_c - T\Delta S_c \tag{11-6}$$

式中，ΔH_c 为溶解焓，在忽略溶解过程体积变化的条件下对应于溶解过程的溶解热；ΔS_c 为溶解过程的熵变。

晶体生长的过程是溶解的逆过程，在一般条件下，溶解热和结晶潜热是相等的，从工程应用的角度可以近似看作是同一个参量。

溶解热是由溶剂和溶质的性质决定的，与溶质和溶剂之间的相互作用相关。溶质向溶剂中溶解的过程可以是纯物理的过程，也可能伴随着化学反应。如果溶质和溶剂的原子或分子之间的化学作用可以忽略，则溶解过程是固体的结合键被破坏的过程，溶解热通常为正值，即溶解过程为放热过程。而当溶质与溶剂之间的化学作用比较强烈，则溶质溶解过程在原有结合键破坏的同时会与溶剂中的元素形成新的结合键，在此情况下，溶解热可能为负值，即溶解过程为一个吸热过程。溶质再次析出时的热效应与溶解过程相反。

当溶解的原料与拟生长的晶体成分不同时，其溶解过程的反应与晶体生长过程的反应不同，二者应该分别分析。

8. 溶液的酸碱度(pH)

溶液的酸碱度，即 pH，是水溶液中晶体生长的一个重要指标，不仅决定着溶液的电学性质，而且控制着溶液中的传输特性。由于 pH 是由溶液中的 H^+ 和 HO^- 相对浓度决定的，反映了水溶液中 O^{2-}、H^+、HO^- 离子浓度的相对值。特别是在含 O^{2-}、H^+ 或 HO^- 的化合物晶体生长过程中，这些离子是直接参与反应的。因此，在进行水溶液晶体生长时，控制溶液的 pH 是晶体生长条件控制的一个重要内容。

11.1.2 溶液中溶质的行为及溶剂的选择

溶液宏观性质是由其微观结构，特别是溶质元素与溶剂或溶液中其他元素之间的相互作用决定的。这些相互作用决定了溶质元素在溶液中的存在状态，并对晶体生长行为具有重要的影响。对于实际晶体生长过程，拟生长的元素及其成分是确定的，但溶剂是可以选择的。选择合适的溶剂决定着晶体生长的成败和晶体结晶质量的优劣。本节拟进一步从原子和分子间相互作用的角度分析溶质在溶液中的行为，并以此为基础，结合 11.1.1 节对溶液宏观性质的分析，指出溶剂选择的一般原则。

溶质在溶液中的存在状态可以从对溶解过程的分析来认识。单质的溶解和化合物的溶解过程存在着差异，以下分 3 种情况分别进行分析。

1. 单质的溶解

以单质溶质(用 B 表示)在单质溶剂(用 M 表示)中的溶解这一简单的二元系为例。固相的溶质在溶剂中的溶解实际上是由两个伴生的过程构成的，即溶质由固相变为液相的过程和溶质原子在溶液中均匀分布、并与溶剂原子形成结合键的过程。

假定溶液的温度为 T，该温度下每个溶质原子 B 在液态下的内能和配位数分别为 ΔE_{BL} 和 η_{BL}，溶剂的内能和配位数分别为 ΔE_{ML} 和 η_{ML}，则溶质和溶剂在单独存在条件下

每个结合键的强度分别为

$$\varepsilon_{BB}=\frac{\Delta E_{BL}}{2\eta_{BL}} \tag{11-7a}$$

$$\varepsilon_{MM}=\frac{\Delta E_{ML}}{2\eta_{ML}} \tag{11-7b}$$

式中,分母除以 2 表示每形成一个结合键是由两个原子分享的。在液态下,除极性分子以外,可以认为原子的配位数是相同的,在接近熔点温度时为 $\eta_{ML}=\eta_{BL}\approx 10.6$[1]。当 M 和 B 形成溶液时,形成的异类原子之间的结合键强度可表示为 ε_{MB}。值得指出的是,形成溶液的温度通常低于溶质 B 的熔点,因此其在液相下的内能是不存在的,可以通过对其在熔点温度下的内能外推得到。

当 ε_{MB}、ε_{MM} 和 ε_{BB} 中 ε_{BB} 最小时,表示溶质元素之间的结合力最弱,B 将均匀地溶解于溶剂中,形成均匀溶液。

当 ε_{MB}、ε_{MM} 和 ε_{BB} 中 ε_{MB} 最大时,溶液形成 B—M 结合键,也利于溶质的均匀分布。但当 ε_{MB} 过大时,异类原子之间的相互作用力太大,可能形成 BM 或者其他缔合物。

当 ε_{MB}、ε_{MM} 和 ε_{BB} 中 ε_{MB} 最小时,同类原子之间的作用力大于异类原子间的作用力,则可能发生同类原子的偏聚。特别是当 ε_{BB} 远大于 ε_{MB} 和 ε_{MM} 时,B 组元在溶液中的溶解度将很低。

除此之外,溶质原子还可以以气态或液态形式溶入溶剂中,形成溶液。

2. 化合物的溶解以及多组元溶液中元素间的相互作用

化合物的溶解过程相对复杂,可能出现两种极端情况,即化合物完全分解,以离子状态存在于溶液中,或者化合物完全不分解,所有溶质以分子状态存在于溶液中。实际溶液中可能发生溶质的部分分解。以 AB 化合物在溶剂 M 中的溶解为例,溶液中可能存在的溶质包括由 AB 形成的分子、单质 A 和单质 B。而这 3 种溶质均又可能与溶剂分子 M 之间发生作用,形成其他结合键,如 A—M 键、B—M 键等。每一种结合键均可能对溶质的溶解行为和晶体生长过程产生影响。

除此之外,溶质和溶剂中不可避免地存在各种微量杂质,这些杂质进入溶液后会对溶质的溶解过程及其存在状态产生影响,甚至可能与溶质形成其他结合键。

在实际溶液中,每一种单质或者化合物均可以作为一个组元对待,可以定义其在溶液中的浓度,如 x_A、x_B、x_{AB}、x_{AM}、x_{BM}、x_i、x_{iA} 等(i 为杂质)。不难理解,溶质在溶液中分解程度和存在的状态不同,必将对其再次结晶过程,即晶体生长过程产生影响。

3. 其他弱相互作用力的影响

如 7.1.6 节所述,除了上述溶解特性以外,在溶液中还可能形成胶团、金属螯合物、缔合物以及各种分子间作用力,如 H 键等。这些元素间的弱相互作用力也会对溶液中溶质的存在状态和分布产生影响,导致溶液宏观性质(如溶解度、黏度、pH),以及光学、电学性质的变化,并最终对晶体生长过程产生影响。

上述溶液的所有微观性质与其宏观性质一样,取决于溶剂和溶质的匹配情况,在晶体材料确定之后，则主要由溶剂的性质决定。针对不同的晶体材料，选择溶剂的一般原则如下：

(1) 化学性能稳定。应用于晶体生长的溶剂必须具有较高的化学稳定性，不会在晶体生长过程中分解、挥发或者与溶质形成新的化合物，并且不会与容器以及其他环境介质发生化学作用，引起腐蚀或产生其他影响。

(2) 对溶质的溶解度。溶剂对溶质必须有一定的溶解度，如果溶解度太低则会制约晶体生长过程，导致生长速率太低。同时，该溶解度必须是随着温度等可控条件变化的，否则晶体生长过程也难以实现。

(3) 合适的熔点。应用于晶体生长的溶剂一般要求具有较低的熔点，以便于晶体生长温度的控制。当溶剂的熔点较高时，对应的生长温度必然升高，从而增大了温度控制的难度和能量消耗。低温生长还有利于晶体结晶质量的提高。

(4) 蒸汽压。在溶液法晶体生长过程中通常要控制溶剂的蒸发。如果溶剂蒸发太快则不利于晶体生长过程的控制。

(5) 溶质扩散。要求溶质在溶剂中具有较高的扩散系数，以利于晶体生长过程中溶质的传输。

(6) 黏度。液相对流通常是溶液法晶体生长的主要控制手段之一，较低的黏度利于晶体生长过程中强制对流的实现。

(7) 环境影响。不产生有毒有害物质而对环境产生影响。

常见溶剂的基本性质见表 11-1。溶剂的性质均是随着温度的改变而变化的，其中黏度对温度的变化更为敏感，如表 11-2 所示。

表 11-1　常见溶剂的基本性质

溶　剂	熔点/℃	沸点/℃	密度/(k/cm³)	特　性
水	0	100	1.0	无害，不易燃，便宜
重水	3.80	101.4	1.105	昂贵
乙醇	−117.3	78.5	0.789	易燃
丙酮	−95	56.5	0.792	易燃
苯	5.5	80.1	0.879	易燃，有毒
甲苯	−95	110.6	0.87	易燃，有毒
氯仿	−63.5	61.28	1.498	有毒
甲醇	−97.8	64.65	0.796	易燃，有毒
四氯化碳	−22.8	76.8	1.595	有毒
二硫化碳	−108.6	46.3	1.26	易燃，有毒
乙醚	−116.3	34.6	0.713	十分易燃
二甲苯	−29	144.4	0.88	易燃
吡啶	−42	115.3	0.98	有毒
松节油	小于−10	159	0.87	易燃
己烷	−94.3	69.0	0.66	易燃

表 11-2　典型溶剂的黏度随温度的变化　　（单位：Pa·s）

溶　剂	温度					
	0	20℃	40℃	60℃	80℃	100℃
水	0.179	0.100	0.0655	0.0468	0.0355	0.0281
丙酮	0.0389	0.0322	0.0261			
苯		0.0654	0.0492	0.0396	0.0318	
甲苯	0.076	0.0587	0.0471	0.0380	0.0310	0.0250
邻二甲苯	0.111	0.0825	0.0625	0.0502	0.0405	0.0345
四氯化碳	0.137	0.095	0.0746	0.0595		
甲醇	0.0810	0.0592	0.0456	0.0350		
乙醇	0.177	0.019	0.0826	0.0605		

11.1.3　实现溶液中晶体生长的条件及控制参数

1. 简单溶液中单质晶体的生长

溶液法晶体生长过程的驱动条件是由溶液的过饱和产生的附加自由能决定的。对应于简单溶液中单质晶体的生长，溶质 B 在溶液中的化学位可以表示为

$$\mu_B = \mu_{B0}(T, P) + R_B T \ln x_B \tag{11-8}$$

式中，$\mu_{B0}(T, P)$为纯溶质的自由能；x_B 为溶质浓度；R_B 为摩尔气体常量。

在平衡条件下，即饱和溶液中，溶质的浓度可表示为 x_{B0}，其化学位为

$$\mu_B^e = \mu_{B0}(T, P) + R_B T \ln x_{B0} \tag{11-9}$$

晶体生长的驱动力可以表示为

$$\Delta\mu_B = \mu_B - \mu_B^e = R_B T \ln s_B \tag{11-10}$$

式中，s_B 为过饱和比，表示为

$$s_B = \frac{x_B}{x_{B0}} = 1 + \frac{x_B - x_{B0}}{x_{B0}} = 1 + \sigma_B \tag{11-11}$$

式中，σ_B 为溶质 B 的过饱和度。在实际晶体生长过程中，在结晶界面上通常 $\sigma_B \ll 1$，因此，生长驱动力可以近似表示为

$$\Delta\mu_B \approx R_B T \sigma_B \tag{11-12}$$

即随着溶液中过饱和度的增大，晶体生长的驱动力增大。而溶液的过饱和，即 $\sigma_B > 0$，是晶体生长的必要条件。

通常 x_{B0} 与溶液的温度和压力有关，特别是温度的影响更为敏感。在给定的压力下，随着温度的升高，x_{B0} 增大，如图 11-1 所示，图中 T_L 为饱和溶液的平衡温度。x_{B0}-T_L 曲线将 x_B-T_L 图分割为两个部分。曲线右下方的区域为溶液欠饱和区域，处于该区的溶液是稳定的，不会发生晶体的生长。而曲线的左上方为溶液过饱和区，溶液是非稳定的，具有晶体生长的条件。与熔体法晶体生长过程相同，溶液中晶体的形核需要一定的过冷度，记为 ΔT_n

$$T_n = T_L - \Delta T_n \tag{11-13}$$

因而溶液的临界形核温度如图 11-1 中的虚线所示。

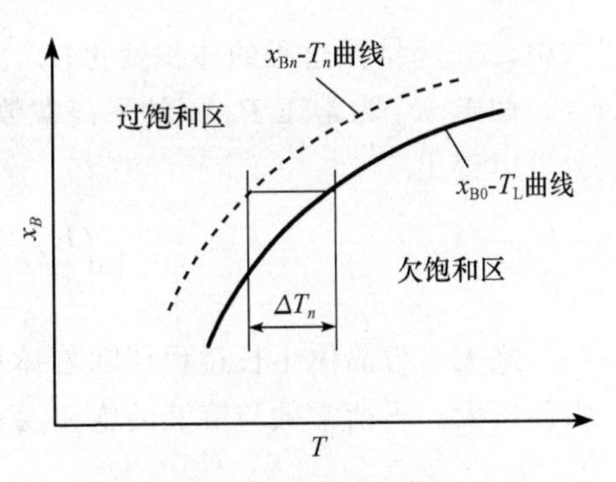

图 11-1　简单体系中晶体生长的临界条件示意图

T_n 对应的溶质浓度 x_{Bn} 即为溶液中发生形核的临界溶质的浓度。x_{Bn}-T_n 曲线将过饱和区分割为两个部分。x_{Bn}-T_n 曲线左上方的区域为绝对非稳定区,该区域的溶液在任何条件下都会发生结晶。x_{Bn}-T_n 曲线与 x_{B0}-T_L 曲线之间的区域为亚稳定区,当溶液中存在结晶核心时,该结晶核心将会发生长大,但该区域不会发生晶体的形核。因此,该区域是利于单晶生长的区域,实际晶体生长过程通常在该区域内进行的。

2. 简单化合物晶体的生长

对于化合物,其晶体生长的条件可以采用化学反应平衡常数分析。假定化合物的成分为 A_mB_n,则晶体生长过程的化学反应可表示为

$$mA(L) + nB(L) \Longleftrightarrow A_mB_n(S) \tag{11-14}$$

形成晶体 A_mB_n 的化学反应平衡常数为

$$K_0 = \frac{1}{x_{A0}^m x_{B0}^n} \tag{11-15}$$

式中,x_{A0} 和 x_{B0} 表示 A_mB_n 化合物在溶液中分解后的平衡浓度,假定溶液中的 A 和 B 的实际浓度为 x_A 和 x_B,则可以采用以下参数 K 表示该实际浓度:

$$K = \frac{1}{x_A^m x_B^n} \tag{11-16}$$

如图 11-2 所示,当 $K > K_0$ 时,溶液处于欠饱和状态,只会发生晶体的继续溶解,不会发生晶体的生长;而当 $K < K_0$ 时溶液处于过饱和状态,则可实现晶体的生长。增大 x_A 或 x_B 均可使 K 值减小,达到晶体生长的成分条件。

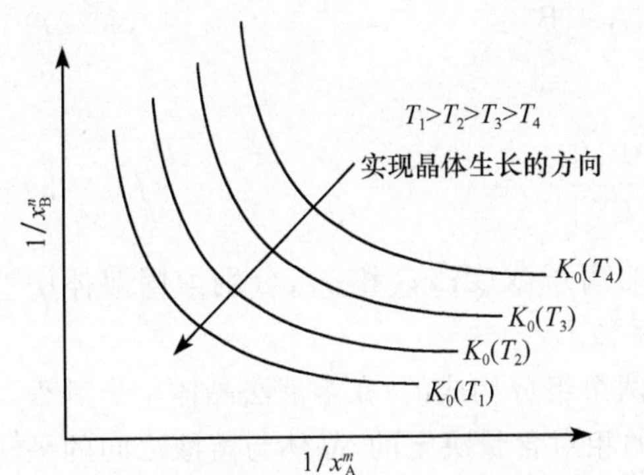

图 11-2　溶液中 A_mB_n 化合物生长的成分条件示意图

K_0 是温度和压力的函数,通常 K_0 随着温度的升高而减小,对应的晶体生长所需要的 K 值随之减小,如图 11-2 所示。所以,必须相应增大 x_A 或 x_B 以维持晶体的生长。除此之外,压力的变化也会改变晶体生长的平衡常数 K_0,从而改变晶体生长的成分条件。

平衡常数 K_0 随压力的变化规律满足[2]

$$\left(\frac{\partial \ln K_0}{\partial P}\right)_{T,n} = -\frac{\Delta V}{R_B T} \tag{11-17}$$

式中，ΔV 为结晶过程的体积变化；R_B 为摩尔气体常量。

假定 K_0 为常压 P_0 下的平衡常数，K_P 为高压 P_P 下的平衡常数，则对式(11-17)积分可以得出

$$\ln\left(\frac{K_P}{K_0}\right) = -\frac{\Delta V}{R_B T}(P_P - P_0) \tag{11-18}$$

绝大多数晶体生长过程伴随着体积的收缩，即 $\Delta V < 0$，因此平衡常数随着压力的增大而增大。平衡常数与溶液的饱和度 σ 之间的对应关系为[2]

$$\frac{K_P}{K_0} = \frac{\sigma_P}{\sigma_0}\frac{\rho_0}{\rho_P} \tag{11-19}$$

式中，ρ 为溶液密度，下标 P 和 0 分别对应于压力 P_P 和常压 P_0 下的参数。

在水溶液中密度随压力的变化很小，可以忽略，即 $\rho_P \approx \rho_0$，从而由式(11-18)和式(11-19)可以得出

$$\ln\left(\frac{\sigma_P}{\sigma_0}\right) = -\frac{\Delta V}{R_B T}(P_P - P_0) \tag{11-20}$$

随着晶体生长系统的组成更加复杂，晶体生长所需要的条件也将变得更加复杂。下文中将结合具体的晶体生长过程进行分析。

3. 溶液中复杂固溶体的生长

对于固溶体型复杂成分的晶体生长，晶体成分的控制是由其相应组元在溶液中的浓度决定的。以下以(B,C)A 型固溶体晶体生长为例分析[3]。该固溶体在生长过程中，组元间的平衡关系可从以下置换反应的分析入手：

$$\mathrm{BA} + \mathrm{C}^+ \rightleftharpoons \mathrm{CA} + \mathrm{B}^+ \tag{11-21}$$

该反应的平衡常数可以表示为

$$K = \frac{x_{CA}\gamma_{CA}[\mathrm{B}^+]}{x_{BA}\gamma_{BA}[\mathrm{C}^+]} \tag{11-22}$$

式中，$[\mathrm{B}^+]$、$[\mathrm{C}^+]$分别为元素 B 和 C 在溶液中的离子浓度；x_{BA} 和 x_{CA} 分别为固溶体中 BA 和 CA 组分的浓度；γ_{BA} 和 γ_{CA} 为相应的活度系数。

(B,C)A 型固溶体可以看作是由 BA 和 CA 两个组分构成的，在溶液法晶体生长过程中，这两个组元的浓度是由溶液中$[\mathrm{B}^+]$和$[\mathrm{C}^+]$的相对含量决定的，晶体与溶液之间的平衡包括以下两个平衡条件[3]：

$$[\mathrm{B}^+][\mathrm{A}^-] = K_{BA}x_{BA}\gamma_{BA} \tag{11-23a}$$

$$[\mathrm{C}^+][\mathrm{A}^-] = K_{CA}x_{CA}\gamma_{CA} \tag{11-23b}$$

Lippmann 等[4,5]将溶液中溶解度乘积的概念推广到固溶体中，对于(B,C)A 型固溶体，采用参数 $\sum \Pi$ 表示总的溶解度乘积：

$$\sum \Pi = [A^-]([B^+]+[C^+]) \tag{11-24}$$

在溶液与晶体平衡的条件下：

$$\sum \Pi_{eq} = K_{BA}x_{BA}\gamma_{BA} + K_{CA}x_{CA}\gamma_{CA} \tag{11-25}$$

而在溶液中，Lippmann 等[4,5]导出的 $\sum \Pi_{eq}$ 表达式为

$$\sum \Pi_{eq} = \frac{1}{\dfrac{x_{B,eq}}{K_{BA}\gamma_{BA}} + \dfrac{x_{C,eq}}{K_{CA}\gamma_{CA}}} \tag{11-26}$$

式中，B^+ 和 C^+ 离子的分数 $x_{B,eq}$ 和 $x_{C,eq}$ 可表示为

$$x_{B,eq} = \frac{[B^+]}{[B^+]+[C^+]} = \frac{\gamma_{B^+}m_B}{\gamma_{B^+}m_B + \gamma_{C^+}m_C} \tag{11-27a}$$

$$x_{C,eq} = \frac{[C^+]}{[B^+]+[C^+]} = \frac{\gamma_{C^+}m_C}{\gamma_{B^+}m_B + \gamma_{C^+}m_C} \tag{11-27b}$$

式中，γ_{B^+} 和 γ_{C^+} 分别为溶液中 B^+ 和 C^+ 的活度系数；m_B 和 m_C 为 B^+ 和 C^+ 的物质的量。

基于上述分析，由式(11-25)和式(11-26)可以得出溶液法生长(B,C)A 型固溶体晶体的平衡相图。该相图与普通相图的差异在于纵坐标对应于 $\sum \Pi$ 值，而横坐标为成分($x_{CA}=1-x_{BA}$ 和 $x_{C,eq}=1-x_{B,eq}$)。

图 11-3(a)为水溶液中生长(Ba,Sr)CO_3 的相图。Ba^{2+} 和 Sr^{2+} 对应于上述分析中的正离子 B^+ 和 C^+，而 CO_3^{2-} 则对应于负离子 A^-。图 11-3(b)为对应于不同液相成分($x_{Sr^{2+},eq}$)所生长的晶体成分(x_{SrCO_3})[3]。

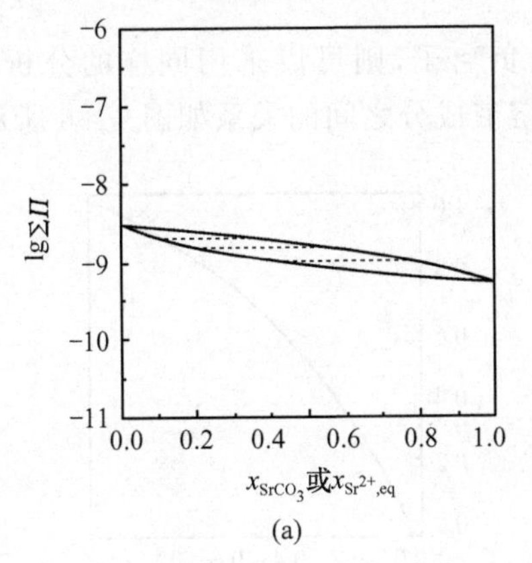

(a)

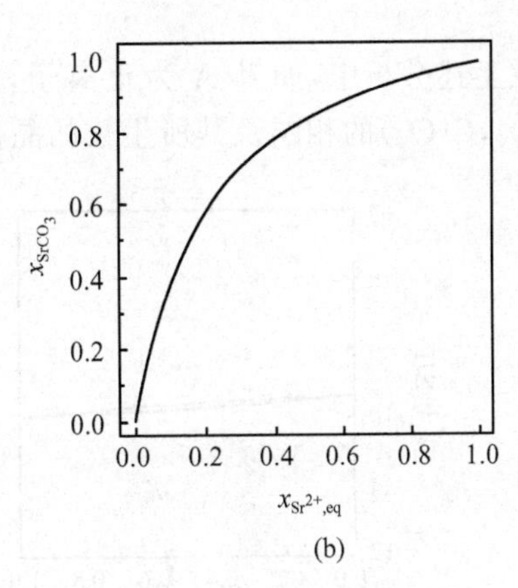

(b)

图 11-3　在 25℃下(Ba,Sr)CO_3-H_2O 系统的平衡相图(a)和所生长的(Ba,Sr)CO_3 晶体中 $SrCO_3$ 的摩尔分数与溶液中正离子 Sr^+ 摩尔分数之间的关系(b)[3]

作为应用实例，图 11-4 和图 11-5 分别为(Ba,Sr)SO_3 和(Cd,Ca)CO_3 的相图及其溶液成分与晶体成分之间的对应关系图。

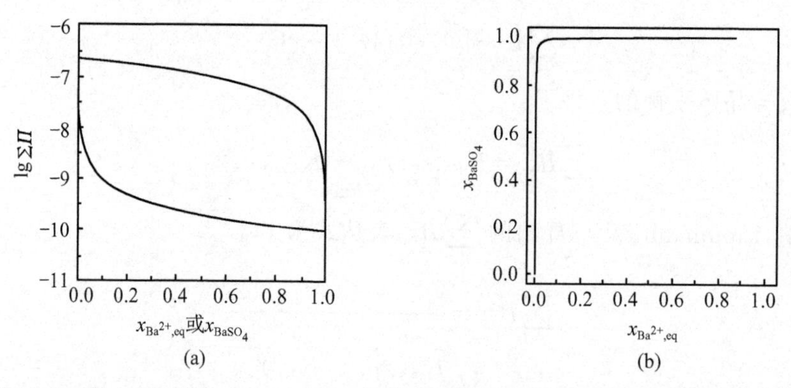

图 11-4　在 25℃下(Ba,Sr)SO_4-H_2O 系统的平衡相图(a)和所生长的(Ba,Sr)SO_4 晶体中 $BaSO_4$ 的摩尔分数与溶液中正离子 Ba^{2+} 摩尔分数之间的关系(b)[3]

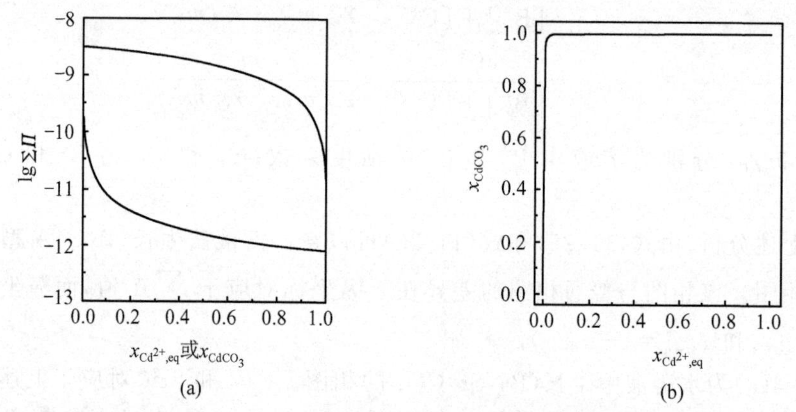

图 11-5　在 25℃下(Cd,Ca)CO_3-H_2O 系统的平衡相图(a)和所生长的(Cd,Ca)CO_3 晶体中 $CaCO_3$ 的摩尔分数与溶液中正离子 Cd^+ 摩尔分数之间的关系(b)[3]

在上述分析中，如果 A 为正离子，B 和 C 为负离子，则可以采用同样的分析方法。Ba(SO_4,CrO_4)的相图及其所生长的晶体成分与溶液成分之间的关系如图 11-6 所示。

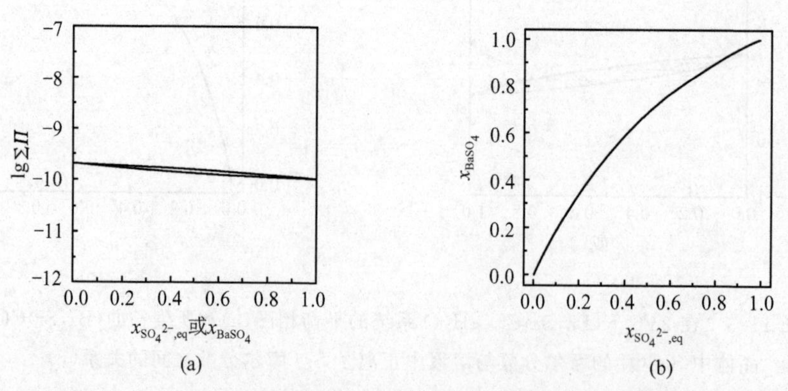

图 11-6　在 25℃下 Ba(SO_4,CrO_4)-H_2O 系统的平衡相图(a)和所生长的 Ba(SO_4,CrO_4)晶体中 $BaSO_4$ 的摩尔分数与溶液中负离子 SO_4^{2-} 摩尔分数之间的关系(b)[3]

除了上述固溶体型晶体生长的情况以外，当析出的两种或两种以上的化合物晶体互不固溶时则会发生多相的同时析出，出现所谓的混晶生长[6]。

4. 气相参与反应的晶体的生长

有高挥发性元素参与的溶液法晶体生长，不仅要考虑晶体和溶液之间的液相平衡，还需要分析液相与气相之间的平衡。以下以采用熔融 Ga 作溶剂生长 GaN 晶体的过程为例。该生长体系的特殊性在于以下两个方面：①溶剂 Ga 本身参与反应，是晶体的主要组成元素之一；②N 以气相的形式加入溶液，因此，需要控制气相和液相的平衡，进行溶液中 N 浓度的控制。

该生长过程是一个由 N_2(G)-$Ga_{1-x}N_x$(L)-GaN(S)三相平衡控制的过程。N_2 向液态 Ga 中溶解需要克服一个 3eV 的势垒[7]，只有在较高的 N_2 压力下才能形成含 N 较高的 $Ga_{1-x}N_x$ 溶液。当 N 超过一定值时则发生 N 与 Ga 的合成反应，形成 GaN 晶体。该体系的平衡相图如图 11-7 所示[7]。其中 N_2(G)-$Ga_{1-x}N_x$(L)-GaN(S)三相平衡的 N_2 压随温度的变化，即 p-T 图，如图 11-7(a)所示，而晶体与气相平衡 T-x_N 图则如图 11-7(b)所示，其中 x_N 为 N 的原子摩尔分数。图 11-7 中同时给出了对应于不同成分时的平衡 N_2 气压力。GaN 析出的不同临界温度对应于不同的 N_2 压力。在高的 N_2 压力下，可以实现在较高温度下从高 N 含量的溶液中生长 GaN，而在低 N_2 压力下，溶液中的 N 含量和生长温度均降低。

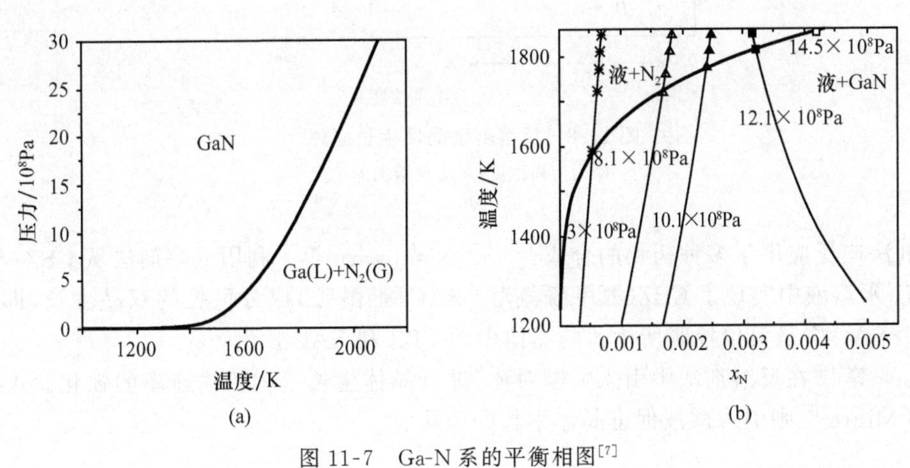

图 11-7　Ga-N 系的平衡相图[7]

(a) GaN 与 N_2 平衡的 p-T 图；(b) (GaN(S)+$Ga_{1-x}N_x$(L))-(N_2(G)+$Ga_{1-x}N_x$(L))的平衡相图

5. 反溶剂法晶体生长

反溶剂法的晶体生长原理如图 11-8 所示[8]。通过在溶液中添加另外一种组元，称为反溶剂。反溶剂的加入可以显著降低溶质在溶液中的溶解度，从而使其由欠饱和状态转变为过饱和状态，形成晶体生长的条件。图 11-8 中的曲线对应于溶质的溶解度 C^* 随反溶剂浓度 A 的变化，可表示为[8]

$$C^* = -\alpha A + C_0 \tag{11-28}$$

式中，C_0 为未加反溶剂时的溶解度；α 为溶解度的反溶剂浓度系数。

假定在反溶剂的浓度为 A_1时，对应的溶解度为 C_1，则当反溶剂浓度增加到 A 时，形成的过饱和浓度为

$$\Delta C = C_1 - C = -\alpha (A_1 + A) \tag{11-29}$$

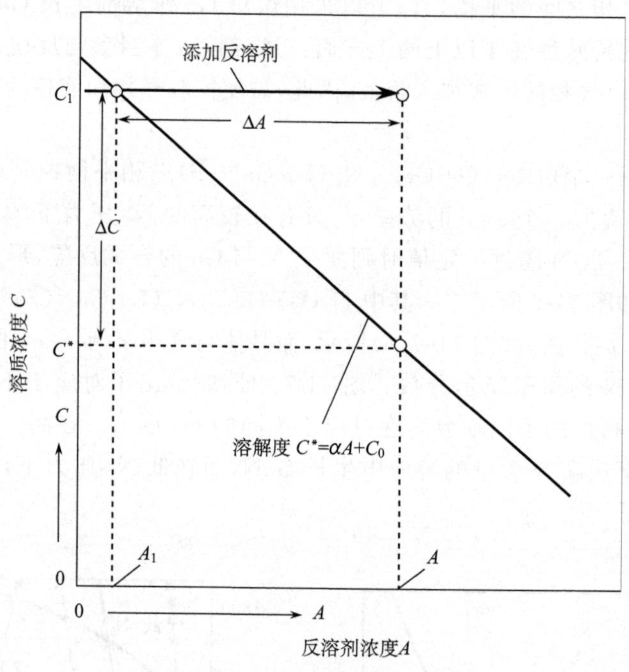

图 11-8　反溶剂法晶体生长原理[8]

C 为溶质浓度，A 为反溶剂的浓度

反溶剂法广泛应用于多种药物的合成[8~12]。Nishimaru 等[9]利用反溶剂法从 CBZ- SAC-MeOH-水溶液中实现了 CBZ(氨甲酰氮草)-SAC(烟酰胺)成分可控的双晶生长，即控制溶液中 SAC 含量可以控制所生长的晶体中的 CBZ 和 SAC 比例。

Lee 等[13]在反溶剂法中引入强制对流，进行晶体生长过程传输速率的强化。Asakuma 和 Miura[14]则引入微波促进晶体生长的强化。

11.1.4　溶液中的晶体生长机理

生长速率是溶液法晶体生长需要讨论的一个重要内容，它是由其生长机理决定的。生长速率，即结晶界面的移动速率，可以用在特定结晶方向上晶体生长界面位置随时间的变化速率表示，即 $R = \partial L/\partial \tau$。在采用实验方法确定晶体生长速率时，可以通过测定晶体线尺度随时间的变化速率计算。实际晶体生长过程的平均速率可以表示为

$$R_{\text{over}} = \frac{\varphi_V}{3\varphi_A} \frac{\dot{n}}{x_c} \tag{11-30}$$

式中，$\varphi_V=V/L^3$ 为晶体的体积形状系数，V 为晶体体积，L 为晶体特征长度；$\varphi_A=A/L^2$ 为晶体表面形状系数，A 为晶体表面面积；$\dot{n}$ 为溶质由溶液向界面转移的摩尔流率；x_c 为溶质的摩尔分数，引入适当的参数则可以将其转换为质量分数 w_c。

实际晶体生长过程中的生长速率是由溶质向结晶界面上的传输速率和溶质在结晶界面上的沉积速率两个环节控制的。通常假定在结晶界面前存在着两个过渡层，即生长边界层和扩散边界层。在生长边界层中，溶质向结晶界面上的沉积是由生长动力学条件决定的。在生长边界层与均匀溶液之间存在一个扩散边界层。溶液中溶质的特征浓度除了晶体生长界面上的平衡溶质浓度 w_e 和溶液内部的溶质浓度 w_0 以外，还可以定义一个生长边界层与扩散边界层之间的界面溶质浓度，记为 w_i，如图 11-9 所示。溶质的过饱和度也可以分解为两个部分：

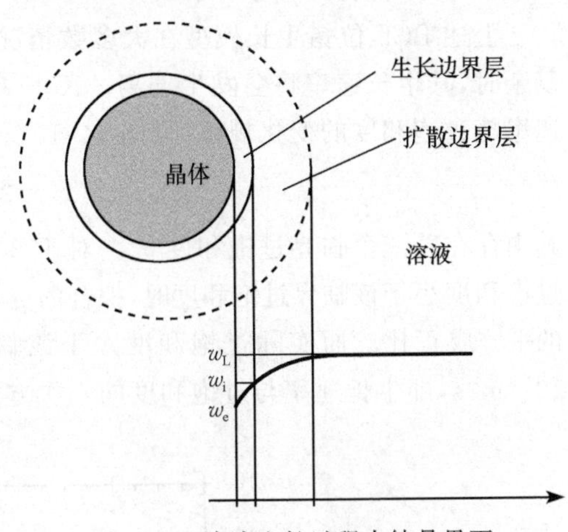

图 11-9　溶液生长过程中结晶界面附近的溶质过饱和度

$$\Delta w=\Delta w_{\mathrm{dif}}+\Delta w_{\mathrm{grow}} \tag{11-31}$$

式中，$\Delta w_{\mathrm{dif}}=w_L-w_i$ 为扩散过饱和浓度；$\Delta w_{\mathrm{grow}}=w_i-w_e$ 为生长过饱和浓度。

同样可以将溶液过饱和度 σ 分解为扩散过饱和度 σ_{dif} 和生长过饱和度 σ_{grow}，即

$$\sigma=\frac{\Delta w}{w_e}=\frac{\Delta w_{\mathrm{dif}}}{w_e}+\frac{\Delta w_{\mathrm{grow}}}{w_e}=\sigma_{\mathrm{dif}}+\sigma_{\mathrm{grow}} \tag{11-32}$$

当 $\dfrac{\sigma_{\mathrm{dif}}}{\sigma}>\dfrac{\sigma_{\mathrm{grow}}}{\sigma}$ 时，扩散是晶体生长的控制环节，而当 $\dfrac{\sigma_{\mathrm{dif}}}{\sigma}<\dfrac{\sigma_{\mathrm{grow}}}{\sigma}$，界面生长动力学因素是其控制环节。

对于扩散控制的晶体生长过程，生长速率的表达式为[15]

$$R=2k_{\mathrm{D}}\sigma_{\mathrm{dif}} \tag{11-33}$$

式中，k_{D} 为由溶液中的对流和扩散条件决定的溶质传输系数。

由结晶界面上的生长动力学因素决定的生长速率通常采用 BCF(Burton、Cabrera、Frank)提出的位错生长模型分析[16]。在较低和中等的过饱和度下，溶液中的原子向生长界面的沉积是借助螺型位错提供的台阶逐层生长的。吸附到结晶界面上的原子通过扩散向界面上的台阶沉积，导致台阶的侧向移动。Bolt 等[17]和 Elwell 等[18]的这一观点得到了较为广泛的支持和证明。Chernov[19]证明，结晶界面上台阶移动的速率 V_{st} 正比于溶液的过饱和度 σ_{grow}，即

$$V_{\mathrm{st}}=k_{\mathrm{st}}\sigma_{\mathrm{grow}} \tag{11-34}$$

式中，k_{st} 为动力学系数，与溶液的种类相关。

通过简单的几何分析可以推导出位错的侧向运动造成结晶界面的宏观推进速率，即生长速率 R 与过饱和度成正比[20,21]，即

$$R = k\sigma \tag{11-35}$$

式中，k 为有效生长动力学系数。

上述 BCF 位错生长模型在大多数情况下是合适的。而当晶体的分子结构变得非常复杂时，其生长速率将会发生偏离。Kohl 等[15] 研究了环糊精（cyclodextrin）晶体的生长速率随过饱和度的变化规律（见图 11-10）。

$$R = 2k_{\text{grow}}\sigma_{\text{grow}}^{g} \tag{11-36}$$

其中存在着一个临界过饱和度 σ_c。对于 20℃下的水溶液生长过程，$\sigma_c = 0.625$。当实际过饱和度小于该临界过饱和度时，拟合的 $g = 2$，$k_{\text{grow}} = 3.95\times10^{-4}$ m/s，即生长速率与 σ_{grow} 的平方成正比。而实际过饱和度大于该临界过饱和度时，拟合的 $g = 1$，$k_{\text{grow}} = 2.65\times10^{-6}$ m/s，即生长速率与过饱和度的一次方成正比，满足 BCF 位错生长模型。

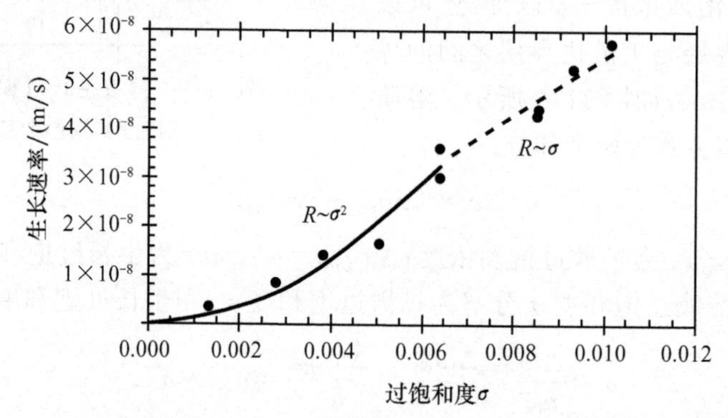

图 11-10 20℃下的水溶液中，环糊精晶体生长速率随过饱和度的变化[15]

11.2 溶液法晶体生长的基本方法

11.2.1 溶液的配制

实现溶液生长的第一步是将溶质元素溶解到溶剂中，形成具有一定温度、成分的均匀溶液，并同时防止和控制杂质的污染。对于不同的生长系统，可根据其物理化学性质，采用如下不同的方法进行溶液的配制。

1. 直接加热溶解

对于单质或简单成分的晶体，可以将通过提纯和成分控制的多晶原料直接加入到溶剂中进行溶解。大多数水溶液中，简单晶体的生长均可采用该方法进行溶液的配制。在给定温度和压力下，溶液中的溶质浓度最大值将接近于其溶解度。控制溶解速率的因素包括：①溶质元素在多晶原料表面上的分解，这一过程伴随着晶体结合键的断裂和可能的化学变化；②溶质元素通过扩散和对流向溶液内部传输，实现溶液均匀混合，高温和强制搅拌有利于加速其均匀混合过程；③溶质的溶解度通常随着温度的升高而增大，因此升温有利于获得高溶解度的溶液。

升温与搅拌是溶液配制过程的主要控制手段。除此之外，在生长之前对溶液进行过热处理也是晶体生长过程控制的必要环节。

2. 分步加入溶质

当溶质元素不止一种时，可以分几步分别加入，如采用单质 B 和 C 在溶剂 A 中生长 BC 化合物时，可以将单质 B 和 C 同时加入溶剂中进行加热溶解。但更常用的是先将一种元素(如 B)加入溶剂形成 A-B 溶液，然后再将 C 加入形成 A-B-C 溶液。

3. 中间溶液混合

对于某些晶体生长体系，若采用上述分步加入溶质的方法，在加入溶质 C 时，在其附近形成富集 C 的高溶质浓度区域，可能发生 B 和 C 的快速反应形成 BC 化合物，而 BC 化合物再次溶解的速率可能很低。对此可以分别配制 A-B 和 A-C 两种溶液，然后将此两种溶液混合，避免高溶质浓度区域的形成，控制 B 和 C 的反应。如在硫酸三甘氨酸($(NH_2CH_2COOH)_3H_2SO_4$)(简称 TGS)晶体生长过程中[22]，溶液的配制通常采用"甘氨酸(NH_2CH_2COOH)"水溶液与硫酸(H_2SO_4)水溶液在液态下混合获得 $NH_2CH_2COOH+H_2SO_4+$水溶液的三元溶液，然后进行 TGS 晶体的生长。

4. 气相的溶解

对于气相参与反应的溶液法晶体生长过程，难度较大的是把气体原子或分子溶解到液相中。如 11.1 节讨论的溶液法生长 GaN 的过程[7]。气相的溶解是一个由液相和气相平衡条件控制的过程，通常需要施加较大的气相压力才能获得较为可观的溶解度，以利于气相生长过程的控制。

11.2.2　溶液法晶体生长的基本方法与控制原理

溶液法晶体生长过程控制的核心问题是过饱和度的控制，而过饱和度的控制又是通过温度控制和蒸汽压力控制实现的。不同的晶体生长过程对应的控制方法有所区别。以下结合几种具体的晶体生长方法，分析溶液法晶体生长过程的控制原理。

1. 降温法

以简单的单质晶体在单一成分溶剂中的生长过程为例，分析降温法晶体生长的基本原理。假定溶剂为 A，溶质为 B，B 组元在溶剂 A 中的溶解度曲线如图 11-11(a)所示。在温度 T_1 下制备的溶液的平衡溶质浓度为 w_1，此时进行溶液的冷却，使其降温到温度 T_2，该温度对应的溶解度为 w_2，而实际溶液中溶质浓度为 w_1，溶液处于过饱和状态。在温度 T_2 下驱动晶体生长的过饱和度为

$$\sigma=\frac{w_1-w_2}{w_2} \tag{11-37}$$

此时，如果溶液中存在籽晶，该籽晶就会生长。这种通过降低溶液的温度获得晶体生长所需要的过饱和度，实现晶体生长的方法称为降温法。

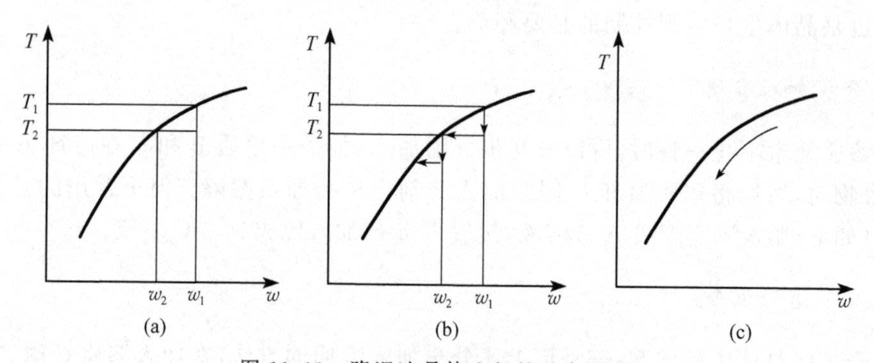

图 11-11　降温法晶体生长的基本原理
(a) 生长条件；(b) 非连续降温生长路径；(c) 连续降温生长路径

在温度 T_2 下，晶体生长消耗溶液中的溶质，使浓度下降，过饱和度随之降低。此时需要进一步降温，重新获得晶体生长所需要的过饱和度，即生长过程按照图 11-11(b)中箭头所示的轨迹进行。在实际晶体生长过程中可以采用连续冷却的方法，使晶体生长过程按照图 11-11(c)所示的轨迹进行。

图 11-12 所示为典型降温法晶体生长设备的结构图[23]。图中最内层的容器为盛放溶液的生长槽。生长槽放置在用于温度控制的加热液体中，籽晶在生长槽内的溶液中生长。该加热液体通常具有较大的热容量和很低的蒸汽压，不会因受热而挥发。图中采用了 3 组加热器对加热液体进行温度控制。在溶解过程中加热器对加热液进行加热，并通

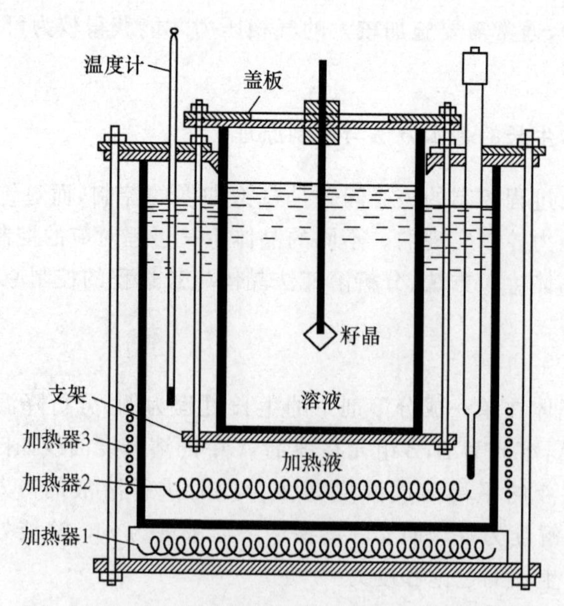

图 11-12　典型降温法晶体生长设备工作原理图[23]

过加热液向生长槽中的溶液传热，实现对溶液温度的控制。在晶体生长过程中，溶液降温以及晶体生长释放的结晶潜热也通过该加热液体向环境释放。采用液体作为传热介质的优点是可以利用其热惯性提高温度控制的稳定性。因此，与直接采用加热器进行晶体生长溶液的温度控制相比，采用加热液这一液体介质进行溶液法晶体生长温度的控制可以避免温度的波动，获得均匀而稳定的温度场。

降温法晶体生长过程温度控制的要点是：①温度稳定性控制，即避免温度的波动；②降温速率控制，即获得晶体生长所需要的降温速率；③温度场均匀性的控制，即根据晶体生长要求，使得溶液内部温度均匀分布。

在降温法晶体生长过程中，温度和溶质浓度是变化的，即生长是在非等温非等浓度的条件下进行的。不同的生长条件可能导致晶体结晶质量和性质的变化，形成非均匀的晶体。

2. 溶剂蒸发法

获得过饱和溶液的途径除了采用上述降温法之外，还可以通过溶剂的蒸发实现。在由溶质 B 和溶剂 A 形成的简单二元溶液中，溶质 B 的浓度的基本表达式为

$$w_{\mathrm{B}}=\frac{m_{\mathrm{B}}}{m_{\mathrm{A}}+m_{\mathrm{B}}} \tag{11-38}$$

式中，m_{A} 和 m_{B} 分别为溶剂 A 和溶质 B 的质量。

溶剂蒸发法通过减小 m_{A} 实现溶质浓度 w_{B} 的增大，获得过饱和溶液。对于图 11-13 所示的饱和溶液 1（溶质浓度为 w_{B1}），假定通过溶剂的蒸发使溶质浓度增大为 w_{B2}，则获得的固态过饱和度为

$$\sigma=\frac{w_{\mathrm{B2}}-w_{\mathrm{B1}}}{w_{\mathrm{B2}}} \tag{11-39}$$

在该过饱和度的驱动下实现晶体的生长。晶体生长进一步消耗溶质，使溶液中的溶质含量 m_{B} 减少，又导致溶液中溶质浓度降低，过饱和度减小。为了维持生长过程的连续进行，需要进一步进行溶剂的蒸发，以增大 w_{B} 和 σ。在实际晶体生长过程中，持续地进行溶剂的蒸发，即维持 m_{A} 和 m_{B} 的同步减小，可获得恒定的 w_{B} 和 σ，使生长过程在图 11-13 中示意的恒定状态 b 下进行。

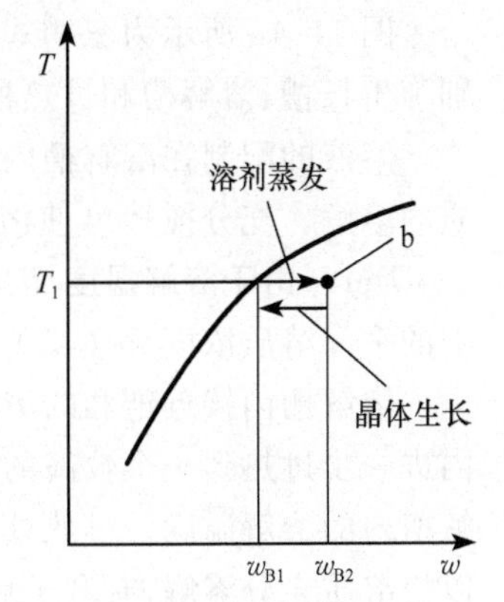

图 11-13　溶剂蒸发法晶体生长的基本原理

溶剂蒸发法晶体生长设备的工作原理图如图 11-14 所示[23]。该生长系统同样采用液体介质进行传热控制，以维持温度的稳定性。对传热介质和生长槽中的溶液均采用叶片搅拌可以获得均匀的温度场。蒸发的溶剂在生长槽的上部内表面冷凝后沿着壁面向下流动，进入另一个容器收集。生长槽上部的加热器对生长槽加热，可以提高溶剂的溶解度，防止溶剂中残留溶质在其表面结晶。

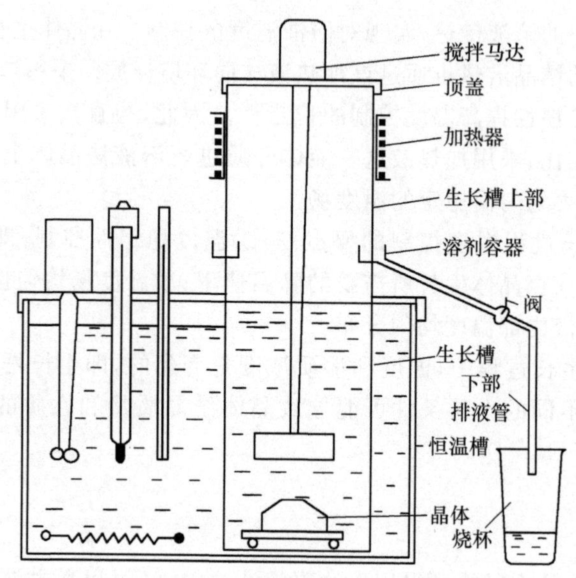

图 11-14　溶剂蒸发法晶体生长设备的工作原理图[23]

在溶剂蒸发法晶体生长过程中，溶液的基本成分是恒定的，不随时间发生变化，可以维持晶体生长自始至终在相同的环境介质中进行，同时不需要进行温度的变化，只要控制恒定的溶液温度即可。但是，如果溶液中含有杂质，则随着晶体生长过程的进行，溶液中残留的杂质含量将不断增大，从而导致晶体中杂质含量的升高。

3. 溶液中的连续生长方法（流动法）

上述两种方法其晶体生长过程是非连续的，随着生长过程的进行，溶质总量不断被消耗，当溶质减少至一定值后晶体生长将终止。如果在晶体生长过程中采用一定的方法进行溶液或仅仅溶质的连续补充，则可实现晶体的连续生长。

图 11-15 所示为三槽式的流动法晶体生长设备工作原理示意图。该设备的三个槽分别为生长槽、溶解槽和过热槽。各个槽内的温度、溶质浓度和过饱和状态在图中标出。

溶液的配制在溶解槽内进行。该槽内溶剂和溶质共存，通过控制温度并搅拌进行溶质的溶解。充分搅拌可使溶液所溶解的溶质含量接近溶解温度 T_S 下的平衡溶质浓度 $w_e(T_S)$。由于溶解温度 T_S 大于生长温度，从而使溶液中溶解的溶质浓度高于生长温度下的平衡溶质浓度 $w_e(T_g)$，保证进入生长槽的溶液处于过饱和状态。

溶解槽内接近饱和的溶液通过过滤器进行杂质去除后进入过热槽内。溶液在过热槽内进一步过热到一个较高的温度 T_H。该温度通常既高于晶体生长温度，也高于其在溶解槽内的溶解温度。过热处理不但利于后续的输运，避免溶质在输运系统中结晶，而且可以使溶质充分溶解，有利于后续生长过程中晶体结晶质量的控制。过热槽内的溶液在泵的作用下通过输运系统进入生长槽内进行晶体生长。

溶液进入生长槽后进行适当的降温，将温度稳定在生长温度 T_g，使溶液处于过饱和状态，进行晶体生长。随着生长过程的进行，溶液中的溶质被不断消耗，过饱和度下降。低溶质含量的溶液再回流到溶解槽内，再次被加热并溶解溶质。

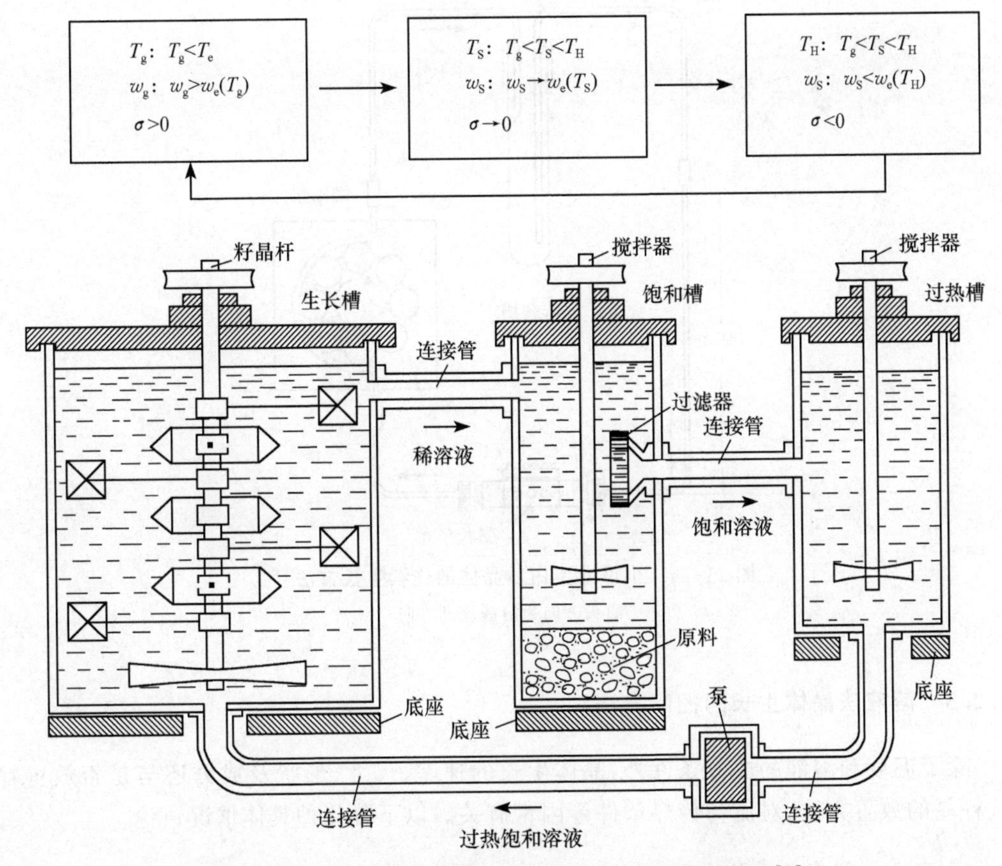

图 11-15　三槽式流动法连续晶体生长设备工作原理图[23]

T_e 为生长槽内溶液平衡温度；T_g、T_S 和 T_H 分别为生长槽、溶解槽和过热槽内温度；$w_e(T)$为对应温度下平衡溶质浓度；w_g 和 w_S 为生长槽和溶解槽内的溶质浓度

上述三个环节形成一个闭环，维持晶体生长过程的连续进行。可以看出，在溶液流动法连续生长过程中，晶体生长的温度和成分条件与溶剂蒸发法接近，也是恒定的，晶体自始至终在相同条件下生长。这有利于获得结晶质量和性能均匀一致的晶体。

当溶解槽内的溶质被消耗到一定程度时可以再次添加原料。因此从理论上讲，流动法晶体生长过程可以一直进行下去，生长出任意尺寸的晶体。

在流动法控制的连续生长过程中，除了各个环节的温度和成分的控制之外，溶液流动的控制也非常重要。这不仅要提供驱动溶液流动的动力，还要控制溶液的温度变化，并防止溶液的污染等。根据晶体的性质及其对晶体尺寸和形状的要求，可以选择不同的控制驱动泵。图 11-15 所示的生长系统比较适合大尺寸晶体的工业化生产过程。

如图 11-16 所示为 Vekilov 等[24]应用于微小尺寸蛋白质晶体生长的系统。蛋白质晶体对于环境的污染非常敏感，对与之接触的材料有很高要求。因此，溶液的循环是在特制的管道内进行的，并采用蠕动泵进行流动控制。该蠕动泵通过采用圆柱形的辊子挤压软管促进管内溶液流动。溶液在溶解槽内进行成分和温度调整后，进入生长单元进行晶体生长。生长单元根据所生长蛋白质的性质进行设计和控制。

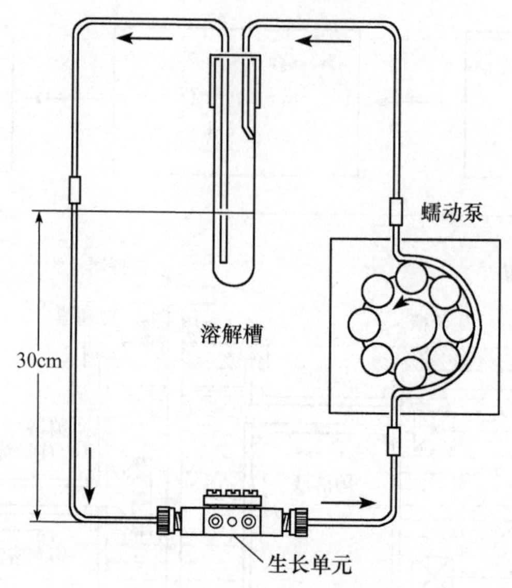

图 11-16　小尺寸蛋白质晶体的连续生长方法[24]

箭头方向为溶液流动方向

11.2.3　溶液法晶体生长的控制方法

除了温度和溶液的成分条件外，晶体生长的速率、尺寸、形状及成分还与是否放置籽晶、籽晶的放置方法、对流与传热条件等因素有关。以下分几种具体情况讨论。

1. 溶液内部形核生长

当溶液具有较大的过饱和度，达到均匀形核或异质形核的条件时，将在溶液内部发生形核。采用各种动力学或热力学方法也可促进异质形核的发生，包括：①对溶液进行深度冷却，获得很大的过冷度，从而实现均质形核；②对过冷溶液进行强力搅拌，使溶液内部局部形成动态高压区，促进晶体的形核；③在溶液的表面或与容器的接触界面发生异质形核；④在溶液中引入异质结晶核心，促进异质形核；⑤在温度非均匀或成分非均匀的溶液中，形成局部过冷度区，发生形核。特别是在两种不同成分溶液的界面附近可能为晶体形核提供非常有利的条件。

在依赖溶液内部形核进行晶体生长的过程中，由于形核的随机性，其位置和数量是很难控制的。通常可能发生大量的形核，并在长大的同时不断发生沉降，形成多晶体。因此，仅仅在对晶体的尺寸和形状没有要求时才可以采用该方法。

以 Lappa 等[25]采用多琼脂(agarose)水溶液，以 NaCl 为沉淀剂进行溶菌酶(Lysozyme)生长为例。在该生长过程中分别配制了两种溶液，一种是向多琼脂水溶液加入溶菌酶形成的蛋白质溶液，另一种是向多琼脂水溶液中加入 NaCl 形成的盐溶液。可以采用图 11-17 所示的两种放置方法，将一种溶液放置在容器的下方，另一种溶液漂浮在其上方，在两种溶液的界面附近，在 NaCl 的催化作用下溶菌酶形核生长，形成大量晶体。在蛋白质溶液中的扩散阻力大，而在 NaCl 溶液中的扩散阻力小，因此，当蛋白质溶液在下方时不会形成晶体的沉降，而当 NaCl 溶液在下方时，大量晶体在溶液中沉降，形成“结晶雨”。图 11-18 所示为上述生长系统中在两种溶液界面附近形成的晶体沉降过程的实验照片[18]。

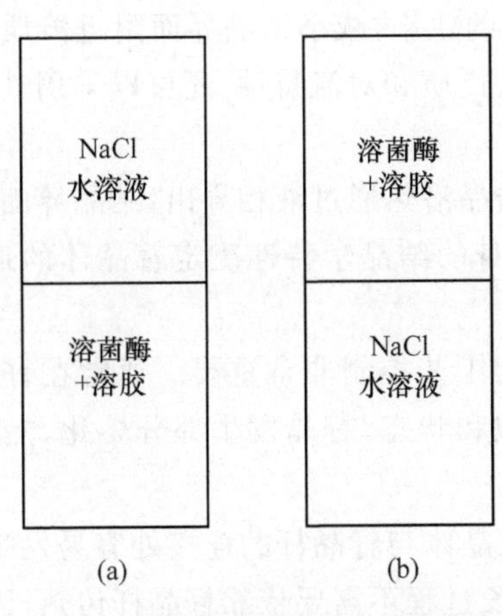

图 11-17　蛋白质溶液和 NaCl 溶液两种放置方式及形成晶体沉降的条件[25]

(a) 蛋白质溶液在下方，不形成晶体沉降；(b) NaCl 溶液在下方，形成晶体沉降

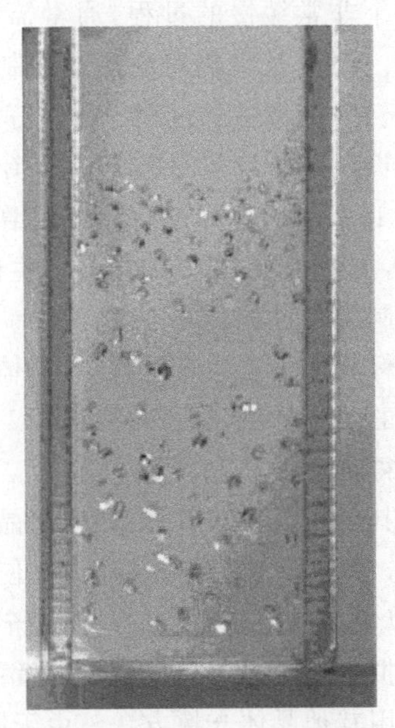

图 11-18　在图 11-17(b)所示的溶液中形成的晶体[25]

2. 籽晶泡生生长

籽晶泡生生长方法是将籽晶固定在籽晶杆上，使整个籽晶浸泡在溶液中。通过温度调整使溶液维持一个较小的过饱和度。溶质以籽晶为基底，在其表面生长。图 11-19 所示为

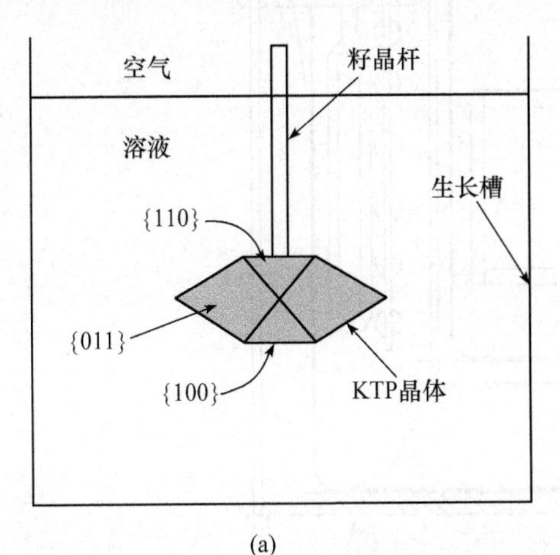

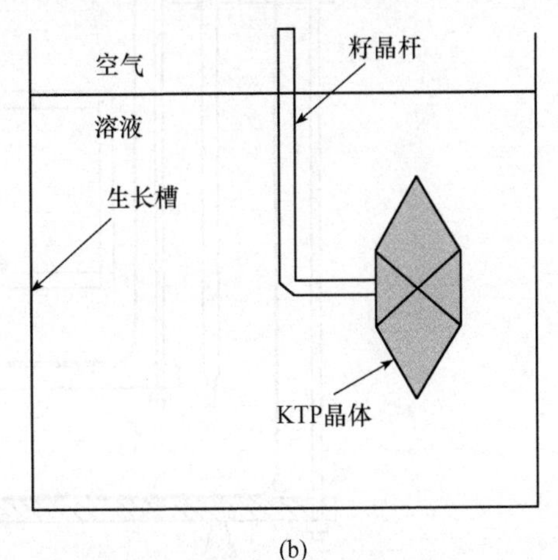

图 11-19　籽晶泡生法晶体生长原理示意图[26]

Vartak 等[26,27]进行 KTP 晶体生长时采用的籽晶泡生法生长原理示意图。

在籽晶泡生法晶体生长过程中，晶体表面附近溶液中的溶质被迅速消耗，形成低溶质浓度的边界层，需要溶液内部的溶质向结晶界面传输，以维持生长。由于纯粹的扩散是一个非常缓慢的过程，通常需要借助对流以减小结晶界面的边界层厚度，加速晶体生长。不论是自热对流还是强制对流，其流速分布都与晶体的形状和晶体学取向密切相关。在晶体生长过程中进行籽晶杆的旋转是增强结晶界面附近溶液传输速率、提高晶体生长速率经常采用的方法。图 11-19 给出了 KTP 晶体的形状及其两种晶体取向。采用图 11-19(b)所示的取向可以增强籽晶杆旋转的效率，减小结晶界面附近溶质边界层的厚度，增强传质效果，加速晶体生长。根据传热、传质和对流特性，还可以采用其他晶体取向控制生长过程。

在籽晶泡生法生长过程中，晶体生长释放的结晶潜热通过液相导出，结晶界面前沿存在着负的温度梯度，属于自由生长。因此，晶体自身的结晶学特性决定着晶体的形状，并容易获得其本征形态。

与其他生长方法一样，泡生法晶体生长初期的工艺控制非常重要。通常在籽晶放入溶液后，首先通过升温或其他方法使溶液处于欠饱和状态，籽晶发生部分熔化，然后开始生长，以便籽晶与新生长的晶体完全融合。

当拟生长的晶体尺寸较大或者强度较低时，在晶体与籽晶杆的连接处容易发生断裂，可以采用其他晶体支撑方法。由于溶液法晶体生长过程不需要依靠籽晶杆传热，因此，籽晶杆不是必需的。Zaitseva 等[28]在进行 KH_2PO_4 和 $K(H,D)_2PO_4$ 晶体生长时直接采用一个托盘放置籽晶进行晶体生长，如图 11-20 所示。可以看出籽晶杆或托盘所承受的外力首先是晶体的重力，其值对应于晶体与溶液的密度差与晶体体积的乘积。其次，籽晶杆

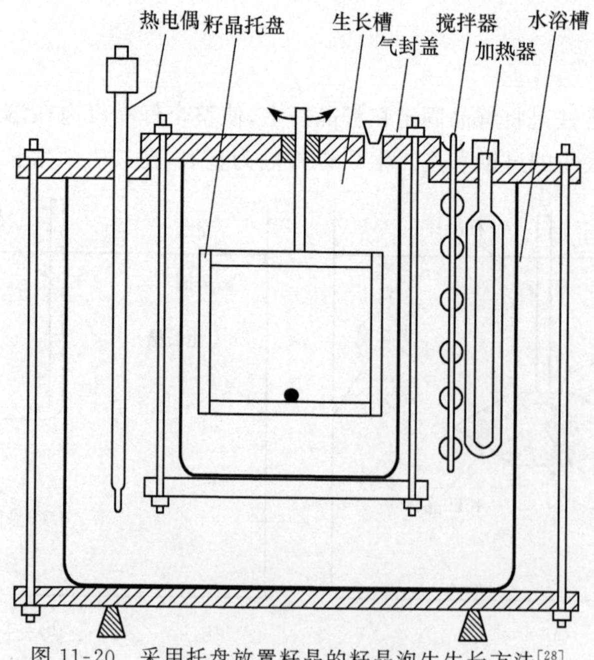

图 11-20　采用托盘放置籽晶的籽晶泡生生长方法[28]

或托盘的旋转受到的黏滞阻力，与溶液的黏度、旋转速度以及晶体的形状有关。采用托盘放置籽晶时，晶体的尺寸可以不受约束，但托盘的存在必然会影响到溶液中的传质、传热及对流，对晶体生长过程产生影响。

3. 其他生长方法

除了将籽晶全部浸入溶液的方法之外，还可以采用部分浸入的方法。如图 11-21 所示，从溶液的上表面引入籽晶，使其部分浸入溶液，而另一部分暴露在溶液的表面。该方法类似于 Cz 熔体生长方法，称为顶部籽晶法。暴露在表面的晶体可以起到散热作用。Nikolov 等[29]采用该方法在 $BaO-Na_2O-Ba_2O_3$ 溶液中进行了 BBO 晶体的生长。

Yamamoto 等[30]对感应加热条件下 SiC 晶体顶部籽晶法的数值计算结果表明，在该晶体生长过程中熔体表面温度梯度引起的 Marangoni 对流以及电磁力驱动的对流均对晶体生长过程具有重要影响。

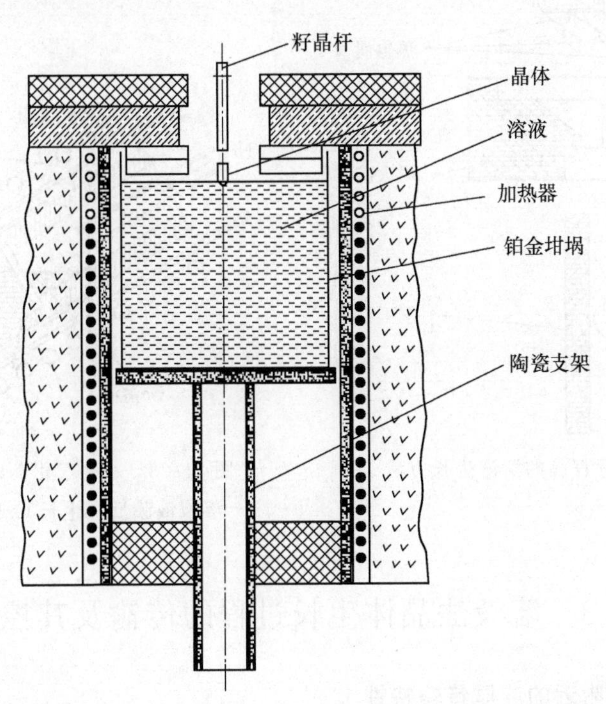

图 11-21　表面籽晶法在 $BaO-Na_2O-Ba_2O_3$ 溶液中进行 BBO 晶体生长的方法[29]

除了图 11-21 所示的籽晶放置方法外，还可以将籽晶放置在生长槽的底部，如图 11-22 所示[31]。该方法可以通过对生长槽的底部形状进行设计，并采用一定的冷却方式控制晶体生长传热过程，实现生长方向、生长速率和生长形态的控制。同时，可以采用坩埚的恒速旋转或变速旋转获得均匀温度场，并对生长过程溶液中的对流进行控制。

图 11-23 所示为 Tanaka 等[32]采用 Ga 溶液进行 GaN 生长的工作原理图。GaN 的生长以放置在生长槽底部的 SiC 为衬底。生长过程中采用 NH_3 气体提供晶体生长所需要的 N。由于 N 在 Ga 溶液中的溶解度很低，衬底（相对于籽晶）表面上的 N 含量将很低，制约了晶体的生长速率。为解决溶液中 N 的传输问题、提高生长速率，可以在生长槽

中加入很少量的 Ga 溶液，然后倾斜生长槽，将部分衬底暴露在气相中。通过生长槽的旋转，不断在衬底表面"涂挂"Ga 溶液。通入的 NH_3 气体直接与涂挂在衬底表面上的 Ga 液膜反应形成 GaN。由于液膜的厚度很小，N 在溶液中的扩散距离被大大缩短，从而可获得较大的生长速率。

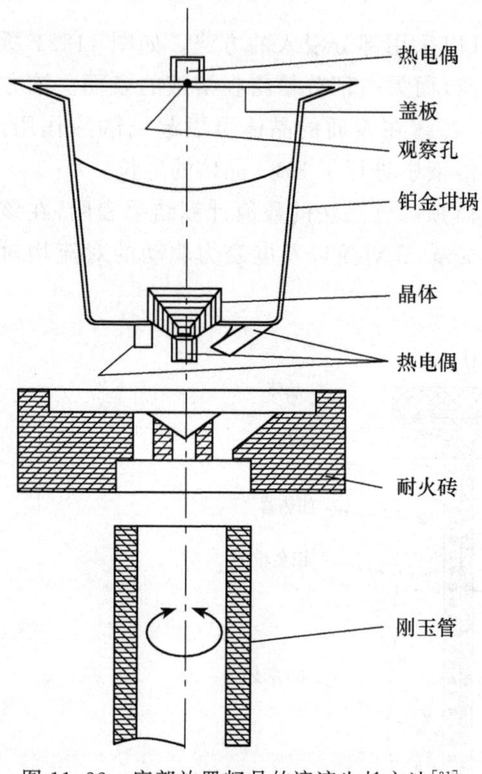

图 11-22　底部放置籽晶的溶液生长方法[31]

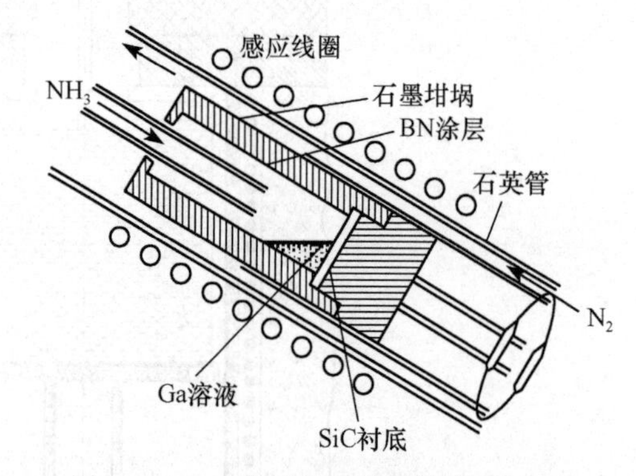

图 11-23　一种气相 NH_3 与衬底表面 Ga 溶液液膜反应生长 GaN 晶体的方法[32]

11.3　溶液法晶体生长过程的传输及其控制

11.3.1　结晶界面附近的溶质传输特性

与溶液中的溶质总含量相比，晶体生长界面附近边界层内富集的溶质总量可以忽略，并且溶剂在晶体中的溶解度可以忽略，则在体积为 V 的溶液中的溶质平衡条件可以表示为[33]

$$-V\rho_{\mathrm{L}}\frac{\partial\Delta w_{\mathrm{L}}}{\partial\tau}=V\frac{\partial M_{\mathrm{S}}}{\partial\tau}\tag{11-40}$$

式中，M_{S} 为单位体积溶液中析出晶体的质量；$\Delta w_{\mathrm{L}}=w_{\mathrm{L}}-w_{\mathrm{L0}}$ 为溶液的过饱和浓度；ρ_{L} 为溶液的密度；w_{L} 为液相中的溶质浓度；w_{L0} 为溶质的溶解度。

晶体总体的生长速率 R_T（单位时间在单位体积的溶液中析出晶体的质量）可表示为

$$R_T=\frac{\partial M_S}{\partial \tau}=\frac{\partial}{\partial \tau}\Big(\sum_i n_i m_i\Big)=-\rho_L\frac{\partial \Delta w_L}{\partial \tau} \tag{11-41}$$

式中，m_i 为特定尺寸(用下标 i 表示)晶体的质量；n_i 为该尺寸晶体的数目。

式(11-41)将溶液中的生长速率与过饱和度的变化相联系。其中过饱和度如图 11-9 所示，可分为生长过饱和度和扩散过饱和两个部分。晶体生长速率由式(11-33)和式(11-35)(或式(11-36))定义的扩散控制和生长控制中限制性的环节(较小的一项)决定。

对于尺寸和形状可以确定的溶液法单晶生长过程，溶质的传输特性是晶体生长速率与生长形态的控制因素。由于溶液法晶体生长温度通常较低，生长速率较小，固相中的扩散可以忽略，在结晶界面上符合平衡分凝条件。因此，液相中的传输是限制性的环节。在忽略对流的情况下，稀薄溶液内部的溶质传输符合 Fick 第二定律。

在大体积的溶液内部，溶质的传输通常是由对流过程控制的，但在结晶界面附近存在着一个由扩散控制的边界层，在该边界层内的扩散可以采用 Fick 第一定律讨论。设 $\boldsymbol{n}$ 为结晶界面的法线矢量，通过结晶界面生长进入晶体的溶质通量为

$$J=-D_L\frac{\partial w_L}{\partial n} \tag{11-42}$$

则在给定的结晶界面上的晶体生长速率 $R_\perp$ 为

$$R_\perp=vJ=-vD_L\frac{\partial w_L}{\partial n} \tag{11-43}$$

式中，生长速率 $R_\perp$ 定义为晶体生长界面在法线方向上的移动速率；v 为晶体的摩尔体积。

在扩散边界层内的溶质分布可以用 Burton、Prim 和 Slichter 的经典模型来描述[34]。该模型假定在边界层内的溶质是由纯扩散控制的，而在边界层外的大体积溶液中溶质是均匀分布的。对于二元溶液，溶质浓度 w_L 随着距结晶界面距离 z 的变化满足

$$w_L=w_{Lb}\frac{k_0+(1-k_0)\exp\left(-\dfrac{Rz}{D_L}\right)}{k_0+(1-k_0)\exp\left(-\dfrac{R\delta_v}{D_L}\right)} \tag{11-44}$$

式中，w_{Lb}为边界层以外大体积溶液中的溶质浓度；k_0 为平衡溶质分凝系数；R 为晶体生长速率；D_L 为溶质的扩散系数；δ_v 为由液相中对流条件决定的对流边界层的厚度。

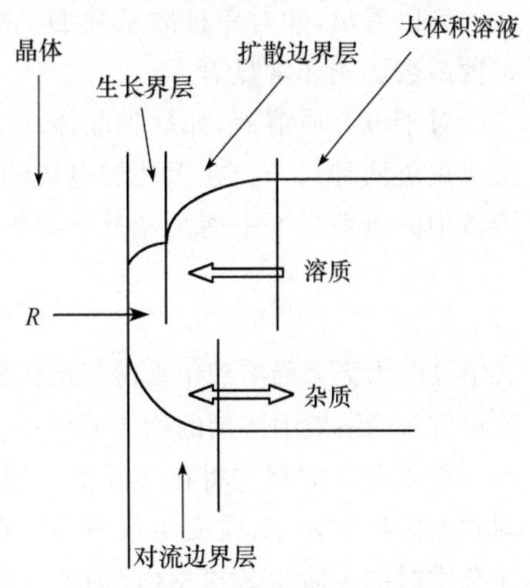

图 11-24　有杂质存在条件下生长界面附近的溶质与杂质分布[35]

当溶液中存在杂质元素时，杂质和溶质同时通过边界层扩散，二者发生交互作用。通常杂质元素在晶体中的含量低于液相，在生长界面前沿的液相中富集。假定只有一种杂质元素的含量是不可忽略的，则结晶界面附近参与扩散的元素有 3 个，即溶质、溶剂和杂质。溶剂可以看成是固定不动的，溶质和杂质通过溶剂扩散。溶质元素与

杂质在结晶界面附近的分布及传输特性可近似用图 11-24 所示的一维扩散过程表示[35]。

在 n 组元体系中，溶质组元 i 扩散通量的通用表达式为

$$J_i = -\sum_{j=1}^{n} D_{ij} \nabla w_j, \quad i=1,2,\cdots,n \tag{11-45}$$

式中，$D_{ij}(i=j)$ 为对角扩散系数；$D_{ij}(i\neq j)$ 为非对角扩散系数，又可以表示为

$$D_{ij} = \sum_{k=1}^{n} L_{ik} \frac{\partial \mu_k}{\partial w_j}, \quad i,j=1,2,\cdots,n \tag{11-46}$$

其中，μ_k 为组元 k 的化学位；L_{ik} 为实验常数。通常 D_{ij} 可以通过实验测定。

Paduano 等[36]在以 NaCl 水溶液为溶剂进行的氯化溶菌酶(lysozyme chloride)晶体生长中测定了对角和非对角扩散系数。将其中的氯化溶菌酶和 NaCl 看作两种溶质，分别用下标 1 和 2 表示，其实测的结果如表 11-3 所示。其中溶质的浓度采用摩尔分数表示，即在式(11-45)中，将 w_j 用 x_j 代替。

表 11-3　氯化溶菌酶-NaCl-水体系中对应于不同溶质浓度的扩散系数

(其中温度为 25℃，pH 为 4.5)[36]

扩散系数	溶液 1	溶液 2	溶液 3	溶液 4	溶液 5
	x_1=0.600mmol/L，x_2=0.250mol/L	x_1=0.600mmol/L，x_2=0.500mol/L	x_1=0.600mmol/L，x_2=0.900mol/L	x_1=0.600mmol/L，x_2=1.200mol/L	x_1=0.600mmol/L，x_2=1.499mol/L
$D_{11}/(10^{-9}m^2/s)$	0.1283	0.1247	0.1224	0.1214	0.1206
$D_{12}/(10^{-11}m^2/s)$	0.0025	0.0035	0.0036	0.0036	0.0036
$D_{21}/(10^{-9}m^2/s)$	10.6	16.9	25.5	33.0	38.0
$D_{22}/(10^{-9}m^2/s)$	1.826	1.844	1.890	1.930	1.968

可以看出，非对角扩散系数 D_{21} 的数值非常大，即氯化溶菌酶的浓度梯度对 NaCl 的扩散系数影响非常显著。

对于电介质溶液，如盐类晶体在水溶液中的生长过程，晶体的分子在溶液中发生电离形成正负两种离子。在无外加电场的情况下，正离子和负离子将向同方向协同扩散，否则溶液中的电荷将不平衡。盐分子的扩散系数可以表示为[35]

$$D_{\pm} = D_{\pm}^{0} \frac{c_{tot}}{c_3}\left(1-\frac{\partial \ln \gamma_{\pm}}{\partial \ln x}\right) \tag{11-47}$$

式中，$D_{\pm}^{0}$ 为无穷稀溶液中盐分子的扩散系数；c_{tot} 为单位体积溶液中所有分子的物质的量；c_3 为单位体积溶液中溶剂的物质的量；$\gamma_{\pm}$ 为盐分子的活度；x 为盐分子的物质的量浓度。

杂质元素的存在将在界面上占据溶质元素的位置，从而影响溶质在结晶界面上的吸附和界面扩散速率，改变生长速率。存在杂质时结晶界面上的台阶生长速率(记为 V)与无杂质时的台阶生长速率(记为 V_0)之比可以表示为[33,37,38]

$$\frac{V}{V_0} = 1-\alpha\theta_{eq} \tag{11-48}$$

台阶生长速率和结晶界面的表观生长速率 R 成正比，因此杂质对结晶界面表观生长速率的影响也可以表示为

$$\frac{R}{R_0}=1-\alpha\theta_{eq} \tag{11-49}$$

式中，θ_{eq}为生长界面被杂质覆盖的分数；α 为有效性系数。对于低过饱和度溶液，即 $\sigma\ll1$ 时，θ_{eq}和 α 可以分别表示为

$$\theta_{eq}=\frac{Kx_2}{1+Kx_2} \tag{11-50}$$

$$\alpha=\frac{\gamma a}{k_B T\sigma L} \tag{11-51}$$

其中，K 为 Langmuir 常数，是表征每个杂质元素所能影响的区域的参数；x_2 为杂质的摩尔分数；γ 为台阶刃边的界面能；a 为每一个生长的原子(或分子)占据的界面面积；k_B 为 Boltzmann 常量；T 为热力学温度；σ 为过饱和度；L 为杂质吸附点的间距。

11.3.2　溶液法晶体生长过程的对流传输原理和方法

对流是控制晶体生长过程中传热和传质的重要因素和有效手段。在溶液法晶体生长过程中，对流的作用更为突出。充分了解溶液法晶体生长过程中的自然对流规律，对于进行合理的晶体生长工艺设计和参数选择是至关重要的。除此之外，还可以采用其他方法在晶体生长系统中引入强制对流进行晶体生长过程控制。

自然对流是由液相中的热质传输条件决定的，其相关原理已经在第 6 章以及熔体法晶体生长过程中进行了较为详细的分析。决定自然对流条件的主要物理参量包括密度、黏度、溶质扩散系数和热扩散率。对流强度对溶质浓度和温度的变化更为敏感。在溶液法晶体生长过程中，了解在不同温度下密度、黏度、溶质扩散系数等与溶质浓度的函数关系是进行溶液法晶体生长工艺设计的基础。这些函数关系通常采用实验方法确定。对于任何溶液，其密度(ρ_L)、黏度(η_L)和扩散系数(D_L)均可表示为温度和溶质浓度的函数，其中密度的变化规律对溶液的对流具有决定性的影响，如果密度不随温度和成分变化，则自然对流不会发生。

在实际晶体生长过程中，溶液是接近饱和的，溶液浓度与温度之间可以近似地通过平衡相图相关联，即溶液平衡温度 T_L 与平衡溶质浓度 w_L(质量分数)之间满足函数关系：

$$T_L=f(w_L) \tag{11-52}$$

因此，对于饱和溶液，其密度可表示为溶质浓度或者平衡温度的函数。如对于 $H_2O\text{-}NH_4Cl$ 水溶液[39]：

$$\frac{d\rho_L}{dT_L}=4.45\times10^{-4}(g/(cm^3\cdot K)) \tag{11-53}$$

由式(11-53)可以看出，对于饱和水溶液 $H_2O\text{-}NH_4Cl$，随着温度的升高(对应于 NH_4Cl 浓度的增大)溶液的密度是增大的。如果添加另外一种能使密度随着平衡温度的

升高而降低的元素，则可抵消 H_2O-NH_4Cl 饱和水溶液的密度随温度的变化，达到消除对流的作用。实验发现，对于 H_2O-NH_4Cl 水溶液，Na_2SO_4 和 NaI 具有这样的作用。为此通过对结晶过程中的取样进行成分分析，并用阿基米德法进行密度测定发现，对于 H_2O-30%NH_4Cl 溶液，当向其中加入 10%的 Na_2SO_4 或 14%的 $NaI \cdot 2H_2O$ 时，$d\rho_L/dT_L \to 0$。采用该溶液进行的实验确实观察到自然对流基本消失。

液相的对流是与几何形状密切相关的。溶液法晶体生长过程中的对流不仅与生长槽的几何形状相关，还与籽晶在溶液中的位置有关。当籽晶放置在溶液的上表面时，其溶液的对流条件与 Cz 法熔体生长过程一致。当晶体位于坩埚底部时，溶液的对流将受生长槽底面形状的约束[40]。在晶体生长表面附近的溶液中，溶质含量不断下降，密度降低，从而发生上浮，而远离生长界面的富集溶质的液体将向晶体表面流动。

在最典型的溶液法晶体生长中，晶体固定在籽晶杆上并浸入溶液的中部，如图 11-19 所示。该晶体生长过程中对流及其对溶质分凝行为的影响可以采用实验方法和数值计算方法研究。其中主要实验方法采用光的干涉原理。溶液的成分和温度变化将引起溶液对单色光折射率的变化。由于溶液法晶体生长过程中温度的变化幅度较小，折射率的变化主要由成分变化决定。溶液成分的变化量 Δw_L 与其折射率对成分偏导数 $\partial n/\partial w_L$ 的关系为

$$\Delta w_L = \frac{\dfrac{\lambda}{L}}{\dfrac{\partial n}{\partial w_L}} \tag{11-54}$$

式中，λ 为激光的波长；L 为溶液的几何尺寸，即激光在溶液中的透射距离。

目前采用光学原理进行溶质浓度场及对流场测定的方法主要有单色激光干涉法、Schlieren 法和阴影成像法。这 3 种方法均以式(11-54)所示的溶液性质为基础，其具体的光学原理在文献[41]中进行了描述。Srivastava 等[41]采用上述三种方法研究了水溶液法生长 KDP 晶体的过程中对流引起的溶质浓度的分布，获得的图像如图 11-25 所示。可以看出，不同的光学方法均可不同程度地反映出溶质的分布规律。Srivastava 等[41]进一步采用 Schlieren 法进行了定量的计算，获得了沿 KDP 晶体不同生长方向上的溶质浓度梯度，如图 11-26 所示。可以看出，晶体两侧溶质的浓度梯度随时间的变化规律基本一致，均随着晶体生长时间的延长而增大。在生长初期，由于晶体结构的非对称性引起晶体两侧溶质浓度梯度有一定的差异。在晶体底部的对流较弱，晶体生长界面前沿的溶质浓度梯度相对较小。结晶界面附近的溶质浓度梯度决定着晶体的生长速率，梯度越大，生长速率就越大。由图 11-26 的规律可以看出，在 KDP 水溶液法生长过程中，侧面生长速率远远大于底面生长速率，即晶体以侧向生长为主。

当溶液中的对流由自然对流决定时，驱动对流的动力来自于温度或成分的非均匀分布导致的密度差。生长界面前沿的溶质富集既是导致熔体对流的根源，又反过来受熔体流动的影响。其中对流边界层的厚度 δ_V 与扩散边界层厚度 δ_C 之间满足以下关系[42]：

$$\delta_V \approx Sc^{\frac{1}{3}} \delta_C \tag{11-55}$$

式中，Sc 为溶液的 Schmidt 数，$Sc = \nu/D$，其中 ν 为溶液的运动黏度，D 为溶质在溶液中

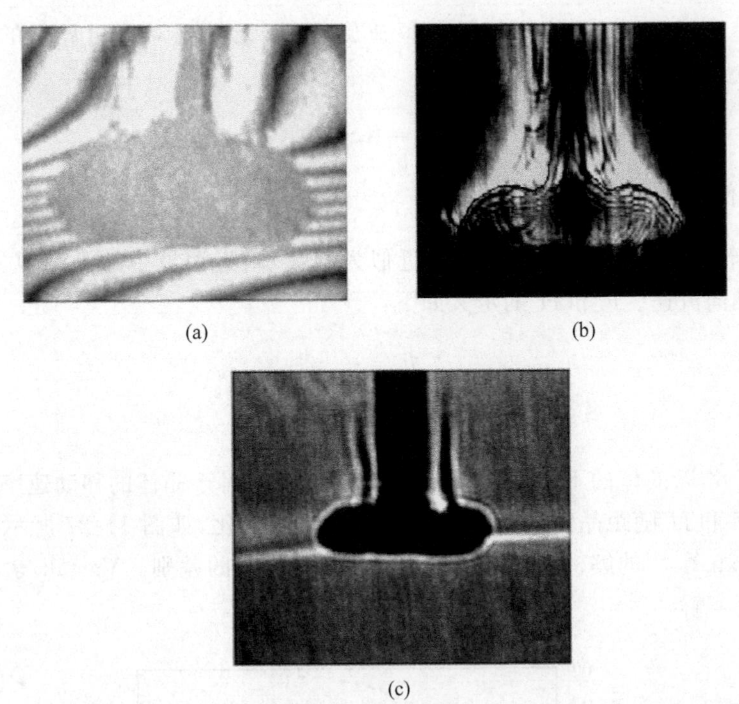

(a)　(b)　(c)

图 11-25　不同光学方法获得的 KDP 晶体水溶液生长过程中晶体附近的溶质浓度分布[41]

(a) 激光干涉法，生长 60h；(b) Schlieren 法，生长 55h；(c) 阴影成像法分析，生长 45h

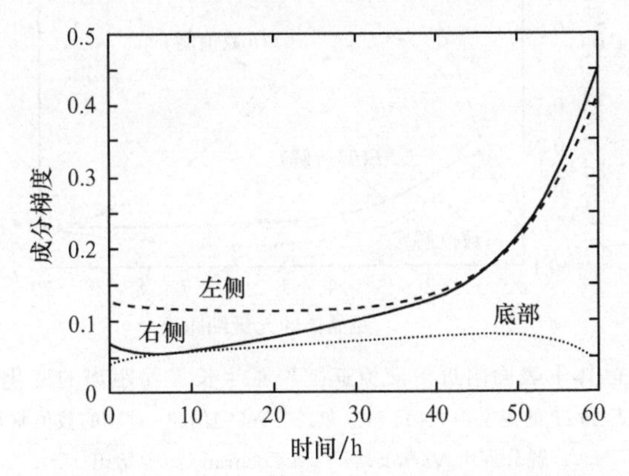

图 11-26　Schlieren 法实测的 KDP 晶体水溶液生长过程中

不同生长方向上的溶质浓度梯度随时间的变化[41]

的扩散系数。

而当对流由结晶界面附近的温度边界层内的温度非均匀分布引起时，δ_V 与温度边界层厚度 δ_T 之间满足如下关系[42]：

$$\delta_V \approx Pr^{\frac{1}{3}}\delta_T \tag{11-56}$$

式中，Pr 为溶液的 Prandtl 数，$Pr=\nu/a$，其中 a 为溶液中的热扩散率。

在强制对流条件下，边界层的厚度与施加强制对流的方式和强度有关。在图 11-19(a)

所示的晶体生长过程中，晶体绕籽晶杆恒速旋转时，无量纲对流边界层的厚度 δ_V^* 与 Schmidt 数的关系可以表示为

$$\delta_V^* = KSc^{-\frac{1}{3}} \tag{11-57}$$

式中，K 为比例系数；$\delta_V^* = \delta_V \Big/ \sqrt{\dfrac{\nu}{\omega_0}}$。

Vartak 等[27]用 F 表示晶体下表面（近似为圆盘）附近溶液中的无量纲径向流速，H 表示无量纲轴向流速。F 和 H 的定义如下：

$$F = \frac{v_r}{r_0} \tag{11-58}$$

$$H = Re^{\frac{1}{2}} v_z \tag{11-59}$$

式中，v_r 和 v_z 均以晶体的下表面为参照，反映了溶液相对于晶体的移动速率。通过计算获得的流速 F 和 H 随距晶体生长界面距离的变化而变化，如图 11-27 所示。图中同时给出了 Cochran 等[43]的解析解，可以看出，二者具有明显的差别。Vartak 等[27]认为数值解应该为其真实解。

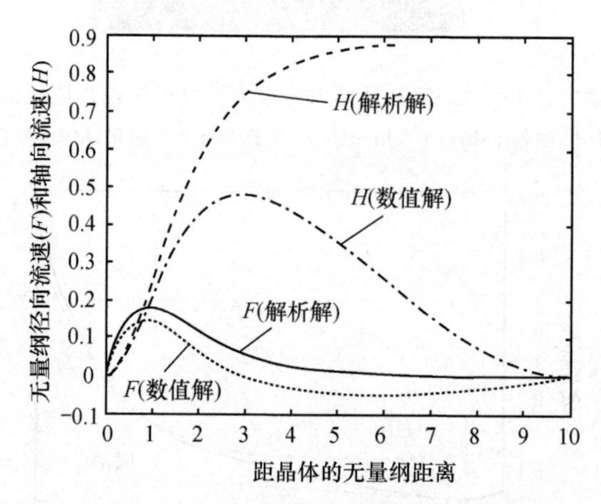

图 11-27 晶体下表面附近溶液流速随着距生长界面距离的变化而变化[27]

图中的 F 和 H 的定义由式(11-58)和式(11-59)给出，对应的数值解和解析解分别由 Vartak 等[27]和 Cochran 等[43]给出

更为精确地定量描述晶体生长过程的对流行为及其对溶质传输的影响规律还需要采用数值计算方法。对流传质的基本方程是

$$\frac{\partial w_L}{\partial \tau} + (\mathbf{V} \cdot \nabla) w_L = \nabla (D_L w_L) \tag{11-60}$$

式中，对流流速 $\mathbf{V}$ 的确定是求解的关键，需要与动量方程和连续方程相结合进行计算。

11.3.3 溶液法晶体生长过程中对流的控制

在溶液法晶体生长过程中，对流的控制作用是非常重要的。除了自然对流以外，可

以采用不同方式施加强制对流，如晶体旋转、机械搅拌、电磁场搅拌、微重力或超重力条件等。

以下对几种强制对流的施加方式及其影响分别进行分析。

1. 溶液的搅拌

采用机械搅拌使溶液均匀混合是溶液法晶体生长过程常用的方法。通过晶体的旋转引入强制对流则是溶液法晶体生长过程中更常用的搅拌方法。

对于具有一定电导率的溶液，采用旋转磁场是实现溶液对流控制的有效手段。而采用恒定的磁场可以实现对溶液对流的制动，抑制溶液中的对流。即使是电导率很低的溶液，如水溶液，采用很小的磁场也可获得可观的抑制对流的效果[44]。在溶液法晶体生长过程中，采用旋转或恒定磁场控制对流的原理可以借鉴第 10 章中关于 Cz 法晶体生长过程电磁场控制的分析方法。

2. 晶体旋转

对于图 11-19 所示的两种生长方式，在晶体生长过程中使晶体围绕籽晶杆旋转可实现在强制对流下的生长。晶体旋转的主要影响表现在以下 3 个方面：①晶体的旋转使得靠近晶体表面低过饱和度的边界层中的溶液在离心力的作用下向外甩出，而远离界面的高过饱和度的溶液向界面补充，形成利于晶体生长的对流，如图 11-28 所示[45]；②晶体本身可以起到对溶液进行机械搅拌的作用；③通过控制晶体的旋转速度控制晶体表面所受到的剪切应力，从而实现对表面边界层厚度的控制。该边界层的厚度还与晶体的形状有关，并且在迎流面和背流面以及其他不同取向的生长界面上是不同的[46]。因此，不同生长界面上的生长速率存在差异。

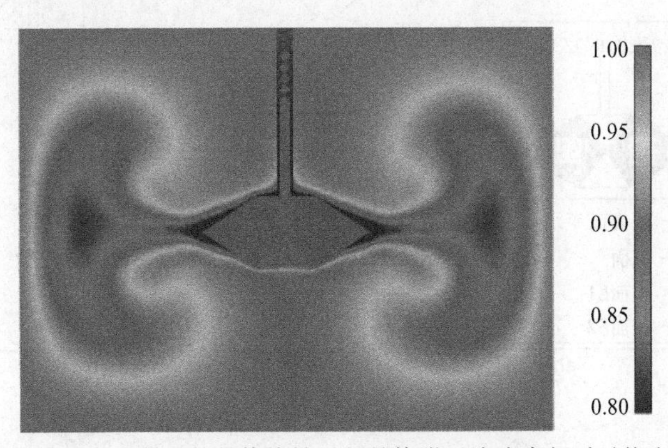

图 11-28　数值模拟方法获得的晶体旋转引起晶体附近溶液中相对过饱和度的变化[46]

此处将远离晶体的大体积溶液中的相对过饱和度取为 1

Vartak 等[26]进一步讨论了当晶体沿着轴线按照图 11-29 所示方式变速旋转时的对流变化规律，所获得的不同生长界面附近溶液中的过饱和度的变化规律如图 11-30 和图 11-31 所示[26]。其中对应的界面在插入图中标出。结晶界面附近的过饱和度采用其均方根值表示，即

$$\langle \sigma_S \rangle = \left[\frac{\int_S (\sigma_S)^2 \mathrm{d}A}{\int_S \mathrm{d}A} \right]^{\frac{1}{2}} \tag{11-61}$$

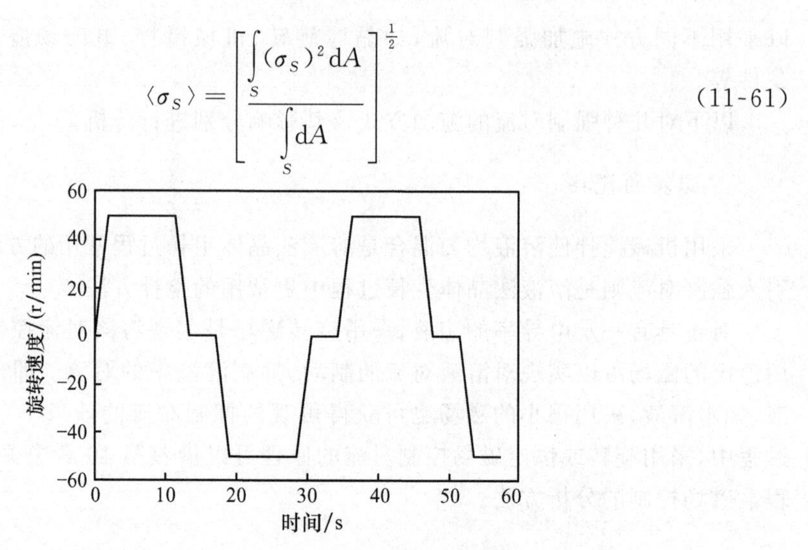

图 11-29　图 11-19 所示晶体生长过程中的晶体旋转方式[26]

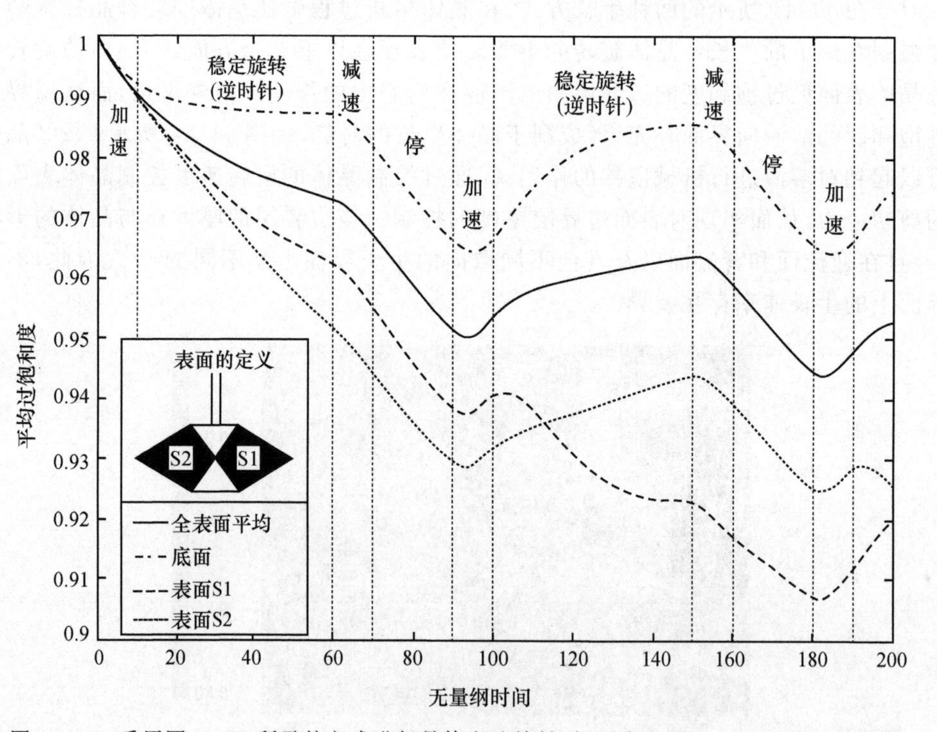

图 11-30　采用图 11-29 所示的方式进行晶体变速旋转时,对应于图 11-19(a)的生长过程,不同结晶界面附近溶液中过饱和度的变化[26]

晶体除了采用上述“自转”的方式外,还可以按照图 11-32 所示的方式[47],围绕某转轴“公转”。数值分析结果表明,自转加上公转更有利于强化溶质输运,并获得更为合理的溶质分布。

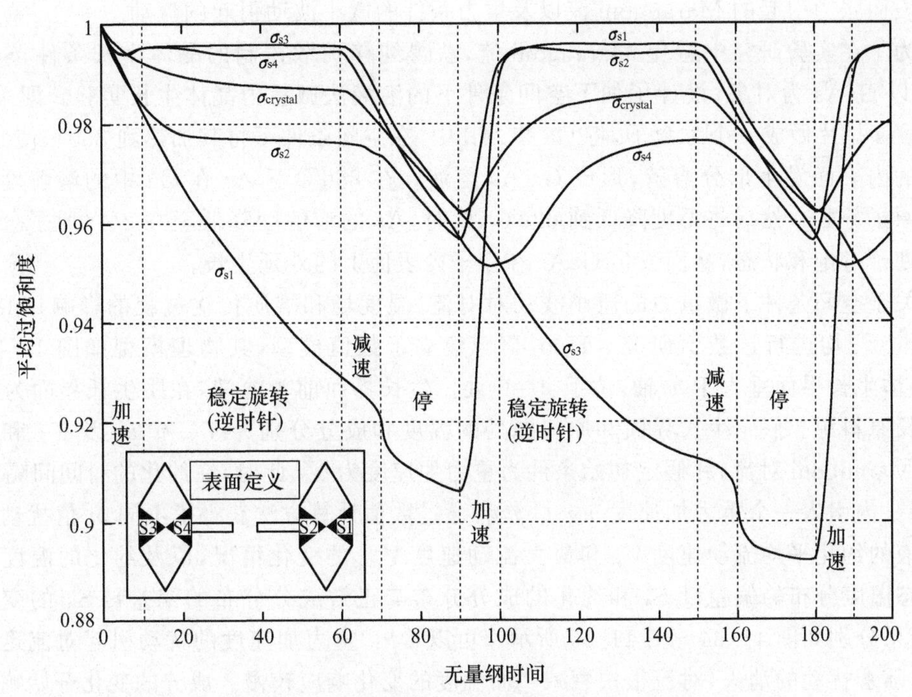

图 11-31　采用图 11-29 所示的方式进行晶体变速旋转时，对应于图 11-19(b)的生长过程，不同结晶界面附近溶液中过饱和度的变化[26]

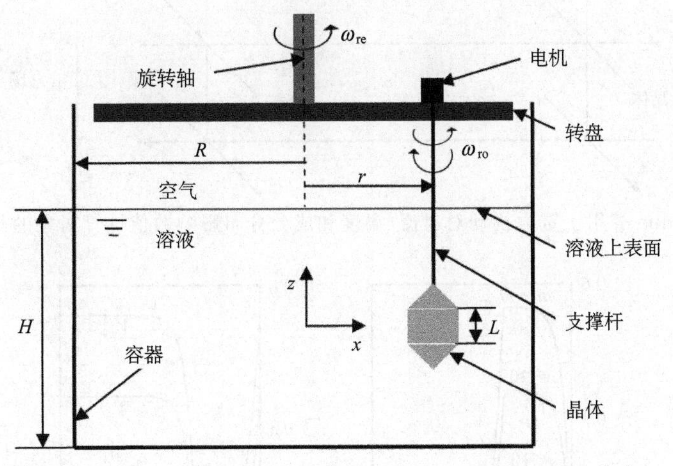

图 11-32　KDP 晶体生长中自转与公转同时施加的方法[47]

3. 微重力

重力加速度是液体中自然对流的根本原因，这可以从液相流动的动量方程中反映出来，而且决定对流强度的 Grashof 数和 Rayleigh 数均与重力加速度成正比。在微重力条件下，重力加速度趋近于 0，驱动液体流动的外因消失，自然对流将随之消失。为此，只要将地面条件下的重力加速度用微重力条件下的实际重力加速度代替，则前文讨论的对流计算公式仍是有效的。但在实际的微重力条件下进行晶体生长时，需要考虑的其他因素包括表面张力引起的 Marangoni 流以及重力条件的微小波动引起的流动。

为了在实验研究中避免 Marangoni 流，获得纯粹扩散控制的晶体生长条件，Suzuki 等[48]以 GaAs 为对象，设计了如下空间条件下的溶液法微重力晶体生长实验。即采用 6 片 GaAs 晶片做成一个方盒子，将 Ga 装入其中，在空间条件下将其加热到 850℃使 GaAs 盒子的内表面发生部分溶解，形成 Ga-As 溶液。在 850℃下 As 在 Ga 中的溶解度达到 4%（原子分数），然后将温度降低到 620℃，此时，As 的溶解度降低至 0.2%（原子分数），溶液处于过饱和状态，从而发生 GaAs 在盒子内表面上的外延生长。

关于空间条件下微重力的微小波动对对流、温度场和溶质传输过程的影响，Alexander 等[49,50]均进行过数值研究。Huo 等[51]建立了数值模型，其物理模型如图 11-33 所示，晶体生长界面垂直于 x 轴，位于 $x=0$ 处。生长界面前为溶液，在距生长界面为 a 处为生长原料源。假定生长界面和原料源处的温度和成分分别为 T_S 和 w_S 及 T_L 和 w_L，忽略 Marangoni 对流，并假定初始条件为重力加速度为 0。此时，在约化的时间间隔 $\tau=0$ 至 $\tau=1$ 内引入一个重力加速度 mg_0。作者通过数值计算方法获得了不同 m 值扰动引起的溶液的约化平均流动速度 V_{av} 和最大流动速度 V_{max} 的变化情况，以及约化的温度分布与稳态温度分布的偏差量 S_θ 和约化的成分分布与正常成分分布的偏差量 S_ϕ 的变化情况，结果分别如图 11-34～图 11-36 所示。可以看出，重力加速度的扰动引起对流迅速变化，但随着扰动的消失，对流很快衰减。而温度的变化响应较慢。成分的变化开始响应很快，但衰减较慢。在各图中约化的流动速度 V 定义为

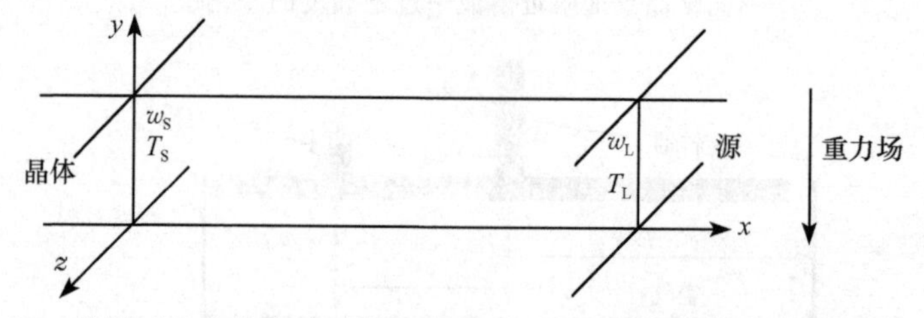

图 11-33 Huo 等用于重力扰动对对流、温度和成分分布影响数值计算对象的几何关系[51]

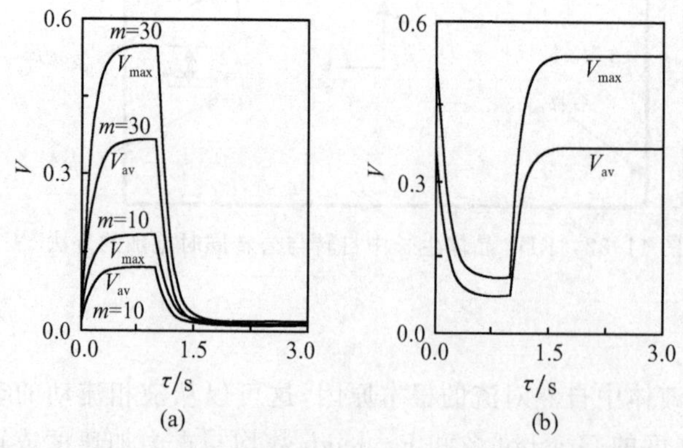

图 11-34 微重力扰动条件下溶液中最大流速 V_{max} 和平均流速 V_{av} 随微重力水平的变化[51]

(a) $m=10$ 和 $m=30$；(b) $m=0.2$。其他计算条件：$\lambda=0.5$；地面重力条件下的 Rayleigh 数 $Ra=6\times10^5$；Prandtl 数 $Pr=6$；Schmidt 数 $Sc=10^2$；Reynolds 数 $Re=0.1$

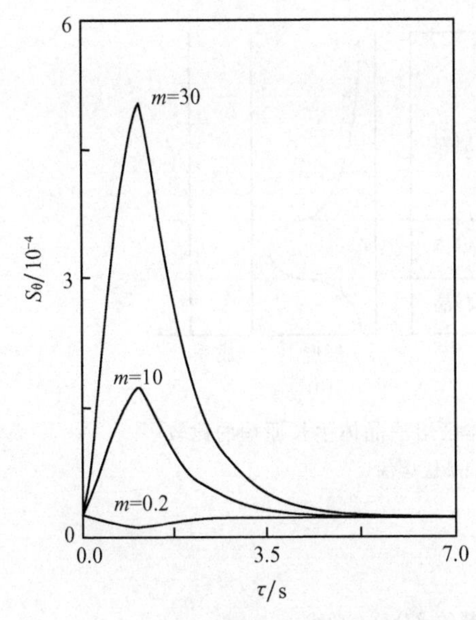

图 11-35　不同微重力扰动条件下的温度场变化[51]
计算条件同图 11-34

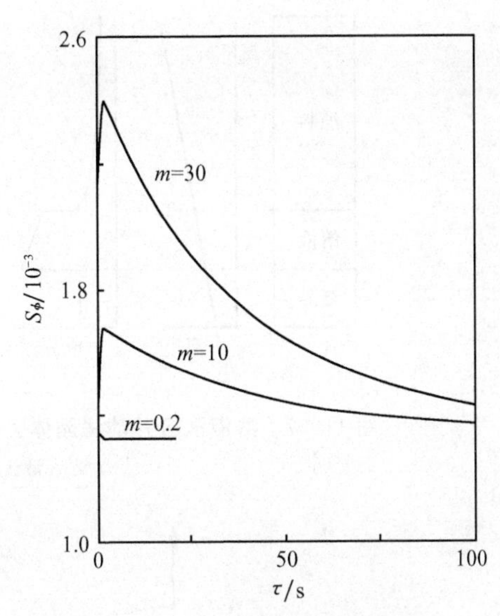

图 11-36　不同微重力扰动条件下的浓度场的变化[51]
计算条件同图 11-34

$$V=\frac{a}{a_T}v \tag{11-62}$$

式中，v 为实际流动速率；a 为图 11-33 所示的溶液区长度；a_T 为溶液中的热扩散率。

11.3.4　溶液液区移动法晶体生长过程的传质

溶液液区移动法(traveling liquidus-zone method)[52]也可称为溶液浮区法(floating-solution-zone)[53]。该方法与熔体生长区熔法的区别如图 11-37 所示[52]。区熔法通过对熔点均匀的原料进行局部加热，形成熔化区，并通过控制加热器与原料的相对运动实现晶体生长，如图 11-37(b)所示。而在溶液液区移动法生长过程中则采用类似于 Bridgman 法的一维温度场条件，通过在原料与生长的晶体之间放置低熔点的溶液，使得该溶液保持为液相，如图 11-37(a)所示。原料一侧温度较高，与之平衡的液相中溶质含量偏低，而晶体生长界面处温度偏低，使得与晶体平衡的溶质含量偏高，从而在生长界面和原料溶解界面之间形成溶质浓度梯度。生长界面排出的溶质通过溶液向溶解界面扩散。这一成分分布适合于溶质平衡分凝系数 $k_0<1$ 的体系，而当 $k_0>1$ 时，溶质浓度梯度的方向相反。

溶液液区移动法晶体生长过程的传质平衡条件如图 11-38 所示，生长界面排出的溶质与通过液相扩散转移的溶质量相等，即满足如下平衡条件：

$$R[w_{L0}(T_g)-w_{S0}(T_g)]=-D_L\left.\frac{\partial w_L}{\partial x}\right|_{x=0} \tag{11-63}$$

式中，R 为生长速率；D_L 为溶液中溶质的扩散系数；$w_{L0}(T_g)$ 和 $w_{S0}(T_g)$ 为在生长温度 T_g 下生长界面上溶液和晶体的平衡成分。

在溶解面上的溶质平衡条件为

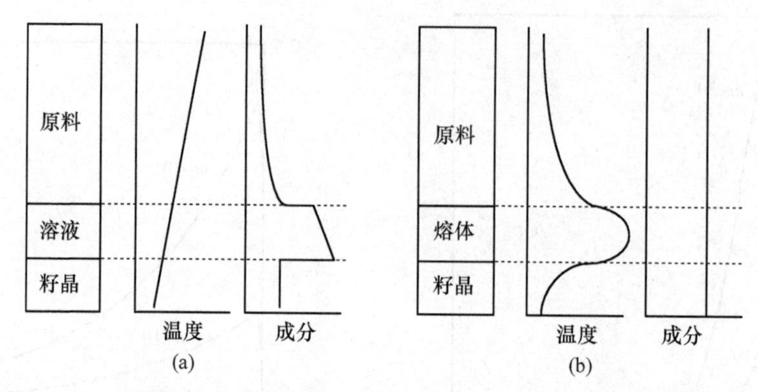

图 11-37　溶液液区移动法晶体生长与熔体区熔法晶体生长原理的比较[52]

(a) 溶液液区移动法；(b) 区熔法

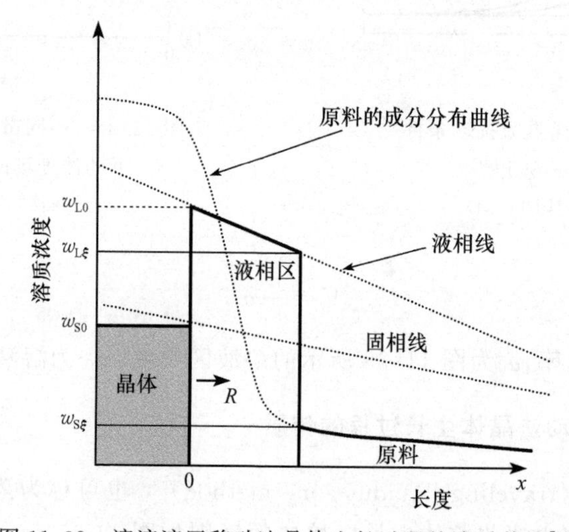

图 11-38　溶液液区移动法晶体生长过程的溶质传输[52]

$$D_L \frac{\partial w_L}{\partial x}\bigg|_{x=\xi^-} = D_S \frac{\partial w_S}{\partial x}\bigg|_{x=\xi^+} + (w_{L\xi} - w_{S\xi})R \tag{11-64}$$

由于固相中的扩散非常缓慢，因此维持稳态的溶液生长是非常困难的。在非稳态生长条件下，溶液区中的溶质浓度是连续变化的，可以借鉴区熔法晶体生长过程的分析方法进行讨论。Kinoshita 等[52]采用该方法，以 Ga 为溶剂，进行了 $In_{0.3}Ga_{0.7}As$ 晶体的生长实验。该晶体生长过程可以看作是 GaAs-InAs 二元溶液中的晶体生长，其中溶质为 InAs。从而，可以基于图 11-38 所示的溶质传输规律进行晶体生长过程分析。

在溶液液区移动法晶体生长过程中，液区的自然对流和 Marangoni 对流均会加速液相区内溶液的均匀混合，控制生长过程的溶质传输和结晶界面的形貌[53]。

溶液液区移动法是在微重力条件下进行溶液生长的常用方法，Matsumoto 等[54]采用该方法在微重力条件下进行了 InP 晶体的生长研究。Cröll 等[53]用该方法进行了微重力条件下 GaSb 的单晶生长研究。

Yildiz 等[55]采用溶液液区移动法进行了 SiGe 单晶生长，同时采用交变磁场和恒定磁场进行生长过程的对流控制。其生长过程如图 11-39 所示，在顶部采用 Si 做原料，底部用 Ge 单晶作衬底，以熔融 Ge 为溶剂。数值模拟表明，施加磁场可以有效减小结晶界面的深度。交变磁场和恒定磁场同时用于生长过程控制时比单独采用一种磁场控制的效果更好。

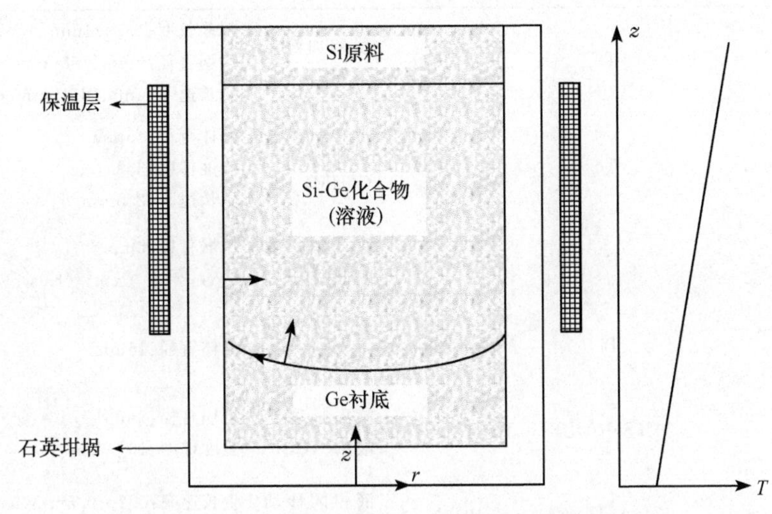

图 11-39　Ge-Si 溶液生长 SiGe 单晶的原理示意图[55]

11.4　其他溶液晶体生长技术

11.4.1　高温溶液生长

除了表 11-1 所列出的低熔点液体可以作为溶液生长的溶剂之外，将高熔点的物质加热到熔点以上，也可以作为溶液法晶体生长的溶剂。采用高熔点的物质作溶剂，在较高的温度下进行溶液法晶体生长的方法称为高温溶液法。可以看出，除了需要控制较高的温度条件以外，高温溶液法与普通溶液法晶体生长方法没有本质的区别。高温溶剂的选择与普通溶剂的选择原则也是一致的。通常，随着温度的升高，一种物质对另一种物质的溶解度是升高的，因此高温溶液法适合于难熔、高熔点单质或化合物晶体的生长。同时，由于高温溶液法的生长温度较高，使得晶体材料在生长温度下对其他物质的溶解度增大，容易发生溶剂在晶体中的固溶。因此，对于特定的晶体材料，找到合适的溶剂更加困难。所选溶剂如果是拟生长晶体的主要组元之一，则可以降低溶剂固溶带来的不利影响，如以 Te 为溶剂生长 CdZnTe[56]及 HgCdTe[57]晶体，以 Se 为溶剂生长 ZnSe 晶体[58]等。

以 ZnSe 为例，实际上人们尝试过用 Zn、Sn、Bi、Ga、In、In-Zn 合金、Te、Te-Se 合金、Se、$ZnCl_2$、$PbCl_2$ 等为溶剂，进行 ZnSe 的溶液法生长，但 Ga、In、Te 等在 ZnSe 晶体中有较高的固溶度，容易固溶在晶体中成为掺杂元素，其他溶剂也会不同程度地对 ZnSe 晶体造成污染。只有 Se、$PbCl_2$、$ZnCl_2$ 被证明是适合于 ZnSe 晶体生长的有效溶剂[58]。

表 11-4 列出了几种高温溶液法生长晶体所采用的溶剂、生长方法以及生长温度等参数。这些生长方法均以溶液法生长原理为前提，采用不同的温度场或其他控制条件进行晶体生长传输过程以及生长次序和形态控制。

表 11-4　高温溶液法晶体生长实例

晶　体	溶　剂	生长温度	生长方法	其他条件	文　献
$Cd_{0.96}Zn_{0.4}Te$	Te	约 780℃	移动加热器（THM）	籽晶长度：1.5～4mm 坩埚直径：5mm、7.5mm 生长速率：4mm/d、10mm/d	[56]、[59]
HgCdTe	Te	约 700℃	移动加热器（THM）	晶体直径：15mm 温度梯度：35℃/cm 生长速率：2.5mm/d	[57]
ZnSe	Se	1020℃	移动加热器（THM）	坩埚直径：8mm $R/G_T = 10^{-8} cm^2/(K \cdot s)$	[58]
GaSb	Bi	小于 728°C	移动加热器（THM）	晶体直径：16mm	[53]
ZnSe	30%Se-70%Te	900～1050℃	温度梯度溶液法（TGS）	坩埚直径：8mm 温度梯度：10℃/cm	[60]
$In_{0.3}Ga_{0.7}As$	富 InAs 同溶液	1010℃	液相区移动法（TLZ）	生长速率：0.2～0.5mm/h 温度梯度：20℃/cm、40℃/cm	[52]
$Bi_2Sr_2CaCu_2Oy$ (Bi-2212)	$Bi_{32.5}Sr_{29}$ $R_{14.5}Cu_{24}$ (R=Gd、Pr、Ca)	约 850℃	移动溶液浮区法（TSFZ）	生长速率：0.2mm/h $G_T/R = 5.39 \times 10^{11}$ K·s/m²	[61]
$CuIr_2S_4$	Bi	500～1000℃	连续降温自由生长	过热温度：1100℃ 冷却速率：0.5～2℃/h	[62]
$(Mo_xCr_{1-x})AlB$ 和$(Mo_xW_{1-x})AlB$	Al	1000～1650℃	连续降温自由生长	1650℃连续降温至 1000℃ 冷却速率：50℃/h	[63]
CrB、Cr_3B_4、Cr_2B_3、CrB_2	Al	<1500℃	连续降温自由生长	1500℃保温 10h 50℃/h 连续降温	[64]
V_3Si、V_5Si_3、VSi_2	Cu	<1400℃	连续降温自由生长	1400℃保温 5h 50℃/h 连续降至室温	[65]
YIG	$PbO-PbF_2$	980～1280℃	连续降温自由生长	加热至 1280℃，坩埚加速旋转，以 0.5～3℃/h 冷却至 980℃	[66]
$0.65Pb(In_{0.5}Nb_{0.5})O_3$-$0.35PbTiO_3$ (PINT65/35)	PbO	小于 1300℃	溶液 Bridgman 法	晶体直径：38mm 坩埚材料：Pt 溶液过热温度：1300℃ 抽拉速率：0.2～0.6mm/h	[67]
SiC	富 Si 溶液	小于 2300℃	顶部籽晶溶液生长（TSSG）	高温高压（$T<2300℃$；$p<200$ bar）	[68]

续表

晶　体	溶　剂	生长温度	生长方法	其他条件	文　献
YBCO:Ca	Ba-Cu-O	980～1015℃	顶部籽晶溶液生长(TSSG)	提拉速率:1～2mm/d 空气或 O_2 气氛	[69]、[70]
$GaPO_4$	NaCl	600℃	温度梯度法(GFM)	生长速率:12mm/d 温度梯度:2～25K/cm 冷却速率:0.1～1.25K/h	[71]
$ZrMo_2O_8$	Li_2MoO_4	750～600℃	连续降温自由生长	过热温度:900℃ 降温速率:4℃/h	[72]
γ-CoV_2O_6	V_2O_5 和 $PbCl_2$ 混合物	800～500℃	连续降温自由生长	800～500℃ 降温速率:1℃/h	[73]
$RAl_3(BO_3)_4$ (R = Y, Pr, Sm-Lu)	$K_2Mo_3O_{10}+B_2O_3$ 等	—	连续降温自由生长	降温速率:0.8～1.2℃/天	[74]
Ca_2GeO_4、$Ca_5Ge_3O_{11}$ 和 Li_2CaGeO_4	$Li_2O \cdot B_2O_3$/ $Li_2O \cdot MoO_3$	—	连续降温自由生长	降温速率:0.2℃/天	[75]
MBO_3 (M=Fe,Ga,In,Sc,Lu)	B_2O_3-PbO-PbF_2	700℃	连续降温自由生长	过热温度:1150℃ 开始生长温度:700℃	[76]
$CaFe_{1-x}Co_xAsF$	CaAs	900℃	连续降温自由生长	过热温度:1230℃ 开始生长温度:900℃ 降温速率:2℃/h	[77]
Cu(In,Ga)S2	CsCl	630℃	连续降温自由生长	过热温度:1030℃ 开始生长温度:630 ℃ 降温速率:2℃/h	[78]
Sr_2NiWO_6	$SrCl_2$	850 ℃	连续降温自由生长	过热温度:1100℃ 开始生长温度:850℃ 降温速率:2℃/h	[79]
$KTiOPO_4$(KTP)	KPO_3-KF	824℃	连续降温自由生长	开始生长温度:824 ℃ 降温速率:0.05℃/h	[80]
Zn_4Sb_3	Bi-Sn	629～349℃	连续降温自由生长	629～349℃ 连续冷却	[81]
Co_3O_4	$CoCl_2$-$6H_2O$+NaOH+H_3BO_3	750℃	恒温合成	750℃合成	[82]
Ca_2GeO_4	$Na_2O \cdot 2B_2O_3$	1150℃	连续降温	过热温度:1200℃ 生长温度:从 1150℃ 开始连续降温	[83]
$K_{1-x}Na_xNbO_3$ (x = 0.118～0.666)	Na_2CO_3 和 K_2CO_3	1170～1065℃	顶部籽晶法	过热温度:1230℃ 生长温度:1170～1065℃	[84]
GaN	Na	—	底部籽晶法	—	[85]～[88]
GaN	Ga+Na	—	底部籽晶法	—	

1. 连续降温的自由生长

高温溶液连续降温、自由生长、形成过饱和溶液,晶体以自发形核和长大的方式实现生长。在生长结束后，采用物理或化学方法将所生长晶体与溶剂分离，即可获得所需要的晶体材料。晶体生长过程的控制通过控制相平衡条件实现。根据相图中固溶区的溶解度，调整溶质浓度和与之匹配的生长温度可以实现对晶体纯度、结构和成分等参数的控制。如 Okada 等[64]在 Al 溶液中进行 Cr-B 化合物生长时，将 Cr、B、Al 按不同比例混合并加热到 1500℃，保温 10h。然后，以 50℃/h 的速率连续降温，获得 CrB、Cr_3B_4、Cr_2B_3、CrB_2 4 种不同成分和结构的晶体，如表 11-5 所示。生长结束后，获得的晶体被包裹在凝固的 Al 溶剂中。用盐酸将 Al 基体腐蚀掉后则获得所生长的晶体颗粒。Okada 等[65]采用该方法，以 Al 为溶剂生长了(Mo_xME_{1-x})AlB(ME＝Cr、W、V、Nb、Ta)晶体，并以 Cu 为溶剂，通过调整 V∶B∶Cu 比例关系生长了 V_3Si 和 V_5Si_3 晶体[63]。

表 11-5　在 Al 溶液中生长 CrB、Cr_3B_4、Cr_2B_3 和 CrB_2 的条件[64]

晶体成分	晶体结构	配料成分 Cr∶B∶Al	溶解条件	冷却速率
CrB	正交	1∶0.8∶28.9	1500℃，10h	50℃/h
Cr_3B_4	正交	1∶1.2∶28.9	1500℃，10h	50℃/h
Cr_2B_3	正交	1∶1.55∶28.9	1500℃，10h	50℃/h
CrB_2	六方	1∶2.0∶28.9	1500℃，10h	50℃/h

Huang 等[66]在生长掺杂 YIG 晶体时采用的配料如表 11-6 所示。将原料在 Pt 坩埚中加热到 1280℃并保温数小时，在保温过程中进行坩埚的旋转以利于溶液的均匀混合。然后以 0.5～3℃/h 的速率冷却到 980℃。在原料降温过程中维持约 2℃/cm 的温度梯度，使其具有定向生长的条件。冷却到 980℃时晶体生长基本结束，再快速冷却到室温，在室温下采用硝酸将溶剂腐蚀后获得具有不同掺杂的 YIG 晶体材料。

表 11-6　溶液连续降温法生长掺杂 YIG 晶体时的溶液与晶体的成分[66]　(单位：%(摩尔分数))

晶　体	PbO	PbF_2	B_2O_3	$CaCO_3$	Y_2O_3	CeO_2	Yb_2O_3	Eu_2O_3	Fe_2O_3
$Ce_{0.122}Y_{2.878}Fe_5O_{12}$	36.3	27.0	5.4	0.1	6.64	2.78			20.78
$Ce_{0.185}Yb_{0.106}Y_{2.709}Fe_5O_{12}$	36.3	27.0	5.4	0.1	6.64	2.5	0.28		20.78
$Ce_{0.349}Eu_{0.195}Y_{2.456}Fe_5O_{12}$	36.3	27.0	5.4	0.1	6.64	2.5		0.28	20.78

2. 溶液 Bridgman 法生长

溶液 Bridgman 法晶体生长方法与熔体 Bridgman 法生长相同，通过控制装有溶液的坩埚在一维温度场中的相对运动实现晶体的定向生长。但在溶液 Bridgman 法生长过程中，结晶界面前沿的溶液中溶剂和溶质的互扩散更为重要。溶剂必须通过扩散从结晶界面前排出，而晶体生长的原料也必须通过扩散向结晶界面补充，才能实现晶体生长。由于这些动力学因素的制约，溶液 Bridgman 法在更低的生长速率下进行。同时，由于溶液中的成分变化幅度较大，需要更小的生长速率和温度梯度比值 R/G_T 才能维持平面结晶界面的生长。随着生长过程的进行，在尾段将有大量的残余溶剂，因此溶液 Bridgman 法在生长到一定长度后将停止，在末端形成溶剂的结晶区。

3. 溶液顶部籽晶法生长

高温溶液的顶部籽晶法是类似于 Czochralski 法的晶体生长技术，其基本原理如

图 11-21 所示。在 11.2 节中结合该图进行了说明。与溶液 Bridgman 法相似，溶液顶部籽晶法生长也存在着较为突出的溶质传输问题。对于不同的材料体系，可根据相图特征进行工艺设计。图 11-40 所示为 Lin 等[69]用于 $YBa_2Cu_3O_{7-\delta}$（Y123）超导单晶生长的顶部籽晶法生长过程控制原理图。在该生长系统中维持自下而上的温度梯度。在坩埚的底部放置 Y_2BaCuO_5（Y211）溶液，上部形成过饱和的 Y123 溶液，在上表面形成以 $Ba_3Cu_5O_8$ 为溶剂的 Y123 过饱和溶液，并由该过饱和溶液中提拉生长出 Y123 单晶。

另一个溶液顶部籽晶法生长晶体的实例是由 Si 溶液中生长 SiC 晶体[68]。在温度 1800～2300℃的变化范围内，C 在液相 Si 中的溶解度由 0.5%（摩尔分数）增大到 7%（摩尔分数）。进一步升温到 2800℃时，C 在 Si 中的溶解度达到最大值 15%（摩尔分数）。Hofmann 等[68]采用图 11-41 所示的设备进行了由 Si-C 溶液生长 SiC 单晶的实验。由于在晶体生长的高温下 C 蒸汽压很大，因此，生长过程是在高压环境下进行的。生长过程的高温高压环境为 $T<2300$℃、$p<20$MPa。实验获得的不同生长温度对应的生长速率如图 11-42 所示，图中同时给出了作者通过传质过程理论分析获得的生长速率上下限值。

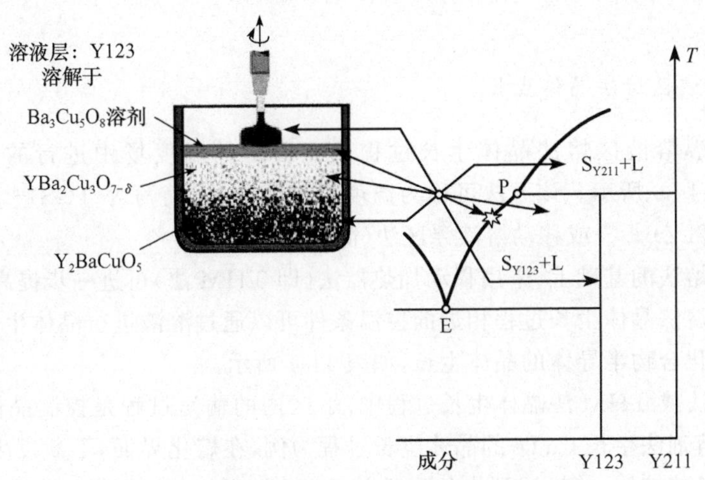

图 11-40　顶部籽晶法生长 Y123 单晶的控制原理示意图[69]

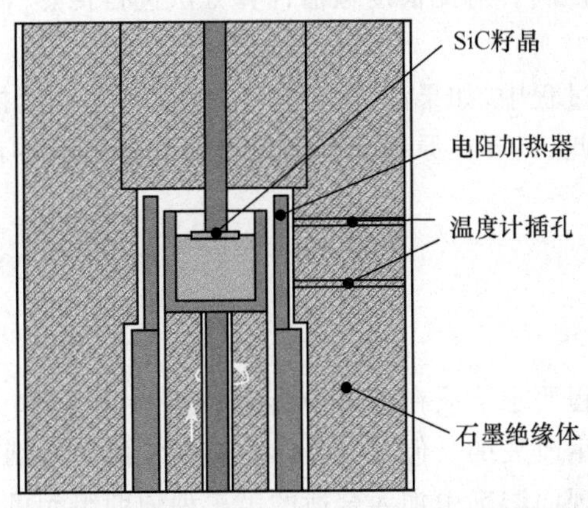

图 11-41　采用顶部籽晶法由 Si-C 溶液生长 SiC 晶体的原理示意图[68]

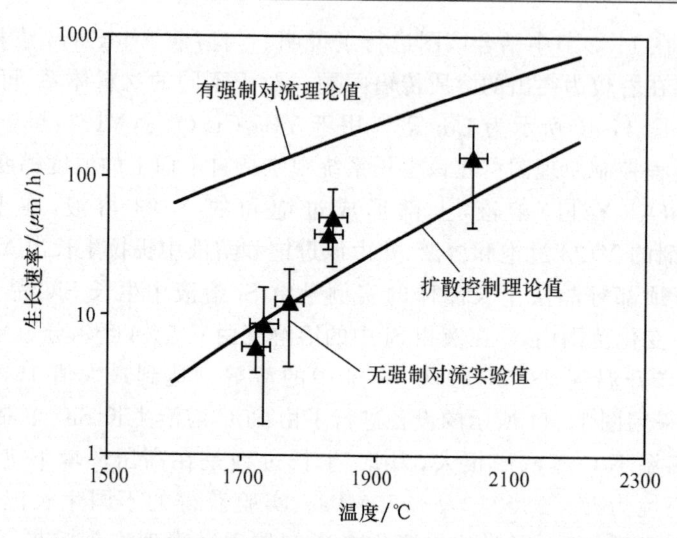

图 11-42　采用顶部籽晶法由 Si-C 溶液生长 SiC 晶体过程中生长速率随生长温度的变化[69]

4. 高温溶液区熔法晶体生长

最简单高温溶液区熔法晶体生长过程是在恒定的温度场中进行的生长过程，如图 11-37～图 11-39 所示。该方法可称为温度梯度溶液法（简写为 TGS）[60]、液相区域移动法（简写为 TLZ）[52,89]或移动溶液浮区法（简写为 TSFZ）。

在溶液区熔法的基础上，采用移动加热器法（即 THM 法）可进一步提高熔区的温度。采用与熔体区熔法晶体生长过程相近的控温条件可以通过溶液进行晶体生长。该方法已被应用于多种化合物半导体的晶体生长，如表 11-4 所示。

溶液区熔法或 THM 法晶体生长过程中，熔区内的输运过程是控制晶体生长的重要环节。以 Te 溶剂法生长 CdTe 的晶体生长过程为例，在熔化界面，不断发生 CdTe 溶解，获得高 Cd 含量的熔体，并输运到生长界面补充 Cd 消耗。Cd 从溶解界面到向生长界面输运过程由扩散和对流控制。对此借助数值计算方法进行传热-传质-对流的耦合计算可进行定量分析[90]。

在区溶法晶体生长过程中，如果溶剂本身在晶体中的溶解度接近于 0，则溶剂在生长过程中不会被消耗。因此，只要在原料和籽晶界面处放置很薄的液膜即可维持晶体的连续生长，如图 11-43 所示[60]。

11.4.2　助溶剂法

溶液法晶体生长过程要求溶质在溶剂中具有一定的溶解度，并且该溶解度是随着温度或者压力的变化而发生改变的。但某些晶体材料在常用的溶剂中溶解度太低而无法实现溶液法生长。人们发现向溶剂中加入合适的第三种辅助组元可以提高溶质在溶剂中的溶解度，从而利于溶液法晶体生长的实现。在某些情况下，助溶剂可以降低溶质的溶解

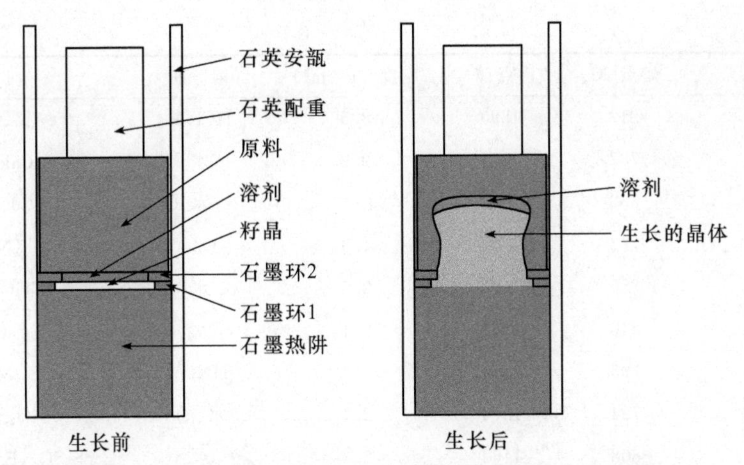

图 11-43　在溶剂液膜中进行晶体连续生长的原理示意图[60]

度，利于晶体材料的析出。这种通过向溶剂中加入辅助组元改变其溶解度，实现溶液法晶体生长的方法称为助溶剂法，所添加的辅助组元则称为助溶剂。在某些体系中，助溶剂的加入不但可以提高溶质的溶解度，而且可能改变溶剂的熔点、沸点、蒸汽压等参数，从而拓宽溶液法晶体生长的温度范围。当助溶剂能够降低溶剂的熔点时则可以在更低的温度下进行晶体生长，而当助溶剂可以提高溶剂的沸点，或降低其蒸汽压时则可以在更高的温度下进行晶体生长。助溶剂对溶质溶解度(S_2)的影响可以用如下 Cohn 公式表示[91]：

$$\ln S_2 = \alpha - \beta x_3 \tag{11-65}$$

式中，x_3 为助溶剂的浓度；α 和 β 为实验参数。

对助溶剂的要求除了应该具备上述作用之外，还应该具备如下性质：

(1) 助溶剂不影响晶体的结构，并且在晶体中的固溶度很低，不对晶体造成污染。

(2) 助溶剂本身具有稳定的性质，不与溶液中的任何元素反应而形成新的化合物。

(3) 助溶剂具有较低的蒸汽压，不发生快速挥发以至难以控制。

(4) 助溶剂本身具有无毒、无害的性质，不会造成环境污染。

(5) 助溶剂不会对溶液的黏度、导热、导电、光学等性质产生不利影响。

人们在长期的晶体生长实践中，针对不同的晶体生长对象找到了合适的溶剂和助溶剂的搭配，实现了晶体生长。表 11-7 所示为几种曾被应用于溶液法晶体生长的助溶剂的性质及其对应的溶剂和所生长的晶体材料[92]。

表 11-7　某些助溶剂的性质及其所应用的溶剂和晶体材料[91]

助溶剂	熔点/℃	沸点/℃	密度/(g/cm³)	溶　剂	生长晶体
B_2O_3	450	1250	1.8	热水	$Li_{0.5}Fe_{2.5}O_4$、$FeBO_3$
BaCl	962	1189	3.9	水	$BaTiO_3$、$BaFe_{12}O_{19}$
BaO-$0.62B_2O_3$	915		约 4.6	HCl、HNO_3	YIG、YAG、$NiFe_2O_4$
BaO-BaF_2-B_2O_3	约 800		约 4.7	HCl、HNO_3	YIG、$RFeO_3$
BiF_5	727	1027	5.3	HCl、HNO_3	HfO_2

续表

助溶剂	熔点/℃	沸点/℃	密度/(g/cm³)	溶　剂	生长晶体
BiO_3	817	1890	8.5	HCl、碱	Fe_2O_3、$Bi_2Fe_4O_5$
$CaCl_2$	782	1627	2.2	水	$CaFe_2O_4$
$CdCl_2$	568	960	4.05	水	$CdCr_2O_4$
KCl	772	1407	1.9	水	$KNbO_3$
KF	856	1506	2.5	水	$BaTiO_3$、CeO_2
LiCl	610	1382	2.1	水	$CaCrO_4$
MoO_3	795	1155	4.7	HNO_3	$Bi_2Mo_2O_9$
$Na_2B_4O_7$	724	1575	2.4	水、酸	TiO_2、Fe_2O_3
NaCl	808	1463	2.2	水	$SrSO_4$、$BaSO_4$、BBO
NaF	995	1704	2.2	水	$BaTiO_3$
$PbCl_2$	498	954	5.8	水	$PbTiO_3$
PbF_2	822	1290	8.2	HNO_3	Al_2O_3、$MgAlO_4$
PbO	886	1472	9.5	HNO_3	YIG、$YFeO_3$
$PbO\text{-}0.2B_2O_3$	500		约 5.6	HNO_3	YIG、YAG
$Pb\text{-}0.85PbF_2$	约 500		约 9.0	HNO_3	YIG、YAG、$RFeO_3$
$PbO\text{-}Bi_2O_3$	约 580		约 9	HNO_3	$(BiCa)_3(FeV)_5O_{12}$
$2PbO\text{-}C_2O_3$	约 720		约 6	HCl、HNO_3	RVO_4、TiO_2、Fe_2O_3
V_2O_3	670	2052	3.4	HCl	RVO_4
Li_2MoO_4	705		2.66	热碱、酸	$BaMoO_4$
Na_2WO_4	698		4.18	水	Fe_2O_3、Al_2O_3

除了利用助溶剂调整溶质的溶解度外，还可以利用助溶剂实现以下目标。

1. 调整溶液的黏度，改善结晶质量

Rao 等[93]在采用 $BaCuO_2$ 为溶剂的溶液生长超导单晶 $YBa_2Cu_3O_{6+\delta}$ 的过程中，将 $BaCuO_2$ 与 $YBa_2Cu_3O_{6+\delta}$ 按照 5∶1 的比例混合后加入 2%～4%的 KCl 作为助溶剂。该溶液在 975℃保持 8h 后缓慢降温至 935℃，再以每天 1℃的冷却速率降温至 925℃，然后采用顶部籽晶法以 1.5～3mm/d 的速率提拉晶体。结果发现，加入助溶剂 KCl 后溶液的黏度和晶体生长温度降低，晶体的结晶质量和生长形态得到改善。

2. 调整溶液的 pH，控制晶体生长过程

在电介质溶液中，助溶剂可能改变溶液的 pH，从而改变其溶解度，实现控制晶体生长的目的。对于蛋白质晶体，控制 pH 对于晶体生长过程的控制更为重要。此外，助溶剂的作用通常和溶液的 pH 密切相关。Ruckenstein 等[91]在溶菌酶水溶液晶体生长过程中，考查了溶液在不同的 pH 下加入 NaCl 等助溶剂对溶液中溶菌酶溶解度的影响。其中

溶菌酶的溶解度用 γ_2 表示，助溶剂的摩尔分数用 x_3 表示，用 $\partial\ln\gamma_2/\partial x_3$ 表示助溶剂对溶菌酶溶解度的影响规律。所得出的实验结果如表 11-8 和图 11-44 所示[91]。可以看出，NaCl 的加入使溶菌酶的溶解度下降，从而生长出晶体。这种通过加入盐类使得蛋白质晶体析出的方法称为盐析(salting-out)。

表 11-8　溶菌酶水溶液中不同 pH 下助溶剂对溶菌酶溶解度的影响[91]

助溶剂	溶液 pH	$\frac{\partial\ln\gamma_2}{\partial x_3}$值
NaCl	3.3	−0.32
NaCl	4.2	−0.37
NaCl	6.5	−0.5
NaAcO	4.5	−0.24
$MgCl_2$	4.1	−0.07

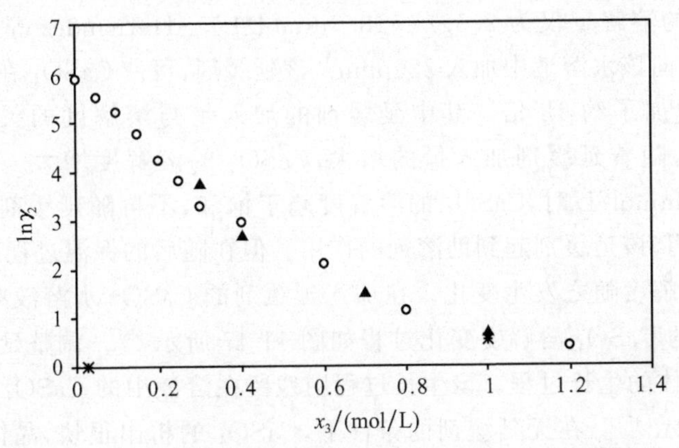

图 11-44　NaCl 的加入量对溶菌酶在水中溶解度的影响[91]

其中溶菌酶的溶解度的单位为 mg/mL，溶液的 pH 为 4.5，NaCl 的浓度单位体积溶液中的物质的量

3. 降低溶液的溶解度，促使晶体析出

在溶菌酶水溶液中加入 NaCl，促使晶体形成的方法，是采用助溶剂降低溶解度，促使晶体生长的实例[91]。Gioannis 等[94]研究了灰黄霉素在丙酮及乙醇中的溶解度，探讨了 CO_2 的加入对溶解度的影响，揭示了 CO_2 具有降低溶解度的作用。图 11-45 所示为在 312.15K 和高压(6MPa 和 10MPa)下，CO_2 含量对灰黄霉素在丙酮中溶解度的影响[94]。可以看出，随着 CO_2 浓度的增大，溶解度迅速下降，形成有利于灰黄霉素析出的条件。

4. 通过缓慢挥发或分解，控制晶体生长

通过缓慢挥发或分解，控制晶体生长的助溶剂又可称为生长延缓剂(inhibitor)。生长延缓剂既可以改变溶质在溶液中的溶解度，起到助溶剂的作用，又可以控制晶体的生长。以下以 Hernandez 等[95]进行的 $CaSO_4$ 晶体生长过程为例进行说明。

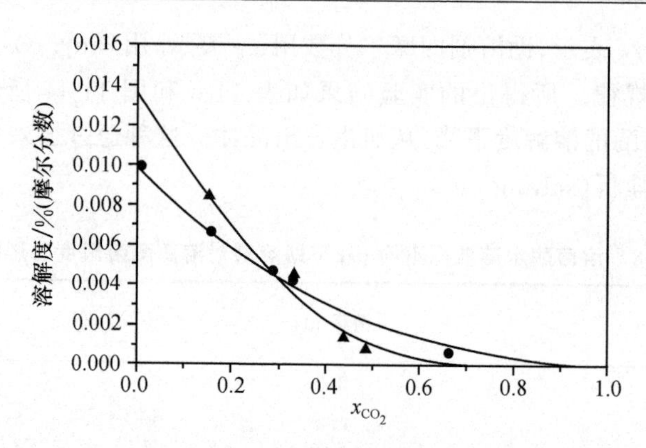

图 11-45　CO_2 浓度对灰黄霉素在丙酮中溶解度的影响[94]

●为在 10MPa,312.15K 下的实验值;▲为在 6MPa,326.15K 下的实验值

$CaSO_4$ 溶液是通过向水中加入摩尔比为 1∶1 的 $CaCl_2$ 和 $MgSO_4$ 形成的。25℃时,$CaSO_4$ 在溶液中的溶解量仅为 2.5g/L(18.3mmol/L)。Hernandez 等[95]探索出两种磷化物延缓剂,通过向该水溶液中加入 320ppm① 该延缓剂,可使 $CaSO_4$ 在 25℃下的溶解量提高到 45g/L,增加了约 18 倍。其中延缓剂的加入量与溶解度的关系如图 11-46 所示[95]。可以看出,随着延缓剂加入量的增大,$CaSO_4$ 的溶解度增大。当延缓剂的浓度 C_{inh} 达到约 0.035mmol/L 时,$CaSO_4$ 的溶解度趋于饱和,不再随延缓剂加入量的增大变化。以上特性表明,该延缓剂起到助溶剂的作用。但在随后的保温过程中,延缓剂发生分解或气化,导致溶解度随之发生变化。在加入延缓剂的 $CaSO_4$ 水溶液中,延缓剂的分解过程及由此引起的 $CaSO_4$ 溶解度变化过程如图 11-47 所示[95]。调整延缓剂的加入量可以控制 $CaSO_4$ 晶体的生长过程。该生长过程用残留在溶液中的 $CaSO_4$ 的浓度变化来反映,如图 11-48 所示[95]。在无延缓剂的条件下,$CaSO_4$ 的析出很快,晶体生长不易控制。而在加入延缓剂后不仅晶体生长的起始时间延迟,其延迟时间随着延缓剂加入量的增大而延长,同时,生长过程可以通过控制延缓剂的分解来控制。

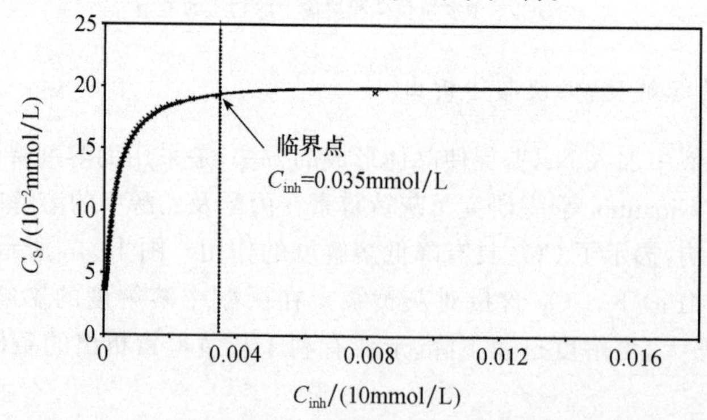

图 11-46　25℃下 $CaSO_4$ 在水溶液中的溶解度 C_S 随延缓剂加入量的变化而变化[95]

① 1ppm=10^{-6}。

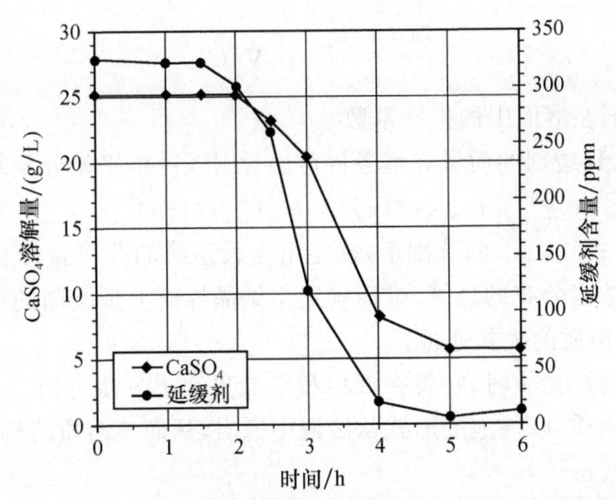

图 11-47　$CaSO_4$ 溶液中延缓剂的分解过程以及由此引起的 $CaSO_4$ 溶解量的变化[95]

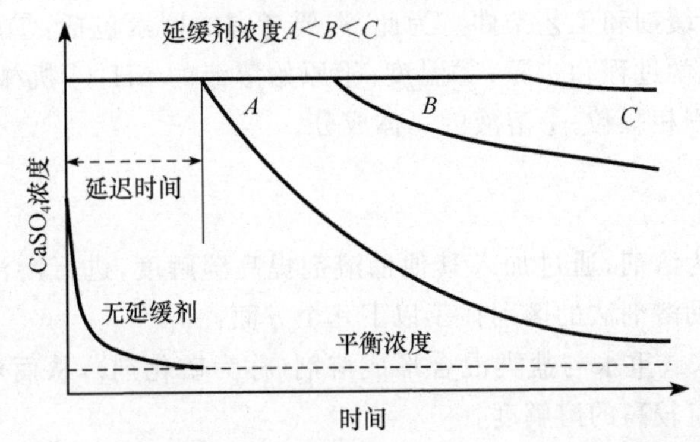

图 11-48　$CaSO_4$ 溶液中延缓剂对 $CaSO_4$ 析出过程的影响[95]

延缓剂的存在不仅会改变溶质的溶解度，使得结晶界面上液相一侧的平衡溶质浓度发生变化，还会影响液相中的溶质扩散，从而使式(11-42)和式(11-43)表示的溶质通量和生长速率发生变化。通过分析溶质和生长延缓剂的耦合传输过程，可以对晶体生长过程进行精确的描述。然而，这一分析过程不但计算方法复杂，而且要获得交叉扩散系数等参数，需要大量的实验数据。Hernandez 等[95]提出了如下简单的模型，即设 J 和 J_0 分别为存在延缓剂和无延缓剂时结晶界面上溶质生长的通量，J 与 J_0 的关系可以表示为

$$J=\frac{J_0}{1+K_a C_{inh}(\xi(\tau))} \tag{11-66}$$

式中，$C_{inh}(\xi(\tau))$ 为生长延缓剂在结晶界面上的浓度，是随着时间 τ 相关的结晶界面的位置 ξ 变化的；K_a 为常数。

已知无延缓剂条件下晶体生长通量为 J_0，只要确定出 $C_{inh}(\xi(\tau))$ 和 K_a 则可以获得添加延缓剂条件下的晶体生长通量，或者根据晶体生长通量反推 $C_{inh}(\xi(\tau))$ 和 K_a 值。

如果生长延缓剂为惰性物质，不在溶液中发生分解，则延缓剂消耗的途径一个是溶液表面的挥发，另一个是从结晶界面上向晶体中的固溶。延缓剂在溶液中的传输过程由如下 Fick 扩散定律决定：

$$\frac{\partial C_{\mathrm{inh}}}{\partial \tau}=D_{\mathrm{L,inh}}\nabla^2 C_{\mathrm{inh}} \tag{11-67}$$

式中，$D_{\mathrm{L,inh}}$为延缓剂在溶液中的扩散系数。

在结晶界面上，延缓剂的质量守恒条件可通过引入一个平衡分凝系数k_{inh}表示为

$$C_{\mathrm{inh\_X}}(\xi(\tau))=k_{\mathrm{inh}}C_{\mathrm{inh}}(\xi(\tau)) \tag{11-68}$$

在式(11-67)和式(11-68)的基础上，确定出生长系统的几何条件和远场条件，即可以进行溶液中延缓剂浓度分布的计算，进而确定出结晶界面上延缓剂的浓度$C_{\mathrm{inh}}(\xi(\tau))$，并由式(11-66)计算出溶质的生长通量。

当延缓剂为非惰性物质时，它将在液相和结晶界面上发生分解。其理想的分解行为是分解后形成气态物质，以气泡的形式从溶液中逸出，从而使溶质溶解度在受控的条件下下降，实现晶体生长。

生长延缓剂除了对溶质溶解特性的影响外，还可以通过在晶核或生长界面上的吸附控制生长过程，涉及较为复杂的生长动力学和热力学问题。因此，对于不同的晶体生长系统，应选择合适的延缓剂和工艺条件。为此，需要考虑的因素包括：①延缓剂的种类和浓度；②溶液制备的化学过程和步骤；③温度；④原始溶液的 pH；⑤机械搅拌方式；⑥溶液中作为异质晶核的固相颗粒；⑦溶液的总体成分。

11.4.3　水热法

水热法是以水为溶剂，通过加入其他助溶剂提高溶解度，进行溶液法晶体生长的方法。水热法与普通助溶剂法的区别在于以下几个方面：

(1) 通常采用水或重水与盐类混合形成溶剂(称为矿化剂)，从而对难溶解的氧化物等高熔点化合物具有较高的溶解度。

(2) 采用高温高压条件提高溶解度，控制生长过程。生长过程通常是在高压反应釜内完成的。由于矿化剂具有很强的腐蚀性，反应釜的内壁需要采用耐腐蚀的内衬。

(3) 水热法晶体生长过程的传输是通过溶液的强对流实现的。通常将反应釜垂直放置，分为下高上低的两温区。原料与溶剂放置在反应釜下部的高温区，在高温高压下不断溶解，并通过溶液的强对流(可能包含气化与沸腾的过程)被传输到反应釜上部温度较低的生长区。由于溶液在生长区的降温形成过饱和溶液而发生结晶，在生长区放置籽晶实现单晶生长。

(4) 过饱和溶液在生长区内冷凝，并贡献出其中的溶质而实现晶体生长。然后，贫溶质的溶液流回溶解区，被加热再次溶解更多的溶质，重新参与晶体生长的循环。

典型的水热法晶体生长设备的工作原理如图 11-49 所示[96]。在生长区和溶解区之间放置一个带有中心孔的隔板，溶液通过该中心孔传输。水热法生长系统的主要控制参数包括：反应釜的几何尺寸(直径、长度、隔板位置与孔径)、生长区与溶解区的温度分布、溶剂的成分等。由于存在来自溶解区的溶液携带的热量以及晶体生长释放的物理热，在生长区需要一定的途径散热以维持恒定的温度。不同的散热方式对生长系统的温度分布和对流模式将产生一定的影响。图 11-50 所示为两种途径散热示意图[96]。Li 等[96]针对图 11-50 所示的两种散热方式进行了晶体生长过程溶液对流规律的数值计算。计算结果

表明，采用图 11-50(b)所示的顶部冷却方式可以在生长室产生分散的、相对均匀的涡流，形成更有利于晶体均匀生长的温度和对流环境。如果采用图 11-50(a)所示的侧面冷却方式，将会在生长室的中心线上形成自下而上的非均匀集中射流，而冷凝液在反应釜侧壁形成并向下流动，不利于晶体生长过程的控制。

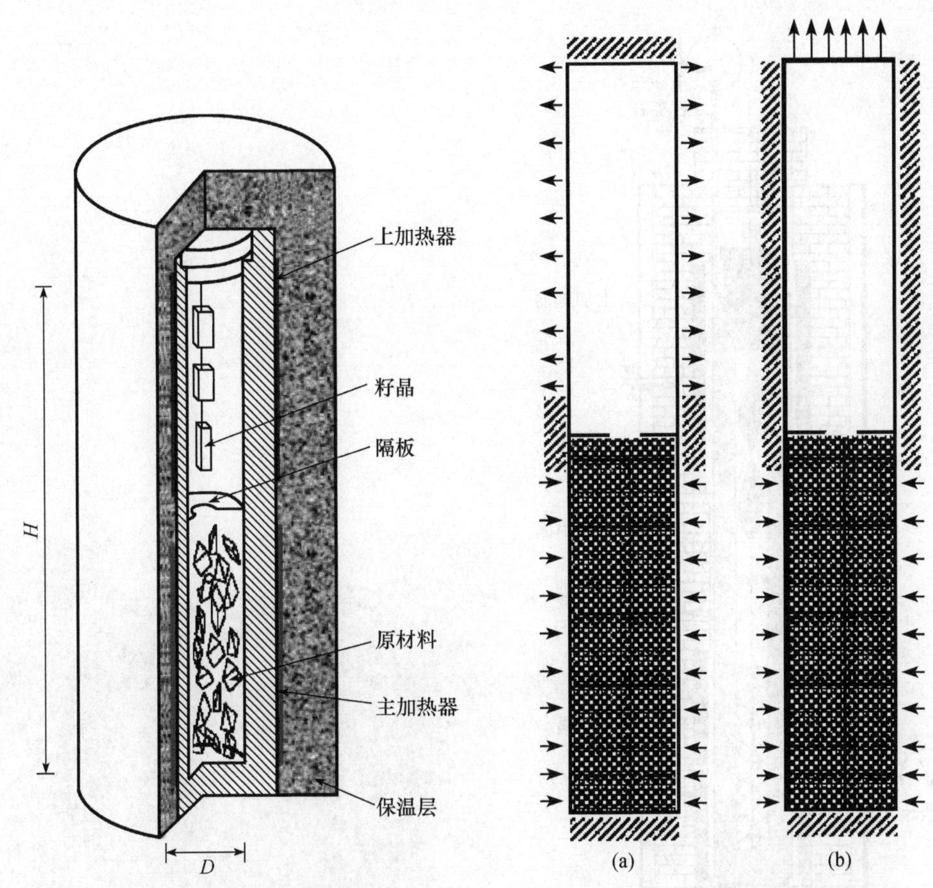

图 11-49 水热法晶体生长原理示意图[69]

图 11-50 水热法晶体生长过程生长区两种冷却方式示意图[96]

(a) 侧面冷却；(b) 顶面冷却。箭头表示热流方向

Bekker 等[97]在水热法晶体生长过程中采用多组加热器，沿圆周方向顺序旋转加热，形成交变的非均匀温度场，进行晶体生长过程控制，如图 11-51 所示。其中生长区温度场的旋转周期为 60s，而溶解区的旋转周期分别为 57s 和 31s。研究结果表明，采用该方法可以强化生长系统中的自然对流，改善晶体的结晶质量。

Zhang 等[98]以 H_2O_2 为溶剂，以 KOH 和 LiOH 为助溶剂，成功进行了 ZnO 单晶的生长，其溶剂成分为 KOH(3.0mol/L)、LiOH(1.0mol/L)及 H_2O_2(1%)。溶剂与经过 1300℃×24h(空气气氛)的高温加热提纯的 ZnO 粉体混合形成溶液。将该溶液加入到内壁镀有黄金的高压釜中进行水热法晶体生长，生长过程中溶解区的温度为 380℃，而生长区内的温度在此基础上降低 10～15℃，形成温度梯度。在高压釜中预先放置尺寸为 25.6mm×

25.6mm×0.8mm 的[0001]取向的籽晶控制生长。实验证明，在生长过程中高压釜内的压力约为 100MPa，晶体在[0001]方向上的生长速率为 0.17mm/d，而在[000$\bar{1}$]方向上的生长速率为 0.09mm/d。经过 30 天的生长后，获得了尺寸为 30mm×38mm×8mm 的高质量单晶体，如图 11-52 所示。

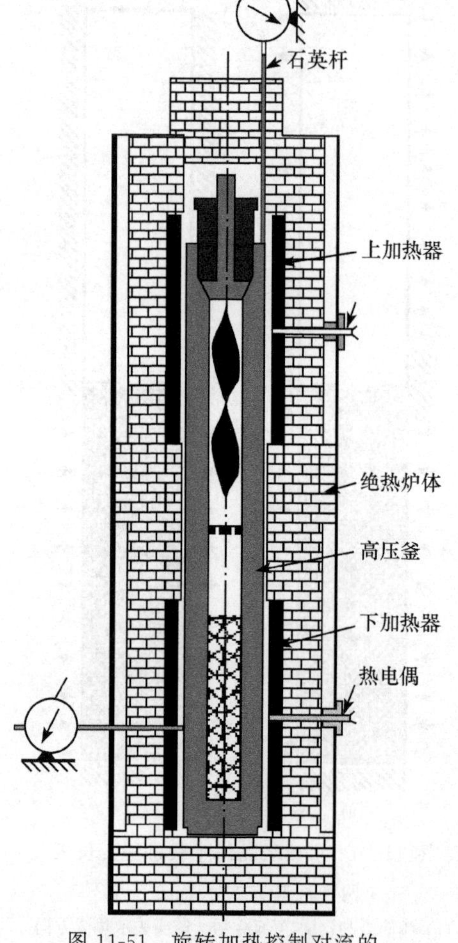

图 11-51　旋转加热控制对流的水热法晶体生长过程示意图[97]

图 11-52　采用水热法生长的 ZnO 单晶[98]

表 11-9 列出了几种晶体的水热法生长条件及其结果。

在水热法的基础上，近年来人们发展了氨热法晶体生长技术，即采用超临界的氨(NH_3)为溶剂，在高温高压下进行晶体生长。该技术已成功地应用于 GaN 体单晶的生长[112~117]。其典型的生长条件是在 100～120MPa 下，1030～1050℃的高温高压环境。

表 11-9　水热法晶体生长的典型实验研究

生长晶体	溶剂(矿化剂)成分	反应釜尺寸/mm	生长区温度/℃	溶解区温度/℃	反应釜内压力/MPa	生长晶体尺寸/mm	其　他	文献
ZnO	3.0mol/L KOH+ 1.0mol/L LiOH+ 1%H_2O_2	Φ55×1080	365～700	380	100	30×38×8	Au 坩埚内衬加籽晶生长周期 30 天	[98]
Sc_2O_3	KOH	Φ9.5	400～650	400～650		0.5～2	Ag 坩埚无籽晶生长周期 10～15 天	[99]
$KTiOPO_4$ (KTP)	2.0mol/L K_2HPO_4+ 0.1mol/L KH_2PO_4+ 1%H_2O_2		400～470	470～540	120～150	26×83×25	Pt 坩埚加籽晶生长周期 90 天	[100]、[101]
$ABe_2BO_3F_2$ (A=K、Rb、Cs、Tl)	0.1～2mol/L KF+ 0.1～2mol/L KHF_2+ H_2O	Φ9.5	低于溶解区 10～60	370～555		4×5×1	Ag 坩埚生长周期 7～28 天生长速率约 0.1mm/d	[102]
ZnO	3.5mol/L KOH+ 0.5～1mol/L LiOH+ 0.5～1mol/L NH_4OH	Φ380×1000	低于溶解区 8～15	330～360	30～40	最大尺寸 76	Ti 合金坩埚内衬多籽晶生长速率 0.15～2mm/d	[103]
$LiBO_2$	LiOH 水溶液	Φ9.5×152	495	535		5×5×5	生长周期 3～5 天生长速率 2.1mm/d	[104]
Nd:RVO_4 (R=Y、Gd)	1.5～3mol/L HCl+ 1.5～3mol/L HNO_3		240	240	8	2.2～6	Teflon 坩埚内衬生长周期 3 天	[105]
$KBe_2BO_3F_2$ (KBBF)	1mol/L KF+ 0.5mol/L H_3BO_3		360	380	100	12×10×6	加籽晶生长周期 30～40 天	[106]
Fe_2O_3	NaOH(10%～35%), KOH(15%～40%), $KHCO_3$ 或 K_2CO_3 (10%～20%)	(1×10^5～$1.2\times10^5mm^2$)	380～420 (低于溶解区 25～50)	420～450	120～160	10×10×(4～8)	生长速率 0.05～0.25mm/d	[107]
$CaCO_3$	NH_4Cl+卤化物		低于溶解区 5～10	260～270	10～20		生长周期 120 天	[108]
$CaCO_3$	CH_3COONH_4	Φ25×140	130～235	高压生长区 5～20	9.8		Teflon 坩埚内衬生长速率 57μm/d	[109]
$PbTiO_3$	3.2mol/L KF+H_2O	Φ5×27	500	500	207		生长周期 3～5 天	[110]
$GaPO_4$	P_2O_5+H_2O 或 P_2O_5+SO_3+H_2O		低于溶解区 5～30	300～315	5～20	(70g)	加籽晶；生长速率 0.2mm/d	[111]

11.4.4　液相电沉积法

液相电沉积法(或简写为 LPEE)是利用电场进行溶液法晶体生长过程控制的一种方

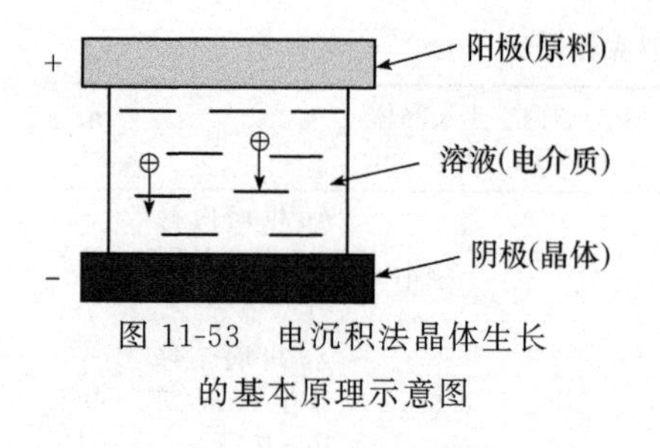

图 11-53　电沉积法晶体生长的基本原理示意图

法，其基本原理如图 11-53 所示。在原料-溶液-生长衬底构成的串联电路中通入电流，在电场作用下，带电荷的离子在衬底表面沉积，实现晶体生长。以富 Ga 的 Ga-As 溶液中生长 GaAs 为例[118]，如果将衬底设为正极，该生长系统可以看作是以 Ga 为溶剂，带负电荷的 As^+ 在电场作用下，向衬底表面迁移，并在表面附近形成 As^+ 的过饱和，从而 As^+ 与 Ga 反应，形成 GaAs。可以看出，在该方法晶体生长过程中，溶质的迁移以及生长界面过饱和条件的形成是通过外加电场实现的，整个生长过程利用电泳原理和液-固界面上的 Peltier 加热/冷却原理控制，可以在无温度梯度的均匀温度场中进行晶体生长。

液相电沉积法晶体生长的优点[119]为：①可以进行晶体掺杂的控制；②可以改善晶体生长界面形貌并控制结构缺陷；③有助于控制晶体中的位错密度；④可改善晶体的电子结构；⑤根据不同元素迁移特性的不同，可以利用电沉积法从三元或四元溶液中进行晶体生长。采用该方法还可以进行薄膜材料生长，或直接进行器件试制。

在液相电沉积法晶体生长过程中，电流的引入对晶体生长过程的影响体现在以下几个方面[119,120]：

1. 带电离子在电场中的迁移

在外加电场作用下，电场力或称为静电力，驱动带正电荷的离子向作为电场阴极的沉积衬底表面附近迁移，在衬底附近形成过饱和溶液，从而发生晶体的沉积生长。

在液相电沉积法晶体生长过程中，溶质传输方程可以表示为

$$\frac{\partial w_\mathrm{L}}{\partial \tau}=D_\mathrm{L}\boldsymbol{\nabla}^2 w_\mathrm{L}+\mu_t(\boldsymbol{E}+\boldsymbol{V}\times\boldsymbol{B})\cdot\boldsymbol{\nabla}w_\mathrm{L}+\boldsymbol{V}\cdot\boldsymbol{\nabla}w_\mathrm{L} \tag{11-69}$$

式中，右边的第一项为热扩散项；第二项为静电作用力和电磁力作用引起的传输项；第三项为对流传输项；D_L 为溶质扩散系数；$\boldsymbol{E}$ 为电场强度；$\boldsymbol{V}$ 为液相流速；$\boldsymbol{B}$ 为磁场强度；$\mu_t=\mu_E+\mu_{EB}B$，其中 μ_E 为传统的电迁移率，μ_{EB} 则表示磁场对元素电迁移过程的贡献。

对于电势和生长方向平行的一维生长过程，式(11-69)可简化为

$$\frac{\partial w_\mathrm{L}}{\partial \tau}=D_\mathrm{L}\frac{\partial^2 w_\mathrm{L}}{\partial z^2}+\mu_t E_z\frac{\partial w_\mathrm{L}}{\partial z}+V_z\frac{\partial w_\mathrm{L}}{\partial z} \tag{11-70}$$

生长速率可表示为

$$R=\frac{\rho_\mathrm{L}}{\rho_\mathrm{S}}\left(D_\mathrm{L}\frac{\partial w_\mathrm{L}}{\partial n}+\mu_t E_z w_\mathrm{L}\right)\frac{1}{w_\mathrm{S}-w_\mathrm{L}} \tag{11-71}$$

Dost 等[121]在恒定的电流密度 $J=3\mathrm{A/cm^2}$ 下进行了 GaAs 的电沉积晶体生长实验研究。结果表明，在电沉积生长过程中，生长界面的位置是沿着半径方向变化的，如图 11-54 所示。在靠近中心的位置生长较快，而在边缘生长较慢，这与液相中的对流有关。

2. 电流对溶液流动的黏滞阻力

静电场对溶液对流的阻尼作用是由于溶液中运动的载流子(包括电子)与带电离子的相互作用造成的,它是电沉积晶体生长过程电场最主要的作用之一[122]。在第 6 章的式(6-106)中考虑了体积力的作用,即

$$F_{va} = F_{in} - F_{out} + F_f$$

在外加电场的作用下,式(6-106)中体积力 F_f 项应该包括重力和电场作用下溶液受到的体积力两个部分,即

$$F_f = \rho_L \boldsymbol{g} + \rho_L \boldsymbol{f}_E \tag{11-72}$$

式中,右边的第一项为重力项,$\boldsymbol{g}$ 为重力加速度;第二项为电场力项,$\boldsymbol{f}_E$ 为电场作用下的体积力(矢量)。关于 $\boldsymbol{f}_E$ 的进一步讨论,可参考第 8 章的相关内容。

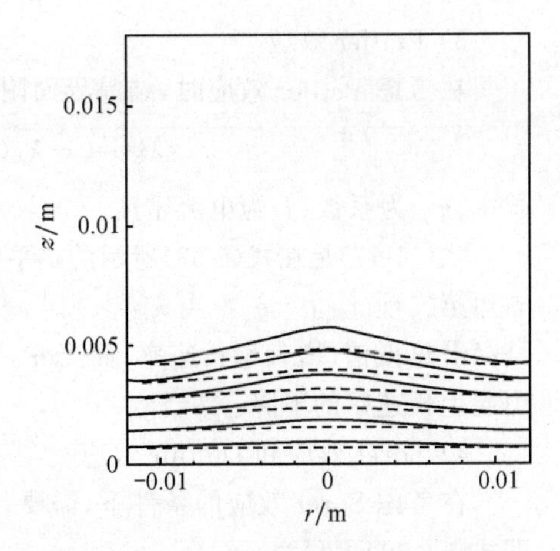

图 11-54　GaAs 在电沉积生长过程中结晶界面轮廓的变化[121]

电流密度 $J=3\mathrm{A/cm^2}$,实线对应于无磁场时的界面,虚线对应于 $B=1\mathrm{T}$ 时的界面

从而在式(6-107a)～式(6-108)所示的各式中,加上电磁力项 $\rho_L \boldsymbol{f}_E$ 在各个对应坐标轴上的投影项即可应用于液相电沉积法晶体生长过程中溶液对流行为的分析。

3. 其他热电效应

在电沉积晶体生长过程中,电场引起的其他效应包括 Joule 效应、Peltier 效应、Thomson 效应、Dufour 效应以及 Soret 效应[119],以下对其分别讨论。

1) Joule 效应

电流通过导体时引起导体发热的现象称为 Joule 效应。单位体积的导体中 Joule 热的释放速率可以表示为

$$Q_J = \boldsymbol{J} \cdot \boldsymbol{E} \tag{11-73}$$

式中,$\boldsymbol{J}$ 为电流密度;$\boldsymbol{E}$ 为电势。

将式(11-73)带入式(9-56)中即可得到考虑 Joule 效应的能量方程,即

$$\rho_L c_{p,L} \frac{\partial T}{\partial \tau} + \rho_L c_{p,L} (\boldsymbol{V} \cdot \boldsymbol{\nabla}) T = \boldsymbol{\nabla} (\lambda_L \boldsymbol{\nabla T}) + \boldsymbol{J} \cdot \boldsymbol{E} \tag{11-74}$$

2) Thomson 效应

当溶液中的电流密度为 j,温度梯度为$\dfrac{\mathrm{d}T}{\mathrm{d}x}$时,Thomson 效应引起的热效应为

$$Q_{\text{Thomson}} = \sigma_a^{\mathrm{T}} j \boldsymbol{\nabla} T \tag{11-75}$$

式中,σ_a^{T} 为 Thomson 系数。因此,在考虑 Thomson 效应的条件下,在式(11-74)中还应该加上 Thomson 热,即式(11-74)改写为

$$\rho_L c_{p,L} \frac{\partial T}{\partial \tau} + \rho_L c_{p,L} (\boldsymbol{V} \cdot \boldsymbol{\nabla}) T = \boldsymbol{\nabla} (\lambda_L \boldsymbol{\nabla} T) + \boldsymbol{J} \cdot \boldsymbol{E} + \sigma_a^{\mathrm{T}} j \boldsymbol{\nabla} T \tag{11-76}$$

3) Peltier 效应

在考虑 Peltier 效应时，结晶界面附近的热平衡条件可以表示为[119]

$$\lambda_S G_{TS} - \lambda_L G_{TL} = \rho_S \Delta H_S R - \pi_{SL} J \tag{11-77}$$

式中，π_{SL} 为系数；J 为电流密度。

式(11-77)是在式(6-63)所示的热平衡方程中引入了 Peltier 效应项得到的，即式(11-77)右边第二项 $\pi_{SL} J = q_4$。当 $\pi_{SL} > 0$ 时，表示结晶界面上 Peltier 效应表现为冷却作用，并与结晶潜热抵消，增大生长速率；而当 $\pi_{SL} < 0$ 时，结晶界面的 Peltier 效应表现为加热作用，引起生长速率的下降。

4) Soret 效应和 Dufour 效应

在考虑 Soret 效应的条件下，需要在式(11-69)所示的传质方程中引入 Soret 效应项，即式(11-69)可写为

$$\frac{\partial w_L}{\partial \tau} = D_L \nabla^2 w_L + \mu_t (\boldsymbol{E} + \boldsymbol{V} \times \boldsymbol{B}) \cdot \nabla w_L + V \cdot \nabla w_L + a \nabla^2 T \tag{11-78}$$

式中，a 为 Soret 系数。

而在考虑 Dufour 效应时，应在式(11-76)中引入 Dufour 效应项，即式(11-76)写为

$$\rho_L c_{p,L} \frac{\partial T}{\partial \tau} + \rho_L c_{p,L} (\boldsymbol{V} \cdot \nabla) T = \nabla (\lambda_L \nabla T) + \boldsymbol{J} \cdot \boldsymbol{E} + \sigma_a^T j \cdot \nabla T + \beta \nabla^2 w_L \tag{11-79}$$

式中，β 为 Dufour 系数；w_L 为液相中的溶质浓度。

目前，液相电沉积法已被广泛应用于掺 Cr 的 GaAs 晶体生长[62]，镀 GaAs 的 Si 衬底上的 GaAs 生长[123]，以及 InGaAs[124,125]、GaAlAs[126] 等三元化合物半导体的单晶生长。

利用液相电沉积方法进行晶体生长的过程可控性强，并可利用低温溶液生长的优点，采用选择性的生长直接制备出电路的图案，应用于微电子制造技术。选择性液相电沉积方法晶体生长的基本原理如图 11-55 所示[127]。该实例以 Bi-Si 溶液为溶剂，在 Si 衬底(籽晶)上放置一个掩模，在电场控制下，Si 通过溶剂扩散至衬底表面，沿着掩模约束的图案生长，形成所需要的晶体图形。该方法也曾被应用于 GaAs 晶体选区生长[119,123,128]。

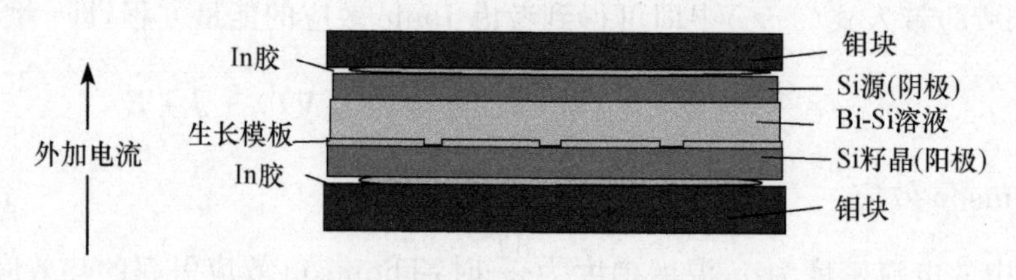

图 11-55　选择性液相电沉积方法晶体生长的基本原理[127]

参考文献

[1]　师昌绪.材料大词典.北京：化学工业出版社，1994：1079.

[2]　Kadri A, Lorber B, Jenner G, et al. Effects of pressure on the crystallization and the solubility of proteins in agarose gel. Journal of Crystal Growth, 2002, 245: 109-120.

[3]　Prieto M, Fernandez-Gonzalez A, Putnis A, et al. Nucleation, growth, and zoning phenomena in crystallizing (Ba, Sr)CO_3, Ba(SO_4, CrO_4), (Ba, Sr)SO_4, and (Cd, Ca)CO_3 solid solutions from aqueous solutions. Geochimica et Cosmochimica Acta, 1997, 61(16): 3383-3397.

[4]　Lippmann F. Phase diagrams depicting aqueous solubility of binary carbonate systems. Neues Jahrbuch für Mineralogie Abhandlungen, 1980, 139: 1-25.

[5]　Lippmann F. Stable and metastable solubility diagrams for the system $CaCO_3$-$MgCO_3$-H_2O at ordinary temperature. Bulletin de Mineralogie, 1982, 105: 273-279.

[6]　Nikolov V, Peshev P. The effect of variation of thermal field on the morphology of β-BaB_2O_4 single crystals grown by top-seeded solution growth. Journal of Crystal Growth, 1995, 147: 117-122.

[7]　Grzegory I, Bočkowski M, Łucznik B, et al. Mechanisms of crystallization of bulk GaN from the solution under high N_2 pressure. Journal of Crystal Growth, 2002, 246: 177-186.

[8]　OCiardha C T, Frawley P J, Mitchell N A. Estimation of the nucleation kinetics for the anti-solvent crystallization of paracetamolin methanol/water solutions. Journal of Crystal Growth, 2011, 328: 50-57.

[9]　Nishimaru M, Nakasa M, Kudo S, et al. Operation condition for continuous anti-solvent crystallization of CBZ-SAC cocrystal considering deposition risk of undesired crystals. Journal of Crystal Growth, 2017, 470: 89-93.

[10]　Shi Z, Hao L, Zhang M, et al. Gel formation and transformation of Moxidectin during the anti-solvent crystallization. Journal of Crystal Growth, 2017, 469: 8-12.

[11]　Minamisono T, Takiyama H. Control of polymorphism in the anti-solvent crystallization with a particular temperature profile. Journal of Crystal Growth, 2013, 362: 135-139.

[12]　Chun N-H, Lee M-J, Song G-H. Combined anti-solvent and cooling method of manufacturing indomethacin-saccharin(IMC-SAC) co-crystal powders. Journal of Crystal Growth, 2014, 408: 112-118.

[13]　Lee S, Lee C-H, Kim W-S. Anti-solvent crystallization of L-threonine in Taylor crystallizers and MSMPR crystallizer: Effect of fluid dynamic motions on crystalsize, shape, and recovery. Journal of Crystal Growth, 2017, 469: 119-127.

[14]　Asakuma Y, Miura M. Effect of microwave radiation on diffusion behavior of anti-solvent during crystallization. Journal of Crystal Growth, 2014, 402: 32-36.

[15]　Kohl M, Puel F, Klein J P, et al. Investigation of the growth rate of β-cyclodextrin in water during both flow-cell and batch experiments. Journal of Crystal Growth, 2004, 270: 633-645.

[16]　Burton W K, Cabrera N, Frank F C. The growth of crystals and the equilibrium structure of their surface. Philosophical Transaction of the Royal Society of London, 1951, 243: 299-358.

[17]　Bolt R J, van Enckevort W J P. Observation of growth steps and growth hillocks on the {100}, {210}, {011} and {101} faces of flux grown $KTiOPO_4$ (KTP). Journal of Crystal Growth, 1992, 119: 329-338.

[18]　Elwell D, Neate B W. Review: Mechanisms of crystal growth from fluxed melts. Journal of Crystal Growth, 1971, 6: 1499-1519.

[19]　Chernov A A. Stability of faced shapes. Journal of Crystal Growth, 1974, 24/25: 11-13.

[20]　Lin H, Rosenberger F, Alexander J I D, et al. Convective-diffusive transport in protein crystal

growth.Journal of Crystal Growth,1995,151:153-162.

[21] Yoo H,Wilcox W,Lai R,et al.Modeling the growth of triglycerine sulphate crystals in Spacelab 3. Journal of Crystal Growth,1988,92:101-117.

[22] 常新安,李云飞,王民,等.GLTGS 晶体生长及其热释电性能.科学通报,2000,45(12):1263-1367.

[23] 曾汉民.高技术新材料要览.北京:中国科学技术出版社,1993.

[24] Vekilov P G,Rosenberger F.Protein crystal growth under forced solution flow:Experimental setup and general response of lysozyme.Journal of Crystal Growth,1998,186:251-261.

[25] Lappa M,Piccolo C,Carotenuto L.Numerical and experimental analysis of periodic patterns and sedimentation of lysozyme.Journal of Crystal Growth,2003,254:469-486.

[26] Vartak B,Yeckel A,Derby J J.Time-dependent,three-dimensional flow and mass transport during solution growth of potassium titanyl phosphate.Journal of Crystal Growth,2005,281:391-406.

[27] Vartak B,Yeckel A,Derby J J.On the validity of boundary layer analysis for flow and mass transfer caused by rotation during the solution growth of large single crystals. Journal of Crystal Growth,2005,283:479-489.

[28] Zaitseva N P,Rashkovich L N,Bogatyreva S V.Stability of KH_2PO_4 and $K(H,D)_2PO_4$ solutions at fast crystal growth rates.Journal of Crystal Growth,1995,148:276-282.

[29] Nikolov V,Peshev P.The effect of variation of thermal field on the morphology of-BaB_2O_4 single crystals grown by top-seeded solution growth.Journal of Crystal Growth,1995,147:117-122.

[30] Yamamoto T, Okano Y, Ujihara T, et al. Global simulation of the induction heating TSSG process of SiC for the effects of Marangoni convection, free surface deformation and seed rotation. Journal of Crystal Growth, 2017, 470:75-88.

[31] Scheel H J. Theoretical and technological solutions of the striation problem. Journal of Crystal Growth,2006,287:214-223.

[32] Tanaka A,Funayama Y,Murakami T,et al.GaN crystal growth on an SiC substrate from Ga wetting solution reacting with NH_3.Journal of Crystal Growth,2003,249:59-64.

[33] Sung M H,Kim J S,Kim W S,et al.Modification of crystal growth mechanism of yttrium oxalate in metastable solution.Journal of Crystal Growth,2002,235:529-540.

[34] Burton J A,Prim R C,Slichter W P.The distribution of solute from crystals grown from the melt Part 1.Theoretical.The Journal of Chemical Physics,1953,21:1987.

[35] Louhi-Kultanen M,Kallas J,Partanen J,et al.The influence of multicomponent diffusion on crystal growth in electrolyte solutions.Chemical Engineering Science,2001,56:3505-3515.

[36] Paduano L,Annunziata O,Pearlstein A J,et al.Precision measurement of ternary diffusion coefficients and implications for protein crystal growth:Lysozyme chloride in aqueous ammonium chloride at 25℃.Journal of Crystal Growth,2001,232:273-284.

[37] Kubota N,Yokota M,Mullin J W.Supersaturation dependence of crystal growth in solutions in the presence of impurity.Journal of Crystal Growth,1997,182:86-94.

[38] Kubota N,Mullin J W.A kinetic model for crystal growth from aqueous solution in the presence of impurity.Journal of Crystal Growth,1995,152:203-208.

[39] Jie W Q,Zhou Y H.Formation of hot-top-segregation in steel ingot and effect of steel composition. Metallurgical Transactions B,1989,20:723-730.

[40] Lin H,Rosenberger F,Alexander J I D,et al.Convective-diffusive transport in protein crystal growth.Journal of Crystal Growth,1995,151:153-162.

[41] Srivastava A, Muralidhar K, Panigrahi P K. Comparison of interferometry, schlieren and shadowgraph for visualizing convection around a KDP crystal. Journal of Crystal Growth, 2004, 267: 348-361.

[42] Rosenberger F, Muller G. Interfacial transport in crystal growth, a parametric comparison of convective effects. Journal of Crystal Growth, 1983, 65: 91-104.

[43] Cochran W G, Goldstein S. The flow due to a rotating disc. Mathematical Proceedings of the Cambridge Philosophical Society, 1934, 30(3): 365.

[44] Dold P, Benz K W. Rotating magnetic fields: Fluid flow and crystal growth applications. Progress in Crystal Growth and Characterization of Materials, 1999, 38: 7-38.

[45] Vartak B, Derby J J. On stable algorithms and accurate solutions for convection-dominated mass transfer in crystal growth modeling. Journal of Crystal Growth, 2001, 230: 202-209.

[46] Vartak, B. Three-dimensional modeling of solution crystal growth via the finite element method [Ph.D. Dissertation]. The University of Minnesota, 2001.

[47] Hu Z, Li M, Wang P, et al. Three-dimensional computations of the hydrodynamics and mass transfer during solution growth of KDP crystal with a planetary motion. Journal of Crystal Growth, 2017, 474: 61-68.

[48] Suzuki Y, Kodama S, Ueda O, et al. Gallium Arsenide crystal growth from metallic solution under microgravity. Advanced Space Research, 1995, 16(7): 195-198.

[49] Alexander J I D, Ouazzani J, Rosenberger F. Analysis of the low gravity tolerance of Bridgman-Stockbarger crystal growth I. Steady and impulse accelerations. Journal of Crystal Growth, 1989, 97: 285-302.

[50] Alexander J I D, Amiroudine S, Ouazzani J, et al. Analysis of the low gravity tolerance of Bridgman-Stockbarger crystal growth II. Transient and periodic accelerations. Journal of Crystal Growth, 1991, 113: 21-38.

[51] Huo C R, Xu Z Y, Huang W D, et al. Relaxation behavior in a solution system for crystal growth under microgravity. Journal of Crystal Growth, 1996, 158: 359-368.

[52] Kinoshita K, Kato H, Iwai M, et al. Homogeneous $In_{0.3}Ga_{0.7}As$ crystal growth by the traveling liquidus-zone method. Journal of Crystal Growth, 2001, 225: 59-66.

[53] Cröll A, Kaiser T, Schweizer M, et al. Floating-zone and floating-solution-zone growth of GaSb under microgravity. Journal of Crystal Growth, 1998, 191: 365-376.

[54] Matsumoto S, Maekawa T. Constitutional supercooling induced by convection during InP solution growth. Advances in Space Research, 1999, 24(10): 1215-1218.

[55] Yildiz E, Dost S. A numerical simulation study for the combined effect of static and rotating magnetic fields in liquid phase diffusion growth of SiGe. Journal of Crystal Growth, 2007, 303: 279-283.

[56] Wang Y, Kudo K, Inatomi Y, et al. Growth and structure of CdZnTe crystal from Te solution with THM technique under static magnetic field. Journal of Crystal Growth, 2005, 275: 1551-1556.

[57] Shi T S, Zhu N C, Shen J, et al. Radial distribution of lattice imperfections in $Hg_{0.8}Cd_{0.2}Te$ wafers. Journal of Crystal Growth, 1995, 156: 212-215.

[58] Weber A D, Miller M, Hofmann D, et al. Growth stability of zinc selenide bulk crystals from solutions. Journal of Crystal Growth, 1998, 184/185: 1048-1052.

[59] Mokri A E, Triboulet R, Lusson A, et al. Growth of large, high purity, low cost, uniform CdZnTe crystals by the cold traveling heater method. Journal of Crystal Growth, 1994, 138: 168-174.

[60] Kato H, Udono H, Kikuma I. Effect of solution thickness on ZnSe crystals grown from Se/Te mixed solutions. Journal of Crystal Growth, 2000, 219: 346-352.

[61] Yeh K W, Gan J Y, Huang Y. Influence of some growth parameters upon the crystal growth of Bi-2212 family superconductor by traveling solvent floating zone method. Materials Chemistry and Physics, 2004, 86: 382-389.

[62] Matsumoto N, Nagata S. Single-crystal growth of sulphospinel $CuIr_2S_4$ from Bi solution. Journal of Crystal Growth, 2000, 210: 772-776.

[63] Okada S, Iizumi K, Kudaka K, et al. Single crystal growth of $(Mo_xCr_{1-x})AlB$ and $(Mo_xW_{1-x})AlB$ by metal Al solutions and properties of the crystals. Journal of Solid State Chemistry, 1997, 133: 36-43.

[64] Okada S, Kudou K, Iizumi K, et al. Single-crystal growth and properties of CrB, Cr_3B_4, Cr_2B_3 and CrB_2 from high-temperature aluminum solutions. Journal of Crystal Growth, 1996, 166: 429-435.

[65] Okada S, Suda T, Kamezaki A, et al. Crystal growth of vanadium silicides from high-temperature metal solutions and some properties of the crystals. Materials Science and Engineering A, 1996, 209: 33-37.

[66] Huang M, Zhang S Y. Growth and characterization of cerium-substituted yttrium iron garnet single crystals for magneto-optical applications. Applied Physics A, 2002, 74: 177-180.

[67] Duan Z Q, Xu G S, Wang X F, et al. Electrical properties of high Curie temperature $(1-x)$ $Pb(In_{1/2}Nb_{1/2})O_{3-x}PbTiO_3$ single crystals grown by the solution Bridgman technique. Solid State Communications, 2005, 134: 559-563.

[68] Hofmann D H, Müller M H. Prospects of the use of liquid phase techniques for the growth of bulk silicon carbide crystals. Materials Science and Engineering B, 1999, 61/62: 29-39.

[69] Lin C T, Liang B, Chen H C. Top-seeded solution growth of Ca-doped YBCO single crystals. Journal of Crystal Growth, 2002, 237/239: 778-782.

[70] Izumi T, Shiohara Y. Crystal growth of superconductive oxide from oxide melts. Journal of Physics and Chemistry of Solids, 2005, 66: 535-545.

[71] Barz R U, Ghemen S V. Water-free gallium phosphate single-crystal growth from the flux. Journal of Crystal Growth, 2005, 275: 921-926.

[72] Ahmadn M I, Mohanty G, Rajan K, et al. Crystal growth and mechanical characterization of $ZrMo_2O_8$. Journal of Crystal Growth, 2014, 404: 100-106.

[73] He Z, Itoh M. Single crystal flux growth of the Ising spin-chain system γ-CoV_2O_6. Journal of Crystal Growth, 2014, 388: 103-106.

[74] Leonyuk N I. Half a century of progress in crystal growth of multifunctional borates $RAl_3(BO_3)_4$ (R=Y, Pr, Sm-Lu). Journal of Crystal Growth, 2017, 476: 69-77.

[75] Marychev M O, Koseva I, Gencheva G, et al. Cr doped Ca_2GeO_4, $Ca_5Ge_3O_{11}$ and Li_2CaGeO_4 single crystals grown by the flux method. Journal of Crystal Growth, 2017 461: 46-52.

[76] Ovchinnikov S G, Rudenko V V. Flux growth of MBO_3 (M=Fe, Ga, In, Sc, Lu) single crystals. Journal of Crystal Growth, 2016, 455: 55-59.

[77] Ma Y, Hu K, Ji Q, et al. Growth and characterization of $CaFe_{1-x}Co_xAsF$ single crystals by CaAs flux method. Journal of Crystal Growth, 2016, 451: 161-164.

[78] Nagao M, Miura A, Watauchi S, et al. Growth of $Cu(In,Ga)S_2$ single crystals using CsCl flux. Journal of Crystal Growth, 2015, 412: 16-19.

[79] Blum C G F, Holcombe A, Gellesch M, et al. Flux growth and characterization of Sr_2NiWO_6 single crystals. Journal of Crystal Growth, 2015, 421:39-44.

[80] Pen A, Ménaert B, Boulanger B, et al. Bulk PPKTP by crystal growth from high temperature solution. Journal of Crystal Growth, 2012, 360:52-55.

[81] Deng S, Li D, Chen Z, et al. Electrical transport property, thermal stability and oxidation resistance of single crystalline b-Zn_4Sb_3 prepared using the Bi-Sn mixed-flux method. Journal of Crystal Growth, 2017, 479: 34-40.

[82] Han J-L, Meng Q-F, Gao S-L. Facile synthesis of Co_3O_4 hexagonal plates by flux method. Journal of Crystal Growth, 2018, 482:23-29.

[83] Ivanov V A, Marychev M O, Andreev P V, et al. Novel solvents for the single crystal growth of germinate phases by the flux method. Journal of Crystal Growth, 2015, 426:25-32.

[84] Tian H, Hu C, Meng X, et al. Top-seeded solution growth and properties of $K_{1-x}Na_xNbO_3$ Crystals. Crystal Growth & Design, 2015, 15:1180-1185.

[85] Imade M, Murakami K, Matsuo D, et al. Centimeter-sized bulk GaN single crystals grown by the Na-flux method with a necking technique. Crystal Growth & Design, 2012, 12:3799-3805.

[86] von Dollen P, Pimputkar S, Alreesh M A, et al. A new system for sodium flux growth of bulk GaN. Part I System development. Journal of Crystal Growth, 2016, 456:58-66.

[87] von Dollen P, Pimputkar S, Alreesh M A, et al. A new system for sodium flux growth of bulk GaN. Part II: In-situ investigation of growth processes. Journal of Crystal Growth, 2016, 456:67-72.

[88] Imade M, Hirabayashi Y, Miyoshi N, et al. Control of growth facets and dislocation propagation behavior in the Na-flux growth of GaN. Crystal Growth & Design, 2011, 11:2346-2350.

[89] Maekawa T, Sugiki Y, Matsumoto S, et al. Numerical analysis of crystal growth of an InAs-GaAs binary semiconductor by the Traveling Liquidus-Zone method under microgravity conditions. International Journal of Heat and Mass Transfer, 2004, 47:4535-4546.

[90] Stelian C, Duffar T. Numerical modeling of CdTe crystallization from Te solution under terrestrial and microgravity conditions. Journal of Crystal Growth, 2014, 400:67-75.

[91] Ruckenstein E, Shulgin I L. Effect of salts and organic additives on the solubility of proteins in aqueous solutions. Advances in Colloid and Interface Science, 2006, 123/126:97-103.

[92] 张克从,张乐潓.晶体生长科学与技术.北京:中国科学出版社,1997.

[93] Rao S M, Chang R H, Law K S, et al. Influence of KCl on the growth of $YBa_2Cu_3O_{6+\delta}$ from high temperature solutions. Journal of Crystal Growth, 1996, 162:48-54.

[94] Gioannis B D, Gonzalez A V, Subra P. Anti-solvent and co-solvent effect of CO_2 on the solubility of griseofulvin in acetone and ethanol solutions. Journal of Supercritical Fluids, 2004, 29:49-57.

[95] Hernandez A, Rocca A L, Power H, et al. Modeling the effect of precipitation inhibitors on the crystallization process from well mixed over-saturated solutions in gypsum based on Langmuir-Volmer flux correction. Journal of Crystal Growth, 2006, 295:217-230.

[96] Li H M, Braun M J. A new heating configuration for hydrothermal crystal growth vessels to achieve better thermal and flow environments. Journal of Crystal Growth, 2007, 299:109-119.

[97] Bekker T B, Kokh A E, Popov V N, et al. Hydrothermal crystal growth under rotation of external heat field. Journal of Crystal Growth, 2005, 275:1481-1486.

[98] Zhang C L, Zhou W N, Hang Y, et al. Hydrothermal growth and characterization of ZnO crystals.

Journal of Crystal Growth,2008,310:1819-1822.

[99] McMillen C D, Kolis J W. Hydrothermal single crystal growth of Sc_2O_3 and lanthanide-doped Sc_2O_3.Journal of Crystal Growth,2008,310:1939-1942.

[100] Zhang C L,Huang L X,Zhou W N,et al.Growth of KTP crystals with high damage threshold by hydrothermal method.Journal of Crystal Growth,2006,292:364-367.

[101] Zhang C L,Hu Z G,Huang L X,et al.Growth and optical properties of bulk KTP crystals by hydrothermal method.Journal of Crystal Growth,2008,310:2010-2014.

[102] McMillen C D,Kolis J W.Hydrothermal crystal growth of $ABe_2BO_3F_2$ (A=K,Rb,Cs,Tl) NLO crystals.Journal of Crystal Growth,2008,310:2033-2038.

[103] Dem'yanetsa L N,Lyutin V I.Status of hydrothermal growth of bulk ZnO:Latest issues and advantages.Journal of Crystal Growth,2008,310:993-999.

[104] McMillen C D,Giesber H G,Kolis J W.The hydrothermal synthesis,growth,and optical properties of g-$LiBO_2$.Journal of Crystal Growth,2008,310:299-305.

[105] Byrappa K,Chandrashekar C K,Basavalingu B,et al.Growth,morphology and mechanism of rare earth vanadate crystals under mild hydrothermal conditions. Journal of Crystal Growth,2007, 306:94-101.

[106] Ye N,Tang D Y.Hydrothermal growth of $KBe_2BO_3F_2$ crystals.Journal of Crystal Growth,2006, 293:233-235.

[107] Demianets L N,Pouchko S V,Gaynutdinov R V.Fe_2O_3 single crystals: Hydrothermal growth, crystal chemistry and growth morphology.Journal of Crystal Growth,2003,259:165-178.

[108] Nefyodova I V,Lyutin V I,Borodin V L,et al.Hydrothermal growth and morphology of calcite single crystals.Journal of Crystal Growth,2000,211:458-460.

[109] Yanagisawa K,Feng Q,Ioku K,et al.Hydrothermal single crystal growth of calcite in ammonium acetate solution.Journal of Crystal Growth,1996,163:285-294.

[110] Gelabert M C, Laudise R A, Riman R E. Phase stability, solubility and hydrothermal crystal growth of $PbTiO_3$.Journal of Crystal Growth,1999,197:195-203.

[111] Balitsky D V,Philippot E,Papet P,et al.Comparative crystal growth of $GaPO_4$ crystals in the retrograde and direct solubility range by hydrothermal methods of temperature gradient.Journal of Crystal Growth,2005,275:887-894.

[112] Pimputkar S, Speck J S, Nakamura S. Basic ammonothermal GaN growth in molybdenum capsules. Journal of Crystal Growth, 2016, 456:15-20.

[113] Malkowski T F, Pimputkar S, Speck J S, et al. Acidic ammonothermal growth of gallium nitride in a liner-free molybdenum alloy autoclave. Journal of Crystal Growth, 2016, 456:21-26.

[114] Hertrampf J, Alt N S A, Schlücker E, et al. Ammonothermal synthesis of GaN using $Ba(NH_2)_2$ as mineralizer. Journal of Crystal Growth, 2016, 456:2-4.

[115] Pimputkar S, Kawabata S, Speck J S, et al. Improved growth rates and purity of basic ammonothermal GaN. Journal of Crystal Growth, 2014, 403:7-17.

[116] Zhang S, Alt N S A, Schlücker E, et al. Novel alkali metal amidogallates as intermediates in ammonothermal GaN crystal growth. Journal of Crystal Growth, 2014, 403:22-28.

[117] Letts E, Hashimoto T, Hoff S, et al. Development of GaN wafers via the ammonothermal method. Journal of Crystal Growth, 2014, 403:3-6.

[118] Khenner M, Braun R J. Numerical simulation of liquid phase electro-epitaxial selective area

growth.Journal of Crystal Growth,2005,279:213-228.

[119] Dost S,Erbay H A.A continuum model for liquid phase electro epitaxy.International Journal of Engng Science,1995,33(10):1385-1402.

[120] Dost S,Su J.A morphological stability analysis of the growth interface during liquid phase electroepitaxy.Journal of Crystal Growth,1996,167:305-319.

[121] Dost S,Lent B,Sheibani H,et al.Recent developments in liquid phase electroepitaxial growth of bulk crystals under magnetic field.Comptes Rendus Mecanique,2004,332:413-428.

[122] Epstein S G,Paskin A.Atom motion in liquid alloys in the presence of an electric.Physics Letters A,1967,24:309-310.

[123] Sakai A,Ohashi Y,Shintani Y.Selective liquid-phase electroepitaxy of GaAs-coated Si substrates. Journal of Applied Physics,1991,70(9):4899-4902.

[124] Nakajima K.Layer thickness calculation of $In_{1-x}Ga_xAs$ grown by the source-current-controlled method-diffusion and electromigration limited growth.Journal of Crystal Growth,1989,98:329-340.

[125] Nakajima K,Kusunoki T,Takenaka C.Growth of ternary $In_xGa_{1-x}As$ bulk crystals with a uniform composition through supply of GaAs.Journal of Crystal Growth,1991,113:485-490.

[126] Zytkiewicz Z R.Influence of convection on the composition profiles of thick GaAlAs layers grown by liquid-phase electroepitaxy.Journal of Crystal Growth,1993,131:426-430.

[127] Mauk M G,Curran J P.Electro-epitaxial lateral overgrowth of silicon from liquid-metal solutions. Journal of Crystal Growth,2001,225:348-353.

[128] Sakai S,Ohashi Y.Selective lateral growth mechanism of GaAs by liquid-phase electroepitaxy. Japanese Journal of Applied Physics,1994,33:23-27.

第 12 章　气相晶体生长方法

12.1　气相生长方法概述

块体材料的晶体生长以第 9～11 章所述的熔体法和溶液法晶体生长为主。然而，对于某些晶体材料，由于其高熔点、低溶解度等特殊的性质，使得以液相为介质的生长方法难以实现。因此，以气相为母相或传输介质的气相生长方法受到人们的关注，并在近年来得到更大的发展。采用等离子体、分子束等非凝聚态介质进行晶体生长的方法也有某些与之相近的特点，常常被划归为气相生长方法的范畴。

除此之外，气相生长方法因其生长温度低、生长速率小、易于控制等特点，成为薄膜等低维材料制备的主要生长方法。本章将对气相晶体生长方法进行分析。

气相生长方法在低维材料制备技术中的应用主要包括以下几个方面：

(1) 在其他结构材料表面制备保护性薄膜。

(2) 形成异质材料的接触界面，从而制备出接触电极以及异质结(如 pn 结)等，应用于微电子技术领域。

(3) 进行多层复合薄膜的制备，获得梯度材料或超结构量子阱器件。

(4) 在衬底表面形成非连续的岛，从而形成量子点。

随着现代科学技术的进步，低维材料制备与应用成为材料学科的前沿领域，得到日新月异的发展。这些发展和微电子技术、光电子技术等紧密结合，并涉及复杂的物理原理。其中每一项技术均值得用一本专门的著作描述。因此，本章将仅对有关晶体生长方法的基本原理进行简要介绍，重点仍是体晶体的气相生长。

气相生长过程是由如图 12-1 所示的四个主要环节构成的。实现晶体生长的第一步是获得晶体生长所需要的气体。该气体可以通过固态物质的加热升华或液态物质的加热蒸发获得，也可以通过化学反应获得或直接将气态物质通入反应系统中。采用单质或化合物的升华或蒸发获得生长气源的方法属于物理气相生长方法，而利用化学反应获得生长气源的方法对应于化学气相生长方法。

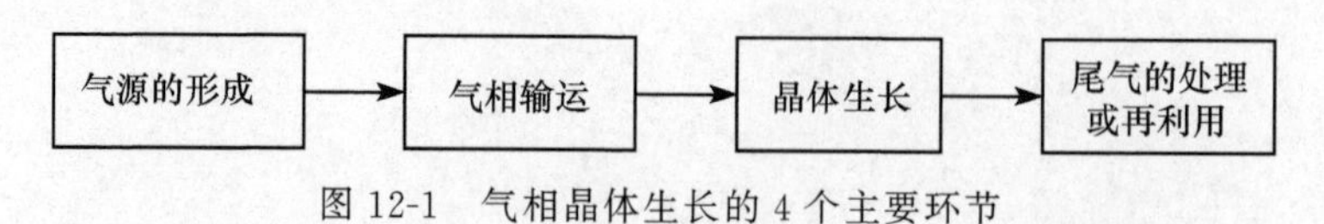

图 12-1　气相晶体生长的 4 个主要环节

气相的输运是通过气体的扩散或者外助气体的对流将气相的生长元素输运到晶体生长表面。该输运过程和方式与具体的晶体生长工艺密切相关。

气相生长是通过对气体的冷凝或使气体在固体表面上发生化学反应，使得气相中的分子或原子在固体表面上沉积实现的。除了生长初期的形核过程以外，气相生长所依附的固体即是所要生长的晶体。固体表面附近气相的温度、成分、压力是决定晶体生长能否实现,以及晶体生长速率、晶体成分和结晶质量的三个主要控制因素。其中生长温度是指固体表面温度,而成分和压力则是由上述气源的形成和气相输运两个环节控制的。

在借助化学反应进行的晶体生长的过程中,在晶体生长表面可能排出其他气体。这些气体在生长表面的富集将制约后续的晶体生长,因此需要通过扩散或气体强制对流使其从生长表面逸出。该气体可以通过循环再次应用于晶体生长过程的输运。在无法利用的条件下将从生长系统排出,成为"废气"。在某些情况下该废气会对环境造成有害影响,需要进行无害化处理。因此,尾气的处理也是某些晶体气相生长过程的一个重要的辅助环节。

对上述 4 个环节进行协调控制才能实现晶体生长。晶体生长工艺的优化也应从以上 4 个环节入手。在上述 4 个环节中,第三个环节是控制晶体生长过程的核心环节,而其他 3 个环节则是晶体生长环境条件的控制环节。以下从简单的物理气相生长过程入手,对晶体生长的界面过程进行分析。

物理气相生长的界面过程如图 12-2 所示。气相分子或原子在进行 Brown 运动的过程中以一定的概率碰撞固体表面。碰撞到固体表面上的原子可以是单原子,也可能是由双原子或多个原子形成的原子团。通常随着温度的升高,形成多原子团的概率降低。

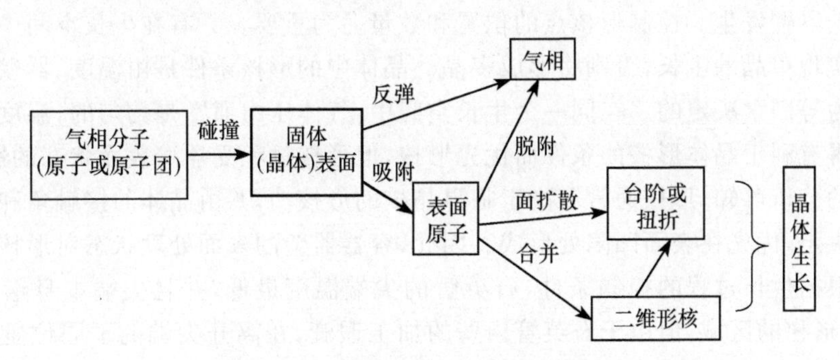

图 12-2　物理气相生长的界面过程

碰撞在固体表面上的一部分原子可能通过弹性碰撞被反弹,重新回到气相,而另一部分则被固体表面吸附,成为表面吸附原子。被吸附在表面上的原子结合力较弱,很不稳定。这些原子将沿着晶体表面向更稳定的台阶或者扭折处扩散。在扩散过程中仍有一定的概率脱附,重新回到气相中。当这些原子扩散到台阶或扭折处后将变得更加稳定,脱附的概率大大减小,从而实现生长。这些原子在扩散过程中也可能遇到其他沉积的原子而发生结合变得更稳定,并不断吸收其他沿表面扩散的原子,从而发生二维形核。二维形核本身就是一个晶体生长过程。同时,二维晶核的形成将产生更多的台阶和扭折,加速晶体生长。

在物理气相生长过程中,除了用作输运剂的惰性气体以外,气相中所有参与反应的元素均是晶体的组成元素。这可以作为定义物理气相生长的依据之一。尽管某些化合物的晶体生长,在气相中化合物分子可能发生分解,但在生长界面上会重新化合。

在许多情况下，采用成分更加复杂的多组元气体，利用气体之间的化学反应实现晶体生长，称为化学气相生长。在化学气相生长过程中，不同分子或原子在空间进行 Brown 运动的过程中可能发生反应形成与晶体成分相同的分子或原子团，并整体在晶体表面沉积，实现生长。而在实际晶体生长过程中，人们更希望这些反应不是在气相中发生，而是在生长表面上发生。在化学气相生长过程中，碰撞到晶体表面的分子将在晶体表面的催化作用下发生化学反应，形成吸附的晶体分子或原子。对于单原子晶体，吸附原子沿表面扩散，并按照上述物理气相生长的轨迹完成生长。而对于化合物晶体，被吸附的原子可能仅仅是构成晶体的一个组成元素，该元素在沿表面扩散的过程中，遇到晶体的其他组成元素后，将与之化合，实现晶体生长。晶体生长界面上原子的吸附过程伴随着化学反应，是判断晶体生长过程为化学气相生长的标准之一。

气相晶体生长方法已经获得很大的发展，演变出多种晶体生长技术。基本上可以按照如下方法归纳为物理气相生长方法和化学气相生长方法两大类：

(1) 物理气相生长包括升华-凝结法、物理气相输运法、分子束法、阴极溅射法。

(2) 化学气相沉积包括气体分解法、气体合成法、多元气相反应法(如金属有机物化学气相沉积法等)、化学气相输运法、气-液-固生长法(VLS)。

按照生长的初始条件划分，气相生长包括无籽晶的气相生长和有籽晶的气相生长。

无籽晶的气相生长由晶体的形核和长大两个过程构成。在气相中晶体的形核通常依附于容器的器壁发生。控制形核点的位置和数量尤为重要。只有在生长空间中形成单一晶核才能实现单晶的生长，否则将形成多晶。晶体中的形核条件是由温度、器壁表面状态和气体压力等因素决定的。在同一个生长空间中，气体压力通常是均匀的，温度较低的位置能够获得有利于晶体形核的条件而优先形核，但形核过程受器壁表面状态的影响很大。由第 5 章的分析可知，形核通常取决于临界晶核的形核功，并由晶体的接触角和容器表面几何形状决定，优先在表面凹陷处形成。因此，容器器壁的表面处理状态对形核过程的影响很大。根据生长过程的控制条件，石英管的尖端温度最低，并且尖端本身形成一个凹陷，是优先形核的区域，但由于石英管内壁的加工瑕疵，在离开尖端的不同位置也可能形成多个晶核而独立生长。

在无籽晶的气相生长过程中实现单晶生长的途径，首先是对生长空间内器壁的表面进行仔细的处理，以控制形核点的数量。如采用内壁平滑、无瑕疵的石英管生长，或者在密封管的内壁蒸镀 C 膜。石英或 C 膜本身为非晶态结构，不易成为异质形核的衬底。其次，晶体异质形核的晶核数量是由形核率与形核衬底的乘积决定的。采用带有尖端的坩埚结构设计，使尖端处于最利于形核的温度最低的位置，从而可以减少同时形成多个晶核的概率。如果在生长初期形成多个晶核，则由于不同晶面生长速率的差异，使得某些晶粒处于有利的取向而快速生长，淘汰其他晶粒，也可获得大尺寸的晶粒。

为了获得单晶体，可以采用引入籽晶的方法，即在生长空间中放置一个小晶体，使得晶体依附于该籽晶长大，形成单晶。这种采用预置籽晶长大，形成单晶的方法称为籽晶法。

籽晶包括同质籽晶和异质籽晶。同质籽晶法采用与拟生长的晶体成分和结构完全相同的单晶体作为籽晶。籽晶与新生长的晶体结构完全匹配，尽管如此，由于成分的差异、晶体中的位错等结构缺陷的存在，以及籽晶加工过程引入的应力等，也会造成籽晶与新生长晶体之间有一个亚界面，并可能对晶体结晶质量产生影响。

异质籽晶则采用某种与拟生长的晶体结构相近的晶体作为籽晶。此时，晶体以异质外延的方式生长，在新生长的晶体和籽晶之间存在一个界面，并引入界面能。该界面能包括化学键合特性的差异引起的化学能和由晶格的错配引起晶格畸变而形成的弹性能。其中后者取决于界面错配度 δ。该错配度越大，弹性畸变能就越大。假定 a_s 为籽晶的晶格常数，a_c 为晶体的晶格常数，则错配度定义为

$$\delta=\frac{a_c-a_s}{a_s} \tag{12-1}$$

12.2 物理气相生长技术

12.2.1 物理气相生长的基本原理

物理气相生长的基本原理首先以单质的升华-凝结法晶体生长为例进行分析。图 12-3所示为单质的平衡相图。当温度低于 T_m 时，气相与固相的平衡条件由图中的曲线 AM 确定，即不同温度时，与固相平衡的气体分压沿曲线 AM 变化。通常随着温度的降低，平衡气体分压下降。假定在温度 T_1 下使气相与固相达到平衡，则气相中的气体分压为 p_1。此时如果突然将温度降低到 T_2，对应的平衡气体分压变为 p_2，由于 $p_2<p_1$，从而气相处于过饱和状态，过饱和气体分压为

$$\Delta p=p_1-p_2 \tag{12-2}$$

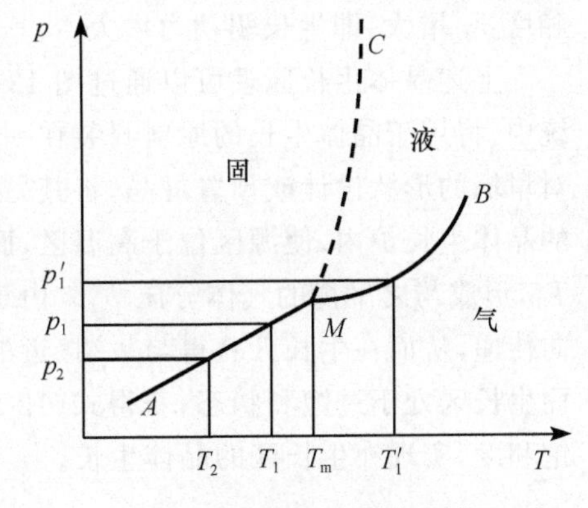

图 12-3　单质的平衡相图与晶体生长热力学条件

该过饱和气体分压还可以通过对在温度 T_2 下与固相平衡的蒸汽加压获得，即通过加压使得在 T_2 平衡的气体分压 p_2 突然增大到 p_1，从而使其处于过饱和状态。参照溶液法晶体生长过程，由此可以定义出气相生长条件下的过饱和比 a_V 和过饱和度 σ_V 分别为

$$a_V=\frac{p_1}{p_2} \tag{12-3}$$

$$\sigma_V=\frac{p_1-p_2}{p_2}=a_V-1 \tag{12-4}$$

因此，当温度由 T_1 突然降低到 T_2 时的气相平衡化学位 μ_{2e} 和实际化学位 μ_{2a} 可以分别为

$$\mu_{2e}=\mu_0+kT_2\ln p_2 \tag{12-5a}$$

$$\mu_{2a}=\mu_0+kT_2\ln p_1 \tag{12-5b}$$

从而生长驱动力可以表示为

$$\Delta\mu_2 = \mu_{2a} - \mu_{2e} = kT_2 \ln \frac{p_1}{p_2} = kT_2 \ln(1+\sigma_V) \tag{12-6}$$

当 p_1 和 p_2 相差很小时，$a_V \to 1$，$\sigma_V \to 0$，式(12-6)可以简化为

$$\Delta\mu_2 \approx kT_2 \sigma_V \tag{12-7}$$

即气相生长的驱动力取决于气相的过饱和度 σ_V。当 $\sigma_V > 0$ 时(可以通过对平衡体系降温或者增压实现)，体系将获得晶体生长所需要的驱动力而实现晶体生长。而当 $\sigma_V < 0$ 时(可以通过对平衡体系升温或者减压实现)，生长的驱动力为负，不会发生晶体生长。

以上各式中，实际气体分压 p_1 是由在温度 T_1 下的热力学平衡条件决定的，对应的化学位为

$$\mu_{1e} = \mu_0 + kT_1 \ln p_1 \tag{12-8}$$

如果初始温度高于晶体的熔点 T_m，则晶体熔化为液体，对应的气体分压则由图 12-3 中的曲线 MB 决定。可以看出，如果体系的初始温度 $T_1' > T_m$，则与液相平衡的气体分压为 p_1'。在以上各式中，将 p_1 用 p_1' 代替，可获得更大的过饱和气体分压 Δp，从而使过饱和度 σ_V 增大，即生长驱动力增大。

上述晶体生长原理可以通过图 12-4 所示的两种方法实现。在图 12-4(a)所示的系统中，将用于晶体生长的原料封装在一个封闭的坩埚中，并使其置于坩埚的一端，而通过对坩埚的形状设计或预置籽晶，将其另一端设计为晶体生长区。将该坩埚放置在两温区的晶体生长炉内，使源区位于高温区，而生长区位于低温区，则源区的原料被加热到温度 T_1，形成与之平衡的气体分压 p_1。由于气体分子的 Brown 运动，该压力等效地向各个方向传递，从而在生长区获得与 p_1 接近的实际气体分压。如果生长区的温度维持为 T_2，从而生长区处于过饱和状态，获得式(12-2)～式(12-4)所示的过饱和气体分压、过饱比及过饱和度，实现在生长区的晶体生长。

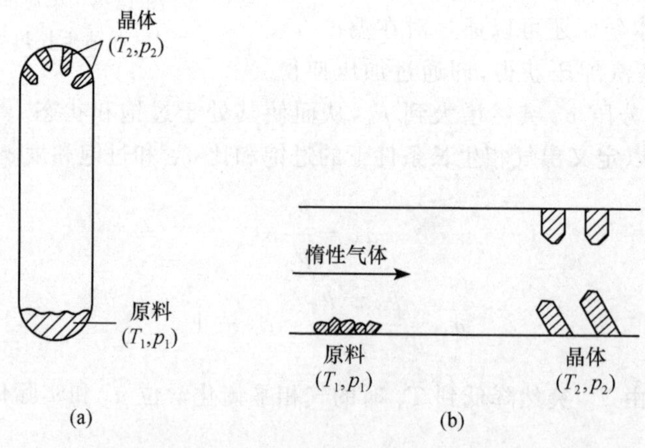

图 12-4　两种物理气相生长方法

(a) 封闭坩埚中温差法晶体生长；(b) 惰性气体输运物理气相生长

在图 12-4(b)所示的生长系统中，采用循环的惰性气体将高温区的分压为 p_1 的高密度生长气体携带到温度较低的生长区，从而在生长区获得晶体生长所需要的过饱和气体，实现晶体的气相生长。

图 12-4 所示的生长过程通过在坩埚内壁上形核生长，不易获得单一的晶粒，可以通过引入籽晶控制单晶的生长。图 12-5 及图 12-6 为两种单晶的引入方法。图 12-5 所示的方法[1]是直接将籽晶悬挂在生长空间中，并通过对坩埚内壁的仔细处理避免坩埚内壁上的异质形核，使籽晶长大，获得单晶。

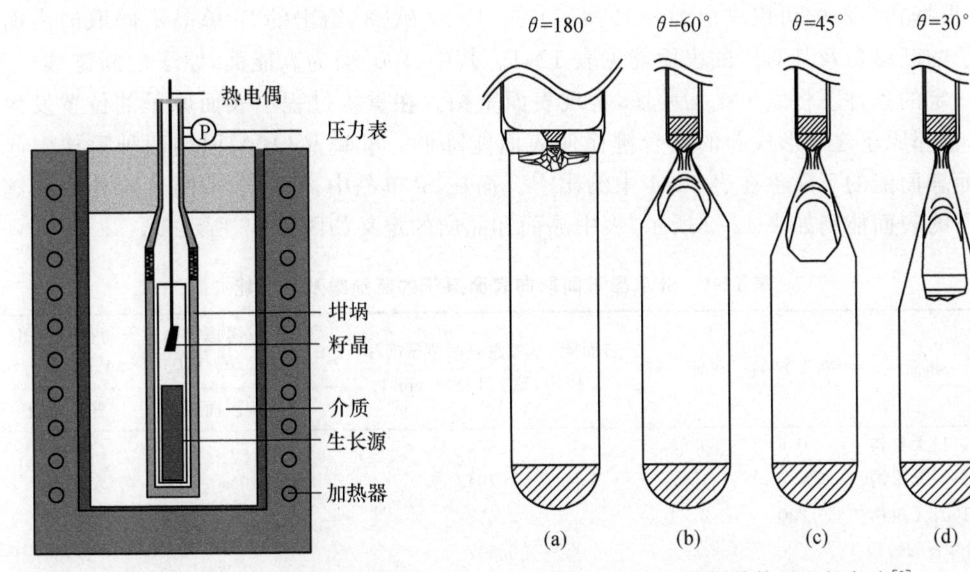

图 12-5　悬挂籽晶气相生长方法原理图[1]

图 12-6　一种籽晶外延生长方法[2]

图 12-6 为另一种引入籽晶的方法[2]。该方法将生长坩埚隔离为两个室，中间通过一个开孔接通。将籽晶放置在上室中，并使预定的生长表面向下，面对下室(生长室)。将原料放置在下室的底部，加热原料使其升华并在籽晶表面沉积生长。该方法高温生长晶体时可以避免籽晶悬挂技术上的困难，并可控制晶体生长的方向。在生长室中采用图 12-6 所示的不同扩张角可以对晶体生长过程进行约束。

12.2.2　生长界面的结构与晶体的非平衡性质

气相生长初期，晶体依附于异质或同质的固相衬底生长。在同质表面上的生长不需要形核环节，而在异质衬底上生长时，需要首先形成晶核，然后通过晶核的长大启动晶体生长过程。当衬底的结构与所生长晶体的结构非常接近时，异质形核的能力较强，可能在生长初期形成大量晶核。随后由于这些晶核的取向接近，可能逐渐合并[3]。而当衬底的形核能力较弱时则更利于获得单一的晶核。晶体的形核过程是短暂的，其生长主要由后续的晶体长大控制。

在气相生长过程中，气相原子在晶体表面的沉积位置不同，晶体表面原子被截断的键数也不同，因而其表面原子的自由能不同。能量比较高的位置原子沉积时引起的自由能降低的数值大，是原子最容易沉积的位置。假定晶体的摩尔气化焓为 ΔH_V，晶体中最近邻原子数(即配位数)为 N_{nn},如果忽略次近邻原子的结合力,则每个结合键的键能 ε_1 为

$$\varepsilon_1 = \frac{\Delta H_V}{2N_{nn}N_A} \tag{12-9}$$

式中,N_A 为 Avogadro 常量。

当晶体给定表面原子的断键数为 n_b 时,其表面原子的表面能 σ_S 为

$$\sigma_S = \varepsilon_1 n_b \tag{12-10}$$

以硅单晶生长为例,其摩尔气化能约为 100kcal/mol。Si 为金刚石结构,其配位数为 4。根据式(12-9)可以求出 $\varepsilon_1 \approx 1.93\times10^{-19}$ J。文献[3]给出的 Si 单晶不同取向表面上原子的断键数及其对应的表面能见表 12-1。其中{100}面为高能面,原子的断键数较多,在一定的条件下将发生结构弛豫,实现表面重构。在重构过程中表面原子的位置发生变化,相邻原子之间形成新的结合键而使表面能降低。Si 单晶{100}面的两种重构引起该晶面表面能的下降也在表 12-1 中给出[3]。而在 Si 单晶中,对应于不同台阶处的断键和原子的表面能则如表 12-2 所示,表中晶面和晶向的定义如图 12-7 所示[3]。

表 12-1　Si 单晶不同取向表面原子的断键数及表面能[3]

晶面	断键数 n_b	键能/eV	表面能(不考虑表面原子间相互作用)E_f^0/(10^{-4}J/cm^2)	表面能(考虑表面原子间相互作用)E_f/(10^{-4}J/cm^2)	
				无重构表面	重构表面
{111}无重构	0.5	0.58	1.465	1.225	1.019
{110}无重构	1.0	1.17	1.794	1.601	1.468
{100}无重构	2.0	2.34	2.537	2.310	2.220
{100}-(2×1)			2.537		1.434
{100}-(2×2)			2.537		1.243

表 12-2　Si 单晶不同取向的生长台阶处的断键数及表面能[3]

晶面/台阶取向	断键数 n_b	键能/eV	表面能(表面原子重构前)E_f^0/eV	表面能(表面原子重构后)E_f/eV
{111}/[$2\bar{1}\bar{1}$]$_上$	0.5	1.168	1.119	0.050
{111}/[$2\bar{1}\bar{1}$]$_下$	0.5	1.168	1.249	0.815
{111}/[$\bar{2}11$]$_上$	1.5	3.503	3.211	约 0
{111}/[$\bar{2}11$]$_下$	0.5	1.168	1.106	0.710
{100}/[001](2×1)	0	0	0	0.188
{100}/[110](2×1)	0	0	0	−0.11

吸附于晶体表面的原子沿表面扩散过程中跃过的势垒相对较低,扩散系数很大,而气相沉积的速度相对很小,气相生长过程往往倾向于借助邻位面的台阶生长。当生长界面的传热、传质条件不稳定时,将发生大量的台阶聚集,形成由数百甚至上千个原子层形成的宏观台阶,如图 12-8 所示[4,5]。因此,气相晶体生长过程中,晶体容易以小平面型的生长方式生长,晶体生长的各向异性明显。晶体的宏观形貌主要受其本身的生长特性影响,可能显示出其本征形貌。

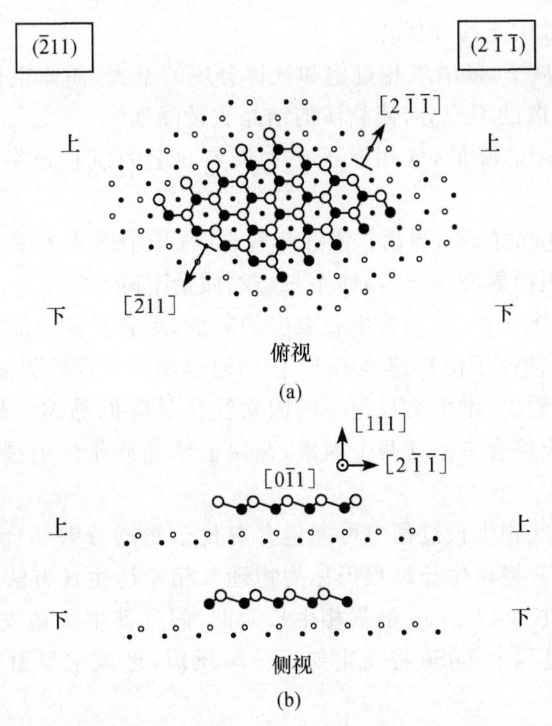

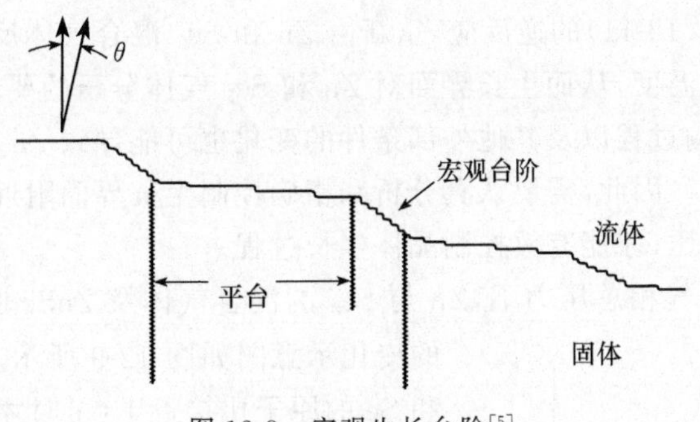

图 12-7　Si 单晶不同生长表面及台阶处的原子结构示意图[3]

图 12-8　宏观生长台阶[5]

在单质的气相生长过程中，气相原子或分子的沉积方式还与其在气相中的分子结构有关。当其在气相中以单原子的形式存在时，沉积过程是一个简单的吸附过程，晶体的结晶质量易于控制。而当其在气相中形成双原子或多原子分子时，沉积过程伴随着分子的分解，并且一次沉积多个原子。由于原子之间的相互作用对表面扩散有一定的制约，从而容易发生多原子的聚集，晶体倾向于以粗糙界面生长。

晶体生长温度和气体分压是控制气相生长过程的两个核心参数，决定着晶体生长速率及结晶质量。对于不同材料，气相生长过程的优化控制也就是对这两个参数优化的过程。参考图 12-3 可以看出，在温度低于三相点 T_m 的区域内，只要给定一个足够大的气体分压就可实现晶体生长。对于不同的晶体材料，需要首先确定合适的生长温度，并以此为基础确定气体分压。不同材料的最佳生长温度和气体分压不同，通常可以通过如下定性分析,进行生长参数的选择和优化。

(1) 在给定的温度下,随着气相过饱和气体分压的增大,晶体生长速率增大。但快速生长容易造成表面扩散的不充分,使晶体的结晶质量降低。

(2) 随着生长温度的降低,气相原子在生长界面上的沉积速率增大、脱附的概率降低,从而生长速率增大。

(3) 随着生长温度的降低,界面扩散速率降低,气相中形成多原子气体分子的可能性增大,晶体倾向于以粗糙界面生长,晶体生长结晶质量下降。

(4) 在给定气体分压 p 下,随着生长温度的降低,更容易获得晶体生长所需要的过饱和气体分压 Δp,从而使原子沉积速率增大,但同时也增大了粗糙界面生长的倾向。

从以上分析可以看出,增大生长速率的因素往往是降低晶体结晶质量的因素。在实际晶体生长过程中,应综合考虑这两个因素,在保证结晶质量的前提下,获得尽可能大的生长速率。

在化合物晶体的气相生长过程中可能包含着化合物的分解和合成的问题,即存在着化学反应的问题。通常将该生长过程仍称为物理气相输运生长方法(简写为 PVT)[6~8],并归类为物理气相生长。以 ZnSe 的气相生长为例,假定其生长是按照图 12-4(a)所示的方法进行的,则气化过程中 ZnSe 将发生如下分解反应,形成主要由单原子 Zn 和双原子 Se_2 组成的混合气体[9]:

$$2ZnSe = 2Zn + Se_2 \tag{12-11}$$

而在生长界面发生式(12-11)的逆反应,重新由 Zn 和 Se_2 混合气体反应生成 ZnSe。由于生长温度不同于升华温度,从而生长界面对 Zn 和 Se_2 气体分压的要求可能不同于实际升华的数值。同时,传输过程以及其他外部条件的变化也可能导致 Zn 和 Se_2 的气体分压在输运过程中发生变化。因此,需要认真分析和精确控制生长界面附近 Zn 和 Se_2 的平衡气体分压和实际气体分压,才能有效控制晶体生长过程。

在给定的温度和气相总压力下,Zn 与 Se_2 的混合气体及 ZnSe 固相的自由能随成分的变化示意图如图 12-9 所示。可以看出,仅在 Zn 和 Se 的原子比接近 1∶1 时才能获得固相 ZnSe 的自由能低于气相自由能这一晶体生长热力学必要条件,该成分范围通常称为晶体生长的窗口。对于大多数高熔点化合物,这一生长窗口非常狭窄,因此,在实际晶体生长过程中,要将 Zn 和 Se_2 的气体分压精确控制在这一成分范围是非常困难的,任何成分偏差都将导致晶体生长的失败。

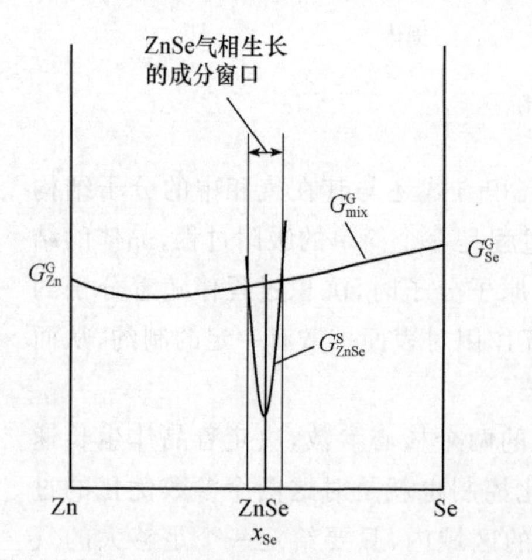

图 12-9 在给定温度和压力下,由 Zn 与 Se_2 的混合气体生长 ZnSe 的热力学条件

上述二元化合物的气相生长条件还可以采用化学反应的平衡常数讨论。式(12-11)所示化学反应的平衡常数 K_{ZnSe} 可以表示为

$$K_{ZnSe} = p^2_{Zn} p_{Se_2} \tag{12-12}$$

Su 等[10]实验获得的 K_{ZnSe} 随温度的变化规律为

$$\lg(K_{\mathrm{ZnSe}}(T)) = -\frac{35636}{T} + 18.3776 \tag{12-13}$$

其中对应的气体分压的单位为 atm。

假定晶体的生长温度为 1200K，则可以求出

$$p_{\mathrm{Zn}}^2 p_{\mathrm{Se_2}} = 4.797 \times 10^{-12} \tag{12-14}$$

由式(12-14)可以绘出在温度 $T=1200\mathrm{K}$ 时，与 ZnSe 晶体平衡的 p_{Zn} 与 $p_{\mathrm{Se_2}}$ 的关系如图 12-10 中的曲线所示。在该曲线左下侧的区域是气相稳定区域，不会发生晶体生长，仅当 p_{Zn} 与 $p_{\mathrm{Se_2}}$ 的数值位于该曲线右上侧的区域时气相生长才会发生。可以看出，其中某一种气体的分压偏低时，另一种气体的压力必须达到很高的数值才能实现晶体生长，即采用高压气体则可以放宽对气体成分配比的要求。因此，高压环境也是实现 ZnSe 等高熔点化合物晶体生长的重要途径。

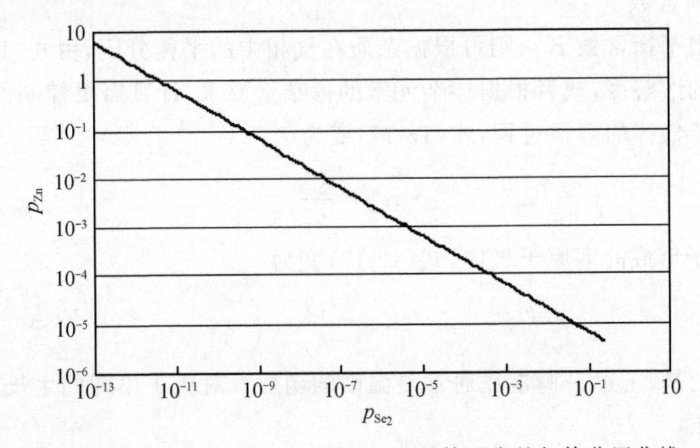

图 12-10　在温度为 1200K 时与 ZnSe 晶体平衡的气体分压曲线

其他几种典型 II-VI 族化合物晶体气相生长过程的合成反应如下[10]：

$$2\mathrm{Zn} + \mathrm{S_2} = 2\mathrm{ZnS} \tag{12-15a}$$

$$2\mathrm{Zn} + \mathrm{Te_2} = 2\mathrm{ZnTe} \tag{12-15b}$$

$$2\mathrm{Cd} + \mathrm{S_2} = 2\mathrm{CdS} \tag{12-15c}$$

$$2\mathrm{Cd} + \mathrm{Se_2} = 2\mathrm{CdSe} \tag{12-15d}$$

$$2\mathrm{Cd} + \mathrm{Te_2} = 2\mathrm{CdTe} \tag{12-15e}$$

对应的平衡常数分别表示为

$$\lg(K_{\mathrm{ZnS}}(T)) = \lg(p_{\mathrm{Zn}}^2 p_{\mathrm{S}}) = -\frac{39884}{T} + 20.528 \tag{12-16a}$$

$$\lg(K_{\mathrm{ZnTe}}(T)) = \lg(p_{\mathrm{Zn}}^2 p_{\mathrm{Te}}) = -\frac{32700}{T} + 19.360 \tag{12-16b}$$

$$\lg(K_{\mathrm{CdS}}(T)) = \lg(p_{\mathrm{Cd}}^2 p_{\mathrm{S}}) = -\frac{34494}{T} + 20.932 \tag{12-16c}$$

$$\lg(K_{\mathrm{CdSe}}(T)) = \lg(p_{\mathrm{Cd}}^2 p_{\mathrm{Se}}) = -\frac{33264}{T} + 20.184 \tag{12-16d}$$

$$\lg(K_{CdTe}(T))=\lg(p_{Cd}^2 p_{Te})=-\frac{30006}{T}+19.6448 \tag{12-16e}$$

其他适合于采用物理气相输运法生长的晶体包括 HgI_2[11,12]、SiC[13~15]、AlN[16]等，其生长方法的具体工艺已经进行了广泛深入的研究，并在实际晶体生长实践中得到应用。

在实际晶体生长过程中，如果气源的纯度不够，气相中的杂质将进入晶体；而在某些情况下，需要有意在气相中加入特定的气体成分，对晶体掺杂。前者需要尽可能降低杂质含量，后者则需要对掺杂元素在晶体中的成分进行精确控制。因此，需要通过对气相中的杂质或掺杂元素进行控制。

假定杂质（或掺杂）不与晶体中的任何组成元素形成化合物，而是固溶在晶体中，则在气相生长过程中，单原子的杂质 Z 在晶体中的溶解度可以表示为

$$x_Z=K_Z p_Z \tag{12-17}$$

式中，K_Z 为平衡常数。

只要确定出平衡常数 K_Z，则可根据杂质在气相中的平衡分压，由式(12-17)计算出晶体中杂质元素的溶解度，或者根据掺杂元素的掺杂量要求，计算需要控制的气相分压。

对于双原子气体的溶解过程，式(12-17)变为

$$K_Z=\frac{x_Z^2}{p_Z} \tag{12-18}$$

而对于 n 个原子形成的多原子气体，式(12-17)变为

$$K_Z=\frac{x_Z^n}{p_Z} \tag{12-19}$$

值得指出的是，上述平衡常数通常是温度的函数。对应于不同的生长温度，应该相应地调节气相分压。

根据以上气相与固相的平衡条件，可以采用降低某种元素在气相中的气体分压，并在一定的温度下退火处理降低其在晶体中的浓度，达到控制晶体中杂质含量的目的。表 12-3所示为 CdZnTe 晶体在不同温度下的封闭空间中退火处理前后的各种杂质含量的实验结果[17]。可以看出，退火处理以后大多数杂质元素在晶体中的含量明显降低，表明杂质元素通过扩散进入了气相。当气相中的杂质元素分压与晶体中溶解的杂质浓度达到平衡时，杂质元素停止向气相转移。因此，在退火过程中采用某种方式使气相中的杂质元素含量降低，则可达到使晶体中杂质降低的目的。

表 12-3　CdZnTe 晶体退火处理前后晶片中的杂质含量[17]

退火温度/K	状　态	杂质含量/(10^{-9}%)										
		Li	Na	Mg	Al	S	Cl	K	Cu	In	Ga	Ag
873	退火前	124	287	87	49	63	138	203	207	90	152	98
	退火后	117	282	81	42	58	120	184	185	75	144	86
973	退火前	107	256	83	54	81	117	255	191	82	129	133
	退火后	99	244	74	50	81	110	242	170	68	100	127
1073	退火前	141	267	97	82	73	146	197	184	98	133	79
	退火后	130	260	78	69	66	117	167	169	87	130	61

12.2.3　物理气相生长过程中气体分压的控制

晶体气相生长所需生长元素的气体分压是通过对原料的加热挥发获得的。依据物理化学原理,通过对原料的成分和温度控制可以实现对生长源气体分压的控制。该气体分压通过一定的途径输送到生长区的晶体表面,获得晶体生长所需要的气体分压。以下以 $Cd_{1-x}Zn_xTe$ 为例,对生长源附近的气体分压控制的热力学原理进行分析[18]。

气相生长 $Cd_{1-x}Zn_xTe$ 的过程可以通过控制 Cd、Zn 和 Te_2 的气体分压实现对晶体成分,即 x 值的控制。原料气化过程动力学条件的约束可以忽略,认为其速度足够快,在原料附近各组元的气体分压是由其热力学条件决定的。其中 Cd、Zn 和 Te_2 混合气体的获得可以通过以下几种方式:

1. 分别以 Cd、Zn 和 Te 单质为原料

当以 Cd、Zn 和 Te 单质为原料时,其气体分压 p_{Zn}、p_{Cd} 和 p_{Te_2} 温度的关系分别由下式计算[19]:

$$\lg(p_{Zn}) = -6.850\times10^3T^{-1} - 0.755\lg T + 10.36 \tag{12-20a}$$

$$\lg(p_{Cd}) = -5.908\times10^3T^{-1} - 0.232\lg T - 0.284\times10^{-3}T + 8.842 \tag{12-20b}$$

$$\lg(p_{Te_2}) = -9.175\times10^3T^{-1} - 2.71\lg T + 18.80 \tag{12-20c}$$

式中,T 为热力学温度;气体压力的单位为 kPa。

因此,根据晶体生长条件的需要,分别对 Cd、Zn 和 Te 单质原料的温度进行控制则可获得晶体生长所需要的 Cd、Zn 和 Te_2 的气体分压。

2. 以 y 值可调的 $Cd_{1-y}Zn_y$ 合金和 Te 为原料

当以 $Cd_{1-y}Zn_y$ 合金和 Te 为原料进行 $Cd_{1-x}Zn_xTe$ 晶体生长时,Te_2 的气体分压的控制仍以式(12-20c)为依据,而 Cd 和 Te 的气体分压则可以通过控制温度和 $Cd_{1-y}Zn_y$ 合金的成分(即 y 值)进行控制。一定温度下,$Cd_{1-y}Zn_y$ 合金中 Cd 和 Zn 的分压可根据合金中 Cd 和 Zn 的活度来计算[20]:

$$p_{Cd} = (1-y)\gamma_{Cd}p_{Cd} = a_{Cd}p_{Cd} \tag{12-21a}$$

$$p_{Zn} = y\gamma_{Zn}p_{Zn} = a_{Zn}p_{Zn} \tag{12-21b}$$

式中,γ_{Cd} 和 γ_{Zn} 分别为 Cd 和 Zn 的活度系数;a_{Cd} 和 a_{Zn} 分别为 Cd 和 Zn 的活度。试验获得的 Cd 和 Zn 的活度 a_{Cd} 和 a_{Zn} 数值如图 12-11 所示[20]。

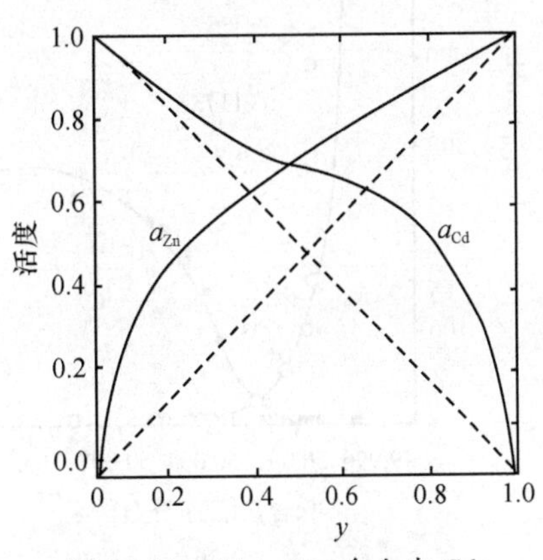

图 12-11　$Cd_{1-y}Zn_y$ 合金中 Cd 和 Zn 的活度[20]

3. 以 CdTe 和 ZnTe 为原料

当以 CdTe 和 ZnTe 为原料时,晶体生长所需要的 Cd 和 Zn 分别由 CdTe 和 ZnTe 源提供,两个生长源均可提供 Te_2,此时实际 Te_2 的气体分压将由平衡气体分压相对较大的原料控制,并受气相输运条件影响。

CdTe 和 ZnTe 为稳定性较高的高熔点化合物，因此其平衡气体分压相对较低。其中，在不同温度下，CdTe 在标准化学计量比的成分附近的 Cd 和 Te_2 的平衡气体分压如图 12-12 所示[21]。可以看出，在靠近标准化学计量比的成分附近，Cd 和 Te_2 的平衡气体分压存在一个极小值。当成分偏离其化学计量比时气体分压迅速增大。在富 Cd 一侧获得大的 Cd 气体分压，但 Te_2 的气体分压则随着 Cd 含量的增大而进一步下降。相反，在富 Te 一侧，随着 Te 含量的增大，Te_2 气体分压迅速增大，而 Cd 气体分压迅速减小。

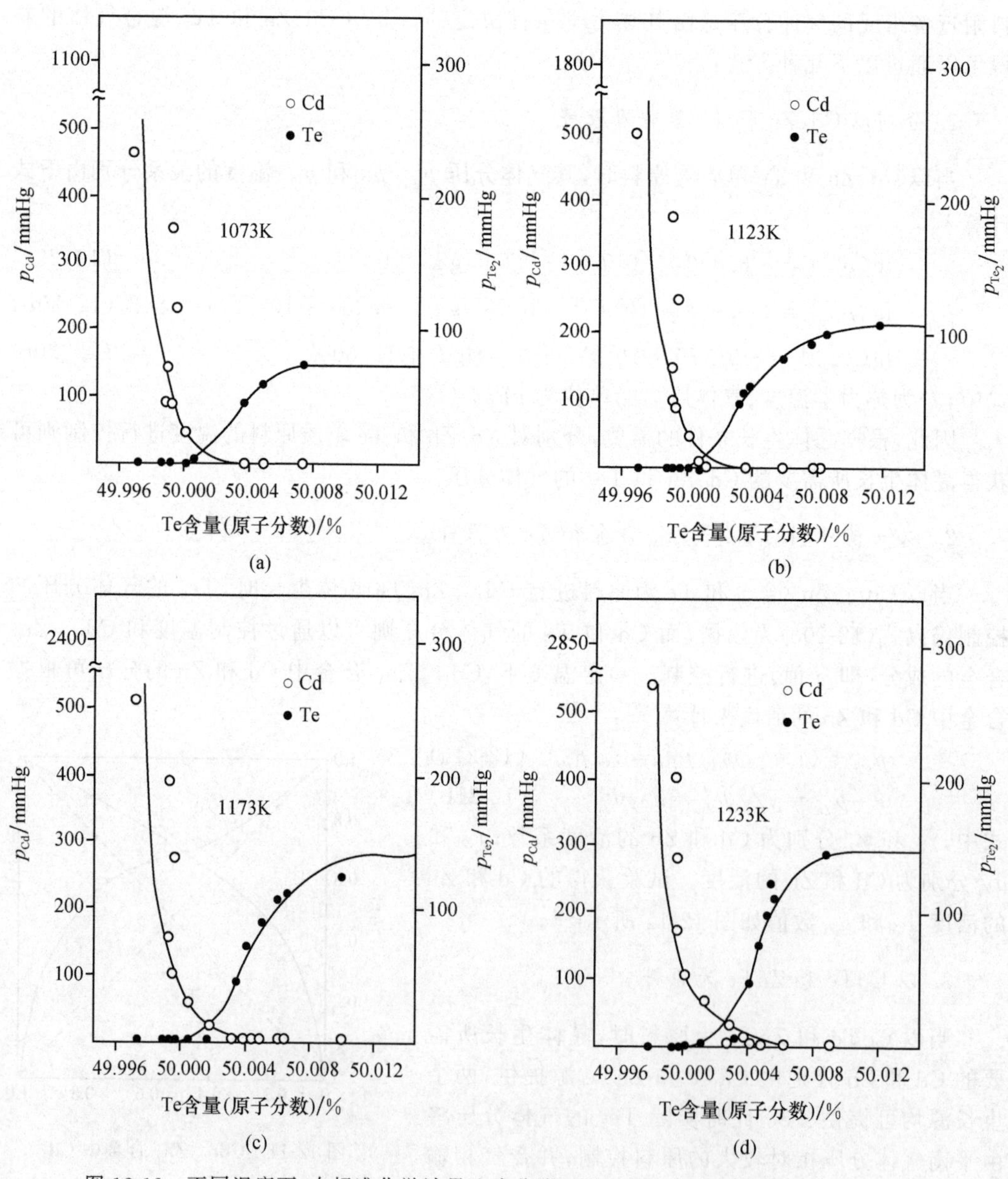

图 12-12　不同温度下，在标准化学计量比成分附近的 CdTe 化合物的平衡气体分压[21]

ZnTe 的气体分压变化规律与 CdTe 相同，但 ZnTe 的化学稳定性更高，因此，在相同温度下，获得的 Zn 和 Te_2 的气体分压将更低。

由以上分析可以看出，采用 CdTe 和 ZnTe 为原料时，要获得足够高的气体分压，进行 $Cd_{1-x}Zn_xTe$ 晶体生长时，需要很高的生长源加热温度。这从生长工艺的角度考虑，是不可取的。因此，很少有人采用 CdTe 和 ZnTe 化合物为原料进行 $Cd_{1-x}Zn_xTe$ 的晶体生长。

4. 以 $Cd_{1-x}Zn_xTe$ 合金为原料

当以 $Cd_{1-x}Zn_xTe$ 合金为原料时，不同温度下各组元的平衡气体分压是随着成分 x 值变化的。$x=0.04$ 是用作红外衬底时经常选用的成分。图 12-13 是 $Cd_{0.96}Zn_{0.04}Te$ 三相平衡线上的 p_{Cd}、p_{Zn} 和 p_{Te_2} 与温度 T 的关系图[22]，给出了不同温度下与 $Cd_{0.96}Zn_{0.04}Te$ 晶体平衡的气相中各组分分压的范围。其中与 $Cd_{0.96}Zn_{0.04}Te$ 平衡的 p_{Te_2} 的下限比 p_{Cd} 的下限低 4～5 个数量级，比 p_{Zn} 的下限也低 1～2 个数量级。实际上，Greenberg[21] 测得在 CdTe 固相均匀区富 Cd 一侧达到固-气平衡时，气相中的 Te_2 分压就趋向于 0。因此，为

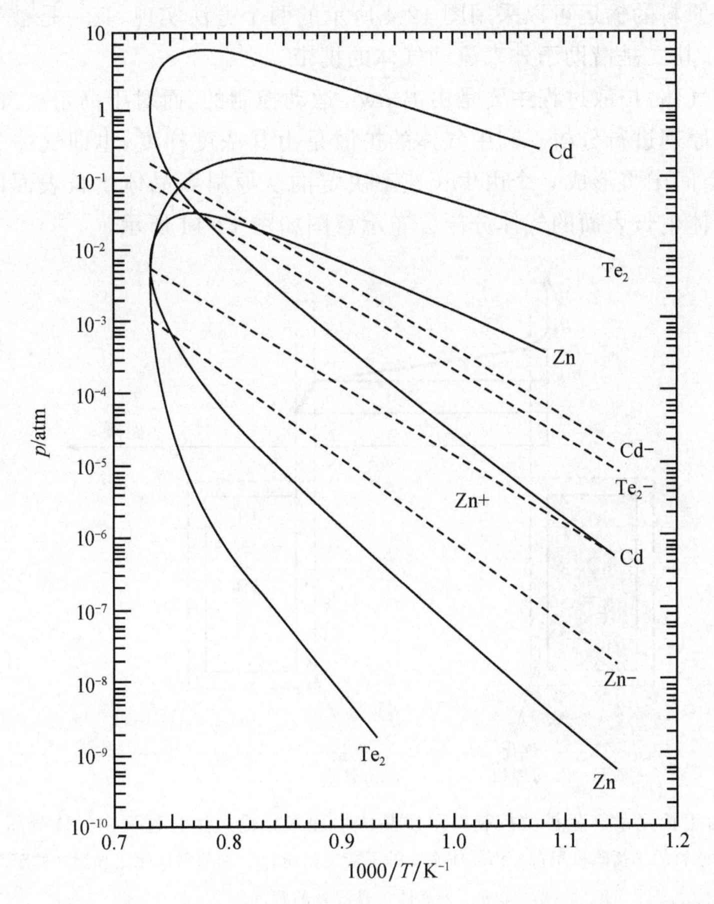

图 12-13　$Cd_{0.96}Zn_{0.04}Te$ 三相平衡线上的 p_{Cd}、p_{Zn} 和 p_{Te_2} 与温度 T 的关系图[22]

虚线分别表示由不同公式计算得到的系统总压最小值所对应的 p_{Cd}、p_{Zn} 和 p_{Te_2}

了在退火时增大多余 Te 原子向晶体表面扩散的驱动力，外界富 Cd 气压中 Te_2 的分压 p_{Te_2} 可以小到忽略不计。所以，Cd 源中可以只加入 Cd 与 Zn，而不必加入 Te。图 12-13 中标有 Cd－、Te_2－、Zn－和 Zn＋的直线分别表示由不同公式计算得到的系统总压最小值所对应的 p_{Cd}、p_{Te_2} 和 p_{Zn}。由于 Zn－和 Zn＋不重合，$Cd_{0.96}Zn_{0.04}Te$ 不存在同成分升华点[22]。

同成分升华法进行复杂化合物晶体的生长过程，可以借鉴单质晶体生长的分析方法，控制生长源的温度高于晶体生长温度，并维持恒定的温度差，则可实现升华-凝结的生长过程。控制各个气相成分传输过程的同步进行，也可能生长出与原料成分接近的晶体。

12.2.4　物理气相生长过程中的传输

由原料表面升华或气化获得的气体，要通过气相传输被输送到晶体生长表面，参与晶体生长。这一过程是物理气相生长的重要控制环节。晶体的沉积生长和气化过程是由热力学原理控制的，而气相输运则是由动力学传输条件控制的，在工程上更具有可控性。事实上，物理气相生长技术发展和演变主要是围绕着气相输运条件的改进实现的。

气相生长原料的输运可以采用图 12-4 所示的两个方法实现，其一是被气化的生长元素的气相扩散，其二是借助于外来流动气体的携带。

对于稀薄气体，扩散过程主要是由 Brown 运动控制的，而对于高密度气体，则可以根据压力传递的原理进行分析。其中气体的扩散是由其浓度梯度，也即气体分压的梯度决定的，在生长空间中将形成一个由生长速率决定的从原料到晶体生长表面的扩散流。从原料表面到晶体生长表面的气体分压分布示意图如图 12-14 所示。

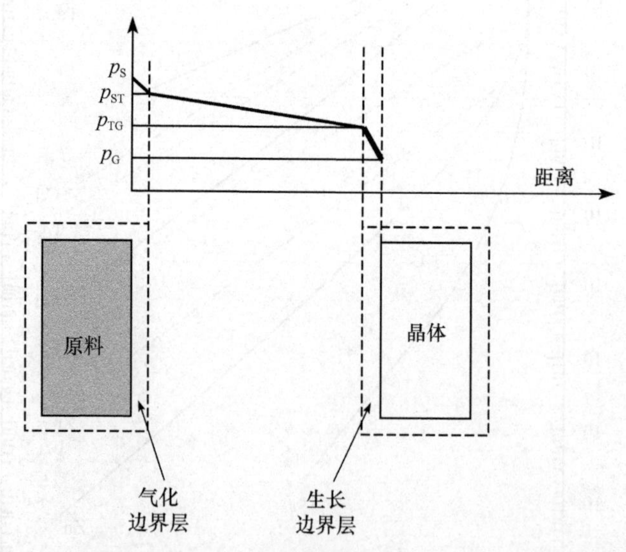

图 12-14　由生长元素气相扩散控制的单质晶体物理气相输运生长过程中气体分压分布示意图

p_S 为原料的平衡蒸汽压；p_G 为晶体表面的平衡蒸汽压；p_{ST} 为原料气化边界层外的蒸汽压；p_{TG} 为晶体边界层外的蒸汽压

对于多组元的气体，扩散的结果使得成分趋于均匀化。对于非同成分的气相生长，其中过量的气体元素将在生长界面附近富集，形成阻挡层，成为晶体继续生长的阻力。气体元素需要通过该边界层向生长界面扩散，维持晶体的继续生长。在生长界面形成非同成分气体的原因可能是：①由于不同生长元素的气相扩散速率的差异，使得扩散系数较大的组元容易到达生长表面，从而发生富集。在此情况下，扩散系数较小的元素的扩散速度决定着最终晶体的生长速率。②当采用多个单质原料（如采用单质 Cd、Zn 和 Te 源生长 CdZnTe），或者采用与晶体成分不同的原料作为生长源（如采用 Te 与 $Cd_{1-y}Zn_y$，或 CdTe 和 ZnTe 为原料生长 CdZnTe）时，由于不同原料温度控制的偏差，使得气相中的成分偏离晶体的标准化学计量比。在此情况下，含量偏低的气体扩散的驱动力偏小，其扩散过程受到一定的制约。当其偏差超出晶体生长的窗口时，生长将会停止。③生长原料中，由于成分计算的偏差，或者某一元素非正常损失而首先被耗尽，生长也会停止。

在晶体生长的工程实践中，通常采用动力学方法控制气相的输运，从而实现晶体生长速率和结晶质量的控制。如下结合具体的晶体生长实例进行分析。

以图 12-15 所示的同成分 CdTe 晶体升华-凝结法生长过程为例[23]。在石英安瓿的上部放置多晶 CdTe 原料，下部为 CdTe 籽晶。采用类似于区熔法的温度场和类似于 Bridgman 法的下拉技术，使得升华表面温度高于生长表面。生长表面与升华表面间的距离为 l。以生长表面为坐标原点，以垂直于生长界面并与生长方向一致的方向为正向，建立一维坐标系，则生长表面坐标为 0，升华表面的坐标为 l。在该生长系统中的主要反应为[23]

$$CdTe(S) \longrightarrow Cd + \frac{1}{2}(1-\varepsilon)Te_2(G) + \varepsilon Te(G) \tag{12-22}$$

式中，ε 为 Te 形成单原子气体的分数。

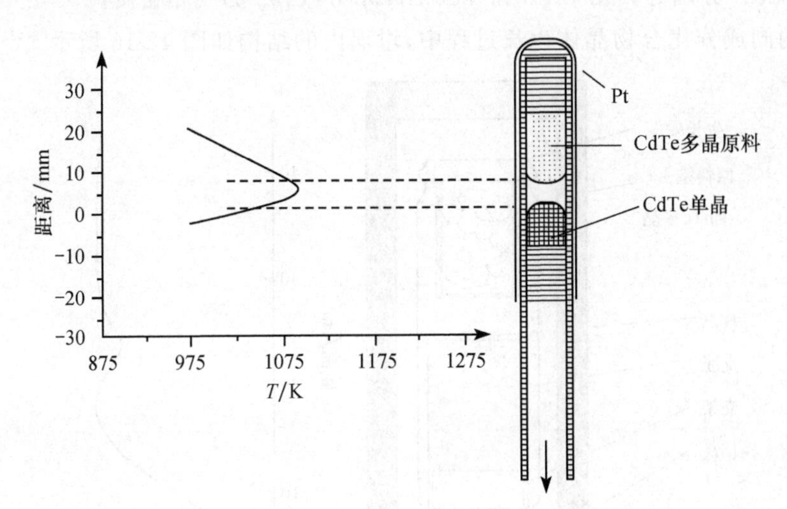

图 12-15　同成分 CdTe 小空间内的升华-凝结生长方法及其温度场[23]

在升华表面上发生式(12-22)的正反应，而在生长表面上发生逆反应。假定 $\varepsilon=0$，即所有 Te 均以双原子分子 Te_2 的形式存在，在气相中的气体分子的 2/3 为 Cd，1/3 为 Te_2。从而可以推出，由升华表面向生长表面传输的 Cd 和 Te_2 的质量流可以表示为[23]

$$J_{\mathrm{Cd}}=\frac{2}{3}\frac{p_{\mathrm{t}}D}{R_{\mathrm{B}}Tl}\ln\frac{p_{\mathrm{Cd}}^{l}-\frac{2}{3}p_{\mathrm{t}}}{p_{\mathrm{Cd}}^{0}-\frac{2}{3}p_{\mathrm{t}}} \tag{12-23a}$$

$$J_{\mathrm{Te2}}=\frac{2}{3}\frac{p_{\mathrm{t}}D}{R_{\mathrm{B}}Tl}\ln\frac{p_{\mathrm{Te2}}^{l}-\frac{1}{3}p_{\mathrm{t}}}{p_{\mathrm{Te2}}^{0}-\frac{1}{3}p_{\mathrm{t}}} \tag{12-23b}$$

式中，p_{t} 为气体总压力，在整个系统内部近似为常数；D 为气体扩散系数；R_{B} 为摩尔气体常量；p_{Cd} 和 p_{Te2} 分别为气相中 Cd 和 $\mathrm{Te_2}$ 的气体分压；l 为生长源到生长界面的距离；上标 0 和 l 分别表示对应于生长表面和升华表面的数值。

Cd 和 $\mathrm{Te_2}$ 的气体分压沿轴线的分布为[23]

$$p_{\mathrm{Cd}}=\left(p_{\mathrm{Cd}}^{l}-\frac{2}{3}p_{\mathrm{t}}\right)\exp\left((z-l)\frac{3}{2}\frac{JR_{\mathrm{B}}T}{p_{\mathrm{t}}D}\right)+\frac{2}{3}p_{\mathrm{t}} \tag{12-24a}$$

$$p_{\mathrm{Te2}}=\left(p_{\mathrm{Te2}}^{l}-\frac{1}{3}p_{\mathrm{t}}\right)\exp\left((z-l)\frac{3}{2}\frac{JR_{\mathrm{B}}T}{p_{\mathrm{t}}D}\right)+\frac{1}{3}p_{\mathrm{t}} \tag{12-24b}$$

如果同时考虑气体的宏观对流，则应该在纯扩散传输的基础上，加上宏观对流的传质效应项。设 J'_{Cd} 和 J'_{Te2} 分别表示考虑宏观对流条件下 Cd 和 $\mathrm{Te_2}$ 的质量流，气体的宏观流速为 u，则

$$J'_{\mathrm{Cd}}=J_{\mathrm{Cd}}+u\rho_{\mathrm{V}}x_{\mathrm{Cd}} \tag{12-25a}$$

$$J'_{\mathrm{Te2}}=J_{\mathrm{Te2}}+u\rho_{\mathrm{V}}x_{\mathrm{Te2}} \tag{12-25b}$$

式中，x_{Cd} 和 x_{Te2} 分别为气相中 Cd 和 $\mathrm{Te_2}$ 的摩尔分数；ρ_{V} 为气相密度。

典型的同成分化合物晶体生长过程中，坩埚内的结构如图 12-16 所示[24,25]。采用带

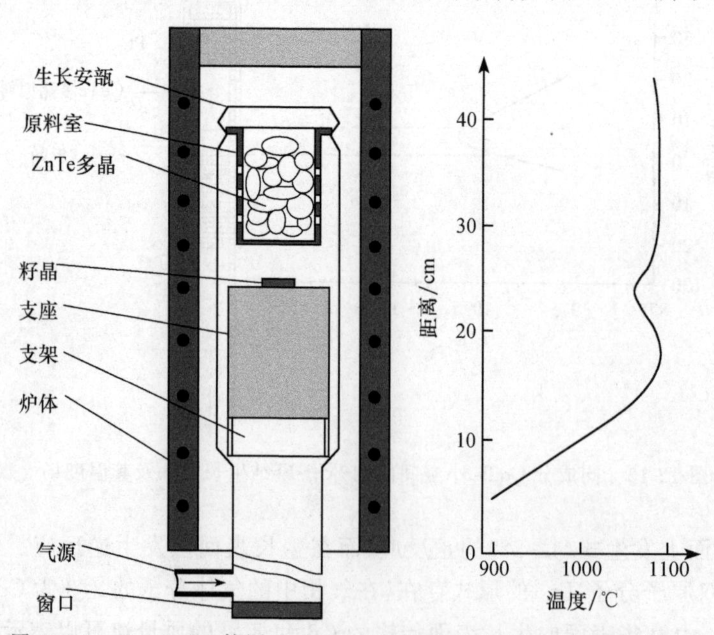

图 12-16　Korostelin 等用于 ZnTe 生长的物理气相输运生长系统[24,25]

有网孔的容器放置生长原料，升华的气体分子通过网孔进入晶体上方，并向生长界面输运。在该生长系统中，只要使原料的温度高于晶体生长表面温度则可实现晶体的气相生长。该生长系统的气相传输过程简化模型如图 12-17 所示[26]。

在近空间气相生长过程中，还可以将籽晶衬底固定在上部的基板上，将原料放置在下方，即采用图 12-18 所示的方式进行生长[27]。可以看出，采用该方法生长晶体时可以避免原料下落到生长表面，从而保证单晶生长的可靠性。

为了控制气相的成分，可以在同成分原料的基础上补充其他元素，进行气体分压的调节。如图 12-19 所示，Tamura 等[28] 在进行 ZnSe 晶体气相生长的过程中，除了采用同成分的多晶 ZnSe 外，在原料的上方空间中放置额外的 Se 或 Zn 进行 Se_2 和 Zn 气体分压比值的调整。采用同样的方法，在生长系统中放置其他元素，则可以进行晶体的掺杂控制。

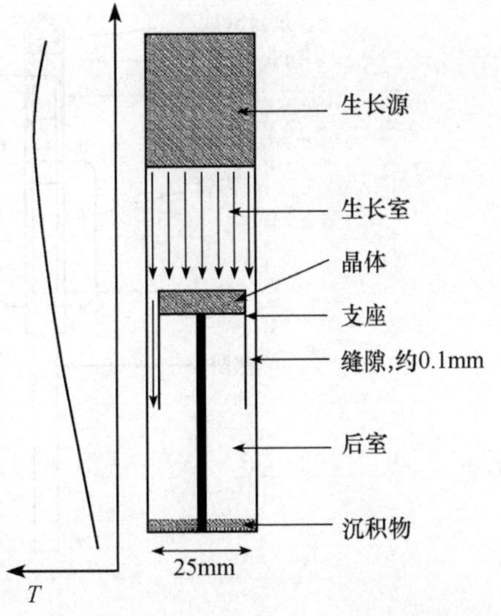

图 12-17　物理气相输运生长的传输简化模型[26]

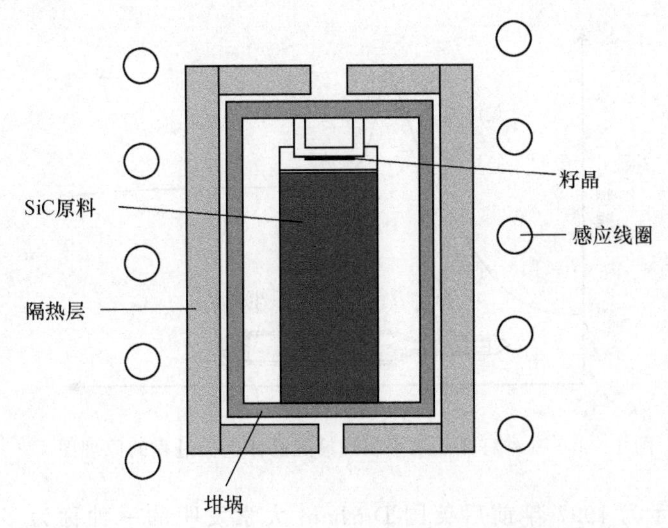

图 12-18　一种应用于 SiC 晶体生长的设备工作原理图[27]

图 12-17 所示的晶体生长系统还可以水平放置[29～31]。在水平物理气相输运生长过程中，气相的对流条件将发生变化，可能出现环流[30]。这可能利于气相的输运，但同时造成生长表面附近物质输运的非对称性，使得不同生长位置的晶体结晶质量存在差异。图 12-20所示为籽晶法水平物理气相输运生长过程的原理图[32]，其中采用缩颈进行晶体结晶质量的控制，防止杂晶的形成。Fujiwara 等[33] 在水平物理气相输运法的基础上改进了坩埚的形状，从而加速了气相的传输和气相成分的均匀化。

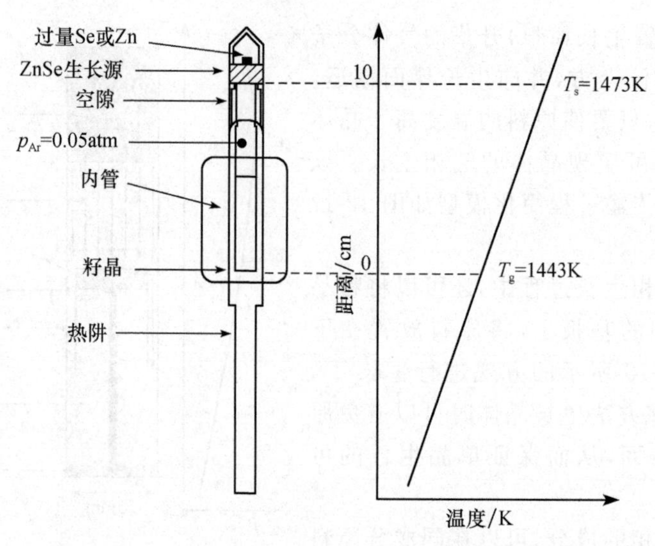

图 12-19　采用附加原料进行气体分压调节的原理图[28]

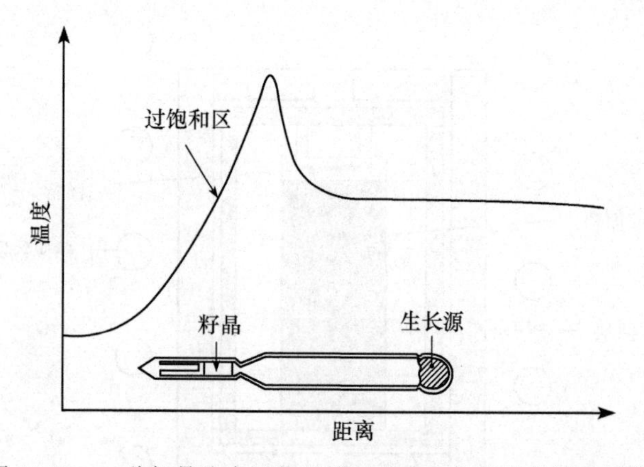

图 12-20　一种籽晶法水平物理输运晶体生长过程的原理图[32]

图 12-21 所示为 1997 年前后英国 Durham 大学发明的一种称为多管物理气相输运(简写为 TVP)气相生长技术[34~37]，并首先应用于 CdTe 单晶的生长。该方法将生长源和所生长的晶体布置在不同的生长坩埚中，中间通过一个毛细管连接，由生长源升华的气体通过毛细管输送到生长界面。其中一部分升华的气体参与晶体生长，多余的气体作为尾气从生长系统排出。采用该方法可以将升华室和生长室隔离开来，生长室的气体不会返回到升华室，从而获得恒定的气相生长条件。同时，杂质元素可以通过尾气排出，利于控制晶体的纯度。

在多管物理气相输运生长过程中，气相通过毛细管的传输是气相输运的控制环节。根据分子运动理论，气相通过毛细管的输运速率 Q_C(单位时间输运气体的物质的量)可以表示为[36,38]

$$Q_C = K_V \frac{2p_m \Delta p}{T} + K_m \frac{\Delta p}{L} \tag{12-26}$$

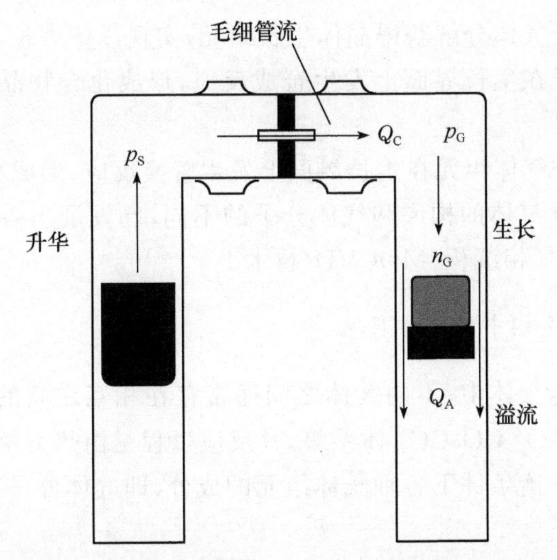

图 12-21　多管物理气相输运(multi-tube TVP)生长技术[34]

p_S 为升华区气体压力；p_G 为生长区气体压力；n_G 为生长的气体流量；

Q_C 为毛细管输运流量；Q_A 为溢流气体流量

式中，K_V 和 K_m 为常数，可表示为

$$K_V=\frac{\pi r^4}{16\eta L k_B} \tag{12-27}$$

$$K_m=\frac{\pi^2 r^3}{\sqrt{8\pi MR}L}\left(\frac{2}{f}-1\right) \tag{12-28}$$

$$\Delta p=p_S-p_G \tag{12-29}$$

$$p_m=\frac{1}{2}(p_S+p_G) \tag{12-30}$$

以上各式中，r 为毛细管半径；L 为毛细管的长度；k_B 为 Boltzmann 常量；η 为气体黏度；T 为热力学温度；f 为摩擦系数，约为 1.176×10^{-2}；M 为气体分子量，对于多组元气体，可以分别计算；R 为摩尔气体常量。

12.3　化学气相生长技术

12.3.1　化学气相生长的特性

化学气相生长是指通过气体的合成、分解等化学反应过程，实现气相沉积生长晶体的技术。与物理气相生长方法相同的是，化学气相生长也是由气源的形成、气相输运和气相在生长界面上的沉积 3 个环节控制的。在这 3 个环节中，每个环节都可能伴随着化学反应。气相生长过程涉及的化学反应如下：

1. 在生长界面上的反应

在生长界面上的化学反应包括如下几种情况：

(1) 通过复杂分子气体分解获得晶体生长组元,实现晶体生长,即气体分解法。

(2) 多种气体分子在生长界面上发生合成反应,形成化合物晶体,实现晶体生长,即气相合成法。

(3) 多种复杂成分气体组元在生长界面上发生置换反应,形成化合物晶体,同时排出其他多余的气体。根据气体的构成和气体分子的不同,已发展出各种实用的晶体生长方法,如金属有机物化学气相沉积(MOCVD)技术。

2. 多组元气体在气相中的化学反应

在复杂成分的混合气体中,不同气体之间通常存在相互之间的化学反应,如 H_2-O_2-H_2O(水蒸气)体系、C_2-O_2-CO-CO_2 体系等,其反应过程是由热力学原理和反应动力学条件决定的。在热力学平衡条件下各种气体组元的成分(即气体分压)之间满足一定的平衡关系。

3. 物理气相输运生长过程的化学反应

化合物晶体生长原料表面通过分解形成单质气体。这些单质气体通过扩散或借助于外来气流的携带,输送到晶体生长表面,再在生长表面通过逆反应实现晶体生长。这一过程称为物理气相输运法,即 PVT 法。该方法虽然也涉及化学反应,但被认为以物理过程为主,已在 12.2 节中进行了分析。

4. 化学气相输运过程

在生长原料表面,通过原料与外助气体之间的化学反应,形成便于输运的气体,向晶体生长表面输运。在晶体生长表面再通过逆反应形成与原料成分、结构相同,或者不同的晶体,并排出多余的外助气体。这一生长过程称为化学气相输运生长,即 CVT 法。

化学气相生长过程所涉及的化学反应的基本原理已经在第 7 章中作了较为详细的分析,反应过程的主要控制因素是温度、压力和气相的成分(即各组元的气体分压)。通过对这些参数的调整可以实现气相沉积速率(取决于生长界面上的化学反应速率)和界面原子扩散过程的控制,从而达到晶体结晶质量控制的目的。

以下几节将结合具体的生长方法,进行晶体生长过程的原理和工艺分析。

12.3.2　气相分解方法

通过加热或其他催化条件使复杂分子的气体分解,获得单质元素并在生长界面沉积,是实现气相晶体生长的重要途径之一。

Si 单晶气相生长的典型生长方法之一是以 Si 的氢化物(即硅烷),如 Si_2H_6 为原料,通过加热分解实现 Si 的单晶生长。Nakahata 等[39]以 Si 单晶为衬底,在 600～700℃的不同温度下分解 Si_2H_6,并研究了 Si 的气相生长形态。所用实验设备如图 12-22 所示,上炉的加热器从 Si 晶片(衬底)的背面进行加热,控制生长温度。Si_2H_6 气体由底部通入生长炉内,经过加热器预热后,通过多孔喷嘴向生长表面输送。在衬底表面上发生 Si_2H_6 气体的分解反应,外延生长出 Si 晶体。采用该方法进行 Si 气相外延生长时,Si 的生长特性与温度和气体流量密切相关。采用(311)晶面和(100)晶面生长速率的比值 $V_{(311)}/V_{(100)}$ 表征晶体生长的各向异性。当气体流量较小、生长温度偏高(接近于700℃)时,生长界面的扩散较充分,晶体生长各向异性表现得很明显,(100)晶面上的生长速率明显大于(311)晶面,$V_{(311)}/V_{(100)}<1$。而当气流量大或生长温度偏低(接近于600℃)时,(311)晶面上的生长速率增大,$V_{(311)}/V_{(100)}$ 接近或大于1。

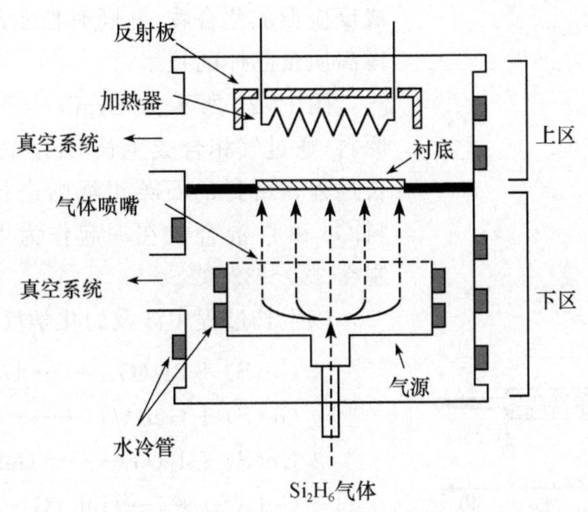

图12-22 Si_2H_6 气体分解生长Si单晶的实验设备原理图[39]

Akazawa[40]认为,Si_2H_6 分解生长Si的过程可以表示为

$$SiH_x(G) \rightarrow SiH_x(a) \rightarrow (—SiH_x—) \rightarrow c\text{-}Si \tag{12-31}$$

气相中的硅烷 $SiH_x(G)$ 首先转变为晶体最外层的吸附气体 $SiH_x(a)$,进而在靠近Si—Si键的表面形成(—SiH_x—)网状结,最后转变为Si晶体(c-Si)。

Zhou等[41]分别以 Si_2H_6 为气源控制Si的晶体生长,以 GeH_4 为气源控制Ge单晶的生长。首先在750℃下,在(100)晶面的Si单晶表面生长Si缓冲层。然后,采用 Si_2H_6 和 GeH_4 的混合气体为气源在450℃下生长 $Si_{0.77}Ge_{0.23}$ 缓冲层,再在330℃的温度下生长Ge晶体。在上述缓冲层的基础上,采用 GeH_4 气源,最后在600℃生长出高质量的Ge单晶。

在合适的条件下,采用甲烷(CH_4)气体分解可以生长金刚石晶体。如Yang等[42]分别采用 Ti_3SiC_2 和Si单晶为衬底,以 CH_4 和 H_4 混合气体为生长源,借助于微波加热,在480℃下生长出金刚石颗粒。

Zhang等[43]将 $Pb(CH_3COO)_2 \cdot 3H_2O$ 与 $(C_2H_5)_2NCS_2Na \cdot 3H_2O$ 混合并合成单一气源,在150~180℃下加热分解,成功进行了PbS晶体的生长。

Pfeifer等[44]采用2.45GHz微波加热 $(NH_4)_{10}H_2W_{12}O_{42} \cdot 4H_2O$,成功生长了 $W_{18}O_{49}$ 晶体。

Yang等[45]采用Si(111)、Si(001)以及表面覆盖100nm的 SiO_2 的Si(001)等为衬底,在400~900℃加热分解 $Hf(BH_4)_4$,获得了 HfB_2 晶体。

通过对 CH_3SiCl_3 的气相分解可以获得 SiC 化合物[46]，化学反应如下：

$$CH_3SiCl_3 = SiC + 3HCl \tag{12-32}$$

12.3.3 气相合成法

气相合成晶体生长方法是采用两种或者两种以上的简单气体作为生长气源，通过合成反应形成化合物，并同时控制晶体结构与成分，获得高质量晶体的技术。

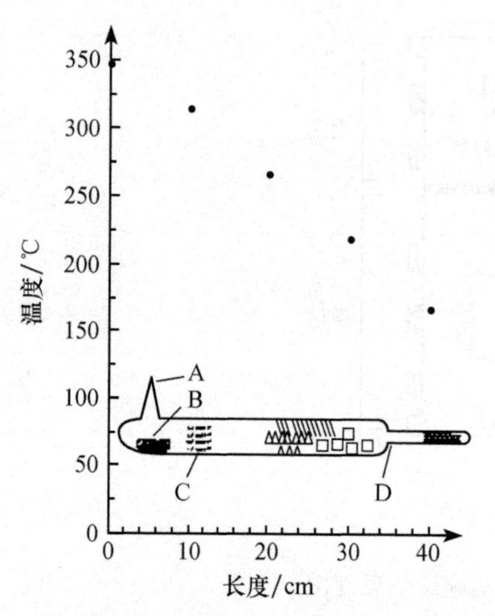

图 12-23　采用 I_2 和 Ge 源合成生长 GeI_2 单晶的实验方法及结果[47]

A. 气体通道接口；B. 生长前驱体(Ge 和 I_2 混合物)；C. 硼硅玻璃纤维；D. 延伸管；⑊. 树枝状晶体；ꟿ. 孪生多晶；□. 高质量单晶

图 12-23 所示为 Urgiles 等[47]采用 I_2 和 Ge 为原料，通过气相合成生长 GeI_2 晶体的基本方法。生长过程在密封的石英坩埚内进行，将固体的生长原料 Ge 和 I_2 混合放在一起作为生长源，生长温度控制在 330～336℃。

该生长过程中涉及的化学反应如下：

$$Ge(S) + 2I_2(G) \longleftrightarrow GeI_4(G) \tag{12-33a}$$

$$Ge(S) + GeI_4(G) \longleftrightarrow 2GeI_2(G) \tag{12-33b}$$

$$Ge(S) + I_2(G) \longleftrightarrow GeI_2(G) \tag{12-33c}$$

$$GeI_2(S) \longleftrightarrow GeI_2(G) \tag{12-33d}$$

括号中的 G 和 S 分别表示气相和固相。研究表明，反应(12-33d)是生长 GeI_2 晶体的控制环节。其中，GeI_2 分子的合成是在气相中完成的，晶体生长过程是 GeI_2 分子向生长界面沉积的过程。

Urgiles 等[47]采用该方法生长的结果如图 12-23 所示。在生长区形成了不同成分与形态的晶体。其中，在距生长源较近的部位形成了 GeI_2 树枝晶及多晶，在靠近外延石英管末端形成了 GeI_4 沉淀，仅在靠近外延管的位置形成高质量的 GeI_2 单晶。采用该方法可生长出直径达 15mm 的 GeI_2 单晶体。

采用不同的单质为气源，根据式(12-11)及式(12-15a)～式(12-15e)所示的逆反应，可以进行各种化合物晶体的化学合成生长。

不同元素的气体分压随温度变化的规律不同，将两种元素混合在一起时两者的温度相同，而气体分压则按照各自规律变化，因此无法按照晶体生长对各生长元素的气体分压要求进行精确控制。为了克服这个问题，需要将不同的生长原料隔离放置，并对其温度分别控制。图 12-24 所示为采用 Zn 和 Se 单质源进行 ZnSe 晶体生长时的控制方法[48]。上图为生长源和晶体在坩埚中的位置关系示意图，下图为晶体生长过程的温度场。由于 Se 源的气体分压较高，采用较低的温度即可获得式(12-11)的反应需要的 Se_2 气体分压。Zn 的气体分压较低，因而需要较高的温度以获得需要的 Zn 气体分压。

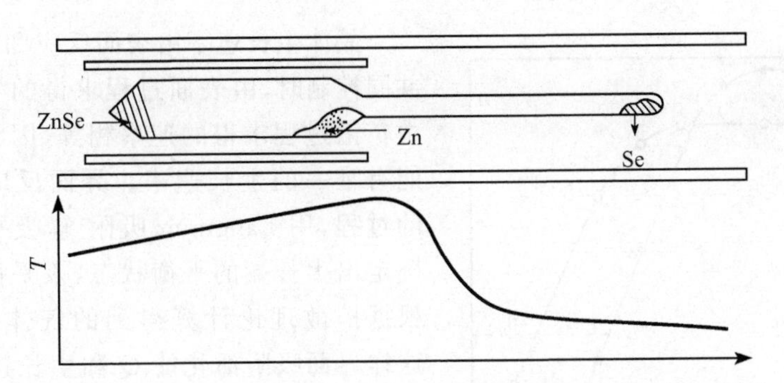

图 12-24　采用 Zn 和 Se 单质源进行 ZnSe 晶体生长时的控制方式[48]

在 Zn-Se_2-ZnSe 体系中，Zn 的气体分压和 Se_2 的气体分压如图 12-25 所示。图中的一致升华线是与满足标准化学计量比的 ZnSe 晶体平衡的气体分压，即实现晶体生长所需要的气体分压，分别记为 $p_{Zn(ZnSe)}(T)$ 和 $p_{Se_2(ZnSe)}(T)$。图 12-25(a)中最上方的直线为与纯 Zn 平衡的气体分压，记为 $p_{Zn(Zn)}(T)$。图 12-25(b)上部的直线为与纯 Se 平衡的 Se_2 的气体分压，记为 $p_{Se_2(Se)}(T)$。当生长温度 T_g 确定之后，则可以根据图 12-25 确定生长所需要气体分压，即 $p_{Zn(ZnSe)}(T_g)$ 和 $p_{Se_2(ZnSe)}(T_g)$，然后由

$$p_{Zn(Zn)}(T_{Zn}) = p_{Zn(ZnSe)}(T_g) \tag{12-34a}$$

$$p_{Se_2(Se)}(T_{Se}) = p_{Se_2(ZnSe)}(T_g) \tag{12-34b}$$

确定出 Zn 源和 Se 源的温度 T_{Zn} 和 T_{Se}。

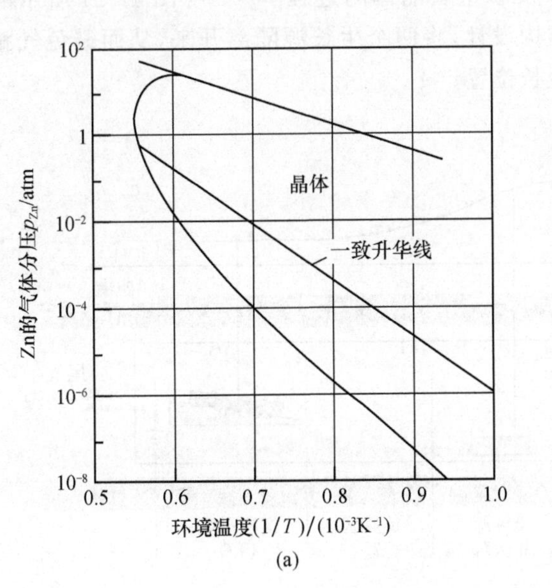

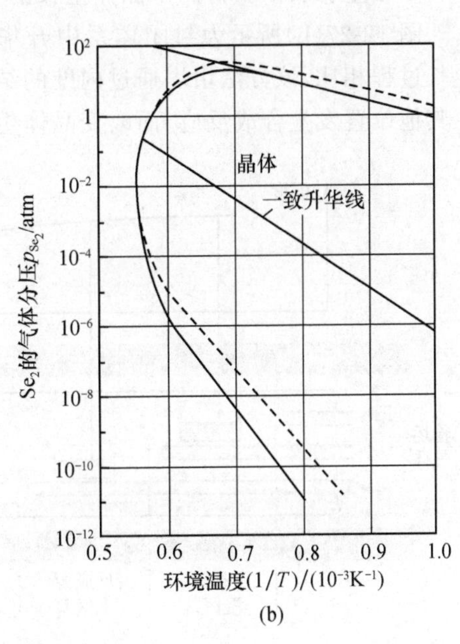

图 12-25　Zn-Se_2-ZnSe 体系中气体分压[49]

(a) Zn 气体分压；(b) Se_2 气体分压

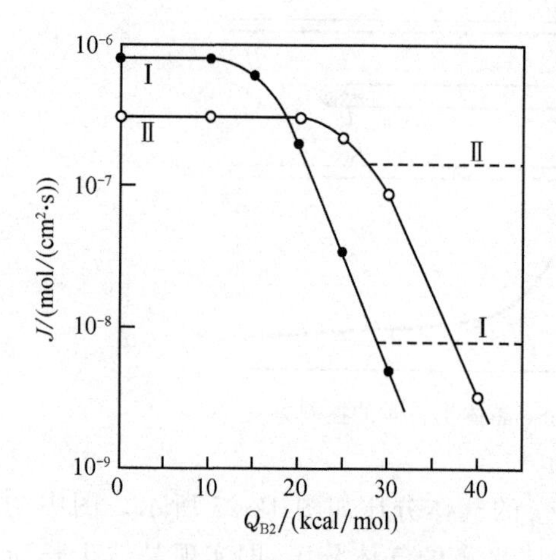

图 12-26　吸附活化能与生长速率的关系[50]

晶体生长速率由表面反应和气相输运过程共同控制时，由表面过程求得的生长速率应与由扩散过程求得的速率相等，因为同一系统只能有唯一的生长速率。界面反应是吸附活化的过程，用 Langmuir 吸附-解吸平衡关系可以确定出生长端的平衡状态，该平衡常数也可以根据扩散理论计算得到的气体分压来表示。这样界面吸附活化能 Q 和生长速率 J 与平衡常数 $K(T)$ 就联系在一起，如图 12-26 所示[50]。通过求解方程组可获得相互影响的数据。该模型认为 $\mathrm{A^{II}B^{VI}}$ 材料的吸附活化能是由 B 组元的活化能 Q_{B2} 控制的，在 $Q_{B2}<20$kcal/mol 时(曲线Ⅱ，1420K)，晶体生长速率主要由扩散控制，$Q_{B2}>20$kcal/mol时，随着 Q_{B2} 的增大，生长速率逐渐下降。由于表面活化过程受温度影响，降低温度(曲线Ⅰ，1275K)，表面活化控制的范围变大。$Q_{B2}>10$kcal/mol 时，表面的活化控制作用逐渐增大。

图 12-27 所示为两种适合于薄膜生长的多源晶体生长方法原理图[1]。其中图 12-27(a)所示的生长过程采用外助气体输送原料[1,51]。分别对每个生长源进行温度控制获得晶体生长所需要的气体，并借助外助气体输送到生长表面。通过调整生长源的温度和气流速率可以在生长表面获得利于晶体生长的气相成分。

图 12-27(b)所示为封闭体系中升华-沉积生长晶体的过程[1,52]。与图 12-24 所示的生长过程相比，该方法坩埚通过内壁的结构设计，将两个生长源隔离开来，从而避免气相在其他位置发生合成反应，而改变晶体生长位置。

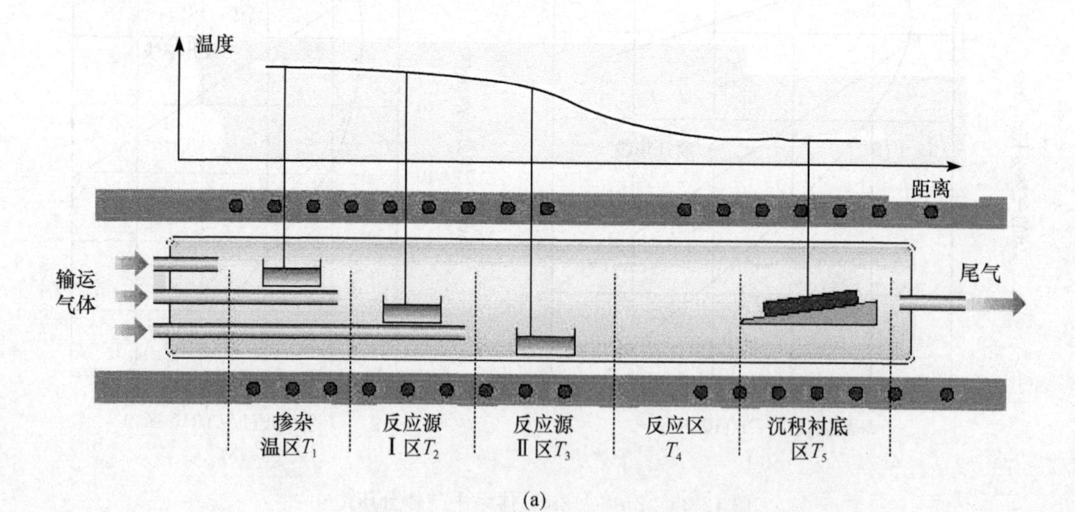

(a)

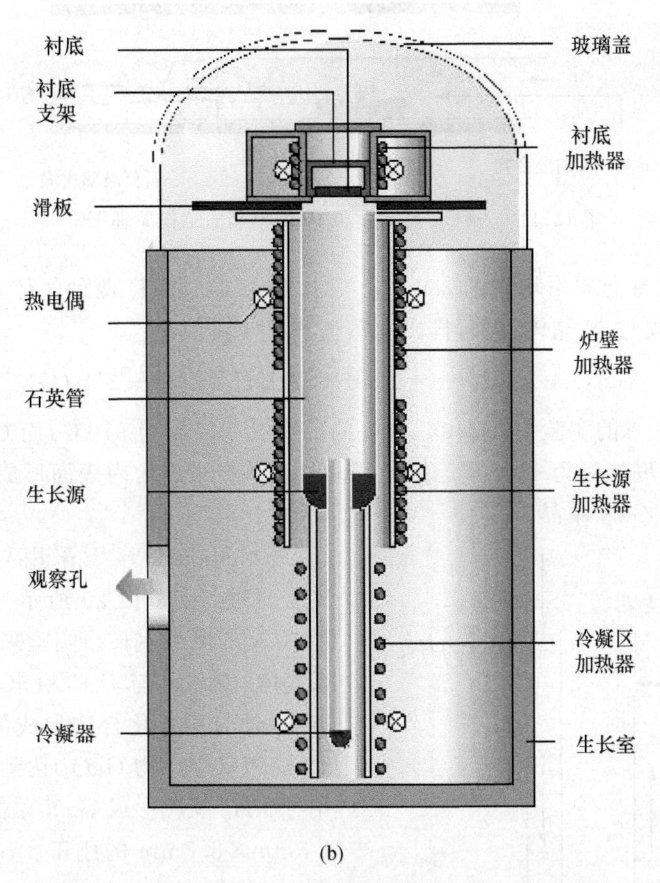

图 12-27　两种适合于化合物薄膜生长的多源晶体生长方法

(a) 外助气体多源生长[1,51]；(b) 垂直分别控温双源生长[1,52]

12.3.4　复杂体系气相反应合成

采用单质直接通过化合反应合成化合物晶体的方法受到其热力学反应条件的约束，特别是狭小的反应窗口，使得反应过程难以控制。如果使反应原料与其他元素形成化合物，则可以大大改善其反应的热力学条件，利于化合物晶体的合成。以下分别以 GaN、AlN、SiC 等化合物晶体的合成反应过程为例进行分析。

Miura 等[53] 在 GaN 的合成过程中，采用 Ga_2O_3 与 NH_3 原料并借助碳热反应进行 GaN 生长，其主要设备的工作原理如图 12-28 所示。将 Ga_2O_3 与炭粉混合，在一定的温度条件下 Ga_2O_3 与 C 通过如下反应，形成 Ga_2O 气体：

$$Ga_2O_3 + 2C \Longrightarrow 2CO(G) + Ga_2O(G) \tag{12-35a}$$

$$Ga_2O_3 + C \Longrightarrow CO_2(G) + Ga_2O(G) \tag{12-35b}$$

所形成的 Ga_2O 与副产物 CO 及 CO_2 气体在 Ar 气流的携带下向反应坩埚流动。这一环节利用了碳热还原技术。

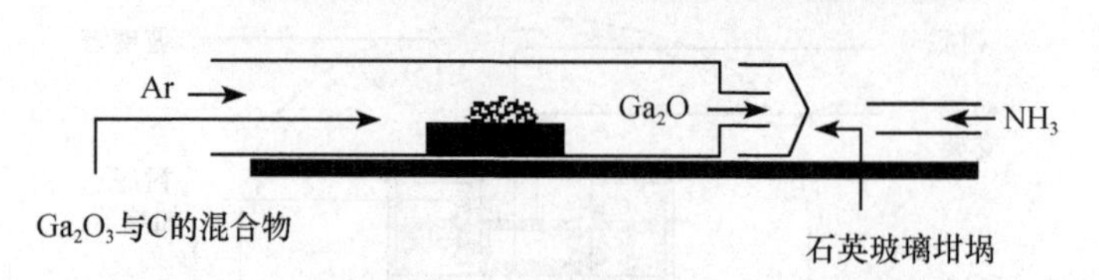

图 12-28　一种 C 热法生长 GaN 单晶的工作原理图[53]

从另外一个方向向坩埚中通入 NH_3 气体，Ga_2O 与 NH_3 两种气体在坩埚中发生如下氮化反应，形成 GaN 晶体，同时排出水蒸气和氢气：

$$Ga_2O + 2NH_3 = 2GaN(S) + H_2O(G) + 2H_2(G) \tag{12-36}$$

在 Miura 等[53]的实验中，Ga_2O_3 与 C 的反应温度控制为 970℃，而 Ga_2O 与 NH_3 的合成反应生长温度控制为 1200℃。经过 2h 的生长，在坩埚的内表面形成尺寸为毫米级，具有斜方结构的 GaN 单晶。

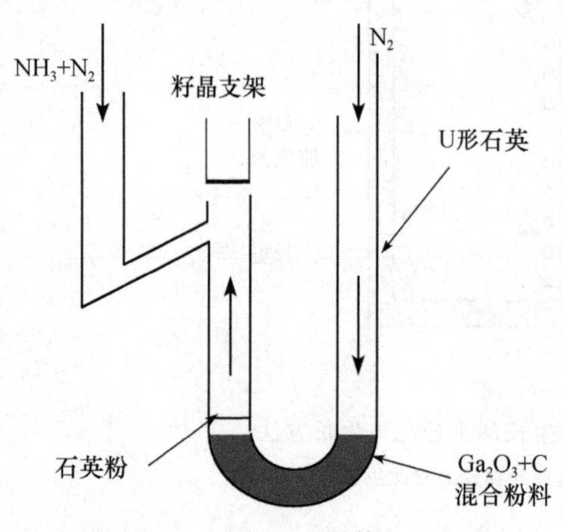

图 12-29　一种 GaN 晶体生长方法的工作原理图[54]

Konkapaka 等[54]采用与 Miura 相同的反应原理，用图 12-29 所示的实验装置进行了 GaN 的单晶生长。实验采用 N_2 气作为输运气体，Ga_2O_3 与 C 的粉末化合物为原料。当 N_2 通过粉末化合物形成的多孔介质流动时，携带反应产物 GaO_2 达到生长籽晶表面，并与 NH_3 反应形成 GaN 单晶。其中籽晶为 8.5mm×8.5mm 的刚玉。Ga_2O_3 与 C 混合物的反应温度为 1050～1130℃，籽晶表面温度控制为 1150～1200℃。该方法可在籽晶表面获得结晶质量良好的 GaN 单晶。

Koukitu 等[55]和 Shimada 等[56]均采用相同的原理进行了 GaN 晶体生长的实验研究。在 Varadarajan 等[57]的实验中，分别采用 GaCl 和 $GaCl_3$ 与 NH_3 反应进行 GaN 晶体生长，其反应过程如下：

$$GaCl + NH_3 = GaN + HCl + H_2 \tag{12-37a}$$

$$GaCl_3 + NH_3 = GaN + 3HCl \tag{12-37b}$$

借助上述反应，采用 MOCVD 技术，作者进行了 925℃、950℃和 990℃ 3 种不同温度下的晶体生长实验，其中在 990℃下生长出结晶质量良好的 GaN 晶体。

Hemmingsson 等[58]采用图 12-30 所示的方法。将 HCl 和 N_2 混合气体通入 Ga 舟中与 Ga 反应形成 GaCl。然后，使 HCl、N_2 和 GaCl 混合气体与 NH_3 和 H_2 混合气体反应，在生长衬底上形成 GaN 晶体。

Nagashima 等[59]按照相近的原理，进行了 AlN 的晶体生长。所用原料分别为 $AlCl_3$ 和 NH_3。其中 $AlCl_3$ 是在 500℃下，通过金属 Al 与 HCl 反应获得的。$AlCl_3$ 和 NH_3 通过如下反应形成 AlN：

$$AlCl_3 + NH_3 = AlN + 3HCl \quad (12\text{-}38)$$

对比不同反应温度下的晶体生长结果，发现 1450℃ 获得的 AlN 晶体结晶质量优良。SiC 是很难生长的高熔点化合物，气相反应生长已被应用于该材料的单晶生长研究。典型的生长方法是采用 $SiCl_4$ 或 SiH_4 与 CH_4 或 C_3H_8 气相反应生长。采用 SiH_4 与 C_3H_8 反应生长时，通过以下反应形成 SiC 晶体[60]：

$$3SiH_4 + C_3H_8 = 3SiC + 10H_2 \quad (12\text{-}39)$$

其典型生长温度为 1500～1600℃。

采用 $SiCl_4$，并以 CH_4 作为 C 源，通过如下反应可获得 SiC 晶体[61,62]：

$$SiCl_4 + CH_4 = SiC + 4HCl \quad (12\text{-}40)$$

而当以 C_3H_8 作为 C 源时则可以 H_2 作为辅助气体，通过如下反应进行 SiC 的晶体生长：

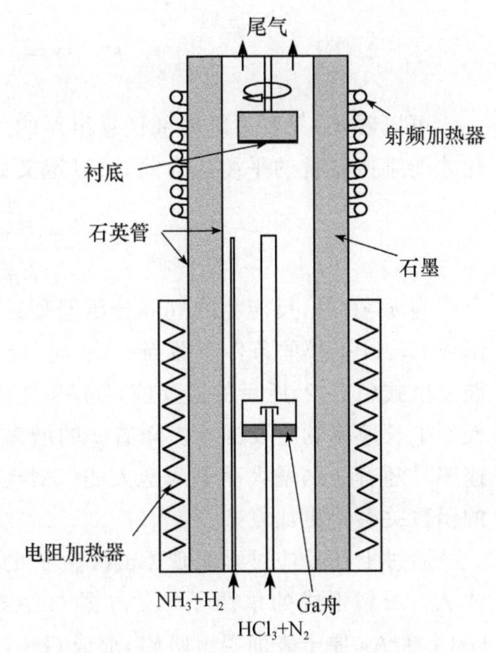

图 12-30　GaCl 合成及 GaN 晶体生长一体化的原理图[58]

$$3SiCl_4 + C_3H_8 + 2H_2 = 3SiC + 12HCl \quad (12\text{-}41)$$

Nigam 等[62]所采用的生长过程的原理如图 12-31 所示，SiC 籽晶固定在生长炉的顶端，采用双层管道通入生长气体；Ar 气流携带 $SiCl_4$ 通过外层管道通入，提供 Si 源；C_3H_8 与 H_2 混合气体通过内层管道通入。两路气体在籽晶表面反应形成 SiC 晶体。同时，生长形成的废气（包括 HCl、未反应的 $SiCl_4$ 以及 C_3H_8 与 H_2 混合气体）从炉内排出。控制气体流量可以控制反应速率。籽晶的温度是影响结晶质量的重要因素。根据实验结果，在 2050℃下，利用式(12-41)所示的反应生长出结晶质量优良的 SiC 晶体。

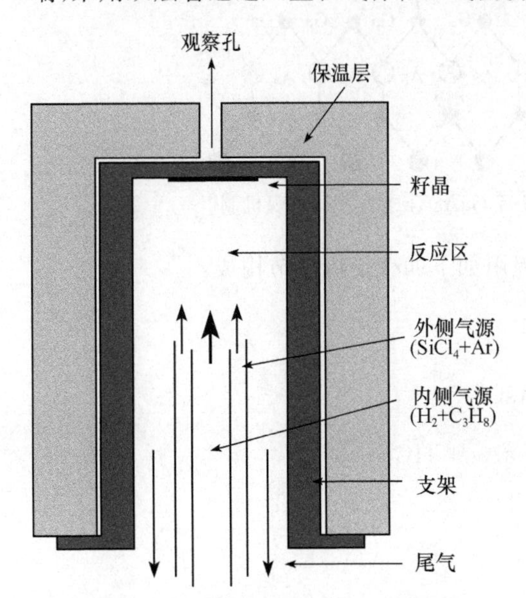

图 12-31　采用 $SiCl_4$ 与 C_3H_8 反应生长 SiC 的设备工作原理图[62]

Gil-Lafon 等[63]采用 GaCl、As_4 及 H_2 气体进行了 GaAs 的气相合成生长，生长过程的反应通式为

$$GaCl + \frac{1}{4}As_4 + \frac{1}{2}H_2 \longrightarrow GaAs + HCl \quad (12\text{-}42)$$

式(12-42)所示的反应过程的平衡常数可以表示为

$$K(T)=\left[\frac{p_{\mathrm{HCl}}}{p_{\mathrm{GaCl}}p_{\mathrm{As_4}}^{\frac{1}{4}}p_{\mathrm{H_2}}^{\frac{1}{2}}}\right]_{\mathrm{eq}} \tag{12-43}$$

可以看出，只要系统内部任意组元的气体分压发生变化，其他组元的分压必须相应变化才能维持系统的平衡。为此，可以定义如下参数表征该复杂体系的过饱和度：

$$\sigma=\frac{p_{\mathrm{GaCl}}p_{\mathrm{As_4}}^{\frac{1}{4}}p_{\mathrm{H_2}}^{\frac{1}{2}}}{p_{\mathrm{HCl}}}\frac{1}{K(T)}-1 \tag{12-44}$$

当$\sigma>0$时，反应物的气体分压偏高或生成物的气体分压偏低，体系处于过饱和状态，形成 GaAs 生长的条件。而当$\sigma<0$时，反应物的气体分压偏低，体系处于欠饱和状态，可能发生式(12-42)所示的逆反应，GaAs 气化。与简单体系的生长过程相同，过饱和度σ是控制生长速率的主要因素。随着σ的增大，晶体生长的驱动力增大，生长速率加快，生长速率是随着σ的增大而单调增大的。对应于不同体系中复杂的反应机理，σ与生长速率的函数关系将更加复杂。

通过上述反应过程实现 GaAs 生长的微观机制如图 12-32 所示。首先，由多原子气体 As_4 分解形成的单原子 As 占据 GaAs 表面空位(V)，形成 As 的沉积生长。然后，GaCl 在 As 原子表面层上吸附，形成 GaCl 吸附层，其中 Ga 与底层的 As 形成结合键。最后，H_2 分子与表面最外层的 Cl 反应形成 HCl 化合物，使得 Cl 脱离晶体表面，形成 Ga 构成的生长表面，完成了一个原子层的 GaAs 的生长。Ga 构成的表面可以看作是表面 As 空位，继续吸附 As 原子，开始新的原子层的生长。

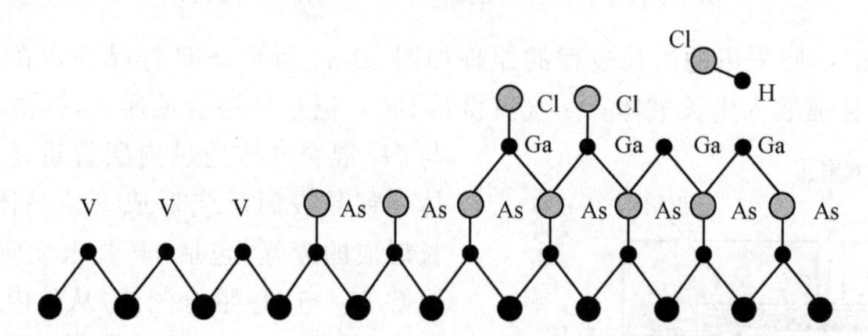

图 12-32 GaCl、As_4 及 H_2 混合气体进行 GaAs 合成生长的微观机制[63]

综上所述，该生长系统中 GaAs 的生长过程由如下四个反应环节构成：

$$As_4(G)\longrightarrow 2As_2(G) \tag{12-45}$$

$$2V+As_2(G)\longrightarrow 2As \tag{12-46}$$

$$As+GaCl(G)\longrightarrow GaAsCl \tag{12-47}$$

$$GaAsCl+H_2(G)\longrightarrow GaAs+HCl+\frac{1}{2}H_2 \tag{12-48}$$

每一个环节都可能成为晶体生长的控制环节。

12.3.5 化学气相输运法

1. 化学气相输运法晶体生长过程的基本原理和方法

化学气相输运法(简写为 CVT)是利用固相与气相的可逆反应，借助于外加的辅助气体进行生长元素的输运和控制生长的技术。化学气相输运法生长过程由以下 3 个环节构成：

(1) 输运气体在源区与生长原料发生化学反应，形成包含生长元素的复杂气体。

(2) 借助其他气体的流动或气相的热扩散，将携带生长元素的气体输运到晶体生长表面。

(3) 在生长表面，发生与源区相反的逆反应，形成晶体，并按照一定的结构和形态生长，同时，将输运气体置换出来。该输运气体被排出生长系统，或者通过扩散，再回到源区，重新与生长原料反应，再次进行原料的输运。

在化学气相输运生长过程中，除了晶体的主要组成元素之外，输运气体是控制生长过程的关键因素。以下以 I_2 为输运剂，进行 ZnSe 化学气相输运生长。该生长系统中在源区通过如下反应形成 ZnI_2 和 Se_n ($n=1,2,3,\cdots$，其中以 $n=2$ 的气体为主)气体[64]：

$$n\mathrm{ZnSe(S)} + n\mathrm{I_2(G)} \longrightarrow n\mathrm{ZnI_2(G)} + \mathrm{Se}_n\mathrm{(G)} \tag{12-49}$$

而在生长表面再通过式(12-49)的逆反应生长出 ZnSe 晶体，同时放出 I_2。在封闭体系中生长时，所释放的 I_2 再次扩散到生长源区，与 ZnSe 反应。

图 12-33 所示是 Kumagai 等[65]采用气相输运法生长 AlN 晶体的设备工作原理示意图。使 HCl 与 H_2 的混合气体流过金属 Al，在 500℃下通过如下反应形成 $AlCl_3$ 与 H_2 的混合气体：

$$\mathrm{Al} + 3\mathrm{HCl} \Longrightarrow \mathrm{AlCl_3(G)} + \frac{3}{2}\mathrm{H_2(G)} \tag{12-50}$$

将 $AlCl_3$ 和 H_2 的混合气体、NH_3 和 H_2 的混合气体同时输送到晶体生长的衬底表面，在 950～1100℃下通过如下反应形成 AlN 晶体：

$$\mathrm{AlCl_3(G)} + \mathrm{NH_3(G)} \Longrightarrow \mathrm{AlN(S)} + 3\mathrm{HCl(G)} \tag{12-51}$$

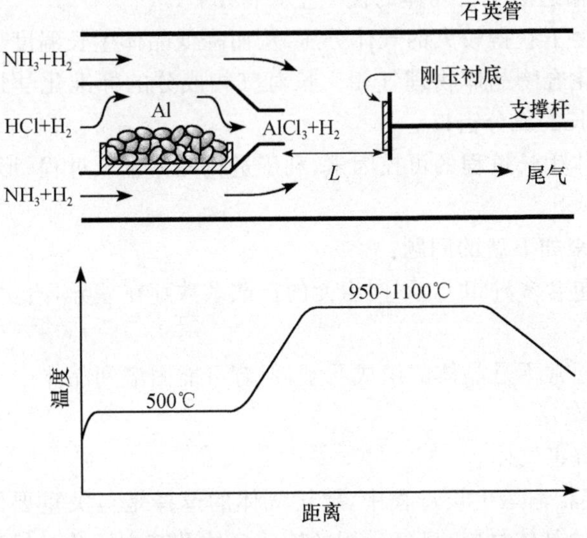

图 12-33　化学气相输运法生长 AlN 晶体的原理示意图[65]

图 12-34 所示为 Yamane 等[66]采用化学气相输运法生长 $Al_xGa_{1-x}N$ 的原理示意图。对于 Al 和 Ga，均采用 HCl、H_2 及 N_2 混合气体作为输运气体。分别控制 Al 源、Ga 源的温度和 GaCl、$AlCl_3$ 的气体分压，实现对 $Al_xGa_{1-x}N$ 晶体成分 x 值的控制。

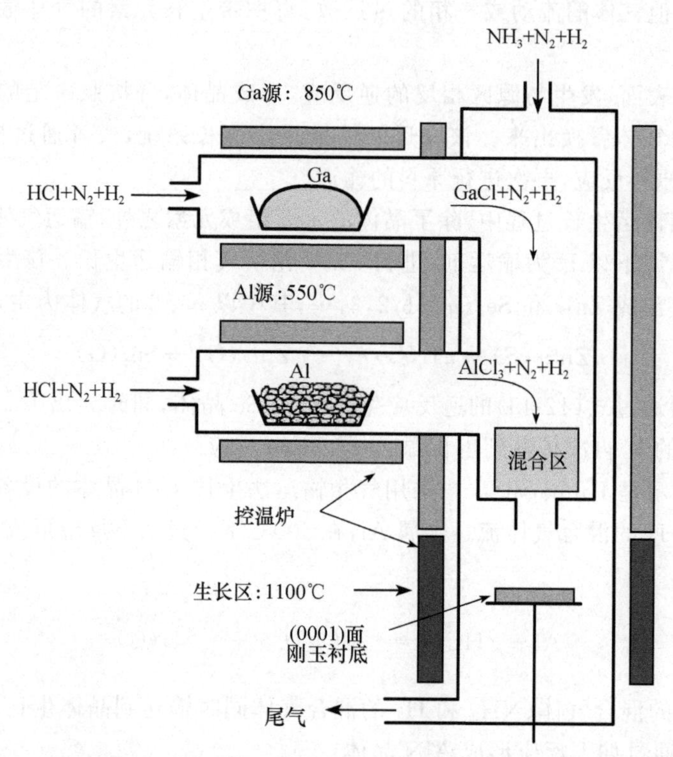

图 12-34 $Al_xGa_{1-x}N$ 的化学气相输运生长方法[66]

采用化学气相输运法生长晶体的优点主要在于：

(1) 在较低温度下获得较大的气体分压，从而降低晶体生长温度。

(2) 可以避开化合物晶体物理气相生长对气相成分的标准化学计量比的苛刻要求，增大适合于气相生长的成分窗口。

(3) 增加了晶体生长过程的可控因素，利于进行晶体生长过程、形态及晶体结构完整性的控制。

但由此也会带来如下新的问题：

(1) 输运气体包含多种组元，不同组元的扩散系数存在差异，给生长界面附近的成分控制带来一定困难。

(2) 输运气体通常不是晶体的组成元素，但有可能固溶到晶体中成为杂质，影响晶体的性能。

(3) 可能排出有害气体。

因此，在化学气相输运生长过程中，输运气体的选择是至关重要的。表 12-4 列出了目前人们针对不同的晶体材料，已经采用的输运气体及其主要化学反应原理。

表 12-4　典型晶体的 CVT 法生长输运剂及其化学反应原理

晶　体	输运剂	主要化学反应	典型生长参数	文　献
ZnO	CO(C)	$ZnO+CO \longrightarrow Zn(G)+CO_2(G)$ $ZnO+C \longrightarrow Zn(G)+CO(G)$	$T_g=950\sim1100℃$ $\Delta T_g=1\sim30℃$	[67]～[70]
AlN	$HCl+H_2$	$Al+3HCl \longrightarrow AlCl_3(G)+\frac{3}{2}H_2(G)$ $AlCl_3+NH_3 \longrightarrow AlN+3HCl(G)$	主要参数见图 12-33； $T_g=950\sim1100℃$	[65]、 [71]～[73]
GaN	$HCl+NH_3$	源区：$Ga+HCl(G) \longrightarrow GaCl(G)+\frac{1}{2}H_2(G)$ 生长界面：$GaCl+NH_3 \longrightarrow GaN+\frac{3}{2}H_2(G)$	$T_s=850℃$ $T_g=850\sim1050℃$	[74]～[76]
$Al_xGa_{1-x}N$	$HCl+H_2+N_2$	源区：$Ga+HCl(G) \longrightarrow GaCl(G)+\frac{1}{2}H_2(G)$ $Al+3HCl \longrightarrow AlCl_3(G)+\frac{3}{2}H_2(G)$ 生长界面：$GaCl(G)+AlCl_3(G)+NH_3(G) \longrightarrow$ $Al_xGa_{1-x}N+HCl+H_2(G)$	反应条件及过程 见图 12-34	[66]
ZnS	I_2	$ZnS+I_2 \longrightarrow ZnI_2(G)+\frac{1}{2}S_2(G)$	$T_g\approx900℃$ $\Delta T_g\approx50℃$	[77]、[78]
ZnSe	I_2	$ZnSe+I_2 \longrightarrow ZnI_2(G)+\frac{1}{2}Se_2(G)$	$T_g=750\sim900℃$ $\Delta T_g\approx50℃$	[79]～[81]
ZnSe	HCl	$ZnSe+2HCl \longrightarrow ZnCl_2(G)+H_2Se(G)$		[82]
ZnSe	H_2	$ZnSe+H_2(G) \longrightarrow Zn(G)+H_2Se(G)$		[83]
ZnSe	H_2O	$ZnSe+2H_2O(G) \longrightarrow Zn(G)+SeO_2(G)+2H_2(G)$ $ZnSe+2H_2O(G) \longrightarrow Zn(OH)_2+H_2Se(G)$		[84]
ZnSe	NH_4Cl	$2NH_4Cl(S) \longrightarrow N_2(G)+2HCl(G)+3H_2(G)$ $ZnSe(S)+2HCl(G) \longrightarrow ZnCl_2(G)+H_2Se(G)$ $ZnSe(S)+H_2(G) \longrightarrow Zn(G)+H_2Se(G)$		[85]、[86]
ZnSe	$Zn(NH_4)_3C_5$	$ZnCl_2 \cdot 2NH_4Cl(S) \longrightarrow$ $ZnCl_2(G)+N_2(G)+2HCl(G)+3H_2(G)$ $ZnSe(S)+2HCl \longrightarrow ZnCl_2(G)+H_2Se(G)$ $ZnSe(S)+H_2(G) \longrightarrow Zn(G)+H_2Se(G)$		[87]
ZnS_xSe_{1-x}	I_2	源区：$ZnS+I_2(G) \longrightarrow ZnI_2(G)+\frac{1}{2}S_2(G)$ $ZnSe+I_2(G) \longrightarrow ZnI_2(G)+\frac{1}{2}Se_2(G)$ 生长界面：$2ZnI_2+xS_2+(1-x)Se_2 \longrightarrow$ $2ZnS_xSe_{1-x}+2I_2(G)$	$T_s=900℃$ $T_g=850℃、870℃$	[88]
FeS_2	Br_2	$S_2(G)+FeBr_3(G) \longrightarrow FeS_2+\frac{3}{2}Br_2(G)$	$T_g\approx700℃$ $\Delta T_g\approx100℃$	[89]
β-$FeSi_2$	I_2		$T_s\approx1050℃$ $T_g\approx650\sim950℃$	[90]
α-$VO(PO_3)_2$ 及 β-$VO(PO_3)_2$	$TeCl_4$		$T_s\approx950℃$ $T_g\approx900℃$	[91]
Pt	O_2	$Pt+O_2(G) \longrightarrow PtO_2(G)$	$T_s\approx900℃$ $T_g\approx800℃$	[92]
Rh	O_2	$Rh+O_2(G) \longrightarrow RhO_2(G)$	$T_s\approx900\sim1400℃$ $T_g\approx800℃$	[92]

注：T_g 为生长温度；T_s 为源区温度；ΔT_g 为源区与生长区的温差。

可以看出,化学气相输运生长过程的三个环节(即生长源的反应过程、气相输运过程和生长界面的合成反应过程)是串联的。在实际生长过程中,某一个或两个环节的反应速率决定着整体的速率。在化学气相输运法生长过程中,生长界面的合成反应与12.3.4节讨论的复杂体系合成反应生长过程是一致的,其特殊性主要在于源区的反应控制和气相输运过程控制。由于输运气体的引入,系统中的化学组成更加复杂,不同因素之间的化学平衡条件以及输运过程也将变得复杂。以下分别对该过程的热力学平衡特性和扩散动力学特性进行分析。

2. 化学气相输运法生长过程的热力学分析

以采用C作为输运剂的ZnO化学气相输运过程为例[67],将固体的C和多晶ZnO放置在图12-4(a)所示的封闭生长系统的源区。当将其加热到一定温度时,C与ZnO反应形成CO及CO_2,同时形成Zn气体。通常C和ZnO的气体分压很低,可以忽略。气氛中主要包含O_2、CO、CO_2及Zn 4种气体元素。所涉及的化学反应如下:

$$\left.\begin{aligned}&ZnO(S)+CO(G)=\!=\!=Zn(G)+CO_2(G)\\&ZnO(S)+C(S)=\!=\!=CO(G)+Zn(G)\\&ZnO(S)=\!=\!=Zn(G)+\frac{1}{2}O_2(G)\end{aligned}\right\}\tag{12-52}$$

对应于式(12-52)的平衡常数分别为

$$\left.\begin{aligned}&K_1=\frac{p_{Zn}p_{CO_2}}{p_{CO}}\\&K_2=p_{Zn}p_{CO}\\&K_3=p_{Zn}p_{O_2}^{\frac{1}{2}}\end{aligned}\right\}\tag{12-53}$$

根据O的守恒条件:

$$p_{Zn}=p_{CO}+2p_{CO_2}+2p_{O_2}\tag{12-54}$$

由式(12-53)及式(12-54)可以导出

$$p_{Zn}^3-K_2p_{Zn}-2(K_1K_2+K_3^2)=0\tag{12-55}$$

可以看出,只要确定出各个化学反应的平衡常数,则可以由式(12-55)计算出Zn的平衡气体分压p_{Zn}。然后将p_{Zn}代入式(12-53)中,可以进一步确定出气体组元的平衡气体分压p_{O_2}、p_{CO}及p_{CO_2}。由于化学反应的平衡常数是随温度变化的,因此,各组元的平衡气体分压也是温度的函数。Mikami等[67]获得的C作为输运剂的封闭体系ZnO晶体生长系统中,各组元的平衡气体分压随温度的变化如图12-35所示。可以看出,只要使生长源区的温度高于生长界面温度,则可在生长界面获得晶体生长所需要的过饱和度,实现晶体生长。该温差越大,生长过饱和度就越大,生长速率也随之增大。

在ZnSe单晶体的生长中,还可以采用以NH_4Cl为输运剂的CVT法生长。在该体

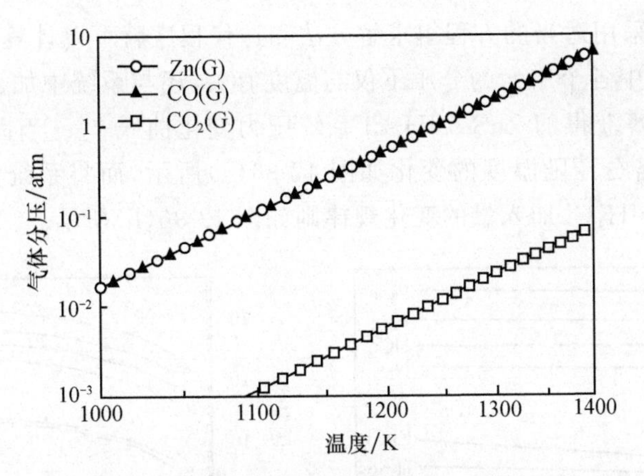

图 12-35　在以 C 作为输运剂的封闭体系 ZnO 晶体生长过程中，主要气相元素的平衡气体分压随温度的变化情况[67]

系中，NH_4Cl 在高温下将发生如下分解反应：

$$2NH_4Cl(S) \longrightarrow N_2(G) + 2HCl(G) + 3H_2(G) \tag{12-56}$$

式中，HCl 是起输运作用的物质。在生长条件下，HCl 与 ZnSe(S) 发生如下输运反应：

$$ZnSe(S) + 2HCl(G) \longrightarrow ZnCl_2(G) + H_2Se(G) \tag{12-57}$$

H_2Se 则可以进一步发生如下分解：

$$H_2Se(G) \longrightarrow H_2(G) + \frac{1}{2}Se_2(G) \tag{12-58}$$

根据 NH_4Cl 分解反应式(12-56)、HCl 输运反应式(12-57)和 H_2Se 分解反应式(12-58)及其反应平衡常数、质量守恒约束条件，采用数值计算的方法可计算 ZnSe-NH_4Cl 系统中各组分的分压及总压，主要的计算公式如下：

$$p_{N_2} + p_{HCl} + p_{ZnCl_2} + p_{H_2Se} + p_{H_2} + p_{Se_2} = p_{total} \tag{12-59}$$

$$\frac{p_{ZnCl_2}\, p_{H_2Se}}{p_{HCl}^2} = K_{P_1} \tag{12-60}$$

$$\frac{p_{H_2}\, p_{Se_2}^{\frac{1}{2}}}{p_{H_2Se}\, p_0^{\frac{1}{2}}} = K_{P_2} \tag{12-61}$$

$$p_{HCl} + 2p_{H_2Se} + 2p_{H_2} = p_H \tag{12-62}$$

$$p_{HCl} + 2p_{ZnCl_2} = p_{Cl} \tag{12-63}$$

$$\frac{p_{HCl} + 2p_{H_2Se} + 2p_{H_2}}{p_{HCl} + 2p_{ZnCl_2}} = [H/Cl] \tag{12-64}$$

式(12-59)是 Dalton 分压定律，其中 N_2 的压力 p_{N_2} 在给定温度和 NH_4Cl 浓度下为常数。式(12-60)和式(12-64)为平衡条件，其中 K_{P_1} 和 K_{P_2} 分别为 HCl 输运反应和 H_2Se 分解反应的平衡常数。式(12-62)和式(12-63)是以压力形式表示的 H 原子和 Cl 原子的质量守恒条件。式(12-64)是根据输运剂和添加剂确定的压力限制条件。以式(12-59)～

式(12-64)为基础，采用适当的方程组求解方法和迭代程序就可以计算出系统的总压和各组分的压力。系统中各个组元的分压不仅与温度有关，还与系统中加入的 NH_4Cl 的量有关。图 12-36 为计算获得的 ZnSe-NH_4Cl 系统压力变化曲线[86]。当固定 NH_4Cl 的加入量为 0.5mg/mL，各分压随温度的变化如图 12-36(a)所示，而将系统温度固定为 1200K 时，各组元分压随 NH_4Cl 加入量的变化规律则如图 12-36(b)所示。

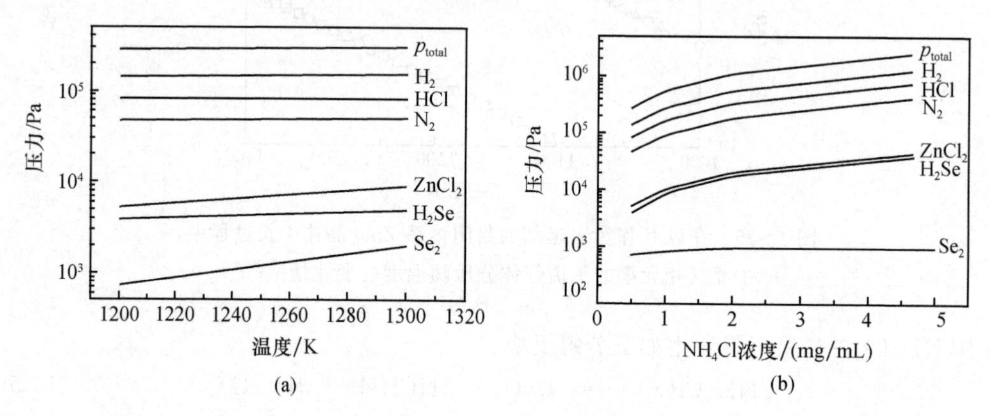

图 12-36　在以 $Zn(NH_4)_3Cl_5$ 为输运剂的封闭体系 ZnSe 晶体生长过程中，主要气相元素的平衡气体分压随温度及 NH_4Cl 加入量的变化规律[86]

(a) NH_4Cl 加入量为 0.5mg/mL 时压力随温度的变化；(b) $T=1200K$ 时系统压力随 NH_4Cl 浓度变化曲线

3. 化学气相输运法生长过程的扩散动力学

气相输运是控制 CVT 法晶体生长的关键环节。在总压很低的情况下，分子的平均自由程等于或大于容器的特征尺寸，几乎不发生分子碰撞，即输运是分子流控制的。当总压高于 10^{-3}atm 时，气体运动主要由扩散控制，而当总压高于 3atm 时，除扩散外还需考虑对流的作用。

仍以 C 作为输运剂的封闭体系 ZnO 晶体生长过程为例，根据 Mikami 等[67]的计算结果，在该生长系统中，气相中的其他气体含量很低，以 Zn 和 CO 气体为主。Zn 和 CO 二元耦合扩散速率可以表示为

$$J_D = N\frac{\Delta \ln K_2}{\Delta l}D_{Zn,CO}\frac{p_{Zn}p_{CO}}{(p_{Zn}-p_{CO})^2} \tag{12-65}$$

式中，N 为气体的摩尔密度；Δl 为生长源与生长界面的距离；$D_{Zn,CO}$ 为双原子气相扩散系数，可表示为

$$D_{Zn,CO} = \frac{0.0043T^{\frac{3}{2}}}{P(\bar{V}_{Zn}^{\frac{1}{3}}+\bar{V}_{CO}^{\frac{1}{3}})}\sqrt{\frac{1}{M_{Zn}}+\frac{1}{M_{CO}}} \tag{12-66}$$

其中，$\bar{V}_{Zn}=20.4cm^3/mol$ 和 $\bar{V}_{CO}=30.7cm^3/mol$，分别为 Zn 和 CO 的摩尔体积；$M_{Zn}=65.39g/mol$ 和 $M_{CO}=28.01g/mol$，分别为 Zn 和 CO 的摩尔质量。

在源区和生长区温差较大时，在大直径的闭管系统或开放生长系统中，需要考虑对流

的作用。根据对流产生的原因，可分为热对流、溶质对流和强制对流。对于闭管生长系统，只考虑热对流的作用就足够了。

Klosse 等[93] 在 1973 年提出了所谓的 K-U 模型。他们将热对流对晶体生长速率的贡献归纳为一个比例系数 K。考虑热对流时晶体生长总的速率(J_t)可表示为

$$J_t = (1 + K) J_D \tag{12-67}$$

式中，J_D 为由扩散机制决定的生长速率，而系数 K 由下式确定：

$$K = \left[\frac{A}{(Sc \times Gr)^2} + B\right]^{-1} \tag{12-68}$$

式中，A、B 为由图 12-37 给出的两个无量纲的常数；Sc 为 Schmidt 数；Gr 为 Grashof 数。

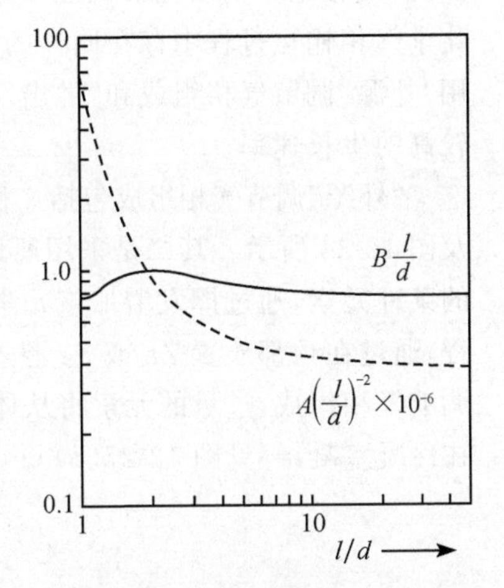

图 12-37　无量纲常数 A、B 与长径比(l/d)的关系[93]

4. 生长速率控制技术

气相生长的速率通常很低，晶体生长工作者希望通过改进工艺，在保证生长界面稳定的前提下获得较高的生长速率。从气相生长动力学角度分析，制约速率提高的因素有源区与生长区的温差和气相的化学比。

1) 温差的控制

维持一定的生长速率，需要系统能够保持稳定的温度差。维持温差的技术有气相提拉技术和变温控制技术(见图 12-38)[94,95]。

气相提拉法晶体生长过程中，必须维持温度场恒定，同时移动坩埚，使生长界面保持在一个固定的位置。只要使坩埚提拉速率与晶体生长速率一致就可以维持稳定的温差和恒定的生长温度(见图 12-38(a))。

在变温控制技术中，坩埚位置固定不变。随着晶体的生长，不断降低控温点的温度，使温差保持稳定，如图 12-38(b)中的温度变化曲线。在生长初期，生长界面位于坩埚尖端，采用曲线 1 所示的温度场。随着生长过程的进行，结晶界面下移动，与之对应，使控温按照曲线 2 至 3 所示的规律变化，则可保持生长界面温度的恒定。

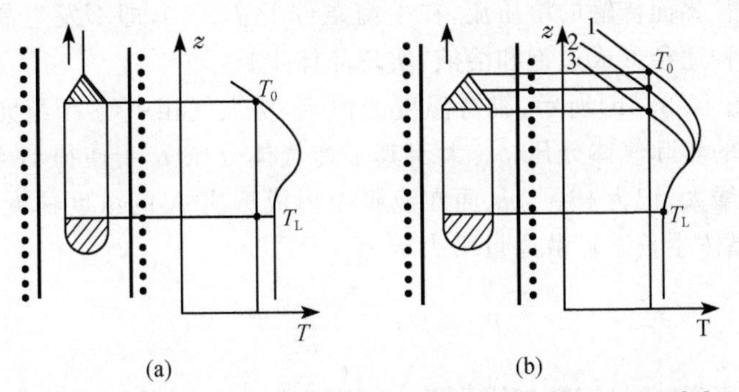

图 12-38　提拉法与变温法控制温差技术基本原理示意图[95]

(a) 提拉法；(b) 变温法

2）气相化学比的控制

气相中组分化学比是影响晶体生长速率的主要因素。动力学分析表明，随着气相中的化学比逐渐偏离标准化学计量比，晶体生长速率明显降低[96~99]。对于$A^{I}B^{VI}$型化合物半导体晶体气相生长而言，若采用 PVT 技术，分解-化合反应如下：

$$AB(S) \longrightarrow A(G)+\frac{1}{2}B_2(G) \tag{12-69}$$

AB 晶体生长时，晶体是按 A、B_2 分子比为 2∶1 的关系从气相中“吸取”A 和 B 组分的。当某一组分过量，即偏离化学比时，少量的组分要穿过过量组分扩散才能到达生长界面。因此，气相组分偏离化学比会导致生长速率降低，严重偏离时甚至无法实现晶体生长。在化学气相输运过程中存在同样的问题。为了减小化学比偏离对生长速率的影响，主要采用“外源”调节气相组成和“溢出”过量组分的方式调控系统内的化学比，从而使系统具有较高的生长速率。

“外源”调节气相组成包括 3 种方式，其一是直接进行气体成分的独立控制，如图 12-33 及图 12-34 所示。其二是采用所谓的“补偿源”方式，即在生长系统中放置温度独立控制的某种元素，通过挥发增加该元素在气相中的气体分压。如图 12-19 所示的 ZnSe 生长过程，通过在顶部放置 Zn 或 Se 源进行气相组分控制。其三是采用“溢出”过量组分的方式调节气相组成，过量的元素将从体系中排出（见图 12-27(a)和图 12-31），或过量的元素将在冷凝室凝结（见图 12-27(b)）。

12.4 其他气相生长方法简介

12.4.1 气-液-固法

气-液-固法是通过控制气相、液相和固相的三相平衡条件实现气相原子向液相中溶解，形成过饱和溶液，再从溶液中生长出晶体的过程。以单质的气-液-固法生长过程为例，可以采用图 12-39 说明其生长过程的原理。A 为拟生长的晶体元素，B 为与晶体接触的、适合于该晶体生长的溶剂，其厚度为 δ。在溶剂的表面是晶体生长原料形成的气氛，成分仍为 A。在平衡条件下，与晶体平衡的 A 组元的平衡气体分压为 p_{A0}。同时，液膜中 A 组元的浓度 w_A 恒等于与气体分压 p_{A0} 平衡的溶解度 w_{A0}，如图 12-39(a)所示。设 J_A 为通过液膜向生长界面传输的溶质流，在平衡条件下 $J_A=0$，即不发生晶体生长。此时，可以通过如下两种途径形成过饱和溶液，实现晶体生长：

途径一：如图 12-39(b)所示，维持温度的恒定，增大气相中的 A 组元分压，从而使液相与气相界面上的实际气体分压 p_{A1} 大于其平衡气体分压 p_{A0}，使得 A 组元在液膜中气相一侧的溶解度增大，记为 w_{A1}。从而在液膜中形成溶质 A 的浓度梯度，组元 A 向生长界面扩散，实现晶体生长。扩散通量可表示为

$$J_A=D_A\frac{w_{A1}-w_{A0}}{\delta} \tag{12-70}$$

根据相平衡原理，通过调整气体分压 p_{A1} 则可改变 w_{A1}，同时控制液膜厚度 δ，则可实现对溶质通量的控制，从而控制生长速率。

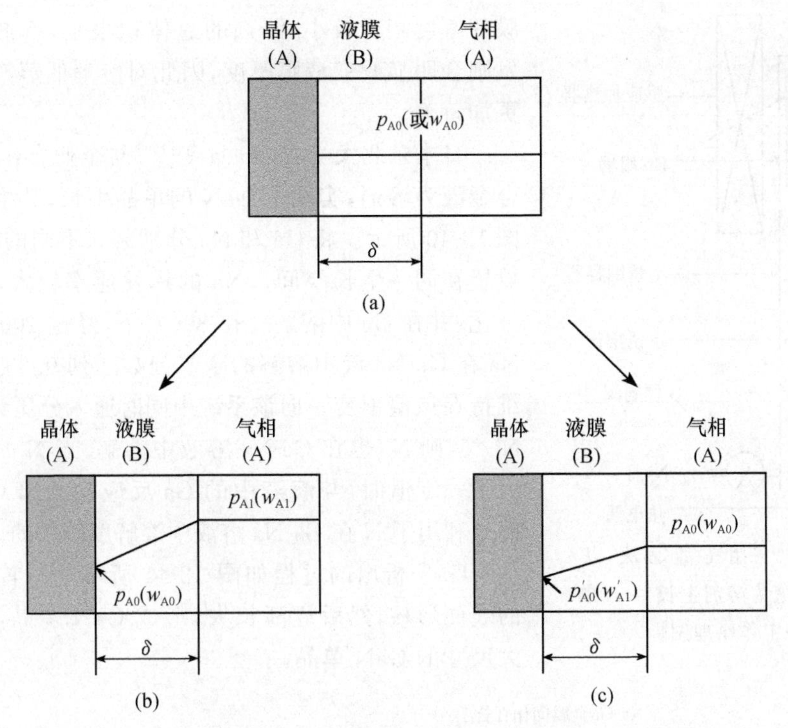

图 12-39　气-液-固法晶体生长的原理

(a) 平衡状态；(b) 增大气相气体分压实现生长；(c) 降低温度实现晶体生长

途径二：如图 12-39(c)所示，维持气相的气体分压 p_{A0} 不变，降低系统的温度(设降至 T')，与晶体平衡的气体分压随之降低至 p'_{A0}。此时，在液膜中气相一侧的溶质浓度不变，维持为 w_{A0}，但生长界面上的溶质浓度处于过饱和状态，而发生生长，使其浓度降低到温度 T' 下的平衡浓度 w'_{A0}。随后，在液膜中形成稳定的浓度梯度，导致溶质的扩散，实现晶体生长。控制生长的扩散通量可表示为

$$J' = D_A \frac{w_{A0} - w'_{A0}}{\delta} \tag{12-71}$$

通过以上分析可以看出，气-液-固法晶体生长过程实际上是由 3 个环节控制的，即气相原子或分子向溶液(即液膜)中的溶解过程，溶质在液膜中的扩散过程和溶质在结晶界面上的生长过程。其中溶质在结晶界面生长是一个溶液法生长过程，可以按照第 11 章分析的相关原理进行讨论。气相的溶解过程是由气体分子运动行为控制的，在气体分压不是很高的情况下，气体分子按照 Brown 运动的原理控制。可以认为碰撞到液膜表面的原子或分子均会被液相俘获。

在液膜中的扩散通常是气-液-固法晶体生长过程的控制性环节。由于在实际应用中的液膜厚度较小，可以近似认为溶质在其中的分布是线性的，则可以按照式(12-70)和式(12-71)所示的扩散方程分析。

可以看出，与其他溶液法晶体生长过程相似，液膜选用的溶剂是实现气-液-固法晶体生长的一个关键因素，其溶剂的选择可按照第 11 章中所讨论的对溶剂要求进行选择。液

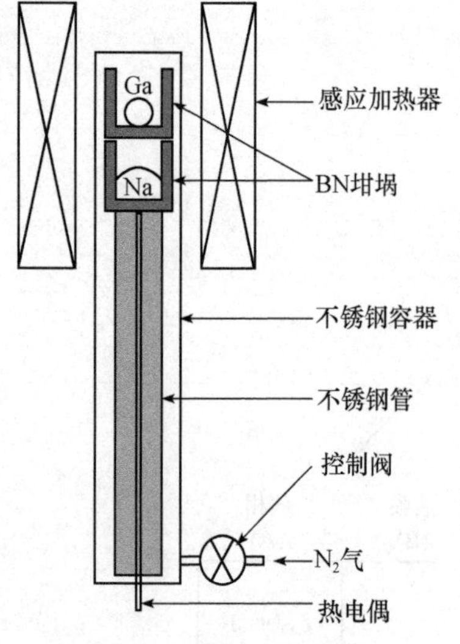

图 12-40 采用气-液-固法，以 Ga-Na 溶液为溶剂生长 GaN 的设备工作原理图[100]

膜的厚度相对较小，溶剂的总体积很小，溶剂的少量挥发则会明显改变液膜厚度，因此对溶剂低蒸汽压的要求更加苛刻。

日本东北大学 Yamada 等[100]与企业合作，以 Ga-Na 合金液为溶剂，实现了 GaN 的单晶生长，其生长方法如图 12-40 所示。将 Ga 和 Na 分别装入不同的坩埚中，并放置在同一生长空间。Na 的挥发速率较大，因此很快气化，并在 Ga 中溶解。在 800℃下，经过 100h 保温后，Na 在 Ga-Na 液中溶解的摩尔分数达到 0.39～0.43，并维持在该值不变。向该系统中同时通入分压为 5MPa 的 N_2 气，则 N_2 也在 Ga-Na 溶液中溶解，当 N 的溶解浓度大于一定值时，与溶液中的 Ga 反应生长出 GaN 晶体。此处利用了 N 在 Ga-Na 溶液中溶解度较大的原理。

GaN 析出的过程如图 12-41 所示[101]，首先在溶液的表面形核，然后逐渐长大，形成 GaN 多晶，其中包含大尺寸的 GaN 单晶。

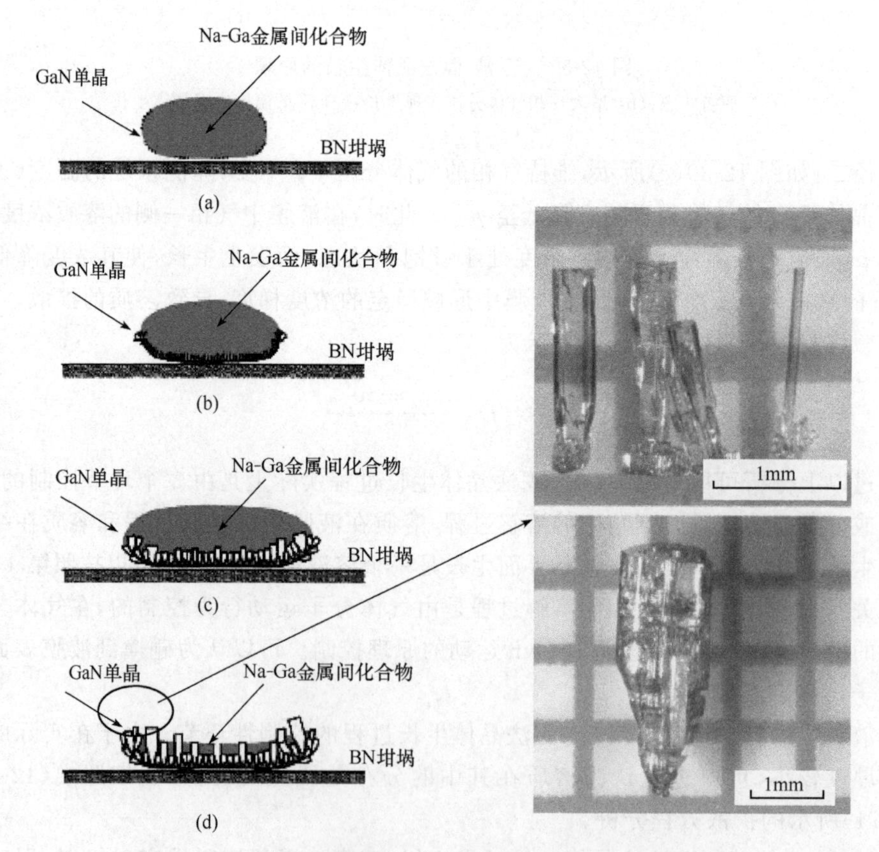

图 12-41 采用气-液-固法，在 Ga-Na 溶液中生长的 GaN[101]

(a) 50h；(b) 75h；(c) 100h；(d) 200h

采用适当的溶液可以实现更复杂的化合物晶体的生长。

Matsumoto 等[102]和 Yun 等[103]以 Ba-Cu-O 溶液为溶剂，成功进行了 $NdBa_2Cu_3O_{7-x}$ (Nd123)薄膜的生长，生长过程如图 12-42 所示。第一步，采用气相沉积方法在衬底表面沉积一层 Nd123，直接由气相沉积的 Nd123 可能是非致密的。第二步，在该薄膜上沉积熔点较低的 Ba-Cu-O 溶液，形成液膜。第三步，向该液膜中溶解 Nd123 的组成元素，形成 Ba-Cu-O 溶液的过饱和溶液。Nd123 依附于底层的 Nd123 外延生长，形成高质量的 Nd123 致密薄膜。冷却至室温后，将表面凝固的 Ba-Cu-O 除去，则可获得高质量的 Nd123 薄膜。

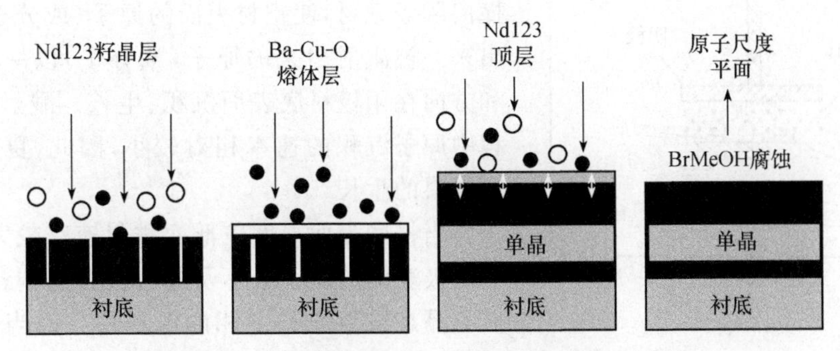

图 12-42　气-液-固法生长 Nd123 薄膜的过程[102]

Lorenzzi 等[104]以 $Si_{50}Ge_{50}$ 为溶剂，在 4H-SiC 衬底上外延出 3C-SiC。其中 SiC 通过气相挥发提供，外延生长温度在 1300 ～1450℃范围变化。当温度达到 1450 °C 时，外延生长速度明显加快，并获得图 12-43 所示的 3C-SiC 外延层。

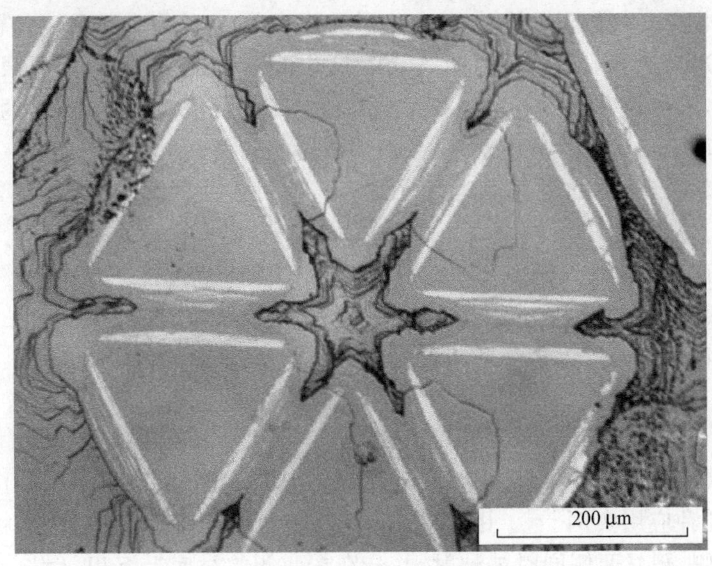

图 12-43　4H-SiC 衬底，$Si_{50}Ge_{50}$ 液膜下气-液-固法外延生长的 3C-SiC 晶体[104]

12.4.2　溅射法晶体生长技术的基本原理

溅射法是利用荷电离子在加速电场作用下轰击靶材，使靶材中的原子被溅射出来，并在衬底上沉积，实现晶体生长的技术。溅射装置的工作原理如图 12-44 所示，将被沉积的原料制成阴极靶材，而将沉积生长的衬底固定在阳极。在两极之间加上高电压，使两极间的气体被击穿，发生辉光放电。气体电离形成的带正电荷的离子被加速，撞向阴极靶材，使靶材表面的原子(或分子)被溅射出来。被溅射出来的原子(或分子)以一定的速度和方向在阳极衬底表面沉积、生长。溅射法生长过程中原子沉积的速率相对较小，因此，更适合于薄膜材料的生长。

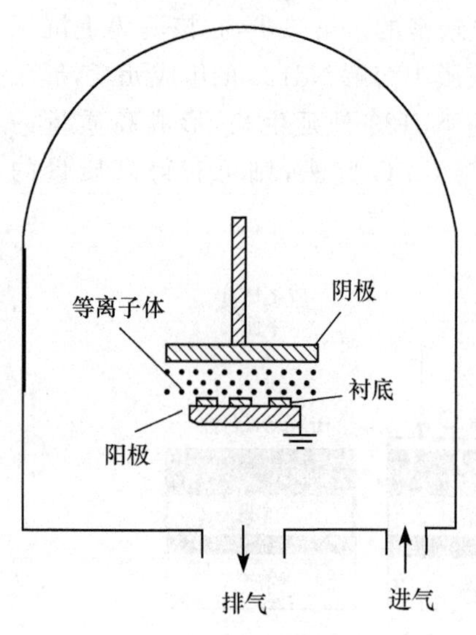

图 12-44　溅射法晶体生长的基本原理[105]

当衬底表面温度较低而溅射速率较大时，沉积在阳极表面的原子来不及进行位置的调整，可能形成非晶态或者亚稳定相的沉积层。而当衬底表面温度较高、沉积速率较小时，则可能直接结晶成为晶体。非晶态相或亚稳定相沉积层可以通过后续的热处理进行晶化。

评价溅射速率的参数是溅射率，又称为溅射系数，定义为正离子轰击靶材时平均每个正离子能从靶材中轰击出的原子数，常用 S 表示。影响溅射率的主要因素如下：

(1) 溅射电压。在电压很低时，荷电离子的速率太小，其能量不足以使靶材中的原子被轰击出来。通常把溅射率为零时的离子最大能量称为界限能。高于界限能时，随着入射电压的增大，溅射速率增大。但当溅射电压超过一定数值时，荷电离子的能量过大，将会嵌入靶材中而不会将靶材溅射出来，从而使得溅射率减小。

(2) 溅射离子入射方向。通常当溅射离子与靶材表面的夹角为 60°～70°时，溅射率最大。

(3) 溅射原子。随着入射原子序数的增大，溅射率呈周期性变化，惰性气体的溅射速率较大，通常采用 Ar 离子作为入射离子。

采用多种控制技术可以进行不同材料的溅射生长，并提高沉积效率。

1. 溅射靶材结构的设计

通过改变靶材结构以及与沉积衬底之间的位向关系，可以实现不同的沉积方式。图 12-45 所示为几种应用实例[105]。图 12-45(a)中，靶材位于中间，而将两个相向的沉积衬底放置在其两侧，靶材两侧同时被溅射，并分别在两侧的衬底上沉积、生长。图 12-45(b)则是将衬底放置在中间，而将靶材放置在两边，在沉积衬底的两个侧面同时形成沉积层。图 12-45(c)则采用倾斜放置的靶材进行溅射原子方向的控制，实现沉积速率和沉积层质量的控制。

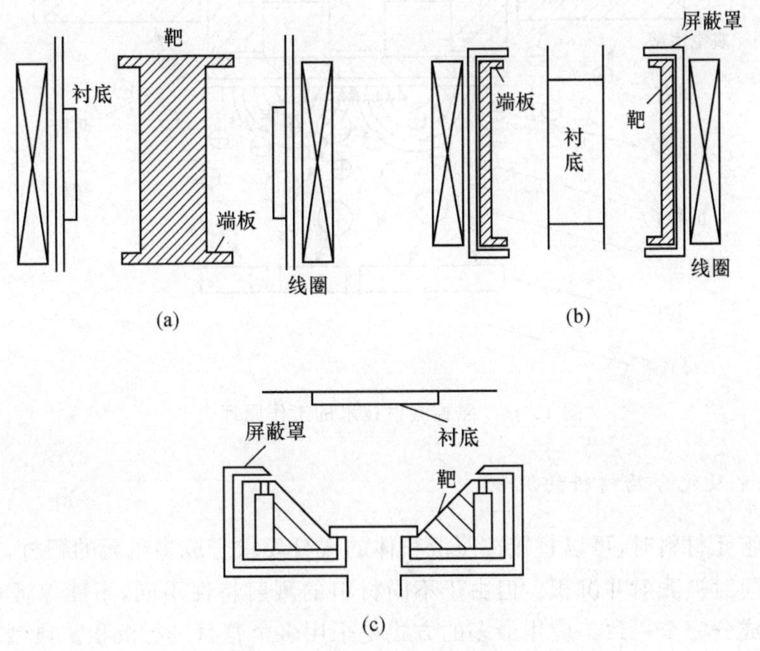

图 12-45　几种溅射生长方法[105]

2. 射频溅射

在溅射靶上施加射频电压进行溅射的技术称为射频溅射。它适合于各种金属和非金属元素的溅射。采用射频电压可以使阴极和阳极之间的电子在被阳极吸收之前在阳极和阴极之间振荡，从而有更多的机会与两个极板之间的气体发生碰撞，使其充分电离，提高电离效率，使溅射速率增大，溅射效率提高。溅射过程中采用的射频电源的频率一般在5～30MHz，而采用最多的是美国联邦通信委员会建议的13.56MHz。

采用射频溅射可以在低至2×10^{-2}Pa的低气压下进行溅射。低气压下溅射可以减少被溅射的原子(或分子)与气体原子或离子在空间的碰撞概率，有利于提高溅射效率。

3. 磁控溅射

磁控溅射是采用外加的、与电场方向正交的磁场对电子运动进行控制的技术，其结构如图12-46所示。溅射产生的二次电子在阴极附近被加速为高能电子，但它们不能直接飞向阳极，而是在电场和磁场的联合作用下进行近似摆线的运动。在该运动过程中不断与气体分子碰撞，促使气相中的分子进一步发生电离。这些电子可以漂移到阴极附近的辅助阳极，避免对阳极衬底表面的直接轰击。因此，采用磁控技术不仅可以提高溅射率，还可以避免电子对阳极表面的轰击而引起表面的加热。

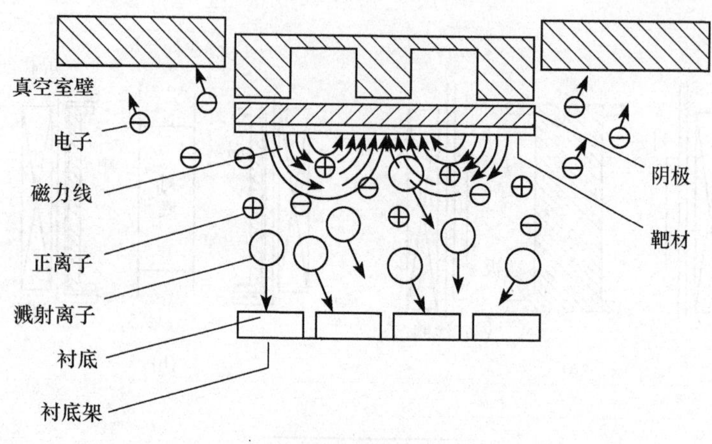

图 12-46　磁控溅射技术的工作原理[105]

4. 多组元及化合物材料的沉积

沉积多组元材料时，可以直接按照沉积体的成分要求合成多组元的靶材，在沉积过程中使各组元同时被溅射并沉积。但由于不同材料的溅射特性不同，不能保证所沉积的材料与靶材的成分完全一致。应用最多的方式是采用多个靶材进行沉积。典型溅射设备采用 4 个均匀分布的靶材，每个靶材可选用不同的单质材料，通过转动沉积衬底托盘在靶材上沉积不同的材料。通过控制沉积率和在各个靶材上沉积的时间，可以进行沉积层平均成分的控制，并获得不同材料构成的多层结构。该多层结构也可以通过随后的热处理实现互扩散，获得均匀的多组元材料。

当拟沉积的化合物材料中，其中一个或多个组元为气体时，可以采用向沉积室通入气体的方式，使气体与由靶材溅射出的元素在沉积表面反应，获得化合物沉积层。

采用溅射技术进行不同材料生长的应用实例如表 12-5 所示。

表 12-5　典型溅射生长技术应用实例

晶体材料	生长方法	生长源	气　氛	衬　底	工艺参数	文　献
Cu_3N	射频磁控溅射	纯 Cu	$Ar+N_2$ 混合气体	玻璃	靶-源距离：6cm 本底压力：10^{-3}Pa 工作压力：1Pa N_2 分压：0.2Pa 衬底温度：150℃	[106]
〈001〉取向多晶 Cu_3N 薄膜	直流溅射	纯 Cu	$Ar+N_2$ 混合气体	Si〈001〉氧化层	直流偏压：0.5kV 及 2kV 靶-源距离：8cm 溅射工作压力（N_2 及 Ar 总压）：0.8Pa	[107]
$LiTaO_3$	射频磁控溅射	Li_2O_2、Ta_2O_5 混合粉体热压锭	$Ar+O_2$ 混合气体	RuO_2	生长温度：100～400℃ 退火温度：650℃ 靶-源距离：5cm	[108]
〈100〉取向 $LaNiO_{3-\delta}$ 薄膜	射频溅射	$LaNiO_3$	Ar 气	Si 单晶	衬底温度：400～800℃ 本底真空度：2×10^{-4}Pa Ar 气压力：4Pa	[109]

续表

晶体材料	生长方法	生长源	气 氛	衬 底	工艺参数	文 献
ZnO	射频磁控溅射	Zn	Ar+O_2混合气体	刚玉	本底真空度:10^{-3}Pa 工作真空度:1Pa 衬底温度:300~600℃	[110]
AlN	射频磁控溅射	Al	Ar+N_2混合气体	[001]取向单晶 Si	靶-源距离:150mm N_2 含量:75% 溅射工作压力:0.2~5Pa 衬底温度:50℃	[111]
ZnO:Ga薄膜	直流磁控溅射	Zn-Ga合金	Ar+O_2混合气体	玻璃	靶-源距离:6cm 本底压力:3×10^{-3}Pa 溅射工作压力:1Pa 衬底温度:300℃	[112]
$(Pb_{0.9}La_{0.1})TiO_3$ 厚膜	射频磁控溅射	PLT 和 PbO	Ar+O_2混合气体	Si(100)晶片	溅射工作压力:2Pa O_2 含量:20% 衬底温度:450℃ 退火温度:600℃	[113]
TiO_2 薄膜	直流磁控溅射	Ti	Ar+O_2混合气体	Si(100)晶片	靶-源距离:7cm 本底压力:1×10^{-3}Pa O_2 含量:20% 衬底温度:450℃ 退火温度:600℃	[114]
ZrN(111)薄膜	直流反应溅射	Zr	Ar+N_2混合气体	Si(111)晶片	靶-源距离:4.5cm 本底压力:3×10^{-8}torr 溅射工作压力:2×10^{-3}torr 衬底温度:500℃	[115]
ZnMgO/ZnO	射频磁控溅射	Zn/ZnMg	Ar+O_2混合气体	Al_2O_3(0001)	靶-源距离:4.5cm 本底压力:10^{-5}torr 溅射工作压力:1mtorr 衬底温度:600~700℃	[116]
掺 Al 的 ZnO	直流磁控溅射	ZnO+Al_2O_3混合物	Ar 气	玻璃	靶-源距离:4.5cm 本底压力:5×10^{-6}torr 溅射工作压力:5mtorr 衬底温度:400℃	[117]
掺 Al 的 ZnO	射频磁控共沉积	ZnO 靶+Al 靶	Ar 气	玻璃	靶-源距离:5cm 本底压力:7.5×10^{-4}Pa 溅射工作压力:0.67Pa 衬底温度:400℃	[118]
掺 Al 的 ZnO	中频磁控溅射	Zn-Al 合金	Ar+O_2混合气体	玻璃	靶-源距离:6.8cm 本底压力:2×10^{-4}Pa 溅射工作压力:0.23Pa/0.92Pa 衬底温度:200℃	[119]、[120]
掺 Ga 的 ZnO	射频磁控溅射	ZnO 与 Ga_2O_3 粉末混合烧结体	Ar 气	玻璃	靶-源距离:5cm 本底压力:8×10^{-4}Pa 衬底温度:室温	[121]

续表

晶体材料	生长方法	生长源	气　氛	衬　底	工艺参数	文　献
CeO_2	直流磁控溅射	纯 Ce	$Ar+O_2$ 混合气体	Si(100)	靶-源距离：5.08cm 或 20cm 本底压力：2×10^{-7}Pa 溅射工作压力：0.13Pa 衬底温度：室温	[122]
$Zn_{1-x}Mg_xO$	直流反应溅射	Al-Mg 复合材料	$Ar+O_2$ 混合气体	Al_2O_3 (1000)	靶-源距离：7cm 本底压力：10^{-4}Pa 溅射工作压力：0.2Pa 衬底温度：200℃	[123]
TiO_2 薄膜	射频磁控溅射	TiO_2	Ar 气	刚玉(110) 或 $SrTiO_3$ (100)	靶-源距离：15cm 本底压力：2×10^{-6}Pa 溅射工作压力：0.1～0.25Pa 衬底温度：300～600℃	[124]

12.4.3　分子束外延生长技术的基本原理

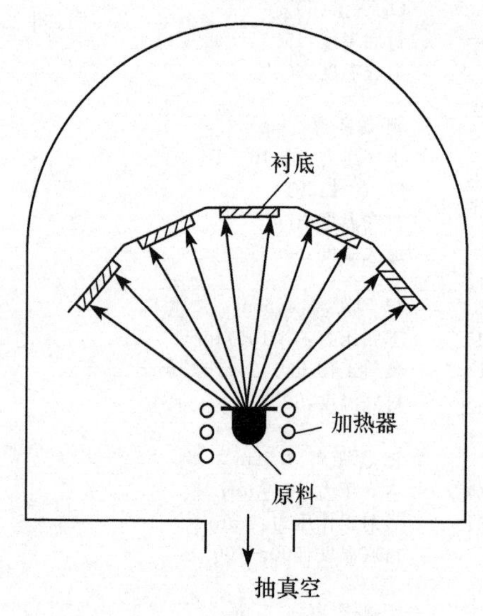

图 12-47　分子束外延生长的基本原理[125]

分子束外延(MEB)的工作原理如图 12-47[125]所示。分子束源放置在可以快速开关和温度精确控制的容器(称为 Knudsen 单元)中，其开口正对衬底，分子束源与衬底同时置于真空室内，通常要求真空室的真空度达到 10^{-8}Pa 以下。在如此高的真空度下，当分子束源的窗口打开时，由分子束源逸出的原子或分子受到气体分子碰撞的概率极低，可以直接喷射到衬底上。通过对分子束源温度的控制，可以控制其气体分压，从而调节其分子束流的流量，而控制窗口的开关时间可控制分子束流喷射的时间。采用 MBE 技术可以获得极低的生长速率，甚至从原子层数的尺度上实现生长速率的精确控制。在图 12-47 所示的设备中，可以在多个衬底上同时生长出外延薄膜。

最早关于 MBE 技术的报道见于 20 世纪 60 年代中期。Joyce 和 Bradley[126]以 SiH_4 为分子束源，进行了 Si 晶体外延薄膜的生长。该方法当时并不是作为一种晶体生长技术提出来的，而是用来研究形核特性[127,128]以及堆垛层错和微孪晶的[129]，其生长速率控制在了每秒钟 0.01 原子层以下[130]。而 MBE 这一名词则是于 1970 年首先出现在 Cho[131]发表的论文中。它们采用该方法进行了 GaAs 晶体的生长，最初也不是作为一种晶体生长方法提出来的，而是为了研究 Ga 和 As_4 与 GaAs 表面的交互作用原理及其对晶体表面结构的影响设计的实验。

20 世纪 80 年代末到 90 年代，MBE 技术得到了迅速发展，其主要技术进步体现在以下几个方面。

1. 多层膜和超结构生长技术

MBE 最重要的特点是，通过对分子束源的精确开关控制，在原子层尺度上进行生长过程控制，实现单原子层的生长。利用这一特点，采用多个不同元素的分子束源的交替开关控制，可进行不同成分(或结构)的多层薄膜生长。由两种或多种不同结构与成分的薄膜交替生长，每层薄膜控制在若干原子层的厚度，则可获得超结构复合膜。由Ⅲ-Ⅴ族或Ⅱ-Ⅵ族化合物半导体形成的这种超结构通常具有特殊的电学、光学和光电子特性，是发展量子阱器件的基础。正是这一重要的应用背景，使得分子束外延技术获得强大的生命力，成为材料科学领域的一项前沿技术。

图 12-48 所示为多分子束源的 MBE 设备工作原理图[105]。当将两个或两个以上的分子束源同时打开时可以外延生长多组元的薄膜。如果按照设定的程序对不同束源进行开关控制，则可以获得任意的多层薄膜结构。

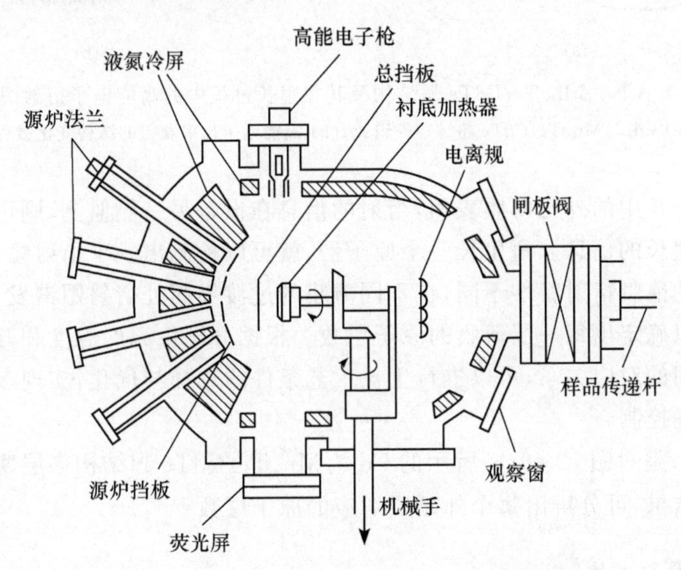

图 12-48　多分子束源的 MBE 设备工作原理图[105]

图 12-49(a)是 $Cd_{1-x}Mn_xTe/CdTe$ 超结构多层薄膜生长过程的实例[132]。该多层膜的生长采用 GaAs 晶片作为外延衬底。首先打开 Cd 源和 Te 源连续生长出 400nm 厚的 CdTe 缓冲层。然后，同时打开 Cd、Mn 和 Te 源连续生长约 1μm 厚的 $Cd_{1-x}Mn_xTe$ 缓冲层。在该缓冲层之后保持 Cd 源和 Te 源为常开状态，而定期开关 Mn 源，则可获得 $Cd_{1-x}Mn_xTe/CdTe$ 超结构。在完成了 30 个周期的超结构生长后，在其表面覆盖一层 $Cd_{1-x}Mn_xTe$ 保护层，完成了该超结构的制备。

2. 高能电子束衍射原位监测技术

采用高能电子衍射技术对 MBE 过程进行实时观察，可以获得外延薄膜精细结构的信息，其工作原理如图 12-48 所示。在设备的一侧安装高能电子枪发射电子束，电子束以

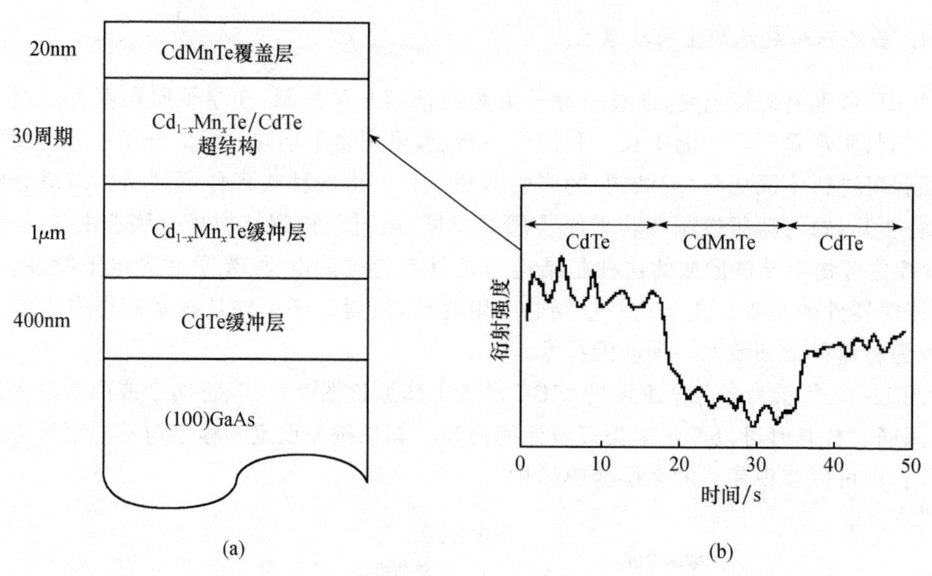

图 12-49　$Cd_{1-x}Mn_xTe/CdTe$ 超结构及其在生长过程中的高能电子衍射图谱[132]

(a) $Cd_{1-x}Mn_xTe/CdTe$ 超结构的组成；(b) 高能电子衍射获得的结构变化过程

小角度投射到生长中的外延薄膜表面，衍射的信息在设备另一侧监测，则可获得生长过程中原子层逐层生长的信息。每生长一个原子层，就可以检测出一个衍射峰。同时，由于不同成分或结构的薄膜衍射特性不同，在不同薄膜的过渡界面处衍射图谱发生阶跃。因此，采用该技术可以确定出每一层薄膜的原子层数。根据分子束源的温度和开关时间与生长的原子层数之间的对应关系，可以进行生长工艺条件的选择与优化，实现多层薄膜结构与原子层数的精确控制。

图 12-49(b)是对图 12-49(a)所示的 $Cd_{1-x}Mn_xTe/CdTe$ 超结构多层薄膜生长过程高能电子衍射的结果，可分辨出每个外延层对应的原子层数[132]。

3. 分子束源的发展

分子束源是 MBE 技术发展的核心技术之一。分子束源开关阀的开关性能对生长过程的影响是至关重要的。理想的开关应该具有极快的开关速度。

典型的Ⅲ-Ⅵ族化合物和Ⅱ-Ⅵ组化合物生长过程要求的生长源的温度在数十至数百摄氏度，需要对分子束源进行加热并进行精确的温度控制。而对于蒸汽压很高的材料，如含 Hg 材料，需要对其制冷才能获得适合于生长的蒸汽压。采用制冷分子束源在技术上的难度将更大。这一问题已经得到很好的解决，并已经开发出工程化的设备。

分子束源的另一个重要进展是发展气体分子束源。采用气体分子束源最初的设想是为了解决Ⅲ-Ⅴ族化合物在生长过程中Ⅲ族元素 As 及 P 等容易形成双原子或多原子分子而影响结晶质量的问题提出来的。实验证明，4 原子分子 As_4 在生长表面沉积时会在晶体中引入大量的点缺陷。Calawa 等[133]和 Panish 等[134]采用金属有机物束源 AsH_3 和 PH_3 代替固体 As 和 P 源，形成了所谓金属有机物分子束外延技术(即 MOMBE)。然而，由于该技术生长界面存在化学反应过程而影响晶体的完整性，因而并未显示出优越性，没有得到发展。近年来，气体分子束源的发展则是与氮化物的生长技术相关的。GaN 和 AlN 成为近年来材料科学领域研究的热点课题，人们尝试采用 MBE 技术进行单层或多层氮化物薄膜的生长，而采用气相分子束源是提供 N 源的唯一途径。

4. 离子束流的调控

MBE 生长的另外一个技术是分子束流调节技术，该技术通过对化合物晶体生长过程中阴离子和阳离子束流通量的调控，提高沉积离子在生长表面上的迁移速率[135,136]。在化合物晶体外延生长过程中，当表面阳离子含量较低时，阴离子的迁移速率将明显加快，而阴离子的含量较低时，阳离子的迁移速率加快。原子迁移速率的提高有利于生长表面原子位置的调整，从而提高晶体材料的结构完整性。比如，Kawaharazuka 等[137]在 GaAs 晶体的 MBE 生长中，交替地进行 Ga 和 As 的沉积，衬底温度控制为 590℃。每个生长周期先打开 Ga 源沉积 1s，再进行 1.5s 的退火，使 Ga 原子在界面上充分迁移。然后，打开 As 源进行 2s 的沉积，再进行 0.5s 的退火使 As 充分迁移。每个生长周期可以生长 0.3 个原子层的距离。采用这种分别沉积的方法可以大大提高沉积层的结晶质量。这一方法被称为迁移强化外延技术（migration-enhanced epitaxy，MEE），并在实际中得到广泛应用。

在 MBE 生长的过程中，如果在衬底表面覆盖掩模，则可实现选择性的外延生长而获得一定的生长图案[138]。

5. 工业化 MBE 技术

实现 MBE 技术的工业化生产需要大幅度提高其工作效率。在 MBE 生长过程中，消耗时间最长的是高真空度建立的过程。如果采用单一的样品室，则在完成一次实验后，样品的更换过程需要破真空，而真空度的重新建立将是一个很长的周期。因此，典型的 MBE 生长设备都有若干个样品室。除了生长室以外，通常有一个准备室。准备室通过阀门与生长室连接。在准备室内存放大量的外延衬底，并维持一个较高的真空度。每完成一个样品的外延生长后，将生长室与准备室的阀门打开，将样品退回到准备室，并将另外一个外延衬底送入生长室准备生长。当样品送入生长室后，再次将生长室与准备室之间的阀门关闭。此时，生长室内的真空度与准备室相同。然后，在此真空度的基础上，仅需要较短的时间则可将生长室抽到外延生长所需要的真空度，可以大大节省生长室高真空建立所需要的时间。

12.4.4 MOCVD 生长技术的基本原理

MOCVD 技术的基本原理如图 12-50 所示[105]。首先将用于生长的原料与其他物质合成为复杂成分的气体。其中对于第Ⅲ族的 Ga、In、Al 等，通常与甲烷合成为三甲基（TM）金属有机物作为气相生长的正离子源，如 TMGa、TMIn、TMAl。而第Ⅴ族的 P、As 等则与 H_2 气反应形成氢化物 PH_3、AsH_3 等。所合成的这些化合物可能为气态、液态或固态。通过升温可以使其气化,并对其气体分压进行控制。将不同气体按照一定的比例混合,通入生长室中,在一定的温度下使其发生反应,则可实现化合物晶体生长。其中每一个气源的开关和气体的压力可以独立控制,从而可以对混合气体的组成及各组元的分压进行实时调节。

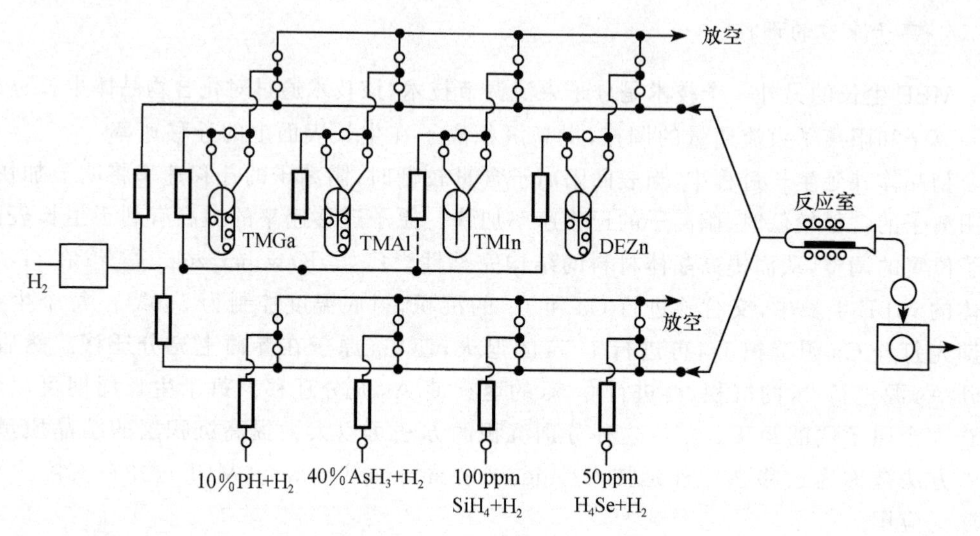

图 12-50 用于Ⅲ-Ⅴ族化合物晶体生长的 MOCVD 设备工作原理示意图[105]

MOCVD 技术的发展是从 GaAs 晶体生长开始的[139]。当将 TMGa 和 AsH_3 气源同时打开时,可以通过如下反应形成 GaAs:

$$TMGa + AsH_3 \longrightarrow GaAs + CH_4(G) \tag{12-72}$$

MOCVD 晶体生长的核心技术包括以下几个方面:

1. 气源的制备与混合气体成分控制

在 MOCVD 法晶体生长中,首先需要设计并合成出携带不同生长元素的合适气源。目前广泛采用的、可提供不同生长元素的典型气源及其主要性能如表 12-6 所示。

表 12-6 MOCVD 法晶体生长过程主要元素的气源及其性能[140]

生长元素	气源的化学式及名称	常温状态	气体分压常数①	
			A	*B*
Zn	$Zn(CH_3)_3$,DMZn	液态	1560	9.925
Zn	$Zn(C_2H_5)_2$,DEZn	液态	2190	10.404
Cd	$Cd(CH_3)_2$,DMCd	液态	1850	9.888
Hg	$Hg(CH_3)_2$,DMHg	液态	1750	9.699
Al	$Al_2(CH_3)_6$,TMAl	液态	2134.8	10.348

续表

生长元素	气源的化学式及名称	常温状态	气体分压常数①	
			A	B
Al	$Al(C_2H_5)_3$，TEAl	液态	$2361\dfrac{T}{T-73.82}$	11.123
Ga	$Ga(CH_3)_3$，TMGa	液态	1703	10.184
Ga	$Ga(C_2H_5)_3$，TEGa	液态	2222	10.348
In	$In(CH_3)_3$，TMIn	固态	3014	12.644
In	$In(C_2H_5)_3$，TEIn	液态	2815	11.054
P	PH_3	气态		
P	$H_2PC(CH_3)_3$，TBP	液态	1562.3	9.709
As	AsH_3	气态		
As	$H_2AsC(CH_3)_3$，TBAs	液态	1562	9.624
Sb	$Sb(CH_3)_3$，TMSb	液态	1697	9.831
Se	$Se(C_2H_5)_3$，TESe	液态	1924	10.029
Te	$Te(C_2H_5)_3$，TETe	液态	2093	10.114
Te	$Te(CH(CH_3)_2)_2$，i-Pr_2Te	液态	2309	10.412
Si[140]	$(C_4H_9)_2SiH_2$，DTBSi	液态	2321	6.706

① $\lg p(\mathrm{Pa})=B-A/T(\mathrm{K})$。

每一种气源采用独立的容器储存和控制。通过调节气源的温度可以进行气体分压的控制，而控制阀门的开关时间可进行气体组成元素的调节。

2. 气体合成反应过程控制

在晶体生长室内放置气相沉积的衬底，并通过加热器对其温度进行精确控制。将按照一定的比例混合的气体通入生长室，该混合气体在衬底表面被加热而发生化学反应，生成化合物晶体材料。

由于每一种气源可以通过开关量的自动控制打开或切断，从而实现对沉积层的成分实时调节和控制。因此，MOCVD 技术也与 MBE 技术一样，是生长多层膜或超结构复合膜的主要技术之一。与 MBE 技术相比，MOCVD 技术设备运行成本低，在商业化生产中更具成本优势。

与 MBE 技术不同，在 MOCVD 法晶体生长界面除了形成晶体材料之外，还要形成气态副产物。这些副产物(废气)必须被适时地排出才能维持晶体生长的继续进行。否则，这些废气会将未反应的气源与生长界面隔断，阻止生长过程的继续进行。而这些废气仅仅靠扩散排出需要较长的时间，不能保证对生长界面附近气体成分的实时控制，通常需要借助气流造成强制对流加快废气的排出速率。在 MOCVD 法晶体生长过程中，混合气体以一定的角度和速率“吹”过衬底表面，合适的气流角度和速率是 MOCVD 生长的核心技术。在实际应用中采用的几种典型气流控制方式如图 12-51 所示[105]。

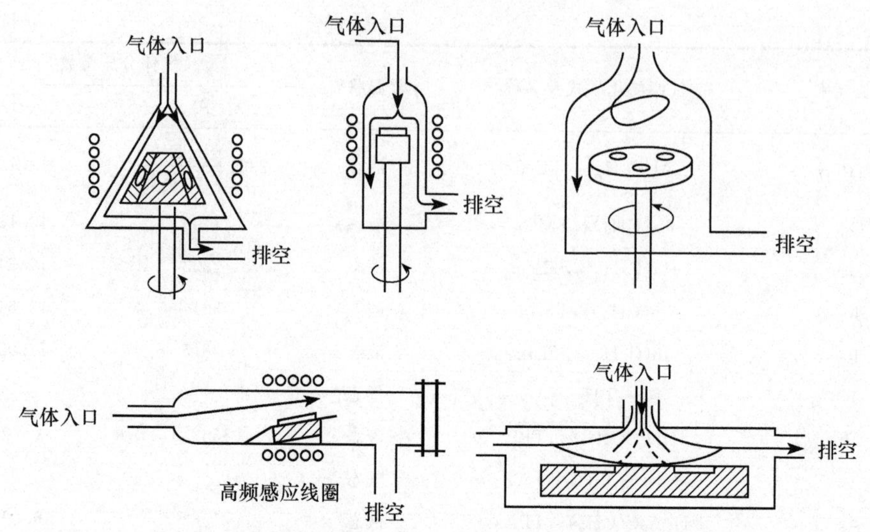

图 12-51　MOCVD 法晶体生长过程中几种气流控制方式[105]

3. 其他辅助生长技术

在 MOCVD 法生长过程中，在生长表面附近加速气体分子的分解有利于气相反应的进行。Yoshida 等[142]在 MOCVD 法生长 GaNP 的实验中，采用 193nm 波长的 Ar-F 激光器对气体进行辐照，以加速气体的分解（见图 12-52）。生长过程以 TMGa、NH_3 及 TBP 为气源，生长温度为 850～950℃。结果表明，采用激光辐照时，$GaN_{1-x}P_x$ 晶体的带边辐射增强，晶体的结晶质量得到提高。

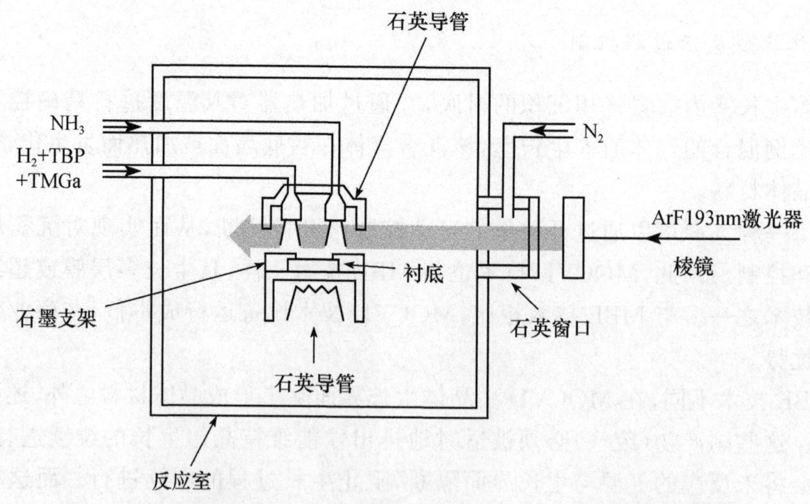

图 12-52　激光增强的 MOCVD 法生长 $GaN_{1-x}P_x$ 晶体的原理图[142]

Kasuga 等[143]在 MOCVD 法生长 ZnO 的过程中，采用图 12-53 所示的方式在生长系统中施加强磁场。实验采用 DMZn 作为 Zn 源，直接通入水蒸气作为 O 源，生长温度分别为 300℃、400℃和 500℃，采用 10T 的强磁场。结果发现，施加磁场后生长速率下降，所生长晶体颗粒减小，但所生长薄膜中的树叶状亚结构被消除。

4. 尾气的处理

由于在 MOCVD 法晶体生长过程中，保证气体的完全反应几乎是不可能的，生长过程排出的尾气中除了反应产生的废气外，还夹带着尚未反应的原料气体。同时，反应产物的气体构成也可能不是单一的，而是多种气体的混合物，其中可能包含有害气体。因此，MOCVD 法生长过程形成的尾气不能直接排入大气，而需要进行净化处理和可能的回收。

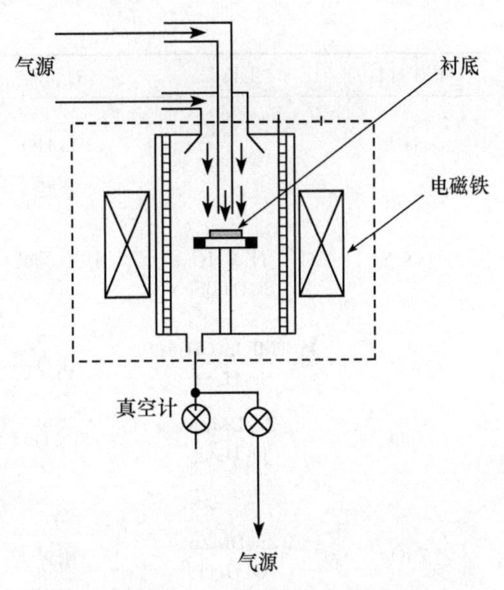

图 12-53　在 MOCVD 法生长 ZnO 过程中施加强磁场的设备工作原理图[143]

与 MOCVD 技术非常接近的是金属有机物化学气相外延技术（MOVPE）。MOVPE 技术与 MOCVD 技术的细微区别在于，其更加强调外延生长的特性，而基本方法则是相同的。

典型化合物 MOCVD 法晶体生长的基本条件如表 12-7 所示。

表 12-7　典型化合物 MOCVD 法晶体生长条件

晶体材料	生长源	衬　底	工艺参数	文　献
CdTe	Cd：DMCd Te：DMTe	Si(100)	DMCd 流量：5×10^{-6}mol/min DMTe 流量：DMCd 流量的 1 倍或 2 倍 生长温度：415～450℃＋560℃ 560℃下的生长速率：10～12μm/h	[144]
ZnSe	Zn：DMZn Se：DMSe	GaAs(001)	反应压力：100torr DMSe 和 DMZn 流量比：1.7 生长温度：初始 360℃生长 30nm，停 180s，再在 450℃下进行生长	[145]
ZnTe	Zn：DMZn Te：DMTe	ZnTe(100)	DMZn 和 DMTe 气体分压：200～760torr 生长温度：400℃	[146]
GaAs	Ga：TMGa As：AsH_3	Al_2O_3	生长温度：650～750℃	[139]、[147]
GaAs	Ga：TMGa As：TBAs	Si(100)	第一阶段：TBAs 与 TMGa 气体流量比为 10，生长温度为 250～550℃ 第二阶段：TBAs 与 TMGa 气体流量比为 26，生长温度为 630℃	[148]
GaN	Ga：TMGa N：NH_3	Al_2O_3	反应气体压力：2×10^4Pa 形核温度：500℃ 生长温度：1080℃ 可采用 840℃形核的 AlN 缓冲层	[149]

续表

晶体材料	生长源	衬 底	工艺参数	文 献
GaN	Ga:TMGa N:N_2	γ-$LiAlO_2$	反应气体压力:2×10^4Pa 第一阶段生长温度:600~950℃ 第二阶段生长温度:1050℃	[150]
GaN:Si	Ga:TMGa N:NH_3 Si:DTBSi	刚玉(0001)	生长过程气体压力:200torr 生长温度:520℃ NH_3/TMGa 流速比:1175~1470 DTBSi/TMGa 比:取决于掺杂量,见图 12-54	[141]
γ-In_2Se_3	In:TMI($In(CH_3)_3$) Se:H_2Se	Al_2O_3	TMI 与 H_2Se 气流比:6.7 生长温度:350~650℃	[151]
ZnO	Zn:DMZn O:H_2O	Si(111)	N_2O 与 DMZn 气流比:2.8×10^4 生长温度:300℃、600℃	[152]
ZnO	Zn:DMZn O:H_2O	刚玉	Zn 流速:28μmol/min O 流速:560μmol/min 系统气体总压:760torr 生长温度:300℃、400℃、500℃ 强磁场控制生长	[143]
ZnO	Zn:DEZn O:O_2	GaN(0001)	气体总压:250torr 生长温度:450℃	[153]
$GaN_{1-x}P_x$	Ga:TMGa N:NH_3 P:TBP	刚玉	生长温度为 850~950℃ 激光辐照增强气体分解	[142]

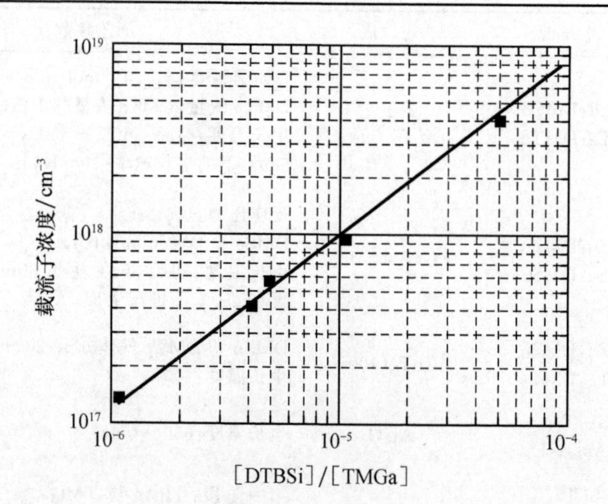

图 12-54 MOCVD 法生长掺 Si 的 GaN 时载流子浓度随[DTBSi]/[TMGa]比的变化[141]

其他条件见表 12-7

参 考 文 献

[1] Kasap S, Capper P. Handbook of Electronic and Photonic Materials. Berlin: Springer-Verlag, 2006.

[2] 刘长友.ZnSe晶体的化学气相输运生长研究[博士学位论文].西安:西北工业大学,2008.

[3] Tiller W A. The Science of Crystallization: Microscopic Interfacial Phenomena. Cambridge: Cambridge University Press,1991.

[4] Bauser E,Strunk H P.Microscopic growth mechanisms of semiconductors:Experiments and models.Journal of Crystal Growth,1984,69:561-580.

[5] Tiller W A.The Science of Crystallization:Macroscopic Phenomena and Defect Generation Interfacial Phenomena.Cambridge:Cambridge University Press,1991.

[6] Namikawa Y,Fujiwara S,Kotani T.Al diffused conductive ZnSe substrates grown by physical vapor transport method.Journal of Crystal Growth,2001,229:92-97.

[7] Szczerbakow A,Domagala J,Rose D,et al.Structural defects and compositional uniformity in CdTe and $Cd_{1-x}Zn_xTe$ crystals grown by a vapour transport technique.Journal of Crystal Growth,1998,191:673-678.

[8] Cherednichenko D I,Drachev R V,Sudarshana T S.Self-congruent process of SiC growth by physical vapor transport.Journal of Crystal Growth,2004,262:175-181.

[9] Tamura H,Suto K,Nishizawa J.Se and Zn vapor pressure control in ZnSe single crystal growth by the sublimation method.Journal of Crystal Growth,2000,209:675-682.

[10] Su C H,Sha Y G.Growth of wide band gap II-VI compound semiconductors by physical vapor transport.Current Topics in Crystal Growth Research,1995,2:401-433.

[11] Nason D,Biao Y,Burger A.Optical methods for measuring iodine vapor during mercuric iodide crystal growth by physical vapor transport.Journal of Crystal Growth,1995,146:23-28.

[12] Cadoret R.α-Mercuric iodide crystal growth by physical vapour transport. Journal of Crystal Growth,1995,146:9-14.

[13] Chen Q S,Lu J,Zhang Z B,et al.Growth of silicon carbide bulk crystals by physical vapor transport method and modeling efforts in the process optimization.Journal of Crystal Growth,2006,292:197-200.

[14] Semmelroth K,Krieger M,Pensl G,et al.Growth of cubic SiC single crystals by the physical vapor transport technique.Journal of Crystal Growth,2007,308:241-246.

[15] Wellmann P,Desperrier P,Müller R,et al.SiC single crystal growth by a modified physical vapor transport technique.Journal of Crystal Growth,2005,275:555-560.

[16] Herro Z G,Zhuang D,Schlesser R,et al.Seeded growth of AlN on N-and Al-polar 〈0001〉 AlN seeds by physical vapor transport.Journal of Crystal Growth,2006,286:205-208.

[17] 李国强.高电阻 $Cd_{1-x}Zn_xTe$ 的晶体生长、性能表征及退火改性[博士学位论文].西安:西北工业大学,2004.

[18] 李宇杰.$Cd_{1-x}Zn_xTe$ 晶体的缺陷研究及退火改性[博士学位论文].西安:西北工业大学,2001.

[19] 梁英教,车荫昌,等.无机物热力学数据手册.沈阳:东北大学出版社,1993.

[20] Vydynath H R,Ellsworth J A,Fisher R F,et al.Vapor phase equilibria in the $Cd_{1-x}Zn_xTe$ alloy system.Journal of Electronic Materials,1993,22(8):1067.

[21] Greenberg J H.P-T-X phase equilibrium and vapor pressure scanning of non-stoichiometry in CdTe.Journal of Crystal Growth,1996,161:1-11.

[22] Capper P.Properties of Narrow Gap Cadmium-Based Compounds.London:INSPEC Publication,1993,413.

[23] Benz K W,Babentsov V,Fiederle M.Growth of cadmium telluride from the vapor phase under low

gravity conditions.Progress in Crystal Growth and Characterization of Materials,2004,48/49:189-208.

[24] Korostelin Y V,Kozlovsky V I,Shapkin P V.Seeded-vapour-phase free growth and characterization of ZnTe single crystals.Journal of Crystal Growth,2000,214/215:870-874.

[25] Korostelin Y V,Kozlovsky V I,Nasibov A S,et al.Seeded vapour-phase free growth of ZnSe single crystals in the(100)direction.Journal of Crystal Growth,1998,184/185:1010-1014.

[26] Palosz W,Grasza K,Durose K,et al.The effect of the wall contact and post-growth cool-down on defects in CdTe crystals grown by "contactless" physical vapour transport.Journal of Crystal Growth,2003,254:316-328.

[27] Mantzari A,Polychroniadis E K,Wollweber J,et al.Defect status near the SiC/substrate interface: Investigation of the first stage of the growth by physical vapour transport.Journal of Crystal Growth,2005,275:1813-1819.

[28] Tamura H,Suto K,Nishizawa J-I.Se and Zn vapor pressure control in ZnSe single crystal growth-by the sublimation method.Journal of Crystal Growth,2000,209:675-682.

[29] Piechotka M,Kaldis E,Wetzel G,et al.Kinetics of physical vapour transport at low pressure under microgravity conditions II.Results of the DCMF space experiment.Journal of Crystal Growth,1998,193:90-100.

[30] Laudise R A,Kloc C,Simpkins P G,et al.Physical vapor growth of organic semiconductors.Journal of Crystal Growth,1998,187:449-454.

[31] Grasza K,Janik E,Mycielski A,et al.The optimal temperature profile in crystal growth from the vapour.Journal of Crystal Growth,1995,146:75-79.

[32] Chattopadhyay K,Feth S,Chen H,et al.Characterization of semi-insulating CdTe crystals grown by horizontal seeded physical vapor transport.Journal of Crystal Growth,1998,191:377-385.

[33] Fujiwara S,Watanabe Y,Namikawa Y,et al.Numerical simulation on dumping of convection by rotating a horizontal cylinder during crystal growth from vapor.Journal of Crystal Growth,1998,192:328-334.

[34] University of Durham.Improvements in and Relating to Crystal Growth:U.K.Patent,9717726.5,1997.

[35] Sanghera H K,Cantwell B J,Aitken N M,et al.The growth of CdTe bulk crystals using the multi-tube physical vapour transport system.Journal of Crystal Growth,2002,237/239:1711-1715.

[36] Aitken N M,Potter M D G,Buckley D J,et al.Characterisation of cadmium telluride bulk crystals grown by a novel "multi-tube" vapour growth technique.Journal of Crystal Growth,1999,198/199:984-987.

[37] Cantwell B J,Brinkman A W,Basu A.Control of mass transport in the vapour growth of bulk crystals of CdTe and related compounds.Journal of Crystal Growth,2005,275:543-547.

[38] Livesey R G.Flow through tubes and orifces//Lafferty J M.Foundations of Vacuum Science and Technology.New York:John Wiley & Sons,Inc.,1998.

[39] Nakahata T,Yamamoto K,Maruno S,et al.Formation of selective epitaxially grown silicon with a flat edge by ultra-high vacuum chemical vapor deposition.Journal of Crystal Growth,2001,233:82-87.

[40] Akazawa H.Formation and decomposition of a Si hydride layer during vacuum ultraviolet-excited Si homoepitaxy from disilane.Surface Science,1999,427/428:214-218.

[41] Zhou Z W, Li C, Lai H K, et al. The influence of low-temperature Ge seed layer on growth of high-quality Ge epilayer on Si(100) by ultrahigh vacuum chemical vapor deposition. Journal of Crystal Growth, 2008, 310: 2508-2513.

[42] Yang S, Yang Q Q, Sun Z M. Nucleation and growth of diamond on titanium silicon carbide by microwave plasma-enhanced chemical vapor deposition. Journal of Crystal Growth, 2006, 294: 452-458.

[43] Zhang Y C, Qiao T, Hu X Y, et al. Shape-controlled synthesis of PbS microcrystallites by mild solvothermal decomposition of a single-source molecular precursor. Journal of Crystal Growth, 2005, 277: 518-523.

[44] Pfeifer J, Badaljan E, Tekula-Buxbaum P, et al. Growth and morphology of W18049 crystals produced by microwave decomposition of ammonium paratungstate. Journal of Crystal Growth, 1996, 169: 727-733.

[45] Yang Y, Jayaramana S, Kim D Y, et al. Crystalline texture in hafnium diboride thin films grown by chemical vapor deposition. Journal of Crystal Growth, 2006, 294: 389-395.

[46] Lu P, Edgar J H, Glembocki O J, et al. High-speed homoepitaxy of SiC from methyltrichlorosilane by chemical vapor deposition. Journal of Crystal Growth, 2005, 285: 506-513.

[47] Urgiles E, Melo P, Coleman C C. Vapor reaction growth of single crystal GeI_2. Journal of Crystal Growth, 1996, 165: 245-249.

[48] Mullin J B. Compound Semiconductor Processing // Cahn R. Materials Science and Technology. Weinheim: VCH Verlagsgesellschaft mbH, 1996.

[49] Okada H, Kawanaka T, Ohmoto S. Study on the ZnSe phase diagram by differential thermal analysis. Journal of Crystal Growth, 1996, 165: 31-38.

[50] Bottcher K, Hartmann H, Siche D. Computational study on the CVT of the ZnSe-I_2 material system. Journal of Crystal Growth, 2001, 224(3/4): 195-203.

[51] Matsumoto T, Morita T, Ishida T. Epitaxial growth of ZnS on GaP by Zn-S-H_2 CVD method. Journal of Crystal Growth, 1981, 53: 225-233.

[52] Wang J F, Kikuchi K, Koo B H, et al. HWE growth and evaluation of CdTe epitaxial films on GaAs. Journal of Crystal Growth, 1998, 187: 373-379.

[53] Miura A, Shimada S, Sekiguchi T, et al. Vapor-phase growth of high-quality GaN single crystals in crucible by carbothermal reduction and nitridation of Ga_2O_3. Journal of Crystal Growth, 2008, 310: 530-535.

[54] Konkapaka P, Raghothamachar B, Dudley M, et al. Crystal growth and characterization of thick GaN layers grown by oxide vapor transport technique. Journal of Crystal Growth, 2006, 289: 140-144.

[55] Koukitu A, Mayumi M, Kumagai Y. Surface polarity dependence of decomposition and growth of GaN studied using in situ gravimetric monitoring. Journal of Crystal Growth, 2002, 246: 230-236.

[56] Shimada S, Taniguchi R. Growth of GaN crystals from the vapor phase. Journal of Crystal Growth, 2004, 263: 1-3.

[57] Varadarajan E, Puviarasu P, Kumar J, et al. On the chloride vapor-phase epitaxy growth of GaN and its characterization. Journal of Crystal Growth, 2004, 260: 43-49.

[58] Hemmingsson C, Paskov P P, Pozina G, et al. Hydride vapour phase epitaxy growth and characterization of thick GaN using a vertical HVPE reactor. Journal of Crystal Growth, 2007, 300: 32-36.

[59] Nagashima T, Harada M, Yanagi H, et al. Improvement of AlN crystalline quality with high epitaxial growth rates by hydride vapor phase epitaxy. Journal of Crystal Growth, 2007, 305: 355-359.

[60] Wada K, Kimoto T, Nishikawa K, et al. Epitaxial growth of 4H-SiC on 4deg off-axis (0001) and $(000\bar{1})$ substrates by hot-wall chemical vapor deposition. Journal of Crystal Growth, 2006, 291: 370-374.

[61] Fanton M, Snyder D, Weiland B, et al. Growth of nitrogen-doped SiC boules by halide chemical vapor deposition. Journal of Crystal Growth, 2008, 287: 359-362.

[62] Nigam S, Chung H J, Polyakov A Y, et al. Growth kinetics study in halide chemical vapor deposition of SiC. Journal of Crystal Growth, 2007, 284: 112-122.

[63] Gil-Lafon E, Napierala J, Pimpinelli A, et al. Direct condensation modeling for a two-particle growth system: Application to GaAs grown by hydride vapour phase epitaxy. Journal of Crystal Growth, 2003, 258: 14-25.

[64] Kumar O S, Soundeswaran S, Dhanasekaran R. Thermodynamic calculations and growth of ZnSe single crystals by chemical vapor transport technique. Crystal Growth & Design, 2002, 2(6): 585-589.

[65] Kumagai Y, Yamane T, Koukitu A. Growth of thick AlN layers by hydride vapor-phase epitaxy. Journal of Crystal Growth, 2005, 281: 62-67.

[66] Yamane T, Satoh F, Hisashi Murakami H, et al. Growth of thick $Al_xGa_{1-x}N$ ternary alloy by hydride vapor-phase epitaxy. Journal of Crystal Growth, 2007, 300: 164-167.

[67] Mikami M, Eto T, Wang J F, et al. Growth of zinc oxide by chemical vapor transport. Journal of Crystal Growth, 2005, 276: 389-392.

[68] Mikami M, Sato T, Wang J F, et al. Improved reproducibility in zinc oxide single crystal growth using chemical vapor transport. Journal of Crystal Growth, 2006, 286: 213-217.

[69] Mikami M, Sang-Hwui Hong, Sato T, et al. Growth of ZnO by chemical vapor transport using CO_2 and Zn as a transport agent. Journal of Crystal Growth, 2007, 304: 37-41.

[70] Ntep J M, Hassani S S, Lusson A, et al. ZnO growth by chemical vapour transport. Journal of Crystal Growth, 1999, 207: 30-34.

[71] Blissa D, Tassev V, Weyburne D, et al. Growth of thick-film AlN substrates by halide vapor transport epitaxy. Journal of Crystal Growth, 2005, 275: 1307-1311.

[72] Caia D, Zheng L L, Zhang H, et al. Modeling of aluminum nitride growth by halide vapor transport epitaxy method. Journal of Crystal Growth, 2005, 276: 182-193.

[73] Nagashima T, Harada M, Yanagi H, et al. High-speed epitaxial growth of AlN above 1200℃ by hydride vapor phase epitaxy. Journal of Crystal Growth, 2007, 300: 42-44.

[74] Liu H P, Tsay J D, Liu W Y, et al. The growth mechanism of GaN grown by hydride vapor phase epitaxy in N_2 and H_2 carrier gas. Journal of Crystal Growth, 2004, 260: 79-84.

[75] Hageman P R, Kirilyuk V, Corbeek W H M, et al. Thick GaN layers grown by hydride vapor-phase epitaxy: Hetero-versus homo-epitaxy. Journal of Crystal Growth, 2003, 255: 241-249.

[76] Wang B, Callahan M, Bailey J. Synthesis of dense polycrystalline GaN of high purity by the chemical vapor reaction process. Journal of Crystal Growth, 2006, 286: 50-54.

[77] Zuo R, Wang W K. Theoretical study on chemical vapor transport of $ZnS\text{-}I_2$ system Part I. Kinetic process and one-dimensional model. Journal of Crystal Growth, 2002, 236: 687-694.

[78] Zuo R, Wang W K. Theoretical study on chemical vapor transport of ZnS-I_2 system Part II. Numerical modeling. Journal of Crystal Growth, 2002, 236: 695-710.

[79] Fujiwara S, Namikawa Y, Kotani T. Growth of 1″ diameter ZnSe single crystal by the rotational chemical vapor transport method. Journal of Crystal Growth, 1999, 205: 43-49.

[80] Böttcher K, Hartmann H, Röstel R. Influence of convection on zinc selenide single crystal growth by chemical vapour transport. Journal of Crystal Growth, 1996, 159: 161-166.

[81] Geissler U, Hartmann H, Krause E, et al. Investigation of the transition range in seeded vapour grown ZnSe crystals. Journal of Crystal Growth, 1996, 159: 175-180.

[82] Matsumoto K, Shimaoka G. Crystal growth of ZnS and ZnSe by CVT using NH_4Cl as a transport agent. Journal of Crystal Growth, 1986, 79: 723-728.

[83] Tetsuo M, Tetsuya S, Akio S, et al. Gas effect on transport rates of ZnSe in closed ampoules. Journal of Crystal Growth, 1995, 146: 49-52.

[84] Mimila J, Triboulet R. Sublimation and chemical vapor transport, a new method for the growth of bulk ZnSe crystals. Materials Letters, 1995, 24(4): 221-224.

[85] 李焕勇. ZnSe 晶体的气相生长与光电特性研究 [博士学位论文]. 西安: 西北工业大学, 2003.

[86] Liu C Y, Jie W Q. Thermodynamic analysis and single crystal growth of ZnSe from ZnSe-N-H-Cl system. Crystal Growth & Design, 2008, 8(10): 3532-3536.

[87] Li H Y, Jie W Q. Growth and characterizations of bulk ZnSe single crystal by chemical vapor transport. Journal of Crystal Growth, 2003, 257: 110-115.

[88] Kumar O S, Soundeswaran S, Dhanasekaran R. Nucleation kinetics and growth of ZnS_xSe_{1-x} single crystals from vapour phase. Materials Chemistry and Physics, 2004, 87: 75-80.

[89] Lehner S W, Savage K S, Ayers J C. Vapor growth and characterization of pyrite(FeS_2) doped with Co, Ni, and As: Variations in semiconducting properties. Journal of Crystal Growth, 2006, 286: 306-317.

[90] Wang J F, Saitou S, Ji S Y, et al. Growth conditions of b-$FeSi_2$ single crystals by chemical vapor transport. Journal of Crystal Growth, 2006, 295: 129-132.

[91] Prokofev A V, Assmus W, Kremer R K. Flux and chemical vapor transport growth and characterization of α-and β-$VO(PO_3)_2$ single crystals. Journal of Crystal Growth, 2004, 271: 113-119.

[92] Hannevold L, Nilsen O, Arne Kjekshus A, et al. Chemical vapor transport of platinum and rhodium with oxygen as transport agent. Journal of Crystal Growth, 2005, 279: 206-212.

[93] Klosse K, Ullersma P. Convection in a chemical vapor transport process. Journal of Crystal Growth, 1973, 18: 167-174.

[94] Lee H, Kim T S, Jeong T S, et al. Growth of zinc selenide single crystal by the modified Piper and Polich sublimation method. Journal of Crystal Growth, 1998, 191(1-2): 59-64.

[95] Paorici C, Attolini G. Vapour growth of bulk crystals by PVT and CVT. Progress in Crystal Growth and Characterization of Materials, 2004, 48/49: 2-41.

[96] Faktor M M, Heckingbottom R, Garrett I. Growth of crystals from the gas phase Part I. Diffusional limitations and interfacial stability in crystal growth by dissociative sublimation. Journal of the Chemical Society A, 1970: 2657-2664.

[97] Faktor M M, Heckingbottom R, Garrett I. Growth of crystals from the gas phase Part II. Diffusional limitations and interfacial stability in crystal growth by dissociative sublimation, with an inert third gas present. Journal of the Chemical Society A, 1971: 1-7.

[98] Faktor M M,Garrett I.Growth of crystals from the gas phase Part III.Diffusional limitations and interface stability in crystal growth by chemical vapour transport.Journal of the Chemical Society A,1971:934-940.

[99] Faktor M M,Garrett I,Moss R H.Growth of crystals from the gas phase Part IV.Growth of gallium arsenide by chemical vapour transport,and the influence of compositional convection.Journal of the Chemical Society,Faraday Transactions,1973:1915-1925.

[100] Yamada T,Yamane H,Iwata H,et al.Single crystal growth of GaN using a Ga melt in Na vapor. Journal of Crystal Growth,2005,281:242-248.

[101] Yamada T,Yamane H,Iwata H,et al.The process of GaN single crystal growth by the Na flux method with Na vapor.Journal of Crystal Growth,2006,286:494-497.

[102] Matsumoto Y, Takahashi R, Koinuma H. Flux-mediated epitaxy: General application in vapor phase epitaxy to single crystal quality of complex oxide films.Journal of Crystal Growth,2005, 275:325-330.

[103] Yun K S, Choi B D, Matsumoto Y, et al. Vapor-liquid-solid tri-phase pulsed-laser epitaxy of $RBa_2Cu_3O_{7-y}$ single-crystal flims.Applied Physics Letters,2002,80:61.

[104] Lorenzzi J, Lazar M, Tournier D, et al. 3C-SiC heteroepitaxial growth by vapor-liquid-solid mechanism on patterned 4H-SiC substrate using Si-Ge melt. Crystal Growth & Design, 2011, 11:2177-2182.

[105] 陈光华,邓金祥,等.新型电子薄膜材料.北京:化学工业出版社,2002.

[106] Yuan X M,Wu Z G,Miao B B,et al.Copper nitride(Cu_3N)thin.lms deposited by RF magnetron sputtering.Journal of Crystal Growth,2006,286:407-412.

[107] Gordillo N,Gonzalez-Arrabal R,Martin-Gonzalez M S,et al.DC triode sputtering deposition and characterization of N-rich copper nitride thin films:Role of chemical composition.Journal of Crystal Growth,2008,310:4362-4367.

[108] Combette P,Nougaret L,Giani A,et al.RF magnetron-sputtering deposition of pyroelectric lithium tantalite thin films on ruthenium dioxide.Journal of Crystal Growth,2007,304:90-96.

[109] Qiao L,Bi X F.Effect of substrate temperature on the microstructure and transport properties of highly(100)-oriented $LaNiO_{3-\delta}$ films by pure argon sputtering.Journal of Crystal Growth,2008, 310:3653-3658.

[110] Singh S,Kumar R,Ganguli T,et al.High optical quality ZnO epilayers grown on sapphire substrates by reactive magnetron sputtering of zinc target.Journal of Crystal Growth,2008,310(22): 4640-4646.

[111] Brien V,Miska P,Bolle B,et al.Columnar growth of ALN by r.f.magnetron sputtering:Role of the {103} planes.Journal of Crystal Growth,2007,307:245-252.

[112] Ma Q B,Ye Z Z,He H P,et al.Structural,electrical,and optical properties of transparent conductive ZnO:Ga films prepared by DC reactive magnetron sputtering.Journal of Crystal Growth, 2007,304:64-68.

[113] Wu J G,Xiao D Q,Zhu J G,et al.Growth and properties of($Pb_{0.90}La_{0.10}$)TiO_3 thick films prepared by RF magnetron sputtering with a PbO buffer layer.Journal of Crystal Growth,2007,300: 398-402.

[114] Izumi T,Teraji T,Ito T.Room-temperature growth of single-crystalline TiO_2 thin films on nanometer-scaled substrates by dc magnetron sputtering deposition.Journal of Crystal Growth,2007,

299:349-357.

[115] Yanagisawa H,Shinkai S,Sasaki K,et al.Epitaxial growth of(111)ZrN thin films on(111)Si substrate by reactive sputtering and their surface morphologies.Journal of Crystal Growth,2006,297:80-86.

[116] Choi C H,Kim S H.Effects of post-annealing temperature on structural,optical,and electrical properties of ZnO and $Zn_{1-x}Mg_xO$ films by reactive RF magnetron sputtering.Journal of Crystal Growth,2005,283:170-179.

[117] Ko H,Tai W P,Kim K C,et al.Growth of Al-doped ZnO thin films by pulsed DC magnetron sputtering.Journal of Crystal Growth,2005,277:352-358.

[118] Oh B Y,Jeong M C,Lee W,et al.Properties of transparent conductive ZnO:Al films prepared by co-sputtering.Journal of Crystal Growth,2005,274:453-457.

[119] Hong R J,Jiang X,Szyszka B,et al.Comparison of the ZnO:Al films deposited in static and dynamic modes by reactive mid-frequency magnetron sputtering.Journal of Crystal Growth,2003,253:117-128.

[120] Hong R J,Jiang X,Heide G,et al.Growth behaviours and properties of the ZnO:Al films prepared by reactive mid-frequency magnetron sputtering.Journal of Crystal Growth,2003,249:461-469.

[121] Yu X H,Ma J,Ji F,et al.Effects of sputtering power on the properties of ZnO:Ga films deposited by r.f.magnetron-sputtering at low temperature.Journal of Crystal Growth,2005,274:474-479.

[122] Inoue T,Ohashi M,Sakamoto N,et al.Orientation selective epitaxial growth of CeO_2 layers on Si(100)substrates using reactive DC magnetron sputtering with substrate bias.Journal of Crystal Growth,2004,271:176-183.

[123] Fang G J,Li D J,Yao B L,et al.Cubic-(111)oriented growth of $Zn_{1-x}Mg_xO$ thin films on glass by DC reactive magnetron sputtering.Journal of Crystal Growth,2003,258:310-317.

[124] Miao L,Sakae Tanemura S,Jin P,et al.Simultaneous epitaxial growth of anatase and rutile TiO_2 thin films by RF helicon magnetron sputtering.Journal of Crystal Growth,2003,254:100-106.

[125] 曾汉民,等.高技术新材料要览.北京:科学出版社,1993.

[126] Joyce B A,Bradley R R.A study of nucleation in chemically grown epitaxial silicon films using molecular beam techniques I.Experimental methods.Philosophical Magazine,1966,14:289-299.

[127] Joyce B A,Bradley R R,Booker G R.A study of nucleation in chemically grown epitaxial silicon films using molecular beam techniques III.Nucleation rate measurements and the effect of oxygen on initial growth behaviour.Philosophical Magazine,1967,15:1167-1187.

[128] Watts B E,Bradley R R,Joyce B A,et al.A study of nucleation in chemically grown epitaxial silicon films using molecular beam techniques IV.Additional confirmation of the induction period and nucleation mechanisms.Philosophical Magazine,1968,17:1163-1167.

[129] Booker G R,Joyce B A.A study of nucleation in chemically grown epitaxial silicon films using molecular beam techniques II.Initial growth behaviour on clean and carbon-contaminated silicon substrates.Philosophical Magazine,1966,14:301-315.

[130] Joyce B A,Joyce T B.Basic studies of molecular beam epitaxy-past,present and some future directions//Feigelson R S.50 Years Progress in Crystal Growth.New York:Elsevier,2004:203-216.

[131] Cho A Y.Recollections about the early development of molecular beam epitaxy(MBE)//Feigel-

son R S.50 Years Progress in Crystal Growth.New York:Elsevier,2004:199-202.

[132] Yano M,Koike K,Furushou T,et al.Molecular beam epitaxial growth of the CdMnTe/CdTe superlattices on(100)GaAs substrates.Journal of Crystal Growth,1997,175-176:665-669.

[133] Calawa A R.On the use of AsH_3 in the molecular beam epitaxy growth of GaAs.Applied Physics Letters,1981,38:701-703.

[134] Panish M B.Molecular beam epitaxy of GaAs and InP with gas source for As and P.Journal of the Electrochemical Society,1980,127:2729-2733.

[135] Horikoshi Y,Kawashima M,Yamaguchi H.Low-temperature growth of GaAs and AlAs-GaAs quantum-well layers by modified molecular beam epitaxy.Japanese Journal of Applied Physics,1986,25:868-870.

[136] Horikoshi Y,Kawashima M,Yamaguchi H.Migration-enhanced epitaxy of GaAs and AlGaAs. Japanese Journal of Applied Physics,1988,27:169-179.

[137] Kawaharazuka A,Yoshiba I,Horikoshi Y.Area-selective epitaxy of GaAs by migration-enhanced epitaxy with As_2 and As_4 arsenic sources.Applied Surface Science,2008,255:737-739.

[138] Yoshiba I,Iwai T,Uehara T,et al.Area selective epitaxy of GaAs with AlGaAs native oxide mask by molecular beam epitaxy.Journal of Crystal Growth,2007,301-302:190-193.

[139] Manasevit H M.The beginnings of metalorganic chemical vapor deposition(MOCVD)//Feigelson R S.50 Years Progress in Crystal Growth.New York:Elsevier,2004:203-216.

[140] 张克从,张乐惠.晶体生长科学与技术.第二版.北京:科学出版社,1997.

[141] Fong W K,Leung K K,Surya C.Si doping of metal-organic chemical vapor deposition grown gallium nitride using ditertiarybutyl silane metal-organic source.Journal of Crystal Growth,2007,298:239-242.

[142] Yoshida S,Kikawa J,Itoh Y.Crystal growth of nitride-rich GaNP by laser-assisted metalorganic chemical-vapor deposition.Journal of Crystal Growth,2002,237/239:1037-1041.

[143] Kasuga M,Takano T,Akiyama S,et al.Growth of ZnO films by MOCVD in high magnetic field. Journal of Crystal Growth,2005,275:1545-1550.

[144] Niraula M,Yasuda K,Ohnishi H,et al.Direct growth of high-quality CdTe epilayers on Si(211) substrates by metalorganic vapor-phase epitaxy.Journal of Crystal Growth,2005,284:15-19.

[145] Zhang X B,Ha K L,Hark S K.Thickness dependent surface morphologies and luminescent properties of ZnSe epilayers grown on(001)GaAs by metalorganic chemical vapor phase deposition. Journal of Crystal Growth,2001,223:528-534.

[146] Kume Y,Guo Q X,Tanaka T,et al.Low-pressure metalorganic vapor phase epitaxy growth of ZnTe.Journal of Crystal Growth,2007,298:441-444.

[147] Stringfellow G B.Organometallic Vapor Phase Epitaxy:Theory and Practice.2nd ed.Boston:Academic Press,1999.

[148] Cheng S F,Gao L,Woo R L,et al.Selective area metalorganic vapor-phase epitaxy of gallium arsenide on silicon.Journal of Crystal Growth,2008,310:562-569.

[149] Yu H,Kemal Ozturk M,Ozcelik S,et al.A study of semi-insulating GaN grown on AlN buffer/sapphire substrate by metalorganic chemical vapor deposition.Journal of Crystal Growth,2006,293:273-277.

[150] Liu C X,Xie Z L,Han P,et al.Two-step growth of m-plane GaN epilayer on $LiAlO_2$(100)by metal-organic chemical vapor deposition.Journal of Crystal Growth,2007,298:228-231.

[151] Huang Y C, Li Z Y, Uen W Y, et al. Growth of γ-In_2Se_3 films on Si substrates by metal-organic chemical vapor deposition with different temperatures. Journal of Crystal Growth, 2008, 310: 1679-1685.

[152] Moriyama T, Fujita S. Crystal growth of ZnO on Si(111) by metalorganic vapor phase epitaxy. Journal of Crystal Growth, 2007, 298: 464-467.

[153] Smith T P, Mecouch W J, Miraglia P Q, et al. Evolution and growth of ZnO thin films on GaN (0001) epilayers via metalorganic vapor phase epitaxy. Journal of Crystal Growth, 2003, 257: 255-262.

第四篇　晶体缺陷分析与性能表征

第 13 章　晶体缺陷的形成与控制

晶体材料中的结构缺陷已在 1.2 节中进行了较为全面的归纳，本章将对这些缺陷形成的热力学条件、动力学过程及其机理进行分析，进而指出缺陷控制的途径。为了对结构缺陷控制的重要性及控制目标有更清楚的认识，本章还将对不同的缺陷对材料性能的影响作必要的分析。

13.1　晶体中点缺陷的形成与控制

13.1.1　点缺陷对晶体性能的影响

晶体中的典型点缺陷包括空位、间隙原子、化合物晶体中的反位以及以置换原子或间隙原子形式存在的杂质与掺杂元素。这些点缺陷对晶体的电学、电子学、光电子学、磁学等物理性能将产生至关重要的影响。

在化合物半导体中，空位及间隙原子等的引入，将导致局部电子结构发生变化，引入新的能级，形成所谓的缺陷能级。图 13-1 所示为 Xu 等[1]基于第一性原理的 LMTO(linear-muffin-tin-orbital)方法[2]计算的 ZnO 晶体中不同点缺陷在晶体禁带与导带之间引入的能级。ZnO 的禁带宽度为 3.37eV。其中 Zn 空位 V_{Zn}引入的能级为浅能级，位于禁带顶以上 0.3eV 处，该能级是半充满的。O 空位(V_O)引入的能级距禁带顶约为 1.75eV，属于深能级，并且是充满的。O 空位与 Zn 间隙原子的点缺陷对(V_OZn_i)分别对应 1.2eV 和 2.4eV 处的两个能级。

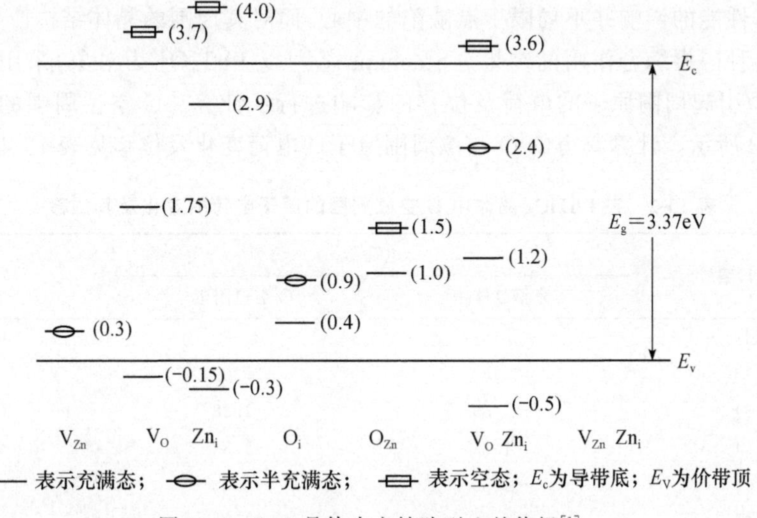

图 13-1　ZnO 晶体中点缺陷引入的能级[1]

同样 Castaldini 等[3]利用深能级过渡谱(DLTS)等技术测量了掺杂和未掺杂 CdTe 及 $Cd_{1-x}Zn_xTe$ 晶体中的能带结构,主要缺陷能级及其俘获截面 σ 见表 13-1。

表 13-1　CdZnTe 晶体中的杂质能级及其吸收面积[3]

参数	A_0	A	A_1	B	C	D	E	F	G	H	H_1	I
E/eV	$E_v+0.12$	$E_v+0.14$	$E_v+0.15$	$E_v+0.20$	$E_v+0.25$	$E_v+0.32$	$E_v+0.43$	$E_v+0.57$	$E_c-0.64$	$E_v+0.76$	$E_c-0.79$	$E_v-1.10$
σ /cm^2	2×10^{-16}	1×10^{-16}	4×10^{-17}	3×10^{-16}	8×10^{-17}	8×10^{-16}	2×10^{-14}	8×10^{-14}	2×10^{-13}	2×10^{-16}	4×10^{-14}	9×10^{-11}

采用掺杂元素在半导体晶体中引入新能级是半导体材料改性的一个重要技术[4]。如在含有 Cd 空位(V_{Cd})的 CdZnTe 晶体中,掺入 In 元素,In 原子将与 Cd 空位复合形成置换固溶体,同时形成一个带负电荷的复合体点缺陷 In_{Cd}。

在正常的化合物晶格中,点缺陷的形成可能是失去(如空位)或者获得(如间隙原子)一个完整的原子,也可能得失的只是一个离子,而在原来的位置留下一个带电荷的点缺陷。比如在 CdTe 晶体中失去 Cd^{2+} 或 Cd^{+} 而在空位的位置形成一个带 2 个或 1 个负电荷的中心。

与正常晶格相比,点缺陷引入的电荷受到的约束较弱,在外加电场作用下很容易成为自由载流子,从而增大自由载流子浓度,降低晶体的电阻率。由点缺陷引起的载流子浓度与点缺陷的浓度是对应的。同时,点缺陷也可能成为载流子的俘获中心,降低载流子的迁移率和载流子寿命。

晶体中的点缺陷可能对光子产生吸收作用,从而降低晶体的透过率。

上述影响在化合物半导体中非常突出,如在 CdZnTe 晶体中,点缺陷能明显降低晶体的电阻率和红外透过率,因此,降低点缺陷的浓度成为改善晶体性能的重要方向[5,6]。

在具有离子键成分的晶体中形成的带电荷的点缺陷将成为正电或负电中心,不仅引入载流子,还对周围的离子形成静电作用力,使其他离子的位置发生移动。因此,这些点缺陷对晶体性能的影响并不局限于点缺陷的中心,而对其周围的晶体结构产生影响,其表观效应是多种因素综合作用的结果。Stashans 等[7]以 $PbTiO_3$ 为对象,采用量子化学方法对 O 空位引起周围原子的电荷及位移的影响进行了计算。O 空位周围的原子及其编号如图 13-2 所示。计算获得的 O 空位周围原子的电荷变化及位移见表 13-2。

表 13-2　在 $PbTiO_3$ 晶体中 O 空位周围的原子电荷的变化及其位移[7]

原子及其编号	电荷数		位移/Å
	完整晶体中	O 空位附近	
Ti(1)	2.48	2.38	0.17
Ti(2)	2.48	2.38	0.17
O(3)	−1.39	−1.38	0.14
O(4)	−1.39	−1.38	0.14
O(5)	−1.39	−1.38	0.14
O(6)	−1.39	−1.38	0.14

续表

原子及其编号	电荷数		位移/Å
	完整晶体中	O 空位附近	
O(7)	−1.39	−1.38	0.14
O(8)	−1.39	−1.38	0.14
O(9)	−1.39	−1.38	0.14
O(10)	−1.39	−1.38	0.14
Pb(11)	1.70	1.71	0.07
Pb(12)	1.70	1.71	0.07
Pb(13)	1.70	1.71	0.07
Pb(14)	1.70	1.71	0.07

注：元素符号后的数字对应于图 13-2 中的原子编号。

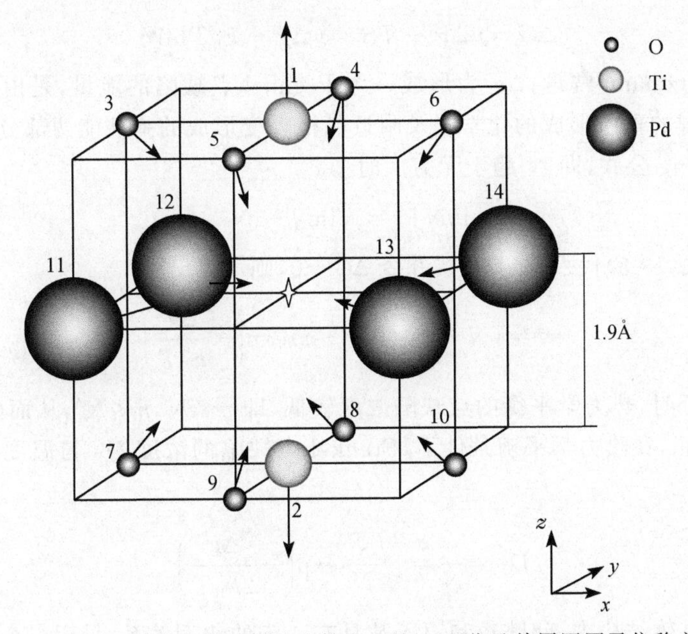

图 13-2　$PbTiO_3$ 晶体中位于图的几何中心的 O 空位及其周围原子位移方向[7]

13.1.2　简单晶体中热力学平衡点缺陷浓度的计算

点缺陷的形成是晶体中原子热运动的结果，采用统计热力学的方法可以估算出在不同温度和环境介质条件中热力学平衡点缺陷的平衡浓度。以下首先从 Frenkel 点缺陷的浓度计算开始。

如 1.1 节中所述，Frenkel 点缺陷是由于正常晶格位置上的原子离开原来位置进入附近的间隙形成的点缺陷对。为了简化，先讨论晶体为同一种原子构成的单组元材料的情况。假设 N 为晶体中的原子数目，N' 为晶体中间隙数目，并设 n 为 Frenkel 点缺陷的数目，则从 N 个晶体原子中取出 n 个原子(形成间隙原子)的方式有 W' 种：

$$W' = \frac{N!}{(N-n)!\ n!} \tag{13-1}$$

而将 n 个原子排列在 N'个间隙位置上的方式有 W''种：

$$W'' = \frac{N'!}{(N'-n)!\ n!} \tag{13-2}$$

因此，形成 n 个 Frenkel 点缺陷的方式有 W 种：

$$W = W'W'' = \frac{N!\ N'!}{(N-n)!\ (N'-n)(n!)^2} \tag{13-3}$$

由此引起熵的变化为

$$S = k_B \ln W \tag{13-4}$$

自由能的变化为

$$\Delta G = n\Delta g - TS = n\Delta g - k_B T \ln W \tag{13-5}$$

式中，k_B 为 Boltzmann 常量；Δg 为形成一个 Frenkel 点缺陷的能量，是由晶格原子进入间隙引起结合键的重组形成的化学能及附近晶格畸变形成的弹性能两部分构成的。

引入 Sterling 公式，即 N 趋于无穷大时

$$\ln N! = N\ln N - N \tag{13-6}$$

将式(13-6)和式(13-3)代入式(13-5)，并令 $\Delta G \rightarrow 0$，则可得出

$$n^2 = (N-n)(N'-n)\exp\left(-\frac{\Delta g}{k_B T}\right) \tag{13-7}$$

通常在温度较低时，热力学平衡的点缺陷浓度较低，即 $n \ll N, n \ll N'$，从而 $(N-n)(N'-n) \approx NN'$。因此，在热力学平衡条件下，Frenkel 点缺陷的浓度 D_F 与温度关系的近似计算公式为

$$D_F = \frac{n}{N} = \sqrt{\frac{N'}{N}} \exp\left(-\frac{\Delta g}{2k_B T}\right) \tag{13-8}$$

在一定的晶体结构中，间隙数和原子数具有一定的比例关系，采用一个晶胞中的原子数和间隙数的比例可以确定出式(13-8)中 N'/N 比值。对于面心立方和密排六方晶体中的八面体间隙，$N'/N=1$。

在 N 个原子构成的晶体中形成 n 个空位的方式由式(13-1)表示，可以计算出其单质晶体中热力学平衡的空位浓度 D_1 为

$$D_1 = \exp\left(-\frac{\Delta g_1}{k_B T}\right) \tag{13-9}$$

对于间隙原子，相当于将 n 个间隙原子放入 N'个间隙中，其方式数可由式(13-2)表示。间隙原子浓度如果用点缺陷数与晶格中正常原子数的比值表示，则其浓度 D_2 为

$$D_2 = \frac{N'}{N}\exp\left(-\frac{\Delta g_2}{k_B T}\right) \tag{13-10}$$

以上各式中，Δg_1 为 Schottky 点缺陷的形成能；Δg_2 为间隙原子的形成能。

可以看出，在单一组元形成的晶体中，热力学平衡的点缺陷浓度是缺陷形成自由能及热力学温度的函数，随着点缺陷形成能的升高或温度的降低，缺陷的浓度降低。只有当温度趋近绝对零度时才可能获得无点缺陷的晶体。点缺陷的形成能与晶体结构相关，而 Frenkel 点缺陷还与晶胞中的原子和间隙之比相关，因此，对于不同晶体结构，热力学平衡点缺陷的浓度是不同的。值得指出的是，上述计算方法所得到的结果只是热力学平衡条件下的缺陷浓度。在实际晶体中，由于动力学条件的变化，可能会出现点缺陷的“过饱和”或“欠饱和”。

13.1.3　化合物晶体中平衡点缺陷浓度的热力学计算

在化合物晶体中，13.1.2 节所述的三种点缺陷对于不同的组元其形成能是不同的，需要区分每个组元形成的点缺陷的浓度。此外，还存在反位点缺陷。同一类型的点缺陷也存在不同的电离状态。因此，点缺陷的分析要复杂得多。

20 世纪 50 年代，Kröger[8] 和 Vink 首先提出利用伪化学平衡方程来计算晶体中的点缺陷浓度的方法，并形成了一套完整的缺陷化学理论。通常我们所遇到的化合物晶体，其组成原子间形成的化学键虽以共价键或离子键区分，但更普遍的情况却是形成混合键。缺陷化学理论不考虑化学键的类型，但可以区分点缺陷的不同电离状态。

缺陷化学理论首先约定了一套完整的表示方法来区分不同的点缺陷。这种方法以主标志表示点缺陷的原子类型，下标表示该缺陷占据的位置，上标表示点缺陷的电离状态。以 AB 型化合物晶体为例，$A_B^{\times}$ 表示 A 原子占据 B 原子晶格位置形成的电中性反位原子；$A_i^{\cdot}$ 表示处于间隙位置，一级电离状态下带一个有效正电荷的 A 原子；V_A''表示 A 原子晶格位置上处于二级电离状态下带两个有效负电荷的空位。对 B 原子，也有类似的表示方法，并以此类推。在缺陷符号外加上“[]”，则表示该缺陷的浓度值。

以下 CdTe 晶体为例进行讨论[6,9]。通常在 CdTe 晶体中，会出现 Te 的过量，假定过量 Te 的浓度为 Δx_{Te}，则通过简单的代数计算，可以得出它与各种点缺陷之间的关系

$$\Delta x_{Te} = [Te_i] + [V_{Cd}] + 2[Te_{Cd}] - [Cd_i] - [V_{Te}] - 2[Cd_{Te}] \tag{13-11}$$

式(13-11)反映了晶体中成分偏离与点缺陷浓度之间的关系。然而，区分各种点缺陷的浓度可通过准化学的方法。

二元化合物半导体 CdTe 晶体中可能存在的本征点缺陷包括 Cd 间隙原子 Cd_i、Cd 空位 V_{Cd}、Te 间隙原子 Te_i、Te 空位 V_{Te}、Te 反位原子 Te_{Cd}和 Cd 反位原子 Cd_{Te}。

独立点缺陷的形成过程可以用 Kröger 和 Vink 的伪化学平衡反应式来描述。在与外界 Cd 压力平衡的 CdTe 材料中存在如下反应：

$$CdTe \longrightarrow V_{Cd}^{\times}Te + Cd(G) \tag{13-12a}$$

$$Cd(G) \longrightarrow CdV_{Te}^{\times} \tag{13-12b}$$

$$Cd(G) \longrightarrow Cd_i^{\times} \tag{13-12c}$$

$$2CdTe \longrightarrow Te_{Cd}^{\times}Te + 2Cd(G) \tag{13-12d}$$

$$CdTe \longrightarrow Te_i^{\times} + Cd(G) \tag{13-12e}$$

式中，括号中G代表气态原子，基态为符合理想化学配比的纯CdTe分子。

独立点缺陷的浓度不太高时，可以由如下质量作用定律来确定：

$$K_{V_{Cd}^{\times}} \equiv [V_{Cd}^{\times}]P_{Cd} = \frac{kn_0}{\sqrt{T}}\exp\left(-\frac{1}{k_B T}[E(V_{Cd}) + U(V_{Cd})^{vib}] + S(V_{Cd})^{vib}\right) \quad (13\text{-}13a)$$

$$K_{Cd_i^{\times}} \equiv \frac{[Cd_i^{\times}]}{P_{Cd}} = \frac{n_0\sqrt{T}}{k}\exp\left(-\frac{1}{k_B T}[E(Cd_i) + U(Cd_i)^{vib}] + S(Cd_i)^{vib}\right) \quad (13\text{-}13b)$$

$$K_{V_{Te}^{\times}} \equiv \frac{(V_{Te}^{\times})}{P_{Cd}} = \frac{n_0\sqrt{T}}{k}\exp\left(-\frac{1}{k_B T}[E(V_{Te}) + U(V_{Te})^{vib}] + S(V_{Te})^{vib}\right) \quad (13\text{-}13c)$$

$$K_{Te_i^{\times}} \equiv [Te_i^{\times}]P_{Cd} = \frac{kn_0}{\sqrt{T}}\exp\left(-\frac{1}{k_B T}[E(Te_i) + U(Te_i)^{vib}] + S(Te_i)^{vib}\right) \quad (13\text{-}13d)$$

$$K_{Te_{Cd}^{\times}} \equiv [Te_{Cd}^{\times}]P_{Cd}^2 = \frac{k^2 n_0}{T}\exp\left(-\frac{1}{k_B T}[E(Te_{Cd}) + U(Te_{Cd})^{vib}] + S(Te_{Cd})^{vib}\right) \quad (13\text{-}13e)$$

式中

$$k = k_B T^3\left(\frac{m_{Cd}k_B}{2\pi\hbar^2}\right)^{\frac{3}{2}} \quad (13\text{-}14)$$

m_{Cd}是Cd原子质量；$\hbar = h/2\pi$，h是Planck常量；$n_0 = 1.48\times10^{22}\,cm^{-3}$是单位体积分子数；$k_B$是Boltzmann常量；$T$是绝对温度；$E$是相关的点缺陷形成能；$U^{vib}$和$S^{vib}$分别表示振动自由能中包含的能量和熵；$K_j$（$j = V_{Cd}^{\times}$、$Cd_i^{\times}$、$V_{Te}^{\times}$、$Te_i^{\times}$、$Te_{Cd}^{\times}$）为各种对于形成点缺陷的平衡常数。

通常本征点缺陷要在禁带中形成局域能级，因此还必须考虑电离缺陷的浓度。只要有了上述中性点缺陷的浓度，各种电离状态缺陷的浓度就可以由以下公式计算：

z阶电离的受主缺陷X：

$$[X^z] = [X^{\times}]\frac{g_{X^z}}{g_{X^{\times}}}\exp\left(\frac{zE_f - E_a^{(1)} - \cdots - E_a^{(z)}}{k_B T}\right) \quad (13\text{-}15)$$

z阶电离的施主缺陷Y：

$$[Y^z] = [Y^{\times}]\frac{g_{Y^z}}{g_{Y^{\times}}}\exp\left(\frac{E_d^{(1)} + \cdots + E_d^{(z)} - zE_f}{k_B T}\right) \quad (13\text{-}16)$$

式中，$E_a^{(z)}$和$E_d^{(z)}$分别是受主和施主的z阶电离能；E_f是Fermi能级；g_{X^z}、g_{Y^z}是缺陷的简并度。

CdTe晶体中典型点缺陷的一级和二级电离能在表13-3中给出[6]。

表 13-3　CdTe晶体中本征点缺陷的电离能[6]

点缺陷	第一电离能/eV	第二电离能/eV
Cd_i	0	0.2
V_{Cd}	0.2	0.8
Te_i	0.1	0.6～0.7
V_{Te}	0.4	0.5
Te_{Cd}	0	0.4

为了求出电离点缺陷的浓度，必须首先确定相应的 Fermi 能级。Fermi 能级可由电中性方程求解，即

$$n+\sum[\mathrm{A}^{z}]=p+\sum[\mathrm{D}^{z}] \tag{13-17}$$

式中，$[\mathrm{A}^{z}]$和$[\mathrm{D}^{z}]$分别是 z 阶电离的受主和施主的浓度；n 和 p 则是自由电子和空穴的浓度。

把式(13-13a)～式(13-13e)代入式(13-15)和式(13-16)中，就可以求出$[\mathrm{A}^{z}]$和$[\mathrm{D}^{z}]$。假设电子和空穴浓度符合 Boltzmann 统计，则

$$n=N_{\mathrm{c}}\exp\left(-\frac{E_{\mathrm{g}}-E_{\mathrm{f}}}{k_{\mathrm{B}}T}\right) \tag{13-18}$$

$$p=N_{\mathrm{v}}\exp\left(-\frac{E_{\mathrm{f}}}{k_{\mathrm{B}}T}\right) \tag{13-19}$$

式中，E_{f} 是 Fermi 能级；N_{c} 和 N_{v} 分别是导带和价带中的有效状态密度，其表达式为

$$N_{\mathrm{c}}=2\left(\frac{2\pi m_{\mathrm{e}}k_{\mathrm{B}}T}{h^{2}}\right)^{\frac{3}{2}} \tag{13-20}$$

$$N_{\mathrm{v}}=2\left(\frac{2\pi m_{\mathrm{h}}k_{\mathrm{B}}T}{h^{2}}\right)^{\frac{3}{2}} \tag{13-21}$$

式中，m_{e} 和 m_{h} 是电子和空穴的有效质量。

获得准确的计算参数是准化学方法计算点缺陷的难点之一。Turjanska 等[10]拟合实验测得的高温电阻 σ 和 Hall 系数 R_{H} 的位置，获得了一组缺陷反应能量值。为了简化计算，可以通过拟合其他研究者原位高温 Hall 测量获得的自由电子浓度来确定相应的能量。图 13-3 是与不同 Cd 压(p_{Cd})平衡的未掺杂 CdTe 晶体的自由电子等浓度线。

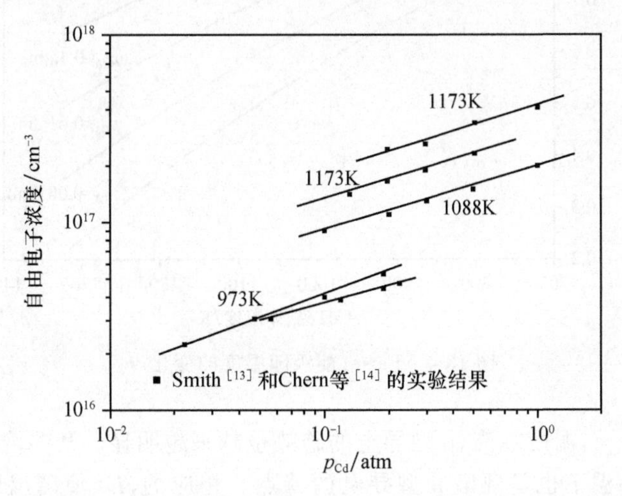

图 13-3　与不同 Cd 压(p_{Cd})平衡的未掺杂 CdTe 晶体的自由电子等浓度线

取点缺陷的简并度为 $g_{1}=2, g_{2}=1$。CdTe 的禁带宽度按文献[11]中给出的一级近似表达式：

$$E_g = 1.622 - 3.5 \times 10^{-4} T - 1.1 \times 10^{-7} T^2 (\text{eV}) \tag{13-22}$$

CdTe 中电子和空穴的有效质量值由文献[12]提供，$m_e = 0.11m_0$，$m_h = 0.4m_0$。其中 m_0 是自由电子质量。

式(13-13a)～式(13-13e)中定义的反应能 $E+U^{vib}$ 和反应熵 S^{vib} 通过拟合 Chern 等[14]、Smith[13] 和 Fochuk 等[15] 所测得的 700℃、815℃和 900℃下 CdTe 的典型高温电学参数获得。这是一个多元非线性问题，需要采用最优化技术。计算结果表明，尽管不同中性施主和中性受主有相似的浓度表达式，但由于它们与 Fermi 能级的关系不同，采用适当的算法可以明确地区分不同施主(如 V_{Cd}、Cd_i 和 Te_{Cd})以及不同受主(如 V_{Te} 和 Te_i)。表 13-4 列出了拟合得到的 CdTe 晶体的反应能和反应熵[6,8]。

表 13-4　CdTe 晶体的点缺陷反应能和反应熵[6,8]

缺陷	Cd_i	V_{Cd}	Te_i	V_{Te}	Te_{Cd}
$E+U^{vib}$/eV	1.9667	3.8356	1.9670	1.4114	−0.8138
S^{vib}/k_B	38.46	−13.05	−38.54	33.83	−23.71

求解包含电子、空穴以及单电离和双电离本征缺陷的完整电中性方程就可以得到 Fermi 能级。它在禁带中的位置代表电子在能级中的填充能力。Fermi 能级与温度、半导体材料的导电类型以及纯物质中能量零点的选取有关。一定平衡条件下，Fermi 能级随温度 T 和 Cd 分压 p_{Cd} 变化的曲线见图 13-4 和图 13-5[6]。

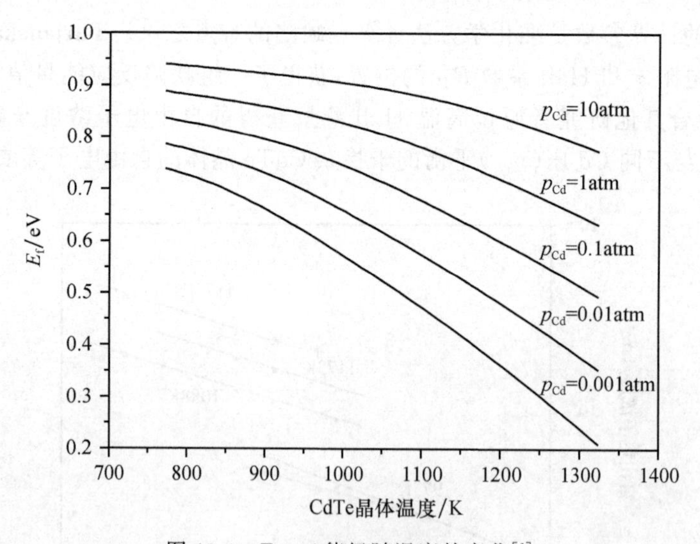

图 13-4　Fermi 能级随温度的变化[6]

对于给定的 p_{Cd}，温度越高，p 型导电的趋势也越来越明显。某些情况下，室温为 n 型的 CdTe 晶体在高温下也呈现出 p 型导电的特点。相应的，E_f 值随温度的升高而减小，并且温度越高，减小的速率也越大。温度低于 900K 时，不同 p_{Cd} 下的 Fermi 能级均向禁带中心位置弯曲。

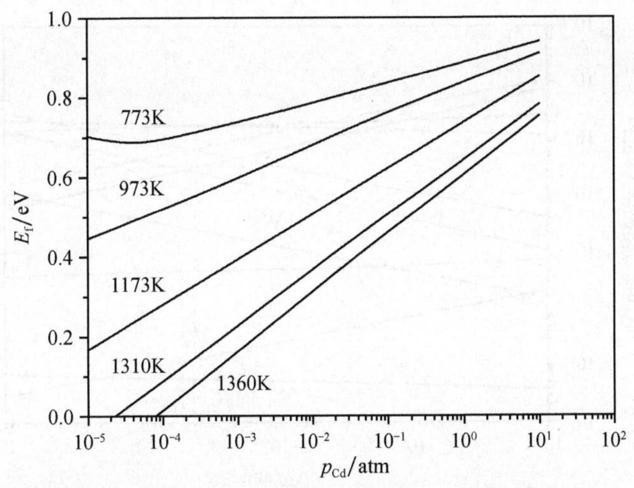

图 13-5　Fermi 能级随 Cd 分压 p_{Cd} 的变化[6]

对于给定的温度 T，随着 p_{Cd} 增大，富 Te 的 CdTe 晶体将逐渐变为富 Cd。Fermi 能级由低于禁带中心位置移向高于禁带中心位置的地方。温度越高，E_f 随 p_{Cd} 增加的速率也越快。温度为 773K 时，E_f-p_{Cd} 曲线向低 Cd 压一侧弯曲(见图 13-5)[6]。

在无点缺陷的完整晶体中，温度 T 和 p_{Cd} 相关联，此时 Fermi 能级的表达式为

$$E_{f_{p-n}}=\frac{1}{2}\left[E_g-\ln\left(\frac{m_e}{m_h}\right)^{\frac{3}{2}}k_BT\right] \tag{13-23}$$

若取[6] $E_g=1.622-3.5\times10^{-4}T-1.1\times10^{-7}T^2$，则

$$E_{f_{p-n}}=0.811-1.75\times10^{-4}T-0.55\times10^{-7}T^2+0.968k_BT \tag{13-24}$$

图 13-6 是不同温度下各种点缺陷浓度随 p_{Cd} 变化的曲线。在高于 1300K 的高温下，低 Cd 压端 V'_{Cd} 的浓度在所有电离点缺陷中最高。[$Cd_i^{\cdot\cdot}$]和[V''_{Cd}]也很高，且都在 $10^{18}/cm^3$ 数量级上。在高 Cd 压端，V''_{Cd} 逐渐成为占主要地位的缺陷。n 和 p 分别为由式(13-19)和式(13-20)计算的电子与空穴的浓度。n_{RT} 和 p_{RT} 分别为室温下 n 和 p 的计算值。

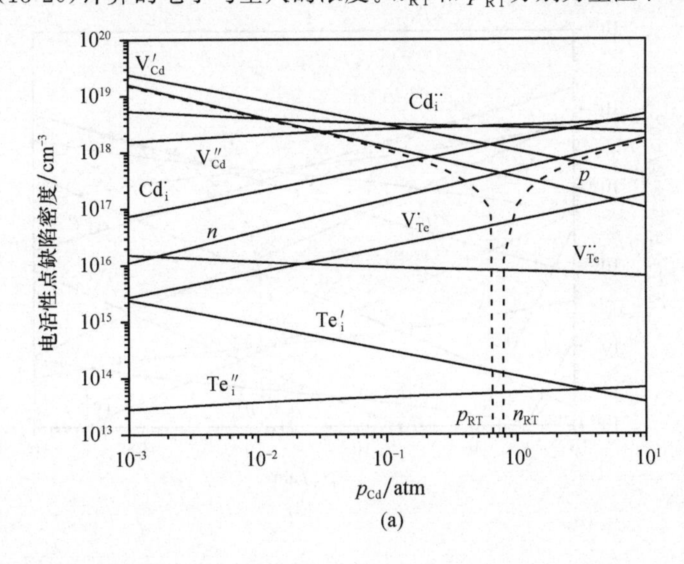

(a)

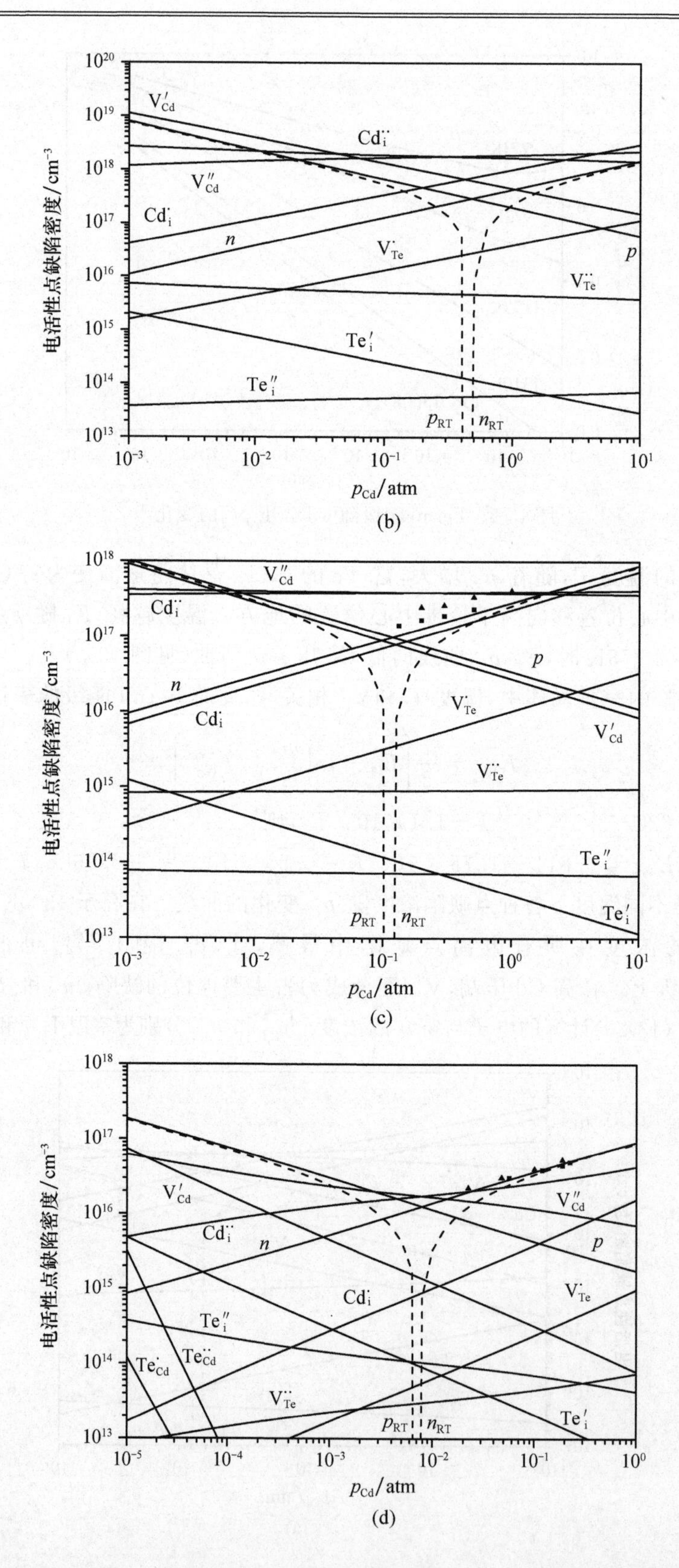

电活性点缺陷密度/cm⁻³
V'_{Cd}
$Cd_i^{\cdot\cdot}$
V''_{Cd}
$Cd_i^{\cdot}$
n
$V_{Te}^{\cdot}$
p
$V_{Te}^{\cdot\cdot}$
Te'_i
Te''_i
p_{RT}
n_{RT}
p_{Cd}/atm
(b)
(c)
$Te_{Cd}^{\cdot}$
$Te_{Cd}^{\cdot\cdot}$
(d)

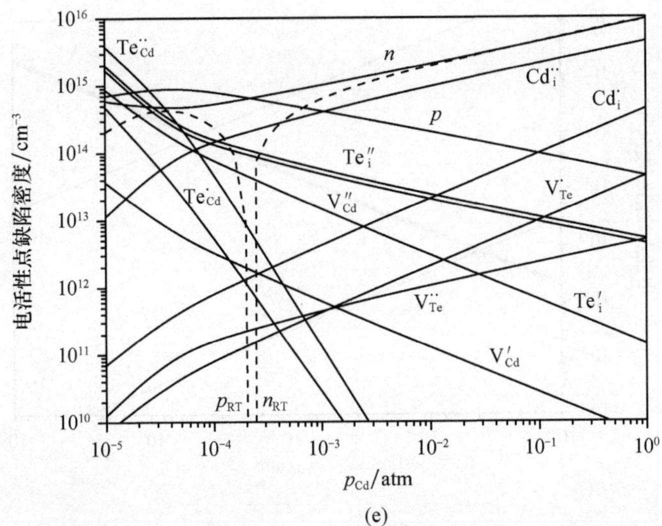

(e)

图 13-6　不同温度下 CdTe 晶体中电活性点缺陷浓度与 Cd 分压的函数关系曲线

(a) $T=1360$K；(b) $T=1310$K；(c) $T=1173$K；(d) $T=973$K；(e) $T=773$K

图 13-6(c)和(d)中的符号为，▲. Smith[13]，■. Chern[14]

$[Cd_i^{\cdot}]$随 p_{Cd} 增加速度很快，而且$[Cd_i^{\cdot\cdot}]$和$[Cd_i^{\cdot}]$的值与 V''_{Cd}很接近，$[Cd_i^{\cdot\cdot}]$和$[Cd_i^{\cdot}]$之和明显高于$[V''_{Cd}]$，因此晶体仍然处于富 Cd 状态。$[Cd_i^{\cdot\cdot}]$随 p_{Cd} 的增大缓慢增大，而$[V''_{Cd}]$随 p_{Cd} 增加缓慢减小。高于 1300K 的温度已经非常接近 CdTe 的熔点 1365K。空位浓度的增加恰好表明此时晶体结构已发生了变化，正在由固态向液态过渡。

在 973～1173K 的中温区，低 Cd 压端 V''_{Cd}占主导地位，高压端$Cd_i^{\cdot\cdot}$ 占主导地位。在极低的 Cd 压(低于 10^{-4}atm)下 V'_{Cd}将替代 V''_{Cd}，成为浓度最高的点缺陷。富 Te 晶体中的多余 Te 是由 Cd 空位导致的，而富 Cd 侧晶内多余的 Cd 则以 Cd 间隙原子的形式存在。

图 13-6(a)、(b)和(c)中，$[Te_{Cd}^{\cdot}]$和$[Te_{Cd}^{\cdot\cdot}]$的值太小，没有显示出来。图 13-6(d)中，p_{Cd}小于 10^{-4} atm 时，$[Te_{Cd}^{\cdot}]$和$[Te_{Cd}^{\cdot\cdot}]$的值大于 $10^{13}/cm^3$。而在图 13-6(e)中，温度为 773K 时，反位缺陷的浓度$[Te_{Cd}^{\cdot}]$和$[Te_{Cd}^{\cdot\cdot}]$变得很高。富 Te 侧 Te''_{Cd}甚至成为了占主要地位的缺陷。$[Te_{Cd}^{\cdot\cdot}]$比高温下的值也高了一个数量级。此时晶内的多余 Te 将以 3 种形式出现，即反位 $Te_{Cd}^{\cdot\cdot}$、Te 间隙原子 Te''_{id}和 Cd 空位 V''_{Cd}。在图 13-6(e)中，自由载流子浓度曲线在低 Cd 压端发生弯曲，与图 13-5 所示的 773K 时 E_f-p_{Cd}曲线的弯曲相对应。

理论上，对于给定的温度，p_{RT}-p_{Cd}和 n_{RT}-p_{Cd}曲线应在某一 Cd 压值相遇，但实际没有获得该结果，这是由于计算过程忽略了载流子浓度低于 $10^8/cm^3$ 的点缺陷的影响。Vydyanath 等[16]和 Turjanska 等[10]也得到了相同的结果。

与图 13-6 相对应的温度下，中性缺陷浓度随 p_{Cd} 的变化情况如图 13-7 所述。$T=$1360K 和 1310K 时，富 Cd 侧，$[V_{Te}^{\times}]$比图 13-6 中的$[V_{Te}^{\cdot}]$和$[V_{Te}^{\cdot\cdot}]$高 1～2 个数量级。此时，Te 空位缺陷没有完全电离。富 Te 侧，$[Te_i^{\times}]$与$[Te_i']$在同一数量级上。当 $p_{Cd}<2\times10^{-3}$atm 时，还有相当数量的 Cd 空位没有电离。因此，在中温和低温下，富 Cd 侧只有 Te 空位主要以未电离的中性态存在。这些中性点缺陷并不影响晶体的电学性能，但是，它们将直接影响晶体成分与理想化学配比的偏离程度。

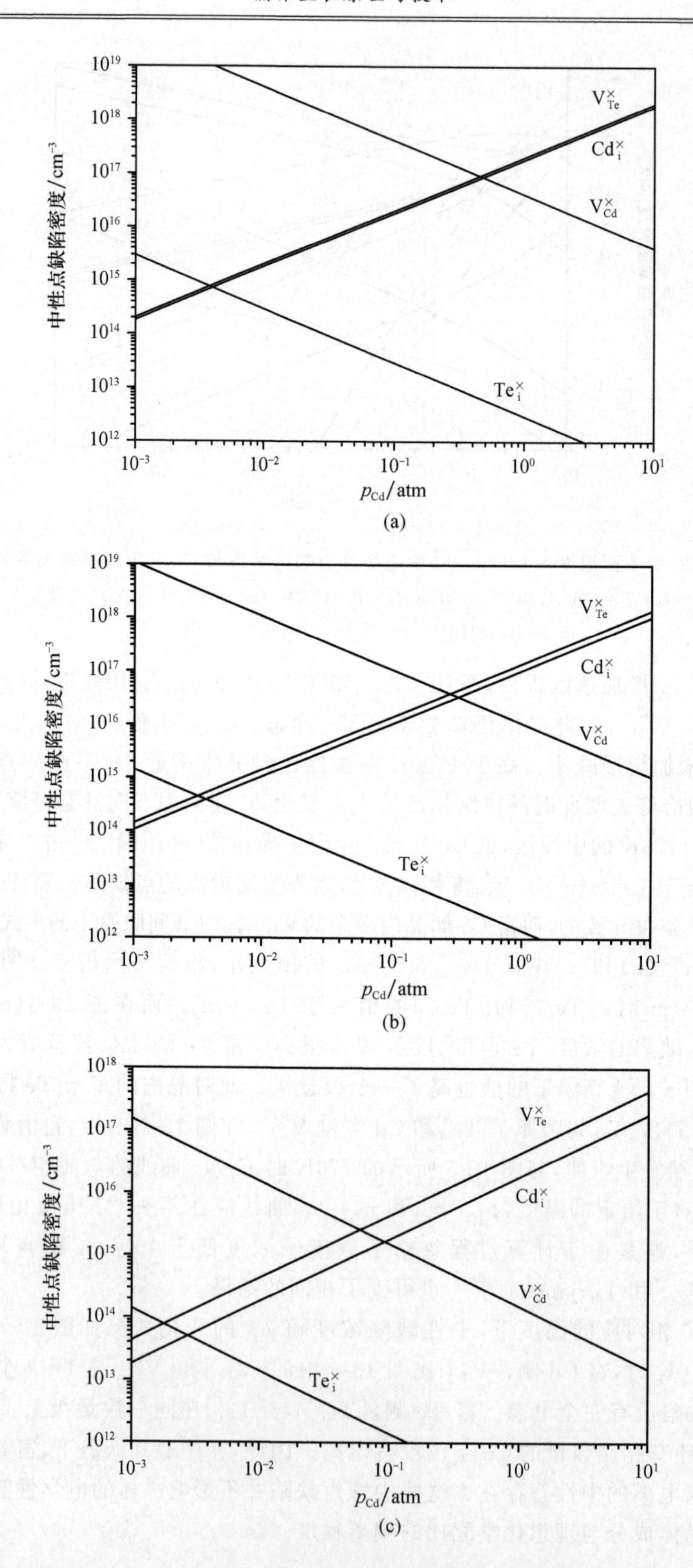

中性点缺陷密度/cm⁻³
10^{12} 10^{13} 10^{14} 10^{15} 10^{16} 10^{17} 10^{18} 10^{19}
$V_{Te}^{\times}$
$Cd_i^{\times}$
$V_{Cd}^{\times}$
$Te_i^{\times}$
10^{-3} 10^{-2} 10^{-1} 10^{0} 10^{1}
p_{Cd}/atm
(a)
(b)
10^{18}
(c)

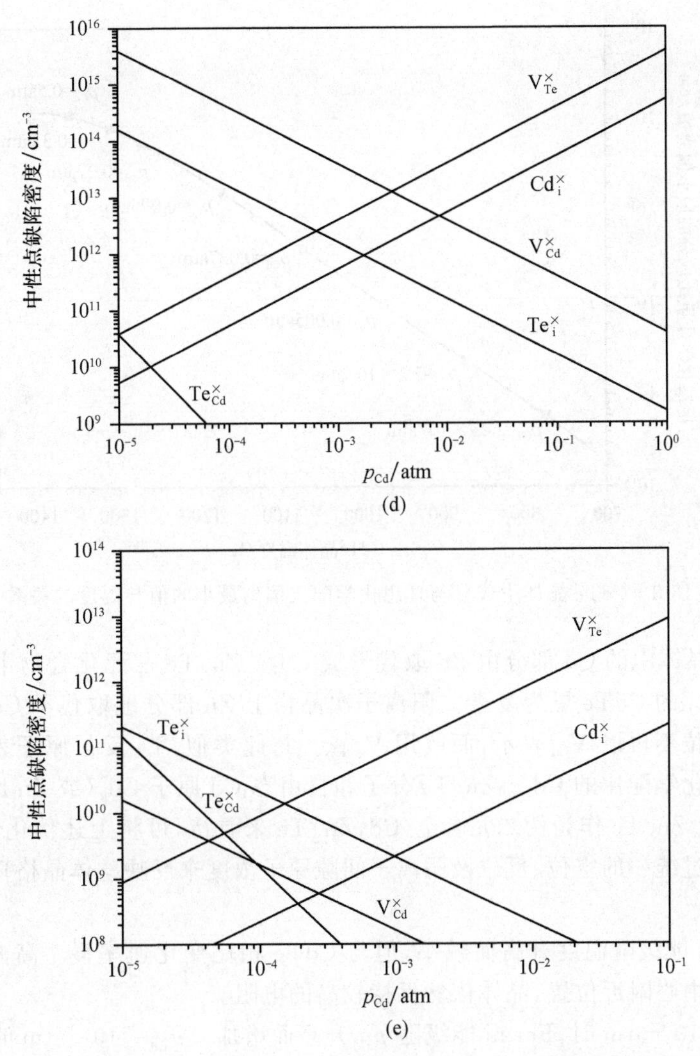

图 13-7　不同温度下 CdTe 晶体中电中性点缺陷浓度与 Cd 分压的函数关系曲线[6]

(a) $T=1360$K；(b) $T=1310$K；(c) $T=1173$K；(d) $T=973$K；(e) $T=773$K

与晶体平衡的环境气氛条件改变时，晶内点缺陷的浓度也相应发生变化。在考虑晶体成分与理想化学配比的偏离时，不仅要考虑中性点缺陷，还必须考虑电离点缺陷的浓度。CdTe 中，最关心的是多余 Te（以 ΔTe 表示）含量，其表达式由式(13-12)给出。图 13-8是不同温度的本征条件下，CdTe 晶体成分所能达到的与理想化学配比的最小偏离值。在 773K 等几个温度点上，还标出了达到最小偏离值所必需的环境气氛中的 Cd 分压。温度低于 1273K 时，最小偏离值随温度的升高很快增加。温度高于 1173K 时，最小偏离值大于 $10^{16}/cm^3$。温度高于 1273K 时，最小偏离值趋向于一个常数，这是晶体温度接近熔点的表现。

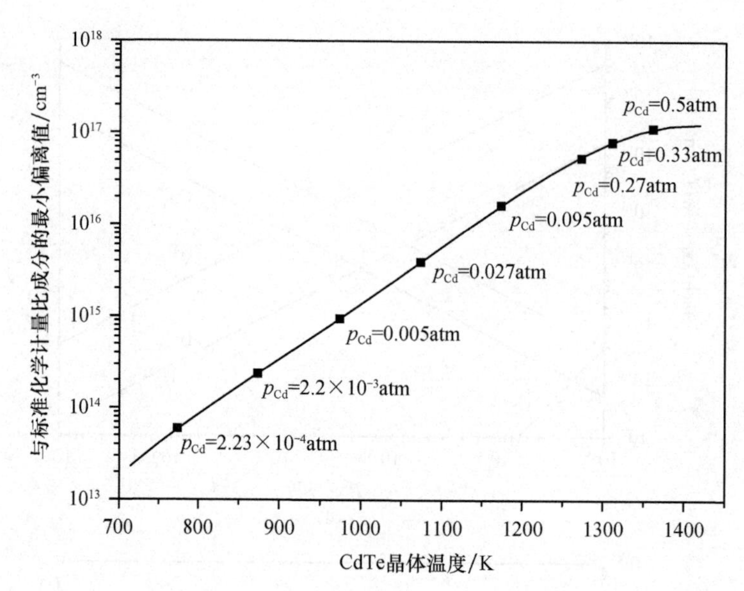

图 13-8　CdTe 晶体中成分与理想化学配比偏离最小的值与温度的关系[6]

当 CdTe 晶体中的 Cd 部分由 Zn 取代形成 $Cd_{1-x}Zn_xTe$ 三元化合物半导体时，其点缺陷模型比二元的 CdTe 更为复杂。阳离子次晶格上 Zn 部分地取代了 Cd，因此阳离子次晶格点阵空位不再以 V_{Cd} 表示，而改用 V_{cation}。与此类似，Te 反位原子表示为 Te_{cation}。仍以符合理想化学配比的 $Cd_{1-x}Zn_xTe$ 分子和自由态 Cd 原子 Cd_g（或 Zn 原子 Zn_g）作为基态。把 $Cd_{1-x}Zn_xTe$ 作为伪二元合金(Cd，Zn)Te 来看待，可将上述伪化学平衡方程式加以推广。通过统一的空位、反位及阴离子间隙原子浓度来反映整体晶格环境的影响，主要的结论如下[17]：

(1) Fermi 能级随温度升高而减小，但与 CdTe 相比变化速率慢。高温下，Fermi 能级仍处于禁带中心附近位置，晶体依然保持较高的电阻。

(2) $p_{Cd}>10^{-3}$atm 时，Fermi 能级随 p_{Cd} 升高而增加。$p_{Cd}<10^{-3}$atm 时，不论温度高低，Fermi 能级都存在最小值。

(3) 温度低于 1200K 时，$Cd_{0.95}Zn_{0.05}Te$ 晶体中，富 Cd 侧 $Cd_i^{\cdot\cdot}$ 浓度最高，而富 Te 侧 V''_{cation} 占主要地位。不论温度高低，在极端富 Te 侧，$Te_{cation}^{\cdot\cdot}$ 和 $Te_{cation}^{\cdot}$ 的浓度都很高，与 V''_{cation} 和 V'_{cation} 在同一数量级，甚至高于 V''_{cation}。

(4) 富 Cd 侧，高温下有相当一部分多余 Cd 以中性缺陷的形式存在，主要的中性缺陷为 Cd_i 和 V_{Te}。低温下，中性和电离 Te 空位浓度都很低，Cd_i 电离程度随温度降低越来越充分。

(5) 在 873K 以上，相同的晶片温度条件下，$Cd_{0.95}Zn_{0.05}Te$ 本征退火所需的 Cd 压略低于 CdTe。873K 以下，$Cd_{0.95}Zn_{0.05}Te$ 本征退火所需的 Cd 压略高于 CdTe。

13.1.4　晶体生长过程中点缺陷的形成与控制

晶体中点缺陷的形成与晶体生长条件密切相关，仍以 CdTe 的晶体生长为例。Cd-Te 体系的相图如图 13-9 所示[18]。在接近标准化学计量比的成分附近，相图的局部结构如

图 13-10 所示[19]。在熔体法晶体生长过程中，当熔体成分偏离标准化学计量比时，所生长的晶体成分也将偏离其化学计量比的成分。如果熔体富 Te，则生长的晶体成分沿着相图中的 ab 线变化，晶体中的富 Te 量可用图中的 ΔTe 表示，而 ΔTe 与各种点缺陷浓度之间的关系由式(13-12)给出。通常在富 Te 的熔体中生长的晶体，点缺陷以 Cd 空位(V_{Cd})和 Te 的反位(Te_{Cd})为主。

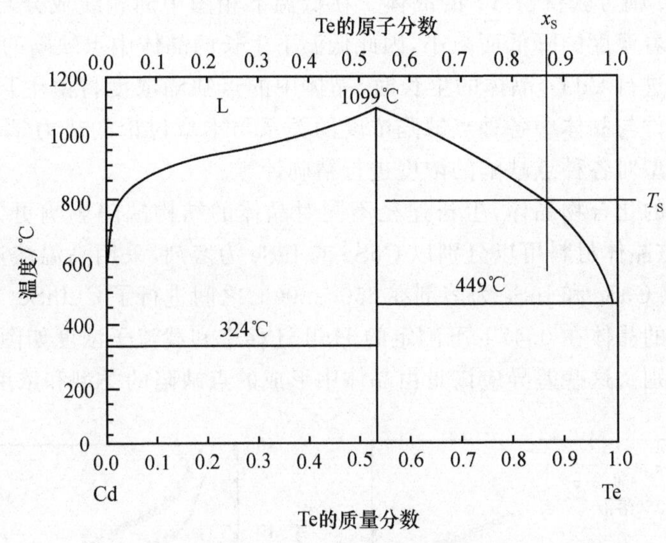

图 13-9　Cd-Te 二元相图[18]

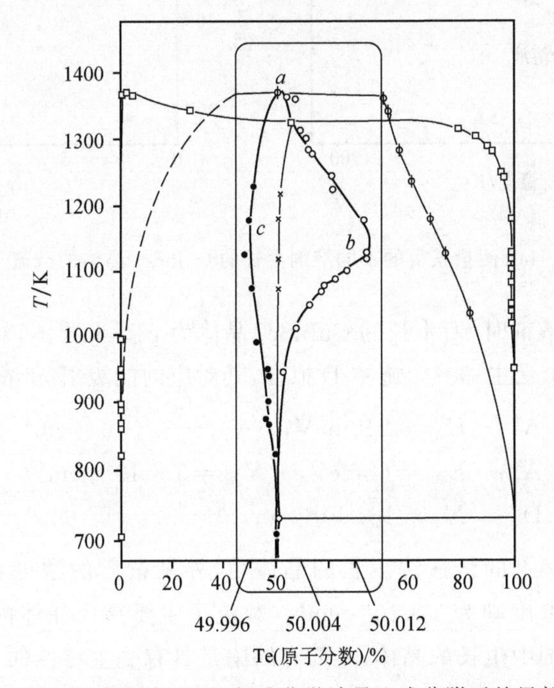

图 13-10　Cd-Te 相图在 CdTe 标准化学计量比成分附近的局部放大[19]

图中的实验点是不同作者采用不同的研究方法获得的

而当溶液富 Cd 时，结晶界面附近的熔体成分沿 ac 线变化，所生长的晶体成分富 Cd。其中晶体中的成分偏差仍可用式(13-12)表示，但 ΔTe 将为负值，晶体中的点缺陷以 Te 空位 V_{Te} 和 Cd 的间隙原子 Cd_i 为主。

由图 13-9 所示的相图可以看出，以 Cd 或 Te 为溶剂，可采用溶液法进行 CdTe 晶体的生长，常用 Te 溶剂。如图 13-9 所示，在生长温度为 T_S 的条件下，向 Te 溶剂溶解 Cd 使其成分位于 x_S 则可获得富 Te 的晶体。在低温下相图中固相线成分与标准化学计量比成分的偏差随着温度的降低而减小，因此低温下生长的晶体中点缺陷的浓度将更低。

采用气相法进行 CdTe 晶体的生长时，晶体中的点缺陷浓度将由生长温度和气相成分决定。生长条件与晶体中各种点缺陷浓度的关系与本章讨论的热力学平衡条件一致，可以采用相关模型对各种点缺陷的浓度进行精确计算。

对于更复杂的化合物晶体，生长途径不同对晶体的结构缺陷影响更大。以 $CuInSe_2$ 晶体材料为例，该晶体材料可以分别以 CuSe 或 InSe 为溶剂，采用高温溶液法生长。Eisener 等[20]分别以 CuSe 和 InSe 为溶剂在 650～800℃之间进行了 $CuInSe_2$ 晶体生长试验。不同溶液中生长的晶体在 0.47T 下测定的 Hall 迁移率和载流子浓度如图 13-11 所示，二者存在明显的差别。这些差异应该是由晶体中形成的点缺陷的类型和浓度决定的。

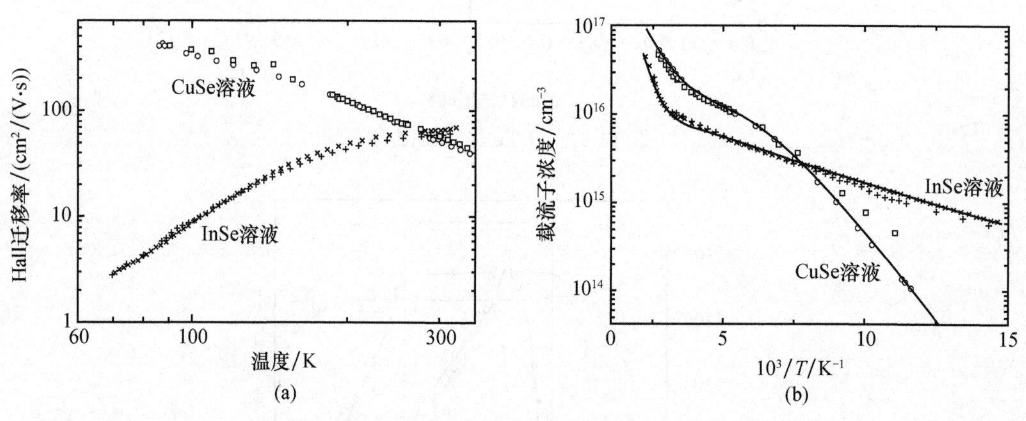

图 13-11　Hall 测量获得的不同溶剂生长的 $CuInSe_2$ 晶体的载流子特性[20]

当采用 CuSe 为溶剂时，所生长的 $CuInSe_2$ 晶体为 p 型半导体，对此可以采用分别标记为 A1 和 A2 的两个受主和一个施主 D 拟合，其对应的能级 E 和浓度 N 分别为

$$\text{A1:}\quad E_{A1}=210\text{meV},\quad N_{A1}=3\times10^{17}/\text{cm}^3$$

$$\text{A2:}\quad E_{A2}=68\text{meV},\quad N_{A2}=3\times10^{16}/\text{cm}^3$$

$$\text{D:}\quad N_D=1\times10^{16}/\text{cm}^3$$

在采用 CuSe 为溶剂的溶液法生长的晶体中，外来杂质的浓度在 $1\times10^{15}/\text{cm}^3$ 数量级，而实测的载流子浓度则为 $1\times10^{16}/\text{cm}^3$。载流子主要是由晶体内部的本征点缺陷形成的。对于 CuSe 溶剂中生长的晶体，主要点缺陷是具有受主特性的 In 空位 V_{In} 和 Cu 的反位 Cu_{In} 以及具有施主特性的 Cu 间隙原子 Cu_i。

当采用 InSe 为溶剂时，所生长的晶体载流子特性可以采用如下受主(D1、D2)和施主

(A)表示：

$$\text{D1:}\quad E_{D1}=350\text{meV},\quad N_{D1}=5\times10^{18}/\text{cm}^3$$
$$\text{D2:}\quad E_{D2}=9.5\text{meV},\quad N_{D2}=6\times10^{17}/\text{cm}^3$$
$$\text{A:}\quad N_A=0.98N_{D2}$$

在由 InSe 溶液生长的晶体中包含 $Cu_2In_4Se_7$ 沉淀相，其主要点缺陷应该是作为受主的 Cu 空位 V_{Cu}、作为施主的 In 反位 In_{Cu} 和 In 间隙原子 In_i。

图 13-12 是不同方法生长的 ZnO 晶体中载流子浓度随温度的变化[21]。载流子浓度随温度的升高而增大。其中水热法生长的晶体中载流子浓度总体偏低，而气相法生长的晶体中载流子浓度偏高。气相法生长的晶体在水蒸气或空气中退火后载流子浓度降低。

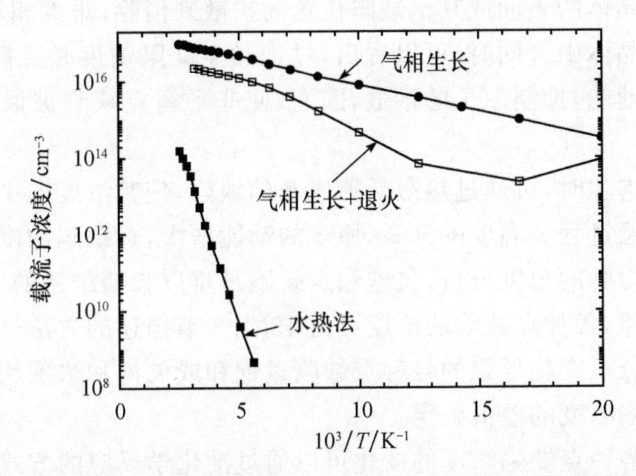

图 13-12 不同生长方法获得的 ZnO 晶体中载流子浓度随温度的变化[21]

13.1.5 晶体后处理过程中点缺陷的形成与控制

13.1.2 节和 13.1.3 节中探讨了不同温度下热力学平衡点缺陷的浓度。当热力学平衡条件，如温度、环境气氛等发生变化时，热力学平衡的点缺陷浓度将随之改变。但点缺陷密度向新的平衡浓度的转变是一个动力学过程，需要通过扩散来实现。扩散过程是一个相对缓慢的过程，如果环境条件突然变化，扩散过程来不及进行，则会出现点缺陷浓度高于或低于平衡浓度的情况，形成过饱和或欠饱和的点缺陷浓度。

以简单单质晶体为例，假定其点缺陷浓度在温度 T_1 下达到热力学平衡，其平衡 Frenkel 点缺陷对、空位和间隙原子的浓度分别可由式(13-8)、式(13-9)和式(13-10)计算。当温度突然改变为 T_2 时，对应的 3 种点缺陷的浓度与在 T_2 温度下平衡浓度的偏差值为

Frenkel 点缺陷对：

$$\Delta D_F=D_F(T_1)-D_F(T_2)=\sqrt{\frac{N'}{N}}\left[\exp\left(-\frac{\Delta g}{2k_BT_1}\right)-\exp\left(-\frac{\Delta g}{2k_BT_2}\right)\right]\quad(13\text{-}25)$$

空隙：

$$\Delta D_1 = \exp\left(-\frac{\Delta g_1}{k_B T_1}\right) - \exp\left(-\frac{\Delta g_1}{k_B T_2}\right) \tag{13-26}$$

间隙原子：

$$\Delta D_2 = \frac{N'}{N}\left[\exp\left(-\frac{\Delta g_2}{k_B T_1}\right) - \exp\left(-\frac{\Delta g_2}{k_B T_2}\right)\right] \tag{13-27}$$

在上述假定的变化过程中，如果 $T_2 < T_1$，则 $\Delta D_F > 0$、$\Delta D_1 > 0$、$\Delta D_2 > 0$，出现点缺陷的过饱和。反之，如果 $T_2 > T_1$，则发生点缺陷的欠饱和。

对于通过降温形成的过饱和点缺陷，将通过原子的热运动向平衡条件转化。其中Frenkel点缺陷对会通过间隙原子与空隙的复合而消失，相对比较容易。而间隙原子和空位则需要通过向晶体的表面或其他缺陷位置的扩散来消除，难度相对较大，非平衡点缺陷可能长期保留在晶体中。同时，可以看出，过饱和点缺陷浓度是在降温时形成的，温度降低会降低原子的动能，抑制原子的扩散，因而，使非平衡点缺陷被保留在晶体内部的可能性增大。

当缺陷浓度欠饱和时，可通过热激活形成新的缺陷，使其浓度向平衡浓度逼近。这种情况通常对应于升温过程。温度的升高，原子的动能增大，点缺陷浓度向平衡浓度逼近相对容易，因此，从动力学的角度分析，欠饱和点缺陷是难以长期维持的。

对于化合物晶体，各种点缺陷的浓度可由13.1.3节描述的方法进行估算。温度或气氛中不同组元蒸气分压变化导致的各种点缺陷过饱和或欠饱和浓度均可通过计算其在不同条件下平衡点缺陷浓度的差值确定。

化合物晶体中各种点缺陷浓度的变化可以通过准化学反应的方式进行。以AB型化合物中的反位原子为例，可以通过以下多种反应过程形成，并同时形成其他点缺陷：

$$AV_B + A_G = AA_B \tag{13-28a}$$

$$V_AB + B_G = B_AB \tag{13-28b}$$

$$AB + A_G = AA_B + B_G \tag{13-28c}$$

$$AB + B_G = B_AB + A_G \tag{13-28d}$$

$$AB + A_G = AA_B + B_i \tag{13-28e}$$

$$AB + B_G = B_AB + A_i \tag{13-28f}$$

$$2AB = AA_B + 2B_G \tag{13-28g}$$

$$2AB = B_AB + 2A_G \tag{13-28h}$$

$$2AB = AA_B + 2B_i \tag{13-28i}$$

$$2AB = B_AB + 2A_i \tag{13-28j}$$

以上各式中，A、B分别表示原子A和原子B；V表示空位；下标A、B分别表示正常原子位置；下标i表示间隙原子；下标G表示环境中的原子，在液相晶体生长过程中可以指熔体或溶液，在气相生长或气相退火中则指环境气氛。

以CdTe晶体为例，根据图13-8所示的晶体成分最小偏离值及与其相应的Cd分压与温度的函数关系，可以设计两温区的退火实验。退火时CdTe晶体放在温度为 T_1 的高温区，Cd源放在温度为 T_2 的低温区，使 T_2 时Cd源的蒸气压与 T_1 时CdTe晶体成分达到最小偏离值所需的外界 Cd 分压相等。退火实验中 Cd 源温度与晶体温度的关系见图 13-13[6]。实际的退火工艺实验表明，根据图 13-13 设计的退火温度和气氛控制条件确实可以有效降低晶体中的点缺陷浓度[6]。

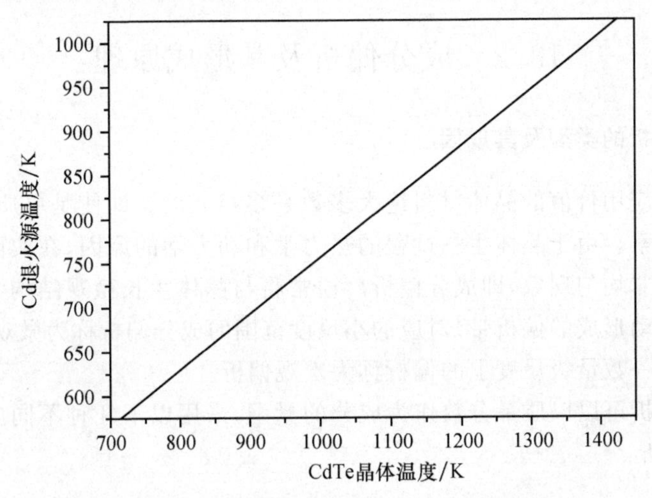

图 13-13　退火时 Cd 源温度与 CdTe 晶体温度的关系[6]

在化合物晶体的退火处理过程中，降低点缺陷浓度的机制包括：①Frenkel 点缺陷的回复；②空位或间隙原子向晶体表面的扩散；③点缺陷向晶界、位错、层错以及空隙或沉淀相中扩散转移；④异种点缺陷的复合，如间隙原子与空位的复合，某一间隙原子进入其他原子的空位时可能形成反位；⑤间隙原子的聚集，形成插入原子层或者析出沉淀相；⑥空隙的聚集形成塌陷，相当于在局部抽掉一个原子层，从而形成层错。这些可能的过程均是热激活过程。快速冷却可能使扩散受抑制，形成过饱和的点缺陷，而通过在较高温度下退火可促使点缺陷消除。由于化合物晶体中点缺陷的复杂性，其扩散的速率较低，形成非平衡点缺陷的可能性更大。

点缺陷的扩散速率是决定非平衡点缺陷浓度的重要方面，当点缺陷的扩散速率较大时，点缺陷容易发生迁移，从而在任意给定的环境条件下将快速向其平衡浓度逼近，不容易发生过饱和或欠饱和的情况。不同类型点缺陷的扩散系数与一般元素的扩散系数一样，可以表示为

$$D_{\mathrm{pd}} = D_{\mathrm{pd}}^{0} \exp\left(-\frac{E_{\mathrm{pd}}}{k_{\mathrm{B}} T}\right) \tag{13-29}$$

式中，k_{B} 为 Boltzmann 常量；E_{pd} 为点缺陷的扩散激活能；D_{pd}^{0} 为一个常数。E_{pd} 和 D_{pd}^{0} 均与晶体结构和点缺陷的类型相关。

可以看出，不同晶体结构中不同类型的点缺陷扩散能力存在差异，同时随着温度的升高，点缺陷的扩散系数增大。然而，不同晶体结构中点缺陷扩散系数的确定具有较大的难度，即使对于单组元的 Si 晶体，采用不同模型预测的结果甚至存在若干个数量级的差异[21]。Libertino 等[22]采用离子轰击的方法在 Si 单晶中人为引入点缺陷，并根据其衰减特性测定出室温下 Si 单晶中间隙原子和空隙的扩散系数分别为 $1.5\times10^{-15}\,\mathrm{cm^2/s}$ 和 $3\times$

10^{-14} cm^2/s。

过饱和点缺陷浓度还可能通过其他物理方法形成,如电子束或高能射线照射、离子注入等。这些方法已经不属于晶体生长过程可以控制的范畴,将不在这里讨论。

13.2　成分偏析及其形成原理

13.2.1　成分偏析的类型及其成因

工业上具有应用价值的晶体材料绝大多数是多组元的。即使是单质晶体,也或多或少地存在杂质元素。由于晶体生长过程的热力学和动力学的原因,在实际生长的晶体材料中存在成分的非均匀现象,即成分偏析。通常将与晶体生长微观结构参数(如枝晶、胞晶或生长速率波动形成的偏析带)对应的小尺度范围的成分偏析称为微观偏析,而将与所生长晶体尺寸同一数量级尺度上的偏析称为宏观偏析。

对于成分偏析可以以质量分数作为成分的量纲,采用以下几种不同的参数表征元素 i 在晶体中的偏析:

(1) 偏析比

$$q_i=\frac{w_i}{w_{i0}} \tag{13-30}$$

(2) 成分偏差

$$\Delta w_i=w_i-w_{i0} \tag{13-31}$$

(3) 偏析率

$$\eta_i=\frac{w_i-w_{i0}}{w_{i0}} \tag{13-32}$$

以上各式中,w_{i0} 表示组元 i 在晶体中的平均质量分数;w_i 为组元 i 在指定位置处的质量分数。

式(13-30)～式(13-32)均能反映晶体中指定位置的成分偏析情况。当某指定位置处组元 i 的质量分数高于平均值时,$q_i>1$、$\Delta w_i>0$ 或 $\eta_i>0$,表示该处发生组元 i 的正偏析。相反,如果组元 i 在指定位置处的质量分数小于平均值,即 $q_i<1$、$\Delta w_i<0$ 或 $\eta_i<0$ 时,表示该处发生组元 i 的负偏析。成分偏差 Δw_i 反映了成分偏析的绝对数值,而 q_i 和 η_i 则能够反映成分偏析的程度。

对于一个晶锭或晶片中的宏观偏析,可以用上述表征成分偏析参数的变化范围反映其偏析的程度。对偏析的完整描述需要采用绘制等浓度线的图示方法。

微观区域的成分偏析,其成分的变化通常是周期性的,式(13-30)～式(13-32)仅能反映成分变化的幅度,而完整的描述还应该包括成分变化的周期。因此,应该采用两个参数描述,如

$$S:\{\eta,L_m\} \tag{13-33}$$

式中,偏析率 η 反映成分变化的幅度;而 L_m 反映成分变化的周期。

随着晶体生长方法和条件的变化，偏析的形成原理和偏析分布特性也存在差异。归纳起来，导致晶体中成分偏析的原因包括以下几个方面：

(1) 熔体、溶液或气相成分的波动。在熔体法和溶液法晶体生长过程中，液相与环境的物质交换导致液相成分的变化，从而引起所生长的晶体成分发生变化。在气相生长过程中，气源的成分也可能由于控制条件的不稳定而发生变化，导致晶体成分的不均匀。晶体的成分是由界面附近生长介质的局部成分决定的，因此，由于生长介质中溶质传输过程的限制，晶体成分的变化可能滞后于介质中平均成分的变化。

(2) 结晶界面上的溶质分凝。当指定元素在结晶界面上的分凝系数小于1时，该组元在形成晶体中的含量低于相邻介质(熔体、溶液或气体)中的含量，最先生长的晶体中将出现该组元的负偏析。随着生长过程的进行，该组元在生长介质中富集，从而使所生长的晶体成分随之增大，在最后结晶的晶体中发生正偏析。分凝系数大于1的组元则相反，在先结晶的晶体中发生正偏析，而在后结晶的晶体中发生负偏析。具体的偏析规律已经在第三篇中结合不同的生长方法进行了描述。

(3) 生长过程中晶体的运动。当晶体在熔体或溶液中自由生长时，析出晶体的成分将不同于周围液体的成分，在重力场的作用下发生沉降或漂浮，而富集或贫化溶质的液体留在原处，将导致不同区域的成分差异。此种偏析称为重力偏析。

(4) 液相的流动。在溶液法或熔体法晶体生长过程中，结晶界面上的溶质分凝导致晶体附近液相成分的变化。该成分变化与温度场相耦合，引起液相中的密度差，从而发生液相的对流，将富集溶质或贫化溶质的液相带离生长界面，导致液相成分的不断变化，最终形成成分偏析。

(5) 非平面结晶界面。当结晶界面附近的温度梯度较小时，平面结晶界面将失稳形成胞状生长界面。溶质分凝引起分凝系数小于1的元素将在胞晶间富集，而在胞晶杆中心贫化，从而形成微观成分偏析。

(6) 生长速率波动。在晶体生长过程中，温度场的波动导致结晶界面附近过冷度的波动，进而引起生长速率的波动。如果这种波动使得结晶界面前沿的扩散场发生周期性变化，所生长的晶体成分也随之发生周期性变化，形成所谓的带状偏析。

(7) 缺陷附近的偏析。当晶体中存在位错、孪晶、层错以及晶界等结构缺陷时，某些元素将向缺陷的位置富集以降低缺陷的附加自由能，从而在缺陷处形成杂质元素的偏聚。与上述其他几种偏析情况不同，在缺陷附近的成分偏析是热力学稳定的偏析，不能通过热处理方法消除。

13.2.2 多组元晶体中的成分偏析及其对性能的影响

在可以形成连续混溶固溶体的多组元材料中，通常通过调整合金成分实现性能的控制。在半导体材料中，成分的变化可以改变禁带宽度、载流子特性以及晶格常数。以下是几种典型固溶体型晶体材料与性能的关系实例。

(1) $Si_{1-x}Ge_x$ 晶体。Si和Ge形成连续固溶的金刚石结构半导体晶体，其禁带宽度随成分(x 值)和温度的变化如下[23]：

$$\Delta E_g = \Delta E_{g0} - \frac{\alpha T^2}{\beta - T} - 0.43x + 0.205x^2 \tag{13-34}$$

式中，ΔE_{g0} 是 0K 时的禁带宽度；α 和 β 为经验参数。实验获得的数值为 $\Delta E_{g0} = 1.169\text{eV}$，$\alpha = (4.9 \pm 0.2) \times 10^{-4}\text{eV/K}$，$\beta = 655 \pm 40\text{K}$。

(2) $Hg_{1-x}Cd_xTe$ 红外半导体晶体。作为最重要的红外探测器材料，其禁带宽度决定着响应波长，从而也决定着红外探测器的精度和灵敏度。而禁带宽度是由成分和温度决定的，满足如下关系[24]：

$$E_g = -0.302 + 1.93x - 0.81x^2 + 0.832x^2 + 5.35 \times 10^{-4}(1-2x)T(\text{eV}) \tag{13-35}$$

作为外延生长和器件制造的一个重要参数，其晶格常数 a 也是由成分决定的[25]

$$a = 6.4614 + 0.0084x + 0.0168x^2 - 0.0057x^3(\text{Å}) \tag{13-36}$$

(3) $Hg_{1-x}Mn_xTe$ 稀磁半导体晶体。$Hg_{1-x}Mn_xTe$ 作为稀释半导体，在零磁场下表现出与 $Hg_{1-x}Cd_xTe$ 相近的性能，可作为红外探测器材料。Kaniewski 和 Mycielski[26] 通过实验对 $Hg_{1-x}Mn_xTe$ 禁带宽度随成分和温度的变化关系进行了总结，得到如下结果：

$$E_g(x,T) = -0.253 + 3.446x + 4.9 \times 10^{-4}T - 2.55 \times 10^{-3}xT(\text{eV}) \tag{13-37}$$

(4) $Hg_{3-3x}In_{2x}Te_3$ 近红外半导体晶体。该晶体可以看作是 Hg_3Te_3 和 In_2Te_3 形成的二元固溶体。当 $x<0.7$ 时形成立方相结构的固溶体，也是一种禁带宽度可调的化合物半导体，并在红外探测领域具有重要应用背景。$0<x<0.7$ 时有[27]

$$a = 6.461 - 0.339x(\text{Å}) \tag{13-38}$$

其禁带宽度随 x 值按照图 13-14 所示的规律变化。

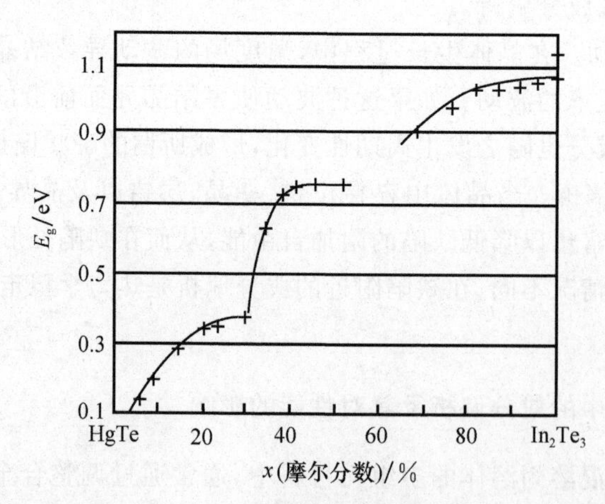

图 13-14 $Hg_{3-3x}In_{2x}Te_3$ 近晶体禁带宽度 E_g 与成分 x 的关系[28]

(5) $Cd_{1-x}Zn_xTe$ 半导体晶体。$Cd_{1-x}Zn_xTe$ 是一种具有代表性的Ⅱ-Ⅵ族化合物半导体晶体材料，具有较高的电阻率。该晶体材料可以通过调整成分 x 形成与

$Hg_{1-x}Cd_xTe$ 晶格完全匹配的闪锌矿晶体，是 $Hg_{1-x}Cd_xTe$ 红外探测器薄膜材料制备的首选衬底材料，同时，也是近年来 X 射线和 γ 射线探测器材料发展的重点。这两个重要应用背景均对材料的禁带宽度和晶格常数的一致性和精确性提出了很高要求。在 $Cd_{1-x}Zn_xTe$ 晶体中，禁带宽度 E_g 与成分 x 之间满足如下函数关系：

$T=12K$ 时[5]

$$E_g=1.5964+0.445x+0.33x^2(\text{eV}) \tag{13-39}$$

$T=300K$ 时，Polichar 等[29]得到的结果则是

$$E_g=1.598+0.614x-0.166x^2(\text{eV}) \tag{13-40}$$

由以上实例可以看出，准确地进行成分及其均匀性控制对于晶体性能及其一致性的控制是至关重要的。然而，多组元固溶体型晶体生长过程中，溶质的分凝是由其物理化学性能及其传输条件决定的。

Bridgman 法晶体生长过程中的溶质分凝与成分的变化规律已经在第 9 章中进行了讨论，以下以 $Cd_{1-x}Zn_xTe$ 晶体在 Bridgman 法晶体生长过程中的偏析特性为例进行分析。对于采用 Bridgman 法和 ACRT-B 法（即附加坩埚加速旋转技术的 Bridgman 法）生长的直径为 30mm 的 $Cd_{0.95}Zn_{0.05}Te$ 晶锭，每隔 10mm 取一个晶片，测定这些晶片中心部位的 Zn 含量，由此确定 Zn 在晶锭生长方向，即轴向上的分布规律，结果示于图 13-15 中。没有坩埚加速旋转的晶锭，在其初始结晶的 25～40mm 的长度范围内，Zn 的浓度较高，通常高于 $Cd_{0.95}Zn_{0.05}Te$ 的理论值 5.0%（原子分数），为 4.5%～5.4%（原子分数）；在其最后结晶的 20～30mm 的长度范围内，Zn 的浓度较低，通常低于 $Cd_{0.95}Zn_{0.05}Te$ 的理论值 5.0%（原子分数），为 4.2%～4.5%（原子分数）。而在其中间结晶的 46～55mm 的长度范围内，Zn 的含量比较均匀，Zn 的成分波动不超过 ±0.1%（原子分数）。在施加坩埚加速旋转的晶锭中，Zn 的分布也是初始结晶部位高，最后结晶部位低，从晶锭的头部到尾部，Zn 的含量不断下降。

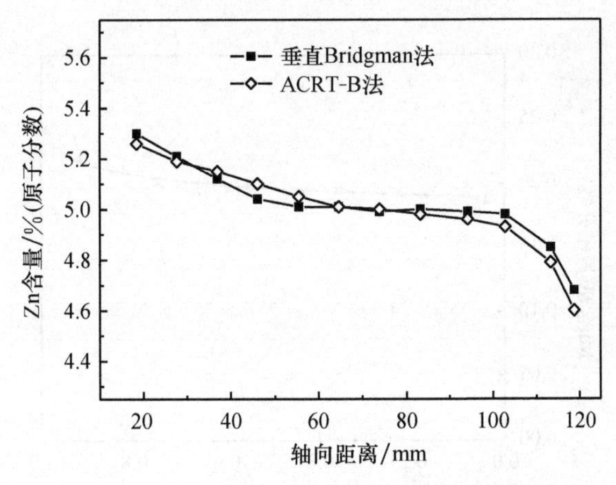

图 13-15　Zn 在 CdZnTe 晶锭轴向的分布[5]

以晶片的圆心为起始点，在径向每隔 3mm 取一个测量点测量 Zn 的含量，以获得径

向的成分分布。图 13-16 为晶锭中部径向成分分布情况[5]，总体上径向成分变化幅度很小。其中采用了坩埚加速旋转生长获得的晶片，其径向上的 Zn 含量以 CdZnTe 的理论 Zn 含量 5.0%(原子分数)为中心上下波动，而没有采用坩埚加速旋转生长获得的晶片，其径向上的 Zn 含量在半径上从圆心向外有增大的趋势。

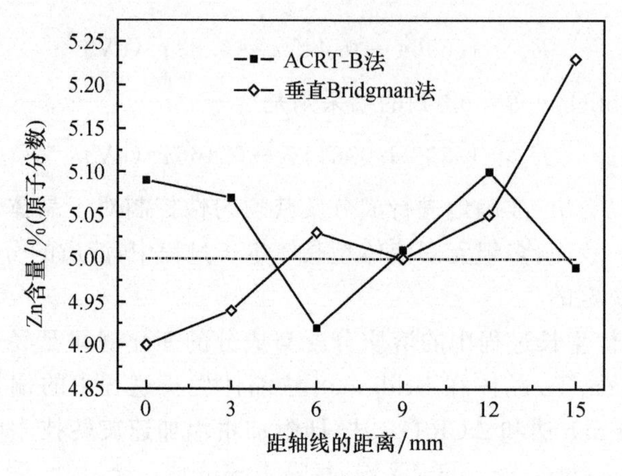

图 13-16　Zn 在 CdZnTe 晶片中的径向分布[5]

张继军[30]对 Bridgman 法生长的 $Cd_{0.8}Mn_{0.2}Te$ 晶体中 Mn 含量沿晶锭轴向和不同生长截面径向的分布进行了分析。采用无量纲长度为纵坐标表示的轴向成分分布如图 13-17 所示。图中曲线为采用 Scheil 方程与实际实验数据拟合的结果，由此确定出 Mn 在晶体中的分凝系数约为 0.95。不同生长截面上 Mn 含量的径向分布如图 13-18 所示。其中，在靠近晶锭头部的晶片中 Mn 含量在中心部位偏高，而在晶锭表面较低，表明晶体生长过程中结晶界面是凹陷的；晶锭中部成分分布较为均匀，生长界面接近平面；而在尾部，晶锭中心部位 Mn 含量偏低，边缘偏高，表明生长界面是凸面。

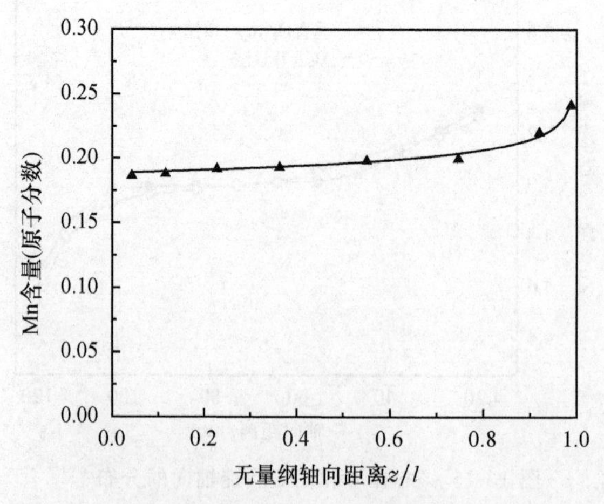

图 13-17　Mn 在 $Cd_{0.8}Mn_{0.2}Te$ 晶锭中的轴向分布[30]

▲为实验结果，曲线为根据 Scheil 方程拟合的结果，l 为晶锭长度

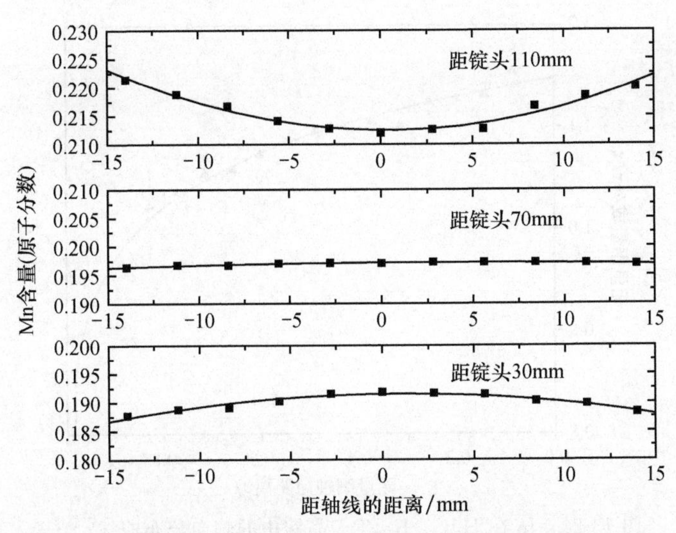

图 13-18　Mn 在 $Cd_{0.8}Mn_{0.2}Te$ 晶锭中不同位置的径向分布[30]

图 13-19 为实验测定的直径为 15mm 的 $Hg_{1-x}Mn_xTe$ 晶锭中 Mn 含量(x 值)沿晶锭轴向的变化[31]。图 13-20 所为 $Hg_{3-3x}In_{2x}Te_3$ 晶锭中 x 值沿晶锭长度的变化[32,33]。

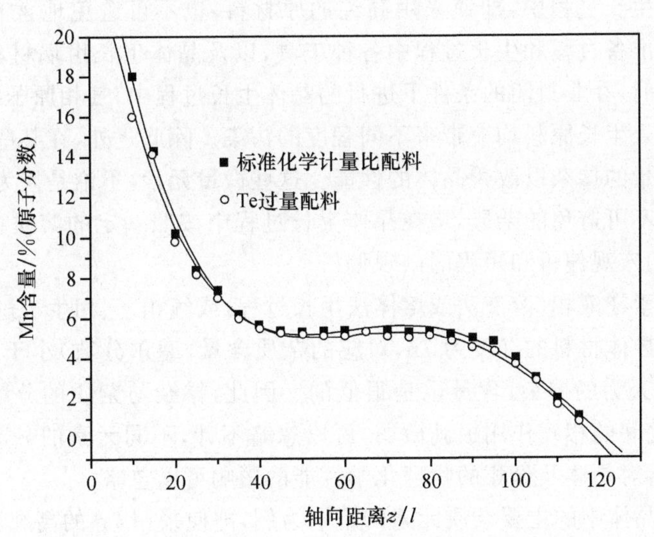

图 13-19　Mn 在 $Hg_{1-x}Mn_xTe$ 晶锭的轴向分布[31]

上述结果均表明，在 Bridgman 法生长的固溶体型晶体的晶锭中成分偏析是必然的，成分偏析导致晶锭头部和尾部的成分超差，只有晶锭中部的成分可以满足要求。

在 Cz 法、溶液法以及气相法进行的晶体生长过程中，同样存在着晶锭中整体成分的非均匀分布问题。但与 Bridgman 法的区别在于，Bridgman 法生长的晶体中，成分偏析更多的是由熔体的结晶规律决定的，而其他方法可以采用多种手段进行液相或气相成分的干预，实现成分偏析的控制，其成分变化规律具有多样性。

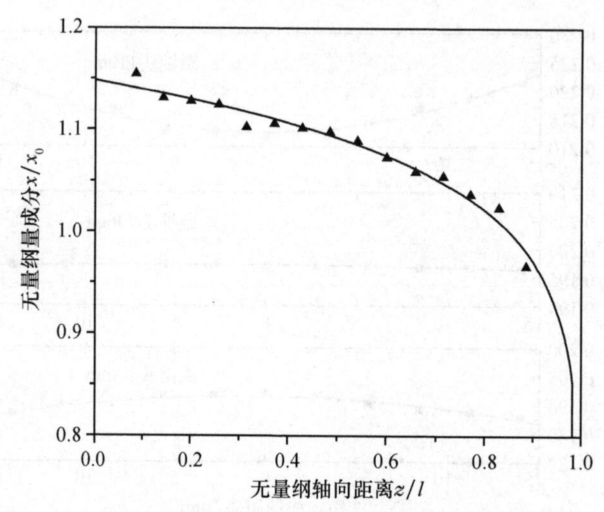

图 13-20　In 在 $Hg_{3-3x}In_{2x}Te_3$ 晶锭中的轴向分布曲线[32,33]

x_0 为晶锭中的 In 的平均含量

13.2.3　杂质与掺杂的偏析

在实际晶体生长过程中，即使采用高纯的原材料，也不可避免地含有微量的杂质元素。晶体生长的准备过程和生长过程中各种工具，以及晶体生长坩埚材料中的杂质也可能进入原料。同时，在非封闭的条件下进行的晶体生长过程中，气相原子或分子以及大气中的悬浮颗粒进入生长原料均会带来不同程度的污染。除此之外，在某些晶体材料中，有时也人为引入微量的掺杂以改善晶体的性能。这些微量元素，不论是人为引入的掺杂，还是不希望有但又不可避免的杂质，均在晶体生长过程中按照一定的溶质再分配规律重新分布，发生长程的宏观偏析和短程的微观偏析。

这些微量元素在液相(溶液法或熔体法生长过程)或气相(气相生长过程)中的含量通常很低。典型半导体材料的纯度为 7n，对应的杂质含量(摩尔分数)小于 10^{-7}，即含量在 ppm 级。即使是人为的掺杂，含量也是很低的。因此，掺杂与杂质的分凝和偏析具有以下特点：①原子之间的相互作用极其微弱，可以忽略不计，不同元素的分凝行为可以独立讨论；②微量元素对晶体及母相的物理化学性能的影响可以忽略。

以 CdZnTe 晶体中的主要杂质元素的影响为例，即使采用 7n 的高纯原料进行晶体生长，熔体和晶体中仍存在多种杂质元素，其中的典型杂质元素包括 Li、Na、Mg、Al、S、Cl、K、Cu、Ga、Ag 等。文献[5]和文献[34]对 Bridgman 法生长的 CdZnTe 晶锭中 10 种主要杂质元素的分凝行为进行了分析，测定了这些杂质元素沿晶锭长度的分布。Na 和 Al 的分布如图 13-21 所示。其中 Al 在晶锭的头部富集，而 Na 在晶锭的尾部富集，而且两者的富集程度不一样。采用 Scheil 方程对其拟合的结果表明，Al 的分凝系数 $k_0=3.9$，Na 的分凝系数 $k_0=0.1$。

这两个元素的偏析情况反映了杂质偏析的一般规律。$k_0>1$ 的元素在先结晶的晶体中富集，而 $k_0<1$ 的元素在后结晶的晶体中富集。k_0 与 1 的偏差越大，上述偏析规律就

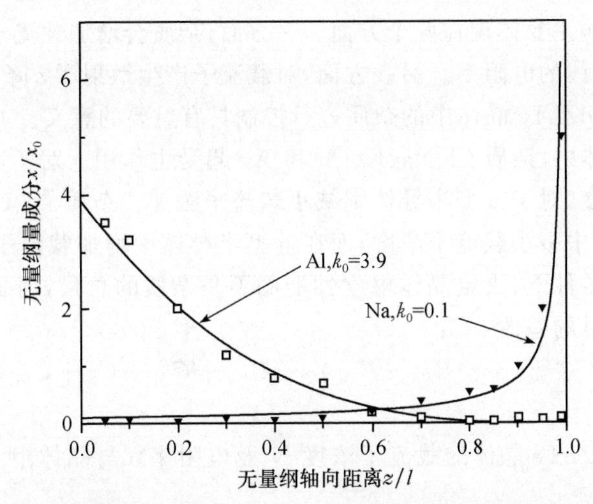

图 13-21　在 Bridgman 法生长的 $Cd_{0.85}Zn_{0.15}Te$ 晶锭中 Al 和 Na 沿晶锭轴向的分布[5,34]

▾和□为实验结果，曲线为采用 Scheil 方程拟合的曲线

越突出。可以看出，$k_0>1$ 的元素在晶体中更难避免，而 $k_0<1$ 的元素在晶体生长过程可以起到提纯的作用。如在 Bridgman 法生长的晶锭中，可以将杂质排出到晶锭末端，并通过切除去除。用 Cz 法生长晶体时，杂质元素将在液相中不断富集，所生长的晶体中杂质含量将降低，如果在熔体尚未耗尽就停止生长，则可获得纯度较高的晶体。在溶液法晶体生长过程中，使杂质富集在残留的溶液中，也可获得提纯的晶体。

基于实验结果，采用 Scheil 方程耦合获得的 $Cd_{0.85}Zn_{0.15}Te$ 晶锭中的主要杂质的平均含量（w_0）及其分凝系数（k_0）见表 13-5[5,34,35]。

表 13-5　实验获得的不同杂质在 $Cd_{0.85}Zn_{0.15}Te$ 晶体生长过程中的平均含量及其分凝系数[5,34,35]

杂质元素	$w_0/(10^{-9}\%)$	k_0
Li	235	0.07
Na	157	0.68
Mg	45	0.36
Al	88	3.90
S	118	3.50
Cl	96	0.15
K	141	0.55
Cu	110	0.06
Ga	67	1.91
Ag	73	0.30

在 CdZnTe 晶体中引入 In 掺杂是进行晶体改性的一项重要技术。采用坩埚加速旋转技术的 Bridgman 法生长过程中容易获得熔体充分混合的生长条件，In 的分凝特性更适合采用 Scheil 方程描述。根据实验结果，采用 Scheil 方程获得的 In 的分凝系数为 0.19，In 在晶锭的尾部富集[36]。

不同杂质对晶体性能的影响是不同的。在 CdZnTe 晶体中的杂质可以分为以下 4 种：浅施主、浅受主、电中性、复杂的深能级（或称陷阱）[37]。它们对 CdZnTe 晶体的使用性能可能产生的影响主要体现在两个方面。一方面,杂质会增加载流子浓度,在晶体中引入缺陷能级,降低晶体的电阻率。另一方面,对载流子产生散射[38],降低载流子的迁移率和寿命。因此,对 CdZnTe 晶体中的杂质进行控制具有重要的意义。

在 CdZnTe 晶体中,杂质 Li、Na、K、Cu 和 Ag 起受主作用。对于 p 型 CdZnTe,它们能够增加载流子浓度,对于 n 型半导体则减小载流子浓度。杂质 Al、Cl、In、Ga 则起施主作用,在 p 型半导体中减小载流子浓度,而在 n 型半导体中增加载流子浓度。因此,在杂质含量不是很高的条件下,决定晶体电学性能的不是杂质的总量,而是由式(13-43)决定的不同特性杂质含量的差值 ΔC:

$$\Delta C=(C_{\mathrm{Li}}+C_{\mathrm{Na}}+C_{\mathrm{K}}+C_{\mathrm{Cu}}+C_{\mathrm{Ag}})-(C_{\mathrm{Mg}}+C_{\mathrm{Al}}+C_{\mathrm{S}}+C_{\mathrm{Cl}}+C_{\mathrm{In}}+C_{\mathrm{Ga}}) \tag{13-41}$$

实验获得的 CdZnTe 晶体的载流子浓度 N 及电阻率 ρ 与晶体中主要杂质含量的关系如图 13-22 所示[5,35]。

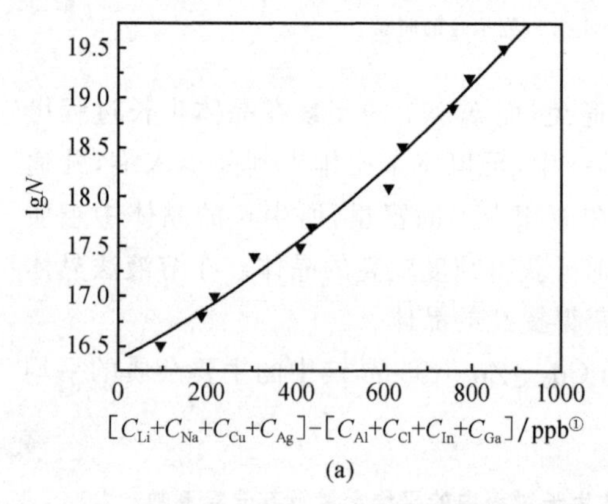

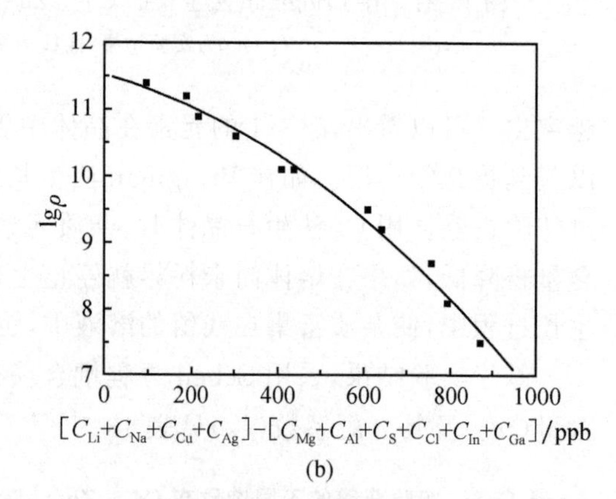

图 13-22 CdZnTe 晶体中杂质元素对载流子浓度 N 和电阻率 ρ 的影响[5,35]

(a) 杂质元素对载流子浓度的影响;(b) 杂质元素对电阻率的影响

杂质可以和点缺陷形成复合缺陷,共同影响晶体的性能。如 CdZnTe 晶体中掺入的 In 元素将置换 Cd 的位置,形成替位的点缺陷 $\mathrm{In}_{\mathrm{Cd}}^{+}$,在该点缺陷形成过程中释放一个电子,形成带一个正电荷的中心。该替位点缺陷可以进一步通过如下反应与其他 Cd 空位复合[36,39]:

$$\mathrm{V}_{\mathrm{Cd}}^{2-}+\mathrm{In}_{\mathrm{Cd}}^{+}=\!=\!=\mathrm{V}_{\mathrm{Cd}}^{2-}\,\mathrm{In}_{\mathrm{Cd}}^{+} \tag{13-42}$$

$$\mathrm{V}_{\mathrm{Cd}}^{2-}\mathrm{In}_{\mathrm{Cd}}^{+}+\mathrm{In}_{\mathrm{Cd}}^{+}=\!=\!=\mathrm{V}_{\mathrm{Cd}}^{2-}\,2\mathrm{In}_{\mathrm{Cd}}^{+} \tag{13-43}$$

从而降低 Cd 空位对晶体性能的影响,改善 CdZnTe 晶体的电学性能。

以上分析反映了在 CdZnTe 晶体中杂质与掺杂对主要性能的影响。杂质的非均匀分布必将导致晶体性能的不一致。控制杂质含量和均匀性是晶体生长过程的主要问题之一。决定晶体中杂质偏析特性的除了结晶界面上的分凝系数以外,另一个因素是杂质元素的扩散。液相扩散对溶质分凝特性的影响已经在第三篇的相关章节中进行了较为详细的论述。固相的扩散对于偏析的控制也是至关重要的。生长态晶体中,可以通过后续的热处理促使杂质均匀化扩散,降低偏析,同时还可以利用固相扩散使杂质元素向表面扩

① $1\mathrm{ppb}=10^{-9}$。

散，达到降低杂质含量的目的。

Wei 等[40]对比研究了气相生长的 ZnO 晶体在空气中、900℃下、20h 退火处理前后杂质含量的变化情况，结果如表 13-6 所示，除了 P 和 N 在退火后含量增大外，Ca、Fe、Ga、Al、Mg、Cu、Ni 等杂质浓度均在退火后降低。同时，退火后晶体的红外透过率增大，截至波长降低，如图 13-23[40]所示。退火后的晶体性能与水热法生长的晶体接近。作者认为，退火后晶体性能的变化除了与晶体中点缺陷的变化有关外，杂质含量的变化是主要。杂质元素通常和点缺陷是密切相关的。

表 13-6　气相生长的生长态和退火后 ZnO 晶体的杂质含量变化[40]

杂质元素	杂质含量/ppm								
	Ca	Fe	P	Ga	Al	Mg	N	Cu	Ni
生长态	6.40	9.02	2.06	34.06	5.15	7.81	12.41	0.7	0.3
退火后	1.21	1.80	10.15	25.22	2.51	1.65	437.4	0.3	0.2

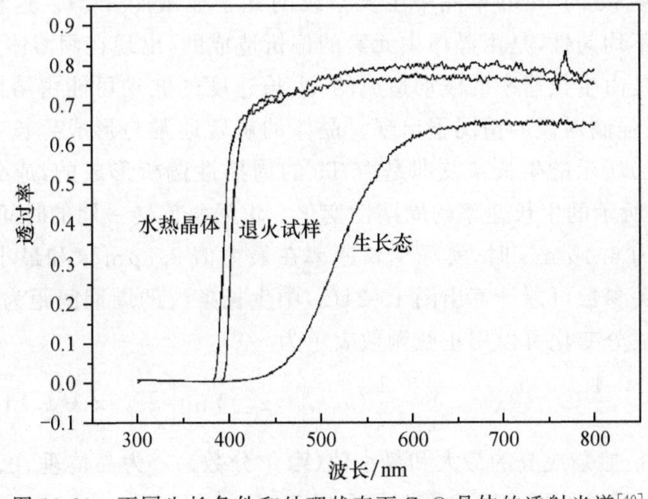

图 13-23　不同生长条件和处理状态下 ZnO 晶体的透射光谱[40]

Sen 等[38]提出了一种降低 CdZnTe 晶体中杂质含量的方法。他们采用 KCN 熔盐作为介质进行液相介质退火，成功降低了 CdZnTe 晶体中 Li、Cu 和 Al 等杂质，但同时在晶体中引入了新的杂质 K。采用高纯 Cd 液作为退火介质，在 600℃下退火也可以使晶体中的杂质向熔体中转移，有效降低晶体中的杂质浓度[41]。表 13-7 所示为液相介质退火前后 CdZnTe 晶体中主要杂质含量的变化情况。这一工艺实际上利用了杂质在熔体和晶体界面上分凝的热力学平衡条件，与晶体生长过程中的溶质分凝原理是一致的。

表 13-7　以 Cd 液为介质对 CdZnTe 晶体退火前后杂质含量的变化[41]

晶体处理状态	杂质含量/ppm				
	Al	Ca	Cu	K	Mg
退火前	56.0	67.8	6.0	8.8	5.8
退火后	11.0	29.4	3.0	6.1	3.0

在上述实例中，杂质元素的去除是由其在晶体中的扩散决定的，必然存在着从中心到表面的浓度梯度。这一浓度梯度本身构成了一种成分偏析。通过合理地控制退火温度和时间，可以实现对杂质偏析的控制，也可以人为地控制杂质的非均匀分布，获得杂质元素梯度分布的晶体，并形成梯度分布的性能。

实际晶体生长过程中，微量杂质的偏析特性与熔体成分的差异密切相关。在CdZnTe晶体材料中，不同实验获得的掺杂元素In的分布存在着很大差异，这可能是熔体成分的微小差别决定的。Katsumata等[42]在对GaAs晶体中施主掺杂的偏析特性研究时发现，当熔体富Ga时，施主掺杂在晶体生长初始端富集，表明分凝系数$k>1$。采用富As的熔体生长时，施主掺杂的分凝系数$k<1$，在晶体生长的末端富集。而当熔体成分符合标准化学计量比时，$k\to 1$，杂质元素均匀分布。

13.2.4 条带状偏析

条带状偏析又称为生长条纹(striation)，是Cz法生长的晶体中常见的一种偏析。图13-24(a)所示为掺Te的InSb单晶中生长条纹的光学显微照片[43]。这种组织实际上对应于微观的成分不均匀性，是由晶体中元素的偏析造成的，出现在固溶体型或掺杂的晶体中。条带状偏析是由生长速率的波动造成的，生长速度的波动可能由熔体中的非稳定对流引起，更容易在强制对流的情况下出现。晶体的旋转通常是形成生长条纹的最直接的原因。图13-24(a)所示的生长条纹即是由Te的周期性偏析形成的，成分变化周期对应于图13-24(b)[43]所示的生长速率的周期性变化。坩埚每旋转一周的时间为7.5s，当晶体的提拉速率设定为6.1μm/s时，实际生长速率在最大值8.3μm/s和最小值4.2μm/s之间变化。根据相关参数可以计算出图13-24(a)中生长条纹的周期间距为$Z_0=45.75\mu m$。在一个周期内的成分变化可以用正弦函数表示为

$$x=\frac{1}{2}(x_{\max}+x_{\min})+\frac{1}{2}(x_{\max}-x_{\min})\sin\left(\frac{z}{Z_0}(2\pi+\varphi_0)\right) \tag{13-44}$$

式中，$x_{\max}$和$x_{\min}$是掺杂成分的最大和最小值(摩尔分数)；z为晶体垂直于生长条纹方向的长度；φ_0为与坐标轴的原点选取有关的参考角度。

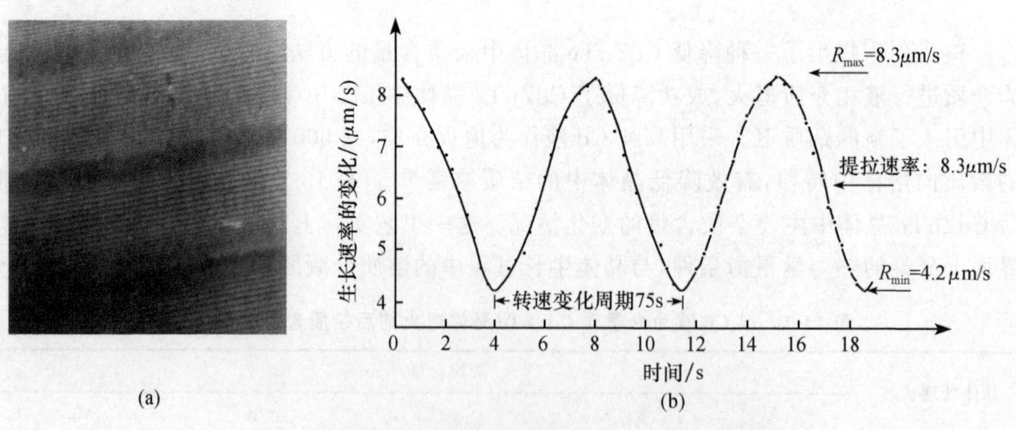

图13-24 掺Te的InSb晶体中横截面上形成的生长条纹[43]

(a) 生长条纹；(b) 生长过程中生长速率的周期性变化

生长条纹的出现会导致晶体性能的周期性变化,影响其使用[43]。

图 13-25 为重掺杂 B 时 Si 单晶在横向磁场约束下形成的生长条纹[44]。可以看出,越靠近晶锭的外侧,生长条纹就越明显。图 13-26 是在掺 Ce 的 YAG 晶体中由 Ce 的偏析形成的生长条纹[45]。

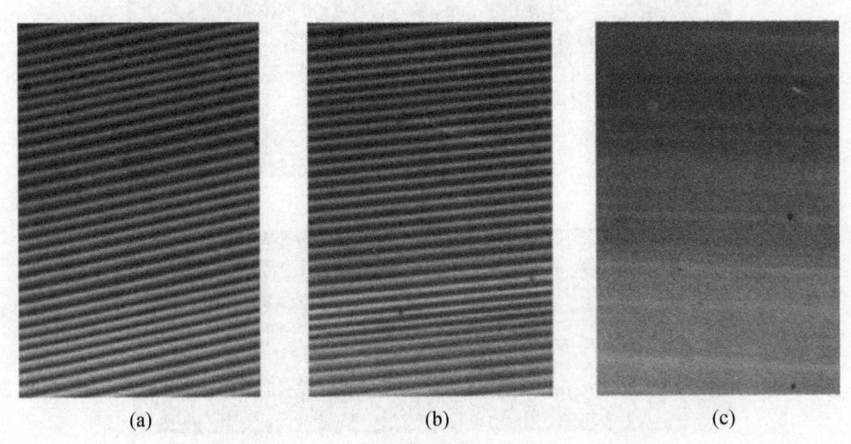

图 13-25　横向磁场 0.2T 约束下掺 B 的 Si 单晶中的生长条纹[44]

其中晶体旋转速率为 25r/min,坩埚旋转速率为−0.3r/min

(a) 晶片的边缘;(b) 半径的一半处;(c) 晶片中心

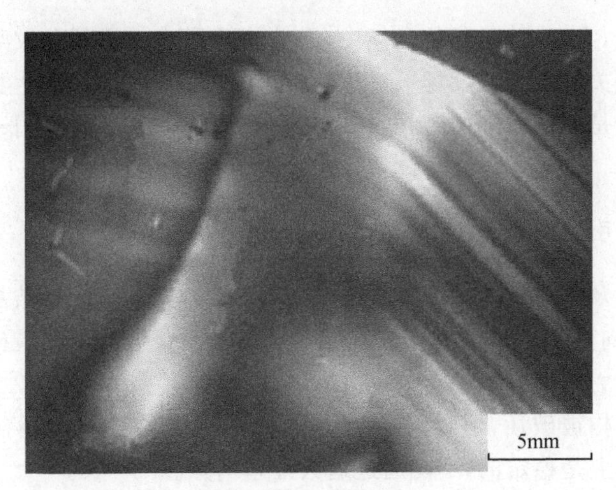

图 13-26　Ce:YAG 晶体中的生长条纹[45]

除了光学显微组织外,还可以采用 X 射线衍射拓扑学原理,通过测定晶格常数的变化获得生长条纹图谱。

Abrosimov 等[46]提出一种称为侧向光伏扫描方法(LPS)测定半导体中掺杂生长条纹的方法。该方法采用激光束照射晶体表面局部位置激发出光载流子,当掺杂在界面存在梯度时,在晶体表面上形成耦极子,导致表面电势的变化。通过连接在晶体侧面的电极测定出电势的变化规律,并通过激光在晶体表面的连续扫描测定对应的电势变化即可获得掺杂浓度的变化图谱。图 13-27 是分别采用 X 射线拓扑原理和 LPS 法获得的掺 Ge 的 Si 单晶的生长条纹[46]。

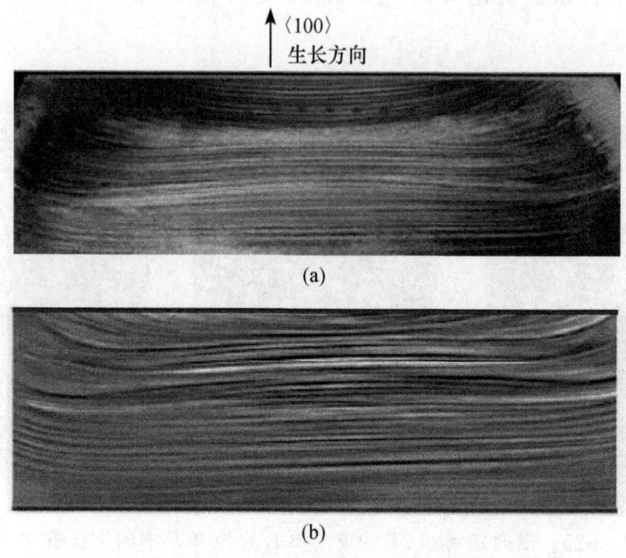

图 13-27　沿 $Si_{1-x}Ge_x$ 晶体生长方向〈100〉纵向切割并沿(220)面观察到的生长条纹[46]

(a) X 射线拓扑学方法；(b) LPS 方法

值得指出的是，在 Cz 法生长的晶体中，晶体旋转形成的生长条纹与生长过程温度场的非对称性密切相关。仅当温度场不对称时，晶体的旋转才能造成生长速率的波动。如果坩埚内的温度场是完全对称的，则即使进行晶体旋转，仍能维持生长速率的恒定，避免生长条纹的形成。

13.2.5　胞晶生长引起的成分偏析

晶界与亚晶界及其附近的成分偏析包含两个方面。其一，由于结晶界面上的溶质分凝将 $k<1$ 的杂质向液相一侧排出，使其在最后结晶的晶界或亚晶界富集，形成非平衡偏析。这种偏析在热力学上是不稳定的，可以通过均匀化退火消除。其二，由于晶界和亚晶界上正常的晶体结构被破坏，形成附加自由能，杂质元素在此富集，将降低晶界自由能。此种偏析在热力学上是稳定的，不能通过退火处理消除。

在熔体法晶体生长过程中，当结晶界面前沿的温度梯度偏低时，则在高溶质含量的固溶体型晶体生长过程中会因成分过冷而形成胞状结晶界面。此时，$k<1$ 的溶质元素在胞晶间偏析，而 $k>1$ 的元素在胞晶杆中偏析。如果在有限的生长过程中该偏析不能实现均匀扩散，则会保留在结晶后的晶体中，破坏晶体性能的均匀性。图 13-28 所示为 Si 掺入量为 1.7%(原子分数)的 Ge 单晶中的成分偏析[47]。图 13-28(a)中的偏析分布规律显示出其生长过程中胞状结晶界面的形成与演变，其生长方向为〈112〉，晶片观察面为(220)。图 13-28(b)为横截面上的成分偏析痕迹，更清楚地反映了胞状结晶界面生长的特性。

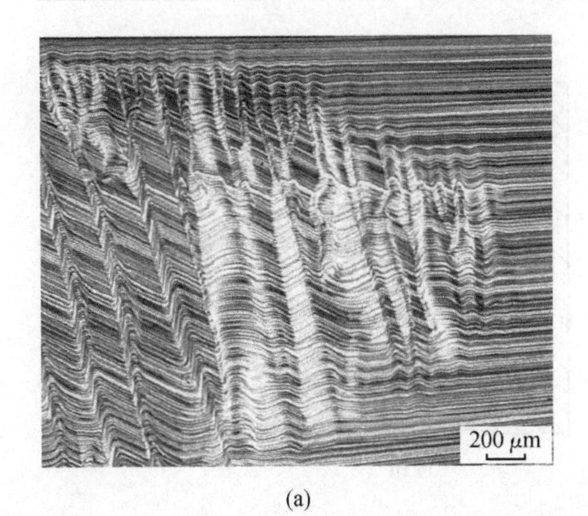

(a)

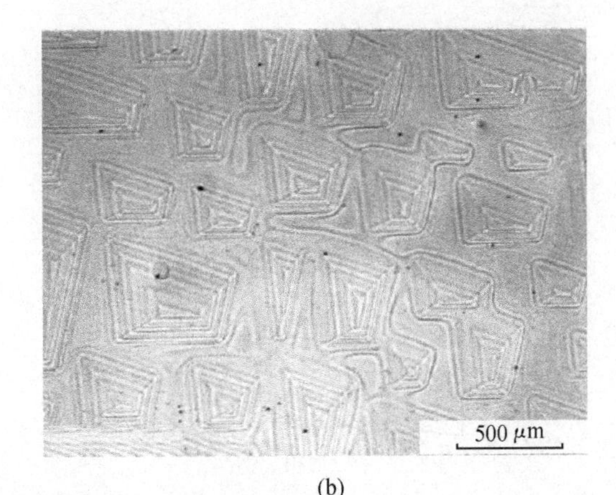

(b)

图 13-28　$Ge_{0.983}Si_{0.017}$ 晶体胞状生长形成的成分偏析[47]

(a) 沿生长方向〈112〉切割所显示的生长过程胞状界面的演变；
(b) 横截面上成分偏析所显示的胞状界面生长的痕迹

图 13-29 为 Leonyuk 等[48]在掺 Cr 的 $Nd_xY_{1-x}Al_3(BO_3)_4$(简写为 NYAB)晶体中观察到的丘状结构，反映了其结晶过程是以胞状界面生长的，所形成的显微偏析与生长过程的胞状界面结构相对应。

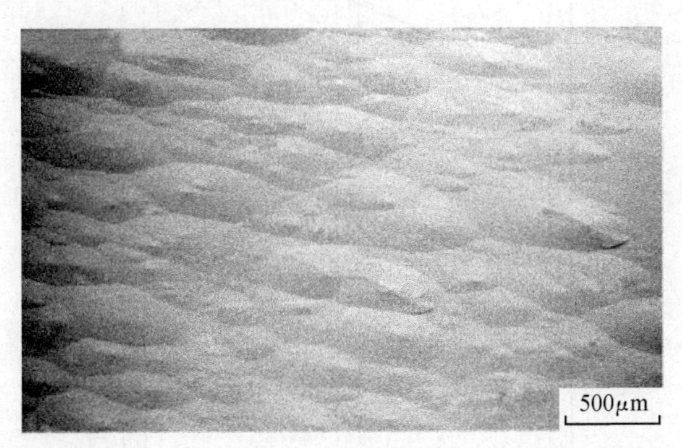

图 13-29　Cr:NYAB 晶体中胞状生长形成的成分偏析[48]

在单相固溶体晶体生长过程中，由于界面能的各向异性以及溶质分凝造成结晶界面附近成分过冷，导致晶体以树枝状的方式生长。典型定向柱状晶和等轴晶的结晶组织形成过程如图 13-30 所示[49]。随着晶粒尺寸的增大，枝晶变得越来越发达。

对于定向生长的树枝晶，最初形成的枝干称为一次枝晶。在一次枝晶的枝干上可能再生长出二次、三次，乃至更高次枝晶，但二次以上枝晶生长的条件以及对力学性能的影响基本一致，因此通常将不再区分，统称为二次枝晶。在定向枝晶生长条件下，表征微观结构的参数是一次枝晶间距 λ_1 与二次枝晶间距 λ_2。

对于包含晶粒、枝晶等显微结构的晶体生长过程，从枝晶杆到枝晶间的成分是变化的。在晶粒尺度上，从晶粒内部到晶界间成分也是变化的。根据式(13-33)定义的偏析表达形式，对于枝晶尺度上的微观偏析，$L_m=\lambda_2$；对于晶粒尺度的偏析，$L_m=\overline{d}$($\overline{d}$ 为平均晶

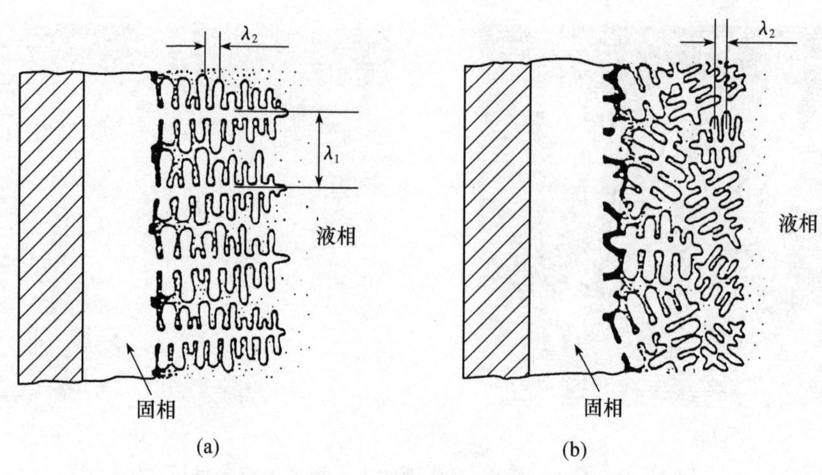

图 13-30 微观结晶组织形成过程示意图[49]

(a) 定向柱状枝晶的形成过程；(b) 等轴枝晶的形成过程

粒尺寸）。在小平面型晶体的胞状界面生长中，相邻胞晶的形貌及其对杂质偏析的影响如图 13-31[50] 所示。

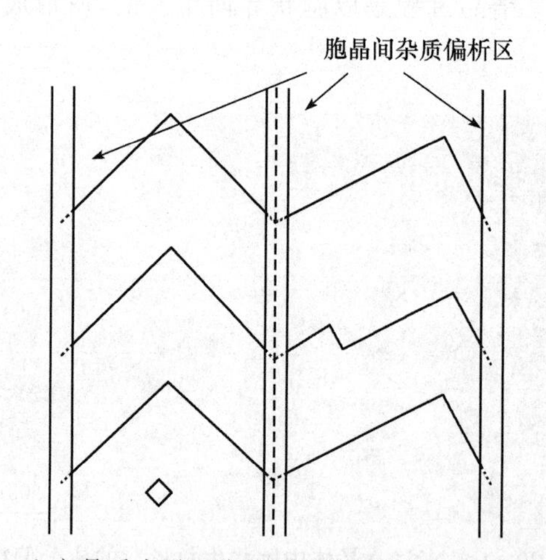

图 13-31 立方晶系小平面胞状界面及其胞晶间的成分偏析区[50]

13.3 沉淀相与夹杂的形成

13.3.1 沉淀与夹杂的类型及其对晶体性能的影响

由大量的原子构成，结构和（或）成分不同于晶体本身的纳米、微米甚至更大尺寸的晶体缺陷，称为体缺陷，主要指沉淀相与夹杂。这类缺陷形成的主要途径包括 3 个方面：①熔体或溶液生长过程中液相中的固相颗粒被生长界面俘获，并包裹在晶体中。②在结晶界面附近，由于溶质分凝，使得液相成分变化，达到第二相形核生长的条件，形成第二相，并包裹在晶体中。③晶体中固溶的溶质在降温过程中，由于退溶而使溶质处于过饱和状态，从固相中析出第二相。通常将前两种体缺陷称为夹杂，后一种体缺陷称为沉淀相。

夹杂与沉淀相可能出现在多种晶体材料中，如 Si 单晶体中的 SiO_2 沉淀相[51~57]，HgCdTe、CdZnTe 等Ⅱ-Ⅵ族化合物晶体中的 Te 沉淀和夹杂[6,30,31,36,55~57]，GaAs 等Ⅲ-Ⅴ族化合物中的富 As 和富 Ga 夹杂[58,59]。不同晶体中的常见夹杂如表 13-8 所示。

表 13-8　不同人工晶体材料中的常见夹杂与沉淀相

晶体材料	生长方法	夹杂或沉淀相	参考文献
Si 单晶	Cz 法	SiO_2	[51]、[52]
掺 N 的 Si 单晶	Cz 法	SiO_xN_y	[53]、[54]
CdTe、CdZnTe 和 CdMnTe	Bridgman 法	Te	[6]、[30]、[36]、[55]~[57]
HgCdTe、HgZnTe、HgMnTe	Bridgman 法或液相外延	Te	[31]
GaAs	熔体生长	As 和 Ga 沉淀	[58]
GaAs	液相外延(LEP)	As_2O_3、As_2O_5	[59]
KDP 晶体	溶液法	溶液	[60]、[61]
BBO 晶体	顶部籽晶溶液生长(TSSG)	溶液	[62]
InSb 晶体	Bridgman 法	富 In	[63]
Er:$LiNbO_3$ 晶体	Cz 法	$ErNbO_4$	[64]
$Ca_3Ga_2Ge_3O_{12}$ 晶体	Cz 法	富 Ga 沉淀	[65]
LiB_3O_5 晶体	顶部籽晶溶液生长(TSSG)	$2Li_{2\sim0.5}B_2O_3$	[66]
掺 Ti 的 $YAlO_3$	Cz 法	$Y_2Ti_2O_7$	[67]

沉淀相的成分和(或)结构与晶体本体不同，并且尺寸大于纳米级，可以直接采用光学或电子显微分析方法进行观察。

图 13-32 所示为 1280℃下、60s 的快速退火前后 Si 单晶解理面上观察到的 SiO_2 夹杂[51]。可以看出，退火前后 SiO_2 夹杂的形貌基本一致，但退火后夹杂附近的晶体结构趋于均匀完整，夹杂附近的应力场得到消除。SiO_2 的形貌和尺寸受晶体掺杂条件影响，当 Si 晶体中掺入 Ge 后晶体中的 SiO_2 变得更加细小和弥散[52,53]；掺 N 将促使氧化物沉淀相

(a)

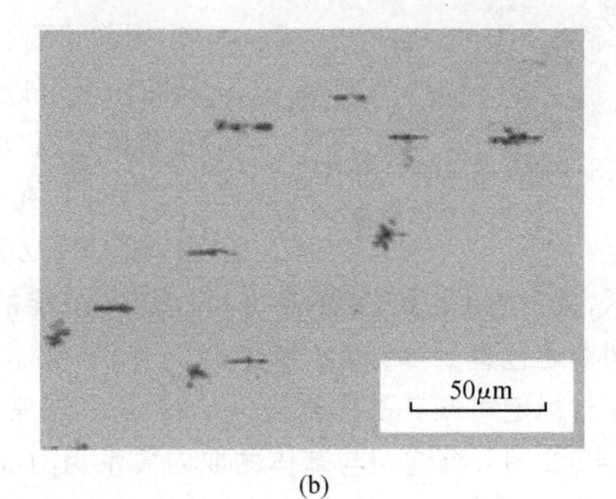

(b)

图 13-32　Si 单晶解理面上的 SiO_2 沉淀相[51]

(a) 生长态晶体；(b) 1280℃下 60s 退火处理后

的析出，并且使氧化物沉淀相更加稳定。非掺杂的 Si 单晶可以通过退火降低氧化夹杂的密度，而掺 N 后氧化物夹杂的密度在退火过程中基本上不变[53]。Rozgonyi 等[54]的精细分析发现，掺 N 后在 Si 单晶中形成 SiO_xN_y 沉淀相。沉淀相的中心主要为 O，而 N 含量相对较低。在沉淀相的边缘 N 含量更高。在 Ge 掺杂的晶体中氧化物沉淀相变得更加细小弥散。

图 13-33 为采用红外透射显微镜观察看到 CdZnTe 晶体中的 Te 沉淀相的形貌[56]。图 13-34 所示是在抛光的 CdZnTe 晶体表面上观察到的 Te 沉淀相的形貌[57]，对图中圆圈标注位置的成分分析结果表明，其中 Te 含量接近 80%。

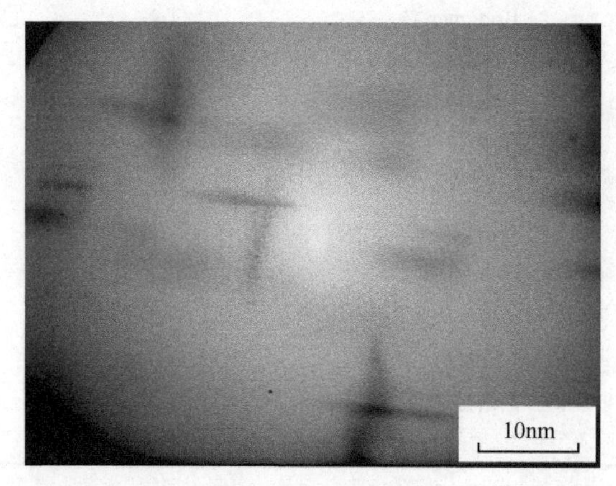

图 13-33　CdZnTe 晶体中 Te 沉淀相的红外透射显微图像[56]

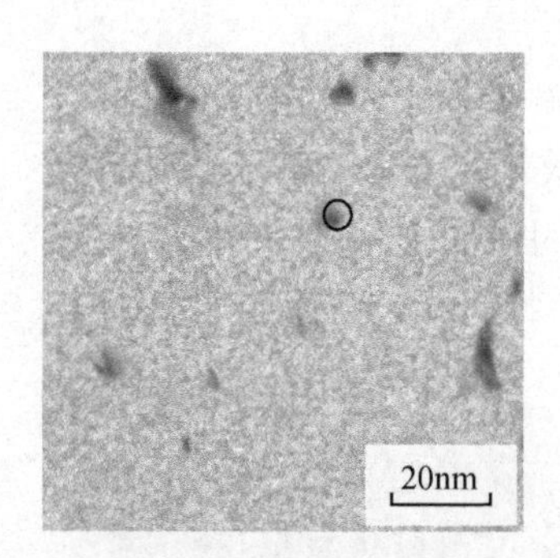

图 13-34　CdZnTe 晶体 Te 沉淀相 TEM 图像[57]

采用高分辨电镜观察发现，CdZnTe 晶体中存在共格和非共格两种 Te 沉淀相和夹杂。图 13-35(a)的区域Ⅰ是 CZT 基体上共格 Te 沉淀的高分辨图像[36,68]。沉淀相具有六方结构，从图像上测量的结构参数为 $a=0.445$nm，$c=0.592$nm。图 13-35(b)是对区域Ⅲ的 FFT(快速 Fourier 转换)图像进行去噪处理，然后对 FFT 图像进行反转得到的。从图像上可以看到，在界面处没有多余或者失去的面，表明沉淀和 CZT 基体是完全共格的，其取向关系为$[0001]_{Te}//[310]_{CZT}$。在沉淀中还观察到了面间距为 0.457nm 的晶面，和 $Cd_{0.9}Zn_{0.1}Te$ 的{110}面间距吻合。EDS 能谱结果显示，此处有 Cd 和 Zn 的存在，说明 Te 沉淀的形成过程并不完全是 Te 元素的沉积，其形成初期还包裹了部分 Cd 和 Zn 原子。图 13-35(a)的区域Ⅱ是另一种类型的共格 Te 沉淀，通过标定可知其晶体结构为单斜相，晶格常数为 $a=0.31$nm，$b=0.751$nm，$c=0.476$nm，$\beta=92.71°$，沉淀相与基体的取向关系为$[\bar{1}00]_{Te}//[310]_{CZT}$。图 13-35(c)是对区域Ⅳ进行类似区域Ⅲ的处理，在沉淀边缘部位发现存在层错和位错，分别标记为 S 和 D，这说明此沉淀相与基体仅为半共格。

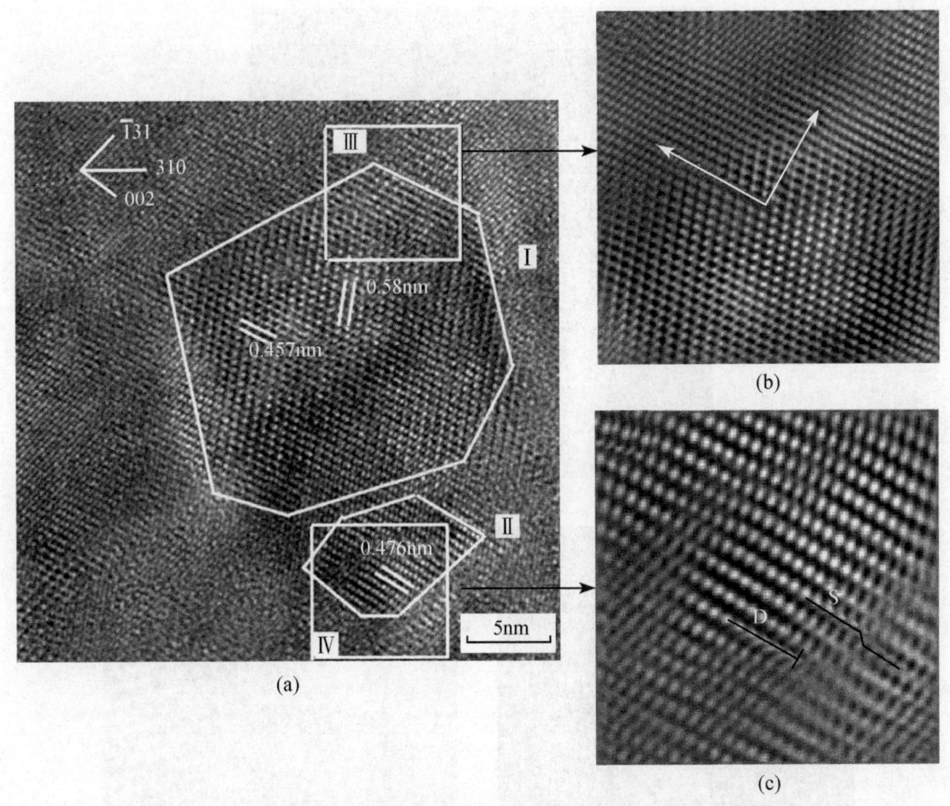

图 13-35　CdZnTe 晶体中的共格 Te 沉淀的 HRTEM 分析[36,68]
(a) 典型共格 Te 沉淀的 HRTEM 照片；(b) 图(a)中区域Ⅲ处理后的图像；
(c) 图(a)中区域Ⅳ处理后的图像，标记 S 表示层错，D 表示位错

图 13-36(a)是一个非共格的 Te 沉淀的高分辨图像[36,68]，图 13-36(b)是它的 FFT 花样。对其晶体结构进行标定发现，该 Te 沉淀相为菱形，结构参数为 $a=0.42$ nm，$c=1.203$ nm，与 Te 在高压下的相结构类似。标定过程如下：①FFT 花样组成的平行四边形两边长度分别为 0.316nm 和 0.31nm；②平行四边形所夹锐角为 58.8°。图 13-36(c)是图 13-36(a)中区域Ⅰ处理后的图片，表明沉淀与基体之间为非共格界面，标记 D 为一刃型位错。

Te 及其他沉淀和夹杂的存在对 CdTe 和 CdZnTe 晶体光学、电学及结构均匀性都有很大影响。Yadava 等[69]根据 Mie Scattering 理论计算了 In 掺杂的 CdTe 晶体中各种沉淀相及其尺寸大小对晶体红外吸收系数的影响。结果表明，各种第二相颗粒 MIE 消光因子 α_{MIE} 的大小顺序为：In＞Cd＞Te＞In_2Te_3，金属颗粒的散射最强。Cd 与 In 的吸收系数曲线形状相同，很难区分，而 Te 与 In_2Te_3 的吸收系数曲线则很好辨别。Te 颗粒对红外光的散射随 Te 沉淀尺寸的增大而明显减小，直径在 100μm 以上的 Te 颗粒其散射效果已不明显。影响红外透过率的主要因素是 Te 沉淀而非 Te 夹杂。Te 夹杂尺寸大，对红外透过率几乎没有影响。Shen 等[70]则认为对红外透过率有明显影响的 Te 沉淀相的尺寸在 2.5～16μm。

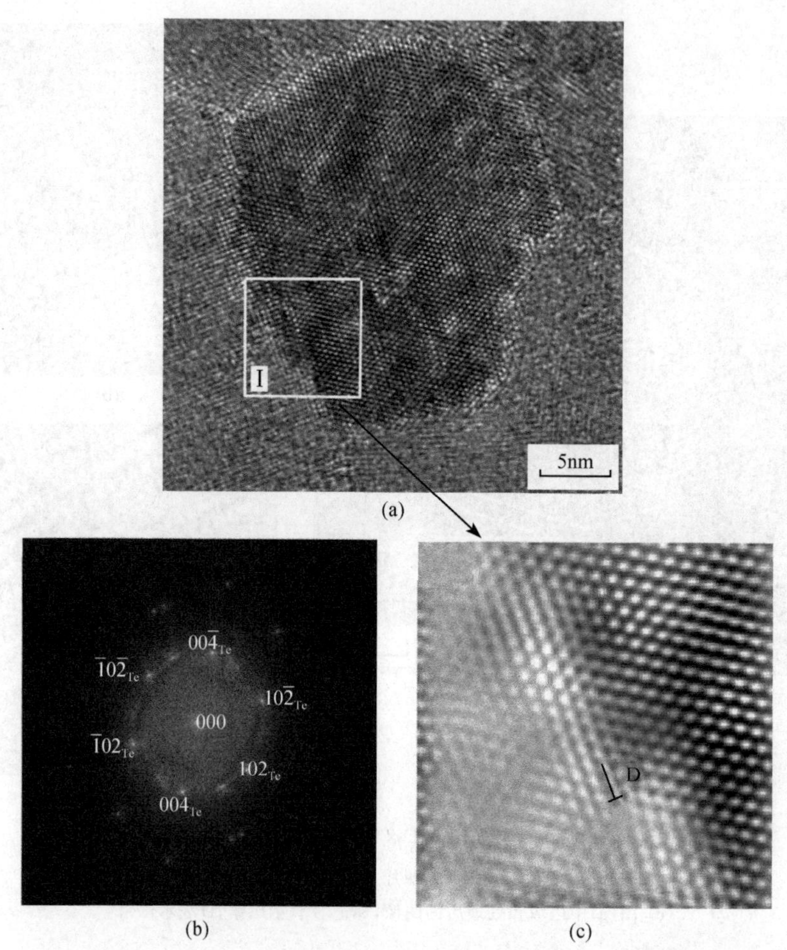

图 13-36　CdZnTe 晶体中非共格 Te 沉淀的 HRTEM 高分辨图像[36,68]

(a) 非共格 Te 沉淀的 HRTEM 图像；(b) 图(a)的电子衍射花样；

(c) 图(a)中区域Ⅰ处理后的图像

Te 夹杂与 Te 沉淀相的存在极大地破坏了 CdTe 和 $Cd_{1-x}Zn_xTe$ 晶体结构的均匀性。Te 沉淀相在析出过程中由于释放内部压力而在其周围的基体中形成棱柱位错，并使其不断增殖。而包裹液滴在结晶过程中，由于膨胀系数比基体大，也要在周围基体内形成应力区，导致出现位错、裂纹和孔洞等缺陷[70]。如果用含有 Te 夹杂的 CdTe 和 $Cd_{1-x}Zn_xTe$ 衬底外延生长 HgCdTe，在热迁移[71]的作用下，衬底中的 Te 夹杂向 HgCdTe-CdTe 界面附近迁移，甚至会迁移进入 MCT 薄膜，严重影响外延层的性能[72]。

与上述Ⅱ-Ⅵ族化合物相同，在单晶 Si、GaAs 以及其他半导体、非线性光学晶体材料中，夹杂和沉淀相对晶体的物理性能具有负面的影响。仅在某些特殊的情况下，可以利用沉淀相的形成改善晶体的性能。如在化合物半导体中，通过退火处理，使点缺陷或杂质元素聚集，形成沉淀相，达到降低点缺陷和固溶杂质元素的目的。此时，尽管沉淀相对晶体性能的影响也是负面的，但其负面影响的程度小于以原子状态分布的点缺陷和固溶的杂质。此外，晶体中形成弥散分布的沉淀相时，可以阻碍位错的运动，提高晶体的屈服强度。

13.3.2 液相中夹杂的裹入

在溶液法和熔体法晶体生长过程中,液相中固相颗粒的裹入将形成夹杂[73]。除此之外,在溶液生长过程中生长界面可能将液相裹入,形成液相夹杂[60~62,74]。裹入的低熔点的液相则在低温下进一步结晶形成固相夹杂,如 CdZnTe 等Ⅱ-Ⅵ族化合物中形成的 Te 夹杂。此外,生长界面还可能将液相中形成的气泡裹入,形成孔洞[75,76]。不论是固相、液相还是气泡,在晶体生长过程中被结晶界面俘获的过程和原理是一致的,Chernov 和 Temkin 等[77]建立的理论模型较好地描述了结晶界面对夹杂物的俘获过程和条件。以下对该模型的基本原理进行简化描述。

如图 13-37 所示,在结晶界面附近液相中的颗粒受到的外力包括由颗粒与液体的密度差造成的浮力 F_g 和界面张力 F_σ,由液体的流动引起的水力学力 $F_H(h)$ 和热力学因素决定的排斥压力 $F_r(h)$,其中 $F_r(h)$ 可表示为[73,77]

$$F_r(h)=\frac{B_n}{h^n} \tag{13-45}$$

式中,n 为由实验确定的指数;h 为颗粒与生长界面的距离;B_n 是取决于颗粒-液膜-晶体体系中原子之间相互作用力的常数,可以为正值或负值。

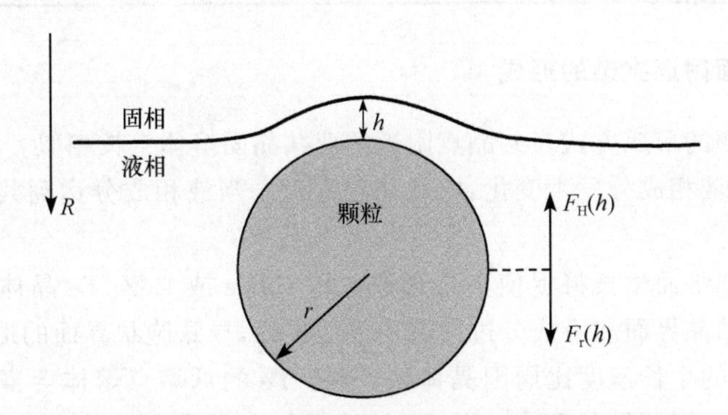

图 13-37 结晶界面及其附近颗粒的几何关系与受力状态[73]

通常当 h 接近或小于 10nm 时,$F_r(h)$ 的作用将突现出来。当 $B_n>0$ 时,结晶界面对颗粒施加排斥力;当 $B_n<0$ 时,结晶界面施加吸引力。对于后一种情况,结晶界面前沿的颗粒将被生长界面俘获,而对于 $B_n>0$ 的情况,可以根据排斥力与吸引力相等的条件确定出颗粒被结晶界面稳定地向前推动的条件,这通常与生长速率相关,存在一个临界生长速率 $R_C(r)$,为颗粒半径的函数。当实际生长速率大于该临界速率时,颗粒被结晶界面俘获,嵌入生长界面,成为夹杂;而当生长速率小于该临界速率时,颗粒被生长界面稳定的向前推动,不会被界面俘获。与 $F_H(h)$ 和 $F_r(h)$ 相比,F_g 和 F_σ 很小。如果 F_g 和 F_σ 可以忽略,则吸引力和排斥力平衡条件可以近似表示为[73,77]

$$F_H(h)=F_r(h) \tag{13-46}$$

式中,$F_r(h)$ 是由颗粒的半径 r 和液膜厚度 h 的比值 r/h 决定的。

求解式(13-46)需要首先确定出颗粒附近结晶界面的形状 $z(r)$ 和颗粒与结晶界面的间距 $h(r)$。文献[77]通过对结晶界面附近传输过程的分析，详细求解了 $z(r)$ 和 $h(r)$，并针对 GaAs 熔体生长过程结晶界面前 B_2O_3 颗粒的裹入条件进行了估算，获得的临界生长速率 $R_C(r)$ 为

$$R_C(r) \approx 0.11\left(\frac{B_3}{\eta_{GaAs}}r\right)\left(\frac{2\sigma}{B_3}r\right)^{\frac{1}{3}} \tag{13-47}$$

式中，η_{GaAs} 为熔融 GaAs 的黏度；r 为颗粒的半径；σ 为液-固界面能；B_3 为由范德瓦耳斯力决定的常数。

在 GaAs 熔点温度下[77]，$\eta_{GaAs}=2.79\times10^{-2}\,g/(cm\cdot s)$，$\sigma\approx1\times10^{-5}\,J/cm^2$，$B_3=10^{-23}\sim10^{-22}\,J$，不同的 B_3 数值下估算的不同半径颗粒被结晶界面裹入的临界生长速率如表 13-9 所示。

表 13-9 B_3 值不同时两种尺寸固相颗粒被结晶界面裹入的临界生长速率 R_C[77]

$r/\mu m$	生长速率 R_C/(mm/h)	
	$B_3=10^{-23}J$	$B_3=10^{-22}J$
1	17.8	83.1
2	7.1	32.9

13.3.3 结晶界面附近夹杂的形成

另一种夹杂物的形成方式与共晶点附近的亚共晶固溶体生长相似。随着初生相的析出，结晶界面附近液相成分发生变化，向共晶点逼近。当液相成分达到共晶成分时，第二相析出，成为夹杂。

结晶界面的非平面生长将促使夹杂形成。以 CdTe 或 CdZnTe 晶体生长为例，如果熔体生长过程中结晶界面前沿成分过冷造成界面失稳，导致胞状界面的形成，即界面处出现突起，突起部分的生长速度比周围晶体快，则富 Te 的低熔点熔体会富集在胞晶之间，形成 Te 液滴并被结晶界面俘获[78]，此时的液滴近似为球形。因此 Te 夹杂的轴向分布主要取决于生长过程中的界面失稳。

液滴的结晶首先从周边开始，并发生溶质分凝，溶质在溶液与晶体之间不断地重新分配，温度达到两相共存的最低平衡温度，即共晶温度时，溶液中的 Te 含量非常高，液滴内几乎为纯 Te，并最终形成离异共晶。Lee 等[72]用高温 X 射线分析证明了这一点。在 420℃以下，Te 的衍射峰强度变化很小，430℃时明显降低，440℃左右完全消失。Te-CdTe 共晶温度为 437℃[72]，与纯 Te 的熔点 450℃非常接近。包裹液滴的结晶过程在基体的各个晶面所围成的多面体内完成，因此夹杂的最终形貌由其周围的晶体基体所决定，而与最初被包裹的液滴的形状无关。Barz 等[79]用成分分凝理论研究了夹杂及其周围基体中的成分分布，并与实验结果进行了对比，计算得到夹杂液滴内的结晶速率小于 30μm/h，只有晶体生长速度的 1/30 或更低，故形成的夹杂多为近似平衡结晶的多面体。包裹液滴在晶界和孪晶的凹角上或是晶体与坩埚壁的交界处被俘获[80]。在亚晶界上也可观察到 Te 夹杂的聚集。气相生长时，由于非同成分升华，也会形成 Te 夹杂[78]，Te 夹

杂尺寸一般为 1～20μm[70,81,82,83]，有的夹杂也可大至几百个微米[80]。

已经观察到的 Te 夹杂在{111}面上的投影形貌有三角形[70,78,80,84]、六边形[70,78,84]、梯形[70]、正方形[80]、星形[84]和不规则形状[85]。Brion 等[84]用 Thompson 四面体在各晶向上的投影来解释 Te 沉淀相的形状。Schwarz 等[78]则认为 Te 夹杂显示出来的不同形貌与生长时采用的温度梯度有关。温度梯度较低时，Te 沉淀相呈六方形，温度梯度高时呈三角形，这是由不同的结晶时间和速率造成的。若生长后的降温过程中，Te 沉淀发生了移动，就会逐渐在表面张力的作用下变为球形。在 Yokota 等[86]的实验中还发现了无定形的 Te 夹杂。星形 Te 夹杂的周围常有由许多密集小蚀坑形成的放射状"臂"。Yadava 等[87]认为它们是 Te 夹杂周围基体中应力区内形成的棱柱位错。在基体{111}面围成的多边形中，{111}面向前推进时，两个{111}面的交界处与液滴中心一样是最后结晶的部位，因此也要形成几乎为纯 Te 的细小共晶组织，如图 13-38 所示[80]。

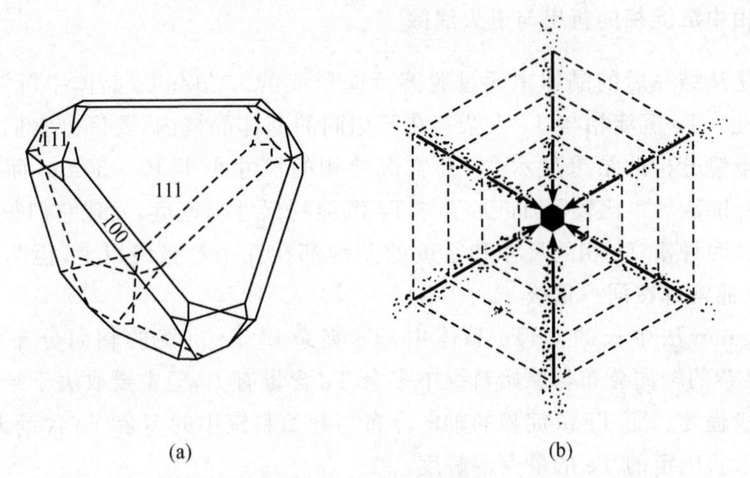

图 13-38　富 Te 液滴的结晶过程示意图[80]

(a) 包围富 Te 液滴的基体晶面；(b) 基体{111}面交界处形成的细小共晶组织

由以上分析可知，避免 Te 夹杂出现的关键是消除生长过程中的成分过冷。由成分过冷的临界条件可知，只要生长速度足够慢，生长界面处的温度梯度足够大，就可以达到这一要求。对于用传统 Bridgman 法生长 CdTe 和 $Cd_{1-x}Zn_xTe$ 的过程来说，这一点几乎无法真正做到，原因是：

(1) CdTe 的相图(见图 13-10)所示，在它的熔点约 1092℃处，与晶体平衡的熔体内含有 6×10^{-4}%(原子分数)多余 Te[89]，说明它的熔点是非同成分熔化点。

(2) 固态和液态 CdTe 和 $Cd_{1-x}Zn_xTe$ 的热导率都很低，界面前沿的潜热难以释放，生长界面很难控制。

(3) CdTe 和 $Cd_{1-x}Zn_xTe$ 热容量很大，当坩埚相对于炉体发生运动时，将极大地改变炉内原有的温度分布，这也使生长过程变得难以精确控制[88]。

因此，要避免 Te 夹杂的出现，最好的办法是在保证近化学配比生长的前提下，加入有效的搅拌措施(如加速坩埚旋转技术和旋转磁场等)，以减小溶质边界层厚度[80]。然而，将微重力条件下生长的晶体和地面生长的晶体相比较发现，微重力生长的晶体由于没有重力流的搅拌作用，含有高密度、大尺寸的 Te 夹杂。Rudolph 等[89]利用理想气体定律计算 Te 的过量，提出了一种获得理想化学配比的配料方案：

$$N_e = \frac{p_{Cd} N_A}{RT} \frac{V_V}{V_L} \tag{13-48}$$

式中，p_{Cd} 是 Cd 分压；N_A 是 Avogadro 常量；R 是摩尔气体常量；T 是绝对温度；V_V/V_L 是坩埚内自由体积与熔体体积的比。

除了近化学配比生长条件、生长温度、速度和温度梯度外，生长结束后的降温过程对多余 Te 的沉淀及富 Te 包裹液滴的结晶、迁移和长大过程都有很大影响。Yadava 等[69]研究发现，1100～850℃之间的快速降温会导致 Te 沉淀的大量析出，缓慢降温(但未慢到平衡条件时)，会导致富 Te 液滴的长大和位错的大量增殖。

13.3.4　固相中沉淀相的析出与退火消除

沉淀相是从结晶后的晶体中通过脱溶反应形成的。CdZnTe 晶体中沉淀析出富 Te 相具有代表性。Te 沉淀相与 Te 夹杂存在于相同的基体晶格内，要区分它们的确非常困难。高分辨电镜分析的结果显示[85]，通常沉淀相的尺寸小于 10～30nm，而夹杂则大于 1μm。Rudolph 等[89,90]比较了 Te 夹杂与 Te 沉淀的尺寸与密度，发现它们很明显地分成两个区域。这两种富 Te 相的尺寸和密度的差别都在几个数量级以上，但两者所形成的过量 Te 的量通常都在同一量级。

用 Bridgman 法生长的 CdTe 晶体中，Te 夹杂和 Te 沉淀的轴向分布也有明显区别[89]。Te 夹杂的轴向分布与原始料锭中多余 Te 含量有关，但主要取决于结晶过程中界面形态的失稳程度。而 Te 沉淀相的轴向分布与起始料锭中的多余 Te 含量无关，只取决于由固相线形状确定的 Te 的最大溶解度。

高温下，Te 在 $Cd_{1-x}Zn_xTe$ 晶体中的溶解度远大于 Cd。在非化学配比的富 Te 的 $Cd_{1-x}Zn_xTe$ 晶体内，在 1100K 以下，Te 原子的溶解度随温度的降低而减小。800K 以下，溶解度几乎为 0，如图 13-10 所示，这种溶解度变化规律称为回退性的溶解度。若晶体的成分偏离化学计量比，在生长结束以后的降温过程中，晶体内多余的 Te 由于溶解度的降低而析出，形成 Te 沉淀相。

考核 Te 沉淀的形成过程有利于对 Te 沉淀相结构以及沉淀相与基体之间关系的形成原因做深入了解。通常第二相颗粒在过饱和熔体中形核和长大的动力来源于自由能从开始到最后阶段的降低。形核是点缺陷团簇与界面拉伸造成分离的竞争过程。晶核一旦超过一定尺寸稳定形成后，就会吸收晶格中的点缺陷而长大。沉淀与基体界面处的应变对沉淀相的形状、尺寸和应变区域起主要作用。但是，考虑到 Te 的熔点为 723K，远低于 $Cd_{0.9}Zn_{0.1}Te$ 的熔点(1383K)，Te 沉淀在 CZT 晶体中的形成过程可能更类似于气孔或者孔洞在固体中的形核和生长过程。

CZT 基体中多余的 Te 主要以 Te 间隙、Cd 空位和 Te 反位的形式存在。假设 Te 间隙的数量为 m，Cd 空位的数量为 n，Te 反位的数量为 q，则 Te 的沉淀反应可以用下式描述：

$$mTe_i + n(V_{Cd}Te_{Te}) + q(Te_{Cd}Te_{Te}) \longrightarrow (m+n+2q)Te_{ppt} + (n+q)V_{CdTe} \quad (13\text{-}49)$$

式中，右边表示沉淀所含 Te 原子数为 $m+n+2q$，且同时形成相当于 $n+q$ 数量的 V_{CdTe} 的空间。沉淀通常只在高温时比较显著，此时很小的过冷都会导致大量过饱和 Te，并以液滴形式存在。实际上，CZT 中 Te 沉淀液滴的长大主要通过 Te 间隙的聚集进行。Yadava 等[87]估算得出 Te 沉淀的压力超过 4000MPa，据此预言了单斜相 Te 沉淀的存在。

生长态晶体中已经存在的沉淀相，如 CdZnTe 晶体中的富 Te 相可以通过退火处理来减少或消除。退火时需要在一定温度下将晶片放入一定的气氛中长时间保温。通常认为[91]退火过程中 Te 夹杂是通过热迁移到达晶体表面与外界气氛中的 Cd 反应或进入外界气氛中而消除的。在含富 Te 相的 CdTe 和 $Cd_{1-x}Zn_xTe$ 晶体上外延 HgCdTe，可以清楚地看到富 Te 相从衬底向外延层的热迁移，这也间接证明了上述热迁移理论。

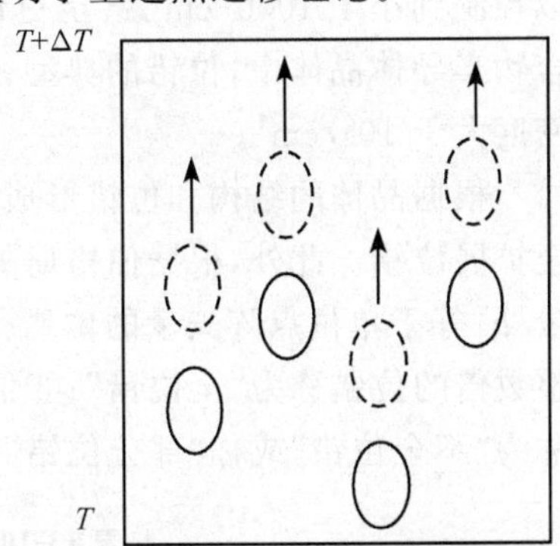

图 13-39　富 Te 液滴热迁移示意图[6]

热迁移过程通过温度梯度区域熔化机制实现[78]。当温度高于富 Te 相熔点时，富 Te 相由固态转变为液态，即以富 Te 液滴形式存在。若晶体内存在温度梯度，那么在富 Te 液滴的高温处，(Cd,Zn)Te 将溶解到液态 Te 中，然后通过 Cd、Zn 原子在液态 Te 中的扩散，到达液滴的低温端沉淀出来。从相对位置来看，富 Te 液滴发生由低温向高温处迁移。图 13-39 是富 Te 液滴热迁移过程示意图。发生热迁移必须具备 3 个条件：①富 Te 相必须呈液态，即温度必须高于富 Te 相熔点；②必须有温度梯度；③Cd+Zn 在液态 Te 中的扩散速率必须足够快。前两条都可以在实验中实现。500℃时，Cd+Zn 在液态 Te 中的扩散速率大于 $10^{-5}cm^2/s$，相应的扩散长度达 4mm，完全可以满足第③条的要求，因此用退火方法通过热迁移来消除 Te 夹杂是完全可行的。

只有达到一定尺寸的富 Te 相才能发生热迁移。Te 沉淀相的尺寸在几个埃以下时，表面张力太大，只能通过与进入晶体的 Cd 原子作用来消除[16]。因此，要消除 1μm 以下的富 Te 相，尤其是 Te 沉淀相，其所需要的退火时间远大于消除 Te 夹杂所需的时间。

13.4　位错的形成

13.4.1　典型晶体中位错的类型及其对晶体性能的影响

位错是一种非常常见的结构缺陷，对晶体的力学性能和物理性能均具有很大影响。位错的主要概念和性质已有大量的专业文献可供阅读[92]。从事晶体生长研究的科技工作者最为关心的是晶体中可能出现的位错的密度、类型、形成机制，以及有效控制位错形成的方法。位错与其他结构缺陷之间的交互作用、转化条件及其对晶体物理性能的影响也是需要考虑的问题。

位错的密度 D 定义为穿过单位面积晶体截面的位错线个数，即

$$D = \frac{n}{A} \quad (13\text{-}50)$$

也可定义为单位晶体中位错线的总长度，即

$$D'=\frac{\sum l_i}{V} \tag{13-51}$$

以上两式中，A 为测量截面的面积；n 为穿过测量截面面积的位错线个数；V 为晶体体积；l_i 为在体积 V 内指定位错的长度；$\sum l_i$ 为对体积 V 内所有位错的长度求和。

设 δ 为晶体的厚度，则有 $V=\delta A$，$l_i=\delta/\cos\alpha_i$，α_i 为位错 i 与测量面法线的夹角。可以看出，除了位错线与测量面垂直的情况之外，每个位错线的长度都大于晶体厚度。因此，由式(13-51)计算的位错密度稍大于由式(13-50)计算的密度。从便于实验测定的角度考虑，通常采用式(13-51)进行位错密度的计算。对于高质量的 Si 单晶等，位错密度可以控制到小于 $1000/cm^3$ 甚至更低的水平，可以认为是无位错的理想单晶体。在一般化合物半导体晶体中，位错的典型密度在 $10^3\sim10^6/cm^3$，而结晶质量较差的晶体中的位错密度大于 $10^6/cm^3$。

根据晶体的结构和位错形成条件的差异，可能形成刃型位错、螺型位错、混合位错，甚至扩展位错。此外，根据伯格斯矢量的不同，可以把位错分为以下几种形式：①伯格斯矢量 $|\boldsymbol{b}|$ 等于单位点阵矢量的位错称为“单位位错”；②伯格斯矢量 $|\boldsymbol{b}|$ 等于单位点阵矢量的整数倍的位错称为“全位错”；③伯格斯矢量 $|\boldsymbol{b}|$ 小于单位点阵矢量或其整数倍的位错则称为“不全位错”或称“部分位错”。表 13-10 归纳了几种晶体材料中的典型位错。

表 13-10　几种晶体材料中常见的典型位错

晶体材料	晶体结构	位错类型	典型位错伯格斯矢量	文　献
Si 单晶	金刚石结构	刃型位错	$\frac{a}{2}[011]$	[93]
GaAs 等Ⅲ-Ⅴ族化合物	闪锌矿结构	刃型位错	$\frac{a}{2}[011]$	[93]
CdTe 等Ⅲ-Ⅵ族化合物	闪锌矿结构	刃型位错	$\frac{a}{2}[011]$	[94]
GaN	六方晶系	刃型位错	$c[0001]$	[95]
Ti 宝石晶体	六方晶系	刃型位错	$\frac{1}{3}\langle 11\bar{2}0\rangle$、$\frac{1}{3}\langle\bar{1}101\rangle$ 及 $\langle 10\bar{1}0\rangle$	[96]
LiB_3O_5(LBO)	正交	螺型及刃型位错	[100]及[001]	[97]
$YBa_2Cu_3O_{7-\delta}$	正方晶系	螺型位错	[100]	[98]

晶体中位错静态和动态的性质还包括位错的分解、反应以及由于不同位错之间的相互作用引起的组态变化。

关于位错的分解，可以以典型闪锌矿结构晶体中的 $\frac{a}{2}[011]$ 位错为例，该位错往往通过式(13-52) 所示的反应形成左偏 30°的不全位错 $\frac{a}{6}[121]$ 和右偏 90°的不全位错 $\frac{a}{6}[\bar{1}12]$，并在两个不全位错之间形成层错，如图 13-40 所示。

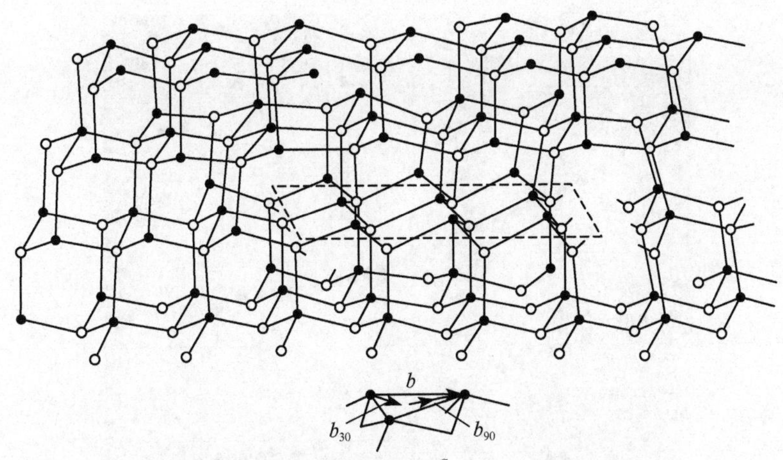

图 13-40　闪锌矿结构晶体中$\frac{a}{2}[011]$位错的分解[94]

$$\frac{a}{2}[011]=\frac{a}{6}[121]+\frac{a}{6}[\bar{1}12] \tag{13-52}$$

当位错发生分解时，由于形成的两个不全位错之间存在着层错区，因而位错的运动变得困难，位错将更加稳定地存在于晶体中。

不同位错相遇时还可能发生合并或相互反应，形成其他类型的位错。位错反应遵守如下几何条件：

$$\sum \boldsymbol{b}_{\mathrm{i}}=\sum \boldsymbol{b}_{\mathrm{k}} \tag{13-53}$$

和能量条件

$$\sum b_{\mathrm{i}}^{2}>\sum b_{\mathrm{k}}^{2} \tag{13-54}$$

上两式中，$\boldsymbol{b}_{\mathrm{i}}$ 为反应前的位错伯格斯矢量；$\boldsymbol{b}_{\mathrm{k}}$ 为反应后形成的位错的伯格斯矢量。

通常在位错线附近存在着弹性应力场。对于刃型位错，在位错线的上部存在压应力，位错线的下部存在拉应力。因此，当两个位错靠近时，其应力场相互作用，可使应力部分抵消。这一作用促使位错按照一定的组态排列。最稳定的排列方式是位错排成线列，如图 13-41 所示。图 13-42 则是 Boiton 等[99] 在 GaSb 晶体中观察到的位错分布。

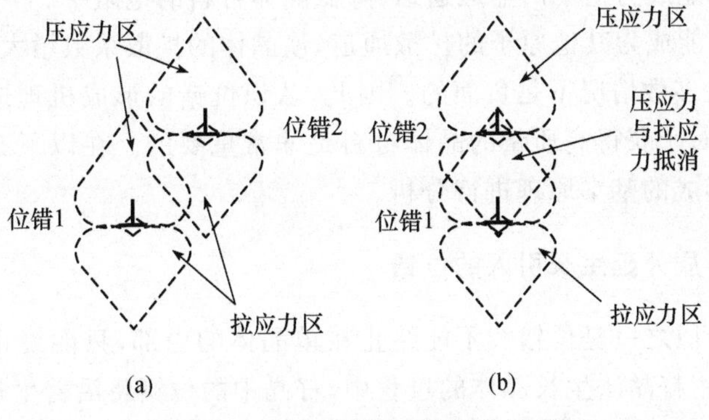

图 13-41　两个刃型位错的交互作用

(a) 不稳定；(b) 稳定

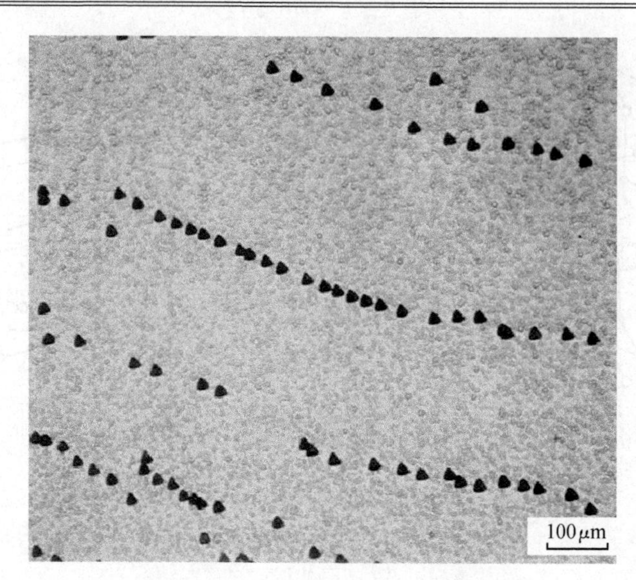

图 13-42 GaSb 晶体表面观察的位错分布[99]
图中黑色三角形为位错线在晶体表面露头的腐蚀坑

位错对晶体性能的影响主要表现在以下几个方面：

(1) 对于半导体材料，由于位错线的中心原子键结构的改变而引入大量的电活性中心，在禁带与导带之间形成新的能带，改变半导体的能带结构[100,101]。

(2) 位错线可能成为半导体载流子的俘获中心，改变载流子寿命、迁移率等载流子输运特性参数[100,101]。

(3) 用于衬底材料的晶体，位错线会延伸到外延层中，从而降低外延层的结晶质量[102,103]。如(Al,Ga)As 半导体激光器，衬底中位错密度每增大一个数量级，半导体的寿命将降低 3 个数量级[104]。

(4) 杂质和掺杂原子在位错线附近富集，改变杂质及掺杂的分布均匀性[105]。

(5) 位错线及其附近应力场中晶体的载流子特性发生变化，从而引起光子吸收特性的变化，可能形成光的吸收中心，降低晶体的透过率。

(6) 位错线可能成为电子的输运通道，降低晶体材料的电阻率。

(7) 位错线可能成为其他原子的扩散通道，使晶体的扩散系数增大。

上述影响在大多数情况下是负面的。因此，认识位错的形成机理进而找出晶体结构缺陷的控制方法，对于获得高质量的晶体材料是非常重要的。在以下 5 节中分别对不同的原因导致位错形成的基本原理进行分析。

13.4.2 籽晶与异质外延生长引入的位错

位错的基本性质之一是位错线不能终止在单晶体的内部，只能终止在晶界或晶体的表面。因此，在采用籽晶法生长晶体的过程中，籽晶中的位错将沿着生长界面向前延伸进入晶体中。在提拉法晶体生长中，籽晶加工过程会在籽晶表面层引入大量位错。同时，在籽晶插入熔融液体的过程中，受到热冲击，也会在籽晶表面形成位错。这些位错可能延伸

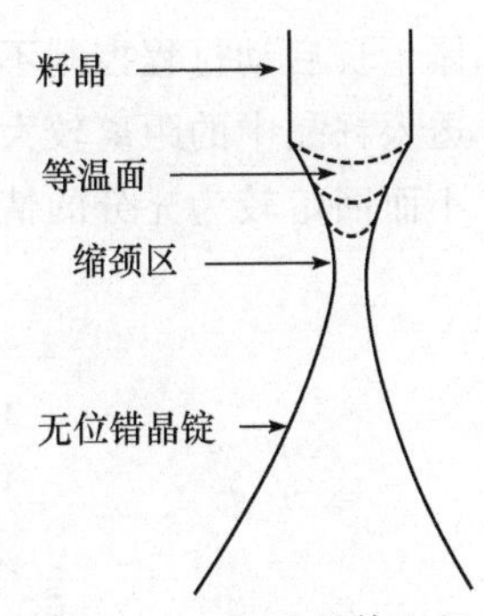

图 13-43　Cz 法晶体生长过程中采用缩颈控制位错的原理图[43]

进入所生长的晶体中，形成高位错密度的晶体。对于掺杂的晶体或化合物晶体，新生成的晶体和籽晶之间在成分等方面存在差异，也会在新生长的晶体中引入位错。为此，通常在籽晶法生长初期先缩小晶体的直径，形成所谓的缩颈，然后再进行放肩，如图 13-43 所示[43]。在缩颈生长过程中，籽晶中的位错有更多的机会终止在晶体的侧表面，从而使位错密度降低。采用缩颈控制位错密度的方法是由 Dash[106,107] 首先提出的，故又称为 Dash 缩颈，典型的 Dash 缩颈的直径为 3～5mm。

引晶段结晶界面的形貌也是影响位错形成的重要因素。图 13-44 所示为 Taishi 等[108]在 B 和 Ge 共掺杂 Si 单晶提拉生长过程中观察到的籽晶界面附近位错的分布情况。当引晶段生长界面为平界面时，形成的位错密度较小，而当界面为凸面时，则在界面附近形成大量的位错。

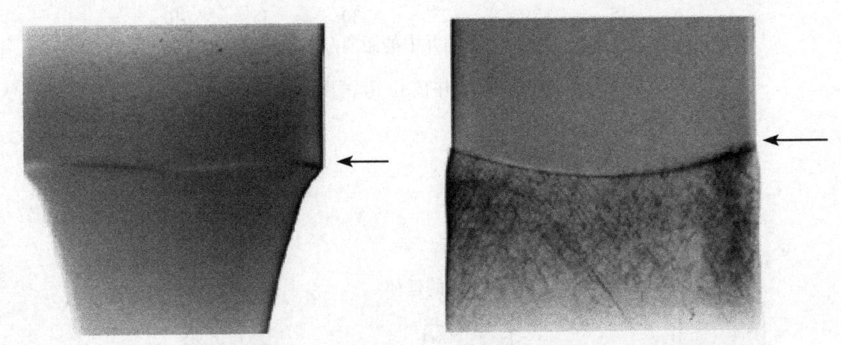

图 13-44　两种籽晶附近生长界面形貌对位错密度的影响[108]
箭头表示的位置为新生长的晶体与籽晶界面

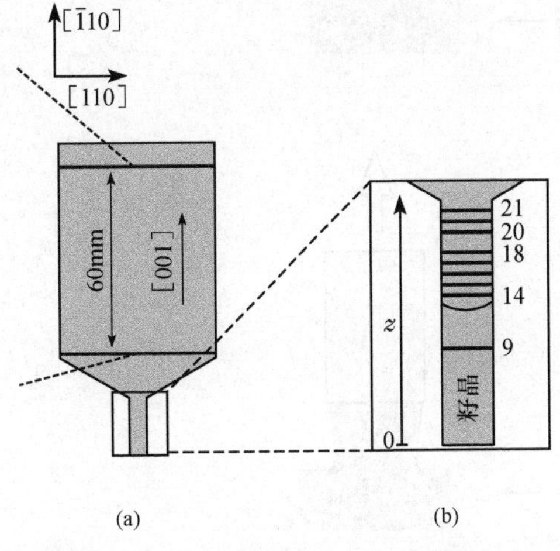

图 13-45　VGF 法生长 GaAs 晶体过程中引晶段的结构[109]
(a) 籽晶取向及其结构；(b) 引晶井的结构

在籽晶 Bridgman 法或籽晶 VGF 法进行晶体生长的过程中，采用小直径的籽晶也可以在引晶段有效降低位错的密度。图 13-45 所示是 Birkmann 等[109] 在掺 Si 的 GaAs 晶体 YGF 法生长过程中设计的引晶段的结构。图 13-46 为籽晶回熔后的生长过程中位错密度的变化。在引晶井中，位错密度逐渐减少，进入晶锭后可获得低位错密度的晶体。

热冲击在籽晶中引入的位错是导致位错形成的另一个重要因素。因此在籽晶提拉法晶体生长过程中，应该尽量减少热冲击的影响。在开始生长前对籽晶进行足够长度的回熔可以熔化热冲击形成的高位错密度区，从而降低晶体中的位错。图 13-47 示意描述了晶体生长启动过程控制不理想和较为理想的两种情况[110]。图 13-47(a)反映了热冲击位错透入籽晶中的距离较大而回熔长度不够时的情况。图 13-47(b)为位错透入籽晶距离较小而回熔较为充分的情况。

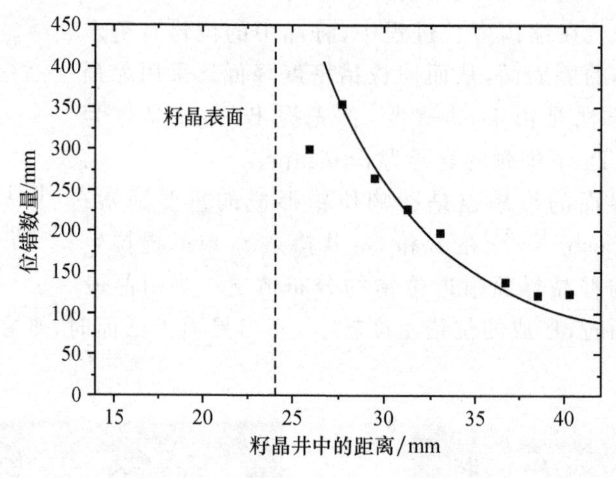

图 13-46　引晶井内位错密度的变化

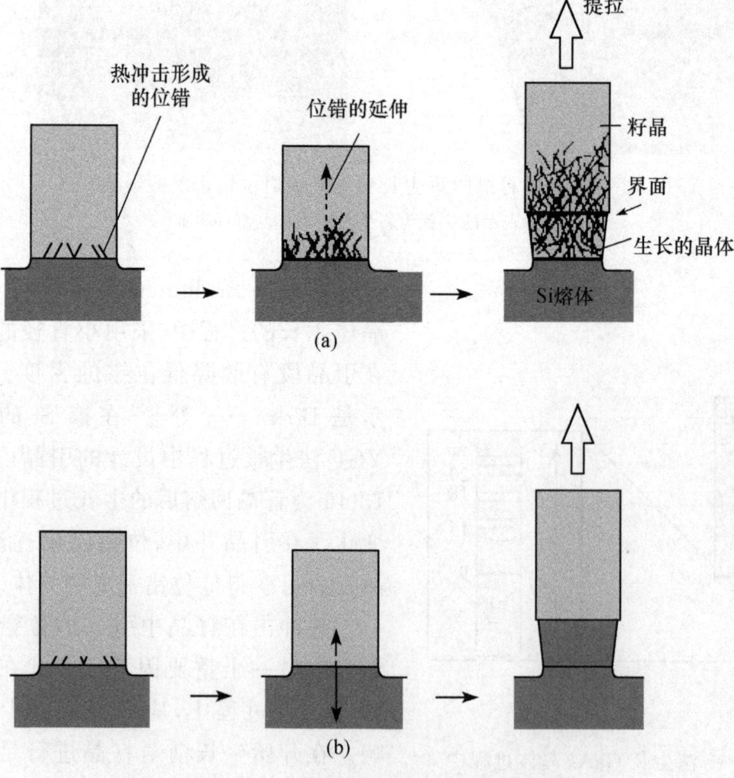

图 13-47　晶体生长启动过程中位错的控制[110]

(a) 位错透入深度较大，回熔不充分；(b) 位错透入深度小，回熔充分

Amon 等[111]在采用 VGF 法生长掺 Si 的 GaAs 单晶时，采用了小尺寸籽晶，并在初始生长阶段小直径生长约 20mm 后逐渐增大晶锭直径至 2in，结果获得位错密度小于 $200/cm^2$ 的晶锭。对位错密度分布的测试表明，这些位错密度远远小于籽晶中密度，约为 $4\times10^4/cm^2$ 的水平，并证明这些位错是由籽晶中的位错延伸生长形成的，而不是放肩过程热应力造成的。

晶体生长过程中，螺型位错在生长界面上的露头提供了晶体生长需要的台阶，对晶体生长过程具有重要的影响[98,112]。对此，在本书的第 3 章中已经进行了分析。

当采用异质外延法进行晶体生长时，衬底从两个方面在外延层中引入两种不同的位错。其一是在衬底与外延层的界面上由于晶格错配引入的错配位错，位错线平行于生长界面；其二是与生长界面具有一定的夹角，并向外延层延伸的所谓贯穿性位错。

错配位错主要是由衬底与外延层晶格常数的不匹配造成的。假定在平行于生长界面的方向上，衬底的晶格常数为 a_s，而外延层的晶格常数为 a_f，其晶格的错配度为

$$\delta=\frac{a_f-a_s}{a_s} \tag{13-55}$$

当 $a_f>a_s$ 时外延层受到压应力，衬底受拉应力。而当 $a_f<a_s$ 时，外延层受到拉应力，衬底受压应力。以 $a_f<a_s$ 的情况为例，如果外延层与衬底的晶格在界面上完全匹配，各自发生弹性应变分别为 ε_f 和 ε_s，对应的应力分别为

$$\sigma_f=E_{yf}\varepsilon_f \tag{13-56}$$

$$\sigma_s=E_{ys}\varepsilon_s \tag{13-57}$$

以上各式中，E_{yf} 和 E_{ys} 为杨氏模量；σ 为应力；下标 s 和 f 分别表示衬底和外延层的参数。

在衬底与外延层的界面上，应力平衡条件为

$$\sigma_f h_f=\sigma_s h_s \tag{13-58}$$

式中，h_f 和 h_s 分别为外延层和衬底的厚度。

将式(13-56)和式(13-57)代入式(13-58)则可以得出

$$\varepsilon_f=\frac{E_{ys}}{E_{yf}}\frac{h_s}{h_f}\varepsilon_s \tag{13-59}$$

可以看出，当外延薄膜远小于衬底的厚度，即 $h_f\ll h_s$ 时，$\varepsilon_f\gg\varepsilon_s$，弹性变形主要由外延层承担。外延层通过弹性变形使晶格常数拉大，以适应衬底。但随着外延层厚度的增大，外延层中的应力增大。此时，可以通过在界面附近形成位错以消除外延层和衬底中的应力。

贯穿性位错的位错线不平行于外延层与衬底的界面，而是延伸进入外延层中。造成贯穿性位错的原因可能是多方面的，如衬底中的位错直接延伸进入外延层，由于外延层与衬底晶格常数的不匹配、外延层与衬底的取向不一致等因素引起的位错等。位错一旦形成将会向外延层中延伸，使外延层的结晶质量下降。

Ohtani 等[113]详细分析了(0001)晶面的 Si 衬底上化学气相外延生长 SiC 的过程，发现位错主要起源于衬底表面。在位错外延发展的过程中，有一部分刃型位错在夹杂物表面终止。实际获得的刃型位错和螺型位错随着外延层厚度的增大而变化的情况如图 13-48 所示[113]。

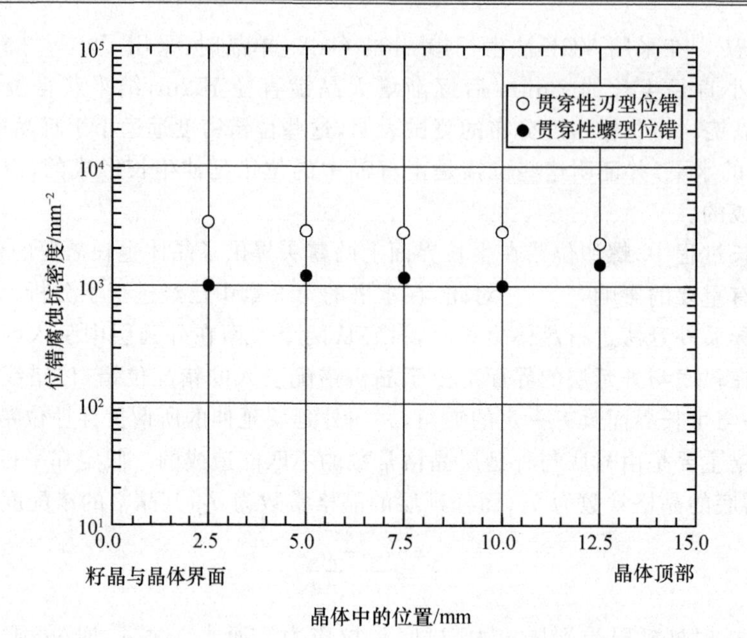

图 13-48　(0001)Si 表面外延生长 SiC 时位错密度随外延层厚度的变化[113]

为了控制外延层中贯穿性位错的密度，通常采用插入缓冲层的方法，即在外延层和衬底之间生长由其他材料形成的过渡层。Kappers 等[114]在刚玉衬底上生长 GaN 时分别采用了 SiN_x 和 ScN 缓冲层。采用 SiN_x 缓冲层生长时，外延层中的位错密度由 $5\times10^9/cm^2$ 降低到 $9\times10^7/cm^2$，而采用 ScN 缓冲层时位错密度降低到 $3\times10^7/cm^2$。

13.4.3　应力与位错的形成

应力造成的塑性变形几乎是所有晶体材料内部形成位错的原因之一。在晶体生长过程中，导致位错形成的应力主要来源于温度的变化及其不均匀分布形成的热应力，以及坩埚的约束等造成的机械应力。晶体生长过程中位错的产生与晶体在冷却过程中的塑性变形密切相关，因此，对晶体塑性变形的研究成为分析晶体缺陷的基础。

晶体发生塑性变形的条件是实际作用于晶体的应力 τ_a 大于晶体发生塑性变形的临界应力 τ_{cr}，即

$$\tau_a > \tau_{cr} \tag{13-60}$$

τ_{cr} 是由材料的性质决定的，其理论值与材料的杨氏模量 E_y 的关系为[115]

$$\tau_{cr} \approx \frac{E_y}{30} \tag{13-61}$$

τ_a 是由材料的受力状态决定的，理论上等于应力在滑移面上的分量。在工程实际中，采用如下 von Mises 应力 τ_{VM} 表示[115]

$$\tau_{VM} = \left\{\frac{1}{2}\left[(\sigma_1-\sigma_2)^2+(\sigma_1-\sigma_3)^2+(\sigma_2-\sigma_3)^2\right]\right\}^{\frac{1}{2}} \tag{13-62}$$

式中，σ_1、σ_2 和 σ_3 是主应力。式(13-60)可以表示为

$$\tau_{VM} > \tau_{cr} \tag{13-63}$$

Alexander 和 Haasen[116] 对晶体的蠕变过程作了较深入的研究，提出了晶体发生塑性变形的条件及其与位错增殖的关系，即 Alexander-Haasen 模型。该模型是分析晶体生长中缺陷的经典模型之一。根据 Alexander-Haasen 模型可以获得半导体晶体在小变形下的状态方程：

$$\frac{d\varepsilon_{pl}}{d\tau} = \phi b N B_0 \exp\left(-\frac{E}{k_B T}\right)(\tau_a - A\sqrt{N})^m \tag{13-64}$$

$$\frac{dN}{d\tau} = K N B_0 \exp\left(-\frac{E}{k_B T}\right)(\tau_a - A\sqrt{N})^{m+1} \tag{13-65}$$

式(13-64)为应变速率表达式，式(13-65)为位错增殖速率表达式。式中，$d\varepsilon_{pl}$ 表示宏观应变的增量；τ 为时间；ϕ 为几何因子；b 为伯格斯矢量的模；K 为增殖常数，可以通过蠕变实验获得；N 为单位体积中可移动位错的长度；B_0 为经验常数，可以通过测量位错速度获得；E 为位错滑移的激活能；m 为应力指数，直接由变形实验获得。$A\sqrt{N}$ 代表由已经存在的位错产生的加工硬化效应。常数 A 可由位错间的弹性相互作用计算：

$$A = E_y b / [2\pi(1-\nu)] \tag{13-66}$$

式中，E_y 为杨氏模量；ν 为泊松比。

Alexander-Haasen 模型揭示了应变速率和位错增殖速率与晶体内部应力的关系，为研究晶体生长过程中位错的动态形成规律奠定了基础。

由以上分析可以看出，在讨论晶体中应力引起的位错形成条件的计算中，重点是实际作用于晶体的应力 τ_a，或 von Mises 应力 τ_{VM} 的计算。以下分别以 Bridgman 法晶体生长过程中坩埚施加于晶体上的外力和热应力为例，分析晶体中应力的作用。

在 Bridgman 法晶体生长过程中，设晶锭的半径为 r_0，单位面积的晶体与坩埚接触界面的黏附能为 W_{adh}，而单位体积的晶体中应力造成弹性畸变能为 W_{el}。取长度为 dz 的晶锭段作为分析单元，则坩埚约束能与晶体中的弹性畸变能平衡的条件为[99]

$$W_{el}\pi r_0^2 dz = W_{adh} 2\pi r_0 dz \tag{13-67}$$

即

$$W_{el} = W_{adh}\frac{2}{r_0} \tag{13-68}$$

弹性能通常包括体积弹性能 W_s 和形变弹性能 W_d，可以表示为

$$W_{el} = W_s + W_d = \frac{1-2\nu}{2E_y}\tau_{VM}^2 + \frac{1+\nu}{3E_y}\tau_{VM}^2 \tag{13-69}$$

由式(13-63)、式(13-68)和式(13-69)得出，由于坩埚黏附引起塑性变形从而导致位错增殖的条件为

$$\sqrt{\frac{12E_y W_{adh}}{r_0(5-4\nu)}} > \tau_{cr} \tag{13-70}$$

如果不等式(13-70)确定的条件不满足,则晶锭与坩埚的黏附力不足以导致塑性变形,从而不会在晶体中引入位错。

导致晶体生长过程塑性变形的另外一个更重要的应力来源是热应力。最简单的情况见于晶体不同步冷却过程。

图 13-49 所示为径向温差导致位错形成的原理示意图。在圆柱形试样冷却过程中,其外表面首先降温,形成非等温的温度场,外层的晶体开始收缩。但由于受内部晶体的约束而受到张应力,同时在晶体内部形成压应力,导致表面层发生变形并形成位错。随后,内部的热量向表面传输,使整个晶体中的温度趋于均匀。此时,内部晶体开始收缩,并形成拉应力,导致新的位错形成。

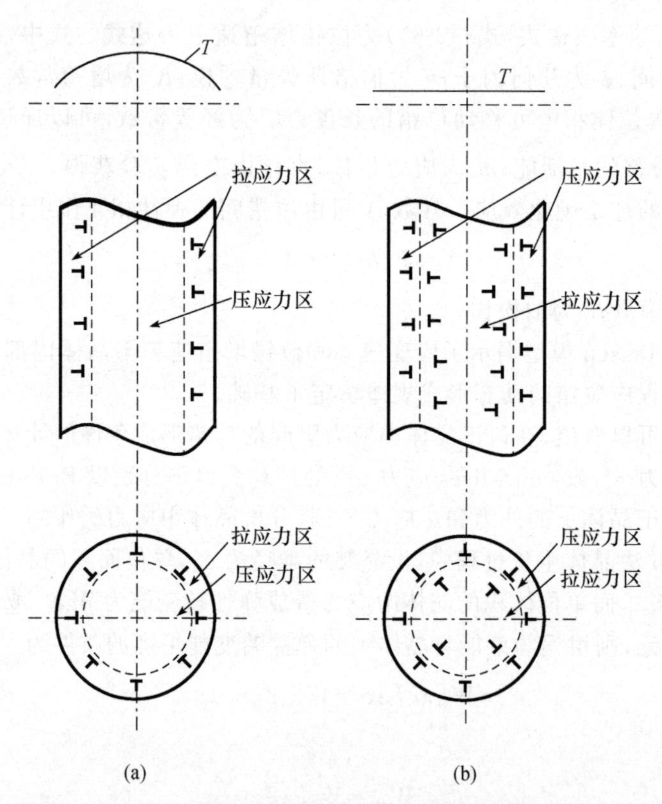

图 13-49　轴对称晶体降温过程中的热应力及其位错形成原理示意图

(a) 冷却初期(表面冷却);(b) 冷却后期(内部冷却)

图 13-50 是晶锭轴向温差导致位错形成的原理图。如果晶体先从下部冷却,则下部开始收缩,并受到拉应力,形成位错。随后上部的晶体降温,造成上部晶体中的拉应力,形成新的位错。

在实际晶体生长过程中,温度场和应力场均较复杂,需要借助于数值计算方法进行论述。应力场对温度场的影响可以忽略,因此,温度场和应力场之间的关系是非耦合的,可以首先计算温度场,然后根据温度场计算应力场,这可以使问题得到简化。以 Bridgman 法和 Cz 法生长过程常见的圆柱形的晶锭为例,其径向、圆周向和轴向的正应力分别记为

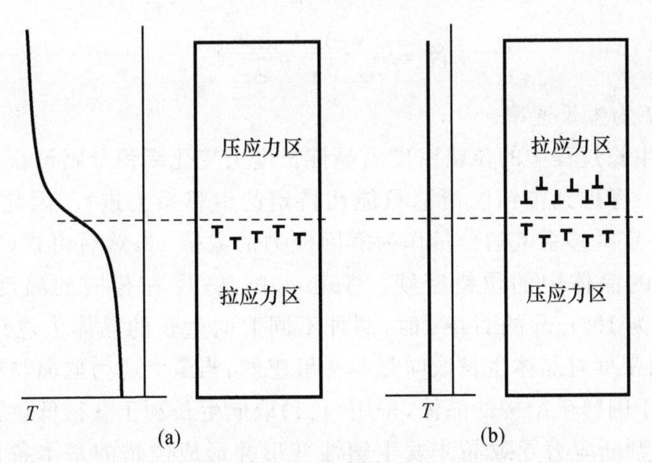

图 13-50　温度梯度场中非同步冷却时的热应力及其位错形成原理示意图
(a) 下部冷却；(b) 上部冷却

σ_{rr}、$\sigma_{\phi\phi}$ 和 σ_{zz}，剪应力分量为 τ_{rz}（$=\tau_{zr}$），则可写出如下 Hooke 定律[117]：

$$\begin{pmatrix}\sigma_{rr}\\ \sigma_{\phi\phi}\\ \sigma_{zz}\\ \tau_{rz}\end{pmatrix}=\begin{pmatrix}c_{11} & c_{12} & c_{13} & 0\\ c_{21} & c_{22} & c_{23} & 0\\ c_{31} & c_{32} & c_{33} & 0\\ 0 & 0 & 0 & c_{44}\end{pmatrix}\begin{pmatrix}\varepsilon_{rr}-\alpha_{\perp}(T-T_{\mathrm{ref}})\\ \varepsilon_{\phi\phi}-\alpha_{\perp}(T-T_{\mathrm{ref}})\\ \varepsilon_{zz}-\alpha_{/\!/}(T-T_{\mathrm{ref}})\\ \varepsilon_{rz}\end{pmatrix} \tag{13-71}$$

式中，c_{ij} 为弹性常数，其中 $c_{ij}=c_{ji}$；$\alpha_{\perp}$ 和 $\alpha_{/\!/}$ 分别为垂直于轴向和平行于轴向上的热膨胀系数；ε_{rr}、$\varepsilon_{\phi\phi}$、ε_{zz} 和 ε_{rz} 分别为应变分量。

如果分别用 v 和 u 表示径向和轴向上的位移，则

$$\varepsilon_{rr}=\frac{\partial v}{\partial r} \tag{13-72a}$$

$$\varepsilon_{\phi\phi}=\frac{v}{r} \tag{13-72b}$$

$$\varepsilon_{zz}=\frac{\partial u}{\partial z} \tag{13-72c}$$

$$\varepsilon_{rz}=\frac{\partial u}{\partial r}+\frac{\partial v}{\partial z} \tag{13-72d}$$

如果通过计算获得晶锭中的温度分布 T，并选定一个参考温度 T_{ref}，则可以由式(13-71)计算出各个应力分量，并通过如下坐标变换获得主应力 σ_1、σ_2 和 σ_3：

$$\begin{pmatrix}\sigma_{rr} & 0 & \tau_{rz}\\ 0 & \sigma_{\phi\phi} & 0\\ \tau_{rz} & 0 & \sigma_{zz}\end{pmatrix}\longrightarrow\begin{pmatrix}\sigma_1 & 0 & 0\\ 0 & \sigma_2 & 0\\ 0 & 0 & \sigma_3\end{pmatrix} \tag{13-73}$$

然后由式(13-62)获得 von Mises 应力 τ_{VM}，并由式(13-65)计算位错的变化。

实际晶体生长过程中位错密度随时间的变化可以表示为

$$\dot{N}=\frac{\partial N}{\partial z}\frac{\partial z}{\partial \tau}=\frac{\partial N}{\partial z}R \tag{13-74}$$

式中，τ 为时间；R 为生长速率。

对整个晶体生长过程中的位错密度沿晶锭长度上变化率积分则可获得生长结束时晶体中的位错密度。考虑到位错的滑移只能在特定的滑移系上进行，因此，根据晶体的取向，用剪应力在特定滑移系上的分量作为实际应力的数值 τ_a，然后由式(13-65)可以计算出不同取向生长的晶体中的位错密度。Gulluoglu 等[118] 在相同的温度场条件下采用 CGF 法生长直径为 100mm 的 GaAs 时，两种不同取向生长的晶体中位错密度的数值计算结果表明，位错密度对晶体生长取向是非常敏感的，当最大应力取向与滑移系一致时容易引入位错。对于闪锌矿结构的晶体，采用(111)取向生长利于获得低位错密度的晶体。

式(13-63)是判断应力导致晶体发生塑性变形并形成位错的基本条件。式中 τ_{VM} 是由晶体的应力状态决定的外部条件，而临界剪应力 τ_{cr} 则是由晶体内在性质决定的。不同的晶体材料具有不同的临界剪应力。τ_{cr} 越大，晶体的变形抗力就越大，位错形成就越困难。通常在晶体中引入掺杂以后会改变晶体的 τ_{cr} 值，从而影响位错的形成倾向。图 13-51 给出了 Si、GaAs 和 InP 以及掺杂后的晶体的临界剪应力随温度的变化规律[119]。可以看出 Si 晶体的 τ_{cr} 远大于其他晶体材料，因此其位错较容易控制。

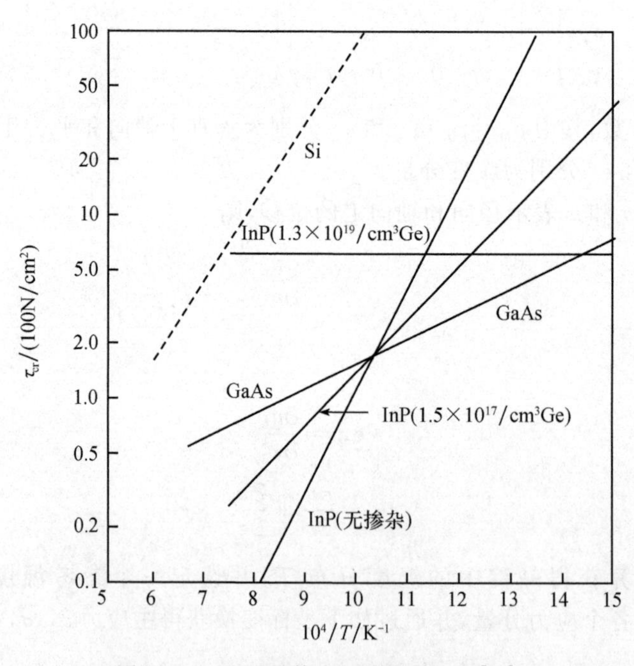

图 13-51　不同晶体中的临界剪应力[119]

杂质(或掺杂)在位错线上富集可以降低位错的能量[120]，因此对于晶体在一定温度下退火处理有助于杂质向位错线的富集。富集于位错线上的杂质对位错的影响主要体现在两个方面[121]：其一，是增大位错滑移系启动的临界应力，其二是降低位错滑移的移动速率。典型的实验结果如图 13-52 所示[121]。图 13-52(a)为在 800℃下引入不同浓度掺杂时位错滑移启动的临界应力随掺杂量的变化。图 13-52(b)为不同掺杂元素和掺杂量下位错移动速率随温度的变化规律。可以看出其基本趋势是，随着掺杂量的增大，位错滑移的临界应力增大，而滑移速率减小。

在 Cz 法生长的 N 掺杂 Si 单晶中，当 N 掺杂量为 $6\times10^{15}/cm^3$ 时，位错形成倾向明显减小[122]。分析认为，N 与晶体中的 O 结合，促进 O 沉淀的形成，降低了位错的移动性。

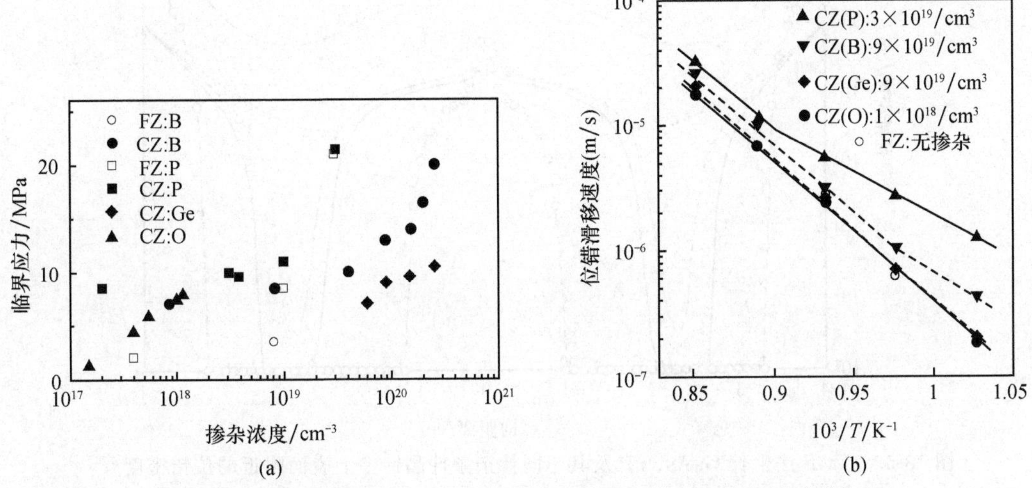

图 13-52　在不同方法生长的 Si 单晶中掺杂对位错运动的影响[121]

(a) 在 800℃下位错滑移启动临界应力随掺杂量的变化；(b) 掺杂对位错滑移速率随温度变化规律的影响

Taishi 等[110,123]研究发现，当采用无掺杂的 Si 单晶作籽晶生长 B 重掺杂 Si 单晶时，在籽晶与新生长晶体的界面形成刃型位错，甚至采用缩颈仍不能阻挡位错向晶体内部的延伸，并且位错密度随着 B 含量的增大而增大，但位错在延伸过程中不会增殖。如果采用掺 B 的 Si 单晶作籽晶，生长非掺杂 Si 单晶，则位错可以得到有效控制。

Huang 等[124]对于掺 B 的 Si 单晶生长实验研究还发现，在籽晶和新生长的晶体中，同时加入等量的 B 掺杂，当 B 含量达到 $10^{18}/cm^3$ 数量级时，不需要缩颈就可以有效抑制位错的形成，使位错密度降低到很低的程度。

Zhu 等[125,126]在进行掺杂晶体的位错形成过程的计算中引入了一个拖累应力(drag stress)τ_d。引入该拖累应力后，式(13-64)和式(13-65)变为

$$\frac{d\varepsilon_{pl}}{d\tau}=\phi bNB_0\exp\left(-\frac{E}{k_BT}\right)(\tau_a-A\sqrt{N}-\tau_d)^m \tag{13-75}$$

$$\frac{dN}{d\tau}=KNB_0\exp\left(-\frac{E}{k_BT}\right)(\tau_a-A\sqrt{N}-\tau_d)^{m+1} \tag{13-76}$$

可以看出，τ_d 与外加应力抵消，使得位错形成倾向减小。在 InP 和 GaAs 中，掺杂引入的 τ_d 典型值为[125]：①InP 掺 $1.3\times10^{18}/cm^3$ 的 S 时，$\tau_d=10^{3.925+\frac{3225}{T}}$ Pa；②InP 掺 $1.5\times10^{17}/cm^3$ 的 Ge 时，$\tau_d=10^{4.224+\frac{2973.05}{T}}$ Pa；③GaAs 掺 $2\times10^{19}/cm^3$ 的 P 时，$\tau_d=10^{4.81+\frac{1569.78}{T}}$ Pa。Zhu 等[125,126]基于上述条件计算了 GaAs、InP 及不同掺杂条件下晶锭上表面附近的位错密度，其中温度梯度为 5K/cm、晶锭直径为 4cm、生长速率为 2.32×10^{-4} cm/s，计算结果如图 13-53 所示[125]。

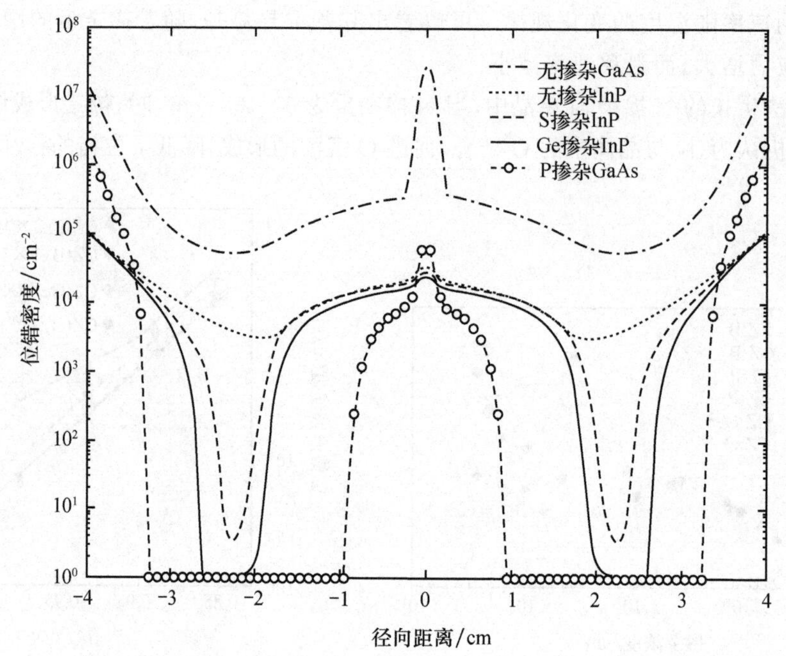

图 13-53 VGF 法生长 GaAs、InP 及其不同掺杂条件晶锭中上表面附近的位错密度[125]

其中温度梯度为 5K/cm，晶锭直径为 4cm，生长速率为 2.32×10^{-4}cm/s

13.4.4 成分偏析引起的位错

晶体中的成分与杂质含量不同，晶格常数也随之发生变化。因此，晶体内部成分与杂质的非均匀分布将导致晶格常数的波动，并在晶体中引入应力，进而引起位错的形成。在固溶体型晶体中这将成为位错形成的主要原因之一。成分及杂质引起晶格常数的变化幅度可以由晶格常数的相对变化率表示，即

$$\frac{\Delta a}{a_0}=\frac{a-a_0}{a_0} \tag{13-77}$$

式中，a 为给定成分晶体的晶格常数；a_0 为参考状态的晶格常数。

在几种典型的固溶体型化合物半导体晶体中，晶格常数随成分的变化规律如下：

$Cd_{1-x}Zn_xTe$：$a=0.64829-0.03803x$(nm)

$Hg_{1-x}Cd_xTe$：$a=0.6461+0.00084x+0.00168x^2-0.00057x^3$(nm)

$Hg_{1-x}Mn_xTe$：$a=0.6461-0.0121x$(nm)

$Cd_{1-x}Mn_xTe$：$a=0.6482-0.0149x$(nm)

即使在 Si 单晶中，杂质元素的存在，也将导致晶格常数的变化。其中 C、O、P 在 Si 单晶中的存在状态及其引起晶格常数的变化与掺入量之间的关系为[43]

掺 C(置换固溶体)：$\dfrac{\Delta a}{a_0}=-6.5\times10^{-24}n$

掺 O(间隙原子)：$\dfrac{\Delta a}{a_0}=4.5\times10^{-24}n$

掺 P(置换固溶体)：$\dfrac{\Delta a}{a_0}=-1.2\times10^{-24}n$

式中，n 的单位为 cm^{-3}。

当若干个晶格中常数偏差积累到一个晶格常数的数值后将形成一个位错以释放弹性畸变能。因此，在一个正方形的空间中，由于成分波动造成的刃型位错数可以表示为[43]

$$n_D = \frac{4}{\boldsymbol{b} \cdot \boldsymbol{d}}\left(\frac{\Delta a}{a_0} - \varepsilon_e\right) \tag{13-78}$$

式中，$\boldsymbol{b}$ 为位错的伯格斯矢量；$\boldsymbol{d}$ 为相邻成分波峰值之间的距离；ε_e 为晶体的弹性畸变吸收的晶格常数的变化。

晶体中的成分偏析已在 13.2 节中进行了讨论。Prokhorov 等[127]对掺 Ga 的 InAs 晶体在非稳定生长条件下的生长条纹和位错之间的关系进行了实验研究。其中晶体生长方向为[112]方向。结果显示，位错腐蚀坑的分布与生长条纹的分布完全一致。由此证明了生长条纹中包含的带状成分偏析是位错形成的原因之一。

当晶体生长条件控制不当，导致平面结晶界面失稳，形成二维的胞状界面时，分凝系数小于 1 的元素将在胞晶间富集，分凝系数大于 1 的元素在胞晶杆中心富集。当富集在胞晶间的杂质导致晶格常数增大时，靠近胞晶边界的晶体将受到张应力，形成图 13-54 所示的刃型位错[43]。

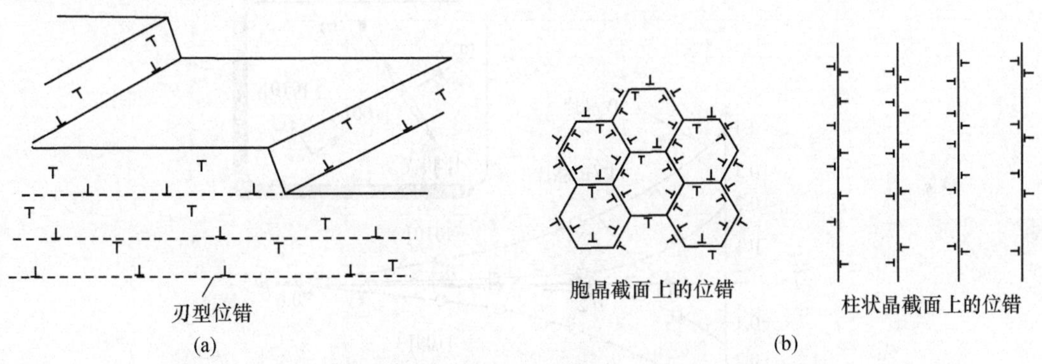

图 13-54　胞状界面生长导致的成分偏析引起的位错分布示意图[43]

(a) 一维胞晶引起的层状成分偏析形成的位错；(b) 二维胞状界面引起的成分偏析形成的位错

图 13-55 为 Naumann 等采用激光断层扫描技术获得的 GaAs 晶体中胞状位错分布

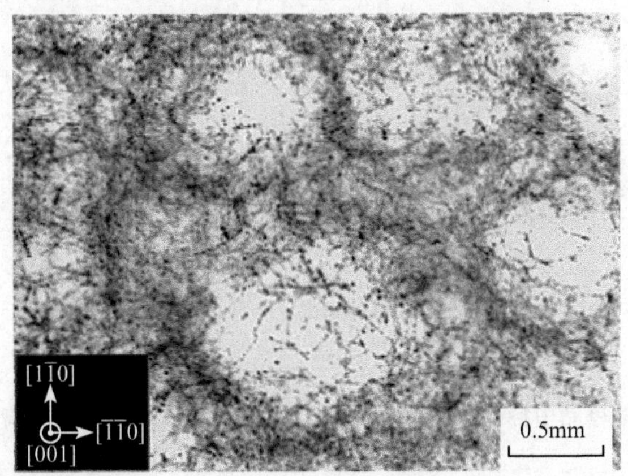

图 13-55　激光散射断层分析获得的 GaAs 晶体中胞状分布的位错和 As 沉淀相[128,129]

及其与 As 沉淀相的分布[128,129]。As 沉淀相的分布显示的胞状结构与位错密度分布一致。

13.4.5 夹杂引起的位错

当晶体中裹入夹杂，或者由于溶质的脱溶形成沉淀相时，这些异质第二相与晶体本身的热膨胀系数和导热特性存在差异，导致晶体在加热和冷却过程中在颗粒附近形成热应力。当该热应力达到晶体变形的临界条件时，将在第二相附近的晶体中形成位错。

Chaldyshev 等[130]对分子束外延生长的 GaAs 薄膜中 As 沉淀相进行的电子显微分析发现，在沉淀相附近存在一个 7～8nm 的应变层，与该应变层伴生，形成了一个位错环。

Yonemura 等[131]采用聚焦束电子散射(CBED)方法分析了 Cz 法生长的椭圆形沉淀相附近的晶格畸变，获得了 SiO_2 沉淀相导致的 Si 晶体的应变量随距沉淀相距离的变化规律，如图 13-56 所示，其中椭圆形沉淀相的长轴和短轴分别约为 400nm 和 50nm，并且分别平行于[010]和[100]晶向。图 13-56(a)为在[010]和[100]晶向上的应变分量沿

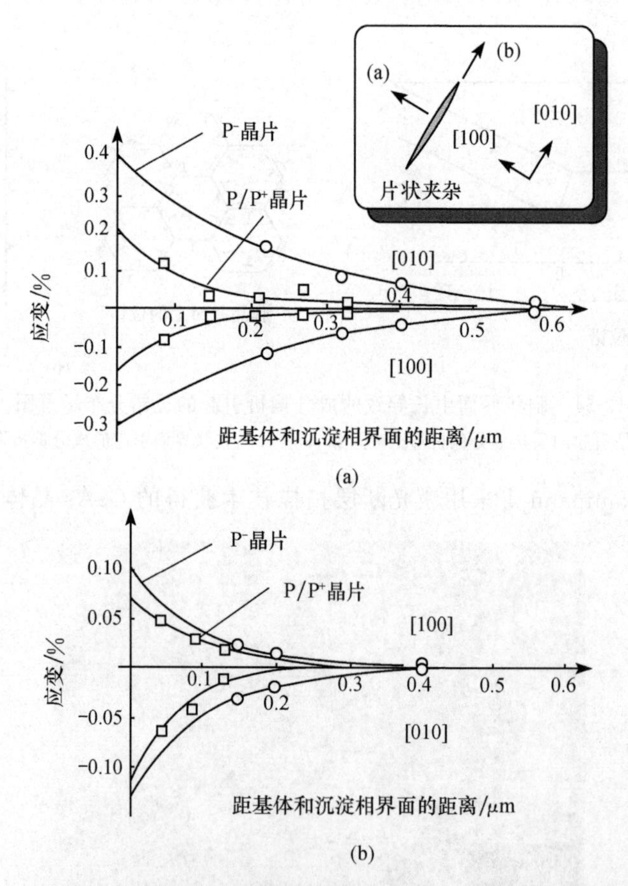

图 13-56 Si 单晶中椭圆形沉淀相附近晶格畸变量随距沉淀相距离的变化[131]

(a) [100]晶向；(b) [010]晶向

[100]晶向的变化，图 13-56(b)所示为[001]和[010]晶向上的应变分量沿[010]晶向的变化。可以看出，在短轴方向上应变区的穿透深度约为 600nm，长轴方向上应变区的穿透深度约为 350nm。图中 P^- 对应于 B 轻掺杂的晶体，而 P/P^+ 对应于 B 重掺杂的晶体。

位错和夹杂周围存在由于晶格畸变引入的应力场，当两者相互接近时，应力场重叠，发生交互作用。弹塑性力学的计算方法可以获得两者的平衡条件[132,133]。该平衡条件决定了夹杂附近的位错形状和密度。晶体与夹杂的弹性模量、位错的类型、夹杂的尺寸与形状等都对位错的位置有一定的影响。因此，第二相对位错的滑移具有约束作用，使位错固定在晶体内部，不易滑移到晶体的表面。

沉淀相引起附近晶体的塑性变形还可能导致形成新的位错。Chaldysheva 等[134]采用 TEM 观察到的掺 Sb 的 GaAs 晶体中与 As-Sb 沉淀相伴生的位错环。当沉淀相的尺寸小于 7nm 时观察不到位错环，而当沉淀相的尺寸大于 7nm 时，沉淀相周围都存在着一个位错环。沉淀相导致位错环形成的条件可以由以下不等式判断：

$$E_{\text{final}} + E_{\text{loop}} + W \leqslant E_{\text{initial}} \tag{13-79}$$

式中，E_{loop} 是位错环本身引入的晶格畸变能；W 为位错环与沉淀相的相互作用能；E_{initial} 是沉淀相内部及其周围晶体中晶格畸变能的总和；E_{final} 为与位错环发生相互作用后沉淀相及其周围晶体中的晶格畸变能。

沉淀相引入的应变还与沉淀相的种类相关。GaAs 晶体中 As 沉淀引入的晶格应变较小，而当向其中掺入 Sb 时，As-Sb 团聚则将引入较大的应变。同时，晶格畸变引起的位错还与沉淀相的尺寸相关。

在含有大量沉淀相的晶体受到外力场的作用时，位错环与沉淀相发生交互作用，沉淀相成为位错环的钉扎点，即成为 Frank-Read 源，位错将不断增殖[43]。

外力导致位错环失稳的临界剪应力可以表示为[135]

$$\tau_{\text{slip}} = \frac{E_y b}{4\pi\left(\dfrac{L}{2}\right)(1-\nu)}\left\{\left[1-\frac{\nu}{2}(3-4\cos^2\beta)\right]\ln\frac{L}{\rho} - 1 + \frac{\nu}{2}\right\} \tag{13-80}$$

式中，L 为相邻沉淀相的间距；E_y 为杨氏模量；ν 为泊松比；b 为伯格斯矢量的模；β 为伯格斯矢量与位错线的夹角；ρ 是与位错核心半径相当的常数。

实际上，除了沉淀相的间距之外，沉淀相的尺寸也是影响临界剪应力的重要因素。图 13-57 所示为 Jurkschat 等[135]采用实验获得的临界剪应力随沉淀相尺寸的变化规律。

在包含夹杂的晶体加热或冷却过程中，由于夹杂与晶体本身热膨胀系数的差异，将在夹杂颗粒附近的晶体中引入较大的热应力并导致位错的形成。以晶体加热过程为例，如果夹杂的热膨胀系数大于晶体的热膨胀系数，则夹杂物的膨胀量大于晶体，在夹杂附近的晶体中造成较大的压力，在径向上形成压应力，侧向上形成张应力。如果夹杂的热膨胀系数小于晶体的热膨胀系数，则加热过程中形成局部的负压，使晶格压缩。冷却过程的变化规律则相反。根据晶体热膨胀特性的差异和夹杂的形状可以对应力状态进行定量的分析。

图 13-58 为在退火处理的 CdZnTe 晶体的剖面上观察到的 Te 沉淀及其周围的位错。局部成分分析表明，位于中心的 Te 夹杂中 Te 含量远高于基体，而在周围环形排列的位

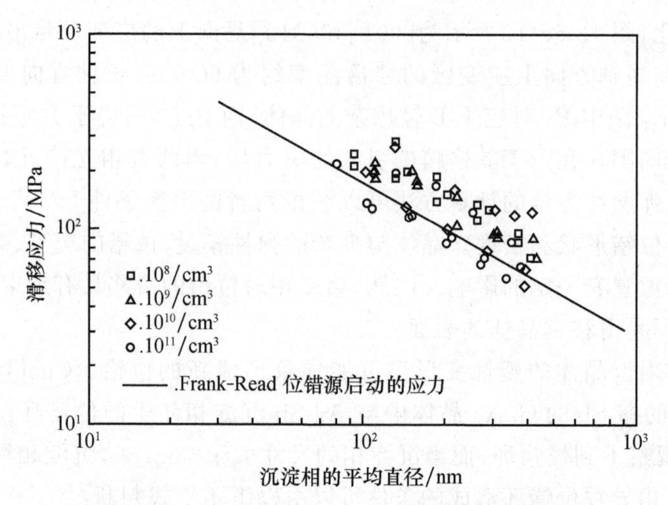

图 13-57　含有氧化物沉淀相的 Si 单晶中临界剪应力与沉淀相尺寸的关系[135]

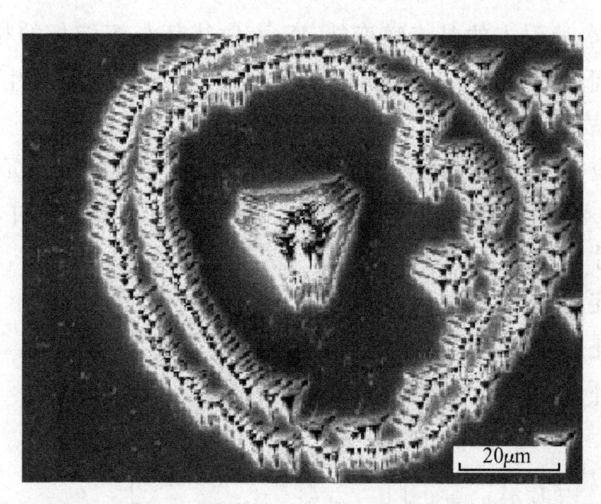

图 13-58　退火处理的 CdZnTe 晶体的剖面上观察到的 Te 沉淀及其周围的位错[6]

错中则轻微富 Cd 和 Zn。

在包含液相夹杂颗粒的晶体中，由于颗粒和周围晶体热导率的差异，导致其热流发生变化，在沿热流方向上夹杂物迎流一侧和背流一侧的受热状态不同，从而形成热应力[43]。

除此之外，晶体的表面以及亚晶界处的应力也是位错形成的原因[136]，只要结合具体的情况获得应力的分布，可根据 13.4.3 节的相关原理进行位错的预测。特别值得指出的是，在晶体的切割、研磨、抛光过程中的机械作用力通常会导致晶片表面发生塑性变形，在表面层中引入大量的位错。对于研磨、抛光等加工工艺引起的表面损伤层，可以采用逐层化学处理的方法分析。张晓娜[137]采用称量方法测定 CdZnTe 晶体腐蚀过程去除的表面层厚度，并用光学显微镜观察位错腐蚀坑的变化，发现当腐蚀深度较小时，位错密度随着腐蚀的进行迅速增大，达到 $10^7/cm^3$ 的数量级；当腐蚀深度超过 30μm 后，随着腐蚀的继续进行，位错蚀坑密度逐渐较少，并趋于稳定；当腐蚀深度达到 50μm 后，位错腐蚀坑的密度不再随着腐蚀深度的增加变化。该实验结果表明，对于 CdZnTe，机械研磨、抛光引起的表面损伤层的厚度约为 50μm。

13.5　晶界与相界及其形成原理

晶体中的界面包括不同相结构晶体接触形成的相界，同一结构的两个晶粒接触形成的晶界，晶粒内部具有一定取向差异的亚结构之间形成的亚晶界，晶粒中一部分晶体整体切变形成的孪晶界，以及晶粒内部原子层的错排形成的层错等。这些界面及其附近原子的正常排列周期被破坏，形成厚度很小但面积较大的缺陷区，统称为面缺陷。此外，晶体的外表面附近也存在着原子排列周期的改变以及由此引起的性能变化，也可看作一种面缺陷。本节将重点分析晶界与相界的形成机理及其控制方法，其他面缺陷将在以后两节中讨论。

13.5.1　晶界和相界的结构及其对晶体性能的影响

晶体结构相同，但取向不同的晶粒间形成的晶界如图 13-59(a)所示，晶体结构不同的

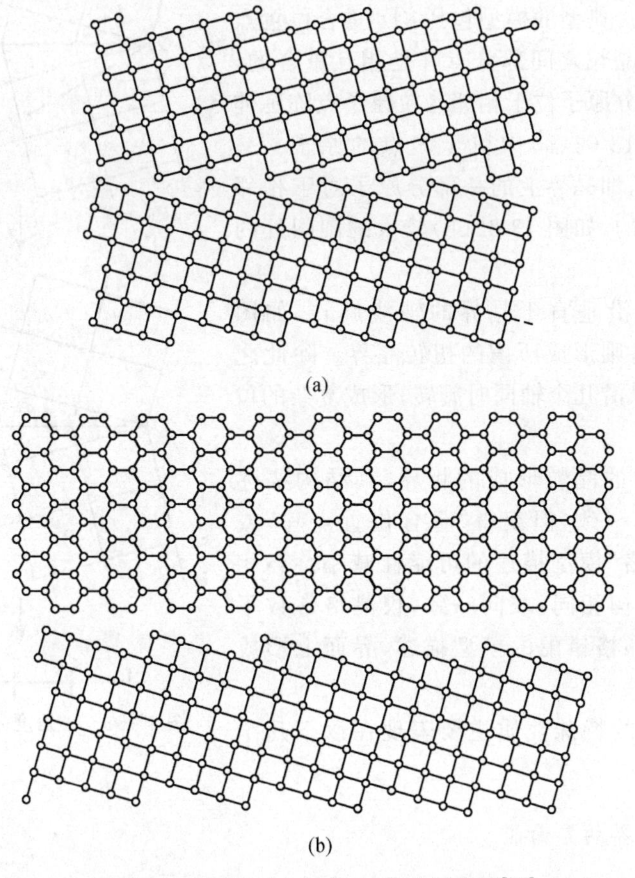

图 13-59　晶界(a)与相界(b)结构示意图[138]

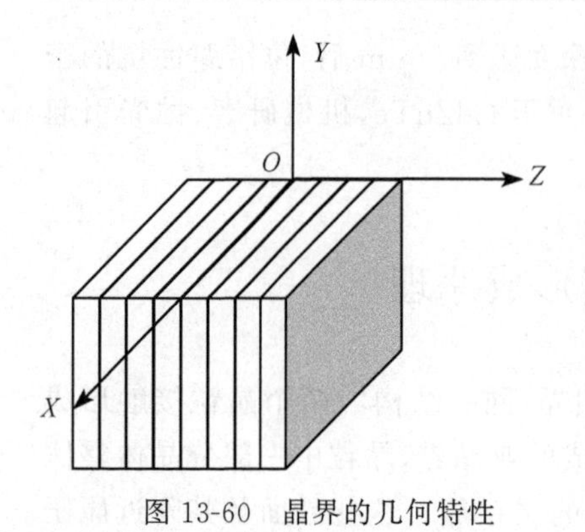

图 13-60 晶界的几何特性

晶粒之间形成的相界如图 13-59(b)[138] 所示。描述相邻晶粒之间的关系通常需要 9 个参数,其中 3 个参数表示相邻晶粒之间的晶体学位向关系,3 个参数描述晶界的取向关系,另外 3 个参数描述相邻晶粒间原子位置的刚性平移[139]。

对于相同性质的两个晶粒形成的晶界,其相互位向关系可以看作是将一个完整的晶粒沿一定的界面切开,并使其中一半沿一定的轴线旋转一定的角度形成的。如图 13-60 所示,假定将晶体沿 OXY 平面切开,左侧的一半固定不动,右侧沿 X 轴或(和)Y 轴旋转,则形成具有一定倾斜角度的晶界。当该倾斜角度较小时形成的晶界称为小角度晶界,倾斜角度较大时形成的晶界称为大角度晶界。对于小角度晶界,可以假定是由具有一定间距的刃型位错排列形成的。如图 13-61[138] 所示,晶粒的 A 和 B 两个部分沿 OQ 轴旋转一个 θ 角,则在 OQ 轴线上形成一排位错。大角度晶界通常被看作是一个无序的区域。但当旋转角度满足一定的条件时,两者之间的关系可以采用一定的模型描述。典型的模型包括:①"重合位置点阵模型",即相邻晶粒之间部分点阵是相互重合的,晶界一侧的一部分原子位于相邻晶粒原子点阵延伸的位置上,如图 13-62(a)中位于⊙点的原子[140]。②"O 晶格"模型,即晶界上的一部分原子对于相邻晶粒是相互重叠的,如图 13-62(b)较大的圆圈处的原子[141]。

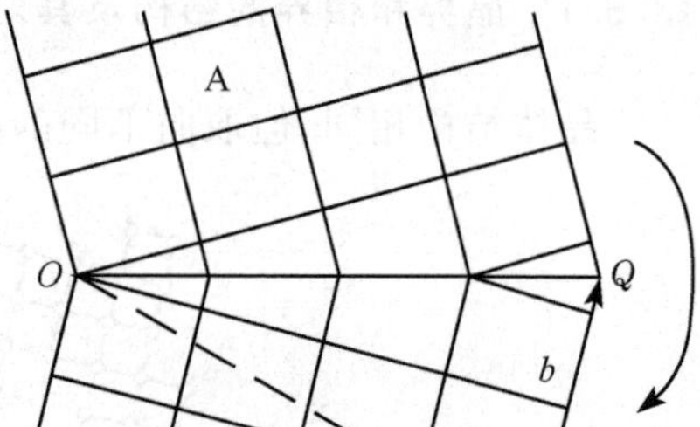

当相邻晶粒沿垂直于晶界的轴线旋转,如图 13-60 中的 Z 轴,则形成所谓的扭转晶界。除此之外,相邻晶粒可以沿几个轴同时旋转,形成复杂的位向关系。

由不同结构的晶粒形成的相界,其结构描述方法与晶界基本一致,但获得"重合位置点阵"或者可以用"O 晶格"模型描述的可能性减小。当相邻晶粒的晶体结构相同,取向一致,仅晶格常数不同时,可以采用晶格错配的模型描述,界面上形成错配位错。

图 13-61 小角度晶界的位错模型[138]

晶界与相界的特殊性质主要表现在以下几个方面。

1. 晶界与相界的界面能

晶界本身是一种非稳定的结构缺陷。晶界的存在将在晶体中引入附加自由能,使体

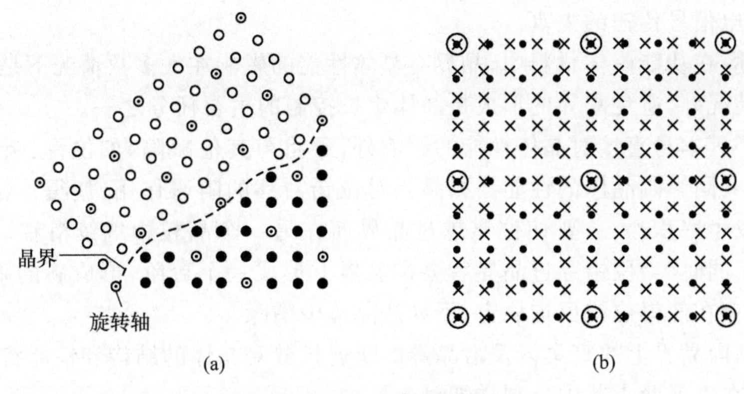

图 13-62　大角度晶界

(a) 重合位置点阵模型[140]；(b) "O 晶格"模型[141]

系的自由能升高。在固体介质中，界面能由两个部分构成，即由于化学成键特性的改变引入的化学能和由于晶格错配在界面附近晶格中引入的晶格畸变能。

2. 引入新的能带，改变半导体性质

晶界附近的电子结构不同于晶体内部，因此，晶界会在晶体中引入新的能带，从而改变半导体的性质，包括半导体 Fermi 能级[143]。

3. 作为导电通道，引起漏电流

由于晶界本身晶格结构变化使其对电子的束缚能力下降，或者由于杂质元素在晶界上的富集，在晶界附近引入自由电子，成为导电的通道，引起半导体漏电流的增大。Sundaresan 等[144]在对多晶硅太阳能电池的研究中测定了电子束诱导电流，结果发现 Al 沿着晶界扩散，使得晶界上微量的载流子扩散长度增长，晶体的漏电流增大。

4. 晶界导致的非线性电学特性

在垂直于晶界的方向上，晶界本身形成 pn 结，并形成界面电阻，使晶体的电阻率增大[145]。晶界还可能形成 Schottky 结[146]。Sato 等[147]制备出了具有一定相对位向关系的 ZnO 双晶，并采用 Pr 和 Co 共掺杂，证明了掺杂元素在晶界上明显偏聚。晶界结构越紊乱，偏聚就越明显。当晶界相对取向为 $[8\bar{5}\bar{3}0]\,/\!/\,[11\bar{2}0]$ 时，Pr 和 Co 在晶界偏聚导致在垂直于晶界的方向上 I-V 曲线的非线性变化，利用该变化可制备出"单晶界变阻器"。

5. 光的吸收，引起透光率下降

晶界附近电子结构的变化可能增大晶体对光的吸收，从而使得晶体对光的吸收系数增大，透光率下降。

6. 电容效应和滤波特性

晶界作为一个界面可能产生微电容效应，从而对用于信号传输的导电材料产生滤波效应,导致其电信号传输的失真。

综上所述,在功能晶体材料中,晶界对晶体性能的影响在大多数情况下是负面的。除极其特殊的情况外,避免晶界的形成是晶体生长控制的主要任务之一。

晶界除了其本身直接对晶体性能的影响外,还将与其他缺陷,如位错、杂质元素等发生交互作用,共同影响晶体的性能。如晶界对位错滑移的阻碍作用,使得位错滑移受阻,在晶界附近发生塞积[142]。要使位错越过晶界而在另一个晶粒中继续滑移,则需要施加更大的外力。同时,当位错穿过晶界后会在晶界上形成一个台阶,形成新的附加自由能。因此,晶界的存在使得位错更加稳定,不易从晶体中消除。

杂质元素向晶界上的富集以及沿晶界的快速扩散对晶体的结构和性能将产生很大影响。对此,将在以下两小节中分别详细讨论。

13.5.2　晶界成分偏析

Kazmerski 等[148]采用俄歇电子谱对多晶 Si 晶体的界面进行的分析,证明了杂质元素 C、O、Al 及 Ni 在晶界上的偏析。

Schrott 等[149]采用光谱分析,在超导体 $YBa_2Cu_3O_7$ 的晶界上发现了 $BaCO_3$ 相,分析认为是由于空气中的 CO_2 溶入晶界与晶界上偏析的 Ba 反应形成的。Klie 等[150]采用高分辨电镜在 $SrTiO_3$ 的晶界上直接观察到了 O 空位的偏聚。Mizoguchi 等[151]在 $SrTiO_3$ 的晶界上观察到了 Sr 的空位偏聚。

可以看出,杂质、空位、点缺陷等在晶界和相界上的偏析是晶体材料中的一种普遍现象。当杂质元素在晶界富集时可能同时减小其化学能和弹性畸变能,从而使体系的自由能下降。

杂质元素在晶界富集的热力学表达可以借鉴表面吸附的 Gibbs 吸附等热模型[152]描述。根据该模型,晶界或相界上吸附的杂质原子 A 引起界面能的变化 $d\sigma$ 可以表示为

$$d\sigma = -\Pi_A d\mu_A \tag{13-81}$$

式中,Π_A 为杂质元素 A 引起的晶界能量变化;μ_A 为杂质 A 的化学位

$$d\mu_A = RT\ln a_A \tag{13-82}$$

其中,R 为摩尔气体常量;a_A 为杂质元素 A 的活度。

可以看出 Π_A 是由晶界结构决定的反映晶界吸附特性的一个重要参数。但在该模型中,Π_A 不易测定。Wagner 等[153]改进了 Gibbs 模型,提出了一个更容易确定的参数 Γ_A,反映晶界对杂质的吸附特性,即

$$\Gamma_A = \frac{\partial n_A}{\partial a} \tag{13-83}$$

式中,n_A 为杂质 A 的原子数;a 为晶界的界面面积。

因此,Γ_A 是一个反映单位面积晶界所能吸附的杂质总量的参数。对于晶界、相界、孪晶、层错等面缺陷,可采用相同的表达形式。对于位错,则可采用单位位错线长度 l 上吸附的杂质原子数表示

$$\Gamma'_A = \frac{\partial n_A}{\partial l} \tag{13-84}$$

可以看出,以上热力学表达形式只是一个唯象的统计参数,精确地描述其他结构缺陷与杂质偏析的关系需要对杂质缺陷附近应力场的影响和缺陷附近的原子键合特性进行细致的分析。

经典的晶界成分偏析定量计算公式是由 Mclean 等[154]提出的,表达式如下:

$$x_{gb}=\frac{x_b\exp\left(-\frac{\Delta G_{seg}}{k_BT}\right)}{1+x_b\exp\left(-\frac{\Delta G_{seg}}{k_BT}\right)} \tag{13-85}$$

式中,x_b 为晶体中的平均杂质浓度;x_{gb} 为晶界上的杂质浓度;ΔG_{seg} 为晶界偏析形成能;k_B 为 Boltzmann 常量。

晶界的偏析比可以采用如下方程表示:

$$\eta_{gb}=\frac{x_{gb}}{x_b}=\frac{\exp\left(-\frac{\Delta G_{seg}}{k_BT}\right)}{1+x_b\exp\left(-\frac{\Delta G_{seg}}{k_BT}\right)} \tag{13-86}$$

当 $\eta_{gb}>1$ 时,杂质元素在晶界上发生偏聚;而当 $\eta_{gb}<1$ 时,晶界上杂质元素则贫化。

对于不同晶体材料中的杂质元素,可以通过实验进行 ΔG_{seg} 测定。Roshko 等[155]通过实验获得的 $La_{2-x}Sr_xCuO_{4-y}$ 中对应于不同 x_b 的 ΔG_{seg} 值见表 13-11。当 $x_b\approx0.15$ 近似取 $\Delta G_{seg}=0.03eV$,获得 700～1000℃退火后的晶界上的成分为 0.20±0.01,与实验值基本一致。

表 13-11　不同温度下 $La_{2-x}Sr_xCuO_{4-y}$ 晶界 Sr 偏析实验值与计算值的比较[155]

退火温度/℃	$-\Delta G_{seg}$/meV			x_{gb}(取 $x_b\approx0.15$,$\Delta G_{seg}=0.03eV$)	
	$x_b=0.15$	$x_b=0.45$	$x_b=0.56$	实验值	计算值
1000	39±8	63±6	91±14	0.20±0.01	0.19
850	37±8	70±8	96±12	0.21±0.01	0.20
700	34±7	54±7		0.20±0.01	0.21

经典的晶界偏析模型仅考虑了晶界上成分偏聚对弹性畸变能的影响。实际上,杂质与晶界的交互作用是由杂质元素与晶界的静电作用能和界面附近原子形成短程序而使界面附近应力释放两个作用共同决定的。杂质元素在晶界附近的分布是渐变的,在界面中心浓度最大,随着距晶界距离的增大逐渐过渡到晶体内部的平均浓度[156]。以 Y_2O_3 在 ZrO_2 晶界上的偏聚为例,当向 ZrO_2 晶体中掺入 Y_2O_3 时,将通过以下反应形成结构缺陷:

$$Y_2O_3\xrightarrow{ZrO_2}2Y'_{Zr}+V_O^{\cdot\cdot}+3O_O^{\times} \tag{13-87}$$

在该离子型化合物中,原子之间总的相互作用能 E_{tot} 可以表示为

$$E_{tot}=E^C+E^{SR}=\frac{1}{2}\sum_i\sum_{j\neq i}(\phi_{ij}^C+\phi_{ij}^{SR}) \tag{13-88}$$

式中,E^C 和 E^{SR} 分别为静电相互作用能和短程序作用能;ϕ_{ij}^C 和 ϕ_{ij}^{SR} 分别为原子间静电相

互作用势和短程序作用势，ϕ_{ij}^{SR}可表示为

$$\phi_{ij}^{SR}(r_{ij})=A_{ij}\exp\left(-\frac{r_{ij}}{\rho_{ij}}\right)-\frac{C_{ij}}{r_{ij}^6} \tag{13-89}$$

其中，A_{ij}、ρ_{ij}和C_{ij}为i和j离子对的化学势参数；r_{ij}为i和j离子间的距离。

晶界附近的偏析能E_{seg}可以表示为E_{tot}关于距晶界距离r的函数$E_{tot}(r)$与无穷远处能量$E_{tot}(\infty)$的差值，即

$$E_{seg}=E_{tot}(r)-E_{tot}(\infty) \tag{13-90}$$

式中，E_{seg}包括静电作用能造成的偏析能E_{seg}^{C}和短程序引起的偏析能E_{seg}^{SR}之和，即

$$E_{seg}(r)=E_{seg}^{C}(r)+E_{seg}^{SR}(r) \tag{13-91}$$

Oyama 等[157]通过计算证明，向 ZrO_2 晶体中掺入 Y_2O_3 时，形成的点缺陷 Y'_{Zr}和$(Y'_{Zr}:V_O^{\cdot\cdot})^{\cdot}$在晶界附近偏聚形成的$E_{seg}^{C}$为正值，表现为与晶界的排斥力，而$E_{seg}^{SR}$为负值，表现为吸引力，如图 13-63 所示[157]。可以看出，Y'_{Zr}在界面附近的自由能为正值。因此，不可能由 Y^{3+}单独在晶界上偏聚，而 Y^{3+}与 O 空位结合形成$(Y'_{Zr}:V_O^{\cdot\cdot})^{\cdot}$时，界面附近的自由能为负，是稳定的。从而得出，向 ZrO_2 晶体中掺入 Y_2O_3 时，在晶界上 Y^{3+}与 O 空位结合形成复合体，而且在晶界上偏聚。

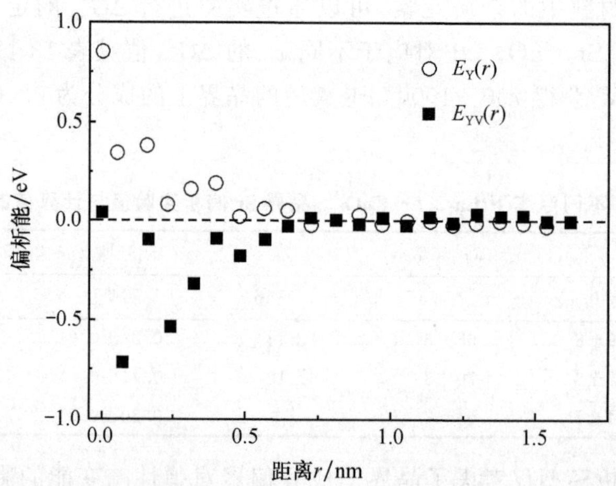

图 13-63　ZrO_2 晶体中掺入 Y_2O_3 时 Y'_{Zr}和$(Y'_{Zr}:V_O^{\cdot\cdot})^{\cdot}$的偏析能[157]

$E_Y(r)$和$E_{YV}(r)$分别为Y'_{Zr}和$(Y'_{Zr}:V_O^{\cdot\cdot})^{\cdot}$的偏析能。可以看出，$(Y'_{Zr}:V_O^{\cdot\cdot})^{\cdot}$在晶界上偏聚将导致自由能下降，因此将发生 O 空位在晶界上的偏聚[157]

图 13-64 是采用 MC 模拟获得的晶界附近的原子状态及其分布情况[157]。在无 Y_2O_3 时，晶界上 O 含量偏低，即发生了 O 空位在晶界上的富集。而当掺入 Y_2O_3 时，O 空位增大，同时发生 Y 的富集。Y 在晶界附近的富集程度与晶体中 Y_2O_3 平均含量的关系如图 13-65 所示[157]。

关于晶界上的成分偏析还有多种描述方法，如热力学描述[158]、按照第一性原理从头计算[159,160]以及平均场模型计算[161]等。这些描述方法可对晶界上的原子结构、浓度等进行更精确的分析。

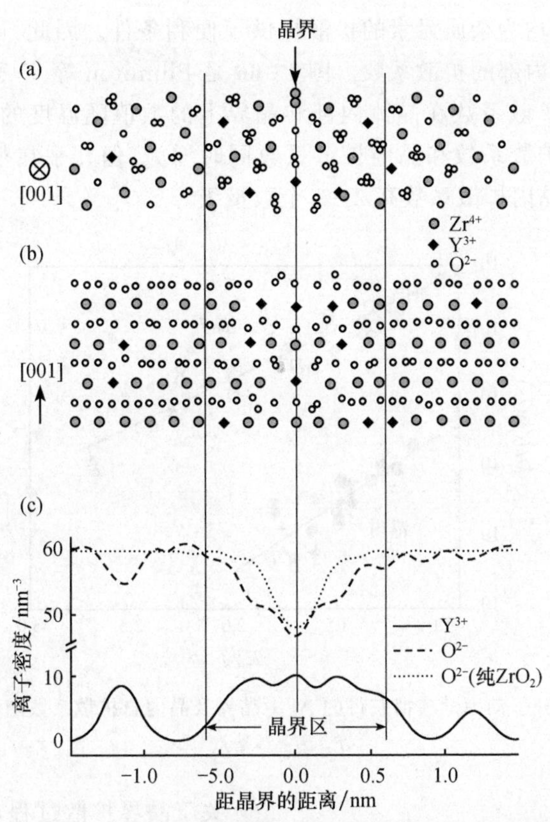

图 13-64　含有 Y_2O_3 掺杂时 ZrO_2 晶界附近的原子结构及其偏析[157]

(a) 平行于(001)晶面的原子结构；(b) 垂直于(001)晶面的原子结构；

(c) Y^{3+} 与 O^{2-} 的分布及其与纯 ZrO_2 晶体中 O^{2-} 分布的对比

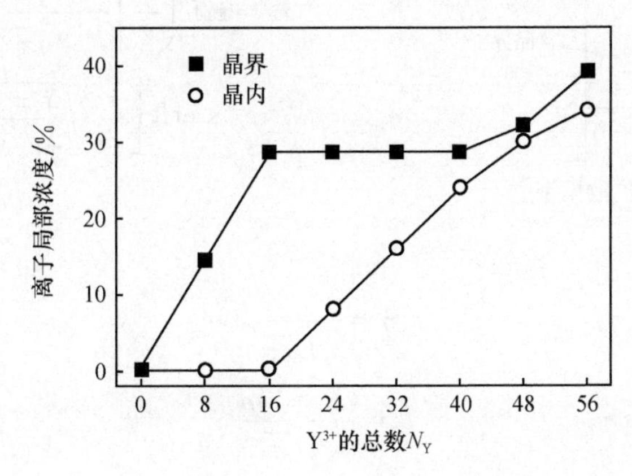

图 13-65　掺 Y_2O_3 的 ZrO_2 晶体中 Y^{3+} 在晶界上的浓度随其平均含量的变化[157]

13.5.3　晶界扩散

置换固溶体中原子的扩散通过原子与空位的位置交换进行，间隙原子的扩散则通过间隙原子在不同的间隙位置之间的跃迁进行。在晶界上，空位浓度的增大、间隙的结构和尺寸发生变化等因素均为杂质元素的扩散提供了便利条件。因此,通常杂质原子沿晶界的扩散系数大于晶体内部的扩散系数。图 13-66 是 Plimpton 等[162]采用分子动力学模拟获得的 Al 晶体中自扩散系数在晶体内部和晶界上的数值随温度的变化。可以看出,随着温度的升高,晶界扩散系数和晶内扩散系数同时增大,但几乎在整个研究的温度范围内,晶界扩散系数比晶内扩散系数高 2～3 个数量级。

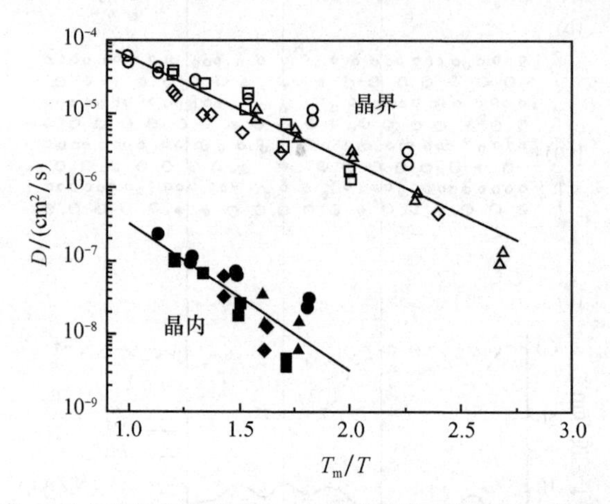

图 13-66　采用分子动力学模拟获得的 Al 中晶界及晶内自扩散系数随温度的变化[162]

T_m 为晶体熔点

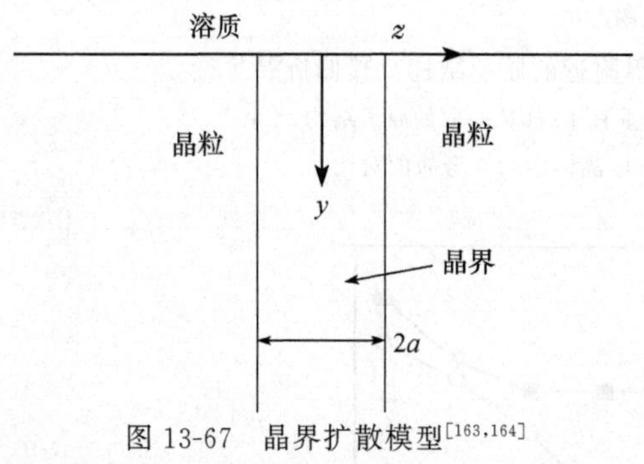

图 13-67　晶界扩散模型[163,164]

关于晶界扩散过程,Whipple 等[163]针对图 13-67 所示的扩散模型获得的杂质 i 分布 x_i 的解析解为

$$x_i = \operatorname{erfc}\left(\frac{\eta}{2}\right) + \frac{\eta}{2\sqrt{\pi}} \int_1^{\Delta} \frac{1}{\sigma^{\frac{3}{2}}} \exp\left(-\frac{\eta^2}{4\sigma}\right) \times \operatorname{erfc}\left[\frac{1}{2}\sqrt{\frac{\Delta-1}{\Delta-\sigma}}\left(\frac{\sigma-1}{\beta}+\xi\right)\right] \mathrm{d}\sigma \tag{13-92}$$

式中

$$\eta = \frac{y}{\sqrt{D_b \tau}} \tag{13-93}$$

$$\beta = \frac{(\Delta-1)a}{\sqrt{D_b \tau}} \tag{13-94}$$

$$\Delta = \frac{D_{gb}}{D_b} \tag{13-95}$$

$$\xi = \frac{z-a}{\sqrt{D_b \tau}} \tag{13-96}$$

其中,a 为晶界厚度;σ 为虚拟参量;τ 为时间;D_b 为晶内扩散系数;D_{gb}为晶界扩散系数。

除此之外，晶界扩散还应该考虑以下因素：

1. 晶界状态以及不同杂质元素的交互作用对晶界扩散系数的影响

Ibin 等[165]在对 CdS/CdTe 异质结中 S 在 CdTe 中扩散的研究发现，在无 O 条件下形成的 CdTe 薄膜中晶界提供了 S 扩散的通道，因此 S 沿晶界的扩散明显快于均匀晶体中的扩散。然而，在有 O 条件下生长的 CdTe 薄膜中，晶界对 S 的扩散几乎没有贡献。分析认为，这是由于 O 进入 CdTe 晶体后，在晶界上与 Cd 作用形成 Cd—O 结合键，阻碍了 S 沿晶界的扩散。

2. 晶界附近应力场中的扩散

除了晶界中心区域以外，在晶界附近的应力场中，原子的位置发生位移，空位和间隙的浓度、结构、尺寸等均发生变化，也会导致扩散系数的变化。因此，晶界扩散是在一定厚度的区域内进行的，并且沿着距离晶界中心的距离变化[166]。

13.5.4　晶界与相界的形成与控制

晶体生长过程中，晶界与相界的形成主要通过以下几种方式。

1. 多晶核生长

由不同结晶核心生长的两个或多个晶粒相遇时形成的界面是晶界形成的主要方式之一。由于不同晶核之间的位向关系不受约束，由此形成的晶界不存在取向关系，完全是随机的。因此，多晶核生长形成的晶界多为大角度晶界。

在不同的晶粒各自生长过程中，结晶界面前沿排出的溶质在液相中富集程度不断增大，并在相邻晶粒相遇时达到最大值，最终在晶界处结晶。因此，多晶核生长形成的晶界上成分偏析将更严重。

多晶的形核是发生多晶粒生长的基本条件，其相关的形核原理已经在第 5 章中进行了较为系统的讨论。在 Bridgman 法等有坩埚的生长过程中，坩埚壁表面的异质形核是多个晶粒形核的主要途径。坩埚表面形成的晶核将与晶锭内部生长的晶核竞争生长。因此，在凹形界面的生长过程中，坩埚表面的形核将获得更为有利的生长条件而领先生长，覆盖晶锭内部生长的主晶粒，导致多晶和晶界的形成。而当生长界面为凸形或平面生长界面时，晶锭内部的主晶粒将获得更为有利的生长条件而领先生长，覆盖新形成的晶核，从而能够维持单晶生长。

在相邻晶粒竞争生长过程中，决定其晶界走向的因素包括：

(1) 热流方向。晶体通常是沿着逆热流的方向生长的，当相邻晶粒的生长动力学因素不受晶体生长取向影响，即不同晶体学取向上生长速率随生长驱动力的变化规律相同时，晶界总是沿平行于热流方向或垂直于结晶界面的方向延伸的，如图 13-68(a)所示。控制热流方向即可控制晶界的方向。上述关于界面宏观形貌对坩埚表面异质晶核的影响就是由这一原理决定的。

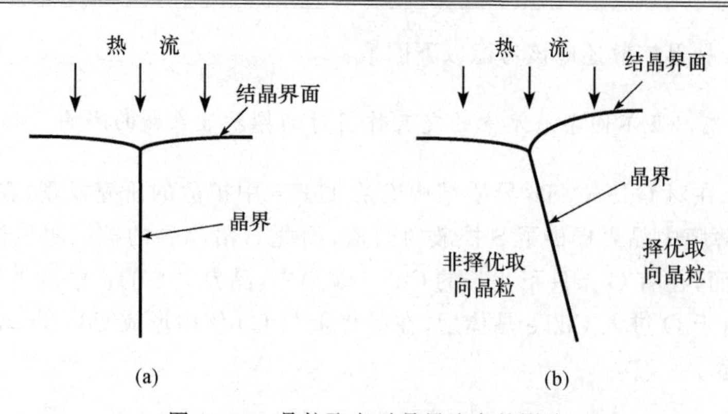

图 13-68　晶粒取向对晶界取向的影响

(a) 各向同性晶粒间的晶界生长取向；(b) 各向异性晶粒间的晶界生长取向

(2) 晶体学的择优取向。在实际晶体生长过程中，即使在完全相同的生长条件下，不同取向晶粒的生长速率也不同，某些取向上生长速率较大，称为择优取向，而其他取向的生长速率较小，为非择优取向。择优取向的晶粒将领先生长，使晶界向非择优取向的晶粒偏斜，导致非择优取向的晶粒被“挤压”，择优取向的晶粒变大，而非择优取向的晶粒缩小，如图 13-68(b)所示。

2. 异质外延或异质形核

异质外延生长过程中，衬底与外延层之间的界面是晶体生长过程中最重要的相界面之一。界面的接触特性决定了外延层的结晶质量。关于外延层与衬底的晶格错配导致的位错，以及位错本身在外延层中的发展已经在 13.4 节中进行了讨论。

外延生长过程中，外延层形成初期首先在外延衬底表面上发生异质形核。该形核过程可能在晶界上多处同时发生(见图 13-69(a))，形成岛状晶粒(见图 13-69(b))，随后逐渐发展并形成连续的薄膜，在不同的岛状晶结合的部位形成新的晶界。由于二维形核过程中衬底对新形成的异质晶核的取向具有一定的约束作用，使得新形成的晶核取向趋于一致。因此，这些岛状晶核连成薄膜时其取向接近。但由于成分偏析等原因，使相邻晶粒的取向很难完全一致，可能形成小角度晶界，如图 13-69(c)所示。

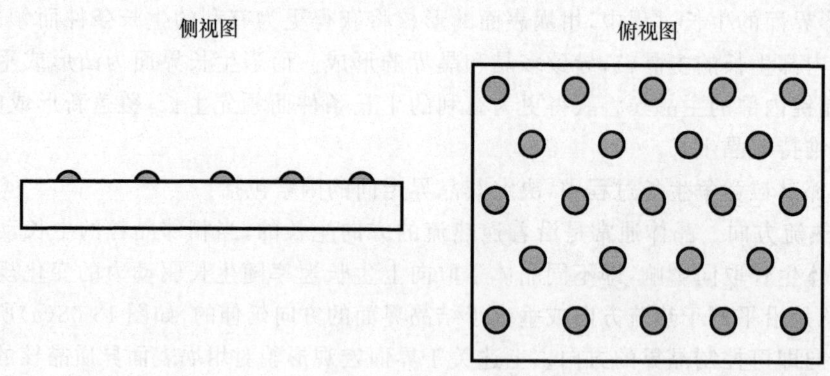

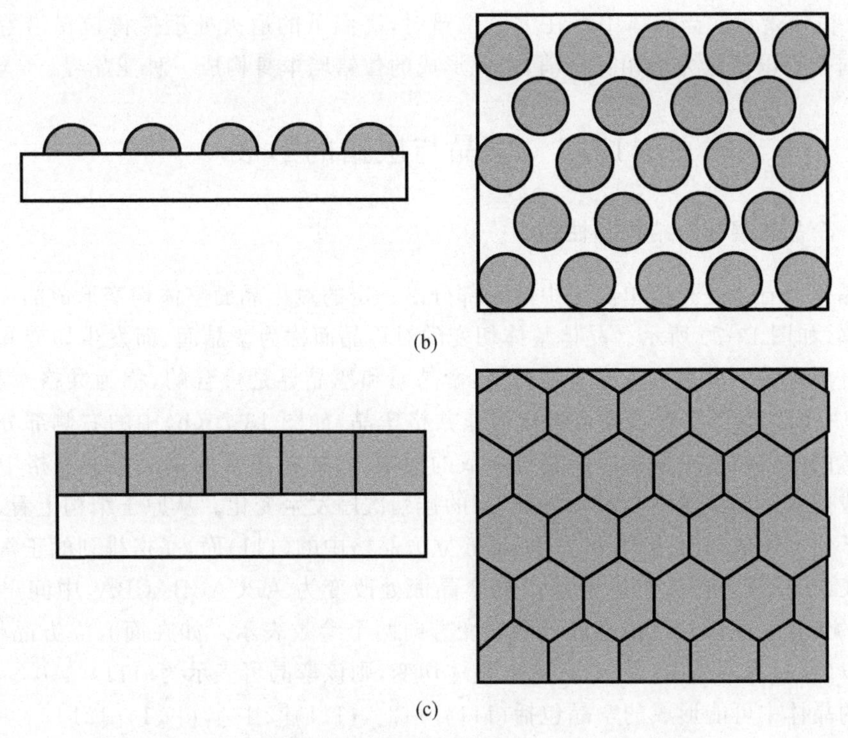

图 13-69 外延生长过程中连续薄膜的形成过程示意图

(a) 表面异质形核;(b) 岛状生长;(c) 形成亚晶界

3. 固态再结晶与固态相变

固态再结晶和固态相变是形成晶界或相界的又一原因。发生再结晶的驱动力是晶体中的缺陷、应力等,这些缺陷的存在导致晶体中自由能的升高,引起的附加自由能使得晶体处于热力学的非稳定状态。再结晶过程可能形成接近完整的无缺陷晶粒,同时使晶体的自由能降低。当再结晶过程同时从若干个核心开始时,则形成不同的晶粒,并在晶粒之间形成新的晶界。

固态相变可通过同素异构转变发生,如马氏体相变,也可能通过在热力学非稳定的基体相中沉淀析出形成。新相的自由能低于母相的自由能是新相析出的基本条件。

4. 亚晶界的形成

亚晶界是晶粒内部的小角度晶界,通常是由位错排列构成的,其形成过程主要包括以下 3 个方面:

(1) 胞晶生长。当平面结晶界面失稳,以胞状结构生长时,杂质元素在胞晶尺度内偏析,在相邻胞晶的界面处由于杂质元素的富集或者位向的差异形成界面。但相邻胞晶是由同一晶粒生长形成的,因此,其位向的差异很小,常以亚晶界的形式存在于晶粒内部。

(2) 机械作用力。在机械应力的作用下,晶体中的一部分相对另一部分发生滑移或扭转,发生塑性变形,在已变形和未变形的界面形成小角度亚晶界。

(3) 位错聚集。当晶体中存在大量位错时,高温下的退火处理使得位错沿着一定的方向定向排列以便应力场相互抵消,由此形成的位错墙本身构成一种亚晶界。

13.6 孪晶与层错的形成

13.6.1 孪晶与层错的结构和性质

孪晶可以看作是完整单晶体中的一部分沿一定的对称晶面整体切变形成的一种亚结构面缺陷,如图 13-70 所示。晶体整体切变的对称晶面称为孪晶面,而发生切变和未发生切变的分界称为孪晶界。在许多情况下,孪晶面和孪晶界是重合的,称为共格孪晶,如图 13-70(a)所示。而当二者不重合时称为非共格孪晶,如图 13-70(b)中的右侧部分。层错是在正常的晶体结构中原子层的错排形成的面缺陷,如在正常的单晶体的晶格中抽掉一层原子或插入一层原子,则将导致原子层的排列次序发生变化。从原子结构上看,孪晶界是由原子错排形成的层错构成的。如面心立方晶格中的(111)面,晶格排列的正常次序为 ABCABCABC,而在图 13-70(a)所示的孪晶面处改变为 ABCACBACBA,中间出现了…CAC…的错排。孪晶通常由孪晶面和切变方向两个参数表示。如在面心立方晶格中,部分晶体以(111)为孪晶面,沿[110]方向整体切变,则该孪晶可表示为(111)[110]。在闪锌矿结构的晶体中可能形成的孪晶包括$(\bar{1}1\bar{1})[\bar{1}12]$,$(\bar{1}1\bar{1})[\bar{2}\bar{1}1]$,$(1\bar{1}\bar{1})[12\bar{1}]$。

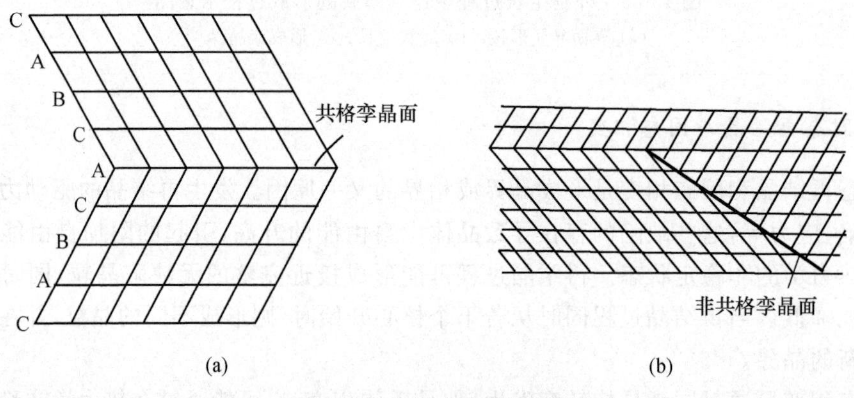

图 13-70 孪晶的形成与结构

(a) 共格孪晶;(b) 非共格孪晶

在面心立方、金刚石结构及闪锌矿结构等立方相中,孪晶面通常为(111)面,可以看作是晶体的一部分沿(111)晶面旋转 60°形成的[167]。在 $Bi_2CaSr_2Cu_2O_8$ 超导体中观察到大量沿{110}面的孪晶[168]。在图 13-71 所示的 $Nd_{1+x}Ba_{2-x}Cu_3O_z$ 晶体中看到两个层次的孪晶[169],即大箭头指示的大尺寸的孪晶和小箭头指示的分布在基体中的小尺寸孪晶。

原子的错排将导致晶体的键合特性发生变化,形成附加自由能。单位面积层错中的附加自由能称为层错能。层错能越小,就越容易发生层错,也容易形成孪晶。

与一般的晶界相似,孪晶对晶体的性能也会产生影响。这些影响包括:

图 13-71　在 $Nd_{1+x}Ba_{2-x}Cu_3O_z$ 晶体中观察到的两种孪晶[169]

(1) 孪晶界可以阻止位错的滑移，导致位错在孪晶界前的堆积，使位错密度增大，同时增大晶体的塑性变形阻力。

(2) 杂质、点缺陷等在孪晶界富集，形成沿孪晶界分布的成分偏析。

(3) 沿孪晶界的成分偏析以及层错能可能导致沉淀相沿孪晶界析出。

(4) 由于成分偏析以及键合特性的变化，孪晶界附近晶体的电学、光学等物理性质将发生变化，如对光的吸收和载流子特性的变化等。

在 Si 等单晶体中经常可以观察到堆垛层错和位错纠缠在一起，成为位错源[170]。图 13-72所示为 Hu 等[171]采用 TEM 直接观察到的 SiC 晶体中的堆垛层错，该层错位于(1010)平面，即垂直于〈1010〉晶向，相当于在该方向上原子层位移了$\left(\frac{1}{3},0,-\frac{1}{3},0\right)$。同时发现了起源或终止于堆垛层错的位错。

在晶体生长过程中，孪晶形成的原因包括应力造成的变形孪晶、沿生长面延伸的生长孪晶以及由点缺陷的聚集形成的层错演变而来的孪晶。

13.6.2　变形孪晶的形成

孪晶的形成是仅次于位错滑移的第二种材料塑性变形机制[172]。借助孪晶发生塑性

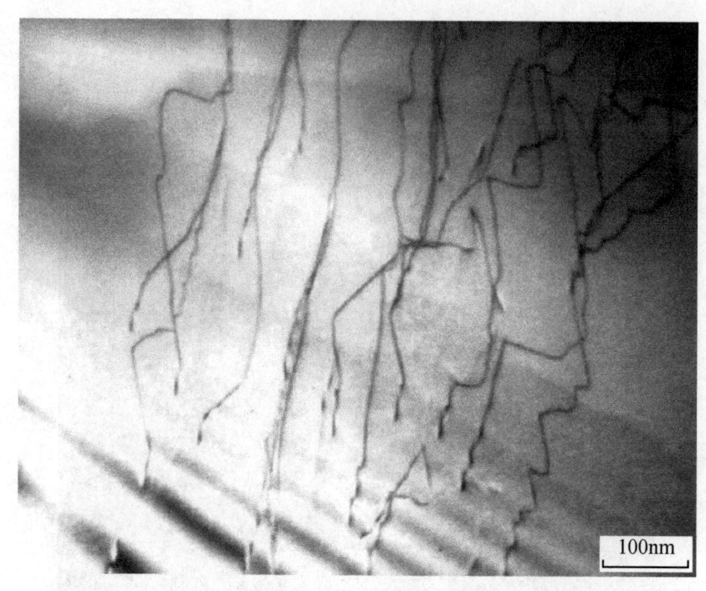

图 13-72　气相生长的 SiC 晶体中的终止或起源于层错的位错[171]

变形的过程，也是孪晶形成的过程，这一过程是在一定的剪应力作用下发生的。通常认为，孪晶的形成也是一个形核和长大的过程[167]，首先在局部高应力集中的位置发生孪晶的形核，然后扩展并最终覆盖整个晶粒。孪晶的形核可能在晶界、亚晶界、位错以及杂质等晶体缺陷处首先发生。Friedel[173]通过理论分析得出，在晶体内部变形孪晶形核的临界剪应力为 $1/30E_y$ 至 $1/500E_y$，其中 E_y 为杨氏模量。GaAs 在熔点附近的 E_y 值约为 2.75×10^{10} Pa。因此，孪晶形成的剪应力下限，即 $1/500E_y$ 时，临界剪应力约为 55MPa[174]。仅当晶体受到的应力大于该临界剪应力时，才会形成变形孪晶。晶体生长过程中的应力可能来源于非均匀冷却的热应力，或机械阻碍造成的机械应力。

由孪晶主导的晶体塑性变形过程应力-应变曲线如图 13-73 所示[172]，其中在 0 点至 A 点是弹性应变区，A 点至 B 点是由位错滑移主导的塑性变形过程。B 点对应于晶体开始形成孪晶时的应力和应变量。从 B 点到 C 点是孪晶主导的变形过程，晶体在外力的作

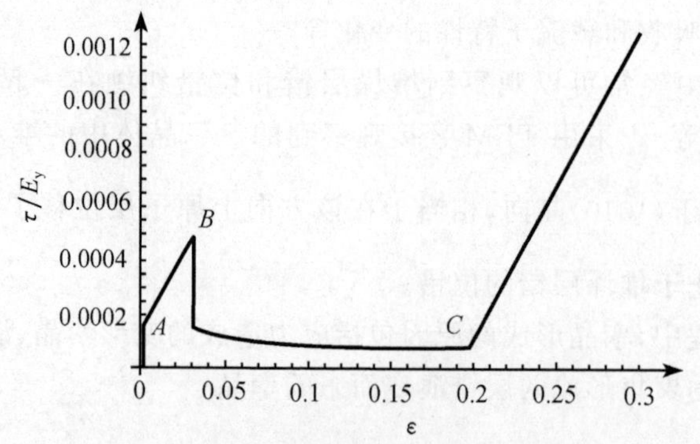

图 13-73　典型的晶体塑性变形过程[172]

从 A 点到 B 点是通过位错滑移发生均匀塑性变形的过程。B 点到 C 点是晶体通过孪晶的形成实现塑性变形的过程，C 点以后重新发生位错滑移变形。ε 为剪切应变；τ 为剪应力；E_y 为杨氏模量

用下形成孪晶。达到 C 点以后,孪晶占据了整个晶体,不能再形成新的孪晶,晶体重新变为位错滑移主导的均匀塑性变形。

13.6.3　生长孪晶与层错

1. 提拉法晶体生长过程中孪晶的形成

在提拉法晶体生长过程中,孪晶通常起源于晶体-液体-气相三相交汇的位置,即 TPB 点[175]。图 13-74 所示是 InP 单晶提拉法生长过程孪晶的形成情况示意图。孪晶首先在 TPB 点附近形成,随着生长过程的继续进行,孪晶向晶锭内部延伸。这种孪晶形成方式与生长界面附近的温度变化相关,是由热应力造成的。在放肩过程中,TPB 附近的温度变化较大,应力状态较为复杂,容易成为孪晶的形成源。

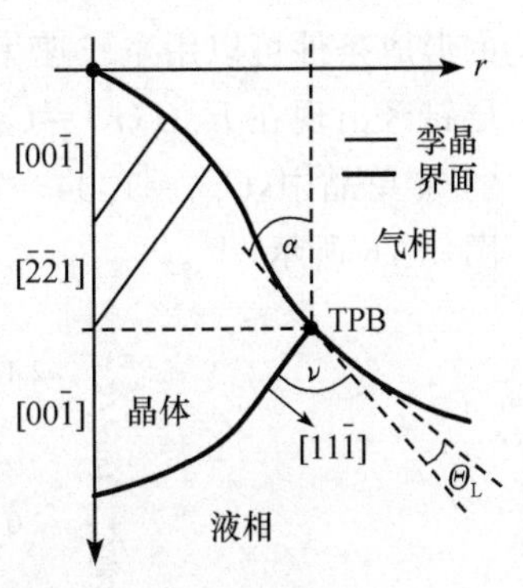

图 13-74　InP 单晶提拉法生长放肩过程孪晶的形成[175]

在立方金刚石或闪锌矿结构晶体提拉法生长过程中,当外表面为{111}小平面时容易形成孪晶,孪晶面为{111}晶面[175]。Hurle[176]总结出如下提拉法生长过程中形成孪晶的 3 个条件:①TPB 处有小平面晶面出现在晶体表面;②晶体生长的外表面具有特定的取向,使得外表面形成孪晶并延续生长时出现{111}取向的表面,同时生长表面与半月面的接触角恰好在三相点处达到张力的平衡;③外表面存在足够大的过冷度。当上述 3 个条件均满足时,在 TPB 点附近的热应力容易导致孪晶的形成。

图 13-75 所示为 InP 两种放肩角度,即 35.26°和 74.21°时,对应的孪晶形成条件[177]。在立方金刚石结构和闪锌矿结构的晶体中,这两种放肩角度满足上述 Hurle 孪晶形成条件的第②条。因此,这两种放肩角度是生长[100]方向晶体时最容易出现孪晶的危险角度。同时,Chung 等[177]的研究还发现,在满足上述第①和第②个条件时,第③个条件要求的临界过冷度对于 InP 晶体约为 12℃,大于该临界过冷度时就会形成高孪晶密度的晶体。

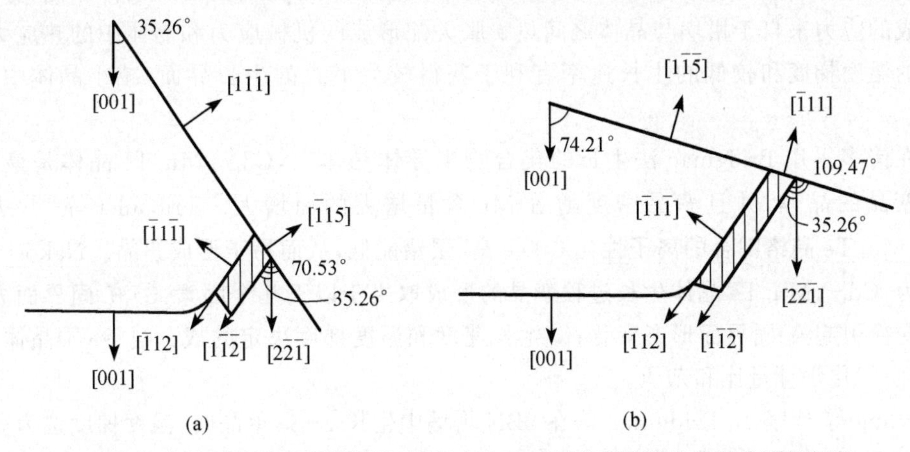

图 13-75　闪锌矿结构的晶体沿[100]方向生长时两种容易形成孪晶的放肩角度,及其孪晶与晶体生长界面的取向关系[177]

(a) 放肩角度为 35.26°;(b) 放肩角度为 74.21°

此外，应力、化学计量比的偏离、杂质的非均匀分布均是导致孪晶产生的重要因素[178]。

提拉法生长过程中的另一类孪晶是由堆垛层错决定的。在提拉法生长 Si 单晶的过程中，通常在晶锭的表面形成间隙原子富集的区域，而在铸锭的中心形成空位富集的区域。在空位富集区和间隙原子富集区的过渡区常常出现与 O 相关的层错区[179]。层错区的形成条件可以用生长速率 R 与温度梯度 $G(r)$ 的比值判断。r 为距晶锭中心线的距离。层错区出现在 $R/G(r)=C_{crit}$ 的位置，其中临界值 C_{crit} 与晶体的掺杂状态有关。在无掺杂的 Si 单晶中，$C_{crit}=1.34\times10^{-3}\text{cm}^2/\text{K}$，而在 B 掺杂的晶体中，$C_{crit}$ 与 B 掺杂量的关系如图13-76 所示[180]。

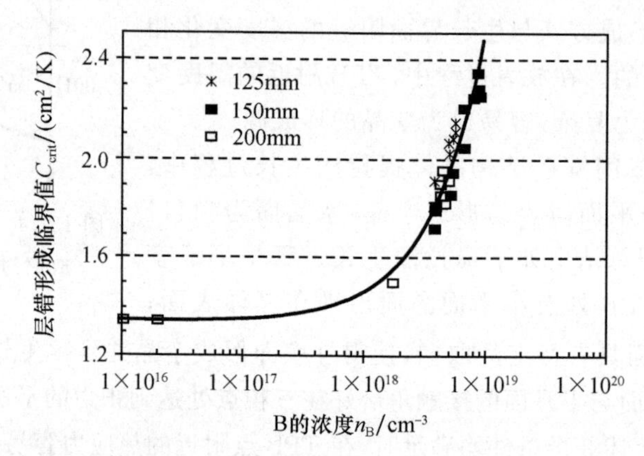

图 13-76　B 掺杂量对 Si 单晶中层错形成临界条件 C_{crit} 的影响[180]

2. Bridgman 法生长过程中孪晶的形成

在 Bridgman 法晶体生长过程中，孪晶的形成取决于晶体中的应力状态。当晶体中的应力超过其发生塑性变形的临界应力时将形成孪晶。与位错的形成条件相同，导致孪晶形成的应力来自于坩埚与晶体之间热膨胀失配形成的机械应力和晶体中的热应力等。适当的温度梯度和较低的生长速率有利于获得较为平直的生长界面，减小晶体中的热应力。

在诸多采用 Bridgman 法生长的化合物半导体晶体中，$Cd_{1-x}Mn_xTe$ 晶体是最容易形成孪晶的晶体，并且孪晶密度随着 Mn 含量增大的而增大。Triboulet 等[181]认为，$Cd_{1-x}Mn_xTe$ 晶格键合的离子性比 CdTe 高，层错能低，从而易于形成孪晶。Nakos[182]研究认为，$Cd_{1-x}Mn_xTe$ 晶体生长过程孪晶的形成取决于以下几个因素：①液-固界面方向；②热交换引起液-固界面形态变化；③生长速度和温度梯度决定的成分过冷；④晶体结构的极性；⑤化学计量比和杂质。

Wang 等[183]采用 Bridgman 法在 pBN 坩埚中生长 ZnSe 单晶时，温度梯度选为 30K/cm。结果发现，在该温度梯度下采用 3.6mm/h 的速率生长时获得了无孪晶的理想单晶体，而当将生长速率增大到 10mm/h 时，晶体中出现大量孪晶，并有多晶形成。

在籽晶 Bridgman 法晶体生长过程中，有效地控制籽晶中的孪晶，避免通过籽晶引入孪晶是获得无孪晶晶体的重要环节[184]。

3. 溶液法和气相法生长过程中孪晶的形成

在溶液或气相中进行的晶体生长过程通常对应于很小的温度梯度,热应力相对较小。孪晶的形成主要由原子沉积过程的随机因素决定,而孪晶在结晶界面上形成的台阶又为晶体生长过程提供了所需要的台阶。一旦孪晶的核心形成,则伴随着晶体的长大而延伸。

当晶体的层错能较小时孪晶形成倾向增大。同时,晶体表面包含孪晶面时,容易形成孪晶。比如在闪锌矿结构的晶体中,孪晶面通常为{111},因此当晶体表面存在{111}晶面时,将在该晶面上通过二维形核形成孪晶。

在一个晶粒中形成 n 个孪晶面的概率可以表示为[185]

$$P(n,\lambda)=\frac{e^{-\lambda}\lambda^{n}}{n!} \tag{13-97}$$

式中,$\lambda=nf_n$,n 为一个晶粒表面可供孪晶形成的晶面数目,f_n 为给定时间内在一个晶面上形成孪晶面的数目。

因此,λ 反映了在一个晶粒中,在给定时间内形成的孪晶面的数目。其中 f_n 是可以反映不同晶体孪晶形成能力的参数。f_n 越大,晶体越容易形成孪晶。

Ohzeki 等[185]对于易形成孪晶的 AgBr 及 AgCl 晶体溶液法中自由形核和生长过程的分析发现,50%自由生长的晶体中存在孪晶。此类晶体的孪晶面为{111}晶面。每一个等轴的晶粒中有 8 个可供孪晶形成的{111}晶面,如图 13-77 所示。

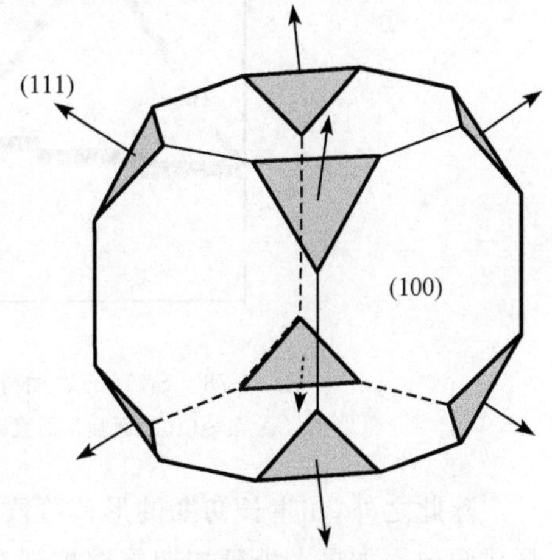

图 13-77　AgBr 及 AgCl 晶体中的表面形貌与孪晶形成晶面[185]
图中的阴影面即为孪晶形成面

在 ZnSe 气相沉积生长过程中,Schönherr 等[186]对孪晶的形成过程进行了原位观察。结果发现,此类闪锌矿结构的晶体主生长表面为{110}晶面,3 个{110}晶面相交的顶角围成的{111}晶面是孪晶的形成面。几乎所有孪晶在该晶面形成。

4. 薄膜外延层中孪晶的形成

在薄膜外延生长中,薄膜与外延层的界面通常也会成为孪晶的生长源。该界面引起孪晶形成的原因包括两个方面[187],其一是原子在异质界面上排列位置的错位,其二是界面晶格的不匹配造成的应力。与位错相同,孪晶的形成也可以释放错配应力。LeGoues 等[187]在 Si(001)衬底表面外延生长 Ge 薄膜时发现,薄膜生长初期,晶格的错配可以通过薄膜层中的晶格畸变适配,而当外延薄膜超过 12 个原子层厚度时,薄膜中的应力增大,开始形成孪晶和位错。

图 13-78 所示为 Bringans 等[188]基于高分辨电镜观察结果绘制的 Si(100)表面上生

长 ZnSe 薄膜时的微孪晶形成情况。该微孪晶作为应力释放的一种方式，其孪晶的取向与晶体表面原子排列具有一定的位向关系。外延生长前，在 Si 衬底表面首先外延一层 As 缓冲层可以降低孪晶的形成倾向。LeGoues 等[187]在 Si(001)表面生长 Ge 薄膜时，同样采用 As 缓冲层，有效降低了外延层中的孪晶。

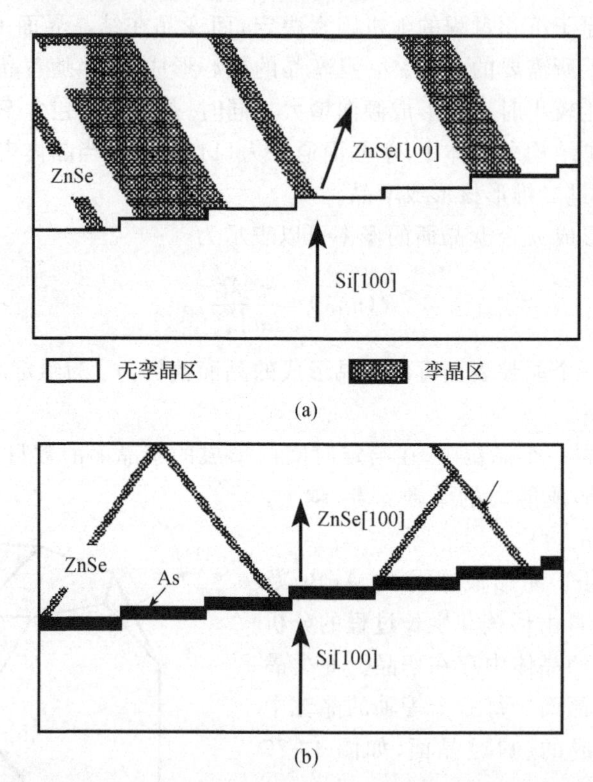

图 13-78　Si(100)表面外延生长 ZnSe 薄膜时微孪晶的形成[188]

(a) 在 Si(100)面临位面直接生长 ZnSe；(b) 在 As 缓冲层上生长 ZnSe

除此之外，在生长初期的形核阶段，控制气相成分、生长温度等条件可以降低孪晶的形成倾向。如果在外延初期能够控制孪晶的形核，则可以避免孪晶的形成。因此，外延生长过程可以分为两个阶段进行，在生长初期采用尽可能低的生长速率，防止孪晶的出现。当外延层生长到一定厚度以后，则可采用较大的生长速率[189]。

13.6.4　退火孪晶与层错

退火的过程利用热激活使得被冻结的原子获得一定的能量，从而发生位置的跃迁，向更加稳定的位置移动。对于远离平衡态的晶体，在退火处理过程中，晶体将向更加稳定的平衡状态转变。这种转变导致点缺陷、位错、层错、孪晶等发生重新组合。在一定的条件下，通过形成孪晶或层错使晶体的自由能降低。比如在包含大量过饱和点缺陷的晶体中，高温退火将促使晶体中点缺陷的扩散与聚集。其中空位沿一定的晶面聚集使得晶体中损失一个原子层，如图 13-79(a)所示，而间隙原子的聚集使得晶体中多插入一个原子层，如图 13-79(b)所示。这两种变化均使晶体中原子层的排列次序发生改变，形成层错。同时，在层错的边沿形成刃型位错[190]。

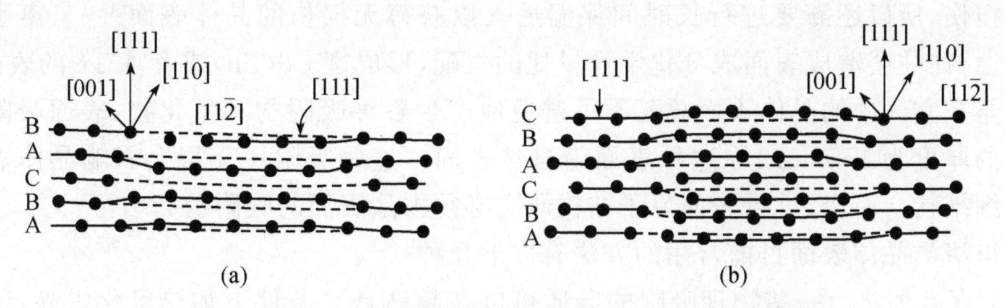

图 13-79 面心立方晶体中点缺陷的聚集与层错及孪晶的形成[190]

(a) 空位的聚集；(b) 间隙原子的聚集

Shiota 等[191]采用离子注入使 GaAs 晶体表面形成非晶层，在采用退火使其晶化的过程中形成大量{111}面的孪晶。

13.7 晶体的表面特性

13.7.1 晶体表面的基本性质与清洁表面的获得

作为衬底的晶体材料，其表面特性对外延生长有重要影响，而作为电子元器件的晶体材料，其表面结构是决定器件性能的关键因素。一般认为，关于表面的研究可以分为 3 个方面或 3 个层次[192]：

(1) 表面的热力学。它反映的是表面原子集合性质，包括表面自由能，表面的吸附、蒸发和生长过程，以及比表面、表面的浸渍等性质。这是经典表面化学的内容。

(2) 表面的原子结构。研究表面原子的有序排布、缺陷，以及它们与表面性质的关系。

(3) 表面的电子结构。由于晶体点阵在表面上突然被切断，造成晶体表面上电子分布的特殊性，并影响着表面原子的电离、电子发射、电荷迁移、表面原子与吸附分子间的化学键，以及表面化学反应等方面的性质。

气体在表面的吸附对表面成分有着重要的影响。气体吸附主要以两种方式存在：一种是物理吸附，一种是化学吸附。吸附是当气体分子撞击固体表面时，绝大多数分子发生能量损失，在表面上停留较长的时间($10^{-6}\sim10^{-3}$ s)，这个时间比原子振动时间(10^{-12} s)要长得多，这样分子就可能完全损失掉它们的动能，以致它们不再能脱离固体表面，从而被表面所吸附。当吸附分子与表面原子间以范德瓦耳斯力以及其他短程作用力为主时，发生物理吸附。物理吸附作用力的大小与分子距表面距离的三次方或六次方成反比，它可以是单分子层吸附，也可以是多层吸附，吸附层可以达到几个分子厚度。物理吸附没有选择性，任何气体在任何固体表面上都可以发生，并且吸附的速度极快，通常是在几秒到几分钟内即可到达平衡，并很容易通过在真空条件下加热去除。

化学吸附的热效应相当于化学结合能，通过减压和加热不能使化学吸附的分子解吸。化学吸附的强弱与表面状态有很大关系。以 CdZnTe 晶体为例，要去除表面的化学吸附，获得更加清洁的表面,通常需要在超高真空条件下进行离子刻蚀。但是离子刻蚀会造成表面的损伤,所以还需要进行长时间保温退火以获得无损伤的晶体表面[193]。离子刻蚀的选择性,往往会造成表面成分化学计量比的失配,形成富 Cd(Zn)或者富 Te 的表面。

暴露在空气中的晶体表面总是不可避免地产生各种吸附物和氧化物,表面吸附层或氧化层的厚度为 1～2nm,称这种表面为自然表面。这些吸附层无疑会影响晶体表面原子的精细结构。所以,进行表面原子结构研究必须去除表面的吸附物和玷污。

获得清洁晶体表面目前常用的方法有以下几种[194]:

(1) 真空加热。一些物理吸附的杂质可以在超高真空条件下加热气化去除,但这种办法对于去除化学吸附或表面的氧化层几乎没有什么效果。

(2) 真空解理。有些单晶存在解理面,像 GaAs 和 CdTe(CdZnTe)都会沿(110)面解理。但由于在真空室内的操作控制比较难,所以这种办法的应用受到了很大的限制。另外,通过解理办法获得的表面,也会有一些解理损伤,影响表面质量。

(3) 真空碎裂。这种办法主要用于脆且软的材料,获得的表面虽然清洁,但会很粗糙且存在大量缺陷。

(4) 真空蒸发。这种方法主要适用于那些在蒸发过程中不会发生化合或分解的材料。通过样品蒸发再沉积的办法,获得清洁的表面。但是,这样获得的表面通常是无序的。

(5) 氧化还原。采用通入还原性气体,如 H_2,来减少表面的氧化层。

(6) 分子束外延生长法(MBE)。对通过 MBE 获得的表面进行直接观察和研究是目前非常常见的一种办法。

(7) 离子轰击加原位退火。这是另外一种目前比较常用的方法,它采用离子刻蚀去除表面吸附物以及氧化层。但是刻蚀以后的表面存在比较严重的损伤,所以需要通过进一步的退火去除,获得清洁而且在原子尺度上平整的晶体表面。

13.7.2 表面原子结构

为了使表面能降到最低,表面原子会发生重新排布。通常清洁表面在距表面 5～100Å 范围内,其原子排列与体内不同。对于半导体,表面区域为 4～6 个原子层[194]。

表面原子的重新排列包括两种:一是表面弛豫,一是表面重构。表面弛豫是表面层原子偏离理想原子晶格的运动,表面原胞平移而不改变其对称性。最常见的是在表面法线方向上压缩或扩张,即表面第一层与第二层原子间距与体内的原子间距不同。弛豫不会产生比较明显的表面能,与理想表面近似。弛豫可以分为以下 4 种[194]:

(1) 紧缩效应。这是最常见的一种表面弛豫,表现为最表层原子与次表层原子间距减小。这时最外层原子只受到来自体内原子的作用,使最外层原子间距减少。一般紧缩幅度约为体内原子面间距的 10%左右。

(2) 膨胀效应。即表面原子层间距变大,产生这种效应的机理还不清楚,也许来自体内原子的排斥力。这种效应只出现在仅有的几种金属及其化合物上,如 Pt(111)和 Rh(111)。

(3) 波动效应。它指的是表面部分原子向体内弛豫,而部分原子向体外弛豫,而且这两种弛豫在表面上呈周期性，因而被称为波动效应。在 Si(111)、Ge(111)以及 GaAs(110)的表面上都可观察到这种弛豫。

(4) 偶极效应。对于一些离子晶体的表面，由于静电平衡被破坏，在静电场下，表面原子也会发生弛豫，如 NaCl、LiF、SiO_2 晶体等[195]。

半导体表面常常表现出比金属更大的弛豫效应，因为对于不那么密排的半导体来说，改变键长和键角的余地更大。在许多Ⅲ-Ⅴ族Ⅲ-Ⅵ族化合物的非重构表面会发生很大的转动弛豫，如 GaAs 块体材料的四面体角为 109.50°，但在 GaAs(110)表面上有些原子键角减少为 90°±4°，而其他一些原子键角升高到 120°±4°[196]。这种变化在几个原子层深度之内衰减至块体材料的数值。对 GaAs(110)表面而言，键长的变化可达到 5%左右。这样的效应是围绕表面原子的原子轨道重新杂化造成的。

阳离子重新杂化，倾向于 sp^2 结构和 120°键角的平面近邻关系，而阴离子采用一种扭曲的 p^3 杂化结构，对形成 90°键角有利[196～199]。

弛豫是比较微弱的表面原子重排，而重构是表面原子发生了比较明显的重新排布，是表面化学键优化组合的结果，表面原子的平移对称性进一步降低，表面原胞扩大。表面重构与所观察到的其他各种各样的重构相比，可能存在不同的机制[200]。

(1) 表面原子位移。如 Mo 和 W(100)面出现的(2×2)重构，没有产生和打破原有的化学键，只是通过改变键角和键长来实现的。

(2) 行缺失。如 Ir、Pt、Au 的(110)面通常会这样形成重构。理想表面上的某些原子成排的缺失，形成了(2×1)和(3×1)之类的重构。

(3) 部分表面原子缺失。最典型的例子是 Si(1×1)-($\sqrt{3}\times\sqrt{3}$)R30°重构，这种重构是由于 Si(111)最外层上 1/3 的原子缺失，剩下的原子发生重排而形成的。

(4) 成分偏析。主要是指一些化合物半导体，如 GaAs、GaP(111)-(2×2)重构。这种重构是由于 Ga 和 As(P)化学计量比发生偏离，表面 1/4 的 Ga 原子缺失造成的。

(5) 吸附原子。理想表面上附加有一些原子，如 Ge(111)-(8×2)和 Si(111)-(7×7)重构等。

(6) 表层原子的近密排也可以形成重构，如 Ir、Pt、Au 的(100)面以及 Au 的(111)面上都观察到过这种重构。表面化学键的断裂与重新形成也会产生重构，如 Si(100)-(2×1)、Si(111)-(2×1)和 C(111)-(2×1)重构。

以下以 $Cd_{1-x}Zn_xTe$ 晶体为例，分析不同界面上的原子重构。晶体〈110〉方向上的投影图如图 13-80 所示[201]，其中代表性的晶面有 3 个，即(110)面、Cd 暴露的(111)A 面和 Te 暴露的(111)B 面。以下以这 3 种晶面为例进行表面结构的分析。

1) CdZnTe(110)晶面

实验观察并没有发现该表面的原子重构，

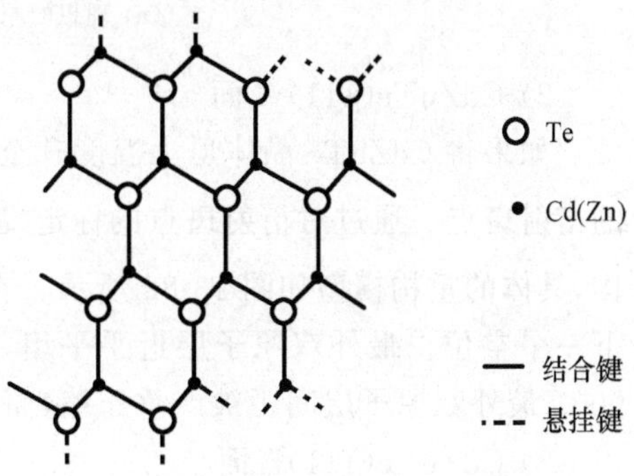

图 13-80　$Cd_{1-x}Zn_xTe$ 晶体沿〈110〉方向上原子结构投影图[201]

(111)A 面为 Cd 面，(111)B 为 Te 面

但发生了结构的弛豫，即表面原子发生了位置的调整。实验和理论计算都表明[201]，(110)弛豫表面键长的改变很小，说明表面层 Cd 原子和 Te 原子之间的相互作用方式发生了改变。从成键的角度来看，Cd 原子和 Te 原子的杂化方式发生了变化，重新杂化的结果使得表面层 Cd 原子向下移，而 Te 原子略移到表面层以上。表面层 Cd 原子与周围 3 个 Te 原子的成键近似在一个平面内。表面原子弛豫示意图见图 13-81(b)[201]。

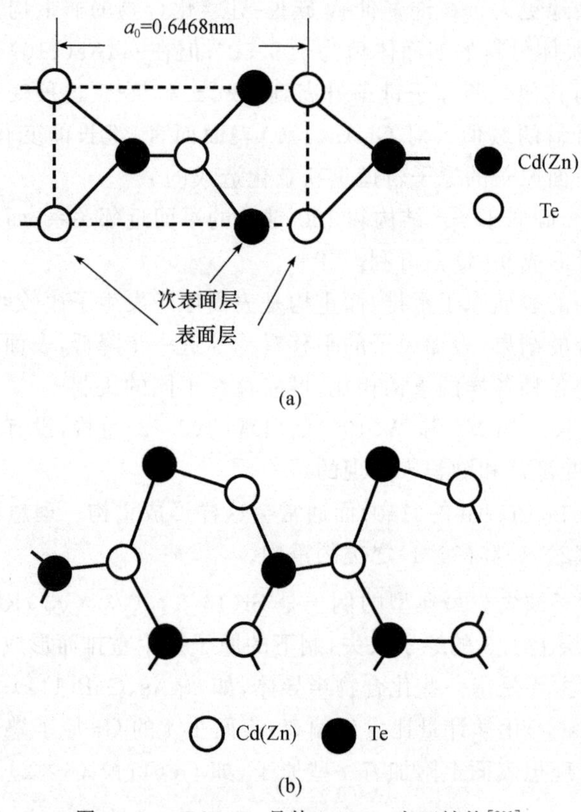

图 13-81　CdZnTe 晶体(110)A 表面结构[201]

(a) 理想的原子结构；(b) 原子弛豫模型

2) CdZnTe(111)A 面

如果将 CdZnTe 晶体退火温度升至 400℃，采用 LEED 可以观察到(111)A 面上不同的衍射斑点。通过对衍射斑点的标定发现，该衍射斑点对应于(111)-($\sqrt{3}\times\sqrt{3}$)R30°的重构，具体的重构模型如图 13-82 所示。在每个($\sqrt{3}\times\sqrt{3}$)位置单元上的 Cd 原子缺失后留下一个空位。最外双原子层近乎平坦，层内原子键角为 119°，两个双层之间原子键角为 90°。最外双原子层间距被严重压缩，而第二层和第三层原子间距变大。

3) CdZnTe(111)B 面

按照与(111)A 面同样的处理和发现方法对该表面的结构分析发现，将晶片在 1.0×10^{-5} torr 的 Ar 分压下刻蚀 10min，然后在 350℃退火 90min 后，出现了(111)B-(2×2)重构表面。该重构的形成原因可以归结为顶层吸附了 Te 原子，称为 Te 顶戴原子。图 13-83 为重构表面原子结构示意图，Te 顶戴原子占据在(2×2)的单元位置上。

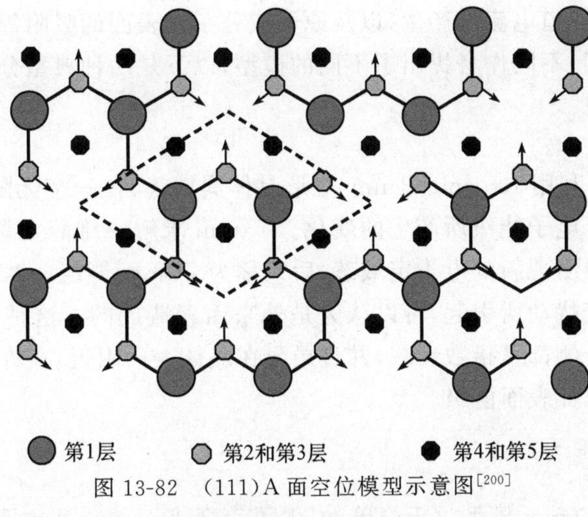

图 13-82　(111)A 面空位模型示意图[200]

虚线表示($\sqrt{3}\times\sqrt{3}$)R30°单元

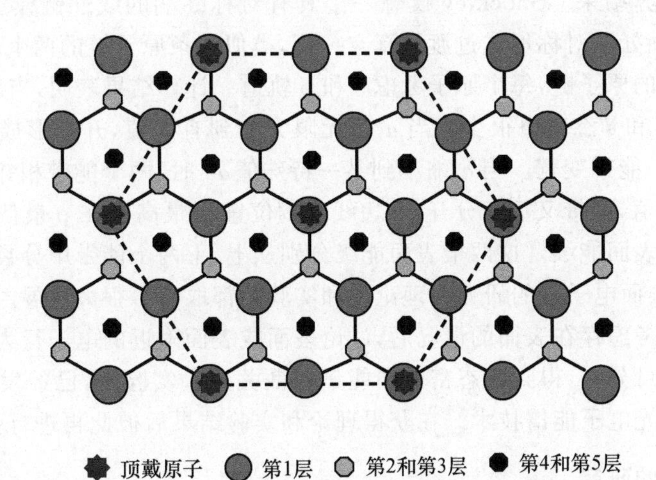

图 13-83　CdZnTe(111)B-(2×2)吸附原子重构示意图[201]

13.7.3　表面电子结构的研究

表面电子结构主要指表面电子态，也称电子性质。表面电子结构与半导体材料和器件的性质有着很密切的关系。

表面电子态存在于晶体表面或表面附近。这种状态不像固体中的扩展态，能在晶体中传播，而是定域在晶体表面或表面附近，是一种局域态。表面态可分为本征表面态和非本征表面态两种。前者指的是清洁表面，包括具有重构、弛豫等清洁表面的表面态。后者则是指外来因素，如杂质原子、吸附物、缺陷等存在时的表面态。表面附近杂质原子和缺陷周围也会形成局域电子态，而且这类缺陷常常比体内多得多，有时把非本征表面态称为外诱表面态。

表面态有满态和空态之分。满态指已被电子占有的表面态，空态是还没有被电子占有的表面态。任何不平衡过程几乎都有空态参与，因此空态的重要性更为突出，特别是那些在 Fermi 能级到真空能级之间的空表面态，它们对表面 Fermi 能级的钉扎、表面原子的重构和弛豫、表面隧道电流的产生，以及原子或分子在表面的吸附等都有直接影响。关于本征表面态的成因，不同作者提出了不同的模型，以下是两种典型分析模型。

1. Tamm 能级[202]

1932 年，Tamm 利用 Kroenig-Penny 矩形晶体周期势，在一个无限线性链的一端(表面处)截断后，分析了电子能级所产生的变化。Tamm 求解一维薛定谔方程后，证明在晶体电子能态的禁带中出现新的电子定域态，后人称为 Tamm 能级。Tamm 表面态的产生是一维周期受到突变扰动所引起，可以认为是外来因素造成的。这种电子态波函数无论在真空一侧或固体一侧都呈指数衰减，并且局限在晶体表面附近，在许可能带之间的每一个禁带中产生一个本征表面能级。

2. Shockley 能级[203]

Shockley 认为 Tamm 模型过于简单，失去了表征表面的一些重要特性，于是提出了自己的模型和计算结果。Shockley 设想一个具有对称终端的线性链模型。在表面内保持周期性，在表面处以对称形式过渡到真空一侧，类似一条原子链的两个端点。他计算了由 8 个原子组成的原子链，每个原子考虑 s 和 p 轨道。计算结果表明，当晶格常数 a 很大时能带很窄，p 态和 s 态交叠很少。当 a 由无限大变到有限值，开始形成晶体时，能带形成。随着 a 变小，能带变宽。当 a 缩小到某一特殊值 a_0 时，两个能带相邻的边界线相交。再进一步缩小 a 值，能带又重新分开，两边线互调位置，s 最高态在 p 最低态之上，同时在禁带中产生两个表面能级。这两个表面能级分别从上、下两个能带中分裂出来。

近年来，对表面电子态的研究在理论上和实验上都取得了很大进展。理论上，在固体能带论的基础上考虑存在表面的情况后，讨论表面或表面附近的电子行为，再求出表面电子态的能量和动量分布，得到其态密度和能量色散关系。实验上，已经发展了许多方法，其中最突出的是光电子能谱技术。在获得理论和实验结果后彼此再进行验证。

13.7.4　功函数的研究

功函数又称脱出功，即把半导体的一个电子从表面移到无穷远处所需要的最小能量，用 W 表示。功函数小的材料比功函数大的材料容易失去电子。当照射到某材料上的光的能量大于该材料的功函数时，就产生光电效应，材料发射出光电子。半导体的功函数与半导体的电子亲和势及 Fermi 能级的位置有关，如图 13-84 所示。其中，χ 为电子亲和势；E_i 为带隙中间能级；E_f 为 Fermi 能级[204]。

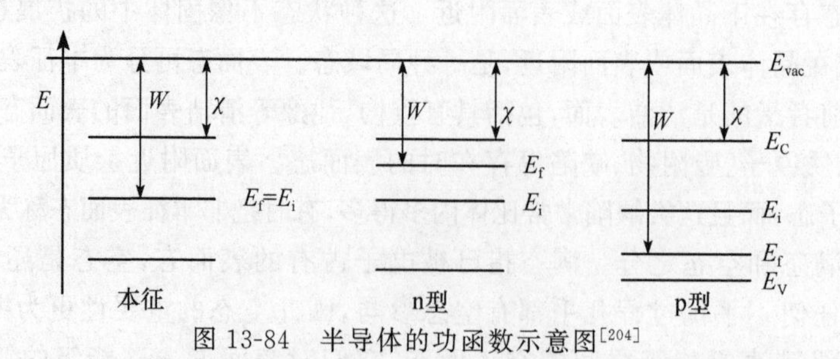

图 13-84　半导体的功函数示意图[204]

功函数是材料表面的一个基本特性[205]。与功函数有关的表面现象很多，如吸附、脱附、电子发射等。因此，人们对它进行了大量的研究。尽管如此，用实验精确测量功函数值以及理解其物理含义方面仍存在困难。原因之一是功函数不仅依赖于表面化学特性，还与表面结构有关，例如表面吸附物能改变功函数，表面台阶也影响其值，表面的杂质等不确定因素使功函数测量值也不确定。解决这一问题的一个方法是测量局域功函数，即研究每局域结构的功函数。

参考文献

[1] Xu P S, Sun Y M, Shi C S, et al. The electronic structure and spectral properties of ZnO and its defects. Nuclear Instruments and Methods in Physics Research B, 2003, 199: 286-290.

[2] Savrasov S. Linear-response theory and lattice dynamics: A muffin-tin-orbital approach. Physical Review B, 1996, 54: 16470.

[3] Castaldini A, Cavallini A, Fraboni B, et al. Deep energy levels in CdTe and CdZnTe. Journal of Applied Physics, 1998, 83(4): 2121.

[4] Schlesinger T E, Toney J E, Yoon H, et al. Cadmium zinc telluride and its use as a nuclear radiation detector material. Materials Science and Engineering: R: Reports, 2001, 32(4-5): 103-189.

[5] 李国强.高电阻 $Cd_{1-x}Zn_xTe$ 的晶体生长、性能表征及退火改性[博士学位论文].西安：西北工业大学，2004.

[6] 李宇杰.$Cd_{1-x}Zn_xTe$ 晶体的缺陷研究及退火改性[博士学位论文].西安：西北工业大学，2001.

[7] Stashans A, Serrano S, Medina P. A quantum-chemical study of oxygen-vacancy defects in $PbTiO_3$ crystals. Physica, 2006, B381: 82-89.

[8] Kröger F A. The Chemistry of Imperfect Crystals. 2nd ed. New York: North-Holland, 1974.

[9] Li Y J, Ma G L, Jie W Q. Point defects in CdTe. Journal of Crystal Growth, 2003, 256: 266-275.

[10] Turjanska L, Höschl P, Belas E, et al. Defect structure of CdZnTe. Nuclear Instrument & Methods in Physical Researches, 2001, A458: 90-95.

[11] Capper P. Bridgman growth of $Cd_xHg_{1-x}Te$-A review. Progress Crystal Growth and Characterization, 1989, 19: 259-293.

[12] Yoon H, Goorsky M S, Brunett B A, et al. Resistivity variation of semi-insulating $Cd_{1-x}Zn_xTe$ in relationship to alloy composition. Journal of Electronic Materials, 1999, 28(9): 838-842.

[13] Smith F T J. Electricaly active point defects in Cadmium Telluride. Metallurgical Transactions, 1970, 1: 617.

[14] Chern S S, Vydyanath H R, Kroger F A. The defect structure of CdTe: Hall data. Journal of Solid State Chemistry, 1975, 14: 3343.

[15] Fochuk P, Korovyanko O, Panchuk O. Defect chemistry in CdTe⟨In⟩ crystals. Journal of Crystal Growth, 1999, 197: 603-606.

[16] Vydyanath H R, Ellsworth J, Kennedy J J, et al. Recipe to minimize Te precipitation in CdTe and (Cd, Zn)Te crystals. The Journal of Vacuum Science and Technology, 1992, B10(4): 1476-1484.

[17] Li Y J, Ma G L, Jie W Q. Point defects in $Cd_{0.95}Zn_{0.05}Te$. Journal of Crystal Growth, 2003, 257: 219-224.

[18] Kyle V R. Monoclinic deformation and tilting of epitaxial CdTe films of GaAs at 25-400℃. Journal

of Electrochemical Society:Solid State Science,1971,11:1970.

[19] Greenberg J H.Vapor pressure scanning implications of CdTe crystal growth.Journal of Crystal Growth,1999,197:406-412.

[20] Eisener B,Wagner M,Wolf D,et al.Study of the intrinsic defects in solution grown $CuInSe_2$ crystals depending on the path of crystallization.Journal of Crystal Growth,1999,198/199:321-324.

[21] Look D C,Coskun C,Clafin B,et al.Electrical and optical properties of defects and impurities in ZnO.Physica,2003,B340/342:32-38.

[22] Libertino S,Coffa S.Migration and interaction properties of ion beam generated point defects in c-Si. Nuclear Instruments and Methods in Physics Research,1999,B147:23-28.

[23] Mesli A,Kolkovsky V,Dobaczewski L,et al.Defects and impurities in SiGe:The effect of alloying. Nuclear Instruments and Methods in Physics Research,2006,B253:154-161.

[24] Hansen G L,Schmit J L,Casselman T N.Energy gap versus alloy composition and temperature in $Hg_{1-x}Cd_xTe$.Journal of Applied Physics,1982,53:7099-7101.

[25] Higgins W M,Pultz G N,Roy R G, et al.Standard relationship in the properties of $Hg_{1-x}Cd_xTe$. The Journal of Vacuum Science and Technology A,1989,7(2):7:271-275.

[26] Kaniewski J,Mycielski A.Optical absorption in $Hg_{1-x}Mn_xTe$,$x<0.2$ mixed crystals.Solid State Communications,1982,41(12):959-962.

[27] Leute V,Schmidtke H M.Thermodynamics and kinetics of the quasibinary system $Hg_{3-3x}In_{2x}Te_3$-Investigations by X-ray diffraction and differential thermoanalysis.Journal of Physics and Chemistry of Solids,1988,49(4):409-420.

[28] Spencer P M. The semiconducting properties of HgTe-In_2Te_3 alloys. British Journal of Applied Physics,1964,15:625-632.

[29] Polichar R,Schirato R,Reed J.Development of CdZnTe energy selective arrays for industrial and medical radiation imaging.Nuclear Instrument Method,1994,A 353:349-355.

[30] 张继军.化合物半导体 $Cd_{1-x}Mn_xTe$ 的晶体生长、性能表征及改性研究[博士学位论文].西安:西北工业大学,2008.

[31] 王泽温.稀磁半导体 $Hg_{1-x}Mn_xTe$ 的晶体生长及性能表征[博士学位论文].西安:西北工业大学,2007.

[32] 王领航.$Hg_{3-3x}In_{2x}Te_3$ 晶体生长及性能表征[博士学位论文].西安:西北工业大学,2008.

[33] Wang L H,Jie W Q,Yang Y,et al.Defect characterization and composition distributions of mercury indium telluride single crystals.Journal of Crystal Growth,2008,310(11):2810-2814.

[34] Li G Q,Jie W Q,Yang G,et al.Behaviors of impurities in $Cd_{0.85}Zn_{0.15}Te$ crystals grown by vertical Bridgman method.Materials Science and Engineering B,2004,113(1):7-12.

[35] Li G Q,Jie W Q,Hua H,et al.$Cd_{1-x}Zn_xTe$:Growth and characterization of crystals for X-ray and gamma-ray detectors.Progress in Crystal Growth and Characterization of Materials,2004,46(3):85-104.

[36] 王涛.大体积探测器用 $Cd_{1-x}Zn_xTe$ 晶体生长及性能表征[博士学位论文].西安:西北工业大学,2008.

[37] Schieber M,Schlesinger T E,James R B.Study of impurity segregation,crystallinity,and detector performance of melt-grown CZT crystals.Journal of Crystal Growth,2002,237-239:2082-2092.

[38] Sen S,Rhiger D R,Curtis C R,et al.Extraction of mobile impurities from CZT.Journal of Electronic Materials,2000,29:775-780.

[39] Yang G, Jie W Q, Li Q, et al. Effects of in doping on the properties of CdZnTe single crystals. Journal of Crystal Growth, 2005, 283(3-4): 431-437.

[40] Wei X C, Zhao Y W, Dong Z Y, et al. Investigation of native defects and property of bulk ZnO single crystal grown by a closed chemical vapor transport method. Journal of Crystal Growth, 2008, 310: 639-645.

[41] 介万奇,李国强,李宇杰,等.碲锌镉晶体退火改性方法:中国,ZL01131807.4,2005.

[42] Katsumata T, Okada H, Kimura T, et al. Influence of melt composition on the longitudinal distribution of midgap native donor concentration in semi-insulating liquid-encapsulated Czochraski GaAs crystal. Journal of Applied Physics, 1986, 60(9): 3105-3110.

[43] Tiller W A. The Science of Crystallization: Macroscopic Phenomena and Defect Generation. Cambridge: Cambridge University Press, 1991.

[44] Choe K S. Growth striations and impurity concentrations in HMCZ silicon crystals. Journal of Crystal Growth, 2004, 262: 35-39.

[45] Zhao G, Zeng X, Xu J, et al. Characteristics of large-sized Ce: YAG scintillation crystal grown by temperature gradient technique. Journal of Crystal Growth, 2003, 253: 290-296.

[46] Abrosimov N V, Lüdge A, Riemann H, et al. Lateral photovoltage scanning (LPS) method for the visualization of the solid-liquid interface of $Si_{1-x}Ge_x$ single crystals. Journal of Crystal Growth, 2002, 237/239: 356-360.

[47] Abrosimov N V, Lüdge A, Riemann H, et al. Growth and properties of $Ge_{1-x}Si_x$ mosaic single crystals for γ-ray lens application. Journal of Crystal Growth, 2005, 275: 495-500.

[48] Leonyuk N I, Koporulina E V, Wang J Y, et al. Neodymium and chromium segregation at high-temperature crystallization of $(Nd,Y)Al_3(BO_3)_4$ and $(Nd,Y)Ca_4O(BO_3)_3$ doped with Cr^{3+}. Journal of Crystal Growth, 2003, 252: 174-179.

[49] Flemings M C. Solidification processing. Materials Science and Technology. Weinheim: VCH Verlagesgesellschaft mbH, 1991, 15: 1-56.

[50] Dutartre D, Haond M, Bensahel D. Study of the solidification front of Si films in lamp zone controlled by patterning the underlying SiO_2. Journal of Applied Physics, 1986, 59(2): 632-635.

[51] Chen J H, Yang D R, Ma X Y, et al. Dissolution of oxygen precipitates in germanium-doped Czochralski silicon during rapid thermal annealing. Journal of Crystal Growth, 2007, 308: 247-251.

[52] Li H, Yang D R, Ma X Y, et al. Germanium effect on oxygen precipitation in Czochralski silicon. Journal of Applied Physics, 2004, 96(8): 4161-4165.

[53] Nakai K, Inoue Y, Yokota H, et al. Oxygen precipitation in nitrogen-doped Czochralski-grown silicon crystals. Journal of Applied Physics, 2001, 89(8): 4301-4309.

[54] Rozgonyi G A, Karoui A, Kvit A et al. Nano-scale analysis of precipitates in nitrogen-doped Czochralski silicon. Microelectronic Engineering, 2003, 66: 305-313.

[55] Yang G, Bolotnikov, Cui Y, et al. Impurity gettering effect of Te inclusions in CdZnTe single crystal. Journal of Crystal Growth, 2008, 311: 99-102.

[56] 徐亚东.探测器级 CdZnTe 晶体制备、性能表征及应用研究[博士学位论文].西安:西北工业大学,2010.

[57] Li G Q, Shih S J, HuangY Z, et al. Nanostructures of defects in CdZnTe single crystals. Journal of Crystal Growth, 2008, 311: 85-89.

[58] Hurle D T J, Rudolph P. A brief history of defects formation, segregation, faceting, and twinning in

melt-grown semiconductors.Journal of Crystal Growth,2004,264:550-564.

[59] Weyher J L,Schober T,Sonnenberg K,et al.Identification of individual and aligned microdefects in bulk vertical Bridgman and liquid encapsulated Czochralski-grown GaAs.Materials Science and Engineering B,1998,55:79-85.

[60] Smolski I,Yoreo J J D,Zaitseva N P,et al.Oriented liquid inclusions in KDP.Journal of Crystal Growth,1996,169:741-746.

[61] Teng B,Zhong D G,Yu Z H,et al.Growth from the edges and inclusion defect of KDP crystal. Journal of Crystal Growth,2009,311:716-718.

[62] Tsvetkov E G.Some reasons for the formation of grain boundaries and melt inclusions in growing large BBO crystals by TSSG technique.Journal of Crystal Growth,2006,297:259-263.

[63] Mohan P,Senguttuvan N S,Babu S M,et al.Growth of inclusion-free InSb crystals by vertical Bridgman method.Journal of Crystal Growth,2000,211:207-210.

[64] Zhang D L,Wong W H,Pun E Y B.SEM characterization of micron-sized $ErNbO_4$ precipitates induced in heavily-doped Er:$LiNbO_3$ crystal by vapor transport equilibration.Journal of Crystal Growth,2004,271:184-191.

[65] Roth T F,Mishra R K,Thomas G.Segregation in Czochralski grown calcium gallium germanium single crystal.Journal of Applied Physics,1981,52(1):219-226.

[66] Shumov D P,Nenov A T,Nihtianova D D.Inclusion in LiB_3O_5 crystal obtained by the top-seeded solution growth method in the Li_2O-B_2O_3 system.Journal of Crystal Growth,1996,169:519-533.

[67] Cockayne B,Crosbie M J,Smith N A,et al.Precipitates in Ti-doped $YAlO_3$ single crystals.Journal of Crystal Growth,1997,173:456-459.

[68] Wang T,Jie W Q,Zeng D M.Observation of nano-scale Te precipitates in cadmium zinc telluride with HRTEM.Materials Science and Engineering A,2008,472:227-230.

[69] Yadava R D S,Sundersheshu B S,Anandan M,et al.Precipitation in CdTe crystals studied through Mie scattering.Journal of Electronic Materials,1994,23(12):1349.

[70] Shen J,Aidum D K,Regel L,Wilcox W R.Etch pits originating from precipitates in CdTe and $Cd_{1-x}Zn_xTe$ grown by the vertical Bridgman-Stockbarger method.Journal of Crystal Growth,1993,132:250-260.

[71] Vydyanath H R,Ellsworth J,Kennedy J J,et al.Recipe to minimize Te precipitation in CdTe and (Cd,Zn)Te crystals.The Journal of Vacuum Science and Technology B,1992,10(4):1476-1484.

[72] Lee T S,Park J W,Jeoung Y T,et al.Thermomigration of tellurium precipitates in CdZnTe crystals grown by vertical Bridgman method.Journal of Electronic Materials,1995,24(9):1053-1056.

[73] Eichlera S,Fliegel W,Jurisch M,et al.Inclusions in LEC-grown Si GaAs single crystals.Journal of Crystal Growth,2008,310:1410-1417.

[74] Garmashov S I,Gershanov V Y.Velocity and cross-section shape of liquid cylindrical inclusions migrating normally to close-packed planes of a non-uniformly heated crystal under stationary thermal conditions.Journal of Crystal Growth,2009,311:413-419.

[75] Yu X G,Yang D R,Ma X Y,et al.Grown-in defects in nitrogen-doped Czochralski silicon.Journal of Applied Physics,2002,92(1):188-194.

[76] Kageshima H,Taguchi A,Wada K.Theoretical study of nitrogen-doping effects on void formation processes in silicon crystal growth.Journal of Applied Physics,2006,100:113513.

[77] Chernov A A,Temkin D E.Crystal Growth and Materials.New York:North-Holland,1977:3-77.

[78] Schwarz R,Benz K W.Thermal field influence on the formation of Te inclusions in CdTe grown by the traveling heater method.Journal of Crystal Growth,1994,144:150-156.

[79] Barz R U,Gille P.The mechanism of inclusion formation during crystal growth by the travelling heater method.Journal of Crystal Growth,1995,149:196-200.

[80] Rudolph P,Engel A,Schentke I,et al.Distribution and genesis of inclusions in CdTe and(Cd,Zn)Te single crystals grown by the Bridgman method and by the travelling heater method.Journal of Crystal Growth,1995,147:297-304.

[81] Azoulay M,Petter S,Gafni G.Stripe structure CdTe-CdZnTe-CdTe in a bulk single crystal.Journal of Crystal Growth,1990,101:256-260.

[82] Johnson C J.Growth of various buffer layer structures and their influence on the quality of(CdHg) Te epilayers.Proceedings of SPIE,1989,1106:56.

[83] Mullin J B, Stranghan B W. Electrical activity of iodine-diffused CdTe. Revue de Physique Appliquée,1997,12:267-277.

[84] Brion H G,Mewes C,Hahn I,et al.Infrared contrast of inclusions in CdTe.Journal of Crystal Growth,1993,134:281-286.

[85] Rai R S,Mahajan S,McDevittand S,et al.Characterization of CdTe,(Cd,Zn)Te and Cd(Te,Se) single crystals by transmission electron microscopy.The Journal of Vacuum Science and Technology B,1991,9(3):1892-1896.

[86] Yokota K,Yoshikawa T,Katayama S,et al.Surface tension of II-VI compounds and contact angle on glassy carbon.Japanese Journal of Applied Physics,1985,24:1672.

[87] Yadava R D S,Bagai R K,Borle W N.Theory of Te precipitation and related effects in CdTe crystals.Electronic Materials,1992,21(10):1001-1016.

[88] Asahi T,Oda O,Taniguchi Y,et al.Growth and characterization of 100 mm diameter CdZnTe single crystals by the vertical gradient freezing method.Journal of Crystal Growth,1996,161:20-27.

[89] Rudolph P,Neubert M,Mühlberg M.Defects in CdTe Bridgman monocrystals caused by nonstoichiometric growth conditions.Journal of Crystal Growth,1993,128:582.

[90] Rudolph P.Fundamental studies on Bridgman growth of CdTe.Progress in Crystal Growth and Characterization of Materials,1994,29(1-4):275-381.

[91] Vydyanath H R,Ellsworth J A,Parkinson J B.Thermomigration of Te precipitates and improvement of(Cd,Zn)Te substrates characteristics for the fabrication of LWIR(Hg,Cd)Te photodiodes. Journal of Electronic Materials,1993,22(8):1073-1080.

[92] 杨顺华.晶体位错理论基础.第二版.北京:科学出版社,1988:12.

[93] Jones R.Do we really understand dislocations in semiconductors.Materials Science and Engineering B,2000,71:24-29.

[94] Alexander H.Dislocations.Materials Science and Technology.Weinheim:VCH Verlagsgesellschaft mbH,1991,4:251-319.

[95] Ning X J,Chien F R,Pironz P.Growth defects in GaN films on sapphire:The probable origin of threasding dislocation.Journal of Materials Research,1996,11:580-592.

[96] 曾贵平,殷绍唐,秦青海,等.钛宝石晶体中的位错以及退火对位错的影响.硅酸盐学报,2001,29(1):168-171.

[97] Hu X B,Jiang S S,et al.The formation mechanisms of dislocations and negative crystals in LiB_3O_5 single crystals.Journal of Crystal Growth,1996,163:266-271.

[98] Lin C T.Study of growth spirals and screw dislocations on $YBa_2Cu_3O_{7-\delta}$ single crystals.Physica C, 2000,337:312-316.

[99] Boiton P,Giacometti N,Duffar T.Bridgman crystal growth and defect formation in GaSb.Journal of Crystal Growth,1999,206:159-165.

[100] Justo J F,Assali L V C.Electrically active centers in partial dislocations in semiconductors.Physica B,2001,308/310:489-492.

[101] Capan I,Borjanovic V,Pivac B.Dislocation-related deep levels in carbon rich p-type polycrystalline silicon.Solar Energy Materials & Solar Cells,2007,91:931-937.

[102] Tachikawa M,Mori H.Reduction of dislocation generation for heteroepitaxial Ⅲ-Ⅴ/Si by slow cooling.Journal of Crystal Growth,1998,183:89-94.

[103] Sanchez E K,Liu J Q,Graef M D,et al.Nucleation of threading dislocations in sublimation grown silicon carbide.Journal of Applied Physics,2002,91(3):1143-1148.

[104] Anthony P J,Hartman R L,Schumaker N E,et al.Effects of Ga(As,Sb)active layers and substrate dislocation density on the reliability of 0.87-μm(Al,Ga)As lasers.Journal of Applied Physics,1982,53(1):756-758.

[105] Chen Q,Liu X Y,Biner S B.Solute and dislocation junction interactions.Acta Materialia,2008,56:2937-2947.

[106] Dash W C.Silicon crystals free from dislocation.Journal of Applied Physics,1959,30:459-474.

[107] Dash W C.Improvements on the pedestal method of growing silicon and germanium crystal.Journal of Applied Physics,1960,31:736-737.

[108] Taishi T,Ohno Y,Yonenaga I,et al.Influence of seed/crystal interface shape on dislocation generation in Czochralski Si crystal growth.Physica B,2007,401/402:560-563.

[109] Birkmann B,Stenzenberger J,Jurisch M,et al.Investigation of residual dislocations in VGF-grown Si-doped GaAs.Journal of Crystal Growth,2005,276:335-346.

[110] Taishi T,Huang X M,Yonenaga I,et al.Behavior of the edge dislocation propagating along the growth direction in Czochralski Si crystal growth.Journal of Crystal Growth,2005,275:2147-2153.

[111] Amon J,Härtwig J,Ludwig W,et al.Analysis of types of residual dislocations in the VGF growth of GaAs with extremely low dislocation density(EPD$\ll 10^3$ cm^{-2}).Journal of Crystal Growth,1999,198/199:367-373.

[112] Yoreo J J D,Land T,Rashkovich L N,et al.The effect of dislocation cores on growth hillock vicinality and normal growth rates of KDP {101} surfaces.Journal of Crystal Growth,1997,182:442-460.

[113] Ohtani N,Katsuno M,Tsuge H,et al.Propagation behavior of threading dislocations during physical vapor transport growth of silicon carbide(SiC) single crystals.Journal of Crystal Growth,2006,286:55-60.

[114] Kappers M J,Moram M A,Zhang Y,et al.Interlayer methods for reducing the dislocation density in gallium nitride.Physica B,2007,401/402:29-301.

[115] Duseaux M,Jacob G.Formation of dislocations during liquid encapsulated Czochralski growth of GaAs single crystal.Applied Physics Letters,1982,40(9):790-793.

[116] Alexander H,Haasen P.Dislocations and plastic flow in the diamond.Solid State Physics,1969,22:27-158.

[117] Zhmakin I A, Kulik A V, Karpov S Y, et al. Evolution of thermoelastic strain and dislocation density during sublimation growth of silicon carbide. Diamond and Related Materials, 2000, 9: 446-451.

[118] Gulluoglu A N, Tsai C T. Dislocation generation in GaAs crystals grown by the vertical gradient freeze method. Journal of Materials Processing Technology, 2000, 102: 179-187.

[119] Jordan A S, von Neida A R, Caruso R. The growth spiral morphology on {100} KDP related to impurity effects and step kinetics. Journal of Crystal Growth, 1986, 76: 243-250.

[120] Senkader S, Jurkschat K, Wilshaw P R, et al. A study of oxygen dislocation interactions in CZ-Si. Materials Science and Engineering B, 2000, 73: 111-115.

[121] Yonenaga I. Dislocation-impurity interaction in Si. Materials Science in Semiconductor Processing, 2003, 6: 355-358.

[122] Yonenaga I. Nitrogen effects on generation and velocity of dislocations in Czochralski-grown silicon. Journal of Applied Physics, 2005, 98: 023517.

[123] Taishi T, Huang X, Yonenaga I, et al. Behavior of dislocations due to thermal shocking B-doped Si seed in Czochralski Si crystal growth. Journal of Crystal Growth, 2002, 241: 277-282.

[124] Huang X M, Taishi T, Yonenaga I, et al. Dislocation-free B-doped Si crystal growth without Dash necking in Czochralski method: Influence of B concentration. Journal of Crystal Growth, 2000, 213: 283-287.

[125] Zhu X A, Sheu G, Tsai C T. Finite element modeling of dislocation reduction in GaAs and InP single crystals grown from the VGF process. Finite Elements in Analysis and Design, 2006, 43: 81-92.

[126] Zhu X A, Tsai C T. Finite element simulation of dislocation generation in doped and undoped GaAs single crystals grown from the melt. Computational Materials Science, 2004, 29: 334-352.

[127] Prokhorov I A, Serebryakov Y A, Zakharov B G, et al. Growth striations and dislocations in highly doped semiconductor single crystals. Journal of Crystal Growth, 2008, 310: 5477-5482.

[128] Naumann M, Rudolph P, Neubert M, et al. Dislocation study in VCz GaAs by laser scattering tomography. Journal of Crystal Growth, 2001, 231: 22-30.

[129] Hurle DT J, Rudolph P. A brief history of defect formation, segregation, faceting, and twinning in melt-grown semiconductors. Journal of Crystal Growth, 2004, 264: 550-564.

[130] Chaldyshev V V, Bert N A, Romanov A E, et al. Local stresses induced by nanoscale As-Sb clusters in GaAs matrix. Applied Physics Letters, 2002, 80(3): 377-379.

[131] Yonemura M, Sueoka K, Kamei K. Effect of heavy boron doping on the lattice strain around platelet oxide precipitates in Czochralski silicon wafers. Journal of Applied Physics, 2000, 88(1): 503-507.

[132] Johnson W C. Interaction of a dislocation with a misfitting precipitate. Journal of Applied Physics, 1982, 53(12): 8620-8632.

[133] Lin S C, Mura T. Long-range elastic interaction between a dislocation and an ellipsoidal inclusion in cubic crystals. Journal of Applied Physics, 1982, 44(4): 1508-1514.

[134] Chaldysheva V V, Kolesnikova A L, Bert N A, et al. Investigation of dislocation loops associated with As-Sb nanoclusters in GaAs. Journal of Applied Physics, 2005, 97: 024309.

[135] Jurkschat K, Senkader S, Wilshaw P R, et al. Onset of slip in silicon containing oxide precipitates. Journal of Applied Physics, 2001, 90: 3219-3225.

[136] Meir G, Glitton R J. Effects of dislocation generation at surface and subgrain boundaries on precursor decay in high-purity LiF. Journal of Applied Physics, 1986, 59(1): 124-148.

[137] 张晓娜. Ⅱ-Ⅵ族化合物晶体的缺陷分析与退火改性[硕士学位论文]. 西安: 西北工业大学, 2001.

[138] Finnis M W, Rühle M. Structure of interface in crystalline solids. Materials Science and Technology. Weihheim: VCH Verlagsgesellschaft mbH, 1993, 1.

[139] Balluffi R W, Bristowe P D, Sun C P. Structure of the high angle grain boundaries in matel and ceramic oxides. Journal of American Ceramic Society, 1981, 64: 23-34.

[140] 钱苗根. 金属学. 上海: 科学技术出版社, 1980: 102.

[141] Bollmann W. Crystal Defects and Crystalline Interface. Heidelberg: Springer-Verlag, 1970.

[142] Hull D, Barcon D J. Introduction to Dislocations. Oxford: Pergamon Press, 1984.

[143] Pike G E. Diffusion-limited quasi Fermi level bear a semiconductor grain boundary. Physical Review B, 1984, 30(6): 374-376.

[144] Sundaresan R, Burk D E, Fossum J G. Potential improvement of polysilicon solar cells by grain boundary and intragrain diffusion of aluminum. Journal of Applied Physics, 1984, 55(4): 1162-1167.

[145] Romanowski A, Wittry D B. Measurement of carrier lifetime, effective recombination velocity, and diffusion length near the grain boundary using the time-dependent electron-beam-induced current. Journal of Applied Physics, 1986, 60(8): 2910-2913.

[146] Sato Y, Buban J P, Mizoguchi T, et al. Role of Pr segregation in acceptor-state formation at ZnO grain boundaries. Physical Review Letters, 2006, 97: 106802.

[147] Sato Y, Yodogawa M, Yamamoto T, et al. Dopant-segregation-controlled ZnO single-grain-boundary varistors. Applied Physics Letters, 2005, 86: 152112.

[148] Kazmerski L L, Ireland P J, Ciszek T F. Evidence for the segregation of impurities to grain boundaries in multigrained silicon using Auger electron spectroscopy and secondary ion mass spectroscopy. Applied Physics Letters, 1980, 36(4): 323-325.

[149] Schrott A G, Cohen S L, Dinger T R, et al. Photoemission study of grain boundary segregation in $YBa_2Cu_3O_7$. American Institute of Physics, 1988, 165: 349-357.

[150] Klie R F, Browning N D. Atomic scale characterization of oxygen vacancy segregation at $SrTiO_3$ grain boundaries. Applied Physics Letters, 2000, 77(23): 3737-3739.

[151] Mizoguchi T, Sato Y, Buban J P, et al. Sr vacancy segregation by heat treatment at $SrTiO_3$ grain boundary. Applied Physics Letters, 2005, 87: 241920.

[152] Kirchheim R. Reducing grain boundary, dislocation line and vacancy formation energies by solute segregation I. Theoretical background. Acta Materialia, 2007, 55: 5129-5148.

[153] Wagner C. Nachrichten der akademie der wissenschaften in göttingen II. Mathematisch. Physikalishe Klasse, 1973, 3: 1.

[154] Mclean D. Grain Boundary in Metals. Oxford: Clarendon Press, 1957, 118.

[155] Roshko A, Ciang Y M. Temperature and composition dependence of grain boundary segregation in $La_{2-x}Sr_xCuO_{4-y}$. Journal of Applied Physics, 1980, 66(8): 3710-3716.

[156] Broniatowski A. Electrical measurement of the dopant segregation profile at the grain boundary in silicon bicrystals. Journal of Applied Physics, 1988, 64(9): 4516-4525.

[157] Oyama T, Yoshiya M, Matsubara H, et al. Numerical analysis of solute segregation at $\Sigma 5(310)/[001]$symmetric tilt grain boundaries in Y_2O_3-doped ZrO_2. Physical Review B, 2005, 71: 224105.

[158] Trelewicz J R, Schuh C A. Grain boundary segregation and thermodynamically stable binary nanocrystalline alloys. Physical Review B, 2009, 79: 094112.

[159] Arias T A, Joannopoulos J D. Ab initio predication of dopant segregation at elemental semiconductor grain boundary without coordination defects. Acta Materialia, 1992, 69(23): 3330-3333.

[160] Maiti A, Chisholm M F, Pennycook J, et al. Dopant segregation at semiconductor grain boundaries through cooperative chemical rebonding. Physical Review Letters, 1996, 77(7): 1306-1309.

[161] Alba W L, Whaley K B. A mean-field theory of grain boundary segregation. Journal of Chemical Physics, 1991, 59(6):. 4427-4438.

[162] Plimpton S J, Wolf E D. Effect of interatomic potential on simulated grain-boundary and bulk diffusion: A molecular-dynamics study. Physical Review B, 1990, 41(5): 2712-2721.

[163] Whipple R T P. Concentration contours in grain boundary diffusion. Philosophical Magazine, 1954, 45: 1225.

[164] Evans J W. Approximations to the Whipple solution for grain boundary diffusion and an algorithm for their avoidance. Journal of Applied Physics, 82(2): 628-634.

[165] lbin D, Al-Jassim M M. Do grain boundaries assist S diffusion in polycrystalline CdS/CdTe heterojunctions. Applied Physics Letters, 2001, 78(2): 171-173.

[166] Kaigorodov V N, Klotsman S M. Impurity states in grain boundary and adjacent crystalline regions I. Temperature dependence of the population of states in the grain-boundary diffusion zone. Physical Review, 1994, 49(14): 9376-9386.

[167] Gulluoglu A N, Zhu X N, Tsai C T. Theoretical study of the formation of deformation twins in GaAs crystals grown by the vertical gradient freeze method. Journal of Materials Science, 2001, 36: 3557-3563.

[168] Han P D, Asthana A, Xu Z, et al. Analysis of large twins in $Bi_2CaSr_2Cu_2O_8$ superconductors. Physical Review B, 1991, 43(7): 5437-5443.

[169] Goodilin E, Oka A, Wen J G, et al. Twins and related morphology of as-grown neodymium-rich $Nd_{1+x}Ba_{2-x}Cu_3O_z$ crystals. Physica C, 1998, 299: 279-300.

[170] Nakai K, Hasebe M, Ohta K, et al. Characterization of grown-in stacking faults and dislocations in CZ-Si crystals by bright field IR laser interferometer. Journal of Crystal Growth, 2000, 210: 20-25.

[171] Hu X B, Xu X G, Li X X, et al. Stacking faults in SiC crystal grown by spontaneous nucleation sublimation method. Journal of Crystal Growth, 2006, 292: 192-196.

[172] Kochmann D M, Le K C. A continuum model for initiation and evolution of deformation twinning. Journal of the Mechanics and Physics of Solids, 2009.

[173] Friedel J. Dislocations. New York: Addison-Wesley Publishing Company Inc., 1964.

[174] Jordan A S. An evaluation of the thermal and elastic constants affecting GaAs crystal growth. Journal of Crystal Growth, 1980, 49: 631-642.

[175] Neubert M, Kwasniewski A, Fornari R. Analysis of twin formation in sphalerite-type compound semiconductors: A model study on bulk InP using statistical methods. Journal of Crystal Growth, 2008, 310: 5270-5277.

[176] Hurle D T L. Sir Charles Frank 80th Birthday Tribute. Bristol: Hilger, 1991: 188.

[177] Chung H, Dudley M, Larson D J, et al. The mechanism of growth-twin formation in zincblende crystals: New insights from a study of magnetic liquid encapsulated Czochralski-grown InP single crystals. Journal of Crystal Growth, 1998, 187: 9-17.

[178] Han Y,Lin L.New insight into the origin of twin and grain boundary in InP.Solid State Communications,1999,110:403-406.

[179] Dornberger E,Ammon W.Anodic oxidation of Ethylenediaminetetraacetic acid on platinum electrode in alkaline medium.Journal of Electrochemistry Society,1996,143:1636-1643.

[180] Dornberger E,Gräf D,Suhren M,et al.Influence of boron concentration on the oxidation-induced stacking fault ring in Czochralski silicon crystals.Journal of Crystal Growth,1997,180:343-352.

[181] Triboulet R,Heurtel A,Rioux J.Twin-free(Cd,Mn)Te substrates.Journal of Crystal Growth,1990,101:131-134.

[182] Nakos J S.Effects of Crystal Growth Process Parameters on the Microstructural Optical and Electrical Properties of CdTe and CdMnTe[Ph.D.Dissertation].Cambridge:University of MIT,1988:29-32.

[183] Wang J F,Omino A,Isshiki M.Melt growth of twin-free ZnSe single crystals.Journal of Crystal Growth,2000,214/215:875-879.

[184] Rudolph P,Umetsu K,Koh H J,et al.The state of the art of ZnSe melt growth and new steps towards twin-free bulk crystals.Materials Chemistry Physics,1995,42:237-241.

[185] Ohzeki K,Hosoya Y.A study on the probability of twin plane formation during the nucleation of AgBr and AgCl crystals in the aqueous gelatin solution.Journal of Crystal Growth,2007,305:192-200.

[186] Schönherr E,Freiberg M.In situ observation of twin formation during the growth of ZnSe single crystals from the vapor phase.Journal of Crystal Growth,1999,197:455-461.

[187] LeGoues F K,Copel M,Tromp R M.Microstructure and strain relief of Ge film grown layer by layer on Si(001).Physical Review B,1990,42(18):11690-11700.

[188] Bringans R D,Biegelsen D K,Swartz L E,et al.Effect of interface chemistry on the growth of ZnSe on the Si(100)surface.Physical Review B,1992,45(23):13400-13406.

[189] Yun J H,Takahashi T,Mitani T,et al.Reductions of twin and protrusion in 3C-SiC heteroepitaxial growth on Si(100).Journal of Crystal Growth,2006,291:148-153.

[190] Bacon D J.Dislocations in crystals.Materials Science and Technology.Weinheim:VCH Verlagsgesellschaft mbH,1993:413-480.

[191] Shiota I,Nishizawa J.The effect of nonstoichiometry and polarity of the(111)plane on microtwin formation in ion-implanted GaAs.Journal of Applied Physics,1988,64(3):1136-1139.

[192] 朱履冰.表面与界面物理.天津:天津大学出版社,1992.

[193] Zha G Q,Jie W Q,Zeng D M,et al.The Schottky barrier of Au contact on the CdZnTe.Surface Science,2006,600:2629-2632.

[194] 李言荣,恽正中.电子材料导论.北京:清华大学出版社,2001.

[195] Duke C B.Atomic and electronic structure of tetrahedrally coordinated compound semiconductor interfaces.The Journal of Vacuum Science and Technology A,1988,6:1957-1962.

[196] Duke C B,Wang Y R.Mechanism and consequences of surface reconstruction on the cleavage faces of wurtzite-structure compound semiconductors.The Journal of Vacuum Science and Technology A,1988,6:692-695.

[197] Duke C B,Wang Y R.Surface atomic geometry and electronic structure of Ⅱ-Ⅵ cleavage faces.The Journal of Vacuum Science and Technology A,1989,7:2035-2038.

[198] Ford W K,Guo T,Wan K J,et al.Growth and atomic geometry of bismuth and antimony on InP

(110) studied using low-energy electron diffraction. Physical Review B, 1992, 45: 11896-11910.

[199] Feenstra R M, Stroscio J A, Tersoff J, et al. Atom-selective imaging of the GaAs(110) surface. Physical Review Letters, 1987, 58: 1192-1195.

[200] Chan R W, Haasen P, Kramer E J. Materials Science and Technology: A Comprehensive Treatment. Weinheim: VCH Verlagsgesellschaft mbH, 1993, 1: 502.

[201] 查钢强. CdZnTe 单晶表面、界面及位错的研究[博士学位论文]. 西安: 西北工业大学, 2007.

[202] Tamm I. Possible type of electron-binding on crystal surfaces. Zeitschrift für Physica, 1932, 76: 849-850.

[203] Shockley W. On the surface states associated with a periodic potential. Physical Review, 1939, 56: 317-323.

[204] 贾瑜. 金属、半导体高密勒指数表面特性: 表面能和电子结构[博士学位论文]. 郑州: 郑州大学, 2003.

[205] Hzl J, Schulte F K. Solid surface physics. Springer Tracts in Modern Physics. Berlin: Springer-Verlag, 1979: 85.

第 14 章　晶体的结构与性能表征

14.1　晶体性能表征方法概论

对采用人工方法生长的晶体材料的结构、成分以及性能进行全面、合理、科学的测定和评价，不仅是其实现应用前必须提供的基本信息，也是进行晶体设计、生长工艺优化和性能改进的依据。晶体结构与性能的表征包括显微组织分析、晶体结构与缺陷的衍射分析、晶体成分及其分布规律分析、晶体力学性能分析，以及晶体的电学、介电、光学、磁学、声学等物理学能分析。每一种分析方法都涉及较为复杂的物理原理和实验技术。本章将从对于晶体生长科技工作者实用的角度，进行索引性的介绍，根据不同的晶体材料和性能控制的需要，选择恰当合理的分析方法，为进行分析提供借鉴。

14.1.1　晶体结构、缺陷、组织与成分分析

晶体结构分析主要是对晶体的原子结构，包括晶体所属晶系、Brave 群、晶格常数、晶内的原子成键特性、原子的空间位置等，进行测定、判断及描述。通常采用 X 射线衍射以及电子衍射方法进行测定，并通过晶体结构的空间倒易关系进行计算。

晶体的结构缺陷分析可采用直接或间接的实验方法，进行缺陷类型的定性分析和缺陷主要参数的定量描述，包括：①点缺陷的类型、密度及其分布；②位错的类型、伯格斯矢量、密度以及分布特性；③晶界以及亚晶界的分布、晶界两侧晶粒的晶体学取向关系、晶界及其附近的原子排列特性；④孪晶界、孪晶面的结构、分布与密度；⑤沉淀相的尺寸、形状、密度及其分布特性。对于沉淀相、晶界与孪晶，采用光学显微分析方法即可获得大量的有用信息，但对其位向关系的分析需要采用衍射方法，而要了解具体的结构，则需要采用高分辨电子显微分析技术。高分辨率电镜可以对晶界附近的原子结构进行精确测定。位错与点缺陷的直接分析需要采用高分辨电子显微镜。然而，对位错的研究可以充分利用位错线附近的应力场。位错线中心的尺寸小于 1nm，而位错线附近的应力场可能延伸到微米尺度以上，该应力场引起的电子衍射图像的变化为电子显微分析提供了条件。位错附近的应力场还可能导致晶体表面腐蚀特性的变化。在特定腐蚀液的腐蚀过程中，晶体表面形成的腐蚀坑的形状与尺寸能够反映出位错的结构特征，对其进行光学显微分析即可获得位错的类型、密度、取向等信息。对于晶体点缺陷的直接观察是非常困难的，但点缺陷引起晶体的电学、光学特性的变化为点缺陷的研究提供了重要信息。对于化合物晶体中的点缺陷与晶体非化学计量比的成分偏差以及杂质浓度具有一定的定量关系，可以作为点缺陷分析的依据。

成分是决定一切晶体材料性能的最重要的因素，晶体成分的微小变化则会带来其性质的巨大差异。因此，精确的成分分析是晶体材料性质研究的重要内容。晶体材料中的

成分分析，最为经典的方法是化学分析方法。采用光谱分析也可获得较大尺度内晶体成分的平均值。不同的分析方法获得的精度不同，对于微量元素的分辨能力存在差异。同时，不同元素的测量方法和难度也不相同。除了平均成分以外，通常人们更感兴趣的是微观尺度的成分分布。采用高能束轰击材料的表面获得的光谱信息可以反映出表面附近的成分信息。常用成分分析方法的适用范围、分析精度及基本原理见表 14-1。

表 14-1　不同成分分析方法的精度及其适用范围

分析方法	适合的元素范围	分析精度	原　理	文　献
化学分析方法	惰性气体以外的所有元素	ppm	氧化还原滴定、络合反应等	[1]
X 射线荧光光谱（XFS）	F 到 U 之间的所有元素	ppm	当较外层的电子跃入内层空穴所释放的能量不在原子内被吸收，而是以辐射形式放出时，便产生 X 射线荧光，其能量等于两能级之间的能量差，因此，X 射线荧光的能量或波长是特征性的，与元素有一一对应的关系。荧光 X 射线的强度与相应元素的含量有一定的关系，据此可进行元素定量分析	[2]
电子探针（EPMA）	除 H、He、Li、Be 等轻元素以外所有元素	ppm	根据 Moseley 定律，元素的特征 X 射线具有各自确定的波长，通过探测不同波长的 X 射线可确定样品中所含元素。将被测样品与标准样品中元素的衍射强度进行对比，就能进行元素的定量分析	[2]
原子探针-场离子显微镜（AP-FIM）	所有元素	ppm～ppb	利用约 1pm 的细焦原子束，在样品表层微区内激发元素的特征 X 射线，根据特征 X 射线的波长和强度，进行微区化学成分定性或定量分析	[3]
离子探针（IMA）	全元素（对 He、Hg 等灵敏度较差）	ppm	利用电子光学方法把惰性气体等初级离子加速并聚焦成细小的高能离子束轰击样品表面，使之激发和溅射二次离子，经过加速和质谱分析，进行样品表面成分分析	[4]
能谱分析（EDS）	Na～U 之间所有元素	500～1000 ppm	能谱仪利用细焦电子束，在样品表层微区内激发元素的特征 X 射线，根据 X 射线的波长和强度，进行微区化学成分定性或定量分析	[2]
X 射线光电子能谱 XPS（ESCA）	除 H、He 以外的所有元素	ppm	当固定激发源能量时，其光电子的能量仅与元素的种类和所电离激发的原子轨道有关。因此，可以根据光电子的结合能定性分析物质的元素种类。经 X 射线辐照后，从样品表面出射的光电子强度与样品中该原子的浓度有线性关系，可以利用该关系进行元素的半定量分析	[5]
俄歇电子能谱（AES）	原子序数大于 3 的所有元素	ppm	入射电子束和物质作用可以激发出原子的内层电子。外层电子向内层跃迁过程中所释放的能量可能以 X 光的形式放出，即产生特征 X 射线，也可能又使核外另一电子激发成为自由电子。这种自由电子就是俄歇电子。对于一个原子来说，激发态原子在释放能量时只能进行一种发射，即特征 X 射线或俄歇电子。原子序数大的元素，特征 X 射线的发射几率较小，原子序数小的元素，俄歇电子发射几率较大，当原子序数为 33 时，两种发射几率大致相等。因此，俄歇电子能谱适用于轻元素的分析	[5]
二次离子质谱（SIMS）	全元素	ppb	利用高能量一次离子轰击固体表面，使其表面原子激发并溅射出来，得到二次离子。利用仪器将二次离子进行不同质荷比的分离，从而获得固体表面化学组成和化学态信息	[5]

续表

分析方法	适合的元素范围	分析精度	原　理	文　献
Rutherford 背散射 (RBS)	全元素	ppb	利用带电粒子与靶核间的大角度 Coulomb 散射能谱和产额确定样品中元素的质量数、含量及深度分布。该分析中有三个基本点，即运动学因子-质量分析；背散射微分截面-含量分析；能损因子-深度分析	[5]
等离子体发射光谱-质谱连用 (ICP-MS)	Li 至 U 的所有元素	ppm～ppb	将样品放入高频发生装置输出的电感耦合管状体里(高温体)，并注入氩气、氮气等混合气体(一定比例)，使样品原子光谱显现。根据谱线的波长，定性判断元素的种类；根据谱线的强度与标样中谱线的长度对比，定量判断某种元素的含量	[6]
Fourier 变换红外光谱 (FT-IR)	除单原子和同核分子如 Ne、O_2 外的几乎所有有机化合物	检测限：10^{-9}～10^{-12} g/cm	分子在低波数区的许多简正振动涉及分子中全部原子，不同分子的振动方式不同，使得红外光谱具有像指纹一样高度的特征性，称为指纹区。利用这一特点，人们采集了成千上万种已知化合物的红外光谱，并把它们存入计算机中，编成红外光谱标准谱图库。把测得未知物的红外光谱与标准库中的光谱进行比对，就可以判定未知化合物的成分	[7]
质谱	所有元素	ppm～ppb	以电子轰击或其他的方式使被测物质离子化，形成各种质荷比的离子，然后利用电磁学原理使离子按不同的质荷比分离并测量各种离子的强度，从而确定被测物质的分子量和结构	[8]

对于由多相构成的晶体材料，人们关心的不仅是每一种相的晶体结构，还需要了解每一种相的尺寸、形貌、体积分数，以及不同相之间的位向关系、界面的空间形貌与结构等。不同结构的晶体对光的吸收与反射特性不同，因此，采用光学显微分析可以获得多相晶体材料的组织信息。采用电子显微分析则可以在更加微观的尺度上对多相组织进行定量的描述。

材料的表面是一个特殊的区域，宏观的表面结构特性是表面形貌，通常采用表面粗糙度进行描述。采用原子力显微镜分析可以获得原子尺度的表面精细形貌。原子尺度的表面弛豫与重构可采用低能电子衍射以及精细 X 射线衍射方法进行测定。

晶体材料典型的结构特性以及对应的表示方法、测试技术、适宜的分析测试设备在表 14-2中进行了初步归纳。

表 14-2　晶体结构特性及其测试方法

特　性	表示方法	测试方法	测试设备
晶体结构	国际符号、空间点阵	X 射线衍射	X 射线衍射仪
		电子衍射	扫描电镜(SEM)、扫描隧道显微镜(STM)、透射电镜(TEM)
晶格常数	a、b、c(nm)和 α、β、γ	同晶体结构分析	同晶体结构分析
晶面	晶面指数	根据晶体结构和晶格常数计算	
晶向	晶向指数	根据晶体结构和晶格常数计算	
点缺陷	种类(空位、间隙子等)	原子像	扫描隧道显微镜、高分辨电镜(HRTEM)
		根据吸收光谱、光致发光谱等间接分析	光谱仪、光致发光谱仪(PL)
	浓度(%)、密度(cm^{-3})	根据吸收光谱、光致发光谱等间接分析	光谱仪、光致发光谱仪(PL)
位错	类型与伯格斯矢量	原子像分析	高分辨电镜
		透射电镜分析	透射电镜
	密度(cm^{-2})	腐蚀坑密度	化学腐蚀＋光学或电子显微分析
		电子显微分析	透射电镜

续表

特 性	表示方法	测试方法	测试设备
孪晶	孪晶面与孪晶界	原子像	高分辨电镜
		X 射线衍射	双晶 X 射线仪、四元 X 射线衍射仪
		电子衍射	高能电子衍射仪、电子背散射衍射技术(EBSD)
		光学显微分析	光学显微镜
		电子显微分析	透射电子显微镜
层错	层错面	原子像	扫描隧道显微镜、高分辨电镜、透射电镜
晶界	晶界类型(相邻晶粒取向关系)	X 射线衍射	双晶 X 射线衍射仪
		电子衍射	透射电镜(TEM)
		原子像	扫描隧道显微镜、高分辨电镜
		电子背散射	电子背散射衍射技术
夹杂相	尺寸、形状、密度	光学显微分析	光学显微镜;定量金相显微镜
		电子显微分析	透射电镜、扫描电镜、电子探针(EPMA)、X 射线荧光光谱仪(XRF)
		其他透射显微分析	红外透射显微镜、X 射线透射成像
	结构	显微结构分析	扫描电镜、扫描隧道显微镜、分析电镜、Rutherford 背散射仪、扫描隧道显微镜
亚结构	亚晶粒的形貌、尺寸	光学显微分析	光学显微镜、定量金相显微镜
		电子显微分析	扫描电镜、透射电镜
	亚晶界的界面结构	原子像	扫描隧道显微镜、高分辨电镜
多相材料	相组成	同晶体结构	同晶体结构
	相体积分数	X 射线参比强度法	X 射线衍射仪
	相的形貌与相间距	光学显微分析	光学显微镜、定量金相显微镜
		电子显微分析	扫描电镜、透射电镜
	相界面(共格关系)	原子像、电子背散射	扫描隧道显微镜、高分辨电镜、电子背散射衍射技术
表面	表面晶体结构(弛豫、重构)	X 射线衍射	X 射线衍射仪
		低能电子衍射	低能电子衍射仪(LEED)
		反射式高能电子衍射	反射式高能电子衍射仪(RHEED)
		隧道扫描分析	扫描隧道显微镜
		X 射线吸收精细结构(NESAFS 或 XANES)	X 射线吸收光谱仪
		角度分辨 X 射线光电子谱(ARXPD)	X 射线衍射仪
		角度分辨紫外光电子谱(ARUPS)	角度分辨紫外光谱仪
		光电子衍射(PD)	光电子谱仪
		低能、中能或高能离子散射(LEIS、MEIS、HEIS)	离子散射谱仪
成分偏析	偏析率、偏析比	微区成分分析	电子探针、扫描电镜、扫描透射电镜、场离子显微镜、俄歇能谱仪、X 射线荧光光谱仪、Rutherford 背散射仪
	尺度(l)		
杂质元素	种类、浓度(%(原子分数))	化学分析	参考表 14-1
		光谱分析	
		偏析分析的其他方法	
	分布	同偏析	同点缺陷分析
	晶格中占位	同点缺陷	

综上所述,对晶体材料组织结构分析包括结构、形貌、成分 3 个因素。多种现代测试仪器可对这 3 个方面的信息进行定量分析。不同的测试方法在这 3 个方面的测量中的分辨能力不同。同时,所有的测试是从表面上进行的,因此测量结果所反映的仅是表层一定深度上的信息。常见的测定形貌、结构和成分分析方法在横向上的分辨率以及所测量的深度情况如图 14-1 所示[9]。

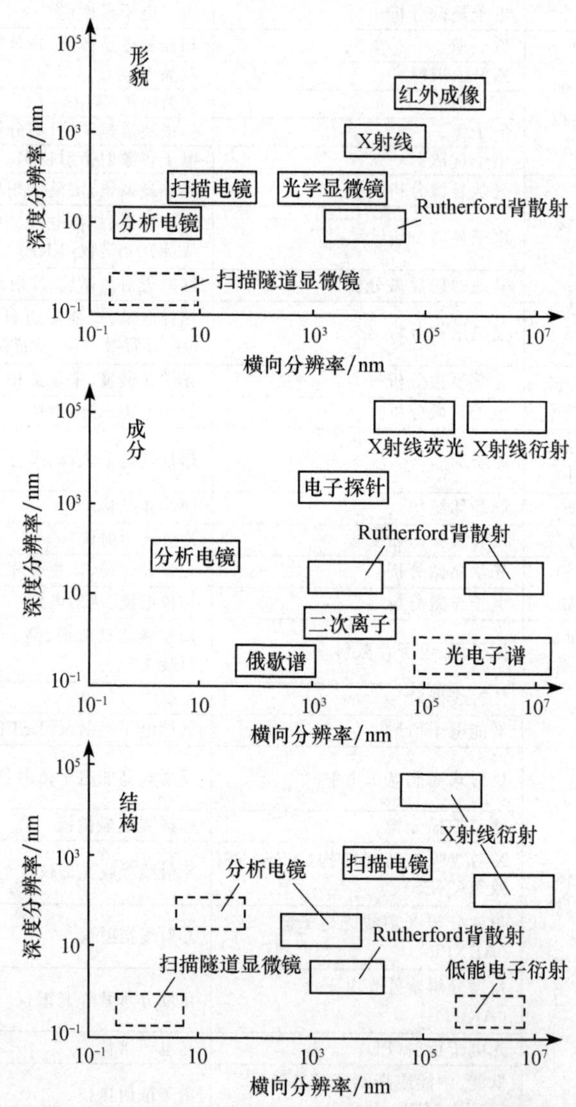

图 14-1　在形貌、成分及结构分析中,显微分析技术在深度和横向上的分辨率[9]

14.1.2　晶体物理性能分析

晶体的物理性能直接反映了功能晶体材料的实际使用性能。根据晶体材料应用对象的不同,人们所关心的性能指标和测定方法存在差异。主要晶体材料的性能指标及其测定方法见表 14-3[10~13]。以下结合该表,对不同晶体材料的主要性能进行简要说明,并将提及基本测试方法,具体的测试技术在本章的后续章节中讨论。

表 14-3　主要晶体材料的考核性能指标及方法[10~12]

晶体材料	性能参数		符号(单位)	测试方法及说明
半导体材料	能带结构与带隙		E_g(eV)	透射光谱分析、光致发光谱(PL)、变温 Hall 等
	Fermi 能		E_f(eV)	根据式 $E_f=(1/2)(E_c-E_v)+k_BT\ln(N_v/N_c)$ 计算，E_c 和 E_v 分别为导带底和价带顶，N_v 和 N_c 常数
	载流子种类		n 型或 p 型	温差电效应、Hall 测量
	载流子浓度		n(cm^{-3}) p(cm^{-3})	Hall 测量
	载流子迁移率		μ($cm^2/(s\cdot V)$)	C-V 测量、Hall 测量，激光诱导电流谱
	载流子寿命		τ(s)	直流光电导法、高频光电导衰退法、激光诱导光脉冲衰退法
	I-V 特性及电阻率		I-V 曲线、ρ($\Omega\cdot cm$)	I-V 测量
	逸出功(功函数)		W_e(eV)	
光电转换材料	响应波长		λ(nm)	光谱测量
	迁移率		μ($cm^2/(s\cdot V)$)	Hall 测量
	载流子寿命		τ(s)	直流光电导法、高频光电导衰退法、激光诱导光脉冲衰退法
	禁带宽度		E_g(eV)	透射光谱分析、光致发光谱
	电阻率		ρ($\Omega\cdot cm$)	I-V 测量、Hall 测试
	载流子漂移距离		L_h 或 L_e(mm)	计算
	光电转换效率		%	I-V 测量
电致发光材料	光谱特性	光谱分布	发光光谱	光谱分析(光谱仪)
		峰值波长	λ_m(nm)	
		半峰宽	$\Delta\lambda$(nm)	
	极限参数	允许功耗	P_m(W)	破坏性实验
		最大正向电流	I_{fm}(A,mA)	
		最大反向电压	V_{rm}(V,mV)	
	工作电流		I(A,mA,μA)	I-V 分析仪
	工作电压		V(V,mV)	
	I-V 特性		I-V 曲线	
光学晶体	折射率		$n=c/v$，其中 c 为真空中光速，v 为介质中光速	测角仪
	透光率(对应于不同波长)		T(%)	透射光谱分析
	透光波长		λ(nm)	
	色散率		$dn/d\lambda$	
	平均色散		n_f-n_c	n_f 为对氢谱线($\lambda=486.1$nm)的折射率；n_c 为对 C($\lambda=656.3$nm)的折射率
磁性材料	磁畴			粉纹法显示
	磁化率		$\chi=M/H$	磁化曲线测定，M 为磁化强度，H 为磁场强度
	磁矩		μ($A\cdot m^2$)	
	剩磁		$\boldsymbol{B}_R$(mT 或 Gs)	磁滞回线测量
	矫顽力		$\boldsymbol{H}_D$(kA/m 或 Oe)	磁滞回线测量
	最大磁能积		$(HB)_m$ (J/m^3 或 MGOe)	磁滞回线测量(H 为磁场强度，B 为磁感应强度)
	饱和磁感应强度		$\boldsymbol{B}_S$(mT)	
	磁导率		$\mu=\Delta B/\Delta H$	H 为磁场强度，B 为磁通密度

续表

晶体材料	性能参数	符号(单位)	测试方法及说明
激光晶体	输出波长	λ(nm)	光谱分析＋辐射剂量分析
激光晶体	吸收系数	K_λ	光谱分析＋辐射剂量分析
激光晶体	热光系数	$\mathrm{d}n_0/\mathrm{d}T$	光谱分析＋辐射剂量分析
激光晶体	光效率	%	光谱分析＋辐射剂量分析
压电晶体	压电常量	d_{33}、d_{31}(10^{-12}C/N)	准晶态压电参数测量技术
压电晶体	机电耦合系数	K_p	谐振反谐振测量法
压电晶体	机械品质因数	Q_m	谐振反谐振测量法
声光晶体	声性能指数,又称为品质因数	M_2	由式(14-11)计算
声光晶体	声损耗	α	由式(14-12)计算
声光晶体	折射率	n	
声光晶体	电光系数	γ(10^{-12}m/V)	直接反射法(线性电光系数)
声光晶体	光弹系数	P_{11}、P_{33}	由电光系数计算获得
声光晶体	声速	V_S(m/s)	驻波法、相位法、时差法
声光晶体	声衰减	ΔLG(dB/mm)	脉冲管法、低频扭摆法
非线性光学晶体	倍频系数	二阶倍频系数记为 $\chi_{ijk}^{(2)}$	激光器激发＋光谱分析
非线性光学晶体	有效倍频系数	χ_eff	激光器激发＋光谱分析
非线性光学晶体	光电系数	p_m/V	激光器激发＋光谱分析
非线性光学晶体	折射率	n	激光器激发＋光谱分析
磁光晶体	Verdet 常量(Faraday 效应,或磁致旋光效应)	$V=\theta_\mathrm{f}/(LB)$((°)/(cm·T))	Faraday 偏转测试仪
磁光晶体	Kerr 旋转角	θ_Kerr	Kerr 效应测试仪
磁光晶体	双折射率	$n_{/\!/}$ 和 $n_\perp$	测角仪
磁光晶体	双折射度(双折射效应)	$\Delta n=n_{/\!/}-n_\perp=\dfrac{\Delta}{d}$	测角仪(Δ 为光程差,d 为样品厚度)
热释电晶体	热释电系数	$p_\mathrm{a}=\Delta p/\Delta T$($\mu$C/($\mathrm{m^2}$·K))	p 为极化率,T 为温度
热释电晶体	介电常数	ε_r	阻抗分析仪
热释电晶体	品质因数	$p_\mathrm{a}/\varepsilon_\mathrm{r}$	计算
闪烁晶体	发光效率	η(%)	光谱分析
闪烁晶体	最大发射波长	λ_m(nm)	光谱分析
闪烁晶体	衰减时间	τ_d(μs)	光谱分析
闪烁晶体	折射率(最大发射波长处)	n	测角仪
闪烁晶体	光产额	(光子数/(MeVγ))	专用设备
闪烁晶体	光产额温度系数	($\mathrm{K^{-1}}$)	专用设备
介电晶体	复介电常数	$\varepsilon^*=\varepsilon'+\mathrm{i}\varepsilon''$	介电参数测试系统
介电晶体	电阻率	ρ(cm·Ω)	I-V 测试
介电晶体	电阻率温度系数	α($\mathrm{K^{-1}}$)	变温 I-V 测试
介电晶体	介电强度(介电击穿强度)	E_b(V/cm)	

1. 半导体材料

半导体材料最基本的性能参数是能带结构以及载流子特性,主要性能及其定义如下:

(1) 禁带宽度。介于导带底与价带顶之间禁带的宽度，记为 E_g，对应于将禁带中的电子激发到导带所需要的最低能量，单位为 eV。

(2) 能带结构及其态密度。能带结构指由原子内部电子的量子效应决定的，可以被电子占据的能级分布情况。态密度是指不同能带中可容纳的最大电子数的密度。在半导体中掺入杂质或者晶体的结构缺陷也可能在导带与价带之间的禁带中引入新的能级。

(3) Fermi 能级(Fermi level)。它是根据 Fermi-Dirac 关于 Fermi 子统计率定义的能级参数，表示为 E_f。根据该统计率，Fermi 子(电子)数目 N_e 和空穴数目 N_h 分别满足式(13-18)和式(13-19)。对于本征半导体晶体，每一个被激发到导带的电子在价带上留下一个空穴，因此，电子数目 N_e 应对于空穴的数目 N_h，即

$$N_e = N_h \tag{14-1}$$

式中，N_e 和 N_h 的计算式已由式(13-18)和式(13-19)给出。

而对于非本征半导体，还应该考虑施主掺杂、受主掺杂以及晶体结构缺陷对电子和空穴的贡献，并根据式(13-17)计算。

(4) 载流子种类。载流子为空穴还是自由电子，可通过 Hall 测量确定。

(5) 载流子浓度。单位体积中载流子的数目，通常分别用 n 和 p 表示单位体积中的电子和空穴的数目，单位为 cm^{-3}。

(6) 载流子寿命。受激状态的载流子存在的时间，通常取平均值，并分别用 τ_e 和 τ_h 表示电子和空穴的平均寿命，单位为 s。

(7) 载流子迁移率。单位外电场作用下载流子在半导体中的移动速率，通常分别用 μ_e 和 μ_h 表示电子和空穴的迁移率，单位为 $cm^2/(s \cdot V)$。

(8) 电子逸出功。将半导体中的电子移到无穷远处所需要的能量，单位为 eV。

2. 光电转换材料

光电转换材料通过晶体中价电子吸收光子的能量并跃迁到导带中，形成自由载流子，根据自由载流子在外加电场作用下的输运性质对光强度和波长进行评价。

光电转换材料通常为半导体材料，除了反映半导体性质的参数，如载流子迁移率、载流子寿命、能带结构、电阻率外，还需要进行以下性能评价。

(1) 响应波长。能够将电子激发到导带的光子的波长 λ，常与禁带宽度 E_g 之间满足如下关系：

$$\lambda \geqslant \frac{1.24}{E_g}(\mu m) \tag{14-2}$$

(2) 载流子漂移距离。被激发到导带中的电子，在重新跃迁到价带之前在电场中平移的距离 L_d，以长度单位为量纲。对于电子，它与电子迁移率 μ_e、电子受命 τ_e 以及外加电场的电势 E 之间满足如下关系：

$$L_d = \mu_e \tau_e E \tag{14-3}$$

(3) 光电转换效率。照射到晶体上的光子被转换为自由载流子的百分数。

3. 电致发光材料

采用电场使电子激发到高能状态，并在其反向跃迁时释放出电子。对于电致发光材料，需要控制的主要参数如下：

(1) 光谱特性。它指发光材料在外加电场作用下发射的光谱能量分布（对应于发光的波长）。通常人们最关心的是发射强度最大的峰值波长 λ_m 及发光峰的半峰宽 $\Delta\lambda$。

(2) 极限参数。它包括材料所允许的最大功耗（简称允许功耗）、最大正向电流、最大反向电压。

(3) 工作电流与工作电压，即正常工作条件下的电压与电流。

(4) I-V 特性，即材料本身的导电电流与电压的关系。

4. 光学晶体

光学晶体主要用于光的传输、折射、聚焦等，表征光学材料性能的指标主要包括：

(1) 折射率。光在真空中的传输速度与晶体中的传输速度之比。光束从真空进入晶体时，入射角的正弦与折射角的正弦之比等于其折射率，因此，可以采用测角仪测定入射角和折射角进行计算。

(2) 透射率。当光束通过晶体时，将有一部分被反射，一部分被吸收，一部分通过晶体发生透射，此外，还有一部分发生散射，其强度分别表示为 I_R、I_A、I_T 和 I_σ。其中透射光谱的强度与入射光谱强度之比定义为透射率或透过率，表示为

$$T=\frac{I_T}{I}=\frac{I_T}{I_R+I_A+I_T+I_\sigma}(\%) \tag{14-4}$$

对于具有较高透射率的光学晶体，散射部分 I_σ 通常较小，可以忽略。

(3) 透光波长范围。不同的晶体材料只有在一定的波长范围内是透明的。

(4) 色散率。它定义为折射率对波长的偏导数，即 $dn/d\lambda$。

(5) 平均色散。它定义为晶体对 H(氢）谱线（$\lambda=486.1$nm）的折射率 n_f 和对 C(碳）谱线（$\lambda=656.3$nm）折射率 n_c 的差值，即 n_f-n_c。

5. 磁性材料

磁性材料的主要性能是由电子自旋引起的自旋磁矩的定向排列决定的。自旋磁矩取向一致的微区称为磁畴。不同磁畴间的磁矩取向可能不同。控制磁畴的取向趋向一致则可获得表观的磁学性质。磁性材料的主要磁学参数可以通过测定磁滞回线获得，如图 8-25 所示。磁性材料的主要参数包括的磁化率 χ、剩磁 $\boldsymbol{B}_R$、矫顽力 $\boldsymbol{H}_D$ 以及饱和磁感应强度 $\boldsymbol{B}_S$ 等基本概念已经在 8.4 节中结合图 8-25 进行了较为详细的讨论。此外，作为磁性材料，最大磁能积也是一个表征材料性能的重要指标，定义为外加磁场 H 与磁感应强度 B 乘积的最大值，用 $(HB)_m$ 表示。

向晶体材料外加磁场时，磁感应强度开始随外加磁场强度的增大而增大，当外加磁场强度超过一定值后，磁感应强度不再增大而趋于稳定，该稳定值即为饱和磁感应强度。该

饱和现象表示晶体中的所有自旋磁矩取向均已经与外加磁场一致。

磁性材料中磁感应强度 B 与磁场强度 H 之比为磁导率，记为 μ。

6. 激光晶体

激光晶体的主要性能指标包括：

(1) 输出波长。该输出波长是由晶体的能级决定的，对应于电子在不同能级间跃迁释放的光子能量，通常用下式计算：

$$\lambda = \frac{1.24}{E_g}(\mu\mathrm{m}) \tag{14-5}$$

式中，E_g 为禁带宽度。

(2) 载流子复合寿命。受激电子与空穴复合前存在的时间，记为 τ_r。

(3) 复合系数 B。由下式决定的晶体的常数：

$$\tau_r = [B(N_0 + P_0 + \Delta N)]^{-1} \tag{14-6}$$

式中，N_0 为平衡电子浓度；P_0 为平衡空穴浓度；ΔN 为受激条件下晶体中的非平衡载流子浓度。通常，$\Delta N \gg N_0 + P_0$，因此，式(14-6)可以写为

$$\tau_r = (B\Delta N)^{-1} \tag{14-7}$$

(4) 吸收系数 α。晶体净吸收的光子除以光子通量。

(5) 热光系数。晶体折射率随温度的变化率，定义为 $\mathrm{d}n/\mathrm{d}T$。

(6) 光效率。输出激光的能量占所消耗电能的百分比。

7. 压电晶体

(1) 压电常量。它是表征压应力与其引起的晶体表面电荷密度之间关系的常量。晶体在力场中所受的应力状态不同，由此引起的垂直于 x、y、z 轴的表面电荷密度分别记为 D_1、D_2、D_3，则压电常量可以由下式中的 d_{ij} 表示：

$$\begin{bmatrix} D_1 \\ D_2 \\ D_3 \end{bmatrix} = \begin{bmatrix} d_{11} & d_{12} & d_{13} & d_{14} & d_{15} & d_{16} \\ d_{21} & d_{22} & d_{23} & d_{24} & d_{25} & d_{26} \\ d_{31} & d_{32} & d_{33} & d_{34} & d_{35} & d_{36} \end{bmatrix} \begin{bmatrix} T_1 \\ T_2 \\ T_3 \\ T_4 \\ T_5 \\ T_6 \end{bmatrix} \tag{14-8}$$

式中，T_i 为图 14-2 所示的应力分量；d_{33} 是最重要的压电常系数分量。

(2) 机电耦合系数。它是由下式定义的常数：

$$K_p = \frac{U_{12}}{\sqrt{U_1 U_2}} \tag{14-9}$$

式中，U_{12} 为弹性与介电相互作用能密度；U_1 为弹性能密度；U_2 为介电能密度。

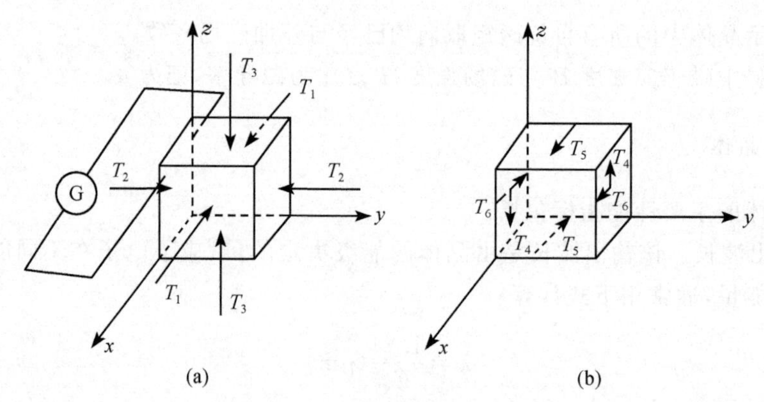

图 14-2　压电晶体的受力状态[10]

(a) 正应力;(b) 剪应力

(3) 机械品质因数。在一定的谐振频率下,反映压电材料因内耗而导致机械能损耗程度的参数,记为 Q_m

$$Q_m = 2\pi \frac{W_m}{\Delta W_m} \tag{14-10}$$

式中,W_m 为振动一周单位体积存储的机械能;ΔW_m 为振动一周单位体积内消耗的机械能。

8. 声光晶体

在声波作用下,声光晶体的折射率可发生周期性变化,其基本的性能是折射率。反映材料性能指标的参数还包括如下声性能指数 M_2,又称为品质因数,以及声损耗 α。高的品质因数和低的声损耗是声光材料的发展目标。这两个参数的计算式为

$$M_2 = \frac{n^6 p^2}{\rho V_S^3} \tag{14-11}$$

$$\alpha = \frac{\delta \Omega^2 k_B T}{\rho V_S^5} \tag{14-12}$$

式中,n 为折射率;p 为光弹系数;ρ 为密度;V_S 为声速;δ 为比例系数;Ω 为角频率。

此外,决定声光晶体性能的参数还包括声速、声衰减(表示为 ΔLG,单位为 dB/mm)。

9. 非线性光学晶体

对于非线性光学晶体,其中极化强度 P_m 可以表示为

$$P_m = \varepsilon_0 (\chi_{mn} E_n + \chi_{mnp}^{(2)} E_n E_p + \chi_{mnpq}^{(3)} E_n E_p E_q + \cdots) \tag{14-13}$$

式中,χ_{mn} 为线性极化系数;$\chi_{mnp}^{(2)}$ 为二阶倍频系数;$\chi_{mnpq}^{(3)}$ 为三阶倍频系数。其中,$\chi_{mnp}^{(2)}$ 为非线性光学晶体最重要的性能参数。

除此之外,非线性光学晶体的主要参数还包括光电系数 p 以及折射率 n。

10. 磁光晶体

磁光晶体的主要磁光效应包括 Faraday 效应、Kerr 效应和双折射效应，主要的性能参数如下：

(1) Faraday 效应。即磁致旋光效应，表示磁场作用引起偏振光的旋转。在磁场强度为 B 时，偏振光通过厚度为 d 的晶体，则偏振光的旋转角度 θ_f 为

$$\theta_f = VBd \tag{14-14}$$

式中，V 称为 Verdet 常量，是表征磁光晶体 Faraday 效应的主要参数。

(2) Kerr 效应。当偏振光投射到磁光晶体的表面而发生反射时，反射光偏振角度的旋转角度是表征 Kerr 效应的主要参数，可记为 θ_k。

(3) 双折射效应。不同偏振方向的光通过磁光晶体时的折射率不同，形成两个折射率，可分别记为 $n_\perp$ 和 $n_{/\!/}$，其折射率的差值 Δn 称为双折射度，由以下公式计算：

$$\Delta n = n_{/\!/} - n_\perp = \frac{\Delta}{d} \tag{14-15}$$

式中，Δ 为光程差；d 为试样厚度。

11. 热释电晶体

热释电晶体的主要性能指标是热释电系数 p_a、介电常数 ε_r 和品质因数 M。其中晶体极化率 p_a 随温度的变化率可表示为

$$p_a = \frac{dp}{dT} \tag{14-16}$$

而 M 定义为 p_a 和 ε_r 的比值，即

$$M = \frac{p_a}{\varepsilon_r} \tag{14-17}$$

12. 闪烁晶体

在高能射线照射下，闪烁晶体中的价电子被激发到高能态。当高能状态的电子重新跃迁到基态时将释放出光子。该光子通常在可见光的波长范围，并可采用光电倍增管进行测量。反映闪烁晶体性能的主要参数包括：

(1) 最大发射波长。由高能射线激发的可见光光谱中，密度峰值最大的光子的波长，记为 λ_m(nm)。

(2) 衰减时间。闪烁晶体的发光衰减过程符合指数衰减规律，即

$$N(\tau) = N_0 \exp\left(-\frac{\tau}{\tau_d}\right) \tag{14-18}$$

式中，τ_d 定义为发光衰减时间。

(3) 折射率。通常人们最关心的是最大发射波长处的折射率。

(4) 发光效率。晶体受到高能射线照射时将射线携带的能量转换为光子能量的比率，定义为 η

$$\eta=\frac{N\varepsilon}{E} \tag{14-19}$$

式中，E 为高能射线携带的能量；N 为每个射线激发的光子数量；ε 为光子的平均能量。

(5) 光产额。晶体受到每个 MeV 的 γ 射线照射时可以释放的光子的数目。

(6) 光产额温度系数。光产额随温度的变化率。

13. 介电晶体

介电晶体材料的典型性能指标包括电阻率、反映电阻率随温度变化规律的电阻率温度系数以及介电常数。在交变电场中，电位移(或极化强度)$\boldsymbol{P}$ 通常滞后于外加电场，因此介电常数包括虚部和实部。同时，其滞后的特性用滞后相位角 δ 表示。

此外，不同的介电晶体材料具有一定的介电强度或者称为介电击穿强度，表示单位厚度的晶体可施加的最大电压，超过该电压时晶体被击穿而发生破坏。

14.2　晶体组织结构的显微分析

显微分析的目的是揭示材料细观组织及其形成与演变规律，是晶体组织性能控制的主要依据之一。准备合适的试样，选择合适的分析方法可以起到事半功倍的效果。常用的显微分析方法包括光学显微分析和电子显微分析。

14.2.1　光学显微分析

传统的光学显微分析技术通过光学成像系统对材料内部微米及其以上尺度的组织结构放大到眼睛可以分辨的图像，进行直观的分析，实际上是对人的眼睛观察能力的一种延伸。基于可见光的观察，其分辨能力不可能小于光的波长，因此，光学显微技术可分辨的最小尺度在 1μm 的数量级。典型的光学显微分析包括 3 个部分：光源与试样部分、光学放大系统和光学成像系统。

光源与试样部分通过光源与试样表面的相互作用获取试样表面或内部信息，通常可通过反射和透射两种方式，如图 14-3 所示。反射式显微镜是最常用的方式，其原理是通过对试样表面反射光进行分析，获得试样表面结构和形貌信息。晶体材料表面取向的差异或形貌的凹凸不平，对照射到试样表面的光束的反射率和反射方向存在差异，这些差异可在放大处理后的图像上反映出来，如图 14-3(a)所示。

透射式的显微系统是根据试样对光透射能力的差异进行分析的，通常仅适用于对光透明的晶体材料。当均匀透明的晶体中存在缺陷，如空洞、夹杂、界面等时，这些缺陷将发生对光的吸收或者散射，从而使透过晶体的均匀光束的强度发生变化。晶体中的位错、成分偏析以及点缺陷等也会导致晶体对光的非均匀吸收，从而均匀光束透过晶体后光的强度随位置变化，也可在成像系统中反映出来，如图 14-3(b)所示。

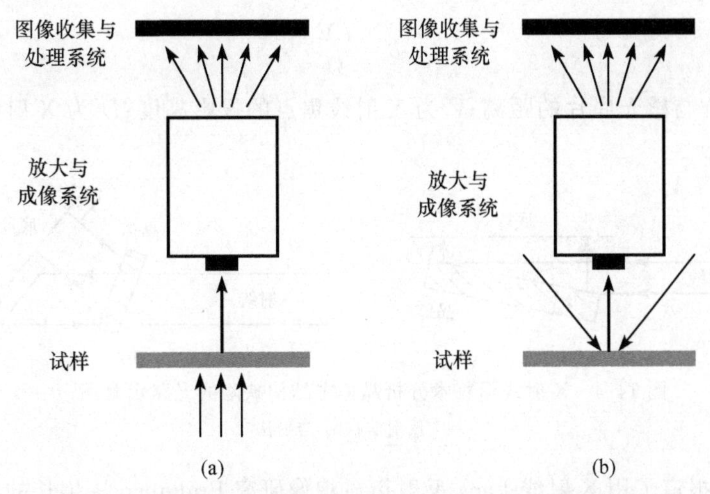

图 14-3　晶体材料的两种光学显微分析方法的基本原理示意图
(a) 透射方式；(b) 反射方式。箭头表示光路方向

光学放大系统通过光路设计对来自试样的光学信息进行放大处理。这是光学显微镜的核心部分。对经过放大处理的光学信息有 3 种方法进行收集和处理。其一，是眼睛直接观察，即在显微镜下直接对试样进行观察。这是最原始的显微分析方法，但具有直观性，并可以进行大量的实时观察和原位分析。其二，是采用光学感光技术对经过放大处理的信息进行光学照相。这是直至 20 世纪末广泛使用的主要方法。其三，是近年来发展的数字成像技术，即采用 CCD 器件记录、存储经过放大处理的来自试样的结构与形貌信息。采用 CCD 器件不仅可以将图像长期存储记录下来，在任何方便的时候进行分析或定量计算，不同的 CCD 器件还可以记录红外、紫外等可见光以外其他波长范围的信息，拓宽了光学显微分析的能力。

图 13-33 所示即为采用红外光源和红外 CCD 器件获得的 CdZnTe 晶体中的 Te 沉淀相的图像。其中 CdZnTe 对于红外光是透明的，而晶体中析出的 Te 沉淀相则对红外射线有较强的吸收，从而在透射图像上受到 Te 沉淀相阻挡的区域形成暗区。该暗区的轮廓即可反映出 Te 沉淀相的形貌。

采用 X 射线也可进行晶体材料微观结构和缺陷研究，由此发展出 X 射线形貌术(X-ray topography)[13]。当 X 射线照射到晶体时与晶体表面发生相干散射，X 射线形貌术实际记录的是晶体不同区域对 X 射线散射的强度，当其满足如下 Bragg 条件时，其衍射强度最大

$$2d\sin\theta = n\lambda \tag{14-20}$$

式中，d 为晶面间距；θ 为入射线与晶面的夹角；λ 为 X 射线的波长；n 为衍射级次。

当晶体中存在结构缺陷时会导致 d 和 θ 发生变化，这些变化反映在衍射图像上则可反映出晶体结构缺陷的类型与分布信息。与光学显微分析方法一样，X 射线形貌术也可以采用图 14-4 所示的反射法和透射法[13]。X 射线不能聚焦，因此 X 射线没有放大作用，但具有较大的透射深度，可以揭示晶体内部的结构缺陷。对于记录的图像可以通过后续的图像处理技术进行放大。X 射线形貌术的水平分辨率取决于 X 射线的本征宽度，而垂直分辨率 δ 用下式计算：

$$\delta = \frac{LV}{D} \tag{14-21}$$

式中，L 为试样与感光底片的距离；V 为 X 射线焦点的投影高度；D 为 X 射线光源到感光底片的距离。

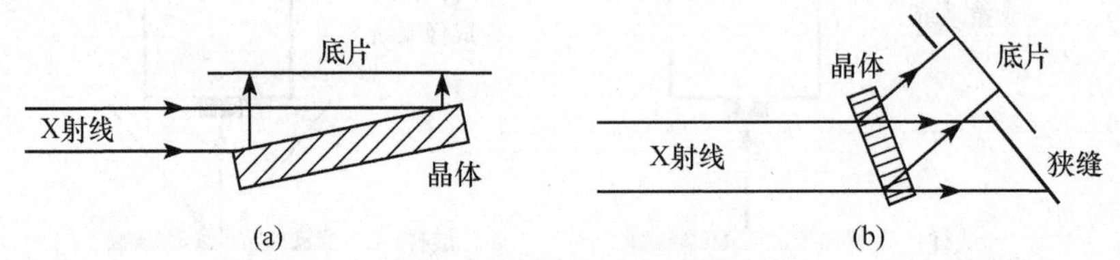

图 14-4 X 射线形貌术分析晶体中结构缺陷的光路示意图[13]

(a) 反射法；(b) 透射法

Sen 等[14]报道了用 X 射线 Lang 反射衍衬貌像研究 Bridgman 法生长的 $Cd_{0.96}Zn_{0.04}Te$ 晶体的结果。他们采用了 X 射线 $CuK\alpha_1$ 特征线和(333)Bragg 衍射几何分析方法，结果显示材料中只有一个单晶结构，没有小角晶界。而 Pelliciari[15] 的 X 射线 Lang 反射貌像中显示 $Cd_{0.975}Zn_{0.025}Te$ 中存在小角晶界。Bruder 等[16]报道了(111)方向 $Cd_{0.96}Zn_{0.04}Te$ 的 X 射线 Lang 反射貌像，发现有长程应力存在。黄晖[17]对 CdZnTe 晶体的 X 射线 Lang 反射衍衬貌像进行了分析，在 X 射线 Lang 反射衍衬貌像中识别了位错线、滑移线、滑移带、小角晶界、大角晶界、沉淀相衍射点、扭曲应力区等缺陷结构。

图 14-5 所示为 X 射线双晶形貌衍射法获得的 AlGaAs-GaAs 结构中的失配位错和穿透位错的形貌。该图清晰地显示出了晶体中的位错线[13]。

图 14-5 X 射线形貌术获得的 AlGaAs-GaAs 结构中的位错[13]

14.2.2　电子显微分析

电子显微技术是利用电子束与试样间的相互作用获取试样信息的技术。电子显微设备包括扫描电镜和透射电镜，两者的工作原理是不同的。

SEM 可以在纳米尺度上对试样表面的形貌和组织结构进行显微分析。SEM 工作时采用两个电子束，一个电子束轰击试样表面，另一个电子束轰击用于检测的阴极射线管(CRT)。入射的第一束电子束轰击试样后将产生电子或光子发射，选择其中的一种信号，经过收集、检测和放大后，用来调制第二个电子束的亮度。每一个强信号在 CRT 上形成一个亮斑，而每一个弱信号在 CRT 上形成一个暗斑。两个电子束同步扫描的试样表面上的每一个点均在 CRT 上形成相应的斑点。当对整个试样表面扫描时则可获得整个试样表面电子衍射信息的平面分布图。试样表面相结构的变化和高度的变化均在 CRT 收集的图像中有所反映。因此，该方法可以获得试样表面的形貌和相分布的信息。典型扫描电镜的空间分辨率可以达到 3.5nm[13]。图 14-6 所示为采用 SEM 获得的 CdZnTe 晶体表面位错腐蚀坑的图片。该图片清楚地反映了位错腐蚀坑的形状、尺寸、密度及分布规律。根据腐蚀坑的形貌，还可以进行位错类型和结构的判断。

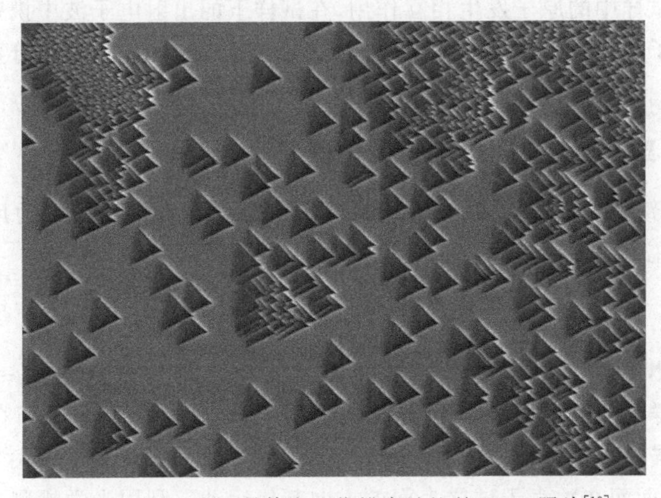

图 14-6　CdZnTe 晶体表面位错腐蚀坑的 SEM 照片[18]

透射电镜利用电子波粒二相性的波动性原理，将电子束加速到高能状态，使其透过试样时发生衍射，形成透射电子束和衍射电子束，如图 14-7 所示。透射电子束和衍射电子束经物镜聚焦，并经过物镜后的物镜光阑投射到选区光阑。如果使透射束和各衍射束分别汇聚在物镜后的焦面上则获得一幅电子衍射图，该方法称为 Abbe 成像(见图 14-7(a))[13]。如果移动物镜光阑，只让透射束通过所成的像称为明场像，如图 14-7(b)[13]所示。如果移动物镜光阑只让衍射束通过，所成的像称为暗场像。由于高能电子束的波长很短，其中 100keV 的电子束的波长为 0.0037nm，而 200keV 的电子束波长仅为 0.0025nm。因此，透射电子显微镜的空间分辨率可以达到 0.19nm[13]。

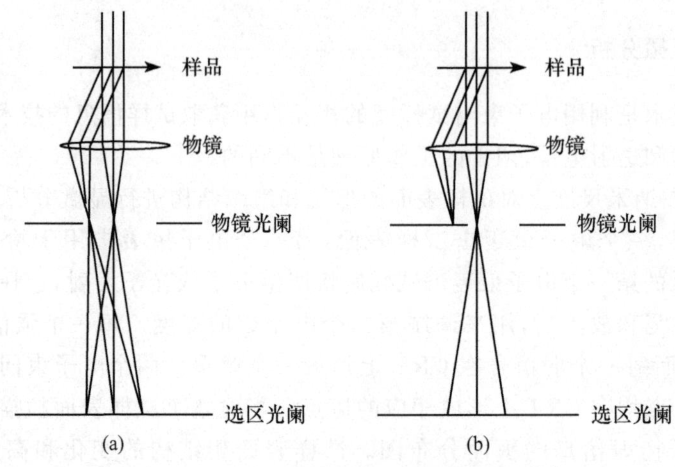

图 14-7　透射电子显微镜的成像与原理[13]
(a) Abbe 成像；(b) 明场像

随着透射电镜的进一步发展，分辨率提高到了原子尺度，可以获得原子空间分布的图像，形成了高分辨电子显微技术（HRTEM）。HRTEM 的电子发射枪发射的电子波穿过晶体试样时，与试样中的原子发生相互作用，在试样下的出射电子波中携带着试样的结构信息，出射的电子波经过透镜后在像平面处发生相互干涉，所获得的高分辨像的衬度就是相干相位的衬度。其分析实例见图 13-35 和图 13-36。

14.2.3　原子力显微镜及扫描隧道显微镜分析

原子力显微镜（AFM）及扫描隧道显微镜（STM）均是在接近原子的尺度上进行形貌分析的仪器，但在工作原理上存在一定的差异。

1. AFM

AFM 的基本原理是将一个对微弱力极敏感的微悬臂一端固定，另一端有一微小的针尖，针尖与试样表面轻轻接触。由于针尖尖端原子与试样表面原子间存在极微弱的排斥力，通过在扫描时控制这种力的恒定，带有针尖的微悬臂将对应于针尖与试样表面原子间作用力的等位面而在垂直于试样表面的方向起伏运动。利用光学检测方法或隧道电流检测方法测得微悬臂对应于扫描各点的位置变化，从而可以获得试样表面形貌的信息，如表面粗糙度、平均高度、峰谷峰顶之间的最大距离等。当针尖在试样表面移动时，受试样表面形貌的影响而上下波动，从而使微悬臂反射的激光束发生变化，检测器可以反映出该位移量，将该位移量与位置信息对应起来，则可反映出晶体的表面形貌。AFM 的高度分辨率达 0.1nm，宽度分辨率为 2nm 左右。

AFM 的工作模式是以针尖与试样之间的作用力的形式来分类的，主要操作模式有接触模式、非接触模式和敲击模式。

接触模式是 AFM 最直接的成像模式。在整个扫描成像过程之中，探针针尖始终与试样表面保持亲密接触，而相互作用力是排斥力。但该模式扫描时，悬臂施加在针尖上的力有可能破坏试样的表面结构，力的大小范围在 10^{-10}～10^{-6}N。若试样表面柔嫩而不能承受这样的力，便不宜选用接触模式对试样表面进行成像。

非接触模式探测试样表面时悬臂在距离试样表面上方 5～10nm 的距离处振荡。这时，试样与针尖之间的相互作用由范德瓦耳斯力控制，通常为 10^{-12}N，试样不会被破坏，而且针尖也不会被污染，特别适合于研究柔嫩物体的表面。

敲击模式介于接触模式和非接触模式之间。悬臂在试样表面上方以其共振频率振荡，针尖仅仅是周期性地短暂地接触或敲击试样表面。这种模式在针尖接触试样时所产生的侧向力被明显地减小了。

2. STM

STM 的工作原理基于量子力学的隧道效应。采用具有原子尺度的金属针尖逼近试样表面，但尚未接触，在针尖和试样表面之间施加电压，电子通过隧道效应在针尖与试样之间的空间流动。针尖与试样表面之间的结构可以简化为图 14-8 所示的"金属 M_1-绝缘体(I)(真空势垒)-金属(M_2)"结构。对试样施加一个偏压 V 时，则在针尖和试样表面之间形成的隧道电流为[13]

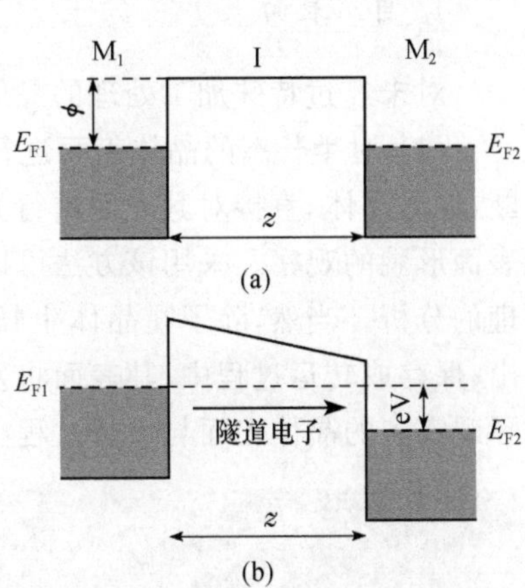

图 14-8　金属-绝缘体(真空势垒)-金属结构隧道效应的基本原理[13]

(a) 未加偏压前；(b) 加上偏压后

$$I \propto \exp(-\kappa z) \tag{14-22}$$

式中，z 为针尖与试样之间的距离；κ 为由下式决定的参数

$$\kappa^2 = \frac{2m_e \phi}{\hbar^2} \tag{14-23}$$

其中，ϕ 为针尖材料的功函数；m_e 为电子质量；$\hbar = \dfrac{h}{2\pi}$，h 为 Planck 常量。

通常 ϕ 为 4～5eV，从而 $\kappa \approx 0.1$nm。因此，由式(14-22)可以看出，当针尖与试样之间的距离每改变 0.1nm，隧道电流将改变一个数量级，即隧道电流对针尖与试样之间的距离是非常敏感的，在高度方向上的分辨率可以达到 0.01～0.001nm。在实际 STM 设备中，可以采用恒电流模式或恒高度模式两种方式进行形貌测定。

恒电流模式是利用一套电子反馈线路控制隧道电流 I，使其保持恒定，再通过控制针尖在样品表面扫描，使针尖沿 x、y 两个方向作二维运动。要控制隧道电流 I 不变，针尖与样品表面之间的局域高度也保持不变，因此针尖就会随着样品表面的高低起伏而做相同的起伏运动，高度的信息也就由此反映出来，得到了样品表面的三维信息。

恒高度模式在对样品进行扫描过程中保持针尖的绝对高度不变，针尖与样品表面的局域距离将发生变化，隧道电流 I 的大小也随着发生变化。通过记录隧道电流的变化，并转换成图像信号显示出来，即可得到 STM 显微图像。

14.2.4　晶体显微分析试样的制备

不同的晶体显微分析方法具有不同的特点和空间分辨率，对分析试样的要求也各不相同。不同分析仪器的操作,可以求助于专业的分析技术人员,而试样的准备则必须是由从事晶体生长的科技工作者完成的。这是通过有限的试验获得大量、有用、合理、科学的研究结果的关键。以下对用于显微组织分析的晶体试样及其制备方法进行简单的归纳和分析。

1. 自然表面

对未经过特殊加工处理的晶体直接进行显微分析的方法见于以下几种情况:

(1) 对生长态的晶体表面进行直接观察,如在溶液生长或气相生长过程中使生长中断,取出晶体,直接对其表面进行光学显微或电子显微观察,或者采用 AFM 或 STM 进行表面形貌的观察。采用该方法可以获取晶体生长界面形貌的直接信息,进行晶体生长机理的分析。当然,除了在晶体生长过程中进行原位观察的特殊情况外,在晶体样品的取出、保存或转运过程中,其表面将发生不同程度的氧化、污染以及溶剂的附着等。因此,实际观察到的晶体表面与生长过程中的实际情况总会存在一定的差异。

图 14-9　气相生长获得的 ZnSe 晶体的表面形貌[19]

图 14-9 为 ZnSe 晶体在气相生长中断后直接观察到的表面形貌[19]。可以看出,该晶体呈二维枝晶生长的特征。

(2) 对经过一定时间的放置、辐照、退火、氧化等处理的试样进行显微观察,研究试样在不同处理过程中表面组织、结构与形貌的演变过程。每隔一段时间或每完成一个处理环节进行一次观察,分析不同的处理过程对晶体表面影响的程度及其随时间变化的规律。

图 14-10 是退火后 $Cd_{0.96}Zn_{0.04}Te$ 晶片表面形成的热腐蚀坑形貌的 SEM 照片。其中(111)Te 面上的热腐蚀坑呈平底三角形,典型形貌如图 14-10(a)所示。在(111)Cd 面上只观察到倒置三棱锥热蚀坑,其侧壁具有显微岩层状的结构(见图 14-10(b))。可以看出,采用热处理的表面即可直接进行晶体热腐蚀行为的研究。

(3) 断裂表面的观察。进行断口形貌分析是进行结构材料破坏原理分析的重要技术。对于晶体材料,直接将其压断,进行断口的形貌分析,可以获取晶体内部组织结构的直观信息。特别是对于脆性的晶体材料,直接进行断口分析不仅可以减少样品制备的工作量,而且可能是能够保留原始组织结构、获得真实结构信息的主要选择,因为其他样品加工处理方法均会不同程度地造成晶体表面的损伤,使得分析结果失真。外延生长的薄膜材料,将其沿垂直于薄膜表面的平面与衬底材料一起压断,则可直接对衬底和外延膜的界面结合特性和形貌进行观察。同时,与衍射和成分分析方法相结合,可以对界面附近结构与成分进行定量的研究。

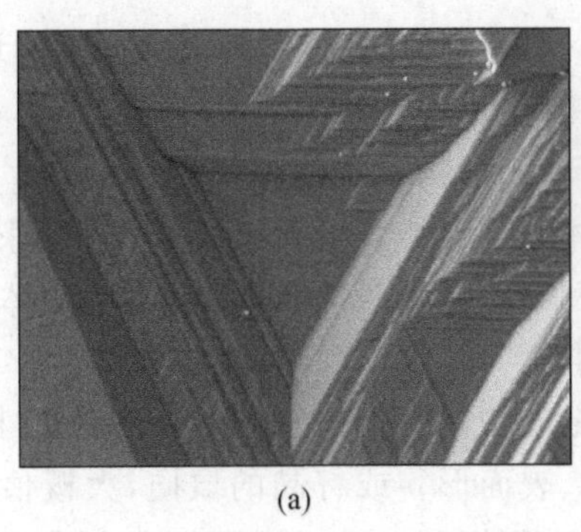

(a)

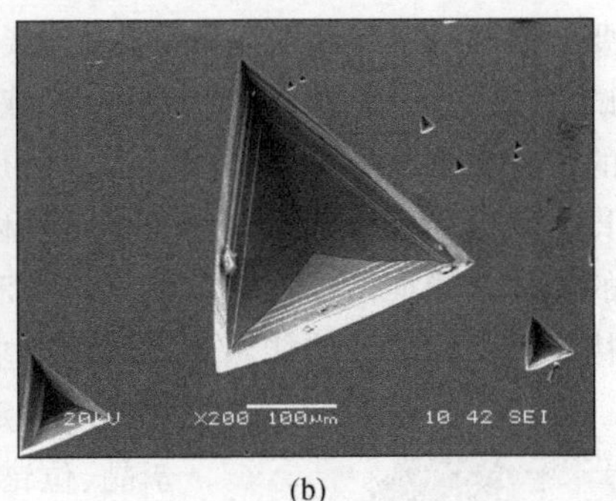

(b)

图 14-10　CZT 晶体热处理状态下的表面形貌[20]

(a)(111)Te 面上的典型热腐蚀坑；(b)(111)Cd 面上的典型热腐蚀坑

对于各向异性很强的晶体，常常存在着一个容易开裂的解理面。在进行晶体压断的过程中，晶体倾向于沿着解理面开裂。利用晶体材料的这一特性，可以获得平整的断口，并对晶体特定的晶面进行分析。

2. *研磨抛光表面*

晶体典型的显微组织分析试样是通过对大块的单晶试样进行切割、研磨、抛光和化学腐蚀处理制备的。样品制备过程包括以下步骤：

1）试样的切取

实际生长的晶体通常具有较大的尺寸，细观组织的分析只能在其中选取具有代表性的微小区域进行。取样的位置、试样的取向以及试样尺寸的合理性对于分析结果的代表性具有重要的影响。

如果要对某种方法生长的晶锭进行全面的性能评价，则首先要对整个晶锭中可能的组织结构分布有一个初步估计，其估计的根据是由晶体生长条件以及元素与杂质分凝决定的成分、组织、结构的分布情况。可以首先在晶锭的头部、中部和尾部各选取一个试样进行分析，并根据需要采用差值的方法在其他部位选取试样进行数据的补充，也可以采用外推的方法，先在晶锭的中部选取具有代表性的试样，获得初步的研究结果，然后根据需要向两边外延，选取合适的试样进行数据的补充。

在大尺寸的晶锭中，即使在同一个截面上，晶锭中心位置和边缘位置的成分、组织和性能也存在差异。因此，需要在从中心向边缘的半径方向上选取不同的试样进行分析。

除此之外，有时需对籽晶界面、晶界、孪晶等特殊的部位进行取样，以获取特殊的信息，此时则应在对晶锭初步外观分析的基础上确定取样位置。

在确定了试样的取样位置之后，还要确定切割方向，选取具有特定取向的试样进行分析。代表性的取向可能有两个：一个是与晶体生长方向具有特定的取向关系。在分析晶锭的整体结构和缺陷分布，以及晶体生长取向对性能影响的关系时可以选择该取向。另一个是根据试样本身的晶体学取向，选择特定的晶面进行观察。在进行晶体结构与缺陷形成的晶体学因素分析时可以选取该取向。通常需要根据不同的分析目的进行取样方向的确定。

在需要对多项性能进行分析测试时，需要认识晶锭中不同部位和取向的非均匀性，使不同分析试样取向位置相对应，使其具有相互可借鉴性和可比性。

试样的尺寸是根据分析仪器的样品室的尺寸、结构和具体的要求确定的。

切取具有特定的晶体学取向的试样是晶体结构性能分析中经常提出的要求。这不仅因为不同的晶体学取向所能反映的晶体结构和缺陷的特性不同，而且某些晶体材料本身就需要沿特定的晶向切片才能满足使用的要求。

图 14-11　直接切割的 CdZnTe 晶体表面上显示的晶界和孪晶界[20]

晶体定向切割时，首先根据其形貌和结构特征，如孪晶、位错、表面形貌或籽晶的取向，大概估计出其取向特征，并进行切割。如对于面心立方或闪锌矿结构的晶体，通常存在着以(111)为孪晶面的孪晶，故直接沿与孪晶面平行方向切割即可获得(111)晶面的晶体。然后，采用 X 射线衍射或其他方法对切割面的取向进行测定，确定出晶锭表面与特定晶向之间的偏差角。根据测定的偏差角的信息，进行晶锭方向的转动，使预定的切割晶面与切割设备的刀片平行。经过多次调整，可以使晶体的实际切割面与预定的切割晶面之间的偏离小于容许的偏差。

对于脆性材料，切割表面可以反映出晶体取向特征。图 14-11 是 CdZnTe 晶体切割表面[20]。不同晶体学位向对光的反射特性不同，形成亮度变化的不同区域，据此可以显示出孪晶、晶界等信息。图中比较平直的边界为孪晶界，而非严格平直的边界为晶界。

2）试样的研磨

试样研磨的过程可以降低晶片表面的粗糙度，获得光滑平整的晶体表面。其中需要控制的主要参数包括表面平整度、上下表面的平行度，以及表面晶体学取向。

晶片的研磨通常分为手工研磨和机械研磨。商业化研磨机械通常具有双面研磨和单面研磨的功能。前者在自动化研磨设备上可一次同时研磨出上下两个表面，或者首先研磨一个表面，然后反过来进行另外一个表面的研磨。

研磨过程实际上是一个微切削过程，采用砂纸或粉体磨料为研磨介质。不论是手工研磨还是机械研磨，选择合适的研磨介质都是极其重要的。研磨通常分粗磨和精磨两个环节。在粗磨环节，采用粒度较大的磨料，快速获得基本平整的表面，而精磨则通过逐渐更换更细的磨料，提高晶体的表面光洁度。因此，粗磨是控制晶体表面平整度和上下表面平行度的关键环节，而精磨是提高晶体表面光洁度的环节。

随着晶体本身的硬度、强度、韧性等的不同，研磨工艺存在很大差异，是一个需要通过实践反复摸索的过程。

3）试样的抛光

抛光是进行晶片表面精加工的环节，是可以获得极高平坦度和极小表面粗糙度的工艺。机械抛光也分为粗抛和细抛。以 HgInTe(MIT)晶体材料为例[21]，在粗抛过程中采用纯的粒度为 1000 目的 MgO 微粉，加去离子水配成抛光液进行粗抛。细抛时要求抛光剂粒度细小、分散度好。抛光的环境、抛光液中粉体的均匀性以及后续的清洗环节均对抛光质量具有极其重要的影响。

晶体材料在机械抛光后，近表面区存在由应力集中、电活性缺陷、杂质、微划痕、微凹凸面等构成的损伤层，损伤层内晶格的周期性被破坏。机械抛光表面典型的损伤层厚度为 30～50μm，通常可通过后续的化学抛光进行去除。

化学抛光处理可以获得较为完整的光滑表面。研究化学抛光最重要的问题是关于晶片表面均匀溶解的问题。即使是纯金属表面，其物理和化学性质也不是均一的，晶片表面上有许多电位各不相同的部分，因而会产生瞬时闭合原电池，其阳极是电位较负的部分，阴极是电位欠负(与阳极部分相比)的部分，所以晶片表面在电化学关系上是一个复杂的多电极系统。化学抛光时，表面可能会发生过腐蚀现象，出现斑疤、麻点和其他缺陷。在化学抛光过程中，晶片表面处于活化-钝化的状态之间，在达到稳定钝化后，晶片与抛光液将停止反应。在强烈溶解的条件下，晶片将产生腐蚀所固有的不均匀特征。图 14-12 中给出了在 Br_2-C_3H_7ON 和 Br_2-MeOH 中对 MIT 晶片进行化学抛光时，晶片质量随时间变化的曲线[21]。其中晶片质量的变化与表面去除量成正比。从图中可以看出，化学抛光的去除量随着时间的延长而线性增大。其中线性增大的比例系数随着抛光液种类和浓度的变化而改变。

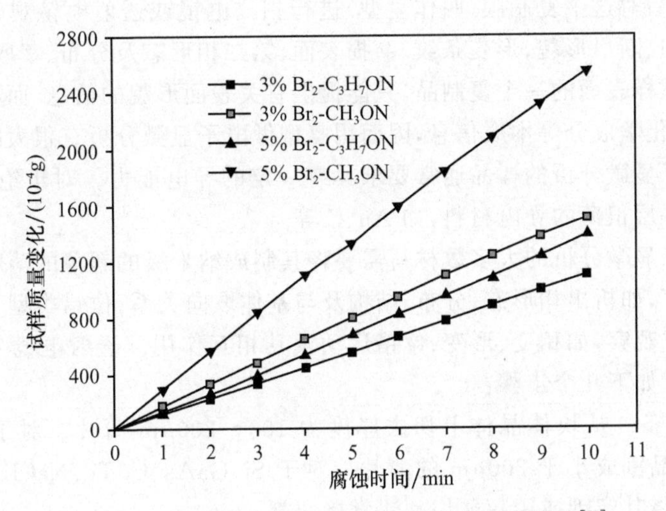

图 14-12　不同抛光液对 MIT 表面腐蚀速度的影响[21]

表 14-4 为采用不同的抛光液抛光 3min 后，采用 AFM 测定的 MIT 晶片表面的粗糙度[21]。可以看出，5%Br_2-C_3H_7ON 抛光液抛光后的 MIT 晶片表面质量最好，表面粗糙度约为 34.9Å，Br_2-C_3H_7ON 抛光液比 Br_2-MeOH 抛光液具有更好的抛光效果。

表 14-4　MIT 在不同抛光液中抛光前后的平均表面粗糙度[21]

工艺	未抛光	3%Br_2-MeOH 3min	3%Br_2-C_3H_7ON 3min	5%Br_2-MeOH 3min	5%Br_2-C_3H_7ON 3min
平均粗糙度/Å	106.3	78.2	63.0	74.1	34.9

为了进行晶体中的位错、晶界、孪晶等结构缺陷的分析，需要对试样进行选择性腐蚀。这是由于这些缺陷周围的应力场以及不同晶体学取向的晶面在腐蚀介质中腐蚀速率存在差异，从而在缺陷周围形成形貌各异的腐蚀坑。以闪锌矿结构的CdZnTe晶体为例，腐蚀过程开始于位错以及其他缺陷的周围，结束于远离缺陷且稳定的晶体表面(晶体密排面的原子间距最大，因而是稳定面)。CdZnTe的密排面是(111)面，因而腐蚀通常结束于(111)面。这可以解释CdZnTe(100)、(110)以及(111)A晶面的蚀坑形貌。(111)A面(富Cd面)和(111)B面(富Te面)上蚀坑形貌的差异反映了CdZnTe晶体沿[111]方向的极性。在E_{Ag}溶液中，CdZnTe(111)A面化学稳定性要高于(111)B面。在对(111)A面进行腐蚀时，腐蚀通常终止于(111)A面，因此(111)A面的三角形蚀坑是3个(111)A面组成的倒锥形。而对(111)B面进行腐蚀时，腐蚀终止于(111)A面，形成的蚀坑形貌为金字塔型。(111)B面的三角形蚀坑则是由1个(111)B和3个(110)面组成的四面体[20]。这可能是因为CdZnTe(110)面是近密排面，且没有极化效应，因而具有一定的化学稳定性。

3. 电子显微分析试样的制备

用电子显微分析的样品具有特殊的要求，通常包括薄膜试样和表面复型试样。

表面复型试样即是把准备观察的试样表面形貌(表面显微组织浮凸)用适宜的非晶薄膜复制下来，然后对这个复制膜(叫作复型)进行扫描电镜或透射电镜观察与分析。复型适用于金相组织、断口形貌、形变条纹、磨损表面、第二相形态及分布、萃取和结构分析等。复型只不过是试样表面的一个复制品，只能提供有关表面形貌的信息，而不能提供内部组成相晶体结构、化学成分等本质信息，因而用复型做电子显微分析有很大的局限性。

用扫描电子显微分析的样品通常要求具有一定的导电能力。对于绝缘体材料，可以在其表面喷涂一层很薄的导电材料，如Au、C等。

用透射电子显微分析的大多数材料需要将其制成纳米级的超薄的薄膜样品。薄膜样品可做静态观察，如析出相形态、分布、结构及与基体取向关系；位错类型、分布、密度等也可以做动态原位观察，如相变、形变、位错运动及其相互作用。透射电镜分析用薄膜试样的制备通常包括如下几个步骤：

(1) 薄片准备。从块体晶体上切去厚度为100～200μm薄片。对于金属等韧性材料，用线锯将样品割成小于200μm的薄片。对于Si、GaAs、CdTe、NaCl、MgO等脆性材料，可以用刀片将其解理或用超薄切片法直接切割。

(2) 薄片样品的切取。用超声钻或puncher设备从材料薄片上切割出Φ3mm的圆片，或直接从试样中解理出轮廓尺寸小于30mm的超薄试样。

(3) 预减薄。使用凹坑减薄仪将薄圆片磨至10μm厚，或用研磨机或砂纸将试样研磨至几十微米。

(4) 终减薄。对于导电的样品，如金属，采用电解抛光减薄。对非导电的样品，如陶瓷，采用离子减薄，离子轰击样品表面，使样品材料溅射出来，以达到减薄的目的。离子减薄会产生热，使样品温度升100～300K，采用液氮冷却样品可以避免试样升温引起组织结构的变化。离子减薄是一种普适的减薄方法，可用于陶瓷、复合材料、半导体、合金、界面样品，甚至纤维和粉末样品。

(5) 对应用于高分辨电镜观察的试样,需要采用离子减薄设备将其中心打穿,形成空洞,在空洞的边缘形成一到几个原子层厚度的薄区,获得原子分布的图像。

薄膜样品观察的视野很小,因此,选取试样的代表性是非常重要的。特别是在对晶体中位错、孪晶、晶界及各种界面进行观察时,试样的制备难度是非常大的,需要较为丰富的经验,而且,往往需要制备出大量的试样,从中捕捉具有代表性的样品信息。

14.3　晶体结构的衍射分析

反映原子空间结构的信息,包括晶体的结构、晶格常数、应力与结构缺陷等可能导致晶格常数变化的因素均可采用 X 射线或其他高能射线衍射的方法测定。其中最常用的是 X 射线衍射和电子衍射技术。

14.3.1　X 射线衍射分析的基本原理

采用 X 射线衍射进行晶体结构研究的基本依据是 Bragg 衍射方程。对于(hkl)晶面,用 d_{hkl} 表示其晶面间距,由 Bragg 衍射方程决定的衍射角 θ_{hkl} 与入射射线的波长 λ 之间的关系为

$$n\lambda = d_{hkl}\sin\theta_{hkl} \tag{14-24}$$

在式(14-24)中,对于一定的晶体,d_{hkl} 是固定,而 θ_{hkl} 和 λ 是可以改变的。因此,通常有两种分析方法,一种是采用波长连续的 X 射线入射,即 λ 可变的方式,称为 Laue 法,另一种是固定 X 射线的波长 λ,改变 θ_{hkl} 的衍射方法。这可以通过对被测晶体进行旋转或对用于衍射射线强度测定的 X 射线计数器的方位进行旋转实现。根据对 θ_{hkl} 角测定方式的不同,有回摆法、魏森堡法、旋进法以及单晶衍射法。

Laue 法是应用最早的衍射方法,有图 14-13 所示的透射法和背射法两种[13]。在满足式(14-22)所示的位置形成强度增强的衍射斑点。根据衍射斑点的分布可以对晶体的结构进行判断。

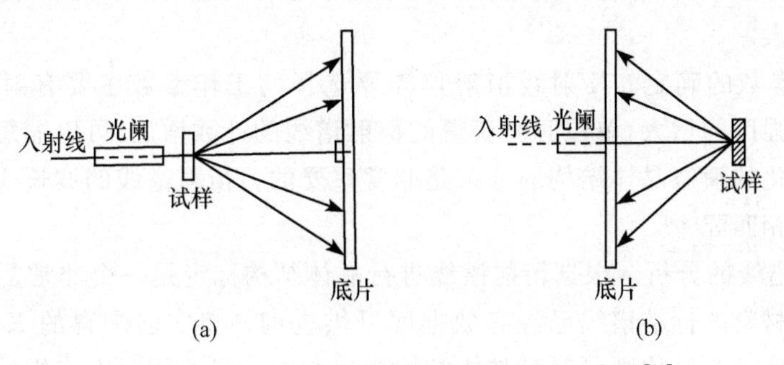

图 14-13　Laue 法 X 射线衍射分析原理示意图[13]

(a) 透射法;(b) 背射法

基于单晶衍射原理的四元衍射仪是目前较为常用的单晶体 X 射线衍射设备。该设备可以获得衍射射线的强度随衍射角 θ 的变化,并根据所出现的衍射峰的分布对晶体的

结构进行判断，由特定晶面衍射增强峰对应的衍射角，则可对晶面间距进行计算，进而根据晶面间距与晶格常数的关系计算出晶格常数。

进行晶体结构分析最常用的方法是采用多晶粉末进行衍射。晶体内部面间距相等或相近的晶面产生的衍射峰叠加，并投影到一维空间，则可形成一定的谱线。图 14-14 所示为取自 Bridgman 法生长的闪锌矿结构 $Cd_{1-x}Mn_xTe$ 晶锭中不同位置粉末样品的 X 射线衍射图谱，图中标出了该结构晶体中主要晶面的衍射峰。该晶锭中不同位置的晶体样品中的 x 值有一定的差异，因此各衍射峰对应的 θ 角有一定的变化。

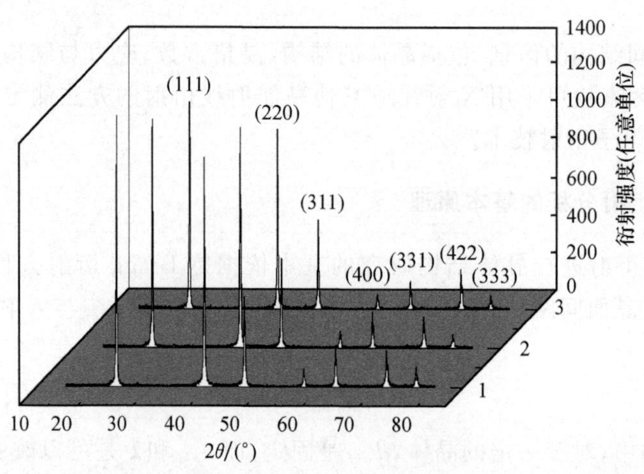

图 14-14　$Cd_{1-x}Mn_xTe$ 晶锭中不同位置晶体粉末样品的 X 射线衍射图谱[22]

谱线 1、2、3 分别是距离晶锭尖端 30mm、60mm 和 100mm 的晶片测试结果

给定的晶体所获得的谱线是唯一的，根据其衍射谱线即可对晶体结构做出判断。从实用的角度，对晶体结构进行 X 射线衍射分析的主要技术问题如下：

(1) 样品的准备。多晶 X 射线衍射采用粉末样品，要求样品的结晶完整、无应力、颗粒尺寸均匀。理想的颗粒尺寸为 1～20μm。当颗粒尺寸小于 1μm 时，由于晶粒的表面原子数量较大而导致衍射峰变宽；而当颗粒尺寸大于 20μm 或颗粒不均匀时，会引起较大的衍射强度统计误差。

(2) 衍射参数的确定。X 射线衍射仪需要选择的工作参数主要有射线的强度和波长。随着射线强度的增大，单位时间获得的衍射谱线的计数增加，可以缩短工作时间。这对于随时间变化的瞬态晶体结构的分析是非常重要的。衍射谱线的波长应与被测样品的晶体结构常数相匹配[23]。

(3) 衍射谱线的分析。根据衍射谱线进行晶体结构标定是一个非常复杂的过程。通常大多数晶体材料的标准谱线已经有数据库可供查询。将实验测得的 X 射线衍射谱与数据库中的标准谱线对比则可对其晶体结构做出判断。目前国际上应用的主要数据库包括[13]：①无机结构数据库(ICSD)，约 6 万个条目，主要为无机氧化物数据；②剑桥有机结构数据库(Cambridge Structure Data Bank)，主要为有机化合物的数据，包括 25 万个条目；③国际衍射数据中心粉末衍射数据库(International Center for Diffraction Data)，包括金属、有机和无机化合物的结构数据，约 30 万个条目；④美国标准局晶体数据库(NIST

Crystal Data),包括有机和无机化合物的结构数据约 23 万个条目。

如果试验获得的衍射图谱在数据库中不存在,则需要采用计算方法进行计算,可以选用的计算软件包括 TRERO 尝试程序[24]、DICVOL 二分法计算程序[25]和 ITO 晶带法计算程序[26]。在衍射图谱指标化时可能出现多解,需要从中选出正确的解,有时需要和其他分析方法相结合进行综合分析,是一个复杂的过程。

在 X 射线衍射分析方法中,采用与晶体表面接近平行的掠入射 X 射线可进行晶体表面的结构分析。当掠射角度小于某一临界值时,在晶体表面几乎发生全外反射。此时如果伴随着 Bragg 衍射,则衍射射线可以反映晶体表面附近数十个埃量级的表面原子的位移和排列,包括清洁表面的重构、外延层的点阵失配等。这种分析方法称为掠入射 X 射线衍射,简写为 GID 或 GIXD[13]。掠入射方法可以通过增大并改变入射角对晶体表面以下不同深度的化学成分和结构进行测定。

14.3.2　电子衍射

电子衍射利用电子的波粒二象性中的波动性原理进行晶体结构的衍射分析,根据电子的能量通常分为高能电子衍射和低能电子衍射。

1. 高能电子衍射

电子衍射和 X 射线衍射的原理相同,发生衍射增强的条件满足 Bragg 衍射方程。电子衍射与 X 射线衍射相比所具有的优点是:①电子衍射能在同一试样上将形貌观察与结构分析结合起来;②电子波长短,因此单晶的电子衍射花样是晶体倒易点阵的一个二维截面在底片上放大投影,从底片上的电子衍射花样可以直观地辨认出一些晶体的结构和取向关系,对晶体结构的研究比 X 射线简单;③同样由于高能电子的短波长特点,高能电子衍射的分辨能力很强,能给出纳米量级的局部结构信息,而 X 射线衍射仅能给出 0.1mm 尺度的结构信息;④物质对电子散射主要是核散射,因此散射强,约为 X 射线的一万倍;⑤电子对晶体的穿透能力比 X 射线要弱得多,因此,用于透射法电子衍射的样品通常很薄,需要通过特殊的减薄技术制备。

电子衍射可以获得衍射花样图谱。图 14-15 是 $SrTiO_3$ 晶体沿[001]方向入射获得的透射电子衍射花样[27]。该花样反映的是晶体倒易空间晶格结点。倒易空间中每一个结点(lmn)都对应于正空间的一个晶面。对衍射花样的标定可以确定晶体所属的晶系和单位晶胞的结构对称性。将入射电子束标记为$[u,v,w]$,将衍射花样中的基本倒易矢量记为$[l_1,m_1,n_1]$和$[l_2,m_2,n_2]$,则电子衍射花样的标定遵循以下 4 个原则[27]:

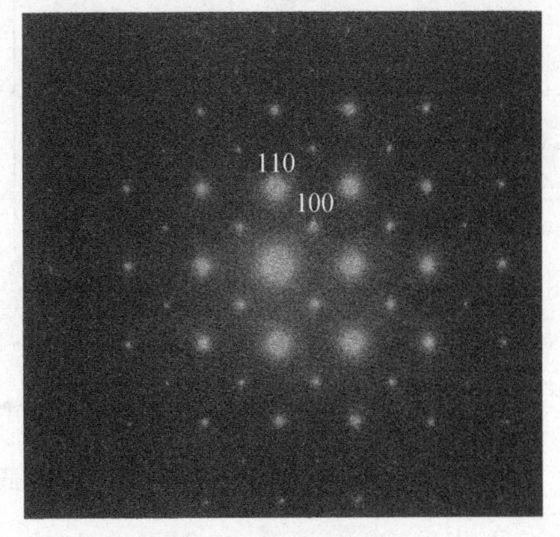

图 14-15　$SrTiO_3$ 晶体[001]方向电子衍射花样[27]

(1) 二维衍射平面中的任意倒易矢量均垂直于入射电子方向,即满足

$$[u,v,w]\cdot[l_1,m_1,n_1]=ul_1+vm_1+wn_1=0 \qquad (14\text{-}25a)$$

$$[u,v,w]\cdot[l_2,m_2,n_2]=ul_2+vm_2+wn_2=0 \qquad (14\text{-}25b)$$

(2) 若已知两个反射束的指数，则入射电子束的方向一定为

$$[u,v,w]=[l_1,m_1,n_1]\times[l_2,m_2,n_2]=[m_1n_2-n_1m_2,n_1l_2-l_1n_2,l_1m_2-l_2m_1] \qquad (14\text{-}26)$$

(3) 两个基本矢量与电子束方向之间 Miller 指数的符号满足左手法则。

(4) 两个基本矢量的线性组合，一定能够标出属于相同 Laue 区的所有衍射斑点的指数。

2. 低能电子衍射

低能电子衍射即 low-energy electron diffraction，或简写为 LEED。该方法利用能量为 20～500eV 的低能电子入射到晶体的表面，从晶体背散射获得电子，经过加速后撞击到荧光屏上产生荧光，形成 LEED 衍射图像。通过对该图像的分析则可获得晶体表面的结构信息。低能电子在固体中平均非弹性自由程很短，约为 0.5nm，在样品中的穿透深度为 2nm 左右，因此，可以灵敏反应晶体的表面结构。

低能电子衍射设备的工作原理如图 14-16[13] 所示。电子枪可以产生 0～1000eV 的低能电子，并入射到晶体的表面。从晶体表面散射的电子采用球面荧光屏收集。在荧光屏前加上栅极对电子进行加速，在荧光屏上形成的衍射斑点采用 CCD 器件收集。在 LEED 试验中可以采用两种实验结果的分析方法。其一是采用 CCD 器件记录衍射光斑，并对衍射光斑的图形进行分析。其二是对某一衍射光斑，分析其衍射强度随入射电子能量的变化，纪录 *I-V* 曲线，称为 LEED 的 *I-V* 曲线。

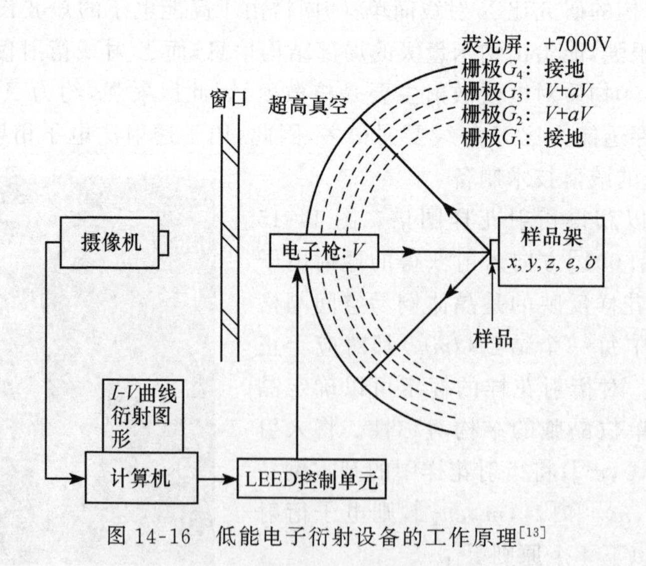

图 14-16　低能电子衍射设备的工作原理[13]

图 14-17 所示为 CdZnTe(111)A 面低能电子衍射图，经标定该衍射图是($\sqrt{3}\times\sqrt{3}$) R30°重构的表面结构[18,28]。

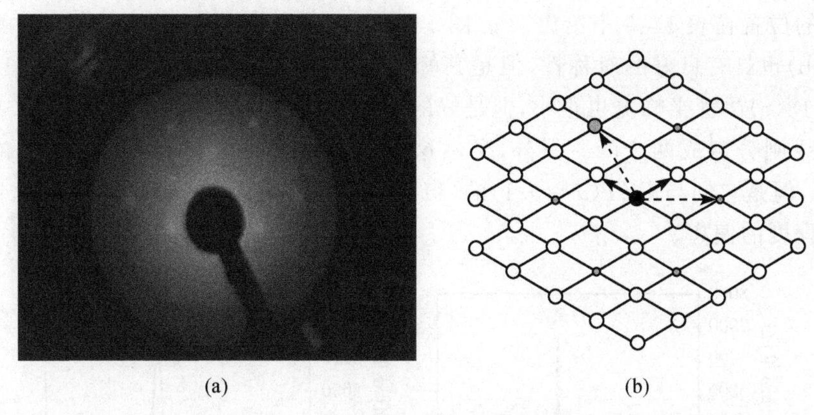

图 14-17　CdZnTe(111)A-($\sqrt{3}\times\sqrt{3}$)R 30°面低能电子衍射图[18,28]

(a) 衍射花样；(b) 衍射花样标定

3. 反射式高能电子衍射

反射式高能电子衍射(简写为 RHEED)利用高能电子照射晶体的表面，通过探测弹性散射的电子获得晶体表面结构信息，通常采用的电子能量为 5～100keV。虽然该高能电子束具有较大的穿透深度，采用掠入射的方式仍可使电子束的穿透深度局限于 2～3 个原子层的厚度，获得晶体表面的信息。采用 CCD 器件对掠入射高能电子束衍射图谱的分析可以获得晶体表面的原子重构，单胞的尺寸、形状以及表面晶体对称性的信息。RHEED 最重要的一个应用是在 MBE 法晶体生长过程中对晶体生长面结构变化的原位观察。由图 12-47 可以看出配备在 MBE 晶体生长设备中 RHEED 的工作原理。MBE 设备工作过程中的真空条件避免了气体分子对电子的散射。每生长一个原子层，晶体的表面结构发生一次周期性的变化。记录界面周期性的变化过程可以对外延生长进行原位监控。图 12-48(b)所示是 $Cd_{1-x}Mn_xTe$/CdTe 超结构在 MBE 法生长过程获得的 RHEED 谱线。

14.3.3　单晶体结构缺陷的衍射分析

X 射线衍射和电子衍射分析的基本依据是 Bragg 衍射方程，其中晶体面间距是一个基本参数。晶体的结构缺陷将导致晶体面间距的变化，这必将在衍射图谱中有所反映。因此，可以通过衍射分析揭示晶体中的结构缺陷。以下结合几个具体的例子进行分析。

1. 根据 X 射线回摆曲线进行晶体结构完整性的评价

在 X 射线回摆曲线的分析中，通常以某一个衍射强度较大的峰作为参考，分析衍射峰的形状和宽度。晶体内的残余应力、位错、孪晶等都会对 X 射线衍射回摆曲线的结果产生影响，使峰高变小，峰形变宽。因此，这种表征手段是对晶体整体结晶质量，即晶体结构完整性的一个综合评价。

图 14-18 所示是采用 Philips X'Pert-MRD 四晶衍射仪测定的 4 种不同结晶质量 CdZnTe 晶片(111)面的 X 射线回摆曲线[28]。其对应的半峰宽，即 FWHM 和(111)晶面

的衍射峰的位置在表 14-5 中给出[28]。图 14-18(a)对称性良好，峰形尖锐，半峰宽最小；图 14-18(b)也具有良好的对称性，但是其峰形明显宽化，半峰宽大约是图 14-18(a)的 3 倍；图 14-18(c)尽管半峰宽也很小，但是峰的两侧却存在着明显的不对称；而图 14-18(d)的回摆曲线则分裂成两个峰。另外，虽然这些回摆曲线的衍射峰主峰位置均位于 $2\theta=38.2°$附近，但是它们与 CZT($x=0.1$)的(111)面的理论衍射角 $2\theta=38.2198°$之间仍然存在着不同程度的偏离。

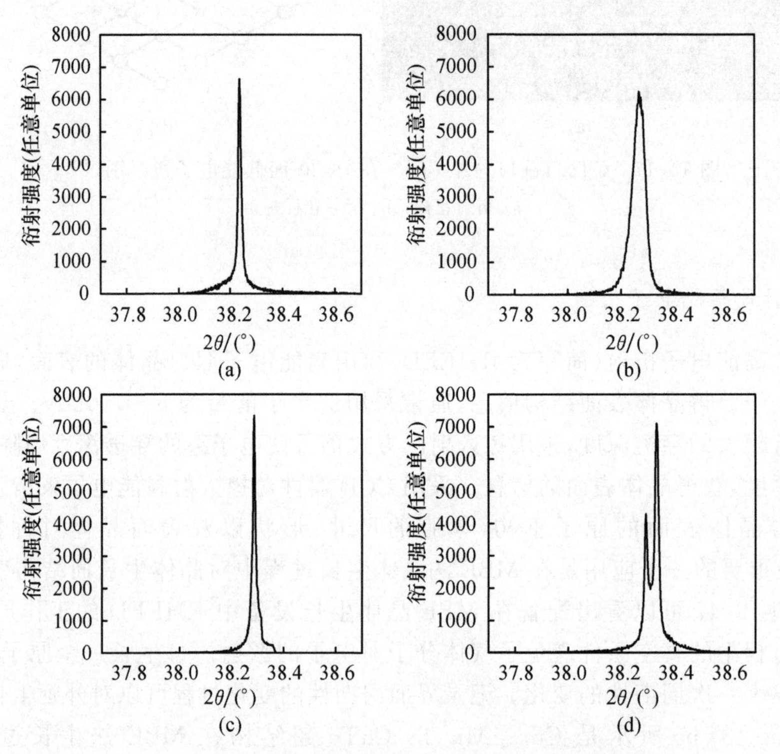

图 14-18　CZT 晶体四种典型的 X 射线衍射回摆曲线[28]

(a) 对称性良好，峰形尖锐；(b) 对称性良好，峰形宽化；(c) 对称性差；(d)峰分裂

表 14-5　四种回摆曲线的半峰宽[28]

衍射谱	FWHM/(″)
图 14-18(a)	45～76
图 14-18(b)	118～230
图 14-18(c)	74～151
图 14-18(d)	

X 射线衍射回摆曲线峰的对称性与晶体的结构均匀性直接相关。峰型左右对称，说明在 $1mm^2$ 的衍射面积内晶体的成分和结构比较均匀，而且无亚晶界。

半峰宽是由下式所决定：

$$W_M^2=W_i^2+W_a^2+W_d^2+W_o^2 \tag{14-27}$$

式中，W_M 为测试获得的衍射峰的半峰宽值；W_i 为晶体的本征半峰宽。Azoulay 等[29]的计算结果表明，CZT 晶体(111)面，$W_i=4.7''$；W_a 为设备函数，对四晶单色光衍射而言，$W_a=4.8''$；W_d 表示由位错密度引起的峰型展宽。W_d 与位错密度 ρ 的关系式为[6]

$$\rho=\frac{W_d^2}{4.35b^2} \tag{14-28}$$

式中，b 是位错的伯格斯矢量的模。

当位错密度在 $10^4\sim10^6/cm^2$ 范围内时，$W_d=10''\sim35''$。W_o 表示由其他因素，包括弯曲、残余应力或与衍射面的小角度偏离等引起的峰型展宽。由此可见，半峰宽越小，晶体内的位错密度越低，存在的残余应力也越少。衍射峰的位置与理论衍射角之间的偏离是由晶体内的结构缺陷引起的。当有结构缺陷或残余应力存在于晶体中时，在缺陷附近的微观区域或应变区内，原子的规则排列受到破坏，晶面产生扭曲与倾斜，面间距也发生变化，因此引起 Bragg 衍射角的变化。当 X 射线的波长不变时，对 Bragg 衍射方程进行微分，可得到下式：

$$\Delta d\sin\theta+d\Delta\theta\cos\theta=0 \tag{14-29}$$

即

$$\Delta\theta=-\frac{\Delta d}{d}\tan\theta \tag{14-30}$$

当晶体中某一区域内反射面面间距 d 发生了 Δd 变化时，Bragg 角 θ 也相应发生 $\Delta\theta$ 的变化。当晶体中存在宏观的弹性应变或位错等晶体缺陷时，晶格发生畸变，晶面间距发生变化，引起 Bragg 衍射角的变化。

衍射峰的分裂则是由晶体内的孪晶界引起的。孪晶界的两侧晶粒的取向不一致导致了 Bragg 衍射角度的不同，从而造成了两个衍射峰。

依照上述分析得知，图 14-18(a)所代表的晶片成分和结构均匀，位错密度低，残余应力小，而且不存在小角度晶界。图 14-18(b)和图 14-18(c)所代表的晶片存在着较大的位错密度和残余应力，结构缺陷较多。而图 14-18(d)对应的晶体中可能存在亚结构。

2. 热膨胀系数的衍射分析

晶体材料的热膨胀过程对应着晶格常数的变化，采用 X 射线衍射测定不同温度下的晶格常数，则可获得晶体的热膨胀特性。以下以 $Hg_{3-3x}In_{2x}Te_3$($x=0.5$，简写为 MIT)晶体为例，探讨采用 X 射线衍射方法进行热膨胀系数测定的技术。采用高温 X 射线衍射的方法测量不同温度下 MIT 晶体的 X 射线衍射图谱[30]。

利用 DICVOL91 指标化程序对各个温度下的 X 射线衍射图谱进行了标定，得到了 MIT 晶体晶格常数与温度的关系，如图 14-19 所示[30]。可以看到，MIT 的晶格常数随着温度的升高，先迅速下降，然后又开始缓慢增大，说明 MIT 晶体受热后出现体积先收缩后膨胀的过程。体积收缩速率约为 1.52×10^{-4} Å/K，而在膨胀阶段的膨胀速率约为 5.8×10^{-5} Å/K。

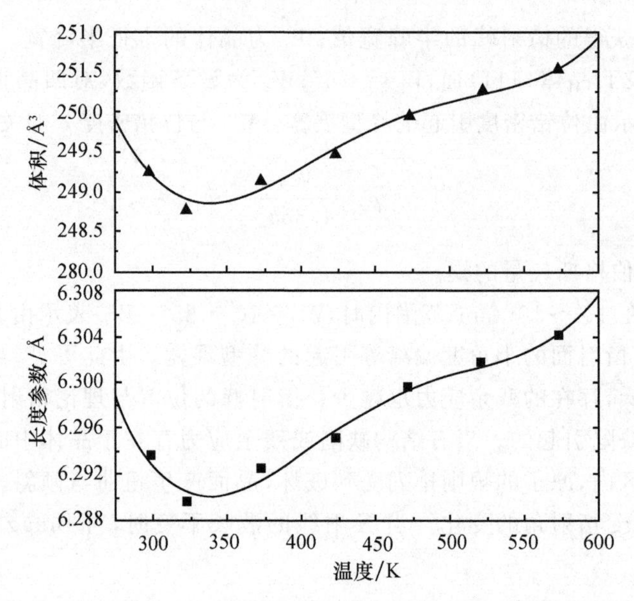

图 14-19 MIT 晶体晶格常数随温度的变化曲线[30]

图 14-19 中的实验结果在利用最小二乘法拟合后可以得到 MIT 晶体晶格常数 a 及晶胞体积 V 与温度 T 的关系表达式为[30]

$$a_T = 7.0966 - 0.0074T + 2.5017\times10^{-5}T^2 - 3.6585\times10^{-8}T^3 + 1.9774\times10^{-11}T^4 \tag{14-31}$$

$$V_T = 345.9411 - 0.8942T + 0.0030T^2 - 4.4083\times10^{-6}T^3 + 2.3832\times10^{-9}T^4 \tag{14-32}$$

3. 析出相体积分数的衍射分析与估算

在多相混合的系统中，每一种晶相具有各自的衍射峰，衍射峰的强度随着该晶相在其组织中含量的增加而增大。因此，根据不同晶相衍射峰的相对强度可以推测其在多相组织中的质量分数，该方法称为 X 射线参比强度法。以下以 CdZnTe(简写为 CZT)晶体中 Te 沉淀质量分数半定量物相分析为例。参比强度的定义是任意一种纯物相 i 与刚玉按照 1∶1 的质量比配样，然后测量两者的最强衍射峰(也称特征峰)的强度 I_i 和 I_C，两个强度的比值就为 i 相的参比强度 K_i。

如果 CZT 晶体中含有 Te 相，则[31]

$$K = \frac{I_{CZT}w_{Te}}{I_{Te}w_{CZT}} \tag{14-33}$$

式中，I_{Te}和 I_{CZT}分别为 Te 相和 CZT 相的衍射峰强度；w_{Te}和 w_{CZT}分别是 Te 相和 CZT 相的质量分数；K 称为 Te 相和 CZT 相的“参考强度比”，设 K_{Te}和 K_{CZT}分别为 Te 相和 CZT 相的参比强度，则

$$K = \frac{K_{Te}}{K_{CZT}} \tag{14-34}$$

可以采用将纯 Te 相和 CZT 相的质量比按照 1∶1 的比例制成标准样品，即取 $w_{Te}/w_{CZT}=1$，测定其标样中 I_{Te} 和 I_{CZT} 衍射峰的强度，则可直接获得 K 参数的数值。对于实际 CZT 晶体，如果仅含有 CZT 相和 Te 相，则

$$w_{Te}+w_{CZT}=1 \tag{14-35}$$

如果 K 已知，并测出 I_{Te} 和 I_{CZT}，则可由式(14-33)和式(14-35)计算出 Te 相的物相分数 w_{Te}。

在实际测量中，取 CZT 多晶料作为比较基准，认为其中不含 Te 沉淀相。取高纯 Te 并与多晶 CZT 按照 1∶1 的比例混合作为标样，先对其进行衍射分析。将该图谱与无 Te 沉淀相的 CZT 晶体的衍射图谱及纯 Te 的图谱相对照，选择标样中 Te 重叠较少的(101)面衍射峰和 CZT 强度较大的(111)面衍射峰。由于 Te 的(100)峰与 CZT 的(111)峰有叠加，故采用软件 MDI Jade 5.0 进行峰的分离。其步骤是：首先寻峰、平滑、校正、扣除背底，然后进行标定、全谱拟合，得到了分离的 Te 和 CZT 的图谱[31]。

4. 采用 X 射线二维倒易点阵图研究晶体中的镶嵌块结构

在某些特殊的条件下，Ⅱ-Ⅵ族化合物 CZT 晶片中会出现镶嵌块结构。镶嵌块结构是一种亚结构，镶嵌块内的原子排列与周围区域原子排列存在位向差。图 14-20 所示是(111)取向单晶片抛光表面用 E 溶液和 E_{Ag} 溶液腐蚀后在 JEM 6360-LV 型扫描电镜下观察发现的两种镶嵌块结构[20]。一个为等轴状的，如图 14-20(a)所示；另一个成长条形，如图 14-20(b)所示。镶嵌块结构都是由位错重排成位错网络形成的。

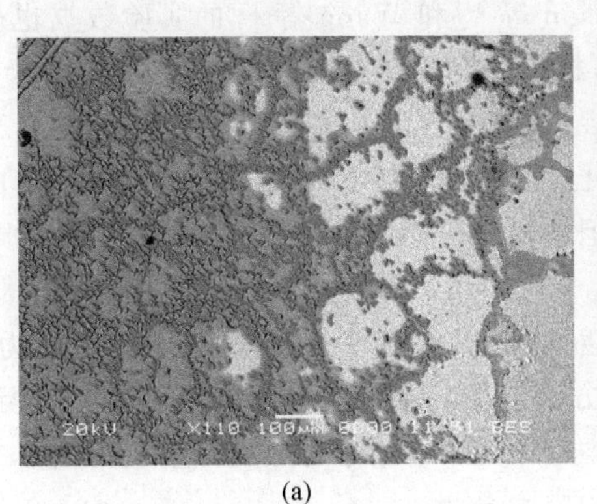

(a)

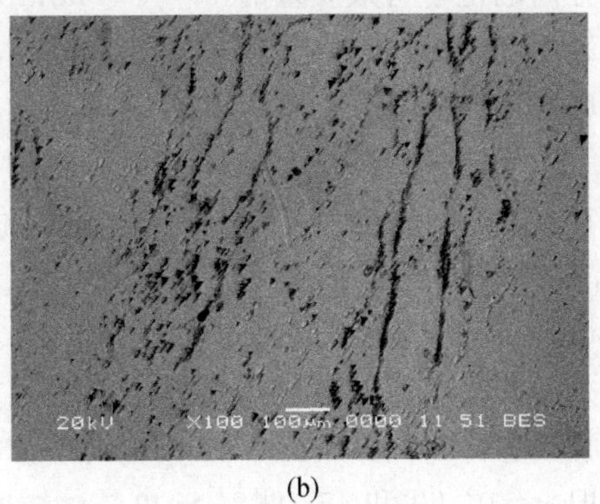

(b)

图 14-20　CZT 晶片中镶嵌块结构 SEM 照片[20]

(a) 球状镶嵌块结构；(b) 长条状镶嵌块结构

采用 PW3040 型高分辨 X 射线衍射仪对包含镶嵌块结构的 CZT 晶片的倒易点二维图进行测试，衍射仪采用 Ge(220)四晶准直单色器，其 $\Delta\lambda/\lambda$ 为 5×10^{-5}，ω 扫描和 $\omega/(2\theta)$ 扫描的步长为 0.0005°，衍射仪接收器前端的分析器为 Ge(220)双晶单色器，其接收角为 12″。对每一次 $\Delta\omega$ 步长进行一次 $\omega/(2\theta)$ 扫描，这样就可以得到倒易点的二维图。

14.3.4　晶体应力应变的衍射分析

应力是材料发生非均匀弹性变形或弹塑性变形的结果。半导体材料中的应力对器件的性能、成品率和可靠性有着极其重要的影响。随着器件集成度的提高和新工艺的应用，应力对器件的影响越来越大。近几年来，半导体材料中应力已成为国际上器件可靠性物理研究的重要领域。

在半导体材料中，薄膜生长中的晶格失配和外加应力都可以引起材料的应变。Bardeen 和 Shockley[32,33]提出变形势垒理论，在固体材料中建立了声波和电波耦合的模型。Herring 和 Vogt[34]利用变形势垒理论在应变的半导体材料中建立了输运模型。变形势垒理论提出应变引起的能带移位与应变张量成比例：

$$\Delta E = \sum_{ij} \Xi_{ij} e_{ij} \tag{14-36}$$

式中，Ξ 是材料变形势垒；e_{ij} 为应变张量。

到目前为止，变形势垒理论仍然是利用能带计算建立能带移位和弯曲模型的主要理论[35,36]。早在 1954 年，Smith[37]首次发现并测定了 n 型和 p 型的 Si 和 Ge 半导体材料应变增强迁移特性。Herring 和 Vogt[34]利用变形势垒理论解释了应变作用下电子迁移率的变化，认为应变改变了材料中的电子输运，而且由于能带底移位，能带底之间的电子散射率发生改变。

应变对半导体单晶材料物理性能影响的另一重要方面是对载流子的影响。根据 Kane[38]采用八能带 Kane 模型对 InAs 晶体的计算可知，1GPa 的单轴压应力减少了沿[110]方向的电子有效质量的 10％。Thompson 等[39]和 Wang 等[40]的实验数据也表明，对于 Ge 和 GaAs 材料，当应力增加到 4GPa，材料的空穴迁移率一直在增大，而对于 Si 来说，当应力增大到 2GPa 时，空穴迁移率就达到了饱和态。

尽管对于多晶体材料，采用 X 射线衍射已经成为应力分析较成熟的方法，在许多 X 射线衍射仪中都已经配备了应力分析软件，但单晶体中的应力分析更为复杂，需要根据具体的晶体材料，由用户进行应力的计算。

Suzuki 等[41]提出了一种较为准确的 X 射线衍射测定单晶 Si 的二维残余应力的方法，此方法利用了双晶摇摆曲线方位角变换方法。Tanaka 等[42]也提出了 X 射线衍射测定表面法线为[001]方向的单晶 Si 应力的方法。沿着[110]方向加载单轴应力，在 3 个方向上，即 $\varphi=0°$、$90°$和 $45°$，测定 Si 单晶试样的应力分量 σ_{11}、σ_{22} 和 σ_{12}。在 $\varphi=0°$，$90°$两个方向上通过测量(115)和(333)晶面 X 射线衍射，计算得到 σ_{11} 和 σ_{22} 应力分量。在 $\varphi=26.565°$和 $\varphi=63.435°$方向上测定(004)和(133)晶面衍射，可得剪切应力分量 σ_{12}。Yoshike等[43]利用直径为 60μm 的 X 射线束实现了 Si 单晶小面积应力测量。这种测量方法是把一块单晶 Si 作为参考试样，在待测单晶 Si 上加载已知应变，利用 X 射线衍射法测出加载的应力值。这种测试方法的误差为加载应变的 6％。

Tanaka 等[44]综述了 X 射线、同步辐射和中子衍射法测定材料宏观和微观应力在日本的发展和研究。这 3 种方法的基本原理都是晶体学衍射原理，但各有优点。传统的 X 射线衍射法探测的是近表面的应力，中子衍射获取的是材料内部的应力。利用同步辐射高能 X 射线的穿透深度介于近表面和材料内部之间，非常适合测定亚表面应力。这 3 种应力测试方法可以用来分析织构薄膜的残余应力、裂纹尖端的局部应力、单晶材料的应力和复合材料的宏观和微观应力。

以下以用 X 射线衍射法进行 CdZnTe 晶体中应力分析为例，阐述单晶体中的应力分析原理。分析过程以 Bragg 衍射方程为基础，用一级衍射，即 $n=1$ 时的衍射进行分析。

1. 应力分析的基本参数

对 Bragg 方程进行微分得出

$$\Delta d=-d_0\Delta\theta\cot\theta_0 \tag{14-37}$$

式中，d_0 和 θ_0 分别为无应力时的晶面间距和衍射角。

结合应变与面间距关系将式(14-37)可得

$$\varepsilon_{33}=\frac{\Delta d}{d_0}=-\Delta\theta\cot\theta_0=-\frac{1}{2}(2\theta-2\theta_0)\cot\theta_0 \tag{14-38}$$

式中，θ 和 θ_0 为实际晶体和无应力晶体的 Bragg 衍射角。

无应力状态下，晶体的 Bragg 衍射角很难测定，因此不可能仅用式(14-38)就能准确测定晶体的应变，必须应用弹性力学原理将应变与应力关联，引入应变的另一种表达式。

在图 14-21 所示的三维坐标系中，示意出晶体坐标系 X_i、测试系统坐标系 L_i 与试样表面坐标系 S_i 的关系。在由 ψ 和 ϕ 定义的矢量方向上，即与试样表面的夹角为 ψ 的衍射晶面上，应变 $\varepsilon_{33}^{\mathrm{L}}$ 与应力 σ_{ij}^{S} 用下式关联[41]：

$$\begin{aligned}\varepsilon_{33}^{\mathrm{L}}=&\left(s_{11}-s_{12}-\frac{1}{2}s_{44}\right)[(\gamma_{31}^2\pi_{11}^2+\gamma_{32}^2\pi_{12}^2+\gamma_{33}^2\pi_{13}^2)\sigma_{11}^{\mathrm{S}}+2(\gamma_{31}^2\pi_{11}\pi_{21}+\gamma_{32}^2\pi_{12}\pi_{22}\\&+\gamma_{33}^2\pi_{13}\pi_{23})\sigma_{12}^{\mathrm{S}}+(\gamma_{31}^2\pi_{21}^2+\gamma_{32}^2\pi_{22}^2+\gamma_{33}^2\pi_{23}^2)\sigma_{22}^{\mathrm{S}}]+s_{12}(\sigma_{11}^{\mathrm{S}}+\sigma_{22}^{\mathrm{S}})\\&+\frac{1}{2}s_{44}(\sigma_{11}^{\mathrm{S}}\sin^2\psi-\sigma_{12}^{\mathrm{S}}\sin2\psi+\sigma_{22}^{\mathrm{S}}\cos^2\psi)\sin^2\phi\\=&A_n\sigma_{11}^{\mathrm{S}}+B_n\sigma_{12}^{\mathrm{S}}+C_n\sigma_{22}^{\mathrm{S}}\end{aligned} \tag{14-39}$$

式中

$$A_n=\left(s_{11}-s_{12}-\frac{1}{2}s_{44}\right)(\gamma_{31}^2\pi_{11}^2+\gamma_{32}^2\pi_{12}^2+\gamma_{33}^2\pi_{13}^2)+s_{12}+\frac{1}{2}s_{44}\sin^2\psi\sin^2\phi \tag{14-40a}$$

$$B_n=2\left(s_{11}-s_{12}-\frac{1}{2}s_{44}\right)(\gamma_{31}^2\pi_{11}\pi_{21}+\gamma_{32}^2\pi_{12}\pi_{22}+\gamma_{33}^2\pi_{13}\pi_{23})-\frac{1}{2}s_{44}\sin2\psi\sin^2\phi \tag{14-40b}$$

$$C_n=\left(s_{11}-s_{12}-\frac{1}{2}s_{44}\right)(\gamma_{31}^2\pi_{21}^2+\gamma_{32}^2\pi_{22}^2+\gamma_{33}^2\pi_{23}^2)+s_{12}+\frac{1}{2}s_{44}\cos^2\psi\sin^2\phi \tag{14-40c}$$

其中，s_{ij} 是单晶的弹性常数，单位为 GPa^{-1}；π_{ij} 是试样表面坐标系与晶面坐标系之间的变换矩阵参数；γ_{ij} 是晶面坐标系与测试系统坐标系之间的变换矩阵的参数；A_n、B_n 和 C_n 是由测定衍射面的法线方向和试样的法线方向所决定的变量。将式(14-38)和式(14-39)结合可得

$$\varepsilon_{33(n)}^{L}=-\frac{1}{2}(2\theta_n-2\theta_0)\cot\theta_0=A_n\sigma_{11}^{S}+B_n\sigma_{12}^{S}+C_n\sigma_{22}^{S} \tag{14-41}$$

再将式(14-37)变形整理得出如下关系式：

$$\begin{aligned}2\theta_n&=-\frac{2\sigma_{11}^{S}}{\cot\theta_0}A_n-\frac{2\sigma_{12}^{S}}{\cot\theta_0}B_n-\frac{2\sigma_{22}^{S}}{\cot\theta_0}C_n+2\theta_0\\&=\alpha_{11}A_n+\alpha_{12}B_n+\alpha_{22}C_n+2\theta_0\end{aligned} \tag{14-42}$$

式中，α_{11}、α_{12}和α_{22}是未知系数，无应力状态下晶体衍射角 $2\theta_0$ 是未知常数；A_n、B_n、C_n 和 $2\theta_n$ 可以由衍射实验测定，这样就相当于组建了一个多元线性回归模型，用多元线性回归分析方法解出 $2\theta_0$、α_{11}、α_{12}、α_{22}后，并通过如下关系式求出应力 σ_{ij}^{S}：

$$\sigma_{11}^{S}=-\frac{1}{2}\alpha_{11}\cot\theta_0 \tag{14-43a}$$

$$\sigma_{12}^{S}=-\frac{1}{2}\alpha_{12}\cot\theta_0 \tag{14-43b}$$

$$\sigma_{22}^{S}=-\frac{1}{2}\alpha_{22}\cot\theta_0 \tag{14-43c}$$

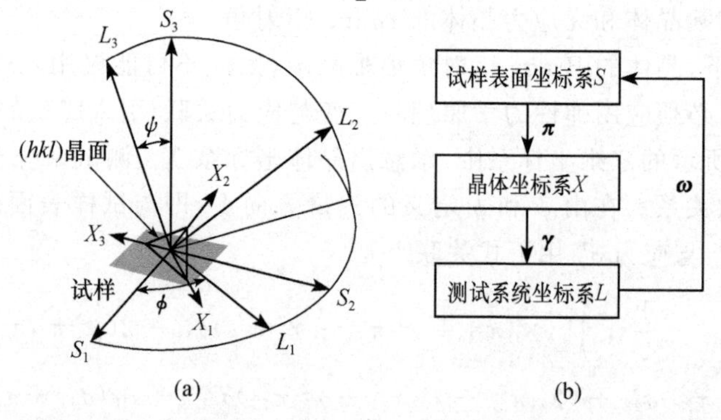

图 14-21 晶体坐标系 X_i、测试系统坐标系 L_i 与试样表面坐标系 S_i 的关系图[20]

(a) 坐标系图；(b) 变换坐标关系

2. 确定坐标系间的变换矩阵

在应变与应力相关联的应变表达式中，确定变换矩阵 $\boldsymbol{\pi}$ 和矩阵 $\boldsymbol{\gamma}$ 的各个分量就显得相当重要。以下分别对 3 个坐标系之间的变换矩阵进行分析。

1）测试系统坐标系 L_i 和试样表面坐标系 S_i 之间的变换矩阵 $\boldsymbol{\omega}$

测试系统坐标系 L_i 和试样表面坐标系 S_i 具有相同原点，两坐标系间的变换在两个坐标平面上通过两次旋转完成。L_1 和 L_2 先绕 L_3 轴旋转 ϕ 角，使 L_1 旋转至 S_1，L_2 旋转至中间位置 L_2^0。然后，将 L_3 和 L_2^0 再绕 L_1 轴(S_1 轴)旋转 ψ 角，使 L_3 旋转至 S_3，L_2^0 旋转至 S_2，则有

$$\boldsymbol{\omega}=\begin{bmatrix}\cos\phi & \sin\phi & 0\\-\sin\phi & \cos\phi & 0\\0 & 0 & 1\end{bmatrix}\cdot\begin{bmatrix}1 & 0 & 0\\0 & \cos\psi & \sin\psi\\0 & -\sin\psi & \cos\psi\end{bmatrix}=\begin{bmatrix}\cos\phi & \sin\phi\cos\psi & \sin\phi\sin\psi\\-\sin\phi & \cos\phi\cos\psi & \cos\phi\sin\psi\\0 & -\sin\psi & \cos\psi\end{bmatrix} \tag{14-44}$$

2）试样表面坐标系 S_i 与晶体坐标系 X_i 之间的变换矩阵 $\boldsymbol{\pi}$

假定试样表面是(111)晶面，因此试样表面坐标系 S_i 与晶体坐标系 X_i 存在一种特殊的位向关系，各位向夹角是 45°。S_1、S_3 先绕 S_2 轴旋转 45°角，使 S_1 轴旋转到 X_1 轴位置，然后，在将 S_2 和 S_3 绕 S_1 轴（X_1 轴）旋转 45°角，使两个坐标系完全重合，则有

$$\boldsymbol{\pi}=\begin{bmatrix}\cos45^\circ & 0 & -\sin45^\circ\\ 0 & 1 & 0\\ \sin45^\circ & 0 & \cos45^\circ\end{bmatrix}\cdot\begin{bmatrix}1 & 0 & 0\\ 0 & \cos45^\circ & \sin45^\circ\\ 0 & -\sin45^\circ & \cos45^\circ\end{bmatrix}=\begin{bmatrix}\sqrt{2}/2 & 1/2 & -1/2\\ 0 & \sqrt{2}/2 & \sqrt{2}/2\\ \sqrt{2}/2 & -1/2 & 1/2\end{bmatrix} \tag{14-45}$$

3）晶体坐标系 X_i 与测试系统坐标系 L_i 之间的变换矩阵 $\boldsymbol{\gamma}$

由 $\boldsymbol{\pi}\cdot\boldsymbol{\gamma}=\boldsymbol{\omega}$ 推出，$\boldsymbol{\gamma}=\boldsymbol{\pi}^{-1}\cdot\boldsymbol{\omega}$，即 $\boldsymbol{\gamma}$ 矩阵各分量为

$$\gamma_{11}=\frac{\sqrt{2}}{2}\cos\phi \tag{14-46a}$$

$$\gamma_{12}=\frac{\sqrt{2}}{2}(\sin\phi\cos\psi-\sin\psi) \tag{14-46b}$$

$$\gamma_{13}=\frac{\sqrt{2}}{2}(\sin\phi\sin\psi+\cos\psi) \tag{14-46c}$$

$$\gamma_{21}=\frac{1}{2}\cos\phi-\frac{\sqrt{2}}{2}\sin\phi \tag{14-46d}$$

$$\gamma_{22}=\frac{1}{2}\sin\phi\cos\psi+\frac{\sqrt{2}}{2}\cos\phi\cos\psi+\frac{1}{2}\sin\psi \tag{14-46e}$$

$$\gamma_{23}=\frac{1}{2}\sin\phi\sin\psi+\frac{\sqrt{2}}{2}\cos\phi\sin\psi-\frac{1}{2}\cos\psi \tag{14-46f}$$

$$\gamma_{31}=-\frac{1}{2}\cos\phi-\frac{\sqrt{2}}{2}\sin\phi \tag{14-46g}$$

$$\gamma_{32}=-\frac{1}{2}\sin\phi\cos\psi+\frac{\sqrt{2}}{2}\cos\phi\cos\psi-\frac{1}{2}\sin\psi \tag{14-46h}$$

$$\gamma_{33}=-\frac{1}{2}\sin\phi\sin\psi+\frac{\sqrt{2}}{2}\cos\phi\sin\psi+\frac{1}{2}\cos\psi \tag{14-46i}$$

至此已经完成了用 X 射线衍射法测定单晶应力的理论准备工作，只要找到一个晶面族（至少 6 个晶面）与试样表面成相同的夹角，分别测试此晶面族各个晶面的摇摆曲线，利用线性回归分析则可得出晶片的表面残余应力。

3. CZT 单晶(111)面与其他低指数晶面的位向关系

对于同级 X 射线衍射，低指数的晶面族衍射光强，高指数的晶面族衍射光弱。低指数晶面族的面间距大，晶面上的原子排列密集，因此晶面对射线的反射（衍射）作用强。相反，高指数晶面族面间距小，晶面上的原子排列稀疏，晶面对射线的反射（衍射）作用弱。

另外,由 Bragg 衍射方程可知,面间距 d_{hkl} 大的晶面对应一个小的掠射角 θ,而面间距 d_{hkl} 小的晶面对应一个大的掠射角 θ。θ 越大,光的透射能力就越强,反射能力就越弱。因此选择低指数的晶面进行应力测试。

晶面极射赤面投影图可揭示晶体中各晶面与晶向之间的夹角和相关关系,在运用 X 射线衍射研究晶体应力中十分有效。根据立方晶系晶面标准极射赤面投影原理及投影图绘制步骤,绘制出(111)晶面的极射赤面投影图,如图 14-22 所示[20]。从图 14-22 看出,{115}晶面族中有 6 个晶面处在一个同心圆上,它们分别是$(\bar{1}15)$面、$(1\bar{1}5)$面、$(5\bar{1}1)$面、$(51\bar{1})$面、$(15\bar{1})$面和$(\bar{1}51)$面。(111)点阵面处于中心位置,其与这 6 个点阵面的夹角相等,且这 6 个晶面对应的圆心角分别是 40°、80°、40°、80°、40°和 80°。

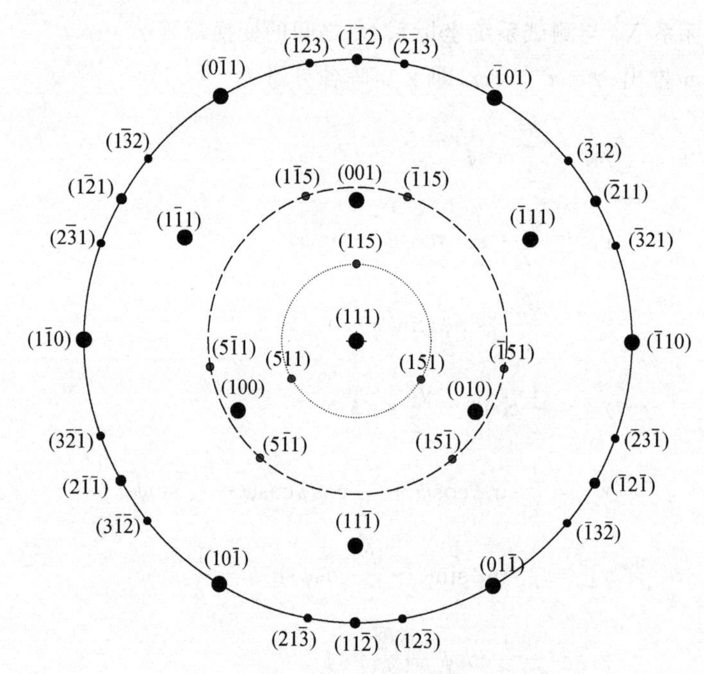

图 14-22　(111)晶面的极射赤面投影图[20]

根据晶面夹角公式[45]

$$\cos\alpha = \frac{h_1h_2 + k_1k_2 + l_1l_2}{\sqrt{h_1^2 + k_1^2 + l_1^2}\sqrt{h_2^2 + k_2^2 + l_2^2}} \tag{14-47}$$

可知,(111)面与$(\bar{1}15)$面、$(1\bar{1}5)$面、$(5\bar{1}1)$面、$(51\bar{1})$面、$(15\bar{1})$面、$(\bar{1}51)$面的夹角都是 56.25°。

4. 实验方法和结果

经过以上分析可知,{115}晶面族中$(\bar{1}15)$面、$(1\bar{1}5)$面、$(5\bar{1}1)$面、$(51\bar{1})$面、$(15\bar{1})$面和$(\bar{1}51)$面这 6 个晶面与晶片表面(111)面有着相同的位向关系,可以利用这 6 个晶面的摇摆曲线测定 CZT 晶片的表面残余应力。

多功能旋转试样台的转轴和 X 射线源、探测器的关系如图 14-23 所示[20]。ϕ 轴、ψ 轴和 ω 轴分别是旋转试样台在三维空间中的 3 个旋转轴,衍射晶面的法线方向是 $\boldsymbol{n}$ 轴。

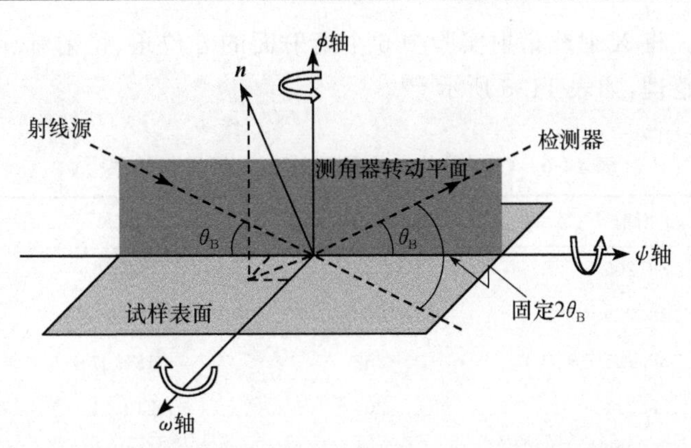

图 14-23　旋转试样台的各旋转轴与 X 射线源和探测器的位置关系[20]

将经过机械和化学抛光的(111)面 CZT 晶片用双面胶固定在衍射仪的旋转试样台上，采用不对称 Bragg 衍射和 $\omega/(2\theta)$ 手动扫描相结合的模式。具体步骤如下，将探测器固定在被测 CZT 晶片(115)面的理论衍射角 $2\theta_B$($2\theta_B=76.4°$)处，然后将试样台(即晶片)在 ψ 方向上偏转 56.25°，相当于将($\bar{1}15$)面、($1\bar{1}5$)面、($5\bar{1}1$)面、($51\bar{1}$)面、($15\bar{1}$)面和($\bar{1}51$)面这 6 个晶面其中的一个晶面放置到水平面上。由于需要测定这 6 个晶面的摇摆曲线，必须准确找到这 6 个晶面的具体方位。因此，首先对晶片进行 ϕ 扫描，采用的扫描范围是 360°的连续扫描。扫描结果如图 14-24 所示[20]，在 360°范围内出现了 6 个衍射峰。

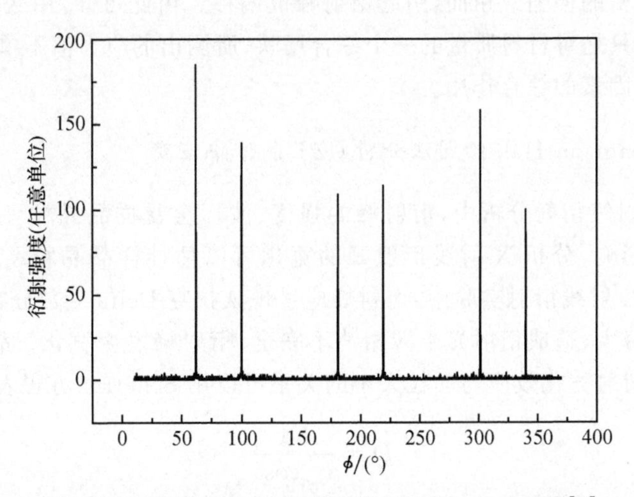

图 14-24　CZT 晶片{115}晶面族 360°的 ϕ 扫描结果[20]

可以看到，这 6 个衍射峰间隔的角度分别是 40°、80°、40°、80°、40°和 80°，这与(111)面极射赤面投影图中($\bar{1}15$)面、($1\bar{1}5$)面、($5\bar{1}1$)面、($51\bar{1}$)面、($15\bar{1}$)面和($\bar{1}51$)面这 6 个晶面之间的位向关系一致，即试样经过 360°的 ϕ 扫描后出现 6 个衍射峰，这 6 个衍射峰分别与($\bar{1}15$)面、($1\bar{1}5$)面、($5\bar{1}1$)面、($51\bar{1}$)面、($15\bar{1}$)面和($\bar{1}51$)面一一对应。准确记录 6 个衍射峰的方位角，按照 $\omega/(2\theta)$ 摇摆曲线扫描模式分别对这 6 个衍射峰进行优化扫描，得到 6 个

晶面的摇摆曲线。将 X 射线衍射实验中 6 个衍射面的方位角、衍射峰、半峰宽(FWHM)等测试结果进行整理,如表 14-6 所示[20]。

表 14-6　CZT 晶片 6 个晶面的 X 射线衍射结果[20]

晶面	Bragg 衍射 $\theta/(°)$	FWHM $\beta_M/('')$	$\phi/(°)$	$\psi/(°)$
$(\bar{1}15)$	38.205	140	62.01	55.97
$(1\bar{1}5)$	38.225	259	99.96	55.98
$(5\bar{1}1)$	38.225	262	181.07	55.37
$(51\bar{1})$	38.211	205	219.21	55.01
$(15\bar{1})$	38.206	180	301.48	55.06
$(\bar{1}51)$	38.208	230	340.02	54.74

经查阅文献[28]可知,式(14-39)中的参数 $s_{11}=0.042542/\text{GPa}$、$s_{12}=-0.017388/\text{GPa}$、$s_{44}=0.05015/\text{GPa}$。将所有的已知条件和测试结果用 Fortran 语言编写求解多元线性回归方程的程序,可计算 CZT 单晶的表面残余应力为:$\sigma_1=30\text{MPa}$、$\sigma_2=14\text{MPa}$、$\tau_{12}=-4\text{MPa}$。

采用的测试应力的方法利用同一晶面族衍射峰的峰移推算晶体的表面残余应力。然而,造成 CZT 晶体衍射峰的峰移的因素包括:①由于晶体的组分不均匀、成分偏析等造成的衍射峰位的偏移;②位错、空位等晶体缺陷,使得晶格点阵中的一部分原子偏离其平衡位置,造成了点阵畸变,使得衍射峰宽化或者峰移;③由于受到应力作用,原子稍稍偏离其平衡位置,造成晶格的伸缩或扭曲,引起衍射峰位偏移。由此可知,用 X 射线衍射法测定的 CZT 单晶应力只是对材料质量的一个综合反映,所测出的应力值不单是晶体中的残余应力,还包括其他因素的综合作用。

5. 采用 Williamson-Hall 绘图法分析 CZT 晶体中应变

多晶材料 X 射线衍射分析中,衍射峰的强度、波形会受样品晶粒尺寸和样品内微观应变(晶格畸变)影响,分析 X 射线衍射峰的宽化可以估计样品晶粒尺寸和微观应变大小。在理想晶体 X 射线衍射实验中,衍射峰应呈现狄拉克 Delta 函数分布,但是实际晶体样品往往不是无穷大,造成衍射光干涉相消不完全,衍射峰发生宽化。晶粒越小,衍射峰便越宽。X 射线衍射宽化效应与晶粒大小的关系可以用 Scherrer 方程表示[46]:

$$D=\frac{K\lambda}{\beta_{\text{size}}\cos\theta} \tag{14-48}$$

式中,D 为晶粒大小;λ 为 X 射线波长;β_{size} 为晶粒大小造成的波形半高宽宽化值;θ 为衍射角;K 为常数,约为 0.94。

实验所得到的衍射峰半高宽 β_M 实际上是由 3 个来源所组成,可以用下式来表示:

$$\beta_M^2=\beta_{\text{size}}^2+\beta_{\text{strain}}^2+\beta_{\text{inst}}^2 \tag{14-49}$$

式中,β_{strain} 为内应力宽化效应参数;β_{inst} 为仪器本身(包括光源以及分光装置等)影响参数。而晶体中的微观应变与 β_{strain} 的关系可表示为

$$\beta_{\text{strain}} = 2\varepsilon \tan\theta \tag{14-50}$$

综合上述，若样品受到晶粒及微观应变的影响，X 射线衍射波形半高宽可写为[47]

$$\sqrt{\beta_{\exp}^2 - \beta_{\text{inst}}^2}\cos\theta = \beta\cos\theta = \frac{K\lambda}{D} + 2\varepsilon\sin\theta \tag{14-51}$$

式中，$\beta_{\exp}$为实验值。

这样，测定多晶试样各个衍射峰的衍射角和半高宽，以 $\beta\,\frac{\cos\theta}{\lambda}$为纵坐标，$\frac{\sin\theta}{\lambda}$为横坐标作图，进行线性拟合，就可以得到晶粒度尺寸和微观应变的关系。这就是 Williamson-Hall 绘图法。

不论多晶还是单晶材料，X 射线衍射的基本依据都是 Bragg 定律。因此，多晶材料中的应变与衍射峰宽化关系也可以应用到单晶材料的应变与衍射峰宽化关系中，因此，可以通过分析单晶材料衍射峰的峰形来确定单晶材料中的微观应变。

Williamson-Hall 绘图法表明了衍射峰宽化与晶粒尺寸和微观应变的关系。然而，CZT 是单晶材料，不存在晶粒尺寸使衍射峰宽化的问题。CZT 单晶材料衍射峰宽化效应只能是晶体中的晶格畸变。将式(14-50)变形，两边同时除以 X 射线波长 λ 得到

$$\beta_{\text{strain}}\,\frac{\cos\theta}{\lambda} = \varepsilon\,\frac{2\sin\theta}{\lambda} \tag{14-52}$$

倒易空间晶面间距 $d^* = \frac{2\sin\theta}{\lambda}$，因此，在倒易空间中，晶格应变与衍射峰宽化的关系又可以表示为[48]

$$\beta^* = \varepsilon d^* \tag{14-53}$$

式中，$\beta^* = \beta_{\text{strain}}\frac{\cos\theta}{\lambda}$，也就是说晶体中的微观应变可用倒易空间的晶面间距来表示。从上文分析可知，CZT 晶体($\bar{1}15$)面、($1\bar{1}5$)面、($5\bar{1}1$)面、($51\bar{1}$)面、($15\bar{1}$)面和($\bar{1}51$)面与(111)面的夹角都是 56.25°。对晶片进行 ϕ 扫描(扫描范围 360°)时，出现了 6 个衍射峰，这 6 个晶面与(111)面的位向关系可以近似为六棱锥，如图 14-25 所示。根据这 6 个晶面与(111)晶面的位向关系，将这 6 个晶面在倒易空间的晶面间距同时投影到(111)面的 X 坐标轴上得出

$$\beta^*\cos\phi\cos\psi = \varepsilon d^*\cos\phi\cos\psi \tag{14-54}$$

式中，β^*为广义衍射峰宽化，它包括因为应变使衍射峰半峰宽增大和因为应变使衍射峰发生峰移两种情形。β^*与衍射峰半峰宽相关，$\beta^* = \text{FWHM}\,\frac{\cos\theta}{\lambda}$；ε 为晶体中非均匀应变。当 β^*与衍射峰的峰移相关时，即 $\beta^* = \Delta\theta\,\frac{\cos\theta}{\lambda}$，ε 为晶体中的均匀应变。均匀应变与非均匀应变对应的 X 射线衍射峰变化如图 14-26 所示[20]。

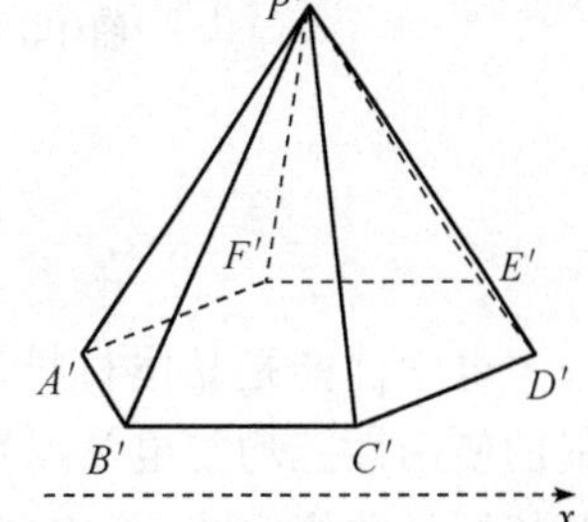

图 14-25　CZT 晶片{115}晶面族 6 个晶面与(111)晶面的位向关系示意图[20]

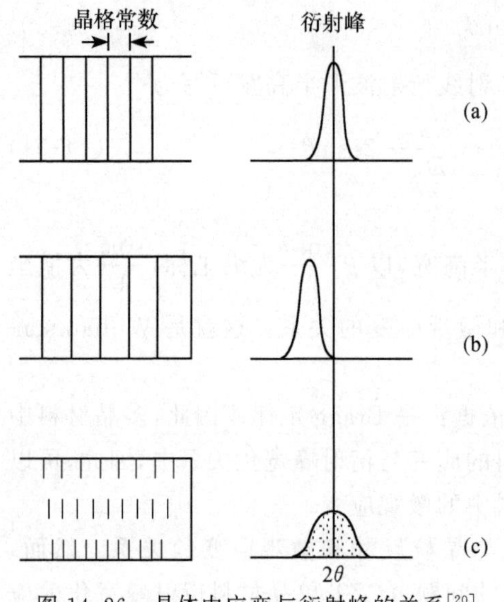

图 14-26　晶体中应变与衍射峰的关系[20]
(a) 无应变晶体；(b) 均匀应变；(c) 非均匀应变

已知表 14-6 中 6 个晶面的衍射角、半高宽和方位角，以 $\frac{\beta\cos\theta}{\lambda}\cos\phi\cos\psi\times10^3$ 为纵坐标，$\frac{2\sin\theta}{\lambda}\cos\phi\cos\psi$ 为横坐标作图，进行线性拟合，可以得到晶体中非均匀应变。特别指出，纵坐标中的衍射峰半高宽 β 是扣除了样品衍射的本征线宽和设备仪器本身带来的衍射峰展宽。如果以 $\frac{\Delta\theta\cos\theta}{\lambda}\cos\phi\cos\psi\times10^3$ 为纵坐标，$\frac{2\sin\theta}{\lambda}\cos\phi\cos\psi$ 为横坐标作图，进行线性拟合，可以得到晶体中均匀应变。

改进的 Williamson-Hall 应变线如图 14-27 所示[20]。可以看出，CZT 晶片中的均匀应变为 1.056×10^{-3}，而晶片中的非均匀应变为 1.214×10^{-4}。此晶片中的均匀应变比非均匀应变小一个数量级，即晶片中的微观应变大部分是由非均匀应变构成的。

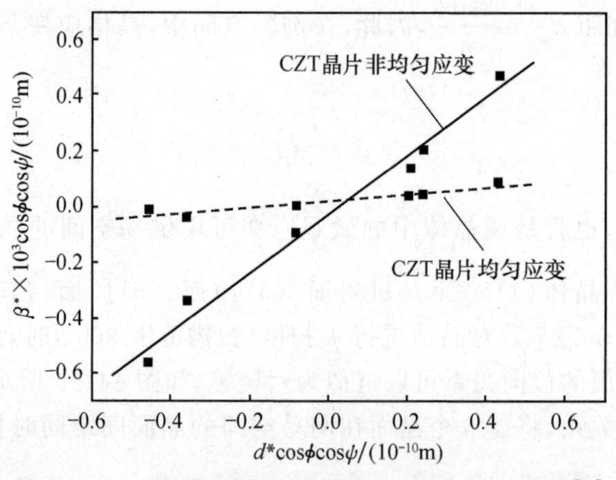

图 14-27　CZT 晶片改进的 Williamson-Hall 应变线[20]

14.4　晶体电学参数的分析

电学性能是晶体材料最重要的物理性能，导电材料、半导体材料、介电材料等功能材料的使用性能均与电学参数相关。对于导电材料和绝缘体材料，最重要的参数是电阻率，其依据是欧姆定律，从原理上是非常简单的。对于绝缘体极高的电阻率和导体相对很低的电阻率，其主要问题是如何降低测量误差，提高测量精度。本节将主要针对半导体材料和介电材料，从 *I-V* 测量、*C-V* 测量、Hall 测量，以及介电特性测量几个方面进行晶体电学性能测试方法的分析。

14.4.1　*I-V* 和 *C-V* 测量

I-V 测量就是测定晶体的伏安曲线，并根据欧姆定律获得其电阻率的方法。对于实际晶体，要获得精确的电阻率数据涉及若干复杂的技术问题。这些问题包括合适的测量仪表的选择和测量环境的控制。如图 8-12 所示，不同晶体材料的电阻率变化范围达到近 20 个数量级，因此需要根据具体的材料选择量程与精度合适的测量仪表。晶体的电阻率通常是温度的函数，因此在测量时需要同时记录测量温度。对于某些高电阻的材料，测量信号极其微弱，可以达到纳安(nA)甚至皮安(pA)量级，必须考虑湿度和空间电磁场等环境因素的影响，常常需要在屏蔽室或环境控制箱中测量。

1. 平面电极测量

最简单的电阻率测定方法是采用图 14-28 所示的平面电极进行测定，并采用如下欧姆定律计算晶体的电阻率：

$$\rho=\frac{S}{\delta}\frac{V}{I} \tag{14-55}$$

式中，S 为晶体的截面面积；δ 为晶体厚度；V 为实测的电压；I 为实测的电流。

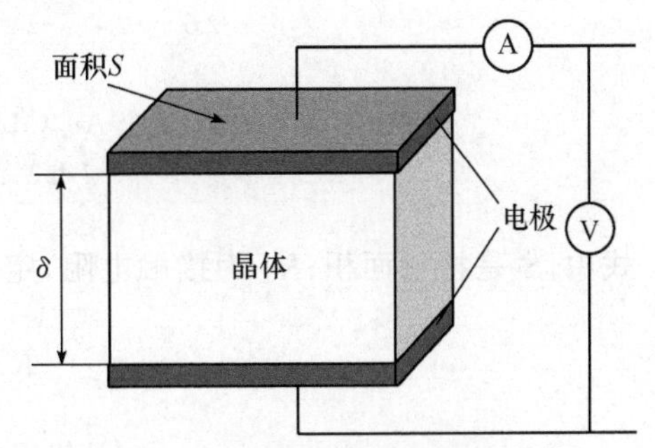

图 14-28　采用平面电极测定晶体电阻率的方法

对于高电阻的半导体材料，首先，需要考虑晶体侧表面漏电流对测量精度的影响，通常通过钝化处理在侧表面形成绝缘的钝化层以降低漏电流。其次，接触电极必须与晶体本身形成欧姆接触，以防止在电极与晶体界面之间形成接触电阻或 pn 结。接触电极材料与晶体本身功函数的对比是选择接触材料的基本依据之一。易于获得欧姆接触的条件是，对于 n 型半导体，电极材料的功函数小于晶体的功函数；对于 p 型半导体，电极材料的功函数应大于晶体。为了实现欧姆接触，可以利用两种机制，一是令 Schottky 势垒高度改变，使其尽可能小；另一种是采用扩散、离子注入和外延等技术在金属-半导体界面形成重掺杂层，使势垒宽度尽可能薄，电子在场发射模式(field emission)下由隧道效应穿过势垒，形成电流[49]。

可以根据 *I-V* 曲线的线性指数，进一步定量判断欧姆特性的质量，即对 *I-V* 曲线按以下公式进行拟合：

$$I=aV^{b} \tag{14-56}$$

式中，a 是常数；b 是欧姆特性系数。对于理想的欧姆接触，$b=1$。欧姆特性系数越接近 1，就越接近欧姆接触。

图 14-29 所示是 3 个带 Au 电极 CdZnTe 晶体的测试实例[18]。将图中数据用式(14-56)进行拟合，得到对应于图中的曲线 1#、2# 和 3# 的 b 值分别为 1.0052、0.9992 和 1.0017。各参数均与 1 接近，表明接触电极为欧姆接触。

关于接触电阻，采用比接触电阻来评价。比接触电阻定义为

$$\rho_{c}=R_{c}S \tag{14-57}$$

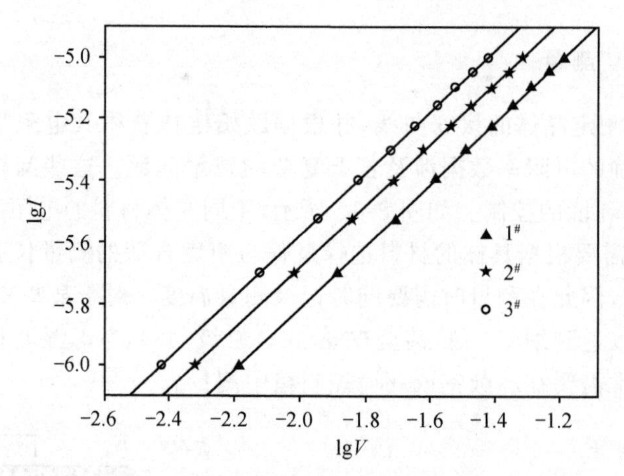

图 14-29　3 个 Au/CdZnTe 晶片 lg$I$-lg$V$ 曲线测定实例[18]

I 和 V 的单位分别为 A 和 V

式中，S 是接触面积；R_c 为接触电阻，定义为零偏压下的微分电阻，即

$$R_c=\left(\frac{\mathrm{d}I}{\mathrm{d}V}\right)^{-1}_{V=0} \tag{14-58}$$

基于式(14-58)，可以由实测的 I-V 曲线进行计算。

2. 四探针法测量

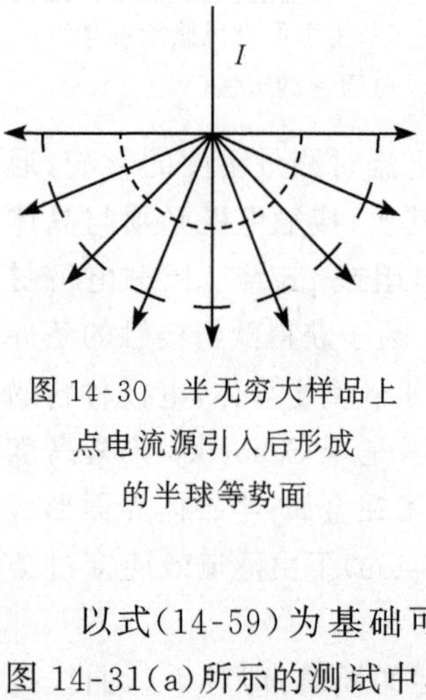

四探针法是采用 4 个点接触电极，从晶体的表面进行电阻率测量的方法，其基本原理如图 14-30 所示。假定与接触点引入的电流场相比，晶体尺寸视为无穷大，则晶体中结点附近形成的电力线具有球面对称性，即等电势面是以点电流源为中心的半球面。距离点电流源 r 处的电势为

图 14-30　半无穷大样品上点电流源引入后形成的半球等势面

$$V(r)=-\frac{I\rho}{2\pi r} \tag{14-59}$$

以式(14-59)为基础可以采用图 14-31 所示的两种方式进行电阻率的测量。在图 14-31(a)所示的测试中，4 个探针等间距直线排列，探针间距为 d，其中从点 1 和点 4 引入点电流，形成回路，而在点 2 和点 3 进行电位测量。两个电流源对点 2 和点 3 电势的贡献之和分别为

$$V_2=\frac{I\rho}{2\pi}\left(\frac{1}{d}-\frac{1}{2d}\right) \tag{14-60}$$

$$V_3=\frac{I\rho}{2\pi}\left(\frac{1}{2d}-\frac{1}{d}\right) \tag{14-61}$$

则 2 和 3 之间的电势差为

$$V_{23}=V_2-V_3=\frac{I\rho}{2\pi d} \tag{14-62}$$

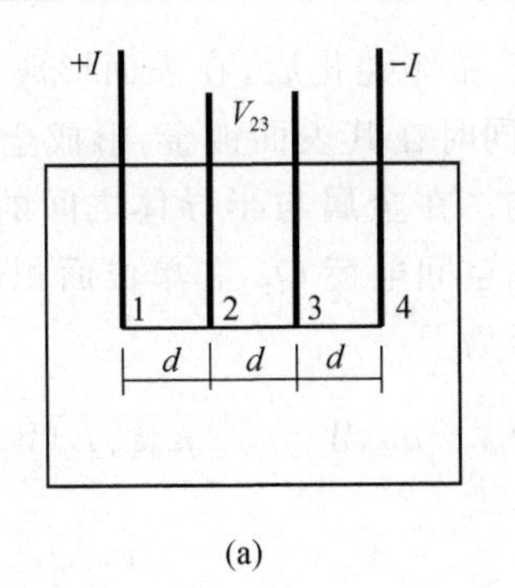

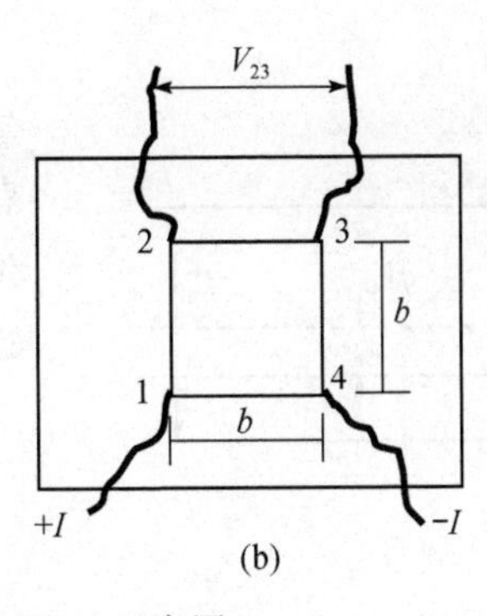

(a)　(b)

图 14-31　四探针法测试方法示意图

(a) 直线型方法；(b) 正方形方法。样品表面平行于纸面

从而，可以获得电阻率的计算式为

$$\rho = 2\pi d \ \frac{V_{23}}{I} \tag{14-63}$$

式(14-63)中，电势差 V_{23} 和电流 I 均可通过实测获得。调整探针之间的间距 d 则可获得最佳的测试条件。

对于图 14-31(b)所示的正方形四探针法，同样从点 1 和点 4 引入电流，在点 2 和点 3 进行电势测定。按照与图 14-31(a)相同的分析方法获得电阻率的计算式为

$$\rho = \frac{2\pi b}{2-\sqrt{2}} \frac{V_{23}}{I} \tag{14-64}$$

四探针法的测量误差可能来自以下几个方面：

(1) 球面电势场的假设引入的误差。球面电势场只有在晶体尺寸为无穷大时才能形成，而实际晶体的尺寸是有限的。同时，当两个接入的电流源形成闭合回路时，球对称的电流场将发生变化。

(2) 接触点引入的误差。在四探针法的测量中，电流的引入和电势的测定均是通过探针尖端的点接触实现的。接触点的非理想接触会导致电流和电势的测定误差。

3. *C-V* 测量

在半导体器件中经常遇到金属-绝缘层-半导体结构(MIS)，这实际上构成了一个电容。当在金属与半导体之间加上电压后，在金属与半导体相对的两个面上被充电。采用 *C-V* 测量可以确定晶体与接触电极之间界面附近的电荷聚集特性。

由于半导体中自由电子密度与金属中自由电子密度相比要低得多，电荷必须分布在一定厚度的空间电荷区。空间电荷区的电势从表面到内部随距离变化，从而半导体表面相对体内产生电势差，同时能带发生弯曲。图 14-32 是表面空间电荷区能带弯曲图[49]，图中 qV_S 是表面势能；qV 是外加电势能；qV_B 是半导体体内禁带中央能量与 Fermi 能级之差；E_g 是禁带宽度；E_i 是禁带中央能量；E_C 是导带能量；E_V 是价带能量；E_f 是 Fermi 能级；W 是耗尽层宽度。

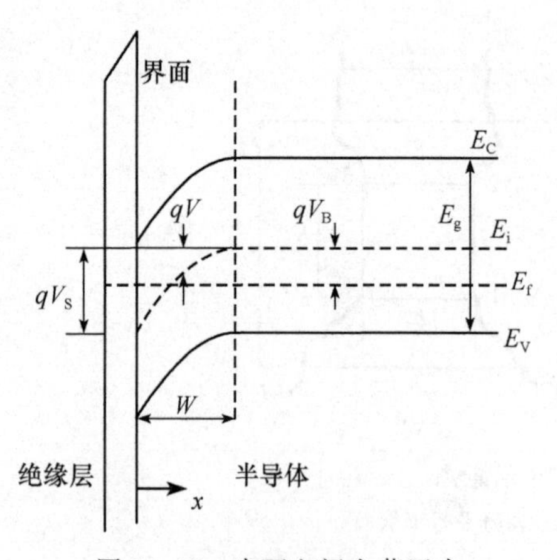

图 14-32　表面空间电荷区内能带的弯曲图[49]

CZT 晶体钝化后，在表面形成近乎于绝缘的氧化层，同时在其表面镀金，形成金属-绝缘层-半导体结构。在金属与半导体之间的绝缘层中，单位面积的空间电荷 Q_{SC} 和单位面积的耗尽层电容 C 可表示为[49]

$$Q_{SC}=qn_dW=\sqrt{2q\varepsilon_0\varepsilon_S n_d(V_{bi}+V)} \tag{14-65}$$

$$C=-\frac{|\partial Q_{SC}|}{\partial V}=\sqrt{\frac{q\varepsilon_0\varepsilon_S n_d}{2(V_{bi}+V)}} \tag{14-66}$$

式中

$$W=\sqrt{\frac{2\varepsilon_0\varepsilon_S}{qn_d}(V_{bi}+V)} \tag{14-67}$$

W 是耗尽层宽度；V_{bi} 是内建电势；V 是应用偏压；ε_0 是真空介电常数；ε_S 是 CZT 晶体的介电常数(约 11)；n_d 是衬底的掺杂浓度。

根据式(14-66)得出

$$\frac{1}{C^2}=\frac{2(V_{bi}+V)}{q\varepsilon_0\varepsilon_S n_d} \tag{14-68}$$

$$-\frac{d(1/C^2)}{dV}=\frac{2}{q\varepsilon_0\varepsilon_S n_d} \tag{14-69}$$

$$N_A=\frac{2}{q\varepsilon_0\varepsilon_S}\left[-\frac{1}{d(1/C^2)/dV}\right] \tag{14-70}$$

若在整个耗尽区内 n_d 为常数，作 C^{-2}-V 图应该得到一直线。

以下以 CdZnTe(CZT)晶体的测试为例。C-V 特性测试采用 Agilent 4294A 高精度阻抗分析仪，测试频率为 1MHz。图 14-33(a)和图 14-33(b)分别是未钝化与钝化的 CZT

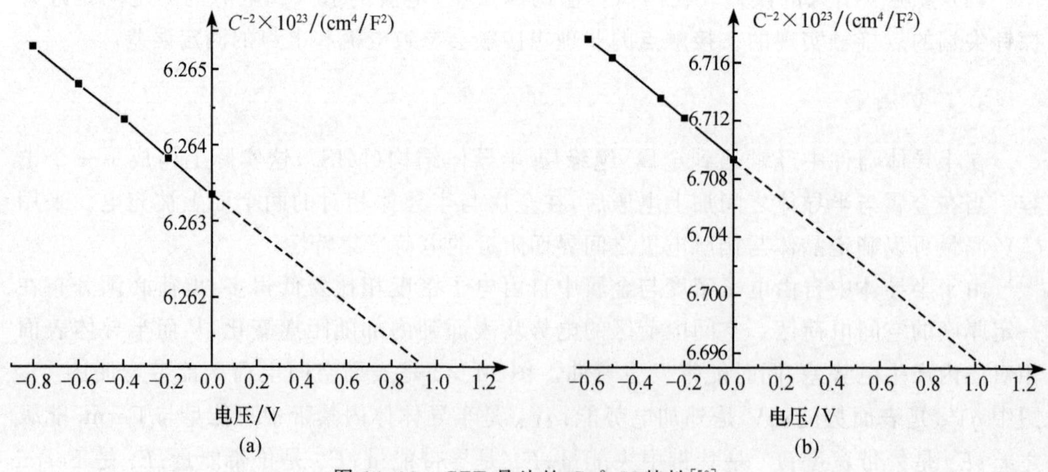

图 14-33　CZT 晶片的 C^{-2}-V 特性[50]

(a) 钝化前；(b) 钝化后

晶体 C^{-2}-V 特性图，根据图 14-33 以及式(14-70)，并假设整个耗尽区内 n_d 为常数，计算 CZT 晶片的掺杂浓度 n_d。

同时根据图 14-33 中截距 V_{int}，可以计算出势垒高度 ϕ_b[20]

$$\phi_b = V_{int} + \frac{k_B T}{q}\ln\frac{N_v}{n_d} + \frac{k_B T}{q} \tag{14-71}$$

$$N_v = 2\left(\frac{2\pi m_p^* k_B T}{h^2}\right)^{\frac{3}{2}} \tag{14-72}$$

式中，V_{int} 是 C^{-2}-V 特性在偏压轴的截距；k_B 是 Boltzmann 常量；m_p^* 是空穴的有效质量；h 是 Planck 常量；N_v 是价带有效态密度。

14.4.2 van der Pauw-Hall 测试

采用 van der Pauw 法测量时，需在样品侧边制作 4 根 Hall 电极，如图 14-34 所示。采用该方法在不加磁场时可以进行电阻率的测量，而施加磁场时可以进行半导体的载流子类型判断，以及载流子的浓度和迁移率的计算。

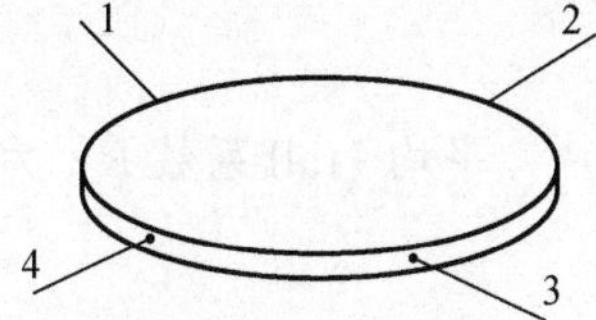

图 14-34 van der Pauw-Hall 测试样品示意图

进行电阻率测量时，依次在一对相邻的电极间通入恒定电流 I，在另一对相邻的电极间测量电位差，如果样品厚度为 δ，则电阻率为

$$\rho_1 = \frac{1.331\delta f_1}{I}[V_{43}(I) - V_{43}(-I) + V_{14}(I) - V_{14}(-I)] \tag{14-73}$$

$$\rho_2 = \frac{1.331\delta f_2}{I}[V_{21}(I) - V_{21}(-I) + V_{32}(I) - V_{32}(-I)] \tag{14-74}$$

式中，V_{ij} 表示 i 与 j 两点间的电位差；i、j 分别表示电极的序号。

当$[V_{43}(I)-V_{43}(-I)]>[V_{14}(I)-V_{14}(-I)]$时，$f_1$ 是由以下隐函数决定的参数：

$$\cosh\left(\frac{\ln 2}{f_1}\frac{\mu_1 - 1}{\mu_1 + 1}\right) = \frac{1}{2}\exp\left(\frac{\ln 2}{f_1}\right) \tag{14-75}$$

当$[V_{43}(I)-V_{43}(-I)]<[V_{14}(I)-V_{14}(-I)]$时，$f_1$ 是由以下隐函数决定的参数：

$$\cosh\left(\frac{\ln 2}{f_1}\frac{\mu_2 - 1}{\mu_2 + 1}\right) = \frac{1}{2}\exp\left(\frac{\ln 2}{f_1}\right) \tag{14-76}$$

当$[V_{21}(I)-V_{21}(-I)]>[V_{32}(I)-V_{32}(-I)]$时，$f_2$ 是由以下隐函数决定的参数：

$$\cosh\left(\frac{\ln 2}{f_2}\frac{\mu_3 - 1}{\mu_3 + 1}\right) = \frac{1}{2}\exp\left(\frac{\ln 2}{f_2}\right) \tag{14-77}$$

当$[V_{21}(I)-V_{21}(-I)]<[V_{32}(I)-V_{32}(-I)]$时，$f_2$ 是由以下隐函数决定的参数：

$$\cosh\left(\frac{\ln 2}{f_2}\frac{\mu_4 - 1}{\mu_4 + 1}\right) = \frac{1}{2}\exp\left(\frac{\ln 2}{f_2}\right) \tag{14-78}$$

式中，$\mu_1 = \frac{V_{43}(I)-V_{43}(-I)}{V_{14}(I)-V_{14}(-I)}$，$\mu_2 = \frac{V_{14}(I)-V_{14}(-I)}{V_{43}(I)-V_{43}(-I)}$，$\mu_3 = \frac{V_{21}(I)-V_{21}(-I)}{V_{32}(I)-V_{32}(-I)}$，$\mu_4 =$

$\frac{V_{32}(I)-V_{32}(-I)}{V_{21}(I)-V_{21}(-I)}$。

平均电阻率 ρ 为

$$\rho=\frac{\rho_1+\rho_2}{2} \tag{14-79}$$

测量 Hall 系数时，需在垂直样品表面加上恒定磁场，然后在不相邻的一对电极间通入恒定电流，测量另一不相邻电极间的 Hall 电位差，则 Hall 系数为

$$R_{H1}=[V_{42}(+I,+B)-V_{42}(-I,+B)+V_{42}(-I,-B)-V_{42}(+I,-B)]\times\frac{\delta}{4IB}\times 10^8 \tag{14-80}$$

$$R_{H2}=[V_{13}(+I,+B)-V_{13}(-I,+B)+V_{13}(-I,-B)-V_{13}(+I,-B)]\times\frac{\delta}{4IB}\times 10^8 \tag{14-81}$$

平均 Hall 系数 R_H 为

$$R_H=\frac{R_{H1}+R_{H2}}{2} \tag{14-82}$$

根据测得的 Hall 系数的符号判断载流子的类型，即确定载流子为电子还是空穴。载流子浓度为

$$p=\frac{1}{R_H q} \tag{14-83}$$

式中，q 表示电子电荷。

空穴迁移率 μ_h 和电子迁移率 μ_e 是在测得 Hall 系数 R_H 和电阻率 ρ 后，利用式(14-84)算出的

$$\mu_h=\frac{R_H}{\rho} \tag{14-84}$$

14.4.3　载流子迁移率和寿命乘积($\mu\tau$)的测试

光电子探测器用半导体材料中除了上述载流子的类型、迁移率和浓度外，还需要知道载流子的寿命，即 τ_e(自由电子寿命)或 τ_h(空穴寿命)。载流子寿命也是评价晶体结晶质量的主要指标之一。载流子寿命越小，表明晶体中俘获载流子的结构缺陷越多。以辐射探测器用 CdZnTe 晶体为例，当高能射线进入探测器的介质晶体时，通过与晶体内的原子发生能量交换，射线的能量很快便被晶体所吸收，使晶体价带中的电子跃迁至导带，同时在价带中留下一个空穴，也就是形成了可以导电的电子-空穴对。在足够高的外电场作用下，电子-空穴对分别向电场的两极漂移，在探测器电极上感应出电流。由于高能射线的能量与它们产生的载流子数量成正比，而探测器内电流又正比于载流子的数量，通过对电流的放大和分析就得到了高能射线的能谱。对于一个完整的晶体，射线在其中激发出的电子-空穴对是可以被完全收集的。实际上由于化合物半导体内通常存在较多的复合中

心和陷阱能级，在漂移过程中电子和空穴不断被俘获和复合，因而电子和空穴不能全部被电极收集。如果载流子的迁移率和寿命的乘积（$\mu\tau$）较大，就可以去除俘获效应，使探测器有好的能量分辨率。采用电荷收集效率（简称 CCE）来测试 $Cd_{1-x}Mn_xTe$ 晶体的 $\mu\tau$ 值。晶体的电荷收集效率可以通过简化的 Hecht 方程来表示[51]：

$$\mathrm{CCE}=\frac{Q}{Q_0}=\frac{\mu\tau E}{d}\left[1-\exp\left(-\frac{d}{\mu\tau E}\right)\right] \tag{14-85}$$

式中，E 为电场强度；d 为探测器中晶片的厚度。

探测器用 CdZnTe 晶体的 $\mu\tau$ 值测量方法如图 14-35 所示，在一定的温度下，采用能量为 5.48MeV 的 $^{241}Am\alpha$ 粒子源轰击晶片形成空穴-电子对，同时施加外加电场使空穴向负极移动，电子向正极移动。测试在不同外电场下阳极上的电荷收集效率，获得不同外电场下峰值位置与道数（Channel）的关系，结果如图 14-36 所示。其中道数与 CCE 成正比，从而由式（14-85）可以拟合出 $\mu\tau$ 值。在测量过程中，正电荷向阴极迁移，故阴极上所收集的是空穴，对其计量可以获得空穴的 $\mu\tau$ 值，而电子向阳极迁移，故对阳极上所收集的电荷计量可以获得电子的 $\mu\tau$ 值。对于图 14-36 所示的实验结果拟合得到电子的 $\mu\tau$ 值为 $(\mu\tau)_e=2.4\times10^{-3}\,cm^2/V$。

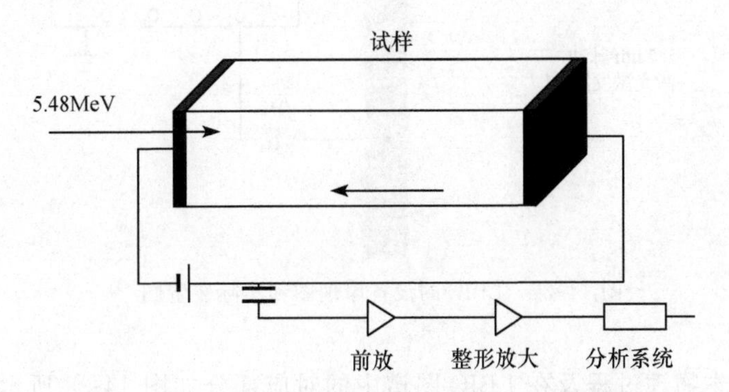

图 14-35　CdZnTe 电荷收集效率测试方法示意图

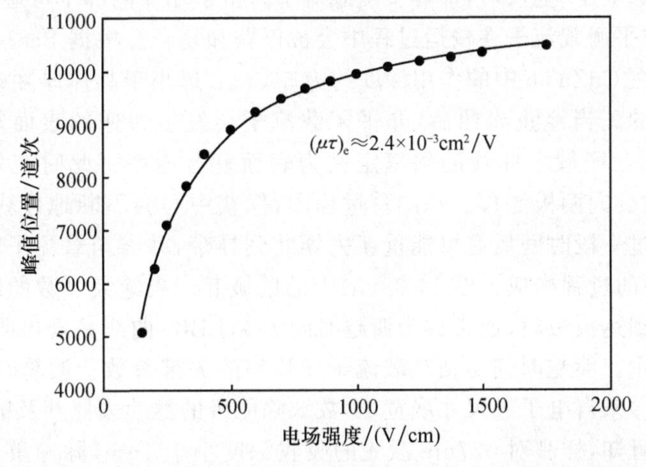

图 14-36　CdZnTe 晶体在 ^{241}Am（5.48MeV）辐照下的电荷收集峰值随外电场的变化

14.4.4　激光诱导瞬态光电流测试

瞬态电流技术(transient current technique,TCT)是研究半导体材料载流子输运过程的简单而有效的手段之一,可以用于测量载流子的电导迁移率及寿命。瞬态电流测试技术,一般采用一种激励源,例如 alpha 粒子、脉冲 X-ray、脉冲激光等在晶体内部激发非平衡载流子[52]。在外加电场的作用下,测试诱导电流随时间的衰减曲线,即得到瞬态电流谱。

应用于 CdZnTe 晶体载流子输运特性研究的激光诱导瞬态光电流(LBIC)测试原理如图 14-37 所示[53]。可采用 Nd:YLF 皮秒脉冲激光作为激励源,激光能量可以通过中性密度衰减片来调节。

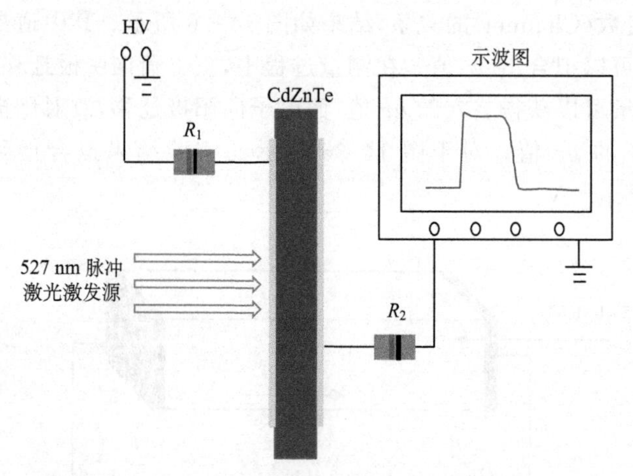

图 14-37　LBIC 的设备原理图和实际装置图[53]

LBIC 的基本物理过程及在 LBIC 图谱中的对应部分如图 14-38 所示[53]。当脉冲激光能量大于 CdZnTe 的禁带宽度时,价带电子吸收激光能量后,会从价带跃迁到导带,从而在晶体内部形成电子-空穴对,即非平衡载流子。由于晶体内部不可避免地存在俘获中心和复合中心,非平衡载流子在输运过程中会被俘获和复合。根据 Beer-Lambert 吸收法则,527nm 激光在 CdZnTe 中的作用深度约为 530nm,远小于晶体厚度(2cm),因此表面复合是不可忽略的。当停止光照后,非平衡载流子会发生快速的表面复合,如图 14-38(b)中区域Ⅰ所示。区域Ⅰ曲线的斜率定义为表面复合速率。此时在外加偏压的作用下,自由载流子也会向两极漂移。在漂移过程中,俘获中心会不断地俘获载流子,同时被俘获的载流子经过一段时间后有可能重新去俘获到导带,并参与载流子输运。这样一个多重俘获-去俘获的过程构成了图 14-38(b)中的区域Ⅱ。当绝大多数的载流子经过一定时间的漂移运动到达极板时(通常称为渡越时间 t_R),LBIC 曲线呈现出明显的拐点,如图 14-38(b)中 t_R所示。渡越时间是估算载流子迁移率的关键参数。渡越时间以后的 LBIC 曲线部分(区域Ⅲ)来自电子云尺寸展宽、少数缺陷能级的继续去俘获及极板复合。

由上述分析可知,样品对 527nm 激光的吸收深度小于 1μm,脉冲激光的焦斑直径约为 2mm,因此光生载流子在垂直样品表面 x 方向上产生的浓度梯度远大于它在 yz 平面

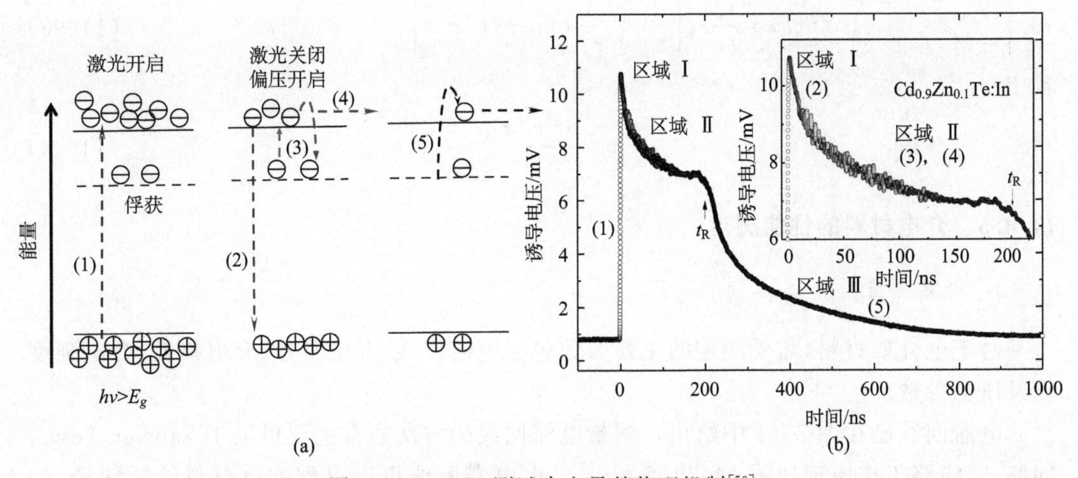

图 14-38　LBIC 测试中主导的物理机制[53]

(a) LBIC 基本物理过程；(b)电场为 1081V/cm 作用下对应的 LBIC 图谱

产生的浓度梯度。当晶体内电场是均匀分布的，载流子的扩散电流相对于漂移电流可以忽略，晶体内部为单俘获中心时，自由载流子浓度 $n(x,t)$ 及被俘获的载流子浓度 $n_t(x,t)$ 随时间的变化率可简化成一维的连续性方程：

$$\frac{\partial n(x,t)}{\partial t}=-\mu E\frac{\partial n}{\partial x}-\frac{\partial n_t(x,t)}{\partial t} \tag{14-86}$$

$$\frac{\partial n_t(x,t)}{\partial t}=\frac{n(x,t)}{\tau^*}-\frac{n_t(x,t)}{\tau_D} \tag{14-87}$$

式中，μ 为载流子迁移率；τ^* 为俘获时间，即载流子自由漂移的平均时间；τ_D 为去俘获时间；E 为电场强度。

假设在 $t=0$ 时刻，$x=0$ 的位置(表面)注入了浓度为 N_0 的自由载流子。同时，$t=0$ 时刻，晶体内部的俘获中心 n_t 未被占据。其边界条件为

$$n(x,t)=0,\qquad x>L \tag{14-88}$$

$$n_t(x,t)=0,\qquad x>L \tag{14-89}$$

根据 Shockley-Ramo 定理[54,55]，诱导电荷量满足以下关系式：

$$I(t)=QE_w v \tag{14-90}$$

式中，Q 为理想状态下的电荷总量；E_w 为权重势，对于单平面探测器来说，$E_w=1/L$，L 为晶片厚度；v 为载流子的热迁移速度。

根据以上初始条件及边界解方程，代入式(14-90)可得，当去俘获时间 τ_D 远大于俘获时间 τ^* 及渡越时间 t_R 时，瞬态光电流可表示为

$$I(t)=\frac{Q}{t_R}\exp(-t/\tau^*),\qquad t\leqslant t_R \tag{14-91}$$

$$I(t)=0,\qquad t>t_R \tag{14-92}$$

若去俘获时间 τ_D 小于俘获时间 τ^* 以及渡越时间 t_R 时，瞬态光电流可表示为

$$I(t)=\frac{Q}{t_R}\tau_e\left[\frac{1}{\tau_D}+\frac{1}{\tau^*}\exp(-t/\tau_e)\right],\qquad t\leqslant t_R \tag{14-93}$$

式中

$$\tau_e=\frac{\tau^*\tau_D}{\tau^*+\tau_D} \tag{14-94}$$

14.4.5　介电材料的性能测定

1. 介电测量

对于电介质材料，需要测定的主要参数包括电滞回线、介电常数、介电损耗、介电强度以及压电参数。

电滞回线已在图 8-14 中给出。测量电滞回线的方法通常主要借助于 Sawyer-Tower 回路，其线路工作原理如图 14-39 所示[10]。由电滞回线可以得到铁电材料的矫顽场、饱和极化强度、剩余极化强度和电滞损耗的信息。

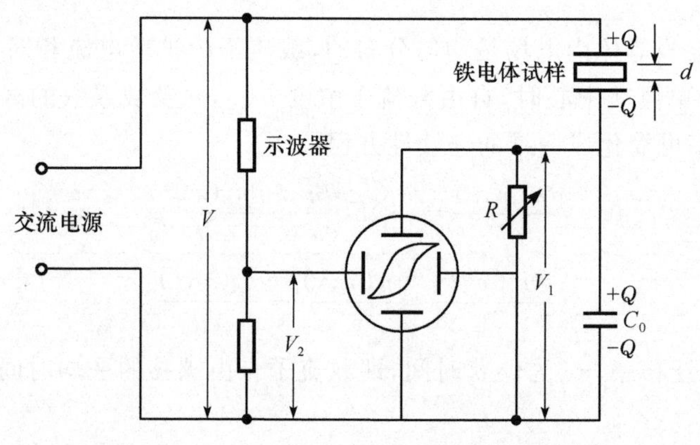

图 14-39　Sawyer-Tower 电桥原理示意图[10]

介电材料的介电常数、介电损耗、介电强度的测量原理通常有电桥法、帕顿法和谐振法。可以从几赫兹到兆赫兹的频谱范围对材料的介电性能进行综合测量。不同的商业化的测试设备的测试原理、测试技术乃至计算过程均有详细的介绍，并可自动完成，因此以下仅从被测定材料样品准备的角度对测量过程中的注意事项作些说明。

(1) 单晶体的铁电材料根据其晶体结构的不同，介电常数至少有两个值，因此需要选择合适的晶体取向和尺寸以及晶体取向和电场方向的关系。

(2) 铁电体的极化与电场的关系是非线性的，因此，所测出的介电参数对应于特定电场强度的数值。通常在小信号下的介电常数，即 $\varepsilon=\left(\frac{\mathrm{d}D}{\mathrm{d}E}\right)|_{E\to 0}$，能够反映更多的材料信息，值得重点关注。其中，$E$ 为电场强度；D 为电位移。

(3) 铁电材料通常具有压电特性，因此测量过程必须考虑其受力状态。自由状态的介电常数通常大于夹持状态的介电常数。同时，介电参数会随测量频率变化，需要选择合适的电场频率。在远低于晶体谐振频率的条件下才能获得自由介电常数。

(4) 晶体材料的介电特性是随温度变化的，而测量过程的外加电场也可能导致样品升温。因此需要对温度条件进行控制。

(5) 应根据不同的应用背景，选择合适的测试参数和条件，如对应用于绝缘材料的介电体，需要测定的仅是电阻率、绝缘电阻和介电强度。

2. 压电测量

对于铁电材料除了上述介电参数测量外，还需要对其压电特性，如机电耦合系数 K_p、压电应变常数进行测定。材料的压电特性可以电学、力学、光学和声学方法测量，其中常用测量法又可分为动态法、静态法和准静态法。动态法的应用最为普遍，该方法采用交流信号激发样品，使之处于特定的震动模式，然后测定谐振频率及反谐振频率，则可获得晶体的机电耦合系数。

平面机电耦合系数可采用图 14-40 所示的传输线路法进行测定[10]。采用圆片试样，其直径 D 与厚度 δ 之比满足 $D/\delta \geqslant 10$，并沿平行于电极的方向放置，使其极化方向与外加电场方向平行。采用检测仪测定出样品的谐振频率 f_r 和反谐振频率 f_a，按式(14-95)计算出晶体的平面机电耦合系数 K_p：

$$\frac{1}{K_p^2}=\frac{f_r}{f_a-f_r}a+b \tag{14-95}$$

式中，a 和 b 为与样品振动模式相关的系数，对于圆片的径向振动，$a=0.395$，$b=0.574$。

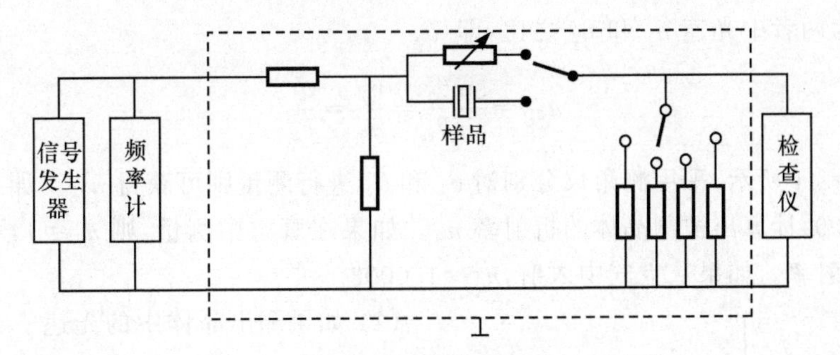

图 14-40　压电特性的传输法测试原理[10]

利用商业化的测试仪器，采用准静态法可以对晶体的压电系数 d_{33} 进行直接测定。所用样品与 K_p 测定时的样品相同。

对于压电系数 d_{31} 的测定采用条状样品，要求其长度和宽度比大于 5，长度和厚度比大于 10，其测量过程如下：

(1) 由图 14-40 所示的传输线路法测出样品的谐振频率 f_r 和反谐振频率 f_a。

(2) 采用式(14-96)计算出样品在恒电场下的弹性系数 S_{11}^E

$$S_{11}^E=\frac{1}{4l\rho f_r^2} \tag{14-96}$$

式中，l 为样品长度；ρ 为样品的密度。

(3) 按式(14-97)计算出样品的机电耦合系数 K_{31}

$$\frac{1}{K_{31}^2}=0.404\frac{f_r}{f_a-f_r+0.595} \tag{14-97}$$

(4) 测出样品的自由电容 C^T,并计算出自由电容率 ε_{33}^T

(5) 最后采用上述数据,由式(14-98)计算出 d_{31}

$$d_{31}=K_{31}\sqrt{\varepsilon_{33}^T S_{11}^E} \tag{14-98}$$

14.5 晶体光学、磁学及其他物理性能的分析

14.5.1 晶体的基本光学性质测定

晶体材料的基本光学性质包括其对光的折射、反射、吸收以及散射等。

1. 晶体折射特性的测定

折射率是晶体最基本的光学性能参数。根据折射率的不同性质可以采用多种方法获得晶体折射率的数值。

(1) 根据光束由介质1进入被测晶体2时晶体对介质1的相对折射率 n_{21},等于入射角 θ_1 的正弦与折射角 θ_2 的正弦之比,也等于晶体2的折射率 n_2 与介质1的折射率 n_1 之比,同时也为两者中光速 v_1 和 v_2 之比,即

$$n_{21}=\frac{\sin\theta_1}{\sin\theta_2}=\frac{n_2}{n_1}=\frac{v_1}{v_2} \tag{14-99}$$

如图14-41所示,采用测角仪分别对 θ_1 和 θ_2 进行测量则可获得 n_{21}。如果 n_1 已知,可由式(14-99)计算出被测晶体的折射率 n_2。如果在真空中测量,则 $n_1=1$,可以直接获得晶体的折射率。如果从空气中入射,$n_1=1.0003$。

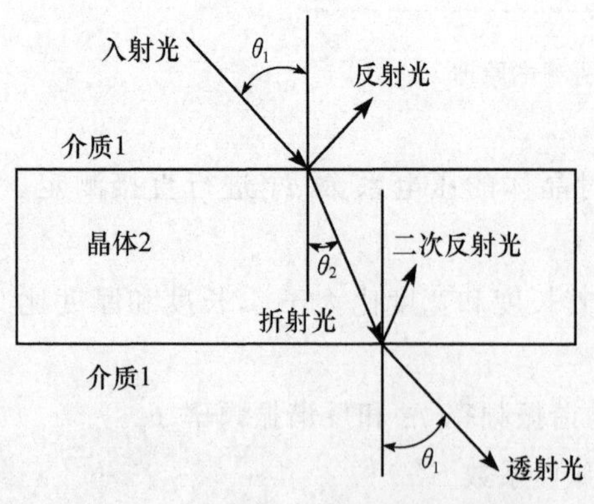

图14-41 入射光与晶体的相互作用

(2) 如果测出晶体中的光速 v_2,v_1 为真空中的光速,即 $v_1=c$,也可由式(14-99)计算出晶体的折射率。

(3) 晶体的折射率还可以表示为

$$n=\sqrt{\varepsilon_r\mu_r} \tag{14-100}$$

式中,ε_r 和 μ_r 分别为晶体的相对介电常数和相对磁导率。因此,可以通过测定 ε_r 和 μ_r 计算出折射率。

晶体的折射率通常与晶体结构、温度以及应力状态有关。此外折射率是随着入射光的波长 λ 变化的。测出 n-λ 曲线后将 $dn/d\lambda$ 定义为晶体的色散。通常由式(14-101)定义的色散系数 v_d 表征晶体的色散特性:

$$v_{\mathrm{d}}=\frac{n_{\mathrm{d}}-1}{n_{\mathrm{f}}-n_{\mathrm{c}}} \tag{14-101}$$

式中，n_{d}、n_{f} 和 n_{c} 分别为晶体对于氦的 d 谱线(587.56nm)、氢的 F 谱线(486.1nm)和 C 谱线(656.3nm)为光源时测定的晶体的折射率。

晶体的折射率与晶体内部的极化特性密切相关，对于具有强各向异性的晶体，将表现出复杂的折射率变化规律。如对于不同偏振方向的光可能表现出不同的折射率，因而，当一束光进入晶体后变为两束光，即所谓的双折射现象。外加电场可以使晶体发生极化，从而导致折射率发生变化，即所谓的电光效应。在光的照射下，在晶体中激发出自由载流子，这些载流子导致晶体内部空间电荷的重新分布，使得晶体的折射率发生变化，形成所谓的光折变效应以及晶体的非线性光学效应等。因此，研究晶体的折射率在不同条件下的变化规律，具有丰富的内涵，对于揭示晶体材料的内部结构和性质有重要意义。

2. 晶体的反射、吸收和散射特性测定

入射到晶体表面的光的强度 I_0 与晶体相互作用后分别发生透过、吸收、反射和散射，其强度分别记为 I_T、I_A、I_R 和 I_σ，如图 14-41 所示，则

$$I_0=I_T+I_A+I_R+I_\sigma \tag{14-102}$$

对式(14-102)两边同除以 I_0 后得到

$$T+A+R+\sigma=1 \tag{14-103}$$

式中，$T=\frac{I_T}{I_0}$为透过率；$A=\frac{I_A}{I_0}$为吸收率；$R=\frac{I_R}{I_0}$为反射率；$\sigma=\frac{I_\sigma}{I_0}$为散射率。

对于有限厚度的晶体，可以直接测量入射光的强度 I_0 和透射光的强度 I_T，获得晶体的透过率 T。

当入射光的方向垂直或接近垂直于晶体的表面时，反射率的计算式为

$$R=\frac{(n_{21}-1)^2+k^2}{(n_{21}+1)^2+k^2} \tag{14-104}$$

式中，n_{21} 的定义与式(14-99)相同，k 为消光系数，表示为

$$k=\frac{a}{4\pi n}\lambda \tag{14-105}$$

其中，a 为晶体的吸收系数，将在下文讨论。可以看出，如果晶体的吸收系数很小，表示晶体对光的吸收很弱，则 $k\to 0$，式(14-104)可以进一步简化。

对于有限厚度的晶体，光反射不仅在晶体的入射表面发生，也在从晶体透射后的“出射”界面发生。在“出射”面反射的光束回到原始的入射表面后还可能再次发生反射，并无穷重复。利用该原理可以增大晶体对光的透射率。

光的吸收和散射是在传输过程中沿程发生的。如果用 I_0' 表示扣除了晶体表面第一次反射后进入晶体中的光强度，即 $I_0'=I_0-I_R$，则由晶体的吸收和散射引起的光的强度变化规律分别为

$$I=I_0'\exp(-ax) \tag{14-106}$$

$$I=I_0'\exp(-Sx) \tag{14-107}$$

式中，a 为吸收系数；S 为散射系数；x 为光在晶体中的传输距离。

当吸收与散射同时存在时

$$I=I_0'\exp(-(a+S)x) \tag{14-108}$$

假定入射光在晶体中的传输距离为 x_0，则在忽略散射项时的吸收率为

$$A=I_0'[1-\exp(-ax_0)] \tag{14-109}$$

在忽略吸收时的散射率为

$$\sigma=I_0'[1-\exp(-Sx_0)] \tag{14-110}$$

而吸收和散射同时存在时，A 和 σ 不能单独分辨，应综合考虑，为

$$A+\sigma=I_0'[1-\exp(-(a+S)x_0)] \tag{14-111}$$

可以看出，能够反映晶体光学传输特性的是反射率 R、透射率 T、吸收系数 a 和散射系数 S。从试验测定的角度考虑，R 可以通过测定 n 和 k 直接计算获得，T 可以直接测量，当 R 和 T 已知时，可以由式(14-103)计算出 $A+\sigma$，进而根据光在晶体中的光程 x_0 由式(14-111)计算出 $a+S$。

14.5.2　晶体透射光谱分析

在透射式的光谱分析仪器中，如果保持光源的强度恒定，则入射光透过晶体后，由探测器测定的光的强度为透射光强度 I_T。在其他条件不变的情况下，去掉晶体，由光源直接照射到探测器上测定的光的强度即入射光的强度 I_0，两者的比值则为透射率 T。测定透射率随入射波长的变化谱线可获得晶体的透射谱。由式(14-103)得出

$$T=\frac{I_T}{I_0}=1-A-R-\sigma \tag{14-112}$$

式中，R 是相对固定的；σ 的绝对值比较小，可以近似忽略。因此，透射光谱实际上可以反映出晶体对光的吸收特性随波长的变化。

晶体的透过率 T 可以表示为[51]

$$T=\frac{(1-R)^2\exp(-ax_0)}{1-R^2\exp(-2ax_0)} \tag{14-113}$$

当吸收系数为 0 时

$$T=\frac{(1-R)^2}{1-R^2} \tag{14-114}$$

这是晶体的极限透过率或理论透过率。

如对于 $Cd_{0.8}Mn_{0.2}Te$ 晶体，在入射光波长为 2.5～20μm 的中红外范围内，折射率 $n=2.70$[56,57]，将该值代入式(14-104)得到晶体的反射率 $R=0.21$，从而由式(14-114)计算出其理论透过率为 65%。对于 $Hg_{1.5}InTe_3$（简写为 MIT）晶体，$n=3.17$[30]，由式(14-104)可以算出 $R=0.27$，代入式(14-114)得出红外透过率最大值约为 57%。

晶体的透过率低于理论透过率时表明发生了晶体对光的吸收或散射。半导体材料对光的吸收包括本征吸收和非本征吸收。本征吸收是由于电子从价带跃迁到导带所引起的强吸收。在跃迁过程中，伴随着可以迁移的电子和空穴的产生，因而出现光电导。吸收系数急剧增大的直线部分的切线与横坐标的交点对应的波长称为截止波长，记为 λ_{CO}。该截止波长与半导体的禁带宽度之间的关系如下[58]：

$$E_g \approx \frac{1.24}{\lambda_{CO}} \tag{14-115}$$

式中，λ_{CO} 的单位为 μm。

由式(14-114)还可以看出，随着晶体禁带宽度的减小，截止波长增大。在大于截止波长范围内的吸收主要包括晶格吸收、自由载流子吸收，以及晶体中的杂质与结构缺陷引起的吸收。以下分别对几种不同的吸收与晶体结构和性能的关系进行分析。

(1) 晶格吸收。这是由入射光子和晶格振动模式之间的相互作用所引起的吸收。晶格吸收是靠晶格或分子振动时原子的位移所引起的电偶极矩的变化而产生的。因此一种振动模式是否能吸收光就要看这种振动能否引起交变的电偶极矩[10]。电偶极矩越大，对光的吸收也就越强。但是晶体中成分分布的不均匀和位错都会使 CZT 晶体的晶格常数发生变化，破坏晶格的一致性和周期性，改变晶格周围的电子结构，导致了电偶极矩的变化，从而增大了晶体对红外光的晶格吸收。因此晶片成分偏离越大，位错密度越高，造成的晶格错配度越大，引起的一级电偶极矩也越大，红外透过率就越低。另一方面，根据晶格振动造成晶格吸收的原理，晶格吸收与红外光的频率密切相关。当红外光的频率增加时，晶格振动加剧，从而会增加晶体对红外光的吸收。

(2) 自由载流子吸收。晶体中的自由载流子在红外辐射电磁场作用下运动时受到声子的散射，将从电磁场中获得的能量交给晶格，使电磁场能量减弱，红外透过率降低。自由载流子吸收系数 a 可以表示为[59]

$$a = \left(\frac{Nq^2\nu}{4\pi^2 nm^* \varepsilon_0 c^3}\right)\lambda^2 \tag{14-116}$$

式中，N 是自由载流子浓度；q 是自由载流子的电荷；ν 是散射频率；n 是折射率；m^* 是自由载流子的有效质量；ε_0 是真空介电常数；c 是光在真空中的传播速度；λ 是红外光的波长。

从式(14-116)可以得出，自由载流子吸收系数 a 与晶体中自由载流子浓度 N 和红外光波长的平方 λ^2 成正比。a 与 N 成正比，表明红外透过率随着电阻率的增加而增加，而 a 与 λ^2 成正比则表现为红外透过率随着波长的增加而减小。

(3) 杂质与缺陷的吸收。在半导体和离子晶体中，由于杂质和缺陷的存在，晶格的周期性势场局部受到破坏，局部电子的能态发生变化，形成杂质能级。杂质吸收系数随着频率的增大而减小[60]。

由以上分析可以看出，不论是哪一种机理造成的吸收，完整单晶体的吸收系数均较小，而结构缺陷与杂质引起晶体的晶格畸变、电偶极矩的变化、载流子浓度的变化以及新的能带均会增加晶格对光的吸收，使晶体的透过率下降。因此，通过测定晶体的红外透过曲线可以对晶体的结晶质量进行评价。以下以 CdZnTe 晶体为例，对晶体的红外透射谱线与晶体结晶质量的关系进行分析。

通过实验可以将 CdZnTe 晶体的红外透过率谱线划分为图 14-42 所示的 4 类[61]：①下降型，红外透过率随着波数的增加而减小；②上升型，红外透过率随着波数的增加而增加；③低平直型，红外透过率很低且不随波数的变化而改变；④高平直型，红外透过率很高并且不随波数变化。同时测定了对应晶片中的成分波动、位错密度 D_d、Te 沉淀或夹杂密度 D_{Te}，以及电阻率 ρ，并特别测定了波数为 500/cm 的远红外和波数为 4000/cm 的近红外透过率 T_{500} 和 T_{4000}。结果发现，位错密度与 T_{4000} 密切相关，而电阻率与 T_{500} 密切相关，分别如图 14-43 和图 14-44 所示[61]。

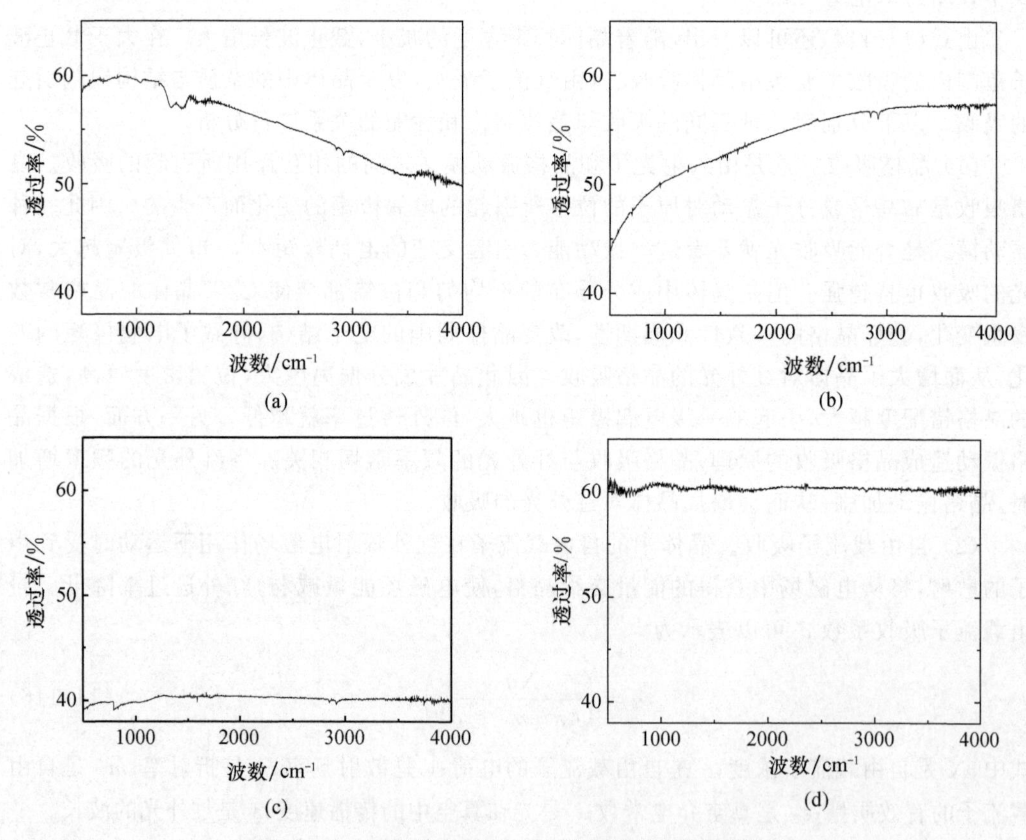

图 14-42　四种典型的 CZT 晶片红外透过率图谱[61]

(a) 下降型；(b) 上升型；(c) 低平直型；(d) 高平直型

实验还表明[62]，对于 CdTe 和 CdZnTe 晶体，在 5000/cm 处的透过率 T_{5000} 由沉淀相的散射决定，随着沉淀相的密度增大，T_{5000} 减小。在 1000/cm 以下的远红外区，透过率

T_{1000} 由自由载流子对光子吸收决定，杂质、点缺陷等引入的自由载流子均会增大晶体对光的吸收，降低 T_{1000} 值，而对应着晶体电阻率的下降。

14.5.3　光致发光

所谓光致发光(PL)指的是以光作为激励手段，激发材料中的电子，从而实现发光的过程。它可以灵敏地反映出半导体中杂质和缺陷的能态变化，因而被认为是研究半导体能带结构最为重要和有效的方法。

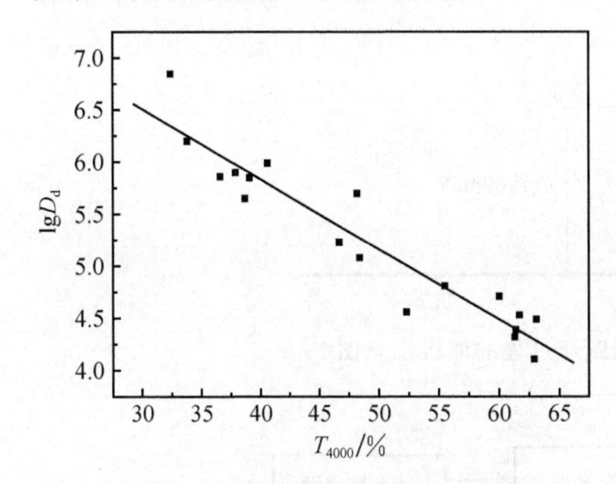

图 14-43　位错密度 D_d(单位为 cm^{-2})与 4000/cm 波数处的红外透过率 T_{4000} 之间的关系[61]

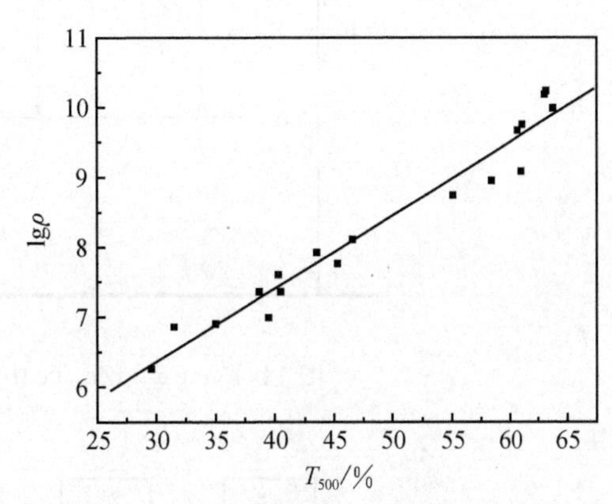

图 14-44　CZT 晶片电阻率 ρ(单位为 $\Omega \cdot cm$)与 500/cm 波数处的红外透过率 T_{500} 的关系[61]

从微观上讲，光致发光可以分为两个步骤：第一步，通过光对材料的照射，将其中电子的能量提高到一个非平衡态，即激发态；第二步，处于激发态的电子自发地向低能态跃迁，同时发射光子，实现发光。在这个过程中，有 6 种不同的复合机制会发射光子，分别是自由载流子复合、自由激子复合、束缚激子复合、浅能级与本征带间的载流子复合、施主-受主对复合和电子-空穴对通过深能级的复合。图 14-45 给出了 $Cd_{1-x}Zn_xTe$ 中不同跃迁过程的能级示意图[63]。在上述辐射复合机制中，前两种属于本征机制，后面几种则属于非本征机制。由此可见，半导体的光致发光过程蕴含着材料结构与组分的丰富信息，是多种复杂物理过程的综合反映。此外，光致发光还具有制样简单、测试过程中对样品无损伤等优点。

图 14-46 为一种光致发光系统的设备组成，主要包括如下 3 个部分：①激发光源；②低温样品室；③信号收集系统。

以 $Cd_{1-x}Zn_xTe$:In 晶体为例，图 14-47 为其在 10K 时的典型光致发光谱[64]。根据发光峰来源的不同，可以将光致发光谱区分为如下 4 个区域：①近带边区Ⅰ；②施主-受主对区Ⅱ；③杂质及缺陷复合区Ⅲ；④深能级区Ⅳ。其中，近带边区包括自由激子跃迁峰 FE，束缚在中性施主上的激子跃迁所导致的(D^0,X)峰以及由束缚在中性受主上的激子跃迁所导致的(A^0,X)峰。施主-受主对区则涵盖了由施主-受主对复合所导致的 DAP 峰以及由其引起的声子峰。至于杂质及缺陷复合区，它涉及由杂质及缺陷等能级跃迁所产生的发光峰，这里用 $D_{complex}$ 来表示。区域Ⅳ为深能级区，它通常与一些距离导带底较远的

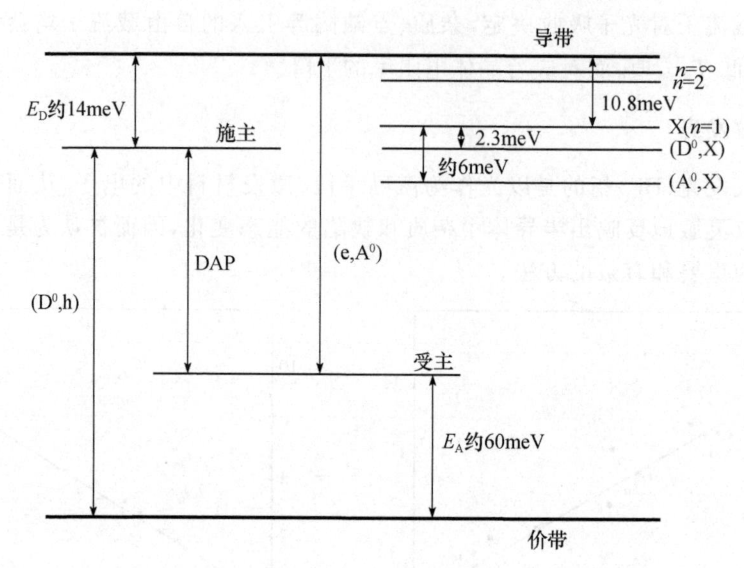

图 14-45　$Cd_{1-x}Zn_xTe$ 中不同跃迁过程的能级示意图[63]

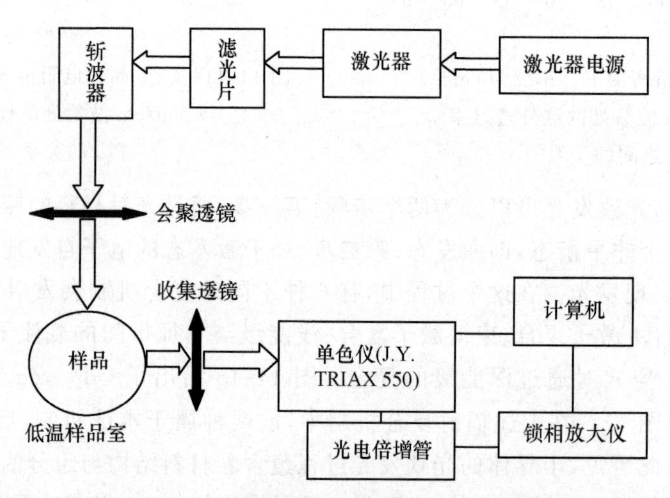

图 14-46　一种光致发光测试设备的工作原理

施主能级或距离价带顶较远的受主能级相关。

通过对比研究 $Cd_{1-x}Zn_xTe$:In 晶体的光致发光谱与其他晶体结构缺陷和物理性能之间的关系，发现如下规律[64]。

(1) 对于高质量 $Cd_{1-x}Zn_xTe$:In 晶体，近带边区内的主峰一般为施主束缚激子(D^0,X)发光。(D^0,X)的峰形越明锐，晶体的结晶质量就越好。而在低质量的 $Cd_{1-x}Zn_xTe$:In 晶体中，近带边区内的主峰通常为受主束缚激子(A^0,X)发光。高质量 $Cd_{1-x}Zn_xTe$:In 的光致发光谱中一般能区分出自由激子 FE 发光峰，而低质量的 $Cd_{1-x}Zn_xTe$:In 晶体，则很难看到该峰。

(2) (D^0,X)峰的半峰宽 W_{FWHM} 与 Te 沉淀或夹杂密度 D_{Te} 之间存在着一定的联系，前者随着后者的增加而单调递增。两者之间的关系可表达为

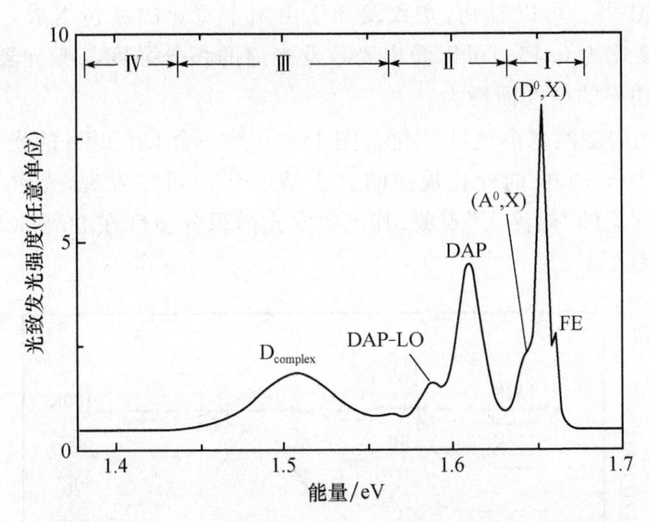

图 14-47　$Cd_{1-x}Zn_xTe$:In 晶体的典型光致发光谱[64]

$$D_{Te} = -3.49\times10^4 + 2.72\times10^4 W_{FWHM} \tag{14-117}$$

(3) $D_{complex}$ 峰相对于(D^0,X)峰的强度 $I_{D_{complex}}/I_{(D^0,X)}$ 可以反映位错密度 D_d 的大小。$I_{D_{complex}}/I_{(D^0,X)}$ 越大，D_d 就越大。其原因是位错所束缚的激子会产生复合发光，反映在光谱上就表现为 $D_{complex}$ 峰的增强。

(4) DAP 峰和 $D_{complex}$ 峰的相对强度之差与电阻率之间具有紧密的对应关系。随着 $I_{DAP}/I_{(D^0,X)} - I_{D_{complex}}/I_{(D^0,X)}$ 的增大，晶体的电阻率下降。这是因为，$I_{DAP}/I_{(D^0,X)} - I_{D_{complex}}/I_{(D^0,X)}$ 反映的是晶体中未被位错束缚的施主及受主杂质浓度，这部分杂质的电离可以产生自由电子或空穴，从而增加自由载流子的浓度，降低电阻率。

在光致发光谱的测试过程中，以下因素也将导致光致发光谱的变化，同时也能够反映晶体材料更多的信息[31]。

(1) 光致发光谱随激光激发功率的变化。图 14-48 是一个 CdZnTe 晶体在 10K 下的

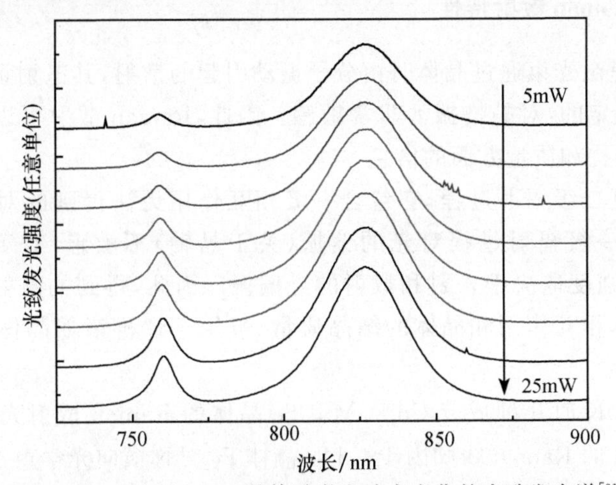

图 14-48　10K 下 CZT3 晶体随激发功率变化的光致发光谱[31]

典型光致发光谱图[31]。可以看到，光致发光谱由两个宽化的波包组成，分别位于760nm和827nm处，强度比为0.45。可以看出光致发光谱的积分强度与激光器激发功率相关，积分强度随激发功率的增大而增大。

(2) 光致发光谱随测试温度的变化。图14-49是一个CdZnTe的光致发光谱在测试温度变化范围为10～100K时变化规律的分析结果[31]。可以发现，光致发光谱强度随温度增加而表现出常见的"热淬灭"现象，其光致发光谱积分强度在30～50K时随温度增加不是降低而是增大。

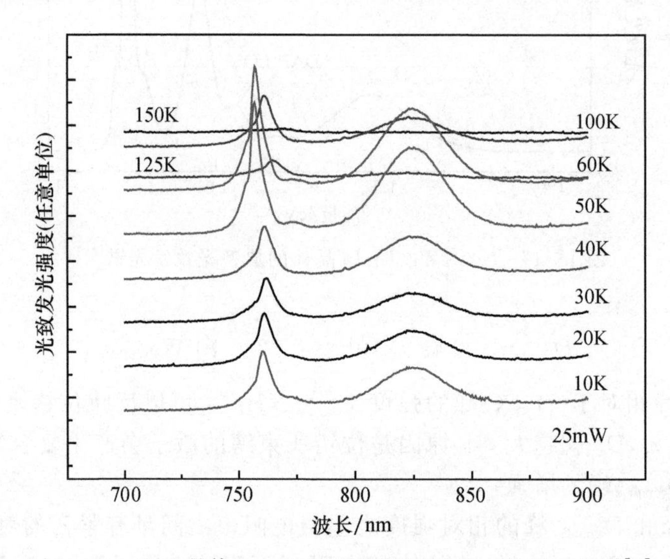

图14-49　CZT晶体10～150K下随温度变化的光致发光谱[31]

(3) 光致发光谱还与激发光源的波长有关。选择适当波长的激光器有利于获得更为有效和有用的信息。窄禁带半导体适合于采用长波长的激光器作为激发光源，而宽禁带的半导体材料则适合采用短波长的激光器。

14.5.4　晶体的Raman散射特性

Raman散射是激光束通过晶体时由分子振动引起的散射，其散射谱是由材料的振动激发(晶格激发)决定的，对晶格振动非常敏感。因此，Raman散射可以在晶格大小的尺度上获取晶体的结构和质量方面的信息。

Raman散射是二级辐射过程，它包含一级相互作用无法得到的对称信息。在闪锌矿结构的晶体中，一级辐射过程对光的偏振(关于晶轴)不敏感，对于任意给定的Raman散射，其散射强度取决于入射和散射的光偏振。因此，得到的散射强度信息可以用来鉴定半导体基本相互作用和晶体的结晶质量，被用于评价诸如晶体中的缺陷、成分、结构等[65]。

图14-50是80K时几种成分$Cd_{1-x}Mn_xTe$晶体的Raman散射光谱[66]。图中位于143/cm和158/cm的Raman线归因于CdTe晶体F_2对称横向光学声子拌线(TO_1)和纵向光学声子拌线(LO_1)，被称之为"类CdTe"TO模和LO模，而位于189/cm和203/cm

的 Raman 线则归因于“类 MnTe”TO 模和 LO 模。CMT 的 Raman 谱展示出 CdTe 不具有 20～130/cm 范围内的低波数特征。随着 x 的增加，该特征愈加明显，并且“类 MnTe”模的强度逐渐增大，“类 CdTe”模强度逐渐减小。

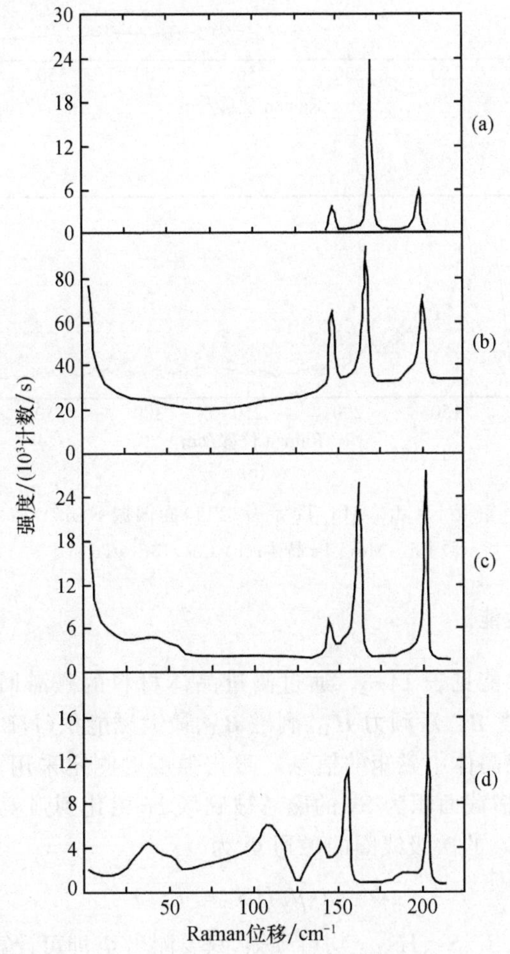

图 14-50　几种成分 $Cd_{1-x}Mn_xTe$ 晶体在温度为 80K 时的 Raman 散射光谱[66]

(a) $x=0.1, \lambda=7.625\mu m$；(b) $x=0.2, \lambda=6.764\mu m$；(c) $x=0.3, \lambda=6.471\mu m$；(d) $x=0.4, \mu=6.471\mu m$

图 14-51(a)和图 14-51(b)分别为室温下 $Cd_{0.9}Mn_{0.1}Te$ 和 $Cd_{0.8}Mn_{0.2}Te$ 晶体(111)面 Raman 散射谱[67]。两图中占主导地位的 140/cm 峰和 161/cm 峰是“类 CdTe”F_2 对称声子的 TO 模和 LO 模，标记为 TO_1 和 LO_1。图 14-51(b)在分别位于 179/cm 和 189/cm 处显示出“类 MnTe”的 LO_2 模和 TO_2 模。$Cd_{0.8}Mn_{0.2}Te$ 晶体中的 MnTe 所占比例大，因此，其中的 LO_2 模和 TO_2 模更为明显。另外还观察到了位于 124/cm 的 Raman 散射峰，这个 Raman 峰与晶体中的过量 Te 有关，对应于晶体中的 Te 沉淀相。根据该峰的强度可以对 Te 沉淀相的形成作出判断。

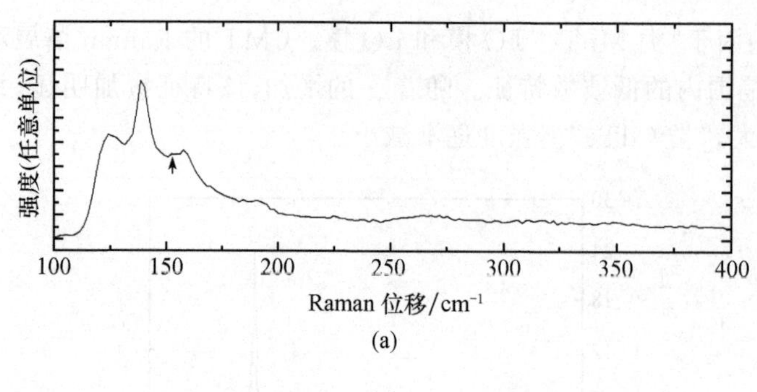

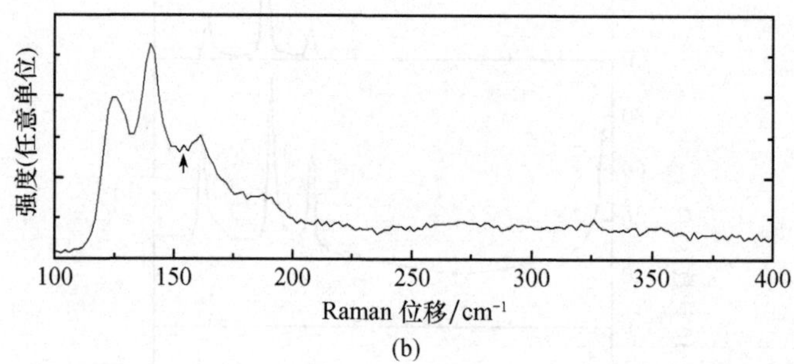

图 14-51　室温下 $Cd_{1-x}Mn_xTe$ 晶片(111)面偏振 Raman 散射光谱[67]

(a) $Cd_{0.9}Mn_{0.1}Te$ 晶体;(b) $Cd_{0.8}Mn_{0.2}Te$ 晶体

14.5.5　晶体的磁学性能

材料的典型磁学性能见表 14-3。通过测量晶体材料的磁滞回线可以同时计算出磁导率 μ、饱和磁感应强度 $\boldsymbol{B}_S$、矫顽力 $\boldsymbol{H}_D$、剩磁 $\boldsymbol{B}_R$、最大磁能积 $(HB)_m$。

磁化强度可以反映晶体中磁矩的信息。磁化强度的测定采用电磁感应方法,其基本原理是,当形成磁路的横截面积为 S_1 的磁芯被磁场 H 磁化到强度为 I 时,通过其周围绕有 n 匝的横截面积为 S_2 的次级线圈的磁通 Φ 为

$$\Phi = n(\mu_0 HS_2 + IS_1) \tag{14-118}$$

式(14-118)中的 n、S_1、S_2、H、μ_0 均可预知,只要测出 Φ 即可计算出 I 值。对 Φ 的测量可以按照如下方法进行。通过将次级线圈中磁化了的晶体从线圈中拔出,或者让磁化强度变化,使通过线圈的磁通发生变化,积分由电磁感应所产生的电动势,则可以测出磁通量 Φ。

单位体积的磁化强度 M 由下式计算:

$$M = \frac{I}{V} \tag{14-119}$$

式中,V 为被测试样的体积。

单晶体的磁化强度通常是各向异性的,因此测量时应对晶体学取向进行选择。

同时,单位体积中的磁化强度是其中所有磁矩的集合。假定每一个磁性单元对磁矩的贡献为 $\boldsymbol{m}$,则晶体的宏观磁化强度是晶体内部所有磁矩的矢量和,即

$$\boldsymbol{M} = \sum_V \boldsymbol{m} \tag{14-120}$$

根据式(14-120)，测定出表观的 $\boldsymbol{M}$ 后则可以对晶体中的磁性组元的磁矩进行分析，并可以进而计算出晶体的磁化率 χ。

以下以顺磁性 $Mn_xCd_{1-x}In_2Te_4$ 晶体的实验研究为例，分析磁化率与晶体中磁矩的关系[65]。顺磁性物质的磁化率与温度的关系服从 Curier-Weiss 定律：

$$\chi = \frac{C(x)}{T + \theta(x)} \tag{14-121}$$

其中，$C(x)$是每克 Curier 常数，可表示为

$$C(x) = \frac{N_{\mathrm{eff}} g_{\mathrm{Mn}}^2 \mu_{\mathrm{B}}^2 S(S+1)}{3k_{\mathrm{B}}} \tag{14-122}$$

Curier-Weiss 温度 $\theta(x)$由下式决定：

$$\theta(x) = \frac{2xS(S+1)\sum_p Z_p J_p}{3k_{\mathrm{B}}} \tag{14-123}$$

式中，J_p 是 Mn^{2+} 第 p 个电子相邻间交换积分；Z_p 是第 p 个配位球中的阳离子数；N_{eff} 为单位质量晶体中的有效 Mn^{2+} 数；$g_{\mathrm{Mn}}=2$ 是朗道 g 因子；μ_{B} 是玻尔磁子；$S=\frac{5}{2}$是 Mn^{2+} 的总自旋。如果只考虑最近邻 Mn^{2+} 间的相互作用，$\sum_p Z_p J_p$ 可近似为 $Z_1 J_1$，对于缺陷性黄铜矿结构，$Z_1=4$，那么

$$\theta(x) = \frac{2xS(S+1)4J_1}{3k_{\mathrm{B}}} \tag{14-124}$$

由此式可以得到$\frac{J_1}{k_{\mathrm{B}}}$的值。

图 14-52 所示是一特斯拉磁场下测定的不同组分 $Mn_xCd_{1-x}In_2Te_4$ 样品的磁化强度 M 随温度 T 的变化[68]，温度范围为 5～300K，由 $M=\chi B$ 得到磁化率 χ。图中不同形状的点是实验点，曲线为根据实验数据按 Curier-Weiss 定律拟合的结果。由图 14-52 可以看出，$x=0.22$、0.4 和 0.8 的 M-T 曲线在约50K的位置发生转折。在高温时磁化率与温度的关系满足 Curier-Weiss 定律，但在低温下磁化率的温度关系明显偏离 Curier-Weiss 定律，表现出顺磁增强现象。对于 $x\geqslant 0.22$ 的 $Mn_xCd_{1-x}In_2Te_4$，大约在低于50K 温度下，磁化率倒数与温度的关系曲线向下倾斜，Mn 含量越高，偏离越严重。

以 50K 为界，分别对 5～50K 和 50～300K 的数据按 Curier-Weiss 定律进行拟合，结果如表 14-7 所示[68]。从表中可以看出，有效 Mn^{2+} 离子数 N_{eff} 随组分 x 值增加而增大，并且均有 $N_{\mathrm{eff}}<N_{\mathrm{s}}$，表明 Mn^{2+} 之间存在反铁磁相互作用，可以认为磁化强度的测量反映了晶体中有效的 Mn^{2+} 离子浓度。$\theta(x)>0$ 进一步证明了样品间存在明显的反铁磁性的相互作用。$\theta(x)$随组分 x 增加而增大的规律表明 $Mn_xCd_{1-x}In_2Te_4$ 内部 Mn^{2+} 间的反铁磁作用随组分 x 值增加而增大。

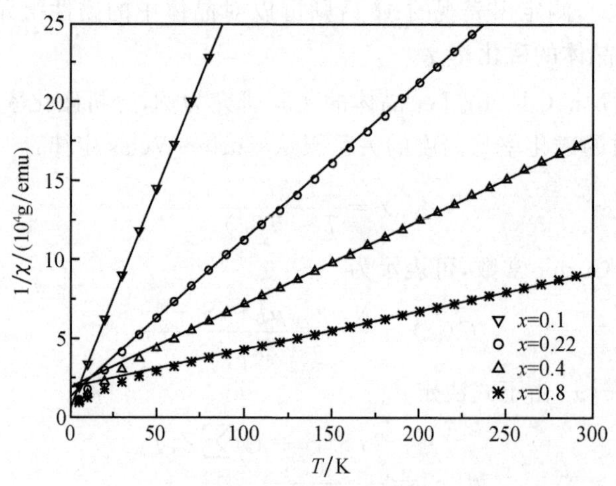

图 14-52　$B=1T$ 时 $Mn_xCd_{1-x}In_2Te_4$ 磁化率倒数 $\frac{1}{\chi}$ 和温度的关系[68]

1emu＝1cm · G

表 14-7　$Mn_xCd_{1-x}In_2Te_4$ 磁化率 χ 的参数(5～300K)[68]

x	N_s/(10^{-20}/g)	50～300K				5～50K		
		$C(x)$/(10^{-4}emu/g)	$\theta(x)$/K	J_1/k_B	N_{eff}/(10^{-19}/g)	$C(x)$/(10^{-4}emu/g)	$\theta(x)$/K	N_{eff}/(10^{-19}/g)
0.8	5.98	40.42	72.04	3.86	5.56	22.58	18.26	3.11
0.4	2.91	18.89	34.92	3.74	2.60	13.29	9.22	1.83
0.22	1.58	9.98	11.58	2.56	1.37	8.69	5.32	1.20
0.1	0.71	3.6	2.4	1.03	0.496	3.58	2.05	0.492

注:N_s 为每克晶体中的实际 Mn^{2+} 离子数。

14.5.6　晶体的磁光性质

磁光效应是指光通过透明的磁性物质(铁磁性物质、亚铁磁性物质、顺磁性物质)或被透明的磁性物质反射时,由于存在自发磁化强度产生了新的各向异性,从而表现出的各种光学现象,包括磁致旋光效应(即 Faraday 效应和 Kerr 磁光效应)、磁致双折射、磁激发光散射、磁场光吸收、磁等离子体效应和光磁效应等。本节结合 CdMnTe 晶体探讨根据 Kerr 效应和 Faraday 效应进行晶体分析的方法。

对于某些极性的晶体,当一束平面偏振光照射到晶体的表面时,如果外加磁场,则其反射光的偏振角将发生改变,这一现象称为 Kerr 效应。而在外加磁场的作用下,平面偏振光通过晶体透射时其偏振面发生旋转,这种现象称为法拉第效应(Faraday effect)。

图 14-53 为在外加磁场 $H=4.8\times10^{-4}$T 时实测的四元化合物半导体 $Mn_xCd_{1-x}In_2Te_4$ 的 Kerr 旋转角随波长的变化规律[68,69]。可以看出,随着晶体成分,即 x 值的变化,晶体的 Kerr 旋转角发生变化。

当磁场不是很强时,偏振面转过的角度 θ_F(Faraday 旋转角)与光在介质中的路程 l 和外加磁场的磁感应强度 B 在光传播方向上的分量成正比,即

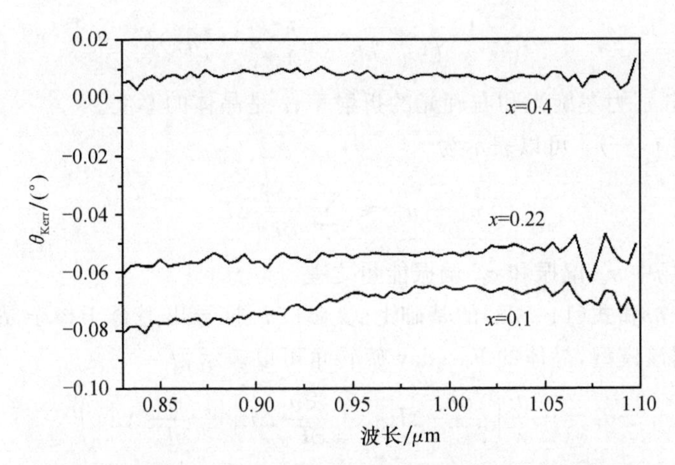

图 14-53　为外加磁场强度为 $H=4.8\times10^{-4}$ T 时，四元化合物半导体 $Mn_xCd_{1-x}In_2Te_4$ 在 x 取不同值时的 Kerr 旋转角随入射偏振光波长的变化规律[68,69]

$$\theta_F = VBl \tag{14-125}$$

式中，V 为 Verdet 常量(K/(cm · T))，是表征晶体 Faraday 旋转特性的关键参数。

对于不同的介质，偏转面旋转的方向不同。习惯上规定偏振面旋转方向与磁场方向满足右手螺旋关系的称为右旋介质($V>0$)，反向旋转的称为左旋介质($V<0$)。一般情况下，V 是光子能量和温度的函数。

图 14-54 是 Faraday 旋转的唯象解释[67]。平面偏振光的电矢量为 $\boldsymbol{E}$，频率为 ω，可分解为左旋圆偏振光电矢量 $\boldsymbol{E}_L$ 和右旋圆偏振光电矢量 $\boldsymbol{E}_R$。在进入磁场中的介质前，$\boldsymbol{E}_L$ 和 $\boldsymbol{E}_R$ 没有位相差，$\boldsymbol{E}$ 沿轴 a 方向振动。在通过磁场中的介质时，由于 $\boldsymbol{E}_L$ 和 $\boldsymbol{E}_R$ 在介质中的传播速度不同，光在通过介质出射后，电矢量 $\boldsymbol{E}_L$ 和 $\boldsymbol{E}_R$ 不再和 a 对称，而与 b 轴(电矢量沿 b 轴方向)对称，合成的电矢量 $\boldsymbol{E}$ 沿 b 轴方向振动，它相对于入射前电矢量 $\boldsymbol{E}$ 旋转了一个角度 θ_F，其旋转的角度满足

$$\varphi_L - \theta_F = \theta_F + \varphi_R \tag{14-126}$$

那么

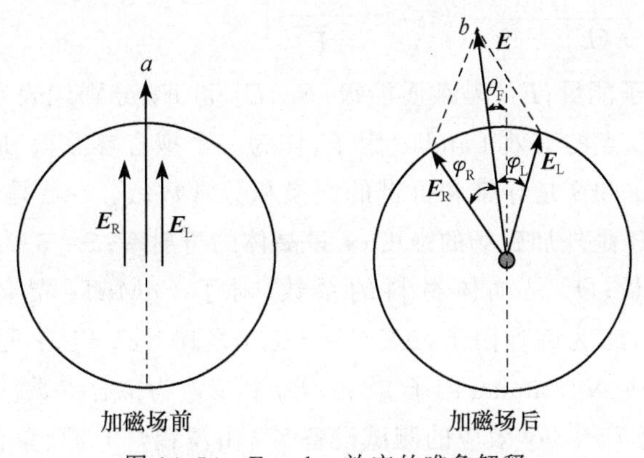

图 14-54　Faraday 效应的唯象解释

$$\theta_{\mathrm{F}}=\frac{1}{2}(\varphi_{\mathrm{L}}-\varphi_{\mathrm{R}})=\frac{\pi}{\lambda}(n_{\mathrm{L}}-n_{\mathrm{R}})l \tag{14-127}$$

式中，n_{L} 和 n_{R} 分别为左旋光和右旋光的折射率；l 是晶体的厚度。

折射率之差 $n_{\mathrm{L}}-n_{\mathrm{R}}$ 可以表示为

$$n_{\mathrm{L}}-n_{\mathrm{R}}\approx\sum_{i}\frac{\partial n}{\partial E_{\mathrm{i}}}\Delta E_{i} \tag{14-128}$$

式中，ΔE_{i} 是磁场中 $\hat{\sigma}_{+}$ 偏振和 $\hat{\sigma}_{-}$ 偏振能量之差。

在式(14-127)和式(14-128)的基础上，文献[67]推导出适合于掺杂晶体的扩展的多振子模型。根据该模型，晶体的 Faraday 旋转角可以表示为

$$\theta_{\mathrm{F}}=-\frac{l}{\lambda}\left(\frac{\partial n}{\partial E_{\mathrm{DA}}}\Delta E_{\mathrm{DA}}+\frac{\partial n}{\partial E_{0}}\Delta E_{0}+\frac{\partial n}{\partial E_{1}}\Delta E_{1}\right) \tag{14-129}$$

式中

$$\Delta E_{0}=\left[\frac{xN_{0}(\alpha-\beta)g_{\mathrm{Mn}}\mu_{\mathrm{B}}S(S+1)}{3k_{\mathrm{B}}T\left(1-\dfrac{\Theta_{0}}{T}x\right)}+\Delta E_{0}^{(\mathrm{Z})}\right]B \tag{14-130}$$

$$\Delta E_{1}=\left[\frac{1}{26}\,\frac{xN_{0}(\alpha-\beta)g_{\mathrm{Mn}}\mu_{\mathrm{B}}S(S+1)}{3k_{\mathrm{B}}T\left(1-\dfrac{\Theta_{0}}{T}x\right)}+g_{1}\mu_{\mathrm{B}}\right]B \tag{14-131}$$

$$\Delta E_{\mathrm{DA}}=\gamma\mu_{\mathrm{B}}B \tag{14-132}$$

$$\frac{\partial n}{\partial E_{\mathrm{DA}}}=-\frac{0.7N}{n\pi E_{\mathrm{DA}}^{\frac{3}{2}}}\left[\frac{1}{4}\ln\left(\frac{E_{0}^{2}-E^{2}}{E_{\mathrm{DA}}^{2}-E^{2}}\right)+\frac{E_{\mathrm{DA}}^{2}}{E_{\mathrm{DA}}^{2}-E^{2}}\right] \tag{14-133}$$

$$\frac{\partial n}{\partial E_{0}}=\frac{0.7N}{n\pi\sqrt{E_{\mathrm{DA}}}}\,\frac{E_{0}}{E_{0}^{2}-E^{2}}-\frac{0.7}{n\pi E_{0}^{\frac{3}{2}}}\left[\frac{1}{4}\ln\left(\frac{E_{1}^{2}-E^{2}}{E_{0}^{2}-E^{2}}\right)+\frac{E_{0}^{2}}{E_{0}^{2}-E^{2}}\right] \tag{14-134}$$

$$\frac{\partial n}{\partial E_{1}}=-\frac{E_{1}}{\pi(E_{1}^{2}-E^{2})}\left(\langle\varepsilon_{2}\rangle-\frac{0.7}{\sqrt{E_{0}}}\right) \tag{14-135}$$

以上各式中，E 为光子能量；E_{DA}是杂质能级；E_{0}、E_{1} 和 E_{2} 分别代表布里渊区中心 Γ 点、L 点和 X 点；g_{1} 是 L 点的有效 Landau 因子，作为一个拟合参数；x 是 Mn^{2+} 浓度；N_{0} 是单位体积的晶胞数；α 和 β 是导带和价带的交换积分常数；$g_{\mathrm{Mn}}=2$ 是 Mn^{2+} 的 Landau 因子；μ_{B} 是玻尔磁子；B 是外加磁场的强度；n 是晶体的折射率；$S=5/2$ 是 Mn^{2+} 离子自旋；k_{B} 是 Boltzmann 常量；Θ_{0} 是晶体材料的系数，对于 CdMnTe 晶体，其值为 $-470\mathrm{K}$，$N_{0}(\alpha-\beta)=1.10\mathrm{eV}$；$N$ 为调整因子，$\Delta E_{0}^{(\mathrm{Z})}=-8.0\times10^{-5}\,\mathrm{eV/T}$；$\gamma$ 是 E_{DA} 能级的有效 g 因子。其中，调整因子 N、Landau 因子 g_{1}、γ、E_{0} 和 E_{DA} 为拟合参数。

图 14-55 所示为 Faraday 效应的测试设备[67]，由溴钨灯光源、单色仪、电磁铁、透镜、起偏器、检偏器测角仪、光电探测器、电源、特斯拉计、导轨、支架等组成。在实际测量过程中，调节好光路后，把待测样品放于电磁铁中间，把单色仪的输出光调节到所需波长，通过

改变电磁铁的励磁电流控制磁场强度，根据检偏器旋转的角度测定不同磁场强度下的 Faraday 旋转角。

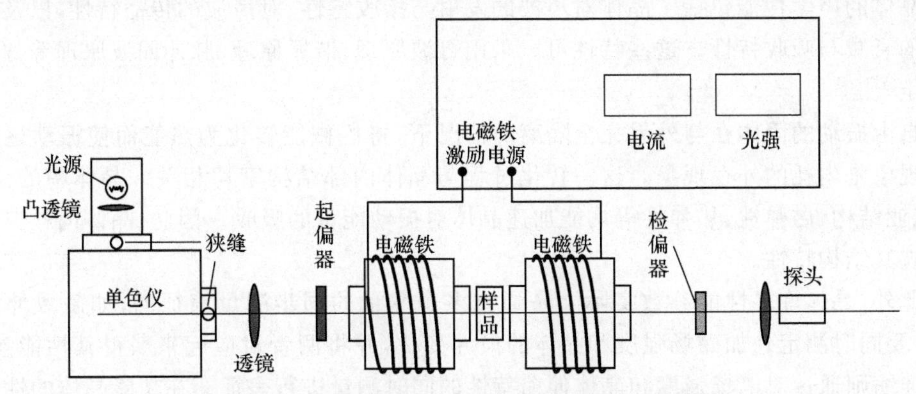

图 14-55　固定光强 Faraday 效应实验装置示意图[67]

图 14-56 是室温下 $Cd_{0.9}Mn_{0.1}Te$ 和 $Cd_{0.8}Mn_{0.2}Te$ 单晶体的 Faraday 旋转谱。从图中可以看到，室温下该晶体在带间就显示出极强的 Faraday 效应（V 约为 1000°/(T · cm)），尤其是当光子能量接近能隙时，V 急剧增大。用透射光谱法测量出 $Cd_{0.9}Mn_{0.1}Te$ 和 $Cd_{0.8}Mn_{0.2}Te$ 单晶体的能隙分别为 1.601eV 和 1.752eV。对比发现，Faraday 旋转角极大值处的光子能量基本对应于激子能量。当入射光子能量从激子吸收极大值处移过时，Faraday 旋转角急剧上升。

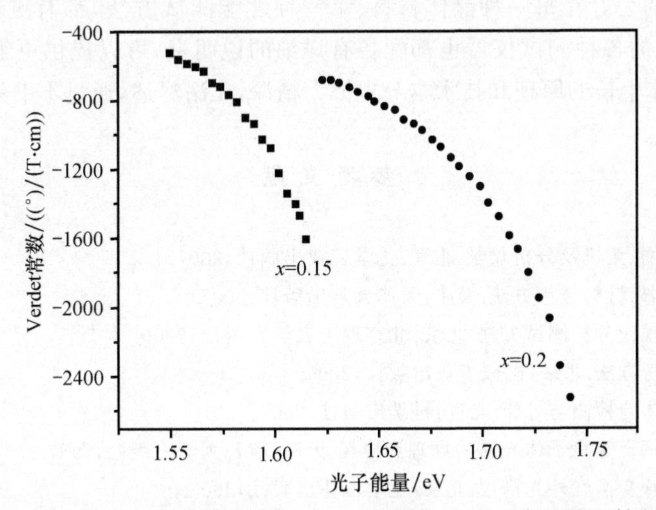

图 14-56　室温下，$x=0.1$、0.2 时 CMT 晶体 Faraday 旋转的 Verdet 常量随入射光子能量的变化[67]

14.5.7　其他物理性能概论

晶体的其他物理性能的测试，包括热学性能、声学性能、内耗特性等。

热学性能的测试包括热导率、比热容（质量热容）、相变潜热、表面辐射特性等。这些性质实际上是晶体内部原子组态、键合特性以及热运动的宏观统计结果，不仅可以反映晶体的结构特性，也是决定晶体生长特性和实际性能的重要方面。这些性能的测试均已经形成成熟的方法和设备。

晶体的声学性能包括了晶体对声波的发射与接收特性、对声波的传播特性，以及传播过程的衰减与吸收特性。这些特性可以采用行波原理、谐振原理、脉冲回波原理等方法进行测定[13]。

自由振动的固体在与外界完全隔离的情况下，将机械能转化为热能而使振动逐渐停止的现象是内耗的外在现象。这一转化过程与晶体内部结构密切相关。晶体中的位错、晶界、亚结构、磁弹性、热弹性等均能加速晶体对振动能量的吸收。因此，晶体内耗特性也可反映其结构特性。

此外，晶体许多性能参数实际上是通过多个变量的同步测量表征的，如磁致伸缩效应，需要同时测定外加磁场强度和晶体的尺寸变化，并将两者对应起来获得其性能参数。电致伸缩则通过对电场强度和晶体伸缩特性的同时测量进行表征。在功能晶体的性能研究中，一些传统的测量技术占有很重要的比重，如微位移的测量、应力的测量等。获得这些参数的精确数值是非常重要的。这些参数的精确数值可以利用光的干涉原理等间接方法测定。

每一种晶体的性能分析都有着丰富的内涵，随着晶体材料新的物理性能不断被发现，其性能的表征与测试技术也在不断发展。

晶体材料色彩缤纷，难以穷举。晶体材料的结构、性能及其表征方法也五花八门，无法尽数。本书以晶体生长为主题，关于晶体结构和性能的分析，无论从深度上还是广度上，都是很有限的。好在每一种晶体材料、每一种性能测试方法，都有更专业的文献可供阅读。品种繁多的各种测试仪器也都配备有详细的说明书，可以提供更细致的指导。

实际上，晶体生长的原理和技术本身也博大精深，无法尽述，通过本书只能窥其“一斑”。

参考文献

[1] 马志领，李志林.无机及分析化学.北京：化学工业出版社，2007.
[2] 杜希文，原续波.材料分析方法.天津：天津大学出版社，2006.
[3] 王富耻.材料现代分析测试方法.北京：北京理工大学出版社，2006.
[4] 周玉.材料分析方法.北京：机械工业出版社，2006.
[5] 许振嘉.半导体的检测与分析.北京：科学出版社，2007.
[6] 陈新坤.电感耦合等离子体光谱法原理和应用.天津：南开大学出版社，1987.
[7] 翁诗甫.傅里叶变换红外光谱仪.北京：化学工业出版社，2005.
[8] 陈耀祖，涂亚平.有机质谱原理及应用.北京：科学出版社，2001.
[9] 吴刚.材料结构表征及应用.北京：化学工业出版社，2002.
[10] 田莳.材料物理性能.北京：北京航空航天大学出版社，2004.
[11] 马如璋，蒋民华，徐祖耀.功能材料概论.北京：冶金工业出版社，2006.
[12] Gignoux D.Magnetic properties of metallic systems.Materials Science and Technology.Weinheim：VCH Verlagesgesellschaft mbH，1992.
[13] 师昌绪，李恒德，周廉.材料科学与工程手册(组织结构篇).北京：化学工业出版社，2003.

[14] Sen S, Konkel W H, et al. Crystal growth of large-area single-crystal CdTe and CdZnTe by the computer-controlled vertical modified-Bridgman process. Journal of Crystal Growth, 1988, 86: 111-117.

[15] Pelliciari B. State of the art of LPE HgCdTe at LIR. Journal of Crystal Growth, 1988, 86: 146-160.

[16] Bruder M, Schwarz H J, Schmitt R, et al. Vertical Bridgman growth of $Cd_{1-y}Zn_yTe$ and characterization of substrates for use in $Hg_{1-x}Cd_xTe$ liquids phase epitaxy. Journal of Crystal Growth, 1990, 101: 266-269.

[17] 黄晖. $Hg_{1-x}Cd_xTe$ 和 $Cd_{1-y}Zn_yTe$ 的若干物理问题研究及 $LiNbO_3$ 光折变三维全息存储器的研制[博士学位论文]. 天津：南开大学，2002.

[18] 查钢强. CdZnTe单晶表面、界面及位错的研究[博士学位论文]. 西安：西北工业大学，2007.

[19] Li H Y, Jie W Q, Xu K W. Growth of ZnSe single crystals from Zn-Se-Zn$(NH_4)_3Cl_5$ system. Journal of Crystal Growth, 2005, 279(1-2): 5-12.

[20] 曾冬梅. $Cd_{0.96}Zn_{0.04}Te$ 晶体的缺陷分析及应力测试[硕士学位论文]. 西安：西北工业大学，2005.

[21] 杨杨，王领航，介万奇，等. HgInTe晶片的表面化学研究. 人工晶体学报，2009, 3(7): 118-121.

[22] 张继军. 化合物半导体 $Cd_{1-x}Mn_xTe$ 的晶体生长、性能表征及改性研究[博士学位论文]. 西安：西北工业大学，2008.

[23] 梁栋材. X射线晶体学基础. 北京：中国科学出版社，1991.

[24] Werner P E, Eriksson L, Westdahl M. A semi-exhaustive trial-and-error powder indexing program for all symmetries. Journal of Applied Crystallography, 1985, 18: 367-370.

[25] Louer D, Louer M. Méthode d'essais et erreurs pour l'indexation automatique des diagrammes de poudre. Journal of Applied Crystallography, 1972, 5: 271-275.

[26] Visser J W. A fully automatic program for finding the unit cell from powder data. Journal of Applied Crystallography, 1969, 2: 89-95.

[27] 王中林，康振川. 功能与智能材料结构演化与结构分析. 北京：科学出版社，2002.

[28] Zha G Q, Jie W Q, Tan T T, et al. The atomic and electronic structure of CdZnTe(111)A surface. Chemical Physics Letters, 2006, 427: 197-200.

[29] Azoulay M, Rotter S, Gafni G, et al. Zinc segregation in CZT grown under Cd/Zn partial pressure control. Journal of Crystal Growth, 1992, 117: 276-280.

[30] 王领航. $Hg_{(3-3x)}In_{2x}Te_3$ 晶体生长及性能表征[博士学位论文]. 西安：西北工业大学，2008.

[31] 王涛. 大体积探测器用 $Cd_{1-x}Zn_xTe$ 晶体生长及性能表征[博士学位论文]. 西安：西北工业大学，2008.

[32] Shockley W, Bardeen J. Energy bands and mobilities in monatomic semiconductors. Physical Review, 1950, 77(3): 407-408.

[33] Herring C, Vogt E. Deformation potentials and mobilities in non-polar crystals. Physical Review, 1950, 80(1): 72-80.

[34] Conyers H, Erich V. Transport and deformation-potential theory for many-valley semiconductors with anisotropic scattering. Physical Review, 1956, 101(3): 944-961.

[35] Fischetti M V, Laux S E. Band structure, deformation potentials, and carrier mobility in strained SiGe, and SiGe alloys. Journal of Applied Physics, 1996, 80: 2234-2252.

[36] Oberhuber R, Zandler G, Vogl P. Subband structure and mobility of two-dimensional holes in strained Si/SiGe MOSFET's. Physical Review B, 1998, 58(15): 9941-9948.

[37] Smith C S. Piezoresistance effect in germanium and silicon. Physical Review, 1954, 94(1): 42-49.

[38] Kane E O.Band structure of indium antimonide.Journal of Physics and Chemistry of Solids,1957,1:249-261.

[39] Thompson S E,Sun G,Wu K,et al.Key differences for process-induced uniaxial vs.substrate-induced biaxial stressed Si and Ge channel MOSFETs.Technical Digest-International Electron Devices Meeting,2004:221-224.

[40] Wang E,Matagne P,Shifren L,et al.Quantum mechanical calculation of hole mobility in silicon inversion layers under arbitrary stress.Technical Digest-International Electron Devices Meeting.2004:147-150.

[41] Suzuki H,Akita K,Misawa H.X-ray stress measurement method for single crystal with unknown stress-free lattice parameter.The Japan Society of Applied Physics,2003,42(5A):2876-2880.

[42] Tanaka K,Akiniwa Y,Mizuno K,et al.A method of X-ray stress measurement of silicon single crystal.Journal of the Society of Materials Science Japan,2003,52(10):1237-1244.

[43] Yoshike T,Fuji N,Kozaki S.An X-ray stress measurement method for very small areas on single crystals.Japanese Journal of Applied Physics,1997,36(9A):5764-5769.

[44] Tanaka K,Akiniwa Y.Diffraction measurements of residual macrostress and microstress using X-rays,synchrotron and neutrons.The Japan Society of Mechanical Engineers International Journal Series A,2004,47(3):252-263.

[45] 马世良.金属X射线衍射学.西安:西北工业大学出版社,1997:13.

[46] Patterson A L.The Scherrer formula for X-ray particle size determination.Physical Review,1939,56:978-982.

[47] Williamson G K,Hall W H.X-ray line broadening from filed aluminum and wolfram.Acta Metallurgica,1953,1:22-31.

[48] Lipson H.Symposium on Internal Stresses in Metals and Alloys.London:Institute of Metals,1948:35.

[49] 刘恩科,朱秉升,罗晋升.半导体物理学.北京:电子工业出版社,2003.

[50] 李强.碲锌镉晶体表面处理、金属电极接触特性及其In掺杂行为[博士学位论文].西安:西北工业大学,2006.

[51] Davies A W,Lohstroh A,Özsan M E,et al.Spatial uniformity of electron charge transport in high resistivity CdTe.Nuclear Instruments and Methods in Physics Research A,2005,546:192-199.

[52] Fink J, Lodomez P, Krüger H, et al. TCT characterization of different semiconductor materials for particle detection. Nuclear Instruments and Methods in Physics Research Section A: Accelerators, Spectrometers, Detectors and Associated Equipment, 2006, 565(1): 227-233.

[53] 郭榕榕. 探测器用CdnTe晶体载流子输运过程研究[博士学位论文]. 西安:西北工业大学,2015

[54] Shockley W. Currents to conductors induced by a moving point charge. Journal of Applied Physics Physics, 1938, 9(1): 635-636.

[55] Ramo S. Induced by electron motion. Proceeding of the I. R. E. , 1939, 27: 584.

[56] Zhang J J,Jie W Q,Wang T,et al.Crystal growth and characterization of $Cd_{0.8}Mn_{0.2}Te$ using Vertical Bridgman method.Materials Research Bulletin,2008,43:1239-1245.

[57] André R,Dang L S.Low-temperature refractive indices of $Cd_{1-x}Mn_xTe$ and $Cd_{1-x}Mg_xTe$.Journal of Applied Physics,1997,82(10):5086-5089.

[58] 黄昆,韩汝琦.固体物理学.北京:高等教育出版社,1988:437-463.

[59] 孙以材.半导体测试技术.北京:冶金工业出版社,1984:225-260.

[60]　沈学础.半导体光谱和光学性质.第二版.北京:科学出版社,2002:219-239.

[61]　李国强.高电阻 $Cd_{1-x}Zn_xTe$ 的晶体生长、性能表征及退火改性[博士学位论文].西安:西北工业大学,2004.

[62]　李宇杰.$Cd_{1-x}Zn_xTe$ 晶体的缺陷研究及退火改性[博士学位论文].西安:西北工业大学,2001.

[63]　Swain J.Photoluminescence study of cadmium zinc telluride[Ph.D.Dissertation].Morgan Town:West Virginia University,2001.

[64]　杨戈.化合物半导体 $Cd_{1-x}Zn_xTe$ 中的 In 掺杂及其与 Au 的接触特性[博士学位论文].西安:西北工业大学,2006.

[65]　Tsu R.Material characterization by Raman scattering.Proceedings Photo-optical Instrumentation Engineers of the SPIE Conference on Optical Characterization Techniques for Semiconductor Technology.Society of Photo-optical Instrumentation,1981:78-80.

[66]　Venugopalan S,Petrou A,Galazka R R,et al.Raman scattering by phonons and magnons in semimagnetic semiconductors:$Cd_{1-x}Mn_xTe$.Physical Review B,1982,25(4):2681-2696.

[67]　栾丽君.$Cd_{1-x}Mn_xTe$ 和 $Hg_{1-x}Mn_xTe$ 的光学、磁学和磁光性能研究[博士学位论文].西安:西北工业大学,2009.

[68]　常永勤.新型稀磁半导体 $Mn_xCd_{1-x}In_2Te_4$ 晶体生长及组织结构与性能研究[博士学位论文].西安:西北工业大学,2002.

[69]　Jie W Q,Chang Y Q,An W J.Crystal growth and characterizations of diluted magnetic semiconductor $Mn_xCd_{1-x}In_2Te_4$.Materials Science in Semiconductor Processing,2006,8:564-567.